Karl-Heinz Seidel

# Handwörterbuch Technik

## Deutsch/Englisch

4. Auflage

bearbeitet
von
Dr. Ekkehard Richter

**Cornelsen**
*GIRARDET*

Die Deutsche Bibliothek – CIP-Einheitsaufnahme

**Handwörterbuch Technik**. – Berlin : Cornelsen Girardet
Deutsch - englisch / Karl-Heinz Seidel. – 4. Aufl. /
bearb. von Ekkehard Richter. – 1998
ISBN 3-464-49444-6

4. Auflage        Druck  4  3  2  1    Jahr  01  2000  99  98

© 1998 Cornelsen Verlag, Berlin

Druck: Parzeller, Fulda

ISBN 3-464-49444-6

Bestellnummer 494446

gedruckt auf säurefreiem Papier, umweltschonend
hergestellt aus chlorfrei gebleichten Faserstoffen

# Vorwort zur 1. bis 3. Auflage

Das vorliegende Wörterbuch ist aus der jahrelangen Tätigkeit von Karl-Heinz Seidel in der Sprachenabteilung eines großen Industrieunternehmens mit technischer Produktpalette hervorgegangen.

Das Ziel der Herausgabe besteht darin, den in technischen Bereichen und entsprechenden Institutionen tätigen Mitarbeitern sowie auch Studierenden ein mit rund 45.000 enthaltenen Wortstellen als handlich zu bezeichnendes aktuelles technisches Wörterbuch für den beruflichen Alltag zur Verfügung zu stellen. Knapp die Hälfte der Wortstellen sind der allgemeinen Metalltechnik, der Elektrotechnik, den Naturwissenschaften und ergänzend einigen für Techniker relevanten allgemein- und wirtschaftssprachlichen Gebieten zuzurechnen. Ihre Auswahl beruht auf jahrelangen Erfahrungen und bietet praktikables Material für die allgemeine technische Kommunikation und auch dem damit gelegentlich verbundenen Schriftverkehr allgemeinerer Natur.

Der größere Anteil des Wortmaterials entstammt mehr als 20 weiteren technischen Fachgebieten (vgl. Fachgruppenschlüssel auf der folgenden Seite), für die der Bearbeiter durch seine zahlreichen und weitreichenden Kontakte Spezialbegriffe gesammelt und eingeordnet hat.

# Vorwort zur 4. Auflage

Der „Seidel" hat sich bei vielen Fachleuten als Fachwörterbuch für Technik bewährt. Jetzt liegt dieses Wörterbuch in neuer Ausstattung vor, durch die der Band handlicher und übersichtlicher geworden ist. Der Wortschatz wurde den Veränderungen der letzten Jahre angepaßt, ohne daß das Werk seine charakteristischen Eigenschaften verliert. Die Fachzuordnung wurde differenziert und systematisiert.
Essen/Herne, im Januar 1998                    Dr. Ekkehard Richter

# Fachgruppenschlüssel

| | | |
|---|---|---|
| abc | Allgemeiner Sprachgebrauch | common knowledge |
| air | Lufttechnik, Luftreinhaltung | air treatment, air pollution control |
| aku | Akustik, Lärm | acoustics, noise |
| bau | Bauwesen, Architektur | civil engineering, architecture |
| bff | Botanik, Flora, Fauna | botany, flora, fauna |
| bod | Boden | soil |
| cap | GeographieLänder | geography, countries |
| che | Chemie | chemistry |
| con | Konstruktion, Zeichnungen | design. engineering drawing |
| eco | Wirtschaft, Management | economy, management |
| edv | Rechner, Informationstechnik | computer, information techniques |
| elt | Elektrotechnik | electrical engineering |
| far | Landwirtschaft, Landbau | agriculture, soil cultivation |
| geo | Geologie | geology |
| jur | Recht, Versicherung | laws, insurance |
| mas | Maschinenbau, Normteile | mechanical engineering, standardized parts |
| mat | Mathematik | mathematics |
| mbt | Transportgeräte, Rolltreppen, Bagger | means of transportation, escalators, excavators |
| med | Medizin, menschlicher Körper | medicine, human body |
| mes | Meßtechnik, Regelungstechnik | technology of measurement, control technology |
| met | Metallverarbeitung, -bearbeitung Montage | metal working, met al processing, assembly |
| mil | Militär | military |
| min | Mineralogie | mineralogy |
| mot | Verkehr (Automobile, Eisenbahnen, Luftfahrt…) | traffic (motor cars, railways, aviation…) |
| nrm | Normenwesen, DIN-Normen, RAL-Farben | standards, DIN-standars, RAL-standards |
| opt | Optik, Strahlen | optics, trays |
| phy | Physik | physics |
| pol | Politik | polititcs |
| pow | Energie-, Kesseltechnik | energy-, boiler technology |
| rec | Abfall, Recycling | waste, recycling |
| roh | Bergbau, Rohstoffgewinnung, -aufbereitung | mining, recovery of raw material, material processing |
| tel | Telekommunikation | telecommunications |
| was | Wasseraufbereitung, -verunreinigung | water treatment, water pollution |
| wet | Wetter, Klima | weather, climate |
| wst | Werkstoffe, Metalle | materials, metals |
| wzg | Werkzeuge, Werkzeugmaschinen | tools, machine tools |

# A

**A 1** (Autobahn) A 1 [mot]
**A und O** (das A und O einer Sache) keystone [abc]
**A\*-Suche** A\* search [edv]
**Abakus** (chinesisches Rechenbrett) abacus [mat]
**Abänderung** (von Paragraphen) alteration [jur]
**abarbeiten** (Programm) process [edv]; (mechanisch bearbeiten) machine [met]
**Abarbeitung** processing [edv]
**Abarbeitungsvorgang** (spanabhebend) machining operation [met]
**abästen** (abhauen) lop off [abc]
**Abbau** (Entfernung; Ausbau) removal [roh]; (von Abraum) stripping [roh]; (das eigentliche Graben) digging [roh]; (Ausbau) dismantling [met]; (Kohle, Steinbruch) mining [roh]
**Abbaubank** (in Steinbruch) bench [roh]
**abbauen** (im Steinbruch) quarry [roh]; (z.B. eine Reklametafel) take down [abc]; (weggraben) dig [bau]; (z.B. Fabrik, Haus, Gerüst) dismantle [met]; (Kohle, Steinbruch) mine [roh]
**Abbaufeld** (im Bergbau) mining field [roh]
**Abbauhammer** (auch im Bergwerk) breaker hammer [wzg]
**Abbaukratzer** (z.B. für Zement, Kalk, Gips) reclaiming scraper [mbt]
**Abbaumethode** (im Bergbau) mining method [roh]
**Abbauwand** ("vor Ort") face [roh]
**abbauwürdig** (Kohle) recoverable [roh]; (im Bergbau) minable [roh]
**Abbild** picture [edv]
**abbilden** (z.B. Bild im Text) illustrate [abc]; (in Karte) map [edv]

**Abbildung** (auf Bildröhre) screen display [edv]; (z.B. auf Bildschirm) display [mbt]; illustration [edv]; (in Karte) mapping [edv]
**Abbildungsmaßstab** (EDV) base scale [edv]
**Abbildungstakt** (EDV) display cycle [edv]
**Abbildungsverfahren** display method [elt]
**Abbildverzerrung** distortion [elt]
**abbinden** (erstarren) set [min]; (erstarren) hydrate [abc]
**Abbindung** (Erstarrung) hydration [abc]
**Abblasventil** blow-off valve [mot]
**abblättern** (durch Verwitterung) weather [abc]; (von Reifenlauffläche) flaking [mot]
**Abblätterung** (z.B. von alter Farbe) peeling [abc]
**abblenden** (Rohre, Kanäle) blank off [met]; (Autoscheinwerfer) dim [mot]
**Abblendlicht** (am Auto) dimmed light [mot]
**Abblendschalter** (meist am Lenkrad) dimmer switch [mot]; dip switch [mot]
**Abblendstellung** (Rückspiegel) anti-dazzle position [mot]; (Rückspiegel) anti-glare position [mot]; (Scheinwerfer) dimmed position [mot]
**Abbrandgeschwindigkeit** burning velocity [pow]
**abbrechen** (Zweig, Rute) snap [abc]; (ein Programm) abort [edv]; (z.B. ein Gefecht) break off [mil]; (ein Programm) cancel [edv]; (ein altes Haus) demolish [bau]; (ein Gespräch) discontinue [abc]; (ein Programm) kill [edv]
**Abbrechstift** (rutschfeste Platte) break-off pin [mas]
**abbremsen** (den Zug, die Fahrzeuge) brake [mot]; (langsamer werden) decelerate [mot]

**Abbremswert** brake data [mbt]
**abbrennen** (Haus) burn down [bau]; (durch Schweißen) flame cut [met]
**abbrennstumpfgeschweißt** electric flash-welded [met]
**abbrennstumpfschweißen** electric flash-weld [met]
**Abbruch** (eines Programmes) abend [edv]; (eines Programmes) abnormal termination [edv]; (eines Hauses) demolition [bau]; (der Beziehungen) discontinuation [pol]; (eines Programmes) kill [edv]
**Abbruch von Industrieanlagen** demolition of industrial plants [rec]; industrial demolition [bau]
**Abbruchausrüstung** (für alte Gebäude) demolition equipment [mbt]
**Abbruchbedingung** condition of truncation [edv]
**Abbruchhaken** (z.B. am Bagger) teardown hock [mbt]; (z.B. am Bagger) demolition hook [mbt]
**Abbruchhammerausrüstung** breaker attachment [wzg]
**ABC Raster** (am Waggon) ABC marking [mot]
**Abdampf** (Dampflok) off-steam [mot]; exhaust steam [pow]
**Abdampfentöler** exhaust steam oil separator [pow]
**Abdampfverwertung** exhaust steam utilization [pow]
**abdanken** (sein Amt verlassen) resign [pol]; (zurücktreten vom Amt) abdicate [pol]
**Abdeckblech** (Deckel) cover [mbt]; (Deckel) cover plate [mbt]
**abdecken** cover up [bau]
**Abdeckkappe** (Haube) cap [mbt]
**Abdeckleiste, innen** (des Sockels) inner decking [mbt]; (des Sockels) low deck [mbt]
**Abdeckplatte** (an Landeklappe, Rakete) shroud [mot]; (Blech mit Rahmen) cover plate [mbt]

**Abdeckung** (durch Plane) canvas cover [mot]; cover [mbt]; (über Rolltreppen-Notstop) cover plate [mbt]; (Deckel, Plane, Tarnung) covering [mbt]; deck [mbt]; (z.B. der Rolltreppe) deck [mbt]
**Abdichtbürste** (am Handlauf) sealing brush [mbt]
**abdichten** seal [mas];
**Abdichten** sealing [mbt]
**Abdichtung** seal [abc]; (→ hintere Rostabd.; → federnde A.; → Rostabd.)
**Abdrift** (Schiff durch Wind, Seegang) drift off [mot]
**abdrücken** (Druck prüfen) pressure test [abc]
**Abdrückgewinde** (Maschinenteil) pressure-test threading [mas]
**Abdrücksignal** (rangieren, Ablaufberg) hump shunting signal [mot]
**ABE** (Allgemeine Betriebserlaubnis) general type approval [mot]
**ABEND** (nicht normales Dialogende) ABEND [edv]
**Abenddämmerung** dusk [wet]
**Abendschule** (nach Arbeitsende) night school [abc]
**aber mit Sondervereinbarung** but with a special agreement [jur]
**A-Betrieb** (Betrieb einer Endstufe mit einem Ruhestrom) class A operation [elt]
**Abfackelanlage** exhaust gas burner [air]
**abfackeln** (nicht nutzbare Gase) bleed off [pow]; (nicht nutzbare Gase) burn off [pow]
**Abfackelrohr** bleeder pipe [pow]
**abfahren** (stillegen) shut down [pow]; (Kesselaußerbetriebnahme) boiler shut-down [pow]
**abfahrendes Band** (von Schaufelradbagger) removing conveyor <belt> [mbt]
**abfahrendes Verbindungsrohr** (Steigrohr) riser [pow]; (Steigrohr) uptake tube [pow]

**Abfahrt** (Beginn der Reise) departure [abc]
**Abfahrtanzeiger** departure sign [mot]
**Abfahrtbahnsteig** departure track [mot]
**Abfahrtgleis** departure siding [mot]
**Abfahrtsauftrag** (an Lokführer) order to proceed [mot]
**Abfahrtsignal** starting signal [mot]
**Abfahrtzeit** (Bus, Bahn) departure time [mot]
**Abfahrtzeiten** (der Züge) train times [mot]
**Abfahrzeit** pressure reducing period [pow]; shut-down period [abc]
**Abfall** (Verschnitt, Schrott, Unrat) waste [rec]; (→ Industrieabfall) waste [rec]; debris [rec]; (Zeit des Schwächerwerdens) decay rate [abc]; (Senkung) drop [abc]; (Unrat, Müll) garbage [rec]
**Abfallbrennstoff** (Müll) refuse [rec]; waste fuel [rec]; hog fuel [pow]
**Abfalleimer** trash can [rec]; dust bin [bau]
**abfallen** (runterfallen) drop [abc]
**abfallende Flanke** (Metallbau) falling flank [mas]
**Abfallgrube** (Müllkippe, Deponie) dump pit [rec]; (kleine Deponie) garbage disposal [rec]
**Abfallprodukt** waste product [rec]; by-product [rec]
**Abfallstoff** (Abfallstoffe) waste [rec]
**Abfalltonne** (Mülltonne) trash can [rec]
**Abfallverwertung** (Schiffswrack) salvage [rec]
**Abfallzeit** (Zeit des Geringerwerdens) persistent time [elt]; (weniger werdend) decay time [abc]; (bei einem Signal) fall time [edv]
**abfangen** (sammeln) collect [bau]; (mit Seil oder anders halten) counterhold [mbt]; (Rolltreppe bei Einbau) hold [mbt]

**Abfanggräben** intercepting ditches [bau]
**Abfangseil** holding rope [mbt]
**abfeiern** (zu viele Stunden) time off for excess hours [abc]; (zu viele Stunden) time off [abc]
**abflachen** flatten [met]
**Abflachung** (eines Rades, einer Rolle) flattening [mot]
**Abflachung der Meßrolle** flattening of the metering roller [met]
**abfließen** (Öl fließt ab) flow away [mot]
**Abflug** departure [mot]
**Abflughalle** departure terminal [mot]
**Abflugzeit** (geplant und tatsächlich) departure time [mot]
**Abfluß** (von Regenwasser) run-off [mbt]; water drainage [mbt]; (für Wasser) discharge [mbt]; drain [mbt]; effluent [bau]; (von Regenwasser) flow off [mbt]
**Abflußhöhe** water level [bau]
**Abflußleitung** drain pipe [mot]
**Abflußöffnung** discharge outlet [mot]
**Abflußrohr** (Wasser u. a.) drain<age> pipe [mot]
**Abflußventil** (zu anderem Maschinenteil) delivery valve [mbt]; (Drainage) drain valve [mbt]
**Abfrageknopf** interrogating head [elt]
**abfragen** query [abc]; request [edv]; (bei Rechner, Behörde) interrogate [tel]; interrogate [edv]
**Abführrohr** (nach oben) riser [pow]; (nach oben) uptake tube [pow]
**Abführung ins Freie** discharge to atmosphere [pow]
**Abfüllbetrieb** (Getränke in Flasche) filling plant [abc]
**Abfüllung** (Bier in Fässer, Flaschen) filling [abc]
**Abgang** (Weggang, Verlassen, Abreise) departure [abc]; (Weggang, Verlassen) egress [bau]

**Abgas** (einer Fabrik) vapour [mot]; waste gas [pow]; (aus dem Auspuff) exhaust gas [mot]; (tritt aus) exit gas [mot]; flue gas [pow]; fumes [abc]

**Abgasanalyse** waste gas analysis [pow]

**Abgasanlage** (auch Auto) exhaust system [mot]

**abgasbeheizt** exhaust gas heated [mot]

**abgasbeheizter Ansaugkrümmer** exhaust gas heated intake manifold [mot]

**abgasbeheiztes Ansaugrohr** exhaust gas heated intake pipe [mot]

**Abgasgebläse** exit gas fan [mbt]

**Abgasheizung** exhaust-operated air heating [mot]

**Abgaskrümmer** (auch Auto) exhaust elbow [mot]

**Abgasleitung** (auch Auto) exhaust pipe [mot]

**Abgasproben** waste gas samples [pow]

**Abgasreiniger** exhaust cleaner [mot]; exhaust gases conditioner [mot]

**Abgasrohr** (auch Auto) tail pipe [pow]

**Abgasstaub** fuel dust [mot]

**Abgastemperatur** waste gas temperature [pow]; exit gas temperature [pow]; flue gas temperature at economizer outlet [pow]

**Abgasthermostat** exhaust-gas thermostat [mot]

**Abgasturbine** exhaust gas turbine [mot]

**Abgasturbolader** turbo charger [pow]; exhaust turbo charger [mot]; exhaust turbo-supercharger [mot]

**Abgasverlust** waste gas loss [pow]; flue gas loss [pow]

**abgeben** (einer Leistung) transmit [elt]; (ausschwitzen, ausstrahlen) exude [abc]; (z.B. Gase) give off [mot]; (aufgeben, verlassen) give up [abc]

**abgeblättert** (Farbe) peeled off [abc]; (durch Alter) weathered [mas]

**abgeblendet** (Autoscheinwerfer) dimmed light [mot]

**abgebogen** cranked [bau]

**abgebrannt** (pleite) broke [abc]; (geschnittenes Metall) flame-cut [met]

**abgedeckt** (Plane, Blech, Bretter) covered [mot]

**abgedichtet** (durch Dichtung) sealed [mbt]

**abgedichtetes Überdruckventil des Kühlers** sealed pressure overflow of radiator [mot]

**abgedunkelt** (z.B. durch Gardinen) darkened [mot]

**abgegebener Förderstrom** discharge volume [mot]

**abgeknöpft** (verschwenkt) cranked off [met]

**abgelagert** (Wein, Holz, Material) seasoned [abc]; (Wein, Holz, Material) matured [abc]

**abgelaufen** (nicht wirksam, beendigt) expired [jur]

**abgeleitet** (z.B. Wasser) drained [bau]

**abgeleitete Einheit** (von etwas) derived unit [abc]

**abgelöst** (Farbe fällt ab) peeled off [abc]; (Wachtposten) relieved [mil]

**abgerundet** (z.B. Kante) rounded [mas]; rounded off [mas]

**abgeschält** peeled [mbt]

**abgeschlossen** (Vertrag) concluded [jur]

**abgeschrägt** (z. B. Kante) chamfered [wst]

**abgeschrägte Bodenplatte** inclined track pad [mbt]

**abgesetzt** (farblich) differently coloured [abc]

**abgesichert** (z.B. Ventil) protected [mbt]; (elektrisch, durch Sicherung) fuse-protected [elt]

**abgespanntes Zelt** guyed tent [abc]

**abgestellt** (geparkte Autos, Busse) parked [mot]; (Eisenbahnwagen, Loks) stabled [mot]

**abgestimmt** fine-tuned [elt]
**abgestufte Strosse** (Tagebau) step bench [roh]
**abgestützt** (Grabenwand) revetted [bau]; (Grabenwand) sheathed [bau]; (altes Haus mit Balken) held up [bau]; (auf Wagenheber) jacked [mot]; (auf Schaufel/Schild) jacked up [mot]; (auf Wagenheber) jacked up [mot]
**abgestützter Kessel** (von unten) bottom-supported boiler [pow]
**abgetastetes Bild** scan [elt]
**abgetrennt** separated [abc]
**abgewickelt** (Bandeisen, Blech) uncoiled [mas]
**abgewinkeltes Gehäuse** angle housing [mot]
**Abgleich** (Anpassung) adjustment [abc]
**Abgleichung** matching [edv]
**Abgratnase** (beim Schmieden) forging bur [met]
**abgreifen** (abtasten) scan [elt]; (auch Telefonleitung) tap [elt]
**abgrenzende Gegenbeispiele** near misses [edv]
**Abhaldung** (→ Aufnahme; Kohlenaufnahme) reclaiming [roh]
**Abhang** slope [bod]
**abhängen** (z.B. von einem Haken) remove [abc]; take down [abc]; take off [abc]; unhook [mot]; (z.B. Fleisch) age [abc]; (z.B. Telefon) disengage [tel]
**abhängige Veränderliche** dependant variable [mat]
**Abhängigkeit** (→ Frequenzabhängigkeit) dependence [elt]
**abhängigkeitsgesteuertes Rückziehen** dependency-directed backtracking [edv]
**abhauen** (abästen) lop off [abc]
**abheben** (z.B. den Oberwagen) remove [mbt]; take off [mot]; lift [mbt]
**Abhilfe** (bei Schäden) repair [mas]
**Abhitze** waste heat [pow]

**Abhitzekessel** waste heat boiler [pow]
**Abholdienst** pick-up service [abc]
**Abisolierzange** strip-insulation pliers [wzg]
**Abkantbank** folding bench [wzg]
**abkanten** (mit scharfem Grat) cant [met]; (dünnes Blech scharf, kalt) cant [met]; fold [met]
**Abkantmaschine** folding machine [wzg]
**Abkantpresse** folding press [wzg]
**abkippen** (Verbiegen der Schraube) tilt [mas]
**Abkipphöhe** dumping clearance [mot]; dumping height [mot]
**Abklingzeit** (schwächer werden) decay time [elt]
**Abklopfeinrichtung** rapping gear [mas]
**abklopfen** (mit Pinne oder Finne) peen [mas]
**abkühlen** (Eintauchen bei Vergüten) quench [wst]; cool [abc]; cool down [abc]; (langsam im Ofen erkalten) cool off [wst]; freeze [pow]
**Abkühlung** cooling [wst]
**Abkühlung im Ofen** cooling in furnace [wst]
**Abkühlungsfläche** cooling surface [wst]
**Abkühlungsgeschwindigkeit** cooling rate [wst]
**abkuppeln** uncouple [mot]
**abkürzen** (einen Termin) shorten [abc]
**Abkürzung** (eines Weges) shortcut [abc]; (eines Wortes) abbreviation [abc]
**Ablage** (persönl. Dinge im Fahrerhaus) rack [mot]; file [abc]
**ablagern** (auch unerwünscht) deposit [rec]
**Ablagerung** (auf Meeres-, Flußboden) sediment [geo]; deposit [rec]; (→ lockere Ablagerung)
**Ablagerungsgestein** sediment [geo]; sedimentary rock [geo]

**ablängen** (Rohre) cut into length [pow]; (schneiden) cut the length [met]

**ablassen** (Druck, Flüssigkeit) bleed [abc]; (Ladung fieren, senken) lower [mbt]

**Ablaßhahn** drain cock [mas]

**Ablaßkniestück** drain elbow [mas]

**Ablaßleitung** drain pipe [pow]; drain tubing [pow]

**Ablaßschraube** drain plug [mot]

**Ablaßstopfen** drain plug [mas]

**Ablaßventil** discharge valve [mot]; (Entwässerungsventil) drain valve [pow]

**Ablauf** (eines Verfahrens) procedure [abc]; (Ablauf der Arbeit) sequence [abc]; discharge [mot]; (von Wasser u. ä.) drainage [bau]

**Ablauf der Vertragszeit** date of expiration [jur]

**Ablaufberg** (Rangierbetrieb der Bahn) hump [mot]

**ablaufbezogenes Testen** structured testing [edv]

**ablaufen** (enden, beendigen) expire [jur]

**Ablaufplan** (von EDV Programmen) chart flow [edv]

**Ablaufpläne** flow charts [abc]

**Ablaufpolice** expiration policy [jur]

**Ablaufregelung** bleed off [mot]

**Ablaufsteuerung** (logisch, abhängig) processing control [edv]

**Ablaufstrecke** run-off section [abc]

**ablegen** (weit weg) remote [abc]; (des Schiffes) sail [mot]; (Kleider) take off [abc]; file [edv]

**ablehnen** (eine Forderung) reject a request [abc]; (eine Forderung) turn down a request [abc]

**ableiten** (von einem Wort, Stamm) derive from [abc]

**Ableiterstrom** discharge current [elt]

**Ableitungsbaum** derivation tree [edv]

**Ablenkfläche** deflector [wst]

**Ablenkgenerator** (z.B. an Rolltreppe) sweep generator [mbt]

**Ablenkgeschwindigkeit** (z.B. Rolltreppe) spot velocity [mbt]

**Ablenkspannung** deflection voltage [elt]

**Ablenktrommel** snub pulley [mbt]

**Ablenkung** deflection [phy]; (z.B. Wind) deflection [mot]; (von der Hauptsache) distraction [abc]

**Ablenkungsgenerator** time base sweep generator [elt]

**Ablenkungskoeffizient** (z.B. Rolltreppe) deflection coefficient [mbt]

**Ablesegenauigkeit** reading accuracy [mes]

**Ablesemarke** (Strich) reading line [mes]

**Ablesung** (von Meßgerät, Monitor) read-out [mes]; reading [mes]

**Ablieferungsprüfung** delivery test [wst]

**ablösen** (eine Schicht, eine Folie) peel [abc]; (den Wachtposten) relieve [mil]; (durch Minderes ersetzen) substitute [abc]

**Ablösung** (des Wachtpostens) relieve [mil]; (durch Minderes) substituting [abc]

**Abluft** (verbrauchte Luft) used air [air]

**Abluftkasten** air discharge frame [mbt]

**Abluftkasten für Ölkühler** air-cowling [mbt]

**Abluftklappe** exhaust air flap [mot]

**Abluftkrümmer** exhaust air bend [mot]

**Abmachung** (Vertrag, Abkommen) understanding [abc]; (Vertrag, Abkommen) contract [abc]

**Abmaß** (über Endmaß hinaus) tolerance [mas]

**Abmessung** (z.B. des Verpackungsbandes) size [abc]; dimension [con]; (→ Lagerabm.; → Kesselabm.)

**Abmessungen und Gewichte** dimensions and weights [con]

**Abnahme** (Strom wird abgenommen) take off [elt]; (durch Kunden, Endinspektion) acceptance [abc]; (von Geräten, Einverständnis) approval [abc]

**Abnahme Erstgerät** (Erstabnahme) first off [abc]

**Abnahmeabteilung** (auch KD-Abteilung) Service Department [eco]

**Abnahmebericht** test report [mas]

**Abnahme-Ingenieur** test engineer [abc]

**Abnahmeprotokoll** certificate of acceptance [abc]

**Abnahmeprüfprotokoll** acceptance-test minutes [mes]; minutes of acceptance test [abc]

**Abnahmeprüfung** acceptance inspection [mes]; acceptance test [mes]

**Abnahmetest** (z.B. eines Gerätes) verification test [mbt]; (z.B. eines Getriebes) approval test [mbt]

**Abnahmetest Erstgerät** (Erstabnahme) first off [abc]

**Abnahmeverbrauch** acceptance test [mes]; boiler test [pow]; guarantee test [pow]

**Abnahmevorschrift** acceptance specification [mes]

**Abnahmezeichnung** acceptance drawing [con]

**Abnahmezeugnis** acceptance certificate [abc]; approval certificate [nrm]

**abnehmbar** (ein Deckel) removable [abc]

**abnehmbare Felge** detachable rim [mot]

**abnehmbares Rad** detachable wheel [mot]

**abnehmen** (entfernen, z.B. einen Deckel) remove [abc]; (den Hut) take off [abc]; (Gewicht verlieren) lose weight [abc]

**abnehmende Zahnspitzenhöhe** decreasing length of tooth tip [con]

**abnieten** rivet [mbt]

**Abnutzung** (Verschleiß) wear [abc]

**Abnutzungsgrad** rate of wear [pow]

**abölen** oiling [mas]

**Abölen** (z.B. der Rolltreppe) oiling [mbt]

**Abort** (bei der Bahn) lavatory [mot]

**Abort bei der Bahn** bathroom [mot]

**Abplattung** (des Ofenmantels) shell distortion [pow]

**abplatzen** spalling [abc]; (reißen, wegbrechen) chip off [wst]

**abprallen** (zurückschleudern) rebound [mas]; (flacher Stein auf Wasser) ricochet [abc]

**abpumpen** (Flüssigkeit) drain [abc]

**Abraum** (Über Braunkohle, Sand, Fels) overburden [roh]; debris and washery refuse [roh]

**abräumen** (einen Tisch) clear [abc]

**Abraumförderbrücke** overburden removing bridge [mbt]; conveyor bridge for open-pit mining [mbt]

**Abraumhalde** overburden stockpile [roh]

**Abraumvolumen** quantity of overburden [roh]

**Abrede** (in Abrede stellen) deny [abc]

**Abregeldrehzahl** governed speed [mas]

**abreiben** (spanen, zerreiben) chaff [met]

**Abreise** departure [mot]

**abreisen** depart [abc]

**Abreisetag** day of departure [abc]

**abreißen** (der Luftströmung, Flugzeug) stall [mot]

**Abreißen der Zündung** loss of ignition [pow]

**Abreißform** (eventuell Haufwerk des Gesteins in Wand) shapes of breaking [roh]

**Abrieb** (z.B. des Rohres) abrasion [mas]; (z.B. Reifen) abrasion [mas]; (Späne, Splitter) chaff [mas]

**abriebfest** abrasion-resistant [mas]

**Abriebswiderstand** (z.B. des Rohres) resistance to abrasion [wst]

**Abriebwirkung** abrasiveness [phy]

**Abrißpunkt** (Strömung reißt ab) stall point [mot]

**Abrollen** (der Mahlkörper) cascading [wst]; (des Baggers am Hang) creeping [wst]

**Abruf von Inventurzählbelegen** calling [abc]

**Abrufstückliste** (kundenspezifische Daten) detailed parts list [con]

**abrunden** round out [mas]

**Abrundung** (des Programms) rounding off [abc]

**abrutschen** (an Böschung) skid down [mbt]; slide down [abc]; slide off [abc]

**Absalzung** (Abschlämmung) blowdown [pow]; (Abschlämmung) boiler water blowdown [pow]

**Absatz** par [jur]; (im Gelände) terrace [geo]; (am Schuh) heel [abc]; (der Treppe) landing [bau]

**absaufen** (z. B. Mühle) choke [pow]

**absaugen** draw off [abc]; (auch Autogase) exhaust [mot]

**Absaugepyrometer** suction pyrometer [mas]; suction type pyrometer [mas]; high velocity thermocouple [pow]

**Absaugepyrometer mit Strahlungsschutz** multiple-shield high velocity thermocouple [pow]

**Absaugpumpe** scavenge pump [mot]

**Absaugrohr** suction pipe [mot]

**Absaugstelle** suction point [mas]

**abschälen** (Bodenschicht, Kartoffel) peel [abc]

**abschalten** (z.B. Kessel) shut down [pow]; shut off [mot]; (Motor) switch off [mot]; (z.B. Kessel) take out of service [pow]; (nicht mehr versorgen) cut off [elt]; disconnect [elt]

**Abschalter** (in Schaltanlage eines Kraftwerks) circuit breaker [pow]; (in Schaltanlage eines Kraftwerkes) cut-out [pow]

**Abschaltstrom** current-on-breaking [pow]

**Abschaltung** (z.B. eines Hauses) disconnection [elt]

**Abschaltverzögerung** cut-off delay [elt]

**abschätzen** (bewerten) value [abc]; (schwierige Entscheidung) weigh [abc]; (z.B. Entfernung) estimate [abc]

**Abschätzung** (Wägen, Überlegen) weighing [abc]; (einer Entfernung, Menge) estimating [abc]

**Abscheideflasche** sediment bowl [pow]

**Abscheidegrad** collection efficiency [phy]; (E-Filter) collector efficiency [air]

**abscheiden** (ausfällen; absetzen) precipitate [pow]; separate [roh]; (ausfällen; absetzen) settle [roh]

**Abscheiden** (Trennen) separation [roh]

**Abscheider** (z.B. Staub) precipitator [roh]; (z.B. Wasser) separater [mot]; (Fremdkörperab.) trap [roh]; (Staub) dust precipitator [abc]; (→ Dampfzyklonab.; → Flugstaubzyklonab.; → Fremdkörperab.)

**Abscheiderelektrode** (E-Filter) collecting electrode [air]

**Abscheidungsgrad** (Filterwirkungsg.) precipitator efficiency [roh]

**abscheren** (auch unerwünscht) shear [mas]; shear off [mas]

**abschicken** (zum Drucken) submit [edv]

**Abschieber** (am Stapler) pushing device [mot]

**Abschirmblech** air shield [mbt]

**abschirmen** shield [abc]

**Abschirmen** shielding [mbt]

**Abschirmung** (unerwünschter Materie) screening [mas]; shield [abc]; (z.B. der Rolltreppe) shielding [mbt]; (doppelte Abschirmung) shielding [mas]

**Abschlackanlage** deslagging equipment [wst]

**abschlagen** (mit dem Hammer) knock off [met]

**Abschlaglänge** (Entfernung Schüsse-Wand) shot distance [roh]

**abschlämmbare Bestandteile** settable solids [bod]

**Abschlämmbehälter** boiler blow-down tank [pow]

**Abschlämmung** (Absalzung) blowdown [pow]; (Absalzung) boiler water blowdown [pow]

**Abschlämmventil** blow-down valve [pow]

**abschleifen** (unerwünschtes Fressen) fretting [met]; (glätten, bearbeiten) grind [met]

**abschleppen** (ein Fahrzeug) tow [mot]

**Abschleppfahrzeug** (mit Kran) wrecker crane [mot]

**Abschleppkran** (Fahrzeug mit Kran) wrecker crane [mot]

**Abschleppkupplung** draw bar coupling [mot]

**Abschleppseil** tow rope [mot]

**Abschleppstange** tow bar [mot]; towing rod [mot]

**Abschleppwagen** tow truck [mot]

**abschleudern** centrifuge [abc]

**abschließbar** (mit Schlüssel) lockable [abc]

**abschließen** (ein Thema) conclude [abc]; (eine Tür) lock [abc]

**abschließend** (gegen Ende) finally [abc]

**Abschluß** (reflektionsfreier Abschluß) termination; (Beendigung einer Arbeit) completion [abc]

**Abschlußdeckel** plug [mbt]; (Stopfen) plug [mbt]; cover [mbt]; end cover [mot]; flange cover [mbt]

**Abschlußplatte** end plate [mas]

**Abschlußstopfen** drain plug [mot]

**abschmieren** (Flugzeug stürzt ab) crash [mot]; grease [mot]; (mit Fett, Öl versehen) lubricate [mas]

**Abschmieren** greasing [mbt]; lubrication [mbt]

**Abschmiererfordernisse** lube requirements [mot]; lubrication requirements [mot]

**abschneiden** (durch brennschneiden) torch-cut [met]; trim [abc]

**Abschnitt** (einer Konstruktion) section [con]; (Segment, Teil, Ausschnitt) segment [mas]

**abschrägen** (abkanten) bevel [met]; (abkanten) chamfer [met]

**Abschrankung** (Absperrung) barrier [mbt]

**abschrauben** unbolt [met]; (lösen) unscrew [met]

**abschrauben und sichern** (ein Hydraulikrohr) blank [mas]

**abschrecken** (in Flüssigkeit tauchen) plunge [abc]; (schnell kühlen) quench [wst]

**Abschreckungsöl** quenching oil [wst]

**abschreiben** write off cost [abc]

**Abschreibungszeit** payout time [abc]; period of amortisation [abc]

**Abschußgerät** launcher [mil]; launching equipment [mil]

**abschwächen** (Sturm, eine Aussage) weaken [abc]

**Abschwächer** (z.B. an Rolltreppe) attenuator [mbt]

**Abschwächung der Unebenheiten** reduction of bumps or dips [mbt]

**Abschwächungsfaktor** attenuation factor [elt]

**Absegelung** (z.B. Seile am Zirkuszelt) guy [abc]

**Abseilvorrichtung** (am Kran) rope-down device [mot]

**abseits** (entfernt gelegen) remote [abc]

**absenden** (z.B. einen Brief) mail [pol]

**absenken** (schnelles Absenken des Baggers) fast-fall [mbt]; (am Kran) lower [bau]

**Absetzbecken** sedimentation tank [roh]; settling basin [roh]

**absetzen** (abscheiden; ausfällen) precipitate [pow]; (Ablagerung) sediment [geo]; (abscheiden; ausfällen) settle [roh]; (Sinkstoff) deposit [was]; (ein Programm im TV) discontinue [elt]; (einen Minister) dismiss [pol]

**Absetzer** (legt Halde an) spreader [mbt]; (legt Halde an) stacker [mbt]

**Absetzerbrücke** bridge spreader [mbt]

**Absetzförderband** (für Halde) spreader [mbt]; (für Halde) spreader discharge belt [mbt]; (für Halde) stacker [mbt]

**Absetzkammer** (z.B. für Staub; Schlamm) settling chamber [roh]; (z.B. für Staub; Schlamm) settling tank [roh]

**Absetzschale** sediment bowl [abc]

**absichern** (schützen, z.B. Ventil) protect [abc]; protect by fuses [mbt]; (durch Sicherungen) protect by fuses [mbt]; (bewachen, festmachen) secure [abc]; (durch Sicherung) fuse [elt]; (durch Sicherung) fuse-protect [elt]

**Absicht** (Zweck) purpose [abc]

**Absicht erklären** declare the intention [jur]

**absichtlich** (auch böse) on purpose [abc]; (auch böse) intentional [abc]

**absieben** screen out [roh]

**absinken** (unerwünscht; Hydraulikleck) creep [mot]; (ein plötzl. Druckabfall) drop [mbt]

**absolut** absolute(-ly) [abc]; (absolut nicht) absolutely [abc]; (z. B. völlig trocken) completely [phy]

**absolut trocken** absolutely dry [wet]

**Absolutdruck** absolute pressure [phy]

**absolute Luftfeuchte** absolute humidity [wet]

**absoluter Druck** (ata) absolute pressure [phy]

**absoluter Fehler** absolute error [mat]

**absondern** (ausscheiden, scheiden) segregate [mas]; segregating [mbt]; (z.B. eines Bestandteiles) segregating

[mbt]; (etwas Unerwünschtes) separate [abc]

**absorbieren** absorb [phy]

**Absorption** absorption [phy]

**Absorptionsdämpfung** absorption loss [mot]

**Absorptionskoeffizient** absorption coefficient [phy]

**Abspannseil** suspension rope [mbt]

**abspeichern** store [edv]

**Absperr- und Regelarmaturen** stop and regulating valves [mas]

**absperren** (eine Straße) close [mot]; (eine bestimmte Stelle) cut off [mbt]

**Absperrhahn** shut-off valve [mot]; cut off cock [mot]

**Absperrkette** barrier chain [abc]

**Absperrung** (z.B. Hahn, Klappe) shut-off device [mas]; barrier [abc]; (von Straßenteil o. ä.) barrier [mot]; (einer Baustelle) closing [mbt]

**Absperrventil** shut-off valve [mas]; stop valve [mbt]; gate valve [mot]

**Absperrvorrichtung** (Gitter, Kette) barrier [mas]

**Abspielgerät** (z.B. der Stenorette) transcriber [elt]

**Abspringen** (Kette) coming-off [mbt]

**abspritzen** (waschen) spray wash [mbt]; (Öl bei Überdruck) squirt off [mbt]

**Abspritzleitung** return pipe [mot]

**Abspulhaspel** de-coiling reel [mbt]

**abstammen von** derive from [abc]

**Abstammung** parentage [abc]; extraction [abc]

**Abstand** (zwischen 2 Bauteilen) space [mbt]; (Abstände) spacing [abc]; (Stadt zu Stadt) distance [con]; (zwischen Zylinderköpfen) head to head distance [mbt]; (→ Achsabst.)

**Abstand der Laufrollen** (Unterwagen) gauge [mbt]

**Abstand erzeugen** spacing [mbt]

**Abstandring** distance pin [mot]; distance ring [mot]

**Abstandsanzeiger** clearance indicator [elt]

**Abstandsgesetz** distance law [phy]

**Abstandsmesser** thickness gauge [mes]

**Abstandsrohr** spacer sleeve [mas]; distance piece [wst]

**Abstandsskala** distance scale [con]

**Abstandsstück** spacer [mas]

**abstechen** (Hochofen) tap off [wst]

**abstecken** (ein Gelände mit Stangen) stake out [bau]

**absteifen** (auch: sich versteifen) brace [abc]

**Abstellbahnhof** (Abstellgleis) carriage siding [mot]

**abstellen** (Eisenbahnwagen, Loks) stable [mot]

**abstellen** (Motor) stop [mot]

**abstellen** (Motor) switch off [mot]

**Abstellhahn** (z.B. der Führerbremse) isolating cock [mot]

**Abstellhebel** (auch elektrisch) shutdown lever [mot]; (des Motors) kill cable [mot]

**abstempeln** seal [pol]

**Abstich** (das Abstechen) tap [wst]

**Abstichloch** (des Hochofens) tap [wst]; (des Hochofens) tap-hole [wst]

**Abstichlochbohrer** (am Teleskoparm) tap-hole drilling device [wst]; (am Teleskoparm) drilling device for tap-hole [mas]

**abstimmen** (für einen Kandidaten) vote [pol]; (in einer Versammlung) vote [abc]; (auf ein Thema einigen) agree [abc]

**Abstimmung** (des Radios) tuning [elt]

**abstrakte Prolog-Maschine** abstract prologue machine [edv]

**abstrakter Datentyp** abstract data type [edv]

**Abstraktionseinheit** abstraction unit [edv]

**abstreifen** strike off [abc]

**Abstreifer** scraper [mbt]; scraper ring [mot]; stripper [abc]; cleaner bar [abc]

**Abstreifkante** striking-off edge [mas]

**Abstreifring** scraper [mbt]; scraper ring [mot]; wiper ring [bau]; wiping seal [mbt]; (Schmutz am Zylinder) dirt skimmer [mbt]

**abstreuen** (Streusalz, Granulate) grit [abc]

**Absturz** (Gefälle) drop [bau]

**Abstürzen des Materials** drop [abc]

**Abstützbasis längs** outriggers longitudinal [mot]

**Abstützbasis quer** outriggers lateral [mot]

**abstützen** (des Grabens) revet [bau]; (→ abgestützt)

**Abstützung** (Bagger, Kranausleger) outrigger [mbt]; (hintere Abstützung) rear outrigger [bau]; (z.B. Streben im Graben) revetting [bau]; (Pratzen) stabilizers [mbt]; (Ausleger an Waggonecken) corner jack [mot]; (des Stielzylinder auf Monoboom) cylinder hookup [mbt]; (vordere A.) front outrigger [mbt]; (an Ecken Güterwagen) jack [mot]; (an Ecke Güterwagen) load stabilizing jack [mot]

**Abstützung des Hangenden unter Tage** roof support [roh]

**Abstützungskopf** (z. B. der Pratze) jack head [mot]

**Abstützvorrichtung** (nicht Pratzen) support [mas]

**Abstützzylinder** (Pratzen oder Planierschild) outriggers or dozer blade [mbt]; (der Pendelachse) locking cylinder [mbt]

**Abtastbild** (mit Ultraschall) scan display [elt]

**abtasten** scan [mbt]; (z.B. mit Strahl) scan [mbt]; (Ultraschall) ultrasonic scanning [elt]

**abtasten von Hand** (auch Rauheit) manual scanning [abc]

**Abtaster** scanner [mbt]

**Abtastgeschwindigkeit** scanning speed [elt]

**Abtastimpuls** sampling pulse [mbt]
**Abtastoszilloskop** sampling oscilloscope [elt]
**Abtastscheibe** coding disc [abc]; scanning helix [elt]
**Abtastspirale** helical scanning path [elt]
**Abtastung** scanning [elt]; (automatisch) automatic scanning [mes]
**abtauen** defrost [mot]
**Abtauthermostat** defrosting thermostat [mot]
**Abtei** abbey [cap]
**Abteil** (in Eisenbahn) compartment [mot]
**Abteiltür** (in Eisenbahn) compartment door [mot]
**Abteilung** (Personalabteilung, US) section [eco]; (in Firma, z.B. Einkauf) department [eco]; (→ Isolierungsabt.; → Gerüstabt.; → Zeitstudien-Abt.)
**Abteilungsleiter** department manager [eco]
**Abteilwagen** non-gangwayed compartment coach [mot]; compartment coach [mot]
**abteufen** (einen Schacht) sink [roh]
**abtragen** (Schichten) strip [roh]
**Abtragen** (Schichten, Abraum, Kohle) stripping [roh]
**Abtragshöhe** digging height [mbt]
**Abtragungsgerät** (Erdbewegungsgerät) earth-moving machine [roh]
**Abtransport** (Entfernung) removal [abc]; (von Abraum, Abfall) removal [roh]; (von Personen) transport [abc]
**abtrennen** (abbrennen) flame-cut [met]
**Abtrieb der Nockenwelle** camshaft drive [mot]
**Abtriebsmoment** (auch Auto) output factor [mbt]
**Abtriebswelle** output shaft [mot]
**Abtriebszahnrad** output drive gear [mot]
**Abtrift** (abtreiben vom Schiffskurs) leeway [mot]

**Abwärmeverwertung** recovering waste heat [pow]; waste heat recovering and utilizing [pow]
**abwärts** down [abc]; in the downward direction [bau]
**Abwärtslauf** (der Rolltreppe) downward travel [mot]
**Abwärtsströmung** down-flow [pow]
**abwaschen** (Geschirr) do the dishes [abc]
**Abwaschküche** galley [abc]
**Abwasser** (in Abwasserleitung) sewerage [was]; (benutztes Wasser) waste water [was]; (z.B. Brauerei) effluent [was]; liquid waste [was]
**Abwasseranfall** volume of waste water [was]
**Abwasseraufbereitung** sewage treatment [was]
**Abwasserreinigungsanlage** sewerage treatment plant [was]
**abweichen von** deviate from [abc]
**Abweichung** (vom Originalmaß, Toleranz) tolerance [mas]; (zusätzliche Möglichkeit) variation [abc]; (vom Geplanten) deviation [wst]; (Modifizierung) modification [abc]
**abweisen** (eine Sendung) reject [abc]
**Abweiser** (Windleitblech an Lok) smoke deflector plate [mot]; (z.B. Windleitblech) deflector [mot]; (Kotflügel) fender [mot]; (der Rolltreppe) head guard [mbt]; (Kopfschutz) head guard [mot]
**Abweiskufe** deflector [mbt]
**Abwendung des Schadens** prevention of the damage [jur]
**abwerben** (von Firma A. zu B.) headhunt [abc]
**abwerfen** (über Bord werfen) jettison [mil]
**abwesend** absent [abc]
**Abwicklung** (Dokument) settlement [abc]; (echte Länge) true length [mas]; (Blech, auf Zeichnungen) uncoiling [con]; (Entwicklung, Entfaltung) un-

folding [bau]; (einer Arbeit) carrying out [wst]; (Entwicklung) evolution [abc]; (einer Arbeit) execution [abc]
**abwracken** (Schiff, Lkw) salvage [mot]
**Abwrackung** (z.B. eines Schiffes) salvaging [mot]
**Abwrackunternehmen** (Firma) salvaging company [mot]
**Abwurfausleger** discharge boom [mbt]
**Abwurfband** discharge conveyor [mbt]
**Abwurfbandausleger** discharge boom [mbt]
**Abwurfbandträger** discharge boom [mbt]
**Abwurfbandträgerlänge** discharge boom length [mbt]
**Abwurfende** discharge end [mbt]
**Abwurfsprengen** (bei selektivem Abbau) throw-off blasting [roh]
**Abwurftrichter** (Aufbereitungstrichter) discharge funnel [roh]
**Abwurftrichter mit Vorsieb** discharge funnel with pre-screen [roh]
**Abwurftrommel** discharge pulley [mbt]
**abwürgen** (den Motor) stall [mot]
**abzapfen** (auch Hochofen) tap [mas]
**Abzehrung** wearing off [pow]
**Abziehband** (im Haldentunnel) tunnel conveyor [roh]
**Abziehband im Haldentunnel** tunnel conveyor [roh]
**Abziehbild** sticker [abc]; (z.B. auf Auto) decal [abc]; decalcomania [abc]
**abziehen** (Kabel abziehen) pull off [abc]; (eines Rades) pull off [mot]; (fliehen) retreat [mil]; (Material entnehmen) withdraw [roh]; (Mathematik) deduct [mat]; (Truppen) move out [mil]
**Abziehen von Planum** fine levelling of surface [mbt]
**Abzieher** (Werkzeug) puller [mot]; (Werkzeug) extractor [mot]

**Abzieherschraube** puller screw [mot]
**Abziehkante** scanning edge [mas]
**Abziehlack** (Klarlack, chemisch härtend) strip varnish [mas]
**Abziehmutter** pull nut [mot]
**Abziehschraube** puller screw [mot]
**Abziehvorrichtung** puller bar [mot]; extractor [mot]; (z.B. Nabe) extractor [mot]
**Abzug** (z.B. Truppenbewegung) departure [mil]
**Abzugbühne** draw floor [roh]; drawing floor [roh]
**Abzugsband** discharge conveyor [roh]
**Abzugsförderer** discharge conveyor [roh]
**Abzugsgerüst** (Hüttenwerk) forming roller unit [wzg]
**Abzugshaube** exhaust duct [roh]
**Abzugsröhre** funnel [roh]
**Abzugsvorrichtung** extractor device [roh]
**Abzweigdose** distribution box [elt]; junction box [mot]
**abzweigen** (ein Kabel) fork off [elt]
**Abzweigklemme** branch joint [elt]
**Abzweigstück** swivel fitting [mas]
**Abzweigung** (einer Straße) road fork [mot]; (des Rohres) branch pipe [mas]; (auch einer Straße) fork [mbt]
**Ac 1** (Austenitisierungstemperatur) austenitizing temperature [mas]
**Acetylen** acetylene [che]
**Achat** agate [min]
**achatgrau** (RAL 7038) agate grey [nrm]
**Achsabstand** (bei Riemenantrieb) shaft centre distance [mas]; (Abstand Vorderrad zu Hinterrad) wheelbase [mot]; axle base [con]; (bei Rollenkette) centre distance [mbt]; (zwischen gedachten Achsen) distance between axes [con]
**Achsabstrebung** axle stay [mas]
**Achsabstützung** axle support [mas]
**Achsanordnung** axle arrangement [mot]

**Achsaufhängung** axle suspension [mot]

**Achsbolzen** steering pivot pin [mot]

**Achsbrücke** axle arch [mas]

**Achse** (Welle) shaft [mas]; (z.B. Vorderachse Pkw) spindle [mot]; (gedachte Mitte eines Rohres) axis [con]; (z.B. Rolltreppe) axle [mbt]; (Vorder-, Hinterachse Fahrzeug) axle [mot]; (Radsatz) axle [mot]; (→ Hilfsa.; → Lüftera.; → Vorgelegea.; → Pedala.; → Rücklaufa.; → Kipphebela.; → Stufenwendea.; → Gabela.; → Halba.; → Pendela.; → Hinterachsbrücke ; → Hinterachstrichter ; → Lenktrieba.; → Schwinga.; → Spanna.; → Tandema.)

**Achse des Schallstrahlenbündels** sound beam axis [aku]

**Achseingang** (in Nabe) axle entrance [mot]; (in Nabe) entrance of the axle [mot]

**Achselbereich** axillary [med]

**Achselklappe** (Schulterstück) shoulder board [mil]; (Schulterstück) epaulette [mil]

**Achsenkreuzung** (gedachter Achsen) intersection of axes [mbt]

**Achsenkreuzungswinkel** axis intersection angle [con]

**Achsenprüfkopf** (Ultraschalltest) axle probe [mes]

**Achsenwinkelabmaß** shaft-angle deviation [mbt]

**Achsenwinkelabweichung** shaft-angle variation [mbt]

**Achsfolge** (der Lok) wheel arrangement [mot]

**Achsgabel** axle guard [mas]

**Achsgehäuse** axle casing [mas]

**Achshalter** (hält Bolzen in Lager) pin lock [mbt]; axle guide stay [mas]; axle mounting [mas]; axle support [mas]

**Achshaltergleitbacke** (Waggonachse) horn cheek [mot]

**achsial** (in Richtung der Achse) axial [abc]

**Achskegelrad** differential bevel gear [mot]

**Achskraft** (bei der Bahn) axle weight [mot]

**Achslager** (des Waggons) wheelset bearing [mot]; axle ball bearing [mas]; axle bearing [mas]; (des Waggons) axle box [mot]; journal bearing [mot]

**Achslagerführung** horn cheek [mot]

**Achslagerung** axle box arrangement [mas]

**Achslast** axle load [phy]

**Achslasten hinten** (des Lkw-Krans) axle loads rear [mbt]

**Achslasten vorn** (des Lkw-Krans) axle loads front [mbt]

**Achsmantel** axle bush [mas]

**Achsmittellager** axle pivot pin [mot]

**Achsnabe** wheel spindle [mas]

**Achsrohr** axle tube [mas]

**Achsschaft** axle body [mas]

**Achsschenkel** steering knuckle [mot]; stub axle [mot]; wheel spindle [mot]; axle journal [mot]

**Achsschenkelbolzen** steering knuckle pin [mot]; king pin [mot]

**Achsschenkelbund** axle journal collar [mas]

**Achsschenkel-Gelenk** knuckle [mot]

**Achsstand** (Achsabstand) wheelbase [mot]; (Radsatzabstand) wheelbase [mot]; axle support trunnion [mas]

**Achstrichter** flared tube [mot]

**Achsversetzung** offset [mbt]

**Achsversetzungsabmaß** offset deviation [mbt]

**Achsversetzungsabweichung** offset variation [mbt]

**Achswelle** (in Maschine) axle [mbt]; axle shaft [mas]; (zu Differential) half shaft [mot]

**Achswellendichtung** axle shaft gasket [mas]

**Achswinkel** (Zahnrad) shaft angle [mas]

**Achszapfen** king pin [mbt]

**Achteck** octagon [mot]
**Achterknoten** (Seil vor Öse hemmen) figure-of-eight knot [mot]
**achtern** (am Schiff hinten) aft [mot]
**ACHTUNG** (auf Verkehrsschild) CAUTION [mot]
**Achtung Werkstatt** (Anweisung folgt) Attention Workshop [mot]
**Acker** (Feld, bestellbares Land) field [far]
**Ackerschlepper** (Trecker) tractor [mot]; farming tractor [far]
**Adapter** (passend machende Verbindung) adapter [mas]
**addieren** (Grundrechengsart) add [mat]
**Additionseffekt** summation effect [mbt]
**Additions-Multiplikations-Netz** adder-multiplier net [edv]
**Additiv** (z.B. beim Stahlvergüten) additive [mas]
**Adel** (→Heraldik) nobility [abc]; (Aristokratie) aristocracy [abc]
**adelig** (aristokratisch) noble [abc]
**Adelshandbuch** register of nobility [abc]; (→ Genealog. Handbuch) Genealogical Handbook of Nobility [abc]
**Adelsprädikat** title of nobility [abc]
**Adelsstand** nobility [abc]
**Ader** (im Körper) vein [med]; (Draht) wire [elt]
**Aderfarbe** (Kabel) colour of wire [elt]
**Adhäsionswasser** adherent water [phy]
**Adjunkte** (spez. Determinate) cofactor [mat]
**Adjutant** (Offiziershilfe) adjutant [mil]
**Adler** eagle [bff]
**Admittanz** (Kehrwert d. komplexen Widerstandes) admittance [elt]
**Admittanzmatrix** admittance matrix [elt]
**Adobe** (luftgetrockneter Lehm, Ton) adobe [bau]
**Adressant** (der den Brief schreibt) addresser [abc]

**Adressat** (der den Brief bekommt) addressee [abc]
**Adresse** (Anschrift) address [abc]
**Agenturmeldung** (nach einer Agenturmeldung ...) report of a news agency [abc]
**Aggregat** (Kessel) plant [pow]; (Kessel) unit [pow]; aggregate [mas]; (Kessel) boiler unit [pow]
**Aggregat-Ende** unit end [pow]
**Aggregatzustand** state of aggregation [che]; (z. B. flüssig) condition of aggregation [phy]
**agieren** operate [abc]
**Ahle** (auch Schusterahle) broach [wzg]
**ähnlich** (ähnelnd, fast so) similar [abc]
**Ähnlichkeit** similarity [abc]
**Ähnlichkeitsmaß** similarity measure [edv]
**Ähnlichkeitsnetz** similarity net [edv]
**Ähnlichkeitstransformation** similarity transformation [mes]
**Ahorn** (Laubbaum) maple [bff]
**Ahornsirup** (auf amerik. Pfannkuchen) maple syrup [abc]
**AK** (Äußerste Kraft voraus!) Full speed ahead [mot]
**Akazie** (Laubbaum) acacia [bod]t
**Akkordarbeit** piecework [abc]
**Akkordarbeiter** pieceworker [abc]
**Akku** (Kurzform von Akkumulator) battery [elt]
**Akkumulator** battery [elt]
**Akkumulatortriebwagen** battery railcar [mot]
**Akku-Triebwagen** battery railcar [mot]
**Akryl** (Akrylharzfarbe) acrylic [che]
**Akte** (Bitte, das in die Ablage!) file [abc]
**Aktennotiz** (Mitteilung, intern) memorandum [abc]
**Aktenstück** (Akte, Unterlage) file [abc]
**aktionszentrierte Kontrolle** action-centered control [edv]

**aktiver Bereich rückwärts** reverse-active region [elt]

**aktiver Bereich vorwärts** forward-active region [elt]

**Aktivkohle** activated carbon [che]

**aktualisieren** (auf neuen Stand bringen) update [abc]

**aktuell** (aktuelle Nachrichten) the latest [abc]; (-e Nachrichten) latest [abc]

**aktuelle Umgebung** current environment [edv]

**Akustik** acoustics [aku]

**Akustikplatte** acoustic tile [aku]

**akustisch** (betrifft das Hören) acoustic [aku]

**akustische Anpassung** acoustic matching [aku]

**akustische Warnung** acoustic warning [mbt]

**akustischer Scheinwiderstand** acoustic impedance [aku]

**akustischer Sumpf** anechoic trap [aku]

**akustischer Widerstand** acoustical resistance [aku]

**akustisches Alarmgerät** audible alarm device [aku]

**akustisches Signal** acoustic signal [aku]

**akustisches Signal fehlt** acoustic signal missing [aku]

**Akzeptor** (Fremdatom im Halbleiter) acceptor [phy]

**Alabaster** (Gipsart) alabaster [min]

**Alarm** (→ Rauchdichtealarm) alarm [abc]

**Alarmanlage** (gegen Einbruch usw.) burglar alarm [elt]

**Alarmknopf** (Schalter) panic button [elt]; (Schalter) emergency button [pow]

**Alarmpfeife** alarm whistle [mbt]

**Alarmschalter** alarm switch [abc]

**Alarmsignal** warning signal [elt]

**Alchemie** (frühe magische Form Chemie) alchemy [che]

**algebraische Spezifikation** algebraic specification [mat]

**Algorithmen** algorithms [abc]

**Alit** alite [min]

**Alkaliflüchtigkeit** alkali volatility [che]

**Alkalireinigung** alkali cleaning [che]

**Alkalität** alkalinity [che]

**Alkohol** alcohol [che]

**alkoholfreie Getränke** soft drinks [abc]

**alkoholfreies Bier** nonalcoholic beer [abc]

**alkoholische Getränke** alcoholic beverages [abc]

**Alkyd** alkydal [che]

**All** (das All, der Kosmos) Universe [abc]

**Allan-Steuerung** (an Lokomotive) Allan link motion [mot]

**alle Biegelinien unten** all bending lines below [mas]

**alle Blechdicken** unlimited thicknesses [mas]

**Alleinunterhalter** (Entertainer) entertainer [abc]

**Allen-Steuerung** (der Lokomotive) Allen link motion [mas]

**allgemein** general [abc]

**Allgemeinanstrich** standard paint finish [mbt]

**allgemeine Anordnung** layout [abc]

**allgemeine Betriebshaftpflichtversicherung** general liability insurance [jur]

**allgemeine Betriebsmeßstelle** measuring instrument tapping point [abc]

**allgemeine Deckungserweiterung** general extension of coverage [jur]

**allgemeine Meßstelle** measuring instrument tapping point [abc]

**allgemeine Versicherungsbedingungen** standard provisions [jur]

**allgemeine Voraussetzungen** general suppositions [jur]

**allgemeine Zwecke** general applications [abc]

**allgemeiner Baustahl** steels for general structural purposes [wst]

**Allgemeines** (Bemerkungen) general remarks [abc]

**Allgemeintoleranz** general tolerance [mas]

**allmähliche Bremsöffnung** gradual brake release [mot]

**allmähliche Querschnittsänderung** gradual change in section [pow]

**allmähliche Zusammenziehung** gradual contraction [pow]

**Allquantor** universal quantifier [edv]

**Allradantrieb** all-wheel drive [mot]; (4 WD) four-wheel drive [mot]

**Allrad-Lastkraftwagen** four-wheel drive truck [mot]

**allround** all the way [abc]

**allseitig** (allseitig interessiert) universal [abc]; (z.B.: allseitige Schräglage) all sides [abc]

**allseits ungekühlter Feuerraum** all-refractory furnace [pow]

**All-Terrain Kran** all-terrain crane [mbt]

**Allwegbahn** (→ Transrapid) straddle railway [mot]

**Allwegstapler** rough-terrain forklift truck [mbt]

**Allwetterrolltreppe** outside escalator [mbt]; all-weather design escalator [mbt]

**Allwetterstraße** all-weather road [mot]

**Alpha-Beta-Suche** alpha-beta search [edv]

**Alpha-Beta-Verfahren** alpha-beta pruning [edv]

**Alphabet** (das ABC) alphabet [abc]

**alphabetisch** (in alphabetischer Reihenfolge) alphabetical [abc]

**alpin** (die Alpen betreffend) Alpine [cap]

**Al-Rohr** (beidseitig Alu-beschichtet) Al-pipe [mas]

**als** (besser als) than [abc]; (zeitlich) when [abc]

**alt** (Geschichte, Kirche, Mensch etc.) old [abc]; (gealtert, verwittert) aged [abc]

**Alt- und Rohmetalle** metal scrap and raw metals [wst]; metal scrap and virgin metals [wst]

**Altar** altar [abc]

**Altenheim** (Seniorenheim) nursing home [abc]; (Seniorenheim) old age home [med]

**Alter Mann** (abgebaute Strecken) back [roh]

**Alternative** alternative [abc]

**Altersaufbau** age pyramid [abc]

**Altersheim** (Seniorenheim) nursing home [abc]; (Seniorenheim) old age home [med]

**Altersstruktur** (Menschen) age pyramid [abc]

**Altersversorgung** (Pension) pension <or retirement> benefits [abc]; (Pension) retirement funds [abc]; (Rente) social security [jur]

**alterungsbeständig** (z. B. Wasserrohr) corrosion free [wst]; (z.B. Öle, Fette) good aging behaviour [abc]

**Altglas** (Wiederverwertung) glass recycling [rec]

**Altlastenrücklagengesetz** Super Fund Law [jur]

**altmodisch** old-fashioned [abc]

**Altöl** (verbraucht; wird entsorgt) used oil [abc]; waste oil [abc]

**Altpapier** (Wiederverwertung) paper recycling [rec]

**altrosa** (RAL 3014) antique pink [nrm]

**Altschienen** used rails [mot]

**Altschrott** old metals [wst]

**Alu** (Aluminium) alu [mas]

**Alu-Basis-Legierungen für allgemeine Zwecke** alu alloys for general applications [mas]

**Alu-Basis-Legierungen für besondere Zwecke** alu alloys for special applications [mas]

**Alu-Basis-Legierungen höhere Festigkeit** high-strength aluminium alloys [wst]

**Aluminium** aluminum [mas]

**Aluminiumlegierung** aluminium alloy [mas]

**Aluminium-Stoßdämpfer** aluminium shock absorber [mot]

**am Bahnhof** (→ Bahnhof) at the train station [abc]

**am Fluß gelegen** riverine [abc]

**am Transformatorrahmen geerdet** earth to transformer frame [elt]

**am Zughaken angehängte Zusatzgeräte** trailing implements [mbt]

**Ambiente** ambient [abc]

**Amboß** (Arbeitsgerät in Schmiede) anvil [wzg]

**Ameise** (Insekt) ant [bff]; (kleiner Stapler) electric hand forklift truck [mbt]

**Amethyst** (Halbedelstein) amethyst [min]

**Ampel** (im Straßenverkehr) set of traffic lights [mot]; signal [mbt]

**Ampelanlage** (Rolltreppe, im Balustradenkopf) signalisation [mbt]

**Amperemeter** ammeter [mes]

**Amphibienfahrzeug** (Schwimmwagen) amphibious vehicle [mot]

**Amphitheater** amphitheatre [abc]

**amphitheatralisch** (wächst aufwärts) amphi-theatrical [abc]

**Amplitude** (max. Betrag Wechselgröße) amplitude [phy]; (→ komplexe A.; → Verschiebungsa.; → Verschiebungsimpuls-A.)

**Amplitude für Schalldruck** amplitude of sound pressure [aku]

**Amplituden-Modulation** amplitude modulation [elt]

**Amplitudenverzerrung** amplitude distortion [elt]

**Amsel** (Singvogel) blackbird [bff]

**amtierend** (z.B. Bürgermeister) acting [abc]

**Amtierende Bürgermeisterin** Acting Mayoress [pol]

**amtlich** (behördlich) official [pol]

**amtlicher Inspektor** surveyor [abc]

**AN** (an Schalter) ON [elt]

**An = Aus** ON = OFF [elt]

**an der Macht** in power [pol]

**an die Oberfläche tretend** outcropping stratum [geo]

**an geradem Reißschenkel** (Aufreißer) on smooth profile ripper [mas]

**an Ort und Stelle** on site [abc]; on the spot [abc]; (vor Ort) in situ [bau]

**An Verteiler** (in Briefköpfen) See Copies to [abc]

**An-/Aufbauprogramm** (Schrankwand) wall unit [bau]

**AN/AUS Knopf** ON/OFF switch [edv]

**analoge Repräsentation** analogue representation [edv]

**Analogie** (→ geometrische Analogie) analogy [abc]

**Analyse** analysis [mes]; (→ Kurza.; → Dipmetera.; → dynamische A.; → Massenspektrogramma.; → Protokolla.; → Kurza.; → Gängigkeitsa.; → Sieba.; → statische A.; → Verkehrsa.; → Elementara.; → Abgasa.)

**Analyse der Finanzen** financial analysis [edv]

**Analyse der Untergrundneigung** analyzing subsurface tilt [mbt]

**Analyse von Dipmeterberichten** analyzing dipmeter logs [edv]

**Analyse von Linienzeichnungen** line-drawing analysis [edv]

**Analyse von Massenspektrogrammen** analyzing mass spectrograms [mes]

**Analysengrenze** (Umfang) scope of analysis [met]

**Analysenspanne** range of analyses [mes]

**Analytiker** analyst [che]

**analytische Ermittlung** analytical ascertainment [che]

**analytische Fortsetzung** analytic continuation [che]

**Anarbeiten** (Sägen, Richten) processing [met]; (z.B. Schneiden) prefabrication [mas]

**Anatomie** anatomy [med]

**anatomisch** anatomic [med]

**Anbau** (am Haus) wing [bau]; (von Ausrüstung) attaching [abc]

**anbauen** (z.B. Ausrüstung am Bagger) attach [mas]; (montieren) fit [met]

**Anbaugehäuse** (außen dransitzend) external mounting housing [mbt]

**Anbaugerät** (z.B. an Grader, Lader) attachment [mbt]

**Anbauplatte** (Stütze) support [mbt]

**Anbaurahmen** (Stützhalterung) fitting frame [mbt]; (Stützhalterung) mounting frame [mbt]

**Anbauscheinwerfer** working light [mot]

**Anbauschürfkübel** grader scraper [mot]

**Anbausteckdose** socket [elt]; electrical socket [elt]

**Anbauteile** (Zubehörteile) accessories [mas]; (zusätzl. Ausrüstungen) attachment [mas]; (am Bagger o.ä.) attachments [mbt]; (zum Anbauen) mounting parts [mbt]

**anbieten** quote [abc]; tender [abc]

**anbinden** (z.B. Boot) tie [mot]

**anbringen** (z.B. Bild an Wand) place [abc]; (z.B. Ausrüstung) attach [mas]; (befestigen, z.B. nageln) fasten [met]; (montieren) fit [met]; (befestigen) mount [mbt]; (z.B. Reservetank am Auto) mount [mot]

**Andenken** (historisch) artifact [abc]

**ändern** (variieren) vary [mbt]; (eine Konstruktion) change [con]; (der Ausrüstung) change [mbt]; (der Ausrüstung) converse [mbt]; (modifizieren) modify [mbt]

**Änderung** (z.B. kleinerer Tieflöffel) variation [mbt]; (Modifizierung, kl. Änderung) modification [mbt]

**Änderung der Grundversicherung** modification of primary insurance [jur]; modification of underlying insurance [jur]

**Änderungsdienst** (Zeichnung) technical modification service [abc]

**Änderungsmitteilung** (Dokument) technical modification report [abc]; (2. Fassung) engineering change note [abc]

**Änderungs-Nr.** change no. [con]

**Änderungssatz** (notwend. f. andere Ausrüstung) conversion kit [mbt]

**Änderungsvorschlag** suggestion for modification [mbt]

**Änderungswunsch** request for modification [abc]

**andocken** (2 Raumschiffe) dock [mot]; (2 Raumschiffe) docking [mot]

**Andrehklaue** starting dog [mot]

**Andrehkurbel** starting crank [mot]

**Andrehkurbelarm** starting crank arm [mot]

**Andrehkurbelgriff** starting crank handle [mot]

**Andrehkurbelklaue** starting crank dog [mot]

**Andrehkurbelwelle** starting crankshaft [mot]

**Andruckblock** pressure roller block [mas]

**Andrücken der Flügel** (b. Zellenpumpen) actuating the vanes [mas]

**Andruckrollen** pressure rollers [mbt]

**Andrückrolle** pressure pulley [mbt]; pressure roller [mbt]

**aneinanderklatschen** clap together [phy]

**anerkannt** (als Könner) recognized [abc]; (zugelassen) acknowledged [abc]; (genehmigt) approved [abc]; (v. Wareneingang) approved [abc]

**anerkennen** (z.B. einen Garantieantrag) approve [abc]

**Anfahr-Diagramm** start-up diagram [pow]; start-up graph [pow]

**Anfahrdiagramm** start-up diagram [pow]; start-up graph [pow]

**anfahren** (Unfall) run into [abc]; (Gerät starten) start [mbt]; start-up [pow]; (hinfahren und besuchen) go to [abc]

**Anfahren** start-up [mot]; (→ kaltes A; → warmes A)

**Anfahren aus dem kalten Zustand** start-up from cold [pow]

**Anfahrentspanner** start-up flash tank [pow]

**Anfahrkraft** (beim Aufprall) impact force [mot]

**Anfahrlast** (wirkt beim Aufprall) impact force [mot]

**Anfahrleitung** start-up piping [pow]

**Anfahrschieber** (Anfahrventil) start-up valve [pow]

**Anfahrtweg** (z.B. zur Baustelle) access road [mot]

**Anfahrventil** (Anfahrschieber) start-up valve [pow]

**Anfahrvorrichtung** start-up device [pow]

**Anfahrwiderstand** (an RT; statt Kusa) soft start [mbt]

**Anfahrzeit** pressure raising period [pow]; start-up period [pow]

**anfallendes Material** (z.B. Geröll) material at hand [mbt]

**anfällig** susceptible [abc]

**Anfälligkeit** (Empfindlichkeit) sensibility [abc]; (Empfindlichkeit) susceptibility [abc]

**Anfang Schneiden** (Anweisung in Zeichnung) Start Cutting Here [con]

**Anfang und Ende einer Schar** leading and trailing end of mouldboard [mbt]

**Anfang und Ende eines Signals** beginning and end [abc]

**anfangen** commence [abc]

**Anfänger** (Neuling) novice [abc]; (Neuling) rookie [abc]; (Lehrling, Auszubildender) apprentice [abc]; (hinter dem Autosteuer) learner [mot]

**Anfangsdruck** (vor Drossel) initial pressure [pow]

**Anfangsgrabstellung** (vor Eindringen) initial digging position [mbt]

**anfertigen** (herstellen, machen) manufacture [abc]

**anfeuchten** moisten [abc]

**anflachen** flatten [met]

**Anflachung** flattening [met]

**Anforderung** (Nachschub) requirement [mil]

**Anforderung bei der Prüfung** test requirement [mes]

**Anforderungen** (Bedarf) demand [mil]

**Anforderungsdefinition** requirements definition [edv]

**Anforderungskarten** (Bestellkarten) order cards [abc]

**Anfrage** enquiry [abc]; (Erkundigung) inquiry [abc]

**anfragezentrierte Kontrolle** request-centred control [edv]

**anführen** (die Nachhut anführen) bring up the rear [mil]; lead [pol]

**Anführer** leader [abc]

**Anführungsstriche** ("wörtl. Rede") quotation marks/ inverted commas [abc]

**Anfüllpumpe** (z.B. vor Anlassen) priming pump [mot]

**Angabe** (Einzeldaten; Einzelheiten) detail [abc]

**Angaben** (z.B. zur Person) information [abc]

**Angaben für ein Projekt in...** project data from... [abc]

**angeben** (auftragen, struntzen) put on [abc]; (detaillieren) specify [abc]; (erklären) state [abc]

**Angebotsformular** form of tender [abc]

**Angebotsschreiben** tender letter [abc]

**Angebotssumme** estimate [abc]

**angefertigt** (hergestellt, gebaut) manufactured [abc]

**angeflacht** (flach gedrückt o. ä. ) flattened [met]; (in Zeichnung) levelled [mas]

**angeflanscht** flange-mounted [met]; flanged [met]

**angefressen** (Metall) pitted [mas]

**angegeben** indicated [abc]

**angegossen** cast on [wst]

**angegossener Flansch** integrally cast flange [mas]

**Angehörige** (nächste, direkte Familie) next of kin [abc]; dependents [abc]

**angekettet an** chained to [mot]

**Angeklagter** (auch vor Gericht) defendant [jur]

**angeklebt** glued on [met]

**angekreuzt** (mit Metallstift) ticked [mas]; (mit Farbstift) marked [abc]

**Angel** (Mitnehmer am Zylinderschaft) tang [mas]; (zum Fischen) fishing rod [mot]

**angelassen** tempered [wst]; annealed [mas]

**angelenkt** (befestigt) attached [mbt]

**angelernter Arbeiter** semi-skilled worker [abc]

**angemessen** (z.B. Temperatur, Dicke) adequate [abc]

**angemessene Ausmaße** adequate dimension [abc]

**angenäht** sewed on [abc]

**angenehm** (Wetter, Gesellschaft) pleasant [abc]

**angenommen** (wird vorausgesetzt) assumed [abc]

**angeordnet** (hingestellt) arranged [abc]

**angeordnet auf der Seite des** (der) assembled in line with [con]

**angepaßte Technologie** appropriate technology [con]

**angepaßte Zahlen** restated figures [abc]

**angepaßter Prüfkopf** shaped probe, matched probe [met]

**angeregt** (ermutigt) encouraged [abc]

**angerissen** scribed [mas]; (gezeichnet, markiert) marked [abc]

**angeschmiedet** forged on [met]

**angeschmiedeter Flansch** integrally forged flange [mas]

**angeschraubt** bolt-on [met]

**angeschweißt** welded on [met]

**angeschweißter Boden** welded-on bottom [mas]

**angesehen** (geachtet) respected [abc]

**angesenkt** counterbored [met]

**angespannt** (überarbeitet) over worked [abc]; (überarbeitet) stressed [abc]

**Angestellter** (im Büro) office worker [eco]; (Beschäftigter) employee [abc]

**angesteuertes Wegeventil** servo-controlled distribution valve [mot]

**angestiegen** (schlechter geworden) deteriorated [wst]; (besser geworden) improved [mas]

**angewandte Chemie** applied chemistry [che]

**angewärmt** pre-heated [met]; (Speisen) warmed up [abc]

**angewärmter Löffelrücken** (Bagger) heated bucket back [mbt]

**angezeigt** (auf Monitor) indicated [abc]

**angezogen** (Bremse im Eingriff) applied [mot]

**angießen** (hinzufügen) cast on [met]

**Angießen** (erster Probeguß) initial casting [mas]

**Angießprobe** initial cast specimen [mas]

**angleichen** (farblich) adjust [abc]; (ausrichten) align [abc]; (z.B. Gewicht) balance [abc]

**Angleicher** rectifier [abc]

**Angleichwiderstand** equalizing resistor [elt]

**Angora** (Schaf, Wolle) angora [bff]

**angreifen** (Säure, Militär) attack [abc]

**angrenzend** (direkt benachbart) adjacent [abc]

**Angriff** (z.B. durch Flugzeug) sortie [mil]; (Gewalttätigkeit) assault [mil]

**Angriffsschärfe** abrasive power [mas]
**anhalten** (Geschwindigkeit senken)
stop [mot]; (der Prozeß wird angehalten) delay [edv]
**Anhaltswerte** estimated data [abc]
**Anhang** appendix [abc]
**Anhang C** Annex C [abc]
**Anhängekupplung** tow coupling [mot]
**Anhänger** (hinter Lkw) trailer [mot]
**Anhänger-Bremskraftregler** trailer brake pressure regulator [mot]
**Anhänger-Bremsventil** trailer brake valve [mot]
**Anhängerbremsventil** trailer brake valve [mot]
**Anhängerdeichsel** (am Lkw-Hänger) drawbar [mot]
**Anhängerkupplung** tow coupling [mot]; trailer coupling [mot]; (→ selbsttätige A.) trailer coupling [mot]
**Anhängerrüttelwalze** towed vibrating roller [mot]
**Anhängeschild** (z.B. Preisschild) tag [abc]
**Anhängeschürfkübel** scraper trailer [mot]
**anheben** (aufnehmen) lift [mas]
**Anhebestelle** (für den Wagenheber) jacking position [mot]
**Anhebung des Beitrages** raising of the premium [jur]
**Anheizbetrieb** (beim Anfahren) warm-up operation [pow]
**Anheizzeit** warming-up period [pow]
**Anhöhe** (Berg, Hügel) hill [geo]
**Anhydrit** anhydride [che]
**Ankauf und Verkauf gebrauchter Anlagen** purchase and sale of used plants [abc]
**Anker** (bei einer elekt. Maschine) rotor [elt]; (Schiffsgerät, Bauwesen) anchor [mot]; (bei einer elekt. Maschine) armature [elt]
**Anker lichten** weigh the anchor [mot]; Anchors aweigh! [mot]

**Anker werfen** drop anchor [mot]
**Ankerbolzen** tie bar [mot]
**Ankerfallvorrichtung** slipper [mot]
**Ankerfeld** (bei elektr. Maschine) armature field [elt]
**Ankergeschirr** anchor equipment [mot]; ground tackle [mot]
**Ankerhals** (Teil des Schiffsgerätes) trend [mot]
**Ankerkette** anchor cable [mot]; anchor chain [mot]
**Ankerklüse** mooring pipe [mot]
**Ankerlaterne** riding light [mot]; anchor lamp [mot]
**Ankermutter** special foundation nut [mas]
**ankern** anchor [mot]; drop anchor [mot]
**Ankerplatte** tie plate [mot]
**Ankerrakete** projectile anchor [mot]
**Ankerrückwirkung** (bei elektr. Maschine) armature reaction [elt]
**Ankerspill** anchor windlass drive [mot]; capstan [mot]
**Ankerwelle** armature spindle [elt]
**ankippen** (die Ladeschaufel) crowd back [mbt]
**Ankippstellung** (der Ladeschaufel) crowd-back position [mbt]
**Anklage** charge [jur]; (Beschuldigung, Strafverfahren) indictment [jur]; (unter Anklage) indictment [jur]
**Anklagevertreter** (Staatsanwalt) prosecutor [jur]
**ankleben** glue on [abc]
**ankommen** arrive [abc]
**ankommen in** (New York) arrive at [abc]
**ankommende Wanderwelle** incident wave [elt]
**Ankopplung** coupling [mot]
**Ankunft** (z.B. in Bonn) arrival [mot]
**Ankunftsbahnsteig** arrival track [mot]
**Ankunftsgleis** arrival siding [mot]
**Ankunftszeit** (z.B. 14.18 Uhr, Gleis 4) arrival time [mot]

**ankurbeln** (z.B. Motor) crank [mot]
**Anlage** (eines Planes, Gebäudes) setup [abc]; (Serie von Maschinen) system [mas]; (z.B. einer Profi-Modellbahn) system [mot]; (In der Anlage finden Sie...) Appendix [abc]; (z.B. zu Vertrag, Brief) attachment [abc]; (Kessel-Anlage) boiler plant [pow]; (in Briefen) enclosure [abc]; (im Sinne von Einrichtung) equipment [pow]; (z.B. im Tagebaubetrieb) equipment [mbt]; (z.B. Zementwerk) plant [abc]
(→ Entaschungsanlage; → Dosier- und Mischa.; → Dosiera.; → Bekohlungsa.; → Bekohlungsa.; → Entkarbonisierungsa.; → Entgasungsa.; → Entsalzungsa.; → Außena.; → Enthärtungsa.; → Müllverbrennungsa.; → Innena.; → Freia.; → Pelletisiera.; → Beiza.; → Versuchsa.; → Mahla.; → Halbfreia.; → Abwasserreinigungsa.; → Klära.; → schlüsselfertige A.; → Freia.; → Warna.; → elektrische A.; → Treibgasa.; → Beleuchtungsa.; → Transporta.; → Müllverbrennungsa.; → Fernbedienungsa.)
**Anlage und Bau von Wohnungen** camp layout and construction [bau]
**Anlage unter Dach** (mit Kesselhaus) indoor installation [pow]; indoor unit [pow]
**Anlagekosten** capital cost [eco]; first cost [abc]; initial investment [pow]
**Anlagen** (zusätzliche Blätter) Appendix [abc]
**Anlagen zur Stahlweiterverarbeitung** steel processing plants [mas]
**Anlagenbau** plant manufacturing [mas]; process plant construction [mas]
**Anlagerung** (in Rohren) accretion [was]
**Anlande** (Landungsbrücke) ship's landing [mot]
**Anlaßdruckknopf** starter button [mot]
**anlassen** (Motor, in Bewegung setzen) start [mot]; (z.B. Metall) temper [met]; anneal [mas]; (zwecks Spannungsabbau) annealing [mas]
**Anlassen** (des Motors) starting [mot]
**Anlasser** (im Auto) starter [mot]; (für Lkw, Flugzeuge) cranking motor [mot]
**Anlasserbatterie** (im Auto) starter battery [mot]
**Anlasserleitung** starter cable [mot]
**Anlasserritzel** starter pinion [mot]
**Anlaßhilfe** (des Baggers) starting aid [mbt]
**Anlaßkartusche** (Munition) starting cartridge [mil]
**Anlaßkurbel** (an historischen Autos) starting crank [mot]
**Anlaßsperre** start interlock [mot]
**Anlaßspritze** starter pilot [mot]
**Anlaßtrafo** (in Zeichnung) starter transformer [elt]
**anlaufen lassen** start [mot]
**Anlaufplatte** buffer plate [mas]
**Anlaufring** spacer disk [mas]
**Anlaufscheibe** sealing washer [mot]; spacer disk [mas]; starting disk [mas]; washer [mot]
**Anlaufschütz** starting contactor [elt]
**Anlaufstrom** starting current [mbt]
**Anlaufzeit** (des Programms) implementation period [edv]
**Anleihe** loan [abc]
**Anleitung** instruction [abc]; (→ Betriebsa.)
**Anlenkpunkt** (z.B. des Auslegers) pivot point [mbt]
**Anlenkung** (z.B. des Auslegers) pivot point [mbt]; (des Stielzylinder auf Monoboom) cylinder hookup [mbt]
**Anlenkungsbereich** pivot area [mbt]
**anmalen** paint [mbt]
**anmerken** (eine Bemerkung machen) remark [abc]; (meist offiziell) state [abc]
**Annäherung** approach [abc]
**Annäherungsschalter** (beim Lader) proximity switch [mot]

**Annahme** (des Antrages) acceptance [jur]

**Anonymität** anonymity [abc]

**anordnen** range [abc]; (einrichten) set up [mas]

**Anordnung** (Befehl) order [abc]; (von Blumen, Tischen) arrangement [abc]; (→ Kipphebela.; → Bügelfedera.; → A. mit liegender Welle ; → A. mit senkrechter Welle ; → A. auf dem Heizerstand ; → allgemeine A.)

**Anordnung auf dem Heizerstand** firing floor level arrangement [pow]

**Anordnung mit liegender Welle** horizontal shaft arrangement [pow]

**Anordnung mit senkrechter Welle** vertical shaft arrangement [mas]

**Anordnungsplan** schematics [con]; arrangement drawing [con]; arrangement plan [con]

**anorganisch** (z.B. mineralisch) inorganic [che]

**anpacken** (ein Problem) tackle [abc]

**anpassen** (z.B. mit Stecker) adapt [elt]; (einen Anzug, Maschinenteil) fit [met]; (sich einer Sache anpassen) match [abc]

**Anpaßstück** (z.B. Stecker) adapter [elt]

**Anpassung** (zweier ungleicher Dinge) adjusting [abc]; matching [edv]; (passen danach zusammen) matching [abc]

**anpassungsfähig** adaptable [abc]

**Anpassungsfähigkeit** adaptability [abc]

**anreichern** (verbessern, ausbauen) enrich [roh]; expand [pow]

**Anreicherung** (Ansammlung) accumulation [abc]; (Konzentration) concentration [roh]; (z.B. Zusatzstoffe) enrichment [roh]

**Anreicherungstyp** enhancement type [elt]

**anreisen** (z.B. zur Messe) arrive [abc]

**Anreisetag** (z.B. bei Messe) day of arrival [abc]

**anreißen** (mit Stift) scribe [mas]; (auf Metall, Zeichnung) mark [mas]

**Anreißgerät** marking device [wzg]

**Anreißstarter** (am Rasenmäher) recoil starter [mas]

**Anrichte** (ca. 80-85 cm hoch) sideboard [bau]; (ca. 1,30 m hoch) highboard [bau]

**Anriß** (in der Oberfläche) incipient crack [mas]

**anrollen** (Zug, Kolonne) start [mot]

**Ansammlung** (Akkumulation) accumulation [abc]

**Ansatz** (z.B. Schweißnase an Werkstück) lug [mas]

**Ansaug- und Auspuffkrümmer** intake and exhaust manifold [mot]

**ansaugen** (des ersten Kraftstoffs) prime [mot]; (z.B. Gemisch im Motor) suck [mot]

**Ansaugen** (z.B. Luft pumpen) suction [mot]; (der Motorluft) aspiration [mot]

**Ansaugen von Luft** air siphoning [mot]; air suctioning [mbt]

**Ansauggeräuschdämpfer** intake silencer [mot]

**Ansaughub** (des Kolbens) intake stroke [mot]

**Ansaugkanal** (z.B. zum Ventil) intake port [mot]

**Ansaugkrümmer** (Teil des Motors) air intake manifold [mot]; intake manifold [mot]; (Teil des Motors) intake manifold [mot]

**Ansaugluftleitung** intake air crossover [mot]

**Ansaugöffnung** inlet [mot]; intake [mot]

**Ansaugrohr** intake pipe [mot]

**Ansaugrohrverlängerung** inlet pipe extension [mot]

**Ansaugung** (der Motorluft) aspiration [mot]

**anschalten** switch on [elt]

**Anschlag** (zum Lenken) pilot [mot]; (Ende, Begrenzer) stop [abc]; (vordere

Kupplerarmführung) striker [mot]; (als Begrenzung) stud [mas]; (Auslöse-nocken) trigger [mas]; (Attentat, Mordanschlag) assassination [pol]; (hinterer A., Federapparat) back-stop [mas]; (in diesem Takt, Musik) beat [abc]; (auf Anschlag fahren) block [con]; (Puffer, Stopper) buffer [mas]; (hinterer A. , Federapparat) cheek casting [wst]; (Feder auf Block fahren) closed [wst]; (im Zylinder) end of stroke [mas]; (Zylinder auf A. fahren) end position [mbt]; (zum A. des Zy-linders fahren) end position [abc]; (an Maschine zum Hochheben) lifting eye [mbt]; (endet mechanische Bewegung) limit stop [mas]

**anschlagen** (z.B. Seil) fasten [met]

**Anschläge** (Ende) stoppers [mas]

**Anschläger** (hängt Last an Kran) slinger [mot]

**Anschlagmittel** (Ketten, Seile, Haken) sling gear [mot]

**Anschlagöse** lifting eye [mbt]

**Anschlagprofil** rubber door-stop [mas]

**Anschlagschraube** stop screw [mas]

**anschließen** (z.B. Stromkabel) plug [elt]; (eine Leitung) clamp [elt]; (elektr.) connect [elt]; join [abc]

**anschließend** (danach) susequent [abc]

**Anschlüsse** (im Haus) facilities [bau]

**Anschlüsse legen** (z.B. für Werkstatt) install facilities [abc]; (Gas, Wasser) install utilities [abc]

**Anschluß** (Steckdose) outlet [elt]; (Rohr) socket [mot]; (Stutzen) stand-pipe [mas]; (Verbindung, auch Stahl-bau) connection [wst]; (Verbindungs-stück) joint [mbt]

**Anschluß nach Spannung des Kun-den** connect as per customer's voltage [elt]

**Anschluß zur Fremdstarteinrichtung** jump-start facility [mbt]

**Anschluß, vertauscht** connection in-terchanged [elt]

**Anschlußfläche** connecting surface [wst]

**Anschlußgehäuse** adapter housing [mbt]

**Anschlußgleis** railroad siding [mot]; railway siding [mot]

**Anschlußkabel** connection cable [elt]; matching connection cable [elt]

**Anschlußkasten** (z.B. Rolltreppe) ter-minal box [elt]

**Anschlußklemmen** connectors [elt]

**Anschlußmaße** (Lager) dimensions of components adjacent to the bearings [wst]

**Anschlußplatte** connection plate [wst]

**Anschlußspannung** (Netzspannung) supply voltage [elt]

**Anschlußstück** connector [mbt]; ter-minal [abc]; termination [abc]; bell housing [mas]; (für Kupplung, Getrie-be) bell housing [mot]; connecting clamp [mot]; (Verbinder) connector [mbt]; coupling [mbt]; (Kupplungs-stück) coupling [mbt]; fitting [met]

**Anschlußstutzen** (Stutzen) standpipe [mas]; (Stutzen) connection [pow]; connection tube [wst]

**Anschlußtabelle** connecting chart [abc]

**Anschlußteile** connecting parts [elt]

**Anschlußteile für Doppelfilter** con-necting parts for twin filter [wst]

**Anschlußwert** connected load [elt]

**Anschnitt** box [mbt]; incision [mbt]

**Anschnittiefe** chamfer start depth [wst]

**anschrauben** (festziehen) bolt on [met]

**Anschüttgerät** piling equipment [roh]

**Anschwellen des Trommelwassers** swelling of the drum water [pow]; expansion of the drum water [pow]

**anschwenken** (den Bagger) start to slew [mbt]; swing-off [mbt]

**Ansehen** (Ruf) reputation [abc]; (als Fachmann) authority [abc]; (internati-onaler Rang) international standing [abc]

**ansehen** (betrachten) look at, inspect [abc]

**ansenken** (von Gewinde, Schraube) counter sink [met]; counterbore [met]

**Ansenkung** (plane Anspiegelung) spot face [mas]; (Vertiefung) boot [mas]; (Nabe) boss [mas]

**Ansicht** (über ein Thema) opinion [abc]; (nach meiner Ansicht) opinion [abc]; (auf Zeichnung) view [abc]; (→ perspektivische A.; → Seitenansicht)

**Ansicht in Richtung A** view in A direction [con]

**Ansicht von oben** plan view, top view [bau]

**Ansicht von unten** bottom view [con]

**Ansichtskarte** picture postcard [abc]

**Ansprache** (Rede) address [abc]

**Ansprechdauer** (einer Sicherung) melting time [elt]

**Ansprechdruck** (des Ventils) opening pressure [mas]

**ansprechen** (auf etwas) respond [abc]; (Meßinstrumente) activate [mes]; (die Menge) address [abc]

**Ansprechpartner** person to contact [abc]

**Ansprechschwelle** response threshold [elt]

**Ansprechschwelle** threshold [elt]

**Ansprechverzögerung** response delay [elt]

**Ansprechzeit** response time, pick-up time [elt]; triggering time [elt]

**Anspruch** (in Anspruch genommen werden) become obligated [abc]; claim [jur]

**Anspruch auf Entschädigung** claims to compensation [jur]

**Anspruch erheben** raise a claim [jur]

**Ansprüche** claims [jur]

**Ansprüche erheben** raise claims [jur]

**Ansprüche privatrechtlichen Inhalts** claims resulting from civil law [jur]

**Anspruchserhebungsprinzip** claims made basis [jur]

**anständig** decent [abc]

**anstatt** in lieu of [pol]

**Anstauchschweißen** cold pressure upset welding [met]

**anstechen** (ein Faß) tap [abc]

**anstecken** (anzünden, z.B. Kessel) light up [pow]

**ansteckend** (ansteckendes Lachen) catching [abc]; (z.B. Diphterie) infectious [med]

**anstehend** (im Material) embodied [roh]; (vorkommend; jungfr. Boden) in situ [roh]

**ansteigen** slope up [abc]

**ansteigend** (abfallend) sloping [abc]; (Straße) inclined, upwards [abc]

**Anstellbewegung** positioning [mbt]; working position [mbt]

**anstellen** (in Warteschlange) queue [abc]; employ [abc]

**Anstellung** appointment [eco]; (in Firma) employment [abc]

**Anstellungsvertrag** (Arbeitsvertrag) employment contract [abc]

**Ansteuerdruck** servo pressure [mot]

**Ansteuerlogik** control logic [mbt]

**ansteuern** servo control [mot]; (ein Ziel) drive to, towards [abc]

**Ansteuerschaltungen** energizing circuits [elt]

**Ansteuerung** control [elt]

**Anstieg** (→ Druckanstieg) rise [pow]

**Anstiegszeit** (Fahrtdauer Rolltreppe) rise time [mbt]; (z.B. Temperatur) building-up time [abc]

**anstoßen** (die Turbine) roll the turbine [pow]

**Anstoßen** (von Zahnkopfkanten) clashing [mbt]; (von Zahnkopfkanten) fouling [mbt]

**Anstoßhub** exhaust stroke [mot]

**anstreichen** (malen) paint [nrm]

**anstrengend** (schwierig) arduous [abc]

**Anstrengung** (des Fahrers beim Lenken) operator's stress [mot]

**Anzahl der federnden Windungen** number of resilient coils [mas]

**Anzahl der Windungen** (Feder) number of coils [mas]

**Anzapfdampf** bled steam [pow]; extraction steam [pow]

**Anzapfdampf-Speisewasser-Vorwärmung** bled steam feedwater heating [pow]

**anzapfen** (ein Faß) tap [abc]; bleed [abc]

**Anzapfleitung** extraction steam line [pow]

**Anzapfstelle** bled steam tapping point [pow]

**Anzapfung** stage-bleeding [pow]; withdrawal [pow]; bleeding [pow]

**Anzapfvorwärmer** extraction steam preheater [pow]

**Anzeichen** (Symptome) warning [abc]

**Anzeige** (Bildschirmanzeige) display [edv]; (z.B. auf Display) indication [elt]; (bei der Polizei) report to the police [jur]; (Bildschirmanzeige) screen [edv]; (zur Anzeige bringen) sue a person [abc]; (Zeitung) advertisement [abc]; (→ Bildschirm)

**Anzeigegerät** indicator [elt]

**Anzeigeinstrument** indicator instrument [elt]

**Anzeigeleuchte** pilot lamp [elt]; indicator light [elt]

**Anzeige-Meßinstrument** indicating measuring instrument [mes]

**anzeigen** (und merken) record [abc]; (auf Display) display [elt]; (zur Anzeige bringen) file charges against a person [jur]; (auf Display) indicate [elt]

**Anzeigenauslösung** screen pattern triggering [elt]

**Anzeigensperre** blocking the readout [abc]

**Anzeigentafel** indicator panel [abc]

**Anzeiger** (→ Dampfmengenanzeiger) recorder [pow]; indicator [elt]; (Zei-

ger, Stift) indicator [abc]; (Zeiger, Markierstift) marker [abc]; (→ Flüssigkeitsmengena.; → Fernwasserstandsa.; → Gewichtsa.)

**Anzeigerarm** indicator arm [abc]

**Anzeigethermometer** indicating thermometer [mes]

**Anzeigewaage** dial balance [mes]

**Anziehdrehmoment** (festziehen) tightening torque [met]

**Anziehdrehwerkzeug** (festziehen) torquing tool [wzg]

**Anziehdrehwinkel** tightening angle [mas]

**anziehen** (Kleidungsstücke) put on [abc]; (Schraube wieder anziehen) retorque [met]; (z.B. Schraube) tighten [met]; (z.B. Schraube) torque [met]

**Anziehung** (durch gute Reklame) attraction [abc]

**Anziehungskraft** (gutes Gemälde) attraction [abc]; (Planeten) attractive force [phy]

**Anziehungspunkt** (beliebt. Mittelpunkt) centre of attraction [abc]; (Schwerkraft) centre of gravity [phy]

**Anzug** (Startvermögen) starting power [mot]; (Anzug mit Weste) suit [abc]

**Anzug mit Weste** three-piece suit [abc]

**Anzugkoffer** suitcase [abc]

**Anzugsdrehmomente** torque specification [mas]

**Anzugsmoment** starting torque [mbt]

**Anzugsmoment der Mutter** nut torque [mas]

**Anzugsstrom** starting current [elt]

**anzünden** (anstecken, z.B. Kessel) light up [pow]

**Anzünder** igniter [elt]

**Anzündezeit** igniter time [abc]

**Anzündhütchen** cartridge primer [mil]

**Anzündkapsel** igniter squib [mil]

**Anzündschnur** blasting fuse [mil]; (Anzünder) fuse [mil]

**Anzündstab** portfire [mil]

**Anzündstück** squib [mil]
**anzuordnen, so daß..** (z.B. Werkstück) so positioned that ... [mot]
**Apfelsaft** apple juice [abc]
**Apfelwein** cider [abc]
**Apparat** controller [mbt]; device [mot]; (→ Steuera.)
**Apparaterohr** (für Kessel, Apparate) boiler tube [mas]; (f. Kessel, Apparate) heat exchanger tube [pow]
**Approximation** (angenäherte Darstellung einer Größe) approximation [mat]
**Approximationpolynom** approximation polynominal [mat]
**Äquator** (weiteste Polentfernung) equator [wet]
**Äquatorial-** equatorial [wet]
**äquivalente Matrizen-Umformung** equivalent matrix conversion [elt]
**äquivalente Stromquelle** equivalent current source [elt]
**Äquivalenzsemantik** equivalence semantics [edv]
**Arbeit** (Aufgabe) type of labour [abc]; work [abc]; (Bauleistung, Ausführung) workmanship [abc]; (→ Verwaltungsa.; → Bohra.; → Aufschlußa.; → handarbeitsintensive A.; → Handa.; → Nachta.; → Akkorda.; → Vorarbeiten; → bestimmte A.; → begonnene A.; → beendete A.; → laufende A.)
**arbeitend** (funktionierend) working [abc]
**Arbeiter** (z.B. ungelernter Arbeiter) workman [abc]; (Mitarbeiter mit Stundenlohn) employee [abc]
**Arbeiterschaft** labour [abc]; (→ Arbeitnehmer) labour force [abc]
**Arbeiterunfallversicherung** workmen's compensation [jur]
**Arbeitgeber** (Bauherr) employer [abc]
**Arbeitgeberanteil** contributions and allowances [eco]
**Arbeitgeberhaftpflicht** employer's liability [jur]
**Arbeitnehmer** (Personal) employees [abc]

**Arbeitsablauf** cycle [abc]
**Arbeitsablaufgeräte** controls assemblies [mot]
**Arbeitsamt** labour exchange [abc]; labour office [abc]
**Arbeitsanweisung** instruction [abc]
**Arbeitsauftragsnummer** work order number [abc]
**Arbeitsauftragsverarbeitung** manufacturing order processing [abc]
**Arbeitsaufwandszahl** labour constant [abc]
**Arbeitsausrüstung** (z.B. des Baggers) attachment [mas]
**Arbeitsbedingung** working condition [abc]
**Arbeitsbedingungen** working conditions [abc]
**Arbeitsbereich** (des Bagger) slewing range [mbt]; (des Bagger) swing range [mbt]; (in der Werkshalle) working area [abc]
**Arbeitsbericht** manufacturing report [abc]
**Arbeitsbeschaffungsmaßnahme** work-creation program [abc]
**Arbeitsbewegung** working motion [mbt]
**Arbeitsböschung** working-slope [roh]
**Arbeitsbreite** working width [mbt]
**Arbeitsbühne** working platform [mot]
**Arbeitsdruck** (Betriebsdruck) operating pressure [mbt]; working pressure [mot]; (Betriebsdruck) working pressure [pow]
**Arbeitsessen** (nachmittags, abends) business dinner [abc]; (mittags) business lunch [abc]; luncheon [pol]
**arbeitsfähig** able to function [abc]; functioning [abc]
**Arbeitsfläche** working-area [roh]
**Arbeitsformen** modes of working [abc]
**Arbeitsgang** (in einem Arbeitsgang) passage [mbt]; (in der Lagerhalle) working aisle [mot]; cycle [mot]; manufacturing operation [edv]

**Arbeitsgänge** (des Graders) passages [mbt]

**Arbeitsgemeinschaft** joint venture [abc]

**Arbeitsgerade** (eines elektronischen Bauteils) load line [elt]

**Arbeitsgerät** component [wzg]; equipment [abc]

**Arbeitsgeschwindigkeit** working speed [abc]

**Arbeitsgestaltung** job design [abc]

**Arbeitshub** (des Zylinders) power stroke [mot]; working stroke [mot]

**arbeitsintensiv** labour-intensive [abc]

**Arbeitskette** (Arbeitsablauf) working sequence [abc]

**Arbeitsketten** (Verlauf) working sequences [abc]

**Arbeitskontakt** (Verbindung v. Teilen) operating contact [elt]

**Arbeitskraft** (→ ungeübte Arbeitskraft) operative [abc]; (Personal) labour [abc]

**Arbeitskräfte** work force [abc]; (Personal) labour force [abc]; man-power [abc]

**Arbeitskräftemangel** (Leute fehlen) labour shortage [abc]

**Arbeitsleben** work life [abc]; working-life [abc]

**Arbeitsleistung** (Mann, Maschine) performance [abc]

**arbeitslos** unemployed [abc]; (freigestellt) jobless [abc]

**Arbeitslosenhilfe** (-unterstützung) government support [abc]

**Arbeitsmaschine** (stellt etwas her) machine [mas]

**Arbeitsmedium** working fluid [pow]; working medium [pow]

**Arbeitsminister** Secretary of Labour [pol]

**Arbeitsorganisation** personnel policy measures [abc]

**Arbeitsplan** production sheet [abc]

**Arbeitspläne** (einzelne Blätter) work processing sheets [abc]

**Arbeitsplanung** manufacturing planning [abc]

**Arbeitsplatz** (Stellung, Anstellung) work [abc]; (z.B. den Arbeitsplatz sichern) working place [abc]; (Stelle in der Halle) bay [eco]

**Arbeitsplatz für CAD** work station [mas]

**Arbeitsplatzrechner** workstation [edv]

**Arbeitsprogramm** working schedule [abc]; construction schedule [abc]

**Arbeitspumpe** main pump [mot]

**Arbeitspunkt** (einer elektronischen Schaltung) operation point [elt]

**Arbeitspunkteinstellung** biasing [abc]

**Arbeitspunkt-Stabilisierung** stabilization of operation point [elt]

**Arbeitsrecht** industrial law [jur]; labour law [jur]

**Arbeitsscheinwerfer** spot light [elt]; flood lamp [elt]

**Arbeitsschicht** shift [abc]

**Arbeitsschutzkleidung** protective clothing [abc]

**Arbeitssicherheit** safety at work [abc]

**Arbeitsspannung** working voltage [elt]

**arbeitssparend** energy saving [abc]

**Arbeitsspeicher** (beim PC: RAM) ram [wzg]

**Arbeitsspiel** working cycle [mbt]; (des Baggers, Laders) cycle [mbt]; (Dauer des Umlaufs) cycle time [mbt]

**Arbeitsspiele** cycles [mbt]

**Arbeitsstelle** working site [bau]

**Arbeitsstellung** operating position [mot]; working position [mas]

**Arbeitsstiefel** safety boot [abc]

**Arbeitsstoffverordnung** working material regulation [abc]

**Arbeitsstück** (Werkstück) work [abc]; work piece [mas]

**Arbeitsstudien** method studies [abc]

**Arbeitsstunde** working hour [abc]; man-hour [abc]; manhour [pow]

**Arbeits-und Fertigungsplanung Produktion** shop floor routing [mas]

**Arbeitsunfähigkeit** incapacitation for work [med]

**Arbeitsunfähigkeitsbescheinigung** certificate of disability [abc]

**Arbeitsunfall** accident an employee suffers from work [abc]; accident at work [abc]

**Arbeitsunterbrechung** work stoppage [abc]

**Arbeitsvertrag** (Anstellungsvertrag) employment contract [abc]

**Arbeitsvorbereiter** methods engineer [abc]

**Arbeitsvorbereitung** work planning [abc]; job planning [abc]; job scheduling [abc]; method of planning [abc]

**Arbeitsvorrat** work-in process [elt]

**Arbeitsweg** (Hub der Feder) duty stroke [mas]

**Arbeitsweise** procedure [abc]

**Arbeitswerkzeug** working tool [wzg]

**Arbeitszeichnung** working drawing [pow]; job drawing [abc]; manufacturing drawing [mas]

**Arbeitszeit** (am Tag) work time [abc]; working time [abc]

**Arbeitszeitguthaben** worktime bonus [abc]

**Arbeitszeitmanagement** working hours and shift schedules [abc]

**Arbeitszone** working-range [mot]

**Arbeitverzeichnis** schedule of work [abc]

**archaisch** (alt, überholt) archaic [abc]

**Architekt** architect [bau]

**Architektur** architecture [bau]

**Archivierung** archiving [abc]

**AREA Stahlplatte** AREA base plate [mot]

**ärgern** (necken, reizen) harass [abc]

**Argon** (Gas) argon [che]

**Argument** argument [abc]

**argumentieren** (Gründe nennen; Streit) argue [abc]

**Aristokratie** (→ Adel) aristocracy [abc]

**Arktis** (um Nordpol) Arctic [cap]

**arktisch** (die Arktis betreffend) Arctic [cap]

**Arm** (auch Körperteil) arm [med]

**arm** (nicht reich) poor [abc]

**Arm der Radspannscheibe für den Lüfter** fan belt adjusting pulley bracket [mot]

**Armatur** armature [mas]; fitting [met]

**Armaturen** (am Schlauch) fittings [met]; (an Bremsschläuchen) fittings [mot]; mountings [pow]; (→ feine A.; → grobe A.)

**Armaturenantrieb** (Schieberverstellung) valve operating gear [pow]

**Armaturenbeleuchtung** dash light [mot]; dashboard lights [mot]

**Armaturenblech** dash [wst]

**Armaturenbrett** panel [abc]; (des Autos) dashboard [mot]; instrument panel [mot]

**Armaturenbrett mit Armaturen** (US) panel instruments [mot]

**Armaturenbrettschutz** instrument panel guard [mot]

**Armaturendom** (z.B. an Crompton-Lok) fixture dome [mot]

**Armaturengehäuse** instrument housing [elt]

**Armaturenglas** glass [elt]

**Armaturenkasten** instrument panel [abc]

**Armaturentafel** instrument panel [abc]

**Armbanduhr** wrist watch [abc]

**Ärmelkanal** (Dover-Calais) Channel [cap]

**Armgas** (mageres Gas) lean gas [pow]

**armiert** (glasfaserverstärkt) glass-fibre reinforced [mot]

**Armierung** (im Reifenwulst) bead [mas]

**Armlehne** arm rest [abc]; (→ auch Kopfstütze)

**Armstütze** arm rest [abc]

**Arrangement** arrangement [abc]
**Arretiernute** locking notch [mas]
**Arretierstift** locking peg [mot]
**Arretierung** (Raste, Schlitz o.ä.) arrestor [mas]; (des Oberwagens) lock [mas]; (verhindert Oberwagendrehen) lock pin [mbt]; (des Drehmomentenwandlers) lock-up [mbt]
**arrogant** arrogant [abc]
**Arrondieren** rounding [mas]
**arrondiert** rounded [mas]
**Arsenal** (Waffenlager, Neuzeit) ammunitions dump [mil]; (Waffenlager, historisch) armoury [mil]
**Art** type [abc]; kind [abc]
**Art der Anwendung** (Baumaschine) mode of application [abc]; (Verfahrensart) mode of process [abc]
**Art und Weise** way [abc]
**Arterie** (Ader) artery [med]
**artesischer Brunnen** (überlaufender B.) artesian well [abc]
**artgleich** (gleiche chemische Zusammensetzung) similar [che]
**Artillerie** artillery [mil]
**artverwandt** related [abc]
**Arzneimittel** (z.B. Pillen, Tropfen) remedy [med]; (z.B. Kapseln, Einreiböl) medicine [med]
**Arzneirezept** formula [abc]
**Arzt** (praktischer Arzt) physician [med]; surgeon [med]; doctor [abc]
**Asbest** asbestos [che]
**Asbestdichtung** asbestos sealing [mas]
**Asbestmantel-Elektrode** quasi arc-welding [elt]
**Asbestschnur** asbestos rope [mas]
**Asche** (Schlacke, Zunder) slag [pow]; (Schlacke, Zunder) cinder [min]; ash [pow]; (→ Fluga.)
**aschefrei** ash free [mes]
**Aschenabsetzbecken** ash pit [pow]
**Aschenabzug** ash extractor [pow]
**Aschenabzugsöffnung** ash-discharge opening [pow]
**Aschenbecher** ashtray [abc]

**Aschenbeseitigung** ash disposal [pow]; ash removal [pow]
**Ascheneinbindung** ash retention [pow]
**Aschenfangrost** water ash screen [pow]
**Aschenfließtemperatur** ash fusion temperature [pow]
**aschenfrei** mineral matter free [pow]; Mm free [pow]
**Aschengehalt** ash content [pow]
**Aschenkasten** (Dampflok) ashpan [pow]
**Aschenklappe** (Rostkessel) ash compartment isolating damper [pow]
**Aschenpumpe** (Spülentaschung) ash pump [pow]
**aschenreich** (ballastreich) rich in ash [pow]
**Aschentrichter** ash hopper [pow]; cinder hopper [pow]
**Aschenverflüchtigung** ash volatilization [pow]
**Ascher** (Aschenbecher) ashtray [abc]
**Aschkasten** (Dampflok) ashpan [pow]
**A-Schweißer** (→ Autogenschweißer) A-welder [mas]
**Aspekt** aspect [abc]; (Facette, Rautenfläche) facet [phy]
**Asphalt** tarmac [bau]; asphalt [mot]
**Asphaltbeton** (z.B. in Verschleißdecke) asphalt concrete [mot]
**Asphaltbetonstraße** asphalt concrete road [mot]
**Asphaltschollen** (aus alter Straße) asphalt slabs [mot]
**Asphaltstraße** tarmac road [mot]
**Asphaltwanne** asphalt tanking [mot]
**assoziative Diagnostik** heuristic classification [edv]
**Assymetrierrelais** assymetry relay [elt]
**astabiler Multivibrator** astable multivibrator [elt]
**Astat** (nichtmetall. Element) astatine [che]

**Astrologe** (Sterndeuter, Tierkreise) astrologer [abc]

**Astronaut** (Raumflieger) Astronaut [abc]

**Astronom** (Gestirnkundiger) astronomer [abc]

**Astronomie** (Gestirnkunde) astronomy [abc]

**Astrophysik** (mit Spektralanalyse) astrophysics [phy]

**Astrophysiker** (mit Spektralanalyse) astrophysicist [phy]

**Astsäge** keyhole saw [wzg]

**asymmetrisch** offset [mbt]; asymmetrical [abc]

**asymptotische Stabilität** asymptotic stability [elt]

**AT-Angestellte** employees receiving payment over and above standard salary [abc]

**Atlas** (Kartenwerk) atlas [abc]

**Atmosphäre** atmosphere [air]; (→ oxydierende A.; → reduzierende A.)

**atmosphärisch** atmospheric [air]

**Atom** (kleinster Teil von Elementen) atom [che]

**atomangetrieben** nuclear driven [mot]

**Atomantrieb** nuclear power drive [phy]

**atomar** nuclear [phy]

**atomgetrieben** (-es U Boot) nuclear [mot]

**Atomkraftwerk** nuclear power station [pow]

**Atomunglück** nuclear catastrophe [abc]

**Attentat** (politischer Mord) assassination [pol]

**attraktiv** (reizend) attractive [abc]

**Attribut** attribute [abc]

**Atü** (veraltetes Luftdruckmaß) atmospheres [air]

**ätzen** (ungewollt) corrode [wst]; etch [met]

**Ätzmittel** (für Körper) cauterant [che]

**Ätzprimer** etch primer [met]

**auf** on [abc]; (bei Schaltplänen) up [elt]; (bei, in) at [abc]

**Auf-Ab-Schütz** up-down contactor [mbt]

**auf Band ziehen** (Systemdaten) dump [edv]

**auf Block fahren** bring the brakes to block [mot]

**auf dem Grundstück** on the premises [abc]

**auf dem laufenden halten** (uns...) keep <us, me> posted [abc]

**auf der Baustelle** on site [mbt]

**auf diese Art und Weise** in this way [abc]

**auf Dopplung untersuchen** check for laminations [wst]

**auf Fehler ansprechend** responding to flaw signals [elt]

**auf Höchstleistung bringen** (Motor) tune [mas]

**Auf keinen Fall!** (ernsthaft) Certainly not! [abc]

**auf Keramikunterlage** ceramic backing [met]

**auf Lebensdauer geschmierte Laufrolle** lifetime-lubricated roller [mbt]

**auf Netz schalten** putting on the line [pow]

**auf Null einstellen** zero [abc]

**auf Null stellen** reset [mbt]

**auf Raupen** (Bagger auf Raupen) on crawlers [mbt]

**auf Reede liegen** lie at anchor [mot]

**AUF SENDUNG** (Hinweis im Sendegebäude) ON THE AIR [abc]

**auf Sicht** (auf Sicht fahren) at sight [abc]

**Auf- und Ablade-Nebengleise** loading and discharge side tracks [mot]

**auf Wunsch** (kann geliefert werden) on request [abc]

**auf Zeit** (über längere Sicht) down the road [abc]

**Auf-Ab Hilfsschütz** (Rolltreppe) up-down auxiliary contactor [mbt]

**Auf-Ab Schlüsselschalter** (Rolltreppe) up-down key switch [mbt]

**Auf-ab Schütz** (Rolltreppe) up-down contactor [mbt]

**Auf-Ab-Schütz für Revision** up-down inspection contactor [mbt]

**Auf-Ab-Taster** up-down button [mbt]

**aufarbeiten** (restaurieren) recondition [abc]; (restaurieren) refurbish [abc]; (leicht reparieren) touch up [met]

**aufasten** (gibt astlochfreies Holz) pruning [met]; (Äste vom stehenden Baum ab; gibt astlochfreies Holz) pruning [met]

**aufbahren** ream [abc]

**Aufbau** (einer zerbombten Stadt) reconstruction [bau]; (z.B. des Grabmaterials) structure [roh]; body [mot]; building [bau]; (in dieser Zusammenstellung) configuration [mbt]; (Planung und Aussehen) design [abc]; formation [roh]; (der Maschine) machine construction [mot]

**Aufbau aus mehreren Teilen** assembly [con]

**Aufbau der Maschine** design [mot]

**aufbauen** (Druck aufbauen) generate [mas]

**Aufbaustütze** (z.B. auf Dumptruck) body support [mbt]

**Aufbauten** (eines Schiffes) superstructure [mot]

**Aufbautenfertigung** body assembly [mas]

**Aufbauträger** (z.B. auf Dumptruck) body support [mbt]

**Aufbau-Winker** mounted direction indicator [mot]

**aufbereiten** (Dosen, Papier, Glas) recycle [jur]

**Aufbereitung** (Weiterbearbeitung) processing [roh]; (alte Dosen, Papier) recycling [rec]

**Aufbereitungsanlage** materials preparation plant [roh]

**Aufbereitungssystem** processing system [roh]

**Aufbereitungstechnik** processing technology [roh]; materials preparation technology [roh]

**aufblasbar** (Reifen...) inflatable [abc]

**aufblasen** (Reifen, Luftmatratze) inflate [abc]

**Aufblasstahl** BOF steel [mas]

**Aufblendlicht** travelling light [mot]

**aufbördeln** bead [met]

**aufbrauchen** (bis Ende verbrauchen) use up [abc]; (bis Ende verbrauchen) consume [abc]

**aufbrausen** bubble up [mas]

**Aufbrechhammer** (am Hydraulikbagger) breaker [wzg]

**Aufbrechkraft** breakout force [mbt]

**aufbringen** (ein Schiff erobern) seize [mot]; (ein Schiff kapern) enter and seize [mot]; (v. Buchstaben, Zahlen usw.) marking [abc]

**Aufbringen von Buchstaben** lettering [abc]

**Aufbringen von Zahlen** numbering [abc]

**Aufbruchhammer** (hydraulisch /pneumatisch) breaker [wzg]

**Auf-den-ersten-Blick-Vorschrift** prima facie proscription [edv]

**Aufdornwerkzeug** (Metallbearbeitung) reamer [wzg]

**Aufdruck** lettering [abc]

**aufeinanderfolgend** successive [mbt]; consecutive [mbt]

**Aufenthalt** (des Zuges im Bahnhof) stopping [mot]

**Aufenthalt am Anfang** stop at the start [mot]

**Aufenthalt im Gefahrenbereich** stay clear of machine [mbt]

**Aufenthaltsraum** (im Bahnhof) waiting room [mot]; (für Fahrer auf Bagger) crib room [mbt]; (im Bahnhof) lounge [abc]

**Auffächerung** fan out [edv]

**auffahren** (nach vorn aufrücken) pull up [mot]; (wenig Abstand Vorder-

mann) tailgating [mot]; (Unfall, z. B. von hinten) crash into [mot]
**Auffahrkraft** (wirkt beim Anprall) impact force [mot]
**Auffahrunfall** (mehrere Fahrzeuge) concertina clash [mot]
**auffangen** (z.B. Nässe) absorb [phy]; (ein Signal, einen Ball) catch [abc]; (und weiterleiten) intercept [elt]
**Auffangvorrichtung für Kondenswasser** sediment condensation trap [pow]
**Auffassung** philosophy [edv]
**auffordern** request [abc]
**auffüllen** (einen Graben) refill [mbt]; (Öl, Kühlwasser) top [mot]; (Öl) topping up [mas]; (Öl) fill up [mot]
**Auffüllen von Slots** slot filling [edv]
**Auffüllung** (→ künstliche Auffüllung) fill [bau]
**Aufgabe** (Arbeit) type of labour [abc]; (von Material in Maschine) feeding [mas]; (Ausführung einer Funktion) job [edv]; (Beschickung) material feed [roh]
**Aufgabeapparat** charger [roh]; feeder [mas]
**Aufgabeband** feed conveyor [mbt]
**Aufgabebunker** (des Brechers) feed hopper [roh]
**Aufgabeförderer** feed conveyor [roh]
**Aufgabegirlande** (Großförderband) impact catenary idler [mbt]
**Aufgabegitter** feeder grate [mas]
**Aufgabematerial** (Gestein in Brecher) material <to be> fed in [roh]
**Aufgabeöffnung** feed inlet [mas]; feed opening inlet [roh]
**Aufgabetrichter** hopper [mas]
**aufgearbeitet** (vergrößerter Zylinder) oversize [mot]
**aufgeben** (opfern, verlieren) sacrifice [abc]; (im Stich lassen, verlassen) abandon [mot]
**aufgebogen** cranked [bau]

**aufgebogenes Schneidmesser** wraparound cutting edge [wzg]
**aufgeführt** (einzeln spezifiziert) specified [abc]
**aufgegebene Brennstoffmenge** gross quantity of fuel supplied [pow]
**aufgehängt** (am Drahtseil) cablemounted [wst]
**aufgehen** (Sonne, Mond) rise [abc]; rising [abc]
**aufgeknöpft** (Knöpfe offen) unbuttoned [abc]
**aufgekohlt** gas-carburized [met]
**aufgelockert** (größer im Umfang) bulked [abc]
**aufgelötetes Thermoelement mit Plättchen** pad-type thermocouple [mes]
**aufgenommene Leistung** (elektrisch) wattage [elt]
**aufgepanzert** (z.B. Bohrschnecke) armoured [mas]
**aufgeräumt** tidy [abc]
**aufgeregt** (nervös, durcheinander) nervous [abc]; (auch behandelt. Material) excited [abc]
**aufgeschweißt** back welded [met]
**aufgesetzt** fitted [mot]
**aufgespritzt** (Farbe, Markierung) sprayed on [mas]
**aufgetragen über...** (Diagramm) plotted against... [edv]
**aufgeweicht** soaked [abc]
**Aufgleiseinrichtung** (Bahn) rerailing device [mot]
**aufgleisen** rerailing [mot]
**Aufgleisgerät** rerailing equipment [mot]
**aufgliedern** (aufstellen, z.B. Bilanz) establish [pow]
**aufgrund von** (z.B. schlechtem Wetter) on account [abc]; (basierend auf) on the basis of [abc]; (anläßlich der) on the occasion of [abc]
**Aufhaldung** stockpiling [mbt]
**aufhalten** (bremsen, hindern) hold [mot]

**Aufhängebolzen** support pin [mbt]; suspension pin [mbt]

**aufhängen** suspend, hang up [abc]

**Aufhängepunkt** threaded support point [mas]

**Aufhängevorrichtung** suspension gear [mbt]; hanging apparatus [mbt]; lifting gear [mbt]

**Aufhängewinkel** suspension angle [mas]

**Aufhängung** (Stütze) support [mas]; hangers [pow]; (runterhängend) suspension [mas]; (→ federnde A.; → Achsa.)

**Aufhängung für Sammler, Kästen** rod hangers [pow]

**Aufhängungsteile** (der Wagenfedern) suspension components [mot]

**aufheben** (etwas fiel runter) pick up [abc]; (einer Last) hoist [abc]; (etwas Schweres hochheben) lift [abc]

**aufheben der Auswertungsunterdrückung** unquoting [edv]

**Aufheizanlage für flüssigen Stahl** reheating of liquid steel plant [mas]

**aufhören** (am Telefon) go [abc]

**aufklappbar** raisable [abc]

**Aufklappvorrichtung** opening-up device [roh]

**Aufklappvorrichtung für die Schlagwand** opening-up device for impact wall [roh]

**Aufkleber** sticker [abc]

**Aufkohlung** (durch Kohlegranulat) carburizing [che]; (durch Gas) gas-carburizing / carbonizing [met]

**aufladen** (z.B. leere Batterie) recharge [elt]

**Aufladung** (z. B. Batterie) charge [elt]

**Auflage** seat [abc]; (Konsole, Abstützung) support [mas]; (Basis, Abstützung) base [con]; (trägt Rolltreppengerüst) bearing plate [mbt]; (Abstützung) block [mbt]; (der Zeitung) circulation [abc]; (behördliche Anordnung) government order [pol]; (Mindeststückzahl) minimum lot [abc]

**Auflagefläche** connecting surface [wst]

**Auflager** (z.B. Mitte Rolltreppen-Länge) support [mbt]; (Rolltreppe, Brücke) support [mbt]; supporting angle [mbt]; (Brücke liegt darauf) bearing [bau]; (→ Mittela.)

**Auflager-Abstand** distance between supports [con]

**Auflagerdruckkraft** reaction of <or on> support [mas]

**Auflagerplatte** (Lagerplatte) bed plate [mbt]

**Auflagerträger** support [mbt]; supporting angle [mbt]

**auflageseitig** (Kugeldrehkranz) on base side [mbt]

**Auflaufbremse** over-running brake [mot]

**Auflaufen** (auf Schiene) overriding [mot]

**Auflaufgeschwindigkeit** (Waggons) over-running speed [mot]

**auflegen** (Bitte, nicht auflegen!) Hold the line, please. [tel]

**Auflieger** (des Sattelschleppers) trailer [mot]

**Auflockerung** bulking [abc]

**Auflockerungsfaktor** (des Materials) swell factor [min]

**auflösen** (auch eine Gruppe) dissolve [wst]

**Auflösung** (d. Fahrstraße nach Zugfahrt) opening [mot]; (Problem, Verbindung) solution [mbt]; (Problem, Flüssigkeit) solution [abc]

**Auflösungsvermögen** resolution power [mas]

**aufmessen** (messen) measure [abc]

**Aufnahme** (anfassen und hochnehmen) pick up [abc]; (von Kohle) reclaiming [roh]; (eines Musikstückes) recording [abc]; (Fotografie) shot [opt]; survey [bau]; (von Kräften durch KDV) transmission [mas]; (Unterbringung) housing [abc]; (an

Universität) immatriculation [abc];
(Unterbringung v. Personen) lodging
[abc]; (→ Wärmea.)

**Aufnahmebandträger** receiving boom
[mbt]

**Aufnahmebandträgerlänge** receiving
boom length [mbt]

**Aufnahmefähigkeit** (der Rolltreppe)
capacity [mbt]

**Aufnahmegerät** reclaimer [mbt]

**Aufnahmeprüfung** (z.B. für Univers.)
enrollment test [abc]; entrance examination [abc]

**aufnehmen** (z.B. auf Kassette) record
[abc]; survey [bau]; (ins Krankenhaus)
admit [med]

**Aufnehmer** (Scheuertuch) rag [abc];
(z.B. Kraft v. Welle) take up [mas]

**Aufpanzerung** (Auftragsschweißung)
hard facing [met]

**Aufpanzerungsplatte** (z.B. auf Löffel)
wear plate [mbt]

**aufprallen** (Stein im Brecher) make an
impact [roh]

**Aufprallverteiler** (oben) distributor
[pow]

**aufpressen** press on [mas]

**aufpumpen** (Luft) inflate [abc]

**Aufräumphase der Speicherbereini-
gung** sweep phase in garbage collection [edv]

**aufrecht** (nach oben, auch ehrlich)
straight [abc]; (in aufrechter Stellung)
upright [abc]; (in senkrechter Haltung)
vertical [abc]

**aufregend** (auch Material) exciting
[abc]

**Aufregung** excitement [abc]

**Aufreißbreite** (z.B. Grader) ripping
width [mbt]

**Aufreißdose** ring-top can [abc]

**aufreißen** (mit Aufreißer) rip [mbt]

**Aufreißer** (geringe Eindringtiefe)
scarifier [mbt]; (meist Heck, reißt tief)
ripper [mbt]; (kurz) scarifier [mbt]

**Aufreißerschaft** ripper shank [mbt]

**aufrücken** (von hinten herankommen)
pull up [mot]

**Aufrufe** (Programm-Aufrufe) calls
[edv]

**Aufsatz** (Haube, Deckel) cap [wst];
(Schiftsatz, Essay) composition [abc]

**Aufsatzring der Lagerlaufbahn** race
face [mas]

**aufschlitzen** slit [abc]

**Aufschlußeinschnitt** (Tagebau) opening cut [roh]

**Aufschlüsselung** (z.B. Einzelteile)
break down [con]

**Aufschluß** (geben keinen A... über)
clue [abc]; (Information) clue [abc];
(Information) information [abc]

**aufschlußreich** (informativ) indicative
[abc]

**Aufschreibung** (laufende) continuous
recording [pow]

**Aufschreibungen** (Blätter) log sheets
[pow]

**Aufschrift** (Inschrift, Erklärung) inscription [abc]; (Etikett) label [abc];
(Zeichenerklärung) legend [abc]

**aufschrumpfen** (meist mit Hitze)
shrink on [mas]

**Aufschub** (einer Entscheidung) suspension [abc]

**aufschütten** fill [bau]

**Aufschüttung** filling [bau]

**aufschweißen** (mit Badsicherung) back
weld [met]; (Auftragsschweißung)
build up [met]

**aufsetzen** (Flugzeug auf Landebahn)
touch down [mot]; (auf Schienenober-
fläche) bear [mot]; (Schreib/Lesekopf)
headcrash [edv]

**Aufsetzkante** (hintere A. des Lkw)
angle of departure [mot]

**Aufsetzzapfen** (oft klappbar) jigger
pin [mot]

**Aufsicht** (Oberaufsicht) superintendence [abc]; (über eine Arbeit) supervision [mbt]; (nach dem Rechten sehen) inspection [mbt]

**Aufsichthabender** (Leiter) superintendent [abc]

**Aufsichtsbeamter** (in GB unbekannt) platform inspector [mot]; (in GB unbekannt) platform supervisor [mot]

**Aufsichtsbehörde** (z.B. Üstra Hannover) supervising authority [mbt]

**aufspeisen** (Kessel) feed the boiler [was]; (Kessel) fill the boiler [pow]

**Aufspritzen von Schamottemasse** gunning of refractory [met]

**aufspulen** (Draht, Seil) spool [abc]

**Aufspülung** (z.B. des Deiches) hydraulic fill<-ing> of the dike) [abc]

**Aufstand** (Aufruhr, Revolution) riot pol

**aufsteckbar** ... (z.B. aufsteckbarer Antrieb) slip-on type ... [mot]

**aufsteckbarer Seitenklammerarm** slip-on type block clamp arm [mot]

**Aufsteckrohr** socket pipe [mas]

**Aufsteckschuh** (Art von Deckel) gusset shoe [mas]

**Aufsteckzahn** (Hülse-, Gabel-, anders) replaceable tooth tip [mbt]

**aufsteigende Flanke** rising flank [met]

**aufstellbar** (an Scharnier) hinged [abc]

**aufstellen** (Satzung, Verfassung) constitute [abc]; (Truppen stationieren) deploy [mil]; establish [abc]; (aufgliedern, z.B. Bilanz) establish [pow]

**Aufstellung für monatliche Abschlagsrechnung** monthly statement [abc]

**Aufstellungsort** place of installation [mbt]; site [mbt]; location [mbt]

**Aufstellzeit** (z.B. des Lkw am Bagger) spotting time [mbt]

**Aufstieg** (Leiter im Deckkran) access [mbt]; (auf Berg) ascend [abc]; (Beförderung) career [abc]

**Aufstiegsleiter** (Dampflok) footsteps [mot]; (am Bagger) ladder [mbt]

**Aufstockverbauplatte** (im Graben) extension trench-lining plate [mbt]

**aufstoßen** (z.B. Hallentür) push open [abc]

**aufteilen** (in 3 Teile) divide [abc]

**auftoppen** (Kran) top up [mbt]

**Auftrag** (Aufgabe) task [abc]; (Dammaufschüttung) dam [bau]; (→ schlüsselfertiger A.)

**auftragen** plot [bau]; (Kleber auf Fläche) put on [abc]; (Boden in Baustelle) fill in [mbt]

**Auftragen von Schichten** filling up of layers [mbt]

**Auftraggeber** (Kunde) employer [mbt]

**Auftragsböschung** (aufgefüllt) filled-up road shoulder [mbt]

**Auftragsschweißung** (Reparatur) resurfacing [met]; steel facing [met]; deposit welding [met]; (auf Schaufel) hard facing [met]; (Panzerung) hard facing [met]

**auftreten** (z.B. Fehler) occur [abc]; (auf Bühne) appear [abc]

**auftretende Belastung** (Feder) working load [mas]

**auftretende Schallenergie** incident energy [elt]

**Auftretenswahrscheinlichkeit** probability of occurrence [mat]

**Auftrieb** (im Wasser) buoyancy [phy]; (Almauftrieb, -abtrieb) cattle drive [far]

**Auftritt** (am Bagger) ladder [mbt]

**auftropfen <eines Mittels> auf** applying drops of <an agent> to [abc]

**Aufwand** (zeitlich) time consumed [abc]; (zeitlich) time input [abc]; (Mühe) effort [mbt]

**aufwärts** (Schild im Fahrstuhl) Up [mbt]; (auch bildlich) upwards [abc]; (Richtung nach oben) in the upward direction [abc]

**Aufwärtsbewegung** (z.B. der Maschine) upwards motion [abc]

**Aufwärtslauf** (der Rolltreppe) upward travel [mbt]

**Aufwärtsströmung** up-flow [pow]

**Aufwärtszug** (Steigzug; Fallzug) upward gas passage [pow]; (Steigzug; Fallzug) downward gas passage [pow]

**aufweiten** (Rohre) expand [met]; (Rohre) increase [pow]; (Rohre) increase diameter [pow]

**Aufweitung** broadening [bau]; enlargement [pow]; expansion [pow]; (→ Rohrausbeulung)

**Aufwerfung** (trompetenartig) bell mouth [mas]

**Aufwickelmotor** take-up motor [elt]

**aufzeichnen** (Musik, Protokoll) record [abc]

**Aufzeichnung** (mit Plotter) plotting [abc]; (auch Protokoll) record [abc]; (z.B. Musik) recording [abc]; (z.B. Sachnummern) documentation [abc]

**Aufzeichnungen** (einer Sitzung) minutes [abc]

**AUF-ZU-Angabe** OPEN-SHUT indication [pow]

**Aufzug** (im Theater) act [abc]; (Fahrstuhl) elevator [bau]; (Fahrstuhl) lift [bau]

**Auge** (Putzen) boss [pow]; (Maschinen-, auch Körperteil) eye [abc]; (z.B. Transportöse) eye [mbt]; (Durchgangstülle, z.B. aus Gummi) grommet [mot]; (z.B. Transportöse) lift eye [mbt]

**Augenblicksleistung** instantaneous power [elt]

**Augenblickswert** (z.B. von Spannungen) instantaneous value [elt]

**Augenblickswert der Leistung** instantaneous power [elt]

**Augengeometrie** eye geometry [edv]

**Augenschraube** eye bolt [mas]

**Augenschutz** protecting goggles [abc]

**Augplatte** (z. Anschlagen Seil, danach abgebrannt) eye plate [mbt]

**AUS** (an Lichtschalter) OFF [elt]

**aus dem Vollen** (aus d. Vollen fräsen) from a block [abc]

**aus einem Stück** (... aus einem Stück) one-piece [abc]

**aus Eisen** (Glas, Kunststoff usw.) of iron [wst]

**aus England** (Deutschland, den USA...) from England [cap]

**aus Holz** (Gold, usw.) of wood [abc]

**aus irgendeinem Grunde** for any reason whatever [abc]

**aus Lieferung** of the delivery [abc]

**aus Neuwalzung** (neues Material) from freshly rolled material [met]

**aus- und einbauen** (Bauteile) r+i [met]; (Bauteile) r&i [met]

**Aus- und Fortbildung** (Weiterbildung) apprenticeship and advanced training [abc]

**aus Warmbreitband geschnitten** cut from hot-rolled wide strip [wst]

**aus zweiter Hand** second hand [mot]

**Aus-, Abschalter** circuit breaker [elt]

**ausarbeiten** prepare [abc]; (einen Riß beseitigen) remove [met]; (der Schweißwurzel) gouge [met]

**Ausbau** (Entfernung; Abbau) removal [roh]; (Weiterentwicklung) developing [abc]; (Entfernung; Abbau) dismantling [met]; (einer Anlage) extension [pow]; (des Konzerns) further growth [abc]; (→ endgültiger A.; → vorläufiger A.)

**Ausbauchen** (unerwünschtes Aufblähen) bulging [abc]

**ausbauen** (wegnehmen) remove [abc]; (demontieren) dismantle [met]

**ausbauen und ersetzen** r+r [met]

**Ausbaugeschwindigkeit** design speed [bau]

**Ausbaugrad** design standard [mbt]

**Ausbausystem** (für Streckenausbau) support system [roh]

**Ausbausysteme für den Strecken- und Sonderausbau unter Tage** support systems and special systems for underground mining [roh]

**Ausbauvorrichtung** (nicht fest installiert) dismantling equipment [met]

**ausbessern** (zusammensetzen) piece together [abc]; (reparieren) repair [mas]

**Ausbesserungswerk** (der Bahn) railway workshop [mot]

**Ausbeulung** (Ausbuchtung) bulge [pow]; (→ Rohraufweitung) bulge [mas]

**ausbeuten** (Bergwerk, Menschen, Tiere) exploit [roh]

**Ausbildung** (Gestaltung) shaping [abc]; (durch Kursus) training [abc]; (Gestaltung, Konstruktion) design [con]; (schulische) education [abc]

**Ausbildungshandbuch** training manual [abc]

**Ausbildungsleiter** instructor [abc]

**Ausbildungsprogramm** training program [abc]

**Ausbiß** (des Flözes) outcropping [roh]

**ausblasen** (Überhitzer) blow out [pow]; (ganze Fläche leeren) blanking [edv]

**ausblenden** (langsam rausgehen) fade out [elt]

**Ausblendung** (z.B. auf Schirm) blankout [edv]; (langsam rausgehen) fading out [elt]

**Ausbrand** percentage of burnable materials in residues [pow]; burn-up rate [pow]

**ausbreiten** propagate [abc]; (Produkt, Epidemie) spread [abc]

**Ausbreitung** propagation [abc]; spreading [abc]

**Ausbreitungsgeschwindigkeit** propagation speed [abc]; velocity of propagation, expansion [elt]

**Ausbreitungskoeffizient** propagation coefficient [mat]

**Ausbreitunsgeschwindigkeit** velocity of propagation [elt]

**ausbrennen** burn out [abc]; (→ ausgebrannt)

**Ausbrennrost** dumping grate [pow]

**Ausbruch** (Vulkan) eruption [abc]

**ausbuchsen** (alte Zylinder) rebushing [met]

**Ausbuchtung** (Ausbeulung) bulge [pow]

**Ausdampffläche** (Trommel) steam releasing surface [pow]; (Trommel) water/steam separation surface [pow]

**Ausdauer** (Geduld) patience [abc]; (Kraft) stamina [abc]

**ausdehnen** extend [abc]

**Ausdehnung** expansion [abc]

**Ausdruck** (in der Logik) expression [edv]; (der Bildschirmanzeige) hardcopy [edv]

**ausdrucken** (durch Printer) print [edv]

**ausdrücklich** (expressis verbis) explicitly [abc]

**ausdrückliche Vereinbarung** explicit [jur]

**auseinanderbauen** (Demontage) dismantling [met]

**auseinanderfallen** (d. zeitl. Vorgaben) diverge [jur]; (d. zeitl. Vorgaben) diverging [jur]

**auseinandernehmen** (demontieren) strip [met]; strip down [met]; (Demontage) disassembly [met]

**ausfahren** (eine Aufgabe durchführen) carry out [abc]; (erledigen, tun) do [abc]; (durchfuhren) execute [abc]; (Lineal, Meßband) extend [mbt]; (den Zylinder) extend [mbt]; (Höchstgeschwindigkeit, Auto) maximum speed travelling [mot]

**Ausfahrt** (von der Autobahn) exit [mot]

**Ausfall** (Zornesausbruch) outburst of rage [abc]; breakdown [pow]; (z.B. einer Pumpe) failure [mot]

**ausfällen** (abscheiden; absetzen) precipitate [pow]; (abscheiden; absetzen) settle [roh]

**Ausfallswinkel** emergent angle [edv]

**Ausflucht** (Ausrede) excuse [abc]

**ausfluchten** align [con]

**Ausflug** excursion [abc]; (auf Heu- oder Strohfuder) hayride [abc]

**Ausflugsbus** tour bus [mot]
**Ausflugsdampfer** cruise boat [mot]
**Ausflugsschiff** cruise boat [mot]
**Ausfluß** effluent [bau]
**Ausformen** demoulding [bau]
**ausfugen** (Schweißnähte) arc-air gouging [mas]; (Schweißnähte) gouge [met]
**Ausfugzeichen** gouging symbol [met]
**ausführen** perform [bau]
**ausführlich** (gründlich) thoroughly [abc]
**Ausführung** (das eigentliche Bauen) production [abc]; realisation [abc]; (z.B. Modell A) type [mas]; (Version, Fassung) version [mbt]; (Muster, Modell. Konstruktion) design [con]; (einer Aufgabe) execution [abc]; (Hersteller) make [abc]; (das eigentliche Bauen) manufacturing [mbt]
**Ausführungsbeispiel** application engineering [abc]
**Ausführungszeichnung** working drawing [bau]
**ausfüllen** (ein Formular) fill in [abc]
**Ausgabe** (z.B. an den Drucker) output [edv]; (einer Verordnung) issue [abc]
**Ausgabemaske** output layout [edv]
**Ausgaben** (→ Extraausgaben) extras [abc]
**Ausgabesignal** (b. Datenfernübertr.) data signal [edv]
**Ausgang** (an Maschine, Steckdose) outlet [elt]; (Auslauf, Drainage) outlet [mot]; (eines Hauses) exit [abc]
**Ausgang der Bearbeitung** (in Zeichnungen) Start machining here [con]
**Ausgangsangabe** (erste Daten) initial data [abc]
**Ausgangsdatenfluß** outgoing data flow [edv]
**Ausgangsgleichsspannung** output d.c. voltage [elt]
**Ausgangsgröße** physical quantity [abc]
**Ausgangskontrolle** (Endkontrolle) pdi [abc]

**Ausgangsposition** (auch der Schaufel) initial position [mbt]
**Ausgangsprüfung** (Endkontrolle) pdi [abc]
**Ausgangspunkt** start [mbt]
**Ausgangsseite** (z.B. des Ventils) discharge [mot]
**Ausgangssperre** (Vergünstigungen weg) restriction of privileges [mil]
**Ausgangsstellung** (Ruhestellung) reset position [pow]
**Ausgangsstellung eines Hebels** (außen) extreme-out position of a lever [mot]
**ausgearbeitet** (ein Riß) removed [abc]
**ausgebaggert** (unter Wasser) dredged [mbt]; (an Land) excavated [mbt]
**ausgeben** (neue Währung o.ä.) emit [pol]; (einen Befehl) issue [mil]
**ausgebeutet** (Bergwerk) exhausted [mbt]; (Land, Sklave) exploited [abc]
**ausgebrannt** (durch Feuersbrunst) burnt out [bau]; (Atombrennstoff) depleted [pow]; (Landschaft durch Hitze) eroded by heat [wet]; (durch Schweißen) flame-cut [met]
**ausgedehnt** (weites Land) wide [abc]; (großes Grundstück) large [abc]
**ausgefacht** filled-in [wst]
**ausgefahren** (ausgefahrene Länge) extended length [mbt]
**ausgefugt** (z.B. bearbeiteter Riß) back gouged [bau]
**ausgeglichener Zug** balanced draught [pow]
**ausgehalste Öffnung** extruded opening [pow]
**ausgekleideter Blechschornstein** lined steel chimney [pow]
**ausgelaufen** (abgenutzt) run [abc]
**ausgelaufenes Lager** (Schrott) run bearing [edv]
**ausgelaugt** leached out [min]
**ausgelegt** (geplant für) designed [con]; (Dumpermulde mit Gummi) lined [mot]

**ausgeleuchtet** (Fahrstraße/Stellwerk) illuminated [mot]
**ausgereift** (Obst) ripe [bff]; (Kenntnisse) advanced [abc]; (durch Erfahrung gut) matured [abc]
**ausgerichtet** (2 Bleche o.ä.) aligned [mas]
**ausgerundete Zugprobe** reduced section tension [mes]
**ausgerüstet mit** (z.B. mit notwendigen Papiere) provided with [abc]; (z.B. Waffen, Geräte) equipped with [mil]
**ausgeschaltet** (Licht) off [elt]; (Licht) switched off [elt]; (ein Fehler beseitigt) eliminated [abc]
**ausgeschlafen** alert [abc]
**ausgeschlagen** worn [mas]
**ausgeschliffen** (vergrößert) ground [met]
**ausgestattet** equiped [abc]
**ausgestreckt** stretched [mas]
**ausgetrocknet** dried out [abc]
**ausgetrocknetes Flußbett** wash [geo]; dried out wash [geo]
**ausgewogen** well-balanced [mas]
**ausgewuchtet** balanced [mot]
**ausgezackt** toothed [mas]
**Ausgleich** (Gewichtsausgleich) balance [mes]
**Ausgleich im Verteilergetriebe** transfer case differential [mbt]
**Ausgleichbehälter** compensator reservoir [mot]
**ausgleichen** (passend machen, angleichen) adjust [mes]
**Ausgleicher** (Kompensator) compensator [pow]
**Ausgleichgehäuse** differential case [mot]
**Ausgleichgetriebe** differential gear unit [mot]
**Ausgleichhebel** (d. Drehgestellrahmen) adjusting lever [mas]
**Ausgleichkegelrad** differential bevel pinion [mot]
**Ausgleichradachse** differential pinion shaft [mot]

**Ausgleichs-** equalizer- [elt]
**Ausgleichsbehälter** brake-fluid container [mot]; expansion tank [mas]
**Ausgleichsdüse** compensating jet [mot]
**Ausgleichsfeder** equalizer spring [mas]
**Ausgleichsfedern** (im Drehgestell) adjusting springs [mbt]; (im Drehgestell) balance springs [mbt]
**Ausgleichsfutter** shim plate [mas]
**Ausgleichsgehäuse** differential housing [mot]
**Ausgleichsgetriebe** differential gear unit [mot]
**Ausgleichsgewicht** balancer [mot]
**Ausgleichskolben** balance piston [mas]
**Ausgleichsleiste** final section [mbt]; moulding [mbt]
**Ausgleichsleitung** balancing network [abc]
**Ausgleichsmasse** (Massenausgleich) mass-balancing gear [abc]
**Ausgleichsschiene** equalizing bar [mas]
**Ausgleichsschwingungen** transient oscillations [phy]
**Ausgleichssperre** differential lock [mot]; jaw clutch lock [mot]
**Ausgleichsstern** spider [mot]
**Ausgleichsstück** balance section [mas]; final section [mbt]
**Ausgleichstern** differential spider [mot]
**Ausgleichsteuerung** compensating control [mot]; compensator control [pow]
**Ausgleichstirnrad** differential spur gear [mot]
**Ausgleichsträger** (z.B. an Muldenkipper) balance beam [mbt]
**Ausgleichsunterlage** shim [mbt]
**Ausgleichswelle** balancer shaft [mot]
**ausgliedern** (aus Firma) detach [abc]
**Ausgliederung** (aus Firma) detachment [abc]

**ausglühen** (aus Versehen) cinder [wst]; (nicht fachgerecht!) glow out [met]
**ausgraben** (ausheben) excavate [mbt]
**Aushalsung** extrusion [pow]
**aushalten** (ertragen, "verkraften") withstand [abc]
**aushändigen** (eine Akte) hand over [abc]
**Aushändigung** handing over [abc]
**Aushauschere** nibbler [wzg]; guillotine [wzg]
**Aushebekraft** (Schraube zu fest) leverage force [mas]
**ausheben** excavate [roh]; (ausgraben) excavate [mbt]
**Ausheben** excavating [mbt]
**Ausheben eines Grabens** cutting a trench [bau]
**Aushub** excavated material [mbt]; excavation [mbt]; (wird abgefahren od. abgelegt) material dug out [mbt]
**Aushubmaterial** excavation material [mbt]
**auskippen** (z.B. Schutt aus Dumper) dump [roh]
**Auskippwinkel** (des Kübels) dump [mot]
**auskleiden** (mit Stampfmasse) line [pow]; (mit Stampfmasse) line with plastic refractories [pow]
**Auskleidung** (Futter) lining [roh]
**Auskleidungen** (von Behältern) liners [roh]
**ausklingeln** (Kabeltest) bell check [elt]
**Ausklinkmaschine** notching machine [wzg]
**Ausklinkung** notch [wst]
**auskochen** (Kessel) boil out [pow]
**auskoffern** (eine Straße) cut the base of a road, doze out [mbt]; (Randsteingraben) draw a curbstone trench [bod]; (einer Straße) making a road base [bau]
**Auskofferschar** excavating blade [mbt]

**Auskofferungsschar** trench blade [bau]; (Anbauschar) curbstone blade [bau]; curbstone mouldboard [bau]
**auskreuzen** (Fuge vor Gegenschweißen) chip [met]
**Auskunft** (von Bahn, Bus) time table information [mot]; (am Telefon) directory [tel]; (Auskünfte, Information) information [abc]
**auskuppeln** (z.B. Antriebsmaschine) disconnect [mot]; (z.B. Antriebsmaschine) disengage [elt]
**ausladen** (Schiff, Lkw) unload [mot]
**ausladend** outrigging [mbt]; (wie Tankstellendach) cantilevering [bau]
**ausladende Bauweise** (Motor bis Achse) extending design [mbt]
**Ausladung** (des Baggers zur Seite) outreach [mbt]; (z.B. des Gegengewichtes) projecting [mbt]; (Reichweite) reach [mas]; (weiteste TL Entfernung) total reach [mbt]
**Ausladungsbereich** range of outreach [abc]
**Ausland** other countries [cap]
**Ausländer** (Fremder) alien [abc]
**Auslandsflug** international flight [mot]
**Auslandsschaden** damage [jur]
**Auslaß** (aus Gerät) outlet [mas]; discharge [mot]
**Auslaß-Anschluß** (Gewinde) output connection [mot]
**Auslaßventil** exhaust valve [mot]
**Auslaßventilfeder** exhaust valve spring [mot]
**Auslaßventilsitz** exhaust valve seat [mot]
**Auslaßventilverschraubung** exhaust valve cap [mot]
**Auslauf** (der Schweißnaht) phase out [met]; (Übergang zwischen Bauteilen) runout [met]; (der Schweißnaht) runout [met]; (Mündung) spout [mas]; (z.B. aus Waggon) discharge chute [mot]
**Auslaufblech** (nach Schweißen abtrennen) run-out plate [met]

**auslaufen** (zuende kommen) phase out [abc]; (Reisebeginn des Schiffes) sail [mot]; (Reisebeginn des Schiffes) sailing [mot]; (verschlissenes Lager) abrase [mbt]

**Auslaufseite** (einer Maschine) outlet end [mas]; (einer Maschine) dicharge end [mbt]; downstream [pow]

**Auslaufstrecke** downstream [pow]; (hinter Blende; Ventil) downstream [pow]

**Auslaufstutzen** outlet connection [mot]

**Auslegegummi** (in Kippermulde) rubber lining [mbt]

**auslegen** (in Konstruktionen) lay out [abc]

**Ausleger** (Abstützung) outrigger [mot]; (Abstützung) stabilizer [mot]; (des Schaufelradbaggers) boom [mbt]; (des Krans) jib [mot]; (für Bagger unüblich) jib [mot]

**Ausleger des Krans** crane boom [wst]

**Ausleger teleskopieren** boom telescoping [mbt]

**Auslegerarm** (Kragarm) crossarm [mbt]

**Auslegerbolzen** (am Fußpunkt) boom foot pin [mbt]

**Auslegerfußpunkt** (→ Ausleger-Stützbock) boom pivot [mbt]

**Auslegerfußpunkt** boom-foot pivot point [mbt]

**Auslegerkopf** boom head [mbt]; (ungewöhnlich) jib head [mbt]

**Auslegerkran** outrigger crane [mot]

**Auslegerlager** (Kran) jib bearing [mot]

**Auslegerlänge** boom length [mbt]

**Auslegermoment** boom moment [mbt]

**Ausleger-Oberteil** upper part of boom [mbt]; boom, upper section [mbt]

**Auslegeroberteil** (AOT) upper boom [mbt]; (AOT) upper part of boom [mbt]; jib [mbt]

**Auslegersenken** (Absicht oder Leckage) boom lowering [mbt]

**Auslegersperrventil** lock valve for boom [mbt]; lock valve of the boom [mbt]

**Auslegerstellung** (z.B. 3 und 4) boom position [mbt]

**Auslegerstützbock** (bei/in Hauptrahmen) A-frame [mbt]

**Auslegertrommel** (Kran) jib drum [mbt]

**Ausleger-Unterteil** boom, lower section [mbt]; lower part of boom [mbt]

**Auslegerunterteil** (AUT) base boom [mbt]; jib [mbt]; (AUT) lower port of boom [mbt]; jib-lower-section [mbt]

**Auslegerverlängerung** (für Ramme) boom extension [mbt]

**Auslegerwinde** (beim Kran) jib winch [mbt]

**Auslegerwinkel** (Standfläche Ausleger) boom angle [mbt]

**Auslegerzylinder** boom cylinder [mbt]; jib cylinder [mbt]

**Auslegerzylinderschutz** guard for boom cylinder [mbt]

**Auslegeware** carpeting [bau]

**Auslegung** (Entwurf, Konstruktion) design [con]; (Deutung) interpretation [abc]; (Entwurf, Konstruktion) layout [mas]

**Auslegungswerte** design data [con]

**ausleuchten** (Fahrstraße am Stellwerk) illuminate [mot]

**ausliefern** (dem Gegner) surrender [mil]

**Auslieferungsfeier** hand-over [abc]

**Auslieferungsinspektion** pdi [abc]

**auslöffeln** (mit Scoop) scoop [mbt]

**Auslöschung** (durch Interferenz) cancellation [elt]

**auslösen** (z.B. durch Hebel) release [mas]; (von Regeln) triggering [abc]; (sprengen) detonate [mbt]

**Auslösenocken** (Anschlag) trigger [mas]

**Auslöser** release [mas]; (im Sinne von Festhalten) detent [wst]

**Auslöser-Klinke** pawl [mas]
**Auslösung** (z.B. Taste) trigger [mas]
**ausmachen** (ein Feuer ausmachen) put out [abc]; (finden) spot [abc]; (einig werden über) agree on [abc]; constitute [bau]
**Ausmaß** (Umfang) extent [abc]
**ausmustern** (als nicht brauchbar) sort out [abc]
**Ausmusterung** (der alten Dampflok) withdrawal [mot]
**Ausnahme** (von Regel) exception [abc]
**Ausnahme-Genehmigung** exception agreement [mbt]
**Ausnehmung** (in Blech) opening [mas]
**ausnutzen** (benutzen) utilise [abc]; (versklaven, ausbeuten) enslave [abc]; (ausbeuten) exploit [abc]
**Ausnutzung** utilization [abc]
**ausplatzen** (Dichtung reißt heraus) blow out [mas]
**auspressen** press out [abc]; (abwerfen) gouge [roh]
**Auspuff** exhaust [mot]
**Auspuffbremse** (Motorbremse) exhaust brake [mot]
**Auspuffdämpfer** exhaust silencer [mot]; muffler [mot]
**Auspuffdruck** exhaust pressure [mot]
**Auspuffgase-Austritt** exhaust out [mot]
**Auspuffgase-Eintritt** exhaust in [mot]
**Auspuff-Hauptschalldämpfer** main silencer [mot]
**Auspuffklappe** exhaust valve [mot]; muffler cut-out [mot]
**Auspuffklappenbremse** engine brake [mot]; exhaust brake [mot]; exhaust flap brake [mot]
**Auspuffkrümmer** collector [mot]; exhaust manifold [mot]
**Auspuffleitung** exhaust pipe [mot]
**Auspuffrohr** (Rauchauslaß) stack [mot]; (Endstück) tail pipe [mot]; exhaust pipe [mot]

**Auspuffrohrdeckel** flapper-type rain cap [mot]
**Auspuffrohrklappe** flapper-type rain cap [mot]
**Auspuffrohrverbindung** exhaust manifold connection [mot]
**Auspuffschalldämpfer** exhaust silencer [mot]
**Auspufftopf** muffler [mot]
**Auspufftopf und -leitungen** muffler and exhaust pipes [mot]
**Auspuffvorschalldämpfer** pre-expansion chamber [mot]
**ausräuchern** (Schädlinge) fumigate [abc]
**Ausrede** excuse [abc]
**ausreichend** (ausreichender Abstand) adequate [abc]; ample [abc]
**ausreißen** tear out [abc]; (Kohle tritt zu Tage) crop out [roh]
**Ausreißsicherung** tear-off protection [mas]
**ausrenken** (verrenken) dislodge [med]
**ausrichten** (bündig machen) align [mas]
**Ausrichtung** (bündig machen) alignment [mas]
**Ausrichtungswelle** alignment bar [mas]
**Ausrichtvorrichtung** aligning device [wzg]
**ausrücken** (freigeben) release [abc]; (z.B. Räder im Getriebe) disconnect [mot]; (z.B. Räder im Getriebe) disengage [mot]
**Ausrücker** releasing lever [mas]
**Ausrückgabel** clutch release yoke [mot]
**Ausrückhebel** clutch release lever [mot]
**Ausrücklager** clutch release bearing [mot]
**Ausrückmuffe** release collar [mas]; clutch release sleeve [mot]
**Ausrückplatte** clutch release plate [mot]

**Ausrückwelle** clutch release shaft [mot]

**ausrufen** (lassen, im Hotel) page [abc]; (einen Staat, Zustand) declare [pol]

**Ausrufungszeichen** exclam [abc]; (!) exclamation mark [abc]

**ausrüsten** (versorgen mit) fit out, supply [mil]

**Ausrüstung** (eines Schiffes) outfit [mot]; (besonders Kleidung) outwear [abc]; (Einrichtung einer Firma) plant equipment [abc]; (des Baggers) attachment [mbt]; (einer Expedition) equipment [abc]; (equipm. meist benutzt) equipment [mbt]; (vordere Ausrüstung , z.B. Lader) front-end <operating> equipment [mot]; (z.B. Bagger) implement [mbt]; (→ elektrische A.; → Sondera.; → Ultraschalla.; → Schutza.)

**Ausrüstungskai** outfitting quay [mot]; fitting-out berth [mot]

**Ausrüstungskreislauf** (z.B. Bagger) implement circuit [mbt]

**Ausrüstungspaket** (in Preisliste) equipment package [mot]

**Ausrüstungsteil** piece of equipment [mbt]

**Ausrüstungsteile** accessories [mas]

**Aussaat** sowing [far]

**aussagefähig** (z.B. eine Statistik) indicative [abc]

**Aussagenkalkül** propositional calculus [edv]

**ausschachten** (ein Loch) dig [roh]; (unter Wasser) dredge [mbt]; (eine Baugrube usw.) excavate [mbt]; (Erdaushub) excavation work [bod]; (Erdaushub) ground breaking [pow]

**Ausschachtung** (z.B. Loch ausheben) excavation [mbt]

**Ausschaltdauer** interrupting time [elt]

**ausschalten** override [mbt]; (freigeben) release [abc]; (das Licht) switch off [elt]; discard [elt]; (trennen) disengage [mot]

**Ausschalter** circuit breaker [mbt]

**Ausschalthebel** (für eine Maschine) throw-out lever [elt]

**Ausschaltspitzenstrom** cut-off current [elt]

**Ausschaltstrom** breaking current [elt]

**Ausschaltvermögen** (stark genug) breaking capacity [elt]

**Ausschaltverzögerung** (bei einem Signal) turn-off delay [elt]

**Ausschaltverzug** (bis Wirkungsbeginn) opening time [elt]

**Ausschalzeit** stripping time [bau]

**ausscheiden** (durch Alter) retire [abc]

**ausschiffen** (Personen, Güter) disembark [mot]

**Ausschiffung** disembarkation [mot]

**ausschimpfen** bawl out [abc]

**Ausschlag** (der Pendelachse) oscillation lock [mot]; (Änderung der Welle) deflection [elt]

**ausschleifen** (vergrößern, Material entfernen) grind [met]

**ausschleusen** (z.B. Zug aus Verkehr) take out [mot]

**Ausschluß** (einer Haftung, Person) exclusion [jur]

**Ausschluß aller Abreden** exclusion of verbal agreements [jur]

**Ausschnitt** sector [mas]

**Ausschnittzeichnung** cutaway view [pow]

**Ausschreibungs-Angebots-Auswahl-Zyklus** announcement-bid-selection cycle [eco]

**Ausschuß** (Schrott) scrap [mas]; (Schrott) waste [mas]; (Kommission) committee [abc]

**Ausschußstellung** (nicht in Ordnung) reject position [abc]

**Ausschütthöhe** (Grabgut aus Löffel) discharge height [mbt]; (Grabgut aus Löffel) dump height [mbt]

**Ausschwingvorgang** decay process [elt]; dying away [elt]

**Aussehen** (→ glänzendes A.) appearance [abc]

**außen** outside [abc]

**außen ein- oder mehrfarbig lackiert** outside one- or multicolour painted [abc]

**außen über Schaufelkante** (Wenderadius) over outside bucket corner [mot]

**Außenabdeckung** (der Rolltreppe) outer decking [mbt]

**Außenabmessung** dimension outside boiler [con]

**Außenabmessungen des Kessels** dimensions outside boiler [pow]

**Außenanlage** external plant [mbt]

**Außenbackenbremse** outside shoe brake [mot]

**Außenbalustrade** outside balustrade [mbt]

**Außenbandbremse** outside band brake [mot]; external band brake [mot]

**Außenblech** outside panel [mot]

**Außenbogenkreuzungsweiche** (ABKW) outside diamond crossing with single slip [mot]

**Außenbogenweiche** (ABW) contrary flexture turnout [mot]

**Außendach** (Abdeckung) outer decking [mbt]

**Außendienstpersonal** (der Bahn) operational staff [mot]

**Aussendung** emission [abc]

**außen** (äußerlich) external [abc]

**außen beaufschlagt** exterior admission [mot]

**Außendurchmesser** o. d. [abc]

**Außenfehler** surface flaw [mas]; external flaw [mas]

**Außengeräuschmessung** outside noise test [mot]

**Außengewinde** outer thread [mas]; outside threading [mas]; male thread [mas]

**Außenglied** (bei Rollenkette) outer link [mbt]

**Außenkegel** outside cone [mas]

**Außenkippe** outside dump [roh]

**Außenkopfhalter** outside newel bracket [mbt]

**Außenkopfstück** outside deck [mbt]; outside newel section [mbt]

**Außen-Längsfehler** external longitudinal flaw [mas]

**Außenlänge** (Keilriemen) outside length [mas]

**Außenlasche** outer plate [mbt]

**Außenläufer** external rotor type [mbt]

**Außenläufermotor** motor of the external rotor type [mbt]

**außenliegende Rolltreppe** open-air escalator [mbt]; outdoor escalator [mbt]

**außenliegender Kühler** shell type surface attemperator [pow]

**außenliegender Regler** shell type surface attemperator [pow]

**außenliegendes Fallrohr** outside downcomer [pow]

**Außenluft** outside air [abc]

**Außenmast** (Gabelstapler) outer upright [mot]

**Außenminister** (US) Secretary of State [pol]; (GB) Minister for Foreign Affairs [pol]

**Außenministerium** (US) State Department [pol]; (GB) Foreign Office [pol]

**Außenputz** external rendering [bau]

**Außenrahmen** (Dampflok, außerhalb Räder) outer frame [mot]; (an Drehgestellen; selten) outer frame [mot]

**Außenring** outer race [abc]; (→ Freilauf-A.)

**Außenrundschleifmaschine** cylindrical surface grinder [met]

**Außenschräge** outside slope [mbt]; (Gußschräge) mould draft [mas]

**Außenschweißung** external welding [met]

**Außenseite** outside [abc]

**Außensteuerung** outside control [mbt]

**Außentemperatur** outside temperature [mbt]; ambient temperature [wet]

**Außenverkleidung** (Seite und unten) outer cladding [mbt]; (d. Allgemeinbegriff) outside cladding [mbt]; (mit Platten) external panelling [mbt]

**außenverzahntes Rad** external gear [mas]

**Außenverzahnung** external gearing [mbt]; external teething [mas]; external toothing [mas]

**Außenwand des Kessels** outer wall of the boiler [pow]; cold face of the boiler [pow]

**außer Betrieb nehmen** shut down [mas]; (z.B. Kessel) shut down [pow]; shut off [pow]; (z.B. Kessel) take out of service [pow]

**äußere** (z.B. äußere Einwirkungen) outside [abc]

**äußere Bremsnabe** outer brake hub [mot]

**äußere Feuchtigkeit** surface moisture [abc]

**äußere Gewalt** (Unfall, Sabotage) outside mechanical force [abc]

**äußere Ventilfeder** outer valve spring [mot]

**äußerer Durchmesser** o. d. [abc]; outer diameter [abc]

**äußerer Laufring** outer race [mas]

**äußerer Rohrdurchmesser** outer diameter of the tubes [mas]

**äußerer Windungdurchmesser** outside coil diameter [mas]

**außergerichtlich** (außergerichtliche Lösung) outside court [jur]

**außerhalb der Rohre** outside the tubes [mas]

**außermittig** (nicht mittig, zentral) off-centre [abc]

**außermittige Bodenplatte** offset track shoe [mas]

**außerstande** unable [abc]

**Aussetzbetrieb** intermittent operation [mbt]

**aussetzen** submit [abc]

**außer** (außer Hans auch Fritz) besides

[abc]; (→ ausgenommen <von>) exempt [abc]

**außerdem** (ebenfalls, auch) also [abc]

**äußere Reinigung** external cleaning [abc]

**äußerer Durchmesser** external diameter [abc]

**äußeres Steuerventil** exterior valve [mas]

**außergewöhnlich** (haltbar) exceptional [abc]

**außergewöhnlich gut** extraordinary [abc]

**außerhalb** (unserer Kontrolle) beyond [abc]

**außerirdisch** (z.B. Raumfahrzeuge) extraterrestrial [mbt]

**äußerlich** (außen) external [abc]

**außerordentliche Kündigung** dismissal for exceptional reasons [eco]

**Aussicht** (auf Zukünftiges) prospect [abc]; (Landschaft, Arbeitsstelle) view [mbt]

**Aussichtskuppel** (auf Waggon) cupola [mot]; (auf Waggon) ducket [mot]

**Aussichtswagen** observation car [mot]; observation carriage [mot]; (z.B. Gläserner Zug) dome car [mot]

**Aussortierung** sorting out [abc]

**aussparen** recess [met]

**Aussparung** notch [wst]; recess [met]

**Aussparung für Schloß im Holz** rebating [bau]

**Aussparung für Schrauben** bolt pokket [mas]

**Aussparung in Holz für Schloß** rebating [mot]

**Aussparungen** pockets [bau]

**Aussperrung** (bestimmtes Material) block [mas]; (Arbeitskampf) lockout [abc]

**Ausschwingdauer** decay time [elt]

**Ausstand** (Arbeitskampf) strike [abc]

**ausstatten** (auch Schiff) outfit [mot]

**ausstatten mit** (versorgen mit) provide with [abc]

**Ausstattung** kit, supply [mil]

**Aussteifungsportal** stiffening portal [mbt]

**Aussteifungsträger** stiffening truss [mbt]

**ausstellen** (Messe) exhibit [abc]

**Aussteller** (stellt auf Messe aus) exhibitor [abc]; (Haspel, Hebel, Gerät) hasp [mas]

**Ausstellfenster** ventilator window [mot]; (in Fahrerhaus) hinged window [mot]

**Ausstellung** (→ Messe) exhibition [abc]; fair [abc]

**Ausstellungsgelände** exhibition ground [abc]

**Ausstellungsstück** (z.B. ein Gerät) exhibit [abc]

**Aussteuerung** (Feinjustierung) modulation [elt]

**Aussteuerungsbereich** (noch anpassen) range of non-saturated echo [mes]; (Justierung) modulation range [elt]

**Ausstoß** (auch per Auswerferklappe) ejection [mot]; (beim Scraper) ejection [mbt]

**Ausstoßer** pusher [elt]; (aus Maschine, Gewehr) ejector [mil]

**Ausstoßer-Verzögerung** pusher delay [elt]

**Ausstoßfolgeventil** ejector sequence valve [mas]

**Ausstoßgerät** captive dispenser [mil]

**Ausstoßkartusche** captive dispensing charge [mil]

**Ausstoßladung** captive dispensing charge [mil]; explosive charge [mil]

**Ausstoßleitung** ejector line [mas]

**Ausstoßventil** ejector valve [mot]

**Ausstoßzylinder** ejector cylinder [mot]

**ausströmen** (z.B. Gase) escape [abc]

**ausströmen** (Ruhe ausstrahlen) exude [abc]

**Ausströmung** emission [abc]

**Austastung** suppression [elt]; blanking [abc]; blanking [abc]

**Austausch** exchange [abc]; (→ Bodena.; → Kationena.)

**Austauschaggregat** return part [mas]; exchange part [mas]

**austauschbar** replaceable [abc]; interchangeable [mas]

**Austauschbarkeit** replaceable assemblies [abc]; exchangeability [mot]; interchangeability [pow]

**austauschen** exchange [abc]

**Austauscher** (z.B. Luft) exchanger [abc]; (→ Ionena.)

**Austauschteil** return part [mas]; exchange part [mas]

**Austenit** (Gefügeart) austenite [mas]

**austenitisch** austenitic [mas]

**austenitisches Gußeisen** austenitic cast iron [mas]

**Austenitisierungstemperatur** austenitizing temperature [mas]

**Austeuerungbereich** height [elt]

**Austrag** discharge [pow]; emission [pow]

**Austragsgut** (von Brecher zerkleinert) discharged material [roh]

**Austragsschurre** discharge chute [roh]

**Austragswand** discharge wall [roh]

**austreiben** drive off [pow]

**Austritt** (Auslaß) outlet [abc]; (Schallaustritt) probe index [elt]; (→ Rauchga.)

**Austrittsarbeit** (Arbeitsfunktion) work function [elt]; (Emissionsarbeit) work of emission [elt]; (um Elektron aus Oberfläche e. Stoffes zu lösen) electron affinity [elt]

**Austrittsmarke** exit point [abc]

**Austrittsöffnung** outlet [mot]; (Brenner) burner mouth [pow]

**Austrittssammler** outlet header [pow]

**Austrittsverlust** exit loss [pow]

**Austrittswinkel** exit angle [pow]

**austrocknen** (verdursten = dehydrate) dry out [abc]

**ausüben** (einen Beruf; etwas tun) practice [abc]

**Ausübung** (In der Praxis...) practice [abc]

**Auswahl** (eine Auswahl aus mehreren) choice [abc]

**auswählen** (aus mehreren) choose [abc]

**Auswahlfeld** (-felder) choice box [edv]

**Auswahlliste** (z.B. für Getriebeöl) list of choices [abc]

**Auswanderer** emigrant [pol]

**Auswandererbehörde** emigration authority [pol]

**Auswanderung** emigration [pol]

**Auswanderungserlaubnis** emigration permit [pol]

**auswärts bearbeiten** work external [abc]

**auswaschen** (z.B. durch Regen) rinse [geo]

**Auswaschen** scouring [bau]

**auswechselbar** exchangeable [mas]; interchangeable [mas]

**auswechselbare Schleißplatte** changeable wear plate [pow]

**auswechseln** (durch Gleichwertiges) replace [abc]; (durch Minderwertiges) substitute [abc]

**ausweichen** (einem Gespräch) omit [mot]; (entgegenkommendem Auto) swerve [mot]

**Ausweichgleis** refuge siding [mot]; loop [mot]

**Ausweichstellen** passing places [mot]

**auswerfen** gouge [mas]

**Auswerfer** (Gewehr, enger Tieflöffel) ejector [mbt]

**Auswerferklappe** ejector flap [mbt]

**Auswerteautomatik** automatic evaluation system [edv]

**Auswerteeinrichtung** evaluation system [edv]

**Auswertung** evaluation [edv]

**Auswertungsunterdrückung** quoting [edv]

**Auswirkung** (-en) effect [abc]

**auswuchten** (statisch und dynamisch) wheel balance [mot]; (Autorad mit Unwucht) balance [mot]

**Auswuchtgewicht** (geht an Felge) balance weight [mot]

**Auswuchtung** (eines Rades) balancing [mot]

**Auswurf** (z.B. einer Patronenhülse) ejection [mil]; (ausgehobener Boden) excavated material [roh]

**Auswurfgeschwindigkeit** (Schornstein) discharge velocity [pow]

**Auszählverfahren** counting method [mes]

**ausziehen** (Teil aus Maschine) pull [mas]

**Auszieher** (z.B. Kralle) puller [wzg]

**Ausziehtisch** (in Wohnung) extending table [bau]

**Auszubildender** (Lehrling, "Stift") apprentice [abc]

**auszubildender Programmierer** programmer's apprentice [edv]

**Auszugvorrichtung** (vor Brücken) switch expansion joint [mot]; (vor Brücken) expansion switch [mot]; extraction device [roh]

**AUT** (Auslegerunterteil) base boom [mbt]; lower port of boom [mbt]

**Auto** (allgemein) vehicle [mot]; (Pkw) car [mot]

**Autobahn** (Autoschnellstraße US) parkway [mot]; (gebührenpflichtig) toll road [mot]; (Autoschnellstraße US) expressway [mot]; (US) freeway [mot]; (Autoschnellstraße US) interstate [mot]; (GB) motorway [mot]

**Autobahn-Raststätte** motorway restaurant [mot]

**Autodieb** car thief [mot]

**Autodiebstahl** car theft [mot]

**Autofähre** car ferry [mot]

**Autofedern** vehicle springs [mot]

**autogenes Schweißen** autogenous welding [mas]

**Autogenschweißer** autogenous welder [mas]

**Autogenschweißung** gas welding [met]

**Autoklav** autoclave [che]

**autokonform** car-like [mot]

**Autokühler** radiator [mot]

**Automat für Bremse** automatic circuit breaker for brake [mot]

**Automat für Lüfter** automatic circuit breaker for blower [air]

**Automat für Montagelicht** automatic circuit breaker for inspection lamp [mbt]

**Automat für Motorwächter** automatic circuit breaker for motor monitor [mot]

**Automat für Trafo** automatic circuit breaker for transformer [elt]

**Automatenstahl** (z.B. Massenschrauben) free cutting steel [wst]

**Automatikdrehteller** automatic casing drive adapter [mbt]

**Automatikkuppler** automatic coupler [mbt]

**Automation und Systemtechnik** automation and system technology [mas]

**automatisch** automatic [abc]

**automatische Bremsverschleißüberwachung** device which monitors the brake wear [mbt]

**automatische Folgeschaltung** (Rußbläser) automatic sequence [pow]

**automatische Kohlenwaage** weigh larry [pow]; automatic coal weigher [mes]; automatic coal weighing machine

**automatische Kübelarretierung** automatic bowl latch [mbt]; automatic skip latch [mbt]

**automatische Prüfanlage** automatic test installation [mes]

**automatische Regelung** automatic control [elt]

**automatische Routenberechnung** pathfinding [edv]

**automatische Schaufeleinstellung** bucket positioner [mbt]

**automatische Schaufelführung** automatic shovel guidance [mbt]

**automatische Schaufelwaagerechtführung** automatic guidance for horizontal bucket [mbt]

**automatische Spülgaskupplungen** automatic coupling stations for purging gas supply [mas]

**automatische Stufenkettenschmierung** automatic chain lubrication [mbt]

**automatischer Betrieb** automatic operation [abc]

**automatischer Rauchgasprüfer** automatic gas analyser [pow]

**automatischer Wasserablaß** water trap, automatic drain [mot]

**automatisches Getriebe** automatic gearbox [mot]

**automatisches Schaltventil** automatic shift valve [mas]

**automatisches Zeichnen** (CAD) auto-drafting [con]

**Automatisierung** automation [abc]; (→ Büroa.)

**Automobil** automobile [mot]; (Pkw, Wagen) car [mot]

**Automobilindustrie** automotive industry [mot]; motorcar industry [mot]

**Automobilkonjunktur** motorcar boom [mot]

**Automobilteile** automotive body parts [mot]

**Autor** (Verfasser, Schreiber) writer [abc]; (Schriftsteller, Literat) author [abc]

**Autoradio** automobile radio [mot]

**Autoradioantenne** radio aerial [elt]

**Autoreisezug** (Personen/Autos im Zug) autorailer [mot]; car carrier [mot]

**Autoverwertung** junk yard [rec]

**Autowrack** car body [rec]

**axial** (→ auch achsial) axial [abc]

**Axialdichtring** axial gasket [mas]

**Axialdichtung** packing [mbt]; seal
[mbt]; axial packing [mas]; axial seal
[mas]
**Axialdruck** axial thrust [phy]; end
thrust [mot]
**axiale Befestigung** axial location [con]
**axiale Belastung** axial load [con]
**axiale Führung** axial guidance [con]
**Axialgebläse** axial compressor [air];
axial flow fan [air]
**Axialkolbenpumpe** axial piston pump
[mas]
**Axialkolbenpumpe Schrägscheiben-
bauart** axial piston pump [mas]
**Axialkolbenpumpe-Schrägachsen-
bauart** axial piston pump [mas]
**Axialkolbenregelpumpe** axial piston
regulating pump [mbt]
**Axialkompensator** axial compensator
[mas]
**Axialpendelrollenlager** spherical
roller thrust bearing [mas]
**Axialradialrollenlager** axial-radial
roller bearing [mas]
**Axialrillenkugellager** bearing [mas]
**Axialrillenkugellager einseitig wir-
kend** thrust ball bearing single row
[elt]
**Axialschlag** (eines Wälzlagers) wobble
[mas]
**Axialschrägkugellager** angular con-
tact thrust ball bearing [mas]
**Axialspiel** end clearance [mot]
**Axialteilung** (des Schneckenrades)
axial pitch [mas]
**Axiom** (in der Logik) axiom [abc]
**Axt** (langstieliges Beil) axe [wzg]
**Azetalharz** acetal resin [che]
**Azubi** (Lehrling) apprentice [abc]
**azurblau** (RAL 5009) azure blue [nrm]

# B

**b.w.** (bitte wenden, Rückseite lesen) P.T.O. [abc]

**Bach** (kleiner Fluß) brook [abc]; creek [abc]

**Backbord** (rote Positionslaterne) port side [mot]

**Backbordkessel** portside boiler [pow]

**Backe** (des Menschen, Wange) cheek [med]; (z. B. des Schraubstocks) jaw [mas]

**Backenbrecher** (Anlage im Steinbruch) jaw crusher [wzg]

**Backenbremse** (Kurzfassung) shoe brake [mot]; (Fachwort) internal expending brake [mot]

**Backenbremsfutter** drum brake lining [mot]

**Backenbremstrommel** brake drum [mot]

**Backkohle** caking coal [pow]; clinkering coal [pow]

**Back-to-Back-Testen** back-to-back testing [edv]

**Badewanne** bath tub [abc]

**Badezimmer** (Toilette) bathroom [abc]

**Badsicherung** (beim Schweißen) backing [met]

**Badsicherungsblech** (beim Schweißen) backing strip [met]

**Bagasse** bagasse [pow]

**Bagasse-Kessel** bagasse-fired boiler [pow]

**Bagger** (mit Ladeschaufel) shovel [mbt]; (mit Tieflöffel) backhoe [mbt]; (Schwimmbagger) dredge [mbt]; (→ baggern) excavator [mbt]

**Bagger mit Greifer** shovel with grab [mbt]; backhoe with grab [mbt]; excavator with grab [mbt]

**Bagger mit Reißzahn** shovel with ripper tooth [mbt]; backhoe with ripper tooth [mbt]; excavator with ripper tooth [mbt]

**Bagger mit Tieflöffel** (Variante) backhoe excavator [mbt]

**Bagger und Umschlaggeräte** (G-bereich) Excavators and Handling Equipment [mbt]

**Baggerachse** (Spezialachse) excavator axle [mbt]

**Baggerarbeit** (Aufgabe unter Wasser) dredging task [mbt]; (an Land) excavator work [mbt]; (an Land) job for an excavator [mbt]

**Baggeraufgabe** (Arbeit unter Wasser) dredging task [mbt]

**Baggerbau** excavator manufacture [mbt]

**Baggerfabrikate** makes of excavators [mbt]

**Baggerfahrer** operator [mbt]

**Baggerfahrerhaus** operator's cab [mbt]

**Baggerführer** operator [mbt]

**Baggerführerhaus** operator's cab [mbt]

**Baggerführerlehrgang** operators' training course [mbt]

**Baggerführermütze** shovel hat [mbt]

**Baggerklasse** class of excavator [mbt]

**Baggerkomponenten** (Schwimmbagger) dredger components [mbt]

**Baggerkreiselpumpe** (Unterwasserarbeiten) centrifugal dredge pump [mbt]

**Baggerlader** excavator/loader [mbt]

**Baggerlaufwerk** (Raupe) crawler unit [mbt]

**Baggerlöffel** (Stiel oberes Ende) excavator bucket [mbt]

**baggern** bog removal [mbt]; (graben allgemein) dig [bau]; (unter Wasser) dredge [mbt]; excavate [mbt]

**Baggerpumpenrad** (am Naßbagger) dredge pump impeller [mbt]

**Baggerriese** giant excavator [mbt]

**Baggerschieber** (am Naßbagger) dredging slide valve [mbt]

**Baggerschuten** (für Naßbagger) hopper barges [mbt]

**Baggerstiel** arm [mbt]

**Baggerstudie** excavator study [mbt]

**Baggertechnik** (Arbeit m. d. Bagger) excavator engineering [mbt]

**Baggertiefe** (des Naßbaggers) dredging depth [mbt]; (an Land) excavating depth [mbt]

**Baggerüberwachung** (z.B. elektronisch) excavator monitoring [elt]

**Bahn** (der Kugel im Kugellager) path [mas]; railroad [mot]; railway [mot]; (Straßenbahn) streetcar [mot]; (Straßenbahn) tram [mot]; local train [mot]; (→ Eisenbahn)

**bahnamtliche Bauüberwachung** manufacturing control [mot]

**Bahnanlage** railway property [mot]

**Bahnanschluß** railroad siding [mot]

**Bahnaufseher** foreman [mot]

**Bahnbeamter** railway official [mot]

**Bahnbedarf** railroad equipment [mot]; railway equipment [mot]

**Bahnbehörde** railroad authorities [mot]; railway authorities [mot]

**Bahnbetriebswerk** (Betriebswerk) loco shed [mot]

**Bahndamm** embankment [mot]

**Bahndienstwagen** (z.B. für Rotte) maintenance wagon [mot]

**Bahnelektrifizierung** railway electrification [mot]

**Bahnfähre** (→ Eisenbahnfähre) train ferry [mot]

**Bahngleis** track [mot]

**Bahnhof** railroad station [mot]; railway station [mot]; (allgemein) station [mot]; (End-, Kopfbahnhof) terminal [mot]; train station [mot]; (US Güterod. Personen-Bhf) depot [mot]

**Bahnhofshalle** (Empfangsgebäude) passenger circulating area [mot]

**Bahnhofsrestaurant** station restaurant [mot]

**Bahnhofsvorplatz** station square [mot]

**Bahnhofsvorsteher** station master [mot]

**Bahnkörper** formation [mot]

**Bahnlinie** railway line [mot]

**Bahnmanövriersystem** (z.B. Raumfähre) orbital manoeuvering system [abc]

**Bahnmeister** permanent way department manager [mot]

**Bahnmeisterei** permanent way department [mot]

**Bahnpostwagen** railway postal coach [mot]; mail coach [mot]

**Bahnschranke** railroad crossing [mot]; bar [mot]; (über Straße) level crossing [mot]

**Bahnsteig** platform [mot]

**Bahnübergang** (auf gleichem Niveau) level crossing [mot]

**Bahnverwaltung** railway administration [mot]

**Bahnwärter** (Streckenläufer) permanent way length man [mot]

**Bahre** stretcher [abc]

**Bajonettfassung** bayonet holder [con]

**Bajonettverschluß** quarter-turn fastener [mas]; bayonet catch [con]

**Bake** (bei Schiff und Bahn) beacon [mot]

**bakteriologisch** bacteriological [med]

**bakteriologische Infektion** bacterial infection [med]

**Balancier** (Hebelstange an Dampflok) balancer [mot]

**Balg** (an Reisezugwagen, Konzertina) corridor connection [mot]

**Balgdichtung** bellow-type seal [mas]

**Balgkompensator** (in Leitungen) bellows expansion joint [mas]; (in Leitungen) flexible bellows joint [pow]; joint [pow]

**Balken** (Bahnschwelle auf Brücke) sleeper [mot]; bar [mas]; (Träger; Holz oder Stahl) beam [bau]; (Träger) buckstay [pow]; (Träger) girder [bau]; log [bau]

**Balkendiagramm** (Balkenplan) bar chart [bau]

**Balkengleisbremse** (am Ablaufberg) beam rail brake [mot]

**Balkenplan** (Balkendiagramm) bar chart [mat]

**Balkenstek** (Knoten) timber hitch [mot]

**Balkon** balcony [bau]

**Ball** (Kugel) ball [abc]; (Tanzfest) ballroom dancing, ballroom event [abc]

**Ballast** (z.B. f. geleichterte Schiffe) ballast [mot]; (Gleisschotter) ballast [mot]; (z.B. zur Gewichtserhöhung) dead weight [mot]

**ballastreich** (aschenreich) rich in ash [pow]

**Ballasttank** (für geleichterte Schiffe) ballast tank [mot]

**Ballen** (z.B. Baumwolle) bale [abc]

**Ballenband** (Verpackung) baling hoop [mas]

**Ballenklammer** (mit / ohne Seitenschub und Gummibelag) bale clamp [abc]

**Ballenpresse** bale press [roh]

**Ballenstecher** tree remover [bff]

**Balligkeit** width crowning [mas]; (ein Sack bläht sich) bulging [abc]; (beim Fräsen von Getrieben) crowning [met]

**Ballon** (→ Heißluftb.) balloon [abc]

**Ballonreifen** balloon tyre [mot]

**Ballungsraum** conurbation [abc]

**Balustrade** balustrade [bau]; (→ Geländer; → Innenb.)

**Balustradendeckleiste** (innen, außen) top of the balustrade [mbt]

**Balustradenkopf** (Rolltreppe, -steig) newel [mbt]; (Rolltreppe) balustrade end [mbt]; balustrade newel [mbt]; finished newel [mbt]

**Balustradensockel** (Rolltreppe) skirt [mbt]; (Rolltreppe) skirting [mbt]

**Bambus** (Grasart) bamboo [bff]

**Bambusstange** bamboo pole [bff]

**Band** (Bindfaden) string [abc]; (Tonband) tape [abc]; (Buch) volume [abc]; (Montageband) assembly line [mas]; (auf Montage-Band gehen) assembly line [mas]; (Gepäckband im Flughafen) belt [mot]; (Kettenband) chain [wst]; (→ Nietgelenkb.; → Metallb.; → Förderb.)

**Bandabsetzer** spreader [mbt]; belt stacker [mbt]

**Bandage** (Zahnrad, innen bis Zahnfuß) gear thickness [mot]

**Bandanlage** (z.B. im Steinbruch) belt conveyor system [roh]; (zum oder vom Brecher) conveyor belt [mbt]

**Bandbehandlungsanlage** coil processing line [wst]

**Bandblech** hot-rolled sheet and plate [mas]

**Bandbreite** (bei einen Schwingkreis) band-width [mas]; (der Schelle) bandwidth [mas]

**Bandbreite des Schwingers** band-width of the oscillator [elt]

**Bandbremse** band brake [mot]

**Banddicke** band thickness [mas]

**Bandeinheit** (am Großrechner) tape unit [edv]

**Bandeisen** (Kisten verpacken) strapping band iron strapping [mas]; (hier für Kisten) band iron strap [mas]; hoop-steel [mas]

**bandfähig** (Korngröße) conveyor sized [mbt]

**Bandförderanlage** belt conveyor [mbt]

**Bandförderer** belt conveyor [mbt]

**Bandförderung** (Streckenförderung) belt conveying [mbt]

**Bandkantenprüfung** strip edge testing [mas]

**bandlackiert** (z.B. Blech) pre-painted [met]

**Bandlauf** tape-run [edv]

**Bandlaufwerk** tape drive [edv]

**Bandmaß** tape measure [wzg]

**Bandmaterial** (Rohmaterial) parent material [mas]; (aus Walzwerk) coil stock [wst]

**Bandmontage** (auf Bandstraße) line assembly [met]

**Bandprüfung** strip testing [mas]

**Bandrolle** (z.B. Förderbänder Tagebau) idler [mbt]

**Bandsäge** (Schrotsäge, 2-Mann-Säge) crosscut saw [wzg]; (endloses Sägeblatt) jig saw [wzg]

**Bandscheibe** intervertebral disc [abc]

**Bandschieflaufendschalter** belt off-track limit switch [mbt]

**Bandschleifenwagen** tripper car [mbt]

**Bandschleifmaschine** belt grinding machine [wzg]

**Bandschlüssel** (Ölfilterschlüssel) strap wrench [met]

**Bandschlüsselersatzband** spare-strap for a strap wrench [mas]

**Bandstahl** narrow strip [wst]; steel strip [mas]; strip [mas]; (→ Bandeisen)

**Bandstahlrolle** coil [wst]

**Bandstart** start of production [mbt]

**Bandstation** conveyor <belt> station [mbt]

**Bandstraße** (in Werkshalle) conveyor [roh]

**Bandumführer** (für Verpackungsband) strap feeder [mas]

**Bandvorbereitung** strip preparation [mas]

**Bandwagen** (Schaufelradbagger, Absetzer) tripper car [mbt]

**Bandwagen mit einem Band** tripper car with one belt [mbt]

**Bandwagen mit zwei Bändern** tripper car with two belts [mbt]

**Bandweiterverarbeitung** strip processing [mas]

**Bank** (→ Muschelb.) bank [abc]; bench [abc]

**Bankett** (unbefestigter Straßenrand) shoulder [mot]; (Schulter der Straße) verge [mbt]; (Festessen mit Vortrag) banquet [abc]

**Bankett schneiden** peel off a shoulder [mbt]

**Bankettabschälen** levelling the shoulders [mbt]

**Bankettbearbeitung** working on shoulders [mbt]

**Bankettwalze** (am Grader angebaut) shoulder roller [mbt]

**Baracke** shed [bau]; barrack [bau]

**Barackenlager** hutments [bau]

**Bärenbildung** (Hüttenwesen) formation of skulls [abc]

**Barkasse** (Hafenboot) launch [mot]

**Barock** baroque [abc]

**Barometerstand** barometric pressure [mes]

**Baron** (Freiherr) Baron [abc]

**Barwagen** buffet car [mot]

**Bär** (Bärenbildung im Hüttenwesen) skull [mas]

**Basalt** basalt [min]

**basaltgrau** (RAL 7012) basalt gray [nrm]

**Basen** (z.B. Luftwaffenbasis) bases [mil]

**Basenaustauscher** base exchanger [che]

**Basic** (Programmiersprache) Basic [edv]

**Basic English** Basic English [edv]

**Basilika** (Kirche mit Seitenschiffen) basilica [abc]

**Basis** (Anschluß eines Transistors) base [elt]; (z.B. Luftwaffenbasis) base [mil]; (→ Zeitb.) base [abc]; (Grundlage) basis [abc]

**Basis Schaltung** (Trans. Schaltungsart) common base circuit [elt]

**Basisanschluß** (Basis; beim Transistor) base contact [elt]

**Basisbahnwiderstand** (im Transistor) extrinsic base resistance [elt]; (im Transistor) extrinsic resistance [elt]

**basische Schlacke** basic slag [pow]

**Basispunkt** (→ innerer Basispunkt) base point [abc]

**Basisstrom** (beim Transistor) base current [elt]

**Basisweite** (beim Transistor) base width [elt]

**Basiswiderstand** (beim Transistor) base resistance [elt]

**Batch** (im Hintergrund bei EDV) batch [edv]

**Batterie** (elektrisch und Artillerie) battery [elt]

**Batterieeinschub** (hier Batterie hinein) battery module [elt]

**Batterieflüssigkeit** (Elektrolyt) battery filling agent [elt]

**Batteriegeschirr** (aller Zubehör) battery harness [abc]

**Batterieklemme** battery terminal [elt]; battery terminal clip [elt]

**Batterieladegerät** (des Baggers) battery charger [elt]

**Batteriepol** terminal [elt]

**Batterieprüfgerät** battery checking device [elt]

**Batterieschwingung** (auch unerwünscht) oscillation [elt]

**Batterieträger** battery mounting [elt]

**Batterietrog** battery box [elt]

**Batteriezelle** (eine der Zellen) cell [elt]

**Bau** (Gebäude, Baustelle, Bauvorhaben) structure [bau]; (Gebäude) building [bau]; (Aufbau, Durchführung, Errichtung) construction [mbt]; (Baggerbau) manufacture [mbt]

**Bau einstellen** (unterbrechen, stoppen) stop building [bau]

**Bauabschnitt** section [bau]

**Bauabweichung** (vom Original, Toleranz) deviation of dimension [bau]

**Bauart** type [mas]; (Bauweise) building system [abc]; (Lok, Wagen) class [mot]; (Modell, Typ, Muster) design [abc]; (Aufbau, Entwurf) layout [abc]; model [abc]; model [abc]

**Bauaufzug** builder's hoist [bau]

**Baubude** (→ Bauhütte) bothy [abc]; (Mannschaftsunterkunft) cabin [bau]; hut [bau]

**Baubüro** (auf der Baustelle) site office [abc]; (auf der Baustelle) field office [met]

**Bauch** (Mensch, Schiff) belly [mot]

**bauchen** (→ aufbauchen) bulge [pow]

**Bauchfreiheit** (unter Portalachse) astride ground clearance [mbt]

**bauchig werden** (Schlauch bläht sich) bulge [met]

**Bauchschmerzen** belly ache [med]

**Baueinheit** unit [mbt]

**Bauer** (Landwirt, Agronom) farmer [far]

**Bauernhaus** farm house [far]

**Bauernhof** (Gehöft) farm [far]

**baufällig** (reparaturbedürftig) tumbledown [mbt]

**Baufläche** (Platzbedarf) building space [pow]

**Bauform** type of construction [mas]

**Baufortschritt** construction progress [bau]

**Bauführer** site agent [abc]; technician [bau]; foreman [met]; general foreman [abc]

**Baugenehmigung** (von Behörde) building permit [bau]

**Baugeräte** (Maschinen) plant [mot]

**Baugerüst** (z.B. am Neubau) scaffolding [bau]; (z.B. am Neubau) falsework [bau]

**Baugesellschaft** building society [bau]

**Baugrube** (hier Fundament rein) pit [bau]; building pit [bau]

**Baugrunderkundung im Feld** foundation exploration in-situ [bau]

**Baugrundstück** lot [bau]

**Baugruppe** structural component [mbt]; (als Einheit) unit [mas]; (zusammengesetzt) assembly [mas]

**Baugruppenträger** (Rahmen, Platine) chassis [mot]

**Bauherr** owner [bau]; building owner [bau]; (Kunde) client [bau]; (Arbeitgeber) employer [bau]

**Bauhöhe** (des Baggers) overall height [mbt]; (Gebäudehöhe) height of construction [bau]

**Bauholz** structural timber [bau]; lumber [abc]

**Bauhütte** (Baubude) site hut [bau]

**Bauindustrie** construction industry [bau]

**Bauingenieurwesen** (Ingenieurbau) civil engineering [bau]

**Baujahr** (des Hauses, der Anlage) year of erection [bau]; (der Maschine) year of make [abc]

**Baukastenprinzip** modular principle [mas]

**Baukastenstückliste** one-level bill of materials [abc]

**Baukastensystem** one-level <modular> principle [abc]; assembly of prefabricated machine parts [con]; modular principle [mas]

**Baukörper** construction body [mbt]

**Baukosten** construction cost [pow]; erection cost [abc]

**Baukran** construction crane [bau]

**Baukunst** (Architektur) architecture [bau]

**Bauleistung** (Ausführung, Arbeit) workmanship [bau]

**Bauleistungsversicherung** erection and assembly insurance [jur]

**Bauleiter** (der Baufirma) site engineer [bau]; (der Baufirma) agent [eco]

**Bauleitung** site management [bau]

**Baulos** (für Wagen, Maschinen) batch [mbt]

**Baum** tree [bff]; (Schiffsmast) derrick [mot]

**Baumaschine** construction machine [mbt]; (z.B. Bagger) machine [mbt]

**Baumaschinen** (z.B. Baumaschinenverleih) plant [mbt]; construction machines [mbt]

**Baumaßnahme** project [bau]

**Baumaterial** (Sand, Kies, Gips, Ton) building material [bau]

**Baumernter** harvester [mbt]

**Baumfällausrüstung** feller attachment [far]

**Baumfällgerät** feller buncher [far]; (Kopf des Baumfällgerätes) feller head [far]

**Baumklammer** log clamp [mot]

**baumlos** tree-less [bff]

**Baumrinde** tree bark [bff]

**Baumrückmaschine** skidder [bff]

**Baumsäge** (Schrot-, auch 2-Mann-Säge) crosscut saw [wzg]

**Baumschule** tree nursery [bff]

**Baumstamm** (Stamm) trunk [bff]

**Baumstumpf** (nach Fällen, Umstürzen) stump [bff]; tree stump [bff]

**Baumuster** design [con]

**Baumusterprüfnummer** type approval number [mas]

**Baumwolle** cotton [wst]

**Baumwollsamenöl-Teer** cottonseed tar [bau]

**Baureihe** (z.B. von Lokomotiven) Series [mot]; (Lok, Wagen) class [mot]

**Bausatz** (alle benötigten Teile) set [mas]; (fertig bestehend) assembly set [mas]; (noch zu bauen) kit [mas]

**Bauschutt** rubble [bau]; waste [abc]; building rubbish [rec]

**bauseitige Leistungen** service on the part of the builder [mbt]

**bauseits** by the building contractor [bau]

**Baustahl** steels for structural purposes [wst]

**Baustahlgewebe** reinforcement [bau]; fabric reinforcement [bau]

**Baustein** (Teil des Ganzen) component [wst]; (wichtiger- Bestandteil) element [abc]; (meist elektr.) module [elt]

**Baustelle** (auf der Baustelle) site [mbt]; (umzäuntes großes Gelände) yard [mbt]; (Hochbau) building site

[bau]; (wo Tief-/Hochbau entsteht) construction site [bau]; (wo der Job ist) job site [abc]

**BAUSTELLE** (Verkehrszeichen) MEN AT WORK [mot]

**Baustelle räumen** (vor Sprengung) evacuate site [bau]

**Baustellenabwicklung** planning and execution of a site [bau]

**Baustellenanstrich** field painting [abc]

**Baustellenfackel** site torch [pol]

**Baustellenfertigung** site fabrication [bau]; field erection job [met]; field mounted [met]

**Baustelleninventar** (Ersatzteillager) job site inventory [mas]

**Baustellenlaterne** construction site lantern light [bau]

**Baustellenplanung** planning a site [bau]

**Baustellenverhältnis** (Zustand) condition of the site [mbt]

**Baustellenverkehr** (z.B. Muldenkipper) on-site traffic [mot]

**Baustellenwechsel** (Bagger wechselt) change of sites [bau]

**Baustoff** building material [bau]; (→ einheimische B.)

**Baustoffaufbereitung, -recycling** building material processing, - recycling [rec]

**Bauteil** (Bauglied) structural member [mas]; (Teil des Gebäudes) structural part [mas]; (z. B. des Baggers) component [mbt]; (Bestandteil) member [mas]

**Bauten** (Gebäude, Bauwerke) buildings [bau]

**Bauüberwachung** manufacturing control [mot]

**Bauunternehmer** (Hoch-, Tief-, Kanal-B.) builder [bau]; (-ung; die Firma) construction company [bau]; (übernimmt Auftrag) contractor [bau]; (im Erdbau) muckshifter [bau]

**Bauvertrag nach Leistungsverzeichnis** measured contract [bau]

**Bauvorhaben** (Idee, Planung) building-project [bau]

**Bauweise** construction [pow]

**Bauweise** (→ Blockbauweise) construction [pow]

**Bauwerk** work [bau]

**Bauwerksklasse** classification of structure [bau]

**Bauwesen** (Hochbau) building industry [bau]; (Tiefbau) construction industry [abc]

**Bauxit** bauxite [roh]

**Bauzeitenplan** time schedule [bau]; construction schedule [bau]

**Bauzeitplanung** time-scheduling [bau]

**Bauzug** track maintenance train [mot]

**B-Betrieb** (Betrieb einer Endstufe ohne einen Ruhestrom) class B operation [elt]

**Bd.** (Bandstahl) steel strip [mas]; (Bandstahl) hoop-steel [mas]

**BDE** (Betriebsdatenerfassung) factory floor management system [edv]

**Be- und Entladeöffnungen** openings for loading and discharging [mot]

**Be- und Entladeschäden** damages resulting from loading and unloading [jur]

**beachten** (die Verkehrszeichen) observe [mot]; (die Verkehrsregeln) abide by the traffic laws [mot]

**beanspruchen** (belasten) strain [mas]

**Beanspruchung** (Belastbarkeit) strain [mas]; (gewichtsmäßig) load [bau]; (→ zulässige B.; → Scherb.; → thermische B.; → Schlagb.; → Lagerb.)

**Beantworten von Fragen** question answering [abc]

**Bearbeitbarkeit** (spanabhebend) machinability [mas]

**bearbeiten** (weiter bearbeiten) process [abc]; (körperlich daran arbeiten) work on [abc]; (schriftlich behandeln) write [abc]; (mechanisch) machine [met]

**bearbeitet** (Werkstück) machined [met]

**bearbeitete Fläche** machined area [mas]

**Bearbeitung** working [met]; (Entwurf) design [con]

**Bearbeitungsmaschinen** machine tools [wzg]

**Bearbeitungsschaden** damage [jur]

**Bearbeitungsschadendeckung** coverage [jur]

**Bearbeitungstoleranz** machining tolerance [met]

**Bearbeitungszugabe** allowance [mas]; (zusätzliches Material) machining allowance [mas]

**beaufschlagen** sweep [mas]; (z. B. Additive) charge [wst]

**Beaufschlagung** pressure admission [mbt]; (prozentuale Menge) sweep [abc]; (prozentuale Menge) admission [roh]; (→ Sekundärluftb.; → tangentiale B.)

**Beaufsichtigung des Betriebes** supervision of the company [jur]

**Beauftragung** insertion [jur]

**Beauftragung von Subunternehmern und Kfz-Fuhrunternehmern** insertion of subcontractors and truck lines [jur]

**bebaut** (bebaute Fläche unter Dach) under roof [bau]

**Beben** earthquake [geo]; (→ mitteltiefes B.; → Starkb.)

**Becher** (am Becherwerk) bucket [mbt]; (Trinkgefäß) cup [abc]

**Becherhalter** (Tassenring) cup ring [abc]

**Becherwerk** bucket elevator [mbt]

**Becherwerkbandanlage** bucket chain conveyor [mbt]

**Becherwerksumlauf-Mahlanlage** closed-circuit grinding plant [mbt]

**Becken** (Körperteil) pelvis [med]; (Staubecken) reservoir [bau]; (Toilettenbecken) bowl [abc]; (→ Durchlaufb.; → Absetzb.)

**Beckengurt** lap-sash seat belt [mot]

**Bedarf** (wird benötigt) need [abc]; (→ Kraftb.; → Strömungsb.; → Dampfb.)

**Bedarfsermittlung** requisition [elt]; requisitioning [abc]

**Bedarfsgegenstände** utensils [abc]

**Bedarfsplanung** planning of demand [abc]; demand planning [abc]

**Bedarfssteuerung** (Druck/drucklos) variable control [mot]; flow on demand control [mot]; (Öl nach Bedarf) load sensing [mot]; (verschied. Arten) load-, cross sensing [mot]

**Bedarfsstoffe** (notwendiges Material) material [wst]

**bedenken** (ernsthaft überdenken) ponder on [abc]; (vernünftig überlegen) reason weigh, consider [abc]; (nachdenken) consider [abc]

**bedeuten** mean [abc]

**Bedeutung** significance [abc]; meaning [abc]

**Bedeutungskategorie** semantic category [edv]

**bedienen** (eine Maschine) operate [mbt]; (im Restaurant) serve [abc]; wait on [abc]; help [abc]

**Bedienerschnittstelle(-n)** user interface [edv]

**Bedienoberfläche** user interface [edv]

**Bedienpanel** control panel [wst]

**Bedienung** (Bedienungshandbuch) operating [mas]; (von Maschine) operating [mbt]; (einer Maschine) control [mbt]; (→ Fernb.)

**Bedienungsanleitung** (Anweisung) operating instruction [abc]; (Handbuch) operating manual [abc]; (Anweisung) operation instruction [mas]

**Bedienungsaufwand** (Mühe) operating stress [mbt]; (Mühe) stress for the operator [mbt]

**Bedienungselement** (z.B. Hebel) operating element [mbt]

**Bedienungsfreundlichkeit** (Erleichterung) serviceability [mbt]

**Bedienungshebel** (Schalthebel) control lever [mbt]; (Kurzhebel) joystick [mbt]

**Bedienungsmann** operator [mbt]

**Bedienungspersonal** operating staff [mbt]

**Bedienungspult** operating panel [elt]; console [elt]; dashboard [elt]

**Bedienungspult für Elektroanlage** electric switches [mot]

**Bedienungsstand** (z.B. Grader einfach) operating platform [mbt]

**Bedienungstafel** operating panel [abc]; control panel [abc]

**bedingte Stabilität** conditional stability [elt]; marginal stability [elt]

**Bedingung** (unter der Bedingung, daß ...) condition [abc]; (→ Betriebsb.; → Bezugsb.; → Beleuchtungsb.)

**Bedingung-Aktion-Regel** condition-action rule [edv]

**Bedingungen-Aktionen-System** condition-action system [edv]

**Bedingungs-Aktions-Analyseregel** condition-action parsing rule [edv]

**Bedingungsausdruck** conditional form [edv]

**Bedrohung** (gegen Leib und Leben) threat [abc]; (Verbrecher u. ähnliches) menace [pol]

**bedruckt** (z.B. Weißblech) printed [abc]

**beeilen** (zügig tun) expedite [abc]

**beeindruckt** (von...) impressed [abc]

**Beeinflussung** control [mbt]

**beenden** finalize [bau]

**Beenden-Aktion** (in Übergangsnetzen) stop action [edv]

**beendete Arbeiten** work finished [abc]

**Beerdigung** (Bestattung) funeral [abc]

**Beerdigungsbräuche** obsequies [abc]

**Beerdigungsinstitut** funeral home [abc]

**Beerdigungsunternehmer** undertaker [abc]

**Beet** (Blumenbeet) bed [abc]; (Blumenbeet) flower bed [bff]

**befahrbar** (für bestimmte Waggons) negotiable [mot]

**befahren** (von Kurven, Sohlen; GB) negotiate [mot]; sail [mot]; (den Tagebau besichtigen) visit [roh]; (in Bergwerk einfahren) descend [roh]; (den Kessel) inspect [pow]

**Befahrung** (Besichtigung im Bergbau) visit [roh]; inspection [pow]; (→ periodische B.; → Routineb.)

**Befehl** command [edv]

**Befehlsgerät** control unit [edv]

**Befehlsschalter** limit switch [mbt]

**Befehlszeile** command line [edv]

**befestigen** (sicher anbringen) secure [mas]; tighten [met]; (z.B. mit einem Nagel) fasten [met]

**Befestiger** fastener [met]

**Befestigung** (Konsole) bracket [mbt]; (Anbringung) fastening [mas]; (z.B. Waschbeckenkonsole) fixture [bau]; (Montage, Halterung) mounting [mbt]

**Befestigung mit Lärmdämpfung** fastening with noise abatement [mot]

**Befestigungsbohrungen** fastening bores [mas]; mounting holes [mas]

**Befestigungsbügel** mounting bracket [mas]

**Befestigungsleiste** attachment rail [mas]

**Befestigungsmaterial** fittings [met]

**Befestigungsschelle** pipe retaining clip [mas]

**Befestigungsschraube** fixing screw [mas]

**Befestigungsstütze** mounting bracket [mas]

**Befestigungssystem** (d. Bahnschienen) fastening system [mot]

**Befestigungsteil** mounting bracket [mas]

**Befestigungsteile** fastening parts [mas]

**Befestigungswinkel** mounting angle [mbt]

**befinden** (er befindet sich in ..) be [abc]

**befindlich** (in, bei...) located [abc]

**befördern** (höherer Dienstgrad) promote [abc]; (transportieren) transport [mot]; (auf Schulter, Esel, Lkw) carry [mot]; convey [pow]; (z.B. mit der Post) forward [pol]; (transportieren) haul [mot]

**Beförderung** (Nachrichten, Funkwellen) transmission [abc]; (Transport) transport [abc]; (Ablieferung) delivery [mbt]; (Versand) dispatch [mbt]

**Befrachter** charterer [mot]; (Frachtversender) freighter [mot]

**Befrachtungsvertrag** contract of affreightment [mot]

**befreien** (von Pflicht) absolve [abc]

**befristet** (begrenzt) terminated [abc]

**Befundbericht** report on <the> condition [abc]

**Begegnen** passing [mot]

**begehen** (ein Verbrechen) commit [pol]; (besuchen, einfahren) descend [roh]

**begehrt** (sehr erwünscht, gefragt) sought after [abc]

**Begehung** local inspection [abc]

**beginnen** (recht plötzlich) start [abc]; (allmählich) begin [abc]; launch [bau]

**begonnene Arbeiten** work commenced [abc]

**Begrenzer** clipper [wst]; (z.B. gegen Überrollen) limiter [mbt]; (→ Hubb.)

**begrenzt** (auf bestimmtes Gebiet) restricted [abc]

**begrenzt-vollständiger Einbrand** limited complete penetration [met]

**Begrenzung** (Sättigung) saturation [mas]; (auch territorial) border line [abc]; (des Landes) boundary [abc]

**Begrenzungsecho** boundary echo [aku]

**Begrenzungsleuchte** side-marker lamp [mot]

**Begrenzungsteile** limiting parts [mbt]

**Begriff** (Fachausdruck) term [abc]

**begründen** (satzungsmäßig) constitute [abc]; (sagen, warum) give reasons for [abc]

**Begründungsverknüpfung** justification link [edv]

**begutachten** survey [bau]

**Behaarung** hair [abc]

**behalten** (stutzen) retain [bau]

**Behälter** (auch Staubecken) reservoir [abc]; (Flüssigkeiten, Gase) tank [mas]; vessel [pow]; container [wst]; (→ Kugelb.; → Kraftstoff-Hauptb.; → Kraftstoff-Reserveb.; → Druckb.; → Ausgleichsb.)

**Behälter mit Entleeröffnung** bucket with discharge [mbt]

**Behälter mit hydraulischer Entleerung** bucket with hydraulic controlled discharge [mbt]

**Behälterboden** (→ schalenförmiger B.) tank bottom [mas]

**Behälter-Entleerer** discharging device [mot]

**Behältertragwagen** (für Container) conflat [mot]; flat wagon spec. fit for the carriage of container [mot]

**Behälterwagen** (Behälter auf U-Gestell) hopper wagon [mot]; hopper wagon [mot]

**Behälterwagen für Container** container wagon [mot]

**behandeln** (warm, also z.B. Metall) stress-relief glow [mas]; (gut oder schlecht) treat [abc]

**behandelt** treated [abc]

**Behandlung** (technisch, z.B. Wärme) treatment [wst]; (→ Wärmeb.)

**Behandlungsvorschrift** (für Bedienung) operating instruction [abc]; (Umgang mit...) instructions for treatment [abc]

**Beharrung** steady load [mas]

**Beharrungsenergie** (ruhende Energie, Trägheit) constant inertia [phy]

**Beharrungstemperatur** holding temperature [mas]

**Beharrungszustand** (thermisch) steady thermic condition [pow]; (Gleichgewichtszustand) equilibrium [abc]

behaupten (als wahr erklären) allege [abc]; (streiten) assert [abc]; (auf dem Markt behaupten) defend a position [abc]
Behauptung (es gab Behauptungen) allegation [abc]
Behebung eines Mangels elimination of a deficiency [abc]
beheizt heated [abc]
Beheizung heating [abc]
Behörde authority [pol]; government authority [pol]
Behördenschiffe vessels for government authorities [mot]
bei der Arbeit during operation [abc]; during work [abc]
bei Montage during assembly [met]
bei Montage gebohrt drilled during assembly [mas]
beibehalten (z.B. Geschwindigkeit) maintain [mot]
Beiblatt (zu Zeichnungen) supplementary sheet [con]; (2-sprach Zeichn.-erklärung) accompanying sheet [con]
beidseitig (des Flusses, Brettes) on both sides [abc]; double-sided [abc]
Beifahrer (Mitarbeiter, Helfer) rider [mot]; (Mitfahrer) passenger [mot]
Beifahrersitz (reiner Mitfahrer) passenger seat [mot]; (Mitarbeiter, Helfer) rider's seat [mot]; (primitive Ausführung) buddy seat [mbt]
beige (RAL 1001) beige [nrm]
beigebraun (RAL 8024) beige brown [nrm]
beigefügt attached [abc]; (im Brief) enclosed [abc]
beigegrau (RAL 7006) beige grey [nrm]
beigelegt (im Brief) enclosed [abc]
beigerot (RAL 3012) beige red [nrm]
Beihilfe (Hilfsmann) banksman [abc]
Beil (Kurzbeil, nicht Axt) hatchet [wzg]
Beilage (Unterlagsblech beim Röntgen) shim [met]

Beilagscheibe (Röntgen usw.) shim [met]; attaching disk [mas]
Beilagscheiben (Satz von Beilagscheiben) shim stock [mas]
Beilegscheibe (Unterlegscheibe) washer [mas]
Beileid sympathy [abc]
Beileidsschreiben letter of condolence [abc]
beiliegend (im Brief) attached [abc]; (im Brief) enclosed [abc]
Beimischung admixture [roh]
beinhaltet (auch zwischen den Zeilen) implied [abc]
Beipack (Zubehör) accessory [abc]
Beipackliste (→ Beipackzettel) packing list [mbt]; collie specification [mbt]
Beipackzettel packing list [mbt]; packing specification [mbt]
beischalten (Kessel) put on the line [pow]
Beispiel (Muster) pattern [abc]; (Prüfmuster) specimen [abc]; example [abc]; (nach diesem B.) following this pattern [abc]
beispielsweise as an example [abc]; (z.B.) for instance [abc]
beißen bite [abc]
Beißzange (Kneifzange) nipper pliers [wzg]; (Kneifzange) pliers [wzg]; (auch Pinzette) pincers [wzg]
Beistelltische (mehrere ineinander) nest of tables [abc]
Beistellung (Beistellung durch ...) supplied [abc]
Beitrag (zur Versicherung; Prämie) premium [jur]; (zum Wohlergehen) contribution [abc]
Beitrag anheben raise the premium [jur]
Beitrag erheben collect the premium [jur]
Beitragsangleichung adjustment of the premium [jur]
Beitragsberechnung premium computation [jur]

**Beitragsgrenze** ceiling for <of><the> contribution [jur]

**Beitragskonto** premium account [jur]

**Beitragsneufestsetzung** premium has to be quoted due to changing [jur]; alteration of the premium [jur]

**Beiwagen** (Seitenwagen des Motorrades) side car [mot]; (von Triebwagen, Straßenbahn) trailer [mot]

**Beiwert** coefficient [phy]; (Dämpfungsbeiwert) damping coefficient [elt]

**beizen** (Kessel) pickle [met]; (Materialbehandlung) etching [met]

**bekannt** known [abc]

**bekannt werden** (Vorfall, Tat) become known [abc]

**bekannte Merkmale** known features [abc]

**Bekleidung** outwear [abc]

**Bekohlungsanlage** coal handling plant [pow]; (Kraftwerk) coaling plant [pow]

**Bekohlungsgleis** (Bahn) coaling track [mot]

**Belade- und Entladeschäden** damage resulting from loading and unloading [jur]

**Beladeanlage** (im Tagebau) loading unit [mas]

**Beladehöhe** (z.B. der Schaufel) discharge height [mbt]; (z.B. des Lkw) load height [mbt]

**Beladen** (→ darauffolgendes B.) loading [abc]

**Beladeschaden** damage [jur]

**Beladung** (Lkw) loading [mbt]

**Belag** (z. B. Farbschicht) coat [wst]; (Oberfläche) facing [wst]; (Futter, Abdeckung) lining [mas]; (auf Rohren) coating [pow]; (auf Rohren) deposits [pow]; (Gitterrost) flooring [pow]; (Gitterrost) grating [pow]

**Belagsatz** set of linings [mas]

**Belastbarkeit** (z.B. Lkw) load capacity [mot]; (Rolltreppe) loadability [mbt]

**belasten** (z.B. Lkw belasten) weigh [mot]; (durch Aussage) incriminate [pol]

**Belastung** (Last auf Wagen) payload [mot]; (Anstrengung) strain [mas]; (Materialprüfung) stress [mas]; (an den Lagerstellen) stretch [mot]; (schwere Aufgabe) feat [abc]; (Achslast, Gewicht) load [mot]; (→ axiale B.; → Lagerb.; → radiale B.)

**Belastung des Anlassers** cranking power [mot]

**Belastungsanforderung** load requirement [mbt]

**Belastungsanzeiger** load indicator [abc]

**Belastungsgrad** capacity factor [pow]

**Belastungsregler** load rheostat [elt]

**Belastungsrichtung** direction of load [wst]

**Belastungswiderstand** loading resistor [mas]

**belegen** (beweisen) verify [abc]

**Belegschaftsvertretung** representation of the employees [abc]

**beleibt** (wie Obelix) corpulent [abc]

**beleidigt** (betroffen) offended [abc]; (mit Worten gekränkt) insulted [abc]

**beleuchtet** (z.B. gut beleuchtet) lit [abc]

**Beleuchtung** (z.B. historisches Gebäude) illumination [elt]; (bei der Analyse von Linienzeichnungen) illumination [edv]; lighting [mbt]; lighting equipment [abc]; (Licht, Erhellung) light [elt]; (→ Kammb.; → Kammplattenb.; → Stufenspaltb.; → Handlaufb.)

**Beleuchtung für sichtbaren Wasserstand** gauge-glass lamp [mot]; gauge-glass safety light [mot]

**Beleuchtungsanlage** lighting [mot]

**Beleuchtungsbedingung** illumination constraint [edv]

**Beleuchtungsstärke** intensity of illumination [mbt]

**Beleuchtungsstromkreis** lighting circuit [mbt]

**beliebig** (irgendeiner) any [abc]; (nach Wunsch) at random [abc]; (nach Wunsch) at will [abc]
**beliebt** popular [abc]; favorite [abc]
**beliefern** (versorgen mit) provide [abc]
**belüftbare Decksteile** ventilated parts of ship-decks [mot]
**Belüfter** (Schnüffelventil) air breather [air]; breather [air]; ventilation [mot]; (z.B. "atmender" Sitz) breathing [air]
**Belüftungsrohr** (Druckregulierung) pressure-regulator pipe [mbt]; (Frisch-, Abluft) air pipe [air]
**bemannt** (-e Raumstation) manned [abc]
**bemerkbar** (sicht- oder hörbar) noticeable [abc]
**Bemerkungen** remarks [abc]
**bemessen** (z.B. etwas zu reichlich) dimensioned [con]
**benachbart** (nächstes Grundstück) next door [bau]; (direkt daneben) adjacent [abc]
**Benehmen** behaviour [abc]
**benennen** (z.B. als zukünftigen Minister) designate [abc]
**Benennung** (Name eines Werkstückes) denomination [abc]; (Beschreibung; auf Zeichnung) description [con]
**benetzend** (nässend) wetting [abc]
**Benetzungsmittel** wetting agent [mas]; moistening agent [abc]
**benötigen** (brauchen für Arbeit) require [abc]
**Benson-Kessel** Benson boiler [pow]
**Bensonkessel** once-through boiler [pow]; Benson boiler [pow]
**Benutzer** subscriber [mbt]; (benutzt Rolltreppe) user [mbt]
**Benutzerhandbuch** (Bedienerhandbuch) user guide [edv]
**Benutzeroberfläche** user interface [edv]
**Benutzung** (Gebrauch) utilization [abc]
**Benutzungsoberfläche** user interface [edv]

**Benzin** petrol [mot]; gas [mot]
**Benzinantrieb** petrol drive [mot]; gas drive [mot]
**Benzinkanister** jerry can [mot]
**Benzinlager** (Notversorgung) gas dump [mot]
**Benzinstartermotor** gasoline starter engine [mot]
**Benzinverbrauch** consumption of petrol [mot]
**beobachten** (Detektiv) observe [pol]; (zusehen) watch [abc]; (Gesetze) abide by [jur]; (betrachten, erwägen) contemplate [abc]
**Beobachter** observer [abc]
**Beobachtung** (Beschattung, Polizei) surveillance [pol]; contemplation [abc]; (z. B. der Ein-/Ausgänge) control [elt]
**Beobachtung des Warenausganges** control of goods processing [eco]; control of goods withdrawal [eco]
**Beobachtungsgeschoß** marker shell [mil]; marker shell [mil]
**bequem** (superleicht) sensible [abc]; comfortable [mot]; (z. B. leicht zu erreichen) convenient [abc]
**Bequemlichkeit** comfort [abc]; ease and convenience [mot]
**beraten** advice [abc]; consult [abc]
**beratend** councelling [abc]
**beratende Ingenieurfirma** consulting engineering company [abc]
**beratender Ingenieur** consulting engineer [abc]
**Berater** councellor [abc]
**Beratung** (Empfehlung, Ratschlag) recommendation [abc]; (Empfehlung) advice [abc]; consultancy [wst]; (Beratender Ingenieur) consultation [abc]; (Besprechung) discussion [abc]
**Berechenbarkeit** computability [edv]
**berechnen** (planen) design [con]
**Berechnung** (z.B. eines Auftrages) calculation [eco]; (Kostenstudie) cost study [eco]; design [bau]; (Schätzung) estimate [mbt]; (→ Kesselb.)

**Bereich** (Gebiet, Gruppe) range [abc];
(Umfang) scope [abc]; area [abc];
(Landesteil) region [cap]; (ungeübt in
diesem Bereich) field [abc]; (schalt-
barer elektron. Bereich) mode [edv];
(Tiefen-, Funkwellen) depth range
[elt]; (→ Förderstromb.; → Unsicher-
heitsb.; → Betriebsb.; → Anwen-
dungsb.; → Drehzahlb.; → Schwan-
kungsb.; → aktiver B. vorwärts; →
aktiver B. rückwärts; → Sättigungsb.;
→ Löschb.; → Zeitb.)

**Bereich für Fäkalien** defecation area
[rec]

**Bereicherung** asset [abc]

**Bereichsschalter** range selector [elt]

**Bereifung** tyres [mot]; tyres [mot]

**bereit** (aufnahmefähig, vorbereitet)
ready [abc]

**bereitstehen** standing by [abc]

**Berg** (bestimmter Berg mit Namen)
mount [abc]; (ein Berg) mountain
[abc]

**Berg** (ein Berg) mountain [abc]

**bergab** (Wir rollen bergab) downhill
[abc]

**bergauf** uphill [mot]

**Bergbahn** mountain railroad [mot];
mountain railway [mot]

**Bergbau** (Tage- und Untertagebau)
mining [roh]

**Berge** (taubes Gestein) overburden
[roh]; (taubes Gestein) fillings [min]

**Berge verblasen** (mit Druckluft) backfill [roh]

**Bergekran** recovery crane [roh]

**Bergematerial** (Steinkohlengewin-
nung) waste [roh]

**bergen** (retten) recover [abc]; contain
[abc]

**Bergfried** main tower [abc]

**Bergganggetriebe** hill gear [mot]

**Berggrat** (Gebirgskamm, Kamm)
mountain ridge [geo]

**bergig** mountainous [abc]; (→ hügelig)

**Bergingenieur** mining engineer [roh]

**Bergschaden** surface damage [jur];
damage to premises and buildings
resulting from collapsing due to coal
and/or ore mining [roh]; subsidence
damage [roh]

**Bergsteigen** hill climbing [abc];
mountaineering [abc]

**Bergsteigen Suche** hill climbing
search [mat]

**Bergsteiger** mountaineer [abc]

**Bergstütze** sprag [mot]

**Bergungs- und Abschleppkrane**
salvage and towing cranes [mot]

**Bergungsfahrzeug** (→ Bergepanzer)
salvage vessel [mot]

**Bergungsschiff** salvage vessel [mot]

**Bergwerk** mine [roh]

**Bergwerksabschnittsleiter** sectional
engineer [roh]

**Bergwerksbetrieb** mining operation
[roh]

**Bergwerksdirektor** (Minenleiter)
mine manager [roh]

**Bergwerkseinrichtung** (allgemein)
underground mining system [roh]

**Bergwerkseinrichtungen** mining
equipment [roh]

**Bericht** report [abc]; (→ Tagesb.;
→ Abnahmeb.; → Versuchsb.)

**Berichterstattung** report [abc]

**Berichtssystem** reporting system [abc]

**Berichtswesen** reporting [abc];
reporting system [abc]

**Bernstein** (festes Harz) amber [geo]

**berücksichtigen** (bedenken) regard
[abc]; (überlegen) consider [abc]

**Beruf** (Berufung) profession [abc];
(Berufung, Mission) vocation [abc];
work [abc]; job [abc]; (→ freier B.)

**berufliche Verantwortung** professional responsibility [abc]

**Berufsgenossenschaft** employees'
insurance [pol]; employers' liability
[pol]; Health and Safety Executive
[pol]

**Berufsschule** vocational school [abc]

**beruhigen** (Kind, ängstliche Person) quiet [abc]; (trösten, auf jemanden einreden) reassure [abc]; (Stahl) kill [mas]

**Beruhigungsrolle** (Tonband, Kabel) steadying roll [elt]

**Beruhigungszeit** (Rolltreppe) recovery time [mbt]

**berührende Prüfung** contact scanning [mes]

**Berührungs-Bündel** convection tube bank [pow]

**Berührungsfläche** contact surface [wst]

**Berührungsheizfläche** convection heating surface [pow]

**berührungslose Prüfung** non-contact scanning [mes]; gap scanning [mas]

**Berührungsschutz** protection against accidental contact [elt]

**Berührungssensor** touch sensor [elt]

**Besan** (Segel am Hintermast) mizzen [mot]

**Besaumschere** trimming shears [met]

**beschädigen** (zerstören) damage [mot]

**beschädigt** (z.B. durch Unfall) damaged [mot]

**Beschädigung** (am Material) damage [wst]; (Verletzung) injury [abc]

**Beschädigung von Leitungen** underground and overhead property damage [jur]

**beschaffen** (herbringen) procure [abc]; (versorgen mit) provide [abc]; (versorgen, ausrüsten) supply [abc]

**Beschaffenheit** state [abc]; (Gefüge) structure [mas]

**Beschaffung** (Versorgung, Ausstattung) procurement [mot]

**beschäftigen** (in einer Firma) employ [abc]

**beschäftigt bei** employed with [abc]

**Beschäftigtenzahl** number of employees [abc]

**Beschäftigung** employment [abc]

**Beschäftigungsverhältnis** employment [abc]

**Beschallungsanlage** (im Hotel) public address system [abc]

**Beschaufelung** (der Turbine) blading [pow]

**Beschaufelungsstand** blading station [mbt]

**Beschaufelungsstand für Turbinenläufer** blading station for turbine rotors [pow]

**bescheiden** (z.B. beim Essen) bashful [abc]; (demütig) humble [abc]

**beschichten** (z. B. Stahlbauteile) coating [met]

**beschichtet** (z.B. chrom-Auflage) plated [met]; (kaschiert) coated [wst]; (laminiert) laminated [wst]

**beschichtete Bleche** coated sheets [wst]

**beschichtetes Material** (laminiert) lamination [wst]

**Beschichtung** (z.B. mit Chrom) plating [mot]; coat [bau]; (z.B. mit Dichtmittel) coating [wst]

**Beschichtungsanlage** coating line [wst]

**Beschichtungsanlage für Trägerplatten** coating line for particle boards [wst]

**Beschickung** (z. B. des Hochofens) charging [roh]; (z.B. des Ofens) feeding [roh]

**Beschickungs-/Entleerungsvorrichtung** charging and discharging device [wst]

**Beschickungsschurre** (Rutsche) feed chute [roh]; (Rutsche) feed device [roh]; (Rutsche) feeding chute [roh]

**beschießen** (unter Feuer nehmen) shell [mil]

**Beschießung** (einer Stadt, Festung) shelling [mil]; (einer Stadt, Festung) bombardment [mil]

**Beschilderung** lettering and marking [abc]

**Beschlag** (an Kiste, Fahrzeug) sheathing [mot]; (mit B. belegen) confiscate [pol]

**beschlagen** (ein Pferd) shoe [abc];
(intelligent) bright [abc]
**Beschläge** fittings [bau]
**beschlagnahmen** (eine Sendung)
seize [pol]; (enteignen) confiscate
[pol]
**beschlagnahmt** (Ihr Koffer ist beschlagnahmt) confiscated [pol]
**beschleifen** (bearbeiten) grind [met];
(Bearbeitung) grinding [met]
**beschleunigen** (schneller machen)
accelerate [mot]; expedite [abc]
**Beschleuniger** (Gaspedal) accelerator
[mot]
**Beschleunigung** (schneller werden)
acceleration [mot]
**Beschleunigung auf Motor durch
Stoß** acceleration of engine by outer
impact [mot]
**Beschleunigungspumpe** accelerating
pump [mot]
**Beschleunigungsröhre** acceleration
tube [elt]
**Beschleunigungsspannung** acceleration voltage [elt]
**Beschleunigungsvermögen** acceleration capability [phy]
**beschließen** (festlegen) determine
[abc]
**beschlußfähig** quorum [abc]; (Das
Parlament ist beschlußfähig) compe-
tent to pass resolutions [pol]
**Beschlußfähigkeit** (genügend anwe-
send) quorum [abc]
**Beschneidewerkzeuge** cutting tools
[wzg]
**beschränken** (limitieren) limit [abc]
**beschränkt** (geistig) mentally unbalanced [med]
**Beschränkungen** (herausstellende
Beschreibung) constraint exposing
description [edv]
**Beschreiben und Vergleichen**
describe-and-match [edv]
**Beschreibung** description [abc];
(in Zeichnungen) description [con]

**Beschriftung** (eines Hauses) inscription [bau]; lettering [abc]; (einer Kiste) lettering and marking [abc]
**Beschriftungsfeld** (Zeichnungskopf)
title block [con]
**Beschriftungssatz** lettering and marking kit [abc]
**beschuldigen** charge [jur]
**beseitigen** (z.B. Schaden) remedy [abc]
**Beseitigung** (Entfernung) removal [abc]
**Besenstiel** (Besengriff) broom stick
[abc]
**besetzen** (z.B. Land) occupy [mil];
(mit Personal) man [abc]
**besetzt** (das Telefon) engaged [tel];
(z.B. Bus) full [mot]; (das Telefon ist
besetzt) manned [tel]
**besetztes Telefon** busy line [tel];
engaged phone [tel]
**besichtigen** survey [bau]
**Besichtigung** (der Baustelle) survey
[bau]; (Bauaufsicht Baustelle) inspection [bau]; (der Baustelle) inspection
[bau]
**Besichtigungswagen** (z.B. auf Brücke)
inspection trolley [bau]
**besiedeln** populate [abc]
**besiedelt** populated [abc]
**Besiedelung** settling [abc]
**besondere Aufmerksamkeit** particular
attention [abc]
**besonderer Wert** (wird gelegt auf)
special emphasis [abc]
**Besonderheiten** special features [abc]
**besonders** (speziell) special [abc]
**Besonders erwähnenswert ist** Espe-
cially worthy of mention is ... [abc]
**besonders erwähnt** (betont, genannt)
explicitly mentioned [abc]
**besorgen** (beschaffen, ranholen) secure
[abc]; (beschaffen) get [mil]
**Besprechung** (Verhandlung) negotiation [abc]; (Gespräch, auch politisch)
talk [abc]; (Unterhaltung, Plausch)
conversation [abc]; (Diskussion) discussion [abc]

**Bessemer-Birne** (Stahlerzeugung) Bessemer bulb [roh]

**besser als** better than [abc]

**Bestand** (an Maschinen) population [abc]

**bestanden** (Prüfung) passed [abc]; (nach best. Prüf. abgegangen) graduated [abc]; (z.B. hitzebeständig) proof [mas]

**beständig** (z.B. wasserbeständig) resistant [wst]; (haltbar) durable [abc]

**beständig gegen aggressive Produkte** aggressive-products resistant [che]

**Beständigkeit** (Widerstand) resistance [mas]; durability [bau]

**Bestandteil** (einer Maschine) component [wst]; ingredient [abc]

**bestätigen** certify [abc]

**Bestätigung** (EDV-Begriff) confirmation data [edv]

**bestäuben** dust [abc]

**bestechen** bribe [abc]

**Bestechung** bribery [abc]

**Besteck** (Messer, Löffel) cutlery [abc]

**bestehen** (eine Prüfung) pass [abc]; (leben, existieren) exist [abc]

**bestehen aus** consist of [abc]

**bestellbar** (Ackerland) arable [far]

**Bestellteil** part to be supplied from own resources [abc]; part to be provided from own sources [abc]

**Bestellumfang** (auf Zeichnungen) scope of order [con]

**Bestensuche** best-first search [edv]

**bestickt** (z.B. Overall) embroidered [abc]

**bestiftetes Rohr** studded tube [mas]

**Bestiftung** studding [mas]

**Bestimmt nicht.** Certainly not. [abc]

**bestimmte Arbeit** task work [abc]

**Bestimmung** (Schicksal, Los) destiny [abc]; (→ Härteb.)

**Bestimmungsart** destination [mot]

**Bestimmungshafen** port of destination [mot]

**Bestimmungsort** destination [mot]

**bestmöglich** best [abc]

**Bestreichung** (Überzug) coating [pow]; (der Heizfläche durch Gas) gas sweeping of heating surfaces [pow]

**bestrichen** (mit Leim) glue-brushed [met]

**Bestückung** (Bewaffnung) armament [mil]; component parts [wst]

**Besuch** (einen Besuch abstatten) visit [abc]

**Besucher** (Besucher bewirten, unterhalten) visitor [abc]

**Besuchsbericht** (Report über Reise) travel report [abc]

**Besuchskarte** (Visitenkarte) business card [abc]

**Betankung** fuel-filling [mot]

**Betankungseinrichtung** fuel-filling device [mot]

**Betankungungsanlage** tank-filling system [mas]

**betätigen** (bedienen) operate [mbt]; (in Gang setzen) activate [abc]; (einen Hebel) actuate [abc]

**Betätiger** operating device [mil]

**Betätigung** (das Bewegen, Stellen) actuating [abc]; control [mot]; (z. B. Knopf oder Hebel) control device [mbt]

**Betätigungselemente** operating controls [mot]

**Betätigungsknopf** control device [mbt]

**Betätigungsvorrichtung** (z.B. für ferngesteuerte Ventile) valve actuator [pow]; actuator [mas]

**Betätigungsvorrichtung** (z.B. für. ferngesteuerte Ventile). actuator [mas]

**Betätigungswelle** drive shaft [mot]

**Betätigungszug** (Bowdenzug) bowden control [mot]

**Betätigungszylinder** operating cylinder [mot]

**betäuben** (z.B. durch Bolzenschußgerät) stun [med]

**beteiligt sich** (mit DM xxx) deductible [jur]

**Beteiligung** (an Kaskoschaden) deductibles [jur]
**Beton** concrete [bau]; (→ Gußb.; → Kalkb; → Leichtb; → Normalb.; → Sichtb.; → Spannb.; → Spritzb.; → Stahlbetonkern)
**Betonfahrbahn** (der Bahn auf Brücken) concrete slab [mot]
**betongrau** (RAL 7023) concrete grey [nrm]
**Betonitsuspension** betonite suspension [roh]
**Betonkübel** (am Kran) concrete bucket [bau]; concrete skip [mbt]
**Betonkübelausrüstung** concrete skip attachment [mbt]
**Betonplatte** concrete slab [bau]
**Betonprüfung** concrete testing [mes]
**Betonrandstreifen** concrete curbstone [bau]; curbstone [bau]
**Betonröhre** concrete pipe [bau]
**Betonrutsche** tremie [bau]
**Betonschwelle** (der Bahn) concrete sleeper [mot]; (der Bahn) concrete tie [mot]
**Betonsteine** concrete blocks [bau]
**Betontransport** (z. B. am Kabelkran) concrete Transport [mbt]
**Betontransportsystem** (Kabelkran) concrete Transport system [roh]
**Betonüberdeckung** concrete cover [bau]
**Betonung** emphasis [abc]
**betonverfüllter Schalenbaustein** hollow-unit filled with reinforced concrete [bau]
**Betonverfüllung** concrete filling [bau]
**Betonwand** concrete wall [bau]
**Betonwanne** (Tank) tank [mas]; (Trog) through [mbt]; concrete body [bau]
**betrachten** (sich ansehen) view [abc]; (überlegen) consider [abc]
**Betrachterperspektive** viewer-centred perspective [edv]
**betrachterunabhängige Perspektive** viewer-independent perspective [edv]

**Betragen** (Verhalten, Benehmen) behaviour [abc]
**betraut mit** (z.B. mit einer Aufgabe) entrusted with [abc]
**Betreff** (in Briefen) Re [abc]
**betreiben** (Kessel) operate [pow]
**Betreten verboten** (Hinweisschild) No Trespassing [abc]
**Betreuung** (anderer Firmen) support activities [abc]
**Betreuung der leitenden Angestellten** personnel service for managers [abc]
**Betrieb** (Arbeit) operation [abc]; (Betriebszeit von Maschinen) service [mas]; shop [abc]; (→ Anheizb.; → automatischer B.; → Dauerb.; → Einschicht.; → endgültiger B.; → ferngesteuerter B.; → Folgeb.; → wartungsfreier B.)
**Betrieb in großer Höhe** high altitude operation [abc]
**Betrieb von Hand** manual operation [abc]
**betriebliche Haftpflichtversicherung** general liability insurance [jur]
**betriebliche Regelung** (Leitung und betriebliche Regelung) shop agreement [mas]
**betriebliches Risiko** hazards resulting from premises and products [jur]
**betriebliches Vorschlagswesen** suggestions for improvements in the company [eco]
**Betriebs- und Wartungshandbuch** Operation & Maintenance Manual [mas]; O&M Manual [abc]
**Betriebsanleitung** operating instruction [abc]; (Handbuch) operator manual [abc]
**Betriebsbedingung** operating condition [mas]; working condition [abc]
**Betriebsbereich** operating range [mot]
**betriebsbereit** ready for operation [mot]
**Betriebsbereitschaftssystem** ready-run system [abc]

**Betriebsbeschreibung** description of
occupation [jur]

**Betriebsbremse** (auch der Rolltreppe)
service brake [mot]; (d. ganze Bremssystem) brake assembly [mbt]

**Betriebsbremse mit Belagverschleiß-
Überwachung** service brake with
control of brake lining [mbt]

**Betriebsdaten** operating data [abc]

**Betriebsdirektor** production director
[abc]

**Betriebsdrehzahl** operating speed
[mot]; operational speed [mot]

**Betriebsdruck** operating pressure
[mbt]; (Arbeitsdruck) working pressure [mot]

**Betriebselastizität** flexibility in operation [pow]

**Betriebserfordernis** operation requirement [mbt]

**Betriebsergebnisse** operating data
[abc]; performance data [pow]

**Betriebserlaubnis** (nicht im Ausland)
type approval [abc]

**betriebsfähig** ready for operation
[mot]; serviceable [mot]

**betriebsfertig machen** place in operation [abc]; commission a boiler [pow]

**Betriebsführer** (Betriebsleiter) works
manager [abc]

**Betriebshaftpflicht** liability [jur]

**Betriebshaftpflichtversicherung** liability insurance [jur]

**Betriebshaftpflichtvertrag** general
liability policy [jur]

**Betriebshalt** (für Wartungsarbeiten,
Rolltreppe) service stop [mbt]; (z.B.
Rolltreppe am Tagesende) stop of
operation [mbt]; (f. Wartungsarbeiten)
maintenance stop [mbt]

**Betriebshalttaster** (Rolltreppe) stop
button [mbt]

**Betriebshandbuch** (beim Fahrer)
operator's handbook [mot]

**Betriebshilfseinrichtungen** auxiliary
means [mas]

**Betriebsingenieur** maintenance engineer [abc]

**Betriebsklasse** (unüblich) division
[abc]

**Betriebsklima** (menschliches Verstehen) working climate [abc]

**Betriebsleiter** (Werksleiter) works
manager [abc]

**Betriebsmittel** (für den Anfang) service and repair equipment [mbt]; (für
den Anfang) support kit [mbt]; (für
den Anfang) band-aid kit [eco]; (Betriebsstoffe) service fluids [mbt]; (Zubehör) accessories [mas];

**Betriebsmittelsatz** accessories [mas];
(Werkzeug u. Teile) first aid service
and repair kit [mbt]

**Betriebsnetzgerät** operating power
pack [elt]

**Betriebsrechner** (aus Produktionsebe-
ne) site computer [edv]

**Betriebsrechnersystem** operations
control computer system [edv]

**Betriebsschalter** (An/Aus/dazwischen)
operating switch [mbt]

**Betriebsschalttaster** step buttons [mbt]

**Betriebsspannung** operating voltage
[elt]; working voltage [elt]

**Betriebsspiel** running clearance [mas]

**Betriebsstättenrisiko** (wörtliche Übersetzung) premises hazard [jur]; public
liability/premises operations [jur]

**Betriebsstoffe** (Öle und Fette, → Betriebsmittel) service fluids [mbt]

**Betriebsstunde** (Gerät im Einsatz)
operating hour [mbt]

**Betriebsstundenzähler** hour counter
[mbt]; hour meter [abc]

**Betriebssystem** operating system [edv]

**Betriebstemperatur** operation temperature [mot]; service temperature
[mas]

**Betriebsvereinbarung** shop agreement
[eco]; single plant bargaining [abc]

**Betriebsverhalten** operating behaviour
[mbt]

**Betriebsversammlung** personnel meeting [abc]; staff meeting [abc]
**Betriebswagnis** occupational risk [jur]
**Betriebswerk** (Bahnbetriebswerk) loco shed [mot]
**Betriebswirkungsgrad** (Kesselwirkungsgrad) operating efficiency [pow]; (Verfügbarkeit) availability [pow]; (Verfügbarkeit) boiler availability [pow]
**Betriebswirt** business economist [eco]
**Betriebswirtschaft** managing [abc]
**betriebswirtschaftliche Analysen** management methods and quantitative analysis [abc]
**Betriebszeit** (Gerät arbeitet) period of operation [abc]
**Betriebszugehörigkeit** (nach Jahren) years of employment [abc]; (Durchschnitt) average years of employment [eco]
**Betrifft** (in Briefen) Re [abc]
**Betrug** fraud [abc]
**betrügen** (unehrlich sein) cheat [abc]
**Betrügereien erschweren** avoid corruption
**betrunken** (am Steuer) drunk [abc]
**betrunken am Steuer** driving while intoxicated [mot]; (→ Trunkenheit) drunken driving [abc]
**beugen** (zu etwas neigen) incline [abc]
**Beugung** (Biegen) bending [met]
**Beugungsschallfeld** diffraction sound field [aku]
**Beule** (z.B. am Auto) dent [wst]
**beurkundet** documented [abc]
**Beurteilung** judgement [jur]
**Beurteilung der Betongüte** assessment of the concrete quality [mes]
**Beutel** pouch [abc]; bag [abc]
**bevölkert** populated [abc]
**Bevölkerung** population [abc]
**Bevollmächtigter** (z.B. bei Abstimmung) proxy [abc]; authorized representative [eco]
**bevorraten** (ausrüsten mit) stock [abc]

**bewaffnen** arm [mil]
**bewaffnet** armed [mil]
**bewährt** proven [abc]
**bewässern** (z.B. ein Beet) water [was]; (z.B. ein ganzes Tal) irrigate [was]
**Bewässerung** irrigation [was]
**Bewässerungsprojekt** irrigation project [was]
**Bewegbarkeit** (Schiff, Auto fahren) manoeuvrability [mot]
**bewegen** (eines Kolbens) travel [mas]; (betätigen, in Gang setzen) activate [mot]; (eines Kolbens) move [mot]
**Beweggrund** (Anlaß) cause [abc]
**beweglich** (tragbar) portable [mot]; (kann selbst fahren) mobile [mot]; (geht zu transportieren) movable [mot]
**beweglich aufgehängt** flexibly suspended [mas]
**bewegliche Halterung** mobile holder [mas]; mobile holder [mas]
**bewegliche Teile** movable elements [abc]; moving parts [abc]
**Beweglichkeit** moveability [mot]
**Bewegung** (z.B. des Auslegers) motion [mbt]; (auch politisch) movement [abc]; (→ Exzenterb.; → Planetenb.)
**Bewegung, sinusförmige** simple harmonic motion [abc]
**Bewegungsamplitude** amplitude of movement [phy]
**Bewegungssatz** (EDV, Lagerbestand) record<-s> of processing [edv]
**Bewegungsspielraum** (mech. Teile) play, dead movement [mas]
**Bewehrung** (→ untere B.) reinforcement [mas]
**Bewehrungsplan** reinforcement drawing [bau]
**Bewehrungszeichnung** reinforcement plan [bau]
**Beweis** (für Haltbarkeit, Diebstahl) proof [abc]; (für eine These) evidence [abc]
**Beweis durch Propagieren von Beschränkungen** proof by constraint propagation [edv]

**Bewerbung** application [abc]
**Bewerbungsschreiben** letter of application [abc]
**bewerten** rate [abc]; assessment [abc]
**bewertet** rated [abc]
**bewertetes C-Bild** evaluated C-scan [elt]
**Bewertung** (Einschätzung, Benotung) estimation, rating [abc]
**Bewertungsmechanismus** scoring mechanism [edv]
**Bewertungsregel** assessment principle [mes]
**bewirken** allow [abc]
**bewohnt** (bevölkert) inhabited [abc]
**Bewuchs** (z.B. Bäume) plants and trees [bff]; (Pflanzenbewuchs) vegetation [bff]
**bewußt** (z. B. qualitätsbewußt) conscious [wst]
**bez.** (bezüglich) with regard to ... [abc]
**Bez.** (Abkürzung für: Bezeichnung) description [abc]
**bezeichnen** (Fachausdruck geben) term [abc]; denote [bau]; (benennen) designate [abc]; (beschriften) mark [abc]
**bezeichnend** (...ist aussagekräftig) indicative [abc]
**Bezeichnung** (Fachbezeichnung) term [abc]; (eines Bauteils) description [con]; (Name, Etikett) label [mbt]
**Bezeichnungshülse** name socket [mas]
**bezeugen** witness [abc]
**bezeugt** witnessed [abc]
**bezeugt und anerkannt** witnessed and approved [jur]
**Beziehungen** (z.B. zwischen Objekten) relations [abc]; relationship [abc]; (→ kausale B.)
**Beziehungsfalle** double bind [abc]
**Bezug** (mit Bezug auf den Vertrag) reference [jur]
**Bezugsbedingungen** reference conditions [mes]
**Bezugsecho** reference echo [aku]

**Bezugsfläche** (auf die sich ... bezieht) reference surface [mas]
**Bezugshöhe** (z.B. des Bordsteins) reference height [bau]
**Bezugskante** (hiernach richten) reference edge [con]
**Bezugskommissions-Nr.** (Orig-Bestellung) reference <orig. > order number [abc]
**Bezugspegel** reference level [bau]
**Bezugsprofil** (hiernach richten) reference profile [con]
**Bezugsquelle** source [abc]
**Bezugswert** reference value [mbt]
**BGLO** (Biegelinie, oben, z.B. Hohlprofile) bending line, top [con]
**Bibliothek** (priv. oder öff. Bücherei) library [abc]
**Biegefeder** spring [mot]; spring retainer [mbt]; flexible spring [mas]
**Biegehalbmesser** bending [con]
**Biegelinie** bend-line [con]; bending line [con]
**Biegelinie oben** (BGLO, auf Zeichnung) bending line, top [con]
**Biegelinie unten** (BGLU, auf Zeichnung) bending line, bottom [con]; (in Zeichnung) bend-line, bottom [con]
**Biegeliste** bending schedule [bau]
**Biegemaschine** bending machine [wzg]
**Biegemoment** bending momentum [con]
**biegen** (bogenförmig wölben) arch [mas]; (entlang Biegelinie) bend [met]
**Biegen** bending [met]
**Biegeprobe** bend test [mes]; (das verwendete Stück) bend test specimen [mes]; bending test [mes]
**Biegeradius** radius of bend [con]
**Biegeteil** flexible part [mas]
**Biegevorrichtungen** bending devices [met]
**Biegewalze** bending roll [met]
**Biegewechsel** (verbliebene Stärke ...) reserved bending strength [mas]

**biegeweich** flexible [met]

**Biegezange** bending wrench [wzg]

**biegsam** (geschmeidig) pliable [abc]; (flexibel) flexible [met]

**biegsame Leitung** flexible line [mot]

**biegsame Verbindung** slip joint [mas]

**biegsame Welle** flexible drive shaft [mot]; flexible shaft [mas]

**Biegung** (z.B. der Brücke) bow [bau]; curvature [wst]; (Knick) elbow [pow]

**Biegungswelle** (des Drahtes) bending wave [mas]

**bienenfleißig** busy as a beaver [abc]

**Bier** beer [abc]

**Bier vom Faß** beer from the keg [abc]; draught beer [abc]

**Bierdeckel** beer mat [abc]

**Bierfaß** beer barrel [abc]; keg [abc]

**Bierflasche** stubbie [abc]; bottle [abc]

**Bierglas** pint [abc]

**Bierkrug** stein [abc]; mug [abc]

**Bieruntersetzer** coaster [abc]

**bifilar** twisted [abc]

**Bilanz** (→ Wärmebilanz) balance [pow]

**Bild** (abgetastetes Bild) scan [elt]; view [abc]; (z.B. Bild 1) figure [abc]; image [edv]; image [edv]

**Bildanalyse in mehrfacher Auflösung** multiple-scale image analysis [edv]

**bilden** (gestalten) shape [abc]; (unterrichten) teach [abc]; (ausbilden, trainieren) train [abc]; (einen Staat) constitute [pol]; (z.B. einen Kreis) form [abc]

**Bildhelligkeit** (des Schirmbildes) brightness [edv]; (des Schirmbildes) brilliance [edv]; (auf dem Schirm) intensity [edv]

**bildlich dargestellt** in the illustration [abc]

**Bildpunkt** image point [elt]

**Bildröhre** (nachleuchtend) afterglow tube [phy]; (Braun's Tube) cathode ray tube [elt]

**Bildsamkeit** placticity [abc]

**Bildschärfenregulierung** focus<ing> control definition [elt]

**Bildschirm** (hier Zerhacker) oscilloscope [elt]; (des Fernsehers, Computers) screen [edv]; (der Datenbank) terminal [edv]; (z.B. für Video) video screen [elt]; (→ Anzeige)

**Bildschirmtext** screen text [edv]

**Bildschirmtextgerät** monitor-text assembly [edv]

**Bildspeicherröhre** image storing tube [elt]

**Bild-Text design** (computerunterstützt) desk top publishing [edv]

**Bildung** (Wissen, Erziehung) education [abc]; (chem., z.B. Kristalle) formation [che]; (Wissen) knowledge [abc]

**Bildunterschrift** (in Bericht, Buch) title [abc]

**Bildverarbeitung** image processing [edv]

**Bildverschiebung** (z.B. Windows) positioning [mbt]

**Bildverstehen** (beim Bildverstehen) vision [edv]

**Bildwandler** image converter [elt]

**Bildweite** image [elt]

**Bilge** (→ Kielraum) bilge [mot]

**Bimetall-** (Zweimetallerzeugnis) bimetal- [mas]

**Bimetallfeder** bi-metal spring [mas]

**Bimetallpuffer** flexible mounting [met]

**Bimetallrelais** bimetal relay [elt]

**Bimmelbahn** (Neben-, Schmalspurbahn) rubber line [mot]; feeder line [mot]

**Bims** (kalte Lava) pumice stone [bau]

**Bimsstein** pumice stone [bau]

**Bimsstein-Industrie** pumice stone industry [abc]

**binär** binary [mat]

**Binärbild** binary image [edv]

**binäres Signal** binary signal [edv]

**Binärstufe** binary stage [abc]

**Bindefähigkeit** cementing capacity [bau]
**Bindefehler** (beim Schweißen) incomplete fusion [met]; (beim Schweißen) lack of fusion [met]
**Bindefrist** (Kleber muß hart werden) delay [mbt]
**Bindemittel** sealing material [mas]; binder [mas]; binding material [mas]; cementitious material [bau]
**Binder** (Krawatte) tie [abc]; (Binderfarbe) binder [mas]
**Binderfarbe** (Binder) binder [mas]
**Bindestein** bondstone [bau]
**Bindezone** (entlang Schweißnaht) joint area [met]
**Bindfaden** string [abc]
**bindig** plastic [abc]; cohesive [bau]
**bindiger Boden** loose soil [bod]
**Bindung** binding [edv]
**Binnenmarkt Europa** Domestic Market Europe [pol]; European Single Market [pol]; Internal Market [pol]
**Binnenschifffstransporte** inland waterway transportation [mot]
**Binnenwasserstraße** inland waterway [mot]
**Binokularstereo-Problem** binocular stereo problem [phy]
**biologisch** biological [bff]
**biologisches Stereo** biological stereo [edv]
**Biotop** biotope [bff]
**bipolares Halbleiterelement** bipolar semi-conductor [elt]
**Birke** birch tree [bff]
**Birkenrinde** birch bark [bff]
**Birne** (Obst) pear [bff]; (Glühlampe) bulb [elt]
**bis zu...** up to... [abc]
**bis zum heutigen Tage** to date [abc]
**bisher** (vorherig) previous [abc]; (bis einschließlich heute) to date [abc]; (bis zu diesem Zeitpunkt) hitherto [abc]
**bisher noch nicht** (kommt später) not so far [abc]; (klassisch gut) not yet hitherto [abc]

**bistabile Kippstufe** flip-flop [elt]
**Biß** (der Spinne) bite [abc]
**Bitkette** bit string [edv]
**Bitte** (die Bitte, der Wunsch) request [abc]
**Bitte Rücksprache!** (b. R.) See me, please. [abc]
**bitte wenden** (b.w.; Rückseite lesen) P.T.O. [abc]
**bitten** (auffordern) request [abc]; (auffordern) ask [abc]
**Bitu-Kies** (bituminöser Kies) bituminous aggregates [bau]
**bituminös** bituminous [che]
**Blähprobe** coke button [mes]; (für Kokerei) coking test [mes]
**Blähton** (Bodenart) expanded clay [wst]
**blank** (poliert, geschliffen) blank [met]; (bei Metallen) bright [mas]
**blanke Elektrode** bare electrode [elt]
**blanke Maschinenteile** bright machine parts [mas]
**blanke Unterlegscheibe** machined washer [mas]
**blanker Keilstahl** bright key steel [mas]
**Blankett** (Rolltreppen-Beschreibung) blanket [bau]; (RT-Beschreibung für Architekten) description of escalator for architect [mbt]
**blankgezogen** bright drawn [mas]
**Blase** (Gaseinschluß) air pocket [air]; (Körperteil) bladder [med]; (steigt aus dem Wasser) bubble [abc]; (Gaseinschluß) gas pocket [roh]; (→ Dampfb.)
**Blasebalg** bellows [mas]
**blasen** (pusten) blow [abc]
**Blasenbalgspeicher** (Kettenspannen) bellows-type accumulator [mas]
**blasenfrei** (dicht) dense [wst]
**Blasenspeicher** (zum Kettenspannen) nitrogen accumulator [wzg]; (zum Kettenspannen) gas accumulator [mbt]
**Blasenspeichervorspannung** nitrogen accumulated inititial tensioning [mbt]

**Blasenspur** (Kielwasser) wake [mot]
**Blasenverdampfung** nucleate boiling
[pow]
**Bläser** blower [pow]; (→ Langrohrb.;
→ Langschub.; → Lanzenlangschub.;
→ Mehrdüsenrußb.; → Nachschalt-
heizflächenb.; → Rußb.; → Schubb.;
→ Traversenb.; → Wandrußb.)
**Blasrohr** (aus Rauchkammer i.
Schornstein) blow pipe [pow]
**Blasspule** blow-out coil [mas]
**Blastischaufgabe** spreader stoker
[mas]; blast table spreader [pow]
**Blastischrost** spreader stoker [mas]
**blaß** (wenig Farbe) pale [abc]
**blaßbraun** (RAL 8025) pale brown
[nrm]
**blaßgrün** (RAL 6021) pale green [nrm]
**Blatt** (Papier) sheet [abc]; (Blech)
sheet [mas]; (des Ventilators) vane
[mot]; (Seite, Laub des Baumes) leaf
[abc]; (kleine Broschüre) leaflet [abc]
**Blatt- u. Parabelfedern** leaf and tapered leaf springs [mas]
**Blättchen** (Broschüre) leaflet [abc]
**blätterig** laminated [bau]
**blättern** (am Bildschirm) paging [edv];
(in Buch, Seiten) leaf [edv]
**Blätterteig-Kekse** puff pastry cookies
[abc]
**Blattfeder** plate spring [mot]; laminated spring [mas]; leaf spring [mot];
leaf-type spring [mot]
**Blatttragfeder** laminated suspension
spring [mot]
**blattverstellbarer Lüfterflügel** pitch
fan [mot]
**blau** (Farbton) blue [abc]
**blaugrau** (RAL 7031) blue grey [nrm]
**blaugrün** (RAL 6004) blue green
[nrm]
**blaulila** (RAL 4005) blue lilac [nrm]
**blaupause** blue-line print [con]
**Blaupauspapier** blue print paper [abc]
**Blauschriftröhre** dark trace CR tube
[edv]; low-intensity tube [elt]

**Blech** (eine Platte) plate [mas]; (Feinblech) sheet material [mas]; steel plate
[mbt]; thick plate [mas]; (Mittelblech)
steel sheet [mas]; (Stahlblech) thin
sheet metal [mas]; (Feinstblech) very
thin sheet metal [wst]; (die Blechbläser
im Orchester) brass [mas]; (→ Bodenb.;
→ Federb.; → Kühlerspritzb.; → Mit-
telb.; → Riffelb.; → Schlingerdämp-
fungsb.; → Schutzb.; → Warzenb.)
**Blechkante** plate edge [mas]; sheet
edge [mas]
**Blechkantenprüfanlage** plate-edge
test installation [mes]
**Blechkantenprüfung** strip-edge testing [mas]
**Blechoberseite** top face of the plate
[mas]
**Blechprüfer** (Prüfkopfhalterung) plate
testing probe holder [mes]
**Blechprüfung** plate testing [mes]
**Blechschaden** (kleiner Autounfall)
fender bender [mot]
**Blechschere** plate shears [wzg]; plate-
cutting machine [wzg]
**Blechschornstein** steel chimney [mas];
(→ ausgekleideter B.)
**Blechschornstein mit Spannseilen**
steel chimney with guy ropes [mas]
**Blechschraube** self-tapping screw
[mas]; sheet metal screw [mas]; tap-
ping screw [mas]
**Blechsicherung** locking shim [mbt]
**Blechstreifen** sheet [mas]; (zum Ein-
setzen Ritzel) feeder gauge [mas]
**Blechtafel** sheet steel [mas]
**Blechteile** steel plate parts [mbt]
**Blechtonne** steel drum [mas]
**Blechtrennung** (Doppelung) lamina-
tion [met]
**Blechunterseite** bottom face of the
plate [mbt]
**Blechverschalung** skin casing [mas];
steel casing [mas]; metal casing [pow]
**Blechwalzstraße** sheet rolling mill
[mas]

**Blei** lead [wst]
**Blei-Basis-Legierungen** lead alloys [mas]
**Bleibatterie** lead battery [elt]
**bleiben** (zurückbleiben) remain [abc]; (verweilen) stay [abc]
**bleibende Dehnung** (Verformung) residual strain [pow]
**bleich** pale [abc]; (gebleicht) white [abc]
**bleichen** (z.B. Haare) bleach [che]
**bleifrei** (Benzin) unleaded [mot]
**bleihaltig** plumbiferous [mot]
**Bleikabel** lead cable [elt]
**Bleimantelkabel** lead sheathed cable [elt]
**Bleimetaniobat** lead meta-niobate [elt]
**Bleistift** pencil [abc]; (→ Drehb.)
**Bleistiftspitzer** pencil sharpener [abc]
**Bleiüberzug** lead coating [mas]
**Bleiweiß** white lead [mas]
**Blei-Zirkonat-Titanat** (PZT) lead zirconate-titanate [mas]
**Blende** (Meßblende) orifice disk [mes]; (mechanisch) sealing gland [mas]; (Jalousie) blind [bau]; (akustisch-elektronisch) gate [elt]; (mech., beim Prüftank) gland [mas]; (Meßblende) metering orifice [mes]
**blenden** (Sonne ins Auge) shine [abc]; (die Augen verbinden) blindfold [abc]
**Blendenanfang** gate start [elt]
**Blendenbereich** gate area [elt]
**Blendenbreite** gate width [elt]
**Blendenflansch** orifice flange [mes]
**Blendengleichung** orifice formula [mes]
**Blendenkarte** gate position card [elt]
**Blendennachführung** gate monitoring [elt]
**Blendgranate** stun/flash grenade [mil]
**blind** (kann nicht sehen) blind [abc]
**blinder Passagier** stowaway [mot]
**Blindflansch** blank-off flange [mas]; blind flange [mas]
**Blindflug** (keine Bodensicht) blind flight [mot]

**blindhärten** blank hardening [met]
**Blindlast** reactive load [elt]
**Blindleistung** reactive power [elt]; wattless power [elt]; idle power [elt]
**Blindleistungsfaktor Sinus** reactive factor [elt]
**Blindleistungsmaschine** phase advancer [elt]
**Blindniet** pop rivet [mas]; dummy rivet [mas]
**Blindniete** blind rivet [mas]
**Blindnietmutter** pop rivet nut [mas]
**Blindplatte** blind plate [mbt]; dummy panel [mas]
**Blindröhre** reactance valve [elt]
**Blindschacht** winze [roh]
**Blindschaltbild** mimic diagram board [elt]
**Blindstrom** wattless load [elt]
**Blindstromkompensation** reactive power compensation [elt]
**Blindwelle** (meist Hohlwelle, Lok) blind shaft [mot]
**Blindwiderstand** inductance [elt]
**blinken** (Sterne funkeln) twinkle [abc]; (im Auto beim Abbiegen) indicate [mot]
**Blinker** (Richtungsanzeiger) indicator [mot]
**Blinker-Kontrolleuchte** turn-signal control lamp [mot]; direction indicator control lamp [mot]
**Blinkgeber** (Richtungsanzeiger Auto) directional indicator [mot]; flasher unit [mot]; (Richtungsanzeiger Auto) indicator [mot]
**Blinkleuchte** direction indicator lamp [mot]
**Blinklichtanlage** (Bahnüberg.) level crossing flashing light install [mot]
**Blinkmotor** flasher motor [mot]
**Blink-Schlußleuchte** combined flasher and tail lamp [mot]
**Blitz** lightning [abc]
**Blitzbeobachtung** lightning [abc]
**Blitzladung** flash charge [mil]

**Block** (Schreibblock) pad [abc];
(Steingruppe für Hochofen) segment
[mas]; (Holzblock) block [bau]; (z.B.
Zylinderblock des Motors) block
[mot]; (Häuserblock) block [bau];
(Walzblock) bloom [met]; (großer
Stein) boulder [roh]; (Voriegekeil,
z.B. auf Waggon) chock [mot]
**Blockabschnitt** (der Bahn) block
section [mot]
**Blockabstand** (der Bahn) safety
distance [mot]
**Blockanlagen** (der Bahn) block
systems [mot]
**Blockbauweise** single boiler construction [bau]; single turbine construction
[bau]; unit construction [mas]
**Blockbetrieb** (im Tagebau) block operation [roh]
**blockgewalzt** bloomed [met]
**Blockgußproduktion** (unmodern)
ingot casting [mas]
**blockieren** (verstopfen) clog [wst];
(verriegeln) interlock [pow]
**Blockieren** (der Bremse verhindert)
locking [mot]
**Blockreifen** block tyre [mot]
**Blocksignal** (der Bahn) block signal
[mot]
**Blockstelle** (der Bahn) signal box
[mot]; (der Bahn) block post [mot]
**Blockstellung** (bei Federanschlag)
bump stop [mbt]
**Blocksteuergerät** bank of valves [mot];
multiple tandem control valve [mas]
**Blocksystem** (der Bundesbahn) block
system [mot]
**Blockumdrehung** rotation of the scanning head [elt]
**Blockwalzwerk, bogenförmig** bloom-
ing or nogging mill, curved [met]
**Blockzug** (alle Waggons gleich) block
train [mot]
**bloß** (einfach, nur) merely [abc]
**Blume** (Pflanze) flower [bff]; (auf dem
Bier) froth [bff]

**Blumenbeet** flower bed [bff]
**Blumenzwiebel** bulb [bff]
**blumig** (reden) flowery [bff]
**Blut** blood [med]
**Blüte** (Pflanze) blossom [bff]
**Blutgefäß** (Ader) vein [med]
**blutig** (offene Wunde) bleeding [med];
bloody [abc]
**Blutinfektion** blood infection [med]
**blutorange** (RAL 2002) vermillion
[nrm]
**Bock** (Stützrahmen) support frame
[met]; (Stütze) truss [mas]; (z.B.
Stützbock) block [mbt]; (Zylinderstüt-
ze) cylinder support [mbt]
**bocken** (des Motors) stale [mot]
**Bockkran** (meist auf Rollengerüst)
gantry [mot]
**Bockleiter** double ladder [bau]
**Bockwagen** (für Glasplatten) wagon
for the carriage of plate glass [mot]
**Bockwinde** screw jack [mas]
**Bode-Diagramm** (z.B. von elektr.
Schaltung) Bode plot [elt]
**Boden** (z.B. Mutterboden, Erdboden)
soil [bod]; (Hängebogen unter dem
Dach) attic [bod]; (Basis, Untergrund,
Auflage) base [bod]; (unterer Teil)
bottom [abc]; (des Hochofens) bottom
[mas]; (des Meeres) bottom [geo];
(Fußboden) floor [bau]; (im Zimmer)
floor [bau]; (Erdboden) ground [bod];
(des Flachwagen) deck [mot]; (→ angeschweißter B.; → Feuerraumb.; →
fließende Bodenarten; → gekümpelter
B.; → gewachsener B.; → leicht lösbare Bodenarten; → Mineralb.; → mittelschwer lösbare Bodenarten; → Pro-
blemb.; → Salzb.; → schluffige B.; →
schwefelsaurer B.; → schwer lösbare
Bodenarten; → Torfb.; → weiche, bindige B.)
**Boden schneiden** peel soil [mbt]; cut
soil [mbt]
**Bodenablagerung** deposit [bod]
**Bodenart** type of soil [bod]

**Bodenaufschüttung** (z.B. neues Land) landfill [bod]

**Bodenaustausch** soil substitution [bau]

**Bodenbelag** (Blechabdeckung) steel flooring [mas]; finish [mbt]; floor material [bau]

**Bodenblech** (Rolltreppe) soffit plate [mbt]

**Bodendiagonale** soffit diagonal members [mbt]

**Bodendruck** bearing [mbt]

**Bodendruck** (Ausdruck) ground-bearing pressure [abc]

**Bodendruckfläche** bearing area [phy]

**Bodendrucklänge** (der aufliegende Kette) bearing length [mbt]

**Bodendurchbruch** (zu stark belastet) breakdown [mbt]; (für einzubauende RT) floor opening [bau]; (zu stark belastet) floor-rupture [mbt]

**Bodenentladewagen** bottom-discharge wagon [mot]

**Bodenentleerschaufel** (Klappschaufel) bottom-dump shovel [mbt]

**Bodenentleerung** bottom dump [mot]

**Bodenentleerwagen** bottom discharge wagon [mot]

**Bodenfeuchtigkeit** moisture [bod]

**Bodenfläche** area [bod]; ground area [roh]

**Bodenfördermenge** (des Schwimmbaggers) solids discharge [mot]

**Bodenfräsen** rotavator [mbt]; soil pulverizer [bau]

**Bodenfreiheit** (geringste, zwischen Radstand) peak ramp angle [mot]; ground clearance [mbt]; (geringste Aufs.-höhe) inter-track angle of interference SAE [mbt]

**Bodengemisch** soil mixture [bod]

**Bodenklappe** chute [roh]

**Bodenklasse** class of soil [bod]

**Bodenlage** (Lader in Bodenlage) ground position [mot]

**Bodenmechanik** soil mechanics [bod]

**Bodenmechanische Untersuchungen** investigation of mechanical properties of soil [bod]

**Bodenplatte** (der Raupenkette) track pad [mbt]; (Kettenglied) track shoe [mbt]; (z.B. eines Kastens) base plate [mbt]; (z.B. eines Kastens) bottom plate [mbt]; floor plate [pow]

**Bodenplatte des Fahrerhauses** base plate [mbt]

**Bodenplatte des Fahrerstandes** platform frame member [mbt]

**Bodenplatte für den Schwersteinsatz** extreme service shoe [mbt]

**Bodenplattenanschluß** (an Kette) track pad connecting [mbt]

**Bodenplattenanschlußfläche** track pad connecting area [mbt]

**Bodenplattennase** lug of the track pad [mbt]

**Bodenprobe** soil sample [bod]

**Bodenprofil** soil profile [bau]

**Bodenrahmen** floor frame [mot]

**Bodensatz** (Ablagerung, Sinkstoff) sediment [geo]; (Sinkstoff u. ä.) deposit [was]

**Bodenschätze** (Mineralien, Erdöl, Grundwasser) resources [roh]

**bodenständig** down-to-earth [abc]

**Bodentragfähigkeit** ground bearing capacity [abc]

**Bodenunebenheiten** (beim Fahren) shocks from bumps [mot]

**Bodenverbesserung** soil stabilization [bau]

**Bodenverdichtung** compaction of soil [bau]

**Bodenverflüssigung** soil liquefaction [bau]

**Bodenverhältnis** soil condition [bod]; ground condition [bod]

**Bodenverkleidung** skirts [mot]

**Bodenvermörtelung** soil stabilization [bau]

**Bodenvertiefung** dip [bau]

**Bodenwelle** (konvex, nach oben) bump [mbt]; (konkav, nach unten) dip [mbt]

**Bogen** (der modernen Brücke) span [bau]; (Lichtbogen) arc [mas]; (der Brücke) arch [bau]; (in Leitung) conduit elbow [wst]; (des Rohres) elbow [mas]; (Rost) furnace arch [pow]; (→ scheitrechter B.; → Faltenrohrb.; → Führungsb.)

**Bogenbrücke** arched bridge [bau]

**Bogenbrücke mit eingehängter Fahrbahn** arched trough bridge [mot]

**Bogenkreuzung** (der Bahnstrecke) curved crossing [mot]

**Bogenkreuzungsweiche** (der Bahnstrecke) curved slip [mot]

**Bogenlinie** curvature [con]

**Bogenminute** (hat 60 Sekunden) arc minute [mat]

**Bogenschütze** (z.B. Statue, Dresden) archer [abc]

**Bogensekunde** (1/60 Minute) arc second [mat]

**Bogenstück** bend connector [mas]; (Rolltreppe) bowed section [mbt]

**Bohle** (dickes Brett) plank [mbt]

**Bohle** (Planke) board [mbt]

**Bohlen- und Großflächenschalung** boards or large panel formwork [bau]

**Bohlenwand** board wall [bau]

**Bohne** (z.B. Schnitt-, Sojabohne) bean [bff]

**Bohnenstange** (hält Ranken hoch) bean pole [abc]; beanstalk [abc]

**Bohrarbeit** drilling work [mas]

**Bohrbild** (Muster) bore pattern [con]

**Bohrdurchmesser** bore hole diameter [con]

**bohren** (in Holz, Metall) bore [met]; (z.B. auch in Boden) drill [abc]

**Bohren** (→ Brunnenbohren) drill [bau]

**Bohren und Verrohren gleichzeitig** drilling and moving of casing simultaneously possible [mbt]

**Bohrer** drill [wzg]; (→ Bohrmaschine; → Gewindeb.; → Handb.)

**Bohrfeldfahrzeug** oilfield truck [mot]; oilfield vehicle [mot]

**Bohrfortschritt** progress of drilling [bau]

**Bohrfutter** (hält Bohrer fest) boring socket [wzg]

**Bohrgerät** (auch Bohrturm) drill [mas]

**Bohrgerätausrüstung** drilling attachment [roh]

**Bohrgestänge** drill-rods [mas]

**Bohrgut** rock cutting [bau]

**Bohrinsel** (stehende Plattform) drilling rig [mot]

**Bohrkern** drilling core [roh]

**Bohrkerndurchmesser** core diameter [con]

**Bohrknarre** ratchet drill [wzg]

**Bohrkopf** (an Ramme) auger head [wzg]; (besonders gehärtet) drilling head [mas]

**Bohrloch** (im Metall) bore [met]; (im Metall) bore fit [mas]

**Bohrlöcher** bore holes [bau]

**Bohrlochwandung** wall of the bore hole [bau]

**Bohrmaschine** powered hand drill [mbt]; boring machine [wzg]; drill [wzg]; (verschiedene Größen) drilling machine [wzg]

**Bohröl** (schützt Metall und Werkzeug) cutting oil [wst]

**Bohrplan** (bestimmt Art, Größe) drill plan [mas]

**Bohrplan für Trag- und Haltering** bore diagram for support & holding ring [con]

**Bohrplattform** (Offshore-Bohrung) offshore drilling platform [mas]; drilling platform [roh]

**Bohrprofil** drilling profile [mas]

**Bohrraster** drilling pattern [mas]

**Bohrrohrdurchmesser** casing diameter [con]

**Bohrschlamm** drilling mud [bau]

**Bohrschnecke** auger worm [wzg]

**Bohrschraube** self drilling screw [wzg]

**Bohrtiefe** drilling depth [mbt]

**Bohrturm** oil tower [roh]; drill [mas]
**Bohrung** bore [roh]; bore fit [mbt];
drill [abc]; (fertig) drilled hole [mas];
drilling [bau]; hole [mas]; (→ Gewin-
deb.)
**Bohrungsdurchmesser** bore diameter
[con]; (innen) caliper [con]
**Bohrwerk** (z.B. Horizontalbohrwerk)
boring mill [wzg]
**Bohrwinde** (Handbohrer) brace [wzg]
**Boje** (Leucht- und Heul-) buoy [mot]
**Bolzen** (in Lager, kein Gewinde) pin
[mas]; (Schraube mit Teilgewinde)
bolt [mas]; (→ Federb.; → Kolbenb. ;
→ Radbefestigungsb.; → Schraubb.;
→ Schraubenb.; → Stufenb.; → Vor-
steckb. )
**Bolzen für Stößelrolle** tappet roller
pin [mot]
**Bolzen im Knickgelenk** articulated pin
[mbt]
**Bolzen ohne Kopf** clevis pin without
head [wst]
**Bolzenauge** (Bolzenlager) pin boss
[mas]; (Bolzenlager) bearing eye
[mas]
**Bolzendurchmesser** pin diameter
[mas]; (→ Bolzen)
**Bolzenlänge** length of pin [mas]
**Bolzensatz** (Schrauben mit Gewinde)
set of bolts [mas]; set of pins [mas]
**Bolzenschneider** (große "Zange") bolt
cutter [wzg]
**Bolzenschraube** stud-bolt [mas]
**Bolzensicherung** pin retainer [mas]
**Bolzenzieheinrichtung** (Werkzeug)
pin extractor [wzg]
**Bombardement** (Artilleriebeschie-
ßung) shelling [mil]; (durch Luft-
streitkraft.) air raid [mil]
**Bombe** bomb [mil]
**Bootsanhänger** (hinter Auto) boat
trailer [mot]
**Bootsmann** (Marinedienstgrad)
boatsman [mot]; (Marinedienstgrad)
cox [mot]

**Bootsmotor** engine for motor boat
[mot]; motor boat engine [mot]
**Bordbuch** (Bahn) logbook [mot]
**Bordcontrol** (des Baggers) board con-
trol [mbt]
**bordeauxviolett** (RAL 4004) claret
violet [nrm]
**Bördel** flared tube end [pow]
**bördeln** bead [met]; (Rohre) flare [pow]
**Bördelnaht** double-flanged [met]
**Bördelung** (Sicke) beading [mas]
**Bördelverschraubung** flare type fit-
ting [mot]
**Bordkante** (des Bürgersteiges) curb
[bau]; (der Straße) curbstone [bau]
**Bordkran** deck crane [mot]
**Bordnetz** (elektrische Anlage bei
Schiffen) ship's mains [mot]; (elek-
trische Anlage, bei Baggern etc.) ma-
chine's mains [elt]
**Bordring** (im geteilten Stirnrad) board
ring [mas]
**Bordscheibe** flanged pulley [met]
**Bordstein** (Bordkante) curb [bau];
curbstone [bau]; kerbstone [bau]
**Bordtransformator** (im Bagger) board
transformer [mbt]
**Bordwand** ship's side [mot]
**Bordwanderhöhung** (am Lkw) body
extension [mot]; (am Lkw) hungry
boards [mot]
**Bordwandklappe** (hinten am Lkw)
tailgate [mot]
**Borgen** (bei der Substraktion) borrow
[abc]
**Borke** (Rinde) bark [bff]
**Böschung** slope [bod]; (neben Straßen-
schulter) slope [mbt]; (flache Straßen-
schulter) batter [mot]; (meist befestig-
tes Ufer) embankment [mbt]
**Böschung schneiden** cut a side slope
[mbt]; cut an embankment [mbt]
**Böschungsfuß** toe of the dam [bau];
dam toe [bau]
**Böschungsschneiden** cutting of banks
and ditch walls [mbt]

**Böschungsstabilität** stability of the slope [mbt]
**Böschungswinkel** slope angle [mbt]; (des Lkw, Grader, etc.) approach angle [mbt]; batter angle [con]
**Böschungswinkel** (des Lkw, Bagger) departure angle [mot]
**Botschaft** (vertritt Land politisch) embassy [pol]; (Meldung, Nachricht) message [abc]
**Bottich** (Zuber) var [abc]
**Bowdenzug** Bowden cable [mot]; Bowden line [mot]
**Bowdenzug zur Motorhaube** hood cable [mot]
**Boxermotor** opposed cylinder type engine [mot]; horizontally opposed engine [mot]
**Boxpok Rad** (Dampflok-Rad) boxpok wheel [mot]
**Bramme** (Rohstahlblock) slab [mas]; (Knüppel; z.B. Roheisen) billet [mas]
**Brand** (Feuer, Feuersbrunst) fire [abc]
**Brandbekämpfung** fire fighting [pol]
**Brandbombe** fire bomb [mil]
**Brandgeschoß** (Munition) fire shell [mil]; incendiary shell [mil]
**Brandhandgranate** incendiary hand grenade [mil]
**Brandschott** (gegen Kamineffekt) fire shutter [mbt]
**Brandstelle** (z.B. abgebranntes Haus) site of the fire [abc]; (am Körper) burn [med]
**Brandstiftung** arson [abc]
**Brandstoff** (Brandstoffgeschosse) incendiaries [mil]
**Branntkalk** burnt lime [bau]
**Brauch** custom [bau]
**brauchbar** (hier zu gebrauchen) useable [abc]; (nützlich) useful [abc]
**Brauchbarkeit** practicability [abc]; usefulness [abc]
**brauchen** (benötigen) need [abc]; (benötigen, z.B. Requisiten) require [abc]
**brauen** (Bier herstellen) brew [abc]

**Brauer** (Brauereiangestellter) brewer [abc]
**Brauerei** brewery [abc]
**Brauereiabwasser** brewery effluent [was]
**Braugerste** (für das Malz) malting barley [bff]
**Braugewerbe** (Bier-Industrie) brewing business [abc]
**Braumalz** (aus Gerste) malt [abc]
**braunbeige** (RAL 1011) brown beige [nrm]
**braungrau** (RAL 7013) brown grey [nrm]
**braungrün** (RAL 6008) brown green [nrm]
**Braunkohle** brown coal [roh]; (zum Teil noch holzig) lignite [roh]
**Braunkohlekraftwerk** lignite-fired-power station [pow]
**Braunkohlenkessel** brown coal fired boiler [pow]
**Braunkohlenmühle** brown coal mill [pow]; lignite mill [roh]
**braunoliv** (RAL 6022) olive drab [nrm]
**braunrot** (RAL 3011) brown red [nrm]
**Braupfanne** (Zugabe Hopfen, Kochen) brewer's copper [abc]
**Brause** (Dusche) shower [abc]
**Brauwasser** brewing liquor [was]
**Bräu** brew [abc]
**Brechanlage** (Steinbrecher) crushing installation [roh]
**Brecheisen** (Werkzeug) bail [wzg]; (Brechstange) crowbar [wzg]
**brechen** (sich übergeben) vomit [abc]; (etwas zerbrechen) break [abc]; (zerbrechen, zerstören) breakage [abc]; (Steine im Brecher) crush [roh]
**Brecher** (Steinbrechanlage) crusher [roh]; (→ Schlackenb.)
**Brecherabzugsband** (am Steinbrecher) crusher discharge belt [roh]
**Brecheranlage** (im Steinbruch) crusher plant [roh]

**Brecherarbeit** (im Steinbruch) crusher work [roh]

**Brecherdrehzahl** (in min⁻¹) crusher speed [roh]

**Brecherraum** crusher chamber [roh]

**Brecherwerkanlage** crushing plant [roh]

**Brechkraft** (von Schallinsen) refraction [aku]

**Brechmaulweite** (des Brechers) width of crusher mouth [roh]

**Brechstange** bail [wzg]; crowbar [wzg]

**Brechung von ebenen Wellen** refraction of plane waves [opt]

**Brechung von Kugelwellen** refraction of spherical waves [opt]

**Brechungsgesetz** law of refraction [phy]

**Brechungsindex** refraction prism [opt]

**Brechungsprisma** refracting prism [opt]

**Brechungswinkel** angle of refraction [opt]

**Brei** paste [abc]; pulp [abc]

**breiig** paste-like [abc]; pasty [abc]; pulpy [abc]

**breit** (Straße, Land) wide [abc]

**Breitballigkeit** (→ Breitenballigkeit) width crowning [mas]

**Breitband** (z.B. Funkverkehr) broad band [tel]

**Breitbandleitung** co-axial cable [elt]

**Breitbandschelle** wide-band clamp [mas]

**Breitbandverstärker** wide-band amplifier [elt]

**Breite** (allgemein, meist gebraucht) width [abc]; (seitliche Ausdehnung Erde) latitude [mot]; (→ Bandb.; → Fahrbahnb.; → Kettenb.)

**Breite der Lauffläche** width of chain [abc]

**Breitengrad** (nördl. Breite) latitude [wet]

**Breitensuche** breadth-first search [edv]

**Breitenwirkung** (durch Anzahl Geräte) population [abc]; (bei Werbung) effectiveness [abc]

**breites Brennstoffband** wide fuel type range [pow]

**breites Programm** extensive program [abc]

**Breitfelgenreifen** wide base tyre [mot]

**Breitflachstahl** universal mill plates [mas]

**Breitflanschträger** H-beam [mas]

**Breithacke** mattock [wzg]

**Breitkeilriemen** broad-section V-belt [mas]

**Breitkopfstift** wire nail with extra large head [mas]

**Breitreifen** wide base tyre [mot]; wide tyres [mot]

**Breitstrahler** spread beam [mot]

**Bremsankerplatte** brake anchor plate [mot]

**Bremsanlage** brake system [mot]

**Bremsanschlag** brake buffer [mot]

**Bremsanzeiger** brake indicator [mbt]

**Bremsart** (der Bahn) type of brake [mot]

**Bremsausgleich** brake compensator [mot]

**Bremsausgleichhebel** brake-compensating lever [mot]

**Bremsausgleichwelle** brake-compensating shaft [mot]

**Bremsausrüstung** (des Waggons) brake system [mot]

**Bremsbacke** shoe plate [mot]; brake pad [mot]; brake shoe [mot]

**Bremsbackenlager** brake shoe pin bushing [mot]

**Bremsbacken-Satz** set of brake shoes [mot]

**Bremsband** brake band [mot]

**Bremsband mit selbstverstärkendem Effekt** self-activating brake band [mot]

**Bremsbelag** brake line [mot]; brake lining [mot]; lining [mot]

**Bremsbelagsatz** lining service group [mot]

**Bremsberechnung** brake calculation [mbt]

**Bremsdreieck** (des Waggons) bow girder [mot]

**Bremse** brake [mot]; brake assembly [mbt]; (→ Außenbackenb.; → Außenbandb. ; → Bandb.; → Betriebsb.; → Bremshebel; → Drehwerksb.; → Druckluftb.; → druckluftbetätigte hydraulische B.; → Duplex B.; → Feststellb.; → Fußb.; → Gestängeb; → Handb.; → Hinterradb.; → hydraulische B.; → hydraulische Schwenkwerksb.; → Innenbackenb.; → Innenbandb.; → Keilb.; → Kupplungsb.; → Magnetb.; → Öldruckb.; → Radb.; → Saugluftb.; → Scheibenb.; → Schwenkwerksb.; → Seilzugb.; → Servo-B.; → Simplex B.; → Triebwerkb.; → Überdruckb.; → Vierradb.; → Vorderradb.)

**Bremse zum Hubwerk** brake [mbt]

**bremsen** brake [mot]

**Bremsendeckplatte** brake subplate [mbt]

**Bremsflüssigkeit** brake fluid [mot]

**Bremsfußhebel** brake pedal [mot]

**Bremsgestänge** brake linkage [mot]; brake rigging [mbt]

**Bremsgestängebuchse** brake linkage bush [mbt]

**Bremsgestängeeinsteller** (automatisch) slack adjuster [mot]

**Bremsgewicht** brake weight [mbt]

**Bremshängeeisen** slack adjuster [mot]

**Bremshebel** brake actuator [mbt]; brake lever [mbt]

**Bremshub-Endschalter** brake wear-limit switch [mot]

**Bremshundertstel** brake one-hundredth [mbt]

**Bremskeil** (länger abgestellte Wagen) Scotch block [mot]; (an Leer/ Beladen-Ventil) wedge [mot]

**Bremsklotz** (am Waggon) brake block [mot]; (Belag da drauf) brake pad [mot]; (am Waggon) brake shoe [mot]; (mit Spikes) chock [mot]

**Bremsklotzabstand** (Bremsklotzspiel) block clearance [mbt]

**Bremsklotzkraft** (am Waggon) block load [mot]; (am Waggon) brake block load [mot]

**Bremsklotzschuh** brake block shoe [mot]

**Bremsklotzsohle** brake shoe sole [mbt]; clasp brake shoe [mot]

**Bremsklotzspiel** (Scheibenbremse) pad clearance [mot]; block clearance [mbt]

**Bremsklotzteller** brake block plate [mot]

**Bremskraftregler** brake pressure regulator [mot]; (→ Zugwagen-Bremse; → Anhänger-Bremse)

**Bremskraftverstärker** (normal) power brake [mot]; (normal) servo brake [mot]; brake energizer [mot]

**Bremskupplung** (an Eisenbahnwagen) brake coupling hose [mot]

**Bremskupplungshalter** (an Waggons) brake pipe stowage hook [mot]

**Bremslasche** friction disc [mot]

**Bremsleitung** brake line [mot]

**Bremsleitungsdruckmanometer** (Dampflok) brake-pipe pressure gauge [mot]

**Bremsleuchte** stop lamp [mot]; stop light [mot]; brake light [mot]

**Bremslicht** brake light [mot]

**Bremslichtdrehschalter** stop light rotating switch [mot]

**Bremslichtöldruckschalter** hydraulic stop light switch [mot]

**Bremslichtschalter** brakelight switch [mot]

**Bremslichtzugschalter** stop light pull switch [mot]

**Bremslüfter** brake bleeder [mbt]

**Bremslüfterüberwachung** brake bleeder switch [mbt]

**Bremslüfthebel** manual brake release handle [mbt]

**Bremsmagnet** (der Bahn) brake magnet [mbt]

**Bremsmoment** braking couple [mot]

**Bremsmotor** braking motor [mot]

**Bremsnabe** brake hub [mot]

**Bremsnachstellung** (Schwenkbremse) adjustment [mbt]

**Bremsnocken** brake cam [mot]

**Bremsnockenhebel** brake cam lever [mot]

**Bremsnockenlager** brake cam bushing [mot]

**Bremsnockenwelle** brake cam shaft [mot]

**Bremspedal** brake pedal [mot]

**Bremsprüfblatt** brake information sheet [mbt]

**Bremsrohraufnahmehaken** (an Waggon) brake pipe stowage hook [mot]

**Bremssattel** (Grundteil der Bremse) brake body [mot]; (der Scheibenbremse) caliper [mot]

**Bremssatz** caliper [mot]

**Bremsschalter** brake switch [mot]

**Bremsscheibe** brake disk [mot]

**Bremsschild** (Bremsankerplatte) backplate [mot]

**Bremsschlauch** brake hose [mot]

**Bremsschlauchkupplung** brake hose coupling [mbt]

**Bremsschlüssel** (Schraubenschlüssel) brake spanner [wzg]

**Brems-Schluß-Kennzeichenleuchte** combined stop-tail license plate lamp [mot]; combined stop-tail number plate lamp [mot]

**Brems-Schlußleuchte** combined stop and tail lamp [mot]

**Bremsschuh** shoe plate [mot]; (Bremsklotz) brake shoe [mot]

**Bremsseil** brake cable [mot]

**Bremsseilzug** brake cable assembly [mot]

**Bremssohle** (Bremsbacke) brake pad [mbt]

**Bremsspindel** (am Waggon) screw spindle [mot]

**Bremsspindelmutter** (am Waggon) screw <brake> spindle nut [mot]

**Bremsstange** brake connector rod [mbt]

**Bremsstrecke** braking distance [mot]

**Bremsstromkreis** brake circuit [elt]

**Bremssystem** brake-system [mot]; brake gear [mbt]

**Bremsträger** brake anchor plate [mot]

**Bremstrommel** brake drum [mot]; brake pulley [mot]

**Bremstrommelnabe** brake drum hub [mot]

**Bremsumführungsstange** coffin rod [mot]

**Bremsventil** (Fußbremse) treadle valve [mas]; brake valve [mot]; (→ Anhängerb.; → Lastzug-B.; → Zugwagen-B.)

**Bremsverzögerung** (des Waggons) brake retardation [mot]

**Bremsweg** (der Bahn) braking distance [mot]

**Bremswegmeßgerät** stopping-distance-apparatus [mbt]

**Bremswegungsmeßeinrichtung** stopping distance measuring instrument [mbt]

**Bremswelle** brake shaft [mbt]

**Bremszeit** (der Bahn) braking time [mot]

**Bremszettel** (Zugführer an Lok) train brake form [mot]; (Zugführer an Lokführer) brake form [mot]

**Bremszugstange** brake pull rod [mot]

**Bremszylinder** (des Waggons) brake cylinder [mot]; (→ Federspeicherbremse)

**Bremszylinderdruckmanometer** (Dampflok) brake-cylinder pressure gauge [mot]

**Brennbares** (Analyse) combustibles [pow]

**Brennbares in den Rückständen** combustible matter in residues [pow]

**Brenndauer** combustion time [pow]; duration of combustion [pow]

**Brennelement-Hüllrohr** burner element can [pow]; casing [pow]

**brennen** (versengen) burn [che] (Spirituosen; Schnaps) distill [che]
**Brennen** burning [pow]
**Brenner** burner [pow]; (→ Deckenb.; → Druckölb.; → Eckenb.; → Feuerung mit Deckenb.; → Flachb.; → Gasb.; → Gasbrennermaul; → Gaszündb.; → Kombinationsb.; → kombinierter B.; → Muffelb.; → Ölb.; → Ölzündb.; → Reichgasb.; → Schwachlastb.; → Schwenkb.; → Staubb.; → Wirbelb.; → Zündb.)
**Brenner AUS** (abschalten) burner out [pow]
**Brenner EIN** (beischalten) burner in [pow]
**Brenner für mehrere Brennstoffe** multi-fuel type burner [pow]
**Brennerbühne** (Bedienungsstand) burner level [pow]
**Brennereinstellung** burner adjustment [pow]
**Brennerkehle** burner throat [pow]
**Brennermaul** burner mouth [pow]
**Brennholz** firewood [abc]
**Brennkammer** (des Autos) combustion chamber [mot]; furnace [pow]
**Brennkammer mit U-Flamme** U-flame furnace [pow]; down-draught combustion chamber [pow]
**Brennkammerberohrung** furnace heating surface [pow]
**Brennkammerboden** bottom of furnace [pow]; furnace floor [pow]
**Brennkammerdecke** furnace roof [pow]
**Brennkammertrichter** furnace hopper [pow]
**Brennkammertrichter mit Wasserkastenabschluß** water-sealed furnace hopper [pow]
**Brennkante** (nach Abbrennen) flame-cut edge [met]
**Brennofen** kiln [pow]
**Brennpunkt** (auch Mittelpunkt; Geschehen) focal point [abc]

**Brennpunktlinie** focal line [abc]
**Brennsatz** (Brennsätze) igniting composition [mil]
**Brennschneidemaschine** oxygen cutting machine [met]
**Brennschneiden** torch cutting [met]; flame cutting [met]
**Brennschnitt** (Platten geschnitten) flame cut [met]
**Brennschweißen** torch cutting [met]; flame-cutting [met]
**Brennstaub** (Kohlenstaub) pulverized coal [pow]zzz
**Brennstaubprobennehmer** pulverized-fuel sampler [pow]
**Brennstoff** (Gas, Öl, Kohle) fuel [met]; (→ aufgegebene Brenstoffmenge; → fester B.; → flüssiger B.; → Garantieb.; → gasförmiger B.; → guter B.; → Hilfsb.; → vergaste B.-Menge; → Zusatzb.)
**Brennstoffband** fuel type range [pow]; (→ schmales B.; → breites B.)
**Brennstoffbedarf** fuel demand [pow]
**Brennstoffbett** fuel bed [pow]
**Brennstoffelement für Kernreaktoren** fuel elements for nuclear reactors [wst]
**Brennstoffersparnis** fuel economy [pow]
**Brennstoffeuchtigkeit** moisture in fuel [pow]
**Brennstoffilter** fuel filter [mot]
**Brennstoffmischförderer** fuel blending elevator [pow]
**Brennstoffpumpe** fuel pump [mot]
**Brennstoffpumpengestänge** fuel pump control [mot]
**Brennstoffschieber** fuel cut-off [pow]; fuel gate [pow]
**Brennstoffvergasung** fuel gasification [pow]
**Brennstoffzuteiler** fuel feeder [pow]
**Brennweite** (z.B. der Kamera) focal distance [abc]
**Brett** (aus Holz) board [bau]; (→ Schalb.)

**Brezel** pretzel [abc]
**Brief** letter [abc]
**Briefbeschwerer** paper weight [abc]
**Briefing** (Besprechung vor Einsatz) briefing [abc]
**Briefkasten** mailbox [pol]
**Briefmarke** postage stamp [pol]; stamp [pol]
**Briefträger** postman [abc]; mailman [abc]; letterman [abc]; (→ Postbote)
**Brikett** coal briquet [pow]
**brillantblau** (RAL 5007) brillant blue [nrm]
**Brille** spectacles [med]; glasses [abc]
**Brinellhärte** Brinell hardness [mas]
**bröckelig** (Bröcklichkeit) brittle [mas]; crumbly [bau]; friable [bau]
**Brocken** (hinter Schild; Bergbau) caving [roh]
**Brom** (nichtmetallisches Element) bromine [che]
**Bronze** (Kupfer und Zinn) bronze [mas]
**Brosche** (Anstecknadel) pin [abc]
**Broschüre** (Heft, Büchlein) brochure [abc]; (Blatt, Flugblatt, Pamphlet) leaflet [abc]
**Bruch** (Steinbruch) quarry [abc]; (Riß in Holz oder Metall) rupture [mas]; (z.B. kaputte Tasse) breakage [abc]; (Ausfall, Störung) failure [mbt]; fraction [mat]; (Arm, Hand, Metall) fracture [med]; (→ Bruchfläche; → Schub.)
**Bruchausgang** (hier fängt Bruch an) crack starting point [wst]
**Bruchdehnung** (des Metalls) ultimate strength [met]
**bruchfest** (robust, stabil) sturdy [mas]; (robust, stabil) unbreakable [abc]
**Bruchfestigkeit** rupture strength [wst]; (des Metalls) ultimate stress [mas]
**Bruchfläche** surface of failure [mas]; fracture face [wst]
**brüchig** (spröde) brittle [abc]
**Brüchigkeit** (leicht brechend) brittleness [mas]

**Bruchkraft** (Zerbrechlichkeitsgrenze) fragility [mas]
**Bruchlandung** (Flugzeug) crash landing [mot]
**Bruchprobe** breaking test [mas]
**Bruchsteine** (unbehauen) rubble [mas]
**Bruchsteinmauer** rubble masonry [bau]
**Bruchsteinmauerwerk** natural stone masonry [roh]
**Bruchstücke** (Trümmer) debris [rec]
**Bruchteil** fraction [mat]
**Bruchzone** failure zone [wst]
**Brücke** (in Ersatzteilliste) arch [abc]; bridge [mot]; (Kunstgebiß) denture [med]
**Brückenabsetzer** (im Tagebau) bridge spreader [mbt]
**Brückenaufschüttung** (unter Tragbrücke abutment [bau]
**Brückenbalken** (Bahnschwelle) bridge sleeper [mot]; (Bahnschwelle) bridge tie [mot]
**Brückenband** bridge belt [mbt]
**Brückenbildung** (Brennstoff) bridging [pow]; (Brennstoff) hang-up [pow]
**Brückenkopf** bridgehead [mil]
**Brückenkran** bridge crane [mbt]; bridge-type crane [mbt]
**Brückenkratzer** bridge reclaimer [roh]
**Brückenpfeiler** (im Fluß) standing pier [bau]; (an Land) bridge pier [bau]
**Brückenschaltung des Prüfkopfes** bridge circuit of probe [elt]
**Brückenschaufelradgerät** bridge type bucket wheel reclaimer [roh]
**Brückenstützweite** span of bridge [mbt]; bridge span [mot]
**Brückenträger** (Fachwerk) bridge girder [bau]
**Brückenzoll** (Maut) toll [mot]
**Brüden** (Staubbrüden) fuel laden vapours [pow]
**Brüdenbrenner** vapours burner [pow]
**Brüdenleitungen** vapours piping [pow]

**brummen** (summen, gleichförm. Geräusch) hum [abc]

**Brunnen** well [abc]

**Brunnenbau** well making [bau]

**Brunnenbohren** well drilling [bau]

**Brunnenfeuerung** well type furnace [pow]

**Brunnengreifer** well grab [mbt]

**Brunnenindustrie** mineral water industry [abc]

**Brunnenleistung** well capacity [abc]

**Brunnenschacht** well shaft [bau]

**Brust** breast [med]

**Brustkorb** chest [med]

**Brüstung** (Geländer) rail [abc]

**Brüter** (Atomkraftwerk, Hühnerfarm) breeder [abc]

**Brutto** gross weight [abc]

**Brutto-Fahrzeuggewicht** (des Wagens) gross vehicle weight [mot]

**Bruttogewicht** gross weight [abc]

**Buch** book [abc]

**Buch der Rekorde** (Guinness) Guinness Book of Records [abc]

**Buchauszug** (abridged version) excerpt of a book [abc]

**Buchdruck** book printing [abc]

**Buche** (Laubbaum) beech [bff]; (Buchenholz) beechwood [bff]

**buchen** (einen Betrag erfassen) record [abc]; (eine Reise, usw.) book [abc]; (Betrag auf Konto) enter, book an amount [abc]

**Buchenholzspäne** beechwood shavings [rec]

**Bücherei** (z.B. Landesbibliothek) library [abc]

**Buchfahrplan** (Lokführeranweisungen) route book [mot]

**Buchführung** accountancy [eco]

**Buchhalter** (z.B. In Firma) accountant [eco]; book keeper [eco]

**Buchhaltung** accountancy [eco]

**Buchhandlung** book store [abc]

**Buchse** (nimmt etwas auf) receptacle [mas]; (Einsatz für Welle) shaft insert [mbt]; (wie leerer Ärmel) sleeve [pow]; (Muffe) socket [mbt]; (z.B. an Fahrerhaus) bumper [mot]; (Schutzhülle, Futter) bush [mas]; (Hülse) bushing [mas]; (Bundbuchse) flush bushing [mas]; (→ Bundb.; → Distanzb.; → Einspannb.; → Endb.; → Federb.; → Gewindeb.; → Gleitb.; → Lagerb.; → Laufb.; → Pleuelb.; → Rücklaufb.; → Saugventilb.; → Spannb.; → Stahlb.; → Steuerb.; → Stopfb.)

**Buchsenförderkette** bushed transporting chain [mas]

**Buchsenkette** (Hülsenkette) bush chain [mas]

**Buchsenleiste** socket panel [mas]

**Buchsenteil** (nimmt etwas auf) female socket [mas]

**Büchse** bin [mas]; (neuer: Buchse) bush [mas]; (Konservendose) tin [abc]; (Konservendose) can [abc]

**Buchspalte** column [abc]

**Buchstabe** (Groß- u. Kleinbuchstaben) letter [abc]

**buchstabengetreu** true to the letter [abc]

**Buffer** (elektron. Übergangsgerät) buffer [edv]

**Buffetwagen** buffet car [mot]

**Bug** (des Flugzeuges) nose [mot]; (des Schiffes) bow [mot]

**Bügel** (Stromabnehmer) pan [mbt]; (Stromabnehmer) pantograph [mot]; (Schäkel) shackle [mas]; (in Ersatzteilliste) strap [mas]; U-bracket [mbt]; (Bogen) arch [bau]; (Griff; Rüsche) bow [mas]; (Gabel, Einspannvorrichtung) clevis [wst]; (Klammer) clip [wst]; (Stromabnehmer) current collector [mot]; (Klemme, auch am Schraubstock) jaw [mas]

**Bügel für Sicherungselement** clamp for fuse element [elt]

**Bügelfederanordnung** clip and pin arrangement [mot]

**Bügelflasche** (alte Bierflasche) clip lock bottle [abc]
**Bügelmeßschraube** micrometer gauge [mes]
**bügeln** (z.B. ein Hemd) iron [abc]
**Bügelschraube** bow screw [mas]
**Bügelverschluß** (Schnappverschluß) swing stopper [mas]
**Bughitzeschild** (Kohlenstoffverbindung) bow heat shield [mas]
**Bugpropeller** (an modernem Schiff) bow propeller [mot]
**Bugrad** (des Flugzeuges) nose wheel [mot]
**Bugwelle** (Wasser durch Bug geteilt) bow wave [mot]
**Buhne** (in Fluß, an Strand) breakwater [geo]; (zur Flußregulierung) groyne [abc]
**Bühne** (auf der Bühne) stage [abc]; (Hochofen, Stahlbau) stage [mas]; walkway [pow]; floor [pow]; gallery [pow]; (→ Brennerb.)
**Bühnenbelag** metal flooring [pow]
**Bummelzug** Parliamentary Train [mot]; local train [mot]
**Bunabalg**(-en) tubular bellows [mas]; buna bellows [mas]
**Bund** (in etwa: Kragenbuchse) thrust collar [mas]; (Verein) association [abc]; (z. B. Kragen an Welle) collar [wst]
**Bundbuchse** bushing with collar [mas]; collar bushing [wst]; flange bushing [mas]; (bis Kante) flush bushing [mas]
**Bündelung** (z.B. von Licht) beam [phy]
**Bündelversetzung** beam concentration displacement [phy]
**Bündelweite** beam width [abc]
**Bundesanstalt für Materialforschung u. -prüfung** Federal Institute for Materials Research and Testing [wst]
**Bundesbehörden** Federal authorities [pol]

**Bundesstraße** highway [mot]
**bundesweit** nation-wide [pol]
**Bundgewicht** specific coil weight [mas]; coil weight [wst]
**bündig** (genau passend) snug [mas]; (flach) aligned [mas]; (flach) flush [met]
**bündig machen** align [mas]
**Bundmutter** collar nut [mas]
**Bundschraube** collar screw [mas]
**Bunker** bin [roh]; (Kohlebunker; militärisch) bunker [mil]; (unter Gleisen) hopper [mot]; (→ Drehb.; → Flugaschensammelb.; → Kohlenb.)
**Bunkerabsperrschieber** bunker coal gate [pow]
**Bunkerabzugsförderung** hopper discharge conveyor [roh]
**Bunkerauslaß** bunker outlet [pow]
**Bunkeraustragegerät** bunker extractor [pow]
**bunkern** (Kohle, Öl übernehmen) bunker [mot]
**Bunkerrüttelvorrichtung** bunker vibrator [pow]
**Bunkerschräge** valley angle of bunker [pow]; bunker slope [pow]
**Bunkerung** fuel storage [pow]
**bunt** (farbig) colourful [abc]
**Buntmetalle** (Kupfer, Messing, Bronze) nonferrous metals [wst]
**Buntmetallurgie** nonferrous metallurgy [wst]
**Burg** castle [bau]
**Bürgerkrieg** civil war [abc]
**Bürgermeister** mayor [pol]
**Bürgersteig** (Fußweg) pavement [bau]; sidewalk [bau]; (hölzern, Baustelle) boardwalk [bau]
**Bürgschaft** bond [jur]
**Büro** office [abc]; (→ Zentralb.)
**Büroartikel** (Locher, Hefter, Tinte) office supplies [abc]
**Büroautomatisierung** office automation [edv]
**Bürodokument-Architektur** office document architecture [edv]

**Bürodokument-Austauschformat**
office document interchange format
[edv]

**Büroformular** (z.B. Anforderung)
business form [eco]

**Bürogebäude** office building [abc];
place of business [bau]

**Büroinformationssystem** office information system [edv]

**Büroklammer** paper clip [abc]

**Bürokommunikation** office communication [edv]; inter office communication [edv]

**Bürostunden** office hours [abc]

**Bürste** (Hand-, Kohle- u. a.) brush
[abc]

**bürsten** (säubern) brush [elt]

**Bürstenblock** (Teil elektrischer Anlagen) brush block [elt]

**Bürstenmethode** brush technique [elt]

**Bürstenplatte** brush plate [mbt];
(Einlaufplatte) brush plate [mbt]

**Bürstenschalter** (Sicherheit, Rolltreppe) brush switch [mbt]

**Bürstenverstellantrieb** brush shifting
mechanism [elt]

**Bus** (Linienbus) bus [mot]; (Reisebus)
coach [mot]

**Busbahnhof** coach station [mot]

**Buschfeuer** brush fire [abc]

**Buschmesser** machete [abc]

**Busen** (Bucht, Meereseinbuchtung)
bay [cap]; (Brust, Brüste) bosom [abc]

**Butylen** butylen [che]

**Butzen** (kleine Blase, z.B. in Glas)
bleb [mas]

**Bypass-Leitung** by-pass tube [mbt]

# C

°C (Celsiusgrade, → Celsius) C [phy]
ca (ca. ; kurz für cirka) appr. [abc]
CAD Arbeitsplatz work station [mas];
 CAD work-station [con]
CAD/CAM-Systemverbund
 CAD/CAM system network [con]
calcinieren calcinate [wst]; calcining
 [wst]
Cambridge Walze Combridge roller
 [wst]
Campingbus motorhome [mot]
Campingfahrzeug (verschiedener Art)
 recreation vehicle [mot]; RV [abc]
Campingplatz (motorisiert) RV camp-
 ground [abc]; camping site [abc];
 (motorisiert) caravan park [abc]
Campingstuhl folding chair [abc]
Campingwagen (Campingbus) RV
 [mot]; (Campingbus) motorhome
 [mot]
Campingzelt tent [abc]
capriblau (RAL 5019) capri blue [nrm]
Caravan (Wohnanhänger) caravan
 [mot]
Carnot Kreisprozeß Carnot cycle
 [pow]
Carrier (z. B. Reederei, Lkw-Firma,
 Bahn) carrier [mot]
CB-Funk citizen band radio [tel]
C-Bild C-scan [elt]; (bewertetes C-
 Bild) evaluated C-scan [elt]
Celsius (Temperaturgradeinteilung)
 Celsius [phy]; (Grad) centigrade [phy]
Celsiusgrad centigrade [phy]
Centanzahl centane number [mot]
Chance (Möglichkeit) chance [abc]
Charakteristik (→ Sattigungsch.)
 characteristic [elt]; feature [abc]
charakteristische Gleichung charac-
 teristic equation [mat]

charakteristisches Merkmal feature
 [abc]
charakteristisches Polynom characteristic polynomial [mat]
Charge (Teillieferung, Transport) part
 shipment [abc]; (des Hochofens)
 charge [roh]; (Hochofen) furnace
 charge [pow]; (z.B. in Hochofen) heat
 [mas]
Chargenprozeß batch process [met]
Chargiergerät (am Gabelstapler)
 charging device [mbt]
Chargierlöffel charging spoon [wst]
Chargiermulde charging box [wst]
Chargiertrichter feed hopper [mas]
Chassis (Fahrgestell) chassis [mot];
 (z.B. des Autos) main frame [mas]
Check-in-Zeit (z. B. am Flughafen)
 check-in-time [mot]
Checkliste (zu erledigende Punkte)
 check sheet [abc]; (vor Start duchge-
 hen) checklist [mot]
Chefprogrammierer chief programmer [edv]
Chemieanlage chemical processing
 plant [che]
Chemiefaser man-made fibre [wst]
Chemiefaß barrel for the transport of
 chemicals [che]
Chemikalien chemicals [che]
Chemikalientanker (Tankschiff)
 chemical tanker [mot]
chemische Eigenschaften chemical
 properties [che]
chemische Industrie chemical industry [che]
chemische Reinigung dry cleaning
 [abc]
chemische und petrochemische Industrie chemical and petrochemical industries [che]
chemisch-klimatische Einflüsse
 chemical-climatic influences [wet]
Chiffre (Verschlüsselung) code [abc]
Chiffriernummber code number [abc]
Chiffrierschlüssel key [abc]

**Chip Planning** chip planning [edv]
**Chlor** (Element) chlorine [che]
**Chlorkautschuk** chlorinated rubber [che]
**Chlorkautschuklack** chlorinated rubber enamel [che]
**Chlormagnesium** magnesium chloride [che]
**Choke** (schließt Drosselklappe) choke control [mot]
**Chrom** (ein Metall) chrome [wst]; (Metall, meist Überzug) chromium [wst]
**chrombeschichtet** chromium-plated [wst]
**chromgelb** (RAL 1007) chrome yellow [nrm]
**chromoxidgrün** (RAL 6020) chrome green [nrm]
**cif** (Kosten, Versicherung, Fracht; entw. Hafen oder Endstation) cif [jur]
**cirka** (ungefähr, fast, in etwa) approximately [abc]
**Clubraum** lounge [abc]
**Clubräume** private rooms [abc]
**CO₂-Gehalt** $CO_2$ content
**CO₂-Schweißen** shielded metal arc welding [met]; $CO_2$-shielded metal-arc welding [met]; $CO_2$-welding [met]
**Cockpit** (z. B. Flugzeug) cockpit [mot]
**Coilverpackung und- verladung** packing and loading of coils [mas]
**Colli** (→ Kolli; Verpackung) colli [abc]
**Compiler** (übersetzt in Masch.-sprache) compiler [edv]
**Computer** (Rechner) computer [edv]
**Computerausdruck** (z.B. auf Drucker) print [edv]; (z. B. auf Drucker) computer print [edv]
**CAD** (→ computergestützte Konstruktion)
**computergestützte Konstruktion** (CAD) computer aided design [con]
**Computergraphik** computer graphics [edv]

**Computersystem** computer system [edv]
**Computersystem-Bediener** operator [edv]
**Computertomographie** computer tomography [mes]
**computerunterstütztes Laden** (CAL) computer aided loading [edv]
**Container** (Behälter) container [mot]; (→ luftdichter C.)
**Container Aufsetzzapfen** (→ klappbar) container jigger pin [mot]
**Container-Bahnhof** container depot [mot]; container terminal [mot]
**Container-Carrier** container carrier [mot]
**Container-Mehrzweckfrachter** container multi-purpose carrier [mot]
**Containerschiff** container-vessel [mot]
**Containertragwagen** container wagon [mot]
**Containerzelle** container cell [elt]
**Contiglühe** continuous annealing line [wst]; continuous line [wst]
**Controller** (Steuereinheit) controller [elt]
**Coriolis-Kräfte** Coriolis forces [phy]
**Countdown** (z. B. beim Shuttle-Flug) countdown [mot]
**C-Rahmen,** C-Frame [elt]
**cremeweiß** (RAL 9001) cream [nrm]
**Curie-Temperatur** (Magneteigenschaften) Curie point [wst]
**currygelb** (RAL 1027) curry [nrm]

# D

**D Zug** (mit Durchgangswagen) D Zug [mot]

**d. h.** (das heißt) i. e. [abc]

**Dach** (z.B. auf Haus) roof [bau]; (auch Deckel, Haube) top [mot]; (Balustradenabdeckung) decking [mbt]; (→ Innend.; → Schiebed.)

**Dachantenne** roof aerial [mot]; roof antenna [mot]

**Dachausführung** design of the roof [bau]

**Dachbalken** (darauf Dachsparren) rafter [bau]

**Dachbeplankung** roof panel [bau]

**Dachdecker** (Ziegel, Schiefer) thatcher [bau]; tiler [bau]

**Dachentlüftung** roof hatch [bau]

**Dachfenster** (auch in Fahrerhaus) roof window [mbt]

**Dachform** (Auto oder Haus) shape of the roof [bau]

**Dachhaube** (für Belüftung) ventilation hood [pow]; weather hood [pow]; louvre [pow]

**Dachhaut** roof covering [bau]

**Dachlatte** batten [bau]

**Dachlüfter** ridge ventilator [pow]; roof ventilator [bau]

**Dachlüfterhaube** roof ventilation hood [bau]; ventilation hood [pow]

**Dachluke** (Haus oder Fahrerhaus) roof hatch [bau]

**Dachmanschette** (Teil im Zylinder) V-type collar packing [mas]

**Dachpappe** asphalt-impregnated paper [bau]

**Dachplattenleger** sheeter [bau]

**Dachrahmen** roof frame [bau]

**Dachrinne** (Regenrohr am Haus) rain pipe [abc]; (Haus oder Auto) gutter [bau]

**Dachschindel** (auf Hausdach) roofing slate [bau]; (Schiefer) slate [bau]

**Dachsparren** (hält Dachziegel) rafter [bau]

**Dachspriegel** roof bow [mot]

**Dachstahlpfanne** roofing tile [bau]

**Dachüberstand** roof overhang [bau]

**Dachziegel** roof tile [bau]; tile [bau]

**dadurch gekennzeichnet, daß** (Patent) characterized in that ... [jur]

**daher** (deshalb, folglich) therefore [abc]; (deshalb) hence [abc]

**damals** (zu jener Zeit) then [abc]

**Damm** (Grat eines Höhenzuges) ridge [geo]; (Flußeinuferung) bank [bau]; (Absperrung) barrier [abc]; causeway [bau]; (z.B. für Straße) dam [bau]

**Dämmaterial** (z.B. Glaswolle) insulating material [bau]

**Dammbau** building of a dam [bau]; embanking [bau]

**dämmen** (Lärm, Wetter) insulate [bau]

**Dämmerung** (morgens) dawn [abc]; (abends) dusk [wet]

**Dammfuß** fill toe [bau]; heel of dam [bau]

**Dammherstellung** embankment work [bau]

**Dämm-Material** (für Wärme und Lärm) insulating material [bau]

**Dammschüttung** construction of dams [bau]

**Dämmstoff** (gegen Lärm oder Hitze) insulating material [bau]

**Dammstraße** causeway [bau]

**Dämmung** (Schall und Hitze) sound and heat insulation [aku]; (Isolierung) insulation [bau]

**Dämmzahl** sound damping factor [aku]

**Dampf** (meist Wasser) steam [pow]; steam [mot]; fumes [abc]; (auch giftig) vapour [abc]; (→ Anzapfd.; → entspannter D.; → Entspannungsd.; → Frischd.; → Heißd.; → Naßd.; → Normald.; → Sattd.)

**Dampfablaßhahn** elbow cock [mot]
**Dampfabscheider** steam separator [mot]
**dampfangetrieben** (Lok, Zug) steam-driven [mot]
**Dampfantrieb** steam-drive [mot]
**Dampfbeaufschlagung** steam admission [pow]
**Dampfbedarf** steam demand [pow]
**dampfbeheizter Zwischenüberhitzer** steam-heated reheater [pow]
**Dampfbetrieb** steam operation [mot]
**dampfbetrieben** (z.B. Eisenbahnnetz) steam-hauled [mot]
**Dampfblasen** steam bubbles [pow]
**Dampfbremse** (Druck gegen Federbremse) steam brake [mot]
**dampfdicht** steam proof [pow]
**Dampfdom** (Dampflok; trocken Heißdampf) steam dome [mot]
**Dampfdruck** steam pressure [pow]
**Dampfdruck vor Turbine** (Frischdampfdruck) throttle pressure [pow]; live steam pressure [pow]
**Dampfdruckzerstäuber** steam pressure atomizer [pow]
**Dampfeinlaßhahn** entry steam cock [mot]
**Dampfeinlaßseite** steam entry [mot]
**Dampfeintritt** steam entry [mot]
**Dampfeisenbahn** steam railway [mot]
**dampfen** steam [mot]
**Dampfentnahme** (Zugheizung) steam inlet [mot]
**Dampfentnahmeleitung** main steam line [pow]
**Dampfentnahmetrommel** steam take-off drum [pow]
**dämpfen** (aufnehmen, was zuviel ist) absorb [phy]; (weicher machen) dampen [elt]
**Dampfer** (Dampfschiff) steamship [mot]
**Dampferzeuger** steam boiler [pow]; steam generating plant [pow]; steam-raising plant [pow]

**Dampferzeugungsanlage** steam-generation plant [mot]
**Dampferzeugungswärme** heat added for vaporization at constant temperature [pow]
**Dämpfer** (z.B. Motorhaubenpuffer) shock [mot]; (von Schall) silencer [mot]; (Schwingungsdämpfer) vibration damper [mot]; (Nylonreifen) dampener [mbt]; damper [elt]
**dampfförmig** vapourous [abc]
**dampfförmiger Zustand** vapour state [pow]
**Dampfgeschwindigkeit** steam velocity [pow]
**dampfgestrahlt** (gesäubert) steam cleaned [mot]
**dampfgezogen** steam-hauled [mot]
**Dampfheiz-Sicherheitsventil** (Lok) steam-heating safety valve [mot]
**Dampfheizung** steam heating [mot]
**Dampfheizungsanlage** steam-heating installation [mot]
**Dampfkasten** steam chest [pow]
**Dampfkessel** (→ Langkessel) steam boiler [mot]
**Dampfkraft** steam power [mot]
**Dampfkraftwerk** steam power plant [pow]; (Bahn mit Übergängen) steam bell system [mot]
**Dampfleistung** steam output [pow]
**Dampflok** steam loco [mot]; (→ Dampflokomotive)
**Dampflokbau** steam loco manufacturing [mot]
**Dampflokführer** (Dampflokomotivführer) steam driver [mot]
**Dampflokomotive** steam engine [mot]; steam loco [mot]; steam locomotive [mot]; steamer [mot]
**Dampfluvo** steam-heated air heater [pow]
**Dampfmengenanzeiger** steam flow recorder [pow]
**Dampfmengen-Geber** steam flow transmitter [pow]

**Dampfmengenmesser** steam flow meter [pow]

**Dampfpfeife** (Lok) steam whistle [mot]

**Dampfprobenentnahme** steam sampling [pow]

**Dampfraum** (Trommel) steam space [pow]

**Dampfreinheit** steam purity [pow]

**Dampfsammelraum** steam collector [mot]

**Dampfschiff** steamship [mot]

**dampfseitig** steam side [pow]

**Dampfspannung** steam pressure [pow]

**Dampfspeicherlokomotive** fireless <steam-storing> locomotive [mot]

**dampfstrahlen** (säubern) steam clean [mot]

**Dampfstrahlpumpe** (Dampflok) steam pump [mot]

**Dampftabelle** steam table [pow]

**Dampftemperatur** steam temperature [pow]

**Dampftemperaturregelung** steam temperature control [pow]; steam temperature regulation [pow]

**Dampftrennung** steam separation [pow]

**Dampftriebwagen** steam railcar [mot]

**Dampftrocknung** (Trommel) steam drying [pow]; water separation [pow]

**Dämpfung** (z.B. eines Signals) attenuation [elt]; cushioning [mot]; cushioning effect [mot]; (→ Schwingungsdämpfung) damping [mot]; (eines Signals) damping [mot]; (eines Signals) loss [elt]

**Dämpfungsbeiwert** attenuation coefficient [elt]

**Dämpfungsbeiwert** damping coefficient [elt]

**Dämpfungsdiode** damping diode [elt]

**Dämpfungseinlage** cushioning insert [wst]; damper plastic insert [mbt]

**Dämpfungsentzerrer** attenuation equalizer [elt]

**Dämpfungsentzerrung** attenuation equalization [elt]

**Dämpfungsfaktor** damping factor [wst]

**Dämpfungsglied** attenuator pad [elt]

**Dämpfungskörper** damping body [wst]

**Dämpfungsstift** dampener [mbt]

**Dämpfungsverfahren** damping method [wst]

**Dämpfungsverhalten** damping behaviour [wst]

**Dämpfungsvermögen** damping capacity [wst]

**Dampfverunreinigung** steam impurities [pow]

**Dampfwalze** steam roller [mot]

**Dampfwaschen** (Trocknung) steam scrubbing [pow]

**Dampf-Wasser-Gemisch** steam water mixture [pow]

**Dampfzyklon-Abscheider** cyclone steam separator [pow]

**darauffolgendes Beladen** consequent loading [abc]

**Darlington Schaltung** Darlington circuit [elt]

**Darm** (Därme, Gedärm) bowels [med]

**Därme** bowels [abc]; intestines [med]

**Darre** kiln [abc]

**darstellen** (dargestellt) show [abc]; display [abc]

**Darstellung** (Vorführung) presentation [abc]; (Vorführung) demonstration [abc]; (Beschreibung) description [abc]; (z.B. auf Schirm) display [edv]

**darüber hinaus** moreover [abc]

**dasein** (dabeisein; z.B. im Büro) be around [abc]

**Datei** (Daten im Speicher) data set [edv]

**Datei sichern** protect a file [edv]

**Daten** (in EDV) data [edv]

**Datenadministration** data administration [edv]

**Datenaufzeichnung** data logging [edv]

**Datenausgabe** (Druckausgabe) output [edv]
**Datenauswertung** data evaluation [edv]
**Datenbank** (steht vielen zur Verfügung) data base [edv]; (→ deduktive D.)
**Datenbankabfrage** database query [edv]
**Datenbankanwendung** database application [edv]
**Datenbanksystem** database system [edv]
**Datenbestand** (→ Datei) data set [edv]
**datenbezogenes Testen** data flow testing [edv]
**Datenblatt** data sheet [edv]
**Datenblock** data block [edv]
**Datendefinitionssprache** data definiton language [edv]
**Dateneingabe** (Input) input [edv]
**Datenelement** data element [edv]
**Datenelementstandard** data element standard [edv]
**Datenerfassung** (Daten sammeln) data collecting [edv]; (Festhalten) data gathering [edv]
**Datenfeld** data field [edv]; (→ geschätztes D.)
**Datenfile** (File) file [edv]
**Datenfluß** data flow [edv]; (→ Eingangsd.; → Ausgangsd.)
**Datenflußarchitektur** data flow architecture [edv]
**Datenflußdiagramm** data flow diagram [edv]
**Datenflußplan** data flow chart [edv]
**Datenfreigabetaste** return key [edv]
**Datenkategorien** data categories [edv]
**Datenkommunikation** (Dialog) DC [edv]
**Datenkonzentrator** front end processor [edv]; FEP [edv]
**Datenleitung** (Sensor/Processor/Monitor) sensor line [edv]
**Datenmigration** data migration [edv]

**Datenmodell** data model [edv]
**Datenmodellierung** data modelling [edv]
**Datenreduktionsverfahren** data reduction methods [edv]
**Datenschnittstelle** data interface [edv]
**Datenschutz** data protection [edv]
**Datenschutzgesetz** Data Protection Act [edv]
**Datensichten** (auf einer Datenbank) views [edv]
**Datenspeicher** data storage unit [edv]
**Datenspeicherung** data storage [edv]
**Datentastsystem** data sampling system [edv]
**Datenträger** main frame [edv]
**Datentyp** data type [edv]; (→ abstrakter D.; → zusammengesetzter D.)
**Datenübertragung** data transmission [edv]
**Datenübertragungskanal** channel [edv]
**Datenumsetzer** data translator [edv]
**Datenverarbeiter** data processor [edv]
**Datenverarbeitung** data processing [edv]
**Datenverarbeitungsanlage** data processing equipment [edv]; telecommunication line [edv]
**Datenverschlüssler** data coding unit [edv]
**Datenweiche** data sorting [edv]
**Datenwörterbuch** data dictionary [edv]
**Datum** date [abc]; (→ Freigabed.; → Löschd.; → Verfalld.)
**Dauer** (Zeitdauer, Zeitraum) period [abc]; (Länge) length [abc]
**Dauerbelastung** continuous rating(s) [roh]
**Dauerbetrieb** continuous operation [mot]
**Dauerbiegewechselfestigkeit** bending stress fatigue limit [mas]
**Dauerbremse** permanent brake [mot]
**Dauerbruch** (z.B. Metallermüdung) fatigue fracture [wst]
**Dauereinsatz** (des Motors, Gerätes) long-term work [mot]

**Dauerermüdungstest** continuous fatigue test [mes]
**dauerfest** fatigue free [wst]
**Dauerfestigkeit** endurance limit [wst]; fatigue limit [wst]; fatigue strength [wst]
**Dauerfettschmierung** permanent grease lubrication [mbt]
**Dauerform** permanent mould [mas]
**dauergeschmiert** lifetime-lubricated [mas]
**dauerhaft** (langwährend) stable [pol]; durable [abc]
**Dauerhaftigkeit** durability [mas]
**Dauerkarte** (für Bahn, Bus, Park) season ticket [mot]
**Dauerkurzschlußstrom** sustained short-circuit current [elt]
**Dauerlast** continuous load [wst]
**Dauerleihgabe** permanent loan [mot]; long-term loan [mot]
**Dauerleistung** continuos rating [mot]
**Dauermagnet** permanent magnet [phy]
**Dauer-Modulation** continuous wave modulation [elt]
**dauern** last [abc]
**dauernd** permanent [abc]; constant [abc]
**dauernder Eingriff** (der Zahnräder) constant mesh [wst]
**Dauerschall** (Generator) ultrasonic generator [elt]
**Dauerschallerzeuger** continuous wave generator [aku]
**Dauerschallgenerator** continuous wave generator [aku]
**Dauerschlagfestigkeit** impact fatigue limit [wst]
**Dauerschmierlager** self-lubricating bearing [mas]
**Dauerschmierung** permanent lubrication [mot]; lifetime-lubrication [mas]
**Dauersender** continuous signal transmitter [tel]
**Dauerstrichmodulation** continuous

wave modulation [elt]
**Dauerstrichsender** continuous signal transmitter [tel]
**Daumen** (Mitnehmer) tappet [mas]; thumb [med]; (Nocke) cam [med]; (Mitnehmer) cog [wst]; (Nocke u. ä.) lift [mot]
**Daumendrücken** (Ich drück dir die D.) cross fingers [abc]
**Daumennagel** thumbnail [med]
**Daumenrad** taped wheel [mas]
**dazugehörig** matching [abc]
**dazuschalten** (einschalten) switch in [elt]
**dB-Teiler** calibrated gain control [wst]
**Deblockierung** unblocking [mot]
**Debugger** (Fehlerfinder in Programmen) debugger [edv]
**dechiffrieren** decipher [abc]
**Deck** (Schiff, Schwimmkran, etc.) deck [mot]
**Deckanstrich** top coat [bau]; finish [mbt]; (letzte Farbschicht) finishing coat [nrm]
**Decke** (der Straße) wearing course [bau]; (Wolldecke) blanket [abc]; (Plane) canvas [mot]; (im Zimmer) ceiling [bau]; (Abdeckung) covering [wst]; (→ Einschubd.; → Feuerraumd.; → Geschoßd.; → Massivd.)
**Deckel** (Platte) plate [mbt]; bonnet [mas]; (Haube) cap [wst]; (Verschluß) closure [pow]; lid [mas]; (Verschluß, Haube) cover [wst]; (→ Abschlußd.; → Dichtungsd.; → Einfülld.; → Getriebed.; → Handschukkastend.; → Hinterachsgehäused.; → hinterer Verschlußd.; → Kraftstoffpumpend.; → Kupplungsd.; → Lagerd.; → Mannlochd.; → Nabend.; → Ölpumpend.; → Schaltd.; → Schaulochd.; → Verschlußd.; → vorderer Verschlußd.; → Wasserpumpend.; → Zellend.)
**Deckel für beidseitige Reinigungsöffnung am Ölbehälter** cleanout plates on both ends of tank [mot]

**Deckel mit Spannrolle** cover with idler pulley [wst]

**Deckel zur Hinterachsbrücke** rear axle casing cover [mot]

**Deckelbehälter** drum with removable head [mas]

**Deckelgriff** boot lid handle [mot]

**Deckelklappe** (geteilte) divided lids [mot]

**Deckelpaare** pair of lids [mas]

**Deckelscharnier** boot lid hinge [mas]

**Deckelschloß** boot lid lock [mot]

**Deckelstütze** boot lid support [mot]

**decken** (zudecken) cover [abc]; (eine Stute) mate [bff]

**Deckenanstrich** painted ceiling [mbt]

**Deckenbalken** joist [bau]

**Deckenbrenner** roof burner [pow]; down-shot burner [pow]

**Deckendurchbruch** (Rolltreppe) floor opening [mbt]

**Deckenleuchte** roof lamp [bau]; ceiling lamp [bau]

**Deckenösen** ceiling rings [mbt]

**Deckenrohrsystem** roof circuit [pow]

**Deckenscheibe** ceiling slab [bau]

**Deckentragkraft** thickness of roof [mbt]

**Deckgebirge** (Abraum) overburden [roh]

**Deckkante** deck edge [mot]

**Decklage** (oberste Schweißschicht bei Panzerung) top seam [mil]

**Deckleiste** cover bar [mbt]; cover-strip [mbt]

**Deckplatte** cover plate [mbt]

**Deckschicht** (der Straße; Verschleißdecke) wearing course [bau]

**Deckung** (Zufall, auch zeitgleich) congruence [abc]; (durch die Versicherung) coverage [jur]

**Deckung ersetzen** replace coverage [jur]

**Deckungsbeitrag** covering contribution above own costs [eco]

**Deckungserweiterung** (der Versicherung) extension of coverage [jur]

**Deckungssumme** limit of liability [jur]

**Deduktionssystem** deduction system [edv]

**deduktive Datenbank** deductive database [edv]

**defekt** (etwas ist beschädigt) defect [wst]; (entzwei, beschädigt) defective [wst]

**Defekt** (Versäumnis, Versagen) failure [abc]; (Verschulden, Fehler) fault [abc]

**Definition** definition [edv]; (→ Anforderungsd.)

**Definitionsproblem** definition problem [edv]

**dehnbar** ductile [mas]; extensible [abc]

**Dehnbarkeit** ductility [mas]

**dehnen** strain [mas]; (längen, begradigen) stretch [mas]

**Dehngrenze** proof stress [mas]

**Dehnhülse** extension sleeve [mbt]

**Dehnschraube** anti-fatigue bolt [mas]

**Dehnung** (→ bleibende Dehnung) strain [mas]

**Dehnungsfestigkeit** (Zugfestigkeit) tensile strength [wst]

**Dehnungsmeßstreifen** (prüft Spannung) strain gage [mas]

**Dehnungsverhältnis** ratio of expansion [mas]

**Dehnungswelle** dilatational wave [elt]

**Dehnungszahl** coefficient of expansion [wst]

**Deich** (Küstenbefestigung, Damm) dike [bau]; dyke [far]

**Deichaufspülung** hydraulic fill<-ing> the dike [abc]

**Deichsel** (des Pferdewagens) pole [mot]

**Deichselachse** (angelenkte Achse) shaft axle [mot]

**Deichselstapler** high lift stacker [mot]

**Deionierungsschalter** deion circuit-breaker [pow]

**Dekade** (10-Tages-/Jahresperiode) decade [abc]

**Dekadenimpulsgeber** decade pulse generator [elt]

**Dekadenschaltung** decade connection [elt]

**Dekadenzählröhre** decade counter tube [mes]

**dekadisches System** decade code system [mat]

**deklassiert** (z.B. IIa Stahl) second choice [mas]

**dekodieren** decode [abc]

**Dekodierer** decoder [abc]

**Dekodierung** decoding [abc]

**Dekompressionshebel** compression release lever [mot]

**Dekompressor** decompressor [mot] nates [mat]

**Delegiertenbüro** delegate office [wst]

**Delogarithmier-Schaltung** antilog circuit [edv]

**Delokalisation** (Atome) dislocation [phy]

**Deltaferritstahl** delta ferrite steel [wst]

**Demodulation** demodulation [elt]

**demodulieren** demodulate [elt]

**Demokratie** democracy [pol]

**Demonstration** (meist politisch) demonstration [pol]

**Demontage** (z.B. zum Reparieren) disassembly [met]; (auch zerstörend) dismantling [met]

**demontierbar** removable [abc]; (z.B. Bauteil) dismantable [met]

**demontieren** (auseinandernehmen) strip [met]; disassemble [met]; dismantle [met]

**Demontierung** dismantling [met]

**demoskopische Befragung** poll [pol]

**Denkmal** (Ehrenmal) monument [abc]

**denkmalartig** (monumental) monumental [abc]

**denkmalgeschützt** scheduled under ancient monuments [bau]; listed <historic> building [abc]

**Dependance** (z.B. Nebengebäude Hotel) dependence [bau]

**Deponie** (Müll) depositing area [rec]

**der Güte nach** qualitative [abc]

**der Menge nach** quantitative [abc]

**derb** (widerstandsfähig) solid [abc]

**Derrick** (Montagekran) stiff-leg derrick [mbt]; (Montagekran) erecting crane [pow]

**deshalb** therefore [abc]; because of this [abc];... that is why... [abc]

**Desinfektion** disinfection [med]

**Desinfektionsmittel** disinfectant [med]

**deskriptive Semantik** descriptive semantics [edv]

**deswegen** therefore [abc]; because of this [abc]

**Detail** detail [abc]

**Detonation** (Explosion) explosion [roh]

**detonieren** (explodieren) explode [roh]

**deuten** (auslegen) interpret [abc]

**deutlich** clear [abc]; distinctive [abc]

**Deutsche Industrie-Norm** (DIN) DIN-Standards [nrm]; (DIN) German Industrial Standard [nrm]

**devonisch** (Kalkstein) Devonian [geo]

**dezentralisiert** (verteilte Aufgaben) de-centralized [pol]

**Dezernat** (Abteilung) department [mot]

**Dezibel** (Geräusch-Meßeinheit) decibel [aku]

**Dezimeterwelle** decimetric wave [elt]

**DFÜ** (Datenfernübertragung) data transmitting [edv]

**DHV-Naht** (Schweißnaht) double bevel seam [met]

**DHY-Naht** (K-Naht) double bevel [met]

**Dia** (durchscheinendes Foto) slide [abc]

**Diabas** diabase [bau]

**Diagnose** (→ differentielle D.) diagnosis [mes]

**Diagnose von Blutinfektionen** analyzing blood infections [med]

**Diagnosegerät** (Tester für Black Box) tester [elt]

**Diagnosesystem** diagnosis system [mes]

**Diagnostik** (Compiler prüft Syntax) diagnostics [edv]

**diagnostisches Problemlösen** classification problem solving [edv]

**Diagonale** (→ Bodend.) diagonal [mbt]

**Diagonalreifen** (fast altmodisch) diagonal tyre [mot]

**Diagramm** chart [abc]; graph [pow]; (Plan) chart [abc]; (Plan) diagram [abc]; (→ Anfahrd.; → Balkend.; → Datenflußd.; → Fe-C-D.; → Federd.; → Mollier-D.)

**Diagrammkonstruktion** chart design [abc]

**Diagrammscheibe** diagram plate [abc]

**Diamant** (komprimierter Kohlenstoff) diamond [che]

**diamanthaltige Ablagerung** diamond soil deposit [roh]

**diamanthaltiger Sand** diamond soil [roh]

**Diamantmine** diamond mine [roh]

**Diamantschleiferei** diamond grinding [abc]

**diametrales Zweirollenmaß** diametral measurement between pins [wst]

**dicht** (undurchlässig, wasserdicht) tight [abc]; (Ventil) tight [mas]; (hier: wasserdicht) water tight [abc]; (nahe dabei) close [abc]; dense [abc]; (z.B. wasserdicht) leak proof [abc]

**dicht besiedelt** densely populated [bau]

**Dichtband** sealing band [mas]

**Dichtblende** guard [mas]

**Dichte** (z.B. des Waldes) thickness [bff]; (Kompaktheit) compactness [roh]; (dicht beisammen) density [wst]; (→ Lagerungsd.)

**dichten** (abdichten) pack [mas]; (abdichten) seal [mas]; caulk [pow]

**dichtes Ventil** tight valve [mas]

**Dichtfläche** sealing surface [mas]; (Ventil) sealing surface [mas]

**Dichtfläche mit Klebeband geschützt** seal area protected by adhesive tape [mas]

**Dichtflansch** flange [mot]

**Dichtheit** (Mauerwerk) tightness [bau]

**Dichtkantenring** (gräbt sich ein) edge sealing ring [mas]

**Dichtkegel** cone packing [wst]

**Dichtkräfte** (Ventil) sealing forces [mas]

**Dichtkunst** poetry [abc]

**Dichtleiste** sealing strip [mas]

**Dichtleistenhälfte** half sealing strip [mas]

**Dichtlippe** sealing lip [mas]

**Dichtlippenanlage** (z.B. an Dehverbindung) sealing lip connection [mas]

**Dichtmasse** packing compound [mas]

**Dichtmembran** (Druckbehälter) seal membrane [mas]

**Dichtmittel** (Ölgraphit) jointing compound [pow]

**Dichtring** oil seal [mas]; packing ring [mot]; sealing ring [mas]; joint ring [pow]

**Dichtring mit Dichtlippe** lip-type seal [mas]

**Dichtringhülse** oil seal sleeve [mas]

**Dichtringplatte** oil seal plate [mas]

**Dichtsatz** (Dichtpaket) packet seal [mas]

**Dichtscheibe** gasket [mbt]

**Dichtschraube** (von Packungen) gland [pow]

**Dichtschweißung** seal weld [met]

**Dichtsitz** seal seat [mas]

**Dichtstelle** seal point [mas]

**Dichtung** (Dichtsatz, Dichtpaket) packet seal [mas]; anillo [mot]; gasket [mas]; seal [mas]; sealing [mot]; (Dichtungssatz) packing [mas]; (dichten durch Druck) compression [wst]; (Unterlegscheibe) washer [mas] (→ Achswellend.; → Asbestd.; → Flachd.; → Gleitringd.; → Gummid.; → Labyrinthd.; → Metalld.; → Öld.; → O-Ring-D.; → Radiald.; → Wellend.)

**Dichtung mit Kohleauflage** carbon face seal [wst]

**Dichtungsbalg** (Federbalg) bellows [mas]

**Dichtungseigenschaft** sealing quality [mot]

**Dichtungsfläche** packing surface [mas]; sealing face [mas]

**Dichtungsgehäuse** sealing casing [mbt]

**Dichtungskappe** (gegen Staub) dust cover [mbt]

**Dichtungsmanschette** sealing sleeve [mot]

**Dichtungsmasse** sealing compound [mas]

**Dichtungsmittel** sealing agent [mas]

**Dichtungspackung** packing set [mas]

**Dichtungsprofil** (Scheibe/Fahrerhaus) sealing section [mas]

**Dichtungsrille** flange sealing groove [pow]

**Dichtungsring** O-ring [mbt]; seal [mbt]; sealing ring [mas]; gasket [mas]

**Dichtungssatz** seal kit [mas]; sealing package [mas]; sealing set [mas]; set of seals [mas]; gasket set [mas]

**Dichtungsscheibe** sealing washer [mas]

**Dichtungstellerscheibe** duo-cone seal ring [mas]

**dick** (dickes Material) thick [mas]; (korpulenter Mensch) fat [med]

**Dicke** thickness [mas]

**Dickenlehre** thickness gauge [mes]

**Dickenmessung** thickness measurement [mes]

**Dickenprüfung** depth scanning [mes]

**Dickenschwinger** thickness vibrator [elt]

**dickflüssig** (z.B. Öl) viscous [abc]

**Dickschicht** (Farbe) high build [mbt]

**dickwandig** thick-walled [mas]; heavy-walled [abc]

**dickwandiges Rohr** thick-walled tube [mas]

**die ganze Zeit** all the time [abc]; all the while [abc]

**Dielektrikum** dielectric [elt]

**dielektrisch** dielectric [elt]

**Dielektrizität** dielectricity [elt]

**Dienst- und Arbeitsleistungen** services and labour performance [abc]

**Dienst- und Versorgungsfahrzeug** utility truck [mot]

**Dienstgewicht** operating weight [mbt]; service mass [mbt]; (im Prospekt) advertised weight [mbt]; (brutto) gross weight [roh]

**Dienstleistung** (z.B. Reparatur) service [abc]

**Dienstleistungsfirma** (Bank, Restaurant) service company [abc]

**dienstlich** (nicht privat) on official business [abc]

**dienstliche Verrichtung** (während) work [abc]

**Dienstmasse** service mass [mbt]

**Dienstprogramm** (für Computer) utilities [edv]

**Dienstreise** business trip [abc]

**Dienststelle** office [abc]

**Dienststellenbezeichnung** office title [abc]

**Dienststellenleiter** (der Bahn) station master [mot]

**Dienstvorschrift** service regulations [abc]

**Dienstwagen** company car [mot]

**Dienstweg** (auf dem Dienstweg) official channels [eco]

**Diesel** (Diesel-Kraftstoff) diesel [mot]

**Dieselaggregat** diesel-driven generator [mot]

**Dieselantrieb** diesel drive [mot]

**diesel-elektrisch** diesel-electric [mot]

**Dieselkraftstoff** diesel oil [mot]

**Diesellok** diesel engine [mot]; diesel loco [mot]

**Diesellokomotive** diesel locomotive [mot]

**Dieselmotor** diesel [mot]; diesel engine [mot]

**Dieselöl** diesel oil [mot]
**Dieseltriebwagen** diesel railcar [mot]
**Dieselwalze** diesel roller [mot]
**diesig** (neblig, dunstig) misty [abc]
**Dietrich** (Ersatzschlüssel) skeleton key [abc]
**Differential** (regelt Radgeschwindigkeit einer Achse) differential [mot]
**Differential-Flaschenzug** differential pulley block [pow]
**Differentialgetriebe** differential gear [mot]
**Differentialgleichung** differential equation [mat]; (→ homogene D.; → lineare D.; → gewöhnliche D.)
**Differentialgleichung erster Ordnung** differential equation first order [mat]
**Differentialgleichungssystem** system of differential equations [mat]
**Differentialkolben** differential piston [mot]
**Differentialmanometer** U-tube pressure gauge [pow]
**Differentialseitenwelle** axle shaft [mas]
**Differentialsperre** differential lock [mot]
**Differentialverstärker** difference amplifier [mot]
**Differentialwandlergetriebe** torque divider transmission [mas]
**Differentialzugmesser** inclined gauge [pow]
**differentielle Diagnose** differential diagnosis [edv]
**Differenz** difference [edv]
**Differenzdruckregler** differential pressure regulator [pow]
**Differenzierer** (elektrische Schaltung) differentiator [elt]
**Differenzverstärker** (el. Schaltung) differential amplifier [elt]
**Differenzzug** differential draught [pow]
**diffundieren** (z.B. Licht streuen) diffuse [phy]

**diffus** (gestreut, z.B. Licht) diffuse [phy]
**diffuse Reflexion** diffuse reflection [phy]
**Diffusionskapazität** (am Transistor) diffusion capacitance [elt]
**Diffusionsschweißen** diffusion welding [met]
**Digitalablesung** digital readout [elt]
**Digital-Analog-Wandler** digital-analog converter [elt]
**Digitalanzeige** digital display [mes]
**Digitaldrehgeber** digital r.p.m. regulator [elt]
**digitale Bildverarbeitung** digital image processing [edv]
**digitale Meßdatenspeicherung** digital data storage [edv]
**digitale Straßenkarte** digital road map [cap]
**Digitalschaltung** digital circuit [elt]
**Diktat** dictation [abc]
**Diktiergerät** dictation set [abc]
**dimensionslos** non-dimensional [abc]
**DIN-Norm** (deutsche Normen) standard [nrm]
**DIN-Profile und Spezialprofile** DIN sections and special sections [nrm]
**DIN-Teile** DIN parts [nrm]
**Diode** diode [elt]; (→ Emitterd.; → Kollektord.; → Schottky-D.; → Sperrschichtd.; → Zener-D.)
**Diodenaußenwiderstand** diode load resistance [elt]
**Diodenkennlinie** diode characteristic [elt]
**Diodenstromeinsatzpunkt** diode-current starting point [elt]
**Diodentorschaltung** diode gate circuit [elt]
**Diorit** diorite [bau]
**Diplom** diploma [abc]
**Diplomingenieur** Bachelor of Engineering [abc]; certified engineer [abc]
**Diplomkaufmann** Bachelor of Commerce [abc]

**Diplomvolkswirt** Bachelor of Economic Science [abc]; certified political economist [abc]; B.Sc. [abc]

**Dipmeteranalyse** dipmeter analysis [elt]

**Dipmeterbericht** dipmeter log [elt]

**direkt** direct [mot]

**direkt gesteuert** directly operated [mot]

**Direktantrieb** direct drive [mot]

**Direkteinspritzer** direct injection [mot]

**Direkteinspritzung** direct injection [mot]

**direktes Feuer** (in Brennerei) direct fire [che]

**Direktor** (Geschäftsführer) director [eco]; (Schulleiter) headmaster [abc]

**Direktschreiber** direct recorder [elt]

**Direktversturz** cross pit dumping [mbt]; cross pit system [mbt]; direct overthrow [mbt]

**Direktversturzbandwagen** cross pit conveyor [mbt]

**Direktzugriff** random access [mat]

**Disjunktion** (in der Logik) disjunction [edv]

**Disk** (Scheibe) disk [edv]

**Diskette** diskette [edv]

**Diskettenkopiervorgang** disk copy [edv]

**Diskettenlaufwerk** disk drive [edv]

**Diskonstante** permittivity [elt]; dielectric constant [elt]

**diskontinuierlich** (fördernd) discontinuously [roh]

**diskontinuierliche Arbeitsweise** discontinuous handling [met]

**diskontinuierliches System** discontinuous system [roh]

**diskrete Simulation** discrete event simulation [edv]

**Disparität** (beim Bildverstehen) disparity [edv]

**Dispersion der Schallgeschwindigkeit** dispersion of acoustic velocity [aku]

**disponieren** plan [abc]

**Dispo-Nr.** (in Preisliste) item Number [abc]

**Disposition** planning [abc]

**Dispositionsnummer** disposition no. [eco]

**Distanz** distance [con]

**Distanzbuchse** spacer [mot]; spacer bushing [mbt]; spacing bush [mot]; spacing disc [mot]

**Distanzhalter** tie [mas]

**Distanzhülse** spacer [mot]; distance bushing [wst]

**Distanzplatte** (unter Laufrolle) spacer [mbt]

**Distanzring** ring [mas]; spacer [mas]; bushing [mas]

**Distanzrohr** spacer [mot]

**Distanzscheibe** (im Zylinder) shim [mas]; spacer [mot]; spacing disc [mot]

**Distanzstück** spacer [mbt]; bushing [mas]; (in Rohrbündeln) lug [pow]

**Diverses** miscellaneous items [abc]

**Diversifikation** diversification [abc]

**dividieren** (teilen) divide [mat]

**Dividier-Schaltung** dividing circuit [elt]

**divisionale Organisationsstruktur** divisional organisation [abc]

**DNC** (direkte numerische Steuerung) CNC [elt]

**Dnr.** (Dispo-Nummer in Preisliste) INo [mas]

**Docht** (Kerze) wick [abc]

**Dochtschmierung** wick lubrication [mas]

**Dock** (Schiffwerft) dock [mot]

**Dockyard** (Schiffswerft) dockyard [mot]

**Dokument** (→ Ausschreibungsd.) document [bau]

**Dokumentation** documentation [abc]

**Dokumenteditor** document editor [edv]

**Dokumentenverteilung** document dissemination [edv]

**Dokumentverarbeitung** document processing [edv]

**Dokumentverwaltung** document management [edv]

**Doldenhopfen** whole hops [bff]

**dolmetschen** (übersetzen) interpret [abc]

**Dolmetscher** (konsekutiv, simultan) interpreter [abc]

**Dolmetscherdiplom** interpreter's certificate [abc]

**Dolmetscherprüfung** interpreter's examination [abc]

**Dolomit** (→ Sillimanit, Kyanit) dolomite [min]

**Dolomit und Magnesit** refractories [min]

**Dolomitmehl** dolomite flour [roh]

**Dolomitsplitt** (→ Sillimanit, Kyanit) dolomite split [roh]

**Dolomitstein** dolomite stone [roh]

**Dolomitstein, -splitt, -mehl, u. -sand** dolomite in various grain sizes [roh]

**Dom** (Auflage der Drehverbindung eines Bagger) tower [mbt]; cathedral [bau]; (Dampfdom auf Lok) dome [mot]

**dominanter Pol** dominant pole [elt]

**Doppel** double [abc]

**Doppel -und Mehrfachbespannbetrieb** operation in tandem and/or multiple units [mot]

**Doppelachse** twin axle [mas]

**doppelachsig** twin axle [mbt]

**Doppelanlage** twin system [mas]

**Doppelanschluß** (→ Hauptanschluß) party line [elt]

**Doppelantrieb** (der Rolltreppe) twin drive unit [mbt]

**Doppelbeaufschlagung** combined flow [mot]; (der Hydropumpen) double flow [mbt]

**Doppelbindung** (psychol. Begriff) double binding [abc]

**Doppelbordkran** twin deck crane [mot]

**Doppelbrechung** (z.B. von Licht, Schall) double refraction [elt]

**Doppeldecker** (Bus, Flugzeug) double-decker [roh]

**Doppeldruck** (hier zweisprachlich) dual print [abc]

**doppelentspannbares Rückschlagventil** hydraulically operated relief valve [mot]

**Doppelfilter** twin filter [mas]

**Doppelgabelschlüssel** double open ended wrench [mas]

**Doppelgelenk** constant-velocity joint [mot]

**Doppelgelenkwellen für Vorderradantrieb** double propeller shaft for front-wheel-drive [mot]

**Doppelgeminikran** twin Gemini deck crane [mot]

**Doppelgetriebe** (der Rolltreppe) twin drive unit [mbt]

**Doppelglied** double joint [mas]

**Doppelhaltesegment** double retaining segment [mas]

**Doppel-HV Naht** double bevel seam [met]; double bevel [met]

**Doppelkabel** duplex cable [elt]

**Doppelkabine** (Schiene-Straße Bagger) twin cab [mbt]

**Doppelkehlnaht** double fillet [mas]

**Doppelkeilriemen** double V-belt [mas]

**Doppelkessel** twin-boiler [pow]

**Doppelklebeband** twin-sided adhesive tape [abc]

**Doppelklotzbremse** (4 pro Rad) double block brake [mot]

**Doppelkniehebel-Backenbrecher** double-toggle jaw crusher [roh]

**Doppelkolben-Einspritzpumpe** twin plunger injection system [mas]

**Doppelkopfbohrsystem** double rotary drive module [mbt]

**Doppelkopfverfahren** double transceiver technique [mot]

**Doppelkreuzung** double junction [mot]

**Doppelkreuzweiche** crossing with LH or RH turnout [mot]; double crossover [mot]

**Doppelladegerät** dual charger [elt]

**Doppellasche** double clip [mot]

**Doppellenkerwippsystem** (Hafenkran) double-guided luffing system [mot]

**Doppelmanometer** double vacuum gauge [pow]

**Doppelmaulschlüssel** open-end spanner [wzg]; double open ended wrench [mas]; double-ended spanner [wzg]

**Doppelmonitor** double monitor [elt]

**Doppelmonitor-Einschub** double monitor module [elt]

**Doppel-T-Eisen** rolled steel joist [mas]; double T-iron [mot]

**Doppel-T-Träger** doubleT-beam [mas]; joist [bau]

**Doppel-U-Naht** double U [met]

**doppeln** double [abc]

**Doppelnippel** double nibble [mot]

**Doppelpendelschleuse** double flap valve [mas]

**Doppelpumpe** double pump [mas]; dual pump [mot]

**Doppelpunkt** (:) colon [abc]

**doppelreihig** (doppelseitig) two rowed [mas]

**doppelreihige Kugeldrehverbindung** two row ball-bearing slewing ring [mas]; double row ball-bearing slewing ring [mbt]

**Doppelringschlüssel** double-ended ring-spanner [wzg]

**Doppelrückschlagventil** shuttle valve [mot]; double return valve [mot]; double non-return valve [mot]

**Doppelschaftfedernagel** double shank elastic rail spike [mot]

**Doppelschakenaufhängung** universal spring support [mas]

**Doppelschlauch** double hose [mas]

**Doppelseitenschieber** double side shifting device [mot]

**doppelseitige Lagerung** bilateral bearing [mas]

**Doppelsitzventilkörper** double-seated valve body [pow]

**Doppelsteuerung** dual control [abc]

**Doppelstockeinheit** (Autotransport) double decker wagon [mot]

**Doppelstockeinheiten** double deckers [mot]

**doppelstöckig** double-decker [mot]

**doppelstöckige Brücke** double-deck bridge [mot]

**doppelstöckiger Kfz-Transportwagen** double deck wagon for the carriage of cars [mot]

**Doppelstockwagen** (Personenwagen) double deck coach [mot]

**doppelt** double [abc]; (z.B. doppelter Effekt) dual [abc]; (das Doppelte) twice [abc]; (z.B. doppelt Übereinander) twin [mas]

**doppelt beruhigt** (Stahl) fully killed [met]

**doppelt reduziert** (DR) double reduced [mas]

**doppelte Abschirmung** double shielding [mas]

**doppelte Betätigung** dual control [elt]

**doppelte Zwischenüberhitzung** double reheat [pow]; double reheat cycle [pow]

**Doppeltraktion** double traction [mot]

**Doppel-T-Schaltung** twin T-circuit [mas]

**Doppel-T-Träger** rolled steel joist [mas]

**Doppeltürme** (z.B. an Kirche) twin towers [bau]

**doppeltwirkend** (-er Hydr.-Zylinder) double acting [mbt]

**doppeltwirkender Zylinder** double-acting cylinder [mot]

**Doppelung** (Trennung im Walzwerk) lamination [met]

**Doppelvierpunktkugellager** double four-point contact bearing [mbt]

**Doppelwalzenbrecher** double-roll crusher [wzg]

**Doppelwandrohr** double-wall pipe [mot]

**Doppelwandrohrbogen** double-wall elbow [mot]

**Doppelweggleichrichter** full-wave rectifier [elt]

**Doppelwellenhammerbrecher** double-shaft hammer crusher [wzg]

**Doppelzimmer** two-bed room [bau]; double room [bau]

**Doppelzyklonkessel** double cyclone arrangement [pow]

**Doppler** (Frequenzänderung) Doppler [elt]

**Doppler-Effekt** Doppler effect [phy]

**Dopplung** (beim Walzen) lamination [mas]

**Dorf** village [abc]

**Dorn** (Zapfen) tang [mas]; (auch Pflanze) thorn [bff]; (zum Aushämmern von Teilen) drive [wzg]; (jeder Art) mandrel [abc]

**Dornschlüssel** pin lock key [mas]

**Dose** (Speisen) tin [abc]; (Speisen) can [abc]; (Aufreißdose für Bier, Cola) can [abc]; (Deckelbehälter) can [abc]; (→ Sicherungsd.; → Abzweigd.; → Verbindungsd.)

**Dosenöffner** tin opener [abc]; (Küchengerät) can opener [abc]

**Dosier- und Mischanlage** batching and mixing plant [roh]

**Dosieranlage** (Speisewasseraufbereitung) chemicals dosing plant [che]; (Speisewasseraufbereitung) chemicals proportioning plant [pow]

**dosieren** batch [abc]; (unterteilen) dose [abc]

**Dosierpumpe** proportioning pump [pow]; dosing pump [pow]

**dosiert Entladung** controlled tipping [mot]; controlled discharging [elt]

**Dosierventil** (Mischschieber) proportioning valve [pow]; (Mischschieber) three-way-valve [mas]

**Dossier** (Dokumentensammlung) dossier [abc]

**Dragline** (Schleppschaufel) dragline [mbt]

**Draht** (gezogenes Metall) wire [mas]; (→ federhart gezogener D.; → Heizdr.; → Plombend.; → Federd.; → Stahld.; → Halted.)

**Drahtbürste** wire brush [wzg]

**Drahtdurchmesser** wire diameter [mas]

**Drahteinspulmaschine** wire injection equipment [mas]

**Drahterodieren** (Abtragen) wire eroding [met]

**Drahtformfeder** wire leaf spring [mas]

**Drahtgeflecht** wire mesh [mas]

**Drahtgitter** wire guard [mas]

**Drahtkorn** (zum Strahlen) cut wire pellets [wst]

**Drahtlehre** wire gauge [mas]

**Drahtprüfung** wire testing [mes]

**Drahtqualität** wire quality [mas]

**Drahtschere** wire cutter [wzg]

**Drahtschneider** wire cutter [wzg]

**Drahtseil** wire rope [mas]; cable [wst]

**Drahtseil mit Rolle** cable and reel [wst]

**Drahtseilbahn** cable car [mot]; cableway [mot]

**Drahtspeichenrad** wire spoked wheel [mot]

**Drahtstärke** gauge [mas]

**Drahtverschlußglied** wire fastener connecting link [mas]

**Drahtvorschubeinrichtung** mechanical wire travel [mas]

**Drahtwälzlager** wire-race bearing [mas]

**Drahtwendel** wire reinforcement [mas]

**Drahtwiderstand** wire resistor [mas]

**Drahtziehen** wire drawing [mas]

**Drahtziehen mit Gegenzug** back-pull wire-drawing [met]

**Drainage** drainage [mas]

**Drainagegraben** drainage ditch [bau]
**Drainagegreifer** drainage grab [mbt]
**Drainagelöcher** (z.B. im Grabenlöffel) drainage holes [bau]
**Drainagelöffel** trencher [mbt]; digging grab [mbt]; drainage bucket [mbt]
**Drainagelöffellager** yoke [mas]
**Drainagepumpe** drainage pump [mas]
**Drall** (des Gewehrlaufes) rifling [mil]; (spiralförmige Drehung) close twisting [phy]
**Dralleffekt** twist-effect [mot]
**drallfrei** (Strömung) non-rotational [mot]; (Seil usw.) non-spinning [mas]; non-twisting [mas]; twist-free [mas]
**drallfreies Seil** non-spinning rope [mas]
**dranbleiben** (in der Telefonleitung) hold the line [tel]
**Draufsicht** top view [con]; bird's view [con]; elevation [abc]
**draußen** (draußen im prakt. Einsatz) in the field [mbt]
**Dreck** (Schmutz, Mist, Humus, Dünger) muck [mbt]; (Schmutz) mud [mbt]
**dreckig** dirty [abc]
**Drehachse** fulcrum [mot]
**Drehausgleicher** torque compensator [mas]
**Drehbank** (→ Revolverdrehbank) lathe [wzg]
**drehbar** (beweglich) rotatable [mas]; (rotierend) rotating [abc]; (um Achse beweglich) turnable [abc]; (beweglich) movable [abc]
**drehbar angeordnet** pivotally arranged [mas]
**drehbare Ballenklammer** rotary bale clamp [mbt]
**drehbare Drehgabelklammer** rotary fork clamp with turnable forks [mbt]; rotary revolving fork clamp [mbt]
**drehbare Fassklammer** rotary roll clamp [mbt]; rotating drum clamp [mbt]

**drehbare Klammergabel** rotary fork clamp [mbt]
**drehbare Rollenklammer** rotating roll clamp [mbt]
**drehbarer Oberwagen** revolving superstructure [mbt]
**drehbares Restaurant** (Fernsehturm) revolving coffee shop [bau]
**Drehbewegung** rotary motion [pow]; rotation [abc]; turning motion [abc]
**Drehbewegung zur Seite, Kippen** tipping motion [mas]
**Drehbleistift** propelling pencil [abc]
**Drehbohrgerät** (→ Großd.) rotary drill [mbt]; rotary drill rig [mbt]
**Drehbolzen** king bolt [mbt]
**Drehbuchse** (Buchse am Lager) pivot bearing [mas]
**Drehbunker** rotary hopper [roh]
**Drehdurchführung** (nicht Bagger) rotary connection [mbt]; (nicht Bagger) rotary turret [mbt]; (nicht Bagger) swivel [mot]; (nicht Bagger) centre post [mot]; (nicht Bagger) circle swing assembly [mot]; (nicht Bagger) multiport swivel [mot]
**Drehdurchmesser** (der Kolbenstange) turning diameter [mas]
**drehen** (z.B. in Lager) pivot [mas]; (z.B. um Achse) rotate [mas]; (der Autoräder) spin [mot]; (Drehstuhl = swivel chair) swivel [abc]; (Auto wenden) turn [mot]; (auf der Drehbank) turn [mas]; (den Knopf, Türgriff) turn [abc]
**Drehen der Pumpe** (Verdrehen der Pumpe) drifting of a pump drill [mot]
**drehen um 360 Grad** (Greiferdrehwerk) rotate throughout 360 degrees [mbt]
**drehend** (Drehzahl des Motors) revving [mas]
**Dreher** (an der Drehbank) turner [met]
**Drehfeder** clock spring [wst]
**Drehfeldgeber** synchro generator [elt]
**Drehfeldrichtungsüberwachung** phase sequence monitoring [elt]

**Drehfenster** swivel window [mot]

**Drehgabelklammer** revolving fork clamp [mot]; fork clamp with turnable forks [mot]

**Drehgelenk** swivel joint [mas]

**Drehgerät 180°** (Hubschrauberentladung) rotary device on 180° [mot]; rotating head 180° [mbt]

**Drehgerät 360°** (Hubschrauberentladung) rotary device on 360° [mot]

**Drehgerät 360° endlos** rotating head 360° endless [mbt]

**Drehgeschwindigkeit** swing speed [mot]

**Drehgestell** bogie [mbt]; (Drehgestellaufwagen) bogie [mbt]; (allg. Schienenfahrzeug) bogie [mbt]

**Drehgestellaufwagen** (vierachsig) bogie, 4-axle bogie set [mot]

**Drehgestellbehälterwagen** tank wagon on bogie [mot]

**Drehgestellcontainertragwagen** container wagon [mot]

**Drehgestelleinheit** bogie unit [mot]

**Drehgestellflachwagen ohne Wände** flat bogie wagon [mot]

**Drehgestellkippmuldenwagen** tipping wagon on bogies [mot]

**Drehgestellrahmen** bogie frame [mbt]

**Drehgestellrotations-Leistung** bogie rotational performance [mot]

**Drehgestellseitenrahmen** bogie sideframe [mot]

**Drehgetriebe** circle drive [mbt]

**Drehkappe** rotocap [mas]

**Drehkippbeschlagsystem für Fenster** turn-tilt fitting systems for windows [bau]

**Drehkippbeschlagsystem für Türen** turn-tilt fitting systems for doors [bau]

**Drehklappe** damper [pow]

**Drehknopf** (an Türen) knob [abc]

**Drehkolbenverdichter** rotary blower [mbt]

**Drehkopf** rotating head [mas]

**Drehkraft** rotary power [mas]

**Drehkranz** (mit Rollen) roller-bearing slewing ring [mbt]; (am Grader) turn table [mbt]; (m. Kugellagern) ballbearing slewing-ring [mbt]; (des Graders) circle bogie [mbt]; (in der Drehscheibe) live ring [mot]

**Drehkranzauflage** bearing surface [mbt]

**Drehkranzauflagering** slew cap [mbt]; slewing-ring support flange [mbt]

**Drehkranzseitenverstellung** circle sideshift [mbt]

**Drehkreis** turning circle [mas]

**Drehlade** lathe [mbt]

**Drehlager** pivot bearing [mas]

**Drehmaschienenspindel** mandril [wzg]

**Drehmoment** (z.B. im Wandler) torque [mas]; (unerwünschte Torsion) torsional force [mas]; (unerwünschte Torsion) twisting force; (→ auch Schwenkmoment; → volles D.)

**Drehmoment des Motors** motor torque [mbt]

**Drehmomentantrieb** high-torque rotary actuator [pow]

**Drehmomentenerhöhung** torque rise [mas]

**Drehmomentenschlüssel** torque spanner [wzg]; torque wrench [wzg]; torque-meter wrench [wzg]

**Drehmomentenstütze** torque blade [mas]; (Motor) torque plate [mbt]; torque support [mas]

**Drehmomentenübertragung** torque transmission [mas]

**Drehmomentenverteilung** (→ Drehmoment) torque distribution [mas]

**Drehmomentenwandler** torque converter [mas]

**Drehmomenthöchstleistung** peak torque [mot]

**Drehmomentkurve** (Motor) speed torque curve [mas]

**Drehmomentschlüssel** torque spanner [wzg]; torque wrench [wzg]; torque-meter wrench [wzg]

**Drehmomentverteilung** (an Getriebe) torque distribution [mas]; (der Zugmaschine) torque ditribution [mas]

**Drehmomentwandler** torque converter [mas]; (→ hydraulischer D.)

**Drehmotor** slewing motor [elt]; (des Greifers) grab rotating motor [mbt]; (des Greifers) grab swivel motor [mbt]

**Drehpfanne** (am Waggondrehgestell) centre pivot [mot]

**Drehpfannenbolzen** centre pin [mbt]

**Drehpfanneneinlage** (im Drehgestell) bogie-bearing cup [mot]

**Drehpunkt** pivot point [mbt]

**Drehrichtung** rotation direction [mas]; direction of rotation [mbt]

**Drehrichtungsumkehr** reversal of rotation [mbt]

**Drehring** swivel [mas]

**Drehrohranlage** rotary kiln system [pow]

**Drehrohrofen** rotary kiln [pow]

**Drehrohrofenanlage** rotary kiln plant [pow]; rotary kiln system [pow]

**Drehrohrofensinterdolomit** rotary kiln dolomite sinter [min]

**Drehsattel** swivelling saddle [mbt]

**Drehschalter** (z.B. Lichtschalter) rotary switch [elt]

**Drehscheibe** (vor Lokschuppen) turntable [mot]

**Drehschemellenkung** (d. Gradertandems) bogie-type tandem axles [mot]

**Drehschemelwagen** flat wagon with swivel bolster [mot]

**Drehschieber** rotary valve [mas]; handle [mot]

**Drehschieberseitenentladewaggon** s-dish hopper wagon with pivoting sector doors [mot]; side discharging hopper wagon with pivot sector doors [mot]

**Drehschnittbild** rotational section scan [mas]

**Drehservo** (am Greifer) grab-rotating equipment [mbt]

**Drehspulinstrument** moving-coil instrument [elt]

**Drehstab** torsion bar [mas]

**Drehstabfeder** (Drehstab) torsion bar [mas]; torsion bar spring [mas]

**Drehstabsicherheitsventil** torsion bar safety valve [pow]

**Drehstabstabilisator** torsion bar stabilizer [mas]

**Drehstift** (an Schraubwerkzeug) tommy [wzg]

**Drehstock** winch [mas]

**Drehstrom** three-phase current [elt]

**Drehstromgenerator** three-phase alternator [elt]

**Drehstromlichtmaschine** alternator [elt]

**Drehstrommotor** three-phase motor [elt]; alternative motor [elt]

**Drehstromnetz** three-phase network [elt]

**Drehstuhl** swivel chair [abc]

**Drehtischentzunderungsanlage** rotary-type table decindering plant [mas]

**Drehtrommelentzunderungsanlage** rotary-type drum decindering plant [mas]

**Drehtür** (z.B. in Bürohaus, Hotel) revolving door [bau]

**Drehumformer** rotary converter [elt]

**Drehung** (meist unerwünscht, Verwindung) torsion [mas]; (z.B. des Schiffes) turn [mot]

**Drehung entgegen dem Uhrzeigersinn** anti-clockwise rotation [abc]; counter-clockwise rotation [abc]

**Drehung im Uhrzeigersinn** clockwise rotation [abc]

**drehungsfrei** (Seil) nonrotating [mas]

**Drehventil** rotary valve [mas]

**Drehverbindung** roller-bearing slew ring [mas]; (Kugel-oder Rollend.) slew ring [mbt]; (→ Kugeld.) slew ring [mas]; slewing rack [mot]; (z.B. bei Knicklenkung) slewing ring [mot]; swing bearing [mot]; swing rack

[mot]; (z.B. Kugeldrehverbindung)
turret [mas]; ball-bearing slew ring
[mas]; (Kugel-) ball-bearing
slew<ing> ring [mbt]
**Drehverteiler** rotary distributor [mbt]
**Drehvorrichtung** rotator [mas]; (in
Ersatzteilliste) slewing equipment
[mot]; (Durchdrehvorrichtung) turning
gear [mas]; (Greifer) grab slewing
equipment [mbt]
**Drehwälzlager** wire race bearing [mot]
**Drehwendeschaltung** (CAT-Wort)
single lever automatic control for
both, speed and direction [mot]
**Drehwerk** slewing device [mbt];
swing assembly [mot]; (Schwenkwerk) swing gear [mot]
**Drehwerkritzel** pinion [mbt]; pinion
gear [mbt]
**Drehwerksbremse** slewing brake
[mbt]
**Drehwerksfeststellung** slewing lock
[mbt]
**Drehwinkel** (der Graderschar) rotating
angle [abc]
**Drehzahl** (des Motors) R.P.M. [mas];
(des Motors) rpm [mas]; (Touren des
Motors) revolutions [mas]; (des Motors, pro Minute) engine revolutions
[mot]; engine speed [mot]; (→ Nennd.;
→ Betriebsd.)
**Drehzahl des Motors** revolutions per
minute [mas]
**Drehzahl des Prüfblocks** number of
probe block revolutions [mes]
**drehzahlabhängige Abstellvorrich-
tung** overspeed shut-off [mot]
**Drehzahlabnehmer** recording tachometer [mes]
**Drehzahlbereich** speed range [mot]
**Drehzahlgeber** revolution transmitter
[mas]; tach generator [mot]; tachometer [elt]
**Drehzahlgeber** motor speed transmitter [mot]
**Drehzahlgrenze** limiting speed [mot]

**Drehzahlmesser** revolution counter
[mas]; tachometer [elt]
**Drehzahlmesserantrieb** tachometer
drive [elt]
**Drehzahlregelung** speed regulation
[mot]
**Drehzahlrückstellung** engine rev return [mot]; engine-speed reduction
[mot]
**Drehzahlüberwachung** speed control
[mot]
**Drehzahlverstellung** speed control,
speed adjusting [mot]; throttle cable
[mot]
**Drehzapfen** (z.B. am Lager) pivot
[mbt]; (z.B. der Gießpfanne) trunnion
[mas]; (z.B. an Drehgestell) bogie pin
[mas]
**Drehzapfenhalterung** hinge bracket
[mbt]
**dreiachsig** three-axle [mot]
**Dreiarmflansch** three-armed flange
[mas]
**Dreiarmnabe** triple-sector clutch hub
[mas]
**Dreibein** weighing tripod [abc]
**Dreibettzimmer** three-bed room [bau]
**Dreideckfreischwingsieb** triple-deck
vibrating screen [roh]
**dreidimensionale Darstellung** three-
dimensional display [edv]
**Dreieck** triangle [mat]
**dreieckig** triangular [abc]
**Dreieckreflexion** (z.B. Prisma) trian-
gle reflection [opt]
**Dreieckschütz** delta contactor [elt]
**Dreiecksrahmen** (→ Auslegerfuß-
punkt) A-frame [mbt]
**Dreierecken** three-faced vertexes [edv]
**dreifach** (dreimalig) triple [abc]
**Dreifachrollenkette** triple roller chain
[mbt]; triplex roller chain [mas]
**Dreifachseitenschieber** (Flachlöffel)
triple side shifting device [mbt]
**Dreifachventil** triple valve [mas]
**Dreifachwirkung** triple effect [abc]

**Dreifuß** tripod [mas]

**dreigängig** (Zahnrad) triple thread [mas]

**Dreikantleiste** triangular fillet [mas]

**Dreikantmaßstab** triangular scales [mes]

**Dreikomponentenregelung** three element control [pow]; three term control [pow]

**dreimalige Reflexion** triple bounce reflection [opt]

**Dreiphasenstrom** (Drehstrom) three-phase electricity [elt]

**Dreipolstecker** three-pin plug [elt]

**Dreirad** (auch Kinderspielzeug) tricycle [abc]

**Dreiseitenkipper** (große Kipper) side and rear dump truck [mot]; three-way tipper [mbt]

**Dreiseitenkippmulde** forward and sides discharge skip [mot]

**Dreistegbodenplatte** (für Tieflöffel) triple bar track pad [mbt]; triple-grouser track pad [mbt]

**Dreistegplatte** (besser für Tieflöffel) triple grouser shoe [mbt]; triple grouser track-plate [mbt]

**Dreistegrippenplatte** triple-grouser track-pad [mbt]

**Dreistellungsventil** three-position valve [mas]

**dreiteilige Feuertür** (Dampflok) three-parts firehole door [mot]

**dreiteiliges untergeschraubtes Messer** three section bolt-on cutters [wzg]

**dreiteiliges Unterschraubmesser** three-parts bolted-on cutting edge [mbt]

**Dreivierteltonner** (Kübelwagen) three/quarter ton truck [mot]

**Dreiwegehahn** three-way cock [mas]

**Dreiwegehahn-Ventil** three-way valve [mas]

**Dreizugkessel** three gas pass boiler [pow]

**Drempel** (senkrechte Mansardenwand) jamb wall [bau]

**Dressiergerüst** skin passing [mas]

**Dritte** (z.B. Geschädigte) third [jur]

**Drossel** throttle [pow]; (Veränderung Heizgasweg) choke [wst]

**Drosselbremse** (Auspuffklappenbremse) engine brake [mot]

**Drosselbuchse** restrictor [mot]

**Drosseleinstellung** choke adjustment [mot]

**drosselfrei** throttle-free [elt]

**drosselfreie Schwenkverschraubung** elbow fitting [mas]

**Drosselkabel** choke control [mot]

**Drosselklappe** throttle [mot]; throttle valve [mot]; butterfly valve [pow]

**Drosselklappenbremse** exhaust brake [mot]

**Drosselklappenhebel** throttle control lever [mot]

**Drosselklappenwelle** throttle valve shaft [elt]

**drosseln** throttle [mot]; derate [mot]

**Drosselplatte** choke plate [mot]

**Drosselregelung** flow control throttle [mot]

**Drosselring** throttle ring [elt]

**Drosselrückschlagventil** relief valve [mas]; throttle relief valve [pow]; choke valve [mot]

**Drosselventil** (an Ausleger und Stiel) throttle valve [elt]; butterfly valve [mot]

**Drosselverlust** throttle loss [mot]

**Drosselwiderstand** choking resistance [mot]

**Druck** pressure [abc]; (hydraulisch) relief [phy]; (politischer) suppression [pol]; control [pol]; (Stoß, Kraft, z.B. axial) side thrust [mas]; (Stoß, Kraft, z.B. axial) thrust [abc]; (z.B. Offset, Lithographie) printing [abc]; (→ absoluter D.; → Arbeitsd.; → Betriebsd.; → Dampfd.; → Entnahmed.; → Entspannungsd.; → Explosionsd.; → Fingerd.; → Flüssigkeitsd.; → Frischdampfd.; → gegen den D.; → Gegend.;

→ Genehmigungsd.; → Hochd.; → konstanter D.; → Konzessionsd.; → Luftd.; → Manometerd.; → Niederd.; → Partiald.; → Radiald.; → Spitzend.; → Steuerd.; → Trommeld.; → Überd.; → überkritischer D.; → unterkritischer D.)

**Druck- und Temperatursensor** sensor and transducer for pressure and temperature [edv]

**Druck und Zug** weight and side pull [mot]

**Druckabfall** pressure drop [pow]; (z.B. Luftdruckbremse) pressure loss [mot]; loss of pressure [mot]

**Druckabschneidung** pressure cut-off [mot]

**Druckanstieg** pressure rise [pow]

**Druckanzeige** (Manometer) pressure gauge [mot]

**Druckanzeiger** pressure indicator [mot]

**Druckaufbau** pressurization [mot]; development of pressure [mot]

**Druckaufnehmer** (gibt Signale) pressure sensor and indicator [mot]

**Druckausgabe** (Datenausgabe) output [edv]

**Druckausgleich** (der Dampflok) pressure adjusting [mot]

**Druckausgleichsventil** pressure differential valve [mot]; backlash valve [mas]; compensating valve [mot]; equalizing valve [mot]

**Druckbeaufschlagung** (z.B. Hydrotank) pressurizing [mot]

**druckbedingte Lagerbeanspruchung** bearing loads resulting from pressure [con]

**Druckbegrenzung** pressure relief [mot]

**Druckbegrenzungsventil** pressure control valve [mot]; pressure relief valve [mot]; excess pressure valve [mot]

**Druckbegrenzungsventil, primär** pressure relief valve, primary [mot]

**Druckbegrenzungsventil, sekundär** pressure relief valve, secondary [mot]

**Druckbehälter** pressure chamber [mot]; pressure container [mot]; pressure vessel [mot]; (→ einstellbarer D.)

**Druckbereich Schlauch** pressure range hose [mot]

**Druckbetankungsanlage** fast fuelling system [mot]

**Druckbiegung** bending [met]

**Druckblasenspeicher** bladder type accumulator [mot]

**Druckbolzen** pin pusher [mas]; thrust bolt [mas]; forcing bolt [mas]

**druckdicht** pressure-tight [abc]

**Druckeinstellventil** balanced piston type relief valve [mas]

**drucken** (z.B. Zeitung, Buch) print [abc]

**Druckentaschung** pressure water ash removal [pow]

**drücken** (den Motor) overload [mot]; (Tür, Knopf) push [abc]; (zusammendrücken) jam [mas]

**Drucker** (am Computer) printer [edv]; (→ Zeilend.)

**Druckereiwesen** printing industry [abc]

**Druckerhöhungsgebläse** (Zusatzgebläse) booster fan [pow]; high pressure fan [pow]

**Druckerschwärze** printer's ink [abc]

**Druckerzeugnisse** printed matter [abc]

**Drücker** (Schnapper, Raste) catch [bau]; (Griff) handle [mas]; (an Tür) knob [abc]

**Druckfeder** pressure spring [mas]; compression spring [mot]

**Druckfestigkeit** compressive strength [wst]

**Druckfeuerung** pressure firing [pow]; pressurized furnace [pow]; supercharged furnace [pow]

**druckfrei** (Absenken der Ausrüstung) pressure-free [mbt]

**Druckgefäß** pressure vessel [mot]

**Druckgießen** die casting [met]

**Druckguß** die cast [met]
**Druckklischee** (→ Klischee) plate [abc]
**Druckknopf** patent fastener press button [mbt]; patent fastener push button [mbt]; push button [mot]
**Druckknopfschalter** push-button switch [elt]
**Druckknopfsteuerung** push-button control [mot]
**Druckkontakt** butt contact [mas]
**Druckkraft** pressure [mas]
**Drucklager** (nimmt Axialkräfte auf) thrust bearing [mas]; (hier Bronze-scheibe) thrust washer [mas]
**Druckleistungsabschneidung** pressure cut-off [mot]
**Druckleitung** pressure line [mot]; pressure pipe [mot]
**drucklos** (durch Öffnen von Ventil) pressureless [mot]
**druckloser Umlauf** pressureless cir-culation [mot]
**Druckluft** compressed air [air]
**Druckluftbehälter** pressurized re-ceiver [mot]; compressed air reservoir [air]
**druckluftbetätigt** air actuated [mas]
**druckluftbetätigte hydraulische Bremse** air-operated hydraulic brake [mot]
**Druckluftbremsanlage** pressure air-brake installation [mot]
**Druckluftbremse** air brake [mot]
**Druckluftdose** thrust cylinder [mot]
**Drucklüfter** blower fan [air]
**Druckluftfilter** compressed air cleaner [air]
**Druckluftleitung** compressed air line [air]
**Druckluftreduzierventil** air pressure reducing valve [mas]
**Druckluftreiniger** compressed air cleaner [air]; compressed air filter [air]
**Druckluftschalter** air blast circuit breaker [mas]

**Druckluftschaltzylinder** compressed air shift cylinder [air]
**Druckluftschlauch** compressed air hose [air]
**Druckluftverteiler** compressed air distributor [air]
**Druckluftwartungseinheit** air service unit [air]
**Druckluftzylinder** air cylinder [air]
**Druckmesser** (Manometer) pressure gauge [mot]; manometer [pow]
**Druckmeßstelle** pressure tapping point [pow]
**Druckmeßstutzen** pressure tap [pow]
**Druckmeßumformer** pressure trans-ducer [abc]
**Druckminderventil** pressure control valve [mot]; pressure reducing valve [pow]; pressure relief valve [mot]; discharge valve [mot]
**Druckmodulaturventil** pressure mod-ulating valve [mot]
**Drucköl** (z.B. im vorgespannten Tank) pressurized oil [mot]
**Druckölbrenner** pressure type oil burner [pow]
**Druckölleitung** pressure oil pipe [mot]
**Druckölmotor** fluid motor [mot]
**Druckölpumpe** oil pressure pump [mot]
**Druckölregler** oil pressure governor [mot]
**Druckölschaltung** hydraulic gear change [mot]
**Druckölschmierung** pressure lubrica-tion [pow]; forced lubrication [pow]
**Druckölspeicher** accumulator [mbt]
**Druckplatte** (Druckscheibe) pressure plate [mot]; (nicht Buchdruck) pres-sure plate [mas]; (Buchdruck) printing plate [abc]; (nicht Buchdruck) thrust plate [mas]
**Druckprobe** pressure test [pow]; hy-draulic test [pow]
**Druckreduzierstation** pressure re-ducing station [pow]

**Druckreduzierventil** pressure control valve [mot]

**Druckregelung** pressure regulation [mot]

**Druckregelventil** (Drucksteuerventil) performance valve [mot]

**Druckregler** pressure regulator [mot]

**Druckregleranschluß** air governor connection [mas]; air governor inlet [mas]

**Druckring** support ring [mas]; compression ring [mot]

**Druckrohr** pressure tube [mot]

**Druckrohrstutzen** pressure pipe tube [mot]

**Druckrolle** (Handlauf an Mitnehmerrad) pressure roller [mbt]

**Druckrollenlager** thrust roller [mas]

**Druckrollenpaar, pneumatisch geschlossen** pair of pneumatic positioned pressure rollers [mbt]

**Druckroller** pressure roller [mbt]

**Druckschalter** pressure switch [elt]

**Druckscheibe** pressure plate [mot]

**Druckschlag** pressure blow [mas]

**Druckschlauch** pressure hose [mot]

**Druckschmierung** pressure lubrication [mot]; pump lubrication [mot]; forced lubrication [pow]

**Druckschweißung** pressure welding [met]

**Drucksondierung** static penetration testing [mas]

**Druckstange** plunger rod [mot]; (am Waggon) push rod [mot]

**Drucksteife** pressure stiffener [mas]

**Druckstelle** (Delle) dent [wst]

**Drucksteuerung** pressure bind [mot]

**Drucksteuerventil** performance valve [mot]

**Druckstück** pressure piece [mas]; thrust member [mas]

**Druckstufe** pressure range [pow]

**Druckstutzen** (Pumpe) outlet side [mas]

**Drucktaste** (Druckknopf) push-button [edv]

**Drucktaster** (Druckknopf) push-button [edv]

**Drucktasterventil** push-button valve [mot]

**Druckteile** pressure parts [pow]

**Druckträger** (des Hydroschlauches) pressure carrier [mas]

**Druckübersetzer** pressure transmitter [mas]

**Druckumformer** damper [mot]

**Druckumlaufschmierung** forced-feed lubrication [mot]

**Druckventil** pressure valve [mot]; delivery valve [mot]

**Druckventilfeder** pressure valve spring [mot]

**Druckventilkegel** pressure valve cone [mot]

**Druckverhältnisventil** counterbalance valve [mot]

**Druckverlust** pressure loss [mot]

**Druckvorsteuerung** auxiliary remote pressure control [mas]

**Druckwächter** pressure safeguard [mes]

**Druckwasser am Saugkopf** pressure water activated suction-head [mot]

**Druckwelle** (auch Unglück) compression wave [mil]

**Druckwellenschalter** pressure wave switch [mbt]

**Druckwiderstand** compressive strength [wst]

**Druckzuschaltstufe** (Fahren) travel pressure kit [mbt]; (Fahren) travel pressure modification kit [mbt]

**Druckzylinder** pressure cylinder [mot]

**Dübel** (→ Schubd.) shear connector [mas]; (Schraubenuntergrund) dowel [mas]

**Duckdalbe** (dreibeinig, Holz) mooring posts [mot]

**Dumper** (Kipper, Muldenkipper, Schütter) dump truck [mot]; (Kipper, Muldenkipper, Schütter) dumper [mot]

**Düne** dune [abc]
**Dung** (Dünger, Stallmist) dung [abc]; (Dünger, Stallmist) manure [abc]
**Düngemittel** (künstlich od. natürlich fertilizer [far]
**Düngemittelindustrie** fertilizer industry [far]
**Düngemittelwagen** fertilizer wagon [far]
**Dünger** (Dung, Mist, Stalldung) manure, fertilizer [abc]
**Dunkelsteuerung** (Bildschirm) blanking control [edv]
**Dunkeltastung** blanking [abc]
**dünn** (Mensch, Blech, Netz) thin [mas]
**dünnwandiges Rohr** thin-walled tube [mas]
**Dunst** fumes [abc]
**Duplex Bremse** duplex brake [mot]
**Duplexkette** duplex-chain [mbt]
**Duplex-Radzylinder** duplex wheel cylinder [mot]
**Duplex-System** Duplex-System [mas]
**durch** (die Tür) through [abc]; (z.B. durch Boten) by [abc]
**durch Reibung abgenutzt** galled [mot]
**durch Rohre leiten** pipe [roh]
**durch Zufall** by coincidence [abc]
**Durchbiegung** sagging [mas]; (des Materials) bend [mas]; bending [pow]; (des Materials) bow [mas]; (vorübergehendes Nachgeben) bowing under load [mbt]
**durchbinden** bond [bau]
**durchbindende Steine** bondstones [bau]
**durchblättern** (flüchtig ansehen) browse [abc]
**Durchbruch** (durch Decke, Rolltreppe) opening [mbt]; (bei einer Diode, Transistor) breakdown [elt]; (Fortschritt, Erfolg) breakthrough [abc]
**Durchbruchspannung** breakdown voltage [elt]
**durchdrehen** (der AuToräder) spin [mot]; (Motor anwerfen) crank [mot]

**Durchdrehen** (der Autoräder) spinning [mot]
**durchdringen** (Geruch, Pfeil) penetrate [abc]; (durchstoßen) pierce [abc]
**durchfahren** (z.B. Zug hält nicht) not stop [mot]
**Durchfahren einer Landkarte** map traversal [edv]
**Durchfahrt** (Tor, Loch) passage [mbt]
**Durchfahrtbreite** (z.B. des Tiefladers) passage width, clearance width [mot]; (des Tunnels) clearance width [mot]
**Durchfahrthöhe** (Brücke, Lkw) passage height [mot]; (des Tunnels) clearance height [mot]
**durchfallen** (durch Prüfung) flunk [abc]
**Durchfalltrichter** (Rost) riddlings hopper [pow]
**Durchflußaufnehmer** flow rate value transmitter [mot]
**Durchflußgeschwindigkeit** flow capacity [mot]; flow rate [mot]
**Durchflußgleichung** (Meßblende) orifice formula [mes]
**Durchflußmesser** flow meter [mot]
**Durchflußstrom** flow capacity [mot]; flow rate [mot]; (→ einstellbarer D. )
**Durchflußwächter** flow monitor [mot]
**Durchflußzahl** discharge coefficient [pow]
**Durchförderung** (an Halde vorbei) by-passing the stockpile [mbt]
**Durchführbarkeitsstudie** feasibility-report [eco]
**durchführen** (erledigen) perform [abc]
**Durchführung** realization [abc]; (z.B. durch Wand) bushing [bau]; (einer Aufgabe) execution [abc]; (→ gewaltsame D.)
**Durchführung des Programmes** implementation [abc]
**Durchgang** (im Haus, durch Maschine) passage [bau]; (Verfahren) procedure [abc]; (beim Anschrauben) stage of tightening [mas]; (kleiner Durchlaß) throughlet [bau]

**Durchgangsabscheider** through separator [elt]

**Durchgangsbohrung** through bore-fit [elt]; through bore-hole [elt]; (in Zeichnung) bored all through [con]

**Durchgangsdämpfung** input/output damping [mas]

**Durchgangsloch** through bore-fit [elt]

**Durchgangsöffnung** (Ventil) valve bore [pow]

**Durchgangsventil** straight way valve [mot]; straight-through valve [pow]

**durchgefallen** (nicht bestanden) failed [abc]

**durchgehen** (z.B. Pferde) stampede [abc]; (ziellos laufen) browse [abc]

**durchgehend** (z.B. Bolzen) through [elt]

**durchgehende Bohrung** through bore-hole [elt]

**durchgehende Linie** (durchgezogen) full line [abc]

**durchgehende Welle** continuous wave [mot]

**durchgehender Teilstrich** scale division [elt]

**durchgezogene Linie** (auf Straße) uninterrupted line [mot]; (in Zeichnung) full line [con]

**durchgießen** (durch Sieb) strain [mas]

**durchhalten** sustain [abc]

**Durchhang** (Rolltreppe) slack [mbt]; slackening [mbt]; deflection [mbt]

**Durchhängen** (des Seiles) slackness [mot]

**Durchlässigkeit** (elektr.) opacity [elt]; (magnetisch) permeability [mas]; (optisch) transparence [opt]

**Durchlässigkeitsfaktor** opacity factor [elt]; (magnetisch) permeability factor [elt]; transmission factor [elt]

**Durchlässigkeitskoeffizient** transmission coefficient [elt]; transmission factor [elt]

**Durchlaß** culvert [bau]

**Durchlaßbereich** passband [elt]

**Durchlaßkurve** frequency response curve [elt]

**Durchlaßrichtung** (z.B. bei Diode) forward-biased [elt]

**Durchlauf** (durch Maschine) passage [mas]; (einfacher Durchlauf) single passage [mbt]; (bewegte Menge) throughput [abc]; (dreimaliger Durchlauf) triple passage [mas]; (im D. geglühtes Feinblech) consumptionsly annealed cold-rolled sheet [wst]; (zweimaliger Durchlauf) double passage [mbt]

**Durchlaufbecken** continuous basin [wst]

**durchlaufender Träger** continuous girder [wst]

**Durchlaufentgasung** tap degassing [mas]

**Durchlaufentladeanlagen** transfer tables for mechanical flap control [mot]

**Durchlaufentzunderungsanlage** throughput decindering plant [elt]

**Durchlaufgeschwindigkeit** (Zeitlinie) sweep velocity [elt]; delivery time [wst]

**Durchlaufleistung** throughput rate [elt]

**Durchlaufprogramm** running program [abc]

**Durchlaufprüftank** transit scanning tank [mas]

**Durchlaufsandstrahlanlage** throughput sandblasting system [wzg]

**Durchlaufverzögerung** through pass delay [abc]

**Durchmesser** (innere Bohrung) caliper [con]; dia [con]; (doppelter Radius) diameter [con]; (→ Außend.; → äußerer D.; → äußerer Rohrd.; → äußerer Windungd.; → Bohrungsd.; → Bolzend.; → Drahtd.; → Fußkreisd.; → Gewinded.; → hydraulischer D.; → Innend.; → innerer D.; → innerer Windungsd.; → Kolbend.; → Kopfkreisd.; → mittlerer Windungd.; → Nabend.; → Rollend.; → Senkd.; → Teilkreisd.; → Wellend.; → Windungsd.)

**Durchmesserbereich** diameter range [con]

**durchmischt** mixed [abc]

**durchpausen** (durchzeichnen) calk [con]

**durchrutschen** (der Räder) spin [mot]

**Durchrutschsicherung** anti-spin pack [mot]

**Durchsatz** (in Bergbau) throughput [roh]; (Mühle) throughput [roh]

**Durchsatzleistung** throughput rate [elt]

**Durchsatzmenge** (beim Brecher) throughput rate [roh]

**Durchschallung** through-transmission [mes]

**Durchschallungschwächung** through-transmission attenuation [mes]

**Durchschallungsverfahren** through-transmission method [mes]

**Durchschallzeit** delay time [aku]

**durchschalten** (Telefon) put through [tel]

**durchscheuern** wear through [mas]

**Durchschlag** (Locher im Büro) punch [abc]; (Werkzeug) punch drift [wzg]; (in der Küche) strainer [abc]

**durchschlagen** (durchdringen) penetrate [abc]; (durch Sieb) strain [mas]

**Durchschläger** punch drift [wzg]

**Durchschleusen** (von Schiffen) sluicing [mot]

**Durchschnitt** average [mat]

**durchschnittlich** average [abc]

**durchschnittlich großer Antrieb** (z.B. Mammut) mean [roh]

**durchschnittliche Weglänge** average distance [edv]

**Durchschnitts-** mean average - [abc]

**Durchschnittstemperatur** mean temperature [abc]

**Durchschnittsverbrauch** mean average consumption [abc]

**durchschweißen** penetrate [met]; weld through [met]; weld with full penetration [met]

**Durchschwenkwinkel** (Bagger) working range [mbt]

**durchsehen** (Kfz inspizieren) pit stop [mot]; inspect [abc]

**durchsetzen** supersede [abc]

**Durchsetzung** enforcement [abc]

**durchsichtig** (z.B. Glas) transparent [opt]

**Durchsichtigkeit** (z.B. Glas) transparency [opt]

**durchsickern** (nasses Zelt) penetrate [abc]

**durchspülen** rinse [mas]

**Durchspülung** rinsing [mas]

**durchstellen** (am Telefon verbinden) put through [tel]; (Ich stelle Sie durch.) I'll put you through [tel]

**durchstoßen** (durchdringen) pierce [abc]

**Durchstrahlungsaufnahme** transmission absorption [elt]

**Durchstrahlungsprüfung** transmission test inspection [wst]

**Durchstrahlungsprüfung** (Schweißstück) radiography [mes]

**Durchströmen** (eines Ventils) pass [mot]

**durchsuchen** (z.B. Autowrack) search [abc]

**durchtränken** saturate [abc]

**Durchtreiber** punch [wzg]; backing out punch [met]; drift [mas]; (in E-liste) drift [mas]; drift punch [mas]

**Durchvergütung** through quenching and tempering [elt]

**dürfen** may [abc]

**Duroplaste** thermosetting materials

**Dusche** (Brausebad) shower [abc]

**duschen** take a shower [abc]

**Düse** (Mundstück) nozzle [pow]; (Vergaser) nozzle [mas]; (Hüttenwesen) blast pipe [mas]; contraction choke [mot]; (Einspritz-) injection nozzle [abc]; injector [mas]; (Flugzeug) jet [mil]; (→ Sekundärluftd.)

**Düsenfeder** nozzle spring [mot]

**Düsenflugzeug** jet plane [mil]
**Düsenhalter** (bei Einspritzventil) valve body [mas]; jet carrier [mas]
**Düsenhalter mit Befestigungsflansch** nozzle-holder with flange mounting [mot]
**Düsenjäger** jet fighter [mil]
**Düsenkasten** nozzle box [mas]
**Düsenklappe** nozzle flap [mas]
**Düsenmutter** nozzle nut [mas]
**Düsennadel** nozzle needle [mot]
**Düsenplatte** nozzle plate [mot]
**Düsenring** nozzle ring [mas]
**Düsenschweißen** orifice welding [met]
**Düsenverschlußeinrichtung** nozzle shut-off device [mas]
**DV-Naht** (früher: X-Naht) double V [met]; double V groove-weld [met]; double V seam [met]
**Dynamik** dynamics [abc]
**Dynamikvorsatz** dynamic attachment [mas]
**dynamische Analyse** dynamic analysis [edv]
**dynamische Pressung** dynamic pressure [pow]
**dynamische Programmierung** dynamic programming [edv]
**dynamische Prüftechnik** dynamic testing technique [mas]
**dynamische Tragfähigkeit** dynamic load rating [mas]
**dynamischer Radius** overload radius [mot]
**dynamischer Reifenhalbmesser** over load radius [mas]
**Dynamoband** dynamo sheet [elt]
**Dynamometer** dynamometer [elt]

E

120

# E

E (Ersatzteile) parts [abc]
E Lok (→ E-Lok) E-loco [mot]
E-Buchse (Endbuchse) end bush [mot]
E-Filter (Entstaubung) electrostatic precipitator [pow]
eben (söhlig; Sohle im Steinbruch) even [abc]; (glatt, flach) flat [mbt]; (glatt, flach) level [abc]
Ebene (Niveau, Höhe über NN) height [abc]; (flaches Land) plain [geo]; (Höhe) elevation [pow]; (ohne jede Erhebung) flat [geo]; (z.B. Vorstandebene) level [abc]
ebene Oberfläche plane surface [bau]
ebene Welle plane wave [mot]
ebener Reflektor planar reflector [elt]
ebenes weites Land plane, wide country [abc]
Ebenheit (Glätte) smoothness [mas]
ebnen (glätten) plane, grade, level [mbt]
Echo echo [elt]; (→ Umlaufe.; → Überkoppele.; → Zwischene.; → Wandere.)
Echogras (Rauschen) grass [elt]
Echohöhenverhältnis pulse amplitude ratio [elt]
Echoverfahren echo method [elt]
echt (z.B. echtes Gold) real [abc]; (wahr, unverfälscht) genuine [abc]
Echtheit soundness [abc]
Echtzeitfähigkeit realtime capabilities [edv]
Echtzeitsystem real-time system [abc]
Eckblech (Verstärkung) reinforcement [mas]; corner post [mbt]; gusset [mas]
Ecke (an der Straßenecke) corner [bau]; (des Zimmers) corner [bau]; (am Werkstück) curve [wst]; (des Materials) edge [abc]; (Kante) face [abc]

Eckenbrenner corner burner [pow]
Eckenstoßfänger corner bumper [mot]
Eckmesser (an Grabgefäß, z. B. Löffel) corner bit [mbt]; corner shoe [mbt]; (an Grabgefäß, z.B. Löffel) end bit [mbt]
Eckpunkte (dreier Flächen) vertexes [edv]
Eckrohrkessel corner tube boiler [pow]
Eckrunge (Bahn) end stanchion [mot]
Eckstein (auch Grundstein) corner stone [bau]
Eckstoß (Plattenverbindung) corner joint [met]
Ecktritt (für Rangierer) shunter's step [mot]
Eckventil angle valve [mas]
Eckzahn (z. B. an Schaufelrad-Schaufel) corner tooth [mbt]
Edelmetall (z.B. Gold) rare metal [wst]
Edelputz plasters [bau]
Edelstahl high-quality steel [wst]; rare steel [wst]; (rostfrei) stainless steel [wst]
Edelstahlbeschichtung stainless steel coating [wst]
Edelstahl-Bleche und -Bänder stainless steel sheets and strips [mas]
Edelstahlbleche stainless steel plates [mbt]
Edelstahlchemiefaß stainless steel transport barrel [mas]
Edelstahllohnbeizung stainless steel customer-hired pickling [wst]
Edelstein (z. B. Diamant) jewel [min]
Edelsteine (Juwelen) jewelry [abc]
Editiertaste (Tastatur) edit key [edv]
EDV (Elektronische Datenverarbeitung) DP [edv]
EDV-Abteilung information systems [edv]
EDV-Leiter information manager [edv]
Effekt effect [abc]; (→ Horizonte.; → Miller-E.)

**effektiv** (mit Wirkung vom ..) effective [abc]

**Effektivdurchmesser** effective diameter [abc]

**effektive Trägheitsmomente** moments of effective inertia [edv]

**Effektivhub** (tatsächlicher Weg) effective stroke [mbt]

**Effektivwert** (z.B. eine Sinusspannung) root mean square value [elt]

**E-Filter** (Entstaubung) precipitator [roh]

**Egge** harrow [far]

**ehemalig** (früher) former [abc]

**eher** (früher liefern) sooner [abc]

**eichen** calibrate [mes]

**Eichen** (Messen) calibration [mes]

**Eichkörper** (geprüftes Maß) calibration block [mes]

**Eid** (Schwur) oath [pol]

**eidesstattliche Erklärung** affidavit [jur]

**eifern** (anstrengen) make an effort [abc]

**eiförmig** (oval) oval [abc]

**eigen** (uns gehörend) own [abc]; (→ In eigener Sache) inside story [abc]

**eigenartig** (meist positiv) unique [abc]

**Eigenfahrtüchtigkeit** ability to travel under own power [mbt]

**Eigenfrequenz** (natürliche Frequenz) natural frequency [phy]; resonant frequency [phy]; (innewohnend) internal frequency [phy]

**Eigenfunktion** (bei Differentialgl.) proper function [mat]; (bei Differentialgl.) characteristic function [mat]

**Eigengewicht** (z.B. in Tonnen) operating weight [mot]; service weight [mot]; (unbeladen) tare [mot]; (des Baggers) weight [mbt]; (Rolltreppenausrüstung) dead load [mbt]; dead weight [mot]

**Eigenschaft** property [abc]; (Merkmal) feature [abc]; (Charakteristikum) characteristic [abc]; (→ Fördere.)

**Eigenschaften und Fehler** features and flaws [edv]

**Eigenschaftswörter** adjectives [abc]

**Eigenschwingung** (e. Systems) natural resonance [phy]; natural vibration [phy]

**Eigenspannung** (die im Material ist) residual stress [wst]

**eigenständig** (unabhängig) independent [abc]

**eigenständiger Unternehmensbereich** independent division [abc]

**Eigenstrahlung** self radiation [elt]

**Eigentum** (mitgeführte persönliche Dinge) belongings [abc]

**Eigentumswohnung** condominium [bau]

**Eigenvektor** (bei Differentialgleichung) eigenvector [elt]

**Eigenverbrauch** proper consumption [pow]; station requirements [elt]

**Eigenwert** (bei Differentialgleichung) proper value [mat]; eigenvalue [mat]

**Eigenwiderstand** inherent resistance [mas]

**Eigenzeit** (dem Material innewohnend) inherent time [mas]

**Eigner** (Reeder) shipowner [mot]

**Eignungsnachweis zum Schweißen** certification for welding [met]

**Eignungsprüfung** preliminary test [bau]

**eilen** (hasten) rush [abc]

**Eilgang** (der Maschine) rapid [mas]

**Eilzug** (der Bahn) fast train [mot]

**Eimer** pail [mbt]; bucket [mot]

**Eimerkettenbagger** bucket dredger [mbt]

**Eimerkettenschwimmbagger** bucket dredger [mbt]

**Eimerleiter** (an Bagger) bucket ladder [mbt]

**ein** (geschaltet) on [elt]

**ein- oder beidseitig kunststoffbeschichtet** plastic-laminated on one or both sides [met]

**ein- oder mehrfarbig lackiert** one- or multicolour painted [abc]

**Ein- und Ausfahrzeiten** (des Zylinders) retraction and extraction times [mbt]

**Ein- und Austrittsverluste** inlet and exit losses [pow]

**Ein-, Zwei- und Dreispindelheber** one, two, and three spindle jack [mot]

**Einachsanhänger** one-axle trailer [mot]

**einachsig** (einachsiger Anhänger) one axle [mot]; uniaxial [mot]

**Ein-Aus-Regelung** On-Off-Control [elt]

**Einband** (des Buches) book cover [abc]; (des Buches) cover [abc]

**Einbau** placement on site [abc]; placing [abc]; assembly [mas]; (in ein Programm) incorporation [abc]; (in Maschine, in Haus) installation [met]; (z.B. von Rohren in Graben) laying [mbt]; (→ Einbaubeispiel; → Einbaufehler)

**Einbau der Innenteile** assembly [mas]

**Einbau- und Funktionsbereich** (Preisliste) installation and functional section [abc]

**Einbauanleitung** installation guide [met]

**Einbauart** type of installation [mas]

**Einbaubedingung** installation condition [mot]

**Einbaubeispiel** example of installation [mot]

**Einbaubereich** (z.B. Oberwagen, Preisliste) installation section [met]

**einbauen** (installieren, z.B. Küche) build in [abc]; (z.B. Schlacke in Straße) fill in [mbt]; (einpassen) fit [met]; (Teil in Gerät) install [mot]

**Einbaufehler** faulty installation [met]

**einbaufertig** ready for installation [abc]

**Einbauküche** built-in kitchen [bau]

**Einbaulage** (z.B. des Motor) position for installation [abc]; (z.B. des Motor) installation position [mot]

**Einbaulänge** (des Hydraulikzylinders) installation length [mas]

**Einbaumaß**(-e) installation dimension [mbt]

**Einbaumöbel** built-in furniture [bau]; fittings [bau]

**Einbaumotor** engine unit [mot]

**Einbauort** (z.B. einer Rolltreppe) place of installation [mbt]; (z.B. einer Rolltreppe) installation point [mbt]

**Einbauplatz** (auch Endmontage) mounting location [mbt]

**Einbauscheinwerfer** headlight [elt]

**Einbausteckdose** socket [elt]

**Einbaustelle** (Ort des Einbaus) installation place [mbt]; location [mot]

**Einbauteil** built-in part [bau]

**Einbautoleranz** fitting tolerance [mas]

**Einbauwinker** built-in direction indicator [mot]

**einberufen** (eine Sitzung) call [abc]

**Einberufung** (auch Wehrerfassung) conscription [mil]

**einbeulen** (z.B. die Karosserie) dent [mot]

**Einbeulung** dent [mot]

**Einbindelänge** bond [bau]

**Einbindung** retention [pow]; (→ Flugascheneinb.)

**Einbindungsgrad** retention efficiency [pow]

**Einblasefeuerung** direct firing system [pow]

**Einblasemühle** direct firing mill [pow]

**einblasen** blow-in [pow]

**Einblasevorrichtung** blowing-in device [pow]

**Einbrandkerbe** penetration cut [met]; (Rand der Schweißnaht) undercut [met]

**Einbrandkerbriß** (Riß an Einbrandkerbe) toe crack [met]

**einbrechen** (in ein Haus) breaking and entering [abc]; burglaring [abc]; (Zimmerdecke unter Last) collapse [bau]; (ins Eis) crush into [abc]

**Einbrecher** burglar [abc]
**Einbrecheralarm** (Alarmanlage) burglar alarm [abc]
**einbrennlackiert** stove enamalled [mas]
**Einbrennlackierung** stove enamalling [mot]
**Einbringetage** access opening [mbt]
**Einbringöffnung** (Rolltreppe) access opening [mbt]; (Rolltreppe) clearance [mbt]
**Einbruch** (Delikt) breaking and entering [abc]; (von Wasser) flooding [abc]
**einbüßen** lose [abc]
**Eindeckfreischwingsieb** single-deck vibrating screen [roh]
**Eindrahtlampe** single filament bulb [mot]
**eindringen** (durchdringen) penetrate [mbt]
**Eindringen** (Durchstechen, Nässen) penetration [mbt]; (der Ladeschaufel) crowd [mbt]; (von Schmutz, Wasser) ingress [abc]
**Eindringling** (in ein EDV-System) intruder [edv]
**Eindringtiefe** (der Welle) wave penetration [phy]; depth of penetration [bau]
**Eindüsenbläser** (Wandrußbläser) single-nozzle retractable soot blower [pow]
**Eindüsenrußbläser** single-nozzle soot blower [pow]
**einerlei** (unabhängig) irrespective [abc]
**Einetagenpresse** single daylight press [mas]
**einfach** (nur einmalig vorhanden) single [abc]; (nicht schwierig) easy [abc]
**einfach gekröpft** (nur einmal) single throw [mbt]
**einfach maximiert** (im Versicherungsvertrag) limit of liability paid once [jur]
**einfach wirkend** (nicht zweimal) single acting [abc]

**einfache Hilfsmittel** simple devices [abc]
**einfache Konstruktion** (des Waggons) simple construction [mot]
**einfache Untersuchung** rudimentary inspection [med]
**einfache Zwischenüberhitzung** single reheat cycle [pow]
**einfaches Rad** single wheel [mot]
**Einfachhärtung** (z.B. DIN 17014) single quenching [mas]
**Einfachheit** (leicht zu bedienen) simplicity [mbt]; ease [abc]
**Einfachlenker- und Doppellenkerausführung** single luffing version and double level [mot]
**Einfachrollenkette** simplex roller chain [mas]; single roller chain [mot]
**einfachwirkender Zylinder** single-acting cylinder [mot]
**einfahrbar** (der Hydraulikzylinder) retractable [mbt]
**einfahren** (Kessel, Mühlen etc.) put into service [pow]; (Ernte) harvest [far]; (den Zylinder) retract [mbt]; (Probelauf) run in [mas]; (Probelauf) test run [abc]; (z.B. Probelauf) tune up [mas]; (in Bahnhof) arrive [mot]; (Ernte) bring in [far]; (in Bergwerk) descend [roh]; (in Einfahrt) drive in [mot]
**Einfahren** putting into service [pow]; insertion [pow]; (des Hochofenbodens) installation [pow]; (Rußbläser) forward travel path [pow]
**Einfahrgleis** (Bahn) arrival line [mot]
**Einfahröffnung** entrance [mbt]
**Einfahrsignal** (Bahn) home signal [mot]
**Einfahrt** (der Zug hat Einfahrt) arrival [mot]; (zur Autobahn) entrance [mot]
**Einfahrtgleis** (Bahn) arrival line [mot]
**Einfahrtssignal** (Bahn) home signal [mot]
**Einfall** (Gedanke, Idee) thought [abc]; (Strahl) incidence [elt]

**einfallen** (z.B. in Raste) engage [abc]
**einfallend** (z.B. in Raste) engaging [mas]
**Einfallswinkel** angle of incidence [opt]; incident angle [edv]
**einfedern** (den Schaltschrank) spring-cushion [elt]
**Einfederung** (Spannung Kettenfeder) contracting [elt]
**einfetten** (ölen) oil [abc]; (fetten) grease [met]; (schmieren) lubricate [mas]; (in Luftraum) enter [mil]
**Einfetten** greasing [abc]
**Einfluß** influence [abc]
**einflutiger Überhitzer** single-flow superheater [pow]
**Einfräsung** milled slot [mas]
**einführen** (besprechen, instruieren) brief [abc]; (in etwas) insert [abc]; (jemanden vorstellen) introduce [abc]; (etwas neues) introduce [abc]
**Einführtrompete** cable duct [wst]
**Einführung** (Anweisung) briefing [abc]; (Vorwort) introduction [abc]
**Einführung in die Geologie** introduction to geology [abc]
**Einfülldeckel** tank filler cap [mas]; filling cover [mbt]
**Einfüllöffnung** (z.B. Tank) filler [mot]
**Einfüllschraube** refill tap [mas]
**Einfüllstutzen** filler [mot]
**Einfüllstutzen und Deckel** filler cap assembly [mot]
**Einfüllverschluß** filler cap [mot]
**Eingabe** (z.B. von Tastatur) input [edv]
**Eingabekomponenten** input components [mas]
**Eingabemaske** input layout [edv]
**Eingabespeicher** input memory [edv]
**Eingang** (in Haus) entrance [abc]; (in Maschine) input [mot]; (→ untersetzter E.)
**eingängig** (Zahnrad) single thread [mas]; (bei Gewinden) single-flight [mas]

**Eingangs-/Ausgangs-Spannung** input/output voltage [elt]
**Eingangsdaten** (Ware kam an) receipt data [abc]
**Eingangsdatenfluß** incoming data flow [edv]
**Eingangsfehler** (falsche Eingabe) flaw input [edv]
**Eingangsfilter** input filter [mot]
**Eingangskontrolle** (vor Übergabe Kunde) pre-delivery check [abc]
**Eingangsrechnungen** (die ich zahle) accounts payable [eco]
**Eingangsspannung** (einer Meßbrücke) excitation voltage [elt]; input voltage [elt]
**Eingangsstempel** received stamp [abc]
**Eingangsstufe** input stage [mot]
**eingebaut** (z.B. Lichtmaschine) built-in [elt]; (installiert) fitted, installed [mot]
**eingebauter fester Probenehmer** fixed position sampler [pow]
**eingeben** (die Daten in EDV) put in [edv]; (in Rechner zum Speichern) store [edv]; (die Daten in EDV) key in [edv]
**eingebettet** built-in [bau]; embedded [pow]
**eingebildet** self-opinionated [abc]
**eingeengte Toleranz** close tolerance [con]
**eingefahren** (Hydraulikzylinder) retracted [mas]
**eingeführt** (gut eingeführt) established [abc]
**eingegliederte Leiharbeiter** integrated temporary staff [jur]
**eingehängter Schläger** hinged beater [pow]; (Mühle) hinged beater [pow]
**eingekerbt** nicked [met]
**eingeknickt** (Knickrahmenlenkung) articulated [mbt]
**eingelassen** (in das Material) recessed [met]
**eingelegt** (z.B. Gurken) pickles [abc]; (Kupplung) engaged [mot]

**eingeleitete Maßnahmen** measures <that were> undertaken [abc]

**eingeleiteter Schallimpuls** transmitted pulse [aku]

**eingepreßt** pressed on [mas]

**eingerostet** engaged [mot]

**eingerückt** (in Raste) engaged [abc]

**eingeschlossen** (Knäpper in Gemisch) embedded [roh]

**eingeschrumpft** shrunk [abc]

**eingeschwungener Zustand** steady state [phy]

**eingespeist werden** pass, be fed through [mas]

**eingestellt** (auf gewisse Leistung) pre-set [mot]

**eingestellter Strom** (einzustellender Strom) rated current [elt]

**eingestellter Wert** pre-set value [abc]

**eingestochen** (auch aus Versehen) pierced [abc]

**eingetaucht** submerged [abc]

**eingezeichnet** plotted [abc]; in the drawing [abc]; marked [abc]

**eingezogen** (Abstützung) retracted ee

**eingraben** (militärisch) trench [mil]

**eingraviert** engraphed [met]

**eingreifen** (Raste greift ein) engage [mot]; (der Radzähne) mesh [mas]

**Eingriff** (im Eingriff sein) apply [abc]; (Zahnräder) mesh [mas]

**Eingriffswinkel** (Zahnrad) angle of pressure [mas]

**einhalten** (z.B. Vertragsbestimmungen) comply with [jur]; (eine Bestimmung) concur with [jur]

**Einhaltung** (die Einhaltung wurde überwacht) compliance [abc]

**Einhärtetiefe** hardening depth [met]; hardness penetration depth [met]; effective hardening depth [met]

**einheimisch** (nationaler Fertigungsanteil) indigenous [abc]

**einheimische Baustoffe** local building material [bau]

**einheimische Partnerfirma** pilot firm [abc]

**Einheit** unit [mas]; unity [pol]; (in Betriebssystem Rechner) device [edv]

**einheitlich** homogeneous [abc]

**Einheitsgetriebe** standard gear box [mot]

**Einheitslok** standard locomotive [mot]

**einige Wagen ohne Puffer** some wagons without buffers [mot]

**Einkammer-Anhängersteuerventil** single chamber trailer control valve [mot]

**Einkammerbremszylinder** single chamber brake cylinder [mot]

**einkaufen** (im Laden) go to the store [abc]

**Einkaufsabteilung** purchasing department [abc]

**Einkaufsabwicklung** purchasing [abc]

**Einkaufspassage** shopping mall [abc]; mall [mbt]

**Einkaufstüte** (braunes Packpapier) shopping bag [abc]

**Einkaufszentrum** shopping centre [mbt]; (ohne Lebensmittel) mall [mbt]

**einkerben** (z.B. mit Dorn) nick [wzg]

**Einkerbung** notch [wst]

**Einkopfbetrieb** single-probe operation [mes]

**Einkopfverfahren** single-probe method [mes]

**Einlage** (z.B. in der Zeitung) insert [abc]; layer [mbt]

**Einlagenschweißung** single-pass welding [met]; single-run welding [met]

**Einlagering** (Rohrschweißung) bakking ring [met]

**einlagig** (z.B. Metall) one layer [wst]; (bei Sperrholz, Reifen) one ply [abc]

**einlagige Bewicklung** one layer winding [wst]

**einlassen** (in das Material) recess [met]

**Einlaß** (Theater) admission [abc]; (in Maschine) inlet [mot]; (in Maschine) intake port [mot]

**Einlaß- oder Ansaugseite bei Pumpen** inlet side [mot]

**Einlaßanschluß** (Gewinde) input connection [mot]

**Einlaßkanal** inlet port [mas]

**Einlaßkanalöffnung** inlet port [mas]

**Einlaßkrümmer** intake manifold [mot]

**Einlaßnockenwelle** inlet camshaft [mot]

**Einlaßschalter** reset switch [mot]

**Einlaßüberdruckventil** inlet relief valve [mot]

**Einlaßventil** inlet valve [mot]; intake valve [mot]

**Einlaßventilfeder** intake valve spring [mas]

**Einlaßventilsitz** intake valve seat [mas]

**Einlaßventilverschraubung** inlet valve cap [mot]

**Einlauf** inlet [mbt]

**einlaufen** (Maschine einfahren) run in [mas]; (kleiner werden) shrink [abc]

**einlaufendes Rohr** running-in tube [mas]

**Einlaufgabel** tangential guide [mbt]; guide fork [mbt]; guide shoe [mbt]

**Einlaufgehäuse** inlet housing [mot]

**Einlaufkonus** inlet guiding cone [mas]

**Einlaufrollgang** charging, roller conveyer [wst]

**Einlaufseite** intake side [mas]

**Einlaufsicherung** safety device [mbt]

**Einlaufspeicher** entry looper [mas]

**Einlaufstelle** clearance [mbt]

**Einlaufstrecke** (vor Ventil oder Blende) upstream [pow]

**Einlaufstutzen** inlet connection [mot]

**Einlauftrichter** intake guide [mas]

**Einlaufzeit** (z.B. neue Maschinen) break-in period [mot]

**einlegen** (z.B. den 4. Gang) put in [mot]; (Berufung) lodge [pol]

**Einlegering** spacer [mot]

**Einleitung** Introduction [abc]

**Einleitungsbremse** single pipe brake [mot]

**einmalig** one of a kind [abc]; unique [abc]

**einmalige Reflexion** single bounce reflection [aku]; single reflection [elt]

**einmalige Zeitablenkung** one-shot [mbt]; single sweep [mbt]

**Ein-Mann-Bedienung** one-man control [mbt]

**Einmauerung** brickwork setting [bau]

**Einmaulschlüssel** open-ended spanner [wzg]

**einmischen** interfere [abc]; involve [abc]

**einnullen** (genau einstellen) zero in [mil]

**einordnen** categorize [abc]

**Einpegelung** level adjustment [abc]

**einpressen** press fit [met]; press in [met]

**einrahmen** frame [abc]

**einrasten** (z.B. Schloß) snap [abc]

**einreichen** (etwas an Behörde) submit [pol]; (einen Antrag) make [pol]

**Einreisevisum** (zur Nicht-Einwanderung) non-immigration visa [pol]

**einrichten** (vorbereiten, aufstellen) set up [mas]; constitute [bau]

**Einrichtung** (Vorbereitung, Aufstellung) setup [abc]; (z.B. Wasserleitung) facility [bau]; (→ Freizeite.; → Feuerungse.)

**einritzen** scratch [mas]

**einrückend** (in Raste) engaging [mas]

**Einrückmuffe** engagement nut [mas]

**einsam** (von allen verlassen) lonesome [abc]

**Einsatz** (Verwendung) use [abc]; (z.B. Filtereinsatz) element [mot]; (im E. an der Front) in action [mil]; (z.B. Modul auf Platine) insert [abc]

**Einsatz der Fahrzeuge und Geräte** employment of vehicles and equipment [mot]

**Einsatzart** (Art der Verwendung) application [abc]

**Einsatzbedingung** (z.B. Kugel in DV) operating condition [mas]

**Einsatzbereich** range of application [abc]; (wo etwas arbeitet) use [mbt]

**Einsatzbesprechung** briefing [abc]

**Einsatzdauer** (Zeit der aktiven Arbeit) period of application [mbt]; (Länge des Einsatzes) period of use [mbt]; (Länge Aktion) time in action [abc]; (Wärme, Tauchbehandlung) charge period [wst]

**Einsatzelement** (z.B. Filter) element [mot]

**Einsatzgebiet** field of application [abc]

**Einsatzgegebenheit**(-en) job needs [abc]

**einsatzgehärtet** carbonized [met]; case-hardened [wst]

**Einsatzgewicht** operational weight [mbt]

**Einsatzgruppe** task force [abc]

**einsatzhärten** carbonize [met]; case-harden [met]

**Einsatzhärtung** case hardening [wst]

**Einsatzhäufigkeit** number of uses [abc]

**Einsatzhöhe** (über NN) altitude [abc]

**Einsatzleitung** (E-Zentrale) central dispatch [pol]

**Einsatzstahl** case hardening steels [wst]

**Einsatzteilung** (kleine Vertiefung) dip [wst]

**Einsatztemperatur** operation temperature [mas]

**Einsatzverhalten** behaviour during application [mas]; behaviour in application [mas]

**Einsatzzeit** operating time [abc]

**Einschallwinkel** refraction angle [mes]

**Einschalt-Ausschalt-Zeit** make-break time [elt]

**Einschaltdauer** duty cycle [elt]

**einschalten** (dazuschalten) switch in [elt]

**Einschalter** ON-OFF switch [elt]; closing switch [elt]

**Einschaltstoß** transient pulse [elt]

**Einschaltung** (z.B. des Motors, TV) switching on [elt]; (einer Zeitungsanzeige) insertion [abc]

**Einschaltverzögerung** turn-on delay [elt]

**einschätzen** estimate [abc]

**Einschätzung** estimation [abc]

**Einscheiben- ...** single plate [abc]

**Einscheibenkupplung** (trocken, in Öl laufend) single disc clutch [mot]; (trocken, in Öl laufend) single plate clutch [mot]

**Einscheibensicherheitsglas** one-pane safety glass [mbt]

**Einscheibentrockenkupplung** single disc dry clutch [mot]; single-plate dry clutch [mot]

**einscheren** (ein Seil) reeve [mas]

**Einschichtbetrieb** one-shift operation [eco]

**einschiffen** (Personen, Güter) embark [mot]

**einschiffige Halle** single bay hall [bau]

**Einschiffung** embarkation [mot]

**Einschiffungshafen** port of embarkation [mot]; (sitzt im Schlauch; stützt Schneidring) inserted support [mot]

**einschlagen** (von Ventilen) pocketing [mot]; (von Fertigungsnummer) stamp [mas]; driving-in [bau]

**einschlägige Stahlqualität** mostly required steel quality [mas]

**einschleusen** (z.B. Zug in d. Verkehr) introduce [mot]

**einschließen** include [abc]; (mit Schlüssel) lock in [pol]

**einschließlich Verdichtung** including compaction [bau]

**Einschlüsse** (z.B. im Gestein) inclusions [min]

**Einschnitt** (Einkerbung) nick [met]; (Kerbung, Raste) notch [wst]; (schlitzförmig) slot [abc]; (Schnitt, auch negativ) cut [abc]; (Schlucht für Eisenbahn) cutting [mot]

**Einschnürung** (Querschnittsverminde-
rung) necking [wst]; (Feuerraum;
Rohre) reduction [pow]; constriction
[wst]; (Feuerraum; Rohre) contraction
[pow]

**Einschränkung** (Beschränkung) restriction [abc]

**Einschränkungsberechnung** (Bahn-
profil) calculation of side restriction
[mot]

**Einschraubbolzen** threaded locking
pin [mas]

**Einschraubfassung** screw socket [mas]

**Einschraubgewinde** integral thread
[mot]

**Einschraubloch** tapped hole [mas];
thread hole [mas]

**Einschraubmutter** (Schraubdübel)
screwed inserts [mas]

**Einschraubstutzen** screw-in socket
[mas]

**Einschraubverschiebung** (→ gerade
E.) insert [mbt]

**Einschreibebrief** (→ Rückschein) reg-
istered letter [abc]

**Einschub** plug-in unit [mbt]; (Modul
auf Chassis) module, insert [mas]

**Einschubdecke** inserted floor [bau]

**Einschweißbuchse** weld-in bush [met]

**Einschweißflansch** welded flange
[mas]

**Einschweißnippel** welded nipple
[met]; welded-in stub [met]; welded-
stub connection [met]

**Einschweißverschraubung** welded
screw-coupling [met]

**Einschwingenbackenbrecher** single-
toggle jaw crusher [roh]

**Einschwingenbackenbrecher** single
toggle jaw crusher [roh]

**Einschwingvorgang** transient [phy]

**Einschwingzeit** building-up time [elt]

**Einseitenkippwagen** large-body tipping wagon [mot]

**einseitiges Schwenkdach** undivided
swivelling roof [bau]

**einsetzbar** usable [abc]; suitable [abc]

**einsetzen** (Truppen) call in [mil]; (z.B.
Platine in Gerät) insert [edv]

**Einsichtsfenster, klappbar** window
flap [mas]

**Einspannung** fixity [met]

**Einspannvorrichtung** (Stahlbau) jig
[mas]

**Einsparungen** (Rationalisierung) rationalization [abc]

**einspeisen** feed [mot]

**Einspeisung** (Stromzuführung) power
supply [elt]; feed [mot]

**Einspeisungsklemme** (elektrisch) feed
terminal [mbt]

**Einsprengzange** circlip pliers [wzg]

**Einspritzanlage** injection system
[mot]

**Einspritzdüse** fuel injection valve
[mot]; (Auto, Diesel) injection nozzle
[mot]; injection valve [mot]

**Einspritzdüsenhalter** injection valve
body [mot]

**einspritzen** inject [mot]

**Einspritzer** injection valve body [mot]

**Einspritzkühler** spray attemperator
[mot]

**Einspritzleitungen** injection pipes
[mot]

**Einspritzmotor** injection engine [mot]

**Einspritzorgan** injection system [mot]

**Einspritzpumpe** injection pump [mot]

**Einspritzpumpengehäuse** injection
pump housing [mot]

**Einspritzpumpenkolben** injection
pump plunger [mot]

**Einspritzpumpenoberteil** injection
pump upper housing [mot]

**Einspritzsystem** fuel injection system
[mot]

**Einspritzventil** fuel injection valve
[mot]; injection valve [mot]; injector
[mot]

**Einspritzversteller** injection timing
mechanism [mot]

**Einspritzvorrichtung** primer [mot]

**Einspruch** (Berufung) appeal [jur]
**einstechen** (z.B. Schaufel) penetrate [mas]
**Einstechen** (z.B. der Schaufel) penetration [mas]
**Einstechmesser** stinger bit [mas]
**einstecken** (z.B. in Steckdose) plug in [abc]
**Einsteckmuffe** (des Rohres) socket joint [mas]
**Einstegplatte** single grouser track pad [mbt]; mono grouser track pad [mbt]
**Einstegrippenplatte** (für weiche Böden) single grouser shoe [mbt]; single grouser track pad [mbt]; mono-grouser track-pad [mbt]
**Einsteigtür** access door [mbt]; inspection door [pow]
**Einstellarm** pitch arm [mot]
**einstellbar** adjustable [mes]
**einstellbare Endlagendämpfung** adjustable end cushioning [mas]
**einstellbare Schwelle** adjustable threshold [mes]
**einstellbarer Druckbereich** adjustable pressure range [phy]
**einstellbarer Durchflußstrom** adjustable flow rate capacity [was]
**Einstelldaten** setting data [mas]
**Einstelldistanzring für den Stößel** lifter adjusting spacer [mot]
**Einstellehre** rack setting gauge [mas]; feeler gauge [mes]
**Einstelleinrichtung** adjusting device [mes]
**Einstellelastizität** (gegen Lastwechsel des Kessels) adaptability [pow]; flexibility [pow]
**einstellen** (beschäftigen) hire [abc]; (ein Fehler) occur [abc]; (das Auto, Fahrrad) park [mot]; (vorher festsetzen) pre-set [abc]; (einregulieren) regulate [abc]; (einen bestimmten Wert) set [mas]; (Möbel in Lager) store [abc]; (die Zeit) time [pow]; (z.B. Radiosender) tune [elt];

(Höchstleistung Motor) tune up [mas]; (nachregulieren) adjust [abc]; (beschäftigen) employ [abc]
**Einsteller für Impulsverschiebung** pulse shift control [elt]
**Einstellgenauigkeit** positioning accuracy [abc]; setting accuracy [mas]
**Einstellglied** setting element [mot]
**Einstellgröße** (des Motors) option rating [mot]
**Einstellhebel** adjusting lever [mas]
**Einstellhülse** adjusting sleeve [mes]
**Einstellinstrument** adjusting element [mes]
**Einstellknopf** (auf Bündigkeit) knob [mot]
**Einstellmarke** (z.B. Maschine) setting mark [mas]; (nach Zeit) timing mark [mas]; (Bündigkeit) aligning mark [mes]
**Einstellmöglichkeit** adjusting facility [mes]
**Einstellpunkt** setting point [mes]
**Einstellring** shim [mbt]; adjusting ring [mes]
**Einstellscheibe** dial [mot]
**Einstellschraube** adjusting screw [mes]
**Einstellstange** pitch arm [mot]
**Einstellstück** yoke [mbt]; contactor [mbt]
**Einstellung** (Festlegung) setting [mot]; (Ausrichtung) adjusting [abc]; (Justierung) adjustment [mes]; (Bündigkeit) alignment [mas]; (→ Drossele.; → Sichtere.; → Grobe.; → Feine.)
**Einstellung der Gesteine** classification of rocks [roh]
**Einstellung einer Kurvenscheibe** cam angle [mot]
**Einstellung zur Handarbeit** attitude towards manual labour [abc]
**Einstellwert** (Meßgerät) point [pow]; (Meßgerät) setting point [mes]
**Einstich** (Nut für Ring) groove [mas]
**Einstichpunkt** (für Radius) centre point [wst]

**Einstieg** (Mannloch) manhole [mot]
**Einstiegverschluß** manhole cover [mot]
**Einstrahlrichtung** beaming direction [abc]
**einstufen** categorize [abc]; classify [abc]; grade [abc]
**einstufig** single stage [mot]
**einstufige Vorzerkleinerung** (Stein) single-stage primary reduction [roh]
**einstufiger Überhitzer** single-stage superheater [pow]
**Einstufung** (Klassifizierung) rating aa
**Einsturz** (absichtlich hinter Schild im Bergbau) caving [roh]
**Einsturzbeben** subsidence earthquake [geo]
**einsumpfen** pond [abc]
**eintauchen** (abschrecken) plunge [mas]; (in Flüssigkeit) submerge [abc]; (in Wasser) dip [wst]; immerse [met]
**einteilen** (Personal dafür einteilen) allocate [abc]; (bemessen, z. B. Rohrdicke) calibrate [mes]; (in Güteklassen) classify, grade [mes]; (trennen) divide [abc]
**einteilig** (z.B. fertig montiert) one-piece [abc]
**Einteilung der Ausgangsverstärkung** setting the output amplification [elt]
**eintragen** (in Liste, Buch, Schirm) enter [abc]; (z.B. in Logbuch) log [mot]
**Eintragung** (in Liste) entering [abc]; (in Liste) entry [abc]
**eintreiben** drive [bau]
**eintreten** occur [abc]; (für Rechte) stand up [abc]; (in Raum) enter [abc]
**eintretender Schaden** occurrence [jur]
**Eintritt** case [abc]; inlet [pow]
**Eintritt des Schadens** occurrence [jur]
**Eintritt von Regen** in case of rain [abc]
**Eintrittsecho** interface echo [elt]
**Eintrittsgeld** (Kino) admission [abc]

**Eintrittsgeschwindigkeit** admission velocity [phy]
**Eintrittsmittelpunkt** entry point [elt]
**Eintrittsöffnung** inlet [mas]
**Eintrittssammler** inlet header [pow]
**Eintrittsseite** (Saugseite bei Achsialgebläsen) suction eye [mas]
**Eintrittsseite bei Achsialgebläsen** inlet bell [air]
**Eintrittsverlust** entrance loss [pow]
**Eintrittswinkel** entrance angle [pow]
**einwalzen** (Rohre) expand [met]
**Einwalzenbrecher** single-roll crusher [roh]
**Einwand** (Gegenargument, Gegenrede) contradiction [abc]
**Einwanderer** (kommt, Auswanderer geht) immigrant [pol]
**Einwanderung** immigration [pol]
**Einwanderungsabteilung** immigration department [pol]
**Einwanderungsbeamter** immigration officer [pol]
**einwandfrei** (ohne Makel) perfect [abc]; unobjectionable [abc]
**Einweggleichrichter** half-wave rectifier [elt]
**Einwegsperrventil** one-way check valve [mas]
**Einwegventil** monoway valve [pow]
**einweihen** (in Betrieb setzen) commission [abc]
**Einweihung** (und Übergabe v. Maschine) hand-over [abc]; (neue Wohnung, neues Haus) housewarming party [abc]; (z. B. Fabrik) commissioning [abc]
**einweisen** (in neues Gerät) acquaint with [abc]; (jemand i. Krankenh.) admit [med]; (in ein neues Gerät) instruct [abc]
**Einweisung** instruction [abc]
**Einwellenhammerbrecher** single-shaft hammer crusher [roh]
**Einwerfer** injector [mas]
**Einwirkungszeit** action time [mas]

**Einwohnerschaft** (Bevölkerung) population [abc]
**Einwohnerzahl** population [abc]
**Einzelanfertigung** single piece job [mas]; single piece production [mas]
**Einzelantrieb** individual drive [mot]
**Einzelaufgabe** individual task [abc]
**Einzelbordkran** single deck crane [mot]
**Einzelfehler** single defect [mas]
**Einzelfertigung** single piece job [mas]; single piece production [mas]
**Einzelgründung** single footing [mas]
**Einzelheit** detail [mbt]
**Einzelkorn** grain [abc]
**Einzelkraft** (auf einen Punkt wirkend) concentrated force [phy]; (auf einen Punkt wirkend) concentrated load [phy]
**Einzellast** (auf der Rolltreppe) individual load [mbt]
**einzeln** single [abc]
**Einzelplan** individual plan [abc]
**Einzelpore** pore [abc]
**Einzelradaufhängung** independent suspension [mot]
**Einzelregelung** (des Drucks) individual pressure regulation [mot]
**Einzelschritt** (eines Programms) step [edv]
**Einzelsehne** (in Zeichnungen) single axis [con]
**Einzelsteuerung** individual control [mot]
**Einzelstück** (einmalig) one off [abc]; single piece [mas]
**Einzelteil** (daraus Baugruppe) component [mot]; individual part [abc]
**Einzelteile** (nur eins) one-off part [mot]; (nur eins) piece parts [mot]; components [mot]
**Einzelteile zum Regler** single parts for governor [mot]
**Einzelzeichnung** detail drawing [con]
**Einzelzimmer** single room [bau]
**einziehbar** (Hydraulikzylinder) retractable [mbt]

**einziehen** (Rohre) reduce [mas]; (den Hydraulikzylinder) retract [mbt]; (eine Straße beseitigen) close [mot]; (Rohre) contract [met]
**Einziehung** (Einschnürung) reduction [mas]; (Einschnürung) contraction [pow]
**Einzimmerwohnung** one-room apartment [bau]
**Einzug** (in Rolltreppe) trapping [mbt]; (in Stufen- od. Palettenband) drawing in [mbt]; (in Haus, Wohnung) moving in [abc]
**Einzugkessel** single-pass boiler [pow]
**Einzugsgefahr** (Stufenband und Sokkel) danger of being drawn in [mbt]; (bei der Rolltreppe) danger of being trapped [mbt]
**einzuordnen** range [abc]
**Einzylindermotor** one cylinder engine [mot]
**Eis** (Frost) frost [abc]; (z.B. Eisbildung auf Scheibe) ice [abc]
**Eisberg** iceberg [mot]
**Eisberg, kleiner** growler [mot]
**Eisbrecher** (starker Druckbug) ice breaker [mot]
**Eisen** iron [mas]; (→ Flache.; → Winkele.; → Guße.)
**Eisen im Brechgut** (meist Zahnspitzen) tramp iron [roh]
**Eisen- und Stahlkonditionierung** treatment of liquid iron and steel [wst]
**Eisenbahn** (US) railroad [mot]; railway [mot]
**Eisenbahnbau- und Betriebsordnung** (EBO) railway construction and operating regulation [mot]
**Eisenbahnbetriebsleiter** railway operating manager [mot]
**Eisenbahnbrücke** railroad bridge [mot]; railway bridge [mot]
**Eisenbahnfahrausweis** ticket [mot]
**Eisenbahnfähre** railroad ferry [mot]; railway ferry <boat> [mot]; (Trajekt, Prahm) train ferry [mot]

**Eisenbahnfahrkarte** (Billet) railway ticket [mot]; train ticket [mot]

**Eisenbahngelände** railway right-of-way [mot]

**Eisenbahngesellschaft** railway company [mot]

**Eisenbahngleise** railway tracks [mot]

**Eisenbahnkreuzung** (Gleise kreuzen) railway crossing [mot]; (Gleise kreuzen) junction [mot]; (mit Straße) level crossing [mot]

**Eisenbahnlinie** railway line [mot]

**Eisenbahnoberbau** permanent way material [mot]; railway superstructure [mot]

**Eisenbahnprodukte** (→ Eisenbahntechnik) railway products [mot]

**Eisenbahnschiene** railroad track [mot]; railway line [mot]

**Eisenbahnschwelle** (→ Schwelle) sleeper [mot]; tie [mot]

**Eisenbahnsignalordnung** signal regulations [mot]

**Eisenbahntechnik** railway products [mot]

**Eisenbahnübergang** (Straße/Schiene) level crossing [mot]

**Eisenbahnverkehrsordnung** (EVO) railway operating rules [mot]

**Eisenbahnwagen** railway wagon [mot]

**Eisenbahnzug** railroad train [mot]; railway train [mot]

**Eisenerz** iron ore [min]

**Eisenglimmer** iron mica [wst]

**eisengrau** (RAL 7011) iron grey [nrm]

**eisenhaltig** ferriferous, ferruginous [min]

**Eisenhütte** (Hüttenwerk; → Hütte) steel works [mas]

**Eisenhüttenkunde** ferrous metallurgy [roh]

**Eisenkern** iron core [mas]

**Eisenkettenbagger** bucket chain excavator [mbt]

**Eisen-Kohlenstoff-Diagramm** (Fe-C-Diagramm) iron-carbon-equilibrium diagram [wst]

**Eisenoxid** (Rost) rust [che]

**Eisenoxidverbindung** ferrous oxide connection [che]

**Eisensäge** hacksaw [wzg]

**Eisensalz** iron salt [wst]

**Eisenverbindung** ferrous compound [wst]

**eisern** (aus Eisen) iron [mas]

**eisig** (sehr kalt) ice-cold [abc]; (sehr kalt) icy [abc]

**eiskalt** (eisig, sehr kalt) ice-cold [abc]

**Eiskunstlauf** figure skating [abc]

**Eiszapfen** icycle [abc]

**Eiter** matter [abc]

**eklatant** (klar sichtbar) obvious [abc]

**Eko** economizer [pow]; (→ gußeiserner E.; → Rippenrohr-E.)

**Eko-Krümmer** economizer connecting bend [pow]

**Ekonomiser-Rauchgasabzug** economizer gas pass [pow]

**Eko-Rauchgaszug** (Ekonomiser-Rauchgas) economizer gas pass [pow]

**EL** (Einbaulänge von Teilen) installation length [mas]

**elastisch** (flexibel) elastic [abc]

**elastisch gelagert** cushion-mounted [mot]; (Sitz) flexibly mounted [mas]

**elastische Kupplung** flexible coupling [mot]

**elastische Schwingung** elastic oscillation [phy]

**elastische Welle** elastic wave [bau]

**Elastizität** (Lastwechsel) boiler flexibility [pow]

**Elastizität des Auftrages** flexibility of the coat [met]

**Elastizitätsgrenze** yield point [mas]

**Elastomer** Elastomer [mbt]

**Elchtest** moose test [mot]

**elektrifizieren** electrify [elt]

**Elektrifizierung** electrification [elt]

**Elektrik** electrical equipment [mbt]; electrics [elt]

**Elektriker** electrician [elt]

**elektrisch** electric [elt]
**elektrisch angesteuertes Wegeventil**
electrically controlled distribution
valve [mot]
**elektrisch betätigtes Vollhub- Dreh-
stabsicherheitsventil** electrically-
assisted full-lift torsion bar safety
valve [elt]
**elektrische Anlage** electrical equipment [mot]
**elektrische Ausrüstung** electrical
equipment [mot]
**elektrische Einrichtung** mechanical
parts for electrical equipment [mbt]
**elektrische Eisenbahn** (→ Modellbahn) model train [mot]
**elektrische Empfangsspannung** electrical receiving voltage [elt]
**elektrische Heizung** (im Haus) electric
heating [elt]
**elektrische Installation** electric installation [elt]
**elektrische Leitungen** wiring [elt]
**elektrische Qualität** electric quality [elt]
**elektrische Schreibmaschine** electric
typewriter [abc]
**elektrische Verdrahtung** wiring [elt]
**elektrische Zuleitung** power supply
cables [elt]
**elektrische Zündung** electric detonator [elt]
**elektrische/elektromechanische
Qualität** electric electro-mechanical
quality [elt]
**elektrischer Anker** (Armatur) armature [elt]
**elektrischer Anlasser** electric starter
[elt]
**elektrisches Gerät** (Zubehör, Teile)
electrical equipment [elt]
**elektrisches Haushaltgerät** appliance
[abc]
**elektrisches Meßgerät** eletrical measuring instrument [elt]
**elektrisches Zubehör** basic electrical
accessories [elt]

**Elektrizität** electricity [elt]
**Elektrizitätsversorgung** electric sup-
ply [elt]
**Elektrizitätswerk** (E-Werk) power
station [elt]
**elektro-akustischer Wandler** electro-
acoustical converter [elt]
**Elektroantrieb** (des Gabelstaplers)
electric drive [mot]
**Elektrobagger** electrical excavator
[mbt]
**Elektroband** electrical sheet and strip
[wst]
**Elektroblech** electrical sheet and strip
[wst]
**Elektrode** electrode [elt]; (→ blanke
E.; → umhüllte E.; → Flußstahle.)
**Elektrode in Speicherbatterie** plate
[elt]
**Elektroden** electrodes [elt]
**Elektrodenabstand** sparking distance
[elt]
**Elektrodengruppe** electrode group
[elt]
**Elektrodengruppenbezeichnung**
electrode group designation [elt]
**Elektrodenhalter** rod holder [met]
**Elektrodenköcher** electrode quiver
[met]
**Elektro-Empfindlichkeit** electro-
sensitivity [elt]
**Elektro-Erosivverfahren** electro-
erosive method [elt]
**Elektrogas** electrogas [met]
**Elektrogasschweißen** (EGW) electrogas welding [met]
**Elektrogerät** (Herd usw.) electric appliance [elt]
**elektrogeschweißt** electro welded
[met]
**Elektroherd** (in Küche) electric range
[elt]
**elektrohydraulisch** (Deichselstapler)
battery-hydraulic [mbt]; electro-
hydraulic [elt]; (Deichselstapler) elec-
tro-hydraulic [mot]

**Elektroimpulsventil** solenoid pilot operated valve [mot]

**Elektroinstallateur** electrician [elt]

**Elektrokarren** electric truck, storage battery truck [elt]

**Elektrokran** electric crane [abc]

**Elektrolichtbogenofen** electric arc furnace [met]

**Elektrolok** E-loco [mot]

**Elektrolokomotive** E-loco [mot]

**Elektrolyt** (Batterieflüssigkeit) electrolyte [mot]

**elektrolytisch verbleit** electrolytic leaded [met]

**elektrolytisch verzinkt** electrolytic galvanized [met]

**elektrolytisch verzinntes Weißband** electrolytic tin-coated strip [wst]

**elektrolytische Verzinkung** electrogalvanizing [met]

**Elektrolytkondensator** electrolytic capacitor [elt]; electrolytic condenser [elt]

**Elektromagnet** (z.B. am Schrottbagger) electric magnet [elt]

**Elektromagnetschieber** solenoid valve [elt]

**Elektro-Magnetventil** solenoid valve [elt]

**Elektromotor** electric motor [mot]

**Elektromotordaten** electric motor data [elt]

**elektromotorisch** electro-motive [elt]

**Elektronenstrahlröhre** cathode ray tube [elt]

**Elektronenstrahlschweißen** (DIN 1910) electron beam welding [met]

**Elektronik** (ab Transistoren, Prozessoren) electronics [edv]

**elektronisch** (z.B. Datenverarbeitung) electronic [edv]

**elektronisch verstellbare Dämpfung** electronically adjustable damping [mot]

**Elektronische Datenverarbeitung** Electronic Data Processing [edv]

**elektronische Drucksatzerstellung** electronic publishing [edv]

**Elektronische Fahrsteuerung** (EDC) electronic drive control [mbt]

**elektronische Geräte** electronic equipment [mbt]

**elektronische Schalteinheit** electronic switch unit [edv]

**elektronische Schaltungsanalyse** electronic circuit analysis [edv]

**elektronische Steuerung** electronic control [edv]

**Elektroofen** (im Stahlwerk) electric furnace [met]

**Elektroschaltplan** electric circuit diagram [elt]

**Elektroschlackeschweißen** (ESW) electroslag welding [met]

**Elektroschweißen** (SMAW) shield metal arc welding [met]; (SMAW) electric welding [met]

**elektroschweißen** (→ schweißen) electro weld [met]

**Elektroseilbagger** mining shovel [roh]

**Elektrotechnik** electrical engineering [elt]; electrics [elt]

**Elektrotriebwagen** electric railcar [mot]

**Elektrowinde** electric hoist [met]

**Elektrozug** (Kran) electric hoist [mot]

**Elektrozug** electric winch [met]

**Element** element [abc]

**Elementaranalyse** ultimate analysis [mes]

**Elementarwellen** elementary waves [phy]

**Elemente der obersten Ebene** top-level elements [edv]

**elfenbein** (RAL 1014) ivory [nrm]

**elfenbeinerner Turm** ivory tower [abc]

**ELKO** electrolytic condenser [elt]

**Ellbogen** (Körper, Rohr) elbow [med]

**Ellenbogen** elbow [med]

**Ellipsenvorklassiersieb** (a. Brecher) elliptical pre-classification screen [roh]

**E-Lok** electric locomotive [mot]; (→ E Lok, Ellok) E-loco [mot]

**Eloxalschicht** anodized coating [mas]

**eloxieren** anodic treatment [mas]; anodize [mas]

**eloxiert** anodized [mas]

**Emaille** enamel [mbt]

**emaillieren** enamel [met]; enamelling [met]

**Emission** (Senden, usw.) emission [abc]

**Emissionsgrenze** admissible emission [air]

**Emissionspegel** emission level [mes]

**Emissionsschutz** emission protection [abc]

**Emitter** emitter [elt]

**Emitteranschluß** emitter contact [elt]

**Emitterdiode** emitter diode [elt]

**Emitterfolger** emitter follower [elt]

**Emitterschaltung** common-emitter circuit [elt]; grounded emitter circuit [elt]

**Emitterstrom** emitter current [elt]

**Emittertorabstand** emitter-to-gate spacing [elt]

**E-Motor** (Elektromotor) electric motor [elt]

**empfangene Ware** (Teile aus Stücklisten) manufacturing receipts [mas]

**Empfänger** (Mensch) receiver [abc]; (auch Radio) receiver [elt]; (eines Briefes) addressee [abc]

**Empfängerrauschen** receiver base noise [elt]

**Empfangsanlage** receiving installation [elt]

**Empfangsgebäude** (Bahnhofshalle) passenger circulating area [mot]

**Empfangshalle** (des Bahnhofs) main hall [mot]

**Empfangskreis** receiving circuit [elt]

**Empfangsprüfkopf** receiver probe [mes]

**Empfangsspannung** (elektr. Empfangsspannung) electrical receiving voltage [elt]

**empfehlen** (sehr empfehlenswert) recommend [abc]

**Empfehlung** (Rat) recommendation [abc]

**empfinden** sense [abc]

**empfindlich** (z.B. Gerät spricht an) sensitive [mas]; (leicht verletzlich) sensitive [abc]

**Empfindlichkeit** sensitivity [mas]; weighing sensibility [abc]

**Empfindlichkeitfehlernachweis** flaw detection sensitivity [mes]

**Empfindlichkeitsabgleichglied** sensitivity trimming element [mas]

**Empfindlichkeitsausgleich** sensitivity compensation [mas]

**Empfindlichkeitsregelung** sensitivity control [mas]

**Empfindlichkeitsregler** sensitivity regulator [mas]

**Empfindlichkeitsüberwachung** senitivity check [mas]

**empfohlen** (nahegebracht, zugeraten) recommended [abc]

**empfohlenes Arbeiten** recommended practice [abc]

**empirisch** empirical [mbt]

**End-** final [abc]

**Endabnahme** final inspection [mbt]

**Endabnahmeprotokoll** final certificate of acceptance [abc]; final inspection report [abc]

**Endabschluß** (z.B. von Laufgitter) end stopper [mot]

**Endanstrich** (oberste Farbschicht) paint finish [mot]

**Endantrieb** (Ölmotor) track motor [mbt]; (Ölmotor) final drive [mot]

**Endantriebuntersetzung** final drive reduction [mot]

**Endbahnhof** (Kopf-, Sackbahnhof) terminal [mot]

**Endbolzen** end pin [mas]; internal cone pin [mbt]; (an Kette) lock pin [mbt]

**Endbuchse** head bushing [mas]; lock bushing [mas]

**Enddämpfung** (langsamer werden) final damping [mbt]

**Ende** (z.B. des Films, Zuges, Bandes) end [abc]; (Grenze) limit [abc]

**Ende des Zitats** end of quote [abc]

**Enden angebogen und geschliffen** ends closed and ground [met]

**Endenausführung** (Feder) style of ends [mas]

**endgültiger Ausbau** (Erweiterung) final extension [pow]; final stage of extension [pow]

**endgültiger Betrieb** final operating conditions [abc]

**Endkappe** end cap [mas]

**Endklötze** (Schweißen) end blocks [met]

**Endkontrolle** (Ausgangskontrolle) pdi [abc]; (Ausgangskontrolle) pre-delivery inspection [abc]

**Endkrater** (Schweißung hier abgebrochen) crater at end of weld pass [met]

**Endkraterblech** crater plates at end of weld pass [met]

**Endkraterriß** (an Schweißnaht) crater crack [met]

**Endlage** (des Zylinders, z.B. konisch) end of stroke [mot]

**Endlagendämpfung** end cushioning [mot]; end-of-stroke damper [mas]

**Endlager** end bearing [mot]

**Endlagerflansch** end bearing flange [mas]

**Endlosblätter** tear sheets [edv]

**endloser Keilriemen** endless V-belt [mas]

**Endlosmachen** allowing the continuous run-through [mas]

**Endlospapier** tear sheets [edv]

**Endlos-Spannbandsystem** continuous band clamping system [wst]

**Endmontage** (z.B. Bagger) final assembly [mot]; (z.B. Brecheranlage) final erection [mot]

**Endschalter** over travel switch [elt]; limit switch [mot]

**Endscheibe** end disc [mbt]; end plate [mbt]

**Endseilspannvorrichtung** rope end tensioning device [mbt]

**Endspiel** (auch unerwünschtes Achsspiel) back lash [con]

**Endstellung** end position [abc]; (des Hydraulikzyl.) final position [mas]

**Endstellung eines Hebels** (innen) extreme-in position of a lever [mot]

**Endstück** end plate [mbt]

**Endstufe** power amplifier [elt]

**Endsumme** sum total [mat]

**Endtaster** limit switch [elt]

**Endüberhitzer** high-duty section of superheater [pow]; final superheater [pow]

**Endüberhitzungstemperatur** final steam temperature [pow]

**Endverdampfer** (Benson-Kessel) final evaporator [pow]

**Endverformung** (unerwünscht) end deformation [met]; (absichtlich) end shaping [met]

**Endverteiler** output distributor [elt]

**Endwagen** end wagon [mot]

**Endziffer** (z.B. des laufenden Jahres) last digits [abc]

**Energie** energy [pow]; (→ Verformungse.; → Ramme.; → innere E.)

**Energiebedarf** energy demand, power consumption [pow]

**Energieeinsparung** energy reduction [mbt]; energy saving [mot]

**Energieerzeugung** power generation [mot]; (Kraftwerke) power plants [pow]

**Energiekosten** energy cost [mot]

**Energieprinzip** energy law [mot]

**Energierückgewinnung** (Schwenken) energy retrieving [mot]

**energiesparend** economical [mbt]

**Energiesparschaltung** energy-saving switching [mbt]

**Energieverbrauch** energy consumption [mot]

**Energieverlust** energy loss [mot]
**Energieversorgung** (elektrisch) power supply [elt]; (allgemein) energy supply [mot]
**Energieverteilung** energy distribution [mot]
**Energiezufuhr** power feed [mot]
**eng** (z.B. enge Baustelle) tight [bau]; (wenig Platz, Zeit) constricted [abc]
**eng auffahren** (zu kleiner Abstand) tailgating [mot]
**Enge** (in die Enge getrieben) stump [abc]
**enge Teilung** narrow spacing [pow]
**Engineering** engineering [abc]
**Engländer** (verstellbares Werkzeug, austr) shifter [mas]; (verstellb. Werkzeug, austr.) AFS-spanner [wzg]; (verstellb. Werkzeug) monkey wrench [wzg]
**englische Schnittstelle** English interface [edv]
**engmaschig** (Drahtzaun) narrow mesh [abc]
**Engpaß** (Nadelöhr, enge Stelle) bottleneck [mot]
**Engstelle** narrow passage [abc]
**Entaschung** (→ flüssige E.) ash removal [pow]
**Entaschungsanlage** ash handling plant [pow]
**entasten** (→ aufasten) branch removal [bau]; (vom gefällten Baum) debranching [bau]
**Entastungsgerät** feller delimber equipment [far]
**entbunden** (Kindesgeburt) delivered [abc]; (befreit) freed [wst]
**entdeckt** (gefunden, ermittelt) discovered [abc]
**enteignet** (weggenommen) expropriated [pol]
**Entengrütze** (als Grabengewächs) duckweed [bff]
**entfallen** abolished [abc]
**Entfaltung** (Abwicklung Entwicklung) unfolding [bau]

**entfernen** (auch Entsorgung) removal [rec]; (sich entfernen) move [abc]
**Entfernung** (eines Maschinenteils) removal [mas]; (Entfernung; Abbau) dismantling [met]; distance [abc]
**Entfernungsbestimmung** (beim Bild verstehen) distance determination [edv]
**Entfernungsgesetz** distance law [phy]
**Entfernungsmesser** (Tachozähler) odometer [mot]
**entfetten** (oft durch Waschanlage) degrease [wst]
**entflammbar** inflammable [met]
**entflammen** (entzünden) inflame [abc]
**Entfrostergebläse** defroster [mot]
**entgasen** degas [wst]
**Entgasung** (Brennstoff) degassing [pow]
**Entgasungsanlage** (Speisewasser) deaerating plant [pow]; (Speisewasser) deaerator [pow]
**entgegen Zeichnung** other than drawing, [con]
**entgegengesetzt** (politisch) opposed [pol]; (Richtung) opposite [abc]
**entgegentreten** (bekämpfen) combat [mil]
**entgleisen** (entgleiste Lok) derail [mot]
**entgleist** off the road [mot]; (aus den Schienen gesprungen) derailed [mot]
**Entgleisungsschutz** check rail [mot]; derailment guard [mot]
**Entgleisungsursache** (Spurerweiterung) cause of derailment [mot]
**entgraten** (→ abgraten) bur [met]; (z.B. glatt schleifen) debur [met]
**enthalten** (als Inhalt haben) contain [mot]; (ebenfalls drin) include [abc]
**enthärten** (weicher machen) soften [mas]
**Enthärtung** (Speisewasser) feedwater softening [was]
**Enthärtungsanlage** softener [mas]; feedwater softening plant [was]
**Entkarbonisierungsanlage** $CO_2$ degassing plant [was]; decarbonizer [pow]

**Entkieselung** silica removal [pow]
**entkoppeln** decouple [mot]; (abschalten) isolate [elt]
**Entkopplungsglied** stopper circuit [elt]
**Entkopplungskreis** anti-resonant circuit [elt]
**Entladeausgang** discharge chute [mot]
**Entladeeinrichtung** discharging device [mot]
**Entladehöhe** dumping height [mbt]
**Entladeklappe** discharge flap [mot]
**Entladekolben** unloading piston [mbt]
**Entladeleistung** unloading capacity [abc]
**entladen** (z.B. Lkw) unload [mot]; (leer) unloaded [abc]; (z.B. Schaufel leeren) discharge [mbt]
**Entladen** (der Schaufel) discharging [mot]
**Entladeposition** discharge position [mot]
**Entlader** unloader [mot]
**Entladeschaden** damage [jur]
**Entladestrom** discharge current [elt]
**Entladewiderstand** discharging resistor [elt]
**Entladezeit** service time [abc], discharging time [mot]
**Entladung** (dosierte Entladung) controlled discharging [elt]; (z.B. der Batterie) discharge [elt]
**entlassen** (dann arbeitslos) laid off [abc]; (dann arbeitslos) lay off [abc]: (auch vom Militär) discharge [mil]
**entlastet** (von Streß) relieved [abc]
**Entlastungsfeder** relieving spring [mas]
**Entlastungskolben** (Ausgleich) balance piston [mas]
**Entlastungsventil** relief valve [mas]; unloader valve [mas]; unloader valve assembly [mas]; discharge valve [mot]
**entleeren** (Batterie, Schiff) discharge [mot]
**Entleerungsschurre** outlet chute [pow]

**Entlohnung** (Löhne) wages [abc]
**entlüften** (z.B. Lagerraum) vent [air]; ventilate [abc]; (z.B. Bremsleitung) bleed [mot]; bleeding [abc]; (entwässern) drain [mot]
**Entlüfter** (vor Anlauf der Maschine) primer [mot]; (auch Abzugshaube) vent [mot]; (z.B. Bremsleitung) bleeder [mot]; (Beatmer) breather [mot]; (Gase entfernen) exhauster [mot]
**Entlüfterhahn** vent cock [mot]
**Entlüfterkappe** breather cap [mot]
**Entlüfterpumpe** priming pump [mot]
**Entlüfterstutzen** breather pipe [mot]
**Entlüfterventil** air bleeder [mas]
**Entlüfterventilschlüssel** air bleeder spanner [wzg]
**Entlüftung** venting [pow]; air vent [air]; (beim Ventil) exhaust [mot]; (→ Kessele.; → Überhitzere.)
**Entlüftungsanlage des Motors** engine breathing system [mot]
**Entlüftungsdüse** ventilation nozzle [air]
**Entlüftungseinrichtung** breather [mot]
**Entlüftungshahn** air cock [mas]
**Entlüftungspumpe** priming pump [mot]
**Entlüftungsrohr** vent pipe [mot]; air vent tube [air]
**Entlüftungsschraube** vent screw [mot]; air discharge screw [mas]; bleeder screw [mas]
**Entlüftungsventil** vent valve [pow]; air bleed valve [mas]; air discharge valve [mas]
**Entmagnetisierung** demagnetization [elt]
**Entmischung** (Korn) segregation [roh]
**Entmischungstrommel** steam-and-water drum [pow]
**Entnahme** (Wegnahme) removal [abc]; taking [abc]
**Entnahmedruck** steam pressure at superheater outlet [pow]; (Überhitzer) superheater outlet pressure [pow]

**Entnahmeliste** pull list [abc]
**Entnahmestutzen** sampling tube [mas]
**Entöler** oil separator [mas]
**entriegeln** (Klemme weg, aufschließen) unclamp [mas]; (Riegelweg, öffnen) unlock [abc]
**Entriegelungstaster** (Rolltreppe) reset button [mbt]
**entrosten** derust [wst]
**entsalzen** desalinate [pow]
**Entsalzung** (Trommel) boiler water blow-down [pow]
**Entsalzungsanlage** (Speisewasser) demineralisation plant [pow]
**entscheidend** decisive [abc]
**Entscheidungsbaum** decision tree [edv]
**entschlüsseln** (Kode) decode [edv]
**Entschmelzungsart** type of melting [mas]
**entschuldigen** (sich bei jemand e.) apologize [abc]; (sich entschuldigen) excuse [abc]
**Entschwefelungsanlage** installation for desulphurization [mas]
**entsichern** (aufschließen) unlock [abc]; (Gewehr spannen) cock [mil]
**entsorgen** (sicher unterbringen) dispose of [rec]
**entsorgt** disposed of [rec]
**Entsorgung** (Wegräumen) removal [rec]; (gesichert. Unterbringung) disposal [rec]
**Entsorgungsfaß** drum for industrial waste [mas]
**entspannen** (lösen, loslassen) release [abc]
**Entspannen** (Glühen) stress-relieve [mas]
**Entspanner** flash box [pow]; flash tank [pow]
**entspannt** (erholter Mensch) relaxed [abc]; (schlaff, z.B. Seil) slack [mas]
**entspannter Dampf** flashed steam [pow]
**Entspannung** (Glühen) stress-relieve [mas]

**Entspannungsdampf** flash steam [pow]
**entsprechend** (dementsprechend) respective [abc]; (deiner Meinung) corresponding with [abc]
**entsprechende Gesetze** appropriate legislation [jur]
**entsprechende Instruktion** pertinent instruction [abc]
**entsprechende Schweißdaten** relevant welding parameters [met]
**Entstauber** (Filter) precipitator [roh]; (für Staub u. grobes Korn) dust and grit arrestor [pow]; dust separator [pow]; (→ mechanischer E.)
**Entstauberleitungen** precipitator piping [roh]; dust piping [pow]
**Entstauberwirkungsgrad** precipitator efficiency [roh]
**Entstaubungsanlage** dust removing plant [mas]
**Entstehung** origin [abc]
**entstören** suppress interference [elt]
**Entstörerbaugruppe** noise suppression assembly [elt]
**Entstörung** fault clearance [abc]; interference suppression [elt]
**Entstörzusatz** anti-interference device [elt]; interference suppressor [mot]
**Enttaschung** (trockene) dry ash removal [pow]
**Entwanzer** (debugger) debugger [edv]
**entwässerbar** drainable [pow]
**entwässern** (z.B. den Tank) drain [abc]
**entwässert** (z.B. Maschine) dehydrated [mot]; (z.B. Moorlandschaft) drained [far]
**Entwässerung** dewatering [was]; (Entwässerungsventil) drain valve [pow]; draining [bau]; (→ Überhitzer-E.)
**Entwässerungsgraben** draining ditch [bau]
**Entwässerungshahn** drain cock [pow]
**Entwässerungsschraube** water discharge screw [mot]
**Entwässerungstopf** (sammelt Wasser) drain cup [mot]

**Entwässerungsventil** (Ablaßventil) drain valve [pow]

**entweichen** (Gas, Gefangener) escape [mot]

**Entweihung** pollution [abc]

**entwickeln** (Foto, Plan) develop [abc]

**entwickelt** (gereift, fertig, gut) developed [abc]; (aus) evolved [abc]

**Entwicklung** (Entfaltung) unfolding [bau]; (Abwicklung) evolution [abc]; (→ Software-E.)

**Entwicklung und Produktion** development and production [edv]

**Entwicklungsfirma** developing company [abc]

**Entwicklungsumgebung** (COBOL) development environment [edv]

**Entwurf** (Skizze) study [con]; (erste Zeichnung) draft [abc]; (Plan, Gestaltung) layout [abc]; (→ Programme.)

**Entwurfzeichnung** design draft [con]

**entzerren** equalize [elt]; corrector [elt]

**Entzerrer** equalizer [elt]

**Entzerrung** compensation [elt]; equalization [elt]

**entziffern** (schlechte Schrift) decipher [abc]

**entzündbar** inflammable [mil]

**entzundern** decinder [met]

**Entzunderungsanlage** decindering plant [met]

**entzündlich** inflammable [abc]

**Entzündung** (→ Selbste.) combustion [pow]

**enzianblau** (RAL 5010) eentian blue [nrm]

**Epizentrum** epicentre [abc]

**Epoche** (Zeitraum) epoch [mot]

**Epoxid** (z.B. auf Schleifscheiben) epoxy [wst]

**erbitten** request [abc]

**erblicken** see [abc]

**Erbskohle** pea coal [pow]

**Erdarbeiten** earthworks [bod]

**Erdaushub** (Ausschachten) excavation work [bod]; (Ausschachten) ground

breaking [bod]

**Erdbau** earth work [bau]

**Erdbaumaschine** (Baumaschine) earthmoving machine [mot]

**Erdbeben** earth quake [geo]; (→ Tiefe.; → Flache.; → Starkbeben; → tektonisches E.; → vulkanisches E.)

**Erdbebengebiet** earthquake-prone area [geo]

**Erdbebengefährdung** seismicity [geo]; earthquake danger [geo]; earthquake hazard [geo]

**Erdbebengürtel** earthquake belt [geo]

**Erdbebenkräfte** earthquake-forces [geo]

**erdbebensicher** earthquake proof [bau]

**erdbebensichere Bemessung** seismic design [geo]

**Erdbebensicherung** making buildings resistant to earthquakes [bau]

**Erdbebenwelle** earthquake wave [geo]

**Erdbebenwirkung** seismic effect [geo]

**erdbeerrot** (RAL 3018) strawberry red [nrm]

**Erdbewegung** earthmoving [mot]

**Erdbewegungen** transport of soil [geo]

**Erdbewegungseinsatz** earthmoving application [mot]

**Erdbewegungsgerät** earthmoving unit [mot]

**Erdbewegungsgeräte** earthmoving machines [mot]

**Erdbewegungsmaschine** earth moving machine [mot]; earthmoving machine [mot]; EM [mot]

**Erdblock** adobe block [bau]

**Erdbohrgetriebe** earth auger drive [mbt]

**Erde** (Boden) soil [bod]

**Erde** (Boden, Grabgut) dirt [bau]; (unser Planet; → Welt) Earth [cap]; (→ Erdinneres; → Erdkruste; → Erdmantel; → Schwarze.)

**erden** (schutzerden) protection earth [elt]

**Erden** (elektrisches Schutzerden) protection earthing [elt]
**Erdgas** natural gas [pow]
**Erdgeschoß** ground floor [bau]
**Erdhobel** (→ Grader) grader [mbt]
**Erdinneres** interior of earth [min]
**Erdkern** earth's core [geo]
**Erdklammer** (zum Schutzerden) earth clamp [elt]; earth terminal [elt]
**Erdkruste** crust of the earth [geo]
**Erdleitung** (unter der Erde; Gas, Strom) underground line [abc]
**Erdmantel** mantle of the earth [abc]
**erdnahe** (Umlaufbahn) near-earth [mot]
**Erdöl** (Petroleum) mineral oil [roh]
**Erdöl- und Erdgasanlagen** oil and gas plants [pow]
**Erdölindustrie** oil industry [abc]
**Erdradius** earth's radius [geo]
**Erdreich** soil [bod]
**Erdschluß** (unerwünschte Masseleitung) earth fault [elt]
**Erdschlußschutz** (verhind. Erdschluß) earth fault protection [elt]
**Erdstraßen** earth roads [bau]
**Erdtaster** earthing key [elt]
**Erdung** (Schutzerdung) PE [elt]; (Schutzerdung) protection earthing [elt]; earth connection [elt]; ground [mbt]; (elektrisch) grounding [elt]
**Erdungsanschluß** earth terminal [elt]
**Erdungsbuchse** PE-socket [elt]; earthing socket [elt]
**Erdungsdrossel** discharge coil [elt]
**Erdungsklemme** PE-terminal [elt]; earth terminal [elt]
**Erdungsseil** PE cable [mot]; earthing cable [mot]
**Erdungsstange** PE-hook [elt]; earthing hook [elt]
**Erdungswiderstand** discharging resistor [elt]; earthing resistor [elt]
**Erdweg** (z.B. aus bindigem Boden) farming and forestry road [far]
**Ereignis** (→ positives E.) event [edv]

**ereignisorientierte Simulation** event-oriented simulation [edv]
**Ereignisprinzip** (Versicherung) occurrence [jur]; occurrence basis [jur]
**erfahren** experienced [abc]; (langjährig erfahren) grey [abc]
**Erfahrung** (Wissensbildung, Erlebnis) experience [abc]
**erfassen** (hochheben) pick up [mot]; (von Daten) collect [edv]
**Erfassung** (z.B. Datensammlung) acquisition [edv]; (Erwähnung z. B. in Buch) coverage [abc]; (auf Listen, EDV usw.) logging [abc]; (nach den Maßen) measuring [abc]
**Erfassungsanlage** (saugt an) suction equipment [mas]
**Erfassungsmodul** (E-Teil an Baggern) E module [mbt]; (E Teil an Baggern) electric module [mbt]
**Erfassungs-und Entstaubungsanlage** suctrion and dust removing equipment [mas]
**Erfolgsbedingung** (beim Lernen) felicity condition [edv]
**Erfolgskriterien** criteria for success [edv]
**erforderlich** (notwendig) necessary [abc]; (benötigt) required [abc]
**erforderliche Laufgenauigkeit** required concentricity [mot]
**erforderlicher Grundflächenbedarf** required building space [bau]
**erfordern** (benötigen) require [abc]
**Erfordernisse** desiderata [edv]
**erfüllbarer Ausdruck in der Logik** satisfiable expression [edv]
**erfüllt** (eine Bedingung ist erfüllt) fulfilled [abc]
**ergänzen** complete [abc]
**ergänzend** (zusätzlich) supplementary [abc]; complementary [abc]; (überlappend) completing [abc]
**ergänzender Versuch** additional test [mes]

**Ergänzung** supplement [abc]; (Vollendung) complement [abc]; (des Programms) complementing [edv]; completion [abc]; (Ausweitung, Vergrößerung) extension [abc]

**Ergebnis** (→ Betriebse.) operating data [abc]; performance data [pow]

**Ergebnis des Probelaufs** trial evaluation [abc]

**ergiebig** (z.B. Flöz im Bergbau) abundant [roh]

**Ergiebigkeit** (bei Farbe) tinctorial power [abc]

**Ergonomie** (Umgebung des Fahrers) operator's environment [mot]; (Ergebnis d. Ergon. f. Fahrer) ease and convenience [med]; (die wissenschaftl. Studie) ergonomics [med]

**ergonomisch** (körpergerecht) ergonomic [med]; (körpergerecht gebaut) for the operation ease and convenience [med]

**ergonomische Bequemlichkeit** (US) ease and convenience [abc]

**Ergußgestein** effusive rock [min]

**erhaben** (gegossen, eingegossen) projecting [mas]; (hervorstehend gegossen) raised [wst]; (gegossen, eingegossen) cast to be raised [wst]

**Erhalt** (Erhaltung Gebäude, Denkmal) maintaining [bau]

**erhalten** (beschaffen) obtain [abc]; (durch Anstrengung) obtain [abc]

**erhärten** harden [abc]

**Erhärtung** hardening [bau]

**Erhärtungszeit** hardening time [met]

**Erhebung** (Volksaufstand) upheaval [pol]

**Erhebung des Beitrages** collecting of the premium [jur]

**Erhebung von Ersatzansprüchen** raising of claims [jur]

**Erhebungsprinzip** (erst bei Anspruch) claims-made basis [jur]

**erhitzen** heat [abc]; (heiß machend) heat up [abc]

**erhöhen** (z.B. Kurve) superelevate [mot]; (z.B. das Fahrerhaus) elevate [mbt]; (z.B. Hitze, Geschwindigkeit) increase [abc]

**erhöht** (z.B. Plattform) elevated [mot]; (herausragend) exposed [bau]

**erhöhte Belastung** increased demand [mbt]

**erhöhte Zinkauflage** thicker coating of zinc [wst]

**erhöhtes Fahrerhaus** elevated cab [mbt]

**erholen** (von Streß, Arbeit) relax [abc]

**erholt** (durch Erholung) recreated [abc]; (von Streß, Arbeit) relaxed [abc]

**Erholung** (von Krankheit) recovering [med]; (im Urlaub) recreation [abc]; (Entspannung) relaxation [abc]

**erikaviolett** (RAL 4003) heather violet [nrm]

**Erinnerungsstück** (Andenken) artifact [abc]

**erkältet** (erkältet sein) cold [med]

**Erkältung** (leichte Krankheit) cold [med]

**erkennbar** (bemerkbar) noticeable [abc]

**Erkennbarkeit von Fehlern** flaw detectability [mes]

**erkennen** (verstehen) perceive [abc]; (wiedererkennen, anerkennen) recognize [abc]; (anerkennen) acknowledge [abc]; (Fehler, Verbrecher) detect [wst]

**Erkennung durch Berühren** recognition by touch [abc]

**Erker** (Vorbau an Haus) alcove [bau]

**erklären** declare [pol]; explain [abc]

**Erklärung** (feierliche, politische) declaration [abc]; (Verdeutlichung, Schildern) explanation [pol]

**Erkundung** reconnaissance [abc]

**Erkundungsbohrungen** exploratory drilling [roh]

**erlassene Gesetze** statutory laws [jur]

**erlassene Gesetze im Gegensatz zu Gewohnheitsrechten** statutory laws [jur]

**erlaubte Abweichungen** agreed concessions [con]

**Erlebnis** (Erfahrung) experience [abc]

**erleichtern** (eine Arbeit, Aufgabe) facilitate [abc]; (einfachere Aufgabe) make easier [abc]

**Erleichterung** (durch Teilentleerung) weight decreasing, part unloading [mot]

**Erleichterung (durch gute Nachricht)** relief [abc]

**Erlösung** (von Übel, Kummer) relief [abc]; (von Übel, relig.) delivery [abc]

**Ermetoverschraubung** ermeto coupling [mas]

**ermitteln** (herauskriegen) find out [abc]

**ermittelt** detected, determined [abc]; (festgelegt) laid down [abc]

**Ermittlung** (durch Polizei gefunden) detecting [pol]; (Feststellung) determination [abc]

**ermüden** tire [abc]

**Ermüdung** (von Material) exhaustion [wst]; (auch Material) fatigue [wst]

**Ermüdungsbruch** fatigue fracture [wst]

**Ermüdungserscheinung** signs of fatigue [mas]

**Ermüdungsriß** (Ermüdungsbruch) fatigue crack [wst]

**ermutigen** (ermuntern) encourage [abc]

**ermutigend** encouraging [abc]

**erneuern** (Freundschaft, altes Teil) renew [abc]; (z.B. Teile; ersetzen) replace [mas]

**erneuerungsbedürftig** repair-prone [abc]

**erniedrigen** (Druck; Temperatur) lower [pow]

**ernst** (im Ernst, ernsthaft) serious [abc]

**Erntezeit** harvest season [far]

**Erntezeiten** harvesting time [far]

**erodieren** (durchscheuern, abtragen) erode [met]

**Eröffnungsansprache** opening address [abc]

**Eröffnungstag** (des Geschäftes) opening day [mbt]

**Erosion** erosion [pow]; (→ Flugaschene.; → Rohr-E.)

**erosionsfest** erosion-resistant [pow]

**erproben** (überprüfen) test [abc]

**erprobt** (geprüft) tested [abc]

**erregen** (aufregen) excite [abc]

**Erregerstrom** exciting electricity [elt]

**erregt** (Mensch, Tier, Pflanze) excited [abc]; (elektr. Strom) excited [elt]

**Erregung** energization [mot]; energizing [elt]; (eines Strahlers) excitation [elt]; (Mensch, Tier, Pflanze) excitement [abc]; (→ sinusförmige E.)

**Erregung, glockenkurvenförmige** bell-shaped curve [phy]

**Erregung, ungleichförmige** non-uniform excitation [elt]

**Ersatz** replacement [abc]; substitute [abc]

**Ersatzbatterie** spare battery [elt]

**Ersatzfehler** equivalent flaw, substitute flaw [elt]

**Ersatzgerät** spare machine, replacement [mas]

**Ersatzkeilriemen** spare fan belt [mot]

**Ersatzleistung** deductibles [jur]

**Ersatzrad** spare tire [mot]; spare wheel [mot]

**Ersatzschaltung** (vereinfacht) simplified circuit [elt]

**Ersatzschlüssel** spare key [wzg]

**Ersatzschneide** spare cutting edge [mas]

**Ersatzsignal** (Sondersignal) subsidiary signal [mot]

**Ersatzteil** service part [mas]; (für Ausfall bereit) spare part [mas]; (für schnellen Verbrauch) fast-moving part [mas]; (vorsorglich bereitliegend) insurance part [mas]

**Ersatzteilblattnummer** number of sheet of parts list [con]

**Ersatzteile** (Service u. Verschleiß) parts [abc]; repair parts [mas]; (Ersatz- und Verschleißteile) spare and wear parts [mas]; (in Ersatzteilliste) spare parts [mas]; (Verschleißteile) wear and tear parts [mas]

**Ersatzteile für Axialkompensator** spares for axial compensator [mas]

**Ersatzteile für Speicherwinde** spares for storage winch [mas]

**Ersatzteile für Trommelwelle** spares for drum shaft [mas]

**Ersatzteillager** parts centre [abc]; parts depot [abc]; spare parts depot [mbt]

**Ersatzteillieferant** spare parts supplier [abc]

**Ersatzteilliste** (Teileliste) parts list [mot]; spare parts list [mbt]; list of spare parts [mot]

**Ersatzteilreklamation** warranty claim on parts [abc]

**Ersatzteilsatz** spare parts kit [mbt]

**Ersatzteilunterlagen** spare parts documents [mbt]

**Ersatzteilzeichnung** part drawing [mbt]

**Ersatzwert** (voreingestellter Wert) default [edv]

**erschließen** (z.B. Baugrund) develop [bau]

**Erschließungskosten** (z.B. Baugrund) development costs [bau]

**erschöpfen** exhaust [abc]

**erschöpft** (Mensch) exhausted [abc]

**Erschöpfung der Deckungssumme** exhaustion of the limit [jur]

**Erschütterung** (seelisch) shock [abc]; (Schwingung) vibration [abc]; (durch Straße) bump, shock [bau]; (plötzliches Reißen) jerk [abc]; (Zerren; meist zur Seite) jerk [mot]

**erschütterungsreich** operate with large no. of vibrations [abc]

**ersetzen** (gleichwertig gut) replace [mot]; (minderwertig) substitute [abc]

**ersetzt** substituted [abc]

**ersetzt durch** (gleichwertig) replaced by [abc]; (z.B. Glas durch Pappe) substituted by [abc]

**Erstabnahme** (Abnahme Erstgerät) first off [abc]

**erstarren** (festwerden) solidify [abc]

**Erstarren** (Festwerden) solidification [abc]

**Erstarrungsgesteine** ingeneous rock [min]

**Erste Hilfe** (bei Verletzten) first aid [med]

**erste Wahl** (z.B. Lebensmittel) prime choice [abc]

**Erste-Hilfe Station** faid ward [med]

**erstellen** (einer Zeichnung) prepare, make [abc]; (z.B. eines Hauses) building [bau]; (eines Planums) level and finish [mbt]

**erster Gang** (beim Auto) first gear [mot]; (einer Maschine) first speed [mot]; (der "kleine" Gang) low gear [mot]

**Ersticken** (z.B. Tod durch Luftmangel) asphyxia [abc]

**erstklassig** prime choice [abc]

**erstmals** for the first time ever [abc]

**erstreckt sich auf ...** extends to ... [jur]

**Ertrag** (Ausstoß einer Maschine) output [mot]

**ertragreich** efficient [abc]; (→ ergiebig)

**ertränken** drown [abc]

**ertrinken** drown [abc]; drowning [abc]

**erwägen** (<untätig> betrachten) contemplate [abc]

**erwähnenswert ist ...** worthy of mention is ... [abc]

**erwarten** (hoffen) expect [abc]; expected [abc]

**Erwartungsbereich** expectancy range [elt]

**erweitern** (z.B. Bohrloch breiter) ream [met]; (ausbauen) extend [abc]

**erweiterte Regel** augmented rule [abc]

**Erweiterung** (einer Anlage) extension [pow]

**Erweiterungseingang** expanding input [mot]

**Erwerbsunfähigkeit** physical disability [med]

**Erz** (Boden mit Metallverbindungen) ore [roh]

**Erzbeteiligungen** interest in ore mining companies [eco]

**erzeugen** (einen Druck) build up [abc]

**Erzeuger** (z.B. von Schwingungen) exciter [mot]; (Strom) generator [elt]; (→ Dampfe.)

**Erzeugnis der stahlnahen Weiterverarbeitung** processed and finished steel product [mas]; products of steel-relevant treatment [mas]

**Erzeugnisse des Stahlbereichs** products of the steel division [mas]

**Erzeugung** (Anfertigung, Herstellung) production [abc]; (→ Wellene.)

**Erzschlammgewinnungsgerät** ore-mud suction dredge [roh]

**Erzvorkommen** (im Boden) ore body [roh]

**erzwingen** enforce [abc]

**erzwungen** enforced [abc]

**erzwungene Schwingung** forced oscillation [elt]; forced vibration [phy]

**erzwungenermaßen** by force [mil]

**E-Schweißen** (Elektroaschweißen) SMAW [met]; (Elektroschweißen) electric welding [met]

**E-Schweißer** E-welder [met]

**eskalieren** (ansteigen) escalate [abc]

**ESO** (Eisenbahnsignalordnung) railway signal rules [mot]

**Esse** (Fabrikschornstein, Schlot) smokestack [mas]; (Kamin) chimney [pow]

**essen** eat [abc]

**Essig** vinegar [abc]

**Estrich** screed [bau]

**Etage** (Bergbau) floor [roh]; (im Haus, erste Etage) floor [abc]; (Bergbau) level [roh]

**E-Teil** (Ersatzteil) part [abc]

**E-Teilreklamation** (Ersatzteilreklamation) warranty claim on parts [abc]

**ET** (Ersatzteil) wear part [mbt]; (Eigentumswohnung) condo [bau]

**Eternit** (Asbestzement) eternit [wst]

**Etheranlasser** (kalte Temperaturen) ether start [mot]

**Etherstart** (f. kalte Temperaturen) ether start [mot]

**Etherstarthilfe** ether starting aid [mot]

**Etherzerstäuber** ether discharger [mot]

**Ethik** ethics [abc]

**Etikett** (meist als Anhänger) tag [abc]; (meist aufgeklebt) label [abc]

**etwaig** (mögliche Ansprüche...) possible [jur]

**eutektisch** (Stahllegierung) eutectic [wst]; (→ übereut., untereut.)

**Evidenzverhältnis** certainty ratio [edv]

**Evidenzwert** certainty factors [edv]

**EVO** (Eisenbahnverkehrsordnung) railway operating rules [mot]

**evolventenverzahnt** (-e Welle) involute geared [mot]

**evolventenverzahntes Rad** involute gear wheel [mot]

**Evolventenverzahnung** involute gearing [mot]; involute toothing [mas]

**E-Werk** (Elektrizitätswerk) power station [elt]

**EWG** (in Zeichnung: entgegen wie gezeichnet) mirror-inverted [con]

**ewiger Frost** (Sibirien) permafrost [abc]

**Exemplar** copy [abc]; (Objekt) instance [edv]

**ex-geschützt** explosions-proof [elt]

**Existenzquantor** existential quantifier [edv]

**Experte** (Fachmann) expert [abc]

**Expertenproblem-Lösung** expert problem solving [edv]

**Expertensprache** (EDV, z.B. Assembler) expert language [edv]

**Expertensystem** expert system [edv]; (→ großes E.)

**Explosion** (Detonation) explosion [roh]

**Explosionen zählen** count explosions [roh]

**Explosionsdruck** (Zerknall) bursting pressure [phy]; explosion pressure [roh]

**Explosionsgase** explosion fumes [roh]

**Explosionsmotor** internal combustion engine [mot]

**Explosionsraum** combustion chamber [mot]

**Explosionsschweißen** explosion welding [met]

**explosionssicher** explosion-proof [roh]

**Explosionstür** explosion door [pow]

**Explosionswelle** explosion train [roh]

**Explosionszünder** detonating primer [roh]

**Exponat** (Ausstellungsstück) exhibit [abc]

**Exponentialfunktion** exponential function [mat]

**exponentiell** exponential [mat]

**exponentielle Glättung** exponential smoothing [mat]

**extern** external [abc]

**externe Meldung** extraneous information [mbt]

**externer Auftrag** external order [abc]

**exterritorial** (z.B. Botschaft) extraterritorial [pol]

**Extinktion** (Vernichtung) extinction [abc]

**Extraausgaben** extras [abc]

**extrastark** (verstärkt) heavy duty [abc]

**extrem** extremely [abc]

**Extruder** (Granulatformer) extrusion plant [wzg]

**Exzedent** (nachgeschalt. Vers. vertrag) excess liability insurance [jur]

**Exzenterbewegung** eccentric motion [mot]

**Exzenterkurve** cam contour [mot]

**Exzenterwelle mit Verstellhebel** eccentric shaft and adjusting lever [mot]

# F

**F.S.** (→ Fabrikschweißung) shop welding [met]

**Fabrik** (Werk) plant [abc]; works [abc]; (Produktionsstätte) factory [abc]; mill [abc]

**Fabrikant** (stellt etwas her) fabricator [abc]; factory owner [abc]; manufacturer [abc]; (Marke) make [abc]

**Fabrikation** manufacture, manufacturing [abc]

**Fabrikationsfehler** defect in manufacturing [jur]; flaw [met]

**Fabrikationsnummer** serial number [mbt]

**Fabrikationsstätte** production plant [abc]

**Fabrikeinstellung eines Ventils** factory preset [mot]

**Fabriknummer** serial number [mas]

**Fabrikschweißung** (F.S.) shop welding [met]

**Facharbeiter** (erfahren oder angelernt) skilled worker [abc]

**Fachausdruck** (Fachwort) technical term [abc]

**Fächer** (z.B. Regal) partitions [bau]

**fächerförmig** (flach, Drittelkreis) fan-shaped [roh]

**Fächerscheibe** (Unterlegscheibe) serrated lock washer [mas]; washer [mas]; (in E-liste) fan-shaped washer [mas]

**Fachgebiet** (Ressort) field [abc]

**fachgerecht** (profimäßig) professional [abc]; (angelerntes Personal) skilled [abc]; (fachgerechte Reparatur) workmanlike [abc]; (mit handwerklichem Können) workmanlike [abc]

**Fachgutachten** (auch schriftlich) expert opinion [abc]

**Fachhochschule** polytechnic [abc]

**Fachingenieur** (z.B. Schweißingenieur) expert engineer [abc]

**Fachmann** (Experte) expert [abc]

**fachmännisch** (fachgerecht, ordentlich) expert [abc]

**Fachnummer** (Hof, Regal, Lager) location reporting [abc]

**Fachorgan** (Fachzeitschrift) journal [abc]

**Fachvokabularium** terminology [abc]

**Fachwerk** (Holz- und Lehmverbindung) half-timbered construction [bau]

**Fachwerkbauweise** (Rolltreppen) framework construction [mbt]; lattice framework [mbt]

**Fachwerkbrücke** girder bridge [bau]

**Fachwerkhaus** (Holzrahmen, Lehmfüllung) half-timbered house [bau]

**Fachwerkkonstruktion** (Stahlbau) girder construction [bau]; (Rolltreppe) lattice construction [mas]

**Fachwort** (Fachausdruck) technical term [abc]

**Fachzeitschrift** (Organ) trade journal [abc]; journal [abc]

**Fackel** (z.B. Pechfackel) torch [abc]

**Faden** (Garn) thread [abc]

**Fadenkorrektur** emergent stem correction [pow]

**Fadenkreuz** (an Gewehr) cross-hair sight [mil]

**fadenscheinig** (sehr dünn, durchsichtig) flimsy [met]

**fadenscheinige Ausrede** flimsy excuse [abc]

**fähig** (imstande, fit) able [abc]

**Fähigkeit** (des Fachmanns) competency [abc]

**Fahne** flag, banner, standard [pol]; (vorspringendes Teil) lug [mas]

**Fahnenstange** flagpole [pol]

**Fahrantrieb** (des Baggers) crawler unit [mbt]; (→ Endantrieb) drive unit [mot]

**Fahrausweis** (der Bahn) ticket [mot]

**Fahrbahn** pavement [mot]; (Straße allgemein) road [mot]; carriageway [bau]; (Fahrspur) lane [mot]

**Fahrbahnanpassung** (mit Pendellagerung) road adjusting [mot]

**Fahrbahnbreite** carriage width [mot]

**fahrbar** mobile [mot]

**fahrbare Plattform** (z.B. auf Tunnelwagen) aerial platform [mbt]

**fahrbarer Kohlenverteiler** (über Bunker) travelling belt conveyor [pow]

**Fährboot** (klein, zum Staken) punt [mot]

**Fahrbremse** service brake [mot]

**Fahrbremsventil** travel retarder valve [mbt]

**Fahrdienstleiter** (der Bahn) local operating manager [mot]

**Fahrdienstvorschrift der Bahn** railway operating rules [mot]

**Fahrdraht** catenary wire [mot]

**Fahrdruck-Änderungspaket** travel pressure modification kit [mbt]

**fahren** (ein Rad, Motorrad) ride [mot]; (Baumaschine; mit Warnlicht) tramming [mbt]; (reisen) travel [abc]; (am Steuer, z.B. Auto, Lok, Bus) drive [mot]; (mitfahren) go [mot]

**fahren mit ...** go by ... [mot]

**Fahrenheit** (Temperatur; → °F) Fahrenheit [phy]

**Fahrer** (auf Baumaschine, Bagger, usw) operator [mot]; (Lkw, Pkw) driver [abc]; (eines Automobils) motorist [mot]

**Fahrerhaus** operator's cab [mbt]; cab [mbt]

**Fahrerhausboden** cab floor [mot]

**Fahrerhausheizung** cab heater [mot]; cab heating system [mot]

**Fahrerkabine** operator's cab [mot]; cab [mot]

**Fahrerkomfort** operator's comfort [mot]; operator's ease and convenience [mot]

**Fahrerplatzgeräuschpegel** noise level at operator's seat [mot]

**Fahrerposition** operator position [mot]

**Fahrersitz** (Baumaschine) operator's seat [mot]; (Pkw, Lkw) driver's seat [mot]

**Fahrerstand** (bei Grader) operator position [mot]; (Baumaschine) operator's cab [mot]

**Fahrerstandbügel** (Geländer) operator position hoop [mot]

**Fähre** ferry [mot]

**Fahrgeschwindigkeit** speed [mot]; travel speed [mbt]; travelling speed [mot]

**Fahrgestell** (einer Brecheranlage) travelling mechanism [roh]; (des Waggons) carriage [mot]; (z. B. bei Kranfahrzeugen) carrier [mbt]; chassis [mot]

**Fahrgetriebe** gearbox [mot]

**Fahrgetriebeschaltung** (im Mobilbagger) travel gear shift [mbt]

**Fahrhebel** lever [mot]

**Fahrkarte** (der Eisenbahn) train ticket [mot]

**Fahrkartenschalter** (der Eisenbahn) ticket office [mot]; (der Eisenbahn) ticket window [mot]

**Fahrkette** (der Kettensatz) track set [mbt]

**Fahrkomfort** (z.B. auf Baumaschine) operator's comfort [mot]

**Fahrlehrer** (in Fahrschule) driving instructor [mot]

**Fahrmischer** truck mixer [mbt]

**Fahrmotor** (an Raupenkette) final drive [mot]

**Fahrpedal** accelerator pedal [mot]

**Fahrplan** (von Bahn, Bus) schedule [mot]; (von Bahn, Bus) time table [mot]

**Fahrplanauskunft** (von Bahn, Bus) time table information [mot]

**Fahrplanum** (des Eimerkettenbaggers) track level [mbt]

**Fahrportal** (des Kranes) travelling gantry [mbt]

**Fahrrad** (kurz: Rad) bicycle [mot]; (mit dem Fahrrad) bike [mot]

**Fahrrinne** channel [mot]; fairway [mot]

**Fahrschein** (von Straßenbahn, Bus) ticket [mot]; (für die Fähre) ferry ticket [mot]

**Fahrscheinwerfer** headlight [mot]

**Fährschiff** ferry [mot]

**Fahrschule** school of driving [mot]

**Fahrschütz** contactor [elt]

**Fahrspur** (auf Straße markiert) lane [mot]

**Fahrspuren** (von Fahrzeugen gemacht) tire tracks [mot]

**fahrstabil** stable during travelling [mot]

**Fahrsteig** autowalk [mbt]

**Fahrstellung** travelling position [mas]

**Fahrstraße** (für einen Zug) running track [mot]; (freie Fahrstraße für Zug) track cleared to accept a train [mot]; track set up for the next move [mot]

**Fahrstufe** travelling range [mas]

**Fahrstuhl** (Lift) elevator [bau]; (Aufzug) lift [bau]

**Fahrstuhlfanggerät** escalator arresting-device [bau]; escalator arresting-device [bau]

**Fahrstuhlkorb** car [mbt]

**Fahrt** (Mitfahrt, auch Anhalter) ride [abc]

**Fahrtenschreiber** tachograph [mot]

**Fahrtreppe** escalator [mbt]

**Fahrtrichtung** (Rolltreppe) running direction [mbt]; direction of travelling [mot]

**Fahrtrichtungsanzeigeleuchten** direction indicator lights [mot]

**Fahrtrichtungsanzeiger** directional indicator [mot]

**Fahrtroute** route [mot]

**Fahrtschreiber** tachograph [mot]

**Fahrtstrecke** route [mot]; (der Muldenkipper) haul road [mot]; (der Muldenkipper) haul way [mot]

**Fahrverhalten** travelling behaviour [mot]

**Fahrwerk** (Raupengerät) track set [mbt]; (einer Brecheranlage) travelling mechanism [roh]; (Flugzeug) undercarriage [mot]; (Chassis von Kfz, Lader) chassis [mot]; (Raupenbagger/gerät) crawler unit [mbt]; (Flugzeug) landing gear [mot]

**Fahrwerkbremse** travel brake [mas]

**Fahrwerkskonstruktion** design of the chassis [mot]

**Fahrwerksrahmen** chassis frame [mbt]

**Fahrwerkswelle** (senkrecht) king post [mot]

**Fahrwiderstand** resistance to forward motion [mot]; (Reifen, Wind) road resistance [mot]

**Fahrzeug** (Lok, Triebwagen usw.) vehicle [mot]

**Fahrzeugbau** (Landwirtschaft, Pkw, Nutzfahrzeuge) vehicle manufacturing [mot]

**Fahrzeugbrief** (Kfz-Brief) title document of the vehicle [mot]

**Fahrzeughalter** (von Auto, Schiff) owner [jur]

**Fahrzeugmotor** vehicle engine [mot]; carrier engine [mot]

**Fahrzeugnavigation** car navigation [mot]

**Fahrzeugpark** (Bestand und Parkplatz) motor pool [mot]

**Fahrzeugteile** vehicle parts [mot]

**Faktor** factor [abc]; (→ Verlustf.; → Sättigungsf.)

**Fall** (Neigung, Senkung) pitch [abc]; (in diesem Fall) case [abc]; (vom Tisch, Berg) drop [abc]

**Fäll- und Entastungsgerät** (Forstw.) feller delimber equipment [far]

**Fallbirne** tamper [mbt]; bomb [mbt]

**Fallbirne** (Knäpperarbeit, Abbruch) drop ball [mbt]

**Fallbodenbehälter** drop-bottom bucket [mot]

**Falle** (Wasser-, Tierfalle) trap [bff]

**Fälleinrichtung** feller attachment [far]

**fallen** (runter-, hinfallen) fall [abc]

**fallender Zug** (Fallzug) downward gas passage [pow]

**fällen** (einen Baum fällen) fell [abc]

**Fallgewicht** weight of hammer [bau]; tamper [mbt]

**Fallhöhe** height of drop [abc]

**Fallkugel** (Knäpperarbeit) drop ball [mbt]

**Fällmittel** precipitating agent [pow]

**Fallnaht** (Profi-Bezeichnung) vertically down [met]; (senkrechtes Schweißen) downhand welding [met]

**Fallrohr** downcomer [pow]; (→ unbeheiztes F.)

**Fallrohrsammler** downcomer header [pow]

**Falls erforderlich bearbeiten** (in Zeichn.) machine if needed [con]

**falls nicht** unless [abc]

**Fallschirm** (im Heißluftballon) parachute operated by parabolic valve [mot]

**Fallschirmventil** parachute valve [mot]

**Fallschnitt** (im Tagebau) dropping cut [roh]

**Fallstromvergaser** down-draught carburetter [mot]

**Fallzug** (Steigzug; Aufwärtszug) upward gas passage [pow]; (fallender Zug) downward gas passage [pow]

**FALSCH** (in der Logik) FALSE values [edv]

**falsch montiert** incorrectly fitted [met]

**falsche Anbringung** (paßt nicht) misalignment [mas]

**falsche Anwendung von Regeln** rule misapplications [edv]

**falscher Alarm** false alarm [pol]

**Falschluft** air infiltration [pow]

**faltbar** (klappbar) collapsible [abc]

**faltbarer Hocker** (Klappstuhl) folding chair [bau]; (Klappstuhl) folding stool [bau]

**Faltblatt** folding leaf [abc]

**Faltdach** (am Güterwagen) folding roof [mot]

**Falte** (Bügelfalte) crease [abc]; (im Kleid) fold, crease [abc]

**falten** fold [abc]

**Faltenbalg** bellow [mas]

**Faltenbalg** (zwischen Waggons) corridor connection [mot]

**Faltenrohrbogen** corrugated expansion bend [pow]

**Faltenschlauch** accordion hose [mas]

**Faltspriegel** folding bow [met]

**Falttür** folding door [mot]

**Faltung** (beim Bildverstehen) convolution [edv]

**Faltungen** foldings [bau]

**Falz** (Nut, Rille) nick [met]; notch [wst]; rebate [abc]; (Faltung) fold [met]; (im Fenster) groove [bau]

**Familienname** (Nachname) family name [abc]

**Familienunterkünfte** family accommodation [bau]

**Fanfare** (lautes Preßlufthorn) air horn [mot]; (lautes Preßlufthorn) horn [mot]

**Fangband** rebound strap [mot]

**Fangrost** screen [pow]; slag screen [pow]

**Fangrostrohr** screen tube [pow]

**Fangschlinge** trap [bff]; (an Drehgestell) catching loop [mbt]

**Fangvorrichtung** (wie Falle) trap [bff]; (Arretierung) arrester [mas]; (am Eisenbahngleis) check rail [mot]; (der Seilbahn) gripping device [mot]

**Farbansprache** designation of colours [abc]

**Farbanstrich** paint coating [nrm]; (Lackierung d. Geräte) painting [nrm]; colour coating [bau]; (der Bahn) livery [mot]; paint finish [nrm]

**Farbband** (bei Schreibmaschine) ribbon [abc]; (bei Schreibmaschine) typewriter ribbon [abc]; (bei Schreibmaschine) inking ribbon [abc]

**Farbe** paint [nrm]; (Eindruck, nicht Material) colour [abc]; (Einfärben) dye [abc] cheapener

**Farbeindringprüfung** liquid penetration test [nrm]

**Farbeindringprüfung und Magnetpulverprüfung** liquid penetration and magnetic particle test [nrm]

**färben** (tönen) tint [abc]; (bunt machen) colour [abc]; (der Haare) dye [abc]

**farbige Handläufe** coloured handrails [mbt]

**farblos** colourless [abc]

**Farbläufer** paint run [nrm]

**farblos** colourless [abc]

**Farbrauchgeschoß mit inertem Stoff** coloured marker shell with inert substance [mil]

**Farbreihen** (z.B. in RAL - Liste) series of colours [nrm]

**Farbschichtdicke** coat thickness [wst]

**Farbschichtdickenmeßgerät** thickness measuring device for coats of paint [mes]

**Farbspritzer** (vorbei gespritzt) overspray of paint [nrm]; (Kleckse) paint splatter [nrm]

**Farbspritzverfahren** paint spraying [nrm]

**Farbstruktur** paint structure [nrm]

**Farbtafel** colour chart [nrm]

**Farbton** shade of colour [nrm]

**Färbung** colouring [abc]

**Farbveränderung** change in colour [abc]

**farngrün** (RAL 6025) fern green [nrm]

**Fase** chamfer [met]

**Faser** fiber (US) [bff]; fibre (GB) [wst]

**faserfrei** (-es Tuch; Putzlappen) non-fibre [abc]

**faserverstärkt** (-er Kunststoff) fibre-reinforced [wst]

**Faß für giftig Stoffe** (Giftstoffe) drum for poisonous substances [mas]

**Faß für radioaktiven Abfall** drum for radioactive waste [mas]

**fassen** (z.B. ein Ziel ins Auge fassen) fix [mil]; (ergreifen, packen) grab [mot]

**Faßkippklammer** drum tilting clamp [mot]

**Faßklammer** drum clamp [mot]

**Faßklammer mit Seitenschub** drum clamp with side shift [mot]

**Faßpumpe** (auf Schmierstofftrommel) drum pump [mbt]

**Fassung** (der elektrischen Birne) socket [elt]

**Fassungsvermögen** capacity [wst]

**fast** (z.B. fast ideal) almost [abc]

**Fastunfall** (fast ein Zusammenstoß) near miss [abc]

**Faß** (Bier) barrel [abc]; (Bier) keg [abc]

**fauchen** snarl [bff]

**faulig** rotten [abc]

**Faulschlamm** sapropel [bod]

**Faustachse** stub axle [mot]

**Fäustel** (DIN 6475) sledge hammer [wzg]; lump hammer [wzg]

**Faustlager des Laufwerkrahmens** inner track roller frame bearing [mas]

**Faustregel** (nach allgem. Erfahrung) rule of the thumb [abc]

**fayenceblau** (Englischblau) porcelain blue [mbt]

**Fe-C-Diagramm** (Eisen-Kohlenstoff-Diagramm) iron-carbon-equilibrium diagram [wst]

**Feder** spring ring [mot]; (an Radialdichtringen) garter spring [mas]; (Schnapper) key [mas]; (Spiraldruckfeder, z.B. im Puffer) recoil spring [mas]; (vom Vogel) feather [bff]; (z.B. Spiralfeder) spring [mas]; (→ Biegef.; → Bimetallf.; → Blattf.; → Drahtformf.; → Drehstabf.; → Druckf.; → Druckventilf.; → Düsenf.; → Entlastungsf.; →

Flachformf.; → Flachspiralf.; →
Gleitf.; → Halbf.; → Hinterf.; → Kegel-
stumpff.; → Kettenspannf.; → Klin-
kenf.; → Kolbenf.; → Kupplungs-
druckf.; → Paßf.; → Querf.; → Reg-
lerf.; → Riegelf.; → Rückholf.; →
Rückzugf.; → Saugventilf.; → Schei-
benf.; → Schenkelf.; → Schraubenf.; →
Sitzf.; → Spannf.; → Synchron-F.; →
Tellerf.; → Ventilf.; → Viertelf.; →
vorgespannte F.; → Zugf.)

**Federabmessung** spring measurement
[mbt]

**Federanschlag** spring stop [mas]

**Federapparat** (hinterer Anschlag)
back stop [mbt]

**Federaufhängung** spring suspension
[mas]

**Federaufhängungsteile** spring suspension components [mas]

**Federauge** rolled end of a spring
[mas]; spring eye [mas]

**Federausgleichhebel** spring compensation lever [mas]

**Federbalg** bellows [mas]

**Federband** spring bracket [mas]

**Federbandstahl** spring band steel
[mas]

**Federbein** strut [mot]

**federbelastet** spring-loaded [mas]

**federbelastetes Sicherheitsventil**
spring-loaded safety valve [mas]

**Federblatt** spring leaf [mas]; spring
plate [mas]; leaf [mas]; (oberstes)
master trigger unit [mas]

**Federblech** spring plate [mot]

**Federbock** spring bracket [mas]

**Federbolzen** screw-down bolt [mot];
spring bolt [mot]

**Federbuchse** spring bushing [mot]

**Federbügel** spring clip [mas]; spring
U-bolt [mot]

**Federdeckel** spring cover [mbt]

**Federdiagramm** spring diagram [mas]

**Federdraht** spring wire [mas]

**Federdrahtring** circlip [wst]

**Federdruck** spring pressure [mas]

**Federdruckbremse** (in Zeichnungen)
coil-spring pressure [wst]

**Federeinrichtung** spring device [mas];
(am Waggon) draft gear [mot]

**Federelemente** springs [mas]

**Federfabrik** spring company [mas]

**federführend** main contractor [abc]

**federgespeichert** spring-loaded [mas]

**Federgleitpilz** spring pressure pad
[mas]

**federhart gezogener Draht** hard
drawn wire [met]

**Federhülse** spring cover [mas]

**Federkennlinie** characteristic curve of
spring [wst]

**Federkiel** quill of a feather [bff]

**Federklammer** spring clip [mas]; (für
Schwelle) elastic rail clip [mot]

**Federklemme** clip [wst]

**Federklemmschraube** spring clamp
screw [mas]

**Federkraft** spring force [mot]; spring
load [mas]

**Federkraftlichtbogenschweißen** arc
welding with spring press electric feed
[mas]

**Federlager** spring bushing [mas];
spring hanger [mot]; (→ Gummif.)

**Federlänge, belastet** spring length,
loaded [mas]

**Federlänge, unbelastet** spring length,
unloaded [mas]

**Federlasche** spring shackle [mot]

**Federleiste** pin connector [mas]

**Federn und Maschinenteile** springs
and bright machine parts [mas]

**Federnagel** (Schiene - Schwelle) elastic rail spike [mot]; (Verbindung
Schiene - Schwelle) flexible spike
[mot]

**federnd** spring-mounted [mas]

**federnde Abdichtung** resilient seal
[mot]

**federnde Aufhängung** spring hangers
[mot]; spring support [mot]

**Federnsatz** spring assembly [mas]
**Federöse** spring eye [mas]
**Federpaket** spring assembly [mas]
**Federpuffer** spring bumper pad [mot]
**Federring** retaining ring [mas]; spring lock washer [mas]; spring ring [mas]; (Federscheibe an Schwelle) spring washer [mot]; wave washer [mas]; lock washer [mas]
**Federring, gewellt** wave spring lock washer [mas]
**Federring, gewölbt** curved spring lock washer [wst]
**Federsatz** spring assembly [mas]
**Federschake** (Blattfeder/F-ausgleich) spring shackle [mas]
**Federschakenstein** spring shackle connection [mas]
**Federscheibe** (Unterlegscheibe) spring washer [mas]
**Federscheibe, gewellt** wave spring washer [mas]
**Federscheibe, gewölbt** curved spring washer [wst]
**Federschleifautomat** spring-end grinder automatic [mas]
**Federschraube** spring screw [mot]
**Federschuh** spring saddle [mot]
**Federschutz** spring gaiter [mot]
**Federsicherheitsventil** spring-loaded safety valve [mot]
**Federspannplatte** spring tension plate [mot]
**Federspannung** spring tension [mas]; spring tensioning [mas]
**Federspeicher** spring load [mas]
**Federspeicherbremszylinder** spring brake cylinder [mot]
**Federspeicherbremse** spring-loaded brake [mas]
**Federspeicherentsperrventil** spring-loaded release valve for parking brake [mot]
**Federspeicherzylinder** spring-loaded cylinder [mot]

**Federspeicherzylinder für Feststellbremse** spring-loaded cylinder for parking brake [mot]
**Federspiel** spring clearance [mas]
**Federsplint** spring clip [mot]; spring cotter pin [mas]
**Federstahl** spring steel [wst]
**Federstecker** spring cotter of a bolt [mas]
**Federstift** perch bolt [mas]; spring centre bolt [mas]
**Federteller** spring cap [mas]; spring plate [mot]; spring seat [mas]; washer [mbt]
**Federtisch** spring table [mas]
**Federträger** spring bracket [mot]
**Federung** (des Waggons) spring suspension [mot]; (des Waggons) springs [mot]; suspension [mas]
**Federungselemente** elements for spring suspensions [mas]
**Federunterlage** spring pad [mot]
**federunterstützt** spring-supported [mas]
**Federverschluß** spring lock [mas]
**Federverschlußglied** spring clip connecting link [mas]
**Federweg** spring deflection [mas]; spring distance [mbt]
**Federweg je Windung** spring deflection of single coil [mas]
**Federzinken** hay-bob tine [mas]
**Federzungenweiche** long-blade switch [mas]
**fegen** sweep [abc]
**Fegerinne** (zwischen Hauswand und Balustrade) sweeping groove [mbt]
**fehgrau** (RAL 7000) squirrel grey [nrm]
**Fehlanpassung** mismatch [mas]
**Fehlanzeige** (Meldung, daß nicht so) negative report [abc]; (unrichtige Anzeige) faulty measurement [abc]
**Fehlbetrag** wantage [abc]
**fehlende Maße** (in Zeichnungen) unlisted dimensions [con]

**fehlende Maße nach Code Nr. xx**
(in Zeichnungen) unlisted dimensions according to code xx [con]
**fehlende Nähte** missing seams [met]
**fehlende Teile** missing parts [abc]
**Fehler** (allgemein, auch Sport) fault [abc]; (flächiger F.) plane flaw [mas]; (im Material) defect [wst]; (in System oder Programm) error [edv]; (künstlicher F.) artificial flaws [mas]; (Lunker) cavity [wst]; (Materialf.) flaw [met]; (Schwierigkeit) trouble [abc]; (technischer Defekt) failure [abc]; (→ absoluter F.; → Schaden)
**Fehler im Hydrauliksystem** failure in hydraulic system [abc]
**Fehleramplitude** flaw echo amplitude [mes]
**Fehleranalyse** analysis of mistakes [mat]
**Fehleranzeige** flaw indication [mes]; flaw signal [mes]
**Fehleranzeigenbeurteilung** flaw signal diagnosis [mes]
**Fehlerart** type of fault [mas]; type of flaw [mas]
**Fehlerausdehnung** flaw extension [mes]
**Fehlerbehebung in EDV-Programmen** debug [edv]
**Fehlerbeschreibung** describing of the fault [abc]
**Fehlerbeseitigung** trouble shooting [mas]
**Fehlerecho** flaw echo [mes]
**Fehlerfindung** (→ Schadensfindung) fault finding [abc]
**Fehlerfindung und -beseitigung** trouble shooting [mas]
**Fehlerform** shape of flaw [mas]
**fehlerfrei** no defaults [abc]; (richtig) accurate [abc]; flawless [abc]; (-e Schweißnähte) free from any discontinuities [met]; immaculate [abc]

**fehlerfreie Schweißnaht** seam, free from any discontinuities [met]
**Fehlergröße** flaw size [elt]
**Fehlergrößenausmessung** flaw size measurement [mes]; flaw size determination [mes]
**fehlerhaft** (nicht einwandfrei) objectionable [abc]; (Anzeige) spurious indication [abc]; (mangelhaft) defective [wst]; (mangelhaft) faulty [wst]; (unrichtig) incorrect [abc]
**fehlerhafte Anzeige** false indication [abc]
**Fehlerhäufigkeit** rate of occurrence [abc]
**Fehlermeldung** (z.B. Bord Control) fault information [mot]
**Fehlernachweisbarkeit** flaw detectability [mes]
**Fehlernachweisempfindlichkeit** flaw detection sensitivity [mes]
**Fehlerortung** flaw location, orientation [mes]
**Fehlerortungshilfen** flaw location aids [mes]
**Fehlerortungsskala** flaw location scale [mes]
**Fehlerschlüssel** (Schadenschlüssel) type of fault [mas]
**Fehlersicherung** protection against errors [edv]
**Fehlersignalfreigabe** flaw signal release [mes]
**Fehlersignalspeicher** flaw signal store [elt]
**Fehlersignalsperrung** flaw signals blocking [elt]
**Fehlersignale** flaw signals [elt]
**Fehlerstelle** (Schadensstelle) defective area [wst]; (genaue Schadensstelle) defective spot-area [wst]
**Fehlerstrom-Schutzschalter** fault current protection switch [mbt]
**Fehlersuche** (zwecks Beseitigung) trouble shooting [mas]

**Fehlersucheinrichtung** fault detecting equipment [abc]
**Fehlertiefe** (z.B. Riß, Bruch) flaw depth [mes]
**Fehlertoleranz** fault tolerance [edv]
**Fehlerumrisse** (Form und Aussehen) contours of defect [wst]
**Fehleruntersetzung** (Stellen, wo ...) distribution [wst]
**Fehlerverteilung** (am Bauteil) flaw dislocation [mes]
**Fehlerzusammenfassung** flaw combination [mes]
**Fehlmarkierung** inaccurate marking [abc]
**fehlt völlig** (z. B. ein Bauteil) completely missing [wst]
**Fehlzündung** (Frühzündung usw.) back fire [mot]
**Feilaufschaltung** free wheel change [mot]
**Feile** (Glättungswerkzeug) file [wzg]; (→ Flachstumpf-F.; → Halbrundf.)
**feilen** file [met]
**Feilengriff** file handle [wzg]
**Feilkloben** hand vice [mas]; (Glättungswerkzeug) hand vise [mas]
**Feinarmaturen** valves and fittings [pow]
**Feinblech** (→ Blech, Feinblechmaterial) sheet material [mas]; (Eisen und Metall) sheets [mas]; thin sheet metal [mas]; cold rolled [wst]
**Feinblech, oberflächenveredelt** cold rolled pre-coated steel sheet [wst]
**Feinblech, unveredelt** cold rolled uncoated sheet steel [wst]
**Feinblech-Contiglühe** continuous annealing line for cold-rolled sheet [wst]
**Feinbleche** sheets and strips [mas]
**Feinblechvarianten** qualities of hot-rolled sheet [wst]
**feindlich** (gegnerisch) hostile [abc]
**feine Armaturen** valves and fittings [pow]
**Feineinsteller** vernier [abc]

**Feineinstellung** sensitive adjustment [mas]; vernier adjustment [abc]; fine adjustment [met]
**Feineinstellung der Drehzahl** vernier speed control [mot]
**Feinerz** (nicht Stückerz) fine-grained ore [min]
**feinfühlig** (mehrere Bereiche) sensitive [abc]
**Feingewinde** fine thread [mas]
**Feingießen** investment casting [mas]
**Feingliedrigkeit** (z. B. warmverformt) complexity design [wst]; (b. Schmiedestück) intricacy of design [mas]
**Feinheit** fineness [met]; (Mahlen) fineness [met]
**Feinkohle** small coal [pow]
**Feinkoks** breeze [mas]; coke breeze [roh]
**Feinkorn** (Rost) fines [met]
**Feinkornbaustahl** fine-grained steel for structural use [wst]; grain-refined construction steel [wst]
**Feinkorneisen** close-grained iron [wst]; fine-grained iron [wst]
**Feinkornentwickler** (Optik) fine-grain developer [abc]
**Feinkornfilm** fine-grain film [abc]
**Feinkorngehalt** fines content [pow]
**Feinkornstahl** grain-refined steel [wst]
**Feinmechanik** precision mechanics [mas]
**Feinnut** groove [mas]zzz
**Feinplanum** (oberste Straßendecke) abrasion surface [mot]; fine level [mbt]
**Feinregulierung** fine regulation [roh]
**feinrollen** (Zylinderinnenwand) burnish [met]
**Feinsand** (beim Gießen) parting sand [mas]
**Feinschneidgüte** fine cutting quality [wst]
**Feinsicherung** miniature fuse [elt]
**Feinsieben** fine screening [roh]

**Feinsiebung** fine screening [roh]
**Feinstaub** (Flugasche) ash [pow]; (Flugasche) fines [pow]; (Flugasche) fly ash [pow]
**Feinstblech** very thin sheet metal [wst]; black plate [mas]
**Feinstblech, auch behandelt** black plate, also temporary protected [mas]
**Feinstblech, spezialverchromt** electrolytic chromium/chromiumoxide coated steel [wst]
**Feinsteuernuten** fine control groove for precice work [wzg]
**Feinsteuerung** fine control [mbt]; (→ Kriechgangsteuerung)
**Feinstfilter** micro filter [mot]
**Feinteile** fines [met]
**Feinzerkleinerung** fine crushing [roh]
**Feld** (definiertes Feld; field) array [mat]; (definiertes Feld) field [edv]; (Acker, Ressort, Beruf etc.) field [far]; (→ Ankerf.)
**Feld- und Forstwege** farming and forestry roads [far]
**Feld- und Industriebahnen** light railway [mot]
**Feldbahn** (→ Spurbreite) narrow gauge railroad [mot]
**Feldbahngleis** (Gleisanlage) field railway system [mot]; light railroad track [mot]
**Feldbahnlokomotive** narrow gauge engine [mot]
**Feldbahnmaterial** narrow-gauge rolling stock [mot]; feeder-line rolling stock [mot]
**Feldbuch** (Clipboard) clip board [abc]
**Feldeffekttransistor** field-effect-transistor [elt]; fieldistor [elt]
**Feldgeistlicher** (British Forces) Padre [mil]
**Feldjäger** (F-gendarmerie, Militärpol.) Military Police [mil]
**Feldpost** (z.B. Felpostnummer 10016) Forces Post Office [mil]
**Feldregler** field rheostat [elt]

**Felduntersuchung** field investigation [abc]
**Feldwicklung** magnet coil [elt]
**Felge** rim [mot]; (→ abnehmbare F.; → feste F.; → Flachbettf.; → Grundf.; → Halbflachbettf.; → Oberf.; → Schrägschulterf.; → Tiefbettf.; → Wulstf.)
**Felgenband** rim band [mot]
**Felgenkranz** wheel rim [mot]
**Felgenring** rim ring [mot]; (→ ungeteilter F.; → geteilter F.)
**Felgenrisse** rim cracks [mot]
**Fels** rock [geo]; (→ schwer lösbarer F.; → leicht lösbarer F.)
**Felsen** rock [geo]
**felsig** rocky [geo]
**Felsklappschaufel** bottom-dump shovel [mbt]
**Felslöffel** rock bucket [mbt]
**Felsschaufel** rock bucket [mbt]; rock shovel [mbt]; face shovel [mbt]
**Fenchel** sassafras [bff]; fennel [bff]
**Fender** (z.B. Kissen, Reifen) fender [mot]
**Fenster** window [bau]; (Einstieg im Stahlbauteil) manhole [met]; (tief herabgezogen) low-sill window [mbt]; (→ Ausstellf.; → Drehf.; → Heckf.; → Kurbelf.; → Rückwandf.; → Schiebef.; → Seitenf.; → Trennwandf.; → Türf.)
**Fensterabdichtschiene** window rail seal [mot]
**Fensterbeschläge** window fittings [mas]
**Fensterführungsschiene** window guide rail [mot]
**Fenstergitter** window grill [bau]
**Fensterheber** window lifter [mot]
**Fensterheberschiene** window lifter rail [mot]
**Fensterkurbel** window crank [mot]
**Fensterrahmen** (Auto) window frame [mot]
**Fensterscheibe** window pane [bau]
**Fenstersysteme** window systems [edv]
**Fensterverwaltung** window management [edv]

**Ferien** (z.B. Herbstferien) vacations [abc]

**Fernanzeige** remote indication [elt]

**Fernbahn** long distance railway [mot]; main line [mot]

**Fernbahnhof** main line station [mot]

**Fernbedienung** remote control [elt]; remote operation [elt]

**Fernbedienungsanlage** remote handling equipment [elt]

**Ferndampfleitung** long-distance steam line [pow]

**Fernerkundung** remote sensing [edv]

**Fernfeld** far field [tel]

**Ferngang-Getriebe** remote-action gear [mot]

**ferngelenkt** remote controlled [elt]

**Ferngespräch** (andere Stadt, Land) long distance call [tel]

**ferngesteuert** remote operated [pow]

**ferngesteuerter Betrieb** remote controlled operation [elt]

**Fernheizkraftwerk** district heating power station [pow]

**Fernleitung** overhead power supply [elt]; (isoliert, unter d. Erde) high-voltage cables [elt]

**Fernleitungsdraht** (auf Masten) conductor [elt]

**Fernleitungsmast** (meist Stahl) pylon [elt]; mast [elt]

**Fernlenkung** remote control [elt]

**Fernlenkwaffe** remote controlled weapon [mil]

**Fernlicht** drive light [mot]

**Fernlicht-Kontrolleuchte** high beam indicator lamp [mot]

**Fernmeldenetz** public communication network [edv]

**Fernmeldeturm** telecommunication tower [tel]

**Fernmeldewesen** telecommunication [tel]

**Fernnebensprecher** far end cross talk [tel]

**Fernschaltung** remote control change [elt]

**Fernschreiben** telex [tel]

**Fernschreiber** telex system [tel]

**Fernsehen** (→ Video) television [elt]

**Fernseher** (im Fernsehen) TV [abc]

**Fernsehkamera** television camera [elt]

**Fernsehturm** television tower [elt]

**Fernsprechauskunft** telephone directory [tel]

**Fernsprecher** telephone [tel]

**Fernsprechrechnung** telephone bill [tel]

**Fernsteuerung** remote control [elt]

**Fernstraße** trunk road [mot]; highway [mot]

**Fernthermometer** thermometer [elt]; engine temperature gauge [mes]

**Fernverkehrsstraße** highway [mot]

**Fernwasserstandsanzeiger** remote liquid level indicator [pow]

**Fernwasserstandsregler** remote liquid level controller [pow]

**Ferrit** (Gefügeart, ferritischer Stahl) ferrite [wst]

**Ferritauscheidungen** ferrite segregations [wst]

**ferritisch** ferritic [wst]

**Ferrolegierungen** ferro-alloys [wst]

**Ferrotron** ferrotron [wst]

**fertig** (bereit) ready [abc]; (vollendet) finished [abc]

**fertig bearbeitet** (z.B. gedreht) finish machined [met]

**fertig werden** (Einzelteile) approach completion [abc]

**Fertiganstrich** top paint finish [abc]; finish coat [mbt]

**Fertigbauteil** (für Ofenanlagen) prefabricated blocks [pow]

**Fertigdrehmaschine** finishing lathe [wzg]

**fertige Erzeugnisse** finished goods [met]

**fertige Werksmontage** assembled in works [mas]

**fertigen** (schaffen, machen, bauen) produce [abc]

**fertiggemacht** (beendet, abgeschlossen) finished [abc]

**Fertiggut** finished material [met]

**Fertiggutkörnung** finished material size [met]

**Fertiggutmaterial** finished material [roh]

**Fertigkontur** final contour [met]

**fertigmachen** (beenden, abschließen) finish [abc];! (z.B. zur Notlandung) get ready [mot]

**Fertigmaß** finished dimension [con]

**fertigstellen** finalise [bau]

**Fertigstellung** completion [abc]; finishing [abc]

**Fertigteil** component [wst]; (z.B. in Zg) finished product [con]

**Fertigteilträger** prefab girder [mas]

**Fertigteilträger** prefabricated girder [bau]

**Fertigung** (Herstellung) production [abc]; shop floor [mas]; (Vorfertigung) fabricating [abc]; fabrication [abc]; (Werk, Fabrik, Produktion) factory floor [abc]

**Fertigungsablauf** production sequence [abc]

**Fertigungsanteil** (des eigenen Landes) indigenization [abc]

**Fertigungsfluß** continuation of production [met]

**Fertigungsinsel** manufacturing cell [mas]

**Fertigungsklasse** quality [mas]

**Fertigungskontrolle** production testing [abc]

**Fertigungslinie** (Anlage) plant [mas]

**Fertigungsnummer** manufacturing number [abc]

**Fertigungsprogramm** (umfassendes) comprehensive line [abc]; line [mas]; manufacturing line [mas]

**Fertigungsrationalisierung** rationalization of manufacturing [abc]

**Fertigungsstätte** manufacturing plants [mas]

**Fertigungssteuerung** (mbp) production control [edv]; (welcher Weg) routing [elt]

**Fertigungsstraße** assembly line [mas]

**Fertigungsstrategien** manufacturing strategics [mas]

**Fertigungsstunden** manufacturing hours [abc]

**Fertigungstechnologien** manufacturing technologies [mas]

**Fertigungstoleranz** production tolerance [abc]; manufacturing tolerance [mot]

**Fertigungsüberwachungsplan** manufacturing inspection plan [abc]

**Fertigungs-und Arbeitsplanung Produktion** shop floor routing [mas]

**Fertigungszelle** (Fertigungsinsel) manufacturing cell [mas]

**fest** (stark) solid [abc]; (robust, widerstandsfähig) stout [mot]; (stark) strong [abc]; (gespannt) tight [abc]; (undurchlässig) tight [abc]; (Aggregatzustand des Bodens) bank [bod]; (hart) hard [abc]; (→ erosionsf.)

**Festbeitrag** (zur Versicherung) fixed premium [jur]; (zur Versicherung) flat premium [jur]

**Festbremspunkt** (des Lkw) stall point [mot]

**feste Felge** fixed rim [mot]

**feste Nabe** fixed hub [mot]

**feste Position** (am Gerät) fixed position [mot]

**feste Verbrennungsrückstände** particulates [mot]

**fester Brennstoff** solid fuel [pow]

**fester Stein** solid rock [geo]

**festes Material** solid material [abc]

**festes Rad** fixed wheel [mot]

**festfahren** (im Schlamm) bog down [abc]

**festfressen** (durch Paste verhindern) seize [mas]; (Motor ohne Öl) seize up [mot]

**festgefressen** (Motor) seized up [mot]

**festgefügter Boden** solidified soil [bod]

**festgelagerter Boden** solidified soil [bod]

**festgelegt** (bestimmt) stipulated [abc]

**festgesetzt** (arretiert) locked [mot]

**Festgestein** consolidated rock [min]

**Festgesteinstagebau** mining in consolidated rock [roh]

**festhalten, internieren** detain [pol]

**festigen** (den Boden) solidify [bau]

**Festigkeit** solidity [mbt]; (Stabilität) stability [mas]; (Stärke) strength [abc]; (Zugfestigkeit) tensile strength [wst]; (→ Biegef.; → Dauerf.; → Kerbf.; → Kriechf.; → Scherf.; → Zugf.)

**Festigkeitsabfall** loss of strength [bau]

**Festigkeitsklasse** (Zugfestigkeit) tensile strength [wst]; class of strength [phy]

**Festigkeitslehre** (Zugfestigkeit) science of tensile strength [mas]

**Festigkeitsstahl** structural steel [wst]

**Festigkeitsverlust** hardness [mas]; loss of hardness [bau]

**Festigkeitsversuch** experimental stress analysis [mes]

**Festlager** (Lagerbock) fixed bearing [mas]; locating bearing [mas]

**Festlagerring** fixed bearing ring [mas]

**festlegen** specify [abc]; (bestimmen) determine [abc]

**Festlegung** determination [abc]

**Festmachen** (eines Schiffes) mooring [mot]

**Festmeter** bank meter [abc]

**festnehmen** (durch die Polizei) arrest [jur]

**Festplatte** (Massenspeicher) hard disc [edv]; (Massenspeicher) harddisk [edv]

**Festpreis** fixed price [mbt]

**Festpropeller** fixed propeller [mot]

**Festpunkt** benchmark [abc]; fixed point [bau]

**festsetzen** (als Standard) standardise [mot]; (bestimmen) determine [abc]

**festsetzende Kupplung** jammed clutch [mot]

**feststampfen** tamping [mbt]

**feststehender Zinken** permanent tine [mas]

**Feststell- und Haltebremse** (Bagger) locking and holding brake [mbt]

**Feststellasche** cable clip [mot]

**Feststellbremse** (nur Kfz, nicht Bahn) parking brake [mot]; (Grader) parking brake [mbt]; slewing lock [mot]; (Lok, alter Ausdruck) arresting brake [mot]; (abgestellte Wagen) hand brake [mot]; (Baggeroberwagen) locking brake [mbt]

**feststellen** (herausfinden) notice [abc]; (arretiert z.B. Oberwagen) lock [mbt]

**Feststeller** (z.B. für Straßenfahrt) securing device, fastener [mbt]; (Feststellbremse) lock [mot]; (z.B. Raste, Klemme) locking device, arresting device [mas]

**Feststellschraube** set screw [mas]

**Feststellung** (Aussage) statement [abc]; (Schlußfolgerung) conclusion [abc]; (Riegel) locking [mas]; (AOT bei Abbruchausrüstung) locking device [mbt]

**Feststellung für Heizung** heater control [mot]

**Feststoff** (z.B. Mineral) solid matter [min]; (im Falle von Abfall) solid waste [rec]; solids [abc]

**Feststoff/Wasser-Gemisch** solids/water mixture [mot]

**Festtreibstoff** solid propellant [mil]

**Festung** (Burg, Kastell, Zitadelle) castle [bau]; (Kastell, Burg, Bastion) fortress [mil]

**festziehen** (eine Schraube) tighten [met]

**Fett** (Schmiermittel) grease [abc]; (zum Braten) lard [abc]

**fett** (Mensch, Tier) fat [bff]

**fettarm** (Lebensmittel) low-fat [abc]

**fettbeständig** grease-resistant [abc]

**Fettdruck** (z.B. Überschrift) bold print [abc]

**fette Mittelschrift** (in Typenschild) thick central writing [abc]

**fettfrei** free from grease [met]

**Fettkammer** grease chamber [mbt]

**Fettkanal** grease conduit [mas]

**Fettkanal mit freiem Austritt** grease conduit with free exit [mas]

**Fettkohle** medium volatile bituminous coal [roh]

**Fettpatrone** grease cartridge [mot]

**Fettpresse** (Fettpistole) grease gun [mot]; grease pistol [mot]

**Fettschmieranlage** grease lubrication system [mbt]

**Fettschmierung** grease lubrication [mot]

**Fettüberdruckventil** grease relief valve [mot]

**feucht** (naß, z.B. Gras) wet [abc]; (z.B. feuchtes Tuch) damp [abc]; (besonders die Luft) humid [abc]; (Natur nach dem Regen) moist [abc]; moisture [abc]; (der Luft) humidity [wet]; (→ äußere F.; → innere F.; → Luftf.)

**Feuchtigkeitsgehalt** moisture content [abc]

**Feuchtigkeitsmesser** hair hygrometer [mes]

**Feuchtigkeitsschutz** moisture guard [mas]; moisture proof [abc]

**Feuchtraum** (z.B. bei Rolltreppen) moist place [elt]; moist room [elt]

**Feuchtraumleuchte** (z.B. Rolltreppe) humid room lamp [mbt]; lamp [mbt]; moist place light [elt]

**Feuchtsicherungskabel** damp-proof cable [mbt]

**Feuer** (Flammen, Brand, Lohe) fire [abc]; (→ gebänktes F.)

**Feuer einstellen** (im Krieg) cease fire [mil]

**feueraluminiert** hot-dip aluminized [met]

**Feuerbeständigkeit** refractoriness [pow]

**Feuerbüchse** (Feuerkiste, Dampflok) firebox [mbt]

**Feuereinstellung** cease fire [mil]

**feuerfest** (brennt nicht) fire proof [abc]; (Widerstand gegen Feuer) fire-resistant [abc]

**feuerfeste Erzeugnisse** basic refractories [mas]

**feuerfeste Mörtel** refractory mortars [pow]

**feuerfeste Steine** (Schamott) refractory bricks [min]

**feuerfester Mörtel und Massen** refractory mortar and mixes [pow]

**feuerfestes Mauerwerk** refractory brickwork [pow]

**Feuergang** firing chamber [bau]

**feuergefährlich** (entflammbar) inflammable [abc]

**Feuerhydrant** (in US Städten) fire hydrant [bau]

**Feuerkiste** (Feuerbüchse; Dampflok) firebox [mbt]

**Feuerleistung** furnace capacity [pow]

**Feuerlöschanlage** fire extinguishing system [mot]

**Feuerlöscher** (Sprinkleranlage) sprinkler [mbt]; (z.B. im Auto) fire extinguisher [mot]

**Feuerlöschfahrzeug** (Tanklösch-Kfz) fire tender [mot]

**Feuerlöschkartusche** fire extinguisher cartridge [mil]

**feuerlose Lokomotive** (Dampfspeicher) fireless locomotive [mot]

**Feuermeldeanlage** fire alarm system [pol]

**Feuermeldekontakt** (an Rolltreppe) fire alarm contact [mbt]

**Feuermelder** (in der Straße) fire alarm box [pol]

**Feuern** (von Regeln) firing [edv]

**Feuerraum** (Primärkammer) primary chamber [pow]; chamber [pow]; combustion chamber [pow]; (Primärkammer) combustion chamber [pow]

**Feuerraumbelastung** (Wärmeentbindung) furnace heat liberation [pow]

**Feuerraumboden** furnace bottom [pow]

**Feuerraumdecke** furnace roof [pow]

**Feuerraumendtemperatur** furnace gas outlet temperature [pow]

**Feuerrauminhalt** furnace volume [pow]

**Feuerraumkühlrohr** furnace cooling tube [pow]

**feuerrot** (RAL 3000) flame red [nrm]

**Feuerschiff** (Schiffswarnung) fire ship [mot]

**Feuerschweißen** forge welding [met]

**Feuerstein** (erstes Bergbauziel) flint [roh]

**Feuertür** (Brandschott d. Rolltreppe) fire shutter [mbt]; (dreiteilige Feurtür; Dampflok) fire-hole door [mbt]; (Dampflok) firedoor [mot]; (Dampflok) firehole door [mot]

**Feuerung** firing [pow]; (→ Druckf.; → Einblasef.; → Kohlenstaubf.; → kombinierte F.; → mechanische F.)

**Feuerung mit Deckenbrennern** top-fired unit [pow]; furnace with roof burners [pow]

**Feuerung mit flüssiger Entaschung** wet bottom furnace [pow]

**Feuerung mit trockener Entaschung** dry bottom furnace [pow]

**Feuerung mit unten liegenden Brennern** bottom-fired unit [pow]

**Feuerungseinrichtung** firing equipment [pow]

**feuerverbleit** hot-dip leaded [met]

**feuerverzinken** hot-dip galvanize [met]; hot-dip galvanizing [met]

**feuerverzinkt** galvanized [met]; hot galvanized [met]; hot-dip galvanized [met]; hot-dip zinc-coated [met]

**feuerverzinkte Fertigteile** hot-dip galvanized finished products made of steel [mas]

**feuerverzinktes Feinblech** hot-dip zinc-coated sheet steel [mas]

**Feuerverzinkung** hot-dip galvanising [mbt]

**Feuerwache** (Gebäude) fire station [bau]

**Feuerwehr** (Mann und Fahrzeuge) fire brigade [pol]; (als Einrichtung, Behörde) fire department [pol]; (Fahrzeug) fire engine [mot]; (Feuerwache) fire station [pol]

**Feuerwehrmann** fire fighter [pol]; fireman [abc]

**Feuerwehrmannschaft** company [pol]

**Feuerwehrschlauch** fire hose [pol]

**Feuerwerk** pyrotechnics [abc]; fireworks [abc]

**Fiber** fiber [bff]

**Fiberglas** fiberglass [wst]

**Fichte** (Rottanne) spruce [bff]; fir [bff]

**fieren** (des Bordkrans; alt) lower [mot]

**Fifo-Methode** (Zuerst rein, zuerst raus) fifo-method [elt]

**File** (Datenfile; zur Wiederverwendung) file [edv]

**Filesystem** file system [edv]

**Film** (Spielfilm im Kino; GB) film [abc]; (Spielfilm im Kino; US) movie [abc]

**Filmarchiv** (in Bundesarchiv Koblenz) film archive [abc]

**Filmtheater** (Kino; GB) cinema [abc]; (Kino; US) movie theater [abc]

**Filmverdampfung** film boiling [pow]

**Filter** filter [elt]; (auch in Küche: Durchschlag) strainer [abc]; (Entstauber) precipitator [roh]; (für Flüssigkeit) strainer [roh]; (→ Brennstoff.; → Entlüftungsf.; → Hauptstromf.; → Hydraulikölf.; → Kraftstoff.; → Leitungsf.; → Luftf.; → Magnetf.; → mechanischer F.; → Nebenstromf.; → Papierf.; → Saugf.; → Siebf.; → Spaltf.; → Tuchf.)

**Filteranlage** filter equipment [mot]

**Filterbefestigung** air cleaner mounting [mas]; filter mounting [mot]

**Filtereinsatz** cartridge [air]; (Patrone) filter cartridge [mot]; filter element [mot]; (Einschubteil) filter insert [mot]

**Filterelement** (Wegwerfpatrone) throw-away filter [abc]

**Filtergehäuse** filter housing [mot]

**Filterhaube** breather cap [mot]

**Filterkonsole** filter bracket [mot]

**Filtermaterial zur Wasseraufberei-tung** filter materials for water treatment [was]

**Filtern beim maschinellen Bildver-stehen** filtering in machine vision filtering [elt]

**Filtern mit einem mexikanischen Hut** Mexican hat filtering [edv]

**Filterpatrone** filter cartridge [mot]

**Filtersatz** (ein Satz Filter) set of filters [mot]

**Filtersieb** filter screen [mot]

**Filtertechnik** filter technology [mot]

**Filterwirkungsgrad** (Abscheidungs-grad) precipitator efficiency [roh]

**Filterwolle** filter wool [mot]

**Filtration** (vor Bierabfüllung) filtration [abc]

**Filz** felt [abc]

**Filzdichtung** felt packing [mot]

**Filzfilter** felt filter [mot]

**Filzring** felt washer [mot]

**Finanzamt** revenue office [abc]

**Finanzminister** Secretary of the Treasury [pol]

**finden keine Anwendung** are not applicable [abc]

**Findling** erratic block [min]

**Finger** (auch Mensch) finger [mas]

**Fingerabdrücke** finger prints [abc]

**Fingerbuchse** bush [mas]

**Fingerdruck** finger pressure [abc]

**Fingerhebelwelle** steering finger shaft [mot]

**Fingernagel** fingernail [med]

**Fingerschutz** (verhütet Klemmen) finger guard [mbt]; finger protection device [mbt]

**Fingerschutzeinrichtung** (Rolltreppe) finger protection device [mbt]

**Fingerschutzeinrichtung mit End-schalter** finger protection device with limit switch [mbt]

**Fingerschutzkontakt** (Rolltreppe) handrail inlet switch [mbt]

**Fingerschutzkontakt oben** upper handrail inlet switch [mbt]

**Fingerschutzkontakt unten** lower handrail inlet switch [mbt]

**Fingerschutzleiste** (Rolltreppe) finger protection extrusion [mbt]; (→ Hand-lauf)

**Fingertupfprobe** fingertip test [met]

**finite Elemente** (endliche, möglichst) finite elements [edv]; (Einzelteilen) finite elements [edv]; (große Zahl von...) finite elements [edv]

**finite Elemente-Methode** (Berech-nung) finite element method [edv]

**Fink** finch [bff]

**Finne** (Pinne, abklopfen) peen [mas]

**Firma** (Gesellschaft, Körperschaft) corporation [eco]; (→ beratende Inge-nieurf.; → Unternehmen)

**Firmencode** (z. B. in EDV-System) company code [edv]

**Firmenmarke** (z.B. Plattenetikett) label [abc]

**Firmennachweis** (z. B. in Zeitschrif-ten) company references [abc]

**Firmenwagen** company car [mot]

**Firmenzeichen** sign board [mot]; trade mark [abc]; (auf Platte, z.B. ''Y'') logo plate [mot]

**Firnis** (Lack, nur auf Holz, Fingern) varnish [abc]

**First** (Dachfirst) ridge [bau]

**Fischbauch** fish bellied [mot]

**Fischbauchträger** fish bellied girder [mot]

**Fische** (Tierkreiszeichen) Pisces [bff]

**Fischereiindustrie** fishery industry [mot]

**Fischereischutzboot** fishery protection vessel [mot]

**Fischerknoten** fisherman's knot [mot]
**Fischgeschäft** (Fang, Verkauf) fish business [mot]
**Fitsche** (zwischen Tür und Zarge) hinge hook [bau]
**Fixierbad** fixing bath [met]
**Fixierbügel** (Klammer) hold-down bracket [mas]
**Fixierschraube** (Stellschraube) set screw [mas]
**Fixierungsring** lockring [mas]
**Fixlänge** fixed length [mas]
**flach** (Wasser nicht tief) shallow [mot]; (Wasser des Sees nicht tief) shoal [abc]; (eben, ohne Hügel u. Biegungen) flat [geo]
**Flachbaurahmen** low-profile module [mot]
**Flachbettfelge** flat-base rim [mot]
**Flachbodenloch** flat bottomed hole [mot]
**Flachbodenseitenentladewagen** flat-body side-discharging wagon [mot]
**Flachböschung** ditch wall [bau]
**Flachbrenner** flare type burner [pow]
**Flachdach** flat roof [bau]
**Flachdichtung** gasket [mas]
**flache Bodenplatte** flat shoe [mas]
**flache Kettenplatte** flat shoe [mas]
**flache Position** flat position [met]
**flache Sechskantmutter** hexagon thin nut [mas]
**Flacheingabe** flat data entry [edv]
**Flacheingabe-Technologie** flat data entry technology [edv]
**Flacheisen** flats [mas]
**Fläche** (auf dieser Ebene) level [mbt]; (des Fußbodens) floor [bau]; (ebene) plane [abc]; (-n; -ninhalt) plane surface [mas]; (Oberfläche) surface [mbt]; (Staats-, behandelte etc.) area [bod]; (→ Ausdampff.; → Bauf.; → Bruchf.; → Dichtf.; → Gelenkf.; → Gewinnungsf.; → Grundf.; → Heizf.; → Meßf.; → Wellenf.)
**Fläche, Ebene** plane [abc]

**Flächenauslaufwinkel** (d. Stufenkammes) approach angle [mbt]
**Flächenbiegungsprobe** face bend test [met]
**Flächenbrand** (z. B. im Gelände) conflagration [abc]; (z.B. im Gelände) surface fire [abc]
**Flächendichtungsmittel** surface sealing agent [mas]
**Flächeninhalt** area [abc]
**Flächenmodell** shape function [edv]
**Flächenpressung** face pressure [mas]; pressure per unit of area [mbt]
**Flacherdbeben** shallow earthquake [geo]
**Flacherzeugnisse** flats [mas]
**Flachformfeder** formed leaf spring [mas]
**Flachglas** flat glass [wst]
**Flachgurtförderer** flat belt conveyor [mas]
**flächig** flat [met]
**flächiger Fehler** plane flaw [mas]
**Flachkäfig** flat cage [met]
**Flachkopfschraube** pan head screw [mas]
**Flachkopfschraube mit Schlitz** slotted pan head screw [mas]
**Flachmeißel** flat chisel [wzg]
**Flachprodukt** (kalt- oder warmgewalzt) flat product [met]
**Flachprofil** flat web section [mas]
**Flachrahmen** (rund, oval auf Mannloch) hoop [mbt]
**Flachrundkopf-Niete** truss head rivet [mas]
**Flachrund-Niete** truss head rivet [mas]
**Flachrundniete** flat round head rivet [mas]
**Flachrundschraube mit Vierkantansatz** cup square bolt [mas]; cup square neck bolt [mas]; mushroom head square neck bolt [mas]
**Flachschieberverschluß** (Trichter) hopper gate valve [pow]
**Flachschürfkübel** low bowl scraper [mot]

**Flachschutzschalter** flat protective switch [elt]

**Flachsenkniet** flat countersunk head rivet [mas]

**Flachspiralfeder** flat spiral spring [mas]

**Flachstahl** flat steel [mas]; flats [mas]; hot rolled flat bars [mas]

**Flachstellenbildung** (an Wagonrad) formation of flat spots [mot]

**Flachstromvergaser** horizontal draught carburetter [mot]

**Flachstumpf-Feile** flat file [wzg]

**Flachwagen** warflat [mot]; flat wagon [mot]; flatbed car [mot]

**Flagge** (Fahne, Stander) flag [pol]

**Flaggenleine** halyard [abc]

**Flaggenmast** flagpole [pol]; flagstaff [abc]

**Flakgeschütz** (Flugabwehrgeschütz) anti aircraft gun [mil]

**Flamme** (→ Flammenform) flame [pow]

**Flamme AN** (Zünden; Beischalten) flame-in [pow]

**Flamme AUS** (Abreißen der Flamme) flame-out [pow]; (Abschalten) flame-out [pow]

**Flammenbeaufschlagung** (a. Wänden; Rohr) flame impingement [pow]

**Flammendämpfer** exhaust flame damper [mil]

**Flammenform** shape of flame [pow]

**Flammenwächter** flame monitor [pow]

**flammgehärtet** furnace hardened [met]

**Flammglühanlage** (für Diesel) flame-type kit [mot]

**Flammglühkerze** (für Diesel) flame-type heater-plug [mot]; (für Diesel) heater plug, flame type [mot]

**Flammhärtung** gas hardening [met]

**Flammpunkt** flash point [met]

**Flammrohr** flame pipe [pow]

**Flanke** side [mot]; (des Zahnes am Zahnrad) tooth side [mas]

**Flankenbindefehler** (Schweißtechnik) lack of side-fusion [met]

**Flankendurchmesser** pitch diameter [mot]

**Flankenfahrt** (Y-förmige Kollision) sideways collision [mot]

**Flankenspiel** (Spiel) back lash [con]

**Flansch** boot plate [mas]; flange [mas]; joint plate [mas]; (an Schienenstoß) fish plate [mot]; (→ angegossener F.; → angeschmiedeter F.; → Antriebsf.; → Blendenf.; → Blindf.; → Dreiarmf.; → Getriebef.; → Gewindef.; → Heizf.; → Kupplungsscheibe; → Lenkgehäusef; → Rohrf.; → Schwenkf.; → Versuchsf.; → Vorschweißf.; → Winkelf.; → Zwei-armf.)

**Flanschanschluß** (mit Flanschan-schluß) flange connected [mot]; (mit Flanschanschluß) flange mounted [mot]; flange mounting [mot]; flange union [mot]; (mit Flanschanschluß) flanged connection [mot]

**Flanschbefestigung** flange joint [mot]; (mit Flanschbefestigung) flange mounted [mot]; flange mounting [mot]; flange union [mot]

**Flanschbuchse** flange housing [mbt]

**Flanschdoppelgelenk** flange double joint [mot]

**Flansch-Druckschlauch** flanged pres-sure hose [mot]

**Flanschgehäuse** flanged block [mot]

**Flanschlager** flange, mount [mbt]; flanged bearing [mot]

**Flanschmotor** flange-mounted motor [mot]

**Flanschnabe** flange hub [mot]

**Flanschring** flange ring [mot]

**Flanschstärke** flange thickness [met]

**Flanschsystem** flange system [mot]; method of flanging [mas]

**Flanschverbindung** flange connection [mot]; flange joint [mot]; flanged joint [met]

**Flasche** bottle [abc]

**flaschengrün** (RAL 6007) bottle green [nrm]

**Flaschenzug** pulley [mot]

**Flaschenzug** (→ Differential-F.) pulley block [mas]

**flattern** (der Räder) wobble [abc]

**flechten** (zopfartig verweben) braid [met]

**Flechtwerk** whattle [bau]

**Fleck** (Punkt) spot [abc]; (z.B. auf Wand) stain [mas]

**Fleckigkeit** mottle [elt]

**Fleetguard** (Hersteller, u. a. Filter) Fleetguard [mot]

**Fleisch** (im lebendigen Wesen) flesh [abc]; (zum Verzehr bestimmt) meat [abc]

**Fleischersäge** butcher's saw [wzg]

**flexibel** flexible [met]

**Fleyer-Kette** Fleyer chain [mas]

**Fleyerkette** cable chain [wst]; leaf chain [mas]

**Flicken** (Fleckchen, kleines Stück) patch [abc]

**fliegen** (Vogel, Flugzeug) fly [abc]; (Ballon) go [mot]

**fliegend gelagert** unilateral bearing [mbt]

**Fliegendrahttür** screen [bau]

**Fliegenfenster** (Fliegendrahttür) screen [bau]

**Flieger** (Pilot) Pilot [mot]; (Flugzeug) flier [mot]

**Fliegerhorst** air base [mil]

**Fliehgewicht** spider [mot]; fly weight [mot]; governor weight [mot]

**Fliehkraftregler** centrifugal governor [mot]

**Fliese** (Kachel) tile [bau]

**Fliesenleger** tiler [bau]

**Fließband** assembly line [mas]

**Fließbandarbeit** (→ Fließarbeit) line assembly work [met]

**Fließbild** (des Brechers) flow diagram [roh]

**fließen** (z.B. Wasser) flow [abc]; (der Wände) fluxing of the walls [pow]

**fließend** (stoßfrei, Kraftübertragung) non-surge [mot]; (z.B. Wasser) flowing [abc]; fluent [abc]

**fließende Bodenarten** flowing soil [bod]

**fließendes Wasser** running water [bau]

**Fließgrenze** yield point [mas]

**Fließpreßschweißen** cold pressure extrusion welding [met]

**Fließpunkt** (Aggregatzustand Metall) pour point [mas]

**Fließsand** quicksand [abc]

**Fließwasserankopplung** flowing water couplant [bau]

**Fließwasserzufuhrmenge** water flow rate [bau]

**flink** (rasch, hurtig) nimble [abc]; quick-acting [abc]

**Flinte** rifle [mil]; (Stutzen, Büchse, Gewehr) shotgun [mil]

**Flipchart** (Unterrichtsmaterial) flipchart [abc]

**floatklar** float clear [met]

**Flobertpatrone** parlour cartridge [mil]

**Flockenrisse** flake cracks [met]

**Floorplan** (Chip-Layoutplan) floorplan [edv]

**Flossen** flat studs [pow]

**Flossenrohr** finned tube [pow]

**Floß** (Wasserfahrzeug aus Balken) raft [mot]

**Flotte** (von Schiffen, Fahrzeugen) fleet [mot]

**flotte Fahrt** (des Graders) fast passage [abc]

**Flotte von Kfz** (alle Fahrzeuge) pool [mot]

**Flottille** (kleine Zahl von Schiffen) flotilla [mot]

**Flöz** (Kohleschicht) seam [roh]

**fluchten** (vermessen mit Fluchtstab) sight out [mbt]; (Lager) alignment [mas]

**fluchtend** (bündig) in line [abc]

**fluchtgerecht** (glatt, bündig) flush [met]

**flüchtige Bestandteile** volatile matter [pow]; V.M. [pow]

**Flüchtigkeit** (z.B. von Chemikalien) volatility [che]

**Flüchtling** (politischer Flüchtling) refugee pol

**Fluchtstab** ranging poles [bau]; ranging rod [mbt]; hanging rod [mas]

**Flugasche** (Feinstaub) fines [pow]; (allgemein) fly ash [pow]

**Flugascheneinbindung** fly ash retention [pow]; grit retention [pow]

**Flugascheneinschmelzung** fly ash slag tapping [pow]

**Flugascheneinschmelzzyklon** fly ash slag-tap cyclone [pow]

**Flugaschenerosion** fly ash erosion [pow]

**Flugaschenprobe** fly ash sample [pow]

**Flugaschenrückführung** (grobes Korn) cinder return [pow]; (Staubfeuerung) fly ash return [pow]; (Rost) grit refiring [pow]

**Flugaschensammelbunker** fly ash storage bin [pow]

**Flugaschentrichter** fly ash hopper [pow]; grit hopper [pow]

**Flugaschenverlust** loss due to carbon in fly ash [pow]

**Flugaschenwiederaufgabe** fly ash refiring [pow]

**Flugblattrakete** leaflet missile [mil]

**Flugboot** (Wasserflugzeug) seaplane [mot]

**Flugdienstleiter** (kleine Flugplätze) chief flying instructor [eco]

**Flügel** (des Ventilators, der Pumpe und ähnlichem) vane [mot]; (Vogel, politische Partei, Haus) wing [abc]

**Flügelbahnhof** wing station [mot]

**Flügelmutter** thumb nut [mas]; wing nut [mas]

**Flügelpumpe** vane pump [mot]

**Flügelrad** impeller [mot]

**Flügelschraube** thumbplate [mas]; wing bolt [mas]; wing screw [mas]

**Flügelsignal** semaphore signal [mot]

**Flügelsondierungen** vane tests [bau]

**Flügelzellenpumpe** fly pump [mot]

**Flugfeld** (auch klein) air strip [mot]; airport [mot]

**Flugfeld-Löschfahrzeug** airport fire truck [mot]

**Flughafen** airport [mot]

**Flughafenbus** airport shuttle [mot]

**Flughafenfahrzeug** airport vehicle [mot]

**Flughafenfeuerwehr** airport fire engine [mot]

**Flughafengebäude** terminal [mot]

**Flughafenhotel** airport hotel [abc]

**Flughafenpolizei** airport security [abc]

**Flughafenrestaurant** airport restaurant [abc]

**Flughafentankwagen** bowser [mot]

**Flugkarte** (Ticket, Flugschein) flight ticket [mot]

**Flugkokstrichter** fly ash hopper [pow]

**Flugkoksverlust** loss due to carbon in fly ash [pow]

**Fluglotse** (im Tower) controller [mot]

**Flugnummer** Flight Number [mot]; Flight No. [mot]

**Flugplan** flight plan [mot]

**Flugplatz** (klein) airstrip [mot]; (klein) landing strip [mot]; (→ Flughafen)

**Flugschüler** flying trainee [mot]

**Flugstaubabscheider** (grobes Korn) arrestor [air]; (grobes Korn) grit arrestor [pow]

**Flugstaubzyklonabscheider** fly ash separator [pow]

**Flugsteig** (in Flughafen Terminal) gate [mot]

**Flugticket** flight ticket [mot]

**Flugzeug** (Verkehrs- und Kriegsflugzeug) plane [mot]; (Fluggerät, Flieger) aeroplane [mot]; (Luftfahrzeug allgemein) aircraft [mot]; (Großflugzeug = 10 Mio. Teile) airplane [mot]

**Flugzeugträger** aircraft carrier [mil]; carrier [mil]

**Fluktuation** (Schwankung, Auf und Ab) fluctuation [abc]

**Fluor** (nichtmetallisches Element) fluorine [che]

**Flur** (Korridor, Eingangshalle) hall [mbt]

**Flurförderzeug** (Gabelstapler und ähnliche) straddle carriers [mot]; (Gabelst. , Torlader) floor conveyors [mot]; (meist Gabelstapler) fork lift trucks [mot]

**flußab** (auch: nachgeschaltet) downstream [mot]

**Flußbagger** (Schwimmbagger) dredge [mbt]; dredger [mbt]

**Flußbaggerfracht** dredger freight [mot]

**Flüßchen** rivulet [abc]

**flüssig** (Wasser, Öl) fluid [abc]

**flüssige Entaschung** liquid ash removal [pow]

**flüssige Metalle** liquid metals [mas]

**flüssige Schlacke** liquid slag [pow]

**flüssiger Brennstoff** liquid fuel [pow]

**flüssiger Sauerstoff** (in Raumfähre) liquid oxygen [mot]

**flüssiger Schlackenabzug** liquid slag removal [pow]

**flüssiger Wasserstoff** (in Raumfähre) liquid hydrogen [mot]

**Flüssiggas** (z.B. Propan für Ballon) liquid gas [mot]

**Flüssigkeit** liquid [abc]; fluid [abc]

**Flüssigkeitsaufnahme** liquid intake [mas]

**Flüssigkeitsbehälter** fluid container [mot]

**Flüssigkeitsdämpfer** liquid-type damper [mot]; viscous-type damper [mot]

**Flüssigkeitsdruck** fluid pressure [mot]

**Flüssigkeitskupplung** hydraulic clutch [mot]; hydraulic coupling [mot]

**Flüssigkeitsmengenanzeiger** liquid meter indicator [elt]

**Flüssigkeitsstrahl** fluid jet [mot]; (Oszillograph) fluid-vapor oscillograph [mot]

**Flüssigkeitstank** (für abgeschiedene Flüssigkeit) segregation tank [mot]

**Flüssigkeitsthermometer** liquid-in-glass thermometer [abc]

**Flüssigkeitsumlauf** (Kreislauf) hydraulic circuit [mot]

**flüssigkeitsvergütet** liquid-annealed [mas]

**Flüssigkeitsverteiler** fluid distributor [mot]

**Flüssigstahl** liquid steel [wst]

**Flüssigstahlbehandlung** ladle treatment of liquid steel [met]

**Flüssigstahlbehandlungsanlage** equipment for ladle treatment of liquid steel [met]

**Flüssigtreibstoff** liquid propellant [mil]

**Fluß** river [abc]; (Strömung) flow [abc]; (→ Massenf.)

**Flußläufe** river courses [abc]

**Flußmittel** (für Schlacke u. Schweißen) fluxes [met]

**Flußrand** (Ufer) water edge [abc]; bank [abc]

**Flußrichtung** flow path [mot]

**Flußstahlelektrode** mild steel electrode [met]

**Flußufer** river bank [abc]

**Flutlicht** (am Polizeihubschrauber) spot light [elt]; (im Stadion) flood light [abc]

**Flutlichtstrahler** spotlight [elt]

**Flutwelle** sea wave [abc]

**fob** (Fracht frei Bord Einschiffhafen) fob [mot]; free on board [mot]

**Fock** (Fockmast) foresail [mot]

**Föhre** Scots pine [abc]

**Fokussierung** focussing [elt]

**Folge** (in dieser Folge) order [abc]; (im Fortsetzungsroman) sequence [abc]; (z.B. Folge von Erdstößen) series [geo]

**Folgebetrieb** (automatisch; Rußbläser) sequential operation [mas]

**Folgefrequenz** repetition frequency [elt]

**Folgekosten** after costs [eco]

**Folgende...** (in Auflistungen) These... [abc]

**Folgeschaden** (einschl. Drittschaden) consequential damage [jur]

**Folgeventil** sequence valve [mot]

**Folgeverbundwerkzeuge** compound tool-sets [wst]

**Folgewerkzeuge** progressive die sets [wzg]

**folglich** therefore, That's why... [abc]; (daher) consequently [abc]

**Folie** foil [bau]

**folienbeschichtet** laminated [met]

**Folienbeschichtung** foil coating [met]

**Folienkondensator** film capacitor [elt]

**Folientastatur** membrane keyboard [edv]

**Fondboden** main floor [mot]

**Förder- und Lagersysteme** conveying and storage systems [roh]

**Förderband** conveyor [roh]; conveyor belt [roh]; (schräg aufwärts; Brecher) conveyor belt [roh]; (schräg aufwärts; Brecher) elevating conveyor <belt> [roh]

**Förderband - Lkw-Vergleich** conveyor-truck comparison [roh]

**Förderbandanlage** belt conveyor system [mbt]

**Förderbandüberdachung** conveyor belt housing [pow]

**Förderbrücke** conveyor bridge [mbt]

**Fördereigenschaften** delivery characteristics [mot]

**Fördergerät** handling equipment [roh]; handling equipment [roh]

**Fördergeräte und -anlagen** materials handling equipment [roh]

**Fördergerüst** (Bergwerk) headframe [roh]

**Förderhöhe** vertical rise [mbt]

**Förderkohle** run-of-the-mine coal [roh]

**Förderkolben** delivery plunger [mot]

**Förderkorb** (im Bergbau) mine cage [roh]

**Förderlader** elevating grader [mot]

**Förderleistung** (z.B. der Pumpe) output [mot]; conveying line [pow]; (→ Personenf.; → gleichbleibende F.)

**Fördermaschine** (Bergwerk) winder [roh]

**Fördermenge** output [mot]

**fordern** (bitten) request [abc]; (Schadenersatz u. ä.) claim [jur]; (verlangen) demand [abc]

**fördern** (Kraftstoff saugen, spritzen) prime [mot]; promote [abc]; (befördern) transport [roh]; (z. B. per Förderband) convey [roh]; (Hydrauliköl-menge) displace [mot]; facilitate [abc]; (schleppen, tragen) haul [mot]; (Transportieren, Behandeln) materials handling [roh]

**Förderpumpe** transfer pump [mas]; (zusätzlich) booster pump [mot]; delivery pump [mot]

**Förderschnecke** conveying worm [mot]

**Förderstrom** capacity [mot]; delivery [mot]; delivery rate [mot]; (Schluckstrom) displacement [elt]; (→ abgegebener F.; → konstanter F.)

**Förderstrom einer Pumpe** delivery rating of a pump [mot]

**Förderstrombereich** capacity range [mot]

**Fördersystem** (z.B. im Tagebau) haulage layout [roh]

**Förderturm** (Bergwerk) winding tower [roh]; (Bergwerk) head gear [roh]

**Forderung** (erforderliches Material) requirement [abc]; (Beförderung, Transport) transfer [roh]; (Transport) transport [roh]; (Vorrücken einzubauend) advancement [mbt]

**Förderung** (Transport auf Maschine) delivery [mot]; (Abbau im Bergbau) mining [roh]

**Fördervorrichtung** (für Einkaufswagen) conveying machinery for trolleys [mbt]

**Förderweg** (Distanz) travel distance [roh]; (Distanz) hauling distance [mot]

**Förderzeit** capacity time [mbt]

**Förderzelle** delivery cell [mot]

**Form** shape [abc]

**Form** (Aufbau, Aussehen) configuration [mot]; (Aussehen, Gestalt) shape [abc]; (der Form halber...) form [abc]; (Gußform) mould [abc]; (Maschinentyp) type [mas]; (Silhouette) contour [mot]; (Silhouette) outline [mot]; (→ Flammenf.)

**Form-, Schweiß-, Adjustagemaschinen** forming, welding and finishing [wzg]

**formale Spezifikation** formal specification [edv]

**Formalitäten** technicalities [abc]

**Formanalyse aus Schattierungen** shape from shading [edv]

**Format** (Feld-Länge, Kommastellung usw.) format [edv]; (z.B. einer Diskette) format [edv]

**Formatgröße** (Größe Entwurf, Planung) design size [con]

**formatiert** (aufgebaut, eingeteilt) formatted [edv]

**Formation** (Aufbau) formation [geo]

**Formbarkeit** shaping [mas]; working property [mas]; (z.B. warmer Stahl) ductility [mas]; forming [met]

**Formbestimmung** determination of shape [mes]

**Formblatt** form [abc]

**Formdichtung** shaped packing [mot]

**Formecho** contour echo [aku]

**Formel** formula [abc]; (→ Blendengleichung)

**formen** shape [abc]

**Formerstift** moulding pin [mas]

**Formfaktor** (Feuerung) shape factor [pow]

**formgebende Vorrichtung** forming fixture [wzg]

**Formgußteil** monocast part [mas]

**Formklasse** shape [mas]; (sämtliche Formklassen) in every shape of design [mas]

**Formmetallteile** metal parts [mas]

**formschlüssig** (Rolltreppe) form-closed [mbt]; interlocking [mas]

**Formschräge** (in der Gußform) draft [mas]; (aus Gußform) draught [mas]

**Formstahl: U-Stahl** heavy sections: channels [mas]

**Formstein** profilated fire brick [pow]; specially shaped fire brick [pow]

**Formteil** shape part [mbt]; accessory [mas]

**Formular** standard form [abc]; (Büroformular) form [pol]

**Formwerkzeuge** forming tools [wzg]

**Forschung** (Suche nach Neuem) research [abc]

**Forschung und Entwicklung** research and development [abc]; R&D [abc]

**Forschungsabteilung** Research Department [abc]

**Forschungsarbeit** research [abc]

**Forst** (Wald, Gehölz, Tann, Hain) forest [bff]

**Forst- und Feldwege** farming and forestry roads [far]

**Forstausrüstung** logging attachment [mot]

**Förster** ranger [bff]; forester [bff]

**Fortbildungsstätte** educational institution [abc]

**fortfahren** (Sprich <oder mach> weiter!) proceed [abc]

**Fortführung** continuation [jur]

**fortgeschritten** (Entwicklung, Technik) progressed [abc]; (Schüler) advanced [abc]

**fortlaufend** (in einem fort) continuous [abc]

**fortlaufende Nummer** consecutive no. [abc]

**fortpflanzen** (sich fortpflanzen, vermehren) reproduce [abc]

**fortschreitend** progressive [abc]

**fortschreitende Vertiefung** progressive deepening [edv]

**Fortschritt** (Weiterentwicklung) progress [mbt]; (→ Bauf.)

**fortschrittlich** progressive [abc]

**Fortsetzung** (→ analytische F.) continuation [phy]

**Foto** (Bild, Aufnahme) photograph [abc]

**Fotografie** photography [abc]

**Fotografieren** photography [abc]

**Fotokopie** (Ablichtung) photostatic copy [abc]

**Fotozelle** photocell [mbt]; (fotoelektrische Zelle) photoelectric cell [mbt]

**Fotozellenkette** chain of photocells [mbt]

**Fourierkoeffizient** Fourier coefficient [mat]

**Fourierpolynom** Fourier polynomial [mat]

**Fourier-Reihe** Fourier series [mat]; (eines Impulses) fourier series [mat]

**Fracht** (Ladung, Transportgut) freight [abc]

**Fracht bis an Bord im Preis** (fob) free on board [mot]

**Frachtabschlag** (-äge, Rabatt) abatement [mot]

**Frachter** (Frachtdampfer) freighter [mot]

**Frackverleih** (das Geschäft) Formal Wear [abc]

**Frage** question [abc]; (Das ist das Problem.) issue [abc]; (offene Frage, fraglich) query [abc]; (Schwierigkeit) problem [abc]

**Fragebogen** questionnaire [abc]

**fragen** (in Frage stellen) query [abc]

**Fragewort** (Wer?, Wie, Was?, etc.) interrogative pronoun [abc]

**Fragezeichen** query [abc]; question mark [abc]

**fraglich** (zweifelhaft) questionable [abc]

**Frame** (→ Aktions-Frames) frame [edv]

**Frameaxiom** (in der Logik) frame axiom [edv]

**Frameproblem** (in der Logik) frame problem [edv]

**Frames** frames [edv]

**Frankiermaschine** (Freistempler) postage meter [abc]

**frankiert** (Briefmarke auf Umschlag) stamped [abc]

**Franzose** (Person aus Frankreich) Frenchman [abc]; (Universalschlüssel) monkey wrench [abc]

**Fräsbreite** (Breite der Fräsnut) cutting width [met]

**Fräse** (Fräswalze, Frässcheibe) rotary cutter [wzg]; (z.B. Walze oder Scheibe) mill [wzg]

**fräsen** rotary grind [wzg]; (rotierend einen Schnitt fräsen) mill [met]

**Fräser** (das Fräsgerät) rotary grinder [wzg]

**Fräsmaß** (Breite u. Länge der Nut) grinding dimensions [mas]

**Fräsposition** cutting position [met]

**Fräswalze** rotary grinder [wzg]

**Fräswalzenausrüstung** rotary grinder attachment [wzg]

**Frauenkarrieren** women's careers [abc]

**Fregatte** (kleines Kriegsschiff) fregate [mot]

**frei** (noch nicht angeschlossen) vacant [elt]

**frei** (unabhängig, ungebunden) free [abc]

**Freianlage** outdoor installation [abc]; outdoor plant [abc]; outdoor unit [abc]

**freie Rostfläche** free air space in grate [pow]

**freie Schwingung** free oscillation [phy]; free vibration [phy]

**freie Variable** (in der Logik) free variable [edv]

**freie Wand** free boundary [abc]

**freier Beruf** profession [abc]

**freier Fall** free fall [mbt]

**freier Mitarbeiter** free-lance [abc]

**freier Ölausfluß** free flow outlet [mot]

**freier Rauchgaskanalquerschnitt** flue net cross sectional area [pow]

**Freifall** free fall [mbt]

**freiformgeschmiedet** forged [met]

**Freigabe** (eines Programms) release [edv]

**Freigabeblende** release gate [mas]

**Freigabedatum** purge date [edv]

**Freigängigkeit** (der Wagenräder) clearance [mot]

**Freigangsuntersuchung** (an Brücke) clearance investigation [bau]

**freigeben** (Film, Werkstück) release [abc]; allow [abc]

**Freigelände** (Messe außen) open-air exhibition-ground [abc]

**Freigeländestand** outside area [mot]

**Freihafen** (zollfreies Lager) free port [mot]

**Freiheit** (der Bewegung) flexibillty [abc]; (der Rede) freedom [abc]; (...und Friede für alle) liberty [abc]

**Freiheitsgrad** (Gelenke, Verbindungen) degree of flexibility [mot]

**Freiherr** (deutscher Adelstitel) Baron [abc]

**Freihub** (der Staplergabel) free lift [mot]

**Freikolbenpumpe** free piston pump [mas]

**Freilauf** (Baggeroberwagen schwenkt) free swing [mbt]; (Räder, Getriebe) free wheel [mot]; free wheeling [mot]

**Freilauf-Außenring** free wheel outer ring [mot]

**freilaufen** (ungehindert bewegen) run free [abc]

**Freilaufgehäuse** free wheel housing [mot]

**Freilauf-Innenring** free wheel inner ring [mot]

**Freilaufklemmrolle** free wheel brake roller [mot]

**Freilaufklemmrollenkäfig** free wheel brake roller cage [mot]

**Freilaufnabe** free wheeling hub [mot]

**Freilaufsperre** free wheel lock [mot]

**Freilaufweg** (des Waggons) free run distance [mot]

**Freileitung** (kurz, z.B. Tagebau) aerial line [elt]; (lang, von Kraftwerk) overhead power supply [elt]; (→ Überlandleitung)

**Freiluftanlage** outdoor installation [abc]

**Freiluftstand** (Außenstand auf Messe) open air <fair> ground [abc]

**Freimaß** (ohne Toleranzangabe in Zeichnungen) tolerance [con]

**Freimaßtoleranz** (ohne Angabe in Zeichnungen) tolerance [con]

**Freischwingsieb** (im Steinbruch) vibrating screen [roh]

**Freisichtmast** (des Gabelstaplers) free-view mast [mot]

**Freispeicherliste** free storage list [edv]

**freistellen** (entlassen) discharge [abc]

**freistellend** (z.B. Schrift "TriPower") outlined [abc]

**Freistempler** (Frankiermaschine) postage meter [abc]

**Freistich** (Freiraum zur Bearbeitung) back-off [met]

**freiwillig** (auf freiwilliger Basis) voluntary [abc]

**Freiwilliger** (für Einsatz) volunteer [mil]

**freiwilliges Ausscheiden** voluntary retirement [abc]

**Freizeit** (in meiner Freizeit...) leisure [abc]

**Freizeiteinrichtung** recreational facility [abc]

**fremd** (unbekannt) strange [abc]; (fremde Welt) unknown [abc]; (funktionstechnisch extern) external [abc]

**Fremddampfbeheizung** auxiliary steam heating of the boiler [pow]

**Fremdeisen** (Mühlen) tramp iron [roh]

**Fremder** (Ausländer) foreigner [abc]

**Fremdkörper** (im Brechgut, Zahnspiten) tramp iron [roh]; (unerwünschte Materie) undesired material [abc]; (z. B. im Auge) chip [abc]; (z.B. im Luftfilter) debris [air]; foreign matter [abc]

**Fremdkörperabscheider** (Mühle) pyrites trap [pow]; (Mühle) magnetic separator [pow]

**Fremdkraftlenkung** (Hilfskraftlenkung) power steering [mot]

**Fremdschiffe** (nicht Partikulier) third-party ship [mot]

**Fremdstarteinrichtung** (z. B. am Bagger) jump-start facility [mbt]

**Fremdsynchronisation** external synchronisation [abc]

**Frequenz** cycle [phy]; (Antwort, Echo, Feedback) response [mbt]; (Wellenlänge) frequency [elt]; (→ Grenzf.; → Knickf.; → komplexe F.; → Kreisf.; → Transitf.; → Umschaltf.)

**Frequenz des Fehlerechos** frequency of flaw echo [elt]

**Frequenzabhängigkeit** frequency dependence [elt]

**Frequenzabhängigkeit d. Schwächung** frequency dependancy of attenuati [elt]

**Frequenzachse** frequency axis [elt]

**Frequenzanalyse** frequency analysis [mes]

**Frequenzbereich** frequency range [elt]

**Frequenzgang** response [elt]; (des Verstärkers) frequency response [elt]

**Frequenzhub** frequency swing [elt]

**Frequenz-Modulation** frequency modulation [elt]

**Frequenzmodulationsverfahren** frequency modulation method [elt]

**Frequenzmoduliert** frequency modulated [elt]

**Frequenzselektion** frequency selectivity [elt]

**Frequenzteiler** frequency divider [elt]

**Frequenzumschaltung** cycle changeover [elt]

**Frequenzvervielfacher** frequency multiplier [elt]

**Frequenzwahlschalter** frequency change selector [elt]; frequency selector [elt]

**Frequenzwanderung** frequency drift [elt]

**Freske** (Gemälde auf frischem Putz) fresco [abc]

**FRESNEL'sche Linse** FRESNEL lens [phy]

**Fressen** (der Tiere) eating [bff]; (für die Tiere) food [abc]; (des Materials) fretting [wst]; (Reiben, Scheuern) galling [mas]; (des Materials) grind [mas]; (abschleifen des Materials) grinding [mas]

**Freßschaden** (oft Schwingungsabrieb) fretting failure [wst]

**Freund** fan [abc]; friend [abc]

**Freundschaft** friendship [abc]

**Friede** (Frieden) peace [abc]

**Friedensbewegung** peace movement [pol]

**Friedhof** cemetary [bau]; graveyard [abc]; (Kriegerfriedhof) military cemetary [abc]

**frisch** (frisch angekommen) new [abc]; (frisches Gemüse, Fisch, etc.) fresh [abc]

**Frisch gestrichen!** (Warnschild) Wet paint [abc]

**frisch verbundene Unternehmen** anewly affiliated companies [eco]

**Frischdampf** superheated steam [pow]; live steam [pow]

**Frischdampfdruck** (vor Maschine) live steam pressure [pow]

**Frischdampftemperatur** (von Turbine) throttle temperature [pow]; (v. Turbine) live steam temperature [pow]

**Frischluft** primary air [air]; (für Kühler, Bergwerk) fresh air [roh]

**Frischluftheizung** fresh air heating [mot]

**Frischluftkanal** primary air inlet duct [air]

**Frischluftventilator** forced draught fan [pow]; F. D. fan [air]

**Frisierkommode** dressing table [abc]

**Frondienst** (kostenlos für Landesherrn) slavery [abc]

**Front** (Vorderseite) face [abc]; (Krieg, Stirnseite) front [abc]

**Frontantrieb** front wheel drive [mot]

**Frontausrüstung** (Ladeschaufel) front attachment [mot]

**Frontgitter** (Steinschlagschutz) front guard [mbt]

**Frontgrill** (Steinschlagschutz) front guard [mot]

**Frontkappe** (vorderer Schutz) front cap [mot]

**Frontkippmulde** forward discharge skip [mot]

**Frontlader** (US für Radlader) front end loader [mot]

**Frontleitrad** (an Raupenlaufwerk) front idler [mbt]

**Frontlenker** (Frontlenkerzugmaschine) forward-control truck tractor [mot]

**Frontlenkerzugmaschine** forward-control truck tractor [mot]

**Frontlinie** frontline [mil]

**Frontplatteneinbau** front-panel mounting [mot]

**Frontplatteneinbauart** front-panel mounting design [mot]

**Frontquerträger** spreader bar [mot]

**Frontrechen** front ripper [mbt]

**Frontrechenausrüstung** front ripper attachment [mbt]

**Frontschar** dozer blade [mbt]; front blade [mbt]

**Frontscheibe** (Kfz) windscreen [mot]; (Kfz) windshield [mot]; (an Baumaschinen) front window [mot]

**Frontscheibenaufstellung** (in Preisl.) hinged front window [mot]

**Frontscheinwerfer** head lamp [mot]; head light [mot]

**Frontschutz** (-gitter) front guard [mbt]

**Frontschutzgitter** front guard [mbt]

**Frosch** (Klemme) excentric clamp [mas]; frog [bff]

**Frost** frost [abc]

**frostfrei** frost-free [abc]

**frostig** frosty [abc]

**Frostschutz** anti-freeze [mot]

**Frostschützer** anti-freeze device [mot]

**Frostschutzmittel** anti-freeze solution [mot]

**Frostschutz-Thermostat** anti-frost thermostat [mot]

**Frostschutzthermostat** anti-frost thermostat [mot]

**fruchtend** (bündig) aligned [con]

**früh** (in der Geschichte der Welt) early [abc]

**früher** (z.B. in früheren Schreiben) previous [abc]; previously [abc]; (eher liefern) sooner [abc]; (viel früher als du) sooner [abc]; (damals) then [abc]; (früher am Morgen) earlier [abc]; (in früheren Zeiten) formerly [abc]

**Frühgemüsewagen** covered wagon for the conveyance of early produce [mot]

**Frühpensionierung** early retirement [abc]

**Frühschicht** morning shift [abc]

**Frühstück** breakfast [abc]

**Frühstückspause** breakfast break [abc]

**Frühwarnsystem** early-warning system [elt]

**frühzeitig** early [abc]

**Frühzündung** pre-ignition [mot]; (Fehlzündung) back kick [mot]

**Fuchsin-Probe** Fuchsine test [mes]

**Fuchsschwanz** (Säge) ripsaw [wzg]; (Säge) handsaw [wzg]

**Fuge** (Mauerwerk) crevice [bau]; (zwischen Stücken, Spalt) gap [abc]; (beim Schweißen) groove [met]; (Nut) groove [met]; (→ Dehnungsf.)

**Fugen mit Mörtel verstreichen** grout [bau]

**Fugenausbildung** design of joints [met]

**Fugenband** waterstop [bau]

**Fugennaht** groove weld [mas]

**fühlen** (mit den Sinnen bemerken) sensing [abc]

**Fühler** sensitive element [mas]

**Fühllehre** thickness gauge [mes]

**Fühlnadel** selecting pin [mot]

**führen** (durch Schloß, Museum) take on a guided tour [abc]; (z.B. Listen) fill in [abc]; (durchs Schloß, durchs Leben) guide [abc]; (politisch) lead [pol]; (ein Unternehmen leiten) manage [abc]

**führende Marktstellung** leading position [abc]

**Führer** (von Baumaschinen) operator [mot]; (Fremdenführung) guide [abc]; (politisch, religiös) leader [pol]; (→ Kolonnenf.)

**Führerbremsventil** (Dampflok) driver's train-brake valve [mot]

**Führerhaus** (der E-Lok) steeple cab [mot]; (der Diesel- oder E-Lok) cab [mot]; (der Dampflok) footplate [mot]

**Führerschein** driver's license [mot]

**Führerstand** (der E-Lok) steeple cab [mot]; (der Diesel- oder E-Lok) cab [mot]; driver's cab [mot]

**Führerstand** (der Dampflok) footplate [mot]

**Fuhrmann** (Pferde-, Ochsengespanne) coachman [abc]

**Fuhrpark** (alle Fahrzeuge der Firma) pool [mot]

**Führung** (an erster Stelle sein) lead [abc]; (Besichtigung Burg, Fabrik) guided tour [abc]; (der Rolltreppe, Kette, Kran) guide [mbt]; (in einem

Gerät) keyway [mas]; (Parallelführung) guide [mbt]; (z. B. gute Führung) conduct [mil]; (z.B. Führungsstift) Pilot [mas]; (z.b. religiös) guidance [abc]; (→ axiale F.)

**Führungsbahn** (Rolltreppe) guide track [mbt]

**Führungsband** (am Kolben) piston ring [mot]

**Führungsblech** (obere Raupenkette) skid [mot]

**Führungsbogen** (z. B. des Handlaufs) curve [mbt]

**Führungsbogen** (Rolltreppe) guide curve [mbt]

**Führungsbolzen** pin rod [mas]

**Führungsbuchse** sleeve [pow]; (am Baggerzylinder) gland housing [mbt]; guide bush [mas]; guide bushing [mas]

**Führungsbüchse** guide sleeve [mas]

**Führungseinrichtung** (Vorrichtung) guiding assembly [mas]; (Buchse) guiding bushing [mas]

**Führungsgenauigkeit** guiding accuracy [mas]

**Führungshülse** guiding bushing [mas]

**Führungskeil** guide wedge [mas]

**Führungskräfteentwicklung** management development [abc]

**Führungskreis** Group of Managers [abc]

**Führungslager** (in feste Richtung) pilot bearing [mbt]

**Führungsorganisation** management organization [abc]; managerial organization [abc]

**Führungspersonal** managerial staff [abc]

**Führungsplatte** (seitenverst. Schiene) lateral guide plate [mot]

**Führungsprofil** poly-urethane Stepchain [mbt]; (der Stufenkette) polyurethane stepchain [mbt]; (der Stufenkette) track liner [mbt]; (Rolltreppe) track liner [mbt]; (der Stufenkette) vulcollan [mbt]

**Führungsrohr** (häufig benutzt) guide. pipe [mas]; (selten benutzt) guide tube [mas]

**Führungsrolle** (Rolltreppe) roller guide [mbt]; (der Schleppschaufel) fairlead [mbt]; guide roller [mas]; (besser: Leitrad) idler [mbt]

**Führungsschiene** (f. Rollen der RT) guide rail [mbt]

**Führungsschlitten** slide carriage [mbt]; (Kettenspannführung) guide sled [mbt]

**Führungsstange** (→ Lenkerstange) connecting rod [mot]

**Führungsstellung** (bei den besten) leading position [abc]

**Führungsstern** tube guiding bushing [mas]; guiding insert [mbt]

**Führungsstift** guiding pin [mas]

**Führungsstruktur** managerial structure [abc]

**Führungsstück** guide piece [mas]

**Führungssystem** (einer Maschine) guiding system [mot]; (Firmenleitung) management system [mot]

**Führungstagung** (bei Firma) managers' meeting [abc]

**Führungstrible** (Triple, auch -triple) triple roller guide [mas]

**Führungstrichter** guide funnel [mas]

**Führungsventil** pilot valve [mas]

**Führungsvorrichtung** guiding mechanism, guiding assembly [mas]

**Führungswelle** (des Stufenantriebs) head shaft [mbt]; (des Stufenantriebs) main shaft [mbt]

**Fülleitung** air supply line [mas]

**füllen** fill [mot]

**Füllerprofil** tie-strip [mbt]; filler profile [mbt]

**Füllhorn** (auch bildlich) cornucopia [abc]

**Füllkörper** (für Kühlung) packing [mot]

**Füllmenge** capacity [mot]

**Füllnippel** filling nipple [mot]; grease nipple [mot]

**Füllöffnung** priming point [mot]

**Füllrohr** (Schmierstoffeingang) lubricator nozzle [mot]

**Füllschacht** (Mühle) feeder chute [mas]

**Füllsprengkörper** supplementary charge [mil]

**Füllstandanzeiger** (z.B. Tank) level indicator [mot]

**Füllstandmeßgerät** (z.B. Tank) level indicator [mot]

**Füllstandsmessung** fluid level measurement [abc]

**Füllsteine** rubble [mas]

**Füllstrecke** (für Verfüllmaterial) dump [roh]

**Fülltrichter** feeding hopper [mas]

**Füllung** filling [mot]

**Füllungsblech** (Siebau-Garagen) filling sheet [bau]

**Füllungsgrad** shovel fill factor [mot]; filling degree [mot]

**Füllungsgrade** strike line [mot]

**Fundament** bed [bau]; (→ Kesself.)

**Fundamentarbeiten** (am Neubauhaus) foundation work [bau]

**Fundamentsäule** foundation column [bau]

**Fundamentschraube** foundation bolt [bau]

**Fundbüro** lost and found office [abc]

**Fünfeck** pentagon [abc]

**Fünf-Sterne General** Five Star General [mil]

**Funke** (z.B. aus Zündkerze) spark [mot]

**funkeln** sparkle [abc]

**Funken** spark [mot]

**funkenerosiv** spark erosion [mot]

**Funkenfänger** (→ Funkenschutz) spark arrestor [mot]

**Funkenflug** flying sparks [abc]

**Funkenlöscher** (→ Funkenschutz) spark arrestor [mot]

**Funkenregistrierpapier** recording chart [mes]; electric [elt]

**Funkenschutz** (Funkenschutzeinrichtung) spark arrestor [mot]

**Funkenschutzeinrichtung** spark arrestor [mot]

**Funkenschweißen** percussion welding [met]

**Funkensicherung** spark arrestor [mot]

**Funkenstörung** radio shielding [elt]

**Funkenstrecke** spark discharger [elt]

**Funkstation** (z.B. auf Schiff) radio room [elt]

**Funkstörung** radio-interferency [elt]

**Funktion** (einer Anlage) performance [mot]; (eines Programms) feature [edv]; (NAND, NOR, ODER, UND) function [elt]; (→ Eigenf.; **Funktion** → periodische F.; → rationale F.; → Skolemf.; → Störf.; → Übertragungsf.)

**funktional** (Firma f. organisiert) functionally organized [abc]

**funktionale Programmierung** functional programming [edv]

**funktionale Standardisierung** functional standardization [edv]

**funktionieren** perform [mot]

**funktioniert nicht** does not work [abc]

**Funktionsanforderung** functional requirement [mbt]

**Funktionsbereich Vertrieb Ausland** Export Department [abc]

**Funktionsbeschreibung** (z.B. Schalter) functional overview [mot]

**funktionsbezogenes Testen** functional testing [edv]

**Funktionseinheit** (Modul) module [mbt]

**funktionsfähig** in proper working condition [abc]

**Funktionsgarantie** functioning guarantee [abc]

**Funktionskontrolle** performance control [abc]

**Funktionsnachweis** functional demonstration of the installat [mot]

**Funktionsplan** (Übersicht) schematic [mot]; (Übersicht) diagram [mot]

**Funktionsplan mit Symbolen** symbolic [mot]; diagram [mot]

**Funktionsprüfung** (z.B. Ventile) operational check [mot]

**Funktionsstörung** trouble [mas]

**Funktionstaste** (auf Tastatur) function key [edv]

**Funktionstüchigkeitsnachweis** efficiency proof [mot]

**Funkturm** Broadcasting Tower [tel]

**für die Bearbeitung** (in Zeichnungen) for machining [abc]

**Furche** furrow [abc]

**furchen** (z.B. Oberfläche) score [met]

**fürchten** (etwas fürchten) fear [abc]

**Furnierholz** (Sperrholz) plywood [bau]

**Fürst** (Landesherr) Prince [abc]; Elector [pol]

**Furt** (→ gepflasterte Furt) ford [bau]

**Fuß** foot [abc]; (Bodenteil) bottom [mbt]; (Fußpunkt der RT) base [mbt]; (Mensch, Tier, Längenmaß) foot [abc]; (unten an der RT) foot [mbt]; (→ Böschungsf.)

**Fußabblendschalter** foot dip switch [mot]

**Fußanlaßschalter** foot starter switch [mot]

**Fußbedienung** foot control [mot]

**Fußbefestigung** foot mounting [mot]

**Fußbekleidung** footwear [abc]

**Fußboden** floor [bau]

**Fußbodenabdeckung** (Knochen verbindet) floor covering [bau]; (Rolltreppe) floor plate [mbt]; floorplate finish [mbt]

**Fußbodendielen** floor boards [bau]

**Fußbodenhöhe** (Fußbodenoberkante) finish floor [mbt]

**Fußbodenverkleidung** floor covering [bau]

**Fußbremse** service brake [mot]; foot brake [mot]

**Fußgänger** pedestrian [mot]

**Fußgängerbrücke** pedestrians' bridge [bau]

**Fußgängertunnel** pedestrians' tunnel [mot]; subway [mot]

**Fußgängerzone** pedestrian precinct [abc]

**Fußhebel** pedal [mot]; (Fußpedal) treadle valve [mas]; foot pedal [mot]

**Fußkreis** (außen/ innen verzahntes Rad) root circle [mas]

**Fußkreisdurchmesser** (Zahnrad) root diameter [mas]

**Fußleiste** (Fußtrittplatte) kick plate [mot]

**Fußnote** (Bemerkungen) remarks [abc]; (Bemerkung unten auf Seite) footnote [abc]

**Fußpedal** (Fußpedal, z.B. Bremse) pedal [mot]; (Fußhebel) treadle valve [mas]; (Fußhebel, z.B. Bremse) foot Pedal [mot]

**Fußpumpe** foot-operated pump [mot]

**Fußpunktbreite** (Elektrotechnik) pulse width [elt]

**Fußraste** (einrasten oder aufsetzen) pedal [mot]

**Fußstütze** foot rest [mot]

**Fußtrittplatte** (am Laufsteg) kick plate [mot]

**Fußventil** (Pedal) foot operated valve [mot]

**Fußweg** (neben dem Fahrdamm) pavement [bau]; (aus Holz neben Fahrweg) boardwalk [bau]; footpath [bau]; footway [bau]

**Fußweggeländer** footway railing [bau]

**Fußwegkonsole** footway bracket [bau]

**Futter** (für Mensch und Tier) food [abc]; (des Mantels, des Brechers) lining [roh]; (von Bremse, Mantel) lining [mot]; (der Bremse) lining of the brake [mot]

**Futtermauer** revetment [bau]

**füttern** (Tiere, Maschinen, Datei) feed [abc]

# G

**Gabel** (an Lader, Stapler) lift fork [mot]; (Eßgerät, Gabelstapler u. a. ) fork [mbt]; (Gabelstapler) load arm [mot]; (→ Schaltg.; → Vorderachsg.)

**Gabelachse** fork axle [mot]

**Gabelbolzen** clevis pin [mot]

**Gabelende** (z.B. am Greiferlager) yoke end [mot]

**Gabelgelenk** link joint [mot]; (kann z.B. Kugel halten) fork joint [mot]

**Gabelhebel** fork lever [mot]

**Gabelhebelwelle** fork lever shaft [mot]

**Gabelhubwagen** (oft in Supermarkt) pallet truck [mot]

**Gabelkopf** clevis yoke [mot]; idler fork [mbt]; (Gabelende) yoke end [mot]; (z. B. Kopf des Gabelbolzens) clevis [mot]; clevis head [mot]

**Gabellaschenkette** fork-sprocket chain [mot]

**Gabelringschlüssel** (Werkzeug) forked <box type> wrench [wzg]

**Gabelrohr** breeches pipe [pow]

**Gabelschlitten, -träger** carriage [mot]

**Gabelschlüssel** (Werkzeug) forked open jaw wrench [wzg]; (Werkzeug) single open-ended wrench [wzg]

**Gabelstapler** (Flurförderzeug) forklift truck [mot]

**Gabelstift** clevis pin [mot]

**Gabelträger** fork carriage [mot]

**Galgen** gallows [elt]

**Galle** (Körperorgan) gall [med]

**Gallone** (Hohlmaß) gallon [mot]

**galvanischer Überzug** (Zinkschicht) galvanic plating [met]

**galvanischer Schutz** (von Bauteilen) galvanic protection [pow]

**galvanisieren** coat [wst]; galvanizing [mbt]; (mit Zink beschichten) galvanize [met]

**galvanisiert** galvanized [met]

**Gamma Strahl** gamma-ray [elt]

**Gang** (Korridor in Haus oder Wohnung) hall [bau]; (z.B.: 1.-4. Gang des Pkw) gear [mot]; (zwischen Räumen im Haus) hall [bau]

**Ganganordnung** gear change arrangement [mot]

**Ganggestein** dike rock [geo]

**gängig** (-e Abmessung; üblich) common [abc]

**Gängigkeitsanalysen** saleability analyses [edv]

**Gangschaltanlage** gearshift mechanism [mot]

**Gangschalthebel** gear selector lever [mot]

**Gangschaltspindel mit Schalthebel** gear shift column and lever [mot]

**Gangschaltventil** speed change valve [mot]

**Gangwahlhebel** gear selector lever [mot]

**Gangway** (Laufsteg längs Schiffswand) gangway [mot]

**Gangzahl** (bei Schnecken) number of threads [mas]

**G-Antrag** (Garantie-Antrag, GA) warranty claim [abc]; W/C [abc]

**ganz** (→ gänzlich) full [abc]

**ganz geschweißt** all-welded [mas]

**gänzlich** (vollkommen) totally [abc]; (es fehlt nichts) completely [abc]; (ganz und gar) wholly [abc]; (von vorne bis hinten) all the way [abc]

**Ganzmetallflugzeug** all-metal aeroplane [mot]

**Ganzstahl** (z. B. in G-Konstruktion) complete steel [wst]

**Ganzstahlkasten** complete steel box [wst]

**Ganzstahlschweißkonstruktion** welded complete steel-box design [mas]

**Ganzzug** (alle Waggons ein Typ) complete train [mot]

**Garage** (Autoschutzhaus) garage [bau]

**Garagenfaß** (älterer Ausdruck) drum [abc]

**Garantie** (durch Garantie geschützt) warranty [abc]; (selten in Technik) guarantee [abc]

**Garantieantrag** warranty claim [abc]

**Garantiebrennstoff** guarantee fuel [pow]

**Garantieleistung** warranty payments [abc]; (Anerkennung und Bereinigung) warranty adjustment [abc]

**Garantieleitfaden** rules on warranty policy & procedures [abc]

**Garantieversicherung** guarantee insurance [jur]; warranty insurance [jur]

**Gärbottich** (Zugabe obergäriger Hefe) fermenting vat [bio]

**Garderobe** (im Theater) cloakroom [bau]; (in der Wohnung) coat stand [abc]; (in der Wohnung) hall stand [abc]; (meine Kleidungsstücke) clothes [abc]; (nur Hutablage) hat stand [abc]; (Ständer, Kleiderhaken) coat rack [abc]

**Gardine** (Vorhang; Übergardine) curtain [bau]

**gären** (z.B. Bier) ferment [bio]

**Garnison** (Standort) station [mil]

**Garnitur** (z.B. Polstermöbel) suite [bau]

**Garten** (direkt hinter Haus, um Haus) yard [bff]; (Schreber- oder Kleingarten) garden [bff]

**Gartenlaube** (fast nur für Geräte) garden shed [bau]; (zum Aufenthalt) garden hut [bau]

**Gartenzwerg** (Heinzelmännchen) garden dwarf [abc]

**Gärtnerei** nursery [bff]

**Gärung** fermentation [bio]

**Gas** gas [abc]; (→ Armg.; → Generatorg.; → gereinigtes G.; → Koksofeng.; → Raffinerie-G.; → Rauchg.; → Reichg.; → Reing.; → Schwachg.; →

Stadtg.; → Starkg.; → Trägerg.; → unverbranntes G.)

**Gas geben** accelerate [mot]

**Gasanstalt** gas works [bau]

**Gasarmaturen** gas valves [mot]

**gasarme Kohle** non-gaseous coal [pow]; non-gassing coal [pow]

**gasarmes Gemisch** (mager) lean mixture [pow]; (schwach, mager) weak mixture [abc]

**Gasaustritt** exhaust out [mot]

**Gasballon** (Wasserstoff, Helium out) gas balloon [mot]

**Gasbrennermaul** (Mauerwerksöffnung) gas burner port [pow]

**gasdicht** gas-tight [pow]

**Gasdruck** gas-pressure [mot]

**Gasdruckfeder** (hält Frontscheibe hoch) gas-pressurized spring [mot]; (hält Frontscheibe hoch) window gas strut [mot]

**Gaseinschluß** gas inclusion [wst]

**Gaseintritt** exhaust in [mot]

**Gaserzeuger** gas generator [mot]

**Gasfeder** gas spring [mbt]

**Gasflammkohle** gassing coal [pow]; open burning coal [roh]

**Gasflasche** gas cylinder [mot]

**gasförmiger Brennstoff** gaseous fuel [pow]

**gasförmiger Zustand** gaseous state [pow]

**Gasgemisch** gaseous mixture [pow]

**Gasgestänge** carburetor control [mot]; control of carburetor [mot]; throttle linkage [mot]

**Gashebel** accelerator [mot]; gas pedal [mot]; governor control lever [mot]; throttle [mot]; (Handgas) hand throttle [mot]

**Gashebelmechanismus** throttle control mechanism [mot]

**Gaskohle** high volatile bituminous coal [pow]

**Gaskohlungsverfahren** gas carburizing procedure [met]

**Gasmaske** gas mask [mil]

**Gasöl** gas oil [mot]

**Gasometer** gas tank [pow]

**Gaspedal** accelerator [mot]; fuel pedal [mot]; gas pedal [mot]; throttle pedal [mot]

**Gaspreßschweißen** pressure gas welding [met]

**Gaspulverschweißen** gas-powder welding [met]

**Gasrohr** gas pipe [bau]

**Gasschmelzschweißung** gas welding [met]

**Gasschweißung** gas weld [met]

**Gasse** alley [mot]; narrow street [bau]; (zwischen Stadthauszeilen) alley [mot]

**Gasströmung** gas flow [pow]

**Gastanker** gas tanker [mot]

**Gasturbine** gas turbine [mot]

**Gasturbine mit geschlossenem Kreislauf** closed-cycle gas turbine [pow]

**Gasturbine mit offenem Kreislauf** open-cycle gas turbine [pow]

**Gasturbinenmotor** gas turbine engine [mot]

**Gasvorspanndruck** pre-set gas pressure [mbt]

**Gaswechselsystem** engine breathing system [mot]

**Gaszug** (vom Gaspedal abgehend) accelerator cable [mot]

**Gaszündbrenner** gas ignitor [pow]; gas lighting-up burner [pow]

**Gatter** gate [elt]; (→ CMOS G.; → logisches G.)

**Gattungsgrundprozeduren** generic primitives [edv]

**GAU** (größter anzunehmender Unfall) greatest possible catastrophe [abc]

**Gauß'sches Filtern** Gaussian filtering [edv]

**gealtert** (verwittert) aged [bau]

**gearbeitete Tagewerke** man-days worked [abc]

**gebänktes Feuer** (Rost) banked fire [pow]

**Gebäude** (auch bildlich) edifice [abc]; (Bau) building [bau]; (zum Bewohnen, Arbeiten usw.) building [bau]

**Gebäudeabbruchmaterial** (f. Brecher) building demolition material [rec]

**Gebäudearten** types of buildings [bau]

**Gebäudehöhe** (Bauhöhe) height of construction [bau]

**Gebäudelast** building load [bau]

**Gebäudeteile** parts of buildings [bau]

**Gebäudezeichnung** (Rolltreppe) work drawing [mbt]

**Gebeine** (Knochen. Gerippe) bones [med]

**gebeizt** pickled [met]

**geben** (übertragen) transmit [abc]

**Geber** sensor [elt]; (Auslöser, Knopf, Hahn) trigger [mas]; (Übertrager) transmitter [aku]; (→ Istwertg.; → Sollwertg.)

**Gebiet** (auf dem G. der ...) range [abc]; (Landfläche) area [abc]; (Teil des Landes) part of the country [abc]; (z.B. auf kaufmännischem Gebiet) sector [eco]; (→ Erdbebeng.; → Herdg.; → Schütterungsg.; → Wohng.)

**Gebilde** (Erscheinung, Gespenst) appearance [abc]; (Gegenstand) formation [abc]

**gebildet** (wissend) educated [abc]; (wissend) intelligent [abc]; (wissend) learned [abc]

**Gebinde** packing drum [abc]

**Gebirge** mountains [abc]

**Gebirgsmassiv** massif [geo]

**Gebirgszug** mountain range [geo]

**Gebläse** blower [air]; (Ventilator) fan [air]; (→ Axialg.; → Druckerhöhungsg.; → Heizg.; → Kühlluftg.; → Radialg.; → Rezirkulationsg.; → Sperrluftg.; → Umwälzg.; → Zusatzg.)

**Gebläseantrieb** fan drive [air]

**Gebläseeinlauf** compressor inlet [air]

**Gebläsegehäuse** fan casing [air]

**Gebläseluftkühlung** fan-type air cooling [mot]

**Gebläsemühle** integral fan mill [pow]

**Gebläsewirkungsgrad** fan efficiency [air]

**gebläut** (Metalloberfläche) blued [met]

**gebogen** (gebogene Gleise) curved [mot]

**gebogenes Düsenrohr mit Hydraulik-mundstück** grease gun adaptor [mot]

**gebogenes Rohr** bent tube [mas]

**Gebot** (auch Verbot) interdiction [mbt]; (das Gebot Gottes) commendment [abc]

**Gebotsschild** (auch Verbot) interdiction plate [mbt]

**gebrannt** burned [abc]; fired [met]

**gebrannte Mauerziegel** burnt bricks [bau]

**Gebrauch** (Anwendung) use [abc]

**gebrauchen** (nutzen, nutzbar machen) use [abc]; utilize [abc]

**gebräuchlich** (gebr. Stahlsorten) customary [wst]; (gebräuchliche Federnägel) standard [mas]

**gebrauchstauglich** suitable for and during work [abc]; (benutzbar) utilizable [abc]

**Gebrauchstauglichkeit** efficient during use [abc]; suitability for and during work [abc]

**gebraucht** (aus zweiter Hand) used [abc]; (Auto, Möbel) second hand [abc]; (von ... benutzt) used [abc]

**Gebrauchtgerät** (z.B. alter Bagger) used machine [mot]

**Gebrauchtmaschine** used machine [mas]

**gebrochene Welle** refracted wave

**Gebühren** (für...) fees [jur]

**gebührenpflichtige Brücke** toll bridge [mot]

**gebührenpflichtige Straße** (Autobahn) toll road [mot]

**gebündelter Strahl** focussed beam [elt]

**gebundene Decke** stabilized [bau]

**gebundene Variable** (in der Logik) bound variable [mat]

**gebundener Kohlenstoff** fixed carbon [che]; F.C. [che]

**Gebüsch** (Buschwerk, Büsche) brushes [bff]

**gedämpft** (Sitz) cushioned [mbt]

**gedämpfte Schwingung** damped oscillation [phy]

**gedämpfte Welle** (Einschwenkvorgang) damped wave [phy]

**gedämpfter Wellenzug** damped wave train [phy]

**Gedärm** (Därme) bowels [med]; (Därme) intestines [med]

**gedeckter Güterwagen** boxcar [mot]; (geschlossen) covered wagon [mot]

**gedehnte Zeitablenkung** scale expansion [elt]; extended time-base deflection [elt]; extended time-base sweep [elt]

**gedreht** (Rolltreppe) twisted [mbt]; (z.B. um 25°) rotated by ... [abc]

**gedruckt** (z.B. Offset) printed [abc]

**gedruckte Karte** (Druckschaltung) printed card [elt]

**gedruckte Karte hat Kurzschluß** printed card <has> short circuit [elt]

**gedruckte Schaltung** (auf Karte) printed <circuit> card [elt]; printed circuits dewottings [elt]

**gedrückt** pressed [abc]

**Geehrte Herren!** (Sehr ...) Sirs:

**geeicht** (meist behördlich gemessen) calibrated [wst]

**geeignet** (-es Material) suitable [mas]; (passend, angemessen) adequate [abc]

**geerdet** earth [elt]; earthed [elt]

**geerdet am Transformatorrahmen** earth to transformer frame [elt]

**geerdeter Stromkreis** ground circuit [elt]

**Gefahr** danger [wst]; (Risiko) hazard [abc]; (Verkehrszeichen) DANGER [mot]

**gefahrabweisend** eliminating danger [mbt]

**Gefährdungspotential** potential danger [abc]

**Gefahrgutbestätigung** certificate of approval for tank containers for the transport of dangerous goods [wst]

**gefährlich** dangerous [wst]; (lebensgefährlich) hazardous [abc]

**GEFÄHRLICHE CHEMIKALIEN** (an Lkw) VOLATILE CHEMICALS [mot]

**GEFÄHRLICHE GÜTER** (an Lkw) VOLATILE GOODS [mot]

**Gefahrübergang** assumption of risk [abc]; passage of risk [abc]; take-over of risk [jur]

**Gefallen** (Tu mir einen Gefallen!) favour [abc]

**Gefälle** (Abbremsen nötig) inclined sections [mot]; (abschüssiger Berghang) drop [geo]; (Bodenwelle in Straße) dip [mot]; (Neigung, auch im Gelände) incline [mot]

**Gefällhöhe** velocity head [pow]

**Gefälligkeit** (Gefallen, etwas Nettes) favour [abc]

**gefällt** (Baum) felled [abc]

**Gefäß** (Behälter; Container usw.) container [wst]; (Blutgefäß, Ader) vein [med]; (des Schauglases) jar [abc]; (Grabgefäß b. Bagger u. Lader) bucket [mbt]; (Schüssel) vessel [abc]

**Gefäßzylinder** (für Schaufel, Tieflöffel) bucket cylinder [mbt]

**Gefecht** (Kampf) fight [mil]

**Gefechtskopf** warhead [mil]

**Gefechtsmodelle** combat modeling [mil]

**gefedert** sprung [abc]

**gefederter Schubblock** cushion push block [wst]

**gefeiert** celebrated [abc]

**gefesselte Feder** (Kettenspannung) springs in a clamped position [mbt]

**gefiedert** (Vogel) feathered [bff]

**Geflecht** (Textil, Gewebe) fabric [abc]; (z.B. am Filter) strainer [abc]

**geflickt** patched [abc]

**geforderte Laufgenauigkeit** required concentricity [mas]

**Gefrierpunkt** freezing point [pow]

**Gefrierpunktmethode** (gegen Eis; bei Thermoelementen) freezing point bath [pow]

**Gefrierschutzmittel** anti-freeze [mot]

**gefrontet** (bei Versicherungen) fronted [jur]

**Gefüge** (von Material) structure [mas]; (Struktur des Materials) macro structure [wst]

**Gefügeauflockerung** spongy structure [wst]

**Gefügebestimmung** determination of structure [mes]

**gefugt** (Aussparung im Holz) rebated [mot]

**gefugte Bohlen** rebated timbers [mot]

**Gefühl** feeling [abc]

**gefüllt** (gefüllter Löffel = struck) filled [mbt]

**gefurcht** (geritzt) scored [mas]

**gefüttert** (z.B. mit Buchse) lined [mas]

**gegabelter Greiferstiel** forked grab arm [mbt]

**gegabelter und gekröpfter Greiferstiel** forked gooseneck grab arm [mbt]

**gegebene Konstruktion** (vom Kunden) customer design [wst]

**Gegebenheit** condition [bau]; (→ örtliche G.)

**gegen den Druck** against the pressure [phy]

**gegen zufällige Berührung geschützt** partially enclosed [abc]

**Gegendruck** back pressure [phy]; counter pressure [mot]

**Gegendruckanzapfturbine** back pressure extraction unit [pow]

**Gegendruckturbine** back pressure turbine [pow]

**Gegenflansch** counterflange [wst]

**Gegenführung** upthrust guide [mbt]

**gegengeschweißt** back-welded [met]

**Gegengewicht** balance weight [mot]; counter weight [wst]

**Gegengift** (z.B. gegen Biß) antidote [med]

**Gegenhalter** retainer [mbt]

**Gegenhalterung** counter bearing [mbt]

**Gegenklemme** half clamp [mbt]

**Gegenkopplung** negative feedback [elt]

**Gegenlager** (am Waggon) counter bearing [mot]

**Gegenlast** back load [phy]

**Gegenlauf** counter rotation [mbt]; reverse motion [mbt]; (Rolltreppe) reverse travel [mbt]

**gegenläufig** (Raupenketten) counter rotate [wst]; (Raupenketten) counter-rotating [mbt]

**gegenläufige Ketten** counter-rotating chains [wst]

**Gegenläufigkeit** (der Kette) counter-rotation [wst]

**Gegenmittel** (Medizin., z.B. gegen Gift) antidote [med]

**Gegenmutter** check nut [mas]; counternut [mas]; (zum Festhalten) jam nut [mas]

**Gegenprofil** counter profile [wst]

**Gegenrad** counter wheel [wst]

**gegenschweißen** (von Gegenseite) back weld [met]

**gegenschwenken** (Baggeroberwagen) counter slew [mbt]

**gegenseitig** reciprocal [abc]; mutual [jur]; (z.B. zweiseitiger Vertrag) bilateral [abc]

**gegenseitige Abhängigkeit** double bind [abc]

**Gegenseitigkeitsstrahlung** intersolid radiation [pow]n

**Gegenstand des Versicherungsschutzes** subject of insurance coverage [jur]

**gegenstandslos** unfounded [abc]

**Gegenstrom** counter flow [pow]; counter-current [pow]

**Gegenstromkühlung** counter-current cooling [wst]

**Gegenstromwärmetauscher** counter-current heat-exchanger [wst]

**Gegenstück** counterpiece [wst]; mate specimen [mas]

**Gegenstückmuster** mate specimen [mas]

**Gegentakt** push-pull [elt]

**Gegentaktschaltung** push-pull circuit [elt]

**Gegentaktemitterfolge** push-pull emitter follower [elt]

**Gegentaktneutralisation** cross talk attenuation [tel]

**Gegentaktstufe** push-pull stage [mas]

**gegenüber** (dem Bahnhof) opposite [abc]; (im Verhältnis zu...) in relation to [abc]

**Gegenverschleißzusätze** antiwear additives [con]

**gegenwärtig** (ist mir nicht gegenwärtig) known [abc]; (zur Zeit) currently [abc]

**Gegenwelle** (z. B. im Getriebe) counter shaft [mot]

**Gegenwinkel** (z. B. Halterung, Klemme) clamp [mbt]; (z.B. Rohr) angle [abc]

**gegenzeichnen** counter-sign [abc]

**Gegenzug** return train [mot]

**gegliedert** subdivided [eco]

**geglüht** annealed [mas]

**Gegner** (bei Spielen) adversaries [abc]

**gegründet** founded [eco]; (z.B. auf grauem Mergel) founded [bau]

**Gehalt** content [pow]; (→ Ascheng.; → Grobkorng.)

**Gehaltsliste** payroll [abc]

**Gehänge** (z.B. Magnetaufhängung) tackle [mas]

**gehärtet** (→ härten) hardened [met]; (oberflächengehärtet) case hardened [wst]

**gehärteter Stahl** hardened steel [wst]

**gehärtetes Glas** toughened glass [wst]

**gehäuft** (z.B. Schaufelinhalt) heaped [mbt]

**Gehäuse** casing [mbt]; (Unterbringung) housing [mas]; (Verschalung) casing [wst]; (z. B. kastenförmig) case [wst]; (z.B. eines Kugellagers) cage [wst]; (z.B. Kasten) box [mbt]; (→ abgewinkeltes G.; → Achsg.; → Antriebsg.; → Antriebsgelenkg.; → Ausgleichsg.; → Einlaufg.; → Einspritzpumpeng.; → Freilaufg.; → Gebläseg.; → Getriebeg.; → Hinterachsg.; → Kapselg.; → Kardang.; → Kegelradg.; → Lüfterg.; → Mühleng.; → Nebenantriebsg.; → Ölpumpeng.; → Schaltg.; → Spiralg.)

**Gehäuse des Einspritzelements** injection pump barrel [mot]

**Gehäusekugelführung** guiding sleeve housing [mas]

**Gehäuseoberteil** housing, upper part [mas]

**Gehäuseschulter** housing shoulder [mas]

**Gehäusetoleranz** housing tolerance [mas]

**Gehäuseunterteil** housing, lower part [mas]; lower portion of housing [mas]

**Gehbahn** footway [bau]

**geheftet** weld [met]; (auf Zeichnungen) tack-welded [con]

**geheim** secret [abc]; (Aufschrift auf Akten) classified [abc]

**geheizt** heated [abc]

**gehen** (funktionieren) work [abc]

**gehen nach** go to [abc]

**gehindert** (behindert, im Wege) hampered [abc]

**Gehirnhautentzündung** meningitis [med]

**Gehölz** (ungepflegt) wildwood [bff]

**gehont** (→ Honen) honed [met]

**gehorchen** (Motor spricht an) respond [elt]

**Gehör** hearing [med]

**Gehrung** mitre [mas]

**Gehrungssäge** mitre box saw [wzg]

**Gehtreppe** (hier: Rollsteig, geneigt) walk escalator [mbt]; (z.B. im Wohnhaus mit Absatz) stairways [bau]

**Gehweg** (→ Fußweg) sidewalk [mot]

**Geigerzähler** Geiger counter [elt]

**Geisel** hostage [pol]

**Geißel** (Peitsche, Knute) whip [abc]

**Geistesabwesenheit** (vorübergehend) blackout [abc]

**geistig zurückgeblieben** retarded [med]

**geistige Getränke** liquors [abc]

**geizig** tight [abc]

**gekalkt** whitewashed [bau]

**gekapselt** drum encased [mot]; encased [met]; enclosed [mbt]; sealed [mas]

**gekapselte Rohre** fully protected pipework [mbt]

**gekennzeichnet** marked [abc]

**gekennzeichnet, daß** (Patent) characterized in that ... [jur]

**geklammert** clamped [elt]

**geklemmt** clamped [wst]

**geknickt** (gebrochen) cracked [mot]

**geknöpft** buttoned [abc]

**gekoppelt** coupled [mbt]; dependent on [bau]; dependent on [bau]

**gekoppelte Induktivität** coupled inductance [elt]

**gekreuzter Trieb** crossed drive [wst]; half twist [mas]

**gekröpft** cranked [met]; offset [mbt]

**gekröpfte Achse** cranked axle [mot]

**gekröpfter Flansch** cranked flange [wst]

**gekröpfter Stiel** arm [mbt]; gooseneck-type arm [mbt]

**gekröpftes Glied** cranked link [wst]

**gekröpftes Kettenglied** cranked chain link [wst]

**gekrümmt** (auch Eisenbahn) curved [mot]; (auch Straße) bent [abc]

**gekrümmte Oberfläche** curved surface [wst]

**gekrümmter Strahl** (Hohlstrahler) curved crystal [elt]

**gekümpelter Boden** (Trommel) dished drum end [pow]; (Trommel) dished head [pow]

**gekürzte Fassung** (des Buches) abridged version [abc]

**gelagert** (abgestützt, gehalten) mounted [mas]; (in Lagern gehalten) mounted on bearings [abc]

**gelagerter Bolzen** (z.B. schwimmend) pin [mbt]

**gelähmt** (durch Kinderlähmung) paralyzed [med]; (vor Schreck) mesmerized [abc]

**Gelände** (nicht Straßenfahrt) off-highway [mot]; (nicht Straßenfahrt) offroad [mot]

**Geländeeinschnitt** (für Straße) road cut [geo]

**Geländefahrzeug** (Lkw) off-highway truck [mot]

**Geländegang** (des Autos, Laders) off-road gear [mot]

**geländegängiger Lkw** (GB) rough terrain lorry [mot]; (US) offroad truck [mot]

**Geländekran** off-highway crane [mot]

**Geländeoberfläche** ground surface [geo]

**Geländer** (allgemeiner Ausdruck) rail [abc]; (nur Handlaufband) handrail [mbt]; (von Rolltreppenfuß bis Handlauf) balustrade [mbt]; (→ Fußwegg; → Schutzg.)

**Geländereifen** cross country tyre [mot]; traction tyre [mot]

**Geländerhalter** (Scheibenhalter) balustrade bracket [mbt]

**Geländeroberfläche** (Alu, Stahl, Glas) deck cover [mbt]

**Geländestapler** rough terrain forklift truck [mbt]

**Geländewagen** (z. B. Jeep) cross country vehicle [mot]; (z.B. Landrover) off-road vehicle [mot]

**geläppt** (fein poliert) lapped [mas]

**gelb** yellow [nrm]; (bei Verkehrsampeln) amber [mot]

**gelbgrau** (RAL 7034) yellow grey [nrm]

**gelbgrün** (RAL 6018) yellow green [nrm]

**gelboliv** (RAL 6014) yellow olive [nrm]

**gelborange** (RAL 2000) yellow orange [nrm]

**Geldschrank** vault [pol]

**Geldstrafe** (zu einer G. verurteilt) fine [jur]

**gelegentlich** (höchst selten) sporadically [abc]

**Gelenk** joint [mot]; steering joint [mot]; (Knöchel) knuckle [med]; (Maschinenteil, Mensch) joint [mas]; (scharnierartig) hinge [mas]; (→ Antriebsg.; → Doppelg.; → Gleitkreuzg.; → Gummikreuzg.; → Ketteng.; → Kreuzg.; → Kugelg.; → Lascheng.; → Scheibeng.; → Schubkugelg.; → Trockeng.; → Winkelg.)

**Gelenkband** strip hinge [mot]

**Gelenkbordkran** double-joint deck crane [mot]

**Gelenkdreieck** joint triangle [mbt]; triangular rocker [mas]; (z.B. triangle with joints [mas]

**Gelenkfläche** bearing area [mas]

**Gelenkflächenpressung** pressure on bearing area [mas]

**Gelenkkran** (→ Gelenkbordkran) double joint deck crane [mot]

**Gelenklager** grumble [mot]; joint bearing [mot]; self-aligning bearing [mot]; (kugelig) spherical plain bearing [mas]; (Lagerauge) bearing [mbt]; bearing eye [mot]

**Gelenklokomotive** joint locomotive [mot]

**Gelenkschale** pivot joint housing [mas]; swivel bearing cup [mas]

**Gelenkstange** toggle link [mbt]; (für Scheibenwischer) joining rod [mbt]

**Gelenkstück** (Verbindung, Kupplung) coupling [wst]

**Gelenkstulpe** coupling sleeve [mot]

**Gelenktriebwagen** (der Bahn) articulated railcar [mot]

**Gelenkverbindung** knuckle joint [mas]

**Gelenkwelle** propeller shaft [mot]; (Kardanwelle) joint shaft [mas]; (Kardanwelle) universal drive shaft [mas]

**Gelenkwellenanbau** (Kardanwelle) joint shaft assembly [mas]

**Gelenkwellenrohr** drive shaft tube [mot]

**Gelenkwellenschutz** (an Kardanwelle) joint shaft guard [mas]

**gelieferter Brandstoff** gelatinized incendiary materials [mil]

**gelöschter Kalk** slaked lime [che]

**gelöst** (Mensch) relaxed [abc]; (Schraube) loosened [mas]

**gelöster Sauerstoff** dissolved oxygen [che]

**gelötet** soldered [met]

**Geltungsbereich** range of validity [abc]; scope range of use [abc]; (geografisch) area of validity [cap]

**gemächlich** (bedächtig, langsam) steady [abc]

**gemäß** (in Zeichnungen) according to [abc]

**gemäßigte Klimazone** moderate climatic zone [wet]

**gemein** (bei Pflanzen) common [bff]

**Gemeinde-** municipal [abc]

**Gemeindefahrzeug** (z.B. Müllwagen) municipal vehicle [mot]

**Gemisch** mixture [abc]; (aus Feststoff und Wasser) mixture [mot]; (→ Gasg.)

**Gemischförderstrom** (Naßbaggerung) mixture production [mot]

**Gemischkonzentration** (Naßbaggerung) concentration of mixture [mbt]

**Gemischwichte** mixture density [pow]

**Gemmerlenkung** gemmer steering [mot]

**Gemüse** vegetables [bff]

**genäht** sewed [abc]

**genannter Versicherter** (in Police) named insured [jur]

**genau abgestimmter Drehmomentwandler** full match torque converter [mot]

**genau einmal** (nicht öfter) only once [abc]

**genau mittig** dead centre [con]

**genau nach unten** (Süden auf der Uhr) six-o'clock position [abc]

**genau rechts** (Ost) three-o'clock position [abc]

**genaue technische Vorschrift** specification [abc]

**genaue Vorschrift** specification [abc]

**genaues Studium** detailed study [abc]

**Genauigkeit** accuracy [abc]; correctness [abc]

**Genauigkeitsgrad** precision [abc]

**Genauigkeitsgruppe** accuracy group [con]

**genauso gut** (ebenso schlecht) just as well [abc]

**Genehmigungsdruck** design pressure [pow]; licence pressure [abc]

**geneigt** (bogenförmig) bowed [abc]; (gebogen) bended [abc]; (- Rippenplatte) canted [mbt]; (Mensch) inclined [abc]; (schräger Hang) sloping [mot]; (z.B. Schiefer Turm von Pisa) leaning [abc]

**geneigte Unterlagplatte** (→ Unterlagplatte) canted steel base plate [mbt]

**geneigter Schacht** (im Bergbau) declined shaft [roh]; (im Bergbau) inclined shaft [roh]

**General** general [mil]

**Generaldirektor** director general [eco]

**Generalisierungsprozedur** (b. Lernen) generalize procedure [edv]

**Generalsekretär** secretary general [pol]

**Generalsicherungshebel** (Sperre) safety lever [mbt]; (zw. Sitz/ Tür) general safety lever [mbt]

**generalüberholt** (-er Motor) rebuilt [mas]

**Generalunternehmer** general contractor [mbt]
**Generator** dynamo machine [elt]; generator [elt]; (in Generieren-und-
Testen-Systemen) generator [edv]; (→
Ablenkg.; → Drehstromg.; → Tachog.;
→ Ultraschallg.)
**Generatorgas** generator gas [pow];
producer gas [pow]
**Generatorkühlung** generator cooling
[edv]
**Generieren-und-Testen-Systeme**
generate-and-test systems [edv]
**genesen** (von einer Krankheit) recover
[med]
**Genesung** (von Krankheit) recovery
[med]
**genetische Pakete** generic packages
[edv]
**genietet** riveted [mas]; (mit Doppelkopfbolzen) riveted [mas]
**genormt** standard [nrm]; standardised
[nrm]
**genutzt** utilized [abc]
**geoelektrisch** geoelectric [geo]
**geöffnet** open [abc]
**geographisch** geographical [geo]
**geographische Bedingungen** geographical conditions [geo]
**geographische Höhenlage** geographic
level [geo]
**geographische Informationssysteme**
geographical information systems [edv]
**geographische Verteilung** geographic
distribution [geo]
**Geologie** geology [geo]
**Geometrie der Augen** geometry of the
eyes [edv]
**Geometriedatenaustausch** geometri-
cal data transfer [edv]
**geometrische Analogie** geometric
analogy [edv]
**geometrische Ultraschalloptik** geometric ultra sonic optics [elt]
**geometrisches Modellieren** geometric
modelling [edv]

**Geophysik** (physikal. Verhalten) geo-
physics [phy]
**Gepäck** (Reisegepäck) baggage [abc];
luggage [mot]
**Gepäck- und Autotransportwagen**
brake van [mot]
**Gepäckablage** luggage dump [mot]
**Gepäckband** (im Flughafen) belt
[mot]
**Gepäckkuli** (→ Kuli) trolley [abc]
**Gepäcknetz** luggage net [mot]
**Gepäckraum** (Kofferraum des Autos)
trunk [mot]
**Gepäckraumklappe** boot lid [mot];
trunk lid [mot]
**Gepäckraumklappeninnenblech** rear
inside trunk lid panel [mot]
**Gepäckständer** (in Bahn, Flugzeug)
rack [mot]
**Gepäckträger** (antiquiert) porter
[mot]; (auf Flugplätzen) skycap [mot]
**Gepäckwagen** (Eisenbahnwagen) baggage car [mot]; (Eisenbahnwagen)
brake van [mot]; (Eisenbahnwagen)
luggage van [mot]; (Gepäckkarre,
Kofferkuli) trolley [abc]; (→ Packwagen)
**gepflegt** (Tier, Maschine) well
groomed [abc]
**Gepflogenheit** (Sitte) usage [abc]
**geplant** (Fahrplan) scheduled [mot];
(in der Planung) planned [abc]
**gepolstert** upholstered [mot]
**gepolsterter Sitz** cushion seat [mbt]
**geprägt** raised, projecting [abc]; (gutes
Briefpapier) embossed [abc]
**gepreßt** pressed [abc]; (zusammen-
gedrückte Baumwolle) compressed
[abc]
**gepreßte Baumwolle** compressed
cotton [wst]
**geprüft** checked [mes]
**geprüfter Handschweißer** certified
welder [met]
**geprüfter Schweißer** certified welder
[met]

**geprüftes Rohr** tested tube [mas]

**gepunktet** (Linie in Zeichnung, Kleid) dotted [abc]

**gerade** (aufrichtig, ehrlich) straight [abc]; (gerade Linie) straight [abc]

**gerade Einschraubverschiebung** straight insert [mbt]

**gerade Kurzverzahnung** straightshort toothing [mas]

**gerade Treppenläufe** straight ramp [bau]

**gerade Unterlagplatte** (→ Unterlagplatte) flat steel base plate [mot]

**gerade Verschraubung** straight fitting [mbt]

**gerade Zahl** even number [mat]

**geradeaus** straight ahead [mot]

**gerader Reißschenkel** (Aufreißer) smooth profile ripper [mbt]

**gerades Auslegeroberteil** straight boom [mbt]

**gerades Rückschlagventil** in-line check valve [mot]

**Geradheit** straightness [mas]

**geradlinig** linear [mbt]

**Geradverzahnung** spur toothing [mas]

**gerändelt** (z.B. Rändelrad) knurled [met]

**gerändelte Mutter** knurled nut [mas]

**Gerät** appliances [abc]; implement [abc]; (Ausrüstung) equipment [abc]; (Vorrichtung, Apparat) device [mot]; (z.B. Maschine) unit [mot]; (→ Regelg.; → Steuerg.)

**Gerät einschalten** plug in [abc]

**Gerät einstöpseln** plug in [abc]

**Gerät fährt rückwärts** machine travels <in> reverse [mot]

**Gerät fährt vorwärts** machine travels forward [mot]

**Gerätdichte** (z.B. Gerätemenge) environment [elt]

**Geräte für die Bauwirtschaft** equipment for the construction industry [bau]

**Geräteanzahl** (in einem Land, Gebiet) population [abc]

**Geräteaufbau** (hier bei Bagger) excavator design [mbt]; (hier bei Gabelstapler) truck design [mbt]

**Gerätefehler** (fehlerhafte Funktion) deficiency [mot]

**Geräteführer** machine operator [mot]

**Gerätehinweisschild** (neben Exponat) caption board [abc]

**Gerätekammer** (für Haushaltgeräte) utilities [bau]; (für Haushaltgeräte) utility room [bau]

**Gerätemitte** centre of vehicle [con]

**Gerätenummer** machine number [mot]

**Geräteschrank** equipment cabinet [bau]

**Gerätestecker** connector [elt]; (z.B. in Steckdose) plug [elt]

**Geräteträger** multi-equipment carrier [mbt]; (Leiste, Konsole) tool bar [wzg]; multi-equipment carrier [mot]

**Geräteverfügbarkeit** machine availability [mot]

**geräumig** (z.B. Haus) spacious [mbt]

**Geräusch** noise [aku]

**Geräuschdämpfer** (am Flugzeug) hush kit [mot]

**Geräuschdämpfung** noise absorption [mot]; noise attenuation [mot]; sound absorption [mot]

**Geräuschdämpfungspaket** (→ Stadtschall) noise absorbing package [mbt]

**Geräuschentwicklung** noise level [mot]

**Geräuschpegel** noise level [mot]

**gerechnet** (durchgerechnet) calculated [abc]

**gerecht** (aufrecht, neutral) just [abc]

**geregelt** (z.B. thermostatisch) controlled [wst]

**gereift** (z.B. Obst, Getreide) ripened [bff]; (z.B. Technik) matured [abc]

**gereinigtes Gas** washed gas [pow]

**Gericht** (Amtsgericht) local court [pol]; (Mahlzeit, Essen) meal [jur]

**Gerichtsbarkeit** jurisdiction [pol]

**Gerichtskosten** court fees [jur]

**Gerichtsstand** (Ort, nicht Gesetz) venue [pol]; (allgemeiner) general jurisdiction [pol]; (ausschließlicher) exclusive jurisdiction [pol]; (anzuwend. Recht) competency of court [jur]

**Gerichtsstandvereinbarung** agreement as to competency of court [jur]; jurisdiction clause [jur]

**Gerichtstage** juridical days [pol]

**Gerichtstermin** court trial [jur]

**Gerichtsvorladung** (persönlich überreicht) subpoena [pol]

**gering** (Lärmentwicklung, Preis) low [mot]; (z.B. von geringer Größe) small [mot]

**geringfügig** (z.B. geringfügig mehr) a little [abc]

**geringfügig überschreiten** slightly exceed [abc]

**geringster Widerstand** least resistance [abc]

**Gerippe** (dürres Gerippe) skin and bones [med]; (Knochengestell, Gebein) skeleton [med]; (Rahmen der Maschine) framework [mas]

**gerissen** (eingerissen) rented [abc]

**gerollt** (-es Zylinderrohr, innen) burnished [mas]; (Innenfläche Zylinderrohr) roller burnished [mas]; (Oberflächenfeinbearbeitung) rolled finefinish [mas]; roller finish [met]

**gerollte Innenfläche des Zylinderrohres** roller burnished internal cylinder wall [mas]

**gerolltes Zylinderrohr** (Innenfläche) roller burnishing [mas]

**Geröll** (durch Korrosion brüchig) detrital [geo]; (geologisches Geschiebe) rubble [geo]; (grobes Haufwerk) boulders [roh]; (kleine Körnung, große Menge) shingle [bod]; (kleinere Körnung und glatt) pebbles [abc]

**Geröllhalde** (aus wandernder Lawine) talus [roh]; (schreitende Lawine) scree [geo]

**gerollt** (auch: gewalzt) rolled [mas]

**geröntgt** (durchleuchtet) X-rayed [abc]

**Geruch** (Duft, Gestank) smell [abc]

**Gerücht** (gerüchtweise verlautet) rumour [abc]; (Tratsch) grapevine [abc]

**gerundet** (Kanten gerundet) rounded [mas]

**Gerüst** framework arrangement [mbt]; (Baugerüst außen am Haus) scaffolding [bau]; (Bühne) stage [abc]; (das gesamte Rolltreppen-Gerüst) truss assembly [mbt]; truss [mbt]; (der Rolltreppe) truss assembly [mbt]; (fiel vom Gerüst) scaffolding [abc]; (Kesselgerüst) boiler steel structure [pow]; (Kesselgerüst) steel structure [mas]; (meist: der nackte Rahmen) skeleton [mot]; (→ Holzg.)

**Gerüstboden** (Untersicht der Rolltreppe) soffit [mbt]; truss soffit [mbt]

**Gerüstende** frame end [mbt]

**Gerüstkörper** (nur Rahmen) skeleton structure [mbt]

**Gerüststrebe** truss-stay [mas]; trussstrut [mas]; truss-support [mas]

**Gerüstverlängerung** truss extension [mas]

**gesägt** sawed [con]

**gesamt** (gesamte Strecke) total [abc]

**Gesamtabmessung** overall dimensions [con]

**Gesamtanlage** (schlüsselfertige Anl.) complete plant [abc]

**Gesamtansicht** general view [abc]

**Gesamtausladung** (der Baggerausrüstung) total outreach [mbt]

**Gesamtbeanspruchung** total stress [abc]

**Gesamtbelastung** (des Waggons, Lkw) total load [mot]

**Gesamtbelegschaft** total staff [abc]

**Gesamtbetriebsrat** shop committee [abc]

**Gesamtbreite** overall width [mot]; (der Rolltreppe) decking width [mbt]; (der Schelle) housing width [mas]

**Gesamteinrichtung** (Ausstattung) entire installation [abc]

**Gesamtfläche** total area [abc]

**Gesamtgewicht** (des Waggons m. Ladung) gross load weight [mot]; GLW [mot]; (Lkw und Ladung) total weight [mot]; (von Ladung od. Fahrzeug ) full load [mot]

**Gesamtgleislänge** total track length [mot]

**Gesamtheit** (restlos alles) lot [abc]

**Gesamthubhöhe** total lift height [mbt]

**Gesamtlänge** overall length [mot]; (des Lastzuges) total train length [mot]

**Gesamtlänge über alles** length over all [abc]

**Gesamtlastzuggewicht** total train weight [mot]; total weight of truck and trailer [mot]

**Gesamtlastzuglänge** total length of truck and trailer [mot]; total train length [mot]

**Gesamtmenge** total quantity [abc]

**Gesamtpressung** total pressure [mas]

**Gesamtprogramm** product line [abc]

**Gesamtprüfstück** (für Schweißprobe) test assembly [met]

**Gesamtschaden** total damage [jur]

**Gesamtwiderstand** total resistance [elt]

**Gesamtzuggewicht** total train weight [mot]

**Gesamtzuglänge** total train length [mot]

**gesät** (ausgesät) sowed [far]

**geschafft** groggy [abc]; (die Arbeit) done [abc]; (die Arbeit) finished [abc]; (erledigt) done with [abc]; (erschöpft) exhausted [abc]

**Geschäft** (ist ins Geschäft gegangen) store [abc]; (Wirtschaftszweig) business [eco]; (z.B. im Reifengeschäft) trade [abc]

**Geschäftsbereich** subdivision [eco]

**Geschäftsbericht** (einer Firma) annual report [eco]

**Geschäftsetage** commercial floor [mot]

**Geschäftsformular** business form [eco]

**Geschäftsführender Bundesvorstand** governing body [abc]

**Geschäftsraum** business room [eco]

**Geschäftsräume** office [abc]; premises [abc]

**Geschäftsreise** business trip [abc]

**Geschäftsschluß** conclusion of business [eco]

**Geschäftsstelle** (einer Versicherung) agency [jur]; (Niederlassung) subsidiary [eco]

**geschäftsverlaufsbedingt** tied up in the course of business [abc]

**Geschäftsverteilung** splitting of duties [eco]

**geschah** (ergab sich) came about [abc]

**geschaltet** switched [elt]

**geschält** peeled [mbt]

**gescheit** intelligent [abc]

**gescheitert** (in seiner Karriere) failed [abc]

**geschichtlich** historical [abc]

**geschickt** (begabt) gifted [abc]; (erfahren) skilled [abc]; (talentiert) talented [abc]

**Geschiebe** (geologisch) detrital [geo]; (geologisch) rubble [geo]

**Geschiebelehm** boulder clay [bod]

**Geschiebemergel** marly till [bau]; till [bau]

**Geschirr** (aus Porzellan u. Steingut) crockery [abc]; (Zaumzeug) harness [abc]; (Geschirr abwaschen) dishes [abc]; (Hebegurte usw.) lifting gear [mas]; (Porzellan) porcelain [abc]

**Geschirr spülen** do the dishes [abc]

**geschliffen** ground [met]

**geschlitzte Mutter** slotted nut [mas]

**geschlossen** (Strand geschlossen) closed [abc]; (Stromkreis abgeschaltet) off [elt]; (umhüllt, ummantelt) enclosed [met]

**geschlossen halten** keep closed [abc]

**geschlossene Bauweise** enclosed type [mas]

**geschlossene Brennkammer** furnace with slag screen [pow]

**geschlossene Knoten** (in Suchbäumen) closed nodes [edv]

**geschlossene Mittelstellung** closed dead-centre position [mot]

**geschlossene Rohrwand** tangent tube construction [mas]; tube-to-tube construction [mas]

**geschlossener Güterwagen** van [mot]; goods van [mot]

**geschlossener Kreislauf** closed circuit [elt]; closed system [pow]; (z.B. Hydraulik) independent circuit [mas]

**geschlossener Stromkreis** closed circuit [elt]; loop [elt]

**geschlossenes Gaspreßschweißen** (DIN 1910) closed square pressure gas welding [met]

**geschlossenes System** (Hydraulik) closed (hydraulic) system [mot]

**Geschmack** (an Gaumen und Zunge) taste [med]

**geschmiedet** forged [met]

**geschnitten** beveled [met]; cut [met]; section [mbt]

**geschossig** (z.B. 2-geschossig) storied [bau]

**Geschoß** (Etage) floor [abc]; (Granate, Kugel) round [mil]; (Granate, Patrone) shell [mil]; (Kugel, Patrone) bullet [mil]

**Geschoßdecke** upper floor [mbt]

**Geschoßhöhe** floor height [mbt]

**geschruppt** (spanabhebend) rough machined [met]

**geschüttetes Material** dumped material [roh]

**Geschütz** (Kanone) artillery piece [mil]

**geschützt** (durch Patent, Copyright) proprietary [jur]; (gegen Wind, Kälte, Angriff) protected [abc]; (z.B. wassergeschützt) proof [mas]

**geschützte Speicherzelle** protected location [edv]

**geschützter Speicherbereich** protected memory area [edv]

**geschützter Speicherplatz** protected location [edv]

**geschütztes Datenfeld** protected data field [edv]

**geschütztes Kristall** protected crystal [mas]

**geschweißt** welded [met]

**geschweißte Rohre** welded tubes [mas]

**geschweißte Schiene** welded rail [mas]

**geschweißte Wand** welded wall [mas]

**geschweißter Rahmen** welded frame [mas]

**Geschwindigkeit** speed [mot]; velocity [abc]; (→ Abbrandg.; → Ausbaug.; → Ausbreitungsge.; → Auswurfg.; → Dampfg.; → Rauchgasg.; → Reaktionsg.; → Riemeng.; → Umfangsg.)

**Geschwindigkeit der Longitudinalwelle** longitudinal wave velocity [phy]; longitudinal wave spread [phy]

**Geschwindigkeit der Oberflächenwelle** surface wave velocity [phy]; surface wave spread [phy]

**Geschwindigkeit der Schubwelle** shear wave velocity [phy]

**Geschwindigkeit der Schubwellen** hear wave velocity [phy]

**Geschwindigkeitsabnehmer** speedometer [mas]

**Geschwindigkeitsbegrenzung** speed limit [mot]

**Geschwindigkeitsmesser** (Tacho) speedometer [mot]

**Geschwindigkeitsprioritätssystem** travelling priority system [mot]

**Geschwindigkeitsreduzierventil** speed reducing valve [mas]

**Geschwindigkeitswechselventil** speed change valve [mas]

**Geschwür** ulcus [med]

**Geselle** (Handwerker nach Lehre) skilled [abc]

**Gesellschaft** (Firma) company [eco]; society [abc]

**Gesellschaftswagen** buffet car [mot]

**Gesenk** (Werkzeug zum Schmieden) forging die [wzg]; (Werkzeug zum Warmverformen) swage [met]

**gesenkgeformt** heated and formed to shape [met]

**gesenkgeschmiedet** drop forged [mas]; (verformt) swaged [met]; die forged [met]

**Gesenkschmieden** drop-forging [met]

**Gesenkschmiedestück** drop forging [mas]

**Gesenkschräge** forge draft [met]

**Gesenkschräge** draft [mas]

**Gesenkteilung** (in Zeichnung) mould divided here [mas]

**Gesetz** law [pol]; (→ erlassenes G.; → Maschinenschutzg.)

**Gesetz zur Reinhaltung der Luft** Clean Air Act [jur]

**Gesetzgebung** legislation [pol]

**gesetzlich** legal [jur]

**gesetzliche Feiertage** legal holidays [jur]

**gesetzliche Haftpflichtansprüche** (→ gesetzlich) legal claims of the insured deriving in the context of the company described [jur]

**gesetzliche Haftpflichtansprüche privatrechtlichen Inhalts** legal claims resulting from civil law [jur]

**gesetzliche Vertreter des Versicherungsnehmers** legal representatives of insured [jur]

**Gesetzmäßigkeit** (der Arbeit) conformity [roh]

**gesichert** (befestigt) secured [mas]

**gespannte Beziehungen** stretched relationship [abc]

**gespeichert** (elektronisch) memorized [edv]

**gesperrt** blocked [abc]; closed [mot]

**gesprengt** (gut gesprengtes Gestein, Haufwerk) well fragmented [roh]

**gesprengtes Material** blasted material [roh]

**gespritzt** (Farbe) sprayed on [mas]

**gestaffelt** (z.B. Mittagspause) staggered [abc]

**Gestalt** (Form) shape [mas]; (Kontur, Umriß) contour [wst]

**Gestaltfestigkeit** structural strength [mas]; (Widerstands-Torsion) torsion stiffness [mas]

**gestaltsverändernd** deforming [bau]; metamorphic [abc]

**Gestaltung** (z.B. einer Heftes) layout [mas]

**gestampft** tamped [abc]

**gestampfter Lehm** rammed clay [abc]

**Geständnis** (ein Geständnis ablegen) confess [jur]

**Gestänge** connecting rod [mot]; linkage [mot]

**Gestänge- oder Seildruckluftbremse** air-operated linkage or cable brake [mbt]

**Gestängebremse** linkage brake [mot]

**Gestängelösefeder** (des Waggons) rigging release spring [mot]

**Gestängesteller** (der Waggonbremse) slack adjuster [mot]

**gestehen** (bekennen) confess [jur]

**Gestein** rock [geo]; rock formation [geo]; (→ Ablagerungsg.; → Ergußg.; → Erstarrungsg.; → Gangg.; → Umwandlungsg.; → vulkanisches G.)

**Gesteinbrechbarkeit** crushability of rock [roh]

**Gesteinsbohrmaschine** rock drilling machine [roh]

**Gesteinsfräse** (Bagger) rotary rock cutter [mbt]

**Gesteinsschaufel** quarry bucket [roh]

**Gesteinsschutt** (Schutt) detrital [geo]

**Gesteinszerfallmechanismus** rock crushing mechanism [roh]

**Gesteinzerfall** (herbeigeführt) rock crushing [roh]

**Gestell** base [mas]; framework [mas]; skeleton [abc]; (Stütze) truss [mas]

**gesteuerte Quelle** controlled source [elt]

**gestickt** embroidered [abc]

**gestiegen um** increased by [abc]

**gestiegene Lohnkosten** increased wages [abc]

**gestört** disturbed [bau]

**gestreckt** stretched [mas]

**gestreckte Länge** (von Biegeblech) flat length [met]; (von Biegeblech) uncoiled length [mas]

**gestreckte Rohrlänge** free tube length [pow]

**gestreift** striped [abc]

**gestreut** (Streusalz) gritted [mot]

**gestreute Energie** scattered energy [elt]

**gestrichelt** (in Zeichnung; mit Strichen) stroked [con]; (mit punktierter Linie) dotted [con]; (mit Punkt-Strich-Linie) stroke-dotted [abc]

**gestrichelte Linie** (mit Strichen) stroked line [abc]

**gestrichen** (Schaufel ungehäuft) struck [mbt]

**Gestrüpp** (Unterholz) wildwood [bff]

**gestuft** graded [bau]

**Gesuch** (Antrag) application [jur]

**gesund** healthy [med]

**Gesundheits- und Arbeitssicherheitsgesetz** Health and Safety at Work Act [pol]

**Gesundheitsamt** health department [med]

**Gesundheitsschädigung** disease [med]; damage done to health [jur]

**Gesundheitszustand** health condition [med]

**getäfelt** (z.B. Holztäfelung der Wand) panelled [bau]

**getäfelte Wand** panelled wall [bau]

**getan** (erledigt, fertig) done [abc]

**getaucht** (in Flüssigkeit) submerged [mas]

**geteilt** divided [abc]

**geteilte Deckelklappe** divided lids [mot]; divided roof lid [mot]

**geteilte Endglieder** (der Kette) split link [mot]

**geteilte Ladeschwelle** divided support bar [mot]

**geteilte Spurstange** split track rod [mot]

**geteilte Zugeinrichtung** slot type draw gear [mot]; slot-pattern design draw gear [mot]

**geteilter Bildschirm** (z.B. oben/unten) split screen [edv]

**geteilter Felgenring** split rim ring [mot]

**geteilter Seitenring** split side ring [mot]

**geteiltes Lager** (Kugeldrehverbindung) segmented bearing [mas]; (z.B. mit Nuten) bearing with part grooves [mas]; (z.B. Rollenlager) bearing with butt ends [mas]

**Getiebeölstand** level of gear oil [mbt]

**getönt** (z.B. Rauchglas) tinted [bau]

**Getreide** grain [far]

**Getreidesilo** grain silo [bau]

**getrennt** separated [abc]

**getrennt nach** split up according to [abc]

**getrennte Farbanstriche** individual colour coat painting [mot]

**getrennte Nabe** split hub [mot]

**getrennte Schaltung** separate gear change [mot]

**Getriebe** gear transmission [mot]; (auch Übertragung) transmission [mas]; (auch Zahnrad) gear [mot]; (Getriebe nebst Gehäuse) gearbox [mot]; (→ Ausgleichsg.; → automatisches G.; → Berggangg.; → Einheitsg.; → Ferngangg.; → hydraulisches G.; → Kegelradg.; → Lastschaltwendeg.; → Lenkg.; → Planeteng.; → Regelg.; → Schneckeng.; → Schwenkwerksg.; → Serieng.; → Stirnradg.; → Synchrong; → Übersetzungsg.; → Umlaufg.; → Wandlerg.; → Winkelg.; → Zusatzg.)

**Getriebe/Wandlereinheit** transmission/converter assembly [mas]

**Getriebebau** gear manufacturing [mot]

**Getriebedeckel** gear cover [mot]; gearbox cover [mot]

**Getriebeflansch** gearbox flange [mot]

**Getriebegehäuse** gear box [mas]; gear housing [mot]; gearbox casing [mot]; transmission case [mas]

**Getriebegehäuse** (mit Rädern) gearbox [mot]

**Getriebegehäusedeckel** gearbox case cap [mot]

**Getriebegehäusehälfte** gearbox casing halves [mot]

**Getriebekasten** gear box [mot]

**Getriebemotor** gear motor [elt]

**getriebene Riemenscheibe** driven pulley [mas]

**Getriebeölwechsel** gear oil change [mbt]

**Getrieberad** gear wheel [mot]

**Getrieberäder im ständigen Eingriff** constant mesh gear [mot]

**Getrieberadsatz** transmission gear [mas]

**Getriebestange** gear rod [mot]

**Getriebetunnel** transmission tunnel [mas]

**Getriebewand** track gearbox adaptor [mbt]

**Getriebewelle** transmission shaft [mot]

**getupft** (z.B. groß-gepunktetes Kleid; → gepunktet) polka-dotted [abc]

**geübt** (routiniert) experienced [abc]

**gewachsen** (vor Ort vorkommend) in situ [roh]

**gewachsener Boden** natural soil [bod]

**gewachsenes Material** solid material [abc]

**Gewächshaus** greenhouse [bff]

**Gewährleistungsnachweis** efficiency test [pow]

**Gewalt** (z.B. äußere Gewalt) force [abc]

**gewaltsame Durchführung** enforcement [abc]

**gewalzt** rolled [mas]

**gewalzter Stahl** rolled steel [wst]

**gewandelte Treppenläufe** spiral ramp [bau]

**gewappnet** (z.B. mit Argumenten) armed, well equipped [abc]

**Gewässer** (allgemein) waters [abc]; (Wasserstraßen) waterways [mot]

**Gewässerschaden** (Verunreinigung) damage done to waterways [was]

**Gewässerschaden-Haftpflicht-versicherung** liability policy for damage done to waterways [jur]

**Gewässerschutz** waste water purification [was]; water purification [was]

**Gewebe** (Tuch, Stoff) fabric [abc]; (→ Baustahlg.)

**Gewebeeinlage** fabric lining [mot]; (z.B. im Reifen) underlayer of fabric [mot]

**Gewehr** (Karabiner, Flinte) rifle [mil]

**gewellt** (gerippt, geriffelt) corrugated [wst]

**gewellte Teilkammer** (Sektionalkessel) sinuous header [pow]

**Gewerbliche** (gewerbl. Arbeitskräfte) hourly paid staff [abc]

**Gewerk** trade heading [abc]

**Gewerkschaft** union [pol]; (in GB) Trade Union Congress [abc]; TUC [abc]

**Gewerkschaften** union [pol]

**Gewerkschaftsmann** union man [pol]

**Gewerkschaftsmitglied** union member [pol]

**Gewicht** weight [mas]; (→ Gegeng.; → Gewichtsanteil; → Raumg.; → spezifisches G.)

**Gewicht unbeladen** unladen weight [mot]; UW [mot]

**gewichtig** important, weighty [abc]

**gewichtsabhängig** (z.B. Sitzfederung) weight-dependent [mbt]

**Gewichtsanteil** proportion of weight [bau]

**Gewichtsanzeiger** weighing indicator [bau]

**gewichtsbelastendes Sicherheitsventil** dead weight safety valve [pow]

**Gewichtsbereich** (der Schmiedestükke) weight range [mas]

**Gewichtsbremse** weight brake [mot]

**Gewichtsersparnis** weight saving [mas]

**Gewichtsstrommesser** voltmeter [mes]

**Gewichtsverlagerung** weight stabilizing [mas]

**Gewichtung** valence [mas]

**Gewinde** screw thread [mas]; thread [mas]; (der Glühbirne) threaded bayonet [elt]; (Faden) thread [mas]; (mit Gewinde versehen) threaded [mas]; (→ Außeng.; → Inneng.; → Rohrg.; → Whitworth-Rohrg.; → Zahnstangeng.)

**Gewinde schneiden** tap [met]; thread [wzg]

**Gewindeanriß** (Riß) incipient crack in thread [mas]

**Gewindeausführung** type of threading [mas]

**Gewindeauslauf** thread run-out [mas]

**Gewindebacke** follower [met]

**Gewindebohrer** screw tap [wzg]; tap drill [met]; (langer Bohrer) stay tap [wzg]

**Gewindebohrung** drill hole [mas]; taphole [met]; tapped hole [mas]; tapping hole [mas]

**Gewindebolzen** threaded bolt [mas]; threaded pin [mas]

**Gewindebolzen** screw stud [mas]

**Gewindebuchse** bushing [mas]; coupling [wst]; elevating spindle guide bushing [mas]; tapped bushing [mas]; threaded coupling [mas]

**Gewindedurchmesser** (der Schraube) thread-diameter [mas]

**Gewindeflansch** screwed-on flange [mas]; threaded flange [mas]

**gewindefurchende Schraube** thread rolling screw [mas]

**Gewindefutter** screw socket [mas]

**Gewindegang** pitch of screw [mas]

**gewindegerollt** thread rolled [mas]

**gewindegewalzt** thread rolled [mas]

**Gewindekern** thread core [mas]

**Gewindelänge** (d. Schraube) length of thread [mas]

**Gewindemuffe** screw socket [mas]

**Gewindenennwert** nominal thread [mas]

**Gewindenuß** spindle block [mas]

**Gewindequerschnitt** sectional profile [mas]

**Gewinderille** thread groove [mas]

**Gewindering** threaded ring [mas]

**gewinderollen** thread roll [mas]

**Gewindeschneider** threader [wzg]

**Gewindeschneidschraube** thread cutting screw [mas]

**Gewindeschutz** grommet [mas]

**Gewindespindel** elevating spindle [mas]

**Gewindestange** all threaded rod [mas]; threaded rod [mas]

**Gewindestift** grub screw [mas]; set screw [mas]; threaded stud [mas]

**Gewindestift mit Innensechskant** hexagon socket set screw [mas]

**Gewindestift mit Schlitz und Ringscheide** slotted set screw with cup point [mas]

**Gewindestift mit Schlitz und Spitze** slotted set screw with cone point [mas]

**Gewindestift mit Schlitz und Zapfen** slotted set screw with long dog point [mas]

**Gewindestück** (Muffe) union [mas]

**Gewindestück mit Außengewinde** male union [mas]

**Gewindestück mit Innengewinde** female union [mas]

**Gewindeverbindung** threaded connection [mas]

**gewindeversehen** tapped [mas]

**Gewinde walzen** thread roll [mas]

**gewinnbar** (abbaufähig) minable [roh]

**Gewinnen** (Abbau) mining [roh]
**gewinnen** (abbauen) mine [roh]
**Gewinnung** (Ausgraben, Herausholen) winning [roh]
**Gewinnungsfläche** borrowing area [bau]
**Gewinnungsort** (Abbruch) demolition site [roh]
**gewobbelt** modulated [mas]
**gewöhnliche Differentialgleichung** ordinary differential equation [mat]
**gewöhnliches Thermoelement** bare thermocouple [mes]
**gewölbt** (-e Windschutzscheibe) curved [mot]
**gewundene Biegefeder** wound flexible spring [mas]
**gezahnt** toothed [mas]
**gezahnter Schraubenschlüssel** serrated wrench [wzg]
**Gezeiten** tides [abc]
**gezogen** (gezogener Stahl) drawn [met]
**gezogener Draht** drawn wire [mas]
**gezogenes Rohr** drawn tube [mas]
**GFK** (glasfaserverstärkter Kunststoff glass-fibre reinforced plastics [wst]; GPR [mot]
**GG** (Grauguß) cast iron [wst]
**GGG** (Grauguß, globular) ductile cast iron [wst]
**GGG 40** (Sphäroguß) spheroidal graphite casting [wst]
**GGG 40 - GGG 80** nodular cast iron [wst]
**GGL** (Grauguß, lamellar) foliated grey cast [wst]
**GGL** (Grauguß, lamellar) gray cast, foliated [wst]
**Giebel** (des Hauses) gable [bau]
**Giebeldach** gabled roof [bau]
**Giebelzierbrett** (unter Dachgiebel) barge [bau]
**gießen** (es gießt in Strömen) it's pouring down [abc]; (Kaffee ausgießen) pour [abc]; casting [met]; cast [met]
**gießen** (z.B. die Blumen) water [abc]

**Gießen unter Hochvakuum** high-vacuum casting [met]
**Gießerei** (Metall) foundry [met]
**Gießerei- und Stahlwerksbedarf** foundry auxiliary material [met]
**Gießform** mould [mas]
**Gießkanne mit Brause** watering can with hose [abc]
**Gießpfannenwagen** ladle car [mot]
**Gießpreßschweißen** pressure-welding with thermo-chemical energy [met]; (→ pressure-weld)
**Gießschmelzschweißen** fusion welding with liquid heat transfer [met]
**Gießschweißen** cast welding [met]
**Gießwanne** tundish [mas]
**Gift** poison [abc]
**giftig** (Giftstoffe) poisonous [abc]
**giftige Stoffe** poisonous substances [abc]
**Giftstoffe** poisonous substances [abc]
**gigantisch** gigantic [abc]; huge [abc]
**ginstergelb** (RAL 1032) broom yellow [nrm]
**Gipfel** (des Berges) peak [abc]; (z.B. Gipfelkonferenz) summit [pol]
**Gips** gypsum [wst]; (z.B. Gipsverband bei Armbrüchen) plaster [abc]
**gipsig** gypsum type [abc]
**Gipsputz** gypsum plaster [bau]
**Gipswerk** gypsum plant [roh]
**Girlande** (G-träger) idler boom [mbt]
**Girlandenträger** idler quick release [mbt]
**Gitter** grate [mas]; (hinter Gittern) bars [jur]; (→ Schutzg.)
**Gitterbelag** grating [mas]
**Gittermast** girder mast [mot]; lattice mast [mot]
**Gittermastausleger** boom [mbt]
**Gittermastbrücke** girder bridge [mot]
**Gitterrost** grating [mas]
**Gitterrostfahrbahn** steel grid road [mot]
**Gitterschnitt** test system [mas]
**Gitterwalze** mesh pattern roller [mas]

**GKS** (→ graphisches Kernsystem)
**Glanz** glaze [met]
**glänzen** (gewaschenes Auto) sparkle [mot]; (Schnee glänzt) glisten [abc]
**glänzendes Aussehen** shining appearance [abc]
**Glanzgrad** degree of gloss [mot]
**Glas** glass [wst]; (b. Scheinwerfer) lens [mot]; (Wasserglas) tumbler [abc]; (→ gehärtetes G.)
**Glas, gehärtet** toughened glass [wst]
**Glasbalustrade** glass balustrade [mbt]
**Glasbalustrade, klar** glass balustrade, crystal clear [mbt]
**Glasbaustein** glass brick [bau]
**Glaser** glazier [bau]
**gläsern** glass [abc]
**Glasfaser** glass fibre [bau]
**glasfaserverstärkt** glass-fibre reinforced [mot]
**Glasgefäß** jar [abc]
**Glashütte** glass factory [roh]
**glasiert** salt-glazed [abc]
**glasklar** glass-transparent [abc]
**Glasscheibe** glass pane [bau]; glass panel [mbt]; pane [bau]
**Glasscheibeneinfaßprofil** buffer on glass panel [mot]; rubber moulding [mbt]
**Glasscheibenhalterung** rubber moulding buffer on glass [mas]
**Glasschneider** glass cutter [wzg]
**Glasur** glaze [met]
**Glaswolle** glass wool [bau]
**glatt** (rutschig) slippery [mot]; (stoßfrei, Kraftübertragung) non-surge [mot]
**glatt, sanft** smooth [mot]
**Glatteis** (überfrierende Nässe) black ice [wet]
**glätten** level [bau]; smoothen [met]; smoothening [met]
**glattes Rohr** smooth tube [mas]
**Glattrohr-Eko** bare tube economizer [pow]
**Glättung** smoothing [mbt]

**Glättungsbedingung** (beim Bildverstehen) smoothness constraint [edv]
**gleich groß** equally large [abc]; of the same size [abc]
**Gleichanteil** (Gleichstrom) DC component [elt]
**gleichbleibende Beanspruchung** constant load [wst]
**gleichbleibende Förderleistung** constant volume pressure [mot]
**gleiche Ursache** same reason [jur]
**gleiches Vorzeichen** like sign [abc]
**gleichförmig** regular [bau]; uniform [abc]
**Gleichgewicht** stability [mas]
**gleichmäßig** consistent [abc]; proportional [abc]; smooth [abc]; uniform [abc]; (verteilt; in Zeichnung) evenly distributed [abc]; (verteilt; in Zeichnung) evenly spread [abc]
**gleichmäßig verteilte Porosität** uniformly scattered porosity [met]
**Gleichrichter** rectifier [elt]
**Gleichrichter für Bremsen** rectifier for brakes [mas]
**Gleichrichtung** rectification [elt]
**Gleichspannung** direct voltage [elt]; d.c. voltage [elt]
**Gleichspannungssignal** d.c. voltage signal [elt]
**Gleichspannungsverstärker** direct current amplifier [elt]
**Gleichstrom** direct current [elt]; DC [elt]; parallel flow [elt]
**Gleichstromimpuls** dc-signal [elt]
**Gleichstrommotor** D.C. motor [elt]
**Gleichstromregistrierung** direct current recording [elt]
**Gleichstromumformer** D.C. converter [elt]
**Gleichstromwicklung** (Motor) dc-field coil [elt]
**Gleichtaktunterdrückung** common-mode rejection ratio [elt]
**Gleichtaktunterdrückungsfaktor** rejection factor [mbt]

**Gleichtaktverstärkung** common-mode gain [elt]

**Gleichung** equation [mat]; (→ Blendeng.; → charakteristische G.; → Durchflußg.)

**gleichweit entfernt** equidistant [mot]

**gleichwertig** comparable [abc]

**gleichzeitig** (simultan) simultaneous [abc]

**gleichzeitig mit** in unison [abc]

**Gleichzeitigkeitslogik** concurrency logic [abc]

**Gleis** track [mot]; (Bahnlinie) line [mot]; railroad line [mot]; railway line [mot]; (einzelne Schiene) rail [mot]; (Schwellen, Schienen) track [mot]

**Gleisanlagen** (z.B. eines Werkes) railway siding [mot]

**Gleisanschluß** railway siding [mot]

**Gleisbauabteilung** track-laying department [mot]

**Gleisbildstellwerk** all-relay signal box [mot]; signal box push button type [mot]

**Gleisbremse** rail brake [mot]

**Gleisdreieck** (Y-förmig) wye [mot]; rail triangle [mot]

**Gleisendabschluß** (in Schutzkasten) rail end [mot]

**Gleisharfe** (z.B. am Ablaufberg) track harp [mbt]

**Gleismeßwagen** rail test car [mot]

**Gleisplan** track plan [mot]

**Gleisrückmaschine** track shifter [mot]

**Gleisstopfgerät** sleeper-packing machine [mot]

**Gleisstrecke** railway track [mot]

**Gleit-** (z.B. Gleitbahn) slide [mot]

**Gleitbacke** (am Achshalter) horn cheek [mot]

**Gleitbackendrehkranz** (am Schardrehkranz) guide-shoe wear surface [mbt]

**Gleitbahn** (z.B. in Pumpengehäuse) slide way [mas]

**Gleitbahnen** (für Kreuzkopf; Dampflok) slide bars [mot]

**Gleitbahnlänge** (Bagger-Leitrad) take-up path [mbt]

**Gleitband** slip band [mas]

**Gleitbuchse** slide bushing [mbt]

**Gleitdruckbetrieb** sliding pressure operation [mas]

**Gleiteinlage** (in Drehgestellpfanne) bogie-bearing cup [mot]; sliding insert [mot]

**Gleiteinlage** (→ Drehpfanneneinlage)

**gleiten** (ausgleiten, ausrutschen) slip [abc]; (entlangrutschen) slide [abc]

**gleitende Arbeitszeit** flexi-time [abc]

**Gleitfeder** sliding key [mas]; spring guide [mot]

**gleitfest** (z.B. gleitfeste Verbindung) slide-proof [mas]

**gleitfeste Verbindung** (Niet, Schraub) slide-proof connection [mas]

**Gleitfläche** sliding surface [mas]

**Gleitfuge** slip joint [mas]

**Gleitkreuzgelenk** slip universal joint [mot]

**Gleitkupplung** (darauf Gängeräder) sliding clutch [mot]

**Gleitlager** bushing-type bearing [mas]; plane bearing [mot]; sleeve bearing [mas]; slide bearing [mot]; (der Rolltreppe) slip support [mbt]

**Gleitlager-Gelenklager** spherical plain bearing [mas]

**Gleitleiste** guide rail [mot]; guide strip [mbt]; moulding [mbt]

**Gleitmodul** rigidity module [wst]

**Gleitpassung** sliding fit [mot]

**Gleitplatte** guide plate [mot]; (an Schaufel) heel plate [mot]; (an Schaufel) paddle plate [mot]; bogie-bearing pad [mot]; (Waggonrahmen/Drehgestell) sliding plate [mot]

**Gleitring** axial face seal ring [mas]

**Gleitringdichtung** duo-cone seal [mas]; duo-cone seal ring [mas]; packing [mot]; slide ring packing [mot]

**Gleitringdichtung** slide ring seal [mot]

**Gleitschiene** slide bar [mot]
**Gleitschuh** reference sleigh [mbt];
slide shoe [abc]; (bei Verschleiß) gusset shoe [mas]
**Gleitschutz** (gegen Ausrutschen) antiskid [mas]
**Gleitschutzkette** anti-skid chain [mbt]
**Gleitsitz** slip fit [mas]
**Gleitsohle** slide sole [abc]
**Gleitspriegel** slide bow [mot]
**Gleitstein** slide ring [mot]; (Teil der Spannvorrichtung) guide piece [mbt]
**Gleitstößel** sliding tappet [mot]
**Gleitstück** idler slide [mas]; sliding contact [mbt]
**Gleitstuhl** (an Weiche) slide chair [mot]
**Gleitträger** slide [mas]
**Gleitzeit** (Arbeitsbeginn/Ende offen) flexi-time [abc]
**Gletscher** glacier [geo]; icefall [geo]
**Gletscherbrille** snow goggles [abc]
**Gletscherschutt** moraine [abc]
**Gletscherspalte** fissure [abc]
**Glied** (Bauteil, Mitglied) member [mas]; (der Kette) link [mas]; (→ Außeng.; → Drahtverschlußg.; → Federverschlußg.; → gekröpftes G.; → Inneng.; → Ketteng.)
**Gliederkette** open-link chain [mas]
**Gliedermaßstab** (Zollstock) yardstick [abc]
**gliedern** (Firma gliedert sich) subdivide [eco]; (neu gliedern) restructure [abc]; (sich gliedern in) categorize [abc]; group [abc]; subdivide [abc]
**Gliederung** arrangement [abc]; (Aufteilung) subdivision [abc]; (eines Aufsatzes) chapters [abc]; (Einteilung in Gruppen) grouping [abc]; (Klassifizierung) classification [abc]; (System) system [abc]
**Gliederwelle** articulated shaft [mas]
**Gliederzahl, gerade** number of pitches, even [mas]
**Gliederzahl, ungerade** number of pitches, odd [mas]

**Glimmer** (Marienglas) mica [wst]
**Glimmerkerze** mica plug [elt]
**Glimmerplatte** (Wasserstand) mica sheet [pow]
**Glimmerschiefer** mica schist [min]
**Glimmlampe** glow lamp [elt]
**glitschig** slippery [abc]
**globale Konsistenz** global consistency [edv]
**Glocke** bell [abc]
**Glockengehäuse** rotating assembly [mas]
**Glockenguß** bell founding [met]
**Glockenklöppel** bell hammer [abc]
**Glockenseil** bell rope [abc]
**Glockenstuhl** bell frame [bau]
**Glockenturm** belfry [abc]
**Glockenventil** bell valve [mas]
**GLR** (Grenzlastregelung) power limit control [mbt]; PLC [mot]
**Glüh- und Nachwalzparameter** annealing and temper-rolling conditions [mas]
**Glühanlage** heater plug installation [mas]
**Glühanlaßschalter** heater plug switch [mot]; heater starter switch [mot]
**Glühbirne** bulb [elt]
**Glühdraht** heat wire [elt]
**glühen** (anlassen) temper [met]; (Grobkorn-Glühen) coarse-grain annealing [met]; (Normalisieren) thermal stress relief [wst]; (spannungsarm glühen) stress-relieve [mas]; (verschiedene Resultate) glow [met]; (weich) temper [met]; (z.B. im Glühofen) anneal [mas]
**glühende Bleche** incandescent plates [mas]
**glühfadenfreie Anzeigebeleuchtung** luminous dial lighting [elt]
**Glühkerze** glow plug [elt]; (einpolig, zweipolig) heater plug [mot]
**Glühkerzenwiderstand** heater plug resistor [mot]; preheater resistor [elt]; glow plug harness [elt]

**Glühlampe** bulb [elt]
**Glühschalter** heat switch [elt]; heater switch [mot]
**Glühstiftkerze** heater plug [mot]
**Glühüberwacher** heater plug control [mot]; heater plug indicator [mes]; heater warning light [mot]; pre-heat indicator [mot]
**Gneis** gneiss [roh]
**Gold** (Edelmetall) gold [wst]
**goldgelb** (RAL 1004) golden yellow [nrm]
**Gondel** (Korb des Ballons) basket [mot]; (Regal im SB-Laden) gondola [mot]
**Gosse** (Rinnstein, Abfluß) gutter [bau]
**Grab** (Beerdigungsstätte) grave [abc]; (Grabstein = tombstone) tomb [abc]
**Grabausrüstung** (Tieflöffel) backhoe attachment [mbt]
**Grabböden** diggable grounds [mbt]
**Grabdiagramm** (geometrisches Bild) digging diagram [bau]
**Graben** (Ent-/Bewässerung, jede Form) ditch [bau]; (militärisch, viereckig, Befestigung) trench [mil]; (Straßengraben) ditch [bau]; (→ Abfangg.; → Entwässerungsg.; → Rohrg.; → Seiteng.)
**Graben ziehen** (Bagger oder Grader) cut a roadside ditch [mbt]
**Grabenabstützung** sheeting [bau]
**Grabenböschung** (z.B. Drainage) ditchbank [far]
**Grabenfräse** ditchmill [wzg]; trench cutter [mbt]
**Grabenlöffel** ditch-cleaning bucket [mbt]; ditching bucket [mbt]
**Grabenmulde** ditch profile [mbt]; furrow [mbt]
**Grabenmulde** (3-eckiger Querschnitt) ditch [mbt]; (kleine Furche) furrow [mbt]
**Grabenpflug** subsoiler [mbt]
**Grabenprofil** ditch profile [mbt]
**Grabenräumschaufel** ditch-cleaning bucket [mbt]

**Grabenschneiden** ditch cutting [mbt]
**Grabensystem** (Festung) trench system [mil]
**Grabenverbau** sheeting [mbt]; (z.B. mit Spreizen) trench shoring [mbt]
**Grabenverfüllschnecke** trench filler [mbt]
**Grabenverfüllschneckenausrüstung** trench filler attachment [mbt]
**Grabgefäß** (z.B. Löffel) bucket [mbt]
**Grabgreifer** clamshell bucket [mbt]; digging grab [mbt]
**Grabkanalgreifer** trench-cleaning bucket [mbt]
**Grabkraft** digging force [bau]
**Grabkurve** (Bogen des Grabgefäßes) digging arc [mbt]
**Grabschaufel** digging shovel [mbt]; face shovel [mbt]
**Grabstein** tombstone [abc]
**Grabtiefe** digging depth [bau]; (unter Wasser) dredging depth [mbt]
**Grabweite** digging width [mbt]; outreach [mbt]
**Grabwiderstand** cutting resistance [mbt]; digging resistance [mbt]
**Grad** (5 Grad Steuerbord) point [mot]; (auf Skala) grade [abc]; (der Schräge) pitch [abc]; (Einteilung) scale [con]; (Temperatur) degree [phy]
**Grader** motor grader [mbt]; (Erdhobel, Baumaschine) grader [mbt]
**Graderarbeiten** grader work [mbt]; levelling work [mbt]
**Gradiente** incline [abc]
**Gradmesser** graduator [abc]
**Gradminute** minute [abc]
**graduiert** (Prüfung bestanden) graduate [abc]
**Grammatik** grammar [abc]; (→ kontextfreie G.)
**Grammatikregel** grammar rule [abc]
**Grammophon** gramophone [abc]; (Plattenspieler) record player [abc]
**Grammophonabtastung** gramophone recording [abc]

**Granate** grenade [mil]; shell [mil]; (Gewehrkugel) round [mil]

**Granit** (Feldspat u. Quarz) granite [min]

**granitgrau** (RAL 7026) granite grey [nrm]

**Granularbereich** granular range [roh]

**Granulat** (körniges Material) granulate [roh]

**Granulationsanlage** granulation plant [wzg]

**granulierte Schlacke** chilled slag [rec]; granulated slag [pow]

**graphische Benutzeroberfläche** graphical user interface [edv]

**graphische Normen** graphics standards [edv]

**graphisches Kernsystem** (GKS) graphical kernel system [edv]

**Graphit** graphite [min]

**Graphitfett** graphite grease [roh]

**graphitgrau** (RAL 7024, 7026) graphite grey [nrm]

**graphitiertes Öl** graphite oil [roh]

**Graphitöl** graphite oil [roh]

**Graphitprüfung** rodular graphite test [mes]

**graphitschwarz** (RAL 9011) graphite black [nrm]

**grasgrün** (RAL 6010) grass green [nrm]

**Grat** burr [mas]; (scharfe Kante nach Fräsen) milling ridge [mas]; (scharfe Kante nach Schneiden) cutting ridge [met]; (scharfer Metallrand) bur [mas]

**Gratansatz** (Beginn des Grates) begin bur [mas]

**Gratproblem** (bei der Bergsteigen-Suche) ridge problem [edv]

**Gratstärke** thickness of bur [mas]; thickness of edge [mas]

**grau** (Farbton) gray [nrm]

**graualuminium** (RAL 9007) grey aluminium [nrm]

**graubeige** (RAL 1019) grey beige [nrm]

**Graubereich** gray area [abc]

**graublau** (RAL 5008) grey blue [nrm]

**graubraun** (RAL 8019) grey brown [nrm]

**Grauguß** gray cast [wst]; (verschiedene Qualitäten) cast iron [wst]

**Grauguß, globular** (GGG) ductile cast iron [wst]

**Grauguß-Scheibenrad** cast iron disc wheel [mot]

**Grauguß-Speichenrad** cast iron spooked wheel [mot]

**grauoliv** (RAL 6006) grey olive [nrm]

**Graupappe** greyboard [abc]; (Pappe) cardboard [wst]

**Grausamkeit** (Scheußlichkeit) atrocity [abc]

**Grauwacke** greywacke [roh]

**grauweiß** (RAL 9002) grey white [nrm]

**gravieren** (Platte beschriften) engrave [met]

**gravierend** (ernst) severe [abc]

**gravierende Belastung** severe stress [abc]

**Gravierung** engraving [met]

**greifen** grab, grip [mbt]

**Greifer** clamshell [mbt]; grab [mbt]; (Drehvorrichtung) grab slewing equipment [mbt]; (z.B. für Papier im Park) picker [wzg]

**Greifer drehen** grab [mbt]

**Greifer OT** (Greiferoberteil) grab upper section [mbt]

**Greiferausrüstung** clamshell equipment [mbt]; grab attachment [mbt]

**Greiferbagger** (Bagger mit Greifer) excavator with grab [mbt]; (LS-Grundgerät) shovel with grab [mbt]; (Schwimmbagger) grab dredger [mot]; (TL-Grundgerät) backhoe with grab [mbt]

**Greiferdrehkopf** grab swivel [mbt]; rotating head [mbt]

**Greiferdrehmotor** grab swivel motor [mbt]

**Greiferdrehvorrichtung** grab slewing device [mbt]
**Greiferdrehwerk** (im Grundgerät) grab swivel device [mbt]
**Greiferführung** grab guide [mbt]
**Greiferhalter** (bei Transport) grab safety bar [mbt]; safety bar [mbt]
**Greiferkopf** grab head [mbt]
**Greiferlager** grab yoke [mbt]
**Greiferoberteil** grab upper section [mbt]
**Greiferquerschnitt** (Seite Holzgr.) grab section [mbt]
**Greiferschale** clamshell [mbt]; grab shell [mbt]
**Greiferschneiden** grab cutting edges [mbt]
**Greiferstiel** grab arm [mbt]
**Greiferverlängerung** grab extension [mbt]
**Greiferweite** (äußerste Abmessung) deck area [mbt]
**Greiferzangen** grapples [mbt]
**Greifsäge** grab saw [mbt]
**Greifsteg** (Schneekette) grip link [mot]
**Gremium** (z.B. Aufsichtsrat) board [abc]; (z.B. Aufsichtsrat) panel [abc]
**Grenzbedingungen** boundary conditions [mat]
**Grenze** climax [abc]; (Grenzstellung des Kolbens) end-position [mot]; (Landesgrenze, Staatsgrenze) border [pol]; (US Bundesstaaten) boundary [pol]
**Grenzen der Abnützung** wear limits [mas]
**Grenzfälle** border-line cases [abc]
**Grenzfehler, negativer** negative critical defect [elt]
**Grenzfehler, positiver** positive critical defect [elt]
**Grenzfläche** (z.B. Systemübergang EDV) boundary surface [edv]; (z.B. Systemübergang EDV) interface [edv]
**Grenzflächenwellen** boundary surface waves [elt]

**Grenzfrequenz** cut-off frequency [elt]
**Grenzhärte** limit hardness [mas]
**Grenzkoeffizient** (im Bergbau) maximum coefficient [roh]
**Grenzlastregelung** (GLR; elektronisch) power limit control [mot]
**Grenzlastregelventil** power limit control valve [mot]
**Grenzlastregler** power metering regulator [mot]
**Grenzlastsystem** LS system [mot]
**Grenzlehre** limit gauge [mas]; snap gauge [mas]
**Grenzschalter** limit switch [elt]
**Grenzschaltung** extreme limit switch [mbt]
**Grenzschicht** boundary layer [abc]
**Grenzschichtwellen** boundary layer waves [elt]
**Grenzstein** boundary monument [abc]; boundary stone [abc]
**Grenzstellung** (des Kolbens) end-position [mot]
**Grenzstrom** (einer Sicherung) minimum fusing current [elt]
**Grenztaster** limit switch [mot]
**Grenztiefe** (des Tagebaus) maximum depth [roh]
**Grenzwert** limiting value [abc]; lines [mat]; critical value [abc]
**Grenzwerte erfüllen** keep within the limits [abc]
**Grenzwertfelder** limit boxes [edv]
**Grenzwertstufe** limit value stage [elt]
**Grenzwinkel** critical angle [con]
**Grenzzustand der Gebrauchsfähigkeit** limit value of use [bau]
**Grenzzustand der Tragfähigkeit** ultimate bearing capacity [bau]
**Grieß** grits [pow]
**Grießkühler** tailing cooler [roh]
**Grießrückführung** (Mühle) coarse particles return [pow]; (Mühle) mill recirculation [mas]

**Griff** (der feste Zugriff) grip [abc]; (Handgriff, auch am Schrank) handle [mot]; (in Lochform) handhole [mot]; (Messergriff) hilt [wzg]; (→ Andrehkurbelg.; → Deckelg.; → Feileng.; → Handbremszugg.; → Klinkeng.; → Türaußeng.; → Türinneng.; → Türziehg.)

**griffig** (z.B. Reifen) with maximum grip [abc]; with maximum traction [abc]

**griffige Bereifung** well-treaded tyres [mot]; well-treaded tyres [mot]

**Griffigkeit** (Kleben) seize [mot]

**grob gesprengt** (grob gesprengter Fels) rough blasted [roh]

**grob gezähnt** (z.B. Blatt) notched [wst]

**grob mahlen** (vorbrechen) crush [roh]

**Grob- und Feinsteuerung für Impulsverschiebung** coarse and fine pulse delay control [abc]

**Grob- und Maßbleche** heavy and flame-cut plates [mas]

**Grobabgleich** coarse balance [mbt]

**Grobabstimmung** coarse tuning [elt]; coarse adjustment [elt]

**Grobarmaturen** accessories [mas]

**Grobblech** coarse metal sheet [wst]; thick plate [mas]

**grobe Armaturen** accessories [mas]

**Grobeinstellung** coarse adjustment [mes]

**grober Staub** (Entstaubung) coarse dust [air]; (Entstaubung) fly ash coarse particles [pow]; (Entstaubung) grit [pow]

**grober Vorschub** (Schruppen) coarse feed [mbt]; (Schruppen) feed [met]

**Groberz** coarse ore [roh]

**Groberzwagen** (z. B. für Kupferbergwerk) coarse-ore wagon [mot]

**grobes Verteilen** coarse distributing [mbt]

**Grobkorngehalt** coarse grain content [bau]

**Grobschmied** (Hufschmied) blacksmith [met]

**Grobsiebung** coarse screening [pow]

**Grobstaub** fly ash coarse particles [pow]; grit [pow]

**Grobzerkleinerung** coarse crushing [roh]

**Grobzerkleinerungsmaschine** coarse crushing plant [roh]

**grollen** (Grollen des Donners) rumble [abc]

**groß** (große Maschine) large [abc]; (großes Tier, Haus) big [abc]

**Großabsetzer** (Halde anlegen) giant stacker [mbt]; (plan schütten) giant spreader [mbt]

**Großanlage** large-scale plant [roh]

**Großbagger** large excavators [mbt]

**Großbuchstaben** capital letters [abc]

**großdimensioniert** large-scale dimensioned [mbt]

**Großdrehbohrgerät** large diameter rotary drill rig [mbt]

**große Höhe** high altitude [abc]

**große Radlader** large wheel loaders [mas]

**Größenfaktor** variability [abc]

**Größenordnung** size range [mas]; (Abmessung) dimension [pow]

**großes Expertensystem** large expert system [edv]

**großes Leitrad** (Umlenkrolle) large front idler [mbt]

**Größe** (Ausmaß) dimension [con]; (Ausmaß) size [abc]; (Verluste etc.) magnitude [pow]; (→ komplexe G.; → Korng.; → Körnungsg.)

**Großflächenklammer** large surface clamp [mot]; large surface bale clamp [mot]

**großflächige Gummiartikel** (HMFD) big rubber mats [mas]

**großflächige technische Gummiartikel** big rubber mats [mas]

**Großflansch** large diameter flange [mas]

**Großförderanlagen** (Bergbau) giant mining equipment [roh]; large mining equipment [roh]

**Großfördergeräte** (neueres Wort; z.B. im Bergbau) large equipment [roh]

**Großgebinde** big bag [abc]

**Großgerät** (z.B. Schaufelradbagger) giant equipment [mbt]

**Großgetriebe** large gear units [mbt]

**Großkessel** large capacity boiler [pow]; (Riesenkessel) giant boiler [pow]

**großkörnig** coarse grained [roh]

**Großkraftwerk** central power station [pow]

**Großmontage** major assembly [met]

**Großraumfahrerhaus** large-sized driver's cab [mot]

**Großraumreisezugwagen** open coach [mot]

**Großraumseitenentladewagen** wide-body side-discharging car [mot]

**Großraumwagen** (für Massengüter) wide-body wagon [mot]; (für Reisende) open coach [mot]; open car [mot]

**Großrechner** (→ Computer) large system [edv]

**Großrohr** (DN 508 - DN 2032) large-diameter pipe [mas]

**Großschaufelradbagger** giant bucket wheel excavator [mbt]

**Großserie in . .** large scale [mbt]

**Großsignal** large-signal [elt]; (→ statisches G.)

**Großsignalverhalten** large signal behaviour [elt]

**Großstadt** city [bau]

**größter Kippwinkel** maximum dumping angle [mot]

**größtmöglich** maximum [abc]

**größtmögliche Leistung** (Maschine) maximum capacity [mas]; (Mensch) maximum efficiency [med]

**Großwälzlager** large anti-friction bearing [mas]; large diameter anti-friction slewing ring [mas]

**Großwerkzeug** (Vorrichtung) jig [mas]

**großzügig** generous [abc]

**Grube** (Abfallgrube) dump, dump pit [abc]; (Bergwerk) mine [roh]; (Bergwerk, "Pütt") pit [roh]; (im offenen Tagebau) open pit [roh]; (→ Latrineng.)

**Grubenausbauprofil** mining sections [roh]

**Grubenausbaustahl** mine support systems [roh]

**Grubenbahn** (unter oder über Tage) mine railway [mot]

**Grubenberge** (taubes Gestein) pit waste [roh]

**Grubenbreite** pit width [mbt]

**grubenfeucht** pit-wet [roh]

**Grubenholz** (Stollenholz, Stempel) mine props [roh]

**Grubenlänge** pit length [mbt]

**Grubenöffnung** (Rolltreppe) pit opening [mbt]; (Rolltreppe) wellway opening [mbt]

**Grubenweichen** (Weichen untersage) switches for underground [mot]

**Gruft** tomb [abc]; vault [abc]

**grünblau** (RAL 5001) green blue [nrm]

**grünbraun** (RAL 8000) green brown [nrm]

**Grund** (Begründung) reason [abc]; (Boden, Masse, Erdreich) ground [bod]

**Grundabsenkung** level drop [roh]

**Grundabstraktionseinheit** base abstraction unit [edv]

**Grundanstrich** priming coat [mbt]

**Grundausstattung** basic equipment [mas]

**Grundbehandlung** basic handling [met]; treatment [wst]

**gründen** constitute [bau]; (eine Firma) found [abc]

**Gründer** (einer Firma) founder [abc]

**Gründerväter** (einer Nation, Firma) founding fathers [abc]

**Grundfarbe** (erster Anstrich) priming [nrm]; (Material, z.B. Mennige) primer [nrm]

**Grundfelge** base rim [mot]

**Grundfläche** basal surface [con]; base surface, floor area [abc]

**Grundform** basic design, basic form [con]

**Grundfrequenz** basic frequency [elt]; fundamental frequency [phy]

**Grundgedanke** basic idea [abc]

**Grundieranlage** (Spritzpistole) priming device [nrm]

**grundieren** (mit Schutz-, Rostanstrich) prime [nrm]

**Grundiererei** priming shop [nrm]

**grundiert** (nur erster Schutzanstrich) primed [met]

**Grundierung** (z.B. montierter Teile) prime [nrm]

**Grundkreis** (des Zahnrades) root circle [met]

**Grundlast** (z.B. ohne Zusatzlast) base load [pow]

**Grundlastkraftwerk** base load station [pow]

**Grundlinie** (Grundsatz) basic rule [abc]

**Grundmaterial** (hieraus wird gebaut) parent material [mas]

**Grundmauerwerk** foundation [bau]

**Grundmetall** (Haupt-, Originalstoff) base metal [mas]

**Grundplatte** ($\rightarrow$ base) base plate [mas]; (Schienenbefestigung;) base plate [mot]; (Unterteil des Aufbaus) base [mot]

**Grundplatte des Oberwagens** main frame of the uppercarriage [mbt]

**Grundprozedur** primitive [edv]

**Grundrahmen** (Hauptrahmen) base frame [mot]

**Grundrechenarten** basic arithmetic [mat]

**Grundriß** ground plan [bau]; plan elevation [bau]; plan view [bau]; (z.B. des Hauses) plan [bau]

**Grundrißformen** types of plans [bau]

**Grundsaugbagger** plain suction dredger [mot]

**Grundsäule** base column [roh]

**Grundschaltbild** (Rohrplan) basic tube layout [con]

**Grundschicht** primary layer [mas]

**Grundschule** primary school [abc]

**Grundschwingung** fundamental mode [phy]

**Grundspannung** ground potential [elt]

**Grundstein** (Eckstein des Hauses) corner stone [bau]; (Gründungsstein Bau) foundation stone [bau]

**Grundsteinlegung** (z.B. für neues Werk) laying of the foundation stone [bau]

**Grundstellung** (des Baggers) basic position [mbt]; (des Signals = Fahrt) normal aspect [mot]

**Grundstück** plot [bau]

**Gründung** (Firma, auch Fundament) foundation [abc]; ($\rightarrow$ Platteng.)

**Grundversicherer** primary carrier [jur]

**Grund-<versicherungs->Vertrag** primary <before excess> contract [jur]

**Grundwasser** (Bodenschatz) ground water [was]

**Grundwasserspiegel** ground water table [was]; water table [abc]

**Grundwasserstand** water table [abc]

**Grundwerkstoff** base material [mas]

**Grundzahl** cardinal number [mat]

**Grundzug** feature [abc]

**grün** (Farbton) green [nrm]

**grünbeige** (RAL 1000) green beige [nrm]

**grüngrau** (RAL 7009) green grey [nrm]

**Grünspan** (Kupferoxid) cupric oxide [che]

**Grünwaren** (Gemüse) produce [abc]

**Gruppe** (von Menschen, Dingen) group [abc]; (z.B. Baumaschinengruppe) grouping [abc]

**Gruppendaten** (in diesem Wörterbuch) suffixes [abc]

**Gruppengeschwindigkeit** group velocity [elt]

**Gruppengetriebe** auxiliary transmission [mas]

**Gruppenkarte** (bei der Bahn) group rate [mot]

**Gruppenkommunikationsmethode** party-line method [edv]

**gruppieren** (in Gruppen einteilen) group [abc]

**Gully** (Kanaleinlauf) sewer port [bau]

**gültig** in power [jur]; valid [abc]

**gültige Inferenzregel** sound rule of inference [edv]

**Gültigkeit** (Das hat immer noch Gültigkeit.) validity [abc]

**Gültigkeitsbereich** extent of validity [abc]

**Gültigkeitsdauer** extent of validity [abc]

**Gummi** rubber [wst]; rubber strip [wst]

**Gummiartikel** rubber mats [mas]

**Gummiartikel und Förderbänder** rubber mats and conveyor belts [mas]

**Gummibelag** rubber strip [mas]

**Gummidichtung** rubber seal [mas]

**gummiert** (gegen Verschleiß) rubber-lined [mas]

**Gummierung** rubberizing [mas]; (als Futter) rubber lining [mas]

**Gummifächerkupplungsscheibe** palm-type coupling [mot]

**Gummifederlager** rubber-cushioned spring hanger [mas]

**Gummifederpuffer** rubber spring buffer [mas]

**Gummifederung** rubber suspension [mas]; rubber-spring mounting [mas]

**Gummiformteil** moulded rubber part [mot]

**gummigefedert** rubber-spring mounted [mas]

**Gummigelenk** rubber coupling [mas]

**Gummihohlfeder** rubber hollow spring [mas]

**Gummiindustrie** rubber industry [mas]

**Gummiisolator** (gegen Vibration) rubber isolator [mot]; (gegen Vibration) rubber mounting [mbt]

**Gummikreuzgelenk** rubber universal joint [mas]

**Gummikupplung** (Schwingungsdämpfer) damper [mot]

**Gummimanschette** rubber boot [mbt]

**Gummi-Metall-Verbindung** rubber-bonded-to-metal component [mas]; rubber-metal bond [mas]

**Gummimulde** (Einlage in Dumpermulde) rubber tray [mbt]

**Gummiplatte** rubber plate [mas]

**Gummipuffer** (zur Auflage) rubber block support [mbt]

**Gummiradwalze** (Straßenbau) rubber-tyred road roller [bau]

**Gummiring** (wie Buchse, Durchführung) grommet [mas]

**Gummischlauch** rubber hose [mas]

**Gummischutzhülle** rubber-protection sleeve [mas]

**Gummistablager** sectional rubber bearing [mas]

**Gummistiefel** rubber boot [abc]

**Gummiventil** rubber valve [mas]

**Gummiwulst** (zwischen Personenwagen) rubber roll [mot]

**günstig** (angeordnet) conveniently [abc]; (-e Temperatur) favourable [abc]

**gurgeln** gargle [abc]

**Gurt** (auch Leibriemen, Gürtel) belt [abc]; (Schärpe, Treibriemen) sash [abc]; (z.B. Untergurt) chord [wst]; (→ Gurtbreite; → Oberg.; → Unterg.)

**Gurtbandförderer** belt conveyor [mbt]

**Gurtblech** chord plate [roh]

**Gurtbreite** width of belt [mot]

**Gürtel** belt [abc]; (→ Erdbebeng.)

**Gürtelbahn** (wie Ringbahn) orbital railway [mot]

**Gurtförderband** conveyor belt [roh]
**Gurtscheibe** belt pulley [mas]
**Guß** casting [wst]
**Gußband** (als Dichtung am Kolben) cast seal [mot]
**Gußbeton** cast concrete [bau]
**Gußblock** (Kokille) ingot [mas]
**Gußbronze** cast bronze [wst]
**Gußeisen** cast iron [wst]
**Gußeisen mit Kugelgraphit** SG iron [wst]; nodular spheroid graphite cast iron [wst]
**Gußeisen mit Lamellengraphit** flake-graphite cast iron [wst]
**Gußeisen mit Vermiculargraphit** cast iron with vermicular graphite [wst]
**gußeiserner Eko** cast iron economizer [pow]
**Gußform** mould [mas]; (mit Gießsand gefüllt) casting box [wst]
**Gußfreimaßtoleranz** casting general tolerance [con]; (DIN 1683 GTB 18) casting untoleranced dimension [nrm]
**Gußkonstruktion** cast design [wst]
**Gußlagerung** cast bearing [wst]
**Gußlegierung** cast alloy [wst]
**Gußmodell** pattern [mas]
**Gußmodelltischler** (Modelltischler) pattern maker [abc]
**Gußnummer** casting number [wst]
**Gußprüfung** casting test [mes]
**Gußputzen** (durch Strahlen) castings cleaning [met]
**Gußschräge** (Form-, Ausstoßschräge) mould draft [mas]
**Gußschrott** cast iron scrap [rec]
**Gußstahl** (Stahlguß) cast steel [wst]
**Gußstruktur oder -gefüge** cast structure [wst]
**Gußstück** casting [wst]; (legiert) alloy casting [mas]
**Gußstückhalter** (zwischen Außenform und Kern) spacer [mas]
**Gußteil** casting [wst]
**Gut-Schlecht-Signal** good/bad signal [abc]

**Gutachten** survey [bau]; (Expertise) expert's opinion [abc]
**gute Beziehungen** good relationship [abc]
**Güteklasse** quality class [eco]
**Gütekontrolle** quality control [eco]
**Güteprüfung** quality test [mes]
**guter Brennstoff** high grade fuel [pow]
**guter Ergebnisbeitrag** very satisfactory contribution [abc]
**Güte** soundness [abc]
**Güterbahnhof** freight depot [mot]; freight yard [mot]
**Güterschuppen** shed [bau]
**Güterumschlag** (z.B. per Stapler) materials handling [mot]
**Güterverkehr** freight traffic [mot]; goods traffic [mot]
**Güterwagen** (allgemein) wagon [mot]; (allgemein; GB) goods wagon [mot]; (allgemein; US) freight car [mot]; (gedeckt) covered wagon [mot]; (geschlossen) boxcar [mot]
**Güterwagen in Regelbauart** normal-type freight car [mot]; normal-type wagon [mot]
**Güterwagen mit Dach** (geschlossener Güterwagen) van [mot]
**Güterwagenbremse** freight wagon brake [mot]
**Güterwagendrehgestell** bogie for goods wagon [mot]
**Güterwagenganzzug** complete train [mot]
**Güterwagenpark** fleet of freight cars [mot]; fleet of goods wagons [mot]
**Güterwagenrahmenträger** (→ Langträger) sole bar [mot]
**Güterzug** freight train [mot]; goods train [mot]
**Güterzug mit Personenbeförderung GMP** mixed train [mot]
**Güterzugbrems- u. Zugführerwagen** brake [mot]
**Güterzugbremse** goods brake [mot]

**Gütestufe** class [pow]

**Guthaben** (Sachwerte) assets [eco]

**gutheißen** (genehmigen, anerkennen) approve [abc]

**Gut-Mess-Signal** proper measurement signal [mes]

**Gutmessung** (fehlerfrei) proper measurement [mes]

**Gut-Schlecht-Klassen** accept-reject categories [abc]

**Güte** (Qualität) quality [abc]

**Gymnasium** (GB) Secondary Grammar School [abc]; (US) high school [abc]

# H

**Haar** hair [abc]
**Haarbruch** (Knochenbruch) hairline fracture [wst]
**Haarnadelkurve** hairpin bend [bau]
**Haarriß** hair crack [wst]
**Hacke** (z.B. des Gärtners) hoe [wzg]
**Hackmesser** chopping knife [wzg]; (für Fleisch in Küche) cleaver [wzg]
**Häcksel** chaff [far]; (Späne, Abreibungen) chaff [rec]
**Hafen** (künstlich) port [mot]; (natürlich) harbour [mot]
**Hafenausbau** expansion of the port [mot]
**Hafenbahn** dock railway [mot]
**Hafenbetrieb** port operation [mot]
**Hafenkran** port cranes [mot]; dockside crane [mot]
**Hafenlampe** (Laterne) harbour light [mot]
**Hafenumschlaganlage** port handling plant [mot]
**Hafnium** (chem. Element) hafnium [che]
**Haft** (Einzelhaft) solitary confinement [pol]; (Gefangenschaft) arrest [jur]; (in Haft sein, einsitzen) do time <in jail, in prison> [pol]; (Verantwortung, Haftung) liability [jur]
**haften** (für einen Schaden verantwortlich) be responsible [abc]; (kleben) adhere [mas]
**haftend** (klebend) adhesive [phy]
**Haftfestigkeit** adhesive strength [phy]
**Haftgrenze** (Rad auf Schiene) limit of adhesion [mot]
**Haftmittel** (Klebstoff) adhesive [che]
**Haftpflichtexzedent** (Versicherung) excess liability [jur]
**Haftpflichtgrundvertrag** primary insurance [jur]

**Haftpflichtrisiko** liability hazard [jur]
**Haftpflichtversicherung** third-party insurance [jur]; general liability insurance [jur]
**Haftpflichtvertrag** general liability policy [jur]
**Haftung** bond [bau]; (der Räder am Gleis) adhesion [mot]; (finanzielle gegen Dritte) liability [jur]; (Klebefähigkeit) adhesion [phy]
**Haftungspflicht** legal liability [jur]
**Hagel** (gefrorene Regentropfen) hail [wet]
**Hagelschauer** hailstorm [wet]
**Hahn** faucet [abc]; (für heißes oder kaltes Wasser) tap [abc]; (Vogel, auch Ventil) cock [bau]; (→ Ablaßh.; → Absperrh.; → Entwässerungsh.; → Kraftstoff-Umschalth.; → Zylinderablaßh.)
**Hahnsicherung** (der Hauptluftleitung) cock support [mot]
**Hain** (Wäldchen) orchard [bff]
**Haken** hook [pow]; (Abschlepphaken, senkrecht) pintle [mas]; (→ Karabinerh.; → Lasth.) (→ Stahlhaken) hook [mas]
**haken** (nicht weiterlaufen, stocken) stall [mas]
**Hakenflasche** hook bottom block [mbt]
**Hakenhöhe** (max. Hakenhöhe) hook height [mot]
**Hakenkopfschraube** hammer-head machine screw [mas]
**Hakenlager** hook yoke [mbt]
**Hakenplatte** tie plate [mas]
**Hakenschlüssel** hook spanner [mas]; hock wrench [mas]
**Hakenschraube** (Schiene/Rippenplatte) hook bolt [mot]
**Hakenstellung** hook position [mbt]
**Hakenstift** hook nail [mas]
**halb** half [abc]; (z.B. halbautomatisch) semi- [abc]
**halb- und vollpneumatisch** semi-and fully pneumatic [mas]

**Halbachse** half-axle [mot]
**Halbautomat** semi-automatic machine [mot]
**halbautomatisch** semi-automatic [mot]
**halber Schlag** (Knoten) half hitch [mot]
**Halbfeder** semi-elliptic spring [mot]
**halbfest** semisolid [mas]
**Halbflachbettfelge** semiflat-base rim [mot]
**Halbfreianlage** semi-outdoor plant [mas]
**halbgekreuzter Trieb** quarter twist [mas]
**Halbinsel** peninsula [abc]
**halbjährlich** semi annually [abc]; half-yearly [abc]
**halbkastenförmiger Rahmen** semi box type frame [mas]
**Halbkreis** semi-circle [mas]
**halbkreisförmig** semi-circular [mas]
**Halbkreiszylinder** semi-cylinder [mas]
**halbkugelförmig** hemispherical [abc]
**Halbkugelpunkt** (Segerkegel) softening point [mas]; deformation point [pow]; fusion point [pow]
**Halbleiter** semi-conductor [elt]
**Halbleiterelement** semi-conductor [elt]; (→ bipolares H.; → unipolares H.)
**Halbmesser** radius [con]
**halbmetallische Beläge** semi-metallic facing [mas]
**halb-pneumatisch** semi-pneumatic [mas]
**Halbportalkratzer** semi-portal reclaimer [mbt]; semi-portal scraper [mbt]
**Halbrundfeile** half-round file [wzg]
**Halbrundholzschraube mit Schlitz** slotted round head wood screw [mas]
**Halbrundkerbnagel** round head grooved pin [mas]
**Halbrundkopf** (z.B. Schrauben) round slotted head [mas]

**Halbrundniet** rivet [mas]; round [mas]; half round [mas]
**Halbrundschraube** round-head screw [mas]
**Halbrundschraube mit Nase** cup head nib bolt [wst]; cup nib bolt [mas]
**Halbrundstahl** half rounds [mbt]
**halbseitig** half the width [abc]
**Halbsteilflankennaht** half-open single seam [met]
**halbsteiniges Mauerwerk** half-brick wall [bau]
**Halbtaucherschiff** semi-submersible ship [mot]
**Halbwertlängenausdehnung** half-value of length [mas]
**Halbwertmethode** half-value method [abc]
**Halbwertquerausdehnung** half-value of width [mas]
**Halbwerttiefenausdehnung** half-value of depth [abc]
**Halbwerttiefenspiel** half-value depth tolerance [abc]
**Halbzeug** semi-finished material [mas]; semis [mas]
**Halbzeugeinsatz** slab processing [mas]
**Halbzeugerzeugung** slab production [mas]
**Halbzeugprüfung** semi-finished products testing [mas]; inspection of semi-finished products [mas]
**Halde** (Haufwerk vor dem Grader) heap [mbt]; (im Bergbau) pile [roh]; (z.B. Kohlevorrat) stockpile [roh]
**Haldenabsetzer** stacker [roh]
**Haldenböschung** angle of heap [bod]
**Haldenlageranlage** stockpiling plant [roh]
**Hälfte** half [abc]
**Hall** (Klang, Ton, Echo) sound [aku]
**Halle** (Hangar) hangar [bau]; (in Flughafen, Bahnhof) concourse [bau]; (Werkshalle) hall [bau]; (→ Sporth.)
**Hallenbad** indoor swimming pool [abc]

**Hallenkran** assembly-hall crane [mbt]

**Hallenschiff** (z.B. Werkshalle) assembly-hall nave [abc]

**Halslager** neck journal bearing [roh]; journal bearing [roh]

**Halt** (Bahnhof, Aufenthalt) station [mot]; (Befestigung) mounting [abc]; (Unterstützung, Hilfe) support [abc]; (Zwischenstopp) stop-over [mot]

**Haltbarkeit** stability [mas]; durability [mas]

**Halteblech** retaining plate [mas]

**Haltebremse** (kurzfristig) holding brake [mot]

**Haltedraht** suspended wire [mbt]

**Haltefeder** retaining spring [mas]

**Haltegabel** (z.B. an Rolltreppe) holder [mbt]

**Haltegriff** supporting strap [mot]; grip [mbt]; handle [mot]

**Halteklammer** retaining bracket [mot]; (Schienenbefestigung) holding clamp [mot]

**Halteknopf** stop button [mot]; stop switch [mbt]

**Haltemuffe** retainer sleeve [mas]

**halten** (anhalten, stoppen) stop [mot]; (von Tieren) keeping [abc]; (z.B. Temperatur einhalten) maintain [mas]

**Halteplatte** retainer plate [mas]; brakket [mbt]; mounting plate [mbt]

**Halteproblem** (in der Logik) halting problem [edv]

**Haltepunkt** (kleiner Bahnhof) halt [mot]

**Halter** connector [mbt]; (arretiert ein Bauteil) support [mbt]; (Befestigung) fastener [met]; (Befestigung, Festhalter) retainer [abc]; (Haken der Motorhaube) hood catch [mot]; (Halterung) holder [mbt]; (Halterung, z.B. Gummipuffer) mount [mot]; (Konsole) bracket [mbt]; (von Auto, Wasserfahrzeug) owner [jur]; (von Tieren) keeper [abc]

**Halter für Bremskupplung** hose stowage bracket [mot]

**Halteraste** detent [mot]

**Haltering** (Sicherungsring) retaining ring [mas]

**Halterung** bracket [mas]; (für Sockelblech der RT) holding [mbt]; (hier aus Draht, Kabel) harness [mas]; (Klemme, Schloß) lock [mbt]; (Konsole) bracket [mbt]; (Unterstützung) support [mas]; (von Schläuchen) retaining [mas]

**Halterung der Spannscheibe** fan belt adjusting pulley bracket [air]

**Halterungsschelle mit Konsole** retaining clamp with bracket [mas]

**Haltescheibe** retainer [mas]

**Halteschlaufe** support strap [mas]

**Halteschraubenlöcher** (in Drehverbindung) lock-bolt holes [mas]

**Haltestelle** (der Bahn) halt [mot]

**Haltestück** retainer [mas]; (Halteplatte) retainer plate [mas]

**Haltetaster** stop button [mbt]; stop switch [mbt]

**Haltewinkel** angle bracket [mas]

**Haltezeit** holding time [mas]

**Hammer** (Werkzeug) hammer [wzg]; (z.B. hydraulisch) breaker [wzg]; (→ Schlackenh.; → Schmiedeh.)

**Hammer- und Schlauchhalterung** hammer and hose support [mas]

**Hammerachsenauszugvorrichtung** hammer axle trolley [mas]; hammer axle extraction device [roh]

**Hammerauswechselvorrichtung** hammer changing device [wzg]

**Hammerbrecher** hammer crusher [wzg]

**Hammermühle** hammer crusher [wzg]; hammer mill [wzg]

**hämmern** (mit Hammer o.ä. klopfen) hammer [met]

**Hammerschraube** tee head bolt [mas]

**Hammerstiel** shaft [wzg]

**Hand** (Körper- u. Maschinenteil) hand [med]

**Handarbeit** manual work [abc]; (nicht maschinell) manual labour [abc]; (Stricken, Häkeln usw.) handicraft [abc]; (→ Einstellung zur H.)

**Handarbeiter** (Handwerker) artisan [mas]

**handarbeitsintensiv** labour intensive [abc]

**handarbeitsintensive Arbeiten** labour intensive work [abc]

**Handbedienung** (durch Bediener, Kunde) manual operation [mot]

**Handbeschickung** handfiring [mas]

**handbetätigt** hand-operated [pow]

**handbetätigter Kettenantrieb** hand-operated chain drive [pow]

**Handbetätigung** (→ Handbedienung) hand operation [mot]

**Handbohrer** gimlet [wzg]; hand-auger [wzg]; (spindelförmig) brace [wzg]

**Handbohrmaschine** powered hand drill [mbt]; hand drill [mbt]

**Handbremsanzeigerarm** hand-brake indicator [mot]

**Handbremse** hand brake [mot]

**Handbremshebel** hand brake lever [mot]

**Handbremsmechanismus** hand-wheel brake mechanism [mot]

**Handbremsstellung** hand brake position [mot]

**Handbremszuggriff** hand brake handle [mot]

**Handbrenner** autogenous hand-cutter [wzg]

**Handbuch** (Gebrauchsanweisung) manual [abc]; (→ Ausbildungsh.)

**Handdrehvorrichtung** hand winding device [mbt]; manual drive device [mbt]; (Rolltreppe) device for hand-winding [mbt]

**Handel und Dienstleistungen** trade and services [abc]

**handelnd** (etwas tuend) acting [abc]

**handelnd im Namen und für Rechnung** acting in the name and for the account of [eco]

**Handels- und Engineeringgesellschaft** trading and engineering company [eco]

**Handelsbaustahl** mild steel [mas]

**Handelshaus** trading house [eco]

**Handelskammer** Chamber of Commerce [eco]

**Handelsmarine** merchant navy [mot]

**Handelsmesse** (Messe, Ausstellung) trade fair [abc]

**Handelspartner** (z.B.unsere Handelspartner) trading partner [eco]

**Handelsprodukte** products [abc]

**Handelsschiff** (Gegensatz: Kriegsschiff) merchantman [mot]

**handelsüblich** (usus) commercially approved [eco]; (z. B. Rohre) commercial [eco]

**Handfeger** (kleiner Stielbesen) handbrush [abc]

**handfest** (ein schlüssiger Beweis) solid [abc]; (eine Schraube anziehen) handtight [mas]

**Handfläche zwischen Handwurzel und Fingern** palm [med]

**Handform** (der Behälter) hand mould [mas]

**Handgabelhubwagen** (oft in Supermarkt) pallet truck [mot]

**Handgashebel** (Bowdenzug, E-pumpe) throttle lever [mot]

**handgeführt** (z.B. Deichselstapler) pedestrian-controlled [mot]

**handgeführter Deichselstapler** pedestrian controlled high lift stacker [mot]

**Handgelenk** (daran Armbanduhr) wrist [med]

**Handgriff** handle bar [abc]; (z.B. an Stirnwandrunge) handle [mot]

**handhaben** operate [abc]; handle [abc]; (betätigen) operate [mas]

**Handhabung** (Bedienung) using [edv]

**Handhabungsgerät** manipulator [mas]

**Handhalterung** handle type probe holder [abc]

**Handhammer** breaker [wzg]
**Handhebelfettpresse** grease gun [mot]
**Handhebel** (z.B. Dampflok-Regler) hand lever [mot]
**Handhebelventil** hand lever valve [mot]
**Handhebelwelle** hand lever cross shaft [mot]
**Handherstellung** making by hand [abc]
**handhydraulisch** (Deichselstapler) hand hydraulic lift [mot]
**Handkabelwinde** hand cable winch [mot]
**Handkreuz** (Spinne) spider [met]
**Handkurbel** (altes Auto ankurbeln) crank [mot]
**Handlampe** hand lamp [elt]
**Handlauf** (Rolltreppe) handrail [mbt]
**Handlauf am runden Balustraden-kopf** round newel handrail [mbt]
**Handlauf, eckig** sqare handrail [mbt]
**Handlauf, rund** round handrail [mas]
**Handlaufabmessungen** handrail dimensions [mbt]
**Handlaufabsenksicherung** handrail drop device [mbt]
**Handlaufabwurfkontakt** (Rolltreppe) handrail throw-off switch [mbt]
**Handlaufabwurfsicherung** (Rolltreppe) handrail drop device [mbt]; (Rolltreppe) handrail throw-off device [mbt]
**Handlaufantrieb** (in oberem Ende) handrail drive [mbt]
**Handlaufantriebsrad** sheave [mbt]; (mit Gummiprofil) handrail drive wheel [mbt]; (ob. Balustradenkopf) handrail drive sheave [mbt]; (Rolltreppe) handrail drive wheel [mbt]
**Handlaufantriebsradbelag** handrail drive sheave covering [mbt]
**Handlaufbeleuchtung** (Rolltreppe) handrail lighting [mbt]
**Handlaufdrehvorrichtung** handrail winding device [mbt]

**Handlaufeinlauf** (Rolltreppe) handrail inlet [mbt]
**Handlaufeinlaufkontakt** (Rolltreppe) handrail safety switch [mbt]
**Handlaufeinlaufplatte** (Rolltreppe) brush plate [mbt]
**Handlaufeinlaufsicherung** brush switch [mbt]; handrail inlet device [mbt]; (Rolltreppe) handrail inlet guard [mbt]
**Handlaufeinlaufüberwachung** handrail inlet monitor [mbt]
**Handlaufführung** handrail [mbt]; (Rolltreppe) handrail guide [mbt]
**Handlaufführungsbahn** (Rolltreppe) handrail guide [mbt]
**Handlaufgeschwindigkeit** handrail speed [mbt]
**Handlaufgetriebe** handrail gearing [mbt]
**Handlaufgewicht** ( Rolltreppe) handrail weight [mbt]
**Handlauflänge** handrail length [mbt]
**Handlaufmitte** (Rolltreppe) centre of hand rail [mbt]
**Handlaufrolle** (für flaches und Keilband) handrail roller [mbt]
**Handlaufspannbügel** (der Rolltreppe) handrail clamping device [mbt]
**Handlauftragerolle** (Rolltreppe) handrail idler [mbt]
**Handlauftragerollenführung** supporting roller guide [mbt]
**Handlauftragrolle** supporting roller guide [mbt]
**Handlaufumlenkführung** handrail guide assembly [mbt]; (Rolltreppe) handrail return station [mbt]
**Handlaufumlenkrad** (Rolltreppe) handrail return wheel [mbt]
**Handlaufumlenkungsführung** handrail return station [mbt]
**Händler** (von dem ich kaufe) vendor [abc]; (z.B. Autohändler) dealer [mot]
**Händlertagung** distributor conference [eco]

**Händlerverzeichnis** distributor book [eco]

**Handleuchte** hand lamp [elt]; inspection lamp [mot]

**handlich** manageable [abc]

**Handlichkeit** (praktisch) handiness [abc]

**Handlichtbogenschweißen** manual shielded metal arc welding [met]

**Handlinggeräte** handling systems [mas]

**Handloch** hand hole [mbt]; (Sammleröffnung) header handhole [pow]; (Sammleröffnung) header opening [pow]

**Handlochdeckel** cover for hand hole [mbt]; hand hole cover [mbt]

**Handlochsitzschabevorrichtung** hand-hole seat scraper [pow]

**Handlochverschluß** hand-hole closure [pow]; hand-hole fitting [pow]

**Handprüfung** manual testing [abc]

**Handpumpe** hand pump [mot]

**Handpumpenvorrichtung** hand primer [mot]

**Handrad** hand wheel [mot]

**Handradschraubtyp** hand wheel screw design [mot]

**Handschaltung** manual shift [mot]; (weich) soft shift [mot]

**Handschiebeventil** hand slide valve [mot]

**Handschlaufe** supporting loop [mas]

**Handschrift** (historisches Dokument) script [abc]

**Handschuhfach** glove compartment [mot]

**Handschuhkasten** glove box [mot]

**Handschuhkastendeckel** glove box cover [mot]

**Handschuhkastenscharnier** glove box hinge [mot]

**Handschuhkastenverschluß** glove box fastener [mot]

**Handschweißer** welder [met]

**Handstampfer** hand tamper [wzg]

**Handstapler** (z.B. Ameise) hand fork-lift truck [mbt]

**Handsteuerung** hand operation / manual control [mot]

**Handwagen** (Bollerwagen zum Ziehen) hand cart [mot]

**handwarm** lukewarm [abc]

**Handwerk** craft [bau]

**handwerkliche Leistung** workmanship [abc]

**Handzeichen** hand signals [abc]

**Hanfseil** sash line [abc]

**Hang** (Abhang) precipice [abc]; (Abhang, steil) slope [bod]

**Hangabtriebskraft** grade resistance [mbt]; gravity forces on batter [mbt]; (an Bergseite) grade resistance [mot]

**Hangar** hangar [mot]

**hangbewegter Steuerschieber** manual spool [mot]

**Hängebahn** (→ H Bahn) suspension railway [mot]; (für Kohle, anderes Material) cableway buckets [roh]; (in Werkshalle) trolley conveyor [mas]; (Passagier-Drahtseilbahn) cable car [mot]; (z. B. für Gestein, Kohle) cable-mounted buckets [roh]

**Hängebrücke** suspension bridge [bau]

**Hängedecke** (Bogen) furnace arch [pow]

**Hängekabel** suspension cable [elt]

**hängenbleiben** get stuck [mot]

**Hängenbleiben der Kohle** (Bunker) clogging of coal [roh]

**Hangende** (das Hangende unter Tage) roof [roh]; (im Goldbergbau) hanging wall [roh]

**hängen** hang, hung, hung [abc]

**hängender Kessel** pendant boiler [pow]; top-supported boiler [pow]

**hängender Überhitzer** pendant superheater [pow]

**Hangendes abgestützt** (unter Tage) roof support [roh]; (unter Tage) support the roof [roh]

**hängendes Ventil** overhead valve [mas]; valve in the head [mas]

**Hängendriß** (meist im Hangenden) roof cleavage [roh]
**Hänger** (Lkw-Anhänger) trailer [mot]
**Hängerausführung** (Lkw-Hänger) trailer design [mot]
**Hangrutschung** slide [bau]; hillside slide [abc]
**Hangschar** (am Grader für Bankett) angled bank blade [mbt]
**Hangschutt** talus material [roh]
**Hangweg** (Weg an Bergseite) hillside road [abc]
**Hardtop** (festes Kabriolettverdeck) hardtop [mot]
**Häring** (Zeltpflock) tent peg [abc]
**Harke** (Gartenwerkzeug) rake [wzg]
**harmonische** (z.B. h. Oberwellen) harmonics [elt]
**hart** (harte Nuß, Kern, Schicksal) hard [abc]; (zähes Material) tough [wst]
**hart gelötet** brazed [met]; hard soldered [met]
**Hartbleigeschoß** hard lead shell [mil]
**harte Beanspruchung** (fast Miß-brauch) gruelling service [mot]
**Härte** (Elastizität des Auftrages) hardness [mas]; (→ Härtebestimmung; → Oberflächenh.)
**Härte des Auftrages** (Farbe) hardness of the coat [met]
**Härtebestimmung** determination of hardness [mes]
**Härtebildner** (Wasseraufbereitung) hardness components [mas]
**härten** hardening [pow]; (verschiedene Methoden) harden [met]
**Härteprüfer** (Brinell, Vickers ... ) hardness testing device [mes]
**Härteprüfung** hardness test [mas]
**Härter** hardener [mbt]
**Härterei** (z.B. für Metalloberfläche) hardening shop [met]
**Härteriß** quenching crack [wst]
**Härteschichtdickenmessung** measurement of case depth [mes]

**Härteschlupf** (bleibt weich b. Härten) hardness slip [mas]; (bleibt weich beim Härten) slip [mas]
**Härtetiefe** depth of hardness [wst]; hardening depth [met]; (einsatzge-härtet) case depth [wst]; (flammge-härtet) hardening depth [met]
**Härtetiefe an der Zahnwurzel** root case depth [met]
**Härteverlauf** (von Naht in Material) hardness spreading [mas]
**Härtezustand** condition of hardness [phy]
**Hartfaserplatte** fibre board [wst]; (aus Holzabfall) hard board [wst]
**Hartgestein** hard rock [min]
**Hartgewebe** laminated fabric [wst]; (auch Spritzguß) moulded laminates [mas]
**Hartgummi** hard rubber [wst]
**Hartguß** chill casting [wst]; chilled cast iron [wst]
**Hartgußplatte** hard metal plate [mas]
**Hartholz** hardwood [mbt]; (bestimmte Holzarten) ironwood [mbt]
**Hartkalksteinbruch** limestone [roh]
**hartmaßverchromt** hard-chromium-plated to size [met]
**hartmetallbestückt** cemented [wst]
**Hartmetalle** hard metals [mas]
**Hartmetallsorte** sort of carbide material [elt]
**Hartplastik** (Zylinderdichtung) duro plastic [wst]
**Hart-PVC-Folie** hard plastic foil [wst]
**Hart-PVC-Folie als Kunststoffüber-zug** hard plastic foil as plastic coating [met]
**Härtung** tempering [wst]; hardening [met]; (→ Flammh.; → Induktivh.)
**hartverchromt** hard-chromium-plated [met]
**Harz** resin [bff]
**harzen** (mit Harz behandeln) resin [bff]

**Haspel** coiler [wst]; (Handhaspel) hand winder [wzg]; (Rolle) winder [mas]; (rollt hier Tonband auf) bobbin [abc]

**Haspelanlage** downcoiling unit [met]

**Haspelwickelmaschine** coiler [wst]

**Haube** hood [mot]; (Stirnwand, z.B. Motorraum) cowling [mot]; (→ Dachhaube; → Dachlüfterh.)

**Haubenglühe** batch annealing [mas]

**Haubenhalter** hood catch [mot]

**Haubenscharnier** bonnet hinge [mot]

**Haubenschloß** bonnet lock [mot]

**Haubenstütze** bonnet stay [mot]

**Haubenzugmaschine** bonnet truck tractor [mot]

**Haubitze** howitzer [mil]

**Hauer** miner [roh]

**Haufen** (Halde) pile [bau]

**Häufigkeit der einzelnen Gesteine** commonness of rocks [bau]

**Häufung** (auf dem vollen Löffel) heaping [mbt]; (Material im Löffel gehäuft) heap [mbt]

**Haufwerk** heap [mbt]; (im Steinbruch) pile [roh]; (im Steinbruch) material [roh]; (z.B. im Steinbruch) heap [roh]

**Hauptwasserhahn** water mains cock [bau]; main [abc]

**Haupt<brems>luftzylinder** air master [mot]

**Hauptabmessung** main dimension [mot]

**Hauptabsperrschieber** main stop valve [pow]

**Hauptabsperrventil** main stop valve [pow]; (Dampflok) main shut-off cock [mot]

**Hauptabteilungsleiter** chief department manager [eco]

**Hauptachse** main axle [mot]

**Hauptanschluß** main input [elt]

**Hauptanschluß mit Nebenstelle** (Telefon) party line [tel]

**Hauptantrieb** main drive [mot]; main drive motor [mbt]

**Hauptantriebsaggregat** prime mover [mot]

**Hauptantriebsmaschine** prime mover [mot]

**Hauptbahn** main line [mot]

**Hauptbaugruppe** main assembly [mbt]

**Hauptbelastungsrichtung** main direction of stress [mas]

**Hauptbremszylinder** air master [mot]; main brake cylinder [mot]

**Hauptbüro** head office [abc]

**Hauptdampfleitung** main pipe [mot]

**Hauptdaten** main data [abc]

**Hauptdeck** main deck [mot]

**Hauptdruck** main relief [mot]

**Hauptdüse** main jet [mas]

**Hauptentwurfszeichnung** main-design drawing [con]

**Hauptfilterelement** primary element [mot]

**Hauptgeneratorimpuls** master generator-pulse [elt]

**Hauptgetriebe** (der Rolltreppe) main gear [mbt]

**Hauptgruppenmerkmal** (Schadensschlüssel) main group feature [jur]

**Hauptkraftstoffpumpe** main fuel pump [mot]

**Hauptkupplung** flywheel clutch [mot]

**Hauptkupplungsgestänge** flywheel clutch control [mot]

**Hauptlager** main bearing [mot]; (der Kurbelwelle) crankshaft bearing [mot]

**Hauptlager Schneidkopfleiter** main cutterhead bearing [mot]

**Hauptlichtschalter** main light switch [mot]

**Hauptluftbehälter** main air reservoir [mot]; (Lok) main air tank [mot]

**Hauptluftleitung** main air-pipes [mot]

**Hauptluke** (Raumfähre; m. Rettungssystem) main hatch [mot]

**Hauptmast** (Schiff, Kran) main mast [mot]

**Hauptmaximum** main maximum [abc]

**Hauptmengen** main quantities [abc]

**Hauptniederlassung** principal office [abc]

**Hauptölgalerie** main oil passage [mot]

**Hauptplatine** (von PC) motherboard [edv]

**Hauptprozessor** central processing unit [edv]

**Hauptquartier** (Hauptbüro) headquarters [mil]

**Hauptquerträger** (des Waggons) bolster [mot]

**Hauptrahmen** chassis [mot]; main frame [mot]; (des Waggons) sole bar [mot]

**Hauptraketenmotor** (in Raumfähre) main rocket motor [mot]

**Hauptredner** main speaker [abc]

**hauptsächlich** (hauptsächliche Merkmale) salient [abc]

**Hauptschalter** main circuit breaker [mbt]; main switch [elt]; (An/Aus) main breaker [mbt]; (An/Aus) master control [elt]

**Hauptschalter Beleuchtung** main switch - lighting [mbt]

**Hauptschalttafel** (Leitschalttafel) main control panel [elt]; (Leitschalttafel) master panel [elt]

**Hauptschar** main-blade [mbt]

**Hauptscheinwerfer** main head lamp [mot]

**Hauptschieber** (im Steuerblock) main valve spool [mot]

**Hauptschneide** main cutting edge [mbt]

**Hauptschwenkgetriebe** main slewing gear [mbt]

**Hauptsehne** (gedachte Linie) main axis [con]

**Hauptsicherung** main fuse [mbt]

**Hauptsicherungsblockierung** main safety interlock [pow]

**Hauptsignal** (der Bahn) main signal [mot]

**Hauptsprache** (→ Konferenzsprache) main language [abc]

**Hauptstollen** main transport level [roh]

**Hauptstrombahn** main circuit [elt]

**Hauptstromfilter** full flow filter [mot]

**Hauptstromkreis** primary circuit [elt]

**Hauptstromölfilter** full flow oil filter [mot]

**Hauptstückliste** master bill of materials [abc]; master BOM [abc]

**Haupttodesursache** primary cause of death [abc]

**Hauptuntersuchung** (bei der Bahn) main revision [mot]

**Hauptversammlung** annual general meeting [eco]

**Hauptverstärker** master amplifier [elt]

**Hauptverteiler** main distributor [mot]

**Hauptverwaltung** head office [abc]; (→ Hauptbüro) headquarters [abc]

**Hauptwarte** (Zentralleitstand) central control room [pow]

**Hauptwasserleitung** water main [bau]; main water supply [bau]

**Hauptwelle** transmission shaft [mas]; line shaft [mbt]; main shaft [mot]; (Antriebswelle d. Motors) main shaft [mbt]

**Hauptwelle mit Schraubenkeilen** mainshaft with helical splines [mot]

**Hauptwinde** main winch [mbt]

**Hauptwohnlager** main labour camp [abc]

**Hauptzeichnung** (Zusammenstellung) general drawing [con]

**Hauptziel** main objective [abc]

**Hauptzylinder** main cylinder [mot]; master cylinder [mot]

**Haus** house [bau]; (→ Kesselh.)

**Haus mit Grund und Boden** (Gelände) premises [abc]

**Hausbesetzer** squatter [pol]

**Hausboot** house boat [mot]

**Häuserblock** block [bau]

**Hausgeräte und Industrieanwendung** household and industrial appliances [edv]

**Hausgerätetechnik** (Küchengeräte) household appliances [abc]

**Haushalt** (zu Hause) household [abc]

**Haushaltgeräte** appliances [abc]

**Hausschlüssel** frontdoor key [bau]

**Haustür** front door [bau]

**Hauswart** manager [abc]

**Hauswirt** landlord [abc]

**Hauswirtin** landlady [abc]

**Haut** (z.B. Kratzer an der Haut) skin [med]

**Havarie** (Schiffsunfall) average [mot]

**Havariekommissar** (Sitz im Hafen) average commissioner [mot]

**Hbf.** (Abkürzung für Hauptbahnhof) main station [mot]

**HD** (Heavy Duty, robuste Ausführung) HD [mot]

**HD-Teil** (→ Hochdruckteil)

**Heavy Duty** (HD) heavy duty [mbt]

**Heavy Duty Rolltreppe** (→ HD-Treppe) heavy duty escalator [mbt]

**Hebe- und Fördergeräte** handling equipment [abc]

**Hebebock** (ähnlich Wagenheber) lifting jack [mot]

**Hebebühne** lifting platform, rising platform [mot]

**Hebel** (einfaches Werkzeug) lever [wzg]; (Handhebel) hand lever [mas]; (→ Ausrückh.; → Bremsausgleichh.; → Bremslüfth.; → Bremsnockenh.; → Drosselklappenh.; → Einstellh.; → Gabelh.; → Handbremsh.; → Klemmh.; → Pumpenh.; → Reglerh.; → Rollenh.-Ventil; → Schwingh.; → Spurh.; → Stößelbetätigungsh.; → Umlenkh.; → Unterbrecherh.; → Ventilh.; → Verstellh.; → Winkelh.)

**Hebelarm** lever [abc]; lever arm [mas]; (bei Gabelstaplern) equalizing bar [mas]

**Hebelauflage** lever support [mbt]

**Hebelauslenkung** (des Joystick) lever distances [abc]

**Hebelendschalter** (für Fahrsteuerung) lever limit switch [mot]

**Hebelfettpresse** lever-type grease gun [mot]

**Hebelgesetz** law of the lever [phy]

**Hebelkraft** (Hebelwirkung) leverage force [mas]

**Hebelübersetzungsverhältnis** leverage ratio [phy]

**Hebelverhältnis** relationship of the levers [mas]

**Hebelwerk** (für elektrische Stellwerke) lever-set [mot]

**Hebemoment** lift moment [mas]

**heben** (anheben, hochheben) lift [abc]; (auch anheben) hoist [abc]; (des Auslegers) lifting [mbt]; (des Fahrerhauses) elevate [mbt]; (durch Hochwinden mit Winde) wind [abc]; (die Hand!) raise [abc]

**Heber** (Stößel) lifter [mas]; (→ Fensterh.)

**Hebestange** (Brechstange) crowbar [wzg]

**Hebestutzen** jack socket [mot]

**Hebevorrichtung** (Winde, Flaschenzug) jack [mot]

**Hebezeug** hoist [mas]; (Hafen, Schiff) hoisting gear [mot]; hoisting equipment [mas]

**Hebungen** heaves [bau]

**Heck** stern [mot]; - (z.B. Heckaufreißer) rear- [mot]

**Heckaufreißer** rear ripper [mot]; rear scarifier [mbt]

**Heckaufreißer, flach** scarifier [mot]

**Heckaufreißer, tief** quipper [mas]

**Heckausladung** (des drehenden Baggers) tailswing [mbt]

**Hecke** hedge [bff]

**Heckenschere** hedge trimmer [wzg]

**Heckfenster** rear window [mot]

**Heckfräse** rear-mounted rotary cutter [wzg]

**Heckgewicht** rear counter weight [mot]; rear weight [mot]

**Heckklappe** (des Lkw) tailgate [mot]
**Heckklappen** rear flaps [mot]
**Heckleuchte** tail lamp [mot]
**heckmontiert** rear mounted [mot]
**Heckmotor** rear engine [mot]
**Heckpropeller** stern propeller [mot]
**Heckraddampfer** stern wheeler [mot]
**Heckschaufelrad** stern wheel [mot]
**Hefe** (in Kuchen, Bier) yeast [abc]
**Heft** (Broschüre) brochure [abc];
  (Griff) hilt [wzg]
**heften** (Buch, Broschüre) sew [abc];
  (Buch, Broschüre) stitch [abc]; (den
  Ärmel probeweise) baste [abc]; (mit
  Heftklammern) staple [met]; (Schwei-
  ßen) tack [met]
**Hefter** (Heftschweißer) tack welder
  [met]
**Heftklammer** (n) staple [met]
**Heftklammern** (bei Rohrschweißen)
  bridge bars [met]
**Heftpflaster** (für Wunden) band aid
  [abc]
**heftschweißen** tack weld [met]
**Heftschweißer** tack welder [met];
  tacker [wzg]
**heilen** (durch Medizin etc.) remedy
  [med]; (kurieren) cure [med]
**Heimatland** mother country [abc];
  own country [cap]
**Heimcomputer** (für Hausgebrauch)
  home computer [edv]
**heiser** (rauhe Stimme) hoarse [med]
**Heiserkeit** (vorübergeh. Stimmverlust)
  hoarseness [med]
**heiß** hot [abc]; (heißer Dampf) superheated [abc]
**Heißdampf** superheated steam [pow]
**Heißdampfkühler** superheated steam
  attemperator [pow]
**Heißdampfleitung** superheated steam
  piping [pow]
**Heißdampflok** superheated steam locomotive [mot]
**Heißdampflokomotive** (Dampflok)
  superheated steam locomotive [mot]

**Heißdampftemperatur** superheated
  steam temperature [pow]
**heiße Quelle** (Bodenschatz) thermal
  water [geo]
**Heißeinsatz** hot charging rate [mas]
**Heißlagerfett** hot bearing grease [mas]
**heißlaufen** overheat [abc]
**Heißlaufsicherung** overheating pro-
  tection [mas]
**Heißleiter** thermistor [elt]
**Heißluftballon** hot-air balloon [mot]
**Heißluftkanal** hot air duct [pow]
**Heißluftschlauch** heater trunk [mot];
  hot-air hose [pow]
**Heißwasserbehälter** (hinter Konden-
  sator) condenser hot well [pow]
**Heißwasserkühlung** ebullient cooling
  [pow]
**Heißwasserspeicherung** hot-water
  storage [pow]
**Heizapparat** heater [bau]
**heizbar** heatable [abc]; heated [abc]
**Heizdraht** heating wire [elt]
**Heizelementschweißen** thermo-com-
  pression welding [met]
**Heizelementschweißen** heated tool
  welding [met]
**Heizer** (auf Lok, am Ofen) fireman [mot];
  (auf Schiff) stokesman, stoker [mot]
**Heizerstand** operating floor [mot];
  boiler room floor level [pow]; firing
  floor [pow]
**Heizfläche** heating surface [pow]
**Heizflächenbestreichung** gas sweep-
  ing of heating surfaces [pow]
**Heizflansch** heat flange [mot]
**Heizgebläse** heater fan [mot]
**Heizkasten** heater box [mot]
**Heizkeilschweißen** heated wedge pres-
  sure welding [met]
**Heizklappe** heater flap [mot]
**Heizkörper** heating element [mbt]; (im
  Zimmer) radiator [bff]
**Heizkraftwerk** combined power and
  district heating station [pow]; heat-
  and-power station [pow]

**Heizlüfter** fan heater [air]
**Heizluftklappe** ventilator [mot]
**Heizöl** fuel [bau]; fuel oil [pow]
**Heizöladditive** fuel oil additives [pow]
**Heizölbehälter** (Öbehälter) fuel oil storage tank [pow]
**Heizölvorwärmer** (Ölvorwärmer) fuel oil heater [pow]
**Heizschlange** heating coil [mot]
**Heizstromkreis** heating circuit [mbt]
**Heizstufe** heating stage [mbt]
**Heizung** heater [mot]; heating [abc]; (im Haushalt oft "Boiler") heater [bau]; (→ Dampfh.; → Frischlufth.; → Kraftstoffh.; → Lufth.; → Umlufth.; → Warmlufth.; → Wasserh.)
**Heizungs- u. Lüftungsanlage** heating and ventilating system [mot]
**Heizungshebel** heater lever [mas]
**Heizungsschütz** heater contactor [mbt]
**Heizungssicherung** heating fuse [mbt]
**Heizwert** thermal value [pow]; calorific value [pow]
**Heizwert** heat value [pow]; calorific value [pow]; (→ oberer H.; → unterer H.)
**Hektar** (Flächenmaß) hectare [abc]
**helfen** (beistehen) help [abc]
**Heliumtank** (z.B. vor Raumfährendüsen) helium tank [mot]
**Helix recorder** (Spiralschreiber) Helix recorder [abc]
**hell** (Lampe, intelligenter Mensch) bright [abc]; (z.B. hellgrün) light [abc]
**hellelfenbein** (RAL 1015; Taxifarbe) light ivory [nrm]
**Helligkeit** (von Fotos) brilliance [abc]; (Wetter) brightness [wet]
**Helligkeitsbedingung** (b. Bildverstellung) brightness constraint [edv]
**Helligkeitsmodulation** trace brilliance [elt]; intensity modulation [elt]
**Helligkeitsregler** brightness control, intensity control [abc]
**Helling** (in der Werft) building berth [mot]; (Slip) berth [mot]

**hellrosa** (RAL 3015) light pink [nrm]
**hellrotorange** (RAL 2008) bright red orange [nrm]
**Hellsteuerung** (Helltastung) sensitizing [elt]
**Helltastung** sensitizing [elt]; trace unblanking [mbt]
**Helm** helmet [mil]; shirt [abc]
**Hemdenknopf** shirt button [abc]
**Hemdsärmel** (gibt keine Redewendung) shirt sleeves [abc]
**hemmen** (anhalten, aufhalten) stop [mas]; (hinderlich, im Wege sein) obstrude [abc]; (verzögern) retard [abc]
**Hemmkeil** chock [mot]
**Hemmschuh** (Bahn) skid-pan [mot]; slipper [mot]; stop block [mot]; dragshoe [mot]; sabot [mot]; (nur abgestellte Wagen, GB) Scotch block [mot]
**Henkel** (der Gießpfanne) bail [roh]; (des Bierglases) handle [abc]
**Henkelglas** (Seidel) tankard [abc]
**herabdrücken** (die Wirkung) reduce [abc]; (Kissen) press down [abc]
**herablassen** (an der Wand runter) lowering [abc]; (Bauteile) lower [mas]; (fieren) lower [pow]
**herabsetzend** (zurückfahrend) lowering, reducing, decreasing [mas]
**heranfahren** (Material an Maschine) bring close to, approach [abc]
**heranschaffen** produce [abc]
**Herausdrücken** extrusion [mot]
**herausdrücken** (Bolzen drückt sich heraus) back out [met]
**herausfahren** bring out, take out [abc]
**Herausforderung** challenge [abc]
**herausgegeben** (Film, Buch) released [abc]
**herausnehmbar** (abnehmbar) removable [abc]
**herausplatzen** (rausfliegen) blow out [abc]
**herausragen** (eines Gegengewichts) stick out, project [abc]

**Herausspringen** (aus den Schienen) derailing [mot]

**herausstellen** (besonders betonen) capitalize [abc]

**herausziehen** (einen Nagel) pull out [abc]

**herbeischaffen** produce [abc]

**Herbst** autumn [abc]

**Herbstlaub** autumn leaves [bff]

**Herd** (in Küche) range [bau]

**Herdgebiet** area of hypocentre [geo]

**Herdtiefe** depth of hypocentre [geo]

**hereinfahren** (Material in Maschine) feed in [roh]

**hergestellt** manufactured [abc]

**herkömmlich** conventional [abc]

**Herkunft des Brennstoffes** source of fuel [pow]

**herleitend von** deriving from [abc]

**Hermeneutik** hermeneutics [edv]

**hermetisch** hermetical [abc]

**Herrentoilette** men's room [abc]

**Hersteller** fabricator [abc]; manufacturer [abc]; (Fabrikant) producer [mbt]

**Herstellerprogramm** manufacturing program [abc]

**Herstellerwerk** manufacturer's works [abc]

**Herstellerzeichen** manufacturer's marking [abc]

**Herstellung** manufacture [abc]

**Herstellung von Förderbändern** production of conveyor belts [mas]

**Herstellung von Laminaten** production of laminates [abc]

**Herstellungsjahr** year of manufacture [abc]

**Hertz** CPS [elt]; cycles [elt]

**herumlaufen** browse [abc]

**herunterlassen** (fieren) lower [pow]

**herunterschalten** (in den 2. Gang) shift down [mot]

**hervorragend** outstanding [abc]

**Hervortreten** emergence [bau]

**Herzschmerzen** heartache [med]

**Herzschrittmacher** pace setter [med]

**Herzstück** (der Weiche) tongue [mot]; (wichtiges Bauteil) core component [mbt]

**heterogen** (unterschiedl. Mischung) heterogeneous [abc]

**Heugabel** hay-bob [far]

**Heuristik** heuristic [edv]; (→ Beispielh.; → Induktionsh.; → Interessantheitsh.)

**Heuristik der geforderten Kanten** require-link heuristic [edv]

**Heuristik für das Erweitern der Menge** enlarge-set heuristic [edv]

**Heuristik verbotener Kanten** forbid-link heuristic [edv]

**Heuristik vom Fallenlassen v. Kanten** drop-link heuristic [edv]

**Heuristik vom Hochklettern im Baum** climb-tree heuristic [edv]

**Heuristik von den geschlossenen Intervallen** close-interval heuristic [edv]

**Heuristiken zur Verallgemeinerung** generalization heuristics [edv]

**heuristische Fortsetzung** heuristic continuation [edv]; (bei Suche) feedover [edv]

**heuristisches Abschneiden** heuristic pruning [edv]

**Heuwagen** hay wagon [far]

**HF-geschweißt** pressure welded [met]

**HFI-geschweißtes Leitungsrohr** HFI-welded line pipe [met]

**HIER IST OBEN** (Verpackungshinweis) THIS SIDE UP [abc]

**Hierarchie** hierarchy [abc]; level [abc]; (bei Chipherstellung) hierarchy [edv]

**hiermit übersenden ...** enclosed please find ... [abc]

**Hilfe** (Assistenz) assistance [abc]; aid [abc]; (Es kommt Hilfe.) help [abc]

**Hilfe bei Vermessung** rodding [mes]

**Hilfe!** Help! [abc];! (als Alarmruf) FIRE! [abc]

**Hilfs-** auxiliary/secondary/additional [abc]; (Neben-) auxiliary [abc]

**Hilfsachse** auxiliary axle [mbt]; auxiliary idler shaft [con]
**Hilfsantrieb** auxiliary drive [mbt]
**Hilfsantrieb zum langsamen Drehen** inching gear [mot]
**Hilfsarbeiten** non-manufacturing work [abc]
**Hilfsausleger** (am Kran) jib boom [mot]
**Hilfsblende** auxiliary gate [mas]
**Hilfsbohrungen** auxiliary bores [roh]
**Hilfsbrennstoff** auxiliary fuel [pow]
**Hilfsdüse** auxiliary jet [air]
**Hilfseinrichtung** auxiliary attachment [abc]
**Hilfseinrichtungen** auxiliaries [abc]
**Hilfsfeder** secondary spring [mot]; auxiliary spring [mas]
**hilfsgesteuerter Regler** pilot-operated regulator [pow]
**hilfsgesteuertes Ventil** pilot-operated valve [pow]
**Hilfskontakt** auxiliary circuit [elt]
**Hilfskräfte** assistants [abc]
**Hilfskraftlenkung** power assisted steering [mot]; power steering [mot]; servo steering [mot]; servo-assisted steering gear [mot]
**Hilfskraftstoffpumpe** auxiliary fuel pump [mot]
**Hilfslasche** provisional connection plate [mbt]
**Hilfsluftbehälter** (der Bremsanlage) auxiliary reservoir [mot]
**Hilfsmarkscheider** deputy surveyor [roh]
**Hilfsmotor** auxiliary engine [mot]; auxiliary motor [mot]
**Hilfsrad** auxiliary wheel [mas]
**Hilfsrahmen** auxiliary frame [con]
**Hilfsrelais für 2. Bremse** auxiliary relay for 2nd brake [mbt]
**Hilfsschalter** auxiliary switch [abc]
**Hilfsschütz** (auch Rolltreppe) auxiliary contactor [elt]

**Hilfsschütz für Annäherungsschalter** auxiliary contactor for proximity switch [abc]
**Hilfsschütz für Handlaufabwurf** auxiliary contactor for handrail throw-off [mbt]
**Hilfsschütz für Heizung** auxiliary contactor for heating [elt]
**Hilfsschütz für Lampenprüfung** auxiliary contactor for indicator test [elt]
**Hilfsschütz für Montagefahrt** auxiliary contactor for inspection travel [elt]
**Hilfsschütz für Notfahrtsteckdose** auxiliary contactor for emergency travel socket [elt]
**Hilfsschütz für Revision** auxiliary contactor [elt]
**Hilfsschütz für Schaltuhr** auxiliary contactor for timer [elt]
**Hilfsschütz für Störungsrückstellung** auxiliary contactor for fault indicator test [elt]
**Hilfsschütz für Stufenabsenkung** auxiliary contactor for step sag [mbt]
**Hilfsschütz für Stufeneinlauf** auxiliary contactor for step run-in [elt]
**Hilfssteuerung** auxiliary control [abc]
**Hilfsstoffe** (Filtereinsätze u. ä.) consumables [mot]
**Hilfsstromkreis** auxiliary circuit [elt]
**Hilfswelle** auxiliary shaft [con]
**Hilfszylinder** booster cylinder [mot]
**himbeerrot** (RAL 3027) raspberry red [nrm]
**Himmel** inside roof lining [mot]; heaven [abc]; sky [abc]
**himmelblau** (RAL 5015) sky blue [nrm]
**Hin- und Hergang** to and from motion [abc]
**hin- und hergehend** reciprocating [abc]
**Hinblick** (im Hinblick auf ) view [abc]
**Hindernis** obstacle [mot]
**Hindernisvermeidungsproblem** obstacle-avoidance problem [edv]

**Hinspiel** first leg [abc]
**hinten montiert** rear mounted [abc]
**Hinter-** (Rück-) rear [abc]
**hinter dem Steuer** behind the wheel [mot]
**Hinterachsantrieb** rear axle drive [mot]
**Hinterachsbrücke** rear axle casing [mot]
**Hinterachse** rear axle [mot]
**Hinterachseingang** entrance of the rear axle [mot]
**Hinterachsgehäuse** rear axle housing [mot]
**Hinterachsgehäusedeckel** rear axle housing cover [mot]
**Hinterachsgehäusehälfte** rear axle housing section [mot]
**Hinterachskörper** rear axle assembly [mot]
**Hinterachsrohr** rear axle tube [mot]
**Hinterachsschubstange** rear axle radius rod [mot]
**Hinterachsstrebe** rear axle strut [mot]
**Hinterachstrichter** rear axle flared tube [mot]
**Hinterachswelle** rear axle shaft [mot]
**Hinterachswellenrad** differential side gear [mot]
**Hinterantrieb** rear drive [mot]
**hintere(-r)** rear [abc]
**hintere Abstützung** rear outrigger [bau]
**hintere Aufsetzkante** (d. Lkw) angle of departure [mot]
**hintere Bordwandklappe** (des Lkw) tailgate [mot]
**hintere Hängedecke** rear arch [pow]
**hintere Kippkante** rear tipping line [mot]
**hintere Rostabdichtung** rear grate seals [pow]
**hintere Rostumlenktrommel** rear idler drum [pow]
**hintere Rostwelle** rear sprockets [pow]
**hintere Stoßstange** rear bumper [mot]

**hintere Strecke** (Endstrecke; Abbau) tail gate [roh]
**hintereinander geschaltet** series connected [mas]
**Hintereinanderschaltung** series-connection [mbt]; arrangement in series [con]
**hinterer Stoßdämpfer** rear shock absorbers [mot]
**hinterer Verschlußdeckel** rear end cover [mot]
**hinteres Standblech** rear stay plate [mas]
**Hinterfeder** rear spring [mot]
**Hinterfederbock** rear spring bracket [mas]; rear spring hanger [mot]
**Hinterfederstütze** rear spring support [mas]
**hinterfräsend** relief-milled [mbt]
**Hinterkante** rear edge [mot]
**Hinterrad** rear wheel [mot]
**Hinterradbremse** rear wheel brake [mot]
**Hinterradnabe** rear wheel hub [mot]
**Hinterreifen** rear tire [mot]
**Hinterschild** (im Bergbau) caving shield [roh]
**hinterschleifend** relief ground, backed off [mas]
**Hintersitz** rear seat [mbt]
**Hinweis** (Tip, Rat, Information) indication [abc]
**Hinweise** notes [abc]
**hinweisen auf** (anzeigen) indicate [abc]
**hinweisen** (es wird darauf hingewiesen) refer [abc]
**Hinweisschild** indicating label [abc]
**Hipo** (hierarchy input process output) hipo [elt]
**hissen** (die Flagge) hoist [mot]
**Hitzdraht** (Hitzedraht; Heizdraht) heat wire [elt]
**Hitze** heat [abc]
**hitzebeständig** heat resistant [abc]
**hitzebeständiger Stahlguß** heat-resistant cast steel [wst]

**hitzebeständiges Gußeisen** heat-resistant cast iron [wst]

**Hitzeschild** (z.B. bei Raumfähre) heat shield [mot]

**Hitzewelle** (Wetter) heat wave [abc]

**Hobel** (des Tischlers) plane [wzg]; (im Bergbau) plow [wzg]

**Hobelabbau** (im Bergbau) plow mining [roh]

**Hobelkreuz** (des Graders) blade support frame [mbt; (des Graders) drawbar [mbt]; (des Graders) mouldboard drawbar [mbt]

**Hobelmaschine** block leveller [wzg]

**hoch** (hoch oben auf dem Berg) high [abc]; (hohe Stimmlage) high pitched [abc]; (in Mathe: "11³, 11 hoch 3") power [mat]

**Hochachtungsvoll!** Truly yours, [abc]; Sincerely yours, [abc]; (MfG) Best regards, [abc]

**Hochbahn** elevated railway [mot]

**Hochbau** (Bau von Häusern) building [bau]

**hochbeansprucht** highly stressed [abc]

**hochbeanspruchte Formteile** high-duty structural parts [mas]

**hochbeanspruchtes Bauteil** high-duty structural part [mas]

**hochbeanspruchtes Mauerwerk** high-stress brickwork [bau]

**Hochbehälter** elevated tank [bau]

**hochbeweglich** highly mobile [abc]; on-task equipment [mbt]

**hochbocken** jack up [mot]

**Hochdruck** (in der Drucktechnik) relief print [abc]; (z.B. Hochdruckfilter) high pressure [mot]

**Hochdruckdampfheizung** (Personenzug) steam heating installation [mot]

**hochdrücken** (dabei zur Seite) tip [abc]

**Hochdruckfilter** high-pressure filter [mot]

**Hochdruckguß** casting [wst]; high pressure founding [mbt]

**Hochdruckkessel** high pressure boiler [pow]

**Hochdruckreifen** high pressure tyre [mot]

**Hochdruckschlauch** pressure-type hose [mot]

**Hochdruckschlauch** high pressure hose [mot]

**Hochdruckschmierung** high pressure lubrication [mot]

**Hochdruckspülfahrzeug** high-pressure flushing vehicle [mot]

**Hochdruckteil** high pressure rotor [pow]; high pressure stage [pow]

**Hochdruckvorwärmer** high pressure preheater [pow]

**hochelastisch** (Reifen) cushion-type [mot]

**hochelastischer Reifen** cushion tyre [mot]

**hochfahren** (bis richtige Geschwindigkeit) start up [mot]; (den Motor) run up [mas]; (Kessel) accelerate [pow]; (Kessel) bring up [pow]; (Kessel) increase load [pow]; (schneller werden) speed up [mot]

**hochfest** (z.B. Stahl) high strength [mas]; (z.B. Stahl) high tensile [mas]

**hochfeste Qualität** highest strength sheet steel [mas]

**hochfester Stahl** high-strength steel [wst]; high-tensile steel [wst]

**Hochfrequenzanzeige** high frequency indication [elt]

**Hochfrequenzfilter** high frequency filter [elt]

**Hochfrequenzinduktionsverfahren** high-frequency induction welding [elt]

**Hochfrequenzinduktivschweißung** high-frequency welding [met]

**Hochfrequenzknoten** high frequency node [elt]

**hochgebockt** jacked upauch [mot]

**hochgebunden** (mit Schnur) strung up [mot]

**Hochgeschwindigkeitsstahl** (HSS) high speed steel [met]

**hochgestellt** (z.B. Fahrerhaus) elevated [mbt]

**hochgestochen** sophisticated [abc]

**hochgezogen** (z.B. Führerhaus) elevated [mbt]

**hochgradig** high class [abc]

**hochheben** raise [abc]; hoist [abc]; lift [abc]

**hochinduktiv** high-electro [elt]

**hochkant** (auf dem Rande) edgeways [abc]; (auf dem Rande) edgewise [abc]; (steht, liegt nicht breit) on edge [abc]

**Hochkippmulde** (Muldenkipper) high discharge skip [mot]

**hochlegiert** high-alloyed [met]

**hochlegierte Stahlqualitäten** high-alloyed <steel> grades [mas]

**Hochleistung** high power [abc]; (Geschwindigkeit) high speed [mot]; (selten gebraucht) high duty [abc]; (z.B. HD-Ausführung) heavy duty [mbt]; high capacity [roh]

**Hochleistungsbatterie** high capacity battery [mbt]

**Hochleistungsbecherwerk** high capacity bucket elevator [roh]

**Hochleistungskessel** high-duty boiler [pow]

**Hochleistungskette** heavy-duty roller chain [mbt]; high-capacity chain [mas]

**Hochleistungskompaktgetriebe** heavy-duty compact gear [mbt]

**Hochleistungsrollenkette** heavy-duty roller chain [mbt]

**Hochleistungsschmalkeilriemen** high-efficiency narrow-section V-belt [mas]

**hochliegende Mulde** (des Dumpers) high-placed body [mot]

**Hochlöffel** face shovel [mbt]; (Hochlöffelbagger; Seilbagger) shovel [mbt]; (Seilbagger) dipper [mbt]

**Hochlöffelbagger** shovel [mbt]

**Hochofenschlacke** (zum Straßenbau) blast-furnace slag [mas]

**hochohmig** high impedant [elt]; high resistive [elt]

**Hochrahmen** elevated frame [mot]

**hochschalten** upshift [mot]; (Gänge im Auto) shift [mot]

**hochschiebbar** (z.B. Frontscheide) liftable [mot]

**hochschlagfest** high-impact proof [abc]; impact-notch proof [abc]

**Hochschnitt** (des Eimerkettenbaggers) high cut [mbt]

**Hochschule** (Uni, College) university [abc]

**hochschwenken** swing up [mot]

**Hochsee** (auf hoher See) high seas [mot]

**Hochseeschlepper** deep sea tug [mot]

**hochseetauglicher Laderaumsaugbagger** deep-sea hopper suction dredger [mot]

**Hochspannung** (→ Nieder- u. Mittelspannung) high voltage [elt]; (nicht elektrisch!) h.t. [abc]

**Hochspannungskette** (treibt an) heavy-duty roller chain [mbt]

**Hochspannungsmast** super grid [elt]

**Hochspannungsnetzteil** high voltage power pack [elt]

**Hochspannungsschaltanlage** high voltage switchboard [elt]

**Hochspannungsschalter** high voltage circuit breaker [elt]

**Hochspannungstrennschalter** high voltage circuit breaker [elt]

**hochstabil** high-tensile [abc]

**Höchstbelastung** maximum load [abc]

**Höchstdrehzahl** (hoher Leerlauf) high idle speed [mot]

**Höchstdruckschlauch** high pressure hose [mot]

**höchste** (der / die / das höchste, ..) highest [abc]

**höchste Hubstellung** hoist kick-out [mot]

**höchster Wasserstand** high water level [pow]

**Höchstersatzleistung** aggregate limit [mas]

**höchstes Anzugsvermögen** maximum pull [mot]

**Höchstgeschwindigkeit** maximum speed [mot]

**Höchstgrenze** (der Geschwindigkeit) speed limit [mot]

**höchstklassig** (das Allerbeste) paramount [abc]; (das Allerbeste) the very best [abc]

**Höchstleistung** (beste Leistung) maximum performance [mot]; (Motor, Pumpe) maximum output [mot]; (Spitze) peak [mot]; (von Mann, Maschine) high performance [abc]

**Höchststand** (der Höhepunkt) climax [abc]; (hoch oben) highest position [abc]; (weiter nicht) ultimate position [abc]

**Hochtechnologie** High Tech [abc]

**Hochtemperaturkorrosion** high temperature corrosion [pow]

**Hoch-Tieflöffel** reversible bucket [mbt]

**hochverschleißfest** high wear-resistant [roh]

**Hochwasser** flood [abc]

**Hochwasserstand** flood water level [abc]

**Hocker** (gepolstert) puffy [bau]; (→ faltbarer H.)

**Hof** courtyard [bau]; (am Hofe des Königs) court [abc]; (hinter Haus; draußen vor Halle) yard [bau]; (Platz einer Firma) yard [bau]

**hoffen** (erwarten) expect [abc]

**hohe Feinheit** (Grad von Feinheit) high degree of fineness [roh]

**Hohe Technik für hohe Wirtschaftlichkeit** HiTec for HiEc [abc]

**Höhe über NN** altitude [abc]

**hohe Umdrehungzahl** high revolution rate [mot]

**hohe Zugkraft** high traction [mbt]

**Höhe** altitude [abc]; (Ebene) elevation [pow]; (eines Hauses) height [bau]; (in großer Höhe, z.B. 12000m) high altitude [abc]; (senkrecht hoch) vertical rise [mbt]; (z.B. des Hauses, Berges) height [abc]

**Höhe über alles** (z.B. Waggon) height over all [mot]

**Höhenballigkeit** (an Metallkörpern) height crowning [mas]

**Höhendifferenz** (im Bergbau) vertical height [roh]

**Höheneinstellung** raise / lower adjustment [abc]; elevating adjustment [abc]

**Höhenfähigkeit** (Motor über NN) altitude capability [mot]

**Höhenfestpunkt** benchmark [abc]

**Höhenlage** (über NN) altitude [abc]

**Höhenlinie** (gleiche Höhe am Berg) contour [bau]

**Höhenmeßschieber** height gauge [mes]

**Höhenregler** height regulator [mot]; longitudinal compensator sensor [abc]

**Höhenruder** (an hinterem Leitwerk) tailplane [mot]

**Höhenruderneigung** (beim Airbus) tailplane incidence [mot]

**Höhenunterschied** (im Bergbau) vertical height [roh]

**höhenverstellbar** (z.B. Schienen) vertically adjustable [mot]

**Höhenverstellung** level adjustment [abc]

**Höhepunkt** (auch körperlich) climax [abc]; (besonderer Vorteil) highlight [abc]

**hoher Rang** (Wichtigkeit, Priorität) high priority [abc]

**höherfeste Qualität** high strength sheet steel [mas]

**höherstufen** (Qualität) upgrade [abc]

**hohl** (Baum, Rohr) hollow [abc]; (Linse, Stein) concave [abc]

**Hohlachse** (auch am Lok) wheel spindle [mas]

**Hohlachsprüfknopf** hollow axle probe [mes]

**Hohlblockstein** cavity brick [bau]; (z.B. Bims) hollow brick [bau]

**Hohlbolzen** banjo bolt [mas]

**Hohlbolzenkette** hollow-pin chain [mas]

**Höhle** cave [geo]; cavern [geo]

**Hohlkehle** (Ablauf) drip [bau]; (Naht) concave fillet weld [wst]

**Hohlkehlnaht** (Hohlkehle) concave fillet weld [wst]

**Hohlkehlschweißung** fillet weld [met]

**Hohlkeil** saddle key; hollow key [mas]

**Hohlladung** hollow charge [mil]

**Hohlleiter** wave guide [elt]

**Hohlniet** tubular rivet [mas]

**Hohlniete** (zweiteilig) compression rivet [wst]

**Hohlprofil** hollow section [mas]; hollow profile [mbt]

**Hohlprofil, rechteckig** (in RT-Gerüst) hollow profile, rectangular [mbt]

**Hohlprofile** hollows [mas]

**Hohlrad** hollow wheel [mot]; internally geared wheel [mot]; (in Planetengetriebe) ring gear [mot]; (Innenrad) internal geared wheel [mot]

**Hohlraum** cavity [geo]; void [phy]; hollow spot [abc]; (im Alten Mann) voids [roh]

**hohlraumarm** dense [wst]

**Hohlraumbildung** cavitation [mot]

**Hohlschnurring** hollow sealing ring [mot]

**Hohlschraube** banjo bolt [mas]; hollow-core bolt [mas]

**Hohlspiegel** concave mirror [phy]

**Hohlstrahler** (gekrümmter Strahler) curved crystal, concave transducer [elt]

**Höhlung** cavity [geo]

**Hohlwelle** tubular guiding sleeve [mas]; hollow shaft [mas]

**Hohlzylinder** hollow cylinder [mas] [abc]

**Holm** shaft [mas]; stout [mot]; (Profil-, Rechteck-, U-, Hohl-) strut [mas]; (selten gebräuchlich) channel [wst]

**holperig** (holperiger Text) lumpy [abc]

**Holz** wood [wst]; (→ Bauh.; → Brennh.; → Kanth.; → Schnitth.)

**Holzarbeit** logging [abc]

**hölzerne Randschwelle** timber kerb [bau]

**Holzfachwerk** timber frame [bau]

**Holzfäller** lumberjack [abc]

**Holzfaserbruch** fibrous fracture [wst]

**Holzgerüst** timber scaffolding [bau]

**Holzgreifer** timber grab [mbt]; log grab [mbt]; (für Langholz) log grapple [mbt]

**Holzindustrie** lumber industry [mbt]; (Holzfällen) logging [abc]

**Holzkohle** charcoal [abc]

**Holzkonstruktion** timber structure [bau]

**Holzlagerplatz** timber store [bau]

**Holzleiste** (Latte) ribbon [abc]

**Holzlöffel** wooden spoon [abc]

**Holzmaserung** veining [abc]

**Holzpappe** (Zellstoffpappe) wood pulp board [wst]

**Holzpritsche** timber planks [bau]

**Holzschliff** (Papiermasse, Pulpe) pulp [wst]

**Holzschraube** wood screw [mas]

**Holzschuh** (Pantine, Klompen) sabot [abc]

**Holzschutzmittel** timber preservative [bau]

**Holzschwelle** (der Bahn, GB) wooden sleeper [mot]; (der Bahn, USA) wooden tie [mot]; sleeper [mot]

**Holz-Umschlaggreifer** timber re-handling-grab [mbt]

**Holzzange** (ähnl. Greifer) log grapple [mbt]; (ähnlich Greifer) timber grapple [mbt]; (als Ausrüstung) pincers [wzg]

**Holzzangenausrüstung** log grapple attachment [mot]

**homogene Differentialgleichung** homogeneous differential equation [mat]
**homogene Lösung** homogeneous solution [che]
**homogenisieren** (völlig mischen) homogenize [abc]
**Homogenisierung** (Mischung) blending [mbt]; (völlige Mischung) homogenization [mbt]
**Homogenverbleiung** homogeneous lead coating [mas]
**honen** (schonend spanabhebend) hone [met]
**Honen** (spanabhebende Bearbeitung) honing [met]; (Ziehschleifen) honing [met]
**honiggelb** (RAL 1005) honey yellow [nrm]
**Hopfen** hop [mbt]
**Hoppersaugbagger** (mit Laderaum) trailing hopper suction dredger [mbt]; (mit Laderaum) hopper suction dredger [mot]
**hörbar** (hörbares Signal) audible [mot]; (laut genug) hearable [abc]
**Hörbereich** range of audibility [aku]
**Hörer** (am Radio) listener [abc]
**Hörfehler** hearing impediment [med]
**Hörfrequenz** audio frequency [aku]
**Horizont** horizon [abc]
**horizontal** horizontal [mbt]; (waagerecht) horizontal [abc]
**Horizontalbohrwerk** horizontal boring mill [wzg]; horizontal drilling mill [wzg]
**horizontale Bewegung der Zeitlinie** time base delay [elt]
**horizontale Länge** horizontal length [mbt]
**horizontale Schicht** (Flöz) bench [roh]
**horizontale Stufen** horizontal steps [mbt]
**Horizontalfräsmaschine** horizontal rotary grinder [wzg]
**Horizontalführung** horizontal guidance [mbt]

**Horizontalumkehrer** horizontal line reverser [mbt]
**Horizonteffekt** horizon effect [edv]
**Horn** (v. Rind u.a; aus Horn) horn [abc]
**Horndruckknopf** horn button [mot]
**Horndruckring** horn ring [mot]
**Hornparabolspiegel** (empfängt, sendet) horn parabolic mirror [tel]
**Hörsaal** (in Uni o.ä.) auditorium [abc]
**Hose** trousers [mot]; (lange Hose nach frz. Revolution) pants [abc]
**Hosenrohr** Y-pipe [pow]; breeches pipe [pow]
**Hosenträger** suspenders [abc]
**Hospitaltrakt** (auch auf Schiffen) hospital [mot]
**Hotel** (Gasthaus, Motel) hotel [abc]
**Hotelplattform** (Offshore-Bohrung) hotel platform [abc]
**Hub** (Anheben einer Last) lift [mot]; (Bewegung nach oben und unten) motion [mot]; (das Anheben) lifting [mot]; (des Brechers) stroke [mot]; (des Kolbens im Zylinder) stroke [mot]; (die Hin- und Herbewegung des Z.) travel [mas]; (→ Arbeitsh.)
**Hubarm** (an Maschinen) lift arm [mot]; (z.B. Ventilstößel heben) lifter arm [mot]
**Hubarm für Planierschild** blade lift arm [mbt]
**Hubarmverlängerung** lift arm extension [mot]
**Hubausrüstung** (des Laders) linkage [mot]
**Hubbalkenofen** walking beam furnace [mas]
**Hubbegrenzer** hoist limiter [mot]; lift limiter [mot]
**Hubbegrenzung** hoist limiting [mot]
**Hubbegrenzungsventil** hoist limiting valve [mot]
**Hubeinrichtung** lifting device [mot]
**Hubende** end of stroke [mot]
**Hubgabel** lift fork [mot]; lifting fork [mot]

**Hubgerüst** mast [mot]
**Hubgerüst** (des Laders) lift frame
[mot]; (des Staplers) lifting gear [mot]
**Hubgeschwindigkeit** lifting speed
[mot]
**Hubgestell** (Hubgerüst) lift frame
[mot]; lifting frame [mot]
**Hubhöhe** hoisting height [mot]; lift
height [mot]; (z.B. Flüssigkeitdruck)
throw [abc]
**Hubinsel** (hebt sich an) elevating platform [mot]
**Hubkette** (am Gabelstapler) hoist
chain [mot]; (des Staplers) chain
[mot]; (des Staplers) lift chain [mot]
**Hubkippwagen** (der Bahn) side discharging wagon with side-tipping
body [mot]
**Hubkraft** (kann das heben) lifting capacity [mot]; (kann das heben) lug-
ging capability [mot]; (Kraft dafür)
lifting force [mot]
**Hubkraftleistung** (→ Hubkraft) lifting
capacity [mot]
**Hubkraftvergrößerung** (→ Hubkraftverstärkung) increased lifting forces
[mot]
**Hubkraftvermögen** (→ Hubkraft)
lifting capacity [mot]
**Hubkraftverstärker** (der Hydr.-kreis)
increased pressure lift circuit [mbt]
**Hubkraftverstärkung** (das Ergebnis)
increased pressure lift [mbt]
**Hubkraftverstärkungssteuerung** increased pressure lift circuit [mbt]
**Hubkraftwert** (als Daten) data of lifting capacity [mbt]
**Hubkurve** (hier Datentabelle) lifting
chart [mot]; (hier z.B. Lasthaken)
lifting arc [mbt]
**Hublänge** stroke length [mot]
**Hublast** (des Krans) lifting capacity
[mot]; (kann getragen werden) lifting
capacity [mbt]
**Hubleitung** (Kugelregen) lift line
[pow]

**Hubmast** (des Stapler) lift pole [mot]
**Hubmastausrüstung** (Stapler, Kran)
lift pole attachment [mot]
**Hubmessung** (Daten) travel measuring
[mas]
**Hubmoment** (zu errechnen) lift mo-
ment [mbt]
**Hubrahmen** (beim Gabelstapler) up-
right [mot]; (beim Radlader) lift frame
[mot]
**Hubraum** (aller Zylinder des Motors)
displacement [mot]; (Hubhöhe des
Kolbens) stroke [mot]; (z.B. 3-Liter
Motor) piston displacement [mot];
(Zylinderinhalt) piston displacement
[mot]
**Hubraupe** (unter Brecheranlage) trans-
port crawler [mbt]
**Hubschrauber** chopper [mot]; heli-
copter [mot]
**Hubschrauberlandeplatz** helicopter
port [mot]
**Hubschrauberrotor** rotor of helicopter [mot]
**Hubschrauberwarnung** helicopter
cautioning [mot]
**Hubstaplerrolle** fork-lift roller [mot]
**Hubstellung** (höchste Hubstellung)
hoist kick-out [mot]
**Hubtraverse** lifting beam [mot]
**Hub-und Zugpresse** double-acting
multi-stage hydraulic cylinder [mot]
**Hubvolumen** piston displacement
[mot]; (auch Hydrozylinder) displacement [mot]
**Hubvorrichtung** elevating device
[mot]
**Hubwagen** hand lift [mot]; (Handstapler, z.B. Ameise) hand forklift truck
[mot]; (unter Brecheranlage) lift truck
[roh]
**Hubwerk** hoisting gear [mot]; main
hoist [mot]
**Hubwerkstrommel** hoisting-gear
drum [mbt]
**Hubwinde** hoisting winch [mbt]

**Hubzeit** (des Löffels) hoist time [mot]

**Hubzylinder** hoist cylinder [mot]; jib / boom cylinder [mot]; (hebt Baggerausrüstung) lift cylinder [mbt]; (mehrstufig) multi-stage lift cylinder [mot]; (teleskopisch) lift cylinder, telescopic type [mot]

**Hubzylinderdrehzapfen** lift cylinder trunnion [mot]

**Huckepackniederflurwagen** special well wagon for the carriage of roadtrailers [mot]

**Huckepackwagen** special "Kangaroo"-type wagon [mot]

**Huf** (Hufeisen an Pferd) horseshoe [abc]

**Hufe** (Landmaß, 24-40 ha) hide [abc]

**Hufstollenstahl** grooved flats [mas]

**Hüfte** hip [med]

**Hügel** hill [geo]

**hügelig** hilly [abc]

**Hülle** thimble [abc]; contour [wst]; (äußere Schale) shell [abc]; (des Ballons) null [mot]; (Verkleidung, Schalung) sheath [mas]

**Hülle** (Briefumschlag) envelope [abc]

**Hüllkörper** (Schmiedeumhüllung) enveloping body [mas]

**Hüllkörpergewicht** mass of enveloping body [mas]

**Hüllkurven von Echoimpulsen** envelopes of echo pulses [elt]

**Hüllrohre** canning tubes [wst]

**Hülse** tubing [mas]; bush [mas]; (Buchse) collar [wst]; (Büchse, Muffe) sleeve [pow]; (→ Kugelh.; → Spannh.)

**Hülsenbreite** sleeve width [mbt]

**Hülsenkette** sleeve type chain [mot]; (Buchsenkette) bush chain [mas]

**hülsenloser Verschluß** (Verpackung) sealless joint [abc]

**Hülsenpuffer** socket-type buffer [mot]

**Hülsenpuffer mit Kegelfeder** buffer with volutre spring [mot]

**Hülsenverschluß** (Verpackungsblech) seal joint [mas]

**Hülsenzahn** socket type tooth [mbt]

**humoser Boden** humus topsoil [bod]; muck [bod]

**Humusboden** (auch Dünger, Dreck) muck [bod]

**Humusgehalt** humus content [bod]

**Hundegang** (des Graders) crab crawl [mbt]

**Hundeleine** leash [abc]

**Hupe** (der Ton) audible alarm [mot]; (Kfz.-, Schiffssignal) horn [mot]

**hupen** (das Signalhorn betätigen) honk [mot]

**Hupenlöschtaster** horn reset buttons [mbt]

**Hupenrelais** horn relay [mbt]

**Hürde** hurdle [abc]; (im Rennen) fence [abc]

**Husten** (ich habe Husten) cough [med]

**Hutablage** (in Wohnung über Garderobe) hat stand [abc]

**Hutmutter** (eichelförmig) acorn nut [mas]; (Überwurf-, Kapselmutter) cap nut [wst]

**Hütte** (Baubude, Schuppen) shed [bau]; (heruntergekommen, miese Bude) shack [bau]; (Hüttenwerk) steel works [mas]; (Hüttenwerk) iron works [mas]; (in den Alpenwiesen) hut [bau]

**Hüttenbetrieb** (im Eisenwerk) steel mill operation [mas]

**Hüttenindustrie** iron and steel industry [mas]

**Hüttentechnik** foundry technology [roh]

**Hüttenwerk** iron and steel works [mas]

**Hüttenzement** foundry cement [roh]

**HV** (Hauptverwaltung) head office [abc]

**HV Naht** single bevel [met]; bevel seam [met]

**HY Naht** single bevel with root face [met]

**Hyberbel** (→ Verlustleistungshyperbel) hyperbola [mat]

**hybride Technologie** hybrid technology [elt]

**Hybridmatrix** hybrid matrix [elt]

**Hydrant** (Feuerwehranschluß) fire hydrant [bau]

**Hydraulik** (Hydraulik-System) hydraulics [mas]

**Hydraulikanlage** hydraulic system [mas]

**Hydraulikbagger** hydraulic excavator [mbt]; hydraulic shovel [mbt]; (im Tagebau) mining shovel [roh]

**Hydraulikdruck** hydraulic pressure [mas]

**Hydraulikeinheit** hydraulic unit [mas]

**Hydraulikeinstellung** (Druck) setting of the hydraulic pressure [mot]

**Hydraulikguß** castings for hydraulic applications [wst]

**Hydraulikhammer** (Aufbruchhammer) hydraulic breaker [wzg]

**Hydraulikingenieur** mechanical engineer in hydraulics [mas]; (im Text) hydraulic engineer [abc]

**Hydraulikkran** hydraulic crane [mbt]

**Hydraulikkreis** hydraulic clutch [mas]; (z. B. Zweikreishydr.) circuit [wst]

**Hydraulikleistung** hydraulic power [mas]

**Hydrauliklöffel** hydraulic backhoe [mas]; (Grabgefäß) hydraulic bucket [wzg]

**Hydraulikmotor** hydraulic motor [mas]

**Hydrauliköl** hydraulic oil [mot]

**Hydraulikölfilter** hydraulic oil filter [mot]

**Hydrauliköltank** hydraulic oil tank [mot]

**Hydraulikplan** hydraulics diagram [mot]

**Hydraulikpumpe** hydraulic pump [mas]

**Hydraulikpumpe zur Lenkunterstützung** steering booster pump [mas]

**Hydraulikraupenbagger** hydraulic crawler backhoe [mbt]; hydraulic crawler shovel [mbt]

**Hydraulikschlauch** hydraulic hose [mot]

**Hydrauliksperre** hydraulic lock [mas]

**Hydrauliksschema** hydraulic system [mas]

**Hydraulikstellglied** hydraulic regulating unit [mas]

**Hydrauliksteuerventil** hydraulic control valve [mas]

**Hydrauliktank** (Hydr.-Pumpen darin) hydraulic tank [mas]

**hydraulisch** hydraulic [abc]

**hydraulisch entlastet** hydraulically balanced [mot]

**hydraulisch entlasteter Kolben** balanced piston [mot]

**hydraulisch entlastetes Lager** floating bearing [mas]

**hydraulisch proportionale Bergungs- und Handsteuerung-Abschleppkrane** hydraulic proportional salvage and hand control system towing cranes [mbt]

**hydraulisch proportionale Handsteuerung** hydraulic proportional hand control system [mas]

**hydraulisch schwenkbarer Kranausleger** crane boom with hydraulic continuous slewing [mot]

**hydraulische Bergungs- u. Abschleppkrane** hydraulic salvage and towing cranes [mot]

**hydraulische Betätigung** hydraulic control [mas]

**hydraulische Blockierung** hydraulic locking [mbt]

**hydraulische Bremse** hydraulic brake [mas]

**hydraulische Kupplung** fluid coupling [mot]; hydraulic clutch [mot]

**hydraulische Leistung** hydraulic output [mas]; (im Lader) steering orbitrol [mot]

**hydraulische Mehretagenpresse** hydraulic multi daylight press [wzg]
**hydraulische Nachstellung** hydraulic adjusting [mas]
**hydraulische Presse** hydraulic jack [mot]; hydraulic press [mas]
**hydraulische Qualität** quality of hydraulic system [mas]
**hydraulische Schwenkwerksbremse** hydraulic slewing brake [mot]
**hydraulischer Antrieb** fluid drive [mot]; hydraulic drive [mot]
**hydraulischer Behälterentleerer** bukket discharging device [mot]
**hydraulischer Drehmomentwandler** hydraulic torque converter [mot]
**hydraulischer Druck** hydraulic pressure [mas]
**hydraulischer Durchmesser** hydraulic diameter [mot]
**hydraulischer Ladeschaufelbagger** hydraulic mining shovel [mas]
**hydraulischer Lenkschreitfuß** steerabla hydraulic walking pad [mas]
**hydraulischer Puffer** buffer [mot]; hydraulic buffer [mbt]
**hydraulischer Regler** hydraulic governor [mas]
**hydraulischer Regler, Ölstand** hydraulic governor, oil level [mas]
**hydraulischer Regler, Ölwechsel** hydraulic governor, oil change [mas]
**hydraulischer Stabilisator** hydraulic stabilizer [mot]
**hydraulischer Stoßdämpfer** hydraulic shock absorber [mot]
**hydraulischer Tieflöffelbagger** hydraulic backhoe [mbt]
**hydraulischer Wagenheber** hydraulic jack [mot]
**hydraulisches Getriebe** hydraulic transmission [mot]
**hydraulisches Lenkventil** orbitrol [mot]
**hydraulisches System** hydraulic system [mas]

**Hydroanlage** hydraulic system [mas]
**Hydrobagger** hydraulic excavator [mbt]
**Hydrobagger mit Ladeschaufel** hydraulic shovel [mbt]
**Hydrobagger mit Tieflöffel** hydraulic backhoe [mbt]
**Hydrodruck** hydraulic pressure [mas]
**hydrodynamisch** hydrodynamic [mas]
**Hydromotor** hydraulic motor [mot]
**hydropneumatisch** hydro-pneumatic [mas]
**Hydropumpe** hydraulic pump [mas]
**Hydrosperre** hydraulic lock [mas]
**hydrostatisch** hydrostatic [mot]
**Hyperbelregelung** (folgt Q-N-Kurve) hyperbola regulation [mot]; (folgt Q-N-Kurve) hyperbolic regulation [mot]
**Hypercube** (Verbindungsstruktur) hypercube [edv]
**Hypergole** spontaneously combustible substance [mil]
**Hypothesize-und-Test-Strategie** hypothesize-and -test-strategy [edv]
**Hypozentrum** focus [abc]
**Hz** cycle [phy]; cycles per second [phy]

# I

**I Naht** square [met]; square weld [met]
**I.S.A.** international standardizing association [mot]
**Id** (funktionelle Sprache) Id [edv]
**ideale Diode** ideal diode [elt]
**ideale Quelle** ideal source [elt]
**idealer Operationsverstärker** ideal operational amplifier [elt]
**idealer Transformator** ideal transformer [elt]
**Idealkurve** (möglichst gerade) ideal curve [mot]
**Identifikation durch Anwenden von Generieren- und-Testen** identification using generate-and-test [edv]
**Identifikationsprozedur** identification procedure [edv]
**Identifizierung** identification [abc]
**identisch mit** identical to [abc]
**illustrieren** illustrate [abc]
**im Akkord arbeiten** be on piecework [abc]
**im Ausland** abroad [abc]
**im Betrieb des Versicherungsnehmers** on the premises of the insured [jur]
**im Dienst gefallen** (z.B. Feuerwehr) in the line of duty [pol]
**im Dienst sein** be on duty [mil]
**im Eingriff** (Zahnräder) engaged [mas]
**im Eingriff sein** apply [abc]
**im Eingriff stehen** (Zahnräder kämmen) mesh [mas]
**im Gleichschritt** in step [mil]
**im In- und Ausland** at home and abroad [abc]
**im Nahbereich** at close range [abc]
**im praktischen Einsatz** in the field [abc]

**im Rahmen von...** (im Zusammenhang mit...) in the course of ... [jur]
**im Vergleich zu..** in comparison with .. [abc]
**im Werk Berlin** at the Berlin factory [abc]
**im Zeitraum** (von ... bis ...) during the time (from ... to ...) [abc]
**imaginärer Schallwinkel** imaginary angle of incidence [elt]
**Imaginärteil** imaginary part [mat]
**Imbiß** snack [abc]
**Imbißhalle** snack bar [abc]
**Imbusschraube** hexagon socket [mas]; hexagon socket screw [mas]; hollow head plug [mas]
**immerwährend** (dauerhaft) stable [pol]
**Immisionsmodelle** immission models [edv]
**Impedanz** impedance [elt]; (→ Übertragungsi.)
**Impedanz-Fehlanpassung** impedance mismatch [elt]
**Impedanzmatrix** impedance matrix [elt]
**Impedanzwandler** (Rolltreppe) cathode follower [elt]
**Impeller** (Pumpenrad) impeller [mot]
**Implementierung** implementation [edv]
**imprägnieren** impregnate [met]
**Impressum** impressum [abc]
**Impuls** (Gerät einen Impuls geben) command [elt]; (Stoß, Anstoß) momentum [abc]; (→ Treppeni.; → Rechtecki.)
**Impulsanregung** pulse excitation [elt]
**Impulsantwort** point-spread functions [edv]
**Impulsanzeige** pulse indication [elt]
**Impulsausgangsspannung** pulse output voltage [elt]
**Impulsbreite** pulse width [elt]
**Impulsdauer** pulse duration [elt]
**Impulsdurchschallung** pulse transmission [elt]

__Impulsechogerät__ pulse echo
instrument [elt]
__Impulsechoverfahren__ pulse-echo
method [elt]
__Impulsenergie__ pulse energy [elt]
__Impulsfolge__ pulse repetition [elt]
__Impulsfolgefrequenz__ pulse repetition
frequency [elt]
__Impulsform__ pulse shape [elt]
__Impulsformer__ pulse shaper [elt]
__Impulsgeber__ impulser [mbt]; trigger
[elt]
__Impulsgenerator__ pulse generator [elt]
__Impulshöhe__ amplitude [phy]; pulse
amplitude [elt]
__Impulshöhenverhältnis__ pulse
amplitude ratio [elt]
__Impulsionsverfahren__ pulse method
[elt]; pulse system [elt]
__Impulskartusche__ firing cartridge [mil]
__Impulslaufzeitverfahren__ pulse transit-
time method [elt]
__Impulsmodulation__ pulse modulation
[elt]
__Impulsplan__ (Pulsdiagramm) pulse
diagram [elt]
__Impulsregistrierung__ pulse recording
[elt]
__Impulsresonanzverfahren__ pulse
resonance method [elt]
__Impulsschallgerät__ ultrasonic flaw
detector [elt]
__Impulsschallkleingerät__ ultrasonic
miniature flaw detector [elt]
__Impulsschmierung__ pulse lubrication
[elt]
__Impulsstärke__ pulse intensity [elt];
signal strength [elt]
__Impulsverfahren__ pulse method [elt]
__Impulsverlängerung__ pulse stretching
[elt]
__Impulsverschiebung__ pulse shift [elt];
(Tiefenlupe) time-base delay [elt]
__Impulsverschleifen__ rounding [mbt]
__Impulsverzerrung__ pulse distortion
[elt]

__Impulszähler__ impulse counter [mbt]
__in Abrede stellen__ deny [abc]
__in Anbetracht der örtlichen
Gegebenheiten__ in light of local
conditions [abc]
__in Anwendung bringen__ apply [abc]
__in Betrieb gehen__ (anfahren) start up
[mas]
__in Bewegung setzen__ start [mot]
__in der Masse gefärbt__ pulp-coloured
[met]
__in der Praxis__ in the field [abc]
__in der Region üblich__ common to the
region [abc]
__in die Lehre gehen__ apprentice
[abc]
__in die Stadt gehen__ (→ Stadt) go
downtown [abc]
__in einem fort__ (fortlaufend) continuous
[abc]
__in Griffnähe__ (des Bedieners) within
easy reach [abc]
__in Kabelbäumen__ in loops [elt]
__in Kürze__ at a glance [abc]
__in Reihe geschaltet__ in-line [elt]
__in Reihe stellen__ range [abc]
__in Reserve halten__ keep in reserve
[abc]
__in Ruhestellung__ (Leerlauf) in idle
position [mot]
__in Sicht__ in sight [mot]; (von hier)
within view [abc]
__in Stadt und Land__ in town and
country [abc]
__in Übereinstimmung mit__ in
compliance with [abc]
__in Versuchung führen__ lead into
temptation [abc]
__in Zg__ (in Zeichnung) in drawing [con]
__Inanspruchnahme__ laying claims to
[jur]
__Inbetriebnahme__ commissioning [wst];
putting into service [abc]
__Inbetriebnahme des Gerätes__ (Bagger)
commissioning [mbt]; (Rolltreppe)
time of beginning of operation [mbt]

**Inbetriebnahme von Maschinen** commissioning of machines [wst]

**Inbetriebnahmegerät** (Apparat) starting apparatus [mbt]

**Inbetriebsetzung** (eines Gerätes) commissioning [abc]

**Inbusschlüssel** Allen-type wrench [wzg]; Allen screw [mas]; (mit Mutter) Allen bolt [mas]

**Inbusschraube** Allen screw [mas]; socket screw [mas]

**Inbusschraubenzieher** Allen-type wrench [wzg]

**indefinite Admittanzmatrix** indefinite admittance matrix [elt]

**Index** (Liste, Inhaltsverzeichnis) index [abc]

**Indienststellung** (Schiffe, Züge u. ä.) commissioning [mot]

**indirekte Beleuchtung** indirect lighting [elt]

**Indizien** (Merkmale) capacities [abc]; (Merkmale) characteristics [abc]; (Merkmale) features [abc]

**Induktionserhitzungsanlage** inductive tyre heater [mas]

**induktionsgehärtet** induction hardened [met]

**Induktionshärtung** inductive hardening [elt]

**Induktionsheuristik** induction heuristic [edv]

**induktiv** inductive [elt]

**induktiv gehärtet** inductively hardened [met]

**induktive Zugsicherung** automatic train stopping [mot]; (→ Indusi)

**induktiver Wegaufnehmer** inductive distance recorder [mes]; voltage/distance converter [mes]

**Induktivhärtung** inductive hardening [mas]

**Induktivität** inductance [elt]; (→ gekoppelte I.)

**Induktorkappe** generator ring [elt]

**Indusi** (induktive Zugsicherung) automatic train control [mot]; automatic train stopping device [mot]; automatic train stopping system [mot]

**Industrie- und Motorraddämpfer** industrial and motor-cycle shock absorber [mot]

**Industrieabfall** industrial waste [rec]

**Industriebahn** industrial railway [mot]

**Industrieerzeugnisse** industrial products [abc]

**Industriegummi** industrial rubber [wst]

**Industriehaftpflichtversicherung** general liability insurance [jur]

**Industriemaschinen** industrial machines [mas]

**Industriemonoausleger** mono boom for industries [mbt]

**Industriemüll** industrial waste [rec]

**Industriemüllfaß** drum for industrial waste [rec]

**Industrieroboter** industrial robot [elt]

**Industrieschornstein** stack [bau]

**ineinandergreifen** (Verriegelung) interlock [mas]

**Ineinanderschieben** telescoping [abc]

**Infektion** infection [med]; (→ Bluti.; → bakteriologische I.)

**Inferenz-Netz** inference net [edv]

**Inferenzregel** rule of inference [edv]

**infolge** due to [abc]

**Informatik** computer science [edv]; informatics [edv]

**Information** (Auskunft, Wissen) information [abc]; (→ gesammelte I.)

**Informationsfluß** flow of information [abc]

**Informationstechnologie** information technology [tel]

**Infrastruktur** infrastructure [abc]

**Ingenieur** engineer [abc]; (→ Abnahmei.; → Betriebsi.; → Maschinenbaui.; → Maschineni.; → Verkaufsi.; → Versuchsi.; → beratender I.)

**Ingenieur für Tragwerksplanung** structural engineer [mas]

**Ingenieurbau** (Bauingenieurwesen) civil engineering [bau]
**Ingenieurbauarbeiten** civil engineering construction [bau]
**Ingenieurbaukonstruktionen** civil engineering structures [bau]
**Ingenieurbauwesen** civil engineering [bau]
**Ingenieurstudent** student of engineering [abc]
**Inhalt** (Aufnahmefähigkeit Waggon) volume [mot]; (Aufnahmefähigkeit) capacity [roh]; contents [roh]; (→ Feuerraumi.)
**Inhalt des Fördergefäßes** contents of transport container [mot]
**Inhaltsübersicht** index [abc]
**Inhaltsverzeichnis** contents [abc]; (des Speichermediums) directory [edv]
**Inhibitor** (Hemmstoff) inhibitor [che]
**Inhibitormischung** (Stabilisator-Mischung) inhibitor mixture [che]
**inhomogene Werkstoffe** (gemischt) inhomogeneous materials [wst]
**Initiator** (Rolltreppe) initiator [mbt; **Initiator** (Rolltreppe) proximity switch [mbt]
**Injektor** injector [mot]
**Injektorkipphebel** injector rocker lever [mot]
**Injektorkolbeneinstellung** plunger free travel [mot]
**Injektorkolbenhub** plunger free travel [mot]
**Injektorstoßstange** injector push tube [mot]
**Inkrementalmodell** incremental model [elt]
**Inland** (in Zusammensetzungen) domestic [abc]
**inländisch** domestic [abc]
**Inlandsflug** domestic flight [mot]
**Inlet** (verbindet z.B. Gerüstteile) inlet [mbt]
**innen** inside [abc]

**innen roh** (Stahl unbehandelt) inside uncoated [mas]
**innen und außen verzinkt** in- and outside galvanized [mas]
**Innen- und Außenfehler** internal and extern <surface> flaws [mas]
**Innenabdeckung** (über Sockelblech) inner decking [mbt]
**Innenanlage** internal plant [mbt]
**Innenaufstieg** (im Deckskran) inside access [mot]
**Innenausstattung** (des Autos) interior [mot]
**Innenbackenbremse** inside shoe brake [mot]; internal expanding brake [mbt]
**Innenbalustrade** (Rolltreppe) inside balustrade [mbt]; (Rolltreppe) interior panel [mbt]
**Innenbalustradenbeleuchtung** inside balustrade lighting [mbt]
**Innenbandbremse** inside band brake [mot]; internal band brake [mot]
**Innenbeleuchtung** dome light [mot]
**Innenblech** inside panel [mot]
**Innendach** (der Rolltreppe) inner decking [mbt]
**Innendurchmesser** inside diameter [abc]; internal diameter [abc]; i.d. [abc]
**Inneneinrichtung** (des Autos) interior [mot]
**Innengewinde** female thread [mas]; inside threading [mas]; internal thread [mas]
**Innenglied** (bei Rollenkette) inner link [mas]
**Innengliedbreite** (bei Rollenkette) width of inner link [mas]
**Innenhof** inner yard [mbt]; (z.B. Atrium) inner courtyard [mbt]
**Innenkantschraube** hollow head plug [mas]
**Innenkegel** inside cone [mas]; internal cone [mot]
**Innenkegelendbolzen** internal cone pin [mas]

**Innenkopfstück** inside newel section [mbt]

**Innenlackierung** (z.B. Stahlfässer) inside coating [mot]

**Innenlängsfehler** internal longitudinal flaw [met]

**Innenlänge** (Keilriemen) inside length [mas]

**Innenlasche** inner plate [mas]

**Innenläufer** internal motor drive [mbt]

**innenliegend** enclosed [mbt]; internal [mot]

**innenliegende Rolltreppe** indoor escalator [mbt]; in-house escalator [mbt]

**innenliegender Antrieb** enclosed drive [mbt]

**innenliegender Regler** drum type surface attemperator [pow]

**innenliegender Zylinder** (ein- oder mehrstufig) enclosed cylinder [mas]

**Innenlippendichtring** internal lipped ring [mot]

**Innenlippenring** internal lipped ring [mas]

**Innenmeßschraube** internal measuring gauge [mes]

**Innenputze** building plasters [bau]

**Innenrad** (Hohlrad) internal geared wheel [mot]

**Innenraum** (bei Gußteilen) interior canals [mas]

**Innenring** inner race [mas]; inner ring [mbt]; internal ring [mas]; (→ Freilauf-I.)

**innenschleifen** internal grinding [mot]

**Innenschräge** inside slope [mas]; mould draft [mas]

**Innensechskantschraube** Allen screw [mas]; hexagon socket [mas]; hexagon socket screw [mas]; socket screw [mas]

**Innenseite** inward facing side [mbt]

**Innenstadt** downtown [abc]

**Innentaster** inside calipers [pow]

**Innentemperatur** inside temperature [mas]

**Innentrocknung des Feuerraumes** drying-out the refractory setting [pow]

**Innenverzahnung** inner gear [mot]; internal gear [mas]; internal toothing [mot]; spline [mot]; (bei Kugeldrehverbindung) internal gear [mot]; (bei Kugeldrehverbindung) internal gearing [mot]

**Innenwand des Kessels** hot face of the boiler [pow]; inner wall of boiler brickwork [pow]

**Innenwiderstand** inner resistance [elt]; inner resistor [elt]

**Innenzahnrad** internal gear [mot]

**innerbetriebliche Logistik** internal logistics [abc]

**innere Abdeckleiste** inner decking [mbt]

**innere Breite** (bei Rollenkette) width between inner plates [mas]

**innere Energie** internal energy [pow]

**innere Feuchtigkeit** inherent moisture [pow]

**innere Reinigung** internal cleaning [pow]

**innere Ventilfeder** inner valve spring [mot]

**innerer Aufbau** (in Zeichnungen) internal structure [con]

**innerer Basispunkt** (beim Transistor) inner base point [elt]

**innerer Durchmesser** internal diameter [abc]; I.D. [abc]; i.d. [abc]

**innerer Laufring** inner race [mot]

**innerer Wassergehalt** (in Brennstoffen) inherent moisture [pow]

**innerer Windungsdurchmesser** inside coil diameter [mas]

**innerhalb** (von Rohren etc.) inside [pow]

**innerhalb einer Frist von ...** within a period of ... [abc]

**innerlich** internal [abc]

**Innovation** innovation [abc]

**innovativ** innovative [abc]

**Inschrift** (auf Denkmal) epitaph [abc]

**Insektenvernichtungsmittel** insecticide [bff]

**Insel** (Land vom Meer umgeben) island [abc]

**Inspektion** inspection [abc]; service [mas]

**Inspektionslokomotive** (US Bahnen) inspection engine [mot]

**inspizieren** inspect [abc]

**Installation** installation [met]

**installieren** install, fit [met]

**installiert** installed, fitted [met]

**instand halten** (warten) maintain [mas]

**instand setzen** repair [mas]

**Instandhaltung** (Wartung) maintenance [mbt]

**instandsetzen** (restaurieren) recondition [mas]

**Instruktion** (Anweisung) instruction [abc]

**Instruktionsfehler** failure to warn [jur]

**Instrument** device [abc]; instrument [abc]; (→ Schreibstreifeni.)

**instrumentelle und kommunikative Rationalität** communicate rationality [edv]

**Instrumentenabdeckung** instrument panel guard [mot]

**Instrumentenbrett** instrument panel [mot]

**Instrumentenleuchte** dashboard lamp [mot]; instrument panel lamp [mot]

**Instrumententafel** instrument panel [mot]; (Kesselschild) boiler instruments panel [pow]; (Kesselschild) control panel [pow]

**Instrumententafelsausrüstung** instrument panel equipment [mot]

**Instrumententafelstütze** instrument panel support [mot]

**Intarsien** inlaid work [abc]

**Integralkessel** boiler with integral furnace [pow]

**Integration** integration [pol]

**Integrationsverfahren** integration method [abc]

**Integrierer** integrator [elt]

**integriert** integrated [abc]

**Integrierte Datenverarbeitung** integrated data processing [edv]

**integrierte Schaltung** integrated circuit [elt]

**integrierte Softwareentwicklung** integrated software development [edv]

**integrierter Zahnhalter** integrated tooth shank [mot]

**Integritätsbedingung** integrity constraint [edv]

**Intelligenztest** intelligence test [edv]

**Intensität** (Schallintensität) intensity [phy]

**Intensitätsverfahren** intensity method [elt]

**intensiv** intensive [abc]; (→ arbeitsi.)

**Intensivstation** (in Krankenhaus) intensive care [med]

**Interaktionstechniken** interaction techniques [edv]

**Interessantheitsheuristik** interestingness heuristics [edv]

**Interessengruppen** (bei d. Kontrolle) interest groups [edv]

**Interferenz** wave interference [phy]

**Interferenzbild** interference pattern [elt]

**Interferenzfigur** interference pattern [elt]

**Interferometer** interferometer [elt]

**intermittierend** intermittent [mbt]

**intern** (firmen-intern) intramural [abc]; (innerhalb d. Firma, vertraulich) in-house [abc]; (Nur für den internen Gebrauch) internal [abc]

**international** international [abc]

**international agieren** operate internationally [mbt]

**Internationale Handelskammer** International Chamber of Commerce [eco]

**internationale Normen** international standards [edv]

**Internationales Lademaß** international loading gauge [mot]

**Internationalisierung des Einkaufs** international sourcing [abc]

**interne Bestellung** inter-company order [abc]

**interner Auftrag** (von eigener Firma) inter-company order [abc]

**interner Wegweiser** internal designation plate [abc]

**Interpretation** (in der Logik) interpretation [edv]

**Interpretation von Öl-Bohrloch-berichten** oil-well log interpretation [edv]

**Interpreter** (führt Programme aus) interpreter [edv]

**Interprozeßkommunikation** inter-process communication [edv]

**Intervall** (Abstand dazwischen) interval [mbt]; (Inspektion, etc.) interval [mot]

**intervenieren** (einschreiten) intervene [pol]

**introvertiert** (in sich gekehrt) introverted [abc]

**Invalide** (Körperbehinderter) disabled person [abc]

**Inventur** inventory [edv]; (Pflege mittels EDV) inventory processing [edv]

**Inventurbestand** (Liste in EDV) inventory file [edv]

**Inventurzählbeleg** inventory counting sheet [edv]

**invertierender Verstärker** inverting amplifier [elt]

**Investitionsgüter** capital goods [eco]; (Gegenteil: Verbrauchsgüter) investment goods [mot]

**Ionenaustauscher** ion exchanger [pow]

**irgendein Grund** any reason whatever [abc]

**Irrtum** (Trugschluß, Fehler) error [abc]

**Isolation** (Einsamkeit von Menschen) isolation [abc]; (Isolierung eines Kabels) insulation [mbt]

**Isolationsklasse** class of insulation [elt]; insulation group [mbt]

**Isolationsüberwachung** insulation monitoring [elt]

**Isolationsverschalung** insulation jacketing [pow]; (aus Blech; z.B. für Heißdampfleitung) insulation cladding [pow]

**Isolator** non conductor [elt]; (z.B. auf Fernleitungsmast) insulator [elt]

**Isolierband** insulation tape [elt]

**Isoliereinlage** (Schwelle/Schiene) insulating insert [mot]

**Isolierkacheln** (an Raumfähre) insulation tiles [mot]; (weiß und schwarz) insulation tiles [mot]

**Isoliermatte mit Drahtgeflecht** metal-mesh reinforced blanket [pow]; wire mesh mattress [pow]

**Isolierstoffklasse** type of insulating material [elt]

**isoliert** (-es Elektroband) insulated [mas]

**Isolierung** insulating [mas]; pipe coating [mas]; (allein, einsam) isolation [abc]; (Dämmung) insulation [mas]; (Futter, Ausfütterung) lining [mas]

**Isolierungsklasse** class of insulation [elt]

**Isolierzange** insulated pliers [wzg]

**Ist** (Kurve, Wert) actual [mes]; (Kurve, Wert) actual value [mes]; (Wert) real [abc]

**Istanzeige** (auf Monitor, Schirm) actual indication [mes]

**Istübermaß** actual interference [con]

**Istwert** (im Regelkreis) feedback value [elt]; (siehe auch: Sollwert) actual value [mes]

**Istwertgeber** actual value transmitter [phy]

**I-Träger** joist [bau]

# J

**Jacke** jacket [abc]
**Jade** (harter Stein, grün oder weiß) jade [min]
**Jagd** hunting [abc]
**Jagdhütte** hunting lodge [bau]
**Jagdmesser** hunting knife [mil]
**Jagdwaffe** hunting weapon [mil]
**Jäger** hunter [abc]; (Jagdflieger) fighter [mil]
**Jahresbeitrag** (der Versicherung) annual premium [jur]
**Jahreshöchstersatzleistung** aggregate limit per year [abc]
**Jahreshöchstleistung** aggregate limit [abc]
**Jahreskarte** (für Bahn, Bus, Park) season ticket [mot]
**Jahrhundert** century [abc]
**Jahrhundertwende** turn of the centuries [abc]; turn of the century [abc]
**jährlich** annual [abc]
**Jahrtausend** millenium [abc]
**Jahrtausendwende** turn of the millenium [abc]
**Jalousie** blinds [bau]
**Japaner** (Betonkarre, Schütter) concrete buggy [mbt]
**Jargon** (Fachsprache) jargon [abc]
**Jeep** (Gelände-Pkw, ursprünglich militärisch) Jeep [mot]
**jemanden ausrufen lassen** (im Hotel) page somebody [abc]
**jenseits** beyond [abc]
**Jetlag** (müde wegen Zeitverschiebung) jetlag [abc]
**J-Naht** J-weld [met]
**Job** (im Moment laufendes Programm) job [edv]
**Job Rotation** (Positionswechsel) job rotation [abc]

**Jobabbruch** (durch Operator) cancel [edv]
**Joch** (für mittlere Pendelaufhängung) trunnion [mas]; (Lager, Aufnahme, Halter) yoke [mas]; (Befestigung, Zugvorrichtung) hitch [abc]
**Jod** (nichtmetallisches Element) iodine [che]
**Joint Venture** (Arbeitsgemeinschaft) joint venture [abc]
**Journalist** (Pressevertreter) journalist [abc]
**Jubiläum** anniversary [abc]
**Jugendkriminalität** (Vergehen usw.) juvenile delinquency [mbt]
**jugendlich** (noch nicht erwachsen) juvenile [abc]
**Jugendlicher** adolescent [abc]
**Junge** (Knabe) boy [abc]
**Junge vom Land** (naiv, unbeschwert) country boy [abc]
**junger Offizier** subaltern officer [mil]
**juristisch** legal [jur]
**Juwelen** (Schmuck) jewels [abc]

# K

**Kabel** (auch Drahtseil) wire rope [mas]; (Verbindung) lead [elt]; (Verdrahtung) cable wiring [mbt]; (Unter Strom!) live wire [elt]; (→ Gummik.; → Hängek.; → Revisionsfahrk.; → Verbindungsk.; → Verteilerk.; → Verzögerungsk.)
**Kabelanpasser** cable adapter [elt]
**Kabelarmierung** cable harness [elt]
**Kabelbahn** cable car [mot]; cable railway [mbt]
**Kabelbaum** (mehrere Kabel zusammen) cable harness [elt]; (mit Schlaufe, Schlinge) cable loop [elt]
**Kabeldurchführung** cable inlet [elt]; (z.B. Buchse) cable bushing [elt]; (z.B. durch Wand) cable passage [elt]
**Kabeldurchführungsplatte** cable through panel [elt]
**Kabeleinführung** cable inlet [elt]
**Kabeleinführung wahlweise** cable inlet [elt]
**Kabeleinlaß** cable duct [elt]
**Kabelfernsehen** cable television [tel]
**Kabelführung** cable guide [mbt]
**Kabelführung am Gerüst** cable guide arrangement [mbt]
**Kabelhalterung** (Kabel auf Rolle) cable reel [mbt]
**Kabelkanal** cable tunnel [elt]
**Kabelklammer** cable clamp [elt]
**Kabelklemme** cable clamp [elt]
**Kabelkran** cable crane [mbt]; telpher [mbt]
**Kabelkupplung** cable coupler [elt]
**Kabellochband** punched tape [elt]
**Kabellöffel** trenching bucket [mbt]; (bes. schmaler Löffel) trencher [mbt]
**Kabelmantel** (Verkleidung, Hülle) cable sheath [elt]

**Kabelmarke** cable designation [mot]; (kleine Anhänger) cable marker [elt]
**Kabelmuffe** cable coupler [elt]; (Stecker) socket [elt]
**Kabelplan** (Schaltplan, Zeichnung) cable diagram [con]
**Kabelquerschnitt** cable cross-section [elt]
**Kabelrollenwagen** cable reel car [elt]
**Kabelsattel** cable gallow [mbt]
**Kabelsatz** cable set [elt]
**Kabelsatzarmierung** (→ Kabelbaum) wiring harness [elt]
**Kabelschelle** cable clamp [elt]
**Kabelschuh** cable socket [elt]; cable thimble [elt]
**Kabelschutzrohr** protective conduit [elt]
**Kabeltrage** cable saddle [mbt]
**Kabeltrommel** cable drum [mbt]; cable reel [elt]
**Kabeltrommelwagen** cable reel car [mbt]
**Kabeltrommelwagen auf Raupen** cable reel car on tracks [mbt]
**Kabeltrommelwagen auf Schienen** cable reel car on rails [mbt]
**Kabelverbindung** cable connection [elt]
**Kabelverschraubung** cable fitting [elt]
**Kabelverstärker** signal amplifier [elt]
**Kabelziehstrumpf** cable basket [mbt]
**Kabelzugstrumpf** cable basket [mbt]
**Kabine** stateroom [mot]; (des Aufzuges) elevator cab [bau]; (des Fahrers) cab [mot]
**Kabriolett** convertible [mot]; drop-head coupe [mot]
**Kachel** (Fliese) tile [bau]
**kadmiert** (bei Schrauben) cadmium plated [wst]
**kadmiumgelb** (RAL 1021) cadmium yellow [nrm]
**Kaffeemaschine** coffee maker [abc]; percolator [abc]

**Kaffeepause** (in Werk, Büro) coffee break [abc]

**Käfig** bearing cage [mas]; cage [bau]; (auch Kugelkäfig) cage [wst]; (→ Flachk.)

**Käfigläufermotor** squirrel cage rotor motor [elt]

**Käfigmutter** (Schraube) captive nut [mas]

**Kahn** (auf Rhein, Elbe, etc.) barge [mot]; (Schute, eig. Antrieb) motor barge [mot]; (Schute, ohne Antrieb) dumb barge [mot]

**Kai** (Hafenmauer) quay [mot]

**Kai- und Bordkrane** quay-mounted and deck cranes [mot]

**Kaigerät** (z.B. Kran) quay-mounted unit [mot]

**Kalender** (Zivilisationsdokument) calendar [abc]

**Kalenderjahr** calendar year [abc]

**Kalenderzeit** calendar period [abc]

**Kali** (auch als Dünger) potassium [che]

**Kaliberwerkzeug** (zum Aufbohren) reamer [wzg]

**Kalibriereinrichtung** calibrator [mes]

**kalibrieren** calibrate [mes]

**Kalibrierspannung** calibration voltage [elt]

**Kalk** lime [abc]; (→ gelöschter K.; → Kalkstein; → Korallenk.; → Sackk.)

**Kalkbeton** lime concrete [bau]

**Kalkkrusten** calcareus encrustation [bau]; lime crusts [bau]

**Kalkmilchanstrich** limewash paint coat [nrm]

**Kalkmörtel** lime mortar [bau]

**Kalkstein** limestone [bau]; (abgelager-ter Kalziumfels) lime stone [roh]; (Kalzium- und Magnesiumkarbonat) lime rock [roh]

**Kalksteinbruch** limestone quarry [roh]

**Kalkulator** (z.B. Taschenrechner) calculator [abc]

**Kalorie** (Wärmeeinheit) calorie [pow]

**kalorimetrische Untersuchung** calorimetric test [pow]

**Kalotte** cup [roh]; (Teil eines großen Lagers) spherical bush [mbt]; (Tunnel-dach, im Ausbau) calotte [roh]

**Kalottenvortrieb** calotte driving [roh]

**kalt** (eisig kalt) chilly [abc]; cold [abc]

**kalt gewalzt** cold rolled [mas]

**kalt gewalzter Stahl** cold rolled steel [wst]

**kalt gezogen** (Stahl) cold drawn [wst]

**kalt nachgewalzt** killed [met]

**Kaltband** cold rolled strip [wst]

**Kaltbandzerteilanlage** cutting-to-length line [wst]

**Kälte** cold [phy]; coldness [wet]; (Frost) frost [abc]

**Kälte-Klima-Ingenieur** refrigeration engineer [abc]

**Kälte-Klima-Techniker** refrigeration technician [abc]

**Kältepaket** (z.B. für arktische Temp.) cold-weather package [mbt]; (z.B. für Rußland) cold-weather kit [mbt]

**kaltes Anfahren** cold start-up [pow]

**kältezäher Stahlguß** low-temperature cast steel [mas]

**Kaltgas-Luvo** cold-gas air preheater [pow]

**kaltgewalzt** cold rolled [met]

**kaltgewalzter Bandstahl** cold rolled steel strip [wst]

**Kaltleiter** (positiver Temperaturkoeffizient) PTC-resistor [mbt]

**Kaltleiterüberwachung INT 69** PTC motor control INT 69 [mbt]

**Kaltlötstelle** (Thermoelement) thermocouple cold junction [pow]

**Kaltluft** cold air [wet]

**Kaltpreßschweißen** cold pressure welding [met]

**Kaltprofil** cold rolled section [wst]

**Kaltsäge** cold saw [wzg]

**Kaltschweißung** stuck weld [met]

**Kaltstart** cold start [mot]

**Kaltstarteinrichtung** cold start equipment [mot]

**Kaltstarthilfe** cold start aid [mot]

**Kaltumformen** cold forming [met]

**Kaltwalzen** cold rolling [met]; cold roll [met]

**Kaltwalzwerk** cold rolling plant [met]

**kaltzäher Stahl** cold-weather-conditions steel [wst]

**Kamin** (am Kamin im Wohnzimmer) fireside [bau]; (offenes Feuer in Wohnung) fireplace [bau]; (Schornstein des Hauses) chimney [bau]

**Kaminfeger** (Schornsteinfeger) chimney sweep [met]

**Kamm** (Berggrat) ridge [geo]; (des Berges) crest [roh]; (Rolltreppe) comb [mbt]

**Kammbeleuchtung** (Rolltreppe) comb light [mbt]

**kämmen** (Getriebe) mesh [mot]; (im Eingriff stehende Räder) cog [mot]; (im Eingriff stehende Räder) mesh [mot]

**kämmend** (Zähne im Eingriff) meshing [mot]

**Kammer** (Gaseinschluß) cavity [wst]

**Kammer des Prüfblocks** chamber of the probe block [met]

**Kammerjäger** (gegen Insekten, Nager) exterminator [abc]; (vernichtet Schädlinge) pest control operator [abc]

**Kammerjägerfirma** pest control company [abc]

**Kammleuchte** (Rolltreppe) comb light [mbt]

**Kammplatte** (merkt Vorw./Unterdruck) comb plate [mbt]

**Kammplattenbeleuchtung** (Rolltreppe) comb light [mbt]

**Kammplattenoberfläche** comb plate finish [mbt]

**Kammsegment** comb segment [mbt]

**Kammträger** (Rolltreppe) comb carrier [mbt]; (Rolltreppe) comb plate [mbt]

**Kammträger mit Einlaufsicherung** comb plate with safety device [mbt]

**Kammträger mit Einlaufsicherung und Endschalter** comb plate with safety device and limit switch [mbt]

**Kammträgerbelag** comb plate finish [mbt]

**Kammzinke** comb segment [mbt]

**Kampf** (Kampf ums Überleben) struggle [abc]; (Krieg) fight [mil]; (Schlacht) battle [mil]

**kämpfen** fight, combat [mil]

**kämpfen gegen** combat [mil]

**Kampffahrzeug** fighting vehicle [mil]

**Kampfflugzeug** bomber [mil]

**Kanal** (ausgebild. Kanal beim Halbleiter) channel [elt]; (Durchgang, Durchlaß; Maschine) passage [bau]; (Eingang, Durchgang) port [bau]; (künstlich; z.B. Nord-Ostsee-K.) canal [mot]; (Leitung) conduit [pow]; (Leitung) duct [pow]; (natürliche Wasserstraße) channel [cap]; (Schmutzwasserabzug) sewer [was]; (z.B. Zugang in Maschine) pass [mas]; (→ Frischluftk.; → Heißluftk.; → Kabelk.; → Zweik.)

**Kanal- und Schlammsaugefahrzeug** sewer cleaning and sludge evacuation [was]

**Kanalbau** (Abwasserkanalbau) sewer line construction [bau]; (die Gräben dafür) trenching [mbt]

**Kanaldeckel** (z.B. in der Straße) manhole [was]

**Kanaldielen** trench sheeting [mas]

**Kanalfähre** (Dover-Calais) Channel ferry [mot]

**Kanalfahrzeug** (Stadtreinigung) sewer truck [mot]

**Kanalisation** (Abwassersystem) sewer line [bau]

**Kanalreinigungsfahrzeug** sewer cleaning vehicle [mot]

**Kanalrohr** (Entwässerung) sewer pipe [bau]

**Kanalsystem** sewage system [mbt]

**Kanaltunnel** (Folkestone-Calais) Chunnel [mot]; Channel Tunnel [mot]

**Kanalumschalter** channel switch selector [elt]

**Kanister** can [mot]; (→ Benzink.; → Kraftstoff-K.)

**kann variieren** may differ [abc]

**Kanne** can [abc]; (hohe; für Kakao, Limonade) pitcher [abc]

**Kanone** (Artilleriewaffe) gun [mil]

**Kanonenboot** gun boat [mil]

**Kanonenofen** pot-bellied stove [mot]

**kanonische Primitive** canonical primitives [edv]

**Kante** (Ecke) corner [bau]; (Ecke) face [abc]; (in semantischen Netzen) link [edv]; (in Übergansnetzen) arc [elt]; (Rand) edge [abc]; (→ Abstreifk.; → kausale K.)

**Kanten** (das Anfertigen von Kanten) edging [met]

**Kanten bei Bearbeitung gebrochen** (Zeichn.) edges broken during machining [met]

**Kanten gerundet** (in Zeichnung) edges rounded off [met]

**Kanten in Netzen** arcs in nets [edv]

**Kantenabstand** (beim Lager) bearing corner radius [con]

**Kantendetektion** edge detection [edv]

**Kantenecho** (beim Laminieren) edge echo [met]

**Kantenechoversatz** (verschobene Kante) staggered edges [mas]

**Kantenkonfiguration** link configuration [edv]

**Kantenlänge** (der Steine vor Brechen) feed size [roh]

**Kantenschutz** edge protection [mot]

**Kantenschutzschlauch** edge protection tube [mbt]

**Kantenverzahnung** edge indendation [bau]

**Kantholz** square timber [bau]

**kantig** bevelled [abc]

**Kantine** (Werkskantine) canteen [abc]

**Kantmaschine** bending machine [wzg]; edge-bending machine [wzg]

**Kantschutzventil** (gummigeschützt) rubber valve [mas]

**Kantstein** (Bordstein) curbstone [bau]

**Kanzel** (Flugzeug) cockpit [mot]; (in Kirche; Steuerpult) pulpit [abc]

**Kanzler** (→ Bundeskanzler) Chancellor [pol]

**Kaolingrube** kaolin mine [roh]

**Kap** (Landvorsprung) cape [cap]

**Kapazität** (eines Kondensators) capacitance [elt]; (Tragfähigkeit) capacity [mot]; (z.B. ausreichend Personal) capacity [abc]; (z.B. ein guter Arzt) authority [abc]; (→ Diffusions-K.; → Kompensationsk.; → nichtlineare K.; → Sperrschichtk.)

**Kapazitätsausgleich** (der Werke) utilization of capacities [abc]

**Kapazitätsausnutzung** (der Werke) utilization of capacity [abc]

**Kapazitätsaustausch** capacity exchange [abc]

**Kapazitätsbereich** capacity [abc]

**Kapazitätszuordnung** resource allocation [edv]

**Kapelle** band [abc]; (kleine Kirche) chapel [bau]

**Kapillarität** capillarity [bau]

**Kapillarrohr** capillary tubing [wst]

**Kapitän** (auch des Schiffes) captain [mot]; (auch des Schiffes) skipper [mot]

**Kapitänswohnraum** captain's living room [mot]

**Kapitänswohnung** captain's quarters [mot]

**Kapitell** (oberer Säulenabschluß) capital [bau]

**Kappe** cap [mot]; hood [mot]; (Haube, auch auf Rohr) cap [abc]; (→ Entlüfterk.)
**Kappenriß** cracks in cap [mot]
**Kapsel** capsule [abc]; casing [mot]
**Kapselgehäuse** guide housing [mot]
**Kapselmutter** (Hutmutter) cap nut [wst]
**kaputt** (durch Gebrauch) worn [mas]
**kaputtgehen** apart [abc]; come apart [abc]
**Kapuze** (z.B. am Mantel) hood [abc]
**Kar** (Felsenschlucht) gorge [geo]
**Karambolage** collision [mot]; (kleiner Unfall) fender bender [jur]
**Karat** (Edelsteingewicht) carat [mes]
**Karavelle** caravel [mot]
**karbonisieren** carbonize [che]
**Kardanantrieb** universal drive [mot]; (Kardanwelle) universal joint [mot]
**Kardangehäuse** universal joint housing [mot]
**Kardangelenk** knuckle joint [mot]; (Verbindung) universal joint [mot]
**Kardangelenk, doppelt** universal joint - double [mbt]
**Kardangelenkkupplung** universal joint coupling [mbt]
**Kardangelenkwelle** cardan shaft [mot]; drive shaft [mbt]
**kardanisch** universal [mot]
**kardanisch aufgehängt** universal-mounted [mot]
**kardanisch gelagert** universal-mounted [mot]
**Kardanverbindung** universal joint [mas]
**Kardanwelle** driveline [mot]; transmission shaft [mot]; universal shaft [mot]; (Kardanantrieb) universal joint [mot]; cardan shaft [mot]
**karg** (ödes Land) barren [cap]
**Karkasse** (weit abgefahrener Reifen) carcass [mot]
**karminrot** (RAL 3002) carmine red [nrm]

**Karo** (die Form, auch Spielkarte) diamond [abc]; (Rechteck, 4 gleiche Seiten) square [abc]
**Karosse** (vornehme Pferdekutsche) state coach [mot]
**Karosserie** (des Autos) body [mot]
**Karosseriebau** (des Autos) car body pressing [mot]
**Karosserierohbau** body making [mot]
**Karrbohlen** runway boards [mot]
**Karren** (→ Elektrokarren) truck [mot]
**Karriere** career [abc]
**Karte** (Ansichtskarte) picture postcard [abc]; (Kartenspiel) card [abc]; (Landkarte) map [cap]; (Postkarte) postcard [abc]
**kartenmäßig darstellen** map out [abc]
**Kartenspiel** deck of cards [abc]
**Kartenstapel** card deck [edv]
**kartieren** map out [abc]
**Kartusche** cartridge [mil]
**Kartuschensatz für Lichtkartusche** set of cartridges for light cartridges [mil]
**Kartuschensatz für Nebelkartusche** set of cartridges for fog cartridges [mil]
**Kartuschensatz für Rauchkartusche** set of cartridges for smoke cartridges [mil]
**Kartuschensatz für Schleudersitz** set of cartridges for ejection seat [mil]
**Karzinom** (Krebsgeschwür) cancer [med]
**kaschieren** laminate [mas]; (verstecken) hide [mas]
**Kaschierung** lamination [abc]
**Kasematte** casemate [mil]
**Kaserne** barracks [mil]; Fort [mil]
**Kaserne** (Kasernenbereich) camp [mil]; (Soldatenunterkunft) barracks [mil]
**Kaskade** cascade connection [elt]; (stufenf. fallend. Wasser) cascade [abc]
**Kaskadenstufe** cascade stage [phy]

**Kaskode** (lineare K.) linear cascode connection [elt]; (monolitisch integrierte K.) monolithic integrated cascode connection [elt]

**Kassette** (Video- oder Audiokassette) cassette [elt]; (Video- oder Audiokassette) tape [abc]

**Kassettenradio** cassette radio [elt]

**kassieren** (eintreiben; z.B. Finanzamt) collect [abc]

**kastanienbraun** chestnut brown [nrm]

**Kästchen-Pfeil-Notation** box-and-arrow notation [edv]

**Kastell** castle [bau]

**Kasten** (Aufbauten Truck) body [mbt]; (hier Wagenkasten) body of wagon [mot]; (Karton, Kiste) box [abc]; (→ Anschlußk.; → Gegengewichtsk.; → Kabelabzweigk.; → Klemmenk.; → Mauerk.; → Netzanschlußk.; → Schmutzfangk.; → Verteilerk.; → Zumeßk.)

**Kasten für Kontrollgeräte** control box [elt]

**Kastenkonstruktion** (z.B. geschweißt) box design [mbt]

**Kastenprofilgußstück** box section casting [mas]

**Kastenquerschnitt** boxed-in section [mas]

**Kastenrahmen** box-section frame [mbt]

**Kastenschraube** box nut [mas]

**Kastenseilklemme** cable clip [mot]

**Kastenspundwand** box pile [mas]

**Kastenspundwände u. gemischte Wände** box piles and combined walls [mas]

**Kastenträgerkonstruktion** (geschweißt) box design [mbt]

**Kastenwagen** (der Bahn) high-sided open wagon [mot]; (Kofferaufbau des Lkw) van [mot]; (offener Güterwagen) box wagon [mot]; (offener Güterwagen) sided open car [mot];

(offener Güterwagen) sided open wagon [mot]; (z.B. Niederbordwagen) low-sided open wagon [mot]

**Katalog** catalogue [abc]

**Katalysator** catalyst [che]; catalytic converter [che]; catalyzer [che]

**Katamaran** (Doppelrumpfboot) catamaran [mot]

**Katarrh** (→ Erkältung) catarrh [med]

**Katastrophe** (großes Unglück) disaster [abc]

**Katastrophenschalter** emergency switch [elt]; panic switch [elt]

**Katastrophenschutz** (z.B. bei Erdbeben) disaster service [pol]; (z.B. bei Erdbeben) emergency service [pol]

**Kategorie** category [abc]; (→ Bedeutungsk.)

**Kathodenfolger** cathode follower [elt]

**Kathodenstrahlröhre** cathode ray tube [elt]

**Kathodenverstärker** cathode follower [elt]

**Kationenaustausch** cation exchange [che]

**Katzenauge** (Rückstrahler) cat's eye [mot]

**Kaufhaus** department store [bau]

**Kaufhaustreppe** shop-type escalator [mbt]

**kausale Beziehung** cause relation [edv]

**kausale Kante** cause link [edv]

**kausale Struktur** cause structure [edv]

**Kausche** (Kabelauge) grommet [bau]

**Kaution** (zum Freilassen aus Haft) bail [jur]

**Kautschuk** rubber [wst]

**kavernös** cavernous [geo]

**Kavitation** cavitation [wst]

**Kavitationsgefahr** danger of cavitation [wst]

**KDV** (Kugeldrehverbindung) ball bearing slewing ring [mas]; slewing ring [mas]

**Kegel** triangle [abc]; (im Kegellager) tapered roller [mas]; cone [con]; (→ Druckventilk.; → Innenk.; → Saugventilk.; → Seegerk.; → Ventilk.)

**Kegelbrecher** gyratory crusher [mas]; cone crusher [roh]

**Kegelendbolzen** internal cone pin [mas]

**Kegelfehler** cone defect [wst]

**kegelförmig** conical [con]; (verjüngend) tapered [mas]

**Kegelkerbstift** grooved pin, full length taper grooved [mas]

**Kegelkerbstift** taper grooved dowel pin [mas]

**Kegelkolben** conical piston [wst]

**Kegellager** conic bearing [wst]; roller bearing [mas]

**Kegelnabe** bevel hub [mot]; bevel gear [mas]

**Kegelrad** bevel gear pinion [mas]; bevel pinion [mas]; (Tellerrad) bevel gear [mas]

**Kegelradantrieb** bevel gear wheel [mas]

**Kegelradgehäuse** bevel gear casing [mot]

**Kegelradgetriebe** bevel gear [mas]

**Kegelradkranz** bevel gear [mas]

**Kegelradsatz** set of bevel gears [mas]

**Kegelradwelle** bevel gear shaft [mas]

**Kegelritzel** bevel gear pinion [mas]; bevel pinion [mas]

**Kegelrollendrehverbindung** roller-bearing slewing ring [mas]

**Kegelrollenlager** taper roller bearing [mas]; roller bearing [mas]

**Kegelschmiernippel** grease nipple [mot]

**Kegelstift** conical pin [wst]; taper pin [mas]

**Kegelstirnrad** bevel spur gear [mas]

**Kegelstumpffeder** volute spring [mas]; conical spring [wst]

**Kegelventil** conical valve [wst]

**Kehle** (Rille) groove [met]

**Kehlnaht** (z.B. "L"-Schweißverbindung) fillet weld [met]; (z.B. senkrechte Bleche) fillet [met]

**Kehlnahtprüfstück** fillet weld test specimen [met]

**Kehlschweißung** (Kehlschweißnaht) fillet weld [met]

**Kehlstein** (Ölbrenner) burner throat brick [pow]

**Kehrbesen** (Ausrüstung am Lader) road sweeper [mot]

**Kehrbesenausrüstung** road sweeper attachment [mot]

**Kehrfahrzeug** (z.B. Stadtverwaltung) road sweeper [mot]; (z.B. Stadtreinigung) sweeping vehicle [mot]

**Kehrichtschaufel** (im Haushalt) dust pan [abc]

**Kehrmaschine** road sweeper [mot]

**Kehrwalze** (Anbaugerät am Lader) brush [mbt]

**Kehrwalze, Kunststoff** brush, plastic [mbt]

**Kehrwalze, Piassava** brush, piassaba [mbt]

**Kehrwalze, Stahl** brush, steel [mbt]

**Keil** cotter [mbt]; (auf Wagenboden, hält Fahrzeug) chock [mot]; (aus Holz, Eisen; Spaltwerkzeug) wedge [wzg]; (hält z.B. Zahnspitze) fitting wedge [mas]; (in Nut) key [mas]; (Nutung) spline [mas]; (Spaltwerkzeug in Keilform) wedge [wzg]; (Treibkeil, Knagge) cleat [wzg]; (Vorlegekeil, z.B. auf Waggon) chock [mot]; (→ blanker Keilstahl; → Hohlk.; → Nasenflachk.; → Nasenk.; → Tangentk.; → Tangentkeilnute)

**Keil, konisch** taper key [mas]

**Keilbolzen** wedge pin [mot]

**Keilbremse** cotter brake [mbt]

**keilförmig** wedge-shaped [abc]

**Keilhandlauf** (der Rolltreppe) cotter handrail [mbt]; (der Rolltreppe) wedged handrail [mbt]

**Keilnabe** (entsteht durch Räumnadel) spline bore hub [mas]

**Keilnabenprofil** (durch Räumnadel) spline bore profile [mas]

**Keilnut** (oft V-förmig) key groove [mas]

**Keilnutenwelle** main shaft [mas]

**Keilriemen** (zur Kraftübertragung) fan belt [mot]; (zur Kraftübertragung) V-belt [mot]; (→ Breitk.; → Doppelk.; → endloser K.; → Normalk.; → Schmalk.)

**Keilriemenantrieb** V-belt drive [mot]

**Keilriemen prüfen und einstellen** test and set the belt tension [mot]

**Keilriemenprofil** V-belt profile [mas]

**Keilriemenrad** V-belt wheel [mot]

**Keilriemensatz** V-belt set [mas]

**Keilriemenscheibe** (führt, lenkt um) V-belt pulley [mot]

**Keilriemenscheibe für Schmalkeilriemen** grooved pulley for narrow V-belts [mas]

**Keilriemenschutz** (über Riemen, Rad) V-belt guard [mot]

**Keilriementrieb** V-belt drive [mas]

**Keilring** V-ring [mot]

**Keilschieber** tapered slide valve [mas]

**Keilschieber mit elastischen Verschlußplatten** flexible-wedge gate valve [pow]

**Keilschlitz** key seat [mas]

**Keilschneepflug** V-shaped snow plough [mot]

**Keilsitz** (Keilschlitz, Keilnut) key seat [mas]

**Keilstahl** key sections [mas]

**Keilstopper** wedge-type cotter [mot]

**Keilverbindung** keyed joint [mas]

**Keilwellenprofil** (evolventenverzahnt) involute spline [mas]

**Kein Problem** No problem [abc]

**keine Anwendung finden** not be applicable [abc]

**Kelle** mortar [bau]; (für den Maurer) spoon [bau]; (für Suppe) ladle [abc]

**Keller** stack [edv]; (Partyraum unter dem Haus) basement [bau]; (Vorratsraum im Haus) cellar [bau]

**Kelleraußenwand** basement retaining wall [bau]

**Kellergeschoß** basement [bau]

**Kellner** (Ober, Bedienung) waiter [abc]

**Kellnerin** (in Gaststätte) waitress [abc]

**Kellystange** Kelly bar [mbt]

**Kelter** (Weinpresse) wine press [abc]

**Keltergerät** (Weinpresse) winemaking implement [abc]

**keltern** (Wein pressen) tread <work> the wine press [abc]

**Kelvin** (Brückenbauart) Kelvin [bau]; (thermodynamische Temperatur) Kelvin [phy]

**Kenndaten** (z.B. Eckzahlen) data [abc]

**Kennkarte** (hier nicht Ausweis) data card [abc]; (Personalausweis) ID card [abc]

**Kennlinie** (Reifen, Bahnrad) circumferential rib [mbt]; (Reifen, Bahnrad) circumferential tyre [mot]; (z.B. von Ventilen, Pumpen) nominal line [mas]

**Kennlinie** characteristic curve [elt]

**Kenngröße** parameter [abc]

**kenntlich machen** (markieren) mark [abc]

**Kenntlichmachung** identification [abc]

**Kenntnis** knowledge [abc]

**kenntnisreich** (wissend) knowledgeable [abc]

**Kennwert** parameter [abc]; (z.B. für Zukaufteile) characteristics [abc]

**Kennwertermittlung** identification [abc]

**Kennzahlen** financial highlights [abc]

**Kennzeichen** (polizeiliches Kennz.) licence plate [mot]; (z.B. auf Kiste) mark [abc]; (z.B. auf Kisten) marking [abc]

**Kennzeichenschild** number plate [mot]

**Kennzeichenschildhalter** license plate
bracket [mot]
**kennzeichnen** marking [abc]
**Kennzeichnung** marking [abc]
**Kennziffer** index [abc]
**kentern** (Schiff) capsize [mot]
**Keramik** ceramics [phy]
**Keramikfliese** tile [bau]
**Keramikform** (nimmt Material auf)
ceramic mould [wst]
**Keramikring** ceramic ring [wst]
**Keramikunterlage** ceramic backing
[met]; (beim Schweißen) ceramic
backing [met]
**keramische Scheibenkupplung** cera-
mctallic clutch [wst]
**keramischer Brenner** ceramic burner
[pow]
**keramischer Kondensator** ceramic
capacitor [elt]
**Kerbbiegeprobe** (für Blech) notch
bend test [met]
**Kerbe** (auch unerwünscht) nick [met];
(auch unerwünscht) notch [wst]; (ist
meist auszuschleifen) undercut [mas];
(Schlitz) slot [abc]
**kerben** notch [wst]
**Kerben ausschleifen** grind undercuts
[met]
**Kerbfestigkeit** notch-rupture strength
[mes]
**kerbfrei** free from notches [met]
**Kerbnagel** groove pin [mas]
**Kerbschlag** impact [mas]
**Kerbschlagarbeit** impact work [mas];
notch impact [mes]
**Kerbschlagbiegeprüfung** notched bar
impact bending test [mes]
**Kerbschlagprobe** notched bar impact
test [mes]
**Kerbschlagtest** impact-test [mes]
**Kerbschlagzähigkeit** impact strength
[wst]; notch bar impact value [mes]
**Kerbspannung** notch tension [mbt]
**Kerbstift** cotter pin [wst]; groove pin
[mas]; grooved dowel pin [mas]

**Kerbzahnnabe** serrated hub [mot];
serrated wheel hub [mas]
**Kern** (bleibt beim Gießen frei) core
[wst]; (des Obstes) pebble [abc]
**Kernbohrer** core cutter [wzg]
**Kernenergietechnik** (Atomkraft)
nuclear engineering [phy]
**Kernfehler** core flaw [wst]; (Fehler in
Kern) centre line flaw [wst]
**Kernfestigkeit** core strength [wst]
**Kernkraftwerk** (Atomstrom) nuclear
power station [pow]
**Kernlochbohrung** (Gießkern
entfernen) core removing hole [wst]
**Kernlunker** (Fehler in Materialmitte)
contraction cavity [wst]
**Kernsand** (in Gießerei verwandt) core
sand [wst]
**Kernschrott** solid scrap [elt]
**Kernstück** (wird später entfernt) core
[wst]
**Kernzone** interior [mas]
**Kerosin** (Flugtreibstoff) kerosene
[mot]
**Kerze** (→ Glühstiftkerze) plug [mot];
(z.B. aus Stearin) candle [abc]; (Zünd-
kerze) plug [mot]; (Zündkerze) spark
plug [mot]
**Kerzenständer** candle stick [abc]
**Kessel** (auf Dampfschiffen) marine
boiler [pow]; (Heizung) boiler [mot];
(z.B. Teekessel) pot [abc]; (zum
Kochen im Haushalt) kettle [abc];
(→ abgestützter K.; → Abhitzek.;
→ Außenwand des K.; → Backbordk.;
→ Bagasse-K.; → Bensonk.; →
Braunkohlenk.; → Dampferzeuger; →
Doppelk.; → Dreizugk.; → Eckrohrk.;
→ Einzugk.; → Großk.; → hängender
K.; → Hochdruckk.; →
Hochleistungsk.; → Innenwand des K.;
→ Integralk.; → Kessel m.
Doppelbrennkammer; → K. m.
Rückwandfeuerung; → K. mit einer
Brennkammer; → K. mit
Frontalfeuerung; → K. mittlerer

Größe; → K.-Außenwand; → K.-
Hausrückwand; → K.-Innenwand; →
K.-Mitte; → K.-Verschlüsse schließen;
→ Kleink.; → Konverterk.; → Kraft-
werkskn.; → Landdampfk.; →
Längstrommelk.; → Mehrzugk.;
→ Naturzugk.; → Planrostk.; →
Quertrommelk.; → Rauchrohrk.; →
Reservek.; → Riesenk.; → Rindenk.;
→ Rostk.; → Rückstandsölk.; →
Schiffsk.; → Schmelzk.; →
Schwarzlaugenk.; → Sektionalk.; →
Speicherk.; → Standardk.; → Staubk.;
→ Steilrohrk.; → Steuerbordk.; →
Strahlungsk.; → Sulzer-Einrohrk.;
→ Sulzerk.; → unten abgestützter K.;
→ Wasserrohrk.; → Wellrohrk.; →
Wiedergewinnungsk.; → Zwang-
durchlaufk.; → Zwangumlaufk.; →
Zweitrommelk.; → Zweizugk.; →
Zyklonk.)

**Kessel mit Doppel-Brennkammer**
twin-furnace boiler [pow]

**Kessel mit Druckfeuerung** boiler with
pressurized furnace [pow]

**Kessel mit einer einzigen
Brennkammer** single-furnace boiler
[pow]

**Kessel mit flüssiger und trockener
Entaschung** intermittent slag-tapping
type boller [pow]

**Kessel mit Frontalfeuerung** front-
fired boiler [pow]

**Kessel mit Rückwandfeuerung** rear-
fired boiler [pow]

**Kessel mittlerer Größe** medium-sized
boiler [pow]

**Kessel- und Apparaterohr** boiler tube
[mas]; heat exchanger tube [pow]

**Kesselablaßventil** boiler drain valve
[pow]

**Kesselabmessung** boiler dimension
[pow]

**Kesselaggregat** boiler unit [pow]

**Kesselangaben** (Kesseldaten) boiler
data [pow]

**Kesselanlage** (Anlage) plant [pow];
(Anlage) boiler plant [pow]

**Kesselarmaturen** (Dampflok) boiler
fittings [pow]

**Kesselaufhängung** boiler support
[pow]

**Kesselaußenwand** cold face of the
boiler [pow]; outer wall of boiler [pow]

**Kesselaußerbetriebnahme** (Abfahren)
boiler shut-down [pow]

**Kesselband** (sichtbar an Dampflok)
boiler band [pow]

**Kesselbaustahl** boiler steel [mot]

**Kesselbekleidung** (Kesselringe) boiler
ring [pow]

**Kesselberechnung** boiler calculation
[pow]

**Kesselblech** boiler plate [mas]

**Kesseldaten** (Kesselangaben) boiler
data [pow]

**Kesseldecke** (Blechdecke) boiler top
casing [pow]; (Feuerraum) boiler
furnace roof [pow]

**Kesseldecken** (z.B. Asbest) boiler
lagging [mot]

**Kesseldruck** (Dampflok) boiler
pressure [pow]

**Kesseldruckmanometer** (Dampflok)
boiler-pressure gauge [mes]

**Kesseleinmauerung** boiler brickwork
[pow]; bricksetting [pow]

**Kesselentlüftung** boiler air valve
[pow]; vent valve [pow]

**Kesselfabrikschild** (Dampflok) boiler
maker's name plate [mot]

**Kesselflicker** (meist kleine Gefäße)
boiler patcher [pow]

**Kesselfundament** boiler foundation
[pow]

**Kesselgerüst** boiler support steel work
[pow]

**Kesselhaus** boiler house [pow]

**Kesselhausrückwand** rear wall of
boiler house [pow]

**Kesselheizfläche** boiler heating surface
[pow]

**Kesselhersteller** boiler manufacturer [pow]

**Kesselherstellerschild** (Dampflok) boiler maker's plate [mot]

**Kesselinnenwand** (Mauerwerk) hot face of the boiler [pow]; (Mauerwerk) inner wall of boiler [pow]

**Kesselkonservierung** boiler preservation [pow]

**Kesselleistung** boiler capacity [pow]

**Kesselmitte** centre line of boiler [pow]

**Kesselnennleistung** boiler rating [pow]

**Kesselprüfer** (Dampflok, Heizung) boiler inspector [pow]

**Kesselpult** boiler control board [pow]

**Kesselring** (Bleche f. Kessel; Dampflok) boiler ring [mot]

**Kesselrohr** (für Kessel, Apparate) boiler tube [mas]; (für Kessel, Apparate) heat exchanger tube [pow]

**Kesselsäule** (Gerüst) boiler steel-work column [pow]

**Kesselsäulenfundament** boiler column base plate [pow]; column footing [pow]

**Kesselschild** (Hersteller) boiler name plate [pow]; (Instrumententafel) boiler instruments panel [pow]; (Instrumententafel) boiler panel [pow]; (Instrumententafel) control panel [pow]

**Kesselschmiede** boiler making plant [pow]

**Kesselschuß** (gebogenes Blech als Stütze) boiler barrel [pow]; boiler shell [mot]; shell belt [mas]; shell ring [mas]; (z.B. unter Drehverbindung) boiler-tube section [mbt]

**Kesselschweißen** (auch Dampfloks) boiler welding [met]

**Kesselspeisepumpe** boiler feed pump [pow]

**Kesselspeisewasser** (Dampflok) boiler feed water [mot]

**Kesselspülung** (Spülung) boiler wash-out [pow]; (Spülung) wash-out [pow]

**Kesselstein** boiler scale [pow]; scale deposit [pow]; (Energieverluste) boiler scale [mot]

**Kesselsteinablagerung** deposit of boiler scale [mot]

**Kesselsteinbildner** boiler scale-forming particles [pow]

**Kesselsteinlösemittel** boiler cleansing compound [pow]

**Kesselsteinlöser** (Reinigungsmittel) boiler cleansing compound [pow]

**Kesseltafelinstrumente** boiler panel instruments [pow]

**Kesselteile** boiler components [pow]

**Kesselüberholung** boiler routine inspection [pow]

**Kesselverschalung** boiler casing [pow]

**Kesselverschlüsse schließen** close the boiler [pow]

**Kesselvertrag** boiler contract [pow]

**Kesselwagen** (der Bahn) tank wagon [mot]

**Kesselwarte** boiler control room [pow]

**Kesselwasserabschlämmung** boiler water blow-down [pow]

**Kesselwasserentnahme** boiler water sampling point [pow]

**Kesselwirkungsgrad** boiler efficiency [pow]; (Betriebswirkungsgrad) operating efficiency [pow]

**Kesselzeichnung** boiler arrangement drawing [pow]; boiler drawing [pow]; (Kesselzusammenstellungszeichnung) boiler arrangement drawing [pow]

**Kette** (Absperrung) chain [mbt]; (allgemein) chain [wst]; (Raupe) crawler [mbt]; (Raupe) track [mbt]; (Raupenkette, darauf Kettenplatten) track chain [mbt]; (Rolltreppe) chain [mbt]; (Sperrung gegen Benutzung) chain [mbt]; (Stufenkette) step-chain [mbt]; (→ Buchsen-Förderk.; → Buchsenk.; → Dreifachrollenk.; → Einfachrollenk.; → Hochleistungsk.;

→ Hohlbolzenk.; → Hülsenk.; →
langgliedrige Rollenk.; → Prozeßk.;
→ Rollenk.; → Scharnierbandk.; →
Transportk.; → Zahnk.; → Zweifach-
rollenk.)
**Kette für Landmaschinen** chain for
agricultural machines [far]
**Kette komplett** track chain complete
[mbt]
**Kette lose** chain open [wst]
**Kette mit Platten** track group [mbt]
**Kette ohne Platte** track link assembly
[mbt]
**Ketten, komplett** track groups [mbt]
**Kettenanker** (des Gabelstaplers) chain
latch [mot]
**Kettenantrieb** (Rost) chain drive
[pow]
**Kettenantriebsmotor** track motor
[mbt]
**Kettenantriebsrad** chain drive wheel
[mbt]
**Kettenband** link assembly [mas]
**Kettenbecherwerk** chain elevator
[roh]
**Kettenbefestigung** chain mounting
[wst]
**Kettenbelastung** chain loading [mbt]
**Kettenbolzen** chain stud [mbt]; link
pin [mbt]; track pin [mbt]
**Kettenbreite** track pad width [mbt];
track plate width [mbt]; (der
Raupenkette) track width [mbt]
**Kettenbruch** chain break [mbt]; chain
fracture [mbt]; failure [mbt]
**Kettenbruchentwicklung** continued
fraction expansion [mot]
**Kettenbruchsicherung** broken chain
device [mbt]
**Kettenbüchse** track bushing [mas]
**Kettendaten** string [edv]
**Kettendichtung** track seal [mas]
**Kettendurchhang** chain slack [mbt];
slack of the chain [mbt]
**Ketteneinlaufführung** chain guide
shoe [mbt]

**Ketteneinlaufzunge** (Rolltreppe) chain
guide shoe [mbt]
**Kettenförderer** chain conveyor [roh];
endless chain conveyor [roh]; scraper
chain conveyor [roh]; underfloor
conveyor [roh]
**Kettenfuge** track joint [mbt]
**Kettenführung** chain guide [mbt]; (der
Raupe) track guide [mbt]
**Kettenführungsprofil** (z.B. aus Stahl)
steel extrusion [mbt]
**Kettenführungsprofil** (z.B. aus Stahl)
stepchain guide [mbt]
**Kettengehänge** (an Magnetausrüstung)
chain suspension [mbt]
**Kettengehäuse** (normale Hebezeugk.)
chain casing [wst]; (schützt
Raupenkette) track casing [mbt]
**Kettengelenk** chain link [mbt]; track
joint [mbt]
**Kettengeschwindigkeit** chain speed
[wst]; (Eimerkettengeschwindigkeit)
speed of bucket chain [mbt]
**Kettengetriebe** chain drive [mot]
**kettengetrieben** track chained [mbt]
**kettengetriebene EM-Maschine** track
chain earth moving machinery [roh]
**Kettenglied** chain link [wst]; link [mas];
track chain link [mbt]; (gekröpft) chain
link [wst]; (konisch) taper link [mas];
(Verbindungsstück) link [mas];
(verjüngend) chain link [wst]
**Kettenkratzer** chain scraper [roh];
scraper chain conveyor [roh]
**Kettenkratzförderer** chain scraper [roh]
**Kettenlagerung** crawler bearing length
[mbt]
**Kettenlänge** chain length [con]
**Kettenlängung** chain stretching [mbt]
**Kettenlasche** chain side bar [mbt]
**Kettenmatrix** chain matrix [mot]
**Kettenmatte** chain mat [mbt]
**Kettenplatte** pad [mbt]; track pad
[mbt]; track plate [mbt]; track shoe
[mbt]; (des Raupenbaggers) shoe
[mbt]

**Kettenplattenbeleuchtung** comb plates lighting [mbt]

**Kettenplattenbolzen** pad bolt [mbt]; track pad pin [mbt]; track shoe pin [mbt]

**Kettenrad** chain wheel [mbt]; idler [mot]; sprocket wheel [mot]; chain sprocket [mbt]

**Kettenrad, getrieben** driven wheel [mas]

**Kettenrad, großes** large wheel [mas]

**Kettenrad, kleines** (Ritzel) small wheel [mas]

**Kettenrad, treibend** driving wheel [mas]

**Kettenradkranz** sprocket ring [mas]

**Kettenreaktion** chain reaction [che]

**Kettenrolle** chain sprocket [mbt]; sprocket [mbt]; (für Rolltreppe) chain roller [mbt]

**Kettenrost** chain grate [pow]

**Kettenrostfeuerung** chain grate stoker [pow]

**Kettenschaltung** cascade connection [mot]

**Kettenschlußbolzen** master pin [mas]; track master pin [mbt]

**Kettenschlußglied** master link [mas]

**Kettenschutz** track guard [mbt]

**Kettenspanner** chain adjuster [wst]; hydraulic track adjuster [mot]; (spannt Raupenkette) track tensioner [mbt]

**Kettenspanner in Umlenkstation** adjustable chain tensioning device [mas]

**Kettenspannfeder** track adjustment spring [mas]

**Kettenspannkontakt** chain tension switch [mbt]

**Kettenspannkontakt unten** lower chain tension switch [mbt]

**Kettenspannschlüssel** (f. Rohre) chain wrench [wzg]

**Kettenspannstation** (am Kratzer) chain tensioning station [roh]

**Kettenspannung** (der Raupenkette) track tensioning [mbt]; (z.B. am Kratzer) chain tensioning [mbt]

**Kettenspannungsüberwachung** chain tension control [mbt]

**Kettenspannventil** tension valve [mbt]

**Kettenspannvorrichtung** chain tension device [mbt]; chain tensioners [mbt]

**Kettenspannzylinder** track adjustment cylinder [mas]; track tensioning cylinder [mbt]

**Kettenstrang** chain band [mbt]; part of chain [mas]

**Kettenteilung** (Mitte-Mitte Bolzen) chain pitch [wst]; (Mitte-Mitte Bolzen) pitch of chain [mas]

**Kettentrieb** chain drive [wst]

**Kettenvorgelege** chain reduction gear [wst]

**Kettenwelle** chain shaft [mbt]

**Kettenzug** chain pull [mbt]; (Kraft an Raupenkette) crawler traction [mbt]; (Lastenheber, Kran) chain hoist [roh]

**Kettenzugkraft** (des Raupenbaggers) crawler traction [mbt]; (des Raupen-baggers) crawler tractive force [mbt]

**KF** (Kranfahrzeug) crane vehicle [mot]

**Kfz-Brief** title document of the vehicle [mot]

**Kfz-Schlosser** automobile mechanic [mas]

**khakigrau** (RAL 7008) khaki grey [nrm]

**Kickstarterteil** kickstarter component [mot]

**kieferngrün** (RAL 6028) pine green [nrm]

**Kiel** (einer Feder) quill [bff]; (Schiffs-teil) bottom [mot]; (Schiffsteil) keel [mot]

**Kielklotz** (unter Kiel bis Stapellauf) keel block [mot]; (unter Kiel bis Stapellauf) staple block [mot]

**Kiellegung** (Beginn Schiffsbau) laying down [mot]

Kiellinie (hintereinander fahren) wake
[mot]
Kielraum (Bilge) bilge [mot]; (Bilge)
bulge [mot]; (Bilge) bottom [mot]
Kielwasser (Blasenspur) wake [mot]
Kies (feinkörniger Kies) fine gravel
[min]; gravel [min]; (→ lehmiger K.)
Kies/Sandmischung gravel/sand
granulate [roh]
Kiesbefestigung gravel surfacing [bau]
kieselgrau (RAL 7032) pebble grey
[nrm]
Kieselsäure silicic acid [che]
Kiesgreifer (Baggerausrüstung) gravel
grab [roh]
Kiesgrube gravel pit [roh]
Kilometerpfahl kilometer post [mot]
Kilometerstand mileage [mot]
Kilometerstein milestone [mot]
Kilometerzähler mileage recorder
[mot]; speedometer [mot]
Kimme (beim Gewehr) notch [mil]
Kimme und Korn notch and bead
sights [mil]
Kinderkrankheiten (auch übertragen)
teething problems [med]
Kinderwagen baby carriage [abc];
kiddy car [mbt]; perambulator [abc];
pram [mbt]
Kinematik (Wissenschaft der
Bewegung) kinematics [abc]; (z.B.
Z-Kinematik) geometry [mot]
Kipp- (Vorsilbe, z.B. Kipphebel)
dumping [abc]; (Vorsilbe, z.B.
Kippverlust) tilting [abc]; (Vorsilbe,
z.B. Kippvorrichtung) tipping [abc]
Kippbegrenzer roll-back limiter [mbt]
Kippbegrenzung (der Schaufel) roll-
back limitation [mbt]
Kippbelastung tipping load [mbt]
Kippboden (zum Auswerfen) ejector
floor [mot]
Kippbodenhubarm ejector lift arm [mot]
Kippbühne (für Güterwagen) tippler
[mot]; (max. 90° über Stirnwand)
wagon tippler [mot]

kippen (auskippen, auch beseitigen)
dump [roh]; (leicht zur Seite) tip
[abc]; (meist ungewollt) tilt [mas]
Kippenband discharge belt [roh]
Kippenmächtigkeit (Müllkippe und
ähnliche) thickness of the dump [rec]
Kippenpflüge track-mounted dumping
plough [mbt]
Kippenseite (im Tagebau) spoil side
[roh]; (z.B. des Absetzers) dump side
[mbt]
Kipper dumper [mot]; (Autoschütter)
tipping lorry [mbt]; (Kippwagen)
tipper [mbt]
Kippfrequenz sweep frequency [elt]
Kipphebel rocker arm [mot]; rocker
lever [mot]; valve rocker [mas];
(Nockenwelle) rocker [mas]; (→ tilt)
Kipphebelachse rocker shaft [mot]
Kipphebelanordnung clip and pin
arrangement [mot]
Kipphebelblock rocker arm support
[mot]; rocker arm bracket [mot]
Kipphebelbüchse rocker arm bush
[mot]
Kipphebelhalterung rocker arm
bracket [mot]
Kipphebelwelle rocker <arm> shaft
[mas]
Kippkante (theoretisch des Baggers)
tipping line [mbt]
Kippkante, hintere rear tipping line
[mot]
Kippkante, vordere front tipping line
[mot]
Kipplager pivoting bearing [mas]
Kipplast tipping load [mbt]
Kipplastwagen dumping lorry [mot]
Kipplore (Lore) tipping wagon
[mot]
Kippmuldenwagen tipping car [mot];
tipping wagon [mot]
Kippplatte sweep panel [mas]
Kipprost (in der Feuerbüchse)
mudhole door [mot]
Kippschalter toggle switch [mas]

**Kippschaufel** (des Baggers) front dump bucket [mbt]; (des Baggers) tipping shovel [mbt]; (des Baggers) FD bucket [mbt]; (des Baggers) FD shovel [mbt]

**Kippschlitten** (am Stapler) tilting head [mbt]

**Kippspannungsteil** sweep section [mas]

**Kippspiel** misalignment [mbt]

**Kippstufe** sweep stage [elt]

**Kippvorrichtung** tilter [mot]; tipping device [mot]; (Kippermulde) dumping body [mot]

**Kippwagen** (Kipper) tipper [mbt]

**Kippwagenselbstentleerung** automatic discharge for tipping-wagon [mbt]

**Kippwinkel** tipping angle [mot]

**Kippzylinder** tilt cylinder [mas]; tip cylinder [mas]; (am Löffel) tipping cylinder [mbt]; (zur Seite) tilt cylinder [mas]

**kirchliche Feiertage** church holidays [abc]

**Kirchturm** (flach) church tower [bau]; (steil ansteigend) church steeple [bau]

**Kissen** cushion [bau]; pad [abc]

**Kiste** (Holzkasten) crate [wst]; (Kasten) box [abc]

**Kitt** putty [bau]; (zum Besohlen; Klebstoff) shoeing cement [abc]

**kitten** putty [bau]

**Kittmesser** putty knife [wzg]

**KKW** (Kernkraftwerk) nuclear power station [pow]

**klaffen** split [abc]

**klaffend** (breiter Spalt) splitting [mas]

**Klafter** (ursprünglich Armspanne) length [pol]

**Klage erheben** (anzeigen) file charges against somebody [jur]

**Klage erheben gegen** (eine Person) bring suit against a person [jur]

**klagen** (<laut> heulen, jammern) wail [abc]; (gegen jemand Klage erheben) file charges against somebody [jur]; (Klage erheben) press charges [pol]; (stöhnen, seufzen, stöhnen) moan [abc]; (wegen Betruges klagen) charge [jur]

**Klammer** (bildlich: Zusammenhalt) cohesion [abc]; (z.B. an Kabel) clamp [wst]; (zum Festhalten) clip [mbt]; (→ Federk.)

**Klammerapparat** (Hefter im Büro) stapler [abc]

**Klammergabel** fork clamp [mot]

**Klammern** ((...) in Schriftstück) paranthesis [abc]; (in Schriftstück) brackets [abc]

**Klammerspitzenverschluß** (der Wieche) clip point locking device [mot]

**Klammerverschluß** (der Weiche) clamp lock [mot]

**Klang** sound [abc]

**Klangprobe** (in Industrie) ringing test [mas]; sound check [aku]

**klappbar** (drehbar) swivelling [mas]; (faltbar, z.B. Stativ) collapsible [abc]; (mit Scharnieren) hinged [mot]

**klappbare Ladeschwelle** swivelling support bar [mot]

**klappbare Steuersäule** (im MH-Bagger) collapsible steering rod [mbt]

**klappbare Wand** (am Güterwagen) drop side [mot]

**klappbarer Containeraufsetzzapfen** hinged container jigger pin [mot]

**Klappe** (Deckel, Haube) cover [mbt]; (drehbar) damper [wst]; (z.B. Motorraum d. Baggers) door [mbt]

**Klappenbetätigung** (am Güterwagen) flap actuating [mot]; (Antrieb) damper gear [wst]; (der Klappschaufel) lip actuating [mbt]

**Klappenventil** clock valve [wst]; lip valve [mbt]; (am Güterwagen) flap valve [mot]

**Klappenweiche** flip-type switch [mot]

**Klappenzylinder** lip cylinder [mbt]; (der Klappschaufel) clamshell cylinder [mbt]

**Klappenzylinderventil** clamshell-
<cylinder>valve [mbt]
**Klappfenster** skylight [bau]
**Klappmaßstab** (Zollstock, Schmiege)
yardstick [abc]
**Klappmesser** jackknife [mil]
**Klappöler** grease cup [mot]
**Klappringmuscheldrücker** door
handle [bau]
**Klapprolle** hinged fairleader [mot]
**Klappschaufel** bottom dump shovel
[mbt]; clam [mbt]; multi-purpose
bucket [mbt]; bull clam [wzg]; clam-
shell [mbt]; two-in-one clamshell [wzg]
**Klappschaufelvorderteil** lip [mbt]
**Klappstuhl** (faltbarer Hocker) folding
chair [abc]; (faltbarer Hocker) folding
stool [bau]
**Klapptür** hinged door [mbt]
**Klappwand** (am Güterwagen) drop
side [mot]
**Kläranlage** purification plant [was];
sewage disposal plant [rec]; sewage
treatment plant [rec]
**klären** purify [was]; (z.B.
Flüssigkeiten) purge [abc]
**Klarsichtmappe** folder [abc]
**Klarsichtmappe** transparent folder
[abc]
**Klartext** (z.B. auf Bildschirm) normal
language [abc]; (z.B. auf Bildschirm)
normal writing [abc]
**Klasse** (Einsatzklasse) type [mas]
**Klassearbeit** (zur Klassifizierung)
classification work [abc]; (Klassenar-
beit geschrieben) paper [abc]
**klassenbasierte Vererbung** class-
based inheritance [edv]
**Klassenbeschreibungen aus Beispie-
len** class descriptions from samples
[edv]
**klassenlose Gesellschaft** classless
society [pol]
**klassieren** size [roh]
**Klassiersieb** (nach Größe) classifying
screen [roh]

**Klassifikation** classification [abc]
**klassifizieren** sort [abc]
**Klassifizierung** (Einstufung)
classification [abc]
**Klassifizierung von Lockergesteinen**
classification of soils [roh]
**klatschnaß** soaking wet [abc]
**Klaue** (an Schraubstock) claw [wzg];
(z.B. der Klauenkupplung) jaw [mas];
(Zahnring) pawl [mas]
**Klaue mit Paßstück** special adapter
jaw [mas]
**Klauenkupplung** claw coupling [mot];
claw coupling [mbt]
**Klauenpolgenerator** claw pole
generator [elt]
**Klauenrad** gear with dog clutch [mot]
**Klauenring** guide ring [mot]
**Klauenschlüssel** claw spanner [wzg]
**Klauenwelle** dog clutch shaft [mas]
**Klauenzwischenstück** special adapter
jaw [mas]
**Klausel** (in der Logik) clause [edv]; (in
einem Vertrag) clause [jur]; (in einem
Vertrag) paragraph [abc]
**Klauselformat** (in der Logik) clause
form [edv]
**Klauseln** (in COND Anweisungen)
clauses [edv]
**Klebe** (Leim) glue [abc]
**Klebeband** adhesive tape [mas]
**Klebefläche** glued surface [abc]
**Klebemittel** (→ lösliches K.) adhesive
[che]
**kleben** glue [abc]
**klebend** sticky [abc]; (klebrig) gluing
[abc]
**Kleber** glue [mbt]; (für Modellbau,
Plastik) cement [che]; (→ Leinenk.)
**Klebezettel** label [abc]
**klebrig** (backend, haftend) cohesive
[bod]; (wie Leim) gluey [abc]
**klebriger Ton** cohesive clay [bod]
**Klebstoff** (z.B. für Modellbauer)
cement [che]; (z.B. Klebstofftransportfaß) glue [abc]

**Klebstofftransportfaß** keg for the transport of glues [mas]
**Klebung** bonding [mas]
**Klee** clover [bff]
**Kleeblatt-Kreuzung** (Autobahn) cloverleaf junction [mot]
**Kleiderschrank** (mit Schiebetüren) wardrobe [bau]
**klein** (eine kleine Schule) small [abc]
**Kleinbahn** feeder line [mot]
**Kleinbuchstaben** small letters [abc]
**kleine Drehzahl** low speed [mot]
**kleine Leistung** small capacity [pow]
**kleiner Eisberg** growler [mot]
**kleiner Lkw** (Lkw, kleine Ladefläche) pickup [mot]
**kleiner Teilstrich** minor sub-division [abc]
**kleiner Vorschub** (Schlichten) fine feed [met]
**kleines Kegelrad** bevel pinion [mas]
**Kleinkessel** packaged boiler [pow]; small boiler [pow]
**Kleinlampe** miniature bulb [mot]
**Kleinmaterial** (Schrauben u. ä.) consumables [wst]
**Kleinsäge** small saw [wzg]
**Kleinsignalverstärkung** small signal gain [elt]
**Kleinspannung** extra low voltage [elt]
**Kleinstmotorenantrieb** fractional horsepower drive [mot]
**kleinstückig** (im Haufwerk) small sized [roh]
**Kleinteil** small part [mas]
**Kleinteileschweißerei** small parts welding [met]
**Klemmbolzen** clamp bolt [wst]
**Klemmbuchse** (wie Endbuchse) terminal socket [elt]
**Klemme** clamp [wst]; clip [wst]; grip [elt]; thimble [mas]; (Endklemme) terminal [elt]; (→ Federk.; → Gegenk.)
**Klemme mit Schneckengewinde** terminal with worm thread [mas]

**Klemmenanschlußplan** terminal connection diagram [elt]
**Klemmenanschlußstück** terminal connection piece [elt]
**Klemmenleiste** terminal strip [elt]
**Klemmennummer** clamp number [elt]
**Klemmenspannung** voltage between terminals [elt]
**Klemmentype** type of clamp [mas]
**Klemmgrat** (beim Schmieden) mould bur [mas]
**Klemmhebel** clamping lever [mot]; (Türverschluß) door latch [mot]
**Klemmkasten** conduit [elt]; terminal box [elt]
**Klemmkeil** wedge [mot]
**Klemmlasche** clamping plate [wst]
**Klemmleiste** terminal strip [elt]
**Klemmplatte** (an Schiene) clip plate [mot]; (für Bodenbohlen) clamping plate [mbt]; (für Schmalspur) clip [mot]
**Klemmplattenschraube** (f. Kleinbahn) clipbolt [mot]
**Klemmprofil** window strip [mot]; (Scheibe-Fahrerhaus) rubber section [mot]; (Scheibe-Fahrerhaus) sealing [mot]
**Klemmprofil** (→ Profildichtung) rubber section [mas]
**Klemmring** clamp ring [mot]; lockring [mas]
**Klemmschieber** push-pull device [mot]; (am Stapler) push-pull device [mot]
**Klemmschraube** (am Lagerauge) tightening bolt [mas]
**Klemmschraubenanziehdrehmoment** torque of-tightening bolt [mas]
**Klemmstange** lever [mot]
**Klemmstück** clamp [mbt]; clamping collar [wst]; grip [mot]; shim [mas]; terminal [mas]
**Klemmvorrichtung** clamping [roh]
**Klempner** plumber [bau]
**Klient** client [bau]

**Klimaanlage** air-conditioning [air]; aircon [bau]; (der Bahn) air condition system [mot]

**Klimagerät** air condition [air]

**Klimakammer** climatic chamber [wet]

**Klinge** (Messer) blade [mas]

**Klingel** (Glocke) bell [mot]

**Klinik** (Fachkrankenhaus) clinic [abc]

**Klinke** (der Tür) door knob [bau]; (Lasche) latch [mas]

**Klinkenfeder** ratchet spring [mot]

**Klinkengriff** ratchet handle [mot]

**Klinkenstange** ratchet pod [mot]

**Klinker** clinker [bau]

**Klinkersteine** clinkers [bau]

**Klipper** clipper ship [mot]

**Klirrfaktor** harmonic distortion [elt]; total harmonic distortion [elt]

**Klischee** (Drucktechnik) stereotype plate [abc]

**Klopfen** (auch des Motors) knock [mot]

**Klöppel** (der Glocke) bell hammer [abc]

**Klotz** (als Unterlegkeil) chock [mot]; (Holz) log [abc]; (Holzklotz) block [bau]; (Scheit) log [abc]

**Klotzbremse** block brake [mbt]; clasp brake [mot]; clasp-pattern brake [mot]

**klotzgebremst** block braked [mbt]; clasp braked [mot]

**Klotzsohle** (auswechselbarer Bremsschuh) block brake [mbt]

**Klotzspiel** (des Bremsklotzes) block clearance [mot]

**klüftig** (Gestein) fragmented [min]; (rissig, zerklüftet) fissured [roh]

**Klüftigkeit** crevasse formation [geo]

**Klüftigkeitsziffer** crevasse distance [geo]

**Kluftwasser** fissure water [bau]

**Klumpen** clod [bau]; (Dreckklumpen) lump [bau]

**Knagge** cam [bau]; knag [bau]

**Knalladung** (Munition) fulminic charge [mil]

**knapp** (kurz, z.B. Kleidungsstück) short [abc]

**Knäpper** (großer Brocken im Bergbau) oversized rock [roh]; (großer Steinbrocken) boulder [roh]

**Knäppereinsatz** (z.B. des Baggers) boulder work [roh]

**Knäpperkugel** (fällt auf Stein) drop ball [roh]

**knäppern** (Brocken bearbeiten) boulder [roh]

**Knäpperscheibe** (Fenster Fahrerhaus) boulder window [roh]

**Knappheit** scarcity [abc]

**Knappschaft** (Bergmannsverband) miners' association [roh]

**Knarre** ratchet stock [wzg]; (Ratsche; Werkzeug) ratchet [wzg]

**Knebel** (an Zughaken, Kleidung, Zelt) knob [mot]; (an Zughaken, Kleidung, Zelt) toggle [mot]; (z.B. im Stahlbau) locking handle [mas]

**Kneifzange** (Beißzange) nipper pliers [wzg]; (Beißzange) pincers [wzg]

**Kneipe** pub [abc]; tavern [abc]

**kneten** kneading [abc]; (Muskeln, Knetmasse) knead [abc]

**kneten von Ton** wedge clay [roh]

**Knetversuch** knead test [bau]

**Knick** (Biegung) elbow [mas]

**Knickausrüstung** (des Baggers) offset <working> attachment [mbt]; (Verstellausrüstung) offset attachment [mbt]

**Knickbeanspruchung** buckling [mas]

**knicken** (abbrechen) crack [mbt]; (ganz durch) break [met]

**Knickfrequenz** edge frequency [elt]

**Knickgelenk** (z.B. an Baggern) converting kit [mbt]

**knickgelenkt** artic-frame steering [mbt]

**Knickkennlinie** bent characteristic [elt]

**Knickkennlinienverstärker** bent-characteristic amplifier [elt]

**Knicklenkung** (Muldenkipper) artic-frame steering [mbt]
**Knickrahmen** (z.B. beim Radlader) articulated frame [mbt]
**knickrahmengelenkt** artic-frame steering [mbt]
**Knickrahmenlenker** dumper [mot]
**Knickrahmenlenkung** artic steering [mbt]; articulated frame steering [mbt]; frame articulation [mot]
**Knickrahmenmittellenkung** central articulated steering [mot]
**Knickwinkel** (z.B. beim Knicklenker) articulation angle [mbt]
**Knickzylinder** (an Knickausrüstung) offset cylinder [mbt]
**Knie** (im Rohr) elbow [mas]
**Kniestück** elbow [pow]; (Anschluß) elbow fitting [mas]; (im Rohr) elbow [mas]
**knippen** (das Material) break out [mbt]
**Knippkraft** (der Ladeschaufel) breakout force [mbt]; (des Auslegers) boom crowd force [mbt]
**knipsen** (Fotos machen) photograph [abc]
**knirschen** crunch [bau]
**Knochen** bone [med]
**knochenhart** bonehard [abc]
**knochentrocken** bone dry [abc]
**Knöllchen** (Strafmandat) parking ticket [mot]
**Knolle** (Noppe) nodule [mas]
**Knopf** (Schaltknopf, Hosenknopf) button [abc]; (z.B. an der Tür) knob [abc]; (→ Anlaßdruckk.; → Druckk.; → Haltek.; → Haltetaster; → Horndruckk.; → Nothaltek.; → Rückmeldek.; → Tastk.)
**Knopffehler** button-type defect [elt]
**knorrig** (z.B. die Eiche) knotty [abc]
**Knospe** (kurz vor Blüte) bud [bff]
**Knoten** knot [mot]; (Schwingungsknoten) node [phy]
**Knoten in Bäumen** nodes in trees [edv]

**Knoten in Netzen und Bäumen** nodes in nets and trees [edv]
**Knotenbereich** gusset [bau]
**Knotenblech** connecting plate [bau]; (bei Fachwerkonstruktion) gusset [mas]
**Knotenkette** (nicht für Lasten) knotted link chain [mot]
**Knotenpunkt** (Knotenverbindung) joint connection [mot]; (nicht Verkehr) panel point [mbt]; (Verkehrskreuzung) intersection [mbt]
**Knotenspannungsverfahren** nodal analysis [elt]
**knotig** (knorrig, z.B. Eichenholz) knotty [abc]
**Knüppel** (mit Knüppeln befestigte Straße) corduroy [bau]; (z.B. Stahl, Roheisen) billet [mas]
**Knüppeldamm** (mit Knüppeln befestigte Straße) corduroy road [bau]
**Knüppelprüfanlage** billet test installation [mes]
**Knüppelprüfer** (Halter) billet probe holder [mas]
**Knüppelschlitten** billet sledge, saddle-type probe [mas]
**Koaxialkabel** (überträgt Videosignale) coaxial cable [elt]
**Kobalt-Basis-Legierungen** cobalt alloys [wst]
**kobaltblau** (RAL 5013) cobalt blue [nrm]
**Kobel** (Schornsteinform der Dampflok) dove cote chimney [mot]
**Koch** (Chefkoch, Meisterkoch) chef [abc]; (Köchin) cook [abc]
**kochen** (Essen kochen allgemein) cook [abc]; (Wasser) boil [pow]
**Köcher** (für Pfeile, Elektroden) quiver [abc]
**Köchin** (Koch) cook [abc]
**Kochtopf** cooking pot [abc]
**Kochversuch** (z.B. Stahl) boiling test [mes]
**Köder** piping [mot]

**Kodierschalter** coding switch [elt]
**Koeffizient** (Beiwert) coefficient [phy]
**Koffein** (anregende organ.
Verbindung) caffeine [che]
**Koffer** (im Straßenbau) road bed [bau];
(Reisegepäckstück) suitcase [abc]
**Koffer der Straße** (Auskofferung)
base of the road [mot]
**Kofferboden** boot floor [mot]
**Kofferkuli** (Gepäckkuli; Bahnhof,
Flughafen) trolley [abc]
**Koffern der Straße** laying of the road
base [mbt]; road bed construction
[bau]
**Kofferraum** luggage boot [mot];
(Gepäckraum des Autos) boot [mot];
(Gepäckraum des Autos) trunk [mot]
**Kofferraumdeckel** boot lid [mot]
**kognitive Modellierung** cognitive
modelling [edv]
**Kohäsion** cohesion [phy]
**kohäsionslos** non-cohesive [abc]
**Kohl** (Kraut) cabbage [bff]
**Kohle** (im Bergbau, im Keller) coal
[roh]; (→ Backk.; → Erbsk.; → Feink.;
→ Fettk.; → Förderk.; → gasarme K.; →
Gasflammk.; → Gask.; → K. mit hohem
Wassergehalt; → Kohlenprobeentnah-
me; → Kohlenstaub; → Kohlenstaub-
feuerung; → kurzflammige K.; → Ma-
gerk.; → Nußk.; → Reink.; → Rohk.; →
Schlammk.; → Steink.; → vorgebro-
chene K.)
**Kohle mit hohem Wassergehalt** coal
with high moisture content [pow];
high-moisture coal [pow]
**Kohleabsperrschieber** coal gate [pow]
**Kohlebergwerk** coal mine [roh]
**Kohlebürste** carbon brush [elt]; (Teil
elektrischer Anlagen) brush [elt]
**Kohlebürstenkollektor** alternator
brush [elt]
**Kohlebürstesatz** carbon brush set [elt]
**Kohlefaser** carbon fibre [wst]
**Kohlefaserelement** carbon-fibre
element [wst]

**Kohleflöz** coal seam [roh]
**kohlegefeuert** (z.B. Dampflok) coal
fired [mot]
**Kohlegreifer** coal grab [mbt]
**kohlehaltig** carboniferous [che]
**Kohlekraftwerk** coal fired power
station [pow]
**Kohlelager** (Kohlevorkommen) coal
reserves [roh]
**Kohlelichtbogenschweißen** carbon-arc
welding [met]
**Kohlen** coal [pow]
**Kohlenaufbereitung** coal preparation
[pow]
**Kohlenaufnahme** (durch Aufnahme-
gerät) reclaiming [mbt]
**Kohlenbergwerk** coal mine [roh]
**Kohlenbunkerung** coal storing [pow]
**Kohlendioxid** carbon dioxide [che]
**Kohlenentmischung** (Rost) coal segre-
gation [pow]
**Kohlenfallschacht** (Schurre) coal
chute [pow]
**Kohlengrube** (Bergbau) coal mine
[roh]
**Kohlenhalde** coal dump [rec]; (im
Bergwerksgelände) stack [roh]
**Kohlenmonoxid** carbon monoxide
[che]
**Kohlenoxide** carbon oxides [che]
**Kohlenpfennig** (Länderabgabe) coal
bonus [pol]; (Prämie Kohlen sparen)
fuel bonus [mot]
**Kohlenprobe** coal sample [mes]
**Kohlenprobeentnahme** sampling of
coal [mes]
**Kohlensäure** carbonic acid [che]
**Kohlensäureeinbruch** ($CO_2$-Druck-
blase) intrusion of carbonic acid [roh];
(in Kalibergbau) intrusion of $CO_2$
[roh]
**Kohlensäuregehalt** $CO_2$-content [was]
**Kohlensieb** (grob) coal screen [pow]
**Kohlensilo** coal silo [pow]
**Kohlenstaub** coal dust [pow]; (Brenn-
staub) pulverized coal [pow]

**Kohlenstaubexplosion** (unter Tage) explosion of coal dust [roh]

**Kohlenstaubfeuerung** pulverized coal firing [pow]

**Kohlenstaubzusatzfeuerung** auxiliary p.f. firing equipment [pow]

**Kohlenstoff** carbon [che]; (→ gebundener K.)

**Kohlenstoffgehalt** carbonic contents [che]

**Kohlenstoffrückstand** carbon deposit [roh]

**Kohlenstreb** coal face [roh]

**Kohlenverteiler** (fahrbar über dem Bunker) travelling belt conveyor [pow]

**Kohlenwaage** coal scale [mes]; (→ automatische K.)

**Kohlenwagen** (Bahn: Kohle v. Bergwerk) coal car [mot]; (Tender hinter Lok) tender [mot]; (z.B. Sattelkippwagen) coal wagon [mot]

**Kohlenwäsche** (Berge entfernen) coal washing plant [roh]; (Steine raussuchen) washery [roh]

**Kohlenwasserstoff** hydrocarbon [che]

**Kohlenzug** (Zug mit Kohlenwagen) coal train [mot]

**Kohlenzulaufrohr** coal feed spout [pow]; (Mühle) coal chute [pow]; (Mühle) coal feeder spout [pow]

**Koje** (Schlafpritsche) bunk [mot]

**Kokerei** (Steinkohle zu Koks und Gas) coke oven plant [roh]

**Kokille** mould [mas]; (Gußblock) ingot [mas]

**Kokillengießen** gravity die casting [met]

**Koks** coke [roh]

**Koksgreifer** coke grab [roh]

**Koksofengas** coke oven gas [pow]

**Kolben** (auch Schwimmer) plunger [mot]; (im Zylinder) piston [mot]; (Stößel, Plunger) plunger [mot]; (→ Differentialk.; → hydraulisch entlasteter K.; → Vorlauf eines K.)

**Kolbenbolzen** gudgeon pin [mot]; piston pin [mot]

**Kolbenbolzensicherung** gudgeon pin retainer [mot]

**Kolbenbuchse** gudgeon pin bushing [mot]

**Kolbendurchmesser** piston diameter [mot]

**Kolbenfeder** plunger spring [mot]

**Kolbenfederteller** plunger spring plate [mot]

**Kolbenfläche** piston area [mot]; (statt Ringfläche) piston side [mot]

**Kolbenfresser** piston seizure [mot]

**Kolbenführung** piston guide [mot]

**Kolbenhub** (Fördermenge Hydrozylinder) displacement [mot]; (Kolbenweg, Hublänge) piston stroke [mot]

**Kolbenklemmer** (zeitweil. "Fressen") piston squeezing [mot]

**Kolbenkühlbohrung** piston cooling rifle [mot]

**Kolbenkühldüse** piston cooling jet [mot]

**Kolbenmanschette für Bremszylinder** piston cup for brake cylinder [mot]

**Kolbenpumpe** (z.B. Axialkolbenpumpe) piston pump [mot]

**Kolbenring** compression ring [mot]; piston ring [mot]

**Kolbenseite** piston side [mot]

**Kolbenspiel** piston clearance [mot]

**Kolbenstange** (gehärtet, Kernfestigkeit) cylinder rod [mot]; (→ Kernfestigkeit) piston rod [mot]

**Kolbenstange fährt aus** piston rod extends [mot]

**Kolbenstange fährt ein** piston rod retracts [mot]

**Kolbenstangenaussparung** cylinder rod compartment [mot]; piston rod compartment [mot]

**Kolbenstangendichtung** stepseal [mas]

**Kolbenstangenkopf** rod eye [mot]

**Kolbenstangenseite** (des Zylinders) anulus [mot]

**Kolbentrommel** piston drum [mot]

**Kolbenventil** cylindrical valve [mot]

**Kolbenweg** (Länge des Hubweges) piston stroke [mot]

**Kolbenzahnradsegment** plunger gear segment [mot]

**Kolleg** (Universitätszweig) college [abc]

**Kollege** (andere Mitarbeiter) fellow worker [abc]; (anderer Mitarbeiter) co-worker [abc]

**Kollektor** collector [elt]

**Kollektor-Ruhestrom** collector quiescent current [elt]

**Kollektordiode** collector diode [elt]

**Kollektorring** (kreisförmiger Stromführer) slip ring [elt]

**Kollektorschaltung** common-collector-circuit [elt]

**Kollektorstrom** collector current [elt]

**Kolli** (Verpackung, Colli) colli [mot]

**Kollisionsklausel** (beiderseit. Schuld) both-to-blame collision clause [jur]

**kolonialistisch** colonialistic [pol]

**Kolonne** gang [abc]; (Fahrzeugkolonne) convoy [mot]

**Kolonnenführer** gangleader [abc]

**Kombiblechschrauben** tapping screw assemblies [mas]

**Kombiinstrument** combined instrument [wzg]

**Kombination** combination [abc]

**Kombinationsbrenner** multi-fuel type burner [pow]

**kombinatorische Explosion** (in Logik) combinatorial explosion problem [edv]

**kombinieren** combine [abc]

**kombinierte Absetz- u. Rückladegeräte** combined stacker reclaimers [roh]

**kombinierte Feuerung** combined firing [pow]; multiple-fuel firing [pow]

**kombinierter Brenner** combined burner [pow]; dual-fuel burner [pow]

**kombinierter Schaufelradlader** combined stacker reclaimer [roh]

**kombinierter Schaufelradlader** stacker reclaimer [mbt]

**Kombischaufel** multi-purpose bucket [mbt]

**Kombischiff** (halb Passag., halb Fracht) multi-purpose ship [mot]

**Kombischrauben** screw and washer assemblies [mas]

**Kombizange** combination pliers [wzg]; cut-pliers [wzg]; engineer`s pliers [wzg]; flat-nosed and cutting nippers [wzg]; universal pliers [wzg]

**Kombüse** (Schiffsküche) galley [mot]

**Komet** (z.B. Halley'scher Komet) comet [abc]

**Komfort** (auch wohltuende Tröstung) comfort [abc]; (im Fahrerhaus) ease and convenience [mot]

**Komfortfahrerhaus** deluxe cab [mot]; deluxe operator's cab [mot]

**Komitee** committee [abc]

**Komma** comma [abc]

**Kommandant** (von Schiff, Heereseinheit) Officer Commanding GB [mil]

**Kommando übernehmen** (umschalten) override [mbt]

**Kommandobrücke** navigation bridge [mot]

**Kommen!** (Meldung am Funkgerät) over [abc]

**Kommission** committee [abc]

**Kommissionsnummer** (der Bestellung) order number [abc]; (der Orig.-Bestellung) reference <original> order number [abc]; (des einzelnen Teils) steel-stamp number [abc]; (Werkstatt) job number [abc]

**Kommunalfahrzeug** municipal vehicle [mot]

**Kommune** (Gemeinde) community [pol]

**Kommunikation** communication [tel]; (→ Interprozeßk.; → Prozeßk.)

**Kommunikationsmechanismus** communication mechanism [edv]

**Kommunikationsmethode** (bei Kontrolle) communication method [edv]

**Kommunikationssystem** communication system [edv]

**Kommutativität** (logischer Junktoren) commutativity [edv]

**kompakt** compact [abc]; (kompaktes Material) solid [abc]

**Kompaktbagger** compact excavator [mbt]

**Kompaktbauweise** (kaum üblich) unit construction [mot]

**Kompaktgetriebe** (der Rolltreppe) compact gear [mbt]

**kompaktieren** (Boden zusammendrücken) compact [bod]

**Kompaktkonstruktion** compact design [mot]

**Kompaktmaschine** (Motor) compact engine [mot]

**Kompaktschaufelradbagger** compact bucketwheel excavator [mbt]; compact BWE [mbt]

**Kompaktstufe** compact step [mbt]; diecast step [mbt]; one piece step [mbt]

**Kompanie** company [mil]

**Komparator** comparator [elt]

**Kompaß** (z.B. Kreiselkompaß) compass [phy]

**Kompaßnadel** compass needle [phy]

**Kompatibilität** compatibility [edv]

**Kompensation** compensation [elt]; (→ universelle K.)

**Kompensationskapazität** compensation capacitance [elt]

**Kompensator** expansion joint [pow]; flexible offset joint [pow]; (Ausgleicher) compensator [pow]

**Kompensatorrohr** compensator pipe [mot]

**Kompetenz** competency [abc]; (in der Sprache) competence [abc]

**komplementäre Darlington Schaltung** complementary Darlington circuit [elt]

**komplett** (durch und durch) throughout [abc]

**komplette Anlagen** complete plants [abc]

**komplette Fertigungslinien** complete plants [wst]

**komplette Prospektmappen** complete folders of brochures [eco]

**komplette Puffer** self-contained buffers [mot]

**Komplettpaket** complete package [mbt]

**Komplettpaket Sonderausstattung** complete package - special equipment [mbt]

**Komplettpuffer** self-contained buffer [mot]

**komplex** (vielschichtig) complex [abc]

**komplexe Amplitude** complex amplitude [elt]

**komplexe Frequenz** complex frequency [elt]

**komplexe Größe** complex quantity [elt]

**komplexe Leistung** complex power [elt]

**komplexe Zeitfunktion** complex function of time [elt]

**kompliziert** complicated [abc]

**Komponent** (-en, Bauteil) component [abc]

**Kompost** compost [bod]; mixed manure [bff]

**Kompressionshahn** pet cock [mas]

**Kompressionsring** compression ring [mot]

**Kompressionsverhältnis** compression ratio [mot]

**Kompressionswelle** compressional wave [mot]

**Kompressor** air compressor [mbt]; compressor [air]; supercharger [mot]

**Kompromißlosigkeitsgesetze** laws of noncompromise [edv]

**Kondensationsturbine** condensing turbine [pow]

**Kondensator** capacitor [elt]; condensator [elt]; condenser [mot]; (→ keramischer K.; → Koppelk.; → Luftk.)

**Kondensatoreneinheit** capacitor unit [elt]

**Kondensatpumpe** condensate pump [pow]

**Kondensatrückführung** condensate return [pow]

**Kondensatspeicher** condensate storage vessel [pow]

**Kondenstopf** steam trap [pow]

**Kondenswasser** condensed water [pow]; (Dampf) vapour [abc]

**kondolieren** (Beileid aussprechen) express your <deep-felt> sympathy [abc]

**Kondom** (Verhütungsmittel, Ansteckungsschutz) contraceptive [abc]

**Konferenz** (Verhandlung, Gespräch) conference [abc]

**Konferenzlinie** conference line [mot]

**Konferenzräume** (im Hotel) conference halls [bau]; (im Hotel) private rooms [abc]

**Konferenzsprache ...** Conference to be conducted in ... [abc]

**Konfetti** ticker-tape [abc]

**Konfigurationsraum** configuration space [edv]

**Konfigurationssystem** (für Computer) configuration system [edv]

**Konfliktlösungsstrategie** conflict-resolution strategy [edv]

**Konglomerat** (Teile in eine Masse) conglomerate [roh]

**Kongreßhalle** congress hall [abc]

**Königsbolzen** centre pin [mbt]

**Königswelle** centre pin [mbt]; vertical shaft [mbt]

**Königszapfen** (im Seilbagger) centre pin [mbt]; (im Seilbagger) king pin [mbt]

**konisch** tapered [mas]

**konische Sitzflächen** (Ventil) tapered seating surfaces [mas]

**konischer Stift** tapered pin [mas]

**konisches Kettenglied** conical chain link [wst]

**Konjunktion** (in der Logik) conjunction [edv]

**konkav** (nach innen gehöhlt) concave [abc]

**konkurrenzfähig** competitive [eco]

**Konnektionismus** connectionism [edv]

**Können** (Vermögen, Fertigkeit) skill [abc]

**Konsekutivübersetzen** (Satz auf Satz) consecutive translating [abc]

**Konsekutivübersetzer** (Satz auf Satz) consecutive translator [abc]

**Konserven** (Lebensmittel in Dosen) canned food [abc]; (Lebensmittel in Dosen) tinned food [abc]; (Weck-Gläser, Dosenessen) preserves [abc]

**Konservenbüchse** can [abc]; tin [abc]

**konservieren** (Lebensmittel einwecken) preserve [abc]

**Konservierung** (z.B. f. Seetransport) preservation [mot]

**Konservierungsmittel** preservation agents [abc]

**konsistentes Fett** nonfluid oil [mas]

**Konsistenz** consistence [bau]; consistency [bau]

**Konsolabsetzer** girder-type spreader [mbt]

**Konsole** (Auflage, Halterung) bracket [mbt]; (des Fahrerhauses) console [mbt]; (Möbelstück) console [bau]; (Waschbeckenschrank; Badezimmer) vanity [bau]

**Konsolplatte** bracket plate [pow]

**konstanter Druck** unchanged pressure [abc]

**konstanter Förder- oder Schluckstrom** displacement [mot]

**konstanter Förderstrom** constant delivery [roh]

**Konstantpumpe** (am Radlader) fixed displacement pump [mot]

**konstruieren** (planen, entwerfen) design [con]; (tatsächl. bauen) construct [abc]

**konstruiert** (so konstruiert) designed [con]

**Konstrukteur** design engineer [con]

**Konstruktion** (Bau, z.B. einer Brücke) construction [mbt]; (durch Konstrukteure) design engineering [con]; (Gestaltung, Auslegung) design [con]; (→ Holzk.; → Schweißk.)

**Konstruktion und Entwicklung** design and development [mbt]

**Konstruktionsänderung** changing construction [con]

**Konstruktionsbeschreibung** design description [con]

**Konstruktionselement** structural part [mas]

**Konstruktionsfehler** defect in design [con]

**Konstruktionsingenieur** design engineer [con]

**Konstruktionsmerkmal** design feature [con]; feature [mas]; design characteristic [con]

**Konstruktionsphase** phase of design [con]

**Konstruktionsunterlagen** (kompletter Satz) design dossier [con]

**Konstruktionsvorzug** feature [mas]

**Konstruktionszeichnung** design drawing [con]

**Konstruktionszeichnungssatz** set of design drawings [con]

**konstruktive Details** design concepts [con]

**Konsulat** (z.B. Amerikanisches Konsulat) consulate [pol]

**Kontakt** contact [wst]; (→ Fingerschutzk.; → Handlaufabwurfk.; → Handlaufeinlaufk.; → Kettenspannk.; → Leitungsk.; → Palettenabhebek.; → Stufenabsenkk.; → Stufenbruchk.; → Stufenumlaufk.)

**Kontakt aufnehmen** contact [edv]

**Kontaktabstand** break [elt]

**Kontaktbürste** wiper [elt]

**Kontaktgeber** contactor [elt]

**Kontaktmatte** (am Kopf der Rolltreppe) contact mat [mbt]; (mechanische Matte) contact mat [mbt]; (pneumatische Matte) contact mat [mbt]

**Kontaktmattenschalter** contact mat switch [mbt]

**Kontaktmattensteuerung** contact mat piloting [mbt]; contact mat steering [mbt]; piloting [mbt]

**Kontaktperson** (die anzusprechen ist) person to contact [abc]

**Kontaktpunkt** contact point [wst]

**Kontermutter** check nut [mas]; counternut [mas]; jam nut [mas]; locknut [mas]

**kontern** (am Drehwerk) counter rotate [met]

**kontextfreie Grammatik** context-free grammar [edv]

**kontextfreie Regel** context-free rule [edv]

**kontinuierlich** (kont. fördernd) continuously [roh]; (stufenlos) stepless [abc]; (unaufhörlich) continuous [abc]

**kontinuierliche Arbeitsweise** continuous handling [roh]

**kontinuierliche Drahtzuführung** continuous wire feed [met]

**kontinuierliche Systeme** continuous systems [roh]

**kontinuierliche Welle** continuous wave [abc]

**kontinuierlicher Abbau** continuous mining [roh]

**kontinuierlicher Schiffsentlader** continuous ship unloader [mot]

**Kontrollampe** control lamp [mot]; indicator lamp [mot]; signal lamp [elt]; signal light [elt]

**Kontrolldreiweghahn** control three-way valve [pow]

**Kontrolle** (der Ausweise, Monitoren) check [mes]; (Unterdrückung) control [pol]; (→ aktionszentrierte K.; → anfragezentrierte K.; → Gütek.; → objektzentrierte K.; → Projektk.; → Prozeßk.)

**Kontrolleuchte** control lamp [mot]; indicator lamp [mot]; indicator light [elt]; (→ Öldruck-Kontrolle)

**Kontrollkörper** (für US-Prüfung) reference block [mes]

**Kontrollmaß** reference dimension [mas]

**Kontrollöffnung** (an Getriebe) checking tap [mot]

**Kontrollrelais** control relay [elt]

**Kontrollschalter** control switch [elt]

**Kontrollschrank** (Schaltschrank) control cabinet [elt]

**Kontrollstruktur** control structure [edv]

**Kontrollventil** (Prüfventil) check valve [wst]

**Kontur** contour [wst]; outline [abc]

**Konturanbau** (Landwirtschaft) contour farming [far]

**Konus** (gleichmäßig rund verjüngend) cone [con]; (rund, verjüngend) taper [mas]

**Konusform** taper [mas]

**konusförmig** conical [con]; tapering [mas]; tapered [con]

**Konuslehre** cone gauge [abc]

**Konusreduzieranschluß** reducer connector [mot]

**Konustrieb** taper cone drive [mas]

**konventionell** conventional [abc]

**Konverterkessel** converter waste heat boiler [pow]

**konvex** (nach außen gerundet) convex [con]

**Konzentration** (Zusammenfassen, Aufmerksamkeit) concentration [abc]; (→ Lastk.)

**konzentrierte Bauelemente** lumped elements [elt]

**Konzept** (Plan, Schema, Absicht) scheme [mas]

**konzeptionelles Schema** conceptual schema [edv]

**konzeptionelles Wissensmodell** conceptual knowledge model [edv]

**Konzern** trust [eco]

**Konzernarbeitskreis** committee on group level [abc]

**Konzernbetriebsrat** shop committee [abc]

**Konzessionsdruck** design pressure [pow]

**konzipieren** (erdenken, ausdenken) conceive [abc]

**konzipiert** developed [abc]; (erdacht, entwickelt) conceived [abc]

**Koordinatenbrennschneidmaschine** coordination flame cutting machine [wzg]

**Kopf** (Körperteil, Anfang, 1. Wagen) head [med]; (oberer Kopf der Rolltreppe) upper end [mbt]; (unterer Kopf der RT) lower end [mbt]

**Kopf der Abstützung** (Waggonabstützung) jack head [mot]

**Kopf machen** (Lok rangiert um Zug) run round [mot]

**Kopfauflage** (Schraubenkopf/Blech) connecting surface [wst]

**Kopfbahnhof** terminal depot [mot]; terminal station [mot]

**Kopffreiheit** head room [mbt]; (Platz nach oben) top liberty [mbt]; (space above person) head [mbt]; (tatsächlicher Abstand) factual mobility [mbt]; (über längere Distanzen) headway [mbt]; (→ weitere K.)

**Kopfhöhe** (d. Schraube) height of head [mas]; (freie Höhe über Apparaten) headroom [abc]; (Zahnrad) addendum [mas]

**Kopfhöhenänderung** (Zahnrad) change of addendum [wst]

**Kopfhörer** (meist Plural) earphone [abc]; (meist Plural) headphone [abc]

**Kopfkissen** (im Bett) pillow [abc]

**Kopfkreis** (innen/außen verzahntes Rad) tip circle [mas]
**Kopfkreisdurchmesser** (Kettenrad) outside diameter [mas]
**Kopframpe** head ramp [mot]
**Kopfschraube** cap screw [mas]; capscrew [mas]
**Kopfschüssel** headpan [abc]
**Kopfspiel** (Zahnrad) clearance [wst]
**Kopfstation** head station [mbt]
**Kopfsteinpflaster** rubble pavement [bau]
**Kopfstrecke** (neben Abbauwand) head gate [roh]
**Kopfstück** head piece [mas]; (Balustrade) newel [mbt]; (Sammelrohr) header [mas]
**Kopfstütze** head rest [mot]; (im Auto) head cushion [mot]; (im Auto) head restraint [mot]
**Kopfträger** (bei Schienenfahrzeugen) buffer beam [mot]
**Kopftragkorb** head basket [abc]
**Koppel** (von Koppel und Schwinge) fork [mbt]
**Koppel und Schwinge** linkage [mbt]; **und Schwinge** toggle links [mbt]
**Koppelkondensator** coupling capacitor [elt]
**Koppellenker** rocker [mbt]
**Koppelrad** external geared wheel [mot]
**Koppelstange** steering rod [mbt]
**Kopplung** coupling [mbt]
**Koralle** (z.B. Bermuda-Koralle) coral [bff]
**Korallenkalk** coral limestone [bau]
**korallenrot** (RAL 3016) coral red [nrm]
**Korb** cage [bau]; (aus Weide geflochten) basket [abc]; (des Fahrstuhls, Fahrstuhlkorb) car [mbt]; (im Bergbau) cage [roh]; (→ Kopftragk.)
**Korbeinsatz** (z.B. in Filter) mesh wire sieve insert [mot]
**Korbfilter** (Flüssigkeiten) basket strainer [che]

**Kordel** (Rändelung, z.B. Rändelrad) knurling [mas]; (Schnur) string [abc]
**Kork** (Flaschenverschluß) bottle stop [abc]; (Stöpsel) cork [abc]
**Korkbelagkupplungslamelle** cork-faced clutch plate [mot]
**Korkenzieher** (zum Öffnen einer Weinflasche) cork screw [wzg]
**Korkstopfen** cork plug [wst]
**Korn** (Getreide) grain [far]; (→ Feink.)
**Korndichte** unit weight of the solid constituents [bau]
**Körner** punch mark [mbt]; (zum Markieren, Zentrieren) prick punch [wzg]; (zum Strahlen) shots [met]
**Körnerschlag** (Markieren, Zentrieren) prick punch [mas]
**körnerschlaggesichert** prick-punch locked [mas]
**Korngrenzen** grain boundaries [wst]
**Korngröße** coal sizing [pow]; particle size [bau]; size of coal [roh]; (Körnung des Materials) grain size [wst]
**Korngrößenansprache** visual designation of grain sizes [bau]
**Korngrößenverteiler** (beweglich; Rostfeuerung) travelling grate traversing coal feeder [pow]; (fest) non-segregating coal distributor [pow]
**Korngruppen** grain-size ranges [bau]
**Korngruppenvergleichsnormale** grading reference size [bau]
**Kornhärte** grain hardness [bau]
**körnig** granular [roh]
**Körnigkeit** mottle [elt]
**Kornlänge** (beim Sandstrahlen) shot length [met]
**kornorientiert** grain oriented [mas]
**Kornstufenschaulehre** visual grading gauge [bau]
**Kornteilchen** grain particles [bau]
**Körnung** coal sizing [pow]; grain [roh]; graining [roh]; size of coal [roh]; grain-sizes [roh]
**Körnungsgröße** particle size [bau]

**Körnungslinie** grading curve [bau]
**Körper** (als Maschinenteil) solid [mot]; (von Mensch oder Tier) body [med]; (z.B. des Motors) block [mot]; (→ Doppelsitz-Ventilk.)
**körperbehindernde Krankheit** disability [med]
**körperbehindert** disabled [med]
**Körperbehinderung** (chronische Schädigung) impediment [med]
**körperliche Anstrengung** physical stress [med]
**Körperschaft** (Gesellschaft) incorporation [abc]; (Bleche vibrieren) structure-borne noise [mot]
**Körperschutzartikel** (z.B. Schuhe) safety clothing items [abc]
**Körperschutzkleidung** safety clothing [abc]
**Korrektheit** (eines Programms) correctness [edv]
**Korrektur** (→ Fadenk.) correction [pow]
**korrigieren** correct [abc]
**korrodierte Wand** corroded wall [roh]
**Korrosion** (durch Altern und Benutzung) corrosion [wst]
**korrosionsbeständig** corrosion-resistant [mot]
**korrosionsbeständiges Gußeisen** corrosion-resistant cast iron [wst]
**korrosionsfest** corrosion-resistant [wst]
**korrosionsgeschützt** corrosion-protected [wst]; electro-galvanized [met]
**Korrosionsnarben** (Grübchen) corrosion scars [wst]
**Korrosionsrisse** corrosion cracks [wst]
**Korrosionsschutztechnische Beratung** advice and information on corrosion prevention [mas]
**Korund** (Strahlmittel) corundum [wst]
**Kosmos** (der Kosmos, das All) Universe [abc]
**kostenmäßige Bearbeitung** cost accounting [eco]

**Kostenmodell** cost model [eco]
**Kostenplanungsingenieur** quantity surveyor [abc]
**Kostenschätzung** cost estimation [eco]
**Kostüm** (Kleidungsstück für Damen) suit [abc]
**Kostümverleih** (Fräcke, Smokings; Schild über Laden) Formal Wear [abc]
**Kot** (in Kugelform; z.B. in Kunstdünger) pellet [abc]; (Straßendreck) mud [abc]
**Kotflügel** fender [mot]; mudguard [mot]; wing [mot]; (z.B. an klassischen Pkw) car wing [mot]
**Kotflügelleuchte** parking lamp [mot]; wing lamp [mot]
**Kotflügelstütze** wing stay [mot]
**Kraft** (am Stiel) arm force [phy]; (des Motors) power [mot]; (körperlich) strength [med]; force [mot]; (→ Anwerfk.; → Arbeitsk. ; → Dichtk.; → Erdbebenk.; → Federk.; → Fliehk.; → Querk.; → Schnittk.; → Umfangsk.; → Zentripetalk.)
**Kraft- und Positionsregelung** force and position control [edv]
**Kraftbedarf** power requirement [mot]
**kraftbetriebene Anlage** power driven construction [mbt]
**Kraftdrehkopf** rotary drive [mbt]
**Kraftdrehkopfdrehmoment** rotary drive torque [mbt]
**Kraftdreieck** power triangle [mbt]
**Krafteingang** power inlet [mot]
**Krafteinleitung** (z.B. Kraft vom Motor) power flow [mbt]
**Kraftelement** element of power [mil]
**Kraftfahrzeug** motor vehicle [mot]; (US: Arbeitsmaschinen a. Betriebsgelände) mobile equipment [mot]; (US: auf Straße) automobile [mot]; (Versicherungsjargon) motor vehicle [jur]
**Kraftfahrzeugpark** motor pool [mot]
**Kraftfahrzeugschlosser** (→ Kfz-Schlosser) automobile mechanic [mas]

**Kraftfluß** power train [mot]; (→ Kraft-
übertragung)
**Kraftformel** power formula [abc]
**kräftig** forceful [abc]; powerful [abc]
**kräftigen** (unterstützen) boost [abc]
**Kraftmaschine** power engine [mot];
(Verbrennungsmotor) combustion
engine [mot]; (Verbrennungsmotor)
engine [mot]
**Kraftmeßdose** load cell [mes]
**Kraftpaket** power pack [mot]
**Kraftrad** motorcycle [mot]; (Krad,
Motorrad) mot bike [mot]; (Krad,
Motorrad) motor bicycle [mot]
**kraftschlüssig** (z.B. Getriebe)
tensionally locked [mbt]
**Kraftschluß** frictional connection
[mas]
**Kraftstoff** fuel [mot]; (→ K. –Hilfs-
leitung; → K.-Hauptbehälter; → K.-
Hauptleitung; → K.-Reservebehälter;
→ K.-Umschalthahn)
**Kraftstoffabstellhahn** fuel shut-off
[mot]
**Kraftstoffanlage** fuel system [mot]
**Kraftstoffbehälter** fuel tank [mot];
supply tank [mot]
**Kraftstoffbehälter und Leitung** fuel
tank and fuel line [mot]
**Kraftstoffdüse** injector [mot]
**Kraftstoffeinfüllstutzen** fuel filler
neck [mot]
**Kraftstoffeinspritzdüse** fuel injection
valve [mot]
**Kraftstoffeinstellbohrung** fuel adjust-
ment hole [mot]
**Kraftstofffförderpumpe** engine fuel
transfer pump [mot]; fuel pump [mot]
**Kraftstoffhahn** fuel valve [mot]
**Kraftstoffhauptbehälter** main fuel
tank [mot]
**Kraftstoffhauptleitung** main fuel line
[mot]
**Kraftstoffheizung** fuel heating [mot]
**Kraftstoffhilfsleitung** auxiliary fuel
line [mot]

**Kraftstofffilter** fuel filter [mot]
**Kraftstoffkanister** fuel can [mot]
**Kraftstofflecks** fuel leak [mot]
**Kraftstoffleitung** fuel feed pipe [mot];
fuel line [mot]; fuel pipe [mot]
**Kraftstoffmesser** (auch Schauglas)
fuel gauge [mot]
**Kraftstoffmeßstab** fuel dip stick
[mot]; (mit Schwimmer) fuel lever
plunger [mot]
**Kraftstoffförderpumpe** fuel transfer
pump [mot]; (in Teileliste) pump, fuel
transfer [mot]
**Kraftstoffpumpe** fuel pump [mot];
(→ Hilfskraftstoff)
**Kraftstoffpumpenantrieb** fuel pump
drive [mot]
**Kraftstoffpumpendeckel** fuel pump
cover [mot]
**Kraftstoffpumpengehäuse** fuel
pump body [mot]; fuel pump
housing [mot]
**Kraftstoffpumpenmembran** fuel
pump diaphragm [mot]
**Kraftstoffpumpensieb** fuel pump
screen [mot]
**Kraftstoffpumpenstößel** fuel pump
tappet [mot]
**Kraftstoffregler** fuel ratio control
[mot]
**Kraftstoffreservebehälter** reserve fuel
tank [mot]
**Kraftstoffrücklaufleitung** fuel return
line [mot]
**Kraftstoffsensor** fuel sensor [mot]
**Kraftstoffsieb** fuel screen [mot]; fuel
strainer [mot]
**Kraftstoffsparausführung**
(colloquial) fuel miser [mot];
(Drehzahl) fuel saving version [mot]
**kraftstoffsparend** fuel efficient [mot]
**Kraftstofftank** fuel tank [mot]
**Kraftstofftank entwässern** drain
[mot]
**Kraftstoffverbrauch** fuel
consumption [mot]

**Kraftstoffverbrauchsmenge** fuel consumption rate [mot]; fuel consumption indicator [mot]
**Kraftstoffvorfilter** fuel pre-filter [mot]
**Kraftstoffvorratsbehälter** (Tank) fuel tank [mot]
**Kraftstoffvorratszeiger** fuel gauge [mot]
**Kraftstoffwirtschaftlichkeit** fuel economy [mot]
**Kraftstoffzufuhr** fuel supply [mot]
**Kraftstromleitung** high-voltage cable [elt]
**Kraftübertragung** transmission of force [mas]; (Motor-Getriebe-Rad) power transmission [mot]; (Motor-Getriebe-Rad) transmission of power [mas]; (v. Motor bis Räder) power train [mot]; (→ Kraftfluß)
**Kraftverbrauch** power consumption [mot]; power requirements [mot]
**Kraftverstärkung** increased forces [mot]; power increase [mot]
**Kraftwagenbeförderung** (der Bahn) carriage of cars [mot]
**Kraft-Wärme-Kopplung** recovering and utilizing waste heat [pow]
**Kraftwegmethode** (für Einbau) pathway method [mot]
**Kraftwerk** power station [abc]; (→ Fernheizk.; → Großk.; → Grundlastk.; → Heizk.; → Speicherk.)
**Kraftwerkskessel** power station boiler [pow]
**Kragen** (an Hemd, Welle) collar [wst]; (Zyklon) cyclone throat [pow]
**Kragenbüchse** collar bushing [wst]
**Kragplatte** (Hochbau) cantilever platform [bau]
**Krähenfüße** (Gesicht; auch Schweißen) crow's feet [met]; (Gesicht; auch Schweißen) wrinkles [med]
**Kralle** claw [wst]
**Kran** hoist [mas]; crane [wst]; (→ Elektrok.)

**Kranausleger** (am Stapler) crane boom [mbt]; crane jib [mot]
**Kranausleger, hydraulisch schwenkbar** crane boom with hydraulic continuous slewing [mot]
**krängen** (Schiff neigt sich zur Seite) heel [mot]
**krängend** heeling [mot]
**Krängung** heel [mot]; list [mot]
**krank** (ernstlich) ill [med]
**krank feiern** sick leave [med]
**Krankapazität** crane capacity [mot]
**Krankengeld** sick pay [med]; sickness compensation [med]
**Krankenhaus** hospital [med]
**Krankenhausstation** hospital ward [med]
**Krankenstand** number of staff ill [med]; (die Liste) sick list [med]
**Krankenversicherung** health fund [med]
**Krankenwagen** (Automobil) ambulance [med]; (Lazarettwagen d. Bahn) ambulance coach [mot]
**Krankheit** disease [med]
**Kranladung** crane load [mot]
**Kranlaufrolle** crane roller [mot]
**Kranlaufwerk** (robust, langsam) crane undercarriage [mot]; (Gegensatz: Traktorenlaufwerk) crane crawler unit [mot]
**Kranmotor** crane engine [mot]
**Kranprüfplatz** crane test srea [mot]
**Kranturm** crane tower [mot]
**Krantyp** model of crane [mot]
**Kranwagenfahrgestell** crane carrier [mot]
**Kranz** (Felge) rim [mot]
**Krater** crater [met]
**Kraterblech** (abschneiden, wenn kalt) crater plate [met]
**Kraterriß** (Riß im Krater) crater crack [met]
**kratzen** scrape [abc]; scratch [mas]
**Kratzer** (Harke) rake [wzg]; (unerwünscht) scratch [mas]; (z.B. Brückenkratzer) reclaimer [mbt]; (z.B. Kettenkratzer) scraper [mbt]

**Kratzerbügel** (am Kettenkratzer) scraper bow [mbt]

**Kraut** (Kohl) cabbage [bff]

**Krebs** (Krankheit) cancer [med]; (Tier) crawfish [bff]

**Kreide** chalk [roh]

**Kreieren-Aktion, beim WASP-Parser** create action, in WASP parser [edv]

**Kreis** circle [mat]; (Landkreis) county [abc]

**Kreisbahn** branch line [mot]

**Kreisbogen** arc [mat]

**kreisbogenförmige Stranggußanlage** circular arc type plant [wst]

**Kreisel** (Kinderspielzeug) top [abc]

**Kreiselbrecher** cone crusher [roh]

**Kreiselkipper** (auch Kreiselwipper) revolving tipper [mbt]; (Kohlenwagen Bergbau) tipper [roh]

**Kreiselkompaß** gyro compass [mot]; gyrostat [mot]

**Kreiselpumpe** centrifugal pump [pow]; rotary pump [mas]

**Kreiselrad** turbine [mas]

**Kreiselwipper** (auch Kreiselkipper) rotary tipper [mbt]; (auch Kreiselkipper) tipper [mbt]; (Kohlenwagen Bergbau) tipper [roh]

**kreisen** rotate [mas]

**Kreisförderer** endless conveyor [roh]

**kreisförmige Stranggußanlage** circular arc type plant [wst]

**Kreisfrequenz** angular frequency [phy]

**Kreislager** (Mischbett) circular blending bed [roh]

**Kreislauf** cycle [bau]; (geschlossener) circuit [mot]; (→ geschlossener K.)

**Kreislauf für d. Ausrüstung** (Bagger) implement circuit [mbt]

**Kreislaufwasserwirtschaft** circuit water system [bau]

**Kreisprozeß** cycle [pow]

**Kreisring** annulus [abc]

**Kreissäge** circular saw [wzg]; (für Metall) metal circular saw [wzg]

**kreisscheibenförmiger Reflektor** disc-shaped reflector [elt]

**Kreisscheibenstrahler** radiator [elt]

**Kreisverkehr** (Hin- und Herfahrt) turn after passage and work [mbt]; (Straßenkreuzung im Kreis) round-about [mot]

**Krempenrisse** flange cracks [mas]

**Kreuz** cross [abc]

**Kreuzblech** (Gittermastkonstruktion) gusset [mas]

**kreuzen** (2 Züge begegnen sich) meet [mot]

**Kreuzgang** (Bögen, Innenwand Kloster) cloister [bau]; (im Kreuzgang <Farbe> auftragen) crosswise [met]

**Kreuzgelenk** cardan joint [mot]; knuckle joint [mot]; universal joint [mot]; (Kardangelenk) U-Joint [mot]; (Kardangelenk) universal joint [mot]

**Kreuzgelenkgabel** universal joint yoke [mot]

**Kreuzhacke** (Spitzhacke) pickaxe [wzg]

**Kreuzhebel** (z.B. Bagger, Computer) joystick [mbt]

**Kreuzhebelsteuerung** joystick control [mbt]

**Kreuzknoten** (Knoten) reef knot [mot]; (Knoten) square knot [mot]

**Kreuzkopf** yoke [mbt]; (der Lok; in Gleitbahnen) crosshead [mot]

**Kreuzlauf** cross run [mbt]

**Kreuzlochmutter** round nut with set pin hole in side [mas]

**Kreuzlochschraube** capstan screw [mas]

**Kreuzmeißel** cross-cut chisel [wzg]; parallel cross-bit chisel [wzg]

**Kreuzschaltung** (Bedienungshebel) joystick control [mbt]

**Kreuzschliff** cross grind [mbt]

**Kreuzschlitzschraubenzieher** four-way wheel brace [wzg]

**Kreuzschraube** (Kreuzbolzen) Phillips screw [mas]

**Kreuzschraubenzieher** Phillips screw-driver [wzg]

**Kreuzstoß** (kreuzartig verschweißte Bleche) cross butt joint [met]

**Kreuzstrom** cross flow [pow]

**Kreuzstück** cross piece [wst]; four-way connector [mot]; (Rohrleitung) cross piece [pow]

**Kreuzung** (Doppelkreuzweiche) double crossover [mot]; (einfach, 2 Bahnstrecken) common crossing [mot]; (einfach, 2 Bahnstrecken) diamond crossing [mot]; (Eisenbahn) crossing [mot]; (große Straßenkreuzung) intersection [mot]; (Kreisverkehr in GB) roundabout [mot]; (Kreuzweiche) crossover [mot]; (Schiene/Straße) level crossing [mot]; (v. Eisenbahnen od. Straßen) junction [mot]

**Kreuzungspunkt** intersection point [bau]

**Kreuzverband** (Mauerwerk) crossbond [pow]

**Kreuzverschraubung** four-way coupling [mot]

**Kreuzweiche** crossing [mot]; crossover [mot]; scissors crossing [mot]

**kreuzweise** cross [wst]; crosswise [abc]

**kreuzweise Anordnung** (z.B. Rolltreppen) criss cross [mbt]

**Kreuzzapfen** (bei Maschinen) cross pin [wst]

**kriechen** (Öl an Kolben vorbei) creep-ing [mot]; (schlecht befestigte Schiene) rail creep [mot]

**kriechendes Öl** creeping oil [mot]

**Kriechfestigkeit** creep strength [pow]

**Kriechgang** inching [mot]; precision gear [mot]

**Kriechgangschaltung** (in Preisliste) precision gear shifting [mot]

**Krieg** war [mil]

**Kriegführung** warfare [mil]

**Kriegsberichterstattung** war coverage [mil]

**Krise** crisis [abc]

**Kristall** crystal [che]

**Kristallbefestigung** crystal mounting [wst]

**Kristallisation** crystallization [che]

**Kristallunterlage** crystal backing [met]

**Kriterium** (→ Nyquist-K.) criterion [elt]

**Kritik** criticism [abc]

**Kritiker** critic [abc]

**kritische Grundprozeduren** dangerous primitives [edv]

**kritischer Weg** critical path [bau]

**kritischer Winkel** critical angle [abc]

**Krone** crown [abc]

**Kronenmutter** castle nut [mas]; hex castle nut [mbt]; hexagon slotted nut [mas]

**Kröpfung** throw [elt]

**Krücke** (auf Krücken gehen) crutch [abc]

**Krümelstruktur** friable structure [bau]

**krumm** crooked [wst]

**krummbeinig** bow-legged [abc]

**krümmen** (biegen) bend [met]

**Krümmer** (des Rohres) elbow [mot]; (z.B. Auspuff) manifold [mot]

**Krümmung** bow [abc]; curvature [abc]

**Krümmungsradius** bend radius [con]; curvature [con]

**Kruste** (→ Erdk.) crust [geo]

**Kübel** (beim Scraper) bowl [mbt]; (größerer Eimer) bucket [abc]; (hier Grabgefäß) bucket [mbt]

**Kübelbremsventil** bowl brake valve [mas]

**Kübelfettpresse** volume compressor [mot]

**Kübelführung** ladder [mot]

**Kübelwagen** (3/4-Tonner) three/quarter ton track [mot]; (größerer, offener Pkw) command car [mot]

**Kubikfuß** (ft³) cubic foot [abc]
**Kubikmeter** (m³) cubic meter [abc]
**Kubikyard** (yd³) cubic yard [abc]
**Kubikzentimeter** (cm³, Hubraum, z.B. Auto) cc [mot]
**kubisch** cubical [bau]; (Kornform aus Brecher) cubic [roh]
**Küchengeräte** (z.B. Herd) appliance [abc]
**Küchenschrank** (f. Tassen und Teller) cupboard [bau]
**Kufe** (auch des Schlittens) skid [abc]
**Kufenunterbau** skid mounting [mas]
**Kugel** (allgemein; Ball) ball [abc]; (fällt beim Knäppern) drop ball [mbt]
**Kugelbehälter** (oben, Kugelregen) disengaging tank [pow]; (oben, Kugelregen) shot storage tank [pow]
**Kugelbolzen** ball stud [mot]
**Kugeldrehkranz** slewing ring [mot]; (mit Kugellagern) ball-bearing slewing-ring [mbt]; (→ Rollendrehkranz)
**Kugeldrehverbindung** ball bearing slewing ring [mas]; ball-bearing slew ring [mbt]; slewing ring connection [mot]; (dreireihig) ball-bearing slewing ring [mbt]; (einreihige-) single-row ball-bearing slewing ring [mbt]; (mehrreihig) multi-row ball-bearing slewing ring [mbt]; (Seilbaggerwort) swing rack [mbt]; (unüblich) turret [mas]; (zweireihig) ball-bearing slewing ring [mbt]; (→ Rollendreh)
**Kugelfeder** volute spring [mas]
**kugelförmig** ball-shaped [abc]; spherical [mas]
**Kugelfüllung** (Kugelmühle) ball charge [roh]
**Kugelgelenk** ball and socket joint [mot]; ball joint [mas]
**Kugelgelenkwelle** universal jointed shaft [mot]
**Kugelgraphit** nodular graphite [wst]
**Kugelgriff** ball handle [mas]

**Kugelhahn** (k-förmiges Ventil mit Bohrung) ball valve [mot]
**Kugelhülse** ball bushing [mas]
**Kugelhülse aus Gummi** ball sleeve, rubber [mas]
**kugelig** spherical [mas]
**Kugelkäfig** ball retainer [mas]
**Kugelkopf** ball [mot]; (Schreibmaschine) golf ball [abc]
**Kugelkopfschreibmaschine** golf-ball-type typewriter [abc]
**Kugellager** ball bearing [mas]; (→ Schräg.)
**Kugellaufbahn** ball cage [mot]
**Kugellenkkranz** turn-table [mas]; (HRS) turn-table [mas]
**Kugelmühle** ball mill [roh]; race pulverizer [roh]
**Kugelmühle mit Luftsichtung** air-swept ball mill [roh]
**Kugeln** (Kugelregen) ball shot [pow]; (Kugelregen) iron shot [pow]
**Kugelpfanne** ball mug [mbt]; ball socket [mas]; (→ Kugelschale)
**Kugelpilz** ball journal [mbt]; ball pin [mbt]
**Kugelprallverteiler** distributor [pow]
**Kugelreflektor** spherical reflector [mas]
**Kugelregen** shot blast plant [pow]; shot cleaning [pow]
**Kugelring** ball retaining ring [mot]
**Kugelrückgewinnung** (Kugelregen) shot recovery [pow]
**Kugelrückschlagventil** ball retaining valve [mas]
**Kugelschale** ball socket [mas]; spherical cap [mot]; spherical rocket shell [mot]
**Kugelschaltung** ball and socket gear change [mot]
**Kugelschreiber** ball pen [abc]; biro [abc]
**kugelsicher** (z.B. Panzerglas) bullet proof [mil]
**Kugelsitz** seat of ball [mot]

**Kugelstange** (in Axialkolbenpumpe) ball rod [mas]

**Kugelstrahlen** (ähnlich Sandstrahlen) shot peening [met]

**Kugelventil** ball valve [mas]

**Kugelverteilungskasten** (oben) disengaging tank [pow]; (oben) separation tank [roh]

**Kugelwelle** spherical wave [mot]

**Kugelzapfen** ball journal [mas]

**Kuhdung** cowdung [far]

**Kuhfänger** (an Lok) cow catcher [mot]

**Kuhfuß** (Nagelzieher) claw wrench [wzg]; (Nagelzieher) nail drawer [wzg]; (Nagelzieher) nail puller [wzg]

**kühl** cool [wet]

**Kühl- u. Prozeßwasser** cooling and process water [wst]

**Kühlanlage** cooling system [abc]

**Kühlanlageningenieur** refrigeration engineer [abc]

**Kühlbehälter** refrigerated container [mot]

**Kühlcontainerschiff** refrigerated container vessel [mot]

**Kühlen** cooling [roh]; (→ Nachk.)

**Kühler** attemperator [pow]; cooler [mot]; desuperheater [pow]; (an Kfz) radiator [mot]; (nachgeschalteter Regler) after-cooler [pow]; (z.B. Autokühler) rad [mot]; (→ außenliegender K.; → Einspritzk.; → Heißdampfk.; → innenliegender K.; → Kühlerschlangen; → Lamellenk.; → nachgeschalteter K.; → Oberflächenk.; → Wasserrohrk.; → zwischengeschalteter K.)

**Kühlerabdeckung** radiator shutter [mot]

**Kühlerauslaßstutzen** radiator water outlet [mot]

**Kühlerauslaufstutzen** radiator outlet connection [mot]

**Kühlerbefestigungsband** radiator fastening strap [mot]

**Kühlerblock** core [mot]; radiator block [mot]; radiator core [mot]

**Kühlerdichtung** radiator jointing material [mot]

**Kühlereinfüllstutzen** radiator filler tube [mot]

**Kühlereinlaßstutzen** radiator water inlet [mot]

**Kühlereinlaufstutzen** radiator inlet connection [mot]

**Kühlereinsatz** radiator core [mot]

**Kühlerfuß** radiator mounting [mot]

**Kühlergehäuse** radiator frame [mot]

**Kühlergrill** radiator grill [mot]

**Kühlerhaube** radiator bonnet [mot]

**Kühlerjalousie** radiator shutter [mot]

**Kühlernetz** radiator block [mot]

**Kühlerrippe** radiator core fin [mot]

**Kühlerröhrchen** radiator tube [mot]

**Kühlerschlangen** nest of tubes for cooler [pow]; tube bank for cooler [pow]

**Kühlerschlauch** radiator hose [mot]

**Kühlerschutz** radiator guard [mot]

**Kühlerschutzbügel** radiator guard [mot]

**Kühlerschutzgitter** radiator grill [mot]

**Kühlerschutzring** radiator safety ring [mot]

**Kühlerspritzblech** radiator baffle plate [mot]

**Kühlerstrebe** radiator strut [mot]

**Kühlerteilblock** radiator element [mot]

**Kühlerträger** radiator mounting [mot]

**Kühlerventilator** radiator fan [mot]

**Kühlerverbindungsrohre** attemperator connections [pow]

**Kühlerverkleidung** radiator cowl [mot]; radiator cowling [mot]

**Kühlerverschraubung** radiator cap [mot]

**Kühlerwasserkasten** radiator tank [mot]; (oberer) radiator upper tank [mot]

**Kühlerwasserübertemperatur** excess temperature of coolant [mot]

**Kühlerwasserübertemperaturschalter** alarm switch [mot]

**Kühlfahrzeug** refrigerated lorry [mot]
**Kühlflats** cooling flats [mot]
**Kühlflüssigkeit** coolant [mot]
**Kühlgebläse** cooling air blower [mot]; cooling fan [mot]
**Kühlluftabführung** cool-air ducting [air]
**Kühlluftführung** air guide intake [air]
**Kühlluftgebläse** air-cooling fan [mot]
**Kühlluftrahmen** air-duct [mas]
**Kühlluftthermostat** cooling air thermostat [mot]
**Kühlmantel** cooling jacket [mot]
**Kühlmittel** coolant [mot]
**Kühlpaletten** cooling pallets [wst]
**Kühlrippe** fin [mot]
**Kühlrohr** (Feuerraum) furnace cooling tube [pow]
**Kühlschiff** refrigerator ship [mot]
**Kühlschirm** cooling screen [pow]; heat absorbing tubes [pow]
**Kühlschlitz** louvre [mot]; vent [mot]
**Kühlturm** (z.B. bei Elektrizitätswerk) cooling tower [elt]
**Kühlung** cooling [mot]; (→ Gebläse-luft-K.; → Wärmeumlauf-K.; → Wasserstoffk.)
**Kühlwagen** (der Bahn) refrigerated wagon [mot]; (Lkw) refrigerated lorry [mot]
**Kühlwasser** coolant [mot]; cooling water [mot]
**Kühlwasser an Laufbuchsen** coolant around liners [mot]
**Kühlwasseraufbereitungsanlage** cooling water treatment plant [mas]
**Kühlwasserauslaufstutzen** water outlet connection [mot]; water inlet connection [mot]
**Kühlwasserfernthermometer** water temperature gauge [mot]
**Kühlwasserfluß** coolant flow [mot]
**Kühlwasserleitung** cooling water pipe [mot]; cooling water piping [mot]
**Kühlwasserprüfgerät** coolant testing device [mes]

**Kühlwasserpumpe** cooling water pump [mot]
**Kühlwasserthermometer** cooling water thermometer [mot]
**Kühlwasserthermostat** cooling water thermostat [mot]
**Kühlwasserzusatz** cooling water additive [mot]
**Kühlwindabweiser** fan blast deflector [air]
**Kühlziffer** effectiveness factor [pow]
**Küken** (junger Vogel) chick [bff]
**Kuli** (Koffer-, Gepäckkuli) trolley [abc]
**Kulisse** (schützt Kette vor Längung u. Bruch) guard [mbt]
**Kulissenschaltung** gate change [mot]
**Kundendienst** (nach Inbetriebnahme) after-sales service [eco]
**Kundendienst an der Baustelle** job-site service [abc]
**Kundendienstdaten** service data [abc]
**Kundendienstfahrzeug** service truck [mot]; service vehicle [mot]
**Kundendienstgeräte** service equipment [mas]
**Kundendienstleitung** management - after sales service [abc]
**Kundendienstnetz** service net [abc]
**Kundendienstpersonal** service staff [abc]
**Kundendienststellen** (im Außendienst) after-sales service points [abc]
**Kundendienstwagen** service van [mot]
**kundenorientiert** (auf Wunsch des Kunden) customer-made [wst]
**kundenseitig** (Kunde stellt Teil) cus-tomer-provided [abc]
**kundenspezifisch** customer-specified [abc]
**Kunstdünger** fertilizer [far]; (Chemikalien statt Dung) artificial fertilizer [che]
**Kunstfaserkonfektionierung** man-made fibre [mbt]

**Kunstglied** (Prothese) prosthetic device [med]

**Kunstharz** artificial resin [che]; resin [wst]

**künstlich** (v. Menschen; nicht natürl.) artificial [abc]

**künstlich erzeugt** artifically produced [abc]

**künstliche Auffüllung** artificial fill [bod]

**künstliche Beatmung** artificial respiration [med]

**künstliche Intelligenz** (KI) artificial intelligence [edv]

**künstlicher Fehler** artificial flaw [mas]

**künstlicher Kanal** man-made canal [abc]

**künstlicher Zug** (Zug im Kessel) artificial draught [pow]

**Kunstschlauch** plastic hose [abc]

**Kunststoff** (als Oberbegriff) plastics [wst]

**Kunststoffabdeckung** (der Federklammer) plastic cover [mot]

**Kunststoffband** non-metallic strapping [abc]

**kunststoffbeschichtet** plastic coated [met]; plastic laminated [met]

**Kunststoffbodenplatte** (Raupenkette) plastic pad [mbt]

**Kunststoffdübel** (für Betonschwelle) plastic dowel [mot]

**Kunststoffe** plastic materials [wst]; plastics [wst]

**Kunststofferzeugnisse** semis made of plastics [mas]

**Kunststoffgleiteinlage** plastic sliding insert [mot]

**kunststoff-imprägnierte Filterpatrone** plastic-treated paper filter cartridge [mas]

**Kunststoffkehrwalze** (der Kehrmaschine) plastic brush [mot]

**Kunststoffleitungen** plastic piping [mot]

**Kunststoffpolster** plastic cushion [mbt]; plastic insert [abc]

**Kunststoff-Stahl-Kehrwalze** plastic-steel brush [mot]

**Kunststoffüberzug** plastic coating [met]

**kunststoffummantelte Rohre u. Profil** plastic coated tubes and sections [met]

**Kunststoffverpackungsband** non-metallic strapping [abc]; plastic strapping [abc]

**Kunstwerk** (Statue, Gemälde, usw.) piece of art [abc]

**Kupfer** (aus Tagebau) copper [roh]; (Cu) copper [wst]; (Leitkupfer) copper [wst]

**Kupferasbestdichtung** copper asbestos gasket [wst]

**Kupfer-Basis-Legierungen** copper alloys [wst]

**kupferbraun** (RAL 8004) copper brown [nrm]

**Kupferdichtung** copper seal [wst]

**Kupferdorn** copper mandrel [wst]

**Kupferkanne** copper pot [abc]

**Kupferlegierung** copper alloy [wst]

**Kuppe** (kegelförmig) cone [wst]

**Kuppel** (z.B. Abdeckung Sternwarte) dome [bau]

**Kupplerarmführung** (vordere...) striker [mot]; (vorderer Anschlag) striker [mot]

**Kupplung** (starre Kupplung) coupling [mbt]; (z.B. an Anhänger, Waggon) coupling [mot]; (zwischen Gängen) clutch [mot]; (→ Abschleppk.; → Antriebsk.; → elastische K.; → Flüssigkeitsk.; → hydraulische K.; → Klauenk.; → Magnetk.; → Muffenk.; → Rutschk.; → Schnellk.; → Schraubk.; → selbsttätige K.)

**Kupplungs-Ausrückmuffe** clutch collar [mot]

**Kupplungsbelag** clutch lining [mot]; facing [mot], clutch facing [mot]

**Kupplungsbolzenring** coupling-pin ring [mot]

**Kupplungsbremse** clutch brake [mot]

**Kupplungsdeckel** clutch cover [mot]

**Kupplungsdruckfeder** clutch thrust spring [mot]

**Kupplungsdrucklager** clutch thrust bearing [mot]

**Kupplungsdruckplatte** clutch pressure plate [mot]

**Kupplungsfeder** clutch spring [mot]

**Kupplungsführungslager** clutch guide bearing [mot]

**Kupplungsgabel** (des Anhängers) coupling triangle [mot]; (Gestänge) clutch fork [mot]

**Kupplungsgehäuse** clutch housing [mot]

**Kupplungsgelenk** clutch linkage [mot]

**Kupplungsgestänge** clutch control [mot]

**Kupplungshahn** (der pneumat. Bremse) coupling cock [mot]

**Kupplungshaken** coupling hook [mot]

**Kupplungshälfte** coupling half [mot]

**Kupplungshebel** clutch control [mot]

**Kupplungskopf** brake line coupling [mot]

**Kupplungskopf mit Stift** coupling with pin [mot]

**Kupplungskopf mit Ventil** coupling with internal valve [mot]

**Kupplungslamelle** clutch plate [mot]

**Kupplungslamelle mit Korkbelag** cork-faced clutch plate [mot]

**Kupplungsnabe** clutch hub [mot]

**Kupplungspedal** clutch pedal [mot]

**Kupplungsscheibe** clutch disc [mot]; clutch plate [mot]; connector flange [mot]

**Kupplungsstange** (der Lok) coupling rod [mot]; (des Anhängers) drawbar [mot]

**Kupplungsstellmutter** clutch adjusting nut [mot]

**Kupplungsstück** coupling [wst]

**Kupplungsträger** clutch carrier [mot]

**Kupplungtreibscheibe** clutch drive plate [mot]

**Kupplungsventile** (z.B. Luftdruck) coupling cocks [mot]

**Kupplungswelle** clutch shaft [mot]

**Kur** (Krankheitsbehandlung) health treatment [med]

**Kurbel** (Anlassen altes Auto) crank [mot]; (→ Andrehk.)

**Kurbelfenster** crank operated window [mot]

**Kurbelgehäuse** (Kurbelwellengehäuse) crank case [mot]

**Kurbelgehäuseoberteil** crankcase top half [mot]

**Kurbelgehäuseschutz** crank case guard [mot]

**Kurbelgehäuseunterteil** crankcase bottom half [mot]

**Kurbeltrieb** crankshaft drive [mot]

**Kurbelwelle** (mit Kurbellagern) crankshaft [mot]; (→ Andrehk.)

**Kurbelwellendichtung** crankshaft oil seal [mot]

**Kurbelwellenlager** crankshaft bearing [mot]; journal bearing [mot]

**Kurbelwellenlagerdeckel** crankshaft bearing cap [mot]

**Kurbelwellenlagerschale** crankshaft bearing shell [mot]

**Kurbelwellenrad** crankshaft gear [mot]

**Kurbelwellenradialdichtung** crankshaft oil seal [mot]

**Kurbelwellenschleifmaschine** crankshaft grinding machine [wzg]

**Kurbelzapfen** crank pin [mot]

**kuren** (eine Kur mitmachen) take the waters [med]

**kurieren** (heilen) remedy [med]; cure [med]

**Kurs** (Reiseweg) route [mot]

**Kursbuch** (Fahrplan) time table [mot]
**Kurve** (absichtlich eingebaut) curve [mot]; (der Bahn) curve [mot]; (der Straße; auch natürlich) bend [mot]; (→ Haarnadelk.; → Lastsetzungsk.; → scharfe K.; → Siebk.)
**Kurve mit Gefälle zur Bergseite** salient curve [mot]
**Kurvenaußenseite** outside of the turn [mot]
**Kurveneingang** (zur Seite, geneigt, führt flach in Kurve) transition curve [mot]
**kurvengängig** (-er Portalkran) able to negotiate curves [mbt]
**Kurveninnenseite** inside of the turn [mot]
**Kurvenradius** curve radius [mot]; curve rating [mot]
**kurvenreich** (-e Bahnstrecke) serpentine [mot]
**Kurvenrolle** cam follower [wst]
**Kurvenscheibe** cam plate [mot]
**Kurvenwiderstand** curve resistance [mot]
**kurz** (z.B. geringe Entfernung) short [abc]
**kurz für** short for [abc]
**Kurzanalyse** approximate analysis [mes]; proximate analysis [mes]
**Kurzarbeit** (wegen Arbeitsmangel) short work [abc]
**Kurzbeil** hatchet [wzg]
**Kurzbrief** short note [abc]
**kürzen** (verkürzen) shorten [mas]
**kurzer Blechschornstein** stub stack [pow]
**kurzflammige Kohle** short flaming coal [pow]
**kurzfristig** short-term [abc]
**kurzgekuppelt** close coupled [mot]
**Kurzgeschichte** short story [abc]
**Kurzhebel** (z.B. Baggerbedienung) joystick [mbt]
**Kurzhebelsteuerung** joystick control [mbt]

**Kurzheck** (z.B. Kompaktbagger) short rear [mbt]
**Kurzhobelmaschine** short block leveller [wzg]
**Kurzholzgreifer** light timber grab [mbt]
**Kurzholzgreifer** log grab [mbt]
**Kurzhub** oversquare [mot]
**Kurzhuber** oversquare [mot]
**Kurzhubmotor** short stroke engine [mot]; oversquare [mot]
**Kurzkupplung** close coupling [mot]
**Kurzschar** short blade [mbt]; short mouldboard [mbt]
**kurzschließen** (Kontakte) short [elt]
**Kurzschließer** shorting device [elt]
**Kurzschluß** short circuit [elt]; (→ virtueller K.)
**Kurzschlußkabel** switch wire [elt]
**Kurzschlußläufer** short-circuited rotor [mbt]
**Kurzschlußläufermotor** squirrel-cage induction motor [elt]; squirrel-cage motor [elt]; (der Rolltreppe) short circuit rotor motor [mbt]
**Kurzschlußleitung** bypass line [elt]
**Kurzschlußmotor** squirrel cage motor [elt]
**Kurzschlußrohr** circulation tube [pow]
**Kurzschlußventil** (Druckbegrenzungs- und Überström-Ventil) crossover valve [wst]
**Kurzschlußverluste** short circuit losses [elt]
**kurzsichtig** near-sighted [med]
**Kurzverzahnung** short toothing [mas]
**Kurzzeichen** acronym [abc]
**Kurzzeitdrift** short-time drift [mbt]
**Kurzzeitgedächtnis** short-term memory [edv]
**Kusa** (→ Anfahrwiderstand) starting resistance [mbt]
**Kusa-Schaltung** Kusa control [mbt]
**Kusa-Widerstand** starting resistance [mbt]; (Anfahrwiderstand) Kusa [mbt]

**Küste** (Meeresstrand) coast [abc]
**Kutsche** (Himmelswagen) chariot
 [abc]; (im Wilden Westen) stagecoach
 [abc]; (Überlandkutsche) coach [mot];
 (vor Eisenbahn) overland coach [mot]
**k-Wert** (Wärmedurchgangszahl) heat
 transfer coefficient [pow]; (Wärmedurchgangszahl) k-value [pow]
**KW** (Kalenderwoche) calendar week
 [abc]
**Kybernetik** (Vergleich Computer/
 Nerven) cybernetics [abc]
**kybernetisch** cybernetic [abc]

# L

**Labor** laboratory [abc]; lab [abc]
**Labor-Service** labour service [mil]
**Laboratorium** lab [abc]
**Laborprobe** laboratory sample [abc]
**Laborversuch** laboratory test [abc]
**Labyrinthdichtung** screw-type oil seal [mas]; labyrinth seal [pow]
**Labyrinthnute** labyrinth groove [mas]
**Labyrinthring** labyrinth ring [mas]
**lachsrot** (RAL 3022) salmon pink [nrm]
**Lack** paint [abc]; (besonders oberste Schicht) finish [met]; (meist Holzlack) varnish [abc]
**lackieren** (anstreichen) finish [met]; (meist Holz lackieren) varnish [met]
**Lackiererei** (auch: Spritzkabine) paint shop [abc]
**lackiert** varnished [mbt]; (angestrichen) painted [met]; (Weißblech) lacquered [met]
**Lackierung** paint finish [abc]; (Farbgebung der Eisenbahn) livery [mot]
**Lade** (in Möbelstück) drawer [bau]
**Ladeanzeiger** load indicator [abc]
**Ladebaum** (Lademast) derrick [mot]
**Ladebrücke** bridge plate [mot]; (an Stirnseite Flachwagen) drop plate [mot]; (an Stirnseite Flachwagen) end plate [mot]
**Ladedeck** load deck [mot]
**Ladedeckaufstiegsleiter** load deck mounting ladder [mot]
**Ladedeckhöhe** load deck height [mot]
**Ladedeckoberfläche** load deck surface [mot]
**Ladeeinheit** load unit [mot]
**Ladefähigkeit** loading capacity [abc]
**Ladefläche** loading platform [mot]

**Ladegabel für Papierholz** pulp wood fork [mot]
**Ladegerät** generator [elt]
**Ladegeschirr** cargo gear [mot]
**Ladegewicht** weight of load [mot]
**Ladegleichrichter** charging rectifier [elt]
**Ladegut** (aufgeladenes Material) material loaded [mot]; (was hinauf paßt) payload [mot]
**Ladegutart** (z.B. Drahtrollen) goods structure [mot]
**Ladekontrolle** (Lichtmaschine) charge control [elt]
**Ladekontrolleuchte** charge control lamp [elt]; generator lamp [elt]
**Ladekran** (auf Lkw) truck loader crane [mbt]
**Ladelänge** (des Waggons) loading length [mot]
**Ladeleistung** loading performance [mot]; loading capacity [abc]
**Ladelöffel** (Scoop; Ladelöffel zum Reißzahn) scoop [mbt]
**Ladeluft** intercooler [mot]
**Ladeluftkühler** charge air cooler [mot]; intercooler [mot]
**Ladeluftkühlung** charge air cooling [mot]
**Ladeluftleitung** charge air pipe [mot]
**Lademaß der Bahn** loading dimension [mot]; loading gauge [mot]; profile gauge W5 [mot]
**Lademast** (Ladebaum) derrick [mot]
**Laden** shop [abc]; (Kaufladen, Geschäft) store [abc]
**laden** (Batterie) charge [elt]; (beladen, aufladen) load [abc]; (einlesen in Speicher) load [edv]; (Lkw) load [mot]
**Laden an der Ecke** convenience store [abc]
**Laden durch Schubhilfe** push loading [mot]
**Ladenkette** chain stores [abc]
**Ladepritsche** (des Lkw) loading platform [mot]

**Ladepumpe** charge pump [mot]
**Lader** loader [mot]; (→ Frontl.;
→ Radl.)
**Laderampe** (am Güterbahnhof)
loading ramp [mot]; (unter Schiene)
hopper [mot]; (z.B. Schiff, unter
Gleis) hold [mot]
**Laderaumsaugbagger** deep sea
hopper suction dredger [mot]; hopper
suction dredger [mot]; trailing hopper
suction dredger [mbt]
**Laderwendekreis** (Wendekreis des
Laders) outside bucket corner
clearance circle [mot]
**Ladeschaden** (Transportschaden)
damage in transport [jur]
**Ladeschaufel** dipper [mbt]; face shovel
[mbt]; loading shovel [mbt]; (auch
ganzer Bagger, meist verwandt) shovel
[mbt]; (das Gefäß) loading shovel
bucket [mbt]; (Grabgefäß) bucket [mbt]
**Ladeschaufelausrüstung** front end
attachment [roh]
**Ladeschaufelbagger** hydraulic
mining shovel [roh]; hydraulic shovel
[mbt]; shovel [mbt]; (Gegenteil:
Tiefladeschaufelbagger) shovel
excavator [mbt]
**Ladeschaufeleinsatz** shovel
application [mbt]
**Ladesicherungsring** load securing
ring [mas]
**Ladestabilisierungsabstützungen**
load stabilizing jacks [mot]
**Ladestelle** (z.B. im Tagebau) loading
place [roh]; (z.B. im Tagebau) loading
site [abc]
**Ladestromkontrolleuchte** charge
control lamp [elt]
**Ladevorrichtung** loader [mot]
**Ladezeit** loading time [abc]
**Ladung** (Schiff, Lkw, Bahn) cargo
[mot]; (vor ein Gericht) citation [jur];
charge [mbt]; (→ oberste L.)
**Ladungssteuerungsmodell** charge-
control [elt]

**Lage** site [abc]; (Örtlichkeit) place
[abc]; (Ortslage, Teil der Stadt)
location [abc]; (von z.B. Ton) layer
[min]
**Lagebestimmung** (Ortung)
determination of position [mes]
**lagenweise** by layers [mas]
**Lageplan** (z.B. des Schaltschrankes)
layout plan [abc]
**Lager** (des Drainagelöffels, Greifers)
yoke [mot]; (im Bauwesen) bedding
[bau]; (jenseits Motor und Gebläse)
outboard bearing [mot]; (Lagerauge,
Maschinenteil) bearing [mas]; (Lagerstätte, z.B. von Kohle) deposit [roh];
(z.B. Kugellager) bearing [mas];
(zwischen Motor und Gebläse) inboard
bearing [mot]; (→ Ausrückl.; →
Axialpendelrollenl.; → Bremsnockenl.;
→ Endl.; → Festl.; → Flanschl.;
→ Gleitlager-Gelenkl.; → Halsl.;
→ hydraulisch entlastetes L.; →
Kegelrollenl.; → Kugell.; → Losl.; →
Pendelkugell.; → Rillenkugell.; →
Rollenl.; → Schulterkugell.; → Wälzl.)
**Lager mit Untermaß** (zu kleines
Kugellager) undersized bearing [mot]
**Lagerabmessung** bearing dimension
[con]
**Lageranordnung** application of
bearing [mas]
**Lagerarten** bearing types [con]
**Lagerauge** bearing lug [mbt]; eyelet
[mbt]; lug [mbt]; pillow block [mbt];
(an der Kolbenstange) hub [mbt]; (an
Kolbenstange) bearing-eye [mas]; (an
Kolbenstange) end eye [mbt]; (Roll-
treppe) hinge block [mbt]
**Lageraugebolzen** (an Kolbenstange)
hub bolt [mbt]
**Lagerausführung** bearing type [mbt]
**Lagerbeanspruchung** bearing load [con]
**Lagerbelastung** bearing load [con]
**Lagerbestand** (EDV-ermittelbar)
quantity in stock [abc]; (mittels EDV)
inventory file [edv]

**Lagerbewegung** (EDV-Begriff) stock movements [edv]

**Lagerblock** pillow block [mas]; bearing block [mbt]; bearing bracket [mot]; bearing support [mas]; (einfach und doppelt) pivot [mot]; (einfach) clevis foot [mot]; (nimmt ein Lager auf) bearing pedestal [mas]; (Stützblock) support block [mbt]; (zur Aufnahme Zusatzzylinder) boss [mbt]; (zur Aufnahme Zusatzzylinder) fixing boss [mbt]; (zweiteilig) bracket [mas]

**Lagerbock der Laufrolle** end collar [mbt]

**Lagerbolzen** pin [mbt]

**Lagerbuchse** bearing bush [mas]; bearing bushing [mas]

**Lagerdauer** (z.B. Teile im Regal) stock holding period [abc]

**Lagerdeckel** bearing cover [mas]; end frame [mbt]

**Lagereinbau** installation of bearing [mot]

**Lagereinsatz** bearing insert [mas]

**Lagerflansch** bearing flange [mas]

**Lagergehäuse** bearing housing [mas]

**Lagergerät** machine in store [mas]

**Lagergröße** bearing size [con]

**Lagerhals** axle journal [mas]

**Lagerhaltung** inventory [abc]

**Lagerhaus** warehouse [bau]

**Lagerhülse** bearing sleeve [mas]

**Lagerkäfig** bearing cage [mas]

**Lagerkontrolle** (z.B. im Geschäft) store controlling [abc]

**Lagerlauffläche** (des Achsradlagers) journal [mot]

**Lagerleiter** store manager [abc]; storehouse manager [abc]

**Lagerluft** bearing internal clearance [mas]

**Lagermetall** (Weißmetall) babbitt [wst]

**lagern** stock [abc]; store [abc]

**Lagernabe** (des L-Schaufelvorderteils) boss [mas]

**Lagerplatz** storage [mas]

**Lagerplatzausrüstungen** stockyard systems [roh]

**Lagerraum** (Warenreserve) store [abc]

**Lagerreibung** journal bearing [mot]

**Lagerring** bearing ring [mas]; bushing [mbt]

**Lagerrraum** storeroom [abc]

**Lagersatz** (z.B. Radlager) set of bearings [mot]

**Lagerschale** bearing shell [mot]; calotte [wst]; shell [mbt]

**Lagerschild** end plate [mas]; end shield [mas]

**Lagerspiel** (in Maßen erwünscht) bearing clearance [con]; (unerwünscht) bearing play [con]

**Lagerstätte** (z.B. des Erzes) deposit [roh]; (z.B. des Erzes) reserve [roh]

**Lagerstütze** support bracket [mot]

**Lagersystem** warehouse system [abc]

**Lagertank** (Bier reift zu Vollendung) storage tank [abc]

**Lagerung** (des Schaltschrankes) bracket [mot]; (→ beidseitige L.)

**Lagerung Nr. 2** (Stiel/Rückwand) bearing point no. 2 [mbt]

**Lagerungsdichte** density [bau]

**Lagerungsträger** trunnion carrier [mas]

**Lagerwesen** storing [abc]

**lähmen** paralyze [abc]

**Laken** sheet [abc]

**Lambert-Oberfläche** lambertian surfaces [vfs]

**Lamelle** (im Kühler) fin [mot]; (in Lamellenbremse) disk [mot]

**Lamellen-...** multi-disk... [mot]

**Lamellenabstand** (der Lamellen am Kühler) distance between fins [mot]

**Lamellenbremse** multi-disc brake [mot]; multi-disk brake [mot]

**Lamellendifferential** multi disc differential [mot]

**Lamellenkühler** cellular radiator [mot]

**Lamellenselbstsperrdifferential** multi disc self-locking differential [mot]

**Lamellenteilung** (Abstand Kühllamellen) distance between fins [mot]

**Laminarströmung** laminar flow [pow]

**Laminat** laminate [mas]

**Laminatherstellung** production of laminates [abc]

**Lampe** (in Haus und Straße) lamp [elt]; (→ Handl.; → Röhrenl.; → Straßenl.; → Sucherl.; → Warnl.)

**Lampen** light bulbs [mot]

**Lampenfassung** lamp holder [elt]; socket [elt]

**Lampenhalter** lamp bracket [elt]

**Lampenhalterung** lamp support bracket [elt]

**Land** land [abc]

**Landdampfkessel** stationary boiler [pow]

**Landeanflug** (im Landeanflug) coming in [mot]

**Landeklappe** (an Tragflächenfront) Krueger flap [mot]; (Spoiler auf Tragfläche) spoiler [mot]; (unter Tragfläche) inboard flap [mot]

**landen** (des Flugzeuges) come in [mot]; (des Flugzeuges, das Aufsetzen) touch down [mot]; (des Schiffes) land [mot]

**Länderreferent** area manager [eco]

**Landeshauptstadt** national capital [pol]

**Landkarte** (flaches Erdabbild) map [cap]

**Landmesser** surveyor [mes]

**Landschaftsgärtner** landscaping gardener [far]

**Landschaftsgärtnerei** landscaping operation [far]

**Landschaftsgestaltung** gardening and landscaping [far]

**Landstraße** (v. Bundesland unterhalten) highway [mot]; road [mot]

**Landungsbrücke** landing bridge [mot]

**Landwirt** (Bauer) farmer [far]

**Landwirtschaft** (als Industriezweig) agriculture [far]; (Bauernwirtschaft) farming [far]

**landwirtschaftlich** agricultural [far]

**Länge** length [mas]; (→ Außenl.; → Einbindel.; → Federl.; → Gesamtgleisl.; → Grubenl.; → Hubl.; → Innenl.; → Kettenl.; → mittlere L.; → Seitenl.)

**Länge der Trasse** length of route [bau]

**Länge der Zeitlinie** sweep length [mbt]

**Länge über alles** length over all [abc]

**Länge über Puffer** (LüP) length over buffers [mot]

**längengenau markieren** mark true-to-length [abc]

**Längengrad** (von Pol zu Pol) longitude [wet]

**Längenmeßgerät** length measuring device [abc]

**Längenmessung** chaining [mes]

**Längenunterschreitung** insufficient length [abc]

**langer Unterwagen** long crawler [mbt]

**langfristig gesicherte Deponie** specially secured landfill [rec]

**Langfrontabbau** (mit Hobel) long wall mining [roh]

**langgestreckt** stretched [abc]

**langgliedrige Rollenkette** double-pitch roller chain [mas]

**Langhobelmaschine** long block leveller [wzg]

**Langholz** long tailed wood [abc]; long timber [abc]; long wood [abc]

**Langholzgreifer** log grapple [mbt]

**Langholzwagen** (der Bahn) lumber car [mot]; (der Bahn) timber wagon [mot]; (Lkw) lumber truck [mot]

**Langhub** long stroke [mot]

**Langhubstoßdämpfer** long-stroke shock absorber [mot]

**Langkessel** (vor Stehkessel; Dampflok) long boiler [mot]

**Langkesselmaschine** longboiler
locomotive [mot]

**langlebig** (dauerhaft, robust) durable
[abc]

**Langloch** (zum Korrigieren des
Spaltes) slotted hole [mbt]

**Langlochnaht** slot weld [met]

**Langprodukte** long products [mas]

**Langrohrbläser** multi-nozzle soot
blower [pow]; rack type soot blower
[pow]

**Längs- und Querteilen** slitting to
length and width [mas]

**Längsachse** longitudinal axis [mot]

**langsam** slow [abc]

**langsamer Gang** (in kleiner Drehzahl)
low speed [mot]

**langsamer werden** (z.B. der Motor)
pull down [mot]

**Langsamläufer** (Kugelmühle) low
speed pulverizer [wzg]

**Längsausdehnung** longitudinal
extension [abc]

**Langschubbläser** long lance type soot
blower [pow]

**Längsdruck** end thrust [mas]

**Längslager** (Mischbett) longitudinal
blending bed [roh]

**Längslenker** longitudinal control arm
[mot]; trailing link [mbt]

**Längsnaht** straight seam [met]

**Längsnahtrohr** longitudinal pipe
[mas]

**längsnuten** spline [mas]

**Längsprofil** road following course of
countryside [mbt]; road follows course
of countryside [mbt]

**Längsrichtung** longitudinal direction
[abc]; operating & travelling direction
[mbt]; operating direction [abc]

**Längsriß** longitudinal crack [pow]; (der
Schweißnaht) longitudinal crack [met];
(der Schweißnaht) throat crack [met];
(in Zeichnung) side elevation [con]

**Längssattel** (im Seitenentleerwagen)
saddle [mot]

**Längsschnitt** longitudinal section
[bau]

**Längsschweiße** longitudinal weld
[met]

**Längsspiel** (der Waggonachse) axle
floating [mot]; (nicht der
Waganachse!) end clearance [mot]

**Längsteilen** slitting to length [mas]

**Längsteilung** longitudinal spacing
[pow]; (Rohrbündel) back spacing
[pow]

**langstielig** long handle [mas]

**Längsträger** frame side member
[mbt]; longitudinal girder [mot]; side
bar [mot]; side member [mot]; (des
Baggeroberwagens) main frame [mbt];
(des Waggons; Langträger) sole bar
[mot]; (→ Langträger)

**Längstransportleistung** (z.B. Grader)
dozing capacity [mbt]

**Längstrommel** longitudinal drum [pow]

**Längstrommelkessel** longitudinal type
boiler [pow]; longitudinal-drum boiler
[pow]

**längsverstellbar** backward/forward
adjustable [mot]

**Längsverstellung** backward/forward
adjusting [mot]

**Längsverteilerarbeit** (z.B. Grader)
dozing distributing work [mbt]

**Längsvertellungsarbeiten** (z.B.
Grader) dozer spreader work [mbt]

**Langträger** sole bar [mot]; (des
Baggers) crawler support [mbt]; (des
Baggerunterwagens) track frame [mbt]

**Langzeitgedächtnis** long-term
memory [edv]

**Langzeitschmierung** long-term
lubrication [mot]

**Langzeitversuch** long-time test [abc]

**Lanze** (→ Thermol.) lance [met]

**Lanzenlangschubbläser** long lance
type soot blower [pow]; rack soot
blower [pow]

**Lappen** (Putzlappen, Lumpen) rag [abc]

**läppen** (fein polieren) lap [met]

**Laptop** (kleiner tragbarer PC) laptop [edv]

**Lärm** (Krach, Radau) noise [aku]

**lärmdämpfender Stahl** noise abating steel [wst]

**Lärmdämpfung** noise attenuation [mot]

**Lärmschutz** noise abatement [aku]; noise reduction [aku]

**Lärmschutzelemente** noise control elements [aku]

**Lasche** connector [mbt]; shackle [mas]; strap [mas]; (an der Schiene) fish plate [mot]; (bei Rollenkette) plate [mas]; (Transportbefestigung) eye [abc]; (→ Federl.)

**Laschengelenk** shackle joint [mot]

**Laschenhöhe** (bei Rollenkette) height of link plates [mas]

**Laschenkette** connector chain [mbt]; (Trogkettenförderer) drag link conveyor chain [mas]

**Laschenloch** bolt hole [mas]

**Laschenlochriß** bolt-hole crack [mas]

**Laschenschraube** (f. Kleinbahnschiene) fishbolt [mot]

**Laser** (Lichtverstärkung durch stimulierte Aussendung von Strahlen) Laser [elt]

**Lasergeber** laser transmitter [mbt]

**lasergeschweißt** (DIN 1910) laser welded [met]

**lasergeschweißtes Edelstahlrohr** laser-beam welded special steel pipe [mas]

**Lasernehmer** laser receiver [mbt]

**Laserschweißen** (DIN 1910) laser welding [met]

**Laserstrahlschweißen** (DIN 1910) laser welding [met]

**Last** (auf der Rolltreppe) load [mbt]; (Bürde, Gewicht) weight [abc]; (zu heben, zu tragen) load [abc]; (→ Gebäudel.; → Gegenl.; → Lastannahme; → Nennl.; → Punktl.; → Spitzenl.; → Teill.)

**Last abwerfen** shed load [pow]; throw off the load [abc]

**lastabhängig** (z.B. lastabhängige Bremskraft) load depending [abc]

**lastabhängige Bremskraft** load depending brake force [mot]

**Lastabnahme** (Lastabsenkung) decrease in load [pow]

**Lastabschalter** load break switch [elt]; overload switch [elt]

**Lastabsenkung** (Lastabnahme) decrease in load [pow]

**Lastabsenkungsverhältnis** turn-down ratio [mas]

**Lastabstand** (beim Stapler) load distance [mot]

**Lastannahme** design load [bau]

**Lastarm** (Hebel) work arm [mas]; (z.B. Laderstiel) lift arm [mas]

**Lastart** kind of load [pow]

**Lastausgleich** load balancing [abc]

**Lastausgleichshebel** load balancing lever [mas]

**Lastbegrenzungsknopf** load limit knob [mot]

**Lastbereich** load range [pow]

**Lastenheft** (bei Neuentwicklungen) performance specification [mbt]

**Laster** (idiomatisch für Lkw) truck [mot]; (Lkw) lorry [mot]

**Lastfaktor** fan-out [elt]

**Lastgrenze** (Grenzlast) load limit [abc]; (z.B. des Lkw) load capacity [mot]

**Lastgurt** (des Ballons) fabric belt [mot]

**Lasthaken** (→ Sicherheitslasthaken) load hook [mbt]

**Lasthakenlager** load hock yoke [mbt]

**Lasthalter mit/ohne Seitenschieber** load stabilizer with / without sideshift [mot]

**Lasthebemagnet** load magnet [mot]

**Lastkonzentration** load concentration [bau]

**Lastkraftwagen** truck [mot]; lorry [mot]; (→ Allrad-L.)

**Lastmeßbolzen** shear pin load cell [mas]

**Lastmoment** load moment [mot]

**Lastschaltgetriebe** power shift transmission [mot]

**Lastschaltwendegetriebe** power-shift gear [mot]; power-shift transmission [mot]

**Lastschaltwendegetriebe** (Vorw. / Rückw.) reversible power-shift gear [mot]

**Lastschutzgitter** load backrest [mot]

**Lastschwankung** load fluctation [pow]

**Lastsetzungskurve** load-settlement curve [bau]

**lasttragendes Element** load-carrier [bau]

**Lasttrennschalter** (E-Motor) load break switch [mot]; (E-Motor) load disconnecting switch [mot]

**Lastumschlagausrüstung** cargo handling equipment [mot]

**Lastverteilung** load distribution [mbt]; (zw. Abteilungen) allocation of work [phy]

**Lastwagen** lorry [mot]; truck [mot]

**Lastwagenfahrer** (US) trucker [mot]

**lastwagengezogen** (auf Bahngleisen) lorry-hauled [mot]

**Lastwechsel** load cycle [mas]

**Lastwechselventileinrichtung** variable load-sensing distribution valve [mot]

**Lastzug** (Motorwagen und Anhänger) truck and trailer [mot]

**Lastzugbremsventil** tractor-trailer brake valve [mbt]

**Lastzuglänge** length of truck and trailer [mot]

**latente Verdampfungswärme** latent heat of vaporisation [pow]

**latente Wärme** (Verdampfungswärme) latent heat [pow]

**Laterit** laterite [bau]

**Laterne** (auch Lampe) lantern [mot]

**Latrinengrube** latrine pit [abc]

**Latte** (Holzlatte) batten [bau]; (Holzstab, Leiste) lath [abc]; (Nivellierlatte) staff [mes]

**lau** (mäßig warm) lukewarm [abc]

**Laub** (Blätter des Baumes) leaves [bff]; (das gesamte Laub) foliage [bff]

**Laubbaum** (z.B. Birke, Eiche, Linde) deciduous tree [bff]

**Laube** (im Schrebergarten) garden shed [abc]; (überdachter Hausteil, Balkon) loggia [bau]; (überdachter offener Gang) pergola [bau]

**laubgrün** (RAL 6002) leaf green [nrm]

**Laubholz** (Holz von Laubbäumen) deciduous wood [bff]

**Laubsäge** fretsaw [wzg]

**Laubsägearbeit** fretsaw work [abc]

**Lauf** (des Lagers) running [mas]

**Lauf- und Tragrollen** support roller and track roller groups [mas]

**Laufbahn** (der Kugeln, Käfig) path [mot]; (Innen- u. Außenring Lager) raceway [mas]; (Karriere, Berufsweg) career [abc]; (Lager, Käfig) race [abc]; (Sport) track [abc]

**Laufbrücke** connecting bridge [abc]

**Laufbuchse** bush [mot]; bushing [mas]; (des Zylinders) cylinder liner [mot]; (Futter) liner [mas]

**Laufbuchsenflansch** liner flange [mas]

**Laufbühne** (am Bagger) walkway [mbt]

**Laufdeckenwulst** tire bead [mas]

**Laufeigenschaft** running characteristics [mot]; running feature [mbt]

**laufend** (immer, zu jeder Zeit) at all times [abc]; (pro laufenden Meter) run [abc]; (pro laufender Meter, Fuß) running [abc]

**laufende Arbeiten** work running [abc]

**laufende Aufschreibung** continuous recording [pow]

**laufende Nummer** (lfd. Nr.) item [abc]

**laufendes** (auf dem laufenden halten) posted [abc]
**laufendes Band** line [abc]
**Läufer** (Rotor) rotor [elt]
**Lauffläche** (des Autoreifens) running surface [mot]; (des Eisenbahnrades) bearing surface [mot]; (für Fußgänger) walking surface [bau]; (Gleitschiene) sliding surface [mas]; (Profil des Reifens) tread [mot]; (Radreifen des Bahnrades) tire [mot]
**Laufflächengummi** (Reifen) tread [mot]
**Laufgenauigkeit** (geforderte L.) concentricity requirement [mot]
**Laufgitter** catwalks and rails [mot]
**Laufkatze** crane crab [wst]; (Kran in Reparaturhallen) overhead crane [mas]; (→ Kabelkran)
**Laufkatzenkran** (in Reparaturhallen) overhead crane [mas]
**Laufkette** (Kettenantrieb) chain drive [mot]
**Laufkran** travelling crane [mas]
**Laufkundschaft** customers [abc]
**Laufnetz** (Schneekette) continuous chain mesh [mot]
**Laufqualität** running performance [mot]
**Laufrad** impeller [mot]; rotor [mbt]; turbine wheel [pow]; (des Schaufelradbaggers) travel wheel [mbt]; (des Waggons) wheel-set wheel [mot]
**Laufradwelle** impeller shaft [mot]
**Laufring** path [mot]; (eines Kugellagers) ball race [mas]
**Laufrolle** cam roller [wst]; jockey wheel [mbt]; (Abtastrolle) scanning roll [mbt]; (auch bei Raupenkette) roller [mbt]; (der Rolltreppenstufe) step roller [mbt]; (Stützrolle oben) bottom roller [mas]; (Stützrolle oben) top roller [mbt]; (unten am Raupenlaufwerk) track roller [mbt]; (unten an Kettenlaufwerk) roller [mbt]; (unten; Gegenteil: Stützrolle) track roller [mbt]

**Laufrolle, glatt** straight-face-roller [mot]
**Laufrollen** (als Satz) track roller group [mbt]
**Laufrollenabstand** (des Unterwagens) gauge [abc]
**Laufrollenflansch** (seitlich Spurkranz) track roller flange [mbt]
**Laufrollenkörper** roller body [mbt]
**Laufrollenrahmen** track roller frame [mbt]; (wenig verwendet) roller frame [mbt]
**Laufrollensatz** track roller group [mbt]
**Laufrollenschutz** track roller guard [mbt]
**Laufruhe** quiet running [mas]
**Laufschaufelkranz** blade ring [mbt]
**Laufschiene** runner rail [mbt]
**Laufsteg** (Bedienersteg) servicing platform [mot]; (Wartungsbühne) catwalk [mbt]
**Laufwerk** disk [edv]; disk drive [edv]; (des Eisenbahnwagens) chassis unit [wst]; (des Raupengerätes) crawler unit [mbt]; (Raupe) crawler tractor [mot]; (Raupe) running gear [mbt]; undercarriage [mbt]
**Laufwerkskette** track [mas]
**Laufwerksprofil** profile of the crawler unit [mbt]
**Laufzeit** (d. Versicherungsvertrages) currency [jur]; (der Videokassette) length of play [abc]; (der Videokassette) play per side [abc]; (in Betrieb gewesen) operating life [abc]
**Laufzeitumgebung** rum time environment [edv]
**Lauge** (alkalische Lösung) alkaline solution [che]; (Lösung starker Base im Wasser) lye [che]
**Laugenkessel** liquor recovery unit [pow]
**Laugensprödigkeit** caustic embrittlement [che]
**Laugensprühdose** liquor spray nozzle [pow]

**laut** (Fabriklärm, schlechte Schiene) noisy [aku]; (geräuschvoll) noisy [mot]; (Knall) loud [abc]

**laut** (l. Vertrag vom...) according to [abc]

**Läuten und Pfeifen** (Signal "LP") sound bell and whistle [mot]

**läutern** purge [abc]

**Läutewerk** (Bahn) bell signal system [mot]

**Lautsprecher** loudspeaker [abc]

**Lautsprecheranlage** (Hotel, Bahn) loudspeaker system [abc]

**Lautsprecheransage** (z.B. im Hotel) paging system [abc]

**Läutwerk** (Läutewerk; Rolltreppe) bell [mbt]

**Lava** (Vulkanauswurf, wird Bims) lava [min]

**Lavastrom** (erkaltet zu Bims) lava flow [min]

**Lawine** (Schnee oder Steine) avalanche [abc]

**Layout** (Entwurf Text-, Bildgestaltung) layout [abc]

**Lazarett** military hospital [mil]

**Lazarettschiff** hospital ship [mot]

**Lazarettwagen** ambulance coach [med]

**Leben** (Lebensdauer) life [abc]

**Lebensbereich** (privater Lebensbereich) scope of life [jur]

**Lebensdauer** durability [abc]; life expectancy [abc]; lifetime [mas]; longevity [abc]; (meist benutzt) operating life [abc]; (Rolltreppenfachwort) working service [mbt]; (z.B. des Baggers) service life [mas]

**Lebensdauergleichung** relationship between load and life [mas]

**Lebensdauerschmierung** lifetime lubrication [mot]

**Lebensdauerzyklus** (von Software) software life cycle [edv]

**Lebensgemeinschaft** (→ natürliche L.) ecosystem [abc]

**Lebenshaltungskosten** cost of living [eco]

**Lebensjahr** year of one's life [abc]

**Lebenslauf** (älterer, klass. Ausdruck) curriculum vitae [abc]; (kurzer Abriß) biosketch [abc]; (meist verwandt. Ausdruck) resume [abc]; resume [abc]

**Lebensmittel** foods [abc]

**Lebensmittelladen** (auch Kette) food store [abc]

**lebenszeitgeschmiert** lifetime-lubricated [mot]

**Leber** (Körperteil) liver [med]

**Leberschmerzen** ache of the liver [med]

**Leck** (in Schiff, Tank oder Firma) leak [mot]; (Leckage) leakage [mot]

**Leckage** (Leck, undichte Stelle) leakage [mot]

**Leckleitung** bleed pipe [mot]; leak-off pipe [mot]; spill pipe [mot]

**Lecköl** bleed oil [mot]; leak oil [mot]

**Leckölabfluß nach außen** external connection [mot]

**Leckölanschluß** drain line [mot]

**Leckölleitung** leak oil pipe [mot]; leakage pipe [mot]; overflow oil line [mot]

**Leckölleitungsanschluß** overflow oil line connection [mot]

**Leckölrückleitung** (zum Tank) leak oil return [mot]

**Leckölverlust** (minimal bei Hydraulik-baggern) leak oil loss [mot]

**Leckölwanne** back leakage sump [mot]

**lecksicher** leak-proof [mot]

**Leckventil** bleeder [mot]; bleeding valve [mot]

**LED-Anzeige** LED-indicator light [elt]; (z.B. in Black Box) LED-indicator light [mot]

**Leder** (Tierhaut) leather [abc]

**Lederdichtung** leather packing and jointing [mot]

**Ledermanschette** leather cuff [abc]; chevron packing [wst]

**ledern** (wischen) leather [abc]

**Ledernarbung** (z.B. der Türverkleidung) leather design [abc]

**Lederschürze** leather apron [abc]

**ledig** (unverheiratet) single [abc]

**lediglich** merely [abc]

**Lee** (vom Winde weg) lee [mot]

**leer** (geleert) empty [mot]

**Leer/Beladen Stellung** (der Wagenbremse) empty/load changeover [mot]

**leeren** (entleeren) empty [mot]

**Leergang** idle gear [mot]

**Leerlauf** idle gear [mot]; idle motion [mot]; idle running [mot]; neutral [mot]; no-load operation [mot]; (hoher Leerlauf) high idle [mot]; (niedriger Leerlauf) low idle speed [mot]

**Leerlaufbegrenzungsschraube** idle adjusting screw [mot]

**Leerlaufdrehzahl** low idler speed [mot]

**Leerlaufdüse** idle jet [mot]; pilot jet [mot]

**leerlaufen** run free [abc]

**Leerlaufluftschraube** idle air adjusting screw [mot]

**Leerlaufrolle** idler [mbt]

**Leerlaufstellung** neutral position [mot]

**Leerlaufventil** non-pressure valve [mot]

**Leerlaufverluste** losses in idle [mot]

**Leerlaufverstärkung** open-loop gain [elt]

**Leertaste** (auf Tastatur) blank key [edv]

**legen** (etwas wird gelegt, hingelegt) lay [abc]

**legieren** (Metalle mischen) alloy [mas]

**legiert** alloyed [mas]

**legierte Schrotte** alloyed scraps [mas]; (Eisen und Metall) alloyed steel scrap [mas]

**Legierung** (z.B. Bronze) bi-metal [mas]; alloy [mas]; (→ Stahll.)

**Legierung auf Fe-Basis** iron-base alloy [wst]

**Legierungs-, Förder- und. Dosiereinrichtungen von Vacmetall** alloy addition and-conveyor systems with associated hoppers for fine and coarse additives [mas]

**Legierungseinblasanlage** alloy injection plant [roh]

**Legierungsmetall** alloyed metal [mas]

**Lehm** (Sand, Ton) loam [min]; (→ gestampfter L.)

**Lehmbau** (→ runde Lehmbauten) mudbrick building [bau]

**Lehmbewurf** daub [bau]

**Lehmblock** adobe block [bau]

**lehmbraun** (RAL 8003) clay brown [nrm]

**lehmig** loamy [abc]

**lehmiger Kies** loamy gravel [min]

**Lehmmörtel** mud mortar [bau]

**Lehmsand** sandy loam [bod]

**Lehmziegel** adobe brick [bau]; mud brick [bau]

**Lehrdorn** (Prüfwerkzeug) mandril gauge [wzg]

**Lehre** (Ausbildung) apprenticeship [abc]; (Meßlehre, Meßwerkzeug) gauge [abc]

**Lehrer** (-in; Ausbilder, Erzieher) teacher [abc]

**Lehrinstitut** (Lehranstalt) educational institution [abc]

**Lehrling** apprentice [abc]; (Auszubildender) apprentice [abc]

**Lehrplan** (der Uni) curriculum [abc]

**Lehrwerkstatt** apprenticeship [abc]

**Lehrzeit** (Ausbildungszeit) time of apprenticeship [abc]

**Lehrzwecke** (für Lehrzwecke) instructional purposes [abc]; (für Lehrzwecke) teaching purposes [abc]

**Leib** (z.B. menschlicher Körper) body [med]

**Leibwache** (Leibwächter, Aufpasser) body guard [abc]

**Leiche** (sterbliche Hülle) body [abc]; (toter Mensch) corpse [med]

**Leichenhalle** mortuary [abc]
**Leichenschauhaus** morgue [abc]
**Leichenwagen** (Leichenauto) hearse [mot]
**leicht** (gewichtsmäßig) light [abc]; (z.B. leicht geölt) slight [abc]; (z.B. Rechenaufgabe) easy [abc]
**leicht lösbar** loose [abc]
**leicht lösbare Bodenarten** loose soil [bod]
**leicht lösbarer Fels** loose rock [min]
**Leicht- und Tafelprofile** light-weight and panel sections [mas]
**Leichtbau** (z.B. Segelflugzeug, Waggon) light weight design [mas]
**Leichtbauplatte** (bei der Rolltreppe) light weight construction plate [mbt]
**Leichtbauplattenstift** nail for light weight building slabs [wzg]
**Leichtbauschnellzugwagen** light weight express coach [mot]; light weight express train coach [mot]; (→ LB-Wagen)
**Leichtbauweise** light-weight build [mas]; (z.B. Waggon) light-metal design [mas]; (z.B. Waggon) light-weight construction [mas]
**Leichtbeton** light-weight concrete [bau]; lightweight concrete [bau]
**Leichter** (Schiff, Kahn) lighter [mot]
**leichter Zugang** (einfach erreichbar) easy access [abc]
**leichtern** (Schiffsfracht in Kähne) lighter [mot]
**leichtes <Ver->Drehen der Pumpe** slight drifting of a pump [mot]
**leichtgängig** (nur geringe Berührung) fingertip easy [abc]
**Leichtgutschaufel** (z.B. am Lader) light weight material bucket [mbt]
**Leichtmaterialschaufel** light material bucket [mbt]
**Leichtmetall** (z.B. Aluminium) light metal [wst]
**Leichtmetallaufgleisgerät** light metal rerailing equipment [mot]

**Leichtmetallscheibenrad** light alloy disc wheel [mot]; light alloy spoked wheel [mot]
**leiden unter** (Krankheiten) suffer from [med]
**Leidtragende** (Trauernde) mourners [abc]
**Leiharbeit** (zeitweilige Beschäftigte) temporary workforce [abc]
**Leiharbeiter** (z.B. von anderem Werk) temporary staff [abc]
**Leiharbeitnehmer** borrowed workforce [abc]
**Leihgerät** (z.B. Bagger) plant hire [mbt]; (z.B. Kühlschrank, TV) HP [abc]
**Leihplatte** (zur Baggerüberführung) slave pads [mot]
**Leihwagen** (Mietwagen) rental car [mot]; (Mietwagen) rented car [mot]
**Leihwagenfirma** car rental company [mot]
**Leim** (Klebstoff) glue [abc]
**Leine** (Stück Schnur) string [abc]; (Wäscheleine) cord [abc]
**Leinen** (Plane) canvas [abc]; (Stoff, Gewebe) linen [abc]
**Leinenschleppprakete** line throwing rocket [mil]
**Leinwand** (fabric) canvas [abc]; (im Kino) screen [abc]
**leise** (geräuscharm) quiet [mas]
**Leiste** (als Stahlträger) steel sub plate [mbt]; (am menschlichen Körper) groin [abc]; (Latte, Holzstab) lath [abc]; (Metallrippe) rib [mas]; (Metallstreifen) strip [mas]; (profilgeformt) moulding [mbt]; (stranggepreßt) extrusion [mbt]; (z.B. Ventilleiste) bridge [mbt]; , (→ Ausgleichsl.)
**leisten** (vollbringen) perform [abc]
**Leistung** capacity [pow]; steam output [pow]; (aus Motor) output [mot]; (CPU-Leistung) performance [edv]; (des Bagger) performance [mot]; (des

Motors) power [mot]; (Einstufung) rating [abc]; (Inhalt) capacity [abc]; (Ladeleistung) performance [mot]; (Leistungsfähigkeit) efficiency [abc]; (Pumpe) output [mot]; (Tragkraft) load capacity [mot]; (z.B. einer Planierraupe) output [mbt]; (Zahlungen, Aufwendungen) payments [mot]; (→ Augenblicksl.; → Blindl.; → Feuerl.; → Förderl.; → Kessell.; → kleine L.; → komplexe L.; → Scheinl.; → volle L.; → Wirkl.)

**Leistung "ungenügend"** performance "unsatisfactory" [abc]

**Leistung im zeitlichen Mittel** average power [mot]

**Leistungaufnahme** (des Motors, Geräts) power consumption [mot]

**Leistungen** productivity [abc]

**Leistungs-, Belastungsanzeiger** load indicator [abc]

**Leistungsabfall** decline in output [bau]

**Leistungsabgabe** output [elt]; power output [elt]

**Leistungsabschätzung** collection of productivity data [abc]; estimation of productivity data [abc]

**Leistungsangaben** output data [elt]; (z.B. m$^3$/h) output figures [mes]

**Leistungsanzeiger** load indicator [abc]

**Leistungsaufnahme** input [elt]; power input [elt]; power take-up [abc]

**Leistungsausgang** power output [mot]

**Leistungsberechnung für Handarbeit** productivity estimates for labour [abc]

**Leistungsbilanz** (Geräte m. Grenzlast) power balance chart [mbt]

**leistungsfähig** efficient [abc]; powerful [edv]

**leistungsfähiger** more efficient [abc]

**Leistungsfähigkeit** (Bagger) performance [mbt]

**Leistungsfaktor** power factor [pow]

**Leistungsfeuerung** load carrying burners [pow]

**leistungsgeregelt** (Pumpe) output-regulated [mot]

**leistungsgesteigert** increased-power rated [mot]

**Leistungsgrenze** (an der Leistungsgrenze arbeiten) crowd [mot]

**Leistungsklasse** class of performance [abc]

**Leistungsnomogramm** (Berechnungs-diagramm) production nomograph [abc]

**leistungspflichtig** under the obligation to fulfill [jur]

**Leistungsreduktion** reduction of performance [abc]

**Leistungsregelung** power regulation [mot]; (Motor, Pumpe) power control [mot]

**Leistungsregler** output controller [elt]

**Leistungsschalter** circuit breaker [elt]

**leistungsstark** (z.B. Rolltreppenantrieb) strong [mbt]

**leistungssteigernd** (leistungsgesteigert) increased-power rated [mot]

**Leistungssteigerung** increased-power rated [mot]

**Leistungstrenner** circuit breaker [elt]

**Leistungsverlust** power loss [mot]

**Leistungsvermögen** (einer Maschine) performance [mot]

**Leistungsverstärkung** power gain [elt]

**Leistungsverzeichnis** bill of quantities [bau]; (vom Kunden) specification [abc]

**Leistungswerte für Arbeitskräfte** productivity data for operatives [abc]

**Leitapparat** diffuser [mot]

**Leitartikel** (z.B. von Herausgeber) editorial [abc]

**Leitbacke** follower [mot]

**Leitblech** (im Tank) tank baffle [mas]; (Ölschutz) deflector [mot]; (z.B. an Lok) smoke deflector plate [mot]; (z.B. Windleitblech der Lok) deflector [mot]; (→ Windl.)

**Leitdraht** reference wire [mbt]
**leiten** (anleiten, führen) guide [abc];
(vorangehen, führen) lead [abc]; (z. B.
Strom) conduct [elt]; (z.B. Strom) lead
[elt]
**leitend** (z. B. Strom) conductive [elt]
**Leiter** (am Unterwagen) body steps
[mbt]; (hier stromführend. Kabel)
conductor [elt]; (Leiterwagen der
Feuerwehr) ladder [pol]; (Stromfüh-
rung) conductor [elt]; (z.B. Trittleiter
am Bagger) ladder [mbt]
**Leiter der Rechtsabteilung** general
counsel [elt]; manager of the legal
department [jur]
**Leiter Produktmanagement** head of
product management [abc]
**Leiterlenker** (der US-Feuerwehrleiter)
tillerman [abc]
**Leiterplatte** (z.B. Platine) printed circuit board [elt]; (z.B. Platine) wired
circuit board [elt]
**Leitersprosse** (aus Holz, Metall) rung
[abc]
**Leiterwagen** (der Feuerwehr)
apparatus [mot]
**Leitfaden für Garantieanträge** rules
on warranty policy & procedures [abc]
**leitfähig** (z. B. Strom) conductive [elt]
**Leitfähigkeit** (eines Stromkreises) circuit capacity [elt]; (z. B. von Blechen)
conductivity [elt]
**Leitfähigkeitsprobe** (Wasser)
electrical conductivity test [elt]
**Leithöhe** (z.B. Gradereinsatz)
reference height [mbt]
**Leitkranz** nozzle ring [mas]
**Leitkupfer** (leitet Strom) conductive
copper [elt]
**Leitplanke** (am Straßenrand) guide rail
[elt]
**Leitrad** (des Baggerlaufwerks) idler
[mbt]; (des Raupenlaufwerkes)
tumbler [mbt]; (des
Schaufelradbaggers) return tumbler
[mbt]; (elektrisch) diffuser plate [elt];

(lenkt Kettenrichtung um) front idler
[mbt]; (mitlaufendes Zahnrad) idler
[mbt]; (Umlenkrolle, alt. Ausdruck)
idler tumbler [mbt]
**Leiträder und Leitradeinheiten** front
idlers and front idler groups [mbt]
**Leitradjoch** (Sitz der Umlenkrolle)
idler yoke [mas]
**Leitschalttafel** (Hauptschalttafel) main
control panel [elt]; (Hauptschalttafel)
master panel [elt]
**Leitschaufel** (Ventilator) inlet guide
vane [mot]
**Leitschaufelkranz** (Ventilator) vane
ring [mot]
**Leitschaufelregulierung** vane control
[mot]
**Leitschaufelträger** vane support [mot]
**Leitstand** (Hauptwarte, Schaltraum)
central control room [pow]; (z. B.
eines Baggers) control centre [mbt];
(z. B. eines Bergwerks) control station
[roh]
**Leitstandfahrer** directing-stand driver
[mot]
**Leitung** (auch Wasserleitung) line
[bau]; (elektrisch) conduit [elt]; (elektrische Leitung) power line [mbt]; (in
fahrender Stellung) lead [abc]; (in
Form von Rohr) tube [elt]; (Kanal) duct
[pow]; (Rohr) pipe [mot]; (Röhre) tube
[mas]; (Unterrichtung) guidance [elt];
(Wicklung) winding [elt]; (z. B. Draht)
conduit [elt]; (→ Abfluß.; → Abspritzl.;
→ Anlasserl.; → Anzapfl.; → Arbeitsl.;
→ Auspuffl.; → Bremsl.; → Dampfent-
nahmel.; → Druckl.; → Druckluftl.;
→ Einfüll.; → Entstauberl.; → Füll.;
→ Heißdampfl.; → Kraftstoffhauptl.;
→ Kraftstoffhilfsl.; → Kraftstoffl.; →
Kühlwasserl.; → Kunststoffl.; → Leckl.;
→ Lecköll.; → Lichtl.; → Luftl.; → Öll.;
→ Rücklaufl.; → Saugluftl.; →
Schlauchl.; → Tankl.; → Versorgungsl.;
→ Verzögerungsl.; → Wasserl.; →
Zulaufl.)

**Leitung des Betriebes** management of the company [jur]

**Leitungen für Sonderausstattung** special equipment [mbt]

**Leitungs-Anschlußstück** wire adaptor [elt]

**Leitungsdraht** (auf Masten) conductor [elt]

**Leitungseinführung** (gegen Wasser) rubber-sealed cable [elt]

**Leitungsfilter** pipe filter [mot]

**Leitungskabel** cable [elt]; conduct pipe [elt]

**Leitungskontakt** contactor [mbt]; line contactor [mbt]

**Leitungsquerschnitt** cross sectional efficiency [mbt]; wire cross section [elt]

**Leitungsrohr** lead pipe [mot]; line pipe [bau]

**Leitungsrohrwerk** pipe mill [mas]

**Leitungsschaden** underground and overhead property damage [jur]

**Leitungstrommel** (→ Kabeltrommel) cable reel [mbt]

**Leitwert** conductance [elt]

**Lenk-** steering [mot]

**Lenkachse** steering axle [mot]; steering shaft [mot]

**Lenkachsenprinzip** (Bahn) steering axle principle [mot]

**Lenkachsenträger** steering axle beam [mot]

**Lenkanlage** steering mechanism [mot]

**Lenkanschlagbegrenzung** steering stop limit [mot]

**Lenkarm** pitman arm [mot]; steering link [mot]

**Lenkbetätigung** steering control [mot]

**Lenkblech** baffle [pow]; straightener [pow]

**Lenkbleche** (im Blechkanal) duct vanes [pow]

**Lenkbremse** steering clutch brake [mot]

**Lenkbügel** steering link [mot]

**Lenkbügellager** link bolster [mot]

**Lenkeinrichtung** steering gear [mot]

**Lenkeinschlag** (z.B. bei Grader, Lader) steering lock [mot]

**lenken** (hinter dem Steuer) steer [mot]

**Lenker** (der langen Feuerwehrleiter) tillerman [abc]; (des Fahrrades) handle bar [mot]

**Lenkerstange** connecting rod [mbt]; fork rod [mbt]; steering rod [mot]; (generell in Kinematik) rod [mas]

**Lenkfinger** steering finger [mot]

**Lenkflugkörper** guided missile [far]

**Lenkgehäuse** steering gear case [mot]; steering gear housing [mot]

**Lenkgehäusedeckel** steering gear case cover [mot]

**Lenkgehäusedichtung** packing for steering gear housing [mot]

**Lenkgehäuseflansch** steering gear case flange [mot]

**Lenkgestänge** steering linkage [mot]

**Lenkgetriebe** steering gear [mot]

**Lenkhebel** pitman arm [mot]; steering arm [mot]

**Lenkhilfepumpe** steering booster pump [mot]

**Lenkkranz** turntable [mot]; (Kugellenkkranz) turn-table [mas]

**Lenkkupplung** steering clutch [mot]

**Lenkkupplungsgehäuse** steering clutch case [mot]; steering clutch control [mot]

**Lenkmutter** steering nut [mot]

**Lenkpumpe** (bei hydraulischer Steuerung) steering pump [mot]

**Lenkrad** (Auto) steering wheel [mot]

**Lenkradnabe** steering wheel hub [mot]

**Lenkradschaltung** steering column change [mot]

**Lenkrohr** steering shaft [mot]; steering tube [mot]

**Lenkrohr mit Lenkspindel** steering tube and shaft [mot]

**Lenkrohrstummel** steering tube extension [mot]

**Lenkrolle** steering roller [mot]
**Lenkrollenwelle** steering roller shaft [mot]
**Lenksäule** steering column [mot]; (unüblich) steering post [mot]; column [mbt]
**Lenksäulenhalter** steering column bracket [mot]
**Lenksäulenkeil** steering column shaft spline [mot]
**Lenkschloß** steering column lock [mot]
**Lenkschnecke** steering cam [mot]; steering worm [mot]
**Lenkschneckenrad** steering worm gear [mot]
**Lenkschraube** steering cam [mot]
**Lenkschubstange** steering link [mot]
**Lenksegment** steering sector [mot]
**Lenkspindel** steering spindle [mot]; steering wheel shaft [mot]
**Lenkspindelstock** steering shaft and worm [mot]
**Lenkspurhebel** drop arm [mot]
**Lenkspurstange** track rod [mbt]
**Lenkstange** steering rod [mot]; (an Fahrrad, Motorrad) handle bar [mot]; (in Fahrerhaus) tiller [mot]
**Lenkstock** steering column assembly [mot]
**Lenkstockhebel** drop arm [mot]; pitman man [mot]
**Lenkstoßdämpfer** anti-kickback snubber [mot]
**Lenktriebachse** steering drive axle [mot]
**Lenkung** steering mechanism [mot]; (z.B. des Autos) steering [mot]
**Lenkungsbock** steering gear mounting [mot]
**Lenkungsdämpfer** (Auto) steering damper [mot]
**Lenkventil** steering valve [mot]; (Servostat) orbitrol [mot]
**Lenkvorgang** steering [mot]
**Lenkvorrichtung mit Schnecke** worm and sector steering device [mot]

**Lenkwand** baffle wall [pow]; brick baffle [pow]
**Lenkwelle** steering control shaft [mot]; steering shaft [mot]
**Lenkzwischenhebel** idler arm [mot]
**Lenkzwischenstange** drag link [roh]
**Lenkzylinder** steering cylinder [mot]
**Lenkzylinderschutz** steering cylinder guard [mot]
**lenzen** (Schiffleerpumpen) pump [mot]
**Lenzpumpe** bilge pump [mot]
**lernen** (Wissen aneignen) learn [abc]
**Lernen aus Beispielen** learning from examples [edv]
**Lernen durch Analogie** learning by analogy [edv]
**Lernen durch Präzedenzfälle** learning by precedents [edv]
**lesbar** readable [abc]
**Leseleuchte** reading lamp [abc]
**Leser** reader [abc]
**Leserbrief** (meist Leserbriefe) letter to the editor [abc]
**Leuchte** lamp [elt]; (→ Begrenzungsl.; → Blinkschlußl.; → Bremsl.; → Bremsschlußl.; → Deckenl.; → Fernlicht-Kontroll.; → Feuchtrauml.; → Handl.; → Instrumentenl.; → Kamml.; → Kontroll.; → Kotflügell.; → Ladestromkontroll.; → Lesel.; → Meldel.; → Montagel.; → Parkl.; → Peilstabl.; → Schlußl.)
**leuchtend** light [abc]
**Leuchtfarbe** (Boje) fluorescent paint [mot]
**leuchtgelb** (RAL 1026) luminous yellow [nrm]
**Leuchtgeschoß** illuminating / luminous shell [mil]
**Leuchtgewehrgranate** illuminating rifle grenade [mil]
**leuchthellorange** (RAL 2007) luminous bright orange [nrm]
**leuchthellrot** (RAL 3026) luminous bright red [nrm]
**Leuchtkörper** flare [mil]

**leuchtorange** (RAL 2005) luminous orange [nrm]

**Leuchtröhrentrafo** fluorescent tube transformer [elt]

**leuchtrot** (RAL 3024) luminous red [nrm]

**Leuchtschirmskala** CRT-screen scale [edv]

**Leuchtstofflampe** fluorescent lamp [elt]

**Leuchtstoffröhre** fluorescent tube [elt]

**Leuchttaste** lighted push-button [elt]

**Leuchttaster** luminous push-button [elt]

**Leuchtturm** lighthouse [mot]

**Leutnant** Lieutenant [mil]

**lexikalischer Abschluß** lexical closure [edv]

**Libelle** (Hilfsmittel für Einstellung) level [mot]

**Licht** (Beleuchtung) light [elt]; (→ Tagesl.)

**Lichtanlage** lighting system [mot]

**Lichtanzeiger** light indicator [elt]

**Lichtbatteriezünder** dynamo battery ignition [mot]

**lichtblau** (RAL 5012) light blue [nrm]

**Lichtbogen** (z.B. beim Schweißen) arc [mas]

**Lichtbogenbolzenschweißen** arc stud welding [mas]

**Lichtbogenbolzenschweißen mit Ringzündung** arc stud welding with initiation by collar [mas]

**Lichtbogenbolzenschweißen mit Spitzenzündung** condenser-discharged arc stud welding [met]

**Lichtbogenhandschweißen** manual arc welding with covered electrode [met]; shielded metal arc welding [met]; (Flußstahlelekt) arc welding [mas]

**Lichtbogenofen** arc furnace [mas]

**Lichtbogenpreßschweißen mit magnetisch bewegtem Lichtbogen** arc pressure welding with magnetic moved arc [mas]

**Lichtbogenpreßschweißen** (Flußstahlelektrode) arc pressure welding [mas]

**Lichtbogenschmelzschweißen** arc welding [mas]

**Lichtbogenschweißung** arc welding [mas]; electric arc welding [met]; electric welding [met]

**Lichtbolzenschweißen m. Hubzündung** drawn arc stud welding [met]

**Lichtdrehschalter** light spindle switch [elt]

**lichte Höhe** (z. B. unter Brücke) clearance height [con]

**lichte Öffnung** clear opening [con]

**lichte Weite** (Stützweite, Spannweite) span [mbt]

**lichtecht** light-fast [abc]

**lichtecht** light-resistant [abc]

**Lichtempfänger** light collector [elt]; (Lichtsammler) collector [phy]

**lichtes Abmaß** (freier Raum z.B. zwischen Kesseln) clearance [con]

**Lichtgeschwindigkeit** light speed [phy]

**lichtgrau** (RAL 7035) light grey [nrm]

**lichtgrün** (RAL 6027) light green [nrm]

**Lichtleitung** light cable [elt]

**Lichtmagnetzünder** dynamo magneto ignition [elt]

**Lichtmaschine** dynamo [mot]; dynamo machine [elt]; (Generator) generator [jur]

**Lichtmaß** clear dimension [con]

**Lichtpausen** dyelines [abc]

**Lichtpausmaschine** printing machine [abc]

**Lichtschalter** (in Haus, Büro) light switch [elt]

**Lichtschranke** (Lichtstrahl) light beam [mbt]; (mit Unterbrecherwirkung) light barrier [elt]; (z.B. Fahrstuhltür) photo-electric eyes [mbt]

**Lichtschrankenschalter** light barrier sensor [elt]

**Lichtschubschalter** light push switch [mot]

**Lichtspurmittel** tracers [mil]
**Lichtstrahlschweißen** light radiation welding [met]; (DIN 1910) light radiation welding [met]
**Liefer- und Abnahmevorschrift** delivery a. acceptance specification [eco]
**Lieferantenbearbeitung** vendor processing [abc]
**Lieferauftrag** delivery order [mil]
**Lieferbedingungen** (hier Versandbedingungen) terms of shipment [abc]
**Lieferfrist** delivery time [mbt]; time of delivery [eco]
**liefern** (schicken, senden) send [abc]; (versorgen, beliefern) supply [abc]
**Liefern bei Bedarf** (ohne Lager) just-in-time [abc]
**Lieferplan** delivery schedule [abc]
**Lieferprogramm** manufacturing line [mbt]; manufacturing program [abc]; manufacturing range [mbt]
**Lieferschein** packing slip [abc]
**Lieferumfang** specification [abc]; (hier: Lieferplan) delivery schedule [mbt]; (z.B. auf Zeichnungen) scope of supply [con]
**Lieferung** (Ablieferung) delivery [abc]; (Transport) shipment [mot]; (Versorgung, Ausstattung) supply [abc]
**Lieferung von minderwertiger Ausrüstung** supply of poor equipment [abc]
**Lieferung zur Baustelle** delivered at site [bau]
**Lieferungen** supplies [abc]
**Lieferverzug** (verspätet liefern) delay in delivery [eco]
**Liefervorschrift** delivery specifications [mot]; (meist verwandt) delivery specification [abc]; (Versandart) shipping instruction [abc]
**Lieferzeit** (verspätetes Liefern) delay in delivery [eco]; (Zeitpunkt der Lieferung) delivery time [abc]

**Liegegeld** (Hafengebühr, langes Liegen) demurrage [mot]
**liegen** lie [abc]
**Liegende** (das Liegende) base [roh]
**liegender Regenerativ-Luvo** vertical type regenerative air preheater [pow]
**liegender Überhitzer** horizontal superheater [pow]
**Liegendes** (im Kohlen-, Erzstollen) bottom [roh]; (im Stollen) foot wall [roh]
**liegendes Material** floor [mbt]
**Liegewagen** couchette coach [mot]
**Lifetime-Rolle** lifetime roller [mot]
**Lignit** (holzige Braunkohle) lignite [roh]
**Lima** (Lichtmaschine) alternator [elt]
**Limonaden** soft drinks [abc]
**Limousine** (normaler Pkw) sedan [mot]
**Line-Drucker** (EDV-Begriff) line printer [edv]
**Lineal** (des Stahlbauers) straight edge [met]
**lineare Differentialgleichung** linear differential equation [mat]
**lineare Transformation** linear transformation [mat]
**Linearität** linearity [mat]
**Linie** curve [bau]; line [abc]; (→ Zeitl.)
**Linien gleicher Helligkeit** isobrightness lines [edv]
**Linienmarken** line labels [edv]
**Linienzeichnung** line-drawing [edv]
**Linienzugbeeinflussung** (Gleiskabel) continuous automatic train-running control [mot]; (Nachricht an Lok) continuous automation running control [mot]
**Linienzugbeeinflussung der Bahn** (LZB) continuous automatic train running control [mot]
**liniieren** (Linien ziehen) line [abc]
**Linke Seite der Schalttafel** L.H. side panel [elt]

**links** (Das Haus links.) on the left [abc]; (links von hier, nicht rechts) l.h. [abc]; (links, in Zeichnungen) L.H. [abc]

**Linksausführung** left hand construction [mas]; (linke Seite) left-hand design [mbt]

**linksdrehend** (gegen Uhrzeigersinn) counterclockwise [abc]; (z. B. Gewinde) counter-clockwise [con]; (z.B. Gewinde) left-turning [mas]

**linksgängig** (Zahnrad) left-handed [mas]

**Linksgewinde** left-hand thread [mas]; LH-thread [mas]

**Linksraupe** (in Fahrtrichtung links) left hand crawler [mbt]

**linksseitig** (auf der l. Seite) left handed [abc]; (auf der l. Seite) l.h. [abc]

**Linksverkehr** left-hand traffic [mot]

**Linse** (im biblischen Linsengericht) lentil [abc]; (optisch) lens [abc]; (Steuerlinse im Pumpenkörper) pendulum ball [mot]

**Linsendurchmesser** (beim Schweißen) weld nugget diameter [met]

**Linsenniete** mushroom head rivet [mas]

**Linsenschraube** lens head screw [mas]

**Linsensenkblechschraube** raised countersunk head tapping screw [wst]; lentil head sheet metal screw [mbt]

**Linsensenkholzschraube mit Schlitz** slotted raised countersunk head wood screw [mas]

**Linsensenkschraube mit Kreuzschlitz** cross recessed raised countersunk head screw [mas]

**Linsensenkschraube mit Schlitz** slotted raised countersunk head screw [mas]

**Linsenzylinderschraube mit Schlitz** slotted raised cheese head screw [mas]

**Lippe** (der Ladeschaufel) shell [mbt]; (der Ladeschaufel) visor [mbt]; (Körperteil) lip [med]

**Lippenring** lipped ring [mas]

**liquidieren** (vernichten) annihilate [abc]

**Liste ;** (→ Freispeicherl.; → Schneidel.; → zirkuläre L.)

**Listenmanipulation** list surgery [edv]

**Liter** (Hohlmaß) litre [phy]

**Literale** (in der Logik) literals [edv]

**Literat** (Schriftsteller, Autor) writer [abc]

**Litze** cord [elt]

**Litzenführung** sheave [elt]

**livriert** (in Dieneruniform; Anstrich) liveried [abc]

**Lkw** lorry [mot]; truck [mot]; (klein, Pritsche hinter Fahrerhaus) pickup [mot]

**Lkw-Be- und Entladestation** lorry loading and unloading station [mot]; truck loading and unloading station [mot]

**Lkw-Anhänger** truck trailer [mot]

**Lkw-Aufbau** (des Baggers) truck type mounting [mot]

**Lkw-Hänger** truck trailer [mot]

**Lkw-Kipper** lorry tippler [mot]; truck tippler [mot]

**Lkw-Kran** truck crane [mot]

**Lkw-Mulde** (beim Dumper) body [mbt]

**Lkw-Spedition** truck company [mot]

**Loch** hole [mas]; (→ Bohrl.; → Einschraubl.; → Langl.; → Mannl.; → Rohrl.)

**Lochabstand** (der Kettenglieder) pitch of chain [mbt]

**Lochbild** (Lehre DIN 24340) master gauge for holes [mes]

**Lochbild, Lochanordung** (z.B. quadratisch) hole pattern [mas]

**Lochblech** (aus Walzwerk) punched sheet [mas]; (perforiert, durchlöchert) perforated sheet [mas]

**Lochblende** pin diaphragm [mas]

**Lochdüse** orifice nozzle [mot]

**lochen** (Papierlocher; Loch bleibt glatt) punch [abc]

**Locher** (Bürogerät) punch [abc]
**Lochfraß** (im Metall) pitting [mas]
**Lochkarte** (LK) punched card [edv]; (z.B. DIN 66001) punch card [edv]
**Lochkartenleser** card reader [edv]
**Lochkartenstanzer** puncher [edv]
**Lochkreis** bolt circle diameter [con]; pitch circle [mas]
**Lochnaht** plug weld [met]
**Lochnaht mit Schlitz** slot weld [met]
**Lochplatte** boss plate [mas]
**Lochscheibe** punched disc [mas]
**Lochschweißung** plug weld [met]
**Lochstreifen** punched tape [edv]; (fertig gelocht) punched <paper> tape [edv]; (noch ungelocht) virgin paper tape [edv]
**locker** loosely stockes [abc]; (lose, durchhängend) slack [abc]; (lose; z.B. Schnürsenkel) loose [abc]
**lockere Ablagerung** unconsolidated deposit [bau]
**Lockergestein** (Gegenteil: Festgestein) unconsolidated rock [min]
**lockern** (lösen) loosen [abc]
**lockerungsgesprengt** bumped [roh]; shock blasted [roh]
**Lockerungssprengung** bumping [roh]; shock blasting [roh]
**Lockvogel** (auch bildlich) decoy [abc]
**Löffel** (beim Seilbagger) dipper [mbt]; (Grabgefäß an Baumaschine) bucket [mbt]; (um Suppe zu essen) spoon [abc]; (→ Hochl.)
**Löffelanlenkung** (an Baumaschine) bucket hinge [mbt]; (an Baumaschine) pin [mbt]
**Löffelbagger** (fast immer Tieflöffel) bucket excavator [mbt]; (Gegenteil Ladeschaufel) backhoe [mbt]; (mit Tieflöffel) backhoe [mbt]
**Löffelbrust** shovel front [mbt]; (Schneide mit Zahntaschen) cutting edge [mbt]; (Schneide mit Zahntaschen) lip [mbt]
**Löffeldrehpunkt** (an Baumaschine) bucket pivot [mbt]

**Löffelhalter** bucket safety bar [mbt]
**Löffelinhalt** (was drin ist) bucket contents [mbt]; (was rein geht) bucket capacity [mbt]
**Löffellagerung** (Bolzen) bucket pin [mbt]
**Löffelstiel** (beim Seilbagger) dipper arm [mbt]; (beim Seilbagger) dipper stick [mbt]; (geteilt, bei Seilbahn) dipper handle [mbt]; (lt.Wettbewerb) arm [abc]; (meist Tieflöffelstiel) bucket arm [mbt]
**Löffelzylinder** bucket cylinder [mbt]
**Logarithmierschaltung** log circuit [elt]
**Logbuch** logbook [mot]
**Loggia** loggia [bau]
**Logik** logic [edv]; (→ nichtmonotone L.; → Prädikatenl.)
**logikbasiertes Planen** logic-based planning [edv]
**Logikfamilie** logic family [elt]
**logisch** logical [abc]
**logische Variable** logic variable [elt]
**logischer Junktor** logical connective [edv]
**logisches Gatter** logic gate [elt]
**logisches Programmieren** logic programming [edv]
**logisches Schließen** common sense reasoning [edv]
**Logistik** (Nachschub, Versorgung) logistics [mil]
**Lohn- und Materialpreise** (für Tagelohn) schedule of rates and prices [abc]
**Lohnarbeit** hired labour [jur]
**Lohnbeizung** hire pickling [mas]
**Lohnempfänger** person on hourly wage [abc]
**Lohnfortzahlung** short-term disability benefits [eco]
**Lohnkosten** (→ gestiegene L.) wage [abc]
**Lohnliste** payroll [abc]; wages roll [abc]

**Lohnlisten führen** fill in the payrolls [abc]
**Lohnschreiber** pay clerk [abc]
**Lohnsumme** direct wage costs [eco]
**Lohnveredelung** improvement by hired labour [jur]
**Lohnzahlung** wage payment [abc]
**Lok** loco [mot]; (kurz für Lokomotive) engine [mot]; (kurz für Lokomotive) loco [mot]
**Lokalbahn** ("Bummelzug") local train [mot]
**lokale Berechnung** local computation [edv]
**lokaler Fertigungsanteil** indigenization [abc]
**lokales Netz** local network [edv]
**lokales Netzwerk** inhouse network [edv]; local area network [edv]
**lokales Rechnernetz** local area network [edv]
**Lokbremse** (im Führerstand) straight air brake [mot]
**Lokbremsventil** (Dampflokführerstand) locomotive brake valve [mot]
**Lokführer** (auf Dampflokomotive) steam driver [mot]; locomotive driver [mot]
**Lokführer** engineer [mot]; (GB) footplate man [mot]; (US) engine driver [mot]; (→ Lokomotivführer)
**Lokführereinstieg** (Dampflok) footsteps [mot]
**Lokführerfenster** (oval; Dampflok) spectacle glass [mot]
**Loknummer** (auf Schild) loco number [mot]
**Lokomotivbremse** (im Führerstand) straight air brake [mot]
**Lokomotive** railroad engine [mot]; (Dampf-, Diesel-, Ellok) locomotive [mot]; (Eisenbahnlokomotive) railway locomotive [mot]; (→ auch Dampfl.)
**Lokomotivführer** engineer [mot]; locomotive driver [mot]

**Lokomotivführerstand** (bei Dampflok) footplate [mot]; (Diesellok) driver's cab [mot]
**Lokomotivglocke** (-bimmel) locomotive bell [mot]
**Lokomotivhohlachse** hollow axle [mot]
**Lokomotivschornstein** chimney [mot]
**Lokomotivschuppen** roundhouse [mot]
**Lokschuppen** (mehrstellig) roundhouse [mot]; (mehrstellig, Durchfahrt) through-shed [mot]; (mit Durchfahrt) through-shed [mot]
**Lokübergangsbrücke** (zum Tender) fall plate [mot]
**Londoner U-Bahn** (The Tube) Tube [mot]
**Longitudinalwelle** longitudinal wave [phy]
**Lore** (Kipplore) tipping wagon [mot]
**Los** (Schicksal) lot [abc]
**lösbar** (-er Boden) diggable [roh]
**lösbare Verbindung** (z.B. abschraubbar) releasable connection [mas]
**Losbrechkraft** (Knippkraft) breakout force [mbt]
**Löschbereich** purge area [edv]
**Löschdatum** purge date [edv]
**löschen** (des momentanen Status) reset [edv]; (durchstreichen) delete [abc]; (Feuer bekämpfen) extinguish [abc]; (Schiff, Waggon entladen) unload [mot]; (z.B. Dateien von Festplatte) purge [edv]
**Löschfahrzeug** (der Feuerwehr) fire-fighting vehicle [mot]
**Löschgeräte** fire extinguishing equipment [abc]
**Löschkopf** (z.B. im Kassettenrecorder) eraser head [elt]
**Löschpumpe** (der Feuerwehr) fire pump [mot]; (Industriepumpe) industrial pump [mas]
**Löschpumpenmotor** fire pump engine [mot]

**Löschtaste** (z.B. in Recorder) re-set button [abc]

**lose** (Aggregatzustand des Bodens) loose [bod]; (nicht befestigt, locker) loose [bod]

**lose gelagerter Bolzen** floating pin [mas]

**lösen** (abmachen, entfernen) disengage [mot]; (den Boden) dig [met]; (ein Problem) solve [abc]; (eine Verbindung) disconnect [mot]; (einen Knoten) loosen [abc]; (graben) excavate [mbt]; (Kupplung) disengage [mot]; (locker machen) loosen [roh]; (lockern, entspannen) slacken [mbt]; (mit Löffelstiel) break out [mbt]

**Lösen der Bremse** brake release [mot]

**Lösen des Bodens** (unter Wasser) loosening of soil [mot]

**loser Transport** bulk [abc]

**loser Zunder** loose scale [mas]

**Löseventil** release valve [mas]

**Loslager** non-locating bearing [mas]; movable bearing [mas]; (Festlager andere Seite) floating bearing [mas]

**Loslagerseite** (Festlager gegenüber) floating bearing side [mas]

**loslassen** (einen Hebel) let go [abc]

**löslich** (z.B. in Wasser) soluble [che]

**lösliche Salze** soluble salts [che]

**lösliches Klebemittel** solvent adhesive [elt]

**losmachen** (lösen) unfasten [abc]

**Lospunkt** (Bauwesen) loose point [bau]

**Losreißen** (Anfahren des Zuges) tearing loose [mot]

**losschrauben** (eine Schraube lösen) unscrew [met]

**Lösung** (chemisch, eines Problems) solution [che]; (Kupplung) disengagement [mot]; (→ homogene L.; → partikuläre L.; → stationäre L.)

**Lösungsmittel** solvent [abc]

**Löß** (nicht schichtig, gelb-braun. Lehm) loess [abc]

**Lot** plump-bob [bau]

**Lötanschlußstück** soldered connection piece [mot]

**löten** solder [met]; (hartlöten) braze [met]

**Löten** soldering [met]

**Lötkolben** soldering iron [mbt]

**Lötlampe** blow lamp [wzg]; blowtorch [wzg]; soldering lamp [met]

**lotrecht** (genau drauf) plumb [mbt]; (senkrecht) vertical [mbt]

**Lötstelle** solder point [met]

**Lötstutzen** soldered joint [met]

**Lötung** soldering [met]

**Lötverbindung** solder points [met]; soldered connection [met]

**Lötzinn** solder tin [met]

**L-Stahl** angle sections [mas]

**Lübecker Hütchen** (Verkehrskegel) pylon [mot]

**Lücke** (Riß, Loch) gap [mbt]

**lückenlos** (einwandfrei) faultless [abc]; (ununterbrochen) uninterrupted [abc]

**Luft** air [air]; (Gaseinschluß, Blase) air pocket [was]; (→ Außenl.; → Frischl.; → Kaltl.; → Trägerl.; → Zerstäuberl.)

**Luft-** (in der L. schwebende Partikel) airborne [air]

**Luft zum Motor** air to engine [mot]

**Luft-...** (Pneumatik...) pneumatic... [mot]

**Luftabsperrhahn** air cock [mas]

**Luftalarm** (drohender Bombenangriff) air raid warning [mil]

**Luftangriff** air raid [mil]

**Luftansaugrohr** air intake manifold [mot]

**Luftbefeuchtung** air wetting [phy]

**Luftbehälter** air receiver [air]; air reservoir [air]; (der Wagenbremsanlage) auxiliary reservoir [mot]; (unter Waggon) air reservoir [mot]; (unter Waggon) reservoir [mot]

**Luftbereifung** pneumatic tyres [mot]

**luftbestrichen** air swept [mas]

**luftbetätigtes Ventil** air operated valve [mas]

**Luftblasen** (z.B. auf dem Wasser) air bubbles [was]

**Luftblaslanze** air lance [pow]

**Luftbremse** air brake [mot]; pneumatic brake [mot]

**Luftbrücke** airlift [mot]

**luftdicht** air-tight [air]

**luftdichter Container** airtight container [abc]

**Luftdruck** (gasförmige Stoffe) pneumatic pressure [abc]; (in der Natur) air pressure [wet]; (Wetter) atmospheric pressure [wet]; (z.B. Kompressor) air pressure [phy]

**Luftdruck zu niedrig** underinflation [mot]

**Luftdruckbremse** air brake [mot]; pneumatic brake [mot]

**Luftdruckbremse, Mittelteil** air brake, central part [mot]

**Luftdruckmotor** air motor [pow]; pneumatic motor [mot]

**Luftdüse** air jet [air]; air nozzle [air]; air port [air]

**Lufteintritt** air in [air]; air inlet [air]

**Lüften** (Lockern, Entspannen) easing [mbt]

**Lüfter** (auch über Wetterschacht) fan [air]; (bei wassergekühltem Motor) fan [air]; (Ventilator) ventilator [air]; (zwei- oder mehrflächig) fan [air]; (→ Bremsl.; → Dachl.)

**Lüfterachse** fan fixed shaft [air]

**Lüfterbock** fan bracket [mot]

**Lüfterflügel** (bei wassergekühltem Motor) fan [air]; (ein Blatt v. mehreren) fan blade [air]

**Lüfterflügel mit verstellbaren Blättern** pitch fan [mot]

**Lüftergehäuse** fan casing [air]

**Lüfterhaube** fan cowl [mot]; fan shroud [mot]

**Lüfterleitblech** fan baffle [air]

**Lüfternabe** fan hub [air]

**Lüfternabeninspektion** fan hub inspection [mot]

**Lüfterrad** (→ Lüfterflügel) fan wheel [mot]

**Lüfterriemen** (meist Keilriemen) fan belt [mot]

**Lüfterriemenscheibe** fan pulley [mot]

**Lüfterriemenscheibenanbau** fan pulley mounting [mot]

**Lüfterscheibe** fan driving pulley [mot]

**Lüfterschutzgitter** fan grill [mot]

**Lüfterwelle** fan drive shaft [mot]

**Luftfahrt** aviation [mot]

**Luftfahrtindustrie** aircraft industry [eco]

**Luftfahrtschau** air show [mil]

**Luftfahrzeug** air vehicle [mot]

**Luftfederung** pneumatic spring [mot]

**Luftfeuchtigkeit** air humidity [air]; atmospheric humidity [wet]

**Luftfilter** air cleaner [air]; air filter [air]; (→ Druckluftf.; → Naßluftf.; → Schleuderluftf.)

**Luftfilterelement** air cleaner element [air]

**Luftfilterelement/Filterpatrone** air cleaner element/cartridge [air]

**Luftfilterölstand** air cleaner oil level [air]

**Luftfilterölwechsel** air-cleaner oil change [air]

**Luftfilterreinigung** (Ölbadfilter) air cleaner inspection [air]

**Luftfiltersiebreinigung** air cleaner tray screen cleaning [air]

**Luftförderrinne** air-slide [roh]

**Luftfrachtbrief** airway bill [abc]; AWB [abc]

**Luftführung** air duct [air]; cooling air duct [mot]

**Luftführungsblech** air guide plate [mbt]

**Luftführungshaube** air cowling [mbt]; air-duct cover [mbt]

**Luftführungskasten** air duct [mbt]

**Luftführungsoberteil** upper part of air guide [mot]

**Luftführungsring** air-ducting [mbt]

**Luftführungsunterteil** air cowling base [mbt]
**luftgekühlt** air-cooled [pow]
**luftgetrocknet** air-dried [abc]
**Lufthaube** breather [mot]
**Luftheizung** air heating [pow]
**Lufthoheit** (Luftherrschaft) air supremacy [mil]
**Luftimpulsventil** pilot operated valve [mot]
**Luftkammer** air chamber [air]
**Luftklappe** air flap [mbt]; choke [mot]; shutter [mot]; (die eigentliche Klappe) choke plate [mot]
**Luftklappengestänge** choke control [mot]
**Luftklappenknopf** choke control [mot]; choke control knob [mot]
**Luftkompressor** air compressor [air]
**Luftkondensator** air-cooled condenser [pow]
**Luftkühlung** air-cooling [mot]
**Luftleitung** (Kanäle) air conveying line [air]; (Kanäle) air duct [air]; (Preßluft) air pipe [air]
**Luftleitungen** air-pipes [air]
**Luftleitungsanschlüsse** air-connection [air]
**Luftlinie** (kürzester Weg) as the crow flies [abc]
**Luftmangel** deficiency of air [pow]
**Luftmanometer** air pressure gauge [mes]
**Luftmenge** air flow [pow]
**Luftnummer** (im Circus) aerial act [abc]
**Luftpolster** air cushion [air]
**Luftporenbildner** air-entraining agent [bau]
**Luftpresser** air compressor [wzg]; (Kompressor) compressor [air]
**Luftpumpe** (für Auto, Fahrrad) air pump [phy]
**Luftraum** airspace [mot]
**Luftregelklappe** air regulating damper [mes]
**Luftregister** air register [pow]
**Luftreifen** pneumatic tire [mot]
**Luftreiniger** air cleaner [air]
**Luftreinigersieb** air cleaner screen [air]
**Luftsauerstoff** atmospheric oxygen [wet]
**Luftsaugrohr** air intake pipe [mot]
**Luftsaugschlauch** air intake hose [mot]
**Luftsäule** column [air]
**Luftschlauch** inner tube [mot]
**Luftschraube** (Propeller) propeller [mot]
**Luftschraubenstrahl** (Propellerwind) slip stream [mot]
**Luftschutz** civil defense [mil]
**Luftschutzkeller** air raid shelter [mil]
**Luftschütz** air-break contactor [mas]
**Luftseilbahn** (Personen) cable car [mot]
**luftseitig** air side [air]
**Luftsicherheit** (im Luftraum) aviation safety [mil]
**Luftspeicherbremszylinder** air cell brake cylinder [mot]
**Luftstrom** (Dampflok) air flow [mot]
**Luftstrommahlanlage** air-swept grinding plant [roh]
**Luftsystem** air system [air]
**Luftüberschuß** excess air [pow]
**Luftüberschußzahl** excess air coefficient [pow]
**Lüftung** (z.B. Motor, Maschine, Haus) ventilation [air]
**Lüftungskanal** ventilation duct [air]
**Lüftungsverschluß** vent [mas]
**Luftverbrauch** air humidity [pow]
**Luftverunreinigung** air pollution [air]
**Luftvorwärmer** (Luvo) air heater [pow]
**Luftvorwärmereintrittskanal** air heater inlet duct [pow]
**Luftvorwärmerheizfläche** air heater heating surface [pow]
**Luftwärmer** air heater [pow]

**Luftwiderstand** wind resistance [abc]
**Luftwiderstand am Luftfilter** air
restriction on air cleaner [air]
**Luftwiderstand am Motor** air
restriction on engine [mot]
**Luftzuführungsring** air guide ring
[mbt]
**Luftzylinder** air cylinder [air];
pneumatic cylinder [mot]
**Lügendetektor** lie detector [abc];
polygraph [abc]
**Lügendetektoruntersuchung** poly-
graph test [abc]
**Luke** door [pow]; hatch [mot]; (z.B.
Schiffsladeraum) hold [mot]
**Lukendeckel** hatch cover [mot]
**Lunker** (auch röhrenförmig) piping
[wst]; (Hohlraumbildung) cavity
[wst]; (in Blechen) shrink holes [mas]
**LüP** (Länge über Puffer; Waggon)
length over buffers [mot]
**luv** (windseitig; in Luv und Lee) luff
[mot]
**Luv und Lee** (in Luv und Lee) luff and
lee [mot]
**Luvo** (Luftvorwärmer) air heater
[pow]; (→ Dampfl.; → Luftvorwärmer;
→ Mühlen-L.; → Platten-L.; →
Regenerativ-L.; → Röhren-L.; →
Taschen-L.)
**Luvo-Beaufschlagung** air admission
to air heater [pow]; percentage of
<total> air through air heater [pow]
**LV** (Liefervorschrift) delivery
specification [abc]; (hier Versand- und
Verpackungsart!) shipping instruction
[abc]; del. spec. [eco]; DS [abc];
(→ Liefervorschrift)
**LZB** (meldet Lok: km/h, Signalent-
fernung, usw.) contical automat. train-
running control [mot]; (Linienzug-
beeinflussung der Bahn) continuous
automatic train running control [mot]
**LZE** (→ Laufzeitumgebung)

# M

**M** (Maßstab; in Zeichnungen) scale [con]

**M.f.G** (Mit freundlichen Grüßen) Best regards,

**M.S.** (→ Montageschweißung) site welding [met]

**m²** (Quadratmeter) square meter [mes]

**m³** (Kubikmeter) cubic meter [abc]

**machen** (erledigen, wie Schularbeit) do [abc]; (etwas neu anfertigen) make [abc]

**Macht** (an der Macht) power [pol]

**mächtig** (stark, potent) powerful [mot]

**Mächtigkeit** (geologisch) depth [geo]; (z.B. eines Flözes) thickness [roh]

**Madenschraube** (Gewindestift) headless screw [mas]

**Magenschmerzen** stomach-ache [med]

**mager** (auch Fleisch beim Fleischer) lean [abc]

**Magerkohle** low volatile bituminous coal [pow]

**MAGM** (Schutzgasschweißen) GMAW [met]

**Magnafluxprüfung** (→ engl. :NDT) magnetic particle inspection [mas]

**Magnesit** magnesite [wst]

**Magnesium-Basis-Legierungen** magnesium alloys [wst]

**Magnesiumchlorid** magnesium chloride [che]

**Magnet** magnet [abc]

**Magnet <Magnetventil> erregen** energize a solenoid [mot]

**Magnetbahn** maglev [mot]

**Magnetbandspeicher** magnetic tape store [edv]

**Magnetbremse** magnetic brake [elt]

**Magnetfilter** magnetic filter [mot]

**Magnetformen** (die Tätigkeit) magnetic moulding [abc]

**Magnetgeber** magnetic trigger [elt]

**Magnetimpulsschweißen** magnetic pulse welding [met]

**magnetische Impulskupplung** magnet impulse coupling [elt]

**magnetische Werkstoffprüfung mit Wirbelstrom** (magnet.-induktiv) magnetic particle and eddy current testing [mes]

**Magnetismus** (Lehre, Beschaffenheit) magnetism [phy]

**Magnetkettengehänge** chain suspension tackle [mbt]

**Magnetkopf** magnetic head [elt]

**Magnetkran** lifting-magnet-type crane [abc]

**Magnetkupplung** magnetic coupling [elt]

**magneto-optische Platte** magneto-optical disk [edv]

**Magnetplatte** magnet plate [mas]; magnetic plate [mas]

**Magnetpol** magnetic pole [phy]

**Magnetpulververfahren** (Schweißprüfung) magnetic method [met]; (Schweißprüfung) magnetic particle inspection [met]

**Magnetschalter** magnetic switch [elt]; magneto switch [elt]; solenoid switch [elt]

**Magnetschraube** magnetic screw [mas]

**Magnetspule** magnet coil [elt]; solenoid spool [mot]

**Magnetständer** magnetic part [mas]; magnetic support [mas]

**Magnetventil** solenoid valve [mot]

**Magnetverstärker** transductor [elt]

**Magnetweicheisen** soft magnetic iron [mas]

**Magnetzünder** magneto [mot]

**mahagonibraun** (RAL 8016) mahogany brown [nrm]

**Mähdrescher** combined harvester [pow]

**mähen** (den Rasen mähen) mow [bff]

**Mähkorb** (reinigt, mäht Gräben) mowing bucket [mbt]; (z.B. an Grabenschaufel) weed bucket [abc]

**Mahlanlage** grinding mill [wzg]; grinding plant [roh]; pulverizer plant [wzg]

**Mahlbarkeitszahl** grindability index [pow]

**mahlen** (der Müller in der Mühle) mill [met]; (der Reifen) scuff [mot]

**Mahlen** (der Reifen) scuffing [mot]; (Mahlvorgang) grinding work [pow]; (Schaben, Kratzen, Zerstören) grinding [met]; (→ fein m.)

**Mahlfeinheit** fineness [met]

**Mahlkammer** mill chamber [abc]

**Mahlleistung** pulverizer output [abc]

**Mahlring** (Kugelmühle) grinding ring [pow]

**Mahltechnik** grinding technology [abc]

**Mahlteile** grinding elements [pow]

**Mahltrocknung** combined drying and pulverizing [pow]; fuel drying in the mill [pow]

**Mahltrocknungsanlage** (kombiniert) combined grinding and drying [pow]

**Mahltrommel** grinding drum [pow]

**Mahlvorgang** (Mahlen) grinding work [pow]

**Mahlzone** grinding zone [pow]

**Mähmaschine** mowing machine [bff]

**maigrün** (RAL 6017) may green [nrm]

**Mais** corn [bff]; maize [bff]

**Maischbottich** (Schrot, Wasser, Hitze) mash tub [abc]

**Maische** (Brauen; Malzschrot, Wasser) mash [abc]

**Maischefilter** (Trennung Würze) mash filter [abc]

**maisgelb** (RAL 1006) maize yellow [nrm]

**makellos** (ohne Fehl und Tadel) immaculate [abc]

**Mäkler** (Teil der Ramme) leader [mbt]

**malen** paint [abc]

**Maler** (auch Kunst) painter [abc]

**malnehmen** multiply [mat]

**Malz** (aus Gerste zum Brauen) malt [abc]

**Management Information System** (MIS) management information system [edv]

**Manager** (Chef, Leiter) executive [abc]

**Mandant** client [jur]

**Mangan** manganese [wst]

**Manganhartstahlguß** manganese steel [wst]

**Manganknolle** manganese nodule [min]

**Manganknollensammelgerät** manganese nodule collector [mas]

**Manganstahl** manganese steel [wst]

**Mangel** (als Nachteil) drawback [abc]; (an etwas) shortage [abc]; (not) need [abc]; (z.B. an Arbeitskräften) shortage [abc]

**mängelbehaftet** with failures [abc]; (nicht fehlerfrei) inherent vice [jur]

**mangelhafte Arbeit** failure [abc]

**mangelhafte Schweißung** defective welding [met]

**mangels Deckung** for insufficient funds [bau]

**Manipulation** manipulation [edv]

**Manipulator** manipulator [mas]

**Mannfahrung** (Förderkorb Bergbau) manriding [roh]

**Mannloch** manhole [mot]

**Mannlochbügel** manhole cross bar [pow]

**Mannlochdeckel** manhole cover [mot]

**Mannlochdeckelbolzen** manhole cover stud [pow]

**Mannlochverschluß** manhole cover [mot]

**Mannschaft** (Schiff, Flugzeug) crew [mot]; (Sport) team [abc]

**Mannschaften** (also nicht Offiziere) enlisted men [mil]

**Mannschaftsfahrung** (Förderkorb) manriding [roh]

**Mannschaftskabine** (auf Schiff) crew's cabin [mot]

**Mannschaftsmesse** (auf Schiff) crew's mess [mot]

**Mannschaftstransportfahrzeug** (Schützenpanzerwagen) troop carrier [mil]

**Manometer** pressure gauge [mot]; vacuum gauge [mes]; (Druckmesser) manometer [abc]; (→ Differentialm.; → Ölm.)

**Manometer für Dampfheizung** (Dampflok) steam-heating pressure gauge [mot]

**Manometer für Schieberkasten** (Dampflol) steam-chest pressure gauge [mot]

**Manometer für Speisepumpe** (Dampflok) feed-water pressure gauge [mot]

**Manometerabsperrventil** gauge cock [mot]

**Manometerdruck** gauge pressure [mot]

**Manometerhalter** pressure-gauge bracket [mas]

**Manometerprüfgerät** pressure-gauge calibration set [mes]

**Manöver** (Truppenübung) exercise [mil]

**manövrieren** maneuvre [mot]

**Manövrierfähigkeit** (Auto, Schiff) manoeuvrability [mot]; (Räder, Schiff) manoeuvrability [mot]

**Mansarde** attic [bau]

**Manschette** collar [mot]; sleeve [mot]; (am Hemd) cuff [abc]; (Einsteckmuffe) boot [mas]; (Stößel des Ventils) follower [mas]

**Manschettenknopf** (am Hemd) cuff-link [abc]

**Manschettensatz** set of sleeves [mot]

**Mantel** (Kleidung, Ummantelung) coat [bau]; (Ummantelung d. Maschinenteils) jacket [mas]

**Mantelgeschoß** jacketed bullet [mil]

**Mantelreibung** skin friction [mas]

**manuell** (von Hand) manual [abc]

**manuelles Verfahren** manual method [abc]

**Manuskript** (Entwurf) manuscript [abc]; (Entwurf, Skizze) draft [abc]

**Mappe** (zum Abheften, Aktendeckel) binder [abc]

**Marine** navy [mil]

**Marinefahrzeug** naval vessel [mil]

**Marke** token [abc]; (Fabrikat, z.B. Auto) make [abc]; (z.B. Markenartikel) brand [abc]

**Marken-** (z.B. Markenartikel) brand-name [abc]

**Markenartikel** brand-name product [abc]

**Marketing** marketing [abc]

**markieren** (Kiste; z.B. mit Schablone) mark [abc]

**Markierung** (auf Kiste) marking [abc]

**Markierungspunkt** marking point [mbt]

**Markierungsstreifen** marking line [mas]

**Markscheider** (Vermesser im Bergbau) surveyor [abc]

**Markt** (Platz in der Stadt) market [eco]

**Markt- und Wettbewerbsanalysen** market and competition analysis [eco]

**Marktbude** (Stand) booth [abc]

**marktführend** market-leading [abc]

**marktnahe Entscheidungsebene** level of decision close to markets [abc]

**Marktpräsenz** presence in the market [abc]

**Marmor** (hart durch Glimmer, Quarz) marble [min]

**Marscherleichterung** easement [mil]

**Maschendraht** wire mesh [bau]

**Maschendrahtzaun** wire-mesh fence [bau]

**Maschenmitte** (bei Gitterrost) centre of mesh [wst]

**Maschenweite** mesh width [mbt]; (Staubsieb) width of mesh [pow]

**Maschine** (Antriebsverbrennungsmotor) engine [mot]; (Elektromotor) motor [mot]; (Werkzeug, stellt etwas her) machine [mas]; (→ Baum.; → Blechschere; → Schleifm.; → Verbrennungskraftm.; → Werkzeugm.; → Zeichenm.)

**Maschine für Aufräumarbeiten** utility machine [mas]

**maschinell** by machine [met]; mechanical [mas]; (bearbeitet) machined [mas]

**maschinelle Übersetzung** machine translation [edv]

**Maschinen** (Baugeräte) plant [mot]

**Maschinenbau** (als Lehrfach) mechanical engineering [mas]; machinery divisions [mas]

**Maschinenbauausrüstung** (Bergbau) machine pool [mas]

**Maschinenbauer** mechanical engineer [mas]

**Maschinenbauingenieur** design engineer [abc]

**Maschinenbestand** machine population [abc]

**Maschinenbruch** (mech. Bruch) machinery breakage [mas]

**Maschinenbruchversicherung** accidental damage insurance [jur]; comprehensive insurance [jur]; (auch Folge) machinery breakdown insurance [jur]; (techn.) engineering insurance [jur]

**Maschinenbühne** machinery platform [mas]

**Maschinendatenblatt** machine record card [mas]

**Maschinenform** (Gießbehälter) mechanical mould [mas]

**Maschinengewehr** machine gun [mil]

**Maschinenhaus** turbine room [pow]

**Maschinenherstellung** making by machine [mas]

**Maschinenholzpappe** (Endlospappe) wood pulp board, endless [wst]

**Maschineningenieur** design engineer [abc]

**Maschinenkontrollraum** (z.B. Schiff) engine control room [mot]

**Maschinenpark** (z.B. mehrere Lkw) fleet [mot]

**Maschinenpistole** tommy gun [mil]

**Maschinenraum** engine room [mot]

**Maschinenreparatur** engine repair [mas]

**Maschinenschraube** machine screw [mas]

**Maschinenschutzgesetz** machine protection law [mbt]

**Maschinenschweißer** welding operator [met]

**Maschinenschweißerzulassung** welding operator qualification [met]

**Maschinensteuerraum** engine control room [abc]

**Maschinenvergleichskarte** Q-card [abc]

**Maserung** (Holz) veining [abc]

**Maskenform** (Art des Gießens) shell mould [mas]

**Maskenformguß** shell mould casting [mas]

**Maskengußform** shell mould [mas]

**Maßart** (in Zeichnung) dimensions [con]

**Maßband** tape measure [wzg]

**Maßblatt** dimension sheet [con]

**Maßbleche** (Eisen und Stahl) flamecut plates [met]

**Masse** (Erdleitung, Nulleitung) ground [elt]; (Material) material [abc]; (Substanz) substance [abc]; (→ virtuelle M.)

**Masseband** earthing strap [elt]

**Maße** (auf Zeichnungen) dimensions [con]

**Maßeinheit** measure [phy]

**Maßeinheit** unit of measure [edv]

**Massekabel** earth cable [elt]

**Masseleitung** earth cable [elt]; ground wire [elt]

**Massen** (Menschenmassen) crowds [abc]

**Massenaushub** bulk excavation [bau]

**Massenermittlung** taking off [abc]

**Massenermittlungsformular** taking-off-sheet [bau]

**Massenfluß** mass flow [pow]

**Massengut** (→ Schüttgut) bulk [abc]

**Massengüter** bulk goods [mas]

**Massengutfrachter** bulk carrier [mot]; bulker [mot]

**Massengutumschlaganlage** bulk goods rehandling plant [mbt]

**Massenschüttgut** (→ Schüttgut) bulk cargo [abc]

**Massenspektrogramm** mass spectrogram [edv]

**Massenspektrogrammanalyse** mass spectrogram analysis [edv]

**Massenvernichtungswaffen** weapons of mass destruction [mil]

**Massenverteilung** mass distribution [abc]

**Massenverteilungs- und Zeitplan** bulk distribution and time schedule [mot]

**maßgeblich** substantial [abc]

**maßgenau** (maßgetreue Projektierung) accurate to dimension [con]; (maßgetreue Projektierung) accurate to size [con]

**Maßgenauigkeit** dimensional accuracy [con]

**maßgeschneidert** (kundenspezifisch) tailor-made [mas]

**maßgetreu** (maßgenau, passend) accurate to dimension [con]; (maßgenau, passend) accurate to size [con]

**maßgetreue Projektierung** (z.B. Fabrik) planning accurate to dimension [abc]

**massiv** solid [geo]

**Massivdecke** solid ceiling [mbt]

**massive Bauweise** massive type of construction [bau]

**mäßig** (geneigt) moderate [abc]

**Maßnahme** (zur Weiterbildung) course [abc]

**Maßskizze** dimension sketch [con]

**Maßstab** scale [con]; (das Maß aller Dinge) standard [mes]

**Maßstabpotentiometer** testing range potentiometer [elt]

**Maßtabelle** dimension table [con]

**maßverchromt** (nicht mehr zu bearbeiten) chromium-plated to size [mbt]

**Mast** load arm [mot]; (des Krans) boom [mbt]; (Fernleitung) pylon [elt]; (Lampenmast) Post [abc]; (Schiffsmast) mast [mot]; (von Zelt, Schiff) mast [mot]; (Zelt) pole [mil]

**Mast mit Auslegerverlängerung** boom with extension [mbt]

**Masterbolzen** (Kettenschlußbolzen) track master pin [mbt]

**Mastkorb** top/crow's nest [mot]

**Mastschiene** (des Stapler) mast rail [mot]

**Maß** (Ausmaß) dimension [con]; (die Maße nehmen) measurement [abc]; (Maßkrug) stein [abc]; (→ Länge)

**Maß- und Leistungsblatt** (Angaben) Dimension and Performance Sheet [con]

**Mater** (Druckzubehör) matrix [abc]

**Material** material [abc]; (Stoff, Substanz, Chemikalie) substance [abc]; (→ Aushubm.)

**Materialaufbau** (Dreck unter Kette) dirt stacking [mbt]

**Materialaufgabe** material charge [roh]

**Materialaufwand** raw materials and supplies [abc]

**Materialausgangsstärke** original thickness [wst]

**Materialbedarf** material requisition [abc]

**Materialeinbau** filling in of material [mbt]

**Materialentnahme** issue [abc]; withdrawal [abc]; (als Belege) manufacturing receipts [mas]

**Materialfluß** flow of material [abc]; material flow [abc]

**Materialförderung** (Bergbau) material trip [roh]

**materialisieren** materialize [abc]

**Materialnorm** material standard [nrm]

**Materialprüfmaschine** material testing machine [mes]

**Materialschicht** layer of material [mas]

**Materialtrennung** delimination [wst]

**Materialübergabe** material transfer [mbt]

**Materialverbrauch** (Wareneinsatz) material usage [abc]

**Materialverformung** plastic yielding [mas]

**Materialwirtschaft** (Steuerung) material control [elt]

**Materialwirtschaftssystem** system of material control [abc]

**materielles Recht** substantive law [pol]

**mathematische Entdeckungen** mathematical discovery [edv]

**Matratze** (im Bett) matress [abc]

**Matrix** matrix [elt]; (→ Admittanzm.; → Hybridm.; → Impedanzm.; → Kettenm.; → Streum.; → Transferm.)

**Matrize** (Gegenstück beim Stanzen) counter die [met]; (Gegenstück beim Stanzen) native matrix [mot]; (z.B. Ormig-Wachskopien) stencil [abc]

**Matrizenexponentialfunktion** matrix exponential function [mat]

**Matrose** sailor [mot]; (Seemann) seaman [mot]

**Matsch** sludge [abc]

**matt** (Farbe) matt [abc]

**Matte** mat [bau]; (kleiner Teppich) rug [abc]; (→ Kontaktm.; → Strohm.)

**Mattenauslegung** (z.B. in Büro) matting [abc]

**Mattenkühler** (auf Häusern in Arizona) swamp cooler [bau]

**Mauer** wall [bau]; (→ Trockenm.)

**Mäuerchen** little wall [bau]

**Mauerdurchführung** wall duct [bau]

**Mauerkasten** (für Rußbläser) soot blower wall box [pow]

**Mauerverband** bond [bau]

**Mauerwerk** bricksetting [bau]; masonry [bau]; (im Hochofen) lining [pow]; (→ Bruchsteinm.; → feuerfestes M.; → hochbeanspruchtes M.; → Sicht-m.; → Sockelm.; → Trockenm.)

**Mauerwerksfuge** brickwork joint [bau]

**Mauerwerksverband** brickwork bond [bau]

**Maulesel** mule [bff]

**Maulgröße** (des Brechers) feed opening [roh]

**Maulschlüssel** fixed spanner [wzg]; open-end spanner [wzg]; open-end wrench [wzg]; spanner [wzg]; (Werkzeug, einseitig) open jaw wrench [wzg]; (Werkzeug, einseitig) single open ended wrench [wzg]

**Maultier** mule [bff]

**Maulweite** (des Brechers) width of mouth [roh]

**Maurer** (Bauhandwerker) bricklayer [met]

**Maurerarbeiten** brickwork [bau]; masonry [bau]

**Maurermeister** master bricklayer [bau]

**Maus** (Bildschirmzubehör) reading mouse [edv]; (Nagetier) mouse [bff]

**mausgrau** (RAL 7005) mouse grey [nrm]

**Maut** (Wege- und Brückenzoll) toll [mot]

**Mauttor** (Mautsperre, Mautstation) toll gate [mot]

**max./min. Thermometer** maximum/ minimum thermometer [mes]

**maximal** (höchstens) maximum [abc]

**Maximalausladung** (z.B. des Krans) maximum radius [mas]

**maximale Motorleistung** maximum HP requirement [mot]

**maximaler vorgegebener Wert**
maximum pre-set value [abc]
**maximales Gesamtgewicht** (d. Waggons) gross load weight [mot]; (d. Waggons) GLW [mot]
**Maximalgewicht** (Bruttogewicht) maximum weight [abc]; (Höchstgewicht) maximum weight [abc]
**maximiert** (in Versicherungsvertrag) limit of liability paid once [jur]
**Mechaniker** (gelernter Handwerker) artisan [mas]; (Schlosser, Monteur) mechanic [abc]
**mechanisch** (mech. angetrieben) mechanical [abc]; (nicht elektronisch etc.) mechanic [abc]
**mechanisch angetrieben** mechanically powered [mot]
**mechanische** (Eigenschaften an Blindhärteprobe) mechanical [mas]
**mechanische Beanspruchung** mechanical stress [abc]
**mechanische Bearbeitung** machining [met]; (Schwinn) mechanical machining [mot]
**mechanische Bremse** mechanical brake [mot]
**mechanische Feuerung** mechanical firing equipment [pow]
**mechanische Hand** mechanical hand [edv]
**mechanische Kontaktmatte** mechanical contact mat [mbt]; (Rolltr.) mechanical contact mat [mbt]
**mechanische Sperrung der Kupplung** mechanical clutch lock-up [mot]
**mechanische Transportanlage** mechanical materials handling equipment [mot]
**mechanische Verbindungselemente** fastener [mas]
**mechanische Werkstatt** machine shop [abc]
**mechanischer Entstauber** mechanical dust separator [pow]

**mechanischer Filter** dust separator [abc]; mechanical precipitator [abc]
**mechanischer Wagenheber** mechanical jack [abc]
**mechanischer Wirkungsgrad** mechanical efficiency [abc]
**mechanisches Gestänge** mechanical follow-up [mot]
**Mechanisierung** mechanizing [mot]
**Mechanisierungsgrad** degree of mechanization [abc]
**Mechanismus** (z.B. Gestänge) mechanism [mot]
**Medien** (die Medien, die Presse) media [abc]
**Medikament** drug [med]; pill [med]; tablet [med]
**Medium** (Mittel) medium [abc]; (→ Arbeitsm.)
**Medizin** (die Wissenschaft) medical science [med]; (Tropfen, Pillen, usw.) remedies [med]
**Medizinalwissenschaft** (ärztl. Kunst) medical science [med]
**medizinische <Bestrahlungs-> Einrichtung** medical <therapy> equipment [med]
**medizinische Anwendung** medical domain [edv]
**medizinische Diagnostik** medical classification [edv]
**Meer** ocean [abc]; sea [cap]
**Meeresbergbau** maritime mining [roh]
**Meeresboden** bottom [geo]; bottom of the sea [geo]; seabed [abc]
**Meeresspiegel** sea level [mot]
**Meeresspiegel, über** sea level, above [mot]
**Meerestechnik einschl. Entsalzung** marine engineering, incl. desalination [mot]
**Megawattmesser** (MW-Messer) megawattmeter [elt]
**mehlig** floury [abc]
**mehrachsig** (z.B. Reisezugwagen) multi-axle [mot]

**mehrachsiges Triebfahrzeug** multi-axle power unit [mot]; multi-axle tractive unit [mot]

**mehradrig** (z.B. Meßkabel) multi-wire [elt]

**Mehrbereichsöl** (Motorenöl) multigrade oil [mot]

**Mehrdeutigkeit** (bei geometrischer Analogie) ambiguity [mat]

**Mehrdüsenrußbläser** multi-jet element type soot-blower [pow]; multi-nozzle blower [pow]

**Mehrdüsenstaubbrenner** multi-tip pulverized fuel burner [pow]

**Mehretagenpresse** (z.B. für Laminate; MFD) multi daylight press [mas]

**mehrfach benutzen** (nicht nur einmal) use several times over [abc]

**Mehrfachoszilloskop** multitrace oscilloscope [mbt]

**Mehrfachregistriergerät** multi-channel recorder [edv]; multi-point recorder [edv]

**Mehrfachregistriergerät mit wanderndem Schreibstreifen** multipoint continuous-roll chart recorder [edv]

**Mehrfachrückkopplung** multiple-loop feedback [elt]

**Mehrfachseitenschieber** multiple position shifting attachment [mot]

**Mehrfamilienhaus** apartment house [bau]; block of flats [bau]; (z.B. in Großstadt) apartment block [bau]; (z.B. in Großstadt) block of flats [bau]

**Mehrfarbenschreibgerät** multi-colour recorder [edv]

**mehrfarbig lackiert** multi-colour coated [met]

**mehrflözig** (z.B. mehrere Erzschichten) multi-seam [roh]

**Mehrheit** (Die M. der Wähler wählten ...) majority [pol]

**mehrklassiger Personenwagen** (Bahn) composite coach [mot]

**Mehrlagenschweißung** multi-pass weld [met]; multi-pass welding [met]; multi-run welding [met]

**mehrlagig** (Sperrholz, Reifen usw.) multi-ply [abc]

**mehrrassig** (für alle Rassen erlaubt) multi-racial [pol]

**Mehrrechnerdatenbanksysteme** multiprocessor database systems [edv]

**mehrrillig** (Keilriemen) multi groove [mas]

**Mehrschalengreifer** (auch Rundschacht) multibladed circular clam [mbt]; (Baggerausrüstung) multi-claw grab [mbt]; (Baggerausrüstung) orange-peel grab [mbt]

**Mehrscheibenkupplung** (trocken, in Öl laufend) multi disc clutch [mot]; (trocken, in Öl laufend) multi plate clutch [mot]; (→ Lamellensch.)

**mehrschichtige Kontrafakten** multilevel counterfactuals [edv]

**Mehrstellungszylinder** multiple stroke cylinder [mot]

**mehrstufig** multi-setting [mot]; (z.B. Schaltung, Gebläse) multi-stage [mot]

**mehrstufige Speisewasservorwärmung** multi-stage feed water heating [pow]

**mehrteiliges Schneidmesser** multisection edge [mot]

**Mehrtonalarmanlage** multiple-sound alarm device [elt]

**Mehrwegeventil** multi-way valve [pow]; (2/2 Wegeventil) two-stroke-two valve [mas]; (3/2 Wegeventil) three-stroke-two valve [mas]

**Mehrzahnaufreißer** (z.B. an Grader) multi-shank ripper [mbt]

**Mehrzugkessel** multiple-pass boiler [pow]

**Mehrzugkessel** multi-pass boiler [pow]

**Mehrzweckfrachter** (Art der Ladung) multi-purpose freight ship [mot]; (→ Kombischiff)

**Mehrzweckgüterwagen** (flach/offen) interchangeable high-sided/flat waggon [mot]

**Mehrzweckhalle** multi-purpose hall [abc]

**Mehrzweckhubschrauber** utility helicopter [mot]

**Mehrzweckmaschine** multi-purpose machine [mot]

**Mehrzweckschiff** multi-purpose ship [mot]

**Meile** mile [phy]

**Meilenstein** milestone [mot]

**Meiler** charcoal kiln [bau]

**meinen** (denken, annehmen) think [abc]

**Meinung** philosophy [edv]; (Ansicht) opinion [abc]

**Meißel** (Aufbrechwerkzeug) chisel [wzg]

**Meißelspitze** chisel point [wzg]

**Meißelstahl** draw bar sections [mas]

**Meister** (Abstufungen in GB) supervisor [abc]; (Lokführer) locomotive driver [mot]; (Handwerk) master [abc]; (Sport) champion [abc]

**Meisterschaft** (Sport) championship [abc]

**Meisterschalter** (Hauptschalter) master control [elt]

**Meldeleuchte** indicator light [mbt]; signal lamp [mbt]

**Meldeleuchte im Störmeldetableau** indicator light in fault indicator tableau [mbt]

**melden** (etwas oder sich bei Polizei) come forward [pol]

**Melder** (Meldeläufer) orderly [mil]; (Meldeläufer, Bote) messenger [mil]

**Meldesignal** reporting signal [mil]

**melonengelb** (RAL 1028) melon yellow [nrm]

**Membran** diaphragm [phy]; (→ Dichtm.)

**Membrandruckschalter** pressure switch [elt]

**Membrane** (dünnes Blättchen) diaphragm [phy]; (dünnes Blättchen) membrane [mas]

**Membranpumpe** diagraphm pump [pow]; diaphragm-type pump [wst]; membrane pump [pow]

**Membranwand** (Rohrwand) membrane wall [pow]

**Membranzylinder** membrane-type cylinder [mas]

**Memorandum** (Aktennotiz) memorandum [abc]

**Menge** (geförderte Ölmenge) flow [mbt]; (geförderte Ölmenge) flow amount [mbt]; (geförderte Ölmenge) throughput [roh]; (großer Umfang) bulk [bau]; quantity [abc]

**Mengenangaben** quantities [abc]

**Mengenbedarfssteuerung** (mit/ohne Druck) variable control [mot]

**mengenmäßig** quantitative [abc]

**Mengenmeßgerät** (auf Tank) flow meter [mot]

**Mengenmessung** (flüssige und gasförmige Medien) flowmetering [mot]

**Mengenregelung** flow control [mot]

**Mengenregelung für gleichbleibenden Durchfluß** constant flow rate control [mot]

**Mengenregelventil** constant feed regulating valve [mot]; flow control valve [mot]

**Mengenteiler** dividing valve [mot]; (1 Pumpe - 2 Zylinder) flow divider [mbt]

**Mengenübersicht** (von gelieferten Zeichnungen) summary [abc]

**Menschen und Kapital** staff and capital [abc]

**Menschenführung** human factors [abc]

**Menschheit** mankind [abc]

**menschlich** (Menschen betreffend) human [abc]

**mentaler Zustand** mental state [med]

**Mergel** (Gesteinsart) marl [min]

**merkbar** (bemerkbar, bemerkenswert) noticeable [abc]

**Merkblatt** (Instruktion, Anleitung) code of practice [abc]

**Merkmal** (Haupteigenschaft) feature [abc]; (Kennzeichen, Wesensart) characteristic [abc]; (→ charakteristisches M.; → Konstruktionsm.)

**Merkmalsraum** feature space [edv]

**Meß-, Steuerungs- u. Regeltechnik** measurement-control system and control engineering technology [mes]

**Message and Codes** (Systemnachrichten) message and codes [edv]

**Meßanzeige** (auf Bildschirm) display [mes]

**Meßanzeigen und Anweisungen auf Bildschirm** display with data of operations and instructions for the rig operator [mbt]

**Meßbereich** range [mes]

**Meßbereichskontrollgerät** measuring range monitor [elt]

**Meßblatt** test sheet [mes]

**Meßblende** metering orifice [mes]; orifice disk [mes]

**Messe** (→ Stand, Ausstellung) fair [abc]

**Messeabteilung** department for fairs [abc]

**Messebus** fair bus [abc]

**Messedienst** (Hilfstruppen, Transport) duty at the fair [abc]

**Messegelände** (Ausstellungsgelände) exhibition ground [abc]; fair ground [abc]

**Messegut** display goods [abc]; fair goods [abc]

**Messehalle** fair hall [abc]

**Meßeinrichtung** measuring device [mes]

**Messelager** fair store [abc]

**messen** measurement [edv]; (ausmessen) measure [abc]; (→ ständiges M.)

**Messer** (alle Arten) knife [wzg]; (z.B. Meßgerät) meter [mbt]; (→ Drehzahlm.; → Durchflußm.; → Mengenm.)

**Messer mit Einsatz** (Messerpumpe) insert vane [mas]

**Messerbalken** (der Mähmaschine) cutter bar [wst]

**Messeregge** (Landwirtschaft) harrow [far]; (Landwirtschaft) pasture harrow [wzg]

**Meßergebnis** (ablesbares Resultat) reading [mes]

**Messestand** (außen) exhibition space [abc]; (in Halle) booth [abc]; (innen und außen) fair stand [abc]; (innen) exhibit booth [abc]

**Messestandbesatzung** staff of stand [abc]

**Meßfläche** measuring area [mbt]

**Meßfühler** sensor [elt]

**Meßgerät** (allgemein) checking device [mes]; (allgemeines Messen) measuring device [mes]; (Anzeige, Monitor) indicator [mes]; (Lehre) gauge [mes]; (→ elektrisches M.) measuring instrument [mes]

**Meßgröße** measured quantity [abc]

**Meßimpulse** test pulses [mes]

**Messing** brass [mas]; yellow brass [wst]

**Messingguß** cast brass [wst]

**Meßinstrument** measuring instrument [mes]; (Lehre, Fühler) gauge [mes]; (z.B. Voltmeter, Thermometer) meter [mes]; (→ Anzeigem.)

**Meßkabel** (z.B. Tester zu Black Box) measuring cable [elt]

**Meßkoffer** (Satz von Meßgeräten) measuring kit [mes]

**Meßlehre** (Lehre, Meßwerkzeug) gauge [mes]

**Meßleitung** instrument leads [mot]

**Meßluke** measurement hole [mot]

**Meßluken** test openings [mes]

**Meßöffnung** measuring hole [mot]

**Meßraster** measuring area [mbt]

**Meßrolle** (für Zahndistanzen) metering roller [mes]

**Meßschablone** (für Feststellung Lademaß) Passe Partout [mot]

**Meßschalter** meter switch [mbt]
**Meßschieber** slide gauge [mes]
**Meßstab** level gauge [mot]; (Ölstand prüfen) dipstick [mot]
**Meßstation** gauging station [bau]
**Meßstelle** (Betriebsmeßstelle) instrument tapping point [mot]; (Versuch) test point [mes]
**Meßtechnik** metrology [edv]
**Meßtisch** plane table [abc]
**Meßuhr** dial gauge [mes]; gauge [mes]
**Messung** measuring [abc]
**Messung der Schwächung** measurement of attenuation [elt]
**Meßwagen** (alle möglichen Messungen) railway test car [mot]
**Meßwandler** measuring transformer [elt]; (→ elektroakustischer M.)
**Meßwerkzeug** gauge [mes]; measuring tool [wzg]
**Meßwert** reference dimension [mes]
**Meßwertgeber** primary element [mes]
**Meßzähnezahl** number of teeth for testing [mas]
**Metall** (z.B. Nichteisenmetalle) metal [wst]; (→ Nichteisenm.; → Streckm.)
**Metallaktivgasschweißen** (MAG) active gas metal arc welding [mas]
**Metallband** steel tape [mas]
**Metallbügel** shackle [mas]
**Metalldichtung** metallic gasket [mas]
**Metallguß** cast metal [wst]
**Metallhalbzeug** semis of non-ferrous metal [mas]
**Metallhütte** steel works [mas]
**Metallichtbogenschweißen** metal arc welding [met]
**Metallichtbogenschweißen mit Fülldrahtelektrode** flux-cored metal arc welding [met]
**Metallinertgasschweißen** (MIG) inert-gas metal-arc welding [met]; MIG-welding [met]
**metallisch blank** (sauberes Material) metallically blank [abc]

**metallisch blank gesäubert** cleaned metallically blank [wst]; cleaned to be metallically blank [wst]
**metallisch blank geschliffen** ground metallically blank [nrm]; ground to be metallically blank [met]
**metallisch sauber** (→ metall. blank) metallically blank [abc]
**metallische Packung** metallic packing [mas]
**metallisieren** metal spray [met]; metallize [nrm]
**Metallrohr** metal pipe [mas]; metal tube [mas]; thimble [mas]
**Metallsäge** metal saw [mbt]
**Metallschutzschlauch** metal protective tube [mas]
**Metallstab** metal rod [mas]
**Metallstreifen** ribbon [mas]
**Metalltresse** (Litze, z.B. in Filter) metal braid [mas]
**metallurgisch** metalurgical [wst]
**Metallventil** metal valve [mot]
**metallverarbeitend** metalliferous [met]
**Metamorphose** metamorphose [abc]
**Metapher der wandernden Ameise** wandering ant metaphor [edv]
**Metapher der wissenschaftlichen Gemeinschaft** scientific community metaphor [edv]
**Meteor** (Meteorit und sein Licht) meteorite [abc]
**Meteorologie** meteorology [abc]
**meteorologisch** meteorological [abc]
**Meter** (Längenmaßt) meter [phy]; (Meßinstrument) meter [phy]; (→ Vakuumm.)
**Metermaß** (Bandmaß) tape measure [wzg]
**Meterriß** (für Belag, Estrich) reference for level difference [bau]
**Meterspur** (der Bahn) metre gauge [mot]
**Meterspurbahn** (Schmalspurbahn) meter-gauge railway [mot]

**meterweise** (kiloweise) by the meter [abc]

**Methode** method [abc]; (→ Gruppen-kommunikationsm.; → technisch reali-sierbare M.; → Zweifrequenz-M.)

**Metier** (Beruf, Berufung) metier [abc]

**Metrologie** (Wissensch. der Gewichte) metrology [phy]

**Metronom** (Taktmaschine) metronome [abc]

**Meute** (Hunde, Wölfe) pack [bff]

**Meuterei** mutiny [mot]

**meutern** (rebellieren) mutiny [mot]

**MH** (Abkürzung für: Mobilhydraulik) wheeled hydraulic machine [mbt]

**Microcomputereinsatz** micro-computer use [edv]

**Microfiche**(-s) microfiche [edv]

**Microschalter** micro switch [elt]

**Mietauto** rental car [mot]

**Miete** (z.B. Kartoffel-, Schotterberg) heap [abc]

**Mieter** tenant [bau]

**Mietleitung** (für Online EDV) leased line [edv]

**Mietskaserne** apartment block [bau]; block of flats [bau]

**Mietwagen** (→ Mietauto) rental car [mot]

**Mikrofilm** micro film [edv]

**Mikrofilmkarte** (Mikrokarte) micro-film card [edv]

**Mikrokarte** (Mikrofilmkarte) micro-film card [edv]

**Mikrometerschraube** micrometer screw [mes]

**Mikrophon** microphone [abc]; mike [abc]

**Mikroprozessor** micro processor [edv]

**Mikroskop** microscope [mes]; (→ Ultraschallm.)

**Mikroventil** micro valve [elt]

**Milchfarm** (Rinderzucht für Milch) dairy farm [far]

**Milchstraße** Milky Way [abc]

**Militärbahn** (milit. Eisenbahnlinien) military railway [mot]

**Militärgelände** (auf Hinweisschild) Military Area [mil]

**Militärischer Sicherheitsbereich** MILITARY AREA [mil]

**Militärisches Gelände** (auf Schild) MILITARY AREA [mil]

**Militärisches Sperrgebiet** military area [mil]

**Millimeter** millimeter [phy]

**Millimetern** (in Millimetern) metric [mbt]

**Millimeterpapier** millimeter pages [abc]

**Millisekundenzündung** milli-second blasting [roh]

**Milz** spleen [med]

**mimosenhaft** (sehr empfindlich) sen-sible [abc]

**min** (mindestens) min [abc]; (Minute) min [abc]

**Minderheit** minority [abc]

**Minderheitenvertretung** (Parlament) minority representation [pol]

**minderjährig** under age [jur]

**mindern** (den Druck) lower [mot]; (ver-mindern, verkleinern) diminish [abc]

**minderwertig** (unterlegen, schlechter) inferior [abc]

**Minderwertigkeit** inferiority [abc]

**Minderwertigkeitskomplex** inferiority complex [med]

**Mindestaußenradius** minimum out-side radius [mas]

**Mindestbeitrag** (Prämie) minimum premium [jur]

**Mindesteinbringöffnung** clearance [mbt]

**Mindesteinstellwert** minimum pre-set value [abc]

**Mindestkühlwasserstand** minimum level of coolant [mot]

**Mindestlänge** minimum length [abc]

**Mindestmaß Breite** minimum width [mbt]

**Mindestmaß Höhe** (bei Rolltreppe) minimum vertical rise [mbt]

**Mindestmaß Länge** minimum [mbt]

**Mindestschichtdicke** (Farbe) minimum coat thickness [met]

**Mine** (Bergwerk) mine [roh]; (Sprengkörper) mine [mil]

**Minengrader** mine grader [mot]; mine grader [roh]

**Minenleiter** (→ Bergwerksdirektor) engineering manager [roh]

**Minenräumboot** (M-Boot) mine sweeper [mot]

**Minenräumung** (nach Kriegen) mine clearance [mil]

**Mineral** (Teil der Erdkruste) mineral [min]

**Mineralbestand** mineral constituent [abc]

**Mineralboden** mineral soil [abc]

**Mineralgemisch** aggregates [bau]; mineral mixture [roh]; (verschiedene Korngrößen) various grain sizes [roh]

**Mineralien** (→ Bodenschätze) minerals [min]

**Mineralogie** (Teil der Geologie) mineralogy [min]

**Mineralöl** mineral oil [roh]

**Mineralrohstoff** mineral raw material [roh]

**Mineralsalz** mineral salt [roh]

**Mineralwasser** (aus Naturquellen) mineral water [abc]

**Miniaturwinkelprüfkopf** miniature angle-beam probe [mes]

**Minimalabstand** minimum interval [abc]

**Minimess** (Mi.-Punkte an Bagger) minicheck [mot]; (Minimess-Punkte an Bagger) micro valve [mot]

**Minimeter** inclined gauge [mot]; micro-pressure gauge [mot]

**Minimumumschaltung** minimum displacement setting [mot]

**Miniplaner** (kleiner Kalender) mini planner [abc]

**Minister** (z.B. Außenminister) secretary [pol]; (z.B. des Inneren) minister [pol]

**Minmax-Verfahren** minimax search [edv]; Minmax procedure [edv]

**Minusanzeige** (Instr.) minus value [elt]

**Minusleiter** negative conductor [elt]

**Minuspol** negative pole [elt]

**Minute** minute [abc]

**minzgrün** (RAL 6029) mint green [nrm]

**MIPS** (Mega Instruktionen pro Sekunde) MIPS [edv]

**MIS** (Management Information System) MIS [edv]

**Misch-** mixing [abc]

**Mischanlage** (Mischer) mixing plant [bau]

**Mischarbeiten** mixing work [roh]

**Mischbauweise** mixed building structures [bau]

**Mischbett** (Ionenaustauscher) mixed-bed ion exchanger [pow]

**Mischbettanlage** blending bed [roh]

**Mischbettaufnahmegerät** blending reclaimer [roh]

**Mischbettentsalzungsanlage** mixed-bed demineralizer [pow]

**Mischeinrichtung** blending equipment [roh]

**mischen** mix [abc]; (Gesteine) blend [roh]

**Mischer** mixer [abc]

**Mischgasschweißen** gas-mixture shielded metal-arc weld [met]

**Mischgut** mix [roh]

**Mischhaldengerät** bridge-type reclaimer [roh]

**Mischkammer** mixing chamber [roh]; secondary venturi [mot]

**Mischraum** mixing chamber [roh]

**Mischrohr** mixture pipe [roh]; (Vergaser) venturi tube [mot]

**Mischsammler** mixing header [pow]

**Mischschieber** double butterfly valve [pow]; mixing valve [pow]; proportioning valve [pow]; rotary valve [pow]; (Dosierventil) proportioning valve [pow]; (Dosierventil) three-way-valve [mas]

**Misch-T-Stück** mixing tee [pow]

**Mischung** mixture [abc]

**Mischverhältnis** mixing proportion [mbt]

**Mißbrauch** (Quälen, falsches Nutzen) abuse [abc]

**mißbrauchen** (quälen, falsch nutzen) abuse [abc]

**Mißerfolg** failure [abc]

**Mißtrauensantrag** (und Strafverfolgung) impeachment [jur]

**Mist** (Dünger) dung [abc]; (Dünger) fertilizer [far]

**mit Bagger** by excavator [mbt]

**mit Bezug auf ...** with reference to ... [abc]

**mit Computern** computerized [edv]

**mit Eis kühlen** ice [abc]

**Mit freundlichen Grüßen** (MfG) Best regards, [abc]

**mit getrennter Post** by separate mail [abc]

**mit Gewinde versehen** tap [met]

**mit Gewinde versehen** tapped [mas]

**mit gleicher Post** by same mail [abc]

**mit Hilfe von ...** with the help of [abc]

**mit hydraulischem Druckausgleich** hydraulically balanced [mot]

**mit Montagewerkzeug** with fitting tools [con]

**mit Planierraupe** by bulldozer [mbt]

**mit Sachnummer** with Part No. [abc]

**mit Verzahnung** (z.B. Kugeldrehverbindung) with gearing [mas]

**mit Wirkung** (mit Wirkung vom...) as of.... [abc]

**mit Zwangsschürfung** positive action hydraulic scraper [mot]

**Mitangeklagter** (auch vor Gericht) co-defendant [jur]

**mitdrehend** turning [abc]

**mitdrehende Leiter** turning ladder [mas]

**mitfahren** (als Passagier) ride [mot]; (trampen) hitch a ride [mot]

**Mitfahrer** (als Beifahrer) rider [mot]; (in Ballonkorb) passenger [mot]; (als Passagier) ride [mot]

**Mitglied** member [abc]

**Mitglied der Geschäftsleitung** (UB) member of the divisional board [abc]

**Mitglied des Aufsichtsrates** member of the supervisory board [abc]

**Mitglied des Vorstandes** member of the board of directors [abc]; member of the board of managers [abc]

**Mitgliedsnation** member nation [abc]

**mitlaufendes Zahnrad** (Leitrad) idler [mot]

**Mitlieferung** (Mitlieferungen) also supplied [abc]

**Mitnehmer** driver [mot]; (Daumen) tappet [mas]; (in Handlauf der Rolltreppe, Keilnut) spline [mbt]; (kupplungsartig) clutch [mbt]; (kupplungsartig) splined coupling [mbt]; (Nocke) cam [wst]; (Stift, Zapfen, Nase, Daumen) tappet [mas]; (Stößel) follower [mot]

**Mitnehmerbolzen** (Kette bis M-hülse) carrier bolt [mbt]; (Kette bis M-hülse) step pin [mbt]

**Mitnehmergabel** fork tappet [mot]

**Mitnehmerhülse** (auch Mitn.-bolzen) carrier bolt bushing [mbt]

**Mitnehmerlasche** straight lug link plate [mas]

**Mitnehmerloch für die Drehbank** turning hole [met]

**Mitnehmernase** (der Bodenplatte) driving lug [mas]; (der Bodenplatte) lug [mas]

**Mitnehmernut** keyway [mas]

**Mitnehmerrad** (der Rolltreppe) driver wheel [mbt]

**Mitnehmerrolle** back-up roller [mas]; friction roller [mbt]

**Mitnehmerscheibe** follower [mbt]; operating disc [mot]; (flanschartig) flange coupling [mbt]; (Kupplungs-scheibe) clutch disc [mot]

**Mitnehmersteuerung** cam mechanism [mot]; cam operation [mot]

**Mitnehmerwelle** (Nockenwelle) cam-shaft [mot]

**Mitreißen von Salzen** salt carry-over [pow]

**Mitreißen von Wasser** moisture car-ryover [pow]

**Mitstudent** fellow student [abc]

**Mittagessen** lunch [abc]

**Mittagspause** lunch break [abc]

**Mitte** (des Werkstückes) centre [con]; middle [abc]

**Mitte Bagger** (auf Zeichnungen) cen-tre excavator [con]

**Mitteilung** information [abc]; memo-randum [abc]; (Systemmitteilung) message [edv]; (→ technische M.)

**Mittel** (Medium) medium [abc]; (→ Flußm.)

**Mittel- und Grobblech** plate [mas]

**Mittel- und Großrohre** medium and big diameter tubes [mas]; medium-sized and large pipes [met]

**Mittel und Wege** ways and means [abc]

**Mittel** medium [abc]

**Mittelanzapfung** (stößelartig) centre tapping [mbt]

**Mittelauflager** centre support [mbt]

**Mittelbandstraße** medium-strip mill [cap]

**Mittelblech** medium steel sheet [abc]; steel sheet [mas]

**Mitteldruckhydraulik** medium-pres-sure hydraulics [mot]

**Mitteldruckschlauch** medium pres-sure hose [mot]

**Mitteleuropäische Zeit** (MEZ) Central European Time [abc]

**Mittelgestein** medium-hard rock [min]

**mittelhart** medium hard [abc]

**Mittelklasse** (-bagger) middle weight [mbt]

**Mittelkreis am Schneckenrad** pitch circle [mas]; reference circle [mas]

**Mittelkupplung** buckeye coupling [mbt]

**Mittelleiter** middle wire [elt]; zero wire [elt]; (neutrale Leitung) neutral [elt]; (der Ladung) load centre line [mot]

**Mittelprodukt** (des Brennstoffs) low grade fuel [pow]; (schlecht brennbarer Brennstoff) hard-to-burn fuel [pow]; (schlecht zu verfeuernder Brennstoff) low grade fuel [pow]

**Mittelrohrrahmen** central tube frame [mot]

**mittels** by means of [abc]

**Mittelschar** mouldboard [mbt]

**Mittelschneidmesser** centre cutting edge [wst]

**Mittelschrift** central writing [abc]

**mittelschwer lösbare Bodenarten** firm soils [bod]

**Mittelspannung** low potential [elt]; (→ Nieder-, Hochspannung)

**mittelständisches Unternehmen** mid-dle-sized company [abc]

**Mittelstellung** (genau Mitte) central position [abc]; (Totpunktstellung) dead centre position [mot]

**Mittelstellung eines Ventils mit ge-sperrtem Durchgang** blocked centre of valve spool [mot]

**Mittelstromventilanordnung** open centre valve system [mot]

**Mittelstück** centre section [mbt]

**Mitteltank** centre tank [mot]

**Mittelteil** (des Unterwagens) centre body [mbt]; (hält Gleichgewicht) ba-lance [con]; (letztes eingebautes Teil) final piece [mbt]

**Mittelteil der Luftdruckbremse** cen-tral part of the air brake [mot]

**mitteltiefes Beben** medium-deep earthquake [abc]

**Mittelwagen** (z.B. des ICE) trailer [mot]

**Mittelwert** average value [mat]; mean [abc]; (Durchschnitt) average [mat]

**Mittelwert aus 3 Proben** mean value of 3 tests [mas]

**Mittelwert bilden** take the average [mat]

**Mittelzerkleinerung** medium-hard rock-crushing [roh]

**Mittel-Zweck-Analyse** means-ends analysis [edv]

**Mittenbohrung** centre bore [con]

**Mittenbremsgestänge** central brake rods [mot]

**Mittenentladewagen** bottom centre discharge wagon [mot]

**mittenfrei** (z.B. Kugeldrehverbindung) open-centreed [mbt]

**Mittenselbstentladewagen** central self-discharging wagon [mot]

**Mittensitz** middle seat [mot]

**mittig** central [con]

**mittlere Länge** (Keilriemen) mean length [mas]

**mittlere spezifische Wärme** mean specific heat [abc]

**mittlere Transportentfernung** average hauling distance [mot]

**mittlere Zahnnut auf der Regler-stange** rack centre groove [mot]

**mittlere Zahnnut auf Reglerstange** rack centre groove [mot]

**mittlerer** middle [abc]

**mittlerer Kraftstoffverbrauch** average fuel consumption [mot]; mean fuel consumption [mot]

**mittlerer Windungsdurchmesser** mean coil diameter [mas]

**mittleres Gehäuse** centre housing [mot]

**mittschiffs** midship [mot]

**mitversichert** additional [jur]; also insured [jur]

**mitversicherte Personen** additional insured persons [jur]; persons also insured [jur]

**Mixgerät** (in der Küche) blender [abc]

**MM-Schaltung** Q min / minimum displacement setting [mot]

**Möbelwagen** van [mot]; (Kofferaufbau) moving van [mot]

**mobil** (z.B. mobiler Brecher) mobile [abc]

**Mobilbagger** (Bagger auf Rädern) wheeled excavator [mbt]

**Mobilbagger mit Eigenantrieb** self-propelled mobile excavator [mbt]

**Mobilbrecher** mobile crusher [roh]

**mobile Brecheranlage** mobile crusher plant [roh]; mobile crushing unit [roh]

**mobiles Entwässerungssystem** mobile dewatering system [roh]

**Mobilhydraulikbagger** mobile hydraulic excavator [mbt]; wheeled hydraulic excavator [mbt]

**Mobilisierung** (im Kriegsfall) beginning of the state of warfare [mil]

**Mobilkran** (auf Rädern) tire crane [mbt]

**Mobilunterwagen** rubber tire carrier [mas]; wheeled undercarriage [mbt]; (des Baggers) rubber-tired carrier [mbt]

**Mode** (nach der letzten Mode) fashion [abc]

**Modell** (für Ausdrücke in der Logik) model [edv]; (Gußmodell) pattern [mas]; (→ Datenm.; → Immissionsm.; → konzeptionelles Wissensm.; → Kostenm.; → Inkremental-M.; → Ökosystemm.; → Phasenm.; → Semantisches Datenm.; → Vorführm.)

**Modellbahn** model railroad [mot]; (→ Modelleisenbahn)

**Modellbahnhersteller** model railroad manufacturer [mot]

**modellbasierte Diagnostik** model-based classification [edv]

**Modellbau** (für die Gießerei) pattern-making [mas]

**Modellbildung** modeling [edv]

**Modelleisenbahn** model railway [mot]; model railroad [mot]

**Modellgüteklasse** model quality class [abc]

**Modellgüte** pattern quality [mas]

**Modellieren** (→ geometrisches M.) modelling [edv]

**Modellierung** modelling [edv]; (→ Datenm.; → kognitive M.)

**Modellierung d. menschlichen Denkens** modelling human thinking [edv]

**Modellierungsprozeß** modelling process [edv]

**Modellnummer** pattern number [abc]

**Modelltischler** (z.B. für Gießform) pattern maker [abc]

**Modem** (bei Datenfernübertragung) modem [edv]

**Moderator** moderator [edv]

**moderig** rotten [abc]

**modern** (neu, modisch) modern [abc]; (verrotten, vergammeln) rot [bff]

**Modernisierung** modernisation [abc]

**Modernisierung vorhandener Anlagen** modernisation of existing plants [abc]

**modernst** up-to-date [abc]; (jüngster Begriff) state-of-the-art [abc]; (z.B. neueste Mode) latest [abc]

**Modifikation** modification [abc]

**Modifizierung** modification [abc]

**modisch** (modisch gekleidet) fashionable [abc]

**modrig** decaying [bau]

**Modul** module [mas]; unit [mbt]; (→ Elastizitätsm.)

**modulare Steuerung** modular control [mbt]

**modulares Konzept** modular concept [mbt]

**Modulbauweise** (z.B. teilen f. Transport) modular design [mbt]

**möglich** possible [abc]; practicable [abc]

**Möglichkeit** option [abc]; possibility [abc]

**mohnrot** (Farbton) poppy red [mbt]

**Molkerei** dairy [far]

**Molkereierzeugnisse** dairy products [abc]

**Mollier-Diagramm** Mollier diagram [pow]

**Moment** (im Sinne von Drehmoment) torque [mbt]; (mechanisch) moment [phy]; (→ Anzugsm.; → Biegem.; → Nennm.)

**momentan** (sofort, in diesem Moment) instantaneous [abc]; (zur betreffenden Zeit) momentary [abc]

**Momentdruckregelventil** torque control [mas]

**Momentenhebel** (Werkzeug) torque lever [wzg]

**Momentenschlüssel** torque wrench [wzg]

**Momentenstütze** (in Motoraufhängung) motor mount [mbt]; (trägt Rolltreppenmotor) torque plate [mbt]

**Momentfrequenz** instantaneous frequency [elt]

**Momentschalter** high speed switch [elt]

**Momentum** momentum [mot]

**Monarch** monarch [pol]

**Monarchie** monarchy [pol]

**Monat** month [abc]

**monatlich** monthly [abc]

**Mond** moon [abc]

**Mond-** (z.B. Mondumlaufbahn) lunar - [abc]

**Mondfähre** lunar landing craft [mot]; moon landing craft [mot]

**Mondlandung** landing on the moon [mot]

**Mondsichel** (aufgehend, abnehmend) crescent [abc]

**Mondumlaufbahn** lunar orbit [mot]

**Monitor** (Überwachungssystem) monitor [edv]

**Monitorzusatzgerät** monitor supplement [edv]

**Monoausrüstung** mono-boom attachment [mbt]

**Monoblock** monobloc [mbt]

**Monoblockrad** solid rolled wheel [mot]

**Monoblockscheinwerfer** sealed beam [mot]

**Monoboom** (Mono-Ausleger) gooseneck [mbt]

**Monobremsrohrsystem** single pipe braking system [mot]

**Monolith** (aus einem Stein bestehend) monolith [min]

**monolitisch integrierte Kaskode** monolithic integrated cascode connection [elt]

**Monomast** (Gabelstapler) monomast [mot]

**monostabiler Multivibrator** monostable multivibrator [elt]

**Monoternal** (einseitig elektrolytisch mischverbleites Feinblech) Monoternal [mas]

**Monotonie** (in der Logik) monotonicity [edv]

**Montage** (Anbringen, Verlegen) fitting [met]; (Aufstellung, Errichtung) erection [met]; (Einbau, Konstruktion) installation [met]; (Zusammenbau) assembling [mas]; (Zusammenbau, in Zeichnungen) Assy. [mas]; (→ Stirnflächenm.)

**Montage eingeschlossen** labor included [met]

**Montage, Montageüberwachung** erection, supervision of erection [met]

**Montageabteilung** erection department [abc]

**Montageanweisung** assembly instruction [mas]; installation instruction [met]

**Montagearbeiten** erection works [met]

**Montageausrüstung** assembly equipment [mas]; assembly outfit [mas]

**Montageband** (Bandstraße) assembly line [mas]

**Montagebaubüro** erecting field office [abc]

**Montagebericht** field service report [abc]; F. S. R. [met]; (→ Monteurbericht)

**Montagebock** (zerlegbar) assembly stand [mas]

**Montagedauer** erection time [met]

**Montageeinsatz** fitter's work [met]

**Montagefahrt** (Rolltreppe) inspection travel [mbt]

**montagefertig** ready to mount [met]

**Montagegruppe** arrangement [mas]

**Montagehalle** assembly hall [mas]; assembly shop [mas]

**Montagehilfe** (groß, kleiner a. Gerüst) assembling device [mas]; (Personal) fitters [mct]; (z.B. Führungbuchse) mounting device [mas]; (z.B. Gerüst) assembling rig [mas]

**Montagehinweis** assembly instruction [mas]

**Montagekosten** (im Werk; ohne Reise) fitter's charges [met]; (Monteur, Zeit, Reise) labour charges [met]; (Monteur, Zeit, Reise) labour charges [met]; (nur Stoffkosten) cost of material [eco]; (z.B. Aufbau Großbagger) erection cost [abc]

**Montagekran** assembly crane [mbt]; (Derrick) erecting crane [met]; (Derrick) stiff-leg derrick [mbt]

**Montageleiter** chief erector [eco]

**Montageleuchte** inspection lamp [mbt]

**Montagemethode** assembly method [mas]; assembly process [mas]

**Montageöffnung** shaft opening [mbt]; (bei Reparatur) service opening [mbt]; (beim Einbau) assembly opening [mbt]

**Montageöse** transport eye [met]; (→ Transportöse)

**Montagepaste** (zwischen 2 Metallen) anti-seize paste [mas]; (zwischen 2 Metallen) anti-seizing paste [mas]

**Montageplatte** assembly plate [mas]

**Montageplatz** assembly yard [mas]

**Montageplot** erection plot [abc]

**Montagesatz** assembly kit [mas]
**Montageschweißung** (M.S.) site welding [met]
**Montagestand** assembly bay [mas]; assembly stand [mas]
**Montagestelle** (Baustelle) installation site [met]; (Baustelle) working site [abc]
**Montagesystem** assembly system [mas]
**Montageteil** assembly part [con]
**Montagetransport** assembly transport [mas]
**Montageunterbrechung** assembly break [mas]
**Montageversicherung** erection and assembly insurance [jur]
**Montagevorrichtung** mounting fixture [mas]
**Montagewerkzeug** fitting tool [met]
**Montagewinkel** mounting angle [mbt]
**Montagezeichnung** erection drawing [con]
**Montagezeit** erection time [mbt]
**Montagezug** (Winde, Seil) assembly pull [mas]
**Montanindustrie** mining industry [roh]
**Monteur** (am Montageband) assembly [mas]; (Anlagenbau, Außendienst) fitter [abc]
**Monteurbericht** field service report [abc]; FSR [abc]; field report [abc]; service report [abc]
**montieren** fit [met]; (anbauen) mount [met]; (zusammenbauen) assemble [mas]
**montiert** (angebaut) mounted [met]; (zusammengebaut) assembled [mas]
**monumental** monumental [abc]
**Moor** (Sumpf, Heideland) moor [bod]
**Moorboden** swampy ground [abc]
**Moorbodenplatte** (des Baggers) swamp pad [mbt]
**Moos** (an Nordwestseite der Bäume) moss [bff]

**moosgrau** (RAL 7003) moss grey [nrm]
**moosgrün** (RAL 6005) moss green [nrm]
**Moosgummiprofil** sponge-rubber strip [mot]
**Morast** swamp [abc]
**morastig** (sumpfig) swampy [abc]
**Morgendämmerung** (Sonne geht auf) dawn [abc]
**Morgenreport** morning report [mil]
**Morgenrot** morning glow [abc]
**Morgenstern** (Himmel, auch Waffe) morning star [abc]
**Morgenstunde** (früh am Morgen) morning hour [abc]
**Mörser** (Waffe, auch Apotheke) mortar [mil]
**Mörtel** float [bau]; (Baustoff) mortar [bau]; (→ dünner M.; → Kalkm.; → Lehmm.)
**Mörtelbrett** (Bau, College-Kappe) mortar board [bau]
**Mörtelhaftung** bond of mortar [bau]
**mörteln** (mit Mörtel verstreichen) grout [bau]
**Mosaik** (Bild, flache, farbige Steine) mosaic [abc]
**Mosaikschwinger** crystal mosaic [elt]
**Motel** (Hotel für Autofahrer) motel [abc]
**Motiv** (des Malers, Fotografen usw.) motif [abc]
**Motivierung** (Ansporn) motivation [abc]
**Motor** (elektr., Öl, Wasser, Wind, Dampf) motor [mot]; (Elektromotor, Verbrennung) motor [mot]; (Verbrennungsmaschine) engine [mot]; (→ Antriebsm.; → Außenläuferm.; → Blinkm.; → Bootsm.; → Boxerm.; → Drehm.; → Drehstromm.; → Drucköl.m.; → Einbaum.; → Fahrzeugm.; → Flanschm.; → Gasturbinenm.; → Getriebem.; → Gleichstromm.; → Hydrom.; → Kettenantriebsm.; → Kurzschlußläu-

ferm.; → Kurzschlußm.; → Luftdruck-
m.; → Otto, Diesel; → Ottom.; → Rau-
penm.; → Synchronm.; → Verbren-
nungsm.; → Viertaktm.; → Wechsel-
stromm.; → Zweitaktm.; → Zwei-
zylinderm.)

**Motor abstellen** switch off the engine
[mot]

**Motor- und Steuereinheit des
Schürfzuges** scraper tractor [mot]

**Motorabstellung** (durch Mann)
switching off of the motor [mot];
(durch Mann, Verbraucher) switching
off of the engine [mot]; (magnetisch,
z.B. bei Hitze) shutdown device
[mot]; (mechanisch, z.B. bei Hitze)
shutdown device [mot]

**Motoraufhängung** engine mounting
[mot]; engine mounting base [mot];
(am Rahmen) engine support bracket
[mot]; (Zwischenteile) engine suspension [mot]

**Motorblock** engine block [mot]; engine base [mot]

**Motorbremse** engine brake [mot];
(→ Auspuffklappenbremse)

**Motordrehmoment** torque [mot]

**Motordrehzahl** engine revolution
[mot]; engine speed [mot]; motor
speed [mot]

**Motordrehzahlmesser** engine tachometer [mot]

**Motordrückung** overloading [mot]

**Motorenentlüfter** engine breathing
system [mot]

**Motorenschmierung** engine lubrication [mot]

**Motorfundament** engine base [mot]

**motorgetrieben** engine-driven [mot]

**Motorgrader** motor grader [mbt]

**Motorhaube** bonnet [mot]; engine
bonnet [mot]; engine hood [mot]

**Motorhaubenbowdenzug** hood cable
[mot]

**Motorhaubenhalter** hood fastener
[mot]

**Motorhaubenpuffer** hood shock [mot]

**Motorhaubenverschluß** hood fastener
[mot]

**motorisieren** (ein Auto beschaffen)
motorize [mot]

**motorisiert** wheels [mot]

**Motorjapaner** (Schütter) dumper [mot]

**Motorkapazität** (Mittelwert) mean
motor rating [mot]

**Motorkettensäge** motor <chain> saw
[wzg]

**Motorkreuz** (Achsmitte Kurbelwelle)
engine cross [mot]

**Motorkupplung** engine coupling [mot]

**Motorlager** engine mounting [mot]

**Motornennlcistung** (Verbrennungsmotor) engine rating [mot]; capacity
of the motor [mot]; normal output
[mbt]

**Motornennleistung** (E-Motor) motor
rating [mot]

**Motoröl** engine oil [mot]; motor oil
[mot]

**Motorölpumpe** lubricating oil pump
[mot]

**Motorrad** motorbike [mot]; motorcycle [mot]

**Motorraum** (für Elektromotor) motor
compartment [mot]; (Verbrennungsmotor drin) engine compartment [mot]

**Motorreparatur** engine repair [mot]

**Motorroller** motor scooter [mot]

**Motorschild** engine plate [mot]

**Motorschmierung** motor lubrication
[mbt]

**Motorschräglage** (Bagger am Hang)
engine tilt angle [mot]

**Motorschutz** (thermisch) motor protection [mbt]

**Motorschutzblech** engine guard plate
[mot]

**Motorschutzplatte** (untere M.) belly
plate [mbt]

**Motorschutzrelais** motor protection
relay [mbt]; (beim Bagger) motor
protection relay [elt]

**Motorschutzschalter** motor overload protector [mot]; motor protection switch [mot]

**Motorschutzschalter Ölkühler** motor protection switch oil cooler [mbt]

**Motorschutzschalter Schmierung** motor protection switch lubrication [mbt]

**Motorseitenverkleidung** side of engine hood [mot]

**Motorspannung** voltage [mbt]

**Motorsteuerung** engine timing [mot]; timing gear [mas]

**Motorstromkreis** motor circuit [mbt]

**Motorträger** engine bearer [mot]; engine mounting [mot]

**Motorträger, vorderer** engine mounting, front [mot]

**Motorüberwachung** (E-Motor) motor monitoring [mot]

**Motorvariante** engine variation [mot]

**Motorverkleidung** door of engine compartment [mot]; engine compartment [mot]; hood door [mot]

**Motorversion** engine variation [mot]; engine version [mot]

**Motorvollschutz** full motor protection [mbt]

**Motorwächter** motor protection device [mbt]; (E-Motor) motor monitoring [mot]; (z.B. Rolltreppe) motor protection [mot]

**Motorwicklung** motor windings [mbt]

**Motto** slogan [abc]

**Muffe** bush [mas]; conduit coupling [wst]; sealing joint [mas]; sleeve [mas]; socket [mas]; straight connector [mot]; thimble [mbt]; tube coupling [mas]

**Muffelbrenner** muffle burner [pow]

**Muffenkupplung** clutch [mbt]; connector [mbt]; grease coupling [mbt]

**mühelos** (ohne Anstrengung) effortless [abc]; (z.B. Baggerbedienung) fingertip easy [abc]

**Mühle** pulverizer [wzg]; (des Müllers) mill [abc]; (→ Braunkohlenm.; → Einblasem.; → Gebläsem.; → Hammerm.; → Kugelm.; → Reservem.; → Rohrm.; → Schlägerm.; → Schüsselm.; → Sichterschlägerm.)

**Mühlenantrieb** mill drive [mas]; pulverizer drive [mas]

**Mühlenaustrittstemperatur** pulverizer outlet temperature [pow]

**Mühlengehäuse** pulverizer housing [mas]

**Mühlenkeller** (Mühlenraum) mill room [abc]

**Mühlenluftleitung** primary air duct [pow]; pulverizer air duct [pow]

**Mühlenluftvorwärmer** (Mühlen-Luvo) primary air heater [pow]; pulverizer air heater [pow]

**Mühlen-Luvo** (Mühlenluftvorwärmer) pulverizer air heater [pow]

**Mühlenraum** (Mühlenkeller) mill room [abc]

**Mühlentrocknung** mill drying [pow]

**Mühlenventilator** mill fan [air]; primary air fan [air]; (Mühlenfeuerung) exhauster fan [pow]

**mulchen** (Zermalmen v. Holz) mulch [abc]

**Mulcher** mulcher [mot]

**Mulde** (des Dumptrucks) body [mbt]; (z.B. Betonmulde des L 4/5) skip [mot]

**Mulde, hochliegend** (des Dumpers) high-placed body [mot]

**Mulde, tiefliegend** (des Dumpers) low-placed body [mot]

**Muldenbandstrahlanlage** troughed belt-coveyor sand-blasting plant [met]

**Muldenbau** (Teil der Fabrik) body manufacturing [mbt]

**Muldenkipper** dump truck [mot]; skip [mot]; (straßen-, geländegängig) dumper [mot]

**Muldenkippwagen** (der Eisenbahn) side-discharging wagon with side-tipping buckets [mot]; (der Eisenbahn) tipping car [mot]

**Muldenrost** trough grate [pow]

**Muldenverschluß** (Bolzen, Riegel) skip lock [mot]

**Müll** garbage [rec]; (Unrat, Abfall) refuse [rec]

**Müllabfuhr** (städtische Müllabfuhr, Stadtreinigung) sanitation [rec]

**Müllauto** (Kinderwort) garbage truck [mot]

**Mülldeponie** (große Kippe) landfill [abc]; (normale Kippe) dump [abc]

**Müllfahrzeug** garbage truck [mot]; refuse collecting vehicle [rec]; trash vehicle [rec]

**Müllgrube** garbage disposal [rec]; garbage pit [rec]

**Müllhalde** (große Kippe) landfill [mot]

**Müllkippe** (große Halde, Grube) landfill [abc]

**Mülloffizier** (z.B. in US Army) garbage officer [mil]

**Müllräumer** (Müllmann, Müllfahrer) garbageman [mot]

**Müllsammelfahrzeug** garbage truck [mot]; refuse collection vehicle [rec]

**Müllsortiergreifer** garbage sorting grab [rec]

**Mülltonne** garbage can [rec]

**Mülltüte** trash bag [rec]

**Müllverbrennung** incineration firing [pow]; refuse firing [rec]; refuse incineration [rec]

**Müllverbrennungsanlage** incineration plant [pow]; refuse firing equipment [rec]; (MVA) refuse incineration plant [rec]

**Müllverbrennungsfeuerung** incineration furnace [pow]

**Müllwagen** (Müllfahrzeug) garbage truck [mot]

**Multiemittertransistor** multi emitter transistor [elt]

**Multimomentaufnahme** acitivity sampling [mes]

**multiplizieren** (Grundrechnungsart) multiply [mat]

**multiplizieren mit** multiply by [mat]

**Multipliziererschaltung** multiplying circuit [elt]

**Multiprozessorstruktur** multiprocessor structure [edv]

**Multivibrator** multivibrator [elt]; (→ astabiler M.; → monostabiler M.)

**mündlich** verbal [abc]

**Mundstück** (Düse) nozzle [mot]

**Mündung** mouth [abc]; (Auslauf) spout [mot]; (des Flusses) estuary [was]

**Mündungsbär** (Hüttenwesen) skull [mas]

**Mündungskanal** orifice [abc]

**Mündungsstück** nozzle [mas]

**Munition** ammunition [mil]

**Muschel** shell [bff]

**Muschelbank** shell bank [bff]

**Muschelkalk** (Baumaterial) muschelkalk [bau]; conchoid muschelkalk [roh]

**museumsreif** (alt oder sehenswert) ready to go to a museum [abc]

**Musical** (Musikwerk; z.B. Gaudi) musical [abc]

**Musikdampfer** (auf Meer und Seen) cruise boat [mot]

**Musikinstrumente** musical instruments [abc]

**Musikkassette** (Audiokassette) audio cassette [edv]

**Musikkorps** (Bundeswehr, Polizei etc.) band [abc]

**Muskel** (Muskeln bewegen Glieder) muscle [med]

**Muskelkater** (nach Marathon, Bergtour) sore muscles [abc]; (schmerzhaft) muscle strain [med]

**muskulös** (kräftig gebaut) muscular [med]

**Muster** (Beispiel) example [abc];
(nach diesem Muster) pattern [abc];
(Probe, z.B. Whiskey) sample [abc];
(Schablone, Vorlage) pattern [abc];
(z.B. Musterformular) specimen
[mas]; (zu Begutachtung, Nachbau)
specimen [mas]; (zum Schweißbren-
nen) template [met]; (→ Schablone)
**Musterblech** patterned plates [mas]
**Mustererkennung** pattern matching
[edv]
**Musterwürfel** (aus Unterwasserbagge-
rung) sample cube [mot]
**Mutter** screw nut [mas]; (mit Schrau-
be, Unterlegscheibe) nut [mas];
(Schraubenmutter) nut [abc]; (→ An-
kerm.; → Einschraubm.; → flache
Sechskantm.; → Flügelm.; → Ge-
genm.; → Konterm.; → Kronenm.;
→ Lenkm.; → Nachstellm.; → niedrige
Sechskantm.; → Radbefestigungsm.;
→ Rändelm.; → Ringm.; → Rohrm.;
→ Schlitzm.; → Sechskant-Hutm.;
→ Sechskantm.; → Sechskant-
Schweißm.; → selbstsichernde M.;
→ Sicherheitsm.; → Überwurfm.;
→ Verschlußm.; → Vierkantm.; →
Vierkantschweißm.; → Wellenm.)
**Mutterauflage** nut engaging surface
[mas]
**Mutterboden** top soil [bod]; topsoil
[bod]
**Muttergewinde** internal thread [mas]
**Mutternhöhe** (der Schraube) thickness
of nut [mas]
**Mütze** (Kappe, Helm) cap [abc]
**MVA** (Müllverbrennungsanlage) gar-
bage incineration plant [rec]
**Myrrhe** myrrh [bff]

# N

**Nabe** hub [mot]; (eingeschweißt, gegossen) boss [mas]; (Vorsprung) boss [mas]

**Nabe für Schlägerscheibe** driving collar for pulley of beater [mas]

**Nabe mit Kupplungsnocken** hub with clutch cam [mot]

**Nabenabzieher** hub puller [mot]

**Nabenbuchse** hub sleeve [mot]

**Nabendeckel** hub cover [mot]

**Nabendurchmesser** (Kettenrad) hub diameter [mas]

**Nabenflansch** hub flange [mot]

**Nabenlänge** distance through hub [wst]

**Nabennut** keyway [mas]

**Nabensitz** wheel seat [mot]

**nach Absprache** (Benachrichtigung) upon notification [abc]; (Vereinbarung) upon agreement [abc]

**Nach Aufbrauch bestellen** (Anweisung) order part no. when used up [con]

**nach außen** outward facing [abc]

**nach Behandlungsvorschrift** (in Zeichnung) acc. to instructions [con]

**nach der mechanischen Bearbeitung angeschweißt** welded on after mechanical machining [met]

**nach Diktat verreist** Not available for signature [abc]

**nach Kundenwunsch gebaut** custombuilt [mot]

**nach LV** acc. to Del. Spec. [abc]

**nach Maßgabe des...** in accordance with... [abc]

**nach SEW** acc. to SEW [abc]

**nach Übersee** to overseas [abc]

**nach Zeichnung** according to drawing [con]

**Nacharbeit** repair and restoring work [mas]; restoring [abc]; (z.B. Loch in Rahmen) subsequent work [mas]

**nacharbeiten** refinishing [abc]; reworking [abc]; (noch einmal tun) redo [met]

**Nachbau** replica [abc]

**nachbehandeln** cure [abc]

**Nachbehandlung** curing [bau]

**Nachbehandlungsverfahren** subsequent-treatment procedure [mas]

**Nachbesserungsarbeit** reworking [abc]

**Nachbesserungsschweißen** touch-up welding [met]

**Nachbrecher** secondary crusher [roh]

**nachbrennen** (als Reparatur) repair-weld [met]; (nachträgliche Arbeit) subsequent flame-cut [met]

**nachdenken** (überlegen, denken) contemplate [abc]

**nacheilendes Scharende** trailing cutting edge [mbt]

**nachempfinden** simulate [abc]

**nachfolgend** subsequent [abc]

**Nachfolger** (im Amt) successor [abc]; (in Bäumen) descendant [edv]

**Nachfolgerknoten** child node [edv]

**Nachführlänge** (Baggerleitrad) take-up path [mbt]

**nachgearbeitet** (-er Rotor) retapped [mot]

**nachgebende Bewegung** compliant motion [edv]

**nachgeschaltet** downline [mot]; downstream [mot]

**nachgeschalteter Kühler** desuperheater [pow]

**nachgeschaltetete Verfahrensstufen** downstream process stages [mas]

**nachgewalzt** (kalt nachgewalzt) killed [met]

**nachgewiesen** (Statik ist geprüft) proven [abc]

**nachgiebig** flexible [met]

**nachglühen** afterglow [mas]

**Nachhaftung** (aus occurrence-Prinzip) liability after expiration of contract [jur]; (Haften nach Ablauf des Vertrages) liability after the expiration of the contract [jur]; (Schäden nach Ende Vertrag) provision for old occurrence-claims [jur]

**nachhaken** (erinnern) inquire again [abc]

**nachhelfen** (unterstützen) boost [abc]; (unterstützende Lok) boost [mot]

**Nachhut** (die Nachhut anführen) rear [mil]; (hintere Wache; → anführen) rear [mil]

**nachkommen** (seiner Pflicht) discharge [abc]

**Nachkontrolle** re-check [mas]; (Zerreißprobe) destructive verification [abc]

**Nachkriegs-** postwar [abc]

**Nachkühlen** aftercooling [pow]

**nachlassen** (der Spannung) bleed [mot]

**Nachläufer** dolly [mot]

**Nachlaufregler** follower [mot]

**Nachlaufstrom** follow current [elt]

**nachleuchten** (z.B. Bildschirm, Lampe) persistence [mbt]; (z.B. in Bildröhre) afterglow [phy]

**nachleuchtende Bildröhre** cathode ray tube [elt]

**Nachlieferung** subsequent shipment [abc]

**Nachmittag** (am Nachmittag) afternoon [abc]

**Nachmittagsschicht** (danach Nachtschicht) swing shift [abc]

**Nachnahme** (per Nachnahme) c.o.d. [abc]; (Familienname) last name [pol]

**Nachprüfung** retest [abc]

**Nachprüfungsmusterstück** retest specimen [met]

**nachredigieren** (einen Text) post-edit [abc]

**nachregulieren** adjust [mes]

**Nachrichtenagentur** news agency [abc]

**Nachrichtensendung** news magazine [abc]

**Nachrichtensperre** news blockage [abc]

**Nachrichtenversenden** message passing [edv]

**nachrüsten** (auf zusätzl. Anbau) expand [abc]

**Nachrüstsatz** (zusätzlicher Anbau) expansion kit [mbt]

**Nachrüstung** (zusätzlicher Anbau) expansion [mbt]

**Nachsaugeventil** suction valve [mbt]

**Nachsaugung** suction [mbt]

**Nachsaugventil** anti-cavitation valve [mbt]; suction valve [mbt]

**nachschalten** downstream switching [mot]

**Nachschaltheizflächen** economizers and air heaters [pow]; heat recovery adjuncts [pow]

**Nachschaltheizflächenbläser** cold end blower [pow]; economizer and air heater soot blower [pow]

**Nachschaltung** downstream switching [mot]

**Nachschaltzug** back pass [pow]

**Nachschlag** (beim Essen) second helping [abc]

**nachschneiden** (noch einmal tun) redo [met]; (Profil erneuern) profile [mbt]; (Reifen) retread [mot]; (restaurieren) restore [abc]

**Nachschub** (Teil der Logistik) ordnance [mil]

**Nachschublager** (z.B. nahe Häfen) ordnance depot [mil]

**nachschweißen** re-weld [met]; (als Reparatur) repair-weld [met]; (nachträglich) subsequent flame-cut [met]; (weil nicht passend) adjust by flame-cutting [mas]

**Nachschwingzeit** die-away time [elt]; reverberation time [elt]; ringing time [phy]

**Nachspannen** retightening [met]

**Nachspannlänge** (Baggerleitrad) take-up path [mbt]

**Nachspeiseleitung** feeding line [mot]

**nachspeisen** feed [mot]

**Nachspeiseventil** anti-cavitation valve [mas]; feeding valve [mot]

**nächst gelegen** (z.B. Tankstelle, Ventil) nearest [mot]

**nächste Angehörige** next of kin [abc]

**nächste Verwandte** next of kin [abc]

**nachstellbar** (z.B. Ventil, Motor, Bremse) adjustable [mes]

**Nachstellbügel** (für Handlauf) take-up unit [mbt]

**nachstellen** (eines Wertes) adjust [mes]; (z.B. des Motors, Ventils) adjustment [mes]

**Nachstellmutter** adjusting nut [mas]; readjustable nut [mas]

**Nachstellung** (Schwenkbremse) adjusting star [mbt]; adjustment [abc]

**Nachstellvorrichtung** take-up unit [mbt]; (hängt durch) slack adjuster [mbt]

**Nachsteuerung der Schar** adjusting of <the> mouldboard [mbt]

**Nachtabschaltung** overnight shutdown [elt]

**Nachtarbeit** nightwork [abc]; (Nacht-schicht) night shift [abc]

**nachtblau** (RAL 5022) night blue [nrm]

**Nachteil** (einer Sache) drawback [abc]

**nachteilig** (schädlich) detrimental [wst]

**Nachtlast** over-night load [elt]; power supply during the night [elt]

**Nachtrag** (bei Versicherungen) endorsement [jur]

**nachträglich** (danach) subsequent [abc]; (zusätzlich) supplementary [abc]

**Nachtschicht** (Arbeitszeit) night shift [abc]

**Nachttisch** (am Bett) bedside locker [abc]

**Nachunternehmer** sub-contractor [abc]; (Subunternehmer) contractor [bau]

**Nachverbrennung** retarded combustion [pow]

**Nachweis** (Aufspüren von Fehlern) detection [abc]

**nachweislich** (unstreitlich) arguable [abc]

**nachzählen** re-count [abc]

**Nachzerkleinerung** secondary crushing [roh]

**nachziehen** (Muttern) retighten [met]

**Nachzündung** late ignition [mot]; retarded ignitition [pow]

**Nackenzylinder** (Verstellzylinder) boom adjusting cylinder [mbt]; adjust<-ing> cylinder [mas]; (zum Auslegeroberteil) articulated cylinder [mbt]

**nackt** (ohne Zubehörteile) bare [mot]; (unbekleidet) in the nude [abc]

**Nadel** (als Zeiger) pointer [abc]; (Bol-zen) pin [mas]; (Düsennadel) needle [mot]; (Rohrnadel) loop [pow]; (Stecknadel) pin [abc]; (→ Düsenn.; → Fühln.; → Teillastn.)

**Nadel und Faden** thread and needle [abc]

**Nadelbaum** conipherous tree [bff]

**Nadelbuchse** needle cage [mas]

**Nadeldiagramm** needle diagram [edv]

**Nadelholz** conipherous trees [bff]

**Nadelhülse** drawn cup needle roller bearing [mas]; needle sleeve [mas]

**Nadelkäfig** needle cage [mas]

**Nadellager** needle bearing [mas]; needle roller bearing [mas]

**Nadellager mit Innenring** needle roller bearing with inner ring [mas]

**Nadellager ohne Innenring** needle roller bearing without inner ring [mas]

**Nadelöhr** (Engpaß, enge Stelle) bottleneck [abc]

**Nadelregelung** needle control [mot]

**Nadelventil** needle valve [mot]

**Nagel** (Metallstift) nail [wzg];
(→ Senkkerbn.)

**Nagelkopfschweißen** nail-head
welding [wzg]

**nageln** nail [wzg]

**Nagelzieher** (Kuhfuß) claw wrench
[wzg]; (Kuhfuß) nail drawer [wzg];
(Kuhfuß) nail puller [wzg]

**Nahbereich** (im N.) at close range
[abc]

**nahe Kopplung** closely coupled
systems [edv]

**nähen** sew [abc]

**Näherungsschalter** (→ Annäherungsschalter) proximity switch [elt]

**nahezu** almost [abc]

**Nähe** (recht nahe dran; ganz i. d.
Nähe) proximity [abc]

**Nahkampf** (beim Boxen) infight
[abc]; (Mann gegen Mann) close
combat [mil]

**Nähmaschine** sewing machine [wzg]

**Nähnadel** (Stecknadel = pin) needle
[abc]

**Nahrungsmittelindustrie** (u.
Getränke) food industry [abc]

**Naht** weld [met]; (→ I-N.; → J-N.; →
Langlochn.; → Rundlochn.; →
Schweißn.; → Teilung der Schweißn.;
→ umlaufende N.; → U-N.)

**Naht mit Wulst** convex contour
[met]

**Naht ohne Wulst** flush contour [mas]

**Nahtauslauf** (der Schweißnaht) phase
out [met]

**Nahtauslaufblech** (künstl. verlängert)
run-off tab [met]

**Nahtdickenunterschreitung**
insufficient thickness [mas]

**Nahtennorm** standard joint
configuration [met]

**Nahtform** weld shape [met]

**nahtlos** seamless [met]

**nahtlos gewalzt** seamless rolled [wst]

**nahtlos gewalzter Ring** seamless
rolled ring [mas]

**nahtloses Stahlrohr** seamless steel
tube [mas]

**Nahtnorm** standard joint configuration
[met]

**Nahtschweißung** seam weld [met]

**Nahtüberhöhung** weld reinforcement
[met]

**Nahtwertigkeit** (Wertigkeit der Naht)
valence of weld [met]

**Nahverkehr** (z. B. Bundesbahn) commuter traffic [mot]

**Nahverkehrsmittel** (Rolltreppe)
arterial pedestrian cummunication
system [mot]; (z.B. Citybahn) arterial
cummunication system [mot]

**Nahverkehrszug** local train [mot]

**Nähzeug** thread and needle [abc]; (z.B.
Nadel und Faden) sewing utensils [abc]

**namenlose Prozeduren** anonymous
procedures [edv]

**namens** (Namens und im Auftrag von
..) on behalf of [abc]; in the name of
[abc]

**Namensschild** name plate [mot]; (an
Anzug) name badge [abc]; (an Tür)
name plate [abc]

**Narbe** (am Körper) scar [med]; (z. B.
Riß im Stahl) crack [wst]

**narben** (Leder narben) grain [met];
(prägen) emboss [met]

**Narbung** (des Leders) graining [abc]

**narrensicheres Regelsystem** foolproof
control system [pow]

**Nase** (am Material, Ansatz) lug [mas];
(im Gesicht) nose [med]; (Mauer-
werksvorsprung) nose [med]

**Nasenflachkeil** flat gib key [mas]

**Nasenkeil** gib key [mas]

**Nasenring** (der Kugeldrehverbindung
lug ring [mas]; (in Kugel-DV, Rollen-
DV) nose ring [mas]; (Mittelteil der
KDV) nose ring [mas]

**Naßbaggerei** (z.B. auf Firmenschild)
marine contractors [mot]

**Naßbaggertechnik** dredging
technology [mbt]

**Naßbremse** (statt Scheibenbremse) wet brake [mot]

**Naßbremssystem** wet brake system [mot]

**Naßdampf** wet steam [pow]; (Dampflok) saturated steam [mot]

**Naßdampflok** (Dampflok) saturated steam locomotive [mot]

**Nasse Seite** (Schiffsbereich) Wet Side [mot]

**nasse Zylinderbuchse** wet cylinder liner [mot]

**nasse Zylinderlaufbuchse** wet cylinder liner [mot]; wet cylinder sleeve [mot]; (des Motors) wet liner [mot]

**Nässe** wetness [abc]; (Feuchtigkeit, Feuchtigkeitssättigung) moisture [abc]

**nässebeständig** damp-proof [mbt]

**nässeempfindlich** moisture sensitive [abc]; sensitive to moisture [mas]

**nässen** wet [abc]

**naß** wet [abc]

**Naßentstauber** wet type dust collector [pow]

**nasser Dampf** wet steam [mot]

**Naßlamellenbremse** wet multi-disk brake [mot]

**Naßlauf** (der Lamellenbremse) wet run [mot]

**Naßluftfilter** oil-wetted air cleaner [mas]; wet air cleaner [mot]

**naßmachen** wet [abc]

**nationaler Fertigungsanteil** indigenous [abc]

**Nationalfeiertag** national holiday [pol]

**Nationalflagge** national flag [pol]

**Nationalisierung** indigenization [pol]

**Nationalitätszeichen** nationality plate [mot]; (auf Auto) national sticker [mot]

**Naturgas** natural gas [pow]

**natürlich** (aus der Natur rührend) natural [abc]; (selbstredend, sicherlich; im Gespräch) of course [abc]

**natürliche Lebensgemeinschaft** (Fluß) ecosystem [abc]

**natürliche Wand** (des Steinbruches) natural face [min]; (des Steinbruches) virgin face [roh]

**natürlicher Zug** natural draught [pow]

**natürlichsprachliche Schnittstelle** natural language interface [edv]

**Naturschutzgebiet** preserve [abc]

**Naturstein** stone [geo]; virgin stone [min]; (z.B. Marmor, Mergel, Granit) natural rock [min]

**Naturumlauf** natural circulation [pow]

**Naturzugkessel** boiler with natural draught [pow]; natural draught boiler [pow]; suction-fired boiler [pow]

**Naturzugkühlturm** (hängt an Mittelmast) cable net cooling tower [pow]; cable net cooling tower [pow]

**NC Bohrmaschine** NC drilling machine [wzg]

**NC Bohrwerk** NC drill [wzg]

**NC Maschine** (mit Lochstreifen) NC tool machine [wzg]

**NC-Drehmaschine** NC turning lathe [wzg]

**NC-Programmierung** NC programming [wzg]

**ND-Teil** (→ Niederdruck-Teil) low pressure stage [pow]

**NE-Altmetall** non-ferrous scrap metal [wst]

**Nebel** (Dunst) mist [abc]; (niedrige Wolken) fog [abc]

**Nebelgeschoß** fog shell [mil]

**Nebelgranate** smoke grenade [mil]

**Nebelhorn** (Schiffssignal) typhoon horn [mot]

**Nebelkörper** fog container [mil]

**Nebelladung** fog charge [mil]

**Nebellampe** fog light [mot]

**Nebelleuchte** fog light [mot]

**Nebelöler** oil-fog lubricator [mot]

**Nebelscheinwerfer** fog lamp [mot]

**Nebelstoff** fog agents [mil]

**neben** (außer, zusätzlich) besides [abc]; (z.B. neben dem Haus) beside [abc]; (z.B. neben der Schweißnaht) next to [met]
**Neben-** (z.B. Nebenschaltschütz) auxiliary [abc]
**Nebenabtriebswelle** auxiliary shaft [mas]
**Nebenantrieb** auxiliary drive [mbt]; power take-off [mot]; (→ seitlicher N.; → seitlicher N.; → zentrischer N. )
**Nebenantriebsgehäuse** auxiliary drive housing [mbt]
**Nebenantriebssperre** auxiliary drive lock [mbt]
**Nebenantriebswelle** auxiliary shaft [mas]
**Nebenbahn** feeder line [mot]
**Nebeneffekt** side effect [edv]
**Nebenfluß** tributary [cap]
**Nebengebühren** (z.B. bei Versicherung) supplementary fees [jur]
**Nebengleis** (mit 2 Zugängen) loop [mot]
**Nebenprodukt** by-product [che]
**Nebenschluß** (wenn Öl zum Zylinder) bleed off [mot]
**nebensprechen** (Telefon) cross talk [tel]
**Nebenstrecke** (der Bahn) feeder line [mot]; (der Bahn) local track [mot]
**Nebenstromfilter** by-pass filter [mot]; partial-flow filter [mot]
**Nebenstromleitung** by-pass line [mot]
**Nebenstromölfilter** bypass oil filter [mot]
**Nebenstromölfilter wechseln** by-pass oil filter element changing [mot]
**Nebenstromventil** by-pass valve [mot]
**Nebenverbraucher** (am Bagger) auxiliary consumer [mbt]
**Nebenwinde** auxiliary winch [mbt]
**Negativ** (z.B. von Foto) negative [abc]

**negativ** (abstreitend, leugnend) negative [abc]; (Medizin: nicht nachweisend) negative [med]
**negative Beispiele** (beim Lernen) negative samples [edv]
**negative Ereignisse** negative events [edv]
**negatives Verfahren** (Wilson-Technik) opacity technique [elt]
**Neige** (Rest im Glas) rest [abc]
**Neigegeschwindigkeitsbegrenzung** restriction of mast tilt speed [mot]
**neigen** (einer Sache geneigt sein) incline [abc]; (kippen) tilt [abc]; (sich neigen) slope down [abc]; (zur Seite) lean [mot]
**Neigewinkelbegrenzung** (Gabelstapler) restriction of angle of front tilt [mbt]; (Gabelstapler) restriction of front tilt angle [mbt]
**Neigung** (Bunker, Rohre) inclination [pow]; (der Bahnstrecke) downward inclination [mot]; (der Bahnstrecke) falling gradient [mot]; (der Rolltreppe) incline [mbt]; (des Geländes) slope [bod]; (des Rollsteiges) incline [mbt]; (Gefälle, Abhang) slope [abc]; (menschliche Neigung) inclination [abc]; (Neigungswinkel Rollsteig) inclination [mbt]; (schnelles Kippen) tilt [mas]; (z.B. der Sohle im Steinbruch) slope [roh]
**Neigungsbeginn der Seitenwand** hip height [mot]
**Neigungsregler** inclination regulator [mot]
**Neigungsschalthebel** tilt control lever [elt]
**Neigungswinkel** (→ Neigung) inclination [mbt]
**NE-Metall** (Bunt-, Nicht-Eisenmetall) non-ferrous metal [wst]
**NE-Metallbranche** non-ferrous metal industries [wst]
**NE-Metallhalbzeuge** non-ferrous semis [wst]

**Nennaufnahme** nominal consumption [elt]

**Nenndrehzahl** nominal speed [mas]; rated speed [mas]; nominal speed [mot]

**Nenndruck** (ND) nominal pressure [phy]

**Nennerpolynom** denominator polynominal [mat]

**Nennförderleistung** nominal output [mot]

**Nenngeschwindigkeit** rated speed [mas]

**Nennhub** nominal stroke [mot]

**Nenninhalt** nominal volume [abc]

**Nennlage** nominal situation [con]

**Nennlast** nominal power [elt]; normal load [mbt]

**Nennleistung** nominal output [elt]; performance rating [abc]; rated power [elt]; rating [elt]

**Nennmaß** nominal size [mot]

**Nennmoment** rated torque [mas]

**Nennoberspannung** peak nominal voltage [elt]

**Nennspannung** nominal voltage [elt]; rated voltage [elt]

**Nennstrom** rated current [elt]

**Nennstromzufuhr** rated current [elt]

**Nenntemperatur** temperature rating [pow]

**Nennunterspannung** lowest nominal voltage [elt]

**Nennweite** (NW) nominal bore [con]; rated value [mas]

**Nennwertinhalt** (des Löffels) nominal heaped/struck capacity [mbt]

**Nervenzusammenbruch** nervous breakdown [med]

**Nettogewicht** (GB) tare weight [mot]

**Nettoproduktionsstunde** (in Grube) NPH [abc]

**Netz** network [edv]; (am N. betrieben) a.c. [elt]; (Tierfalle) net [bff]; (Verbundsystem) network [abc]; (z.B. Wasserleitungsnetz) mains [bau];

(→ Additions-Multiplikations-N.; → Ähnlichkeitsn.; → Drehstromn.; → erweitertes Übergangsn.; → Fernmelden.; → Inferenzn.; → Kanten in N.; → lokales N.; → lokales Rechnern.; → semantisches N.; → Übergangsn.; → Weitverkehrsn.)

**Netz zur Propagierung von Beschränkungen** constraint propagation net [edv]

**Netzanschluß** mains outlet [elt]; power line connection [elt]; power supply [elt]

**Netzanschlußkasten** power box [elt]

**netzartig** net [edv]

**Netzentnahme** (Strom-, Gasverbrauch) power consumption [abc]

**Netzkarte** (für die gesamte Bundesbahn) unrestricted season ticket [mot]

**Netzmessung** measurement in chequerboard fashion [pow]; measurement traverse [pow]

**Netzmessung machen** take a traverse [elt]

**Netzplanung** network plan [mbt]

**Netzsicherung** mains fuse [elt]

**Netzsicherungsautomat** mains circuit breaker [elt]

**Netzspannung** line voltage [elt]; supply voltage [elt]; (Anschlußspannung) supply voltage [elt]

**Netzsteckdose** power supply plug [elt]

**Netzstecker** mains plug [mbt]; power supplier [elt]

**Netzteil** power unit [mbt]

**Netztransformator** power transformer [mbt]

**Netzversorgung** power supply [elt]

**Netzwerk** (bei Computern) network [edv]; (→ Rückkopplungsn.)

**Netzwerkanwendung** network application [edv]

**Netzwerkmodell** (→ statisches Netzwerk) network model [elt]

**Netzwerkpartitionierung** network partitions [edv]

**neu** (ungebraucht, frisch) new [abc]
**neu laden** recharge [elt]
**Neuanstrich** new paint finish [abc]
**Neubau** new built house [bau]; (der Stranggießanlage) construction [bau]
**neubearbeiten** (altes Bild) restore [abc]; (von vorne) repeat [abc]
**neueinstellen** (wieder beschäftigen) reemploy [abc]
**neuer Stand** (der Technik) recent state of the art [abc]
**Neuerung** innovation [abc]
**neues Exemplar erzeugen** instance [edv]
**neues Objekt erzeugen** instance [edv]
**neueste Technologie** latest technology [abc]
**neuester Stand der Technik** latest state of the art [abc]
**Neugerät** (werksneu, nicht gebraucht) new machine [abc]
**Neuheit** (Neuerung, neues Gerät) novelty [abc]; (z.B. Gerät neu auf dem Markt) innovation [abc]
**Neulandgewinnung** reclaiming [mbt]; reclamation [bod]
**neuneckig** nonagon [abc]
**Neuordnung** reorganization [abc]
**neuronales Netzwerk** neural network [edv]
**Neuschleifen der Ventilsitze** reseating [mot]
**Neusilber** (Guß) German silver (cast) [abc]
**Neustrukturierung** restructure [abc]
**Neuteile** new parts [mot]
**neutral** (neutrales Land) neutral [pol]; (unparteiisch im Streit) impartial [abc]
**neutrale Faser** (bei gebogenem Blech) neutral axis [wst]
**neutrale Zone** (eines Biegeteils) neutral zone [wst]
**Neutralisierventil** neutralizer valve [mas]
**neuwalzen** (im Walzwerk) freshly roll [met]

**Neuwalzung** (neues Material) freshly rolled material [met]
**Nibbelmaschine** nibbling machine [wzg]
**nibbeln** nibble [mas]
**nicht** (damit du nicht ... hast) lest [abc]
**nicht artgleich** dissimilar [bff]
**nicht aufgefüllte Naht** underfill [met]
**Nicht auflegen, bitte!** (Telefon) Hold the line, please. [tel]
**nicht ausbalanciert** unbalanced [abc]
**nicht backend** non caking [pow]
**nicht betriebsfähig** (z.B. Dampflok) not ready for operation [mot]; (z.B. Dampflok) not serviceable [mot]; (z.B. Dampflok) stuffed [mot]
**nicht beurkundet** not documented [jur]; not laid down in writing [jur]
**nicht blinken** (beim Abbiegen) failure to signal [mot]
**nicht durchgeschweißte Wurzel** incomplete joint penetration [met]
**nicht entgratet** not deburred [mas]
**nicht fest installiert** portable [mbt]
**nicht im Hause** (Herr X ist nicht im Hause) is not in [abc]
**nicht konsolidiert** non consolidated [abc]
**nicht kornorientiert** not grain oriented [wst]
**nicht leuchtende Strahlung** non-luminous radiation [opt]
**nicht lösbare Verbindung** permanent connection [mas]
**nicht nach Vorschrift angezogen** not tightened to specification [mas]
**Nicht rauchen!** No smoking [abc]
**nicht rollfähig** (z.B. alte Lok) not movable [mot]
**nicht selbstfahrender Schwimmkran** non-self-propelled floating crane [mot]
**nicht steuerbar** uncontrollable [mot]
**NICHT STÜRZEN** (Schild auf Kiste) HANDLE WITH CARE [abc]
**nicht tragbar** (schlimmer Zustand) unbearable [abc]

**nicht übertragbar** nontransferable [abc]

**nicht versicherte Risiken** non-insured hazards [jur]; uninsured hazards [jur]

**Nicht Zutreffendes streichen** Delete what is not applicable [abc]

**Nicht-Ändern-Prinzip** no-altering principle [edv]

**Nichtarbeitszeit** non-working time [abc]

**nicht-ätzend** noncorrosive [che]

**nichtchronologisches Rückziehen** nonchronological backtracking [edv]

**nicht-fluchtend** misaligned [abc]

**nichtinvertierender Verstärker** non-inverting amplifier [elt]

**nichtkonsolidiert** non-consolidated [abc]

**Nichtleiter** insulator [elt]; non-conductor [elt]

**nichtlineare Kapazität** nonlinear capacitance [elt]

**nichtlineare Verzerrung** nonlinear distortion [elt]

**Nichtlinearität** nonlinearity [elt]

**nichtmagnetischer Stahlguß** non-magnetizable cast steel [wst]

**nichtmetallisch** non-metallic [wst]

**Nichtmitglied** non-member [abc]

**nichtmonotone Logik** nonmonotonic logic [edv]

**nichtrostender Stahlguß** stainless cast steel [wst]

**nichts** (überhaupt nichts) nothing [abc]

**nichtselbsttätige Anhängerkupplung** not automatic trailer coupling [mot]

**nicht-sprengkräftige Übungsmunition** non-explosive training ammunition [mil]

**Nichtsprengkräftiges Zündmittel** low-explosive detonating agents [mil]

**Nicht-Standard-Datenbanken** non-standard databases [edv]

**nichts** (null, gar nichts) nil [abc]

**nichtterminale Symbole** nonterminal symbols [edv]

**Nichtzahlung** (der Prämie) non-payment [jur]

**Nickel** nickel [wst]

**Nickel-Basislegierungen** nickel alloys [wst]

**Niederbordwagen** low-sided open wagon [mot]

**Niederdruck** low pressure [mot]

**Niederdruckgasbehälter** low-pressure gasholder [mot]

**Niederdruckgroßreifen** low-pressure oversized tyre [mot]

**Niederdruckkokillengießen** low-pressure gravity die casting [mas]

**Niederdruckreifen** high flotation tyre [mot]; low pressure tyre [mot]; low pressure tyre with high flotation [mot]; low-pressure tyre [mot]

**Niederdruck-Teil** (ND-Teil) low pressure stage [pow]; (ND-Teil) low pressure turbine [pow]

**Niederdruckventil** low pressure valve [mot]

**Niedergang** (Treppe auf Schiffen) stairs [mot]

**niedergelegt** (ein Schriftstück) submitted [abc]; (ein Werkstück) laid down [abc]

**niederhalten** (Gegner durch Feuer) cover [mil]

**Niederhubwagen** elevating transporter [mot]

**Niederlassung** (Geschäftsstelle) sales and service office [eco]

**niederohmig** low resistance, low resistive [elt]

**Niederrahmen** drop frame [mot]

**Niederschlag** (Ablagerung, Sinkstoffe) sediment [abc]; (Ablagerungen, Schmutz) deposit [mbt]; (Boxen) knock down [abc]; (Regen, Schnee, Tau usw) precipitation [wet]; (Regenwetter) rainfall [wet]

**niederschlagen** (Sinkstoffe) deposit [was]

**Niederschlagsgebiet** (Mulde, Stausee) catchment basin [wet]; (zu entwässernde Fläche; Fabrik, Landschaft) catchment area [wet]

**Niederschlagswasser** deposit-water [was]; precipitation water [wet]

**Niederspannung** low voltage [elt]; (→ Mittel-, Hochspannung)

**Niederspannungsschaltanlage** low voltage switchboard [elt]

**Niederspannungsschalter** low-voltage circuit breaker [elt]

**Niederspannungstrennschalter** low voltage breaker switch [elt]; low voltage circuit breaker [elt]

**niederstufen** (abwerten) downgrade [abc]

**Niederung** lowland [abc]

**niedrig** (flach gebaut) low profile [mil]

**niedrig einstufen** downgrade [abc]

**niedrig legierter Stahl** low alloy steel [wst]

**niedrige Bauhöhe** (des Baggers) low overall height [mbt]

**niedrige Sechskantmutter** hexagon thin nut [mas]

**niedriger Durchlaß** creep [mot]

**niedriger Leerlauf** low idle [mot]

**niedriger Luftdruck** (im Reifen) low inflation [mot]

**niedrigster Wasserstand** low water level [pow]

**niedrigtourig** low speed [mot]

**Nierenbohrung** kidney-shaped bore-fit [mbt]

**nierenförmig** kidney-shaped [abc]; reniform [abc]

**Niet** (der Niet, Doppelkopfbolzen) rivet [mas]; (→ Blindn.; → Halbrundn.; → Blindn.; → Flachrundkopfn.; → Flachrundn.; → Flachsenkn.; → Hohln.; → Rohrn.; → Senkn.)

**nieten** (Doppelkopfbolzen verbinden) rivet [met]

**Nieter** riveter [wzg]

**Nietgelenkband** rivetted hinged strap [mas]

**Nietloch** rivet hole [mas]

**Nietschweißung** plug weld [met]

**Nietstift** rivet pin [wzg]

**Nietverbindung** rivet joint [mas]

**Nietwärmer** (heute Induktionshitze, → Pinnewärmer) rivet heater [mot]

**Nietzieher** rivet set [wzg]

**Nippel** fitting [mbt]; stub [mas]; (z.B. Schmiernippel) nipple [mbt]; (→ Doppeln.; → Einschweißn.; → Reduziern.; → Rohrn.; → Schmiern.)

**Nirosta** (Stahl) Nirosta [wst]

**Nische** (Sicherheitsraum im Tunnel) refuge [mot]

**Nitrierhärte** nitriding hardness depth [wst]

**nitriert** intruded [wst]

**Nitriertiefe** nitriding <hardness> depth [wst]

**Niveau** (über NN, auch bildlich) level [abc]

**Niveau-Ausgleich** (mit Seitenschub) level compensation device with side shift [mot]

**Niveauausgleich** level compensation [mot]

**Niveauflasche** (Orsat) levelling bottle [pow]

**niveauregulierendes Aggregat** load-levelling control system [mot]

**Nivelliergerät** abney level [mes] surveyor's level [mes]

**Nivellierinstrument** levelling instrument [bau]

**Nivellierung** levelling [mbt]

**n-Kanal-Feldeffekttransistor** n-channel field-effect-transistor [elt]

**NMOS Gatter** NMOS gate [elt]

**NMOS-Transistor** NMOS-transistor [elt]

**NN** (Normal Null, Meeresspiegel) sea level [mot]

**Nocke** (z. B. Erhöhung auf Nocken-
welle) cam [mot]
**Nocke der Pumpenwelle** lobe [mot]
**Nockelwellenrad** camshaft timing gear
wheel [mot]
**Nockenhebel** cam lever [mot]
**Nockenläufer** cam follower [mot]
**Nockenring** cam ring [mot]
**Nockenstößel** follower [mot]
**Nockenwelle** camshaft [mot]; (Teil des
Motors) camshaft [mot]
**Nockenwellenantriebsrad** camshaft
timing gear [mot]
**Nockenwellendeckel** camshaft cover
[mot]
**Nockenwellendichtung** cam shaft seal
[mot]
**Nockenwellenlager** camshaft bearing
[mot]
**Nockenwellenschleifmaschine** cam-
shaft grinding machine [wzg]
**Nomex** (feuerbeständiger Ballonstoff)
Nomex [mot]
**Nominalhub** nominal stroke [mot]
**Noppe** knob [mas]; nep [mas]; (Knol-
le) nodule [mas]
**Nord** (nördlich, nordwärts) north [cap]
**Nordatlantikpakt** (NATO) North
Atlantic Treaty Organisation
**Nordlicht** (ca. 100-300 km hoch)
Aurora Borealis [abc]
**nördlich** (poetisch) boreal [cap]; (z.B.
nördliche Breite) northern [cap]
**nördliche Breite** northern latitude
[cap]
**nordwärts** northward [cap]
**Norm** (Regel, Richtlinie; z.B. DIN)
standard [nrm]; (→ graphische N.;
→ internationale N.)
**normal** (nicht unüblich) normal [abc]
**Normal-** (z.B. Normalausstattung)
standard [mas]
**Normal Null** (NN, Meeresspiegel) sea
level [mot]
**Normalauspuff** natural aspiration
[mot]

**Normalbeton** normal concrete [bau]
**Normaldampf** normal steam [pow]
**Normalkeilriemen** standard V-belt
[mas]
**Normalmodul** standard module [abc]
**Normalprüfkopf** normal-beam probe
[mes]
**Normalspur** (der Eisenbahn) standard
gauge [mot]
**Normalstandardschaufel** general purpose bucket [mbt]
**Normale** (Geht zurück in die Normale)
normal [abc]
**normalgeglüht** (-er Stahl) normalized
[wst]
**normalglühen** (Stahl) normalize [wst]
**Normalisieren** (Glühen) thermal stress
relief [wst]
**Normalstiel** standard arm [mbt]
**Normalthermometer** dry-bulb ther-
mometer [abc]
**Normalunterwagen** standard under-
carriage [mbt]
**Normbüro** specification department
[nrm]
**Normen** standards [nrm]
**normen** standardize [nrm]
**Normendirektorat** directorate of
standardization [nrm]
**Normenvertrag** Standardization
Agreement STANAG [mot]
**Normetta** (Spannbandschelle)
normetta [mas]
**normieren** standardize [nrm]; (passend
machen) calibrate
**Normschrank** standard cabinet [nrm]
**Normung** standardization [nrm]
**NoSpin-Differential** NoSpin differ-
ential [mbt]
**Notabsperrschieber** emergency stop
valve [pow]
**Notabstieg** (am Kran) emergency
rope-down device [mot]
**Not-Aus** (der Rolltreppe) emergency-
OUT [mbt]; (des Baggers) emergency
stop [abc]

**Notar** (öffentlicher Notar) notary [jur]
**Notausgang** EXIT [abc]; fire door [pol]; (Fluchtweg) emergency exit [abc]
**Notaus-Schalter** emergency stop [abc]
**Notbremse** emergency brake [mot]
**Notbremsung** emergency braking [mot]
**Notdienst** (Katastrophenschutz) emergency service [pol]
**Note** (in Schulzeugnis) mark [abc]
**Notfahrtsteckdose** (Rolltreppe) emergency travel socket [mbt]
**Notfall** emergency [abc]
**Notfallknopf** (Rolltreppe) emergency STOP button [mbt]
**Nothalt** (Nothalteknopf) emergency stop [mbt]
**Nothalteknopf** emergency stop button [mbt]
**Nothammer** (schlägt Fenster ein) emergency hammer [mot]
**nötig** necessary [abc]
**nötig machen** require [abc]
**Notiz** (in der Zeitung) notice [abc]
**Notizblock** pad [abc]
**Notlandung** (Flugzeug, → Bruchlandung) emergency landing [mot]
**Notlauf** (Eisenbahnachsen) stub axle [mot]
**Notleine** emergency cord [mbt]; safety rope [mbt]
**Notleinenschalter** emergency cord switch [mbt]
**Notlenkpumpe** (bei Motorausfall) emergency-steering pump [mot]
**Notlösung** (schnelle Lösung) expedient solution [mbt]
**Notruf** (am Telefon) emergency [abc]
**Notschalter** (sichtbar, Nähe Rolltr.) emergency <stop-button> switch [mbt]; (z.B. der Rolltr.) emergency switch [mbt]; dust-shield collar [mot]
**Notwehr** (Er handelte in Notwehr) self-defence [pol]
**notwendige Laufgenauigkeit** required concentricity [mbt]

**Notzugschalter** emergency switch [mbt]
**Nr.** (No, Nr, Nummer, #) no. / nos. [abc]
**n-Tor** n-port [elt]
**nuklear** (atomar) nuclear [phy]
**Nuklearkraftwerk** (Atomkraftwerk) nuclear power station [pow]
**Nuklearkrieg** nuclear war [mil]
**Null** (Null und nichtig) null [abc]; (z.B. "0 Grad Fahrenheit") zero [abc]; naught [abc]
**Nullage** (Null-Lage) O-position [abc]
**Nulldurchgänge** zero crossings [edv]
**Nulleiter** neutral [elt]; neutral conductor [mbt]
**Nullhub** (kein Kolbenhub d. Hydraulikpumpe) zero-flow control [mbt]
**Nullinie** zero line [abc]
**Nullinieneinsteller** zero adjuster [mbt]
**Nullinienprüfung** check zero [mes]
**Nullpunkt** (bei Explosion) ground zero [mil]
**Nullpunktprüfung** check zero [mes]
**Nullpunktverschiebung** zero shift [mbt]
**Nullpunktwanderung** zero shift [mbt]
**Nullrückstellung** return to zero position [mot]
**Nullserie** pilot production [abc]; (Vorläufer Serienproduktion) pilot run [abc]
**Nullstelle** zero [abc]
**Nullstellenform** factored form [elt]
**Nullstellung** initial position [pow]; neutral position [mot]; zero position [mot]
**Nullstellungsmeßuhr** zero setting on dial indicator [mbt]
**numerisch gesteuert** (NC) numerically controlled [wzg]
**numerische Steuerung von Werkzeugmaschinen** machine-tool software and robotics [edv]
**Nummer** number [abc]; (im Circus; z.B. Trapez-Nummer) act [abc]; (Nr.) No. [abc]; (→ Sachn.)

**NZ**

**nur für den internen Gebrauch** for internal purposes only [abc]
**nur mit positiven Beispielen** using positive examples only [edv]
**Nuß** (am Schraubenschlüssel) socket [wzg]; (Steckschlüsseleinsatz) socket [wzg]; (z.B. Walnuß) nut [abc]
**nußbraun** (RAL 8011) nut brown [nrm]
**Nußknackereffekt** (z.B. Steine in Kette) nutcracker effect [mbt]
**Nußkohle** nut-coal [roh]; nuts [roh]
**Nußschale** (kleines Schiff) nutshell [mot]
**Nut** (Fuge) groove [mas]; (Rille) slot [abc]
**Nute** (Rille, Einkerbung) flute [met]
**nuten** (die Tätigkeit) slotting [mbt]; (Nut einritzen) groove [met]; (Nut einritzen) slot [mbt]
**Nutenbreite** slot width [mbt]
**Nutenkeil** slot wedge [mas]
**Nutenwelle** sliding shaft [mas]; splined shaft [mas]
**Nutmutter** slotted nut [mas]
**Nutring** (Dichtring) grooved ring [mas]
**Nutung** spline [mas]
**Nutwelle** grooved shaft [mot]
**nutzbar** (wirkungsvoll, effektiv) effective [abc]
**Nutzeisen** re-usable iron [wst]
**Nutzfahrzeug** commercial vehicle [mot]; (Muldenkipper) haul truck [roh]
**Nutzholz** (Schnittholz, Bauholz) lumber [abc]
**Nutzhub** effective stroke [mot]
**Nutzlänge** working length [mot]
**Nutzlast** (siehe auch "Eigengewicht") payload [mot]
**Nutzlastwert** lifting capacity [abc]
**nützlich** (verwendbar, praktisch) useful [abc]
**Nützlichkeit** (Wirkung) utility [abc]
**Nutzung** (Anwendung) use [mbt]

**Nutzungsart** (wie etwas genutzt wird) form of use [abc]
**Nutzungsbreite** (der Rolltreppe) utilization width [mbt]
**Nutzungsrecht** usufractuary right [jur]
**Nylonring** nylon ring [mbt]
**Nyquist-Kriterium** Nyquist criterion [elt]
**NZ** (Nach Zeichnung, mit Zeichnungnummer) Acc. to drawing no. [con]

# O

**OB** (Oberbürgermeister) mayor [pol]

**Obelisk** (4 Seiten, verjüngt nach oben) obelisk [abc]

**oben** (hier oben; oft mit Pfeil) up [mbt]; (z.B. oben drauf) top [abc]; (Zeichnungen) top [con]

**oben angegebene...** above-mentioned... [abc]

**oben aufgeführt** (Liste von Daten) above-listed [abc]

**oben liegender Kohlenbunker** overhead cool bunker [roh]

**obenliegende Nockenwelle** overhead camshaft [mot]

**Ober-...** (obere...) upper... [abc]

**Oberaufsicht** (Aufsicht) superintendence [abc]

**Oberbau** (Material) permanent way material [mot]; (Schotter-Schienen-oberkante) permanent way [mot]

**Oberbaubefestigungssystem** permanent way fastening system [mot]

**Oberbaumaterial** permanent way material [mot]; rail fastening material [mot]; railway track material [mot]; track material [mot]

**obere Breite** (Keilriemen) top width [mbt]

**obere Oberfläche** upper surface [abc]

**obere..** (z.B. Oberteil) upper.. [mbt]

**oberer Heizwert** gross calorific value [pow]; G.C.V. [pow]; upper calorific value [pow]

**oberer Kopf** upper end [mbt]

**oberer Kühlerwasserkasten** radiator upper tank [bau]

**oberer Sammelbehälter** (Kugelregen) retarder box [pow]; (Kugelregen) shot storage tank [pow]

**oberer Seitenwandsammler** upper side wall header [pow]

**oberer Totpunkt** t.d.c. [mas]; top dead centre [mas]; u.d.c. [mas]; upper dead centre [mot]

**oberes Fallrohr** down line [pow]

**Oberfelge** upper rim [mot]

**Oberfläche** (der Rolltreppe) riding surface [mbt]; surface [mbt]; (Stahl-blechoberfläche) surface [mas]; (z.B. der Schiene) surface [mot]; (→ ebene O.; → Geländeo.; → Tono.)

**Oberfläche Ladedeck** load deck surface [mot]

**Oberflächenangabe** (Rauheit usw.) roughness criteria [mas]

**Oberflächenauftrag** (Farbe, Teflon usw.) surface coat [mas]

**Oberflächenausbrüche** (beim Walzen) spalling [mas]

**Oberflächenausführung** (z.B. lak-kiert) finish [met]

**Oberflächenbefestigung** surfacing [mas]

**oberflächenbehandelt** surface-treated [mas]

**Oberflächenbehandlung** (Bearbeitung) treatment of the surface [wst]; (letzte) surface finishing [mas]

**Oberflächenbehandlungsverfahren** surface-treatment procedure [mas]

**Oberflächenbeschädigung** damage of surface [wst]

**Oberflächenbeschichtung** surface coating [mas]

**oberflächengehärtet** surface-layer hardened [mas]; (hart/weich) case hardened [wst]

**Oberflächenglattheit** surface smooth-ness [edv]

**Oberflächengüte** (Beschaffenheit) surface finish [mas]

**Oberflächenhärte** surface hardness [mas]

**Oberflächenkondensator** surface condenser [pow]

**Oberflächenkühler** surface attemperator [pow]

**Oberflächenmaße** (z.B. in cm, Zoll) dimensions of surface [con]

**oberflächennah** near to the surface [bau]

**Oberflächenorientierung** surface direction [edv]

**Oberflächenqualität** (→ O-angabe) quality of surface [mas]

**Oberflächenrauheit** (auch gewollte O.) roughness of surface [mas]; (Maximalmaße) surface peak-to-valley height [mas]

**Oberflächenrekonstruktion** surface reconstruction [edv]

**Oberflächenriß** (oder Anriß) surface crack [mas]

**Oberflächenrißprüfeinrichtung** surface-crack checking device [mes]

**Oberflächenrißprüfung** surface crack test [mas]

**Oberflächenschutz** surface protection [mas]

**Oberflächenveränderung** surface changes [mas]

**oberflächenveredelt** coated [wst]; (beschichtet) surface coated [mas]

**oberflächenveredeltes Feinblech** cold rolled pre-coated sheet steel [wst]

**oberflächenveredeltes Kaltband** cold rolled strip with coated surface [wst]

**oberflächenverfestigt** (durchstrahlen) case hardened [wst]; (durchstrahlen) surface solidified [mas]

**Oberflächenwasser-Entwässerung** drainage [roh]

**Oberflächenwelle** surface wave [phy]

**Oberflächenzeichen** surface symbol [mas]; (auf Zeichnungen) surface marking [con]

**obergärig** (z.B. Bier, Hefe) top fermenting [abc]

**Obergeschoß** (z.B. 2. Etage) upper floor [bau]

**Obergurt** (und Untergurt der Rolltreppe) chord member [mbt]; (z.B. am Baggerunterwagen) top chord [mbt]

**Oberhemd** dress shirt [abc]

**Oberingenieur** Chief Engineer [eco]; Engineer-in-Chief [mot]

**Oberkolben- oder Kurzhubpresse** down-acting or short-stroke design hydraulic press [met]

**Oberlandesgericht** higher regional court [jur]

**Oberleitung** overhead wiring [mot]; (der Bahn) cat wire [mot]; (der Bahn) catenary wire [mot]

**Oberleitungsgalgen** cat wire gallows [mot]; gallows of <the> catenary wire [mot]

**Oberleitungsjoch** catenary wire yoke [mot]; yoke of catenary wire [mot]

**Oberleitungsmast** mast [mot]; (an Strecke) pylon [mot]; (GB) mast of the catenary wire [mot]; (kaum noch üblich) mast of the overhead wiring [mot]

**Oberlicht** (z.B. Dachlicht) roof light [abc]

**Oberluft** (Rost, Sekundärluft) over-fire air [pow]; (Rost, Sekundärluft) over-grate air [pow]

**Oberschule** (→ Gymnasium) Secondary Grammar School [abc]; (GB: einfach, Handwerk, Uni) Secondary [abc]; (US, max. bis mittl. Reife) High School [abc]

**Oberseite** top [abc]

**oberste Ladung** priming charge [mbt]; uppermost charge [mbt]

**oberste Lage** (des Kranseils) top layer [mbt]

**oberste Totpunktmarke** top centre mark [mas]

**Oberster Gerichtshof** Supreme Court [pol]

**oberstes Federblatt** master spring leaf [mas]

**Obertrommel** (Speisetrommel) feeding drum [mas]

**Obertrum** (des Kettenförderers) upper trough [roh]

**Obertrumkettenförderer** upper trough chain conveyor [roh]

**Oberwagen** (Bagger) uppercarriage [mbt]; (des Baggers, nackter Rahmen) superstructure [mbt]; (des Güterwagens) box body [mot]; (des Güterwagens, selten) superstructure [mot]; (Seilbagger) revolving frame [mbt]

**Oberwagengrundplatte** main frame of the uppercarriage [mbt]; uppercarriage base-plate [mbt]; uppercarriage main frame [mbt]

**Oberwagensperre** (Begrenzung gegen Schwenken) swing lock [mbt]

**Oberwellen** harmonics [elt]

**obige** (z.B. obige Angaben) above [abc]

**Objekt** (Exemplar) instance [edv]

**Objekte** (in semantischen Netzen) objects [edv]

**Objektiv** (z.B. Fernglas) objective [opt]

**Objektkomponente** instance variable [edv]

**objektorientiert** object-oriented [edv]

**objektorientiertes Problemlösen** object-oriented problem solving [edv]

**Objekttyp** object type [edv]

**Objekttypen und Beziehungen** object types and relationships [edv]

**objektzentrierte Kontrolle** object-centred control [edv]

**Obliegenheitsverletzung** omission of duties [jur]

**obligatorisch** (etwas ist Pflicht) mandatory [abc]

**obligatorische Zugriffskontrolle** MAC [edv]; mandatory access control [edv]

**Observatorium** (Sternwarte) observatory [opt]

**Obst- und Gemüseabteilung** (im Laden) produce department [abc]

**Obstkonserven** canned fruit [abc]

**Ochse** (Rind) bullock [bff]

**ockerbraun** (RAL 8001) ochre brown [nrm]

**ockergelb** (RAL 1024) ochre yellow [nrm]

**ODER-Knoten** (in Zielbäumen) OR nodes [edv]

**öde** (karges Land) barren [cap]

**Oel** (Öl) oil [abc]

**Ofen** (→ Zemento.) kiln [pow]; (im Zimmer, Abteil) stove [mot]; (in der Industrie) furnace [pow]

**Ofenanlagen** furnaces [pow]

**Ofenmann** (Hilfsarbeiter in Hütte) furnace help [pow]

**offen** (Leitung offen) on [elt]; (Tür, Wettkampf, Maschine) open [abc]; (z.B. Wasserleitung) on [abc]

**offene Brennkammer** open furnace arrangement [pow]

**offene Hülse** open casing [mil]

**offene Knoten** (in Suchbäumen) open nodes [edv]

**offene Sicherung** open wire fuse [elt]

**offene Werbung** public advertising [abc]

**offener Güterwagen** high-sided open wagon [mot]

**offenes Fahrerhaus** canopy [mot]

**offenes Gaspreßschweißen** open square pressure gas welding [met]

**öffentlich** (in der Öffentlichkeit) public [abc]

**öffentliche Auftraggeber** government authorities [abc]

**öffentliche Versorgung** public utilities [abc]

**öffentlicher Notar** notary public [jur]

**öffentliches Recht** law applying to public bodies [jur]

**Öffentlichkeit** (Ich gehe an die Öffentlichkeit.) public [abc]

**Öffentlichkeitsarbeit** PR work [abc]; public relations [abc]

**Offiziersmesse** officers' mess [mil]

**Offizierspatent** commission [mil]

**offline** (nicht mit Hauptrechner verbunden) offline [edv]
**öffnen** open [abc]
**Öffnung** opening [abc]; port [bau]; (unerwünscht, der Schweißnaht) delamination [met]; (→ Abflußö.; → ausgehalste Ö.; → Grubenö.; → Montageö.)
**Öffnung des Schalls** beam spread [aku]
**Öffnungen für Lanzenbläser** lance ports [pow]
**Öffnungsbeginn** (Ventil) beginning of opening [mas]
**Öffnungsdruck** (Druck, bei dem ein Druckeinstellventil den Durchfluß freigibt) cracking pressure [mot]
**öffnungsfähiges Dach** opening roof [mas]
**Öffnungskontakt** break contact [elt]
**Öffnungsverhältnis** nozzle opening ratio [pow]
**Öffnungsweite** (z.B. des Greifers) opening width [mas]
**Öffnungswinkel** angle of spread [abc]
**Öffnungszeit** opening time [mot]
**Offset** offset [elt]
**Offsetspannung** offset-voltage [elt]
**Offsetstrom** offset-current [elt]
**Offshorekran** offshore crane [mot]
**Offshoretechnik** offshore technology [mot]
**Ohm'sche Spannungsteile** potentiometer-type resistor [elt]
**Ohmscher Widerstand** Ohmic resistance [elt]
**ohne** without [abc]; w/o [con]
**ohne Beschichtung** without any coating [abc]
**ohne Ressort** not in charge of a section [mbt]
**ohne Verzahnung** without gearing [mas]
**Ohnmacht** unconsciousness [med]
**ohnmächtig werden** faint [med]
**Ohr** (Hörorgan) ear [med]

**Ohrenschützer** (bei lauter Arbeit) ear muffs [abc]
**Öhr** (der Nadel) ear [abc]; (der Nadel) eye [abc]
**oker** buff [mot]
**Ökosystem** ecosystem [abc]
**Ökosystemmodell** ecosystem model [edv]
**Okular** (z.B. am Feldstecher) ocular [opt]
**Öl** (Heizöl) fuel oil [pow]; (Transport von Ölen) oil [abc]; (→ Hydraulikö.; → Rückstandsö.; → Schmierö.; → Schwerö.)
**Öl vom Ölkühler** oil from cooler [mas]; oil to cooler [mas]
**Ölablaß** oil drain [mas]
**Ölablaßhahn** oil drain cock [mot]; oilpan drain cock [mas]
**Ölablaßschraube** oil drain plug [mot]
**Ölabscheider** oil separator [mas]
**Ölabstreifer** thrower [elt]
**Ölabstreifring** oil control ring [mas]; oil ring [mas]; skimmer [mas]
**Ölansaugleitung** oil suction pipe [mas]
**Ölausfluß** (→ freier Ö.) free flow outlet [mot]
**Ölausgleichsvorrichtung** oil make-up device [mas]
**Ölbad** (z.B. Getriebe im Ölbad) oil bath [mas]
**Ölbadluftfilter** oil bath air cleaner [mas]
**Ölbadluftreiniger** oil type air cleaner [mas]
**Ölbehälter** oil reservoir [mas]; oil tank [mas]; (Heizö.) fuel oil storage tank [pow]
**ölbeständig** oil-resistant [mas]
**Ölbohrung** oil hole [mas]
**Ölbremszylinder** hydraulic cushioning cylinder [mot]
**Ölbrenneranordnung** arrangement of oil burners [pow]
**öldicht** (Fett kann nicht durch) grease tight [abc]

**öldicht geschweißt** (in Zg) welded oil-tight [met]

**Öldichtung** oil seal [mot]

**Öldruck** oil pressure [mas]

**Öldruck notieren** record the oil pressure [mas]

**Öldruckanzeige** oil pressure gauge [mas]

**Öldruckbremse** oil-hydraulic brake [mot]; oil-pressure brake [mot]

**Öldruckgeber** oil pressure switch [mas]

**Öldruckkontrolleuchte** oil pressure indicator lamp [mot]

**Öldruckkontrolle** oil pressure checking [mot]

**Öldruckmanometer** oil pressure gauge [mas]

**Öldruckmesser** oil-pressure gauge [mot]

**Öldruckrohr** oil delivery pipe [mas]

**Öldruckschalter** oil pressure switch [mas]

**Öldurchfluß** flow [mot]

**Öleinfüllpumpe** oil feed pump [mot]

**Öleinfüllrohr** oil filler pipe [mas]

**Öleinfüllsieb** oil filler screen [mas]

**Öleinfüllstutzen** filler [mot]; oil filler [mas]; oilfiller neck [mot]

**Öleinfüllverschluß** oil filler cap [mas]

**Öleinlaßschraube** plug [mas]

**Öleinspeiseleitung** oil supply tube [mas]

**ölen** oil [abc]

**Öler** lubricator [mot]; (Schmiermaxe) oiler [mas]

**Ölfangblech** baffle [mot]; oil baffle [mot]

**Ölfänger** oil catcher [mas]

**Ölfangring** oil seal [mot]

**Ölfangwanne** oil collector sump [mbt]

**Ölfeld** oil field [abc]

**Ölfeldrohre** oil country tubular goods [mas]

**Ölfernthermometer** oil temperature gauge [mot]

**ölfest** oil resistant [mas]

**Ölfeuerung** oil firing [pow]

**Ölfilter** oil cleaner [mas]; oil filter [mas]

**Ölfilterelementwechsel** oil filter element changing [mas]

**Ölfilterkrümmer** oil filter elbow [mas]

**Ölfilterschlüssel** (Bandschlüssel) oil filter wrench [mas]

**ölfrei** oil-free [pow]

**Ölführung** (Öl wird in Tank geleitet; verhütet Schaum im Tank) oil conduit [mas]

**Ölgalerie** main oil rifle [abc]

**ölgefeuert** (z.B. Dampflok 41 360) oil fired [mot]

**ölgetränkter Lappen** oil-soaked piece of cloth [mbt]

**Öl-Graphit-Dichtmasse** graphite base jointing compound [pow]; powdered graphite and kerosene mixture [pow]

**Ölhauptkupplung** wet-type master clutch [mas]

**Ölhydraulik** oil-hydraulics [mot]

**ölhydraulisch** oil-hydraulic [mot]

**ölhydraulische Räumgeräte** oil-hydraulic track clearing equipment [mot]

**olivbraun** (RAL 8008) olive brown [nrm];

**olivgelb** (RAL 1020) olive yellow [nrm]

**olivgrau** (RAL 7002) olive grey [nrm]

**olivgrün** (RAL 6003) olive green [nrm]

**Ölkanister** oil can [abc]

**Ölkanne** oil can [abc]

**Ölkohle entfernen** decarbonize [wst]

**Ölkohleablagerung** carbon deposit [wst]

**Ölkühler** lubricating-oil coolers [mas]; oil cooler [mas]; (Schmierstoff) lubrication-oil cooler [mas]

**Ölkühleranlage** oil cooler [mbt]

**Ölkühlerelement** oil cooler element [mas]

**Ölkühlerlüfter** oil cooler blower [mbt]

**Ölkupplung** oil clutch [mas]

**Öllamellenbremse** oil disc brake [mas]

**Ölleitung** oil line [mas]; oil pipe [mot]; oil supply [mas]

**Ölleitungen** oil lines [mas]

**Öllenkkupplung** oil steering pump [mas]

**Ölmanometer** oil pressure gauge [mot]

**Ölmenge** oil volume [mot]

**Ölmeßstab** oil dipstick [mas]; oil level gauge [mas]

**Ölmeßvorrichtung** oil gauge fitting [mes]

**Ölmotor** oil motor [mas]

**Ölmotor für Schwenkgetriebe** oil motor for swing -gear [mot]

**Ölmotor für UW-Schaltgetriebe** oil motor for undercarriage shift transmission [mot]

**Ölnachfüllschraube** refill tap [mas]

**Ölnut** oil groove [mas]

**Ölnute** oil groove [mas]

**Ölpeilstab** oil dipstick [mas]

**Ölprobe** oil sample [mas]

**Ölpumpe** lubricating-oil pump [mas]; oil pump [mot]

**Ölpumpendeckel** oil pump cover [mot]

**Ölpumpengehäuse** oil pump housing [mot]

**Ölpumpensieb** oil pump screen [mot]

**Ölpumpenzahnrad** oil pump gear wheel [mot]

**Ölregelventil** oil regulating valve [mot]

**Ölreiniger** oil cleaner [mas]

**Ölring** oil ring [mas]

**Ölrücklauf** oil out [mas]

**Ölrücklaufleitung** (→ Lecköl) oil return line [mas]

**Ölsand** oil sand [mas]

**Ölsaugleitung** oil suction tube [mas]

**Ölschauglas** oil gauge glass [mot]

**Ölschiefer** oilshale [mas]

**Ölschlacke** oil slag [mas]

**Ölschlamm** sludge [mas]

**Ölschleuderring** oil thrower ring [mot]

**Ölschutz** oil guard [mas]; (Fangeinrichtung) oil catcher [mas]; (Leitblech) deflector [wst]

**Ölseparator** oil filter [mas]

**Ölsieb** oil screen [mot]; oil strainer [mas]

**Ölspanndruck** pre-set oil pressure [mas]

**Ölspiegel** oil level [mas]

**Ölstand** oil level [mas]

**Ölstand prüfen** check oil level [mot]

**Ölstandanzeiger** fluid level indicator [mot]

**Ölstandsfernanzeiger** remote oil level indicator [pow]

**Ölstandsprüfung** oil-level check [mas]

**Ölstandsschraube** level plug [mas]; oil level plug [mas]

**Ölstandssonde** oil level switch [mas]

**Ölstandzeiger** oil level indicator [mot]

**Ölstickstoffspeicher** oil nitrogen accumulator [mas]

**Ölstoßdämpfer** pneumatic oil suspension [mas]

**Ölstrom** oil flow [mas]

**Ölsumpf** sump [mas]; (Ölwanne des Motors) oil pan [mas]

**Öltank** oil reservoir [mas]; oil tank [mas]

**Öltasche** (der Achse) oil pocket [mas]

**Öltemperaturregler** oil thermostat [mas]

**Ölthermometer** oil thermometer [mas]

**Ölüberdruckventil** oil pressure relief valve [mot]

**Ölüberströmventil** oil relief valve [mot]

**Ölumlauf** circulation [wst] oil circuit [mas]; oil flow [mas]

**Ölumlauf freigeben** allow oil flow [mbt]

**Ölumleitventil** oil by-pass valve [mot]
**Ölverdünnung** oil dilution [mas]
**Ölversorgung** lubrication system [mas]; oil supply [mas]
**Ölverteiler** oil manifold [mas]
**Ölvorlauf** forward oil [mot]
**Ölvorrat** oil level [mas]
**Ölvorwärmer** (Heizölvorwärmer) fuel-oil heater [pow]
**Ölwanne** oil pan [mas]; oil sump [mas]; oil tray [mbt]
**Ölwannendichtung** oil pan gasket [mas]; oil sump gasket [mas]
**Ölwechsel** oil change [mas]
**Ölzuführung** (Ölleitung) oil supply [mas]; (zu Motor, Kessel, Tank) oil supply [mas]
**Ölzulauf** (für Schmieröl) lubricating-oil inlet [mas]; (Öffnung, Ventil, Klappe) oil inlet [mas]
**Ölzündbrenner** lighting-up burner [pow]; torch oil gun [pow]
**Ölzusatz** (zur Veränderung) oil additive [mot]
**Omnibus** (im Charterverkehr) coach [mot]; (im Linienverkehr) bus [mot]
**on-line** (direkt an Computer angeschlossen) on-line [edv]; (direkt Computer-angeschlossen) live [edv]
**online** (m. Hauptrechner verbunden) online [edv]
**Onyx** (Halbedelstein) onyx [min]
**OP** (Operationsraum in Praxis) surgery [med]; (Operationssaal) operating theatre [med]; (Operationssaal) operation theater [med]
**opalgrün** (RAL 6026) opal green [nrm]
**OPEC** (Organisation der erdölexportierenden Länder) OPEC [pol]
**Oper** (Opernhaus) opera house [abc]; (Singspiel) opera [abc]
**Operation** (Ich werde operiert.) surgery [med]
**Operationshöhe** (in Luft, Weltraum) operational altitude [mot]

**Operationsraum** (→ OP) operation theater [med]; (in Arztpraxis) surgery [med]
**Operationssaal** (im Krankenhaus; → OP) operation theater [med]
**Operationsverstärker** operational amplifier [elt]; (→ idealer O.)
**Operator** (in der Logik) operator [edv]
**Opfer** (geschädigt, Mensch oder Tier) victim [abc]
**opfern** (Tiere, Menschen morden) sacrifice [abc]; (um Stärke, Leistung mindern) sacrifice [mot]
**Opposition** (z.B. politische Opposition) opposition [pol]
**optimal** (am besten, zum Besten) best possible [abc]; (für optimalen Fahrkomfort) optimum [mbt]
**optimale Nutzung** best possible use [abc]
**Optimalitätskriterien** best possible criteria [abc]
**optimieren** (so gut wie möglich machen) optimize [abc]; (zum Besten bringen) enhance [abc]
**optimierte Tragzellenkonstruktion** optimized carrier cell design [roh]
**Optimum** (das Bestmögliche) best possible solution [abc]
**optisch** (sichtbar) optical [opt]
**optisch genau auf ...** (eingestellt) optically aligned to a tolerance of [opt]
**optische Industrie** optical industry [opt]
**optische Platte** optical disk [edv]
**optisches Pyrometer** optical pyrometer [mes]
**optisches Signal** (Lampe, Leuchte) visible signal [opt]
**optisches Signal fehlt** visible signal missing [opt]
**OPUS** (Produktionsplanungs- und Steuerungssystem) production planning and control system [edv]
**orange** (orangefarben) orange [abc]
**orangebraun** (RAL 8023) orange brown [nrm]

**Orbit** (Umlaufbahn um Erde) orbit [mot]

**Orbitalsystem** orbital system [mot]

**Orchester** (Kapelle, Klangkörper) orchestra [abc]

**ordentlich** (richtiger Dienstweg) proper [abc]; (z.B. sauber aufgeschichtet) neat [abc]

**Ordnungsdienst** (Art Polizei in GB) watch committee [abc]

**Ordnungsmerkmal** (in Stammsatz usw.) code marking [abc]

**Ordnungszahl** (1., 2., 3. etc.) ordinal number [che]

**Organ** (Fachzeitschrift) mouthpiece [abc]

**Organigramm** organizational diagram [abc]; (bildlich) family tree [abc]

**Organisation** (Planung, Körperschaft) organisation [eco]

**Organisation des Sehsystems** vision-system organisation [edv]

**Organisation und EDV** organisation and data processing [edv]

**Organisationsform** type of organisation [eco]

**Organisationsfrage** organisational problem [abc]

**Orientierungsvoranschlag** estimate on information [abc]

**Original Ersatzteile** genuine parts [abc]

**Originalwort-** (in EDV-Übersetzungen) source [edv]

**O-Ring** O-ring [mas]

**O-Ring-Dichtung** O-ring seal [mas]; ring sealing [mas]

**Orkan** (stärkster Sturm,) typhoon [wet]

**Orsat-Apparat** Orsat gas analyzer [mes]

**Ort** (an Ort und Stelle) site [abc]; (an welchem Ort) place [abc]; (Bau) location [bau]

**Ort der Feindberührung** rendezvous point [mil]

**orten** (einen Fehler finden) localize [mbt]

**örtlich übliche Bauweisen** indigenous construction methods [bau]

**örtlich übliche Werkzeuge** local tools [wzg]

**örtlich verfügbar** locally available [abc]

**örtliche Gegebenheiten** local conditions [abc]

**örtlicher Vertreter des beratenden Ingenieurs** resident engineer [abc]

**ortsfest** (nicht mobil, unveränderlich) stationary [mot]; (stationär) stationary [mot]

**ortsfester Steuerstand** stationary control position [mot]

**Ortsgenauigkeit** location accuracy [abc]

**Ortsgenauigkeit der Markierung** marking accuracy [abc]

**Ortskurve** (im Diagramm) locus [mas]

**Öse** eye [abc]; lift eye [mas]; (Durchführung, z.B. Wand) grommet [mas]; (→ Montageö.) eye [mbt]

**Ösenstange** eye rod [mas]

**Ost** (östlich) east [abc]

**Östandskontrollschraube** oil-level check plug [mas]

**östlicher Länge** eastern longitude [abc]

**Oszillator** oscillator [phy]

**oszillierende Räumegge** (am Kratzer) oscillating raking device [roh]

**Oszillograph** oscillograph [elt]

**Oszilloskop** (→ Mehrfach-O.) oscilloscope [mbt]

**OTK** (Obertrumkettenförderer) upper trough chain conveyor [roh]

**Ottomotor** Otto-cycle-engine [mot]; (4-Takt Benzinmotor) Otto-engine [mot]

**Outsider** (nicht Konferenzlinie; billiger, weniger zuverlässig) Outsider [mot]

**oval** (eirund) oval [abc]

**oval geschliffen** cam ground [met]

**ovaler Kolben** cam-shaped piston [wst]

**ovalflach** (Puffer) oval flat [mot]

**ovalflache Pufferteller** oval flat-top pattern buffers [mot]

**Ovalstahl** ovals [wst]

**Overall** (Arbeits-, Spielanzug) overall [abc]

**Overheadfolie** (für Tageslichtprojektor) overhead film [abc]

**Overheadprojektor** (Tageslichtprojektor) overhead projector [abc]

**Oxid** oxide [che]

**Oxidation** oxidation [che]; (chem. Verbrennen, Rosten) oxidation [che]

**Oxydationsmethode** oxidation method [che]

**oxidieren** oxidize [che]

**oxydierende Atmosphäre** oxidizing atmosphere [che]

**oxidiert** (m. Sauerst.; brennt, verrostet) oxidized [che]

**oxidrot** (RAL 3009) oxide red [nrm]

**Oxygenstahlwerk** oxigen steel plant [wst]

**Ozean** ocean [abc]

**ozeanblau** (RAL 5020) ocean blue [nrm]

**OZG** (obere Zündgrenze, selten) OIL [mot]

# P

**p max** (Höchstdruck, Rohr platzt) maximum pressure [mot]

**p min** (Mindestdruck, Arbeitsbeginn) minimum pressure [mot]

**Paarung** (z.B. Kombination zweier Maschinen) match [abc]

**Packband** (Bandeisen für Kisten) steel strapping [abc]

**Packlage** (der Straße) sub-base [mot]

**Packpapier** (meist braun) brown paper [abc]

**Packung** (z.B. Zigaretten) packet [abc]; (die Verpackung) packing [abc]; (→ Weichp.)

**Packung mit Winkelmanschetten** chevron packing [wst]

**Packwagen** (der Bahn) baggage car [mot]; (der Bahn) brake [mot]

**Page** (im Hotel) bellboy [abc]

**Paket** (Geräuschdämpfungspaket) package [mot]; (Postsendung) parcel [abc]

**Paketverpackung und -verladung** packing and loading of sheets [abc]

**Palast** (Hauptbau der Burg) palace [bau]

**palastartig** (groß und reich gebaut) palatial [bau]

**Palette** (z.B. Europa-Palette) pallet [mot]; (auch bei Rollsteig, -treppe) pallet [mbt]; (für Gabelstapler) pallet [mbt]; (nur bei Rollsteig) tread pad [mbt]

**Palettenabhebekontakt** footplate lift switch [mot]

**Palettenabsenküberwachung** pallet lowering protection [mbt]

**Palettenband** pallet-band [mbt]

**Palettenbandverriegelung** (Rollsteig) pallet-bandlocking [mbt]

**Palettenbreite** (paßt zu Gabelstapler) pallet-width [mbt]

**Palettenkette** pallet chain [mbt]

**Palettenkettenrolle** pallet chain roller [mbt]

**Palettentiefe** (paßt zu Gabelstapler) pallet-depth [mbt]

**Palme** (z.B. Dattel-, Kokos-) palmtree [bff]

**Palstek** (Knoten) bowline [mot]

**Panel** (Wandverkleidung) panel [bau]; (Meßlehre) gauge [mes]

**Panne** (Schwierigkeit, Ärger) trouble [abc]; (auch Kfz) breakdown [mot]; (Ausfall, Versagen) failure [mot]

**Panzer** tank [mil]; (Panzerung, Rüstung) armoury [mil]; (Ausfütterung Steinbrecher) lining [roh]

**Panzerfahrer** tank driver [mil]

**Panzerglas** (Bank, Limousine) bulletproof glass [mil]; (für Knäpperarbeit Bagger) glass for boulder work [mbt]

**Panzerkettenförderer** armoured chain conveyor [mbt]

**Panzerplatte** (austauschb. in Brecher) armoured plate [mas]; (austauschbar in Brecher) liner plate [roh]; (austauschbar in Brecher) lining [roh]

**Panzerschlauch** armoured hose [mas]; braided hose [mas]

**Panzerung** (austauschb. in Brecher) armoured plate [mbt]; (Brecherverkleidung) cladding [roh]; (oberste, harte Schweißung) hard facing [met]

**Panzerwanne** crankcase guard [mot]

**Papier** paper [abc]; (→ Transparentp.)

**Papierabdichtung** (am Lagerauge) paper seal [mas]

**Papierabfall** waste paper [rec]

**Papierfilter** paper filter [mot]

**Papierkorb** waste paper basket [abc]

**Papierkrieg** (Amtsschimmel, Bürokratie) battle of forms [eco]

**Pappe** board [abc]; cardboard [wst]

**Pappel** (Weichholzbaum) poplar [bff]

**papyrusweiß** (RAL 9018) papyrus white [nrm]

**Parabel-** parabolic [mas]

**Parabelfeder** parabel spring [mas]

**Parabolspiegel** (auf Fernsehturm) parabolic mirror [tel]

**Parachuteventil** (über Seile und Rollen) parachute valve [mot]

**Parade** (Vorbeimarsch, militärisch) parade [mil]; (Vorbeimarsch, militärisch) troop review [mil]

**Paradepferd** (bestes Produkt) flagship [abc]

**Paradoxschaltung** paradox compound circuit [elt]

**paraffiniert** paraffined [mas]

**Parallaxe** parallax [opt]

**parallel** parallel [abc]

**parallel geschaltet** parallel connected [mot]

**Parallelanordnung** (von Beschichtung) parallel laminated [mbt]

**Parallelausgleich** (der Steinklammer) parallel adjustment [mot]

**parallele Programmierung** parallel programming [edv]

**parallele Prozesse** parallel processes [edv]

**parallele Simulation** parallel simulation [edv]

**Parallelführung** parallel guidance [mbt]; parallel guide [mbt]

**parallelgeschaltet** common [mbt]; common way of switching [mbt]

**Parallelkinematik** parallel geometry [mbt]

**Parallelogramm** parallelogram [mat]

**Parallelrechner** parallel computer [edv]

**Parallelrolltreppe** parallel escalator [mbt]; double-tracked escalator [mbt]

**Parallelschaltung** parallel switching [elt]; arrangement in parallel [con]; common switching [mbt]

**Parallelschaltung von Zweitoren** parallel connection of two-ports [elt]

**Parallelscheibenwischer** (US) parallel windscreen wiper [mot]; parallel windshield wiper [mot]; vertical wiper [mot]

**Parallelschieber** parallel-slide valve [pow]

**Parallelverarbeitung** parallel processing [edv]

**Parameter** parameter [abc]; (→ verteilte P.; → Zweitorp.)

**Park** (öffentliche Gartenanlage) park [abc]

**Parkanlage** park [abc]

**Parkanlagen** parks and gardens [abc]

**Parkbremsventil** emergency brake control valve [mot]

**Parkleuchte** parking lamp [mot]

**Parkplatz** parking lot [mot]; (der Firmen-Kfz) motor pool [mil]

**Parks** parks and lawns [abc]

**Parlament** (GB) Parliament [pol]; (US) Congress [pol]

**Parser** (Syntaxanalysator) parser [edv]

**Partei** (politische Gruppierung) party [pol]

**Parteitag** (Treffen eines Gremiums) party rallye [pol]

**Parterre** (Erdgeschoß) ground floor [mbt]

**Partialbruchzerlegung** partial fraction expansion [mat]

**Partialdruck** partial pressure [pow]

**partielle Reflexion** partial reflection [phy]

**Partikel** (kleine Teile) particulates [mot]

**partikuläre Lösung** particular solution [mat]

**Partikulier** partial shipment [mot]; (Privatschiff, -schiffer) private ship and its owner [mot]; (Privatschiff, -schiffer) private ship-owner [mot]

**Partnerstadt** sister town [pol]; twin city [abc]

**Pascall'sches Gesetz** (Hydraulik) Pascal's Law [phy]

**Passage** (mehrere Geschäfte) mall [mbt]

**Paßbohrung** borefit for dowel [con]

**passen** (z.B. Größe) fit [abc]

**passend** (kommt gelegen) suitable [abc]; (die Größe stimmt) fitting [abc]

**passende Tragkraft** suitable capacity [mot]

**Passe-Partout** (Meßschablone; Bahn) Passe Partout [mot]

**Passe-Partout Internationale Lademaße** Passe-Partout International loading gauge [mot]

**Paßfeder** rectangular shaft key stock [mas]; spring key [mas]; square shaft key stock [mbt]; fitting key [mas]; key way [mot]

**Paßfeder und Scherstift** (am Waggon) key and pin [mot]

**Paßfläche** fitting surface [mas]; mating surface [mas]

**Paßflächenrost** (Oxidation) fretting corrosion [wst]; (Oxidation) frictional corrosion [wst]

**Paßgenauigkeit** accuracy in fitting [con]

**passieren** (eingespeist werden) pass [roh]; (z.B. Dienstgrade) to be advanced through the ranks [mil]; (Maschine durchlaufen) to be processed through the machine [mas]

**Paßkerbstift** grooved pin, half length taper.grooved [mas]

**Paßmaß** dimension [con]

**Paßscheibe** shim ring [mas]

**Paßschraube** set bolt [mas]; set screw [mas]; shoulder bolt [mbt]; fitting bolt [met]

**Paßsitz** press fit [mas]; alignment pin [mas]

**Paßstift** (auch Dübel) dowel [mas]; fixing pin [mas]

**Paßstück** tight fit [mas]; (Adapter) adapter [mas]; connector [mbt]

**Passung** clearance [con]; fitting [mas]

**Paßwort** (Schutzwort) password [edv]

**pastellorange** (RAL 2003) pastel orange [nrm]

**Patent** patent [jur]

**Patent angemeldet** patent pending [jur]

**Patentamt** patent office [pol]

**Patentanker** (auch klappbar) patent anchor [mot]

**Patentanmeldung** patent application [jur]

**Patente** (z.B. aus dem Maschinenbau) patents [jur]

**patentiert** (patentrechtlich geschützt) patented [jur]

**Patentschrift** patent specification [jur]

**patinagrün** (RAL 6000) patina green [nrm]

**Patrone** (für Schußwaffe; Schrot) shot [mil]; (in Fettpresse oder Gewehr) cartridge [mil]; (Hand-feuerwaffenmunition) cartridge [mil]

**Patroneneinsatz für Federbeine** cartridge insert for struts [mot]

**pauschal** (Versicherungsjargon) combined single limit [jur]

**Pause** (zwischen zwei Schulstunden) recess [abc]; (Blaupause, Kopie) blueprint [con]; (Mittagspause) break [abc]; (Kopie) copy [abc]

**pausieren** (eine Pause machen) rest [abc]

**PE** (Polyethylen) polyethylene [wst]

**Pechblende** pitchblend [roh]

**pechschwarz** pitch black [abc]

**PECTAL-Rohr** polyethylene-coated pipe [mas]

**Pedal** pedal [mot]; (→ Fahrp.; → Bremsp.; → Kupplungsp.)

**Pedalachse** pedal pivot shaft [mot]

**Pedalwelle** pedal shaft [mot]

**Pegel** (Wasserstand) water gauge [mot]; (Wasserstand) water mark [abc]; (Lehre, Anzeige) gauge [mot]; level [abc]; (Anzeiger, z.B. Finger) marker [abc]; (→ Geräuschp.; → Bezugsp.)

**Pegelstab** level indicator [mot]

**Peilstab** (in Tank) dipstick [mot]

**Peilstableuchte** side-marker lamp [mot]

**Peilstange** side marker [mot]

**peinlich** (das ist mir peinlich) uncomfortable [abc]; (eine peinliche Lage) awkward [abc]

**Pelletisieranlage** (Ruß) pelletizing plant [pow]

**Pendant** (zweiter eines Paares) counterpart [abc]

**Pendel** (an Uhr) pendulum [abc]

**Pendelachsabstützung** stabiliser of oscillating axle [mbt]

**Pendelachsausschlag** oscillation lock [mot]

**Pendelachse** (z.B. an Grader) oscillating axle [mbt]; pendulum axle [mbt]; swing axle [mot]

**Pendelanschlag** (der Pendelachse) lock [mbt]

**Pendelbalken** (Tandemachse am Grader) bogie beam [mbt]

**Pendelbremse** (Greifer) grab swing brake [mbt]

**Pendelfrequenzen** electronic oscillation frequencies [elt]

**Pendelkugellager** self-aligning ball bearing [mas]; self-aligning bearing [mbt]; swivel bearing [mbt]; floating pillow block [mas]

**Pendelkugellager mit Spannhülse** self-aligning ball bearing with adapter sleeve [mas]

**Pendellager** self-aligning bearing [mot]

**Pendellagerung** (f. Fahrbahnanpassung) oscillating bearing [mot]

**pendeln** (z.B. Pendelachse) oscillate [mas]; (z.B. der Hinterachse) oscillation [mot]; (Hin- und Herfahrt) shuttle [mot]; (schaukeln) swing [abc]

**pendelnd aufgehängt** oscillating suspended [mbt]

**Pendelrollenlager** (Wälzlager) self-aligning roller bearing [mbt]; (Tonnenlager) spherical roller bearing [mas]

**Pendelrollenlager** spherical roller bearing double row [mas]

**Pendelschurre** swinging spout [mas]; traversing chute [pow]

**Pendelstauer** swinging ash cut-off gate [mas]

**Pendelstauerkasten** rear water-cooled furnace bridge [pow]

**Pendelwinker** oscillating direction indicator [mot]

**Pendelzugbetrieb** (→ Steuerwagen) push-pull operation [mot]

**Pendelzugverkehr** (Lok/Steuerwagen) push-pull traffic [mot]

**Pendler** (regelmäßige Fahrt Arbeit - Heim) commuter [mot]

**penetrant** penetrating [abc]

**Pension** (in Pension gehen) retire [abc]; (aus Arbeitsleben ausgeschieden) retirement [abc]

**Pensionierung** (vorgezogene Pensionierung) retirement [abc]

**per Adresse** c/o [abc]

**per Nachnahme** collect on delivery [abc]

**perfekt** (Niemand ist perfekt) perfect [abc]

**Perfektion** (...bis zur Perfektion) perfection [abc]

**Perforation** (Briefmarke u. ä.) perforation [abc]

**Performanz** (in der Sprache) performance [edv]

**Periode der Eigenschwingung** natural period [phy]

**Periodendauer** cycle duration [clt]

**periodische Befahrung** routine inspection [pow]

**periodische Funktion** periodic function [mat]

**Peripherie** periphery [abc]

**Peripherie** circumference [abc]

**perlweiß** (RAL 1013) oyster white [nrm]
**Permafrost** (ewiger Frost) permafrost [abc]
**permanente Inventur** (mittels EDV) perpetual inventory [edv]
**Personal** (z.B. in Personalabteilung; offizieller als "staff") personnel [abc]; (Belegschaft) staff [abc]; (Personal einteilen) manpower [abc]
**Personal Computer** (PC) personal computer [edv]
**Personalabteilung** personnel department [abc]; (US Militär) personnel section [mil]; (GB Militär) manning & record office [mil]
**Personalaufwand** (finanziell) personnel expenses [abc]
**Personalausweis** ID card [abc]
**Personalbesetzung** staff [abc]
**Personalcomputer** (→ Heimcomputer) personal computer [edv]
**Personalschulung** (für Personal des Kunden) training of customer's personnel [abc]
**Personalwesen** personnel department [abc]
**Personalwirtschaft** (persönl. Belange) personal and social affairs [abc]; personnel management [abc]
**Personen- und Güterwagen-bremsblatt** carriage a. wagon brake information sheet [mot]
**Personen- und Sachschäden als Folge fehlender zugesicherter Eigenschaften** bodily injury and/or property damage resulting from non-fulfilled implied or expressed warranties [jur]
**Personenförderband** passenger transport band [mbt]
**Personenförderer** personal conveyor [mbt]
**Personenförderleistung** capacity [mbt]
**Personenschaden** (bei Versicherungen) bodily injury [jur]

**Personenwagen** (der Brit. Bahn) carriage [mot]; (der Bahn) coach [mot]
**Personenwagen mit Abteiltüren** coach with side doors [mot]
**Personenwagen mit Gepäckraum** brake-ended passenger coach [mot]
**Personenwagen mit Mittelgang** centre gangway coach [mot]
**Personenwagen mit Seitengang** side corridor coach [mot]
**Personenzug** passenger train [mot]
**persönlich** (Herrn ... persönlich) personal attention [abc]; (Herrn ... persönlich) For the personal attention [abc]; (muß persönlich dasein) in person [pol]
**persönliche gesetzliche Haft-pflichtversicherung** individual legal liability [jur]
**persönliche Kommunikations-methode** private-line method [edv]
**Persönlicher Referent** (d. Ministers) personal assistant [pol]
**Perspektive** perspective [edv]; (→ Betrachterp.)
**perspektivische Ansicht** perspective view [con]; isometric view [con]
**Perücke** (Haarteil) wig [abc]
**Petrographie** (Gesteinskunde) petrography [min]
**Petrolatum** petroleum jelly [roh]
**Petroleum** kerosene [abc]
**Petroleumlampe** oil lamp [abc]; kerosene lamp [abc]
**PE-Umhüllung** polyethylene-coated [met]
**Pfahl** (wird gerammt) pile [abc]; (Mast) Post [abc]; (Stütze unter Wasser) spud [mot]
**Pfahlgründung** pile foundation [bau]
**Pfahlhubeinrichtung** spud hoisting equipment [mot]; spud lifting equipment [mot]
**Pfahlwagen** (Ponton) spud carriage [mot]
**Pfandhaus** pawn shop [abc]

**Pfanne** (Töpfe und Pfannen) pan [abc]; (Kugelpfanne; drehende Kugel) ball socket [mas]; (Gießpfanne, Gußpfanne) ladle [mas]

**Pfannenblech** (aus Walzwerk) pan sheet [mas]

**Pfannenentgasung** ladle degassing [mas]

**Pfannenofen** ladle furnace [mas]

**Pfannenrest** (Hüttenwesen) skull [mas]

**Pfannenwagen** (für flüssiges Metall) ladle car [mot]

**Pfauenaugenmuster** (z.B. DB-Silberlinge) peacock's- tail design [mot]

**Pfeffer** (Gewürz) pepper [bff]

**Pfeife** (Tabakpfeife) pipe [abc]; (der Dampflok) whistle [mot]

**pfeifen** (Seite pfeifen, Marine) pipe [mot]; (z.B. Lok, Fabriksignal, Mund) whistle [abc]

**Pfeifenzughebel** (Dampflok) whistle lever [mot]

**Pfeifenzugkette** (Dampflok) whistle chain [mot]

**Pfeil** (Hinweiszeichen) arrow [abc]

**Pfeiler** (Säule) pillar [bau]

**Pfeilverzahnung** herringbone gearing [mas]

**Pferd** (Hengst, Stute) horse [bff]

**Pferdebahn** (Vorgänger d. Elektrischen) horse railway [mot]

**pferdebespannt** (v. Pferden gezogen) horse-drawn [mot]

**pferdegezogen** horse-drawn [mot]

**Pferdekarren** horse cart [mot]

**Pferderennbahn** horse race course [abc]

**Pferderennplatz** turf [abc]; horse race course [abc]

**Pferdestärke** (→ PS) horsepower [abc]

**Pferdetrieb** horse drive [abc]

**Pferdewagen** dandy cart [mot]; (Acker-, Kutschwagen) horse-drawn wagon [mot]

**Pfette** (an Waggonstirnwanddach) roof purlin [mot]

**Pfiff an der Schranke** eight-to-the-bar [mot]

**Pflanze** plant [bff]

**Pflanzenwelt** vegetation [bff]

**Pflanzenwuchs** vegetation [bff]

**pflanzlich** (z.B. pflanzliches Öl) vegetable [abc]

**Pflasterstein** cobble stone [bau]

**Pflasterung** paving [bau]

**Pflege** (des Gerätes) maintenance [mas]

**pflegen** maintain [mas]

**Pflicht** (es ist meine Pflicht) duty [abc]

**Pflock** (Zelthering) peg [abc]

**Pflug** plough [far]; plow [far]

**pflügen** plow [far]

**Pflugrücker** plough shifter [far]

**Pflugschraube mit Nase** plough bolt [mas]; plow bolt [mas]

**Pfosten** pole [bau]; (Pfahl) pole [mil]; (Pfahl, Stange) stake [abc]; (bei Rolltreppe) upright [mbt]

**Pfriem** (Ahle; Werkzeug) broach [wzg]

**PF-Schaltung** (Fahren/Ziehen gleichzeitig) PD circuit [mbt]

**Pfund** pound [abc]

**Pharmaka** (pharmazeutische Produkte) pharmaceutical products [med]

**Phase** (Takt) phase [abc]

**Phasenausfall** (im Falle eines Phasenausfalls...) phase out of action [mbt]

**Phasenfolgerelais** phase sequence relay [mbt]

**Phasenfolgeschutz** phase sequence protection [mbt]

**Phasengeschwindigkeit** phase velocity [elt]

**Phasenmodell** (bei Softwareerstellung.) phase model [edv]

**Phasenreserve** phase reserve [elt]

**Phasensicherung** fuse [mbt]

**Phasensicherung für Kleinversuche** fuses for small apparatus tests [elt]

**Phasensprung** phase jump [elt]
**Phasenüberwachung** (E-Motor) phase monitoring [elt]
**Phasenumkehr** phase reversal [elt]
**Phasenverschiebung** phase shift [elt]
**Phasenwächter** (E-Motor) Phase monitoring [elt]
**Phasenwinkel** phase angle [elt]
**Philologe** (Sprachwissenschaftler) linguist [abc]
**Phosphat** phosphate [che]
**phosphatiert** phosphated [mas]
**Phosphatierung** phosphate coating [mas]
**Phosphor** phosphorus [che]
**Phosphorsäure** phosphoric acid [che]
**Photozelle** (Fotozelle) photo-conductive cell [elt]; photo-electric cell [elt]; photocell [mbt]; light sensor [elt]
**pH-Wert** pH-value [che]
**pH-Wert-Wächter** pH-monitor [mes]
**Physik** physics [phy]
**Physiker** physicist [phy]
**Physiologie** (Körperkunde) physiology [med]
**physiologisch** physiological [med]
**physisch** physical [med]
**Pieper** (Piepser) bleeper [tel]
**Pier** pier [mot]
**Pille** (Medizin; Pille schlucken) pill [med]
**Pilot** (Flugzeugführer, Ballonfahrer) pilot [mot]
**Pilotanlage** (erste Anlage in Betrieb) pilot plant [abc]
**Pilotenausbildung** (z.B. in Simulator) pilot training [mot]
**Pilotpumpe** (am Lader) pilot pump [mot]
**Pilzsicherung** mushroom type retainer [mot]
**Pilzstößel** mushroom tappet [mot]
**Pinnewärmer** (heute Induktion, holt Niete aus Gasofen) rivet heater [mot]
**Pinole** (zum Fräsen) quill sleeve [wzg]; (zum Bohren) spindle sleeve [mas]

**Pinsel** (z.B. des Malers) paint brush [nrm]; (z.B. des Malers) brush [wzg]
**Pinzette** pincers [wzg]
**Pionier** (Entdecker) pioneer [abc]; (Heer) engineer [mil]
**Pionierausrüstung** engineer equipment [mil]
**Pionierleistung** (Entdeckung) pioneering [abc]
**Pionierschule** engineer school [mil]
**Pipeline** pipeline [roh]
**Piste** earth road [bau]
**Pistole** pistol [mil]; (zum Schweißen) weld gun [met]
**Pitotmessung** flow traverse [pow]
**Pitotrohr** Pitot tube [pow]
**p-Kanal Feldeffekttransistor** p-channel field-effect-transistor [elt]
**Pkw** (US) sedan [mot]; (groß) limousine [mot]
**Pkw-gerecht** like in a car [mot]
**Plakat** (Poster) poster [abc]
**Plan** (Absicht) plan [abc]; (Reiseplan) itinerary [abc]; (Stadtplan) map [cap]; (→ Anordnungsp.; → Balkenp.; → Bauzeitenp.; → Bewehrungsp.; → Grundriß; → Hydraulikp.; → Schaltp.; → Übersichtsp.; → Verdrahtungsp.; → vorläufiger P.)
**Plane** (das Material Segeltuch) canvas [mot]; (kleine Plane über Kutschbock) hood [mot]; (Plane drüber) cover [mot]
**planen** planning [abc]; (→ logikbasiertes P.); (beabsichtigen) plan [abc]
**Planen von Operator-Sequenzen** planning operator sequences [edv]
**Planenabdeckung** cover [mbt]
**Planergebnis** planning result [abc]
**Planet** planet [cap]
**Planetarium** planetarium [abc]
**Planetenachse** planetary axle [mot]
**Planetenantrieb** planetary drive [mot]; planetary gear [mot]
**Planetenbewegung** eccentric motion [mot]

**Planetenendstufe** planetary hub [mot]
**Planetengetriebe** planet gear [mot]; planetary gear [mot]; planetary transmission [mot]
**Planetenklasse** planet class [mot]
**Planetenrad** pinion [mot]; planet wheel [mot]
**Planetenradträger** planet carrier [mot]
**Planetenradwelle** pinion shaft [mot]
**Planetenstufe** planetary stage [mot]
**Planetenträger** planet carrier [mot]
**Planetenuntersetzung** (im Lader) planetary reduction [mot]
**Planier- und Ladegeräte** levelling and loading machines [abc]
**Planierarbeiten** (am Boden) levelling work [mbt]; (an Hang, Böschung) grading work [mbt]
**Planiereinrichtung** bulldozer [mbt]
**planieren** (am Hang) grade [mbt]; (auf horizontaler Ebene) levelling [mbt]; (horizontal, auf Straße) level [mbt]
**Planiergenauigkeit** (auf dem Boden) accuracy in levelling [mbt]
**Planiergerät** dozer [mbt]
**Planierlöffel** levelling bucket [mbt]
**Planierraupe** (kann Reißzahn haben) bulldozer [mbt]
**Planierschar** dozer blade [mbt]
**Planierschild** blade [mbt]; dozer blade [mbt]
**Planierschildabstützung** dozer blade stabilizer [mbt]
**Planke** plank [mot]
**planmäßig** scheduled [abc]; (genau nach Plan) on schedule [abc]; (planmäßige Ankunft/Abfahrt) scheduled [mot]
**planmäßige Abfahrt** (des Zuges) scheduled departure [mot]
**planmäßige Ankunft** (des Zuges) scheduled arrival [mot]
**Planparallelität** plane parallelism [abc]
**Planrost** stationary grate [pow]

**Planrostkessel** boiler with a stationary grate [pow]
**Planscheibe** face plate [mas]; surface plant [mas]
**planschleifen** face grinding [met]
**Plantage** plantation [bff]
**Planum** grade [bau]; ground [roh]; ground line [roh]; (über) ground level [roh]
**Planum erstellen** base a finished level [mot]; base a road level, a finished level [mot]; prepare and finish a level [mbt]
**Planumsgüte** quality of the level [mbt]
**Planumsherstellung** making of a level [mbt]
**Planung** design [con]; planning [abc]
**Planung, Lieferung, Montage** planning, delivery, erection [abc]
**Planungs- und Entscheidungs-unterstützungssysteme** planning and decision support system [edv]
**Planungsbreite** formation width [bau]
**Planwagen** covered wagon [mot]
**Plasma-Metall-Schutzgasschweißen** plasma-MIG-welding [met]
**Plastifizierung** plasticizing [abc]
**Plastik** (Figur, Skulptur) sculpture [abc]; (Kunststoff) plastic [wst]
**Plastikbodenplatte** plastic trackpad [mbt]
**Plastikfolie** durable sheet material [abc]
**plastikimprägnierter Papierfilter** plastic treated paper filter [mot]
**Plastiksack** plastic bag [abc]
**Plastikschlauch** plastic hose [abc]
**Plastiktüte** durable sheet material [abc]
**Plateau-Problem** (bei der Berg-steigensuche) plateau problem [edv]
**Platin** (Edelmetall) platinum [wst]
**Platine** (z. B. mit gedruckter Schal-tung) circuit board [elt]
**platingrau** (RAL 7036) platinum grey [nrm]

**platt** (flach) flat [met]

**Platte** (Anode) plate [elt]; (aus Walzwerk) slab [mas]; (Bodenplatte der Baumaschine) track plate [mbt]; (dickes Blech) plate [mas]; (mit historischer Aufschrift) plaque [abc]; (Schallplatte) record [abc]; (z.B. der Kette) track pad [mbt]; (→ Abdeckp.; → Akustikp.; → Auflagerp.; → Ausrückp.; → auswechselbare Schleißp.; → Bodenp.; → Bremsankerp.; → Bremsendeckp.; → Bürstenp.; → Drosselp.; → Düsenp.; → Federspannp.; → Gleitp.; → Grundp.; → Haltep.; → Handlaufeinlaufp.; → Hartfaserp.; → Hartgußp.; → Konsolp.; → Prallp.; → Rohrp.; → Schalungsp.; → Schleißp.; → Trittp.)

**Platten** (Verkleidung) sheeting [mas]

**Plattenband** (z.B. in Zementanlage) apron feeder [roh]

**Plattenbandantrieb** (im Brecher) apron feeder drive [mbt]

**Plattendruckversuch** plate-loading test [mes]

**Plattendurchlässigkeit** plate transmittance [mas]

**Plattenfehler** (im-EDV-System) head crash [edv]

**Plattengründung** mat foundation [bau]

**Plattenkühler** (Bierwürze gekühlt) plate cooler [abc]; (Bierwürze gekühlt) stave cooler [pow]

**Platten-Laufwerk** disk [edv]; disk drive [edv]

**Platten-Luvo** plate air heater [pow]

**Plattenreparatur** plate repair [mas]

**Plattenspieler** (Grammophon, Deck) record player [abc]; (mit Radio, Recorder) stereo [elt]

**Plattenträger** (Schieber) disc carrier [pow]

**Plattenwelle** plate wave [elt]

**Plattform** (der Straßenbahn) platform [mot]; (fahrbare Plattform) aerial platform [mbt]

**Plattformträger** platform outrigger [mot]

**Plattfuß** (Reifenpanne) flat [mot]

**Plattierung** plating [roh]

**plattig** laminated [bau]

**Platz** (ein Fabrikgelände) yard [bau]; (Ort, Baustelle) site [bau]; place [abc]; (→ Holzlagerp.; → Trockenp.)

**Platz machen** (für andere) make way [abc]

**Platz schaffen** create space [bau]

**Platzbedarf** required building space [abc]; required floor space [abc]; space occupied [mbt]; (Baufläche) building space [pow]

**Platzverhältnis** available space [con]

**Plaudern** (kleine Gespräche) small talk [abc]

**Pleuel** (Pleuelstange) connecting rod [mot]

**Pleuelbuchse** small end bushing [mot]

**Pleueldeckel** connecting rod bearing cap [mot]

**Pleuellager** connecting rod bearing [mot]

**Pleuellagerschale** connecting rod bearing shell [mot]

**Pleuelschaft** connecting rod shank [mot]

**Pleuelschraube** connecting rod bolt [mot]

**Pleuelstange** connecting rod [mot]

**Pleuelstangenbohrmaschine** connecting rod drilling machine [wzg]

**Plexiglaseichnorm** (Plexiglas-Eichnormal) perspex [mas]

**Plexiglaseinsatz** perspex insert [mas]

**Plexiglassohle** perspex sole [mas]

**Plombe** (z.B. Zollplombe) lead seal [abc]

**Plombenzange** lead sealing pliers [mbt]

**Plotten** plotting [edv]

**plötzliche Querschnittsänderung** sudden change in section [mas]

**plötzliche Zusammenziehung** sudden contraction [mas]

**Plunger** (Schwimmer) plunger [mot]
**pluralistisches System** pluralistic
  system [edv]
**plus** (+) plus [mat]
**Plus- und Minustoleranzen** plus and
  minus limits [pow]
**Plusanzeige** plus value [pow]
**Pluspol** positive pole [elt]
**Pluspunkt** (besonderer Vorteil)
  highlight [abc]; (Vorteil) advantage
  [abc]
**PLZ** ZIP code [pol]
**Pneufahrwerk** pneumatic tyre
  travelling mechanism [roh]
**Pneumatik** pneumatics [mot]
**Pneumatik- und hydraulische
  Zylinder** pneumatic and hydraulic
  cylinders [mas]
**Pneumatikschrank** pneumatic system
  [mot]
**Pneumatikzylinder** pneumatic
  cylinder [mot]
**pneumatisch** pneumatic [mot]
**pneumatische Kontaktmatte**
  pneumatic contact mat [mbt]
**pneumatisches Ventil** pneumatic
  valve [mot]
**pneumatisches Verzögerungsventil**
  pneumatic time delay valve [mot]
**pn-Obergang** pn junction [elt]
**pochen** (klopfen) knock [mot]
**Podest** (kleiner Tritt, erhöhtes Pult)
  platform [abc]; (Tribüne bei Umzug)
  stand [abc]
**Podestbeleuchtung** (in Fahrerhaus)
  spotlights in base plate module [mbt]
**Podestplatte** (Fußboden im Fahrerhaus) base plate [mbt]
**Podiumsdiskussion** panel talk [abc]
**Pokal** (z. B. Europapokal) cup [abc]
**Pol** (der Batterie) terminal [elt]; (Nord-
  , Süd-, Plus-, Minus-, etc.) pole [elt];
  (→ dominanter P.; → Zweip.)
**polare Achse** (Achsen) polar axis
  [cap]
**Polarisation** polarisation [phy]

**polarisierte Ultraschallwelle** polarised
  ultrasonic wave [elt]
**Polarität** polarity [elt]
**Polarkreis** Antarctic Circle [cap]
**polen** pole [elt]
**Police** (→ Versicherung) policy [jur]
**Polier** foreman [met]; (Vorarbeiter)
  general foreman [abc]
**polieren** polish [abc]
**poliert** polished [abc]
**Politik** politics [pol]
**politische Entscheidung** political
  decision [pol]
**politische Probleme** political
  questions [pol]
**Politur** (Glanz) glaze [met]; (z.B. für
  Möbel) polish [abc]
**Polizei** police [pol]
**Polizeibericht** incident report [pol]
**Polizeiboot** police boat [mot]
**Polizeichef** sheriff [pol]
**Polizeifackel** (am Unfallort) police
  torch [pol]
**polizeigrün** (→ minzgrün, RAL 6029)
  mint green [nrm]
**Polizeihubschrauber** police chopper
  [mot]
**polizeiliches Kennzeichen** licence
  plate [mot]
**Polizeistaat** police state [pol]
**polizeiweiß** (RAL 9003/4) police white
  [nrm]
**Polklemme** pole terminal [elt];
  terminal [elt]
**Poller** (am Kai) bollard [mot]
**Polschuh** pole shoe [elt]
**Polster** (Kissen, Dämmstoff) cushion
  [bau]; (z.B. Holzbalken auf Schienen)
  dunnage [mot]; (z.B. in
  Wundverband) pad [abc]
**Polsterung** (der Möbel) upholstering
  [bau]; (der Möbel) upholstery [bau]
**polumschaltbar** pole changing [elt];
  pole-changeable [mbt]
**Polumschalter** pole changing starter
  [elt]

**Polwender** commutator [elt]
**Polyamid** polyamide [wst]
**Polyester** Polyester [wst]
**polygonal** (vielwinklig, z.B.
  Mauerwerk) polygonal [abc]
**Polygonzug** traverse [bau]
**Polynom** polynomial [mat]; (→
  charakteristische P.; → Hurwitz-P.;
  → Nennerp.)
**Polypropylen** polypropylene [wst]
**Poly-Schlauch** (Schutz) plastic cover
  [mbt]; (Schutz) plastic package [mbt]
**Polyurethan** (Kunststoff zum
  Abdichten) polyurethane [mot]
**Pönalklausel** penalty clause [pow]
**Ponton** pontoon [mot]
**Pontonbock** pontoon block [mot]
**Pontonfähre** pontoon ferry [mot]
**Pontonsteuerung** pontoon steering
  [mot]
**Pore** pore [mas]
**Poren** voids [bau]
**Porenanteil** porosity [bau]
**Porennest** cluster of pores [met];
  cluster porosity [met]
**Porenwasser** pore water [bau]
**Porenzahl** void ratio [bau]
**poröser Schlauch** porous hose [mot]
**Porosität** porosity [met]; (gleichmäßig
  verteilte) porosity [met]; (linear
  verteilte) linear porosity [met]
**porös** porous [met]
**Porphyr** porphyry [bau]
**Portal** (→ Aussteifungsp.) portal [bau]
**Portalachse** portal axle [mot]
**Portalfahrzeug** straddle loader [mot]
**Portalkran** (groß) portal crane [mot];
  (kleiner Portalkran, Bockkran) gantry
  [mot]; (kleiner Portalkran, Bockkran)
  gantry crane [mot]
**Portalradsatzdrehmaschine** portal-
  type wheel lathe [mas]
**Portier** (Rausschmeißer vor Kneipen)
  bouncer [abc]; (vor Gaststätten,
  vornehm) doorman [abc]
**Porzellan** China [abc]; porcelain [abc]

**Porzellanprüfkopf** porcelain testing
  probe [mes]
**Position** (auf Zeichnungen) item [con];
  (Ort, Stelle) location [abc]
**Position Nr.** Part No. [abc]
**Position spiegelbildlich anfertigen**
  item to be fabricated laterally reversed
  [abc]
**Positionen** work items [bau]
**positionieren** (Einzelteile auf Platte)
  nesting [wst]
**Positionsgeber** position generator [elt]
**positive Ereignis** positive event [edv]
**positive Rückkopplung** positive
  feedback [elt]
**positives Beispiel** (beim Lernen)
  positive sample [edv]
**Post** postal service [pol]; mail [pol]
**Postabteilung** mailing [pol]
**Postamt** post office [pol]
**Postbote** (→ Briefträger) mailman [pol]
**Postdampfer** mail steamer [pol]
**Posten** (Position, Artikel, Ware) item
  [abc]; (Wachtposten) guard [mil];
  (Wachtposten, Schildwache) post [mil]
**Postfachmethode** reserved-spot
  method [edv]
**Postfernsprechamt** postal telephone
  office [pol]
**Postflugzeug** mail aeroplane [pol]
**Postillon** (Postkutscher) postillon [pol]
**Postkasten** (Briefkasten) mailbox [pol]
**Postkutsche** mail-coach [pol]
**Postleitzahl** ZIP code [pol]
**Postminister** Postmaster General [pol]
**Postwagen** mail coach [mot]
**Postwesen** postal service [pol]
**Potential** potential [elt]
**Potentialverschiebung** potential shift
  [elt]
**Potentiometer** (kurz: Poti) potentio-
  meter [elt]
**Potentiometerregler** p-type rheostat
  [elt]
**PPI-Maße** (Passe-Partout Internat.)
  PPI gauge [mot]

**PPS** (→ Produktionsplannungs-System) MRP [edv]

**PPS-System** (Produkt, Planung, Steuerung) PPS [edv]

**Präambel** (eines Vertrages) preamble [jur]

**Prädikate** (in der Logik) predicates [edv]

**Prädikatenlogik** predicate logic [edv]

**prägen** (von Münzen) coin [met]; (z.B. Rillen in Schelle) stamp [mas]

**Pragmatik** pragmatics [edv]

**pragmatisch** (an Situation angepaßt) pragmatic [abc]; (nicht nach Grundsätzen) pragmatic [abc]

**Prahm** (Fähre) barge [mot]; (Fähre) ferry barge [mot]; (Fähre) lighter [mot]

**praktikabel** (durchführbar) practical [abc]

**Praktikant** trainee apprentice [abc]; (zur Probe eingestellt) probationer [jur]

**Praktikum** work experience [abc]

**praktisch** (im praktischen Einsatz) in the field [abc]; (ist praktisch, paßt gut) handy [abc]

**praktische Arbeit** (in der Praxis) work in the field [abc]

**praktizieren** (in die Praxis umsetzen) practise [abc]; (tun, durchführen) practice [abc]

**Prall** (Aufprall) impact [abc]

**Prallblech** baffle [mas]; (Dampfzyklon) scrubber baffle [pow]

**Prallblech im Tank** tank baffle [mas]

**Prallbrecher** impact crusher [wzg]; (mit Rotor) rotary impact [roh]

**prallfreie Umschaltung** non-bounce change-over [elt]

**Prallmühle** (Brecher) impact crusher [wzg]

**Prallplatte** baffle plate [mot]

**Prämie** premium [jur]

**Prämienrückstand** arrears in the payment of premiums [jur]

**Prämienverzug** arrears in the payment of premiums [jur]

**Prämisse** standard [abc]

**Präpositionalphrasen-Verbindung** prepositional phrase attachment [edv]

**Präsentation** presentation [abc]

**Präsident** (US-Präsident) President [pol]

**Präsidentschaft** (US) presidency [pol]

**Präsidium** (im Aufsichtsrat) chairman's committee [eco]

**Prasseln** (Störung des Schirmbildes) crackling [elt]

**Pratze** (Ausleger) outrigger [mbt]; (hauptsächlich des Tiers) claw [bff]; (in der Pratzeabstützung) stabilizer [mbt]

**Pratzenabstützung** outrigger stabilizers [mbt]

**Praxis** (in der Praxis, am Gerät) field [abc]; (in Praxis) practice [abc]; (Sprechzimmer des Arztes) doctor's office [abc]

**praxisgerecht** suitable for practical application [abc]

**Präzedenz** (von logischen Junktoren) precedence [edv]

**präzise** (z.B. präzise Parallelführung) precise parallel guidance [mbt]

**Präzision** precision [abc]; (Präzisionsinstrument) precision [abc]

**Präzisions-Axial-Radialrollenlager.** axial-radial precision roller bearing [mas]

**Präzisionsgleichrichter** precision rectifier [elt]

**Präzisionslager** precision bearing [mas]

**Präzisionsstahlrohr** mechanical steel tube [mas]; mechanical tube [mas]; precision steel pipe [mas]

**Preis** (Ehrenpreis, Medaille) prize [abc]

**preisen** (loben) praise [abc]

**preisgünstig** (billig) favourable in price [abc]

**Prellbock** (am Gleisende) buffer stop [mot]

**Preß- und Scherenbetriebe** press and shears operation [met]

**Preß-, Stanz- und Ziehteile** blankings, pressed or deep-drawn parts [mas]

**Preßballen** compressed bale [wst]

**Preßbau** header shop [pow]

**Presse** (allgemeine Medien) press [abc]; (Fettpresse) grease gun [mot]; (Fettpresse) gun [mot]; (gedruckte Medien) papers [abc]; (gedruckte Medien) printed press [abc]; (Hubzylinder am Muldenkipper) cylinder [mot]; (Medien) press media [abc]; (Schmiedepresse) forging press [wzg]; (Weinpresse, Kelter) press [abc]; (→ hydraulische P.; → Zylinder, Wagenheber)

**Presseabteilung** press office [abc]

**Presseabteilungsleiter** press officer [abc]

**Pressebericht** press release [abc]; (allgemein) press report [abc]

**Presseberichterstatter** reporter [abc]

**Pressemedien** press media [abc]

**pressen** press [met]; (quetschen, z.B. Marmelade) jam [mas]; (z.B. Automobilteile) stamp [mas]

**Presseveröffentlichung** press release [abc]

**Pressezentrum** press centre [abc]

**Presskraft** (der Abkantpresse) press power [mas]

**Preßluft** (Pneumatik) compressed air [air]

**Preßlufthammer** breaker [wzg]; pneumatic breaker [wzg]

**Preßluftmeißel** pneumatic chisel [wzg]

**Preßluftschießvorrichtung** (f. Bunker) pneumatic antibridging device [pow]

**Preßluftschlauch** pneumatic hose [abc]

**Preßluftstarter** air starter [mot]

**Preßluftsystem** pneumatic system [mot]

**Preßluftwerkzeug** air tool [wzg]

**Preßmüllwagen** (alle Systeme) press vehicle [mot]; refuse collection vehicle [rec]

**Preßrolle** drive roller [mbt]

**Preßschweißen** pressure welding [met]

**Preßsitz** press fit [mas]

**Preßstahlkörper** pressed steel body [mas]

**Preßstahlrahmen** pressed steel frame [mas]

**Preßteil** pressing [mot]

**Pressung** pressure [pow]; (→ dynamische P.; → Gesamtp.; → statische P.)

**Priel** (im Watt) rill [cap]

**prillen** (granulieren) granulate [roh]

**Primärdruck** primary relief [mot]

**primäre Skizze** primal sketch [edv]

**Primärkammer** (Feuerraum) combustion chamber [pow]; (Feuerraum) primary chamber [pow]

**Primärluft** (Trägerluft) carrying air [pow]; (Trägerluft) primary air [air]

**Primärschraubenfederung** primary spring suspension [mas]

**Primärspannung** primary voltage [elt]

**Primärstrom** primary current [elt]

**Primärwicklung** primary coil [abc]

**Primer** (Grundanstrich) primer [met]

**primitive Aktion** primitive act [edv]

**primitive Aktionsframes** primitive act frames [edv]

**Primus inter pares** (1. unter Gleichen) first among equals [abc]

**Printplatte** (<gedruckte> Platine) circuit board [elt]

**Prinzip** principle [abc]; (der geringsten Verpflichtung) principle of least commitment [edv]

**Prinzipschema** basic scheme [con]

**Priorität** (z.B. Stufen 1-15) priority [edv]

**Prisma** prism [mas]; (aus drei Gläsern) triple prism [opt]

**Prisma und Stempel** (zum Biegen) punch and die [wzg]

**prismatisch** prismatic [abc]

**Prismenerhalterung WH-N** prism holder WH-N [mas]

**Prismenführung** prismatic guide [mas]

**Prismenrolle** tapered roll [mas]

**Pritsche** (→ Holzpritsche) plank [bau]

**privat betriebene Güterwagen** (GB) privately owned freight wagons [mot]

**Privatanschrift** (auf Visitenkarten) Home: [abc]

**Privatbahn** private railway [mot]

**Privatbahnanschluß** private siding [mot]

**privater Lebensbereich** private scope of life [jur]

**pro** (pro Person) per [abc]

**Pro und Kontra** Pro and Con [abc]; pros [abc]

**probabilistische Bewertung** probabilistic reasoning [edv]

**Probe** sample [abc]; (Beweis) proof [abc]; (Musterstück) specimen [mas]; (Prüfung) test [abc]; (→ Abgasp.; → Biegep.; → Blähp.; → Druckp.; → Flugaschenp.; → Kerbschlagp.; → Kohlenp.; → Laborp.; → Rauchgasp.; → ungestörte P.)

**Probebetrieb** check-up time [pow]; test run [abc]; trial run [mas]

**Probeentnahmestation** sample extraction station [mes]

**Probefahrt** (z.B. des neuen Waggons) trial trip [mot]; (z.B. neues Auto) road test [mot]

**Probelauf** pre-commissioning checks [pow]; (neue oder reparierte Maschine) test run [abc]; (neue oder reparierte Maschine) trial run [mas]; (nicht unter Last) dry run [abc]

**Probelaufergebnis** (nach Testlauf) trial evaluation [mas]

**Probenahme** sampling [mot]

**Probenahmeeinrichtungen** sampling devices [mes]

**Probenahmestation** sample extraction station [mot]

**Probenehmer** (eingebaut) fixed-position sampler [pow]; (→ eingebauter fester P.)

**Probenform** shape of sample [mas]

**Probestab** (Materialprüfung) test piece [wst]; (Materialprüfung) specimen [mas]

**Probestück** (danach zu richten) sample [mas]; (Muster, Stichprobe) specimen [mas]

**probeweise** (kann verändert werden) tentative [abc]

**Probewürfel** test cube [wst]; (Unterwasserbaggern) sample cube [mot]

**Probezeit** (bei Angestellten) probationary time [abc]; (z.B. für Material, Ware) testing period [wst]

**probieren** (z.B. neues Gericht, Wein) sample [abc]

**Probierhahn** sample cock [mot]

**Problem** (Wir haben hier ein Problem.) problem [abc]; (→ Binokularstereop.; → Definitionsp.; → Haltep.; → soziologisches P.)

**Problemboden** problem soil [bod]

**problemlos** no problem [abc]

**Problemlösungsprozesse des Menschen** human problem solving [abc]

**Problemschwerpunkt** main problem [abc]

**Problemverhaltensgraph** problem-behaviour graph [edv]

**Proctorversuch** proctor compaction test [bau]

**Produkt** (Erzeugnis aus Fertigung) product [abc]; (→ Abfallp.)

**Produktbereich** product range [abc]; (Firmenteil) division [abc]

**Produktenrisiko** products hazards [jur]

**Produktentwicklung** product development [con]

**Produktfehler** (zurück ins Werk) defaults on production [wst]

**Produkthaftpflichtversicherung** comprehensive general liability insurance [jur]; products and completed operations liability insurance [jur]

**Produkthinweis** (z.B. in Zeitschrift) product reference [abc]

**Produktinformation** product information [abc]

**Produktion** (drüben im Werk) factory [abc]; (drüben im Werk) shop floor [mas]

**Produktionsanlagen** (Fabrik) manufacturing equipment [mas]

**Produktionsbereich** range of production [abc]

**Produktionsfläche** production area [mbt]; production surface [mbt]

**Produktionskette** (Reihenfolge) manufacturing chain [mas]

**Produktionsleittechnik** production management [edv]

**Produktionsmittel** means of production [abc]

**Produktionsplannungssystem** (PPS) material requirement planning [edv]

**Produktionsplanungs- und Steuerungssystem** (OPUS) production planning and control system [edv]; (PPS) production planning and control system [edv]

**Produktionsprogramm** (nach Zeitplan) production schedule [abc]; (Palette, Ware) production range [abc]

**Produktionsprozeß** process of production [abc]; (in der Firma) process of production [abc]

**Produktionsstätte** manufacturing plant [abc]

**Produktionssteuerungssystem** production control system [edv]

**Produktionssysteme** production systems [edv]

**Produktivität der Entwicklung** development productivity [edv]

**Produktivitätsfaktor** productivity factor [edv]

**Produktnachweis** (z.B. in Zeitschrift) product reference [abc]

**Produktprogramm** product range [abc]

**Produktqualität** product quality [edv]

**Produktrisiko** (→ Produktenrisiko) products hazards [jur]

**Produktspezifikation** product specification [mil]

**Produktübergabe** (Versendung) shipping the product [abc]

**Profi** (kurz für Professioneller) professional [abc]

**Profil** (das Profil des Bleches) profile [mas]; (des Reifens) tread [mot]; (Profilieren) profiling [abc]; (→ Ausgleichsleiste; → Bodenp.; → Hohlp.; → Keilriemenp.; → Rechteckhohlp.; → Trapezp.; → Vierkanthohlp.)

**Profilachse** extruding axis [abc]

**Profilbezugslinie** profile reference line [abc]

**Profildichtung** (Scheibe-Fahrerhaus) sealing section [mas]; (→ Dichtungsprofil; → Klemmprofil)

**Profilgreifer** profile grab [mbt]

**Profilgummi** rubber section [mas]

**profilieren** (der Straße) profiling of a road [mbt]

**Profilierung** profile [mbt]; (auf Rolltreppenstufe) ribbing [mbt]; (der Straße) profiling [mbt]

**Profillehre** camberboard [mes]

**Profillöffel** profile backhoe [mbt]; profile bucket [mbt]; profiling bucket [mbt]

**Profilnabe** hub [mot]

**Profilrohr** section tube [mas]

**Profilschelle** profile clamp [mas]

**Profilstahl** steel section [mas]

**Profilstraße** (im Hüttenwerk) section mill [mas]

**Profilverschiebung** (am Zahnrad) addendum modification [mas]; (am Zahnrad) profile correction [mas]; (im Stahlbau) off-set profiling

**Profilverschiebungsfaktor** (Zahnrad) addendum modification coefficient [mas]

**Profilverzahnung** spline [mot]

**Prognose** (Voraussage) prognosis [abc]

**prognostizieren** prognosticate [abc]

**Programm** (Fertigungsprogramm) program<-me> [abc]; (umfassendes Fertigungsprogramm) line [abc]; (→ AM-P.; → Ausbildungsp.)

**Programmabbruch** abend [edv]; abnormal end [edv]

**Programmauflistung** listing [edv]

**Programmentwurf** software design [edv]

**Programmieren** (→ logische Programmierung) programming [edv]

**Programmiermethodik** programming methodology [edv]

**Programmierschalttafel** programming panel [edv]

**Programmiersprache** programming language [edv]

**Programmierung** programming [edv]; (→ dynamische P.; → funktionale P.; → NC-P.; → parallele P.; → Roboterp.)

**Programmierung mit Hilfe der Logik** logic programming [edv]

**Programminspektion** software inspection [edv]

**Programmkorrektheit** program correction [edv]

**Programmsystem** programming system [edv]

**Programmtest** software testing [edv]

**Programmtesten** program testing [edv]

**Programmtransformation** program transformation [edv]

**Programmverifikation** program verification [edv]

**Projekt** (Plan, Vorhaben, Aufgabe) project [abc]; (→ Bewässerungsp.)

**Projektabteilung** project department [abc]

**Projektabwicklung** software management [edv]

**Projektart** type of project [abc]

**Projektfragebogen** project questionnaire [abc]

**Projektierung** (Konstruktion) projecting [con]; (Raumordnung, Bauentwurf) planning [bau]; (von Gebäuden, Maschinen) planning [abc]; (z.B. mbp) project activities [abc]; (→ maßgetreue P.)

**Projektionsabstand** projection distance [abc]

**Projektkontrolle** project control [edv]

**Projektmanagement** project management [edv]

**Projektmanagementsystem** project management system [edv]

**Projektorsockel** projector-base [abc]

**Projektstudie** pre-investment study [abc]

**Prokurist** (unbekannt in US; GB) attorney in fact [eco]; (unbekannt in US; GB) officer with statutory authority [eco]

**Promille** (pro tausend) per thousand [mat]

**Propaganda** (Reklame, Demagogik) propaganda [pol]

**Propagieren von Wahrheitswerten** truth propagation [abc]

**Propagierung numerischer Beschränkungen in Matrizen** numeric constraint propagation in arrays [edv]

**Propagierung symbolischer Beschränkungen** symbolic constraint propagation [edv]

**Propagierung von Beschränkungen** constraint propagation [edv]

**Propangas** propane gas [mot]

**Propeller** (Luftschraube) propeller [mot]

**Prophet** prophet [abc]

**Proportionalregler** proportional controller [pow]

**Proportionalventil** proportional valve [mot]; prop valve [mot]; (→ Blackbox)

**propositionale Repräsentation**
propositional representation [edv]
**Prop-ventil** (Proportionalventil) prop
valve [mot]
**Prospekt** (Technische Daten, usw)
literature [abc]; (z.B. Werbebroschüre)
brochure [abc]
**Prospektständer** (an der Wand)
literature rack [abc]; (auf dem Boden)
literature stand [abc]
**Protektor** (obere Handlaufschicht)
rubber cover [mbt]
**Prothese** (Kunstglied) prosthesis
[med]; (Zahnprothese) dentures [med]
**Protokoll** (der Sitzung) minutes [abc]
**Protokoll aufnehmen** take the minutes
[abc]
**Protokollanalyse** protocol analysis
[edv]
**Protokolleintragung** (in Sitzungspro-
tokoll) entry in the minutes [abc]
**protokollieren** (aufzeichnen) record
[abc]; (aufzeichnen) take minutes [abc]
**protokollierend** (eine Sitzung) taking
the minutes [abc]
**Prototyp** prototype [edv]
**Prototypwagen** (erster als Muster)
prototype wagon [mot]
**Protuberanz** (Ausstülpung, P-fräser)
excrescence [met]; (Ausstülpung; Protuberanzfräser) protuberance [mas]
**Protuberanzfräser** (fräst
Ausstülpung) protuberance rotary
grinder [wzg]
**Provision, scheinbare** token commission [mbt]
**provisorisch** (bis Besseres möglich)
temporary [abc]
**Prozedur** (in der Logik) procedure
[edv]; (Verfahren) procedure [abc]; (→
Default-Vererbungsp.; → Identifika-
tionsp.; → namenlose P.; → rekursive
P.; → Rollenbesetzungsp.; → Speziali-
sierungsp.; → Verzweigungsp.)
**prozedurale Semantik** procedural
semantics [edv]

**Prozeduren der natürlichen Sprache**
structured English procedures [edv]
**Prozentsatz an Feinkorn** fines content
[pow]
**Prozesse** (→ parallele P.) process [edv]
**Prozessor** (elektronisches Speicher-
gerät) processor [elt]
**Prozeß** (→ Modellierungsp.) process
[edv]; (bei Gericht) court hearing
[jur]; (Vorgang, Verfahren) process
[abc]
**Prozeßautomatisierung** automatic
process control [abc]
**Prozeßdatenverarbeitung** process
control [edv]
**Prozeßindustrie** (Papier, Textil)
process industry [abc]
**Prozeßkette** process chain [edv]
**Prozeßkommunikation** process
communication [edv]
**Prozeßkontrolle** process control [edv]
**Prozeßparameter** process parameter
[edv]
**Prozeßrechner** process computer [edv]
**Prozeßwasser** (für Laborversuche)
process water [was]
**Prüf- und Steuereinrichtung** me-
chanical rig and control unit [mes]
**Prüfablauf** (Testreihenfolge) test
procedure [mes]
**Prüfabschnittsgitter** gated region of
the monitor [elt]
**Prüfanlage** (automatische Prüfanlage)
automatic test installation [mes]; (das
benötigte Gerät) test equipment [mes];
(Einheit, Geräte zum Prüfen) test unit
[mas]; (Platz und Gerät in Fabrik) test
installation [mas]; (Prüfstand) test
stand [mes]
**Prüfanschluß** testing socket [elt]
**Prüfanschlußkasten** probe cable connection box [abc]
**Prüfaufgabe** test assignment [abc]
**Prüfbedingung** test condition [mes]
**Prüfbereich** section to be scanned
[abc]; test range [mes]

**Prüfblatt** test sheet [mes]
**Prüfblock** rotating scanning head [mes]; (Körper) reference block [mes]; (Körper) test block [wst]
**Prüfblockumlauf** probe block rotation [abc]
**Prüfdichte** scanning density [elt]
**prüfe Durchgang** test for continuity [mes]
**Prüfebene** testing level [abc]
**Prüfempfindlichkeit** scanning sensitivity [abc]; test sensitivity [mes]
**prüfen** examine [abc]; survey [bau]; (sorgfältig prüfen) survey [abc]
**Prüfen des Wasserstandes** checking of the water level [mes]
**Prüfer** (→ Rauchgasp.) analyser [mes]
**Prüffolge** scanning cycle [elt]; testing cycle [mas]
**Prüffrequenz** scanning frequency [elt]; testing frequency [elt]
**Prüfgenauigkeit** testing accuracy [abc]
**Prüfgerät** test equipment [mes]; (für verschiedene Messungen) testing apparatus [mbt]; (für verschiedene Messungen) testing instrument [mas]
**Prüfgeschwindigkeit** test speed [mes]
**Prüfhahn zum Wasserstandsanzeiger** test cock of the water gauge [mas]
**Prüfkabel** probe cable [mes]
**Prüfkabel. zum Anpassen** matching probe cable [elt]
**Prüfkanal** scanning channel [elt]
**Prüfkanalumschalter** channel switch selector [elt]
**Prüfkapsel** test capsule [wst]
**Prüfkopf** (f. Schalltest; Ultraschall) probe [met]; (→ verschiebbarer P.)
**Prüfkopf für Longitudinalwelle** longitudinal wave probe [elt]; longitudinal wave probe [elt]
**Prüfkopf für Oberflächenwelle** surface wave probe [mes]
**Prüfkopf für Transversalwelle** transverse wave probe [mas]

**Prüfkopf in Tauchtechnik** immersion technique probe [mes]
**Prüfkopfanpasser** probe adapter [met]
**Prüfkopfbewegung** probe motion [met]
**Prüfkopfschuh** probe shoe [met]
**Prüfkopfdurchmesser** probe diameter [met]
**Prüfkopfeinsatz** probe insert [elt]
**Prüfkopfeinstellwinkel** angle between probes [mes]
**Prüfkopfexzentrizität** probe eccentricity [elt]
**Prüfkopfführungseinrichtung** probe <guiding> device [met]; probe mount [met]
**Prüfkopfhaltebügel** probe clip [met]
**Prüfkopfhalteraufnahme** probe holder receptable [met]
**Prüfkopfhalterung** probe holder [met]
**Prüfkopfklammer** probe clamp [met]
**Prüfkopfklemmring** probe clamping ring [elt]
**Prüfkopfschutz** probe shoe [elt]
**Prüfkörper** reference block [mes]
**Prüfkriterien** (Einträge in Bericht) entries [mbt]
**Prüflampe** test lamp [mes]
**Prüflehre** master gauge [mes]
**Prüfleiste** socket panel [mas]
**Prüfleistung** testing efficiency [mas]
**Prüfling** (Prüfmusterstück) specimen [mas]
**Prüflingsende** tail end [mas]
**Prüflingsvorschub** specimen advance [mas]; specimen feed [mas]; specimen traverse [mas]
**Prüfliste** check list [abc]
**Prüfmaschine** test maschine [mas]
**Prüfmaß** test dimension [con]
**Prüfmaß über Rollen** test dimension over rollers [con]
**Prüfort** scanning site [abc]
**Prüfpersonal** checking personnel [mes]; checking staff [mes]; test personnel [abc]

**Prüfpersonal** test staff [mes]
**Prüfplakette** (z.B. Beuth) test mark [abc]
**Prüfprotokoll** test records [mes]; testing record [abc]
**Prüfraster** (wird untergelegt, z.B. bei Röntgenprüfung) shim [opt]
**Prüfrohr** scanning tube [elt]
**Prüfschärfe** rigidity of test [mas]
**Prüfsicherheit** inspection reliability [mas]
**Prüfspannung** test voltage [elt]; testing voltage [elt]
**Prüfspiralensteigung** pitch of scanning helix [elt]
**Prüfspur** scanning track [elt]
**Prüfstand** test bench [mas]; test rig [mes]; testing stand [mas]; testing stop [mbt]
**Prüfstück** test assembly [met]; (beim Schweißen) joint sample [met]
**Prüfstutzen** (der Waggonbremse) test socket [mot]
**Prüftank** scanning tank [elt]
**Prüfteil** scanning element [mas]
**Prüftemperatur** test temperature [pow]
**Prüfumschalter** probe cable switch selector [elt]
**Prüfung** check [mes]; (Resonanzprüfung) resonance testing [abc]; (Tiefenprüfung) depth scanning [mes]; (→ Funktionsp.; → Röntgenp.)
**Prüfung auf Beschädigungen** check for damage [abc]
**Prüfung der Schläuche** checking of hoses [mes]
**Prüfung und Vorbereitung** (d. Inventur) checking and preparing [eco]
**Prüfung während des Betriebes** operational check [abc]
**Prüfung, berührende** contact scanning [mes]
**Prüfung, berührungslose** gap scanning [abc]; non-contact scanning [mes]

**Prüfungsanforderung** test requirement [mes]
**Prüfungsbedingungen** test condition [mes]
**Prüfungsbuch** test-book [abc]
**Prüfungsgebühr** test rate [abc]; test tariff [mes]
**Prüfventil** (Kontrollventil) check valve [pow]
**Prüfverfahren** test method [mes]
**Prüfverteilerkasten** probe cable distribution box [elt]
**Prüfvorschrift** test specification [nrm]
**Prüfwerkzeug** checking tool [wzg]
**Prüfzone** scanning zone [elt]
**PS** (Pferdestärke) hp [mot]; horsepower [mot]
**PS-Klasse** power range [mot]
**Psychologe** psychologist [med]
**Psychologie** psychology [med]
**psychologisch** psychological [med]
**Puffer** (im WASP-Parser) buffer [edv]; (Prellbock) buffer stop [mot]; buffer [mbt]; (→ hydraulischer P.)
**Puffer, komplett** self-contained buffer [mot]
**Pufferbohle** (einige Wagen ohne Puffer) headstock [mot]; (Teil Rahmen mit Puffer) headstock [mot]
**Pufferkupplung** (für Kleinbahnfahrzeuge) buffer coupling [mot]
**Pufferladung** (Batterie) trickle charge [elt]
**pufferlose Wagen** bufferless wagons [mot]
**Pufferstößel mit Teller** buffer head [mot]
**Pufferstößel ohne Pufferteller** plunger [mot]
**Pufferteller** (rund, oval, eckig) buffer disk [mot]
**Pufferträger** (bei Schienenfahrzeugen) buffer beam [mot]
**Pufferung** (polsternde Schweißschicht) soft cushioning seam [met]

**Pufferzeit** (Interimszeit) float [abc]
**pullen** (ein Ruderboot bewegen) row
[mot]
**Pulsdiagramm** pulse diagram [elt]
**pulsierende Verbrennung** pulsating
combustion [pow]
**Pult** (z.B. Arbeitstisch des Lehrers)
desk [abc]
**Pultlampe** desk lamp [elt]
**Pulver** powder [mil]; (Schießpulver)
black powder [mil]
**pulverbeschichtet** powder-coated
[met]
**Pulvergas** powder gas [mil]
**Pulverhorn** (z.B. für Vorderlader)
powder horn [mil]
**pulverisieren** pulverising [roh]
**pulvertrocken** powder-dry [abc]
**Pumpe** pump [mot]; (→ Absaugp.;
→ Beschleunigungsp.; → Doppelp.; →
Dosierp.; → Drucköl p.; → Einspritzp.;
→ Förderp.; → Förderstrom einer P.; →
Fußp.; → Handp.; → Hauptkraftstoffp.;
→ Kesselspeisep.; → Kolbenp.; →
Kondensatp.; → Kraftstoffp.; →
Kühlwasserp.; → Ladep.; →
Membranp.; → Öleinfüllp.; → Ölp.;
→ P. mit konstantem Förderstrom;
→ P. mit Leitschaufelkranz; → P. mit
Leitschaufeln; → Radialkolbenp.; →
regelnde P.; → Regelp.; →
Reifenluftp.; → Reservep.; → Rohwas-
serp.; → Saugluftp.; → Schraubenp.;
→ selbstregelnde P.; → Spülp.; → stati-
sche P.; → Sugo-Aufsteckp.; → Um-
wälzp.; → Vakuump.; → Vorschub-
regelp.; → Wagenheberp.; → Wasser-
pumpengehäuse; → Zahnradp.)
**Pumpe mit konstantem Förderstrom**
constant displacement pump [mot]
**Pumpe mit Leitschaufelkranz**
diffuser type pump [mot]
**Pumpe mit Leitschaufeln** diffuser
type pump [mot]
**Pumpe zur Servoeinrichtung** booster
pump [mas]

**pumpen** pump [abc]
**Pumpenaggregat** (die ganze Einheit)
pump set [mbt]
**Pumpenanordnung** arrangement of
pumps [pow]
**Pumpenantrieb** pump drive [mot]
**Pumpenantriebsrad** (Pumpenantriebs-
ritzel) pump pinion [mot]
**Pumpenauslaßventil** pump outlet relief
valve [mot]; pump outlet valve [mot]
**Pumpenblockierung** (1 Pumpe zu
stark) pump blocking [mot]
**Pumpendruck** pump relief [mot]
**Pumpendruckstutzen** pump outlet
side [pow]
**Pumpendurchsatz** (Pumpenleistung)
pump flow [mot]
**Pumpendüse** pump jet [mot]; pump
nozzle [mot]
**Pumpeneinlaßventil** pump inlet check
valve [mot]; pump inlet valve [mot]
**Pumpeneinsatz** pump cartridge [mot];
(bei Hydraulikpumpen) cartridge kit
[mot]
**Pumpenelement** pump element [mot]
**Pumpengehäuse** pump housing [mot]
**Pumpenhaus** (Pumpstation) pump sta-
tion [abc]; (Pumpstation) pump-bay
[abc]
**Pumpenhebel** pump piston lever [mot]
**Pumpenkolben** pump barrel [mot];
pump barret [mot]; pump piston
[mot]; pump plunger [mot]
**Pumpenkonsole** pump bracket [mot]
**Pumpenmembrane** pump diaphragm
[mot]
**Pumpenrad** impeller [mot]; pump
wheel [mot]; (Impeller) impeller
[mot]; (→ Baggerp.)
**Pumpenritzel** pump pinion [mot]
**Pumpenstange** pump rod [mot]
**Pumpenstrom** pump flow [mot]
**Pumpenumlaufkühlung** pump circu-
lated cooling [mot]
**Pumpenventile** (mehrere; Dampflok)
pump valves [mot]

**Pumpenverhalten** operating behaviour of pumps [mot]

**Pumpenverteilergetriebe** pump transfer gear [mot]; power take-off gear for pumps [mbt]

**Pumpenwagen** (US Feuerwehr) engine [mot]

**Pumpenwellendichtung** pump shaft seal [mot]

**Pumpenzylinder** pump cylinder [mot]

**Pumpspeicher** (in Laderbremssystem) pump accumulator [mot]

**Pumpstation** (Pumpenhaus) pump-bay [abc]

**Pumpstromkreis** pump circuit [mbt]

**Punkt** (...unser nächstes Thema) item [abc]; (4,5; "4 Komma 5") point [abc]; (Das ist der <springende> Punkt) point [abc]; (der nächste Punkt a. d. Liste) item [abc]; (Dikussionspunkt) point of discussion [abc]; (Fleck) spot [abc]; (im GB-Schriftsatz) full stop [abc]; (im USA-Schriftsatz) period [abc]; (im Vertrag) provision [abc]; (Zahnspitze, bei Aufreißer) point [mas]; (→ Flammp.; → Halbkugelp.; → Halbkugelp.; → Kreuzungsp.; → Schmelzp.; → Tangentenp.; → Übergangsp.)

**punktiert** (getupftes Kleid) polka-dotted [abc]; (punktierte Linie in Zg) dotted [con]

**punktierte Linie** dotted line [abc]

**Punktlampe** pilot lamp [elt]

**Punktlast** stationary load [mas]

**Punktnaht** (punktgeschweißte Naht) spot weld [met]

**Punktpaar** dotted pair [edv]

**Punktprüfkopf** point-focused probe [mes]

**Punktschrift** dot recording [abc]

**punktschweißen** spot weld [met]; (heften) tack weld [met]

**Punktschweißung** point welding [met]; spot welding [met]; track welding [met]

**Punkt-Strich-Linie** stroke-dotted line [abc]

**punktuell** localized [abc]

**Puppe** (Kokon der Insekten) cocoon [bff]; (Spielzeug) doll [abc]

**pur** straight [abc]

**purpur** purple [abc]

**purpurrot** (RAL 3004) purple red [nrm]; mauve [mot]

**purpurviolett** (RAL 4007) purple violet [nrm]

**Putz** (am Haus) plaster [bau]; (Rauhputz am Haus) rough cast [bau]

**Putzdecke** ceiling [bau]

**Putzen** (Auge) boss [pow]; (Auge) eye [pow]

**putzen** (metallisch blank) polish [abc]; (säubern) clean [abc]; (Schuhe) shine [abc]; (Silber, Knöpfe) polish [abc]; (Steine aus Hangendem) scale [roh]

**Putzfrau** cleaning woman [met]

**Putzlappen** (aus altem Stoff) rag [abc]

**Putzmesser** cleaner [wzg]

**Putzschicht** coat [bau]

**Putzträger** plaster base [bau]

**Pütz** (seemännisch für Eimer) bucket [mot]

**Puzzlespiel** (ausgestanzte Teile) jigsaw puzzle [abc]

**PVC-Folien** plastic foils [abc]

**PVC-Schlauch** PVC-hose [mot]

**Pwg** (Personalbegleitwagen im Güterzug) van rail escort [mil]

**Pyramide** pyramid [abc]

**Pyrometer** pyrometer [pow]; (→ Absaugep.; → optisches P.; → Strahlungsp.)

**Pyrotechnischer Knallsatz** pyrotechnical detonating compositions [mil]

**PZT-Keramik** PZT ceramics [wst]

# Q

**Quader** ashlar [abc]; freestone [bau]
**quaderförmig geschlagene Steine** cut dimension stone [bau]
**Quadrat** square [abc]
**Quadratfuß** square foot [mes]
**quadratisch** square [abc]
**quadratischer Querschnitt** square profile [mas]
**Quadratkilometer** square kilometre [mes]
**Quadratmeile** square mile [mes]
**Quadratmeter** ($m^2$) square meter [mes]
**qualifizieren** (sich für etwas qu.) qualify [abc]
**Qualität** quality [abc]
**Qualität- und Edelstahlgüte** special qualities and high-grade steel [mas]
**qualitativ** qualitative [abc]
**Qualitäts- und Edelstahlgüten** high quality and high grade steel [mas]
**Qualitätsanforderung** quality demand [eco]; quality requirement [abc]; standards [abc]
**Qualitätskontrolle** quality control [eco]
**Qualitätslenkung** quality assurance [eco]
**Qualitätsmaße** quality measures [eco]
**Qualitätsnorm** quality standard [nrm]
**Qualitätsplanung** quality planning [abc]
**Qualitätspolitik** quality standards [eco]; quality policy [eco]
**Qualitätssicherung** quality control [eco]; (Sicherstellung) quality assurance [eco]
**Qualitätssicherungsanforderungen** quality assurance requirements [eco]
**Qualitätssicherungssystem** quality assurance system [eco]

**Qualitätsüberwachung** quality control [eco]
**Qualitätsverbesserung** quality improvement [eco]
**Qualitätswesen** quality assurance [eco]
**Qualitätszertifikat** (Werkstattest) company certificate [abc]
**Qualitätsziele** quality goals [eco]
**Qualm** (meist Rauch und Dampf) fumes [abc]; smoke [abc]
**Quantenrauschen** mottle [elt]
**Quantensprung** (plötzl. Richtungsänderung) quantum jump [phy]
**Quarz** quartz [min]
**quarzgrau** (RAL 7039) quartz grey [nrm]
**Quarzit** quartzite [min]
**Quarzsand** quartz sand [min]
**Quecksilber** mercury [che]
**Quecksilbermanometer** mercury manometer [mes]
**Quecksilbersäule** (mm Hg) inches of mercury [pow]
**Quecksilberschalter** mercury switch [elt]
**Quecksilberthermometer** mercury thermometer [mes]; mercury-in-glass thermometer [mes]
**Quelldiskette** (bei Kopiervorgang) source disc [edv]
**Quelle** (Anfang des Baches) spring [abc]; (aus offizieller Quelle) source [abc]; (heiße Quelle; Bodenschatz) thermal water [geo]; (Q. einer Nachricht) source [abc]; (z.B. Herkunft) source [abc]; (→ gesteuerte Q.; → ideale Q.; → unabhängige Q.)
**quer** (Motor quer zur Fahrtrichtung) transverse [mot]; (NW- nach SO-Ecke) diagonal [abc]; (quer gemahlen, geschliffen) primary grind [roh]; (querverlaufend) transverse [mas]
**Queranschlag** cross stop [wst]
**Querausdehnung** lateral extension [mot]

**Querautomatik** cross-levelling device [mbt]

**Querbalken** crossbar [wst]; ledger [bau]; (Verbinder) rail [bau]

**Querfaltbiegeprobe** side bend specimen [met]

**Querfeder** transverse spring [mas]

**Querfehler** transverse defect [mas]

**Querfehleranzeige** transverse flaw signal [mas]

**Querfehlerprüfebene** transverse flaw scanning plane [mas]

**quergedämpfte Welle** inhomogeneous wave [mas]

**Quergefälle** cross-slope [bau]

**Quergriff** T-handle [mas]

**Querholm** transverse spar [mas]

**Querkraft** shear force [mas]; transverse force [mas]

**Querlenker** transverse control arm [mas]; transverse link [mas]

**Quernute** transverse groove [mas]

**Querprofil** (der Straße) camber [bau]; (Schnitt durch Straße) cross section [bau]

**Querregler** transverse compensator [mas]

**Querrinnen** poledrains [bau]

**Querriß** transversal crack [mas]; (in Schienen, Schweißnähten) transverse crack [mot]

**Querrohr** cross tube [wst]

**Querrollbahn** gravity roller [mas]

**Querruder** (des Flugzeuges) aileron [mot]

**Quersattel** cross saddle [wst]

**Querschnitt** cross sectional area [pow]; (Rohr: außen) outside diameter [mas]; (Rohr: innen) inside diameter [mas]

**Querschnittdarstellung** sectional drawing [mas]

**Querschnittsänderung** change in section [con]; (→ allmähl. Q.; → plötzl. Q.)

**Querschnittsverhältnis Fl/F2** cross sectional area ratio [con]

**Querschnittzeichnung** profile section [mbt]; transverse section-drawing [con]; (von Seite) lateral section drawing [mbt]

**Querspaltsieb** lateral slotted screen [mas]

**Querspiel** (der Waggonachse) axle floating [mot]

**Querstrahlruder** transverse thruster [mot]

**Querstrahlsteuer** transverse thruster [mot]

**Querstrecke** (unter Tage) cross-heading [roh]

**Querstromlüfter** shaded pole fan [mot]

**Querstromsichter** cross stream separator [roh]

**Querteilen** cutting to length [met]; cutting to width [met]

**Querteilung** side spacing [pow]; transversal spacing [mas]

**Querträger** chassis cross number [mot]; (im Stahlbau) transverse girder [mas]; (Stahlbau, Waggon) cross member [wst]; (z. B. Waggon) cross tie [mot]; (z. B. Waggon, Lkw) crossbar [wst]

**Quertransport** transverse conveying [mot]

**Quertransportleistung** transverse conveying capacity [mot]

**Quertraverse** equalizer bar [mas]

**Quertrommelkessel** cross-drum boiler [pow]

**Querverteilung** lateral distribution [mbt]; transverse distribution [mas]

**Querverteilungsarbeiten** transverse spreading work [mas]

**Querwelle** cross shaft [mot]; transverse wave [mas]

**Querzug** (Überhitzerzug) lateral gas pass [pow]

**Quetschspannung** compressive yield stress [wst]

**Quotient** ratio [mat]; (z.B. IQ) quotient [mat]

# R

**RA** (Abkürz.: Rechtsanwalt) lawyer [jur]

**Rachenschmerzen** ache of the throat [med]

**Rad** (an Auto, Waggon) wheel [mot]; (Fahrrad) bicycle [mot]; (→ abnehmbares R.; → einfaches R.; → festes R.; → Getrieber.; → Grauguß-Scheibenr.; → Grauguß-Speichenr.; → Handr.; → Keilriemenr.; → Kettenantriebsr.; → Kettenr.; → Laufr.; → Leichtmetallscheibenr.; → Nockenwellenr.; → Raddurch-messer; → Scheibenr.; → Schwungr.; → Speichenr.; → Tellerr.; → Umlenkr.; → Zwillingsr.)

**Rad mit Radreifen** (bei der Bahn) wheel with tyre [mot]

**Radabdeckung** (Kotflügel) fender [mot]

**Radabstand** (→ Spur, rechts-links) track [mot]

**Radabzieher** wheel puller [mot]

**Radanordnung** wheel arrangement [mot]

**Radantrieb** wheel drive [mot]

**Radar** (Funkortung) radar [elt]

**Radaranlage** (Funkortungsstelle) radar station [elt]

**Radarechogranate** radar blip grenade [elt]

**Radargerät** (stationär) speed gun [mot]

**Radarschirm** radar screen [elt]

**Radarwellen** (Funkortung) radar waves [elt]

**Radbefestigungsbolzen** wheel mounting bolt [mot]

**Radbefestigungsmutter** wheel mounting nut [mot]

**Radbremse** wheel brake [mot]

**Radbremszylinder** wheel cylinder [mot]

**Raddampfer** paddle wheel steamer [mot]

**Raddurchmesser** diameter of wheel [mot]; wheel diameter [mot]

**Räder und Bereifung** wheels and tyres [mot]

**Räderantrieb** gear drive [mot]

**Räder-Auf- und Abziehpressen** wheel mounting and stripping presses [mas]

**Räderfahrzeug** (also nicht Raupen) wheeled vehicle [mot]

**Räderkasten** gear case [mot]

**Radfelge** wheel rim [mot]

**radial** (nach der Mitte gerichtet) radial [abc]

**Radialdichtring für Welle** radial seal for rotating shaft [mas]

**Radialdichtung** oil seal sleeve [mas]; packing [mbt]; radial packing [mas]; radial seal [mas]

**Radialdichtungssatz** oil seal assembly [mas]

**Radialdruck** radial pressure [phy]; radial thrust [mas]

**radiale Belastung** radial load [mas]

**radiale Einblasung** radial blowing [mas]

**radiale Lagerluft** radial clearance [mas]

**Radialgebläse** radial compressor [mas]; radial flow fan [mas]

**Radialkolbenpumpe** radial piston pump [mas]

**Radialreifen** radial tyre [mot]

**Radialrolltreppe** radial escalator [mbt]

**Radialschlag** raceway radial runout [mas]

**Radialschnittbild** radial cross section diagram [abc]

**Radialschwingung** radial oscillation [phy]

**Radialwellen** radial waves [mas]
**Radialzähne** radial teeth [mas]
**Radien** (auf Zeichnung; → unbemaßte Radien) radii [con]
**Radien gleichmäßig verkleinern** taper radii equally [con]
**radieren** (mit Radiergummi) erase [abc]
**Radiergummi** India rubber [abc]
**radikal** (radix = die Wurzel) radical [abc]
**Radio** (alter britischer Ausdruck: ) wireless [elt]; (im Radio = on the radio) radio [elt]; (→ Autor.)
**radioaktiv** radio-active [opt]; (strahlend) radio-active [opt]
**radioaktiver Abfall** (strahlend) radioactive waste [rec]
**Radioaktivität** (Strahlung) radioactivity [opt]
**Radioeinbau** (z.B. in Fahrerhaus) radio installation [abc]
**Radioprogramm** broadcasting program [tel]; radio program<-me> [abc]
**Radioteleskop** (mißt Echoschall) radio telescope [mes]
**Radius** curvature [con]; (Halbmesser des Kreises) radius [abc]; (Radien) radius [con]; (→ Bieger.; → Erdr.; → Krümmungsr.; → Mindestaußenr.)
**Radizierschaltung** square-root circuit [elt]
**Radkappe** (z.B. an Pkw) hubcap [mot]
**Radkörper** (des Zahnrades) gear body [mot]; (Nabe) hub [mot]; (Nabe) wheel centre [mot]
**Radkranz** (läuft auf Schiene) rim [mot]; (läuft auf Schiene) wheel rim [mot]; (mit Reifen) wheel rim with tyre [mot]
**Radlader** front end loader [mot]; payloader [mot]; rubber-tyred loader [mbt]; rubber-tyred shovel

[mbt]; wheel loader [mot]; wheeled loader [mot]; wheel-mounted front end loader [mot]
**Radlager** (sitzt auf Achse oder Welle) wheel bearing [mot]
**Radlast** (wird oder kann getragen werden) wheel load [mot]
**Radlenker** (der Bahn; z. B. an Weichen) check rail [mot]; (der Bahn; z.B. an Weichen) guard [mot]
**Radmutter** wheel nut [mot]
**Radmutterbolzen** wheel-nut pin [mot]
**Radmutterschlüssel** nut wrench [mot]
**Radnabe** wheel hub [mot]; (bei der Bahn) wheel boss [mot]; (des Autos) hub [mot]; (des Autos) wheel hub [mot]; (des Zahnrades) gear hub [mot]
**Radnabenschlüssel** axle nut spanner [wzg]; axle nut wrench [wzg]
**Radnachlauf** castor [mot]
**Radplaniergerät** wheeled dozer [mot]
**Radprofil** (des Eisenbahnrades; z.B. P5) wheel profile [mot]
**Radreifen** (auf Rad aufgeschrumpft) bandage [mot]; (nahtlos) bandage [mot]; (z.B. auf Rad des Waggons) tyre [mot]
**Radreifentrennanlage** tyre separating and stripping device [mas]
**Radsatz** (der Bahn) wheel set [mot]
**Radsatzabstand** wheelbase [mot]
**Radsatzdrehbank** (z.B. bei der Bahn) wheel lathe [mas]
**Radsatzdrehmaschine** (z.B. bei der Bahn) wheel lathe [mas]
**Radsatzlager** wheel set bearing [mot]; wheel-set bearing [mot]
**Radsatzlast** wheel-set capacity [mot]
**Radsatzlast** wheel-set load [mot]
**Radsatzpresse** wheel press [mot]

**Radsatzprüfstand** wheel-set test assembly [mot]

**Radsatzpumpe** wheel-set pump [mot]

**Radsatzwelle** wheel-set shaft [mot]

**Radsatzwellen-Referenzblatt** wheel-set shaft reference sheet [mot]

**Radsatzwellenschenkeldurchmesser** journal diameter [mot]

**Radscheibe** wheel disc [mot]; (des Waggons) wheel body [mot]

**Radscheibe, zweifach gewellt** double-dished wheel disc [mot]

**Radscheibenbremse** wheel disc brake [mot]

**Radschlüssel** ratchet wrench [wzg]

**Radspeiche** spoke [mot]

**Radstand** tyre base [mot]; wheel-base [mot]

**Radstellungsanzeiger** wheel position indicator [mot]

**Radstern** spoke wheel centre [mot]; wheel spider [mot]

**Radsturz** wheel cambering [mot]; (beim Grader) wheel lean [mbt]; (größter R., Pendelachse) lock [mas]; (z.B. Grader bei Schräghang) leaning wheels [mot]

**Radsturzverstellung** wheel lean [mbt]; wheel lean adjusting [mbt]

**Radvorlauf** wheel castor [mot]

**Radzylinder** wheel cylinder [mot]

**Raffinerie** (Rohöl) refinery [roh]

**Raffineriegas** refinery gas [roh]

**raffinieren** (Zucker, Rohöl) refine [roh]

**Rah<e>** (Rahe; Segelstange, am Mast) yard [mot]

**Rahmen** frame [abc]; (Begrenzung) border [abc]; (Chassis des Autos) chassis [mot]; (der Fußbodenabdeckung) frame of floor plate [mbt]; (felgenartig) rim [mot]; (Grader) main beam [mbt]; (Grundplatte) chassis [mot]; (Hauptrahmen, Datenträger) main frame [edv]; (mit Kastenprofil) box-type frame [mbt]; (von Bild oder Gestell) frame [abc]; (z.B. des Autos) main frame [mot]; (z.B. Plan, Fachwerk) framework [bau]; (→ Bodenr.; → Dachr.; → Fensterr.; → Hauptr.; → Hilfsr.; → Hochr.; → Kastenr.; → Niederr.; → Rückwandr.; → Schweißr.; → Seitenwandr.; → Trennwandr.; → Verdeckr.; → Windschutzscheibenr.)

**Rahmen für Scheinwerfer** headlight frames [mas]

**Rahmenbedingungen** general conditions [abc]

**Rahmenbrille** frame centre rest [mot]

**Rahmenende** end frame [mas]

**Rahmengabel** frame fork [mot]

**Rahmengitter** frame screen [met]

**Rahmenkopf** (Vorderachse Grader) front frame head [mbt]

**Rahmenlängsträger** longitudinal girder of frame [mot]

**Rahmenunterzug** frame trussing [mot]

**Rahmenverlängerung** frame extension [mot]

**Raketenabwehrsystem** ABM systems [mil]

**Raketenmotor** missile engine [mil]

**Raketenmotoranzünder** rocket motor igniter [mot]

**Raketenpack** rocket pack [mot]

**RAL** (aus Deutschem Institut für Gütesicherung und Kennzeichnung) RAL [nrm]

**Rallye** (<meist> Fahrzeugwettfahrt) rallye [abc]

**Rammbär** pile driver [bau]; ram [bau]

**Rammen** (von Pfählen) pile driving [abc]

**Rammenergie** driving energy [bau]

**Rammgestänge** driving rods [bau]

**Rammrohr** piling pipe [mas]
**Rammschutz** (z.B. an kleinem
  Bagger) fender [mbt]
**Rammsondierung** driving test [bau]
**Ramp** (→ schräge Rampe) ramp
  [abc]
**Rampe** (an der Bahn) trackramp
  [mot]; (Zug überwindet ohne große
  Kraft) velocity head [mot]; (zum
  Verladen) ramp [abc]
**Rand** (z.B. Oberkante des Behälters)
  lip [mas]
**Randeffekt** boundary effect [abc];
  edge effect [elt]
**Rändelknopf** knurled knob [mot]
**Rändelmutter** knurled nut [mot];
  knurled thumb nut [mas]
**rändeln** mill [met]; rim [met];
  (→ Rändelrad)
**Rändelrad** knurled wheel [mas]
**Rändelschraube** knurled head screw
  [mas]; knurled thumb screw [mas]
**Randfehler** (Rand ausgefranst)
  fringe flaw [met]
**Randfeuerzündung** rim fire ignition
  [mil]; rim-fire igniter [mil]
**Randgebiet** peripheral area [bau]
**Randschicht** (Übergang) transition
  region [abc]
**randschichtgehärtet** edge-zone
  hardened [met]
**Randschichthärtung** edge-zone
  hardening [met]
**Randstein** (an Bordkante der Straße)
  curbstone [bau]
**Randstrahlung** (streut, franst aus)
  fringe radiation [met]
**Randstreifenverteiler** windrow
  spreader [mbt]
**Rang** (erster Rang im Theater) circle
  [bau]
**Rangierbahnhof** switching yard
  [mot]; yard [mot]
**rangieren** range [abc]; (der Bahn)
  marshal [mot]; (der Bahn) shunt
  [mot]; (Lok setzt um) running round

her train [mot]; (vorwärts rangieren)
  head shunt [mot]
**rangieren** (z.B. Auto in engem
  Gelände) manoeuvre [mot]
**Rangierer** (Bahnpersonal) shunter
  [mot]
**Rangiererecktritt** shunter's step
  [mot]
**Rangiergleis** shunting track [mot]
**Rangiergleise** shunting tracks [mot]
**Rangierlok** (kleine R.) locomotive
  trolley [mot]; (kleine Rangierlok)
  dinky [mot]
**Rangierlokomotive, elektrische**
  shunting locomotive, electric [mot]
**Rangiervorgang** switching process
  of shunting [mot]
**Rangliste** (der Universitäten)
  ranking [abc]
**Raps** (Ölpflanze) rape [bff]
**Rapsöl** (von der Ölpflanze) rape oil
  [bff]
**rasch** quick [abc]
**Rasen abdecken** peel off grass sods
  [mbt]
**Rasenmäher** lawn mower [abc]
**Rasenmähermotor** lawn-mower
  engine [mot]
**Rasensprenger** lawn sprinkler [abc]
**Rasierklinge** (seit 1901) razor blade
  [abc]
**Rasse** race [abc]
**Rassenintegration** racial integration
  [abc]
**Rassentrennung** racial segregation
  [abc]
**Raste** catch [wst]; (Sperre, Riegel)
  latch [mas]
**rasten** (ausruhen) rest [abc]; (rastern,
  mit Raster versehen) screen [mas]
**Raster** (Buch) screen [abc]; (z.B.
  Unterlegscheibe Röntgen) shim
  [opt]
**Rastereinteilung des Schirmbildes**
  graduation of the screen [abc]
**Rasterfläche** measuring area [mbt]

**rastern** (Buch, mit Raster versehen) screen [abc]

**Rasterplatte** grid board [mas]

**Rastersystem** grid system [mas]

**Raststätte** (an der Autobahn) motorway restaurant [mot]

**Rat** (Ratschlag, Tip, Hinweis) advice [abc]; (z. B. Stadtrat) council [pol]

**Rathaus** city hall [bau]; town hall [abc]

**ratifizieren** (durch Initialen) ratify [abc]

**Ratifizierung** (durch Initialen) ratification [abc]

**rationale Funktion** rational function [mat]

**Ratsche** pawl [mas]; (Werkzeug) ratchet [wzg]

**Ratschenhebel** ratchet wrench [wzg]

**Ratschlag** (Empfehlung) advice [abc]

**Rätsel** (schwieriges Problem) puzzle [abc]

**rätseln** (über Problem nachdenken) puzzle [abc]

**Ratssitzung** council meeting [pol]

**ratterfrei** chatterfree [wst]

**rattern** knock [mas]; rattle [abc]; (vibrieren, schnattern) chatter [mot]

**Rauch** fumes [abc]; smoke [abc]

**Rauchbegrenzer** smoke limiter [mot]

**Rauchbegrenzer einstellen** set the smoke limiter [mot]

**Rauchbegrenzerölstand prüfen** check oil level of smoke limiter [mot]

**Rauchdetektor** smoke detector [mbt]

**Rauchdichtealarm** smoke density alarm [abc]

**Rauchdichteskala** Ringelmann chart [pow]

**rauchen** smoke [abc]

**Rauchen verboten** No smoking [abc]

**Raucher** (Schild bei der Bahn) Smoker [mot]

**Rauchfahne** trail of smoke [abc]

**Rauchfang** (am Heizhausdach) smoke funnel [mot]; (Schornstein im Haus) chimney [bau]

**Rauchgas** flue gas [pow]

**Rauchgasanalyse** flue gas analysis [pow]

**Rauchgasaustritt** flue gas outlet [pow]

**rauchgasbeheizter Zwischenüberhitzer** gas-heated reheater [pow]

**Rauchgasbestandteile** flue gas constituents [pow]

**Rauchgasbestreichung** sweeping of the flue gas [pow]

**rauchgasbestrichen** flue-gas-swept [pow]

**Rauchgasentnahmeschlauch** (Orsat-Analyse) gas sampling hose [pow]

**Rauchgasentschwefelung** flue gas desulphurization [pow]

**Rauchgasgasse** (im Rohrbündel) tube lane [pow]

**Rauchgasgeschwindigkeit** flue gas velocity [pow]

**Rauchgaskanal** flue gas canal [pow]

**Rauchgaskanalquerschnitt** flue cross sectional area [pow]

**Rauchgasklappe** flue gas damper [pow]

**Rauchgasmenge** flue gas quantity [pow]

**Rauchgasprobe** flue gas sample [pow]

**Rauchgasprüfer** gas analyser [pow]; (→ automatischer R.)

**Rauchgasregelklappe** gas damper [pow]

**Rauchgasregelzug** damper-controlled gas pass [pow]

**Rauchgasrückführung** flue gas withdrowal [pow]; gas tempering [pow]

**Rauchgasrückführungskanal** flue gas recirculation duct [pow]; gas tempering duct [pow]

**Rauchgasrücksaugung** flue gas recirculation [pow]; flue gas withdrawal [pow]

**Rauchgasschieber** flue gas outlet damper [pow]

**rauchgasseitig** gas side [pow]; gas-side [pow]

**rauchgasseitige Rohrerosion** gas side tube erosion [pow]

**rauchgasseitiger Rohrschaden** gas-side tube fault [pow]

**Rauchgastemperatur** flue gas temperature [pow]

**Rauchgasumführungsklappe** flue gas by-pass damper [pow]

**Rauchgaszug** gas pass [pow]

**Rauchglas** (Abteilfenster, Plattenspieler) smoked glass [mot]

**Rauchglasscheibe** (in Eisenbahnwagen) smoked window [mot]

**Rauchkammer** (Dampflok) smoke box [mot]

**Rauchkammertür** (Dampflok) smoke box door [mot]

**Rauchladung** smoke charge [mil]

**Rauchrohr** (Dampflok) smoke tube [mot]

**Rauchrohrkessel** fire tube boiler [pow]

**Rauchsignale** smoke signal [mil]

**Rauchstoff** smoke agents [mil]

**rauh** rough [mas]; uneven [abc]

**Rauheit** roughness [mas]

**Rauheitsmeßgröße** roughness criteria [mes]

**rauher Betrieb** heavy-duty use [abc]

**rauhes Rohr** rough tube [mas]

**Rauhigkeitsmeßgerät** roughness measuring device [mes]

**Rauhputz** (am Haus) rough cast [bau]

**Rauhtiefe** (der Oberfläche) depth of roughness [wst]; (der Oberfläche) peak-to-valley height [mas]; (der Oberfläche) surface roughness [mas]

**Raum** (Platz, z.B. zum Arbeiten) room [abc]; (z.B. zum Arbeiten) space [mas]; (Zimmer) room [bau]; (→ Dampfr.; → Feuchtr.; → Wasserr.)

**Raum für Markierung** space for marker [abc]

**Räumarbeit** (mit Räumnadel) broaching operation [met]

**Raumbeständigkeit** constant volume [bau]; volume consistency [abc]

**Räumbreite** clearing width [mbt]

**Räumdorn** push broach [wzg]

**Räumdurchgang** (in Zylinderrohr) broaching pass [met]

**Räumegge** (am Kratzer) raking device [wzg]

**räumen** (Rohrwand bearbeiten) broach [met]

**Raumfähre** (wird wiederverwendet) space shuttle [mot]

**Räumgerät** track clearing equipment [mbt]

**Raumgewicht** volume weight [bau]

**räumliches Problemlösen** space-oriented problem solving [edv]

**räumliches Schließen** spatial reasoning [edv]

**Räumnadel** (bearbeitet Zylinderinnenwand) internal broach [wzg]; (macht Vielkeilprofil) broach [wzg]

**Raumschiff** spaceship [mot]

**Räumschild** dozer blade [mbt]

**Räumschnecke** (der Fräse) clearing worm [mbt]

**Raumsonde** space probe [mot]

**raumsparend** compact [abc]; space-saving [abc]

**Raumtemperatur** ambient temperature [abc]

**Raumtemperatur** room temperature [pow]

**Raupe** (des Baggers) track [mbt]; (Schweißnaht) bead [met]; (Schweißnaht) welding bead [met]; (Tier) caterpillar [bff]

**Raupe, rechts** (des Baggers) r.t. [mbt]

**Raupen- und Radfahrwerke** (Brecher) crawler and wheeled chasses [roh]

**Raupenbagger** crawler excavator [mbt]; track excavator [mbt]

**Raupenfahrwerk** crawler track [roh]

**Raupenfahrzeug** (militärisch) tracked vehicle [mil]

**Raupengerät** crawler excavator [mbt]; track excavator [mbt]

**Raupenkette** track chain [mbt]; (hier des Baggers) rail [mbt]; (Seilbagger o. ähnlich) crawler tread belt [mbt]; (z. B. Bagger) crawler track [mbt]; (z.B. Bagger) track [mbt]

**Raupenkettenbolzen** crawler-chain link pin [mbt]

**Raupenkettenglied** crawler chain link [mbt]

**Raupenkettenträger** (Seitenrahmen) track frame [mbt]

**Raupenlader** crawler-mounted front-end loader [mot]; front-end loader [mot]

**Raupenmotor** track motor [mbt]; (Antriebsmotor) drive motor track motor) [mot]; (Antriebsmotor) track motor [mbt]

**Raupenschlepper** caterpillar tractor [mbt]; crawler tractor [mot]

**Raupenträger** crawler base [mbt]

**Raupenunterwagen** crawler undercarriage [mbt]

**Rauschabstand** signal/noise ratio [elt]

**Rauschanteil** noise component [aku]

**Rauschbild** noise pattern [abc]

**Rauschen** noise [elt]; random noise, background noise [mas]; (→ weißes Rauschen)

**rauschen** (im Kopfhörer) get a static [aku]; (zischen) hiss [abc]

**Rauschgift** narcotics [med]

**rausschmeißen** (abwerfen) gouge [mas]

**Raute** (Rhombus) rhombus [abc]

**RDV** (Rollendrehverbindung) roller-bearing slewing ring [mbt]

**reagieren** (z.B. auf Befehle) respond [abc]

**Reaktanz** reactance [elt]

**Reaktion** (des Publikums) return [abc]

**reaktionsfähig** reactive [che]; responsive [che]

**Reaktionsgeschwindigkeit** reaction velocity [che]

**reaktivieren** (Soldat weiter verpflichten) reinlist [mil]

**Reaktorelement** reactor element [elt]

**Reaktorkuppel** (im Kernkraftwerk) containment [pow]

**real time** (EDV) real time [edv]

**reale Spannungsquelle** real voltage source [elt]

**reale Stromquelle** real current source [elt]

**realisieren** (Ziele verwirklichen) reach [abc]

**Realisierung** realization [abc]

**Realschule** (Oberrealschule) secondary grammar school [abc]

**Realteil** (z.B. einer komplexen Zahl) real part [mat]

**Realzeit** real time [abc]

**Rechen** (Harke) rake [wzg]

**Rechenanlage** computer [edv]

**Rechenfehler** (im Rechner) computing error [edv]

**Rechenmaschine** computer [edv]; computing machine [edv]

**Rechenschieber** sliding rule [mat]

**Rechenzentrum** computing centre [edv]; data centre [edv]; DP centre [edv]; (→ Großrechner)

**rechnen** count [abc]

**Rechner** computer [edv]; (→ Computer; → Parallelr.; → Taschenr.)

**rechnerintegrierte Produktionssysteme** computer-integrated systems for factory automation [edv]

**Rechnernetz** network [edv]; (mbp) computer network [edv]

**Rechnersystem** computer system [edv]

**Rechnersysteme im militärischen Bereich** computer systems in military forces [edv]

**Rechnertopologien** computer topology [edv]

**rechnerunterstützt** computer aided [edv]

**Rechnungswesen** accountancy [eco]

**Recht** (Gesetz) law [pol]

**recht** (richtig; Das ist recht.) right [abc]

**Recht auf informationelle Selbstbestimmung** right of information self-determination [jur]

**recht haben** (ich habe recht, du hast) right [abc]

**Recht und Ordnung** law and order [pol]

**Rechte Seite der Schalttafel** R.H. side panel [elt]

**Rechteck-Hohlprofil** (Rohr knickt) rectangular hollow section [mas]

**Rechteckimpuls** square wave pulse [elt]; square pulse [elt]

**rechteckig** rectangular [abc]

**rechteckiger Sammler** square header [pow]

**Rechteckimpuls** rectangular pulse [elt]

**Rechteckring** square section ring [mot]

**Rechteckschwingung** square wave [mbt]

**Rechteckspannung** square wave voltage [elt]

**Rechteckstrahler** rectangular beam [elt]

**Rechteckwelle** square wave [elt]

**rechter Flügel** (z.B. einer Partei) right wing [pol]

**rechthaberisch** (unnachgiebig) insisting [abc]

**rechtliche Verhältnisse** legal status [jur]

**rechts** (nach rechts, <RH> in Zeichnung) RH [con]; (politisch rechts) right wing [pol]; (Richtungsangabe) on the right [abc]

**Rechts stehen, links gehen!** (Schild) Stand right, walk left. [mbt]

**Rechtsabteilung** legal department [jur]

**Rechtsanwalt** attorney-at-law [jur]; (mein Anwalt) lawyer [jur]

**Rechtsanwalt und Notar** notary public [jur]

**Rechtsausführung** right hand construction [pow]; (rechte Seite) right-hand design [mbt]

**rechtsdrehend** (im Uhrzeigersinn, → Uhrzeigersinn) right-hand turning [abc]

**rechtsgängig** (Zahnrad) right-handed [mas]

**Rechtsgewinde** RH-thread [mas]; right-hand thread [mas]

**Rechtsnachfolger** assignee [jur]; successor in title [pol]

**Rechtsraupe** right-hand crawler [mbt]

**Rechtsstellung** legal position [jur]; status [jur]

**Rechtsverkehr** (Europa außer GB) right-hand traffic [mot]

**rechtwinkelig** square [abc]; rectangular [abc]

**Recycling** (Wiederaufbereitung) recycling [rec]

**redaktionell** (also nicht Werbeteil) editorial [abc]

**Rede** (Ansprache) address [pol]; (eine Rede halten) speech [abc]

**Rede halten** give a speech [abc]; make a speech [abc]; (→ Vortrag)

**Redler** (Zuteiler) Redler conveyor [pow]

**Redlerbühne** mill feeder level [mas]

**Redner** speaker [abc]

**Rednerpult** (Podium) rostrum [abc]

**Reduktionsgetriebe** step-down gear [mot]

**redundant** (mehr als einmal vorhanden) redundant [abc]

**Reduzierantrieb** step-down gear [mot]

**Reduziereinsatz** reducer [mas]

**reduzieren** reduce [abc]

**reduzierende Atmosphäre** reducing atmosphere [che]

**Reduziermuffe** sleeve [mot]

**Reduziernippel** reducing nipple [mas]

**Reduzierstation** pressure reducing station [pow]

**Reduzierstück** reducer [mas]; (der Verrohrungsanlage) reduction piece [mas]; (Rohrleitung) reducer [mas]

**reduziert** reduced [abc]

**reduzierte Fehlergröße** reduced flaw distance [mas]; reduced flaw size [mas]

**reduzierter Fehlerabstand** reduced flaw distance [mas]

**reduziertes Gewicht** reduced weight [abc]

**Reduzierung** reduction [mas]

**Reduzierventil** pressure reducing valve [pow]; reducing valve [mas]

**Reduzierventil für die Zerstäuberluft** reducing valve for atomized air [mas]

**Reduzierverschraubung** reducer connector [mot]

**Reede** (auf Reede liegen) lie at anchor [mot]; (Schiffe vor dem Hafen) roadstead [mot]; (→ auf R. liegen)

**Reeder** shipowner [mot]

**Reederei** shipping company [mot]; shipping line [mot]

**Reedereiflagge** house flag [mot]

**reelle Zeitfunktion** real function of time [mat]

**Referat** (ein Referat halten) paper (present a paper) [abc]; (schriftlich) paper [abc]

**Referenz** (Bürge, Zeuge) reference [abc]

**Referenzfoto** (als Muster oder Beweis) reference photograph [abc]

**Referenzknoten** reference node [elt]

**Referenzliste** list of reference addresses [abc]

**Reff** (Beibinden von Segelteilen) reef [mot]

**reffen** reef [mot]

**Reflektanzkarte** reflectance map [edv]

**reflektierte Energie** reflected energy [elt]

**reflektierte Welle** reflected wave [elt]

**reflektierter Impuls** reflected pulse [elt]

**reflektierter Schallimpuls** reflected sound [elt]

**Reflektor** mirror [abc]; reflector [opt]; (ebener Reflektor) planar reflector [elt]; (kreisscheibenförmiger Reflektor) disc-shaped reflector [elt];. (zylindrischer Reflektor) cylindrical reflector [elt]

**Reflexion** reflection [mbt]; (→ zweimalige R.)

**Reflexionsfaktor** reflection coefficient [opt]

**Reflexionsfläche** reflection face [opt]

**Reflexionskoeffizient** reflection coefficient [opt]; reflection factor [opt]

**Reflexionslichtschranke** reflection light barrier [opt]

**Reflexionsloch** reflection gap [opt]

**Reflexionsverfahren** reflection method [opt]

**Reflexionswinkel** angle of reflection [opt]

**Reformation** reformation [abc]

**Regal** shelf [abc]

**Regalstapler** swing forklift [mot]

**Regel** rule [abc]; (→ erweiterte R.; → Grammatikr.; → gültige Inferenzr.; → Inferenzr.; → kontextfreie R.; → Wenn-Dann-R.)

**regelähnliche Prinzipien** rulelike principles [edv]

**Regelantrieb** control drive [mot]

**regelbare Einleitungsbremse** graduable release automatic brake [mot]

**regelbasiertes System** rule-based system [edv]

**Regelbauart** standard design [mas]

**Regelbeginn** beginning of regulation [mot]

**Regelbereich** control range [mot]; range of control [mes]

**Regelbereichsunterschreitung** below regulated range [mot]

**Regeldrehzahl** governed speed [mot]

**Regeldruck** control pressure [mot]

**Regelfahrmotor** shiftable engine [mot]

**Regelgerät** control device [mot]

**Regelgetriebe** (Regelvorrichtung) control device [pow]; (Regelvorrichtung) control gear [pow]

**Regelglied** control element [mot]

**Regelgröße** standard size [mot]

**Regelkreis** automatic control loop [elt]; control circuit [mot]; feed back [mot]; regulating circuit [mes]

**Regellast** normal load [mbt]

**regelmäßig** (anhaltend, beständig) consistent [abc]; (gleichförmig) uniform [abc]; (z.B. zu bestimmten Zeiten) regular [abc]

**regeln** regulate [mes]; (steuern) control [edv]

**Regeln durch Erfahrung** rules from experience [abc]

**regelnde Pumpe** regulating pump [mot]

**Regelpumpe** (am Lader) variable capacity pump [mot]; regulating pump [mot]

**Regelschalter** regulator and cut-out relay [mot]

**Regelspannung** (etwas wird gesteuert) control voltage [elt]; (Spannung gleichbleibend) regulated voltage [elt]

**Regelstange** control rack [mot]

**Regelung** (Beschluß) conclusion [abc]; (z. B. der Geschwindigkeit) control [mot]; (→ automatische R.; → Dampftemperaturr.; → Drehzahlr.; → Dreikomponentenr.; → Drosselr.; → Mengenr.; → Schwellwert-R.; → Vorschubr.)

**Regelung des Förderstroms** flow rate control [mot]

**Regelung durch Elektronenrechner** computer control [edv]

**Regelung von Hand** manual control [abc]

**Regelungstheorie** control theory [edv]

**Regelventil** control valve [mot]; regulating valve [mes]

**Regelverstärker** variable gain amplifier [elt]

**Regelvorrichtung** (Regelgetriebe) control device [pow]; (Regelgetriebe) control gear [pow]

**Regelwiderstand** rheostat [elt]

**Regen** (Niederschlag) rain [wet]

**Regenerativ-Luvo** regenerative air
heater [pow]; (Ljungstrom-Luvo)
regenerative air preheater [pow]
**Regenerieren** (z.B. Maschine)
rebuilding [mas]
**Regenfang** raintrap [wet]
**Regenguß** (plötzlicher, starker
Regenguß) squall [wet];
(Sturzregen, Guß) squall [wet]
**Regenmantel** mackintosh [abc]; rain
coat [abc]
**Regenrinne** drain pipe [mot]; rain
drain [abc]; roof rail [bau]
**Regenschirm** (gegen Regen)
umbrella [abc]
**Regentropfen** raindrop [wet]
**Regenwald** rain forest [bff]
**Regenwolke** rain cloud [wet]
**Regenzeit** rainy season [wet];
monsoon [wet]
**Regenzeiten** rainy season [wet]
**Regierung** government [pol];
administration [pol]
**Regierungssitz** (z.B. Washington)
seat of the government [pol]
**Regime** (Staatsgewalt) regime pol
**Regiment** (mehrere Bataillone)
regiment [mil]
**Region** region [cap]
**Regionalflugplatz** (→ Flughafen)
regional airport [mot]
**Registerbauweise** (Rohrwände)
register type construction [pow]
**Registrator** registrator [abc]
**Registriereinrichtung** recorder [abc]
**Registriergerät** recording instru-
ment [mes]; (direktschreibend)
direct recording instrument [abc]
**Registrierstreifen** recording chart
[mes]; (Schreibstreifen) recording
strip [mes]
**Registrierstufe** register stage [abc]
**Registrierung** recording [abc]; (z.B.
von Wählern) registration [pol]
**Registrierverfahren** recording
method [mes]

**Registrierverstärkerkarte** register
amplifier board [abc]
**Regler** attemperator [pow]; cooler
[mot]; feed back [mot]; regulator
[mot]; (auch Lok in GB) regulator
[mot]; (der Dampflok) regulator
[mot]; (der Dampflok) throttle
[mot]; (Drehzahlregler) governor
[mot]; (für Temperatur) attemperator [phy]; (nicht Lok) controller
[mot]; (nicht Lok) governor [mot];
(→ außenliegender R.; → Brems-
kraftr.; → Differenzdruckr.; →
Druckr.; → Fernwasserstandsr.; →
hilfsgesteuerter R.; → innenliegender R.; → Kühler; → Neigungsr.; →
Proportionalr.; → Schichthöhenr.; →
Spannungsr.; → Speisewasserr.)
**Reglerantriebszahnrad** governor
drive gear [mot]; governor wheel
[mot]
**Reglereinstellung** governor setting
[pow]
**Reglerfeder** governor spring [mot]
**Reglergehäuse** governor housing
[mot]
**Reglergestänge** governor control
[mot]; governor control linkage
[mot]
**Reglergewicht** governor balance
weight [mot]
**Reglerhaube** governor cover [mot]
**Reglerhebel** governor lever [mot];
speed lever [mot]; (auch Lok in GB)
regulator lever [mot]
**Reglerkegel** governor cone [mot]
**Reglerknopf** control knob [mot]
**Reglerkolben** plunger [mot]
**Reglerkreis** regulating circuit [mes]
**Reglerlager** governor bearing [mot]
**Reglermuffe** governor collar [mot]
**Reglerrohr** (Dampflok) regulator
pipe [mot]; (Dampflok) regulator
tube [mot]
**Reglerschalter** governor switch
[mot]; regulating switch [elt]

**Reglersperre** (mechanisch mit Magnet) gear-shifting lock [mot]; (Strömungsgetriebe, Gabelstapler) gear-shifting lock [mot]

**Reglerspindel** control spindle [mot]

**Reglerstange** rack [abc]

**Reglersystem** regulating system [mot]

**Reglerventil** (Dampflok) regulator valve [mot]

**Reglerzahnstange** fuel rack [mot]

**regnerisch** rainy [wet]

**Regulator** (Regler; Dampflok) regulator [mot]

**Regulatorhebel** (Dampflok) regulator handle [mot]

**Regulierklappe** (drehbar) regulating damper [mes]; (nur Auf = Zu) isolating damper [pow]

**Regulierung** (→ Feinregulierung) regulation [pow]

**rehbraun** (RAL 8007) fawn brown [nrm]

**Reibahle** reamer [wzg]

**Reibbolzenschweißen** friction stud welding [met]

**Reibebrett** chisel [bau]

**Reiben** (Scheuern, Fressen) galling [mas]

**reiben** (z.B. eine Fläche, die Augen) rub [abc]

**reibend** frictioning [abc]

**Reibeversuch** friction test [mes]

**Reibfläche** (z.B. im Türschloß) striking surface [mbt]; (z.B. Streichholzschachtel) rubbing surface [abc]; (z.B. zwei Teile reiben) friction surface [abc]

**Reibkupplung** friction clutch [mot]

**Reibrad** friction wheel [mas]

**Reibradantrieb** friction drive [mas]

**Reibradstation** friction roller station [roh]

**Reibrollenantrieb** (der Drehmaschine) friction roller drive [wzg]

**Reibscheibe** friction disc [wzg]

**Reibschweißen** friction welding [met]

**Reibung** friction [phy]; rubbing [mas]; (→ Reibungswinkel; → Reibungszahl)

**Reibungsbeiwert** friction factor [phy]

**Reibungsfaktor** (der Räder am Gleis) adhesive factor [phy]

**Reibungsfläche** friction surface [abc]

**reibungslos** frictionless [abc]; smooth [mot]; (auch zwei Flächen) friction-free [abc]

**Reibungsstoßdämpfer** friction shock absorber [mot]

**Reibungsstoßdämpfer** snubber [mot]

**Reibungsverlust** friction loss [phy]

**Reibungswinkel** angle of friction [phy]; angle of internal friction [phy]

**Reibungszahl** coefficient of friction [phy]

**Reibwert** (der Rolltreppe) coefficient of friction [phy]; (Rad/Schiene) coefficient of friction [phy]

**Reibwertverhältnis** frictional data [mas]

**Reichgas** rich gas [pow]

**Reichgasbrenner** rich gas burner [pow]

**Reichhöhe** (beim Graben) digging height [mbt]; (generell erreichbar) reach height [mbt]

**Reichweite** scope [abc]; (des Baggers) outreach [mbt]; (des Laders) reach [mbt]; (z.B. Sender) range of transmission [elt]

**Reif** (meist an Pflanzenspitzen) frost [abc]; (z.B. Bergtau am Morgen) dew [wet]

**reif** (Obst, Gemüse) ripe [bff]; (Technik) mature [abc]

**Reifen** (Kinderspielzeug) hoop [abc]; (z.B. Fahrrad, Auto) tyre [mot]; (→ Ballonr.; → Blockr.; → Geländer.; → Hochdruckr.; → hochelastischer R.; → Stahlseilr.; → Superballonr.; → Vollr.; → Wulstr.)

**Reifenaustausch** (Räderaustausch) tyre exchange [mot]

**Reifendruck zu gering** underinflation [mot]

**Reifendruck zu groß** overinflation [mot]

**Reifendruckmesser** tyre gauge [mot]

**Reifenfestigkeit** ply rating [mot]

**Reifenfüllanlage** tyre-inflation system [mot]

**Reifenfüllflasche** tyre inflating cylinder [mot]

**Reifenfüllhahn** tyre inflating cock [mot]

**Reifenhüter** tyre pressure drop indicator [mot]

**Reifenlagen** ply rating [mot]

**Reifenluftpumpe** tyre pump [abc]

**Reifenprüfkopf** tyre testing probe [mot]

**Reifenrad** (bei der Bahn) wheel with tyre [mot]

**Reifenschlauch** inner tube [mot]

**Reifenschutzkette** (z.B. an Radladern) tyre chain [mot]

**Reifenwerkzeug** rim tool [mot]

**Reifenwulst** tyre bead [mot]

**Reihe** series [abc]; (eine Reihe von ...) number of, a number of ... [abc]; (im Hintergrund bei EDV) batch [edv]; (in Reihe aufstellen) file [mil]; (Menschen) line [mil]; (Satz von Teilen) set [mas]; (Serie) series [mas]; (z.B. Hecke) row [bff]; (→ trigonometrische R.)

**Reihenfolge** (Fortsetzung, Serie) sequence [abc]; (in dieser Reihenfolge) order [abc]

**reihengeschaltet** in-line switching [mot]

**Reihenklemme** line-up terminals [elt]

**Reihenmotor** in-line engine [mot]

**Reihenschalter** gang switch [edv]

**Reihenschaltung** series connection [mot]

**Reihenschaltung von Zweitoren** series connection of two-ports [elt]

**reine Annahme** (Denken) pure supposition [abc]

**Reingas** (hinter Filter) clean gas [air]

**Reinheit** purity [abc]; (→ Dampfr.; → Sauberkeit)

**Reinheitsgebot** (Bier ohne Fremdstoff) Purity Law [abc]

**reinigen** purge [abc]; (putzen, säubern) clean, tidy [abc]

**Reiniger** (ein Gebäudereiniger) cleaner [met]; (Reinigungsmittel) cleaning agent [che]

**Reinigung** cleaning [abc]; (→ äußere R. ; → innere R.)

**Reinigungsgerät** cleaning device [wzg]

**Reinigungsklappe** (a. Axialkompensator) cleaning flap [pow]; (Reinigungstür) cleaning door [pow]

**Reinigungsmittel** cleaning agent [che]

**Reinigungsspritzdüse** spray cleaning nozzle [mas]

**Reinigungstür** (Reinigungsklappe) cleaning door [pow]

**Reinigungswassersystem** water cleaning system [was]

**Reinigungswerkzeug** cleaning tool [wzg]

**Reinkohle** pure coal [pow]

**reinlegen** (den 4. Gang) put in [mot]

**reinorange** (RAL 2004) pure orange [nrm]

**Re-Inspektion** reinspection [edv]

**reinweiß** (RAL 9010) pure white [nrm]

**Reis** (tropisches Getreide) rice [bff]

**Reise** (auch militärischer Einsatz) tour [abc]; (zu Land, in der Luft) trip [abc]; (zur See) voyage [mot]

**Reisebericht** (Report über Reise) travel report [abc]

**Reisepaß** passport [abc]

**Reiseplan** (Plan) itinerary [abc]

**Reisestelle** (firmeneigenes Reisebüro) travel agency [abc]

**Reisezeit** (Kessel) boiler running hours [pow]

**Reisezug** passenger train [mot]

**Reisezugwagen** passenger car [mot]; (→ Bahn)

**Reisezugwagendrehgestell** bogie for passenger car [mot]

**Reisezugwagenteil** coach part [mot]

**Reishülsen** rice husk [bff]

**reißen** (zerreißen) tear [abc]

**Reißfolie** explosion diaphragm [pow]; tearing foil [mas]

**Reißkraft** crowd force [mbt]; (beim Seilbagger) bail pull [mbt]

**Reißlöffel** ripper bucket [mbt]

**Reißnadel** scriber [mas]

**Reißraupe** (Planierraupe mit Reißzahn) ripper dozer [mbt]

**Reißschiene** T-square [wzg]

**Reißtiefe** ripping depth [mbt]

**Reißverschluß** zip [abc]; zipper [abc]

**Reißzahn** (harter Stein, Wurzeln) ripper tooth [mbt]

**Reiter** (zu Pferde, Kamel, Elefant, Esel) horseman [abc]

**Reizstoff** irritant agents [mil]

**Reizstoffhandgranate** irritant agent hand grenade [mil]

**Reizstoffkörper** irritants [mil]

**Reklametafel** billboard [abc]

**Rekord** (Guinness Book of Records) record [abc]

**Rekorde brechend** record-breaking [abc]

**Rekrut** (neu eingetretener Soldat) recruit [mil]

**rekursive Prozedur** recursive procedure [edv]

**Relais** relay [elt]; (→ Asymmetrier.; → Bimetallr.; → Hupenr.; → Kontrollr.; → Motorschutzr.; → Phasenfolger.; → Störmelder.; → Überstromr.; → Verstärkerr.; → Wischr.; → Zusatzr.)

**Relais für Bremse** (und Licht) brake [mbt]

**Relais für Freigabe** release relay [elt]

**Relais für Revisionsfahrt** inspection travel relay [mbt]

**Relais für Sammelstörmeldung** collective fault indicator relay [mbt]

**Relais für Störmeldtableau** relay for collective safety switch tableau [elt]

**Relaisbaustein** relay module [elt]

**Relaiskarte** relay board [elt]

**Relaisleistungskarte** relay power board [elt]

**Relaisschaltung** relay connection [elt]

**Relaisspeicher** relay store [elt]

**Relaiswickler** relay winding [elt]

**Relation** (in semantischen Netzen) relation [edv]

**Relaxationsgleichung** relaxation formula [edv]

**Relaxationsmethode** relaxation procedure [edv]

**Relief** relief [bau]

**Reliefverfahren** relief method [abc]

**Reling** (Schiffsgeländer) rail [mot]

**Renkverschluß** bayonet cap [con]

**Rennauto** racing car [mot]

**Rennen** race [abc]

**Rennplatz** (für Pferderennen) horse race course [abc]

**Rennwagen** racing car [mot]

**renoviert** restored [bau]

**Rente** (das Geld) retirement money [abc]; (in Rente gehen) retire [abc]

**Rente beziehen** (in Rente sein) retired [abc]

**Rentenversicherung** old-age pension insurance [jur]

**Rentner** (in Rente sein) retired [abc]

**Reparatur** repair [mas]

**Reparatur vor Ort** in situ repair [mbt]

**Reparaturarbeit** repair work [mas]

**Reparaturbetrieb** repair service [mas]; (Autos) garage [mot]

**Reparaturfreigabe** (eingesandtes Teil) permission to repair [abc]

**Reparaturkasten** repair kit [abc]

**Reparatursatz** repair kit [abc]

**Reparatursatz** (z.B. für den Zylinder) repair set [mas]

**Reparaturschweißung** repair welding [met]

**Reparaturteile** repair parts [mas]

**Reparaturwerft** dockyard [mot]; navy-yard [mot]

**reparieren** (einsatzfähig machen) repair [mas]; (überholen, von Grund auf) overhaul [abc]

**Replikation** (Vervielfältigen) replication [edv]

**Reporter** (Presseberichterstatter) reporter [abc]

**Repräsentation** representation [edv]; (→ analoge R.)

**Repräsentation von Wissen** representation of knowledge [edv]

**Republik** (Staatsoberhaupt gewählt) republic [pol]

**requirieren** (beschlagnahmen) confiscate [mil]

**resedagrün** (RAL 6011) reseda green [nrm]

**Reserve** reserve [abc]; (Soldaten) reserve [mil]

**Reservebestand** (zum gelieferten Gerät) back up stock [eco]

**Reservekessel** standby boiler [pow]

**Reservemühle** reserve mill [pow]; standby mill [roh]

**Reservepumpe** standby pump [mas]

**Reserverad** spare wheel [mot]

**Reserveradhalter** spare wheel carrier [mot]

**Reservereifen** spare tyre [mot]

**Reservetank** emergency fuel tank [mot]

**reservieren** (ein Einzelzimmer) book [abc]

**Reservierungsdienst** (z.B. Flugtickets) booking service [abc]

**resignieren** give in [abc]

**Resonanz** (z.B. beim Publikum) return [abc]

**Resonanzfrequenz** resonance frequency [phy]; resonant frequency [phy]

**Resonanzkurve** resonance curve [phy]

**Resonanzprüfung** resonance testing [abc]

**Resonanzschwingung** (meist störend) sympathetic vibration [phy]

**Resonanzüberhöhung** resonance step-up [phy]

**Resonanzverfahren** resonance method [phy]

**respektierlich** respectable [abc]

**Ressort** section [abc]

**Ressourcen** (Quellen, Kapazität) resources [abc]

**Rest** remnant [abc]; (Ablagerung) residue [abc]; (übriggebliebene Leute) rest [abc]; (übriggebliebenes Essen) left-overs [abc]; (was übrig ist) remainder [abc]

**Restaurant** restaurant [bau]

**restaurieren** (aufmöbeln) refurbish [abc]; (nur oberflächlich) do up [bau]; (z.B. Gebäude erneuern) restore [bau]

**Restbetriebsanzeige** remaining operating potential [abc]

**Resthärte** residual hardness [pow]

**restore** (bereits Gesichertes wieder einlesen) restore [edv]

**Restprodukte** residual products [abc]

**Restrekursion** tail-recursion [edv]

**Restriktion für die Bedeutungsauswahl** meaning-selection constraint [edv]

**restriktionsbasierte Syntaxanalyse** constraint-based sentence analysis [edv]

**Resttragfähigkeit** (des Gabelstaplers) remaining lifting capacity [mbt]

**Restverlust** unaccounted loss [abc]; unknown loss [pow]

**Restwandstärke** remaining wall thickness [mas]

**Restwelligkeit** ripple voltage [elt]

**Restzahlung** final payment [abc]

**Resultat** result [abc]

**resultierende Momente** resultant moments [mbt]

**resultierender Außenwinkel** angle of repose [mbt]

**resultierender Innenwinkel** valley angle [abc]

**resultierender Winkel** (2 Dächer) valley angle [bau]

**Retarder** (Zusatzbremse, Verlangsamer) retarder [mot]

**retten** (Menschen bergen) safe [pol]

**Rettung** (Menschen bergen) rescue [med]

**Rettungsboot** lifeboat [mot]

**Rettungsring** lifesaver [mot]

**Revanche** revenge [abc]

**revanchieren** (sich revanchieren, Gegeneinladung) reciprocate [abc]; (sich revanchieren, Rache nehmen) retaliate [abc]

**Revision** (der Rolltreppe) inspection run [mbt]

**Revisionsfahrkabel** handlead [mbt]; inspection-run cable [mbt]; remote station control [mbt]

**Revisionsfahrkabelanschluß** test plug [mbt]

**Revisionsfahrt** inspection travel [mbt]

**Revisionsfahrtableau** inspection control panel [mbt]

**Revisionsgerät** inspection control switchbox [mbt]

**Revisionsschalter** (für Langsamfahrt) inspection switch [mbt]

**Revisionssteckdose** socket for inspection run [mbt]

**Revisionssteckdose oben** upper socket for inspection run [mbt]

**Revisionsstecker** socket for inspection run [mbt]

**Revisionssteuergerät** inspection run operating mechanism [mbt]

**revolutionär** revolutionary [abc]

**Revolver** revolver [mil]

**Revolverdrehbank** turret lathe [met]

**Reynolds-Zahl** Reynolds number [pow]

**reziprokes Zweitor** reciprocal two-port [elt]

**Reziprozität** reciprocity [mat]

**Rezirkulationsgebläse** recirculation fan [pow]

**Rezirkulationsleitung** (Rauchgas) recirculating duct [pow]

**RHB** (Roh-, Hilfs- und Betriebsstoffe) raw-, auxiliary- and service materials [mas]

**Rhombus** (Raute; Plural: Rhomben) rhombus [abc]

**Rht** (Rauheit, in Zeichnung) roughness [con]

**Rhythmus** (auch der Musik) rhythm [abc]

**Richtanalyse** reference analysis [mes]

**Richtcharakteristik** directional characteristic [abc]

**richten** (Schienen, früher per Auge heute per Gerät) fettle track [mot]; (von Blechen) straighten [mas]

**Richter** (Erzählen Sie das dem Richter) judge [pol]

**Richtfest** (Haus fertig bis Dachstuhl) topping out [bau]

**richtig** (akkurat, genau) accurate [abc]; (Das ist richtig.) right [abc]; (fehlerlos) correct [abc]; (makellos) proper [abc]; (z.B. echtes Leder) genuine [abc]

**Richtkraft** straightening force [mas]

**Richtlatte** (Richtscheit) straight edge [met]

**Richtlinie** code [nrm]; (Anweisung) directive [mbt]; (Anweisung) instruction [abc]; (Regeln, Code) guideline [abc]

**Richtmaschine** (Blech nach Schneiden) straightening machine [mas]

**Richtpresse** (nach Verformung) straightening press [mas]

**Richtscheit** (Richtlatte) straight edge [met]

**Richtstrecke** (unter Tage) pilot-heading [roh]

**Richtung** (der Mode, der Politik) trend [abc]; (z.B. Verkehr, Wind) direction [mot]; (→ Flußr.)

**Richtungsanzeiger** (z.B. Auto) indicator [mbt]b

**Richtungsempfindlichkeit** directional sensitivity [elt]

**Richtungsfunktion** directivity function [abc]

**Richtungsgleis** (des Ablaufberges) sorting siding [mot]

**Richtungsorientierung** directioning [mot]

**Richtungsschalter** (im Balustradenkopf) directional start switch [mbt]

**Richtungswahlschalter** (Vor-Rückwärts) shuttle valve [mot]

**richtungsweisend** (besonders gut) mark-setting [abc]

**Richtwalzmaschine** straightening roller machine [mas]

**Richtwert** (bei Materialzusammensetzung) guiding data [mas]; (Circa-Angabe) guideline [abc]; (Circa-Angabe) guiding value [abc]

**Riechversuch** smell test [abc]

**Riefen** (Fehlerart) groove [mas]

**riefen** (wellig machen, mit Riefen versehen) corrugate [met]

**Riegel** bolt [mas]; interlock device [mot]; spanning member [mas]; (an Tür) catch [bau]; (Gerüst) buckstay [pow]

**Riegelfeder** interlock spring [mot]

**Riegelkugel** interlock ball [mot]

**Riegelstopfen** interlock plug [mot]

**Riemen** (auch Schärpe) sash [abc]; (auch Treibriemen) belt [mot]; (des Ruderbootes) oar [mot]; (→ Treibr.)

**Riemenantrieb** belt drive [mas]

**Riemenbreite** belt width [mas]; (Keilriemen) groove width [mas]

**Riemengeschwindigkeit** (Riemenantrieb) belt speed [mas]

**Riemenscheibe** pulley [mas]; (Gebläse, Lüfterschraube) fan-driving pulley [mot]; (Treibriemenscheibe) belt pulley [mas]

**Riemenscheibe, ballig** belt pulley, high crowned [mas]; belt pulley, high faced [mas]

**Riemenschlupf** slip of the belt [mas]

**Riemenschutz** belt guard [mbt]

**Riemenspanner** belt tightener [mas]

**Riemenspannrolle** idler [mas]

**Riemenspannung** belt tension [mas]

**Riementrieb** belt drive [mas]

**Riementrumm** end of the belt [mas]

**Riementrumm, ablaufend** side of delivery [mas]

**Riementrumm, auflaufend** side engaging with pulley [mas]

**Riementrumm, ungespannt** loose side [mas]

**Riemenverbinder** belt joint [mas]

**Riese** (großer Mensch, Tier, Gerät) giant [abc]

**Rieselkühler** spray cooler [pow]

**Riesenkessel** (Großkessel) giant boiler [pow]

**Riff** (Klippe, Schiffshindernis) reef [mot]

**Riffel- und Tränenblech** checker and floor plate [wst]

**Riffelblech** chequered plate [pow]; (gegen Ausrutschen) chequer plate [wst]; (gegen Ausrutschen) corrugated sheet, checker plate [wst]

**Riffelblechdecke** chequered plate top casing [pow]

**Riffelung** corrugation [wst]; fluting [met]

**Rille** (im Eisenbahnrad) groove [mot]; (in Seilscheibe, Winde) rope groove [roh]; (meist unerwünscht) groove [mas]; (Nut) groove [mas]

**Rillenkugellager** ball-bearing [mas]; deep groove ball bearing [mas]; grooved ball bearing [mas]; needle bearing [mbt]

**Rillenprofil** (Reifen) rib tread [mot]

**Rillenschiene** (z.B. für Straßenbahn) grooved rail [mot]

**Rillenwinkel** (Keilriemen) groove angle [mas]

**Rind** (Ochse) bullock [bff]

**Rinde** (des Baumes) bark [bff]

**Rindenkessel** bark-burning boiler [pow]

**Rindenschäler** slasher [wzg]

**Rinderfarm** ranch [abc]

**Rindsleder** (z. B. bei Werbeartikeln) cowhide [abc]

**Ring** (Finger, Dichtung) ring [abc]; (Ringbuchse) collar [wst]; (Schmuck) ring [abc]; (Unterlegscheibe) ring [mas]; (→ Abstandsr.; → Abstreifr.; → Außenr.; → Dichtr.; → Dichtungsr.; → Distanzr.; → Drosselr.; → Einlager.; → Einstellr.; → Federr.; → Filzr.; → Gummir.; → Halter.; → Horndruckr.; → Innenlippendichtr.; → Innenlippenr.; → Innenr.; → Keilr.; → Klauenr.; → Klemmr.; → Kolbenr.; → Kühlerschutzr.; → Lagerr.; → Losflanschr.; → Mahlr.; → Ölabstreifr.; → Ölschleuderr.; → O-Ring; → Rundschnurr.; → Schleifr.; → Schneider.; → Seitenr.; →

Sicherungsr.; → Spannr.; → Sprengr.; → Stellr.; → Stützr.; → treibender R.; → Überschneidr.; → U-R.; → Verbindungsr.; → Verschleißschutzr.; → Verschlußr.; → Zahlenwertr.; → Zahnr.; → Zentrierr.; → Zierr.)

**Ring bohren** (Innenrille drehen) trepan [mas]

**Ringausbau** (im Bergwerk) circular arch [roh]

**Ringbahn** (versorgt u.a. Vororte) orbital railway [mot]

**Ringbolzen** fastener [mas]

**Ringe und Stäbe** coils and cut lengths [wst]

**Ringfassung** bayonet holder [mas]

**Ringfederspannelement** annular spring tensioning set [mas]; locking assembly [mas]

**Ringfeldgeber** synchro transmitter [elt]

**Ringfläche** (statt Kolbenfläche) ring side [mas]

**Ringflächenseite** (des Zylinders) annulus [mot]

**ringförmig** ring-shaped [abc]

**ringförmiges Zahnrad** ring gear [mot]

**Ringlötstück** solder banjo connection [mot]

**Ringmaulschlüssel** combination end wrench [wzg]; (Maul und Ring) combination wrench [wzg]

**Ringmutter** lifting eye nut [mas]; ring nut [mas]

**Ringpoti** circular potentiometer [mes]

**Ringraum** annulus [abc]

**Ringrillenkugellager** ring groove ball bearing [mas]

**Ringschlüssel** box end wrench [wzg]; box spanner [wzg]; box wrench [wzg]; ring spanner [wzg]; ring spanner [wzg]

**Ringschmierlager** ring-lubricated bearing [mas]

**Ringschraube** eye bolt [mas]
**Ringseite** (des Kolbens im Zylinder) annulus [mot]; (des Kolbens) rod side [mas]; (des Zylinderkolben) ringface of piston [mas]
**Ringsicherung** ring type retainer [mot]
**Ringstück** ring [mas]
**Ringstutzen** ring support [mot]
**Ringwaage** (Wasser- und Dampf-mengenmessung) ring balance meter [mes]
**Rinne** (Gosse) gutter [bau]; (kleiner Graben an Straße) ditch [bau]; (→ Regenr.)
**Rinnsal** (kleines, fließendes Wasser) stream [abc]
**Rippe** (auch Tier, Mensch) rib [med]; (Stufe, Versteifung) rib [mbt]; (zwischen Unter- und Obergurt) web [mas]
**rippen** rib [mas]
**Rippenheizung** (dünne Flossen) gilled pipe heating surface [mbt]
**Rippenplatte** ribbed base plate [mot]
**Rippenrohr** finned tube [pow]; gilled tube [pow]
**Rippenrohr-Eko** fin tube economiser [pow]; gilled tube economiser [pow]
**Rippenrohrkühler** finned tubular radiator [pow]
**Rippenrohrteilung** tube fins pitch [mas]
**Rippenschraube** (durch Waggon-bohle) rib bolt [mot]
**RISC-Rechner** RISC-architecture [edv]
**Risiko** (Gefahr) danger [abc]; (Versicherung) hazard [jur]
**rissefrei** free from cracks [bau]
**Riß** split [mbt]; (Bruch) rupture [mas]; (eingerissen) tear [abc]; (Einriß in Metall, Holz) rent [abc]; (Fehlerart) crack [wst]; (Plan eines Tagebaus) map [abc]; (Spalten im Hangenden) crack [roh]; (→ Längsr.)

**rißfrei** free from cracks [met]
**rißgeprüft** crack-tested [abc]
**rissig, klüftig** (z.B. Felsformation) fissured [roh]
**Rißprüfung** crack test [mes]
**Rißtiefe** (im Material) depth of crack [wst]
**Ritt** (zu Pferd, Esel, Kamel, Elefant) ride [abc]
**rittlings über den Haufen** (Grader) astride over the heap [mbt]
**ritzbar** scratchable [mas]
**Ritzel** (treibt an, bewegt) gear pinion [mot]; (Zahnrad) pinion [mot]
**Ritzelachse** pinion shaft [mot]
**Ritzelkammer** pinion box [mot]
**Ritzelwelle** pinion drive shaft [mot]; pinion shaft [mot]; spline shaft [mbt]
**ritzen** (anzeichnen, aufzeichnen) score [met]
**Ritzversuch** scratch test [mas]
**Rivale** (Mitbewerber) rival [abc]
**Rivalität** (Wettbewerb) rivalry [abc]
**Rm** (Festigkeit des Metalls) tensile strength [wst]
**Roboter** (Roboter auch für Schwei-ßen) robot [abc]
**Roboterprogrammierung** robot programming [edv]
**Robotersteuerung** robot control [edv]
**Robotik** robotics [edv]
**robust** (sehr gut gebaut, z.B. Schiff) stout [mot]; (stabil, haltbar) rugged [abc]; (stark, widerstandsfähig) robust [abc]; (z.B. stark gebautes Schiff) sturdy [mot]
**robuster Haken** robust hock [mas]
**Rock** (Kleidungsstück) skirt [abc]
**Rockwell-Härtegrad** (Rc) Rockwell hardness [wst]
**Rodelschlitten** (aus der Schweiz) luge [abc]

**roden** (Bäumen fällen) root [bff]

**Rodezahn** ripper tooth [mbt]; (Ausrüstung an Bagger, Lader) stump harvester [mbt]

**Rodezahn** (Grabhaken am Bagger) wrecker tooth [mbt]

**roh** (nur gewalzt; HRS) as-rolled [mas]; (wie geschmiedet; HRS) as-forged [mas]

**Rohbau** bar brickwork [bau]; building carcass [bau]; rough brickwork [bau]; shell [bau]

**rohe Unterlegscheibe** raw washer [mas]

**Roheisen** (aus Hochofen, unbearbeitet) pig iron [wst]

**Roheisenbehandlungsanlage** hot metal processing equipment [met]

**Roheisenpfannenwagen** pig-iron ladle car [mot]

**rohes Formstück** (unbearbeitet) blank [met]

**Rohgewicht** unmachined weight [mas]

**Rohkohle** raw coal [roh]

**Rohling** (unbearbeitet) moulded blank [mas]

**Rohmaß** rough size [con]

**Rohmaterial** (unbearbeitetes Inventar) stock [mas]

**Rohmehlanlage** raw meal grinding plant [roh]

**Rohmetall** raw metals [wst]

**Rohöl** crude oil [roh]

**Rohr** duct [abc]; tubing [mas]; (des Geschützes) barrel [mil]; (des Zylinders) pipe [mas]; (einlaufend) running-in tube [mas]; (großer Durchmesser) pipe [mas]; (kleiner Durchmesser) tube [mas]; (Leitung; etwas läuft durch) conduit [wst]; (Röhre) pipe [mas]; (Röhre) tube [mas]; (→ Abführr.; → Abstandsr.; → Ansaugr.; → Auspuffr.; → bestiftetes R.; → dickwandiges R.; → Distanzr.; → Druckr.; → dünnwandiges R.; →

Fallr.; → Fangrostr.; → Feuerraumkühlr.; → Flossenr.; → Gabelr.; → gebogenes R.; → Gelenkwellenr.; → geprüftes R.; → gezogenes R.; → glattes R.; → Hinterachsr.; → Hosenr.; → Kapillarr.; → Kühlr.; → Kurzschlußr.; → Leitungsr.; → Lenkr.; → Luftsaugr.; → nahtloses R.; → Pitotr.; → rauhes R.; → Rippenr.; → Rücklaufr.; → Rückwandr.; → Schutzr.; → Siederr.; → Stahlr.; → Steigr.; → Stützr.; → summiertes R.; → Tragr.; → Überhitzertragr.; → U-R.; → Verbindungsr.; → Vorverdampferr.; → Wandr.; → Wellblechr.; → Zuführr.)

**Rohrablage** depositing section; tube deposit [wst]

**Rohrabzehrung** tube wear [mas]

**Rohranordnung** arrangement of tubes [pow]

**Rohranschlag** tube stop [mas]

**Rohraufgabe** tube feeding [mas]

**Rohraufhängung** (federnd) spring loaded tube hanger [mas]

**Rohraufhängung mit gleicher Spannung** constant tension tube hanger [pow]

**Rohraufweitung** (Rohrausbeulung) tube bulge [mas]

**Rohrausbeulung** (Rohraufweitung) tube bulge [mas]

**Rohrauskleidung** (Kühlfläche) tubulous lining [pow]; (Kühlfläche) water tube wall [pow]

**Rohrauswechslung** tube renewal [mas]

**Rohrbeläge** deposits [pow]

**Rohrbiegemaschine** pipe bending machine [wzg]

**Rohrbogen** elbow [mas]

**Rohrbruch** pipe burst [mas]; pipe fracture [pow]

**Rohrbruchsicherung** pipe anti-burst device [mbt]; pipe-break protection [mbt]

**Rohrbrücke** (im Pipelinebau)
pipeline bridge [mas]
**Rohrbündel** tube bank [mas]
**Röhrchendrahtschweißen** flux-
cored arc welding [met]
**Rohrdimension** size of tube [mas]
**Rohrdurchmesser** (außen) outside
diameter [mas]; (innen) inside
diameter [mas]; (→ äußerer R.)
**Rohre** tubes and pipes [mas]
**röhrenförmig** tubular [mas]
**Röhrenkühler** tubular radiator
[pow]
**Röhrenlampe** strip-light [elt];
tabular bulb [elt]
**Röhren-Luvo** tubular air heater
[pow]
**Röhrenmaterial** tubing [mas]
**Röhrenwerk** pipe mill [abc]
**Rohrerosion** tube erosion [mas];
(→ wasserseitige R.)
**Röhre** tube [mas]; (→ Elektronen-
strahlr.)
**Rohrflansch** pipe flange [mas]; tube
flange [mas]
**rohrförmig** tubular [mas]
**Rohrformstück** pipe fitting [mas]
**Rohrgasse** (im Rohrbündel) tube
lane [pow]
**Rohrgerippe mit Ventilen** (unter
Kabine) cascade [mbt]
**Rohrgewinde** pipe thread [mas]
**Rohrgraben** pipe trench [bau]
**Rohrhalteflosse** (in Feuerraum-
wand) tube tiebar connection [pow]
**Rohrhalter** pipe clamp [mot]
**Rohrherstellung** pipe manufactur-
ing [mas]
**Rohrinnenfläche, oben** (aufgebo-
gen) inside surface of pipe, top
[mas]
**Rohrkrepierer** (Granate in Lauf)
premature detonation [mil]
**Rohrkrümmer** pipe bend [mas]
**Rohrkrümmung** tubing curvature
[mas]

**Rohrkühler** rotary cooler [pow]
**Rohrlänge** (→ gestreckte R.) tube
length [mas]
**Rohrleckage** tube leakage [mas]
**Rohrleger** (Spezialschiff) pipe layer
[mot]
**Rohrleitung** pipe [mot]; pipe
conduit [mas]; pipeline [mas];
pipework [pow]; piping [mas];
tubing [mas]
**Rohrleitungen** piping [mas]
**Rohrleitungsmonteur** pipework
fitter [pow]
**Rohrleitungssystem** pipe system
[mas]
**Rohrleitungsteil** pipeline element
[mas]
**Rohrleitungsteil, spez. Warmrohr-
bogen** pipeline element, special hot-
i-bend [mas]
**Rohrleitungsverbindungsstück**
fitting [pow]
**Rohrleitungsverschraubung** fitting
[mot]
**Rohrloch** tube hole [mas]
**Rohrmuffe** connecting sleeve [pow];
tube coupling [mas]
**Rohrmühle** tube mill [mas]
**Rohrmutter** cap nut [wst]; pipe nut
[mas]
**Rohrniet** tubular rivet [mas]
**Rohrnippel** pipe nipple [mot]
**Rohrplatte** tube plate [mas]
**Rohrpost** (Bürokommunikation)
pneumatic tube [abc]
**Rohrpostanlage** pneumatic tube
sample transport [abc]
**Rohrprüfkopf** tube testing probe
[mes]
**Rohrprüf<kopf>halterung** tube
probe holder [mes]
**Rohrprüfanlage** tube test installa-
tion [mes]
**Rohrquerschnitt** (außen) outside
diameter [mas]; (innen) inside
diameter [mas]

**Rohrquerstrebe** tubular cross member [mas]

**Rohrquerträger** tubular cross member [mas]

**Rohrrahmen** tubular frame [mas]

**Rohrreduzierstück** pipe reducer [mas]

**Rohrreißer** tube crack [mas]

**Rohrrolle** (für Dehnungen) pipe roll [pow]

**Rohrschaden** tube failure [mas]; tube fault [mas]

**Rohrschelle** fitting banjo [mbt]; pipe clamp [pow]; pipe clip [mbt]; pipe hanger [mas]

**Rohrschlange** continuous loop [pow]; tube coil [mas]; (hängend) pendant continuous loop [pow]

**Rohrsektor** tubular sector [mas]

**Rohrspannbacke** (-n; am Schraubstock) pipe clamping jaw [mas]

**Rohrstummel** bushing [mas]; tubing [mas]

**Rohrteilung** tube spacing [mas]

**Rohrtransport** (R-vorschub) tube advance [mot]

**Rohrtransporter** pipe transporter [mot]

**Rohrtraverse** pivot bar [mas]

**Rohrüberhitzung** tube overheating [mas]

**Rohrverbindung** (Flansche, Armaturen) pipe connection [mas]

**Rohrverleger** (Mann, Maschine) pipelayer [abc]

**Rohrverlegung** piping [abc]

**Rohrverschluß** tube closing [mas]

**Rohrverschraubung** fitting [met]; pipe fitting [mas]; pipe union [mas]

**Rohrverschraubung, Nippel** fitting [met]

**Rohrverzweigung** pipe branch [pow]

**Rohrvorschub** tube travel [mas]

**Rohrwalzgerät** tube expander [mas]

**Rohrwand** tube wall [mas]; (geschlossene) tangent tube construction [mas]; (geschlossene) tube-to-tube construction [mas]; (Kühlschirm) waterwall [pow]

**Rohrwandtemperatur** tube wall temperature [pow]

**Rohrwandung** tube wall [mas]

**Rohrweiterverarbeitung** finishing of tubulars [met]

**Rohrwerks-Engineering** pipe mill engineering [mas]

**Rohrzange** pipe spanner [wzg]; pipe wrench [wzg]

**Rohstahl** crude steel [mas]

**Rohstoff** raw material [roh]

**Rohstoffanalyse** raw material analysis [mes]

**Rohstoffe** raw materials [roh]

**Rohstoffgesellschaft** raw material manufacturing [roh]

**Rohstoffgewinnung** obtaining raw materials [roh]

**Rohteil** raw part [wst]; unmachined part [mas]

**Rohteil Nr.** blank no. [met]

**Rohwasser** crude water [was]

**Rohwasserpumpe** raw water pump [pow]

**Rohwasserspeicher** raw water storage tank [pow]

**Rohwasserzuführkanal** raw water intake tunnel [pow]

**Rollbahn** (Flugplatz) runway [mot]

**Rollbahnwagen** side tipping wagon [mot]

**Rollbahnwagen** skip [mot]

**Rollbock** (Schmalspurbahn) wagon carriage [mot]; (trägt Normalspurwagen auf Schmalspur) wagon carriage [mot]

**Rollboden** ejector floor [mas]; (Schürfkübel) retractable floor [roh]

**Röllchen** roll [bau]

**Rolldach** roller-shutter roof [mot]

**Rolle** (an Laufwerk, Rolltreppe) roller [mbt]; (die ich spiele) part [abc]; (in Stufenkette der Rolltreppe) roller [mbt]; (mit Film drauf) reel [abc]; (Rad) wheel [mbt]; (Riemenscheibe) pulley [mot]; (Spule, Walze) coils [wst]; (→ Freilaufklemmr.; → Zentrierr.; → Zylinderr.)

**Rolle aus hochwertigem Werkstoff** high-quality plastic roller [mbt]

**Rolle bei Entdeckungen** role in discovery [edv]

**Rolle beim Wissenstransfer** role in knowledge transfer [edv]

**rollen** (des Gewindes nach Vergüten) roll [mas]; (des Zylinderrohres, innen) burnish [met]; (des Zylinderrohres, innen) roller burnishing [mas]; (ein Rad, mangeln, wegrollen) roll [mas]; (Kohlenabsperrschieber) coal gate supporting rollers [pow]; (letztes Feinrollen) burnish [met]

**Rollenachslager** roller-bearing type axle box [mot]

**Rollenbahn** conveyor [wst]

**Rollenbesetzungsprozedur** role-filling procedure [edv]

**Rollenbock** roller stool [mot]

**Rollenbügel** (Rolltreppe) roller cam [mbt]; (Rolltreppe) roller retainer [mbt]

**rollende Autobahn** flatbed car [mot]; rolling highway [mot]

**rollendes Material** transport stock [mas]; (der Bahn) rolling stock [mot]; (Loks und Waggons) rolling stock [mot]

**Rollendrehkranz** (an schwerem Bagger) roller-bearing slewing ring [mbt]; (mit Rollen) roller-bearing slewing ring [mbt]

**Rollendrehverbindung** roller bearing slewing ring [mas]; (RDV) swing rack [mbt]

**Rollendurchmesser** roller diameter [mas]

**Rollenfigur** (beim Film spielen) character [abc]

**Rollenförderer** gravity roller [mas]

**Rollenhebelventil** valve with roller lever [mot]

**Rollenhebelventil mit Leerrücklauf** valve with roller lever and idle return [mot]

**Rollenhöhe** (z.B. des Kranes) sheave height [mot]

**Rollenkette** roller assembly [mbt]; (im Glasbalustradenkopf) roller chain [mbt]

**Rollenklammer** roll clamp [mot]

**Rollenkopf** (Seilzug Schaufelrad-bagger) pulley head [mbt]

**Rollenlager** antifriction bearing [mas]; roller bearing [mbt]; (an Lokachse) roller bearing [mot]

**Rollenlager mit Spiralfedern** roller bearing with spiral springs [mot]

**Rollenlagerring** cup [mot]; roller cup [mas]

**Rollenschieber** (Schamottindustrie) roller-sliding gate [mas]

**Rollenschlitten** carriage [mot]

**Rollenspiegel** roller bow [mbt]

**Rollenstößel** roller tappet [mas]

**Rollentripel** triple roller guide [mas]

**Roller** (Flaschenzug) pulley [mas]; (Kinderspielzeug) scooter [abc]

**rollfähig** (z.B. alte Lok) movable [mot]

**Rollfuhrunternehmen** carrier [mot]

**Rollgang** roller gear bed [mas]; roller table [mas]; (angetrieben) live roller bed [mot]; (nicht angetrieben) idle roller bed [mot]

**Rollgangshöhe** roller conveyor level [mas]

**Rollgangslänge** length of roller conveyor [mot]

**Rollgangsniveau** roller conveyor surface level [mas]

**Rollgangsrahmen** roller rack [mas]

**Rollgeschwindigkeit** roller conveyor surface speed [mas]

**Rollgurtförderer** tube conveyor [roh]; (Band wird Schlauch) rollgurt conveyor [roh]

**rolliges Material** loose material [wst]

**Rollkreis** (des Zahnrades) pitch circle [mas]

**Rollreibung** rolling friction [mas]

**Rollreibungsverluste** rolling friction losses [mas]

**Rollreifendeckelfaß** drum with removable head and rolling hoop [mas]

**Rollreifenfaß** drum with removable head and rolling hoop [mas]

**rollschweißen** wheel resistant welding [met]

**Rollsickendeckelfaß** (DIN 6644) drum with removable head and rolling beads [mas]

**Rollsickenfaß** drum with removable head and rolling beads [mas]

**Rollsickenfaß mit PE Innenbehälter** drum with rolling beads and PE-inliner [mas]

**Rollsteig** autowalk [mbt]; compoveyor [mbt]; moving sidewalk [mbt]; moving walk [mbt]; moving walkway [mbt]; travelator [mbt]; autowalk [mbt]; passenger conveyor [mbt]; autowalk [mbt]

**Rollsteigpalette** pallet [mbt]

**Rollstuhl** (für Körperbehinderte) wheelchair [med]

**Rollstuhlfahrer** (Aufzüge vorhanden) person in a wheelchair [mbt]

**Rolltreppe** escalator [mbt]; moving staircase [mbt]; moving stairway [mbt]; (→ Stufe, Handlauf, Kette)

**Rolltreppe, außenliegende** outdoor escalator [mbt]

**Rolltreppe, innenliegende** indoor escalator [mbt]

**Rolltreppe, zweispurig** double-tracked escalator [mbt]

**Rolltreppen** escalators [mbt]

**Rolltreppenbenutzer** passenger [mbt]

**Rolltreppenbreite** escalator width [mbt]

**Rolltreppengerüst** (Fachwerkkonstruktion) truss [mbt]

**Rolltreppengetriebe** escalator gearbox [mbt]

**Rolltreppenschacht** wellway [mbt]

**Rolltreppenstufe** escalator step [mbt]; (kurz: Stufe) step [mbt]

**Rolltreppenzugang** escalator entrance [mbt]; escalator landing [mbt]

**Rollwagen** (Schiene/Straße) transport truck [mot]

**Rollweg** (auf Flugplatz) taxiway [mot]

**Rollwiderstand** rolling resistance [mot]

**römische Zahl** Roman numeral [abc]

**röntgen** (durchleuchten) X-ray [met]

**Röntgengerät** X-ray plant [elt]

**Röntgenprüfung** radiographic examination [mes]; X-ray examination [mes]

**Röntgenstrahl** X-ray [elt]

**Röntgenstrahlenmaterialpüfung** X-ray material testing [met]

**Röntgenstrahlung** X-radiation [elt]

**Röntgenüberpüfung** X-ray testing [met]

**Ro-Ro-Schiff** (Roll-on Roll-off ship) Ro-Ro-ship [mot]

**rosa** (Farbton) pink [abc]

**rose** (RAL 3017) rose [nrm]

**Rosette** rosette [bau]

**Rosettenscheibe** (f. Senkkopfschraube) cup washer [mas]

**Rost** grate [pow]; (aus Latten) grating [bau]; (Eisenoxid) rust [che]; (Gitter, Grill) deck [mot]; (Ofen) grill [mot]; (über Grube) grating [mot]; (→ Ausbrennr.; → Fangr.; → Kettenr.; → Muldenr.; → Planr.; → Schrägr.; → Wanderr.)

**Rost mit Blastisch** spreader stoker [mas]

**Rostabdeckplatte** (verglast) cover plate [pow]; (verglast) dust hood [pow]

**Rostabdichtung** (seitliche) side grate seal [pow]

**rostanfällig** corrodible [wst]; corrosive [wst]

**Rostbelastung** fuel fired per square foot of grate [pow]

**Rostbreite** width of grate [pow]

**Rostdurchfall** riddlings [pow]; siftings [roh]

**Rostdurchfalltrichter** riddlings hopper [pow]; siftings hopper [roh]

**Rostdurchfallverlust** riddlings loss [pow]

**Rostdurchfallwiederaufgabe** riddlings return [pow]

**Rostfläche** grate area [pow]

**Rostflecken** rust stains [mas]

**rostfrei** (nichtrostende Stähle) stainless [wst]

**rostfreier Stahl** stainless steel [wst]

**rostig** rusty [mas]

**Rostkessel** stoker-fired boiler [pow]

**Rostkorbausziehwagen** (zieht R. aus Brecher) grate basket trolley [roh]

**Rostkühler** grate cooler [roh]

**Rostlänge** length of grate [pow]

**Rostschlußstab** (seitlich) side seal link [pow]

**Rostschutz** rust inhibitor [mas]

**Rostschutzmittel** rust inhibitor [mas]

**rostsicher** rust-proof [mas]

**Rostspalte** grate opening [pow]; interstice of the grate [pow]

**Roststab** grate link [pow]; stoker link [pow]

**Roststabreinigungsvorrichtung** grate cleaning device [pow]

**Roststabträger** skid bar [pow]

**Rosttrichter** coal hopper [pow]

**Rostumlenktrommel** (hinten) rear idler drum of grate [pow]

**Rostvorschub** speed of the grate [pow]

**Rostwärmebelastung** stoker burning rate [pow]

**Rostwelle** (hinten) rear sprocket [pow]; (vorn) driving sprocket [pow]

**rot** (Farbton) red [abc]

**Rotationspumpe** rotary pump [mas]

**rotationssymmetrisch** rotation symmetrical [mas]

**rotbraun** (RAL 8012) red brown [nrm]

**roter Bereich** (gefährlich, riskant) red zone [abc]

**Rotes Kreuz** Red Cross [abc]

**Rotguß** (enthält Messinglegierung) red brass [wst]

**rotierendes Gehäuse** rotating assembly [mas]

**rotlila** (RAL 4001) red lilac [nrm]

**Rotor** (Drehdurchführung Bagger) rotary oil <and air> distributor [mbt]; (rotierendes Teil) rotator [mas]; (Turbolader) rotating assembly [mot]; (z.B. des Hubschraubers) rotor [mot]

**rotorange** (RAL 2001) red orange [nrm]

**Rotorblatt** (auch Hubschrauber) rotor blade [mot]

**Rotorwelle** rotor shaft [mot]

**rotviolett** (RAL 4002) red violet [nrm]

**Route** (Fahrtstrecke) route [mot]

**Routinebefahrung** routine inspection [pow]

**RT** (Abkürzung für Rolltreppe) escalator [mbt]

**rubbeln** (reiben, schaben) rub [mas]

**Rubin** (roter Edelstein) ruby [min]

**rubinrot** (RAL 3003) ruby red [nrm]

**Rück-** (z.B. Rückblickspiegel) rear [mot]

**rückbare Bandförderanlage** shiftable belt conveyor [mbt]

**Rückblickspiegel** rear view mirror [mot]

**rückbuchen** (annullieren) cancel [abc]

**Rückdeckung** (in Rückdeckung nehmen) re-insurance accepted [jur]

**Rückdruckverwertung** (Serienschaltung) back-pressure utilization [mbt]

**Rücken** (von Mensch und Tier) back [med]

**rücken** (bewegen) move [mot]; (Holz im Wald) skid [bff]

**Rückenschneide** rear cutting edge [bau]

**Rückfahren** (z.B. Rußbläser; Zurückziehen) retraction [pow]

**Rückfahrscheinwerfer** back up light [mot]; back-up lamp [mot]; reversing light [mot]

**Rückfahrsignal** (akustisch) back up alarm [mot]

**Rückfahrsperre** (beim Kippen der Mulde) reversing lock [mot]

**Rückfahrtleuchte** reversing light [mot]

**Rückfahrwarneinrichtung** back up warning device [mot]; safety device for reversing [mot]

**Rückfahrwarnleuchte** back up warning [mot]

**Rückfenster** rear window [mot]

**Rückfluß** response [abc]

**ruckfrei** (ruckfrei arbeitend) smoothly [mbt]; (z.B. Anfahren des Zuges) smooth [mot]

**Rückführleitung** (Rückspülleitung) scavenge line [mas]

**Rückführung** (Einziehen des Zylinders) retraction [mbt]; (von Besitz, Sammlungen) return [abc]; (→ Flugaschenr.)

**Rückgrat** backbone [med]; (Wirbelsäule, Kreuz) back [med]

**Rückhalt** (Er gibt mir Rückhalt.) assistance [abc]

**Rückhalteautomat** restraint automat [mot]

**Rückhaltebecken** (z.B. Regenwasser) storage basin [was]

**Rückhaltekette** backstay [mas]

**Rückholfeder** release spring [mas]; return spring [mot]; track recoil spring [mbt]

**Rückholplatte** (der Pumpe) backplate [mas]

**Rückholseil** back haul [mbt]

**Rückkehr** (des Sohnes) return [abc]

**Rückkippbegrenzung** rollback limit [mbt]

**Rückkippbegrenzung, automatisch** rollback limit, automatic [mbt]

**Rückkopplung** feed back [abc]; interaction [mas]; (→ positive R.)

**Rückkopplungschleife** feedback loop [elt]

**Rückkopplungsnetzwerk** feedback network [elt]

**Rückladegerät** (hier Schaufelradgerät) bucket wheel loader [mbt]

**Rücklauf** recoil [mas]; return [abc]

**Rücklaufachse** reverse idler shaft [mot]

**Rücklaufbuchse** reverse idler gear bushing [mot]

**Rücklaufdoppelrad** reverse twin gear [mot]

**rücklaufende Teile** reversing parts [mbt]

**Rücklaufleitung** by-pass return [mot]; return pipe [mot]

**Rücklaufrad** reverse idler gear [mot]

**Rücklaufritzel** reverse pinion [mot]

**Rücklaufrohr** return pipe [mot]

**Rücklaufsperre** non-reversing device [mbt]

**Rücklauftemperatur** (Wasser) return temperature [pow]

**Rückleistung** feed back [mot]

**Rückleuchte** rear light [mot]; tail light [mot]

**Rückmaschine** (Holz im Wald rücken) skidder [mot]

**Rückmeldeknopf** reset button [pow]

**Rückmeldeschalter** reset switch [pow]

**Rückmeldung** answering signal [mas]

**Rückprall** (Aufprall, Rückstoß) back lash [phy]

**Rückrufaktion** (z.B. Autos mit Mängeln) recall campaign [abc]

**Rucksack** kitbag [abc]; rucksack [abc]; (aus Leder oder Segeltuch) knapsack [abc]

**Rücksaugung** withdrawal [pow]

**Rückschein** (zum Einschreibebrief) advice of delivery [abc]; (zum Einschreibebrief) Avis de reception [abc]

**Rückschlag** (beim Gewehr) rebound [mil]; (beim Motor) back kick [mot]

**Rückschlagventil** check valve [wst]; non-return valve [mas]

**Rückschlagventil für Schwenkschild** angle check valve [mbt]

**Rückschluß** conclusion [abc]

**Rückschubmüllbrennrost** reciprocating grate incinerator stoker [pow]

**Rückseite** back [abc]

**Rücksendung** return shipment [abc]

**Rücksitz** (im Auto) back seat [mot]

**Rückspiegel** rear mirror [mot]; rear view mirror [mot]

**Rücksprache** (Vergewisserung, Bestätigung) consultation [abc]

**Rückspülleitung** scavenge line [mas]

**Rückspülpumpe** scavenger pump [mas]

**Rückstand** (Bodensatz lagert sich ab) sediment [abc]; (der Prämienzahlung) arrears in payment [eco]; (lagert sich ab, verbleibt) residue [bod]; (meist Schneematsch) sludge [abc]

**Rückstände** (Sedimente) residues [bod]

**Rückstandsmaterial** residual material [abc]

**Rückstandsöl** residual oil [pow]

**Rückstandsölkessel** residual oil fired boiler [pow]

**Rückstau** traffic congestion [mot]; (bei Druck) back pressure [phy]

**Rückstellimpuls** reset pulse [elt]

**Rückstoß** (auch Schußwaffe) recoil [mil]

**Rückstoßfeder** recoil starter [mas]; (z. B. an Anlasser) cavit [mbt]

**Rückstrahlcharakteristik** reflection characteristics [opt]

**Rückstrahler** cat's eye [mot]; reflector [mot]; reflex reflector [mot]

**Rückstrahlflächeninhalt** reflecting surface [elt]

**Rückstrahlfläche** reflecting surface [elt]

**Rückstrahlung** back scatter [abc]; back scattering [abc]; radiation reflection [pow]; reradiation [pow]

**Rückstreuventil** check valve [wst]

**Rückstromschalter** cutout [mot]

**Rückströmung** back flow [mot]

**Rücktritt** (vom Amt) resignation [abc]

**Rückverladung** reclaiming [mbt]

**Rückversetzung** (in den alten Zustand) reinstatement [jur]

**Rückversicherung** reinsurance [jur]

**Rückwand** backwall [mbt]; rear panel [abc]; (d. Kipp- od. Klappschaufel) backwall [mbt]; (der Klappschaufel) rear wall [mbt]

**Rückwandablaß** rear wall drain valve [pow]

**Rückwandecho** backwall echo [aku]; bottom echo [aku]

**Rückwandecho einer dünnen Platte** backwall echo of a thin plate [aku]

**Rückwandfallrohre** rear wall downcomers [pow]

**Rückwandfenster** rear window [mot]
**Rückwandrahmen** rear panel frame [mot]
**Rückwandrohr** rear wall tube [pow]
**Rückwandsammler** rear wall header [pow]
**Rückwandsteigrohre** rear wall risers [pow]
**Rückwandtür** rear door [mot]
**Rückwarenschein** return form [abc]
**rückwärts** (beim autofahren) reverse [mot]; (Da hinten, rückwärts) backward [abc]; (Rückwärts blickend) backwards [abc]
**rückwärts fahren** (ein wenig) back up [mot]
**rückwärts gekrümmte Schaufel** backward-curved blade [mbt]
**Rückwärtsfahrt** reversing [mot]
**Rückwärtsfahrtsignal** backing-up warning signal [mot]
**Rückwärtsgang** reverse gear [mot]; (Rußbläser) retraction [pow]
**Rückwärtsganganschlag** reverse gear stop [mot]
**Rückwärtsscheinwerfer** reversing light [mot]
**Rückwärtsverkettung** backward chaining [edv]
**rückwirkend** (rückwirkend bis <auf>...) retroactive [abc]
**Rückwirkungsdatum** retroaction date [jur]
**Rückwurf** rejection [mbt]
**Rückziehen** backtracking [edv]; (→ chronologisches R.)
**Rückzug** (Absatzbewegung) retreat [mil]
**Rückzugsfeder** release spring [mbt]
**Ruder** (semännisch: Riemen) oar [mot]
**Ruderer** oarsman [mot]
**Rudergänger** helmsman [mot]
**rudern** row [mot]
**Ruf** (hier: internationales Ansehen) international standing [abc]

**Ruhe-Haltsignal** stop signal [mot]
**ruhende Energie** (Trägheit) constant inertia [phy]
**Ruhepause** rest [abc]
**Ruhespannung** rest potential [elt]
**Ruhestand** (Rentenalter) retirement [abc]
**Ruhestellung** home position [abc]; resting position [mas]; (Ausgangs-stellung) reset position [pow]
**Ruhestrom** quiescent current [elt]
**ruhig** (der Wind ist ruhig; Windstille) calm [wet]
**ruhiger Lauf** quiet running [mot]
**ruhigstehend** stable [abc]
**Ruhpenetration** unworked penetration [mas]
**Ruhr** (Krankheit) dysentery [med]
**Ruine** ruins [abc]; shambles [bau]
**Rumpf** (eines Programms) body [abc]
**rund** (cirka) around [abc]; (runde Schienen der Modellbahn) curved [mot]; (Zylinder) round [mas]
**rund um die Uhr** (Tag und Nacht) around the clock [abc]; (z.B. Schichtarbeit) round the clock [abc]
**Rund- und Schnittholzgabel** log and lumber fork [mot]
**rund xx %** about xx % [abc]
**Runddichtring** O-ring seal [mas]
**runde Außennaht** outside round weld [met]
**runde Innennaht** inside round weld [met]
**runde Lehmbauten** circular mud-brick buildings [bau]
**runder Sammler** round header [pow]
**runderneuert** (Reifen) retread [mot]
**Rundholzgreifer** (am Stapler) lumber grapple [mot]
**Rundholzgreifer mit Knickgelenk** lumber grapple [mot]

**Rundkipper** (zur Waggonentladung) merry-go-round system [mot]; (zur Waggonentladung) rotary-dump equipment [mot]
**Rundkippmulde** all-sides discharge skip [mbt]
**Rundknüppel** round billet [mas]
**Rundlager mit Brückenkratzer** circular stockpile with bridge reclaimer [roh]
**Rundlauf** cyclic running [mot]
**Rundlaufabweichung** deviation of the cylic running [mot]
**Rundlauffehler** rotating fault [mas]
**Rundlauftoleranz** tolerance of cyclic running [mas]
**Rundlochnaht** plug weld [met]
**Rundmaterial** round stock [mas]; rounds [mas]
**Rundmeißel** moil chisel [wzg]
**Rundnähte, außen** all round weld outside [mas]
**Rundnähte, innen** all round weld inside [mas]
**Rundpuffer** damper [wst]
**Rundrelais** round relay [elt]
**Rundschacht** (Brunnen) well [bau]
**Rundschachtgreifer** well grab [mbt]
**rundschleifen** plain grinding [met]
**Rundschnurring** O-ring [mas]; round cord ring [mas]; round string packing [mas]
**Rundschreiben** circular [abc]
**Rundschweißung** circumferential weld [met]
**Rundstahl** round steel [mas]; rounds [mas]
**Rundstahlkette** steel chain [mas]
**Rundtischanlage** circular milling machine [wst]
**Rundtörn** (Knoten) overhand knot [mot]
**Rundumleuchte** (an Maschine, Polizei) beacon [mbt]
**Rundumsicht** panorama view [mot]

**Rundung** (Straße, Person) curve [bau]
**Runge** (am Rungewagen der Eisenbahn) stanchion [mot]; (der Sprossenleiter) rung [abc]
**Rungenhalter** (mit drehbaren Rungen) stanchion support [mot]
**runter** (bei Schaltplänen) down [elt]
**runtergewirtschaftet** (verrottet) dilapidated [abc]
**runterschleifen** grind down [met]
**runterstufen** downgrade [abc]
**Rußbläser** soot blower [pow]
**Rußbläseranschluß** soot blower connection [pow]
**Rußbläserdurchbruch** (in Mauer) soot blower opening [pow]
**Rüssel** (an Maschine) nozzle [mas]; (des Elefanten) trunk [bff]
**rußen** soot [mot]
**Rüsthölzer** (für Gerüst, Bühne) scaffolding [abc]
**Rüstung** (protecting covering) armour [mil]
**Rüstzeit** (für Montage, Fertigung) setup time [mas]
**Ruß** soot [mot]
**Rutengänger** (sucht nach Wasserader) dowser [abc]
**Ruths-Speicher** Ruths steam accumulator [pow]
**Rutsche** (am Brecher) chute [roh]; (für Kinder) skid [abc]
**rutschfest** non-skid [abc]; (sicheres Gehen) foot-sure [abc]
**Rutschfläche** sliding surface [mas]
**rutschig** (glatt, schlüpfrig) slippery [abc]
**Rutschkupplung** safety clutch [mas]; slip clutch [mot]; slipping clutch [mot]
**Rutschlänge des Bodenentladewagens** tunble-down height [mbt]
**Rutschsicherung** baggage stop [mot]
**Rutschung** slide [bau]

**Rutschweg des Bodenentlade-wagens** tunble-down length [mbt]

**rütteln** shake [abc]; vibrate [abc]

**Rüttelplatte** (im Bunker) pulsating panel [pow]

**Rüttelschreiber** vibration hourmeter [abc]

**Rüttelstopfverdichtung** compaction by vibration and tamping [bau]

**Rüttelverdichter** vibrating compactor [roh]

**Rüttelversuch** pulsator test [abc]

**Rüttelvorrichtung** rapping gear [pow]; vibrator [mas]

**Rüttelwalze** (Anhängerüttelwalze) vibrating roller [mas]

# S

**Saal** (direkt im Saal) hall [bau]
**Saat** (Saatgut, Aussaat) seed [bff]
**Saatzeit** seed time [far]; sowing season [far]
**Sabotage** sabotage [mil]
**Sabotage begehen** commit <an act of> sabotage [mil]
**sabotieren** commit <an act of> sabotage [mil]
**Sach Nr.** Part No. [abc]; part number [abc]
**Sachbearbeiter** specialised office worker [abc]; specialist [abc]; (für bestimmte Länder) regional manager [abc]
**Sachbearbeiterliste** master parts book [abc]
**sachdienlich** useful [abc]
**Sachnummer** (SN) subject index number [abc]; (Bezugsnr. für Verfahren) Ref. No. [abc]; (Bezugsnr. für Verfahren) reference number [abc]; (für ein Teil) Part No. [abc]; (Teilenummer) part number [abc]
**Sachschaden** damage to property [jur]; property damage [jur]
**Sachschaden durch Abwässer** property damage resulting from sewage [jur]
**sacht** (langsam, allmählich) slow [mas]
**Sachverständigengutachten** expert's opinion [abc]
**Sachverständigenkosten** expert's fees [jur]
**Sachverständiger** authority [abc]; surveyor [abc]; (Experte) expert [mbt]; (Fachmann, Spezialist) specialist [mbt]
**Sachverzeichnis** index [abc]

**Sack** (Jute-, Stoff-, Papierbehälter) sack [abc]; (Papiersack, z.B. für Kalk) paperbag [abc]; (→ Plastiks.)
**Sackbahnhof** (Kopfbahnhof) terminal [mot]
**Sackgasse** (im Straßenverkehr) cul-de-sac [mot]; (im Straßenverkehr) dead-end street [mot]
**Sackkalk** bagged lime [bau]
**säen** (Saat ausstreuen) sow [far]
**safrangelb** (RAL 1017) saffron yellow [nrm]
**Saft** (von Obst, Gemüse) juice [abc]
**saftig** juicy [abc]
**Säge** (Stich-, Fuchsschwanz-, andere) saw [met]; (→ Kalts. ; → Metalls.)
**Sägeblatt** saw blade [met]
**Sägebock** sawbuck [met]; sawhorse [met]
**Sägebogen** saw bow [met]
**Sägebügel** (Sägebogen) saw bow [met]
**Sägemehl** (Sägespäne) saw dust [met]
**Sägemühle** (Sägewerk, größer) lumbermill [wzg]; (Sägewerk, klein) sawmill [met]
**sägen** saw [met]
**Sägeschnitt** (mit Säge geschnitten) saw-cut [met]
**Sägespäne** wood shavings [abc]; (Sägemehl) saw dust [met]
**Sägewerk** (→ Sägemühle) lumbermill [wzg]
**Sägezahngenerator** saw-tooth generator [elt]
**Saite** (z.B. der Geige) string [abc]
**Salonwagen** (z.B. im Expresszug) saloon coach [mot]
**Salto schlagen** (sich Überschlagen, auch Unfall) somersault [mot]
**Salz** salt [che]; (→ lösliches S.)
**Salzboden** saline soil [mas]
**Salzgehalt** salt content [pow]
**salzig** salty [abc]
**Salzsäure** hydrochloric acid [che]
**Salzsäureversuch** test with hydrochloric acid [bau]

**Salzwasser** sea water [abc]

**Sämaschine** (Ausbringen des Korns) sowing machine [far]

**Sammelbehälter** sump [mot]

**Sammelflasche** collecting flask [pow]

**Sammelfunktion** collecting function [abc]

**Sammelkarte** (elektronisches Teil) collector card [elt]

**Sammelleitung** (z.B. Auspuff) manifold [mot]

**Sammellinse** (Optik) collecting lens [phy]

**Sammelprospekt** (Messe) collective brochures [abc]

**Sammelrohr** header [mot]; (von Überhitzer zu Sammler auf Kesseldecke) superheater outlet leg [pow]

**Sammelschiene** bus bar [mot]

**Sammelspiegel** (auch Sternwarte) concentrating mirror [phy]

**Sammelstörmeldung** report on disturbances [mbt]; (Rolltreppe) collective fault indicator [mbt]

**Sammler** collector [abc]; (→ Austrittss.; → Eintrittss.; → Fallrohrs.)

**Sammlerbau** (Preßbau) header shop [pow]

**Sammleröffnung** (Handloch) header handhole [pow]; (Handloch) header opening [pow]

**Sammlung eines Strahlenbündels** concentration of a beam [phy]

**Samt** (weicher Stoff) velvet [abc]

**Sand** (Körnung bis 6 mm, zerfallener Stein) sand [min]; (→ Fließs.)

**Sandabfallrohr** (Lok) sand pipe [mot]

**Sandale** sandal [abc]

**Sandbestandteile** find aggregate [min]

**sandgelb** (RAL 1002) sand yellow [nrm]

**sandgestrahlt** sand blasted [wzg]

**Sandgrube** sand pit [abc]

**sandig** sandy [abc]

**Sandkasten** (Lok) sandbox [mot]

**Sandpapier** (→ Schmirgelpapier) sandpaper [mas]

**Sandrohr** (Lok) sand pipe [mot]; (Lok) sander [mot]

**Sandstein** (runde Quarzkörner mit Bindematerialien) sandstone [min]

**Sandstrahl** sand blast [wzg]

**sandstrahlen** shot blast [met]; shot peening [met]

**Sandstrahlen** sandblasting [wzg]

**sanft** (Oberfläche) smooth [mas]

**Sani!** (als Hilferuf) Medic! [mil]

**Sanitäter** (auch bei Streitkräften) medic [mil]

**Sanitätsraum** dispensary [med]

**saphirblau** (RAL 5003) sapphire blue [nrm]

**Sarg** (Totenschrein) coffin [abc]

**Sargdeckel** (im Hangenden) slab [abc]

**Satellitenkühler** planetary cooler [roh]

**Sattdampf** saturated steam [pow]

**Sattdampftemperatur** saturated steam temperature [pow]

**Sattel** (Reitersitz) saddle [abc]

**Satteldach** span roof [bau]

**Sattellast** (der Zugmaschine) fifth wheel load [mot]

**Sattelschlepper** semi-trailer truck [mot]; (die Zugmaschine) tractor truck [mbt]; (Zugmaschine, Hänger) tractor trailer [mot]

**Sattelschlepperanhänger** trailer [mot]

**Sattelschlepperausführung** semi-trailer design [mot]; semi-trailer truck [mot]

**Sattelschlepperzugmaschine** semi-trailer tractor [mot]

**Sattelschlepperzugmaschine** tractor [mot]

**Satteltank** (Tank am oder auf Kessel) saddle tank [mot]

**Sattelwagen** hopper wagon [mot]; saddle-back wagon car [mot]; side hopper [mot]

**sättigen** (z.B. mit Flüssigkeit) saturate [che]

**Sättigung** (z.B. mit Flüssigkeit) saturation [mas]

**Sättigung von Gußeisen an XYZ**
saturation of cast-iron with XYZ [wst]

**Sättigungsbereich** saturation region
[elt]

**Sattigungscharakteristik** saturation
characteristic [elt]

**Sättigungsfaktor** saturation factor [elt]

**Sättigungsgrad** degree of saturation
[bau]

**Sättigungskohlenstoff** saturation carbon [che]

**Sättigungsstrom** saturation current
[elt]

**Satz** (Ablagerung) deposit [was];
(Bündel, Gruppe) cluster [wst];
(Drucksatz, im Satz) set [mas]; (in der
Logik) sentence [edv]; (von benötig-
ten Teilen) set [mas]; (z.B. Gabelring-
schlüsselsatz) set of [wzg]

**Satz von Beilageplatten** shim stock
[met]

**Satz von Caley-Hamilton** Caley-
Hamilton's theory [elt]

**Satzaufbau des Inventurbestandes**
inventory file record layout [edv]

**sauber** (gewischt, geputzt) clean [abc]

**saubere Schnittkanten** cleanly cut
edges [wst]

**Sauberkeit** (Reinheit, frei von
Schmutz) cleanliness [abc]

**Sauberkeitsschicht** blinding concrete
[bau]

**säubern** (sauber wischen, putzen usw.)
clean [abc]

**sauer** (säurehaltig oder -ähnlich) acidal
[che]; (saurer Regen) acid [wet]

**Sauerstoff** (chem. Zeichen: O) oxygen
[che]

**Sauerstoff, flüssig** (i. Raumfähre) liquid oxygen [mot]

**Sauerstoffmangel** lack of oxygen
[pow]

**sauerstoffreich** with high oxygen
content [abc]

**Saug- und Druckschlauch** suction and
delivery hose [mas]

**Saugbagger** hopper suction dredger
[mot]; suction dredger [mot]

**saugen** suck [abc]; (Staubsauger)
vacuum clean [abc]

**Säugetier** mammal [bff]

**Saugfähigkeit** absorptive capacity
[was]; (Papier) absorbency [phy]

**Saugfilter** strainer [roh]; suction filter
[mas]

**Saugform** preforming mould [mas]

**Saugglocke** suction bell [mas]

**Saugkopf** suction head [mas]

**Saugkopfbagger** suction head
dredge<-r> [mas]

**Saugleitung** suction pipe [mas]; suction tube [mas]; (für Öl) oil supply
tube [mas]

**Saugluftbehälter** vacuum reservoir
[mot]

**saugluftbetätigte hydraulische
Bremse** vacuum-operated hydraulic
brake [mot]

**Saugluftbremse** vacuum servo brake
[mot]

**Sauglüfter** suction fan [mas]

**Saugluftleitung** vacuum line [mot]

**Saugluftpumpe** vacuum pump
[mot]

**Saugluftschaltung** vacuum-power
change [mot]

**Saugluftschaltzylinder** vacuum shift
cylinder [mot]

**Saugluftverteiler** vacuum distributor
[mot]

**Saugmund** suction mouth [mas]

**Saugrohr** suction pipe [mas]

**Saugseite** (Saugstutzen) inlet [pow];
(Saugstutzen) intake [pow]; (Saugstutzen) suction side [mas]

**Saugstutzen** inlet side [pow]; pump
inlet side [pow]; (Saugseite) inlet
[pow]; (Saugseite) intake [pow];
(Saugseite) suction side [mas]

**Saugventil** suction valve [mot]

**Saugventilbuchse** suction valve
bushing [mot]

**Saugventilfeder** suction valve spring [mot]

**Saugventilkegel** suction valve cone [mot]

**Saugzugventilator** I.D. fan [pow]

**Saugzugventilator** induced draught fan [pow]; suction fan [mas]

**Säule** (als Maschinenteil) spindle [mas]; (auch Wasser) column [was]; (z.B. dorisch) pillar [bau]; (z.B. für Standbild) pedestal [bau]

**Säulendiagramme** bar charts [mat]

**Säulengang** arcades [bau]

**Säulenständer** pedestal and stand [bau]

**Saum** (Kante, Rand) seam [abc]

**säumen** (Saum anbringen) seam [abc]

**säumig** slow [abc]

**Säure** (→ Salzsäureversuch) acid [che]

**säurefest** acid-resistant [che]

**säurefrei** acid-free [che]

**säurehaltig** acidal [che]

**saurer Regen** acid rain [wet]

**Säuretanker** acid tanker [mot]

**Säuretaupunkt** acid dew point [wet]

**Säurezahl** acid number [che]

**S-Bahn** (Stadtschnellbahn) metropolitan transit system [mot]; rapid transit railway [mot]

**schaben** (flach; z.B. mit Schabeisen) rub [mas]; (kratzen, z.B. Scraper) scrape [mas]; (Zylinderrohre vor dem Rollen) trimming [mas]

**Schaber** scraper [mbt]

**schäbig** shabby [abc]; (liederlich) tatty [abc]

**Schablone** (Buchstaben aufspritzen) stencil [abc]; (nach diesem Muster) pattern [abc]; (z.B. zum Schweißbrennen) template [met]; (z.B. zum Schweißbrennen) templet [met]

**Schacht** (der Rolltreppe) wellway [mbt]; (im Bergbau) shaft [roh]; (→ Brunnens.)

**Schachtbeschichtungseinrichtung** cage decking equipment [roh]; shaft feeding system [roh]

**Schachteinbau** shaft fitting [roh]

**Schachtel** box [abc]

**Schachtelungstiefe** depth of nesting [edv]

**Schachtfördereinrichtung** shaft hoisting equipment [roh]

**Schachtgeländer** (oberstes Stockwerk) railing around wellway [mbt]; (oberstes Stockwerk) wellway railing [mbt]

**Schachtgreifer** well grab [mbt]

**Schachtmeister** (Vorarbeiter Tiefbau) foreman [roh]

**Schachtofensinterdolomit** shaft kiln dolomite sinter [mas]

**Schaden** (auch innere Zerstörungen) defect [mot]; (durch Unfall, Fehlverhalten) damage [abc]; (Fehler) failure [abc]; (Fehler) fault [abc]; (Störung) trouble [mas]; (→ Rohrs.)

**Schaden an** ( ..Gerät) damage to [mot]

**Schäden sind zurückzuführen auf** defects are traced back to [abc]

**Schadenerfassung** registration of faults [jur]

**Schadenersatzanspruch** claim [jur]

**Schadenfindung** fault finding [abc]

**Schadennummer** Fault No. [abc]

**Schadensart** (Fehlerart) type of fault [mas]

**Schadensaufnahme** investigation of fault [abc]

**Schadensbearbeitung** damage handling [jur]

**Schadensbild** failure mode [wst]

**Schadensschlüssel** (Fehlerschlüssel) type of fault [mas]

**Schadensereignis** occurrence [jur]

**Schadensersatzanspruch** (BGB) claim [jur]

**Schadensfall** (wird reklamiert) case of fault [jur]; (→ Schadensereignis)

**Schadensfeststellung** (Schadensaufnahme) investigation of fault [abc]

**Schadensmeldung** announcement of a claim [jur]

**Schadensregulierung** damage adjustment [jur]

**Schadensverhütung** damage prevention [jur]

**schadenverursachend** causing the damage [jur]

**schadhaft** (fehlerhaft) defective [mot]

**schädlich** deleterious [bau]; (z.B. Arsen, Kadmium) detrimental [che]

**Schädling** (Insekten) Pest [bff]; (Nager) rodent [bff]

**Schädlingsfraß** (Insekten) insect damage [bff]; (Maus u.ä.) rodent damage [bff]

**Schadstoffausstoß** (unreiner Ausstoß) pollutant emission [mot]; (Verschmutzung) pollution [mot]

**Schaffner** (im Bus) conductor [mot]; (im Zug, auch Zugführer) guard [mot]

**Schaffußwalze** sheepfoot roller [mot]; tamping roller [mas]

**Schaft** (Stiel, auch der Pflanze) stem [bff]; (Welle) shaft [mas]

**Schaftlänge** (des Federnagels) shank length [mot]

**Schaftschraube** shoulder stud [mas]

**Schaftschraube mit Schlitz und Kegelkuppe** slotted headless screw with chamfered end [mas]

**Schaftstiefel** high boot [abc]

**Schake** (Federaufhängung Drehgestell) chain link [mbt]

**Schäkel** shackle [mas]

**Schäkelkupplung** shackle coupling [mot]

**Schakenaufhängung** chain link support [mot]

**Schäl-** peeling [abc]

**Schälarbeit** peeling work [abc]

**Schalbrett** formwork board [bau]

**Schale** (am Greifer) claw [mbt]; (Aufnahme Kugel) bowl [mas]; (für Suppe) cup [abc]; (Hülle) shell [abc]; (Lagerschale) shell [mbt]; (Tasse, Terrine) cup [abc]; (von Apfel, Kartoffel) peel [abc]; (z.B. der Nuß) shell [abc]; (z.B. Fußballpokal) cup [abc]; (→ Lagers.)

**Schalen** (Fehlerart) shells [mas]

**Schalenbaustein** sheel construction brick [bau]

**Schalenbauteile** shell-shaped components [mas]

**schalenförmig** shell-shaped [mas]

**schalenförmiger Behälterboden** dished tank bottom [mot]

**Schalenhartguß** chill casting [wst]

**Schalenrisse** shells [mas]

**schälen** peeling [abc]

**Schälgerät** peeling device [wzg]

**Schall** sound [aku]

**Schallabsorption** acoustical absorption [aku]

**Schallabsorptionskoeffizient** acoustical absorption coefficient [aku]

**Schallaufzeit** transit time of sound [aku]

**Schallaustritt** probe index [elt]

**Schallaustrittsmarke** probe index [elt]

**Schallaustrittspunkt** sound exit point [aku]

**Schallbeugung** sound refraction [aku]

**Schallblende** sound gate [aku]

**Schallbündel** sound beam [aku]

**Schallbündelbreite** width of sound beam [elt]

**Schalldämmpaket** noise absorbing package [mbt]

**schalldämpfend** (saugt auf) sound-absorbing [aku]

**schalldämpfender Verbundwerkstoff** sound-absorbing compound material [wst]

**Schalldämpfer** muffler [mot]; silencer [mot]; (in Zeichnungen) sound absorber [aku]

**Schalldämpfung** sound-absorbing [mot]

**Schalldruck** sound pressure [aku]

**Schalldruckamplitude** sound pressure amplitude [aku]

**Schalldruckpegel** sound pressure level [mot]

**Schalleistungspegel** noise <emission> level [mot]; noise level [mot]

**Schalleitfähigkeit** sound conductivity [aku]

**Schallenergie** (auftretende Schallenergie) incident energy [elt]

**Schallfeld** sound field [aku]

**schallgedämpft** (gemindert) sound-suppressed [aku]

**schallgeschützt** sound-absorbing [mot]

**Schallgeschwindigkeit** sound velocity [aku]

**schallhart** sonically hard [aku]

**Schallimpedanz** (akust. Impedanz) acoustical impedance [aku]

**Schallimpuls** (eingeleiteter Schallimpuls) transmitted pulse [aku]

**Schallintensität** sound intensity [aku]

**schallisoliert** sound-insulated [aku]

**Schallmauer** (auch bildlich) sound barrier [aku]

**Schallpegel** sound level [aku]

**Schallpegelmeßgerät** sound-level measuring device [mes]

**Schallreflexion** sound reflection [aku]

**Schallschatten** acoustical shadow [aku]

**Schallschutz** sound-absorbing [mot]; sound-absorbing protection [aku]

**Schallschwächung** attenuation of sound [aku]

**Schallsichtgerät** sound image instrument [aku]

**Schallsichtverfahren** sound image method [aku]

**Schallsignal** sound signal [aku]

**Schallstärke** sound intensity [aku]

**Schallstrahl** sound beam [aku]

**Schallstrahlachse** axis of sound beam [aku]

**Schallstrahlanteil** portion of sound beam [phy]

**Schallstrahlbreite** width of sound beam [elt]

**Schallstrahldivergenz** beam divergence [aku]

**Schallstrahlecho** beam index [aku]

**Schallstrahleintrittsmittelpunkt** beam index [aku]

**Schallstrahlquerschnitt** cross-section of sound beam [aku]

**Schallstrahlungscharakteristik** sound beam characteristic [aku]

**Schallstrahlungsdruck** sound pressure [aku]

**Schallstrahlwinkel** (Schallwinkel) incident angle of sound [elt]

**Schallumlaufrichtung** direction of sound propagation [aku]

**Schallwechseldruck** sound pressure, alternating [aku]

**Schallweg** sound path [aku]

**schallweich** sonically soft [aku]

**Schallwelle** sound wave [aku]

**Schallwiderstand** acoustic impedance [aku]

**Schallwinkel** beam angle [aku]

**Schaltanlage** control unit [elt]; switch gear [elt]; (→ Hochspannungssch.; → Niederspannungssch.)

**Schaltausgang** switching output [elt]

**schaltbar** (Auto) shiftable [mot]; (Bahn und ähnliches) shiftable [mot]; (elektrisch) switchable [elt]

**Schaltbild** circuit diagram [elt]; (elektrisch) wiring diagram [elt]; (Rohre) pipe diagram [mas]; (Schläuche) hose diagram [mas]

**Schaltbock** gear shift lug [mot]

**Schaltbuchse** actuator [mas]

**Schaltdeckel** gear shift cover [mot]

**Schaltdose** switch gear [elt]

**Schaltdruck** hydraulic pressure [mas]

**Schaltelement** switch element [mbt]

**schalten** (bedienen) operate [elt]; (Gänge im Auto) shift gears [mot]; (Getriebe, im Auto) gear shifting [mot]; (leiten) manage [abc]; (z.B. Strom, Licht, Gerät) switch [elt]

**Schalten eines Ganges** gear changing [mot]; gear shifting [mot]

**Schalter** circuit breaker [elt]; switch [elt]; (in Bank) counter [bau]; (Kontaktschalter) contactor [elt]; (z.B. elektrisch) switch [elt]; (→ Abblendsch.; → Auf-Ab-Schlüsselsch.; → Aus-, → Absch.; → Befehlssch.; → Betriebssch.; → Bremshub-Endsch.; → Bremslicht-Drehsch.; → Bremslichtöldrucksch.; → Bremslichtsch.; → Bremslichtzugsch.; → Druckknopfsch.; → Drucksch.; → Druckwellensch.; → Endsch.; → Fehlerstromschutzsch.; → Fingerschutzkontakt; → Fußabblendsch.; → Fußanlaßsch.; → Glühanlaßsch.; → Glühsch.); → Haltetaster; → Handlaufabwurfkontakt; → Hauptlichtsch.; → Hauptsch.; → Hochspannungssch.; → Katastrophensch.; → Kettenspannkontakt; → Kippsch.; → Kontaktmattensch.; → Kontrollsch.; → Lastabsch.; → Lichtdrehsch.; → Membrandrucksch.; → Meßsch.; → Microsch.; → Niederspannungssch.; → Notleinensch.; → Notzugsch.; → Öldrucksch.; → Quecksilbersch.; → Reglersch.; → Rückmeldesch.; → Schlüsselaussch.; → Schlüsselsch.; → Schutzsch.; → Steuersch.; → Trennsch.; → Überstromschutzsch.; → Umsch.; → Untersetzungssch.; → Wahlsch.; → Wechsellichtstrahlsch.; → Zugsch.; → Zündsch.)

**Schalter für Signalumkehrung** selector for signal inversion [mot]

**Schaltereinsatz** fuse element [elt]

**Schalterklappe** flap switch [elt]

**Schalterprüfkopf** dual sensitivity probe [met]

**schaltet nicht ab** does not switch off [mot]

**schaltet unzuverlässig** unreliable switching [mot]

**Schaltgabel** gear shift fork [mot]; gear shifter fork [mot]; selector fork [mot]; shifter fork [mot]

**Schaltgehäuse** gearshift housing [mot]

**Schaltgerät** switch gear [elt]

**Schaltgeschwindigkeit** switching speed [elt]

**Schaltgestänge** control of gear shift [mot]; gear shift control [mot]

**Schaltgetriebe** gearbox [mot]; switch gear [mot]

**Schaltgruppe** switching group [mot]

**Schalthäufigkeit** number of cycles [elt]

**Schalthebel** control lever [mot]; gear shift lever [mot]; shifter [mot]

**Schaltkarte** circuit board [elt]

**Schaltkasten** switch box [elt]

**Schaltknopf** push button [elt]

**Schaltkontakt** contact point [elt]

**Schaltkontakt für Feststellbremse** switch contact for parking brake [mot]

**Schaltkreislogik** circuit logic [elt]

**Schaltleiste** connecting block [wst]

**Schaltleistung** braking capacity [mot]

**Schaltmagnet** switching magnet [elt]

**Schaltmechanismus** shifter mechanism [mot]

**Schaltmuffe** shift collar [mas]

**Schaltorgan** switching element [mas]

**Schaltplan** circuit diagram [elt]; wiring schematic [elt]; (elektrisch bei Bahn) wiring diagram [elt]

**Schaltplatte** printed circuit board [elt]

**Schaltpult** control console [mot]; control desk [mot]; control panel [mot]; operating console [pow]; switchboard [elt]; (Armaturenbrett) dashboard [mot]; (Schalttafel) panel [elt]

**Schaltpunkt** switching activating point [elt]

**Schaltrad** control gear [mot]

**Schaltraum** switch room [mbt]; (Leitstand) central control room [pow]

**Schaltschema** (elektrisch) wiring diagram [elt]

**Schaltschiene** gear shift rail [mot]

**Schaltschloß** latch [mas]

**Schaltschlüssel** ignition key [mot]

**Schaltschrank** control cabinet [wst]; controller [mbt]; switch cubicle [elt]; (des Baggers) switch cabinet [mbt]

**Schaltschütz** contact [elt]; contactor [elt]

**Schaltschwelle** threshold level [elt]

**Schaltsperre** (mechanisch mit Magnet) gear-shifting lock [mas]; (Strömungsgetriebe, Gabelstapler) gear-shifting lock [mas]

**Schaltspiel** switching cycle [elt]

**Schaltstange** gear change rod [mot]; hook stick [mot]; shift bar [mot]; sliding selector shaft [mot]; switch rod [mbt]

**Schaltstangenverriegelung** gear lock [mot]

**Schaltstück** operating pole contact member [mas]

**Schaltstufe** circuit stage [elt]

**Schalttafel** control panel [mot]; panel [abc]; switchboard [elt]

**Schaltturm** control column [mot]; gear shift dome [mot]

**Schaltuhr** clock relay [mes]; timer [abc]; timer switch [abc]; (Rolltreppe) timer switch [mbt]

**Schaltung** circuit [elt]; gear change [mot]; plot [mas]; shift [mot]; (→ Darlington-Sch.; → Dividier-Sch.; → Doppel-T-Sch.; → Emittersch.; → Gegentaktsch.; → integrierte Sch.; → Kollektorsch.; → Logarithmiersch.; → Multiplizierersch.; → Paradoxsch.; → Parallelsch.; → Pi-Ersatzsch.; → Radiziersch.; → Schmitt-Triggersch.; → Subtrahiersch.; → Verstärkersch.)

**Schaltung des Impulssenders** circuit of pulse transmitter [elt]

**Schaltventil** selector valve [mot]

**Schaltvermögen** switching ability [mot]

**Schaltverstärker** circuit amplifier [elt]

**Schaltverzögerung** operating delay [mot]

**Schaltwarteninstrument** panel instrument [pow]

**Schaltweg** contact travel [mot]

**Schaltweg** feed path [elt]

**Schaltwelle** gearshift lever shaft [mot]

**Schaltwelle** shifter shaft [mas]

**Schaltzeichen** wiring symbol [elt]

**Schalung** formwork [bau]; (→ Systemschalung; → Stufenschalung)

**Schalungsplatte** formwork panel [bau]

**Schamotte** refractory [pow]; fireclay [wst]

**Schamotteauskleidung** fire clay lining [pow]; refractory lining [pow]

**Schamottestein** fire brick [mot]; refractory brick [mot]

**Schamottesteinwand** refractory wall [pow]; (aufgelegt auf Rohre) refractory baffle [pow]

**Schar** (des Graders) blade [mbt]; (Hauptschar des Graders) mouldboard [mbt]; (Stirnschar) front blade [mbt]

**Scharanordnung** design of the mouldboard [mbt]

**Scharaufhängung** mouldboard support [mbt]

**Schardrehkranz** (des Graders) circle bogie [mbt]; (Kugel- oder Rollendrehkranz) slewing ring [mbt]

**Scharende** (des Graders) trailing end [mbt]; (Grader zieht sie nach) trailing end of the mouldboard [mbt]; (Schneide) cutting edge [mbt]

**scharf** (genau definiert) defined [abc]; (z.B. Messer, Denken) sharp [abc]

**scharfe Kurve** sharp bend [abc]

**Schärfe** (der festen Bestimmung) definition [abc]; (der Gedanken) keenness [abc]; (der Linse, des Bildes) focus [abc]; (eines Messers) sharpness [wzg]

**Schärfentiefe** depth of focus [phy]

**scharfkantig** sharp edged [mas]

**Scharhalter** mouldboard support [mbt]

**Scharkörper** mouldboard [mbt]

**Scharmesser** cutting edge [mbt]

**Scharnier** (Klavierband) hinge [mas]; (→ Deckelsch.; → Handschuhkastensch.; → Haubensch.; → Türsch.)

**Scharnierbandkette** hinged-slat chain [mas]

**Scharnierbolzen** door nail [mas]

**Scharnierstütze** hinge support [mas]

**Schärpe** (Stoffband über Festanzug) sash [abc]

**Scharrücken** rear of mouldboard [mbt]

**Scharseitenblech** blade wing [mbt]; sideplate of the mouldboard [mbt]

**Scharseitenbleche** mouldboard side plates [mbt]

**Scharseitenverschiebung** mouldboard sideshift [mbt]

**Scharseitenverstellung** circle centreshift [mbt]

**Scharstellung** mouldboard position [mbt]

**Scharsteuerung** blade control [mbt]; mouldboard control [mbt]; (Grader) power control [mbt]

**Scharträger** mouldboard circle [mbt]

**Scharverlängerung** blade extension [mbt]; mouldboard extension [mbt]

**Scharverstellung** mouldboard rotating [mbt]

**Scharvorderteil** (des Graders) leading end of the mouldboard [mbt]

**Scharzylinder** blade cylinder [mbt]

**Schatten** (auch poetisch) shade [abc]; (bei der Analyse von Linienzeichnungen) shadows [edv]; (Licht und Schatten) shadow [abc]

**Schattenbahnhof** (unter Modellanlage) underground carriage siding [mot]

**Schattenzone** (auch Funkschatten) shadow zone [abc]

**schattiert** (schattiert gezeichnet) shaded [abc]

**schätzen** (eine Zahl ungefähr sch.) estimate [abc]; (grob abschätzen) estimate [abc]

**Schätzer** (Vermesser, Experte) surveyor [abc]

**Schätzung** survey [bau]

**Schaubild** mimic diagram [abc]; (gezeichnete Darstellung) plot [abc]; (grafische Darstellung) graph [abc]; (Zeichnung) drawing [abc]

**Schaufel** (Gartengerät) shovel [wzg]; (Windmühle, Turbine, Wasserrad) vane [mas]; (→ Grabsch.)

**Schaufelanlenkung** pin [mbt]; bucket hinge [mbt]

**Schaufelarm** arm [mbt]

**Schaufelbagger** (Ladeschaufel) shovel excavator [mbt]; (→ Bagger)

**Schaufelbagger mit Greifer** shovel with grab [mbt]

**Schaufelfüllung** shovel filling [mbt]

**Schaufelfüllungsgrad** degree of shovel filling [mbt]

**Schaufelhydraulik** bucket hydraulics [mbt]

**Schaufelinhalt** (was drin ist) bucket contents [mbt]; (was rein paßt) bucket capacity [mbt]

**Schaufelkinematik** shovel geometry [mbt]

**Schaufelkippzylinder** shovel tipping cylinder [mbt]

**schaufeln** (auch von Hand) shovel [mbt]; (Kelle, Bagger) scoop [mbt]

**Schaufelrad** (an Schaufelradbagger) bucket wheel [mbt]; (an Schiff; Elbe, Rhein) paddle wheel [mot]

**Schaufelradaufnahmegerät** wheel reclaimer [mbt]

**Schaufelradaustragsschurre** bucket wheel discharge chute [mbt]

**Schaufelradbagger** (größte Maschine der Welt, bei Rheinbraun) bucket wheel excavator [mbt]; BWE [mbt];

**Schaufelraddampfer** paddle wheel ship [mot]

**Schaufelradentnahmegerät** bucket wheel reclaimer [mbt]

**Schaufelradgetriebe** (am Bagger) bucket wheel gear [mbt]

**Schaufelschneide** cutting edge [mbt]

**Schaufelsteuerung** bucket control [mbt]

**Schaufelstiel** (am Bagger) bucket arm [mbt]; (am Bagger, älter) dipper arm [mbt]; (am Handwerkzeug) handle [wzg]

**Schaufelverstärkung** heel plate [mas]

**Schaufelvorderteil** bucket lip [mbt]; shovel lip [mbt]; (der Klappschaufel) visor [mbt]

**Schaufelwaagerechtführung** (→ autom.) guidance for horizontal bucket [mbt]

**Schaufelzahn** bucket tooth [mbt]; shovel tooth [mbt]

**Schaufelzylinder** bucket cylinder [mbt]

**Schaufensterpuppe** (Dekoration) dummy [abc]

**Schauglas** glass sight gauge [abc]; inspection glass [pow]; sight glass [mot]; (z.B. vom Luftfilter) jar [abc]

**Schauglas für Stromabnehmerseite** sight glass for power pickup [elt]

**Schaukel** (Seile am Ast) swing [abc]

**schaukeln** (Schaukelstuhl) rock [abc]

**Schaukelstuhl** rocking chair [abc]

**Schauloch** peep hole [mot]; sight hole [abc]

**Schaulochdeckel** inspection cover [mbt]; inspection hole cover [mot]

**Schauluke** inspection door [pow]

**Schaum** foam [abc]

**Schaumbildung** (Fehler in Ölleitung) formation of foam [mas]

**Schäumen** (des Kesselwassers) foaming [pow]

**Schaumgummi** foam rubber [wst]

**Schaumgummiteil** foam rubber component [wst]

**Schaumstoff** foam rubber [wst]

**Schaumwein** (Sekt, Champagner) sparkling wine [abc]

**Schauöffnung** inspection port [abc]

**Scheibchenriß** core crack [wst]; transverse crack [mas]

**Scheibe** (Fensterscheibe) pane [abc]; (Flanschverbindung) flange [mas]; (Keilriemenrad, -scheibe) pulley [mas]; (Platte aus Blech, Holz usw.) plate [mas]; (rund, z.B. Schallplatte) disc [abc]; (rund, z.B. Schallplatte) disk [abc]; (Scheibe Brot, Käse) slice [abc]; (Unterlegscheibe) washer [mas]; (Waffel) wafer [abc]; (→ Anlaufsch.; → Blechsicherung; → Bordsch.; → Bremssch.; → Dekkensch.; → Einstellsch.; → Endsch.; → Fächersch.; → Federsch.; → getriebene Riemensch.; → Keilriemensch.; → Mitnehmersch.; → Paßsch.; → Riemensch.; → Spannsch.; → treibende Riemensch.)

**Scheibe für Spannzeuge** washers for clamping devices [mas]

**Scheibe mit Außennase** washer with external tap [mas]

**Scheibe mit Lappen** washer with tap [mas]

**Scheibe, vierkant** square taper washer [mas]

**Scheibenbremse** disc brake [mot]; disk brake [mot]

**Scheibenbruch** (Fehler) disc-shaped fissure [wst]

**Scheibengelenk** disc joint [mot]

**Scheibenkupplung** disk clutch [mot]

**Scheibenleitrad** drum-type idler [mas]

**Scheibenrad** disc wheel [mot]; plate wheel [mas]; (Bahn) disc wheel [mot]; (Felge) rim [mot]

**Scheibenwaschanlage** washer system [mot]; window washer [mot]; windscreen washer [mot]

**Scheibenwischer** windscreen wiper [mot]; windshield wiper [mot]

**Scheibenwischeranlage** windscreen wiper [mot]

**scheiden** (eine Ehe) divorce [abc]; (z.B. Gold von Silber) segregate [roh]

**Scheidung** (ich wurde geschieden) divorce [abc]

**Scheinanpassung** matching impedance [elt]

**scheinbare Provision** token commission [mbt]

**scheinend** (glänzend) shiny [abc]

**Scheinleistung** apparent power [elt]

**Scheinwerfer** (am Auto) headlight [mot]; (auch an Lok) head lamp [mot]; (Hubschrauber) flood light [mil]; (Suchscheinwerfer) spot light [elt]; (→ Nebelsch.; → Rückfahrsch.; → Tarnsch.; → Zusatzsch.)

**Scheinwerfereinsatz** (mit Dichtung) sealed headlight unit [mot]

**Scheinwerferlampe** handlamp bulb [mot]

**Scheinwerferschutz** headlight guard [mot]

**Scheinwerferstütze** headlamp socket [mot]

**Scheinwiderstand** (→ akustischer Scheinwiderstand) reactance [elt]

**Scheinwiderstand, akustischer** acoustical impedance [aku]

**Scheit** (für Kaminfeuer) log [abc]

**Scheitelwert** peak value [elt]

**Scheitelwertmesser** crest meter [mes]; peak value meter [mes]

**scheitern** (z.B. Verhandlungen) fall through [abc]

**scheitrechter Bogen** straight arch [bau]

**Schellack** (z.B. für Schallplatten) shellack [abc]

**Schelle** clamp [wst]; clip [wst]; (am Schlauch) fitting [met]; (Glocke der Bimmelbahn) bell [mot]; (Keilriemen) V-band clamp [mas]; (Klemme) clamp [wst]; (Konsole) bracket [mbt]; (Rohrschelle) band-clamp [mas]; (→ Schlauchsch.)

**Schellenanbau** clamp fitting [wst]

**Schema** block diagram [con]; general layout [abc]; setup [abc]

**Schemabild** (als Zeichnung) drawing [abc]

**Schemaschaltung des Kessels** mimic diagram [pow]; (mit Kontrollampen) mimic panel [pow]

**Schemaschaltung des Kessels auf dem Pult eingraviert** engraved boiler diagram [pow]

**Schenkel** (eines Gerätes) arm [mas]

**Schenkelfeder** hinge spring [mas]

**Schenkelkokille** elbow ingot [met]

**Schenkelschutzplatte** shank protector [mas]

**Scherbolzen** shear pin [mas]

**Scherbruch** shear failure [mas]

**Schere** (für Bleche) shearing machine [wzg]; (für Bleche) sheet shearing machine [mbt]; (in Haushalt, Schneiderei) scissors [met]

**scheren** crop [far]; (Schafe) shear [bff]

**Scherenanordnung** scissors [mas]

**Scherenbetrieb** shears operation [mas]

**Scherenfernrohr** periscope [abc]

**Scherenform** (Rolltreppen-Anordnung) criss cross [mbt]

**Scherenhebebühne** scissor lift [mas]

**Scherenheber** scissor type jack [mot]

**Scherenpresse** shear press [mas]

**Schergerade** shear straight [mas]

**Scherkraft** shear force [mas]

**Scherstift** shear pin [mas]

**Scherung** (einer Quarzplatte) shear [mas]

**Scherversuch** shear test [mas]

**Scherwelle** shear wave [phy]

**scheu** (schüchtern, ängstlich) shy [abc]

**Scheuermittel** (Scheuerpulver) cleaning powder [che]

**scheuern** (abschleifen, dünner machen) abrase [abc]; (blankputzen) scour [abc]; (den Fußboden) scrub [abc]; (mit Sand) scour [met]; (reiben, rubbeln) rub [mas]; (verschleißen, abnutzen) abrase [mas]; (verschleißen, abnutzen) wear [mas]

**Scheuern** (Reiben) galling [mas]

**scheuertest** wear resistant [mas]

**Scheune** (für Erntegut, auch Stall) barn [mes]

**Scheußlichkeit** (z.B. gegen Personen) atrocity [abc]

**Schicht** course [bau]; (Beschichtung mit Film) film laminar depot [met]; (der Straße) course [bau]; (der Straße) layer [abc]; (Farbschicht) coat [abc]; (Früh-, Mittags-, Nachtschicht) shift [abc]; (Material im Boden) layer [min]; (von Öl, Ölfilm) film [abc]; (z.B. Farbe) layer [mot]; (z.B. Glas-, Ton- oder Ölschicht) layer [abc]; (→ Grenzsch.)

**Schichtaufbau** (z.B. Farbe, Chrom, etc.) build-up of coats [mas]

**Schichtbildung** lamination [abc]

**Schichtdicke** (der Farbe) coat thickness [wst]; (der Farbe) thickness of coat [mas]; (des Abraums) thickness of layer [roh]

**Schichtdickenmessung** (der Farbschicht) coat thickness measuring [mes]

**Schichtecho** layer echo [elt]

**Schichten** strata [mas]

**Schichtenverlauf** (im Gestein) stratification [geo]

**Schichtglas** (Verbundglas) laminated glass [wst]

**Schichthöhe** thickness of layer [mas]; (Rost) coal thickness [pow]; (Rost) fuel bed thickness [pow]

**Schichthöhenregler** adjustable fuel gate [mes]; fuel bed controller [pow]; fuel bed regulator [pow]

**schichtig/klüftig** (Lage der Schichten) stratified and fissured [geo]

**Schicht-Poti** (Potentiometer) coated potentiometer [elt]

**Schichttechnologie** film technology [elt]; thin film technology [elt]

**Schichttransistor** junction transistor [elt]

**Schichtung** (bei Spielen) ply [edv]

**Schichtwechsel** (Nachmittags- zu Nachtschicht) change of shifts [abc]

**schichtweise** by layers [mas]

**Schichtwiderstand** film resistor [elt]

**Schiebebühne** pit-type traverser [mot]

**Schiebedach** sliding roof [mot]; sunroof [mot]; (an Pkw) sliding roof [mot]

**Schiebedachverschluß** sliding roof fastener [mot]

**Schiebefenster** sliding window [mot]

**Schiebehülse** sliding collar [mot]

**Schiebeimpuls** shifting pulse [elt]

**Schiebekarre** (Schubkarre) wheel barrow [bau]

**Schiebekeile** splines [mot]

**Schiebekupplung** slide coupling [mas]

**Schiebemuffe** sliding sleeve [mas]

**schieben** (Aushub m. Planierschild) doze [mbt]; (Karre schieben) push [abc]; (seitliches Bewegung von Bauteilen, Gerüst; unerwünscht) lateral movement [pow]

**Schieben des Korns** (vor Schar) undesired tearing of the road [mbt]

**Schieber** damper [wst]; gate valve [pow]; push handle [mas]; slide valve [mas]; (Dampflok) push spool [mot]; (→ Mischsch.)

**Schieberad** sliding gear [mas]

**Schieberbetätigung** gate valve operating mechanism [pow]

**Schieberbewegung** crossover [mot]

**Schieberegister** shift register [abc]

**Schieberegistereinschub** shift register module [mas]

**Schieberkasten** (Dampflok) steam chest [mot]

**Schieberstange** (im Steuerblock) control spool [mot]; (im Steuerblock) spool [mot]

**Schieberumsteuerung** crossover [mot]

**Schieberverstellung** valve operating gear [pow]

**Schieberweg** stroke of the spool [mot]

**Schiebeschalter** slide switch [elt]

**Schiebetür** slide door [bau]; sliding door [mot]

**Schiebewelle** sliding shaft [mot]

**Schieblehre** slide gauge [mes]; sliding calliper [mbt]

**Schiebung** displacement [mot]

**Schiedsrichter** (im Schiedsgericht) arbitrator [jur]

**schief** (Schiefer Turm von Pisa) leaning [abc]; (geneigt) inclined [geo]; (steil geneigt) sloping [bod]; (wie Schrägstrich) oblique [abc]

**schiefe Ebene** incline [mot]

**Schiefer** slate [min]; (→ Ölsch.)

**schiefer Schornstein** leaning smokestack [bau]

**Schieferdecker** slater [bau]

**Schiefergestein** (Silikon, Alumina) shale [min]

**schiefergrau** (RAL 7015) slate grey [nrm]

**schiefwinklig** askew [abc]

**Schielwinkel** squint angle [elt]

**Schienbein** shin [med]

**Schiene** (als Träger in Gebäude) rail [mbt]; (Binder in Gebäude) band [bau]; (ein Schienenstrang) rail [mot]; (Eisen- und Straßenbahn) rail [mot]; (Träger) bar [bau]

**Schienen** (Schienenstrang) tracks [mot]

**Schienen/Straßen-Ausrüstung** rail-wheel attachment [mot]

**Schienenanker** (schützt vor Kriechen) rail anchor [mot]

**Schienenbefestigung** (allgemein) fastenings [mot]

**Schienenbodenplatte** (→ Grundplatte) base plate [mbt]

**Schienenbus** (immer 4 Räder) railbus [mot]

**Schienenfahrwerk** rail-bound travelling mechanism [mot]

**Schienenfahrzeugbau** railway vehicle manufacturing [mot]

**Schienenfahrzeuge** (aller Art) rolling stock [mot]

**Schienenführung** rail guide [mot]

**Schienenführung, hinten** rail guide, rear [mot]

**Schienenführung, vorne** rail guide, front [mot]

**Schienenfuß** rail base [mot]; (aus Kopf, Steg, Fuß) foot [mot]; (aus Kopf, Steg, Fuß) railfoot [mot]

**Schienengewicht** weight of rail [mot]

**Schienenklammer** (Federstabnagel u.a.) rail clamp [mot]

**Schienenkopf** (über Fuß und Steg) railhead [mot]

**Schienenlauffläche** (Rad läuft hier) rail surface [mot]

**Schienennetz der DB** railway system of DB [mot]

**Schienenoberkante** railface [mot]; toprail [mot]

**Schienenprofil** rail profile [mot]

**Schienenprüfgerät** rail-testing instrument [mot]

**Schienenprüfkopf** rail testing probe [mot]

**Schienenprüfstand** rail testing assembly [mot]

**Schienenprüfstock** rail inspection stick [mot]

**Schienenprüfwagen** rail test car [mot]

**Schienenräumer** (z. B. pfeilförm. Gitter) cow-catcher [mot]

**Schienenregistrierung** recording of rail tests [mes]

**Schienenreinigungswagen** rail scrubber car [mot]

**Schienenschweißung** welding of rails [met]

**Schienensteg** (zw. Kopf u. Bodenplatte) web [mot]; (zw. Kopf u. Bodenplatte) web of rail [mot]

**Schienenstoß** track connection [mot]

**Schienenstrang** (die Gleise entlang) tracks [mot]

**Schienensystem** band system [mot]

**Schienentriebfahrzeug** (mehrachsig) railway power unit [mot]; (mehrachsig) tractive unit [mot]; railway tractive unit [mot]

**Schienenzange** rail tongs [mot]

**Schiene-Straße-Kreuzung** level crossing [mot]
**Schießstand** (Infanteriewaffen) rifle range [mil]
**Schiff** (mit dem Schiff) ship [mot]
**Schiffahrt** navigation [mot]
**Schiffahrtsweg** waterway [mot]
**Schiffbauindustrie** shipbuilding industry [mot]
**Schiffs- und Werftindustrie** maritime industry [mot]
**Schiffsandenken** maritime souvenirs [mot]
**Schiffsarmatur** fitting [mot]; shiparmature [mot]
**Schiffsbau** shipbuilding [mot]
**Schiffsbauch** (in Rumpf, Laderäumen) belly [mot]
**Schiffsbelader** (für See- und Binnenschiffe) ship loader [mot]
**Schiffsbelader für Säcke und Kartons** shiploader for bags and cardboard boxes [mot]
**Schiffsbrüchiger** (Schiff verloren) shipwreck [mot]
**Schiffsentladegerät** ship unloader [mot]
**Schiffsentlader für Säcke und Kartons** ship unload for bags and cardboard boxes [mot]
**Schiffsentlader mit Greifer und Haken** ship unloader with grab and hook [mot]
**Schiffskessel** marine boiler [pow]
**Schiffskörper** (leerer Rumpf) hull [mot]
**Schiffsküche** galley [mot]
**Schiffslader** (Ladegerät) ship loader [mot]
**Schiffslande** ship's landing [mot]
**Schiffsmotoren** marine engines [mot]
**Schiffsprofile** shipbuilding sections [mas]
**Schiffsreise** cruise [mot]
**Schiffsreparatur** ship repairing [mot]

**Schiffsreparaturwerft** dockyard [mot]; navy-yard [mot]
**Schiffsrumpf** (Außenhaut) ship's hull [mot]; (Ladung in Schiffssrumpf) ship's belly [mot]
**Schiffsschraube** propeller [mot]
**Schiffssteuer** (Rad und Blatt) rudder [mot]
**Schiffssteuerrad** (am Steuer) helm [mot]
**Schiffstreppe** (zwischen Treppe und Leiter) ship's ladder [mot]
**Schiffsübergabe an Kapitän** commission [mot]
**Schiffsunglück** maritime disaster [mot]; shipwreck [mot]
**Schiffswrack** (markiert durch Boje) wreck [mot]
**Schiffszulieferung** ship's equipment [mot]
**Schild** (am Grader) blade [mbt]; (am Haus) sign [abc]; (der Schild; Teil der Rüstung) shield [mil]; (Firmenzeichen) logo [mbt]; (im Bergbau) shield support [roh]; (im Laden) sign [mot]; (kleine Betriebsanleitung) lettering [mbt]; (Namensschild) name plate [abc]; (Schar, z.B. vorn am Grader) blade [mbt]; (Wappenschild, Rüstung) armor plate [mil]; (z.B. mit Namen) plate [abc]; (z.B. Verkehrsschild) traffic sign [mot]
**Schildausrüstung** (z.B. Grader) front blade attachment [mbt]
**Schilder und Beschriftungen** label designations [mot]
**Schildlager** (am Waggon) legend plate [mot]
**Schildzylinder** (im Bergbau) shield cylinder [roh]
**Schilf** (Kolbenschilf, "Lampenputzer") cattail [bff]; narrow-leaf cattail [bff]; (Reet, Ried) reed [bff]
**schilfgrün** (RAL 6013) reed green [nrm]

**Schirm** (an der Mütze) visor [abc]; (Bildschirm) screen [edv]; (gegen Sonne und Regen) umbrella [abc]; (gegen Sonne) parasol [abc]; (Mütze ohne Kopfteil) sun visor [abc]; (Schutzschirm) protective screen [elt]; (Sieb) sieve [roh]; (Sonnenschirm) sun shade [abc]; (→ Kühlsch.)

**Schirmgitterstrom** screen current [elt]

**Schlachtschiff** battleship [mil]

**Schlacke** clinker [pow]; (Nebenprodukt Hochofen, Baumaterial) slag [mas]; (→ basische Sch.; → flüssige Sch.; → granulierte Sch.; → granulierte Sch.; → Ölsch.)

**Schlackenabscheider** slag extractor [pow]

**Schlackenabzug** slag removal [pow]; (→ flüssiger Schl.)

**schlackenbildend** slag forming [pow]

**Schlackenbrecher** clinker crusher [pow]; slag crusher [pow]

**Schlackeneinschluß** slag inclusion [pow]

**Schlackeneinschluß, grob** coarse slag inclusion [wst]

**Schlackengrube** slag pit [mot]

**Schlackenhammer** deslagging hammer [wzg]

**Schlackenloch** (Schmelzkessel) tap-hole [wst]

**Schlackensammler** (Druckwasserent-aschung) slag tank [pow]

**Schlackenschicht** slag cover [pow]

**Schlackenschmelzpunkt** slag melting point [pow]

**Schlackentrichter** ash hopper [pow]; cinder hopper [pow]; slag hopper [pow]; (Rost) stoker ashpit [pow]

**Schlackenverlust** loss due to carbon in ash [pow]

**Schlackenwagen** ash bogie [pow]; disposal car [rec]

**Schlackenwolle** mineral wool [pow]; slag wool [pow]

**Schlackenwollmatte** mineral wool blanket [pow]; slag wool blanket [pow]

**Schlackenzeile** slag streak [pow]

**schlackern** (lockerschütteln) slap [abc]

**schlaff** (entspannt) slack [abc]; (Rolltreppe hängt durch) slack [mbt]

**Schlafkaue** (im Lkw-Führerhaus) sleeper cab [mot]

**Schlafwagen** sleeper [mot]; sleeping car [mot]

**Schlafwagengesellschaft** sleeping car company [mot]

**Schlafwagenschaffner** sleeping car guard [mot]

**Schlag** (Erschütterung) blow [phy]

**Schlagbaum** (an Grenze, Fabriktor) turnpike [abc]

**Schlagbeanspruchung** vibratory stress [mas]

**Schlagbohrer** hammer drive [wzg]

**Schlagbuchstabe** (Markierung) steel stamp letter [met]

**Schlägel** lump hammer [wzg]

**schlagen** (im Kampf überwinden) beat [mil]

**Schläger** (Mühle) beater [pow]; (Mühle) hammer [wzg]; (→ eingehängter Sch.)

**Schlägermühle** beater mill [pow]; impact pulverizer [wzg]; integral fan mill [pow]

**schlagfest** impact proof [mas]

**Schlagfestigkeit** resistance to shock or impact [wst]

**Schlagfräser** fly cutter [wzg]

**Schlaggerät** (hydr.) hydraulic impact vibrator [mas]

**Schlaginstrumente** (im Orchester) percussion [abc]

**Schlagkopfbrecher** continuous stream crusher [wzg]

**Schlagleiste** (im Brecher) blow bar [mbt]

**Schlagloch** (in Straße) pothole [mot]

**Schlaglochtiefe** depth of potholes [mot]

**Schlagpresse** (für Matern) matrix striking press [mas]; (zum Abkanten) blow folding press [met]; (zum Schmieden) blow forging press [met]

**Schlagschere** (Tafelschere) gate shears [wzg]

**Schlagschraubenschlüssel** impact spanner [wzg]

**Schlagschrauber** drive screw [wzg]

**Schlagstock** (der Polizei) truncheon [abc]

**Schlagzahl** number of blows [abc]; (Markierung in Werkstück) steel-stamp number [mas]

**Schlamm** (feuchter Dreck) mud [abc]; (feuchter Dreck) sludge [abc]; (z.B. Schlammkohle) slurry [roh]; (→ Faulsch.)

**Schlammentwässerung** sludge dehydration [mot]

**schlammig** (schmutzig, dreckig) muddy [abc]

**Schlammkohle** mud coal [pow]; (Verladung mit Greifer) coal slurry [roh]

**Schlammkohlengreifer** coal slurry grab [mbt]

**Schlammsammler** mud drum [pow]

**Schlange** (Reptil) snake [bff]; (→ Heizsch.; → Rohrsch.)

**Schlangenrohre** continuous loop tube construction [pow]; tube coil [mas]

**Schlangenrohrvorverdampfer** continuous loop tube evaporator [pow]; continuous loop tube steaming economizer [pow]; (Schlavo) pre-evaporator [pow]

**Schlangenventil** coil valve [mot]

**schlank** (schlanker Mensch) slim [med]; (schlanke Firma) lean [eco]

**schlank gestellte Schar** (Grader) sharp-angled mouldboard [mbt]; (Grader) sharp-positioned mouldboard [mbt]

**Schlauch** (auch im Autoreifen) tube [mot]; (biegbare Leitung) flexible tube [met]; (komplett mit Armaturen) hose assembly [mas]; (z.B. Wasserschlauch) hose [mbt]; (→ BTR-Sch.; → Druckluftsch.; → Gummi-Panzersch.; → Gummisch.; → Hochdrucksch.; →

Höchstdrucksch.; → Hydrauliksch.; → Kantenschutzsch.; → Luftsaugsch.; → Luftsch.; → Metallschutzsch.; → Mitteldrucksch.; → PVC-Sch.; → Spezial Tanksch.; → Sprengsch.; → Universaldrucksch.)

**Schlauch für hohen Druck** pressure-type hose [abc]

**Schlauch mit Scheuerschutz** wire spiral warp [mas]

**Schlauch- und Spannschelle** sealing and retaining clamp [mas]

**Schlauch, der hohem Druck standhält** pressure-type hose [abc]

**Schlaucharmatur** (Kupplung) hose fixture [mas]; (Schlauchkupplung) stem [mas]

**Schlauchaufroller** hose recoiler [mas]

**Schlauchbinder** hose fitting [mas]

**Schlauchbremse** tube-type brake [mbt]

**schlauchen** (mit Schlauch waschen) hose [mas]

**Schlauchführung über Trommel** hose guide via drum [mot]

**Schlauchhalter** (Schelle, Klemme) hose clamp [mas]

**Schlauchkupplung** (Verbindung) hose coupling [mas]; (Verbindung) hose fixture [mas]

**Schlauchleitung** flexible line [mot]; (einzelner Schlauch) hose [mas]; (Garnitur, Satz) hose line [mas]

**Schlauchleitungen** (eines Gerätes) hose assembly [mas]

**schlauchlos** (Autoreifen) tubeless [mot]

**Schlauchschelle** hose clamp [mas]

**Schlauchtülle** hose nipple [mot]; (Schlauchmuffe) hose socket [mas]

**Schlauchventil mit Staubkappe** inner tube valve with dust cap [mot]

**Schlauchventilbrücke** inner tube valve fitting [mot]

**Schlauchventileinsatz** inner tube valve insert [mot]

**Schlauchverbinder** hose connector [mas]; hose fixture [mas]

**Schlauchverbindung** hose fitting [mot]

**Schlauchverbindungsteil** hose connector [mas]

**Schlauchwanne** (am Teleskopbagger) hose trough [mas]

**Schlaufe** (groß) loop [mas]; (klein) eye [abc]

**Schlaufenverbindung** loop connection [bau]

**Schlavo** (→ Schlangenrohrvorverdampfer)

**schlecht** (fehlerhaft, böse) bad [abc]

**schlecht beraten** ill adviced [abc]

**schlecht zu verfeuernder Brennstoff** hard-to-burn fuel [pow]

**schlechte Verbrennung** poor combustion [pow]

**schlechter Leiter** (kein Strom fließt) non-conductor [elt]

**Schlechtlehre** no go gauge [abc]

**Schlechtwetterperiode** period of bad weather [wet]

**schleichen** (langsam) creep [abc]

**Schleichgang** (langsamst) inching [mot]

**Schleifband** abrasive belt [wzg]; sanding belt [mas]

**Schleifbank** (Bearbeitung) grinding lathe [wzg]

**Schleifbürste** carbon brush [elt]

**Schleife** (Schlinge, Ohr, Lasso) loop [mas]; (→ Rückkopplungsch.)

**schleifen** (ab-, glattschleifen) grind [met]; (abschneiden) cut [met]; (glätten) smoothen [met]; (innenschleifen) internal grind [met]; (Messer, Sense wetzen) whet [met]; (planschleifen) face grind [met]; (polieren) polish [met]; (rundschleifen) plain grind [met]; (spitzenloses Schleifen) centreless grinding [met]; (z.B. Schweißgrat) grind [met]

**Schleifenbandförderer** (besser: -wagen) tripper car [mbt]

**Schleifenbandwagen** tripper car [mbt]

**Schleifensatz** (Iterationslemma) pumping lemma [edv]

**Schleifenstromverfahren** loop method [elt]

**Schleifenverstärkung** loop gain [elt]

**Schleifer** slip ring [elt]

**Schleifhexe** (Winkelschleifer) angle grinder [wzg]

**Schleifkufe** reference sleigh [mbt]

**Schleifmarkiereinrichtung** grinding marker [mas]

**Schleifmaschine** grinder [wzg]; grinding machine [wzg]

**Schleifmaß** (der Kolbenstange) grinding diameter [mas]

**Schleifpapier** (Schmirgelpapier) emery [met]

**Schleifpaste** grinding paste [mas]

**Schleifrad** grinding wheel [mas]

**Schleifring** slip ring [elt]

**Schleifringanker** slip ring rotor [elt]

**Schleifringanlasser** slip ring starter [elt]

**Schleifringbremse** slip-ring brake [mot]

**Schleifringhalter** slip ring holder [mot]

**Schleifringkörper** slip ring [elt]; slip ring assembly [elt]; (z.B. beim RH 200) slip ring body [elt]

**Schleifring-Läufermotor** slip ring motor [elt]

**Schleifscheibe** grinding disk [wzg]; (nutzt sich ab) wearing plate [mas]; (zum Glätten) abrasive wheel [wzg]

**Schleifscheibenspindel** wheel spindle [mas]

**Schleifzeug** grinding tool [mas]

**Schleißbleche** abrasion rods [mbt]

**Schleißkappe** (zwischen Grabgefäßzähnen) shroud [mbt]

**Schleißleiste** wear strip [mas]

**Schleißplatte** (Mühle) wear plate [pow]

**Schleißrücken** (Staubrohre) wear liner [pow]

**Schleißscheibe** wearing plate [mas]
**Schleißschiene** wear bar [mas]
**Schleißsohle** wear sole [mas]
**Schlemmanstrich** slurry paint coat [nrm]
**Schlempe** (die Schlempe; Zementschlamm) laitance [roh]
**Schlepp- und Bugsierschiff** towboat [mot]; tug [mot]
**Schleppdampfer** (→ Schlepper) towboat [mot]
**schleppen** (fördern, tragen) haul [mot]
**Schlepper** roller [mot]; (Schlepp- und Bugsierschiff) tug [mot]; (Schlepp- und Bugsierschiff) towboat [mot]; (Traktor) tractor [mbt]
**Schleppkette** (z.B. an Schleppschaufel) drag chain [mas]
**Schleppschaufel** (bis 50 m Flözdicke) dragline [mbt]; (Seilbaggerausrüst.) dragline bucket [mbt]
**Schleppschaufelbetrieb** dragline operation [mbt]
**Schleppschaufeleinziehwinch** dragline fairlead [mbt]
**Schleppschaufeltiefe** dredging depth [mbt]
**Schleppseil** tow rope [mot]
**Schleppsstange** tow rod [mot]; tow bar [mot]
**Schlepptender** trailing tender [mot]
**Schlepptenderlokomotive** tender locomotive [mot]; tender engine [mot]; trailing tender locomotive [mot]
**Schleppweiche** (automatisch) stub switch [mot]
**Schleppwinde** towing winch [mas]
**Schleppzug** (auf Wasserstraßen) train of tugged barges [mot]
**Schleudergießen** centrifugal casting [met]
**Schleuderguß** centrifugal casting [met]
**Schleuderluftfilter** centrifugal air cleaner [mot]
**schleudern** sling [abc]

**Schleuderprüfung** dynamic balance test [abc]
**Schleuderscheibe** centrifugal disc [wst]
**Schleuse** (hier: Gully, Kanaleinlauf) sewer port [bau]; (in Kanal, Küste, Hafen) lock [mot]; (Schiffsschleuse) sluice [mot]
**Schleusenkammer** sluice chamber [mot]
**Schleusenspannung** (Schwellenspannung) threshold [elt]
**Schleusluft** (Lj.-Luvo) sealing air [pow]
**Schleusluftventilator** seal air fan [pow]; sealing air fan [pow]
**schlichten** (Fläche bearbeiten) finish machine [met]; (Frieden stiften) settle [abc]; (Metall glätten) finishing [met]
**Schlichtmeißel** finishing tool [wzg]
**Schlichträumen** finish broach [met]
**Schlick** silt [mot]
**Schlickbagger** silt dredger [mot]
**schließen** (die Tür) close [abc]; (verschließen, abschließen) lock [abc]
**Schließer** closing contact [elt]; (Kontakt) A-contact [elt]
**Schließspule** closing coil [elt]
**Schließvorrichtung** locking device [mbt]
**Schließzeit** (Greifer) closing time [mbt]
**Schliffbild** micrograp [abc]
**Schliffentwässerungsmaschine** pulp drier [mas]
**Schlinge** (klein) eye [abc]; (z.B. Lasso) loop [mas]
**Schlingerdämpfungsblech** (Schiffskessel) swash plate [mot]
**Schlipp** (in der Werft) slip [mot]
**Schlips** (Krawatte) cravat [abc]; (Krawatte) tie [abc]
**Schlitten** (Maschinenteil) carriage [wst]; (Rodelschlitten für Kinder) toboggan [abc]
**Schlittenhub** stroke of sledge with rotary drive [mbt]

Schlitz 420

Schlitz slit [abc]; slot [abc]
Schlitzinitiator slot indicator [mas]
Schlitzmutter slotted nut [mas]; slotted round nut [mas]
Schlitzring slit ring [mas]
Schlitzschraube cross slot bolt [mas]; slotted screw [mas]
Schlitzsondierung split spoon sampling [mas]
Schlitzwand diaphragm wall [bau]
Schloßaussparung im Holz rebating [mil]
Schlosser locksmith [abc]; (erfahrener Mechaniker) fitter [met]; (repariert) mechanic [met]; (repariert, baut neu) fitter [met]; (Mechaniker, Monteur) mechanic [met]
Schlosserei fitter's shop [met]
Schlosserhammer hammer [wzg]
Schlosserschweißmaschine (Heftmaschine) tack-welding machine [wzg]
Schloß (in Tür mit Schlüssel) lock [bau]; (Palast) castle [bau]; (→ Dekkelsch.; → Haubensch.; → Zündsch.)
Schloßinnengriff inner lock handle [mbt]
Schloßturm castle-tower [bau]
Schlot (Fabrikschornstein, Esse) smokestack [mas]
Schlucht (Einschnitt für Eisenbahn) cutting [mot]; (Tal mit steilem Wänden) gulch [geo]
schlucken (der Motor fördert) displace [mot]
Schluckstrom (Förderstrom) displacement [mot]; (Pumpenaufnahmevermögen) absorption capacity [phy]
Schluckvolumen (z.B. des Ölmotors) displacement [mot]
Schluff (Grobton) coarse clay [[jur]]
schluffige Böden silty soils [bod]
Schlupf (z.B. von Rädern, Lagern) slip [mot]
schlupffrei non-slip [mot]
Schlupfhärtung slip hardening [mas]
Schlupfkupplung slip clutch [mas]

Schlupfstelle hardness gap [mbt]
Schlupfüberwachung slip control [mbt]
Schlüssel (Code, Geheimcode) code [abc]; (Klauenschlüssel, Werkzeug) claw wrench [wzg]; (öffnet Schloß) key [abc]; (Schraubenschlüssel) spanner [wzg]; (Schraubenschlüssel) wrench [wzg]; (verstellbarer Schlüssel) adjustable wrench [wzg]; (→ Drehmomentsch.; → Hakensch.; → Maulsch.; → Momentensch.; → Ringsch.; → Spannsch.; → Stiftsch.)
Schlüssel für das Entlüfterventil air bleeding spanner [wzg]
Schlüsselanhänger (für Hausschlüssel) key ring [abc]
Schlüsselausschalter key cut-out switch [mbt]
Schlüsselausschalter oben upper key stop switch [mbt]
Schlüsselbein collar bone [med]
schlüsselfertig (-e Anlage) turn-key [mas]
schlüsselfertige Anlage turn-key job [mas]; turn-key plant [mas]
schlüsselfertige Systeme turn-key systems [mas]
schlüsselfertiger Auftrag turn-key-order [abc]
Schlüsselschalter key switch [elt]
Schlüsselschild (Schloßblende an Tür) keyhole surround [abc]
Schlüsselstahl key steel [mas]
Schlüsselweite (der Schraube) width across flats [mas]
Schluß (des Zuges) tail [mot]; (Ende, Abschluß, letzter Teil) end [abc]; (Ende; vorbei) end [abc]; (Zahnräder sind im Schluß) mesh [mas]; (einer Rede) conclusion [abc]
Schlußansprache closing address [abc]
Schlußbestimmung concluding terms [jur]
Schlußfolgerung conclusion [abc]

**Schlußleuchte** tail lamp [mot]; (Zugschlußleuchte) tail light [mot]

**Schlußleuchtenkonsole** tail lamp mounting bracket [mot]

**Schlußlicht** tail lamp [mot]

**Schlußrechnung** final account [bau]

**Schlußscheibe** (am letzten Haken) identity plate [mot]

**Schlußstein** (in Gewölbe, Brücke) centre key [bau]; (in Rundbogen) keystone [bau]

**Schlußtermin** (letzter Zeitpunkt) deadline [abc]

**Schlußverfahren** inferences [edv]

**schmal** (eng) narrow [bau]

**schmales Brennstoffband** narrow fuel type range [pow]

**Schmalkeilriemen** narrow V-belt [mot]; narrow-section V-belt [mot]

**Schmalspur** (meist Eisenbahn) narrow gauge [mot]

**Schmalspurbahn** narrow gauge track [mot]; feeder line [mot]

**Schmalspurstrecke** (der Bahn) feeder line [mot]; (der Bahn) narrow gauge track [mot]

**Schmalz** (auf dem Brot) dripping [abc]; (Schweinefett zum Braten) lard [abc]; (zerlassener Speck) lard [abc]

**Schmelzeinsatz** fuse link [elt]

**schmelzen** melt [abc]; smelt [abc]; (verschmelzen) fuse [abc]

**Schmelzfeuerung** slag-tap pulverized coal firing [pow]

**Schmelzkessel** boiler with slag-tap furnace [pow]; slag-tap boiler [pow]; wet bottom boiler [pow]

**Schmelzleiter** fuse element [elt]

**Schmelzpunkt** melting point [phy]

**Schmelzschweißen** fusion welding [met]

**Schmelzsicherung** (im Auto, Haus) fuse [abc]

**Schmelztiegel** melting pot [mas]

**Schmelztiegelfeuerung** crucible type furnace [pow]; retort-type slag-tap

furnace [pow]

**Schmelztischfeuerung** pulverized coal firing with melting table [pow]

**Schmelzverhalten** melting behaviour [pow]

**Schmied** (Huf-, Grobschmied) blacksmith [met]

**schmiedbar** (weich) soft [mas]

**schmiedbarer Guß** malleable iron [wst]

**Schmiede** (Metall wird erhitzt und gehämmert) forge [met]

**Schmiedeeisen** (Hand, Presse, Gesenk) wrought iron [mas]

**Schmiedegesenk** (Gesenk) swage [met]

**Schmiedegüte** quality of forging [mas]

**Schmiedehammer** blacksmith's hammer [wzg]; forging hammer [wzg]

**Schmiede-Schweißkonstruktion** forging/welding construction [mas]

**schmieden** (→ vergüten) forge [met]

**Schmiedepresse** forging press [wzg]

**Schmiederiß** forging crack [met]

**Schmiederohling** forging blank [met]

**Schmiedestückgewicht** mass of forging [mas]

**Schmiedeteil** forging [met]

**Schmiedeteil aus Aluminium** forging of aluminium [met]

**Schmiedeteilprüfung** forging test [mes]

**Schmiege** (Zollstock, Gliedermaßstab) yardstick [abc]

**Schmieranlage** greasing system [mas]; lubricator [mbt]

**Schmieranweisung** lubricationing instructions [mbt]

**Schmierbohrung** lubricating hole [mas]; (in Zeichnung) lubrication bore [mas]

**Schmierbuchse** lubricator [mot]

**Schmierbüchse** grease cup [mas]

**Schmiereinrichtung** lubrication device [mbt]

**schmieren** (einölen) lube [mas]; (einölen) lubricate [mas]; (fetten, einfetten) grease [mas]

**Schmierfett** lubricating grease [mas]

**Schmierfilm** film of lubricant [mot]; lubricating film [mas]; lubricating oil film [mas]

**Schmierintervall** lubrication interval [mbt]

**Schmierkopf** nipple [mas]

**Schmierkosten** lube cost [mas]

**Schmiermaxe** (Dampfloks, Seilbagger) oiler [mot]; second man [mot]

**Schmiermittel** lubricant [mas]

**Schmiermittelart** type of lubricant [mas]

**Schmiermittelempfehlung** lubricant recommendation [abc]; recommended lubricant [mas]

**Schmiernippel** grease fitting [mas]; grease nipple [mas]; lubricant fitting [mas]; lubrication nipple [mas]; lubricator nipple [mas]

**Schmiernut** lubrication groove [mas]

**Schmiernute** oil groove [mas]

**Schmieröl** lubricating oil [mas]

**Schmierölfilter** lube oil filter [mas]

**Schmierölfluß** lubricating oil flow [mas]

**Schmierölkühler** lubrication-oil cooler [mas]

**Schmierölleitung** lubricating oil line [mas]

**Schmierölpumpe** lube oil pump [mas]

**Schmierpistole** grease gun [wzg]

**Schmierplan** lubrication chart [abc]

**Schmierpresse** grease gun [wzg]; grease pistol [wzg]

**Schmierseife** soft soap [abc]

**Schmierstelle** lubricating point [mas]

**Schmierstoff** lubricant [mas]

**Schmiersystem** lubrication system [mas]

**Schmiertabelle** lubrication chart [abc]

**Schmierung** lube [mas]; lubrication [mbt]; (→ Druckölsch.; → Hochdrucksch.; → Motorensch.; → Selbstsch.; → Zentralsch.)

**Schmiervorrichtung** lubricator [mas]

**schminken** make-up [abc]

**schmirgeln** emery [met]

**Schmirgelpapier** abrasive paper [wzg]; emery paper [met]

**Schmirgelstein** emery stick [met]

**Schmitt-Triggerschaltung** Schmitt-trigger-circuit [elt]

**Schmuck** (Juwelen) jewels [abc]

**Schmutz** dirt [abc]; mud [mbt]; (Abfall, Müll) garbage [rec]; (Erde, Dreck, Boden) dirt [roh]

**Schmutzabstreifring** (am Zylinder) dirt skimmer [mot]

**Schmutzbandantrieb** spillage belt drive [mbt]

**Schmutzblech** (hinten an Lkw) spill guard [mot]

**Schmutzfänger** mud flaps [mot]

**Schmutzfangkasten** (Rolltreppe) dirt collection box [mbt]

**schmutzig** (feuchter Dreck) muddy [abc]; (verunreinigt) impurified [abc]; (z.B. durch Arbeit) dirty [abc]

**Schmutzring** scraper ring [mas]

**Schmutzteil** dust particle [abc]

**Schnapp-** snap [abc]

**Schnapper** (Raste) catch [wst]

**Schnappkupplung** impulse coupling [mot]

**Schnappring** ring clamp [mas]; ring sealing [mas]; snap ring [mas]

**Schnappschuß** (z.B. mit der Kamera) snapshot [mot]

**Schnappverschluß** snap-on cap [mot]; (Bügelverschluß) swing stopper [mas]

**Schnecke** (Grabenverfüllschnecke) worm [mot]; (im Trommelmüllwagen) screw [mot]; (Schneckenbesen) screw [mot]; (Tier) snail [bff]

**Schneckenantrieb** worm drive [mot]; worm gear drive [mot]

**Schneckenbesen** screw brush [mot]; (Werkzeug) brush for screw [wzg]

**Schneckenfeder** volute spring [mas]

**Schneckenförderer** screw conveyor [roh]; worm type feeder [pow]

**schneckenförmig** spiral [mas]
**Schneckengetriebe** worm gear [mot];
worm gearing [mot]; worm-drive gear
unit [mot]; worm thread [mot]
**Schneckengewindeschelle** worm drive
hose clip [mot]; (mit Flügelschraube)
thumbplate hose clip [mas]
**Schneckengirlande** upper catenary
idler [mbt]
**Schneckenrad** worm gear [mbt];
(nicht Getriebe) worm wheel [mas]
**Schneckenradkranz** worm crown gear
[mas]; worm wheel rim [mot]
**Schneckenradnabe** worm gear hub
[mot]
**Schneckentrieb** worm drive [mot];
(Schneckenantrieb) worm gear [mas]
**Schneckentrommelmüllwagen** (GB)
screw-type refuse-collection vehicle
[mot]; (US) screw-type garbage truck
[mot]
**Schneckenwelle** worm gear shaft
[mot]; worm shaft [mbt]; (genutet)
scrole [mas]
**Schnee** snow [abc]
**Schneeantriebsrad** snow sprocket
[mot]
**schneebedeckt** snow-covered [abc]
**Schneefall** (schwerer) snowfall [abc]
**Schneeflügel** snow wing [mot]
**Schneefräse** snow blower [mot]
**Schneekette** (für Autoreifen) non-skid
chain [mot]; (für Autoreifen) skid
chain [mot]; (für Autoreifen) snow
chain [mot]
**Schneepflug** snow plough [abc]; snow
plow [abc]
**Schneeräumer** snow plow [abc]
**Schneeräumschild** (am Stapler) snow
bucking plate [mot]
**Schneesturm** heavy snowfall [wet];
blizzard [wet]
**Schneidbrenner** cutting torch [wzg]
**Schneide** (Vorderkante Grablöffel)
cutting edge [wst]; (z.B. Eckmesser
des Baggers) bit [mbt]

**Schneideeinsatz** set of cutting inserts
[mas]
**Schneideisen, die** [met]
**Schneidelippe** cutting lip [wst]
**Schneideliste** cutting list [bau]
**schneiden** (abzwicken, scheren) cut
[met]; (mit Löffel durch Gestein) cut
[mbt]; (trimmen, beschneiden) trim
[abc]; (Zähne) cog [met]; (Zähne)
notch [wst]
**Schneider** (→ Seitensch.) cutter [wzg]
**Schneidering** cutting ring [bau]
**Schneideversuch** cutting test [bau]
**Schneidkante** knife [mas]; (Schnitt-
kante) cutting edge [wst]
**Schneidkopf** (Schwimmbagger) cut-
terhead [mot]
**Schneidkopfleiter** (am Bagger) cutter
head ladder [mbt]
**Schneidkopfsaugbagger** cutter head
suction dredger [mot]
**Schneidlippe** cutting edge [wst]
**Schneidmesser** cutting edge [wst]
**Schneidöl** cutting oil [wst]
**Schneidrad** (→ Unterwassersch.) cut-
ting wheel [mot]
**Schneidring** cutting ring [wst]; ermeto
coupling [wzg]; olive [mas]
**Schneidscheibe** cutting disc [wst]
**Schneidschraube** tapping screw [mas]
**Schneidtiefe** cutting depth [wst]
**Schneidtrommel** (auf Schrämmaschine) drum [roh]
**Schneidvorrichtung** cutting device
[wst]
**Schneidwiderstand** cutting resistance
[met]
**schneien** snow [abc]
**schnell** (Eilgang der Bearbeitungsmaschine) rapid [mas]; (kurzfristig) quick
[abc]; (rennen) fast [abc]; (so schnell
wie möglich) rapid [abc]; (→ schnell-
stens)
**schnell ansprechend** fast acting [pow]
**Schnellabschaltung** high speed
breaking [elt]; rapid interruption [elt]

**schnellaufender Wickelautomat**
automatic winding machine [wzg]
**Schnelläufer** fast revolving [mot];
(Schlägermühle) high speed (pulverizer) [pow]
**Schnellauslösung** instantaneous trip-
ping [elt]
**Schnellbahn** rapid transit [mot]
**Schnellbetankungsanlage** fast fuelling
system [mot]
**Schnellboot** speedboat [mot]
**Schnelldampferzeuger** quick-
steaming unit [pow]
**Schnelldrehstahl** high speed steel
[wst]; steel [wst]
**Schnelldrucker** rapid printer [edv]
**Schnellentlüftungsventil** quick exhaust valve [mas]; quick ventilation
valve [mas]
**schneller Brüter** fast breeder [pow]
**schneller sein** (z.B. schneller laufen)
faster [abc]
**Schnellfahrstrecke** high speed line
[mot]
**Schnellfluß** (z.B. Kühlsystem) high
flow [mot]
**Schnellgang** (des Autos) overdrive
[mot]
**Schnellkupplung** quick coupling
[mas]; quick-coupler [mas]; (für Hy-
droleitung) quick-release coupling
[mas]
**Schnellschalter** high speed circuit
breaker [elt]
**Schnellschlaghammer** (für Ramme)
rapid blow hammer [wzg]
**Schnellschlußventil** quick acting valve
[mas]; quick closing valve [mas];
quick-acting gate valve [mas]; (bei
Dampfmasch.) quick-acting stop valve
[mas]
**Schnellsenkeinrichtung** fast-lowering
device [mbt]; (Freifall) fast fall device
[mbt]
**Schnellstufe** high range [mot]; overdrive [mot]

**Schnelltriebwagen** fast railcar [mot];
express railcar [mot]
**Schnellverschleißteil** fast wear part
[met]
**Schnellverschluß** quick lock [mas];
quick release [mas]; rapid fastener
[mas]
**Schnellverschlußdeckel** quick release
cover [mas]
**Schnellverschlußkupplung** quick-lock
coupling [mas]
**Schnellverschlußschelle** quick release
clamp [mas]
**Schnellwechsel** quick release [mas]
**Schnellwechseladapter** quick release
bracket [mas]
**Schnellwechselanlage** (für Ramme)
rapid changing device [wzg]
**Schnellwechseleinrichtung** quick
hitch [mas]; quick release system
[mas]
**Schnellwechsler** (kurz: SW) quick
hitch [mas]; quick release [mas]
**schnellwirkend** fast-effect [abc]
**Schnellzug** (der Eisenbahn) fast train
[mot]
**Schnitt** cutaway diagram [con]; cutaway view [con]; (auf Zeichnung)
section [con]; (im <Durch>-schnitt)
average [mat]; (mit Messer) cut [met];
(→ Längssch.; → Schnittkräfte)
**Schnittbandkern** C-core [abc]; (Zusatzgerät) cross section [abc]
**Schnittbild** cutaway diagram [con];
cutaway view [con]; (z. B. in Zeichnung) cross-sectional picture [abc]
**Schnittbildgerät** cross-section recorder [abc]; (B-Bildgerät) rotational
section scan instrument [mas]
**Schnittbreite** (im Bergbau) width of
the cut [roh]; (z. B. des Löffels) cutting width [mbt]
**Schnittgrat** burr [met]
**Schnitthöhe** cutting height [abc]
**Schnittholz** lumber [abc]; sawn timber
[abc]

**Schnittiefe** cutting depth [wst]

**Schnittkanten** cut edges [wst]

**Schnittkräfte** force of sectioning [met]

**Schnittmesser** (Schnitzmesser) carving knife [wzg]

**Schnittmodell** cutaway [con]; (z.B. von Pumpe, Motor) sectional model [mas]

**Schnittpunktmarke** junction label [edv]

**Schnittstelle** interface [edv]; (→ Bedienersch.; → Datensch.; → englische Sch.)

**Schnittstellensignal** interface signal [edv]

**Schnittstellung** (z. B. bei Blechen) cutting position [met]

**Schnittveränderung** cutting change [wst]

**Schnittwiderstand** cutting resistance [met]

**Schnittwinkel** cutting angle [wst]

**Schnittwinkelverstellung** (z.B. Grader) adjusting of the cutting angle [mbt]

**Schnittwirkung** effect of cutting [met]

**Schnittzeichnung** sectional drawing [mas]

**Schnittzugabe** cutting allowance [wst]

**schnitzen** carve [met]

**Schnörkel** ornament [abc]

**schnörkelig** ornamental [abc]

**Schnörkelturm** spire [bau]

**Schnüffelventil** breather [mot]; (Belüfter) air breather [air]

**Schnupfen** (Ich habe Schnupfen) cold [med]

**schnuppern** sniff [abc]

**Schnur** string [abc]; (→ Asbestsch.)

**Schnürband** shoe lace [abc]

**Schnürsenkel** (im Schuh) shoe lace [abc]

**Schock** (körperlich) shock [med]

**Schockschweißen** shock welding [met]

**schokoladenbraun** (RAL 8017) chocolate brown [nrm]

**Scholle** (z.B. Asphalt aus alter Straße) slab [mot]

**Schöndruck** pretty-printing [edv]

**schonen** (ein verletztes Bein) favour [med]

**Schoner** (Segelschiff) shooner [mot]

**Schonganggetriebe** overdrive [mot]

**Schonung** nursery [bff]; (junge Bäume) tree nursery [bff]

**Schornstein** (der Dampflokomotive) chimney [mot]; (Fabrikesse, Wohnhaus) chimney [bau]; (hohe Fabrikesse) smokestack [mas]; (Schiff) funnel [bau]; stack [pow] (→ ausgekleid.; → Blechsch.; → Industriesch.; → kurzer Blechsch.; → selbsttrag. Blechsch.)

**Schornstein mit Seilabstützung** chimney with guy ropes [pow]

**Schornsteinauswurf** chimney discharge [pow]; chimney emission [pow]

**Schornsteinfeger** (Kaminfeger) chimney sweep [met]

**Schornsteinzug** chimney draught [pow]; stack draught [pow]

**Schotstek** (Knoten) sheet bend [mot]

**Schott** (in Schiff, Flugzeug) bulkhead [mot]; (in Schweißkonstruktion) stiffening plate [mot]

**Schottblech** (in Schweißkastenkonstruktion) stiffening plate [met]

**Schottenüberhitzer** platten-type superheater [pow]

**Schotter** (aus dem Steinbruch) gravel [bau]; (kleiner Sch.; Steinsplitter) chippings [bau]; (zwischen Gleisen) ballast [mot]; (zwischen Gleisen) gravel [mot]

**Schottergreifer** (Schwellenkastengreifer) ballast grab [mbt]

**Schotterindustrie** road material industry [roh]

**schotterlos** (schotterloser Oberbau) ballast-less [mot]

**Schotterweg** gravel path [bau]

**Schottky-Diode** Schottky diode [elt]

**Schottky-Transistor** Schottky transistor [elt]

**schraffiert** (in Zeichnungen) hatched
[con]

**Schraffierung** (in Zeichnungen) hatch-
ing [con]

**schräg** (schräg geformt; über Straße)
transverse [mot]; (Sohle) inclined
[roh]; (zur Seite geneigt) inclined
[abc]; (zur Seite geneigt) leaning [abc]

**Schrägachse** (an Hydraulikpumpe)
bent axis [mas]

**Schrägdach** pitched roof [bau]; slanted
roof [bau]

**Schräge** (Gesenk-, Gußschräge) draft
[mas]; (Gußschräge) mould draft
[mas]; (Neigung; Bunker, Rohre)
slope [abc]

**schräge Markierung** slanted mark
[abc]

**schräge Rampe** inclined ramp [bau]

**Schrägeinfall** angular incidence [elt]

**Schrägeinschallung** angular radiation
[elt]

**schräger Rost** inclined grate [mas]

**schräggestellt** slanted [abc]

**Schrägkante** bevel [mas]

**Schrägkugellager** tapered ball-bearing
[mas]

**Schrägkugellager, einreihig** angular
contact ball bearing, single row [mas]

**Schrägkugellager, zweireihig** angular
contact ball bearing, double row [mas]

**Schräglage** (des Motors) tilt angle
[mas]; (Unausgeglichenheit) distortion
[pow]; (Unausgeglichenheit) unbalance [abc]

**Schräglauf** tape skew [mas]

**schrägliegender Fehler** slanted defect
[abc]

**Schrägrad** helical gear [mot]

**Schrägrad mit Schraubennuten** helical gear with helical splines [mot]

**Schrägreflexion** inclined reflection [elt]

**Schräge** (Neigung; Bunker, Rohre)
inclination [pow]

**Schrägrollenlager** taper roller bearing [mas]

**Schrägrost** inclined grate [pow]

**Schrägscheibenpumpe** (Hydraulik)
swashplate pump [mbt]

**Schrägschnittafelschere** diagonal cut
gate shears [met]

**Schrägschulterfelge** stepped rim
[mot]; advanced rim [mbt]

**Schrägschulterring** (an Reifen, Felge) advanced rim [mbt; (Reifen läuft
nicht ab) stepped rim [mot]

**Schrägstirnrad** helical gear [mot]

**Schrägstrahlprüfkopf** shear wave
probe [abc]

**Schrägstrich** ( / ) oblique mark
[abc]

**Schrägungswinkel** helix angle [abc]

**schrägverzahnt** (z.B. schrägver-
zahntes Ritzel) spiral toothed [mbt]

**Schrägverzahnung** helical gearing
[mas]

**Schrägzahnband** helical gear [mas]

**Schrägzahnrad** (Schraubenrad) helical gear [mot]

**Schrämmaschine** (fährt Wand auf
und ab) shearer [roh]; (schrammen)
shearer [roh]

**schrammen** (mit Schrämmaschine
kratzen) shear [mbt]

**Schrämmkante** (z.B. seitlich am
Lkw) wear strip [mas]

**Schrämmleiste** (→ Schrägkante; Lkw)
wear strip [mas]

**Schrank** (für Tassen und Teller) cupboard [bau]; (Kleiderschrank) closet
[bau]; (mit Schubladen) chest [bau];
(mit Türen) cabinet [bau]; (→ Ver-
teilersch.)

**Schranke** ("am Bahnübergang") level
crossing [mot]; ("an der Schranke")
bars [mbt]; (der Bahn) barrier [mot];
(Eisenbahnschranke) RR crossing
[mot]; (mit doppelter Bewegungs-
möglichkeit) barrier [mbt]; (vor der
Bahnkreuzung) bar [mot]

**Schrankebene** (des Schaltschranks) instrument cabinet level [elt]

**Schrankenüberwachung** barrier monitoring [mot]

**Schrankenwärter** (der alten Bahn) crossing keeper [mot]

**Schrankerde** (Schutz des Schaltschranks) instrument cabinet earthing [elt]

**Schrankwand** (z.B. in Wohnzimmer) wall unit [bau]

**Schraubbolzen** depth bolt [wst]; machine screw [mbt]; stud [mbt]

**Schraube** bolt [mas]; (gedrehte Schraube) turned bolt [mas]; (hochfeste Schraube) high-strength bolt [mas]; (hochfeste Schraube) high-tensile bolt [mas]; (Holzschraube) screw [mas]; (rohe, schwarze Schraube) unfinished bolt [mas]; (rohe, schwarze Schraube) black bolt [mas]; (Schiffsschraube) propeller [mot]; (→ Blechsch.; → Bohrsch.; → Bolzensch.; → Dichtsch.; → Einstellsch.; → Entlüftungssch.; → Entwässerungssch.; → Federsch.; → Flachkopfsch.; → Flügelsch.; → gewindefurchende Sch.; → Gewindeschneidsch.; → Hakenkopfsch.; → Halbrundsch.; → Hammersch.; → Hohlsch.; → Holzsch.; → Inbussch.; → Innensechskantsch.; → Kombiblechsch.; → Kombisch.; → Kreuzlochsch.; → Leerlaufbegrenzungssch.; → Leerlaufluftsch.; → Paßsch.; → Pleuelsch.; → Rändelsch.; → Schaftsch.; → Schneidsch.; → Sechskantblechsch.; → Sechskantholzsch.; → Sechskantpaßsch.; → Sechskantsch.; → Senkblechsch.; → Senksch.; → Stellsch. ; → Stiftsch.; → Verschlußsch.; → Verstellsch.; → Zylinderblechsch.)

**Schraube nur handfest anziehen** tighten bolt by hand only [met]

**Schraube und Mutter** bolt and nut [mas]

**schrauben** (einer Metallschraube) bolt on [met]; (mit Schraubendreher) screw [mas]

**Schraube kontern** (zweite Mutter) counter-nut a bolt [met]

**Schraubenauszug** list of bolts needed [mas]

**Schraubenbolzen** double end stud [mas]; screw bolt [mas]; screw bolt [mas]

**Schraubendampfer** propeller steamer [mot]

**Schraubendreher** (neueres Wort) screw driver [wzg]

**Schraubenfeder** coil spring [mas]; (Spiralfeder) helical spring [mas]

**Schraubenfedersatz** coil spring set [wst]

**Schraubenförderer** screw conveyor [mas]

**Schraubengewinde** screw thread [mas]

**Schraubenkopf** head of bolt [mas]; screwhead [mas]

**Schraubenkopf** (6-Kant, Schlitz, Kreuz) bolt head [mas]

**Schraubenkupplung** (am Waggon) screw coupling [mot]

**schraubenlose Schlauchschelle** one-piece hose clip [mas]

**Schraubenmutter** (z.B. Sechskantmutter) nut [mas]

**Schraubenpumpe** screw pump [pow]

**Schraubenrad** helical gear [mas]; screw gear [mas]

**Schraubenradtrieb** helical gear [mas]

**Schraubenschlüssel** spanner [wzg]; wrench [wzg]; (→ Schlüssel; → verstellbarer Sch.)

**Schraubenschlüsselsatz** set of spanners [wzg]

**Schraubenspindel** mandril screwspindle [wzg]; reveal pin [bau]

**Schraubenstützlager** (der Schelle) collar [wst]; (der Schelle) housing locating collar [mas]

**Schraubenverbindung** bolted connection [mas]

**Schraubenverzahnung** helical gearing [mas]

**Schraubenzieher** (älteres Wort) screw driver [wzg]

**Schraubkappe** screw cap [mas]

**Schraubkupplung** screw coupling [mot]

**Schraubrußbläser** single-nozzle retractable soot blower [pow]

**Schraubsicherung** screw type retainer [mot]

**Schraubstock** (Zwinge, Backe) vise [wzg]

**Schraubstutzen** screw neck [mot]

**Schraubverbindung** bolted connection [mas]

**Schraubverbindung gerissen** bolted connection broken [mas]

**Schraubverbindung lose** bolted connection loose [mas]

**Schraubverbindung überdreht** bolted connection overwound [mas]

**Schraubverschluß** screw cap [mot]

**Schraubzahn** (→ Hülsenzahn) bolt-on teeth [mas]

**Schraubzwinge** screw clamp [mbt]

**Schrebergarten** allotment garden [abc]

**Schreibblock** pad [abc]

**schreiben** copy [edv]

**Schreiber** graph recorder [abc]; oscillograph [mes]; (→ Verfasser)

**Schreibgeschwindigkeit** writing speed [abc]

**Schreibkopf** recorder head [mes]

**Schreibmaschine** typewriter [abc]

**Schreibspur** track [abc]

**Schreibstreifen** recording strip [mes]

**Schreibstreifengerät** multi-channel recorder [edv]; strip-chart recorder [edv]

**Schreibstreifeninstrument** recording strip instrument [mes]

**Schreibthermometer** recording thermometer [mes]

**Schreibtisch** desk [abc]

**Schreibwerk** (Aufzeichnungsgerät) recording system [mes]

**Schreitgeschwindigkeit** walking speed [roh]

**Schreitwerk** (unter Brecher) travelling assembly [roh]; (unter Brecher) walking pads [roh]

**Schremmleiste** (Kufe) rubbing strip [mas]

**Schrift** (unleserliche Schrift) writing [abc]

**Schriftfamilie** (z.B. Arial light) font [edv]

**Schriftgarnitur** (→ Schriftfamilie) font [edv]

**schriftlich** (mündlich reicht nicht) in writing [abc]

**schriftlich abzugeben** to be submitted in writing [abc]

**schriftlich festgelegt** laid down in writing [abc]

**schriftlich festlegen** lay down in writing [abc]

**schriftlich geltend machen** assert in writing [abc]

**schriftliche Kündigung** termination in writing [abc]; written termination [abc]

**schriftliche Unterlage** record [abc]

**Schriftsatz** (kurzer Aufsatz) write up [abc]

**Schriftsetzer** (Beruf im Druckgewerbe) typesetter [abc]

**Schriftsteller** (Autor, Literat) author [abc]; writer [abc]

**Schriftzeichen** (z. B. chinesisch) character [abc]

**Schrittmacher** pace setter [abc]

**schrittweise** step by step [abc]

**schrittweise aus dem Programm nehmen** phase out [abc]

**schrittweise beendigen** (rausnehmen) phase out [abc]

**Schrot** (geschrotetes Korn) groats [abc]; (kleine Gewehrkugel) buckshot [mil]

**Schrotgewehr** (Büchse, Gewehr) shot gun [mil]

**Schrothammer** (beim Schmieden) spalling hammer [wzg]

**Schrotmühle** (in der Brauerei) grist mill [mas]

**Schrotsäge** (Baumsäge) crosscut saw [wzg]

**Schrott** (teilweise verwertbarer Abfall) junk [abc]; (Metallschrott) scrap [mas]; (→ Gußsch.)

**Schrottaufbereitung** scrap preparartion [rec]

**Schrottgreifer** (am Stapler) scrap grapple [mot]

**Schrotthandel und -aufbereitung** scrap trading and processing [rec]

**Schrotthändler** junk dealer [mot]

**Schrottplatz** junk yard [mot]; (Autoverwertung) junk yard [mot]; (Schrotthändler) scrap yard [mas]; (z.B. Autoverwertung) scrap yard [mas]

**Schrottschere** hydrotilt nibbler [mbt]; scrap shear [mbt]

**schrumpfempfindlich** sensitive to contraction [mbt]

**schrumpfen** (z.B. flüssiger Stickstoff schrumpft Buchsen) shrink [mas]

**Schrumpfscheibe** (in Brecher) shrinking disk [mas]

**Schrumpfsitz** shrink fit [mot]

**Schrumpfung** shrinking [mas]

**Schrumpfverbindung** slip joint [mas]

**Schrupp- und Fertigdrehmaschine** roughing and finishing lathe [wzg]

**schruppen** coarse feed machining [wst]; rough machine [met]

**schrupphobeln** rough planing [met]

**Schruppmaschine** roughing lathe [wzg]

**Schruppschleifmaschine** rough-grinding machine [wzg]

**Schub** (z.B. ein Schubschiff) push [mot]

**Schubbläser** travel soot blower [mbt]

**Schubblock** push cup [abc]

**Schubbruch** diagonal tension failure [bau]

**Schubgabel** pushing fork [mot]; pusher fork [mot]

**Schubkarrenförderung** hauling by wheelbarrow [mot]

**Schubkraft** thrust force [mas]

**Schubkugel** torque ball [mas]

**Schubkugelgelenk** torque tube ball joint [mas]

**Schublade** (in Möbelstück) drawer [bau]

**schubladisieren** (österr: Akten ablegen) file [abc]

**Schublehre** (Rechengerät) slide gauge [mat]

**Schubmodul** (Gleitmodul) shear modulus [mas]

**Schubplatte** push cup [mas]

**Schubraupe** bulldozer [mbt]

**Schubscheider** feeder [roh]

**Schubschiff** (Schubeinheit a. d. Rhein) push boat [mot]; pushing boat [mot]

**Schubstange** slidebar [mas]

**Schubverarbeitung** (Stapelverarbeitung) batch processing [met]

**Schubverbinder** shear connector [mas]

**Schubwelle** shear wave [phy]

**Schubwellengeschwindigkeit** shear wave velocity [mas]

**Schuh** shoe [abc]; (→ Sicherheitssch.)

**Schuhcreme** shoe polish [abc]

**Schuhputz** shine [abc]

**Schulbesuch** schooling [abc]

**Schulbus** school bus [mot]

**Schuld** (menschliche) guilt [abc]

**schuldhaft** (z. B. schuldhafter Verstoß) culpable [jur]

**Schule** school [abc]; (→ Fachhochsch.)

**Schüler** pupil [abc]; student [abc]

**Schulleiter** (Rektor, Direktor) headmaster [abc]

**Schulnote** mark [abc]

**Schulnoten** (gute, schlechte Noten) marks [abc]

**Schulpflicht** mandatory schooling [abc]

**Schulschiff** training ship [mot]

**Schulter** (Körper, Straßenbankett) shoulder [abc]; (Wellenabsatz, Bankett) shoulder [abc]

**Schulterblatt** shoulder bone [med]

**Schulterhöhe** (Lager) shoulder height [abc]

**Schulterstück** (Achselklappe) epaulette [mot]; (Achselklappe) shoulder board [mil]

**Schulzeugnis** report card [abc]

**Schuppen** shed [bau]; (im Haar) dandruff [abc]; (z.B. Bahn, Hafen) shed [bau]; (z.B. kleines Holzhaus) shelter [bau]; (ziemlich verfallenes Haus) shack [bau]; (der Schweißnaht, -raupe) flaking [met]

**schüren** (stochern) move the fuel bed [pow]; (stochern) stoke [pow]

**schürfen** (schaben, wie Scraper) scrape [mas]

**Schürfer** (ähnlich Landvermesser) prospector [roh]

**Schürfgradebener** windrow breaker [abc]

**Schürfgruben** test pits [roh]

**Schürfkübel** scraper body [mot]

**Schürfkübelbagger** (Schleppschaufel) dragline [mbt]

**Schürfkübellader** scraper [mot]; (Scraper) scraper [mot]

**Schürflader** scraper [mot]

**Schurre** (Kohlenfallschacht) coal chute [pow]

**Schurz** (Arbeitsschutz, Rock) skirt [abc]

**Schürze** apron [abc]; (als Mobilheimverkleidung) skirting [mot]; (eines DB-Wagens) streamlining [mot]; (Kleidungsstück) apron [abc]

**Schüssel** (Gefäß, Schiff) vessel [abc]

**Schüsselmühle** bowl mill [roh]

**Schuß** (Feuerwaffe, Ball etc.) shot [mil]

**Schußwunde** shot wound [med]

**Schute** (Kahn; geschleppt) scow [mot]; (mit eigenem Antrieb) motor barge [mot]; (ohne Antrieb) dumb barge [mot]; (Schleppkahn) barge [mot]

**Schutenbeladungsvorrichtung** barge loading implement [mot]

**Schutensaugbagger** barge suction dredger [mot]

**Schüttelrost** vibrating stoker [roh]

**Schüttelrutsche** vibrating feeder chute [roh]; vibrating trickle feed tray [roh]

**Schüttelsieb** vibrating screen [roh]

**Schüttelversuch** shaking test [mas]

**Schütter** (kleiner Muldenkipper) dumper [mot]; (kleiner Muldenkipper) front dumper [mbt]

**Schütterungsgebiet** (Erdbeben) region of disturbance [bau]

**Schüttgewicht** loose weight [abc]

**Schüttgut** bulk material [abc]; (lose, flüssig, saug- und schaufelfähig) bulk cargo [abc]; (z.B. Getreide, Erz, Kohle) bulk goods [mot]

**Schüttgüter** bulk goods [mbt]

**Schüttgutschaufel** loading bucket [mot]

**Schütthöhe** dumping height [mot]

**Schüttkegel** angle of repose [phy]

**Schüttschräge** (am Muldenkipper) duck tail [mot]

**Schüttzahl** (des Eimerkettenbaggers) discharge time [mbt]

**Schutz** protection [abc]; (Bewachung, Abschirmung) guard [mil]; (relaisartig) relay [elt]; (Schutzgerät, z.B. Schalter) protector [abc]; (Sicherheit, in Sicherheit) safety [abc]; (vor Nässe, Zerstörung) protection [abc]; (z.B. über Fahrerhaus) guard [abc]; (→ galvanischer Sch.)

**Schutz gegen** protection from [abc]

**Schutzart** kind of protection [mbt]; protective system [elt]; system of protection [elt]

**Schutzausrüstung** protective kit [abc]

**Schutzblech** fender [mot]; mudguard [mot]; protection plate [mbt]; (nicht Auto!) guard [mas]; (Rolltreppe) protecting plate [mbt]

**Schutzbrille** (z.B. Arbeit, Sport) goggles [abc]

**Schutzbügel** (um Leiter) hoop guard [mbt]

**Schutzdrossel** choke coil [wst]

**Schütze für Handlaufantrieb** handrail drive contactor [mbt]

**Schütze für Pumpe, Lüfter etc.** contactor for pump, blower etc. [mbt]

**Schutzeinsatz** (z.B. Sicherung) fuse elements [elt]

**schützen** (sicherstellen, festhalten) secure [mas]

**Schützengraben** (führt zum Feind) sap [mil]; (oft ganze Systeme) trench [mil]

**Schützenloch** foxhole [mil]

**Schützenpanzerwagen** troop carrier [mil]; armoured personnel carrier [mil]

**Schützensteuerung** contactor equipment [mbt]

**Schutzerde** nonfused earth [elt]

**Schutzerdung** (der Kabel) protection earthing [elt]

**Schutzfolie** membrane [mas]

**Schutzfunkenstrecke** protective gap [elt]

**Schutzgasengspaltschweißen** narrow-gap welding [met]

**Schutzgaslichtbogenschweißen** gas metal arc welding [met]

**Schutzgasschweißen** (DIN 1910) gas-shielded metal arc welding [met]

**Schutzgasschweißung** (DIN 1910) gas shield<-ed metal arc> welding [met]

**Schutzgehäuse** casing [wst]

**Schutzgeländer** protective safety handrail [mbt]; guard rail [bau]; railing [mot]

**Schutzgitter** (→ Steinschlagsch.) guard [mbt]

**Schutzgröße** (für Elektromotoren) protection size [elt]

**Schutzhaube** screen [mas]

**Schutzhaube für Anlasser** starter motor cover [mot]

**Schutzhelm** hard hat [abc]

**Schutzholm** protection rod [mas]

**Schutzhülle** (→ Schutzhülse) protection cover [mas]

**Schutzhülse** (zylindrisch, kastenförmig etc.) protection cover [mas]

**Schutzkappe** (Schutzstopfen) protective cap [abc]

**Schutzkappe für Zündkerze** spark plug protection cap [mot]

**Schutzkasten** protecting box [mbt]

**Schutzkleidung** protecting clothes [abc]; (Arbeitsschutz) safety clothes [abc]

**Schutzkondensator** protective capacitor [elt]

**Schutzleiter** protective conductor [mbt]

**Schutzleiterader** protective conducting wire [elt]

**Schutzmittel** protecting agent [mas]

**Schutzquarz** protective quartz [mas]

**Schutzring** guard ring [mot]

**Schutzrohr** conduit [wst]; cover tube [wst]; protective pipe [mbt]

**Schutzschalter** protection switch [elt]; protective switch [elt]

**Schutzschalter Heizung** protective switch heater [mbt]

**Schutzschicht** protection layer [mas]; protective face [mas]

**Schutzstiefel** safety boot [abc]

**Schutzstopfen** protective plug [mas]

**Schutzstreifen** protecting strip [mot]

**Schutzüberzug** protective coating [pow]

**Schutzventil** (z.B. Viereckschutzventil) protective valve [mot]

**Schutzvorrichtung** protector [mas]; (Abwehr, z.B. Schild) shield [mas]

**Schutzwall** (z.B. um Häuser im Krieg) protective bund [mil]

**Schutzwort** (Paßwort) password [edv]

**Schütz** (Relais) contactor [elt]; (Relais) relay [elt]

**Schwabbelscheibe** (Polierwerkzeug) bob [wzg]

**schwach** (an Kraft, an Strahlung) weak [abc]

**schwache Stelle** weak point [mas]

**schwächen** weaken [abc]; (abschwächen) weaken [abc]

**Schwachgas** lean gas [pow]

**Schwachholzgreifer** grapples [mbt]

**Schwachlastbrenner** low-load carrying burner [pow]

**Schwachlastzeiten** off-peak periods [elt]

**Schwachstrom** signal current [elt]

**Schwächung** attenuation [abc]

**Schwächungsgesetz** attenuation law [phy]

**Schwaden** (Wrasen) waste steam [pow]

**Schwalbe** swallow [bff]

**Schwallblech** wash plate [mot]

**Schwallwand** wash plate [mot]

**Schwallwasser** splash water [mbt]

**schwallwassergeschützt** splash proof [mot]

**schwallwassergeschützt** (-er Motor) splash proof [mbt]

**Schwamm** sponge [abc]

**Schwanenhals** (→ Schwinge) gooseneck [mas]

**schwanken** vary [abc]

**Schwankungsbereich** range of variations [bau]

**Schwartenbrett** (Holzindustrie) slab [mas]

**schwarz lackiert** (-es Stahlband) black lacquered [abc]

**schwarzblau** (RAL 500e) black blue [nrm]

**schwarzbraun** (RAL 8022) black brown [nrm]

**Schwarzdecke** (oberste Straßenschicht) wearing course [bau]; (Verschleißoberfläche) blacktop [mot]

**schwarze Kiste** black box [abc]

**Schwarzerde** black cotton soil [bod]

**Schwarzes Loch** (im Weltall) Black Hole [cap]

**schwarzfahren** (z.B. in der Bahn) fare-dodging [mot]

**Schwarzfahrer** (z.B. in der Bahn) fare-dodger [mot]

**schwarzgrau** (RAL 7021) black grey [nrm]

**schwarzgrün** (RAL 6012) black green [nrm]

**schwarzlackiert** (Metalloberfläche) black lacquered [abc]

**Schwarzlaugenkessel** black liquor recovery boiler [pow]; black liquor recovery unit [pow]

**Schwarzmaterial** (Asphalt, Teerdecke) black top material [mot]; (z.B. für Teerdecke) blacktop material [mot]

**Schwarzmetallurgie** blackiron metallurgy [mas]

**schwarzoliv** (RAL 6015) black olive [nrm]

**schwarzrot** (RAL 3007) black red [nrm]

**Schwarztastung** (auf Monitor) blanking [edv]

**Schwarzton** black cotton [bod]

**Schwebebahn** top-suspended monorail [mot]; monorail [mot]; suspension railway [mot]

**schweben** float [abc]; hover [abc]

**schwebend** (in der Luft enthalten) airborne [air]

**Schwefel** sulfur [che]

**Schwefelabdruck** sulfur print [che]

**Schwefelgehalt** sulfur content [che]; sulphur content [che]

**schwefelgelb** (RAL 1016) sulfur yellow [nrm]

**schwefelig** sulfuric [che]

**schwefelsaurer Boden** sulfate soil [bod]

**Schwefelsäure** sulfuric acid [che]

**Schwefelwasserstoff** hydrogen sulfide [che]

**schweflige Säure** sulfurous acid [che]

**Schweiß-...** weld [met]

**Schweiß- und Rundtischanlage** welding and circular milling machine [met]

**Schweißanweisung** (Schweißvorschrift) welding instruction [met]

**Schweißarbeiten** welded structures [met]; (Technisches Handbuch) welding [met]

**Schweißaufsicht** welding supervisor [met]

**Schweißausstattung** welding parameter [met]

**Schweißbalken** jaw [mas]

**schweißbar** weldable [met]

**schweißbarer Stahl** weldable steel [met]

**Schweißbarkeit** weldability [met]

**Schweißbarkeitsprüfung** weldability test [met]

**Schweißbart** excess material at root of seam [met]

**Schweißbereich** welding area [met]

**Schweißbescheinigung** welding certificate [met]

**Schweißbrenner** torch [met]; welding torch [met]

**Schweißdraht** welding rod [met]; welding wire [met]; (Schweißelektrode) rod [met]

**Schweißdrehtisch** welding manipulator [met]; welding positioner [met]; (Vorrichtung) welding jig [met]

**Schweißeisen** wrought iron [mas]

**Schweißelektrode** welding electrode [met]; welding rod [met]

**schweißen** weld [met]; (→ durchsch.; → ganz gesch.; → nachsch.)

**Schweißen** welding [met]; (Beschädigungen schweißen) build-up welding [met]; (→ Auftragssch.; → Außensch.; → Autogensch.; → Heftsch.; → Hohlkehlsch.; → Längssch.; → Nahtsch.; → Punktsch.; → Warzensch.)

**Schweißer** welder [met]; (→ A-Sch; → E-Sch.)

**Schweißerei** welding shop [met]

**Schweißerhandschuhe** (3-Finger-Handschuh) welder's gloves [met]

**Schweißerhelm** (mit Athermalglas) welder's helmet [met]

**Schweißerschild** (Handschild) face shield [met]; (Handschild) hand screen [met]; (Handschild) hand shield [met]

**Schweißerschutzbrille** welding goggles [met]

**Schweißfachingenieur** welding engineer [met]

**Schweißfolge** welding sequence [met]

**Schweißfolgeplan** welding sequence plan [met]

**Schweißgerät** welding apparatus [met]; welding set [met]

**Schweißgut** weld deposit [met]; weld metal [met]; (von Schweißdraht abgetropft) built-up material [met]

**Schweißgutprüfung** all-weld-test specimen [mes]

**Schweißingenieurnormen** welding engineering standards [met]

**Schweißkante** welding edge [met]

**Schweißkonstruktion** welded construction [mas]; welded design [mas]; welding design [mas]; (Schweißteil) welded assembly [met]; (Schweißteil) weldment [met]

**Schweißkontrolleur** welding supervisor [met]

**Schweißlage** (erste Schweißlage) welding pass [met]; (Lage) layer [met]; (Lage) pass [met]; (Lage) run [met]; (Position) weld position [met]

**Schweißlehre** welding caliber [met]

**Schweißmittel** flux [met]

**Schweißmutter** (auf Blech aufgeschweißt) welding nut [mas]

**Schweißnaht** welding seam [met]; (durchgehende Schweißung) continuous weld [met]; (ein- oder mehrlagig) seam [met]; (hier verläuft die Sch.) line of welding [met]; (Schweißung) weld [met]; (Schweißverbindung) welding seam [met]; weld seam [met]

**Schweißnahtabtaster** (mechanisch) weld sensor [met]
**Schweißnahtauslauf** runout of seam [met]
**Schweißnahtbildgerät** welding seam image converter [met]
**Schweißnahtdicke** throat depth [met]
**Schweißnahterhöhung** reinforcement of welded seam, bead [met]
**Schweißnähte** (fehlerfreie Schweißnähte) seams [met]
**Schweißnahtlehre** welding-seam gauge [met]
**Schweißnahtprüfanlage** weld seam testing equipment [met]; weld testing installation [met]
**Schweißnahtprüfung** inspection of welds [met]; weld inspection [met]
**Schweißnahtunterbrechung** discontinuity [met]
**Schweißnahtvorbereitung** preparation of welds [met]
**Schweißnase** welded lug [met]
**Schweißnippel** welded-in stub [met]
**Schweißparameter** (einzustellende Mengen) welding parameter [met]
**Schweißperlen** beads of weld metal [met]; welding beads [met]
**Schweißposition** (z.B. Überkopf) position of welding [met]; (z.B. waagerecht) welding position [met]
**Schweißprotokoll** welding report [met]
**Schweißprüfbescheinigung** welding certificate [met]
**Schweißprüfung** welder's test [met]
**Schweißpulver** welding flux [met]
**Schweißpunkt** (z.B. Dünnbleche) spot weld [met]
**Schweißrahmen** welded frame [mas]
**Schweißrauch** weld smoke [met]
**Schweißriß** welding crack [met]
**Schweißroboter** robot welder [met]
**Schweißschablone** welding template [met]
**Schweißschlitz** slot [met]

**Schweißspannung** residual stress due to welding [met]; welding stress [met]; welding torsion [met]
**Schweißspritzer** welding splatter [met]
**Schweißstab** welding rod [met]
**Schweißstahl** wrought iron [mas]
**Schweißstelle** weld [met]; welded joint [met]
**Schweißtechnik** welding [met]
**Schweißteil** welded part [mas]; (Schweißkonstruktion) welded assembly [met]; (Schweißkonstruktion) weldment [met]
**Schweißumformer** welding converter [met]
**Schweißung** (elektronische Schweißung) electric welding [met]; (halbautomatische Schweißung) touch welding [met]; (Schweißnaht) welding [met]; (Schweißstelle, -naht) weldment [met]; (→ Autogensch.; → Baustellensch.; → Dichtsch.; → Drucksch.; → Einlagensch.; → Fabriksch.; → Heftsch.; → Hohlkehlsch.; → Lichtbogensch.; → Mehrlagensch.; → Montagesch.; → Rundsch.; → Schmelzsch.; → Stiftsch.; → Stumpf- oder Stauchsch.; → Stumpfsch.; → Tauchlichtbogensch.; → Tulpensch.; → Überkopfsch.; → Umfangssch.; → Warzensch.; → Werkstattsch.; → Widerstandssch.)
**Schweißung am Einsatzort** field weld [met]
**Schweißung gerissen** welding cracked [met]
**Schweißverbindung** welded connection [met]; welded joint [met]
**Schweißverfahren** (Hunderte bekannt) welding procedure [met]
**Schweißverfahrensdatenblatt** welding procedure data sheet [met]
**Schweißverfahrensrichtlinie** welding procedure specification [met]

**Schweißvorgang** (während des Sch.)
welding [met]; (während des Sch.)
welding process [met]
**Schweißvorrichtung** welding fixture
[mas]
**Schweißvorschrift** welding instruction
[met]
**Schweißwulst** welding bead [met]
**Schweißzusatz** (-zusätze) consumable
[met]
**Schweißzusatzwerkstoff** consumable
welding material [met]; welding filler
[met]
**Schwelbrand** smouldering fire [abc]
**schwelendes Feuer** smouldering fire
[abc]
**Schwelle** (an der Wohnungstür) step
[bau]; (an der Wohnungstür) threshold
[bau]; (der Bahn, US Ausführung)
sleeper [mot]; (der Bahn, US Ausführung) tie [mot]; (Holz, Stahl, Beton)
tie [mot]
**schwellempfindlich** sensitive to bulking [mbt]
**Schwellen** bulging [bau]; swelling
[bau]
**Schwellendetektor** threshold detector
[elt]
**Schwellenkastengreifer** railroad ballast grab [mot]; (Gleisschotter) ballast
grab [mbt]
**Schwellennagel** (heute → Federklam-
mer) cutspike [mot]
**Schwellennägel** ("Hundskopf") dog-
spike [mot]
**Schwellenschraube** (Schw.
/Rippenpl.) coach screw [mbt]; (Schw.
/Rippenpl.) lag screw [mot]; (Schw.
/Rippenpl.) screw spike [mot];
(Schleusenspannung) threshold [elt]
**Schwellenstapel** pile of sleepers [mot]
**Schwellregler** threshold control [elt]
**Schwellton** vertisoil [bau]
**Schwellverstärker** threshold amplifier
[elt]
**Schwellwert** threshold value [elt]

**Schwellwertregelung** threshold value
control [elt]
**Schwellzahl** (Aschenuntersuchung)
free swelling index [pow]
**Schwelsatz** low-temperature carboni-
sation charge [mil]
**Schwengel** (Pumpe) lever [mas]
**Schwenk-** slewing- [mbt]; swing -
[mbt]
**Schwenk- und Justiereinrichtung**
slewing and adjusting device [mbt]
**Schwenkabstand** swing distance [mbt]
**Schwenkachse** (Mitte Drehdurchführung) rotation axis [mbt]
**Schwenkantrieb** slew distributor
[mbt]; slew drive [mbt]; slewing gear
[mbt]; swing drive [mbt]; swing drive
unit [mbt]; swing gear [mbt];
(Schwenkeinrichtung) rotating machinery [mbt]
**Schwenkband** slewing belt conveyor
[mas]
**schwenkbar** revolving [abc]; slewable
[mbt]; swingable [mbt]
**schwenkbarer Kranausleger** (Stapler)
crane boom [mot]
**Schwenkbereich** slewing range [mbt];
swing range [mbt]
**Schwenkbremse** slew [mbt]; slew
brake [mbt]; swing brake [mbt]
**Schwenkbremssystem** slewing brake
system [mbt]; swing brake system
[mbt]
**Schwenkbremsventil** slewing brake
valve [mbt]; swing brake valve [mbt]
**Schwenkbrenner** movable burner
[pow]; swivel burner [pow]; tiltable
burner [pow]; tilting burner [pow]
**Schwenkdach** (einseitig) undivided
swivelling roof [bau]
**schwenken** (älterer GB-Ausdruck)
slew [mbt]; (des Oberwagens) swing
[mbt]; (neuerer Ausdruck) swing
[mbt]
**schwenken, links** swing left [mot]
**schwenken, rechts** swing right [mot]

**Schwenkentfernung** swing distance [mbt]

**Schwenkflansch** swivel flange [mas]

**Schwenkgeschwindigkeit** swing speed [mbt]

**Schwenkgetriebe** slew transmission [mbt]; slewing gear [mbt]; swing gear [mot]; (alt. Ausdruck) bull gear [mot]; (US) swing transmission [mot]

**Schwenkkreislauf** swing circuit [mbt]

**Schwenkkugellager** rose bearing [mot]

**Schwenkmoment** swing torque [mot]

**Schwenkmotor** (dreht Ritzel) slew motor [mbt]; (Nähe Drehdurchführung) slew motor [mbt]; swing motor [mbt]

**Schwenkpumpe** (meist nicht separat) swing pump [mbt]

**Schwenkritzel** slew pinion [mbt]; slewing pinion [mot]

**Schwenkschild** angling blade [mbt]

**Schwenkstutzen** swing socket [mot]

**Schwenktisch** pivoted table [abc]; swivel table [mas]

**Schwenkverschraubung** swing fixture [mas]; swinging screw connection [mot]

**Schwenkverstellung** traverse adjustment [mot]

**Schwenkweg** (z.B. 90/180 Grad) swing distance [mbt]

**Schwenkwelle** slewing shaft [mot]; swing shaft [mot]

**Schwenkwerk** (älterer Ausdruck) slewing gear [mbt]; (neuerer Ausdruck) swing gear [mbt]

**Schwenkwerksbremse** slewing brake [mot]; swing brake [mbt]; (älter) slewing gear brake [mbt]; (neuer) swing gear brake [mbt]

**Schwenkwerksgetriebe** slewing gear [mot]

**Schwenkwerkswelle** slewing shaft [mot]

**Schwenkwinkel** swing angle [mbt]

**Schwenkzeit** slewing time [mbt]; swing time [mbt]

**Schwenkzylinder** pivoting cylinder [mbt]

**schwer** (kg) heavy [abc]; (z.B. Rechenaufgabe) difficult [abc]

**schwer entflammbar** hardly inflammable [abc]

**schwer lösbare Bodenarten** compact soils [bod]

**schwer lösbarer Fels** hard rock [min]

**schwer ...** (z.B. entflammbar, zerstörbar) hardly [abc]

**schwerbehindert** (Unfall, Krankheit) handicapped [abc]

**Schwerbehinderung** physical impediment [med]

**schwerbeschädigt** (Krieg, Unfall) disabled [med]

**schwere Handlingsgeräte** heavy handling systems [mas]

**schwere Hydraulikbagger** large hydraulic excavators [mbt]

**schwere Profilstraße** heavy section mill [mas]

**schwerer Boden** heavy soil [mbt]

**schwerer Maschinenbau** heavy machinery [mas]

**schwergängig** moves too heavy [abc]

**schwerhörig** hard of hearing [abc]

**Schwerhörigkeit** hearing impediment [med]

**Schwerkraft** gravity [phy]

**Schwerkraftlichtbogenschweißen** gravity arc welding with covered electrode [met]

**Schwerkraftstaubauswerfer** gravity-type dust ejector [mas]

**Schwerlast** (Kran für Schwerlasten) heavy load [mot]

**Schwerlasttransportraupe** heavy load transport crawler [mas]

**Schwerlastbrückenkran** heavy duty bridge crane [mot]

**Schwerlastdrehkran** heavy duty crane [mot]

**Schwerlastkraftwagen** (SKW) dump truck [mot]

**Schwerlastzugmaschine** heavy duty truck tractor [mot]; heavy duty tractor [mot]

**Schwermetall** heavy metal [che]

**Schwermetalle** (sonstige) heavy metals [che]

**Schweröl** heavy fuel [mot]

**Schwerpunkt** centre of gravity [phy]; CoG [phy]; (wichtige Sache) central point [mot]

**Schwerspat** heavy spar [wst]

**Schwertransportfahrzeug** heavy transport vehicle [mot]

**Schwertransportkonferenz** Heavy Roll Conference [mot]

**Schwerverkehr** heavy traffic [mot]

**schwierig** hard [abc]; (nicht einfach) difficult [abc]

**Schwierigkeit** difficulty [abc]; problem [abc]

**Schwimmbagger** dredger [mbt]

**Schwimmbaggertechnik** dredger technology [mot]

**Schwimmdock** floating dock [mot]

**schwimmend gelagerte Steckachse** full floating axle [mot]

**schwimmend gelagerter Bolzen** full floating pin [mbt]

**schwimmende Pumpstation** floating booster pump station [mot]

**schwimmender Kolben eines Ventils** float valve section [mot]

**schwimmendes Lager** floating bearing [mas]

**Schwimmer** float [mot]; (in Spülbecken) plunger [mot]

**Schwimmerflüssigkeitstandanzeiger** flush type fluid indicator [mot]

**Schwimmergehäuse** float chamber [mot]

**Schwimmernadel** float needle [mot]

**Schwimmerschalter** float switch [mot]; liquid level switch [mot]

**Schwimmersteuerung** float control [mot]

**Schwimmerventil** ball cock and float valve [mas]; float valve [mot]

**schwimmfähig** floatable [mot]

**Schwimmkran** floating crane [mot]

**Schwimmpanzer** amphibious tank [mil]

**Schwimmpflanzen** (wie Seerosen) floating weeds [bff]

**Schwimmstellung** (z.B. des Baggers) floating position [mbt]

**Schwindfuge** contraction joint [bau]

**Schwindmaß** shrinkage value [mas]

**Schwingachse** oscillating axle [mot]

**Schwinge** (Flügel) wing [abc]; (v. Koppel u. Schwinge) gooseneck [mbt]; (oszillieren) oscillate [phy]

**schwingen** (vibrieren) vibrate [abc]

**schwingende Antriebsräder** oscillating tandem wheels [mbt]

**Schwinger** oscillator [met]

**Schwingerdurchmesser** oscillator diameter [met]

**Schwingfeuergerät** swing fire heater [mot]

**Schwingfrequenz** resonant frequency [phy]

**Schwinghebel** rocker arm [mot]; valve rocker [mot]

**Schwinghebelachse** rocker shaft [mot]

**Schwinghebelbock** rocker arm bracket [mot]

**Schwinghebelgehäuse** rocker arm cover [mot]

**Schwingmetall** (Gummi zwischen Metallauflage) rubber-metal connection [mas]; Megi-Flex disks [cap]

**Schwingmetallagerung** rubber-bonded-to-metal mounting [mas]

**Schwingmetallschrauben** anti-vibrating screws [mas]

**Schwingrost** oscillating grate spreader [pow]

**Schwingschleifer** vibrating grinder [mbt]

**Schwingschnittbild** swing-section scan [mas]

**Schwingsitz** cushioned seat [mbt]; sprung seat [abc]

**Schwingung** oscillation [phy]; swinging [mbt]; (Vibrieren) vibration [abc]; (→ Eigensch.; → erzwungene Sch.)

**schwingungsarm** (Gerüst) low vibration [mbt]

**Schwingungsbelastung** loading by vibration [bau]

**Schwingungsdämpfer** vibration damper [mot]; (auch Schiff) stabilizer [mot]; (Gummikupplung) damper [mot]; (nicht Auto) balancer [mas]

**Schwingungsdämpfung** damping [mot]

**Schwingungsebene** oscillations plane [phy]

**Schwingungsfrequenz** frequency of oscillation [elt]

**schwingungsgedämpft** vibration-cushioned [mot]

**Schwingungsreibungsdämpfung** friction damper [mas]

**Schwingungsrichtung** direction of oscillation [wst]

**Schwungmasse** gyrating mass [mbt]; working load [mbt]

**Schwungrad** flywheel [mot]

**Schwungrad mit Anlaßverzahnung** flywheel with starting gear [mot]

**Schwungrad mit Anlaßzahnkranz** flywheel with starting ring gear [mot]

**Schwungradlichtanlaßzünder** flywheel starter-generator ignition [mot]

**Schwungradmarke** timing mark [mas]

**Schwungradreibschweißen** inertia welding [met]

**Schwungscheibe** flywheel [mot]

**schwungvoll** (schnell) swift [abc]

**Scoop** (Ladelöffel zum Reißzahn) scoop [mbt]

**scrollen** (Bildschirmtext verschieben) scroll [edv]

**sechsachsig** (6-achsiger Güterwagen) six-axle [mot]

**Sechseck** hexagon [abc]

**Sechsganggetriebe** six speed shift transmission [mot]

**Sechsgangschaltung** six speed shift [mot]

**Sechskant** hexagon [abc]

**sechskant ...** hexagonal shape [mas]

**Sechskantblechschraube** hexagon head tapping screw [mas]

**Sechskanteinsatz** hexagonal insert [mas]

**Sechskantholzschraube** hexagon head wood screw [mas]

**Sechskanthutmutter** hexagon domed cap nut [mas]

**Sechskantkopfschraube** hex hd screw [mas]; hexagonal head screw [mas]

**Sechskantmutter** hexagonal nut [mas]

**Sechskantpaßschraube** hexagon fit bolt [mas]; hexagonal shoulder bolt [mas]

**Sechskantschlüssel** hexagonal spanner [wzg]

**Sechskantschraube** hexagonal head machine bolt [mot]; wrench head bolt [mas]; hexagonal bolt [mas]

**Sechskantschraube mit Flansch** hexagon flange bolt [mas]

**Sechskantschraube mit Schaft** hexagon head bolt [mas]

**Sechskantschweißmutter** hexagon weld nut [mas]

**Sechskantsteckschlüssel** hexagonal socket spanner [wzg]; hexagonal socket wrench [wzg]

**Sechskantsteckschlüssel** socket [wzg]

**Sechskantstiftschlüssel** box spanner [wzg]; (Steckschl.) hexagonal spanner [wzg]; (Steckschl.) hexagonal wrench [wzg]

**Sechsmeter Container** twenty foot container [mas]

**Sechsradantrieb** (des Graders) six-wheel drive [mbt]

**Sechsradschwinge** six-wheel bogie [mbt]

**Security** (Sicherheit vor Zugriff) security [edv]

**Sedimentschicht** sediment layer [abc]

**See** ocean [abc]; lake [abc]; (die Sieben Meere) sea [mot]; (schottisch) loch [abc]

**Seegerkegel** pyrometric cone [pow]; Seeger cone [pow]

**Seegerring** circlip [wst]; seeger ring [mas]; snap ring [mas]; spring ring [mas]

**Seegerringzange** spring-ring pliers [mas]

**Seegetivzange** pliers for seeger rings [wzg]

**Seele** (des Gewehrlaufs) bore [mil]; (des Gummischlauchs) fabric reinforcing [wst]; (des Hydraulikschlauches) inner cover [mot]; (des Hydraulikschlauches) inner tube [mot]; (des Menschen, des Tieres) soul [abc]; (des Seils) core [wst]

**Seele der Kurbelwelle** (→ Motor-Kreuz) axial centre crankshaft [mas]

**Seemann** sailor [mot]; seaman [mot]

**Seemannsheim** sailors' lodge [mot]

**Seenot** (in Seenot) distress at sea [mot]

**Seereise** voyage [mot]

**Seetransport** sea transport [mot]

**Seewasser** sea water [abc]

**Segel** sail [mot]

**Segel setzen** rig the sailing [mot]

**Segelboot** sail boat [mot]

**Segelflugzeug** glider [mot]

**segeln** sail [mot]

**Segelschiff** sailing ship [mot]

**Segelschulschiff** training ship [mot]

**Segelstoff** denim [abc]

**Segeltuch** tarpaulin [mot]; (Jeansstoff für Nietenhosen) denim [abc]; (Plane) canvas [mot]; (zum Segelnähen) sailcloth [mot]

**Segeltuchabdeckung** (Schutzplane) canvas cover [mbt]; (Sonnendach) canopy [mbt]

**Segeltuchhaube** canvas cover [mot]

**Segeltuchverkleidung** (Schutzplane) canvas top [mot]

**Segment** section [mbt]; segment [mas]

**Segmentierung** segmentation [edv]

**Segmentwelle** steering sector shaft [mot]

**Sehkraft** eye-sight [med]

**Sehne** (gedachte Linie) axis [mat]; (im Körper) sinew [med]

**sehnig** sinewy [abc]

**Sehr geehrte (Damen und) Herren!** Dear (ladies and) gentlemen, [abc]

**Sehrohr** (des U-Bootes) periscope [mot]

**Sehvermögen** eye-sight [med]

**Seide** silk [abc]

**Seidel** (→ Henkelglas) pint [abc]

**Seidenglanz** (der Farbe) silk gloss [abc]

**seidenmatt** silk mat [abc]

**Seidenpapier** (Geschenkpapier) wrapping paper [abc]

**Seidenraupe** (frißt Maulbeerblätter) silk worm [bff]

**Seife** soap [abc]; (→ Schmiers.)

**seifig** soapy [abc]

**Seigerung** liquation [abc]

**Seiher** strainer [abc]

**Seil** (der Glocke) bell rope [abc]; (Tau, Tampen) rope [mas]; (→ Abschlepps.; → Bremss.; → Hanfs.)

**Seilbagger** cable excavator [mbt]; cable shovel [roh]; rope excavator [mbt]; (elektr.; im Mineneinsatz) mining shovel [roh]; (elektr., groß in Tagebau) electric mining shovel [mbt]

**Seilbahn** cable car [mot]; ropeway [mot]; (kabelgezogen) funicular railway [mot]; (→ Kabelbahn)

**Seilbremse** cable brake [mot]

**Seildurchführung** opening for rope [mot]

**Seilflasche** block tackle [bau]

**Seilführung** rope guide [mot]

**Seilführungsrolle** fair-lead sheave [mot]

**Seilgerüst** (hält Ausleger über Seile) boom gantry [mbt]

**Seilgeschwindigkeit** cable speed [mot]

**Seilhaken** (am Flachwaggon) lashing cleat [mot]

**Seilhülle** cable conduit [mot]

**Seilkappvorrichtung** cable cutter [wst]

**Seilklemme** rope clip [mas]

**Seilrolle** sheave [mas]; (mit Wälzlager) rope pulley [mot]

**Seilrolle mit Wälzlagerung** rope sheave with anti-friction bearing [mot]

**Seilrollenblock** sheave nest [mas]

**Seilscheibe** rope sheave [mot]; (auf Förderturm) headwheel pulley [roh]

**Seilschloß** rope clamp [mas]

**Seilschwebebahn** (Pendelbahn) blondin [mot]

**Seilstütze** (für Seilbaggerausleger) boom gantry [mbt]

**Seiltrommel** hoisting drum [mot]

**Seiltrommelmantel** drum jacket [mbt]

**Seilumlenkrollen** (bei Seilbagger) cable sheaves [mbt]

**Seilwinde** cable winch [mot]; winch [abc]; (am Heck) rear-mounted winch [mot]; (vordere) front-mounted winch [mot]

**Seilzug** wire rope [mot]; cable pull [mbt]

**Seilzugbremse** cable brake [mot]

**seinerzeit** (damals) at one time [abc]; (damals) then [abc]

**seismisch** seismic [geo]

**Seite** (z.B. eines Hauses) side [bau]; (→ luftseitig; → rauchgasseitig)

**Seite 1 von 5** (Seiten in Bericht) page 1 of 5 [abc]

**Seiten-** (z.B. Seitenansicht in Zeichnung) side [con]

**Seitenansicht** side view [con]; (Kontur, Profil) profile [abc]; (Zeichnungen) side elevation [con]

**Seitenantrieb** final drive [mot]

**Seitenblech** (des Auslegers) side member [mbt]

**Seitendeckel** side cover [mas]

**Seitendrucksondierungen** pressiometric tests [bau]

**Seitenentleerwagen** side <discharging> hopper wagon [mot]

**Seitenfenster** side window [mot]

**Seitengräben** side ditches [bau]

**Seitenkasten** (der Schaufelrückwand) side box [mbt]

**Seitenkippgerät** side tilting device [mot]

**Seitenkippschaufel** side dump bucket [mbt]; side-tipping bucket [mot]

**Seitenkippwagen** side discharging car [mot]

**Seitenklappe** side wall [mot]

**Seitenklappen** side flaps [mot]

**Seitenkratzer** side reclaimer [mbt]

**Seitenlänge** lateral length [bau]

**Seitenmesser** side cutter [mbt]; corner bit [mbt]; side cutting edge [mbt]

**Seitenpuffer** (an Waggon) side buffer [mot]

**Seitenrahmen** (des Baggers) crawler unit [mbt]; (des Unterwagens) track frame [mbt]

**Seitenrahmenträger** (→ Langträger) sole bar [mot]

**Seitenring** side ring [mot]; (→ geteilter S.; → ungeteilter S.)

**Seitenruder** (z.B. bei Raumfähre) side rudder [mot]

**Seitenrunge** (an Waggon) stanchion [mot]

**Seitenscheibe** (des Fahrerhauses) window [mbt]; (tief herabgezogen) low-sill window [mbt]

**Seitenschieber** side shifting device [mot]; (z.B. am Grader) side shifting device [mot]

**Seitenschiff** (Baggerlaufwerk) crawler unit [mbt]

**Seitenschlag** (z.B. des Schwungrades) wobble [mas]

**Seitenschneider** side cutter [mbt]; (Zange) diagonal cutting pliers [wzg]

**Seitenschub** side thrust [mot]; transverse thrust [mas]

**Seitenschub und Gummibelag** (Gabelstapler) side shift, rubber covered [mot]

**Seitenschubritzel** centre shift pinion [mot]

**Seitenschubvorrichtung** centre shift [mot]

**Seitensicherung** guard rail [bau]

**Seitentank** (besonders im Flugzeug) wing tank [mot]

**Seitentür** (hinten, vorn) side door [mot]

**seitenverkehrt** mirror-inverted [abc]; (spiegelbildlich) mirror-inverted [abc]

**Seitenverkleidung** side cladding [mbt]; side panelling [mbt]

**seitenverstellbar** (Tunnelschienen) laterally adjustable [mot]

**Seitenverstellung** (z.B. d. Graderschar) circle sideshift [mbt]

**Seitenwagen** (des Motorrades) side car [mot]

**Seitenwand** side panel [mot]

**Seitenwand des Kolbens** piston skirt [mot]

**Seitenwandeffekt** effect of the lateral wall [mot]

**Seitenwandrahmen** side panel frame [mot]

**Seitenwandsammler** side wall header [pow]

**Seitenwange** (der Rolltreppenstufe) side frame [mbt]

**Seitenwechsel** paging [edv]

**Seitenwechselverfahren** paging [edv]

**Seitenwelle** side shaft [mot]

**Seitenzahn** side cutter [mbt]

**seitlich** (z.B. seitlich angebaut) lateral [mot]

**seitlich kippen** side dump [mot]

**seitliche Abstützung** lateral stabilizer [mot]; side support [mot]

**seitliche Verschiebung** time-base shift [abc]

**seitliche Wagenkastenabstützung** side support for superstructure [mot]

**seitlicher Druck** lateral thrust [mas]; side thrust [mas]

**seitlicher Nebenantrieb** lateral auxiliary drive [mot]; lateral power take-off [mot]

**seitliches Spiel** side clearance [mas]

**seitwärts** (zur Seite weg, an der Seite) sideways [abc]

**Sekt** (Champagner) sparkling wine [abc]; (Schaumwein) Champagne [abc]

**Sektion** (gewellt) sinuous header [mas]; (gewellt) staggered header [pow]

**Sektionalkessel** header type boiler [pow]; sectional header boiler [pow]

**Sektionselement** sectional door [mas]

**Sektor** (Feld, Programm) field [abc]

**Sekundärbahn** secondary railway [mbt]

**Sekundärbaustoff** secondary building material [pow]

**Sekundärbrecher** secondary crusher [roh]

**Sekundärdruck** secondary relief [mot]

**Sekundärentstaubung** secondary dust removal [roh]

**Sekundärentstaubungsanlage** secondary dust removing plant [roh]

**Sekundärluft** over-fire air [pow]; secondary air [pow]

**Sekundärluftbeaufschlagung** secondary air admission [pow]

**Sekundarluftdüse** secondary air nozzle [pow]

**Sekundärluftleitung** secondary air conduit [pow]; secondary air duct [pow]

**Sekundärluftventilator** secondary air fan [pow]

**sekundärmetallurgische Anlage** secondary steel-making facility [mas]

**Sekundärspannung** secondary voltage [elt]

**Sekundärstrom** secondary current [elt]

**Sekundärventilleiste** (→ Verteiler) distributor [mbt]

**Sekunde** (1/60 Minute von Zeit, Erdgrad) second [abc]

**Selbstanlasser** automatic starter [mot]

**selbstansaugend** naturally aspirated [mot]; n.a. [mot]

**Selbstbeherrschung** self control [abc]

**Selbstbeteiligung** (z.B. Teilkasko) deductibles [jur]

**Selbstblocksystem** (der Bahn) automatic block system [mot]

**Selbstentladewagen** side-discharging wagon [mot]

**selbstentwässernd** self-draining [mas]

**Selbstentzündung** self-ignition [pow]; (in der Kohlenhalde) spontaneous combustion [roh]

**selbstfahrende Arbeitsmaschine** mobile equipment [mot]

**selbstfahrender Schwimmkran** self-propelled floating crane [mot]

**Selbstfahrer** self-propelled unit [mot]

**Selbstfahrerfahrzeug** self-propelled vehicle [mot]

**selbsthemmend** (Zahnrad) self-locking [mas]

**Selbstladeschürfkübel** elevator scraper [mot]

**selbstleitender Feldeffekttransistor** depletion type field-effect-transistor [elt]

**selbstregelnd** self-regulating [mas]

**selbstregelnde Pumpe** self-regulating pump [mot]

**selbstreinigend** self-cleaning [mas]

**Selbstschalter** automatic circuit breaker [elt]

**Selbstschmierung** self-lubrication [mas]

**selbstsichernde Mutter** self-locking nut [mas]

**Selbstsperrdifferential** self-locking differential [mot]

**selbstsperrend** self-locking [mot]

**selbstsperrende Mutter** self-locking nut [mas]

**selbstsperrender Feldeffekttransistor** enhancement type field-effect-transistor [elt]

**Selbstsperrventil** self-locking valve [mot]

**selbsttätig** automatic [abc]; automatically operated [abc]

**selbsttätige Anhängerkupplung** automatic trailer coupling [mot]

**selbsttätige Kupplung** automatic clutch [mot]

**selbsttragend** (-er Waggonrahmen) self-supporting [mot]

**selbsttragender Blechschornstein** self-supporting chimney [pow]

**selbstverständlich** self-explanatory [abc]

**Selbstverteidigung** (in Notwehr) self-defence [pol]

**Selbstwählferngespräch** (Telefon) trunk call [tel]

**Selbstzündung** spontaneous ignition [mot]

**selektive Zerkleinerung** selective crushing [roh]

**Selektivstrahler** selective radiator [pow]

**Selengleichrichter** selenium rectifier [elt]

**Selen-Gleichrichtersäule** selenium rectifier stack [elt]

**seltsam** unique [abc]

**Semantik** (der Repräsentation) semantics [edv]; (lingustischer Zweig: Natur, Entwicklung, Bedeutung) semantics [abc]; (→ Äquivalenzs.; → Datens.; → deskriptive S.; → prozedurale S.)

**semantische Grammatik** semantic grammar [edv]

**semantischer Spezialist** semantic specialist [edv]

**semantisches Datenmodell** semantic data model [edv]

**semantisches Netz** semantic net [edv]

**Semester** (an der Uni) term [abc]

**semientscheidbare Beweisprozedur** semidecidable proof procedure [edv]

**semi-mobil** semi-mobile [mas]

**Seminar** workshop [abc]

**semi-portabel** semi-portable [mas]

**Senat** Senate [pol]

**Sendecharateristik** transmitting characteristic [elt]

**Sendeempfänger** transceiver [elt]

**Sendeenergie** transmitting energy [elt]

**Sendeimpulgeber** pulse trigger [elt]

**Sendeimpuls** initial pulse [elt]

**Sendeimpulsanzeige** initial pulse indication [elt]

**Sendeimpulse** transmission pulses [elt]

**Sendeleistung** transmission power [elt]

**senden** (Radio etc.) broadcast [tel]; (verschicken) forward [abc]

**Sendeprüfkopf** transmitter probe [elt]

**Sender** transmitter [elt]

**Senderöhre** transmission tube [elt]

**Senderprüfkopf** transmitter probe [elt]

**Senderspannung** transmitting voltage [elt]

**Sendesteuerimpuls** transmitter trigger pulse [elt]

**Sendezeichen** (Symbol) token [edv]

**Senfte** sedan [mot]

**senil** (sehr gealtert) aged [abc]

**Senioren** (alte Menschen) senior citizens [med]

**Seniorenheim** (Altersheim) nursing home [abc]

**Seniorenpaß** (bei der Bundesbahn) Senior Citizen Discount [mot]

**Seniorenplan** plan for retired staff [abc]

**Senkblechschraube** countersunk head tapping screw [mas]

**Senkdurchmesser** countersunk diameter [con]

**senken** (absenken, z.B. Brücke, Last) lower [mot]; (z.B. des Auslegers) lowering [mbt]

**Senkholzschraube mit Schlitz** slotted countersunk head wood screw [mas]

**Senkkerbnagel** countersunk head grooved pin [wst]

**Senkkopf-** (z. B. Senkkopfschraube) counter-sunk [wst]

**Senkkopfschraube** (teilweise Gewinde) counter-sunk bolt [mas]

**Senklot** plumb bob [pow]

**Senkmutter** (versenkten Kopf) counter-sunk nut [mas]

**Senkniete** countersunk head rivet [wst]

**senkrecht** (Gegenteil: waagerecht) vertical [abc]; (lotrecht) perpendicular [abc]

**senkrecht abschneiden** cut perpendicularly [mbt]

**Senkrechte** (eine Senkrechte ziehen) drop a perpendicular [abc]

**senkrechte Fahrwerkswelle** king post [mot]

**Senkrechteinfall** normal incidence [elt]

**Senkrechteinschallung** vertical radiation [met]

**senkrechter Abzug** (des Kabels) vertical pulling off [elt]

**Senkrechtstarter** vertical take-off and landing [mot]

**Senkschraube** flat head machine screw [mas]; flat head screw [mas]; (Gewinde bis Kopf) counter-sunk screw [mas]; (teilweise Gewinde) counter-sunk bolt [mas]

**Senkschraube mit Innensechskant** countersunk socket screw [mas]; hexagon socket countersunk head screw [mas]

**Senkschraube mit Kreuzschlitz** cross recessed countersunk head screw [mas]

**Senkschraube mit Nase** flat countersunk nib bolt [mas]; plough bolt [mas]; plow bolt [mas]

**Senkschraube mit Schlitz** slotted countersunk head screw [mas]

**Senkung** (Abfall) drop [pow]; (im Material) counterbore [wst]

**Senkung der Overheadkosten** reduction of overheads [abc]

**Senkung für Senkschrauben** countersink for countersunk head screws [met]

**Senkungen** subsidences [abc]

**Sensor** sensor [elt]; (→ Berührungss.)

**Sensor der Rückfahrwarneinrichtung** Range Master [elt]

**separat** (nicht separat lieferbar) separately [mbt]

**Separator** separator [mot]

**sepiabraun** sepia brown [nrm]

**Serie** series [abc]; (in die Serie einfließen) serial [mas]

**Serien** (-gerät) serial [mas]

**Serienausstattung** standard equipment [mas]

**Serienfertigung** series production [mbt]

**Serienfreigabe** release for series production [mas]

**Seriengetriebe** series gear [mbt]

**serienmäßig** standard [mas]

**Seriennummer** indent number [abc]; (→ Stammrollennummer)

**Serienpreßteil** series pressing [mot]

**Serienproduktion** series production [mas]

**Serienprüfung** routine inspection [abc]

**Serienschaden** batch [jur]

**Serienschadenklausel** (allgemein) batch clause [jur]; (speziell) Doomsday clause [jur]

**Serienwagen** (Auto ohne Extras) standard car [mot]; (hier der Eisenbahn) standard wagon [mot]

**Serpentinensraße** zig-zag road [bau]

**servicefreundlich** easy to service [mot]

**Servicetableau** (Lampe zeigt Fehler) control panel [mbt]

**Servicierung** (Kundendienstbetreuung) servicing [mot]

**servieren** (im Restaurant) serve [abc]

**Servierpersonal** (Kellner) service staff

**Serviette** napkin [abc]; servierte [abc]

**Serviettenring** napkin ring [abc]

**Servobremse** servo brake [mot]

**Servoeinrichtung** (hilft arbeiten) booster [mot]

**Servolenkpumpe** steering booster pump [mot]

**Servolenkung** servo steering [mot]; servo-assisted steering mechanism [mot]; power steering [mot]; steering booster [mot]

**Servomaschine** turbine servo motor [pow]; turbine barring gear [pow]

**Servostat** (hydraulische Lenkung) orbitrol [mot]; (hydraulische Lenkung) steering orbitrol [mot]

**Servosteuerdruckventil** pilot-operated relief valve [mot]

**Servosteuerung** servo-control [mot]

**Servozylinder** (Druckübersetzer) booster cylinder [mot]

**Sessel** (mit Armlehnen) armchair [abc]

**setzen** (Sedimente beruhigen sich) calm [roh]

**Setzen des Materials** setting [mas]

**Setzpacklage** rough-stone pitching [mbt]; (von Hand) hand-set pitching [bau]

**Setzstufe** (Vorderwand Rolltreppen-Stufe) step riser [mbt]; (Vorderwand Rolltreppen-Stufe) step riser [mbt]; (Vorderwand RT-Stufe) riser [mbt]

**Setzung** settlement [abc]

**Shore-Härte** shore hardness [mas]

**Shotstek** (Knoten) sheet bend [mot]

**Shredder** shredder [roh]

**Shredderanlagen** shredder plants [roh]

**SHU Naht** (JOT-Naht) single J [met]

**sich beschweren** complain [abc]

**sich bewegen** move [mot]

**sich ereignen** occur [abc]

**sich verjüngen** taper [mas]

**sich versteifen** (anspannen) brace [abc]

**sicher** (Ich bin da ganz sicher.) positive [abc]; (mit Gewißheit) certain [abc]

**sicher auffindbarer Fehler** positively detectable defects [abc]; reliably detectable defects [abc]

**sicherer Sieger** sure winner [abc]

**sicheres Fahrzeug** safe vehicle [mot]

**Sicherheit** (des Betreibers) safety [abc]; (des Staates, meist politisch) security [pol]

**Sicherheit gegen...** freedom from... [abc]

**Sicherheitsanschlag** safety lock [mas]

**Sicherheitsbestimmungen** safety requirements [abc]

**Sicherheitsbremsventil** emergency relay valve [mot]

**Sicherheitseinrichtung** safety device [mbt]

**Sicherheitsfahrschaltung** (Sifa) dead man's device [mot]

**Sicherheitsfarbschichten** safety colour coats [nrm]

**Sicherheitsfunktion** safety function [mas]

**Sicherheitsglas** safety glass [mas]

**Sicherheitsgurt** (3-Punkt) lap-sash seat belt [mot]; (Sicherheitsgurt eng anlegen) seat belt [mot]

**Sicherheitskappe** relief cap [mas]

**Sicherheitskette** safety chain [mbt]

**Sicherheitskontakt** safety contact [mbt]

**Sicherheitslasthaken** safety load hook [mbt]

**Sicherheitsmutter** lock nut [mas]

**Sicherheitsnadel** safety pin [abc]

**Sicherheitsnische** (im Tunnel) refuge [mot]

**Sicherheitsnorm** safety code [nrm]

**Sicherheitspatrone** safety cartridge [mas]

**Sicherheitsraum** (Nische im Tunnel) refuge [mot]

**Sicherheitsring** (meist Zukaufteil) safety ring [mas]

**Sicherheitsrisiko** (des Staates, meist politisch) security risk [pol]

**Sicherheitsrost** (gestanzt, Blech) safety grate [mas]; (zum Laufen, zum Begehen) safety grating [mas]

**Sicherheitsschalter** safety switch [elt]

**Sicherheitsschaltung** safety circuit [elt]

**Sicherheitsschloß** safety lock [mas]

**Sicherheitsschuhe** safety shoes [abc]

**Sicherheitsschütz** safety conductor [mbt]

**Sicherheitsüberströmventil** by-pass valve [mas]

**Sicherheitsventil** by-pass valve [mas]; safety valve [mot]; (→ federbelastetes S.)

**Sicherheitsventilanschluß** safety valve connection [mas]

**Sicherheitsvorkehrungen** safety precautions [mas]

**Sicherheitszündschnur** safety fuse [roh]

**Sicherheitszuschlag** safety margin [mas]

**sichern** (befestigen) fasten [met]; (durch Schloß, Wache) secure [abc]; (gegen Überschreiben) protect [edv]; (von Daten) save [edv]

**sicherstellen** (garantieren) ensure [abc]

**Sicherung** locking device [mot]; fuse [elt]; (Schnappring) snap ring [mbt]; (träge Sicherung) fuse [elt]; (Verschluß) lock [mas]; (→ Haupts.; → Heizungss.; → Phasens.; → Rohrbruchs.)

**Sicherung der Mutter** lock on nut [mas]

**Sicherungsatz** set of fuses [elt]

**Sicherungsautomat** automatic fuse [elt]

**Sicherungsbaugruppe** fuse link block [elt]

**Sicherungsblech** locking shim [mbt]; locking washer [mas]; (Kettenmontage) locking plate [mbt]; (Schlitz für Schrauben) detent [mot]; (Unterlegscheibe) safety tab washer [mas]

**Sicherungsblock** fuse block [elt]
**Sicherungsdose** fuse box [elt]; (z.B. im Auto) fuse holder [elt]
**Sicherungsdraht** lockwire [mas]
**Sicherungselement** fuse element [elt]; safety bar [mas]
**Sicherungshalter** fuse socket [elt]
**Sicherungshebel** (→ Generalsicherungshebel) safety lever [mot]
**Sicherungskasten** fuse block [elt]
**Sicherungskasten** fuse box [elt]
**Sicherungslasttrenner** circuit breaker [mbt]
**Sicherungsmutter** lock nut [mas]; locking nut [mas]; securing nut [mot]
**Sicherungsnapf** safety cup [mas]
**Sicherungspatrone** cartridge fuse link [mil]
**Sicherungsring** locking ring [mas]; lockwasher [mas]; snap ring [mas]; (Haltering) retaining ring [mas]; (z. B. Seegerring) circlip [wst]
**Sicherungsring mit Lappen** retaining ring with lugs [mas]
**Sicherungsscheibe** thrust washer [mas]; (Unterlegscheibe) stop washer [mot]
**Sicherungssockel** fuse block [elt]
**Sicherungsstift** lock pin [mas]; locking pin [mas]
**Sicherungszange** fuse tongs [elt]
**Sicht** (bei schlechtem Wetter) visibility [abc]; (schöner Anblick) sight [abc]; (schöner Anblick) view [abc]
**Sicht auf Anschlußpunkte** view on connection points [abc]
**Sicht auf Lötpunkte** view on soldered points [abc]
**Sicht- und Hörmelder** indicator [mbt]
**sichtbar** optical [opt]; seeable [abc]; visible [abc]
**Sichtbarwerden** emergence [bau]
**Sichtbeton** exposed concrete [bau]; facing concrete [bau]
**sichten** classify [roh]
**Sichter** air separator [roh]; classifier [roh]

**Sichtereinstellung** classifier adjustment [roh]
**Sichterklappen** classifier vanes [roh]
**Sichterschlägermühle** classifier beater mill [roh]
**Sichtervolumen** classifier volume [roh]
**Sichtfähigkeit** classification [roh]
**Sichtflug** (mit Bodensicht) visual flight [mot]
**Sichtglas** glass sight gauge [mot]
**Sichtkontrolle** visual control [abc]
**Sichtmauerwerk** facing brickwork [bau]
**Sichtvermerk** (Visum) Visa [pol]
**Sicke** (Bördelung) beading [mas]; (Versteifungsstanzen) creasing [met]
**sicken** (z. B. Rohr bördeln) crimp [met]
**Sickenblech** crimped <steel> sheet [wst]
**Sieb** (auch für Sand, Fliegenfenster) screen [roh]; (großes Sieb, Durchschlag; Küche) strainer [abc]; (z.B. Kaffeesieb) sieve [abc]
**Siebanalyse** sieve analysis [roh]; sieve screen analysis [roh]
**Siebanlage** (hinter Brecher) screening plant [mbt]; (in Kalkwerk) screening unit [roh]; (nach Brecher) powerscreen [wzg]; screening installation [roh]
**Siebbelag** screen cloth [roh]
**Siebblech** gauze [mas]; screen plate [roh]
**Siebdruck** (in Buchdruckerei) silk screen printing [abc]
**Siebeinsatz** strainer insert [abc]
**sieben** (auch am Bildschirm) screen [edv]; (durchsieben) sieve [roh]; (→ Feins.)
**Sieben Meere** (Ozeane der Erde) Seven Seas [abc]
**Siebeneck** septagon [nrm]
**Siebfilter** gauze filter [mot]
**Siebgewebe** screen cloth [roh]

**Siebkurve** grading curve [bau]
**Siebplatte** (in Zeichnung) screen plate [roh]
**Siebsatz** set of sieves [mas]
**Siebstation** (beim Brecher) screen [roh]
**Siebung** smoothing [roh]
**sieden** sizzle [pow]
**Siedepunkt** boiling point [phy]
**Siederohr** boiler tube [mas]; steam generating tube [pow]; welded circular steel pipe [mas]; (Siederohr) boiler tube [mas]
**Siedetemperatur** boiling temperature [phy]
**Siedlung** housing development [abc]; settlement [abc]
**Sieg** (Gewinn, Erfolg) victory [abc]
**Siegel** seal [abc]
**Siegellack** (bei E-Anlage Schaltbrett) sealing wax [abc]
**siehe Bemerkung** see note [abc]
**Siemens-Martin-Ofen** Siemens Martin furnace [mas]
**Signal** signal [mot]; (→ binäres S.)
**Signalabgabe** signal delivery [elt]; signal triggering [elt]
**Signalantrieb** (3-stufig) signal actuating [mot]
**Signalapparat** annunciator [mbt]
**Signalausgang** signal output [elt]
**Signalfackel** fuse [abc]
**Signalflaggenmann** (Semaphore) bunting tosser [mot]
**Signalgeber** (Winkerflaggen) bunting tosser [mot]
**Signalhorn** horn [abc]
**Signalleuchte** signal lamp [edv]
**Signalmittelsatz** working site for night work [mbt]; working-site illumination kit [mot]
**Signalmonitor** signal monitor [elt]
**Signalnetzgerät** signal power pack [elt]; signal power supply [elt]
**Signalpaket** wave train [elt]
**Signal-Rausch-Verhältnis** signal-to-noise ratio [elt]

**Signalspeicher** signal store [elt]
**Signet** logo [mot]
**Silbe** syllable [abc]
**Silber** silver [wst]
**silbergrau** (RAL 7001) silver grey [nrm]
**Silberschlauch** silver hose [mot]
**Silikon** silicon [abc]
**siliziertes Elektroband** silicon-graded electrical strip [mas]
**Silizium** silicium [min]; silicon [min]
**Sillimanit** (Mineral, Dolomit-Familie) sillimanite [min]
**Silo** bin [roh]; (→ Getreides.; → Kohlens.)
**Silocontainer** hopper-type container [mas]
**Silowagen** tank wagon for the carriage of goods in powder form [mot]
**Simmerring** oil seal [mas]; retaining ring [mot]
**Simplex-Bremse** simplex brake [mot]
**Simulation** simulation [edv]; (z.B. eines Prozesses) mock up [abc]; (→ diskrete S.; → parallele S.; → verteilte S.)
**Simulation des Tragzellenfüllungsgrades** mock up of the carrier cells filling degree [roh]
**Simulation strategischer Spiele** simulation of strategic games [edv]
**Simulationslauf** simulation run [edv]
**Simulationsmethodik** simulation methodology [edv]
**Simulationsprogramm** (→ Simulierer) simulation program [edv]
**Simulationsprotokoll** simulation log [edv]
**Simulationstheorie** simulation theory [edv]
**Simulator** simulator [edv]; (z.B. Flugsimulator) simulator [mot]
**simulieren** simulation program [edv]; (so tun als ob ...) simulate [abc]
**Simulierer** simulation program [edv]; simulator program [edv]

**simultan** (z.B. simultanes Dolmet-
schen) simultaneous [abc]
**Simultandolmetscher** (Krone des
Übersetzers) simultaneous interpreter
[abc]
**Simultanübersetzen** (schwierig!)
simultaneous translating [abc]
**Simultanübersetzer** simultaneous
translator [abc]
**sinken** sink [abc]
**Sinkstoff** deposit [was]; (→ Ablagerung) sediment [abc]
**Sinn** (im Sinne des Ganzen) sake [abc]
**Sinteranlage** sintering plant [mas]
**Sinterdolomit** dolomite sinter [wst]
**Sintermetalle** sintered metals [wst]
**sintern** sinter [mas]
**Sinterungstemperatur** sintering temperature [mas]
**Sinterwerkstoffe** sintered materials [wst]
**Sinusform** sine wave [mbt]
**sinusförmige Bewegung** simple har-
monic motion [abc]; sinusoidal motion
[abc]
**sinusförmige Erregung** sinusoidal
excitation [elt]
**sinusförmige Wellen** sinusoidal waves
[elt]
**Sinusspannung** sinusoidal voltage [elt]
**Sirene** (z.B. Feuer-, Fliegeralarm) siren
[abc]
**Sirenengeheul** (z.B. Fliegeralarm) wail
of sirens [abc]
**Sirup** (Rübenkraut) syrup [abc]
**Situationsvariable** situation variable
[edv]
**Sitz** (der Firma) location [abc]; (der
Firma, Firmensitz) head office [abc];
(Stuhl, Sessel) seat [abc]; (Ventil) seat
[mas]; (z.B. Fahrersitz) seat [mot];
(→ Hinters.; → Mittens.; → Vorders.)
**Sitzfeder** sear spring [mot]
**Sitzfläche** (des Bolzenkopfes) con-
necting surface [wst]
**Sitzfläche für Lagerringe** bearing
surface for races [mas]

**Sitzkissen** cushion [bau]
**Sitzung** (Konzernbereich, Gremien)
meeting [abc]; (z.B. das Gericht tagt)
session [jur]
**Sitzungsbericht** (Verfahren) proceed-
ing [abc]
**Sitzverstellung** seat adjuster [mot]
**Skala** (Gradeinteilung) dial [abc]; (mit
Leuchtschirm) scale [elt]
**Skalenanzeiger** scale marker [mes];
scale pointer [mes]
**Skalenmeßzahl** relevant figure [mas];
scale figure [mes]
**Skalenteilung** scale division [mes]
**Skalenwert** (auf der Meßuhr) scale
value [mes]
**Skandal** scandal [abc]
**skandalös** scandalous [abc]
**Skelett** skeleton [med]
**Skelettkonstruktion** skeleton structure
[mas]
**Skelettplatte** skeleton shoe [mas]
**Ski** (Schneeschuh, Skier) ski [abc]
**Skip- und Korbförderanlagen** skip
and cage hoisting installations [roh]
**Skizze** (Entwurf, Vorzeichnung) sketch
[con]; (erster Entwurf) draft [abc]
**skizzieren** sketch [con]
**SKL** (Schneidkopfleiter) cutter ladder
[abc]
**Sklavenarbeit** (Fron) slavework [abc]
**Skolemfunktion** Skolem function
[edv]
**Skulptur** (Standbild) sculpture [abc]
**S-Kurve** (in der Straße) S-curve [mot]
**SKW** (Schwerlastkraftwagen) over-
sized truck [mot]
**Slang** (liederliche Gossensprache)
slang [abc]
**Slip** (Helling) berth [mot]
**Slipstek** (Knoten) slipknot [mot]
**Slots** (in semantischen Netzen) slots
[edv]
**SM-Ofen** (Siemens-Martin-Ofen)
open-hearth [wst]
**SM-Verfahren** O.H. process [mas]

**Smaragd** (Edelstein) emerald [min]
**smaragdgrün** (RAL 6001) emerald green [nrm]
**Smog** (Abkürzung aus "smoke" und "fog") smog [wet]
**SN** (Sachnummer) PN [abc]
**so ausgelegt, daß** so designed that [mot]
**so daß** so that [abc]
**so schnell wie möglich** as soon as possible [abc]
**Sobrennen** (Magenverstimmung) pyrosis [med]
**Socke** (Fußbekleidung) sock [abc]
**Sockel** plinth [mas]; (Konsole) base [bau]; (Mobilheimverkleidung) skirting [mot]; (Muffe, Tülle, muffenförmig) socket [mas]; (steht z.B. Standbild drauf) pedestal [bau]
**Sockelblech** skirting panel [mbt]; (an Winkel an Treppe) skirting panel [mbt]; (Edelstahl für Rollsteig) skirting panel [mbt]
**Sockelblechbeschichtung** (z.B. Farbe) skirting coating [mas]
**Sockelbolzen** (innen Bronze, außen Stahl) skirting coating [mbt]
**Sockelmauerwerk** base wall masonry [bau]; plinth masonry [bau]
**Sockelteil** skirt panel part [mbt]
**Soffittenlampe** festoon bulb [mot]
**Software testen** software testing [edv]
**Softwaredebugging** software debugging [edv]
**Software-Engineering** software engineering [edv]
**Software-Entwicklung** software development [edv]
**Software-Entwicklungsumgebung** programming environment [edv]
**Software-Lebenszyklus** software life cycle [edv]
**Software-Qualität** software quality [edv]
**Software-Qualitätssicherung** software quality assurance [edv]

**Software-Technik** software engineering [edv]
**Software-Technologie** software engineering [edv]
**Software-Unterstützung** (bestehende Aufgabe) utility [edv]
**Software-Vertrauenswürdigkeit** software trustworthiness [edv]
**Software-Werkzeuge** software development tools [edv]
**Software-Wiederverwendung** software reuse [edv]
**Sog** (Luft, Wasser) suction [abc]; (Wasserwirbel) whirl [abc]
**sogenannte** so-called [abc]
**Sohle** (am Schuh) sole [abc]; (auf dieser Ebene) level [roh]; (Boden, auch des Meeres) bottom [geo]; (im Bergwerk) floor [roh]; (im Bergwerk) working level [roh]; (unten auf dem Boden) ground [roh]; (im Bergbau) level [roh]
**Sohlenbreite** (des Grabens) bottom width [bau]
**söhlig** (flacher Stollen-, Minenboden) horizontal [roh]
**Sohlplatten** base plates [mas]
**Söhne** (in Bäumen) children [edv]
**solar** (die Sonne betreffend) solar [elt]
**Solarkraftwerk** solar power station [pow]
**Solarteleskop** (mißt S-licht) solar telescope [elt]
**Solarzelle** solar cell [elt]
**Soldat** soldier [mil]
**Solenoidschalter** (Magnet/Zündschalter) solenoid switch [mot]
**Solidarität** solidarity [pol]
**solide Balustrade** HD balustrade [mbt]
**Sollbruchbolzen** break pin [mas]
**Sollbruchstelle** predetermined break point [mot]; rated break point [mas]; shear point [mas]
**Soll-Ist-Vergleich** set-actual comparison [abc]
**Sollkurve** nominal curve [abc]

**Sollwanddicke** nominal wall thickness [abc]

**Sollwert** (eingestellter Wert, soll sein) set value [elt]; (Nominalwert, z.B. Kolbenhub) nominal data [mas]; (z.B. Motor: → "set value") rated value [mas]

**Sollwertgeber** reference value transmitter [mes]; set-point transmitter [elt]

**Sommerbetrieb** summer operation [abc]

**Sommerfahrplan** (von Bahn, Bus) summer time-table [mot]

**Sommerferien** summer vacations [abc]

**Sommerzeit** summer time [abc]; (zur Sommerszeit) summer time [abc]

**Sonde** probe [mbt]; (Boden) soil penetrometer [bod]

**Sonder-** special [abc]

**Sonderausbau** (unter Tage) special support system [roh]

**Sonderausführung** special equipment [mas]

**Sonderausstattung** (auch in Preislisten) special equipment [mbt]

**Sonderbericht** (aus besonderem Anlaß) special report [abc]

**Sonderberichterstatter** (Korrespondent) special correspondent [abc]; (Reporter) special reporter [abc]

**Sondereinsatzwirkstoff** special addition agent [mil]; special supplementary agent [mil]

**Sonderfahrt** (Bahn, Bus, Schiff) special cruise [mot]

**Sonderfahrzeug** special vehicle [mot]

**Sonderfall** special case [abc]

**Sondergerät** special equipment [mas]

**Sondergüten** special steel grades [wst]

**Sonderheit** specialities [mas]

**Sonderkoppel** (an Bagger) special linkage [mbt]

**Sonderkorrespondent** special correspondent [abc]

**Sonderkran** special crane [mas]

**Sonderlegierung** (Kupfer + Zinn + ...) special alloy [wst]

**Sondermaschine** (für Beschichtung) special machinery [mas]

**Sondermüll** (schadstoffhaltig) toxic waste [rec]

**Sondermüll, atomar** (Nuklearabfall) nuclear waste [[jur]c]

**Sondermülldeponie** toxic waste dump [rec]

**Sondernaht** (oft ohne Schweißsymbol) special seam [met]

**Sonderposten** (steuerbegünstigt) tax-privileged reserves [abc]

**Sonderprüfkopf** special purpose probe [mes]

**Sonderstahl** alloy steel [mas]; special steel [wst]

**Sondersteckdose** special socket [mbt]

**Sonderstecker** special plug [mbt]

**Sondertechnik für Luft- und Raumfahrt** special technology for aeronautics at space industry [edv]

**Sondervereinbarung** special agreement [abc]

**Sonderwagen** (der Bahn) special car [mot]

**Sonderwagnis** special risks [jur]

**Sonderwerkzeug** special tool [wzg]

**Sonderwunsch** (besondere Art, Modell) special type [mbt]; (Musik, Konstruktion) special request [abc]; (z.B. Konstruktionswunsch) special design [mbt]

**Sonderzubehör** special accessories [mas]

**Sonderzug** (der Bahn) special train [mot]; (manchmal besonder Anlaß) special [mot]

**Sondiergestänge** sounding rods [mes]

**Sondierungen** soundings [mes]

**Sonn- und Feiertage** Sundays and holidays [abc]

**Sonne** sun [abc]

**Sonnenblende** sun visor [mot]; (Sonnenschirm) sun shade [abc]

**Sonnenbrand** sun burn [med]

**Sonnenbräune** sun tan [abc]

**Sonnenbrille** sun glasses [abc]
**Sonnendach** sunshade [mot]; ( z. B. bei Lader, Grader) canopy [mbt]
**Sonnenenergie** solar energy [elt]
**Sonnenrad** sun gear [mot]; (des Planetengetriebes) planetary wheel [mot]; (des Planetengetriebes) sun wheel [mot]
**Sonnenschirm** (in Garten, Balkon) sun shade [abc]
**Sonnenschutzdach** (über Veranda, Bauteil) awning [bau]
**Sonnenteleskop** solar telescope [elt]
**Sonnenuhr** (Schatten zeigt Zeit) sun dial [abc]
**sonntags** on Sunday [abc]
**sonstige** others [abc]
**sonstige Materialien** other material [abc]
**Sonstiges** miscellaneous activities [abc]
**sonstiges Schrifttum** other documents [abc]
**sonstwo** (nicht hier) someplace else [abc]
**sorgfältig** careful [abc]
**Sorten** (Arten) types [abc]
**Sortierebene** sorting plane [roh]
**Sortiereinrichtung** sorting device [roh]
**Sortieren** (→ internes S.) sorting [edv]
**Sortierfeld** sorting field [edv]
**Sortiergreifer** sorting grab [roh]
**Sortiermerkmal** sorting criterion [edv]
**Sortiersteuereinrichtung** sorting control unit [roh]
**sortiert** (gut sortiert) assorted [abc]
**Sortierung** sorting [roh]; (Einstufung) classification [abc]
**Sortierverfahren** sorting algorithm [edv]; sorting method [edv]; type of sorting [edv]
**Sortierweiche** sorting switch [abc]
**Sortiment** assortment [abc]
**Sozialabgaben** (Arbeitgeber) benefits for social security [abc]; (Arbeitnehmer) deductions for social security [abc]

**soziale Leistungen** social benefits [jur]
**Sozialhilfe** social security [jur]
**Sozialplan** convert into a capital sum [eco]; (Arbeitnehmer geht früher raus) redundancy payment scheme [abc]
**Soziologe** sociologist [abc]
**soziologisches Problem** sociological problem [abc]
**Soziussitz** (Beifahrerplatz) rider's seat [mot]
**SPA Eingang** transmitter trigger pulse input [elt]
**Spachtel** (Werkzeug) spattle [wzg]; (Werkzeug) spatula [wzg]
**Spachtelmasse** filler [wst]; knifing filler [mas]
**Spachtelmaterial** filler [wst]
**spachteln** (mit Spachtelmasse glätten) fill [bau]
**Spalt** (Riß oder absichtlich) split [mas]; (unerwünscht oder gewollt) opening [abc]; (unerwünscht, in Materialien) crack [wst]; (z.B. eingeschnitten) slot [mas]; (zwischen Sockel und Stufe) clearance [mbt]; (zwischen Stücken) gap [abc]; (zwischen zwei Stufen) step gap [mbt]
**Spalt-/Querteilanlagen** slitting/shearing lines [mas]
**Spaltband** slit strips [mas]
**Spaltbeleuchtung** step gap light [mbt]
**Spalte** (auf dem Bildschirm) column [edv]; (bei der Analyse von Linien) crack [edv]; (in der Zeitung) column [abc]; (Mathematik, Matrix) column [mat]
**spalten** (Holz, eine Partei etc.) split [abc]; (Metall) split [mas]
**Spaltfederbolzen** quick change pin [mas]
**Spaltfilter** gap filter [mot]
**Spaltfilterelement** edge-type filter element [mas]
**Spalthammer** (im Bergbau) spalling hammer [wzg]

**Spaltmaß** (Spiel zwischen Teilen) clearance [con]

**Spaltstrahlröhre** split beam [mbt]

**Spaltweite** (des Brechers) jaw setting [mas]

**spanabhebende Bearbeitung** machining [met]

**Spänefinder** (z. B. im Ölumlauf) chip detector [mot]

**Spänegreifer** shavings grab [mas]

**Spannachse** tension axle [mas]

**Spannarm** (Steinklammerausrüstung) tensioning arm [mot]

**Spannbacke** (-n; am Schraubstock) clamping jaw [wst]

**Spannband** tightening strap [wzg]

**Spannbandschelle** continuous band clamping [wst]

**Spannbereich** (der Schelle) clamping range [wst]

**Spannbeton** prestressed concrete [bau]; reinforced concrete [mas]

**Spannbetonbrücke** prestressed concrete bridge [bau]

**Spannbolzen** (Splint) cotter pin [wst]

**Spannbuchse** locking bush [mot]

**Spanndraht** tendon [mas]

**Spannelement** clamping piece [wst]

**spannen** (dehnen) stretch [mas]

**Spanner** turnbuckle [mas]

**Spannfeder** preload spring [mas]

**Spannfeder** recoil spring [mas]

**Spannfläche** (z.B. am Schwenkstutzen) surface for tightening [mas]; (z.B. am Schwenkstutzen) tightening surface [mas]

**Spanngabel** tension fork [mas]

**Spannhülse** locking sleeve [mot]; spring dowel [mot]; (evtl. konisch, verjüngt) clamping sleeve [wst]

**Spannkabel** tendon [mas]

**Spannklemme** (unter Federnagel) tensioning clamp [mbt]

**Spannplatte** Z-clamp [mas]

**Spannrad** idler [mot]

**Spannring** locking ring [mot]; tension ring [mas]

**Spannrolle** tension pulley [mbt]; (unüblich) idler pulley [mas]

**Spannrolle für den Ventilatorriemen** fan belt idler [air]

**Spannsäge** (Bandsäge) jig-saw [wzg]

**Spannsatz** mounting set [mot]

**Spannscheibe** conical spring washer [wst]; (Unterlegscheibe) spring washer [mas]

**Spannschlitten** (der Rolltreppe) tensioning carriage [mbt]

**Spannschloß** swivel [mas]; tightener [mas]; turnbuckle [mas]

**Spannschlüssel** tightening key [wzg]; wrench [wzg]

**Spannschraube** clamp bolt [mas]; turnbuckle [mas]

**Spannseil** tensioning rope [mbt]

**Spannspindel** tension [mbt]; tightening spindle [wzg]

**Spannstange** tension rod [mas]

**Spannstation** (der Rolltreppe) pulley [mbt]; (der Rolltreppe) tension [mbt]; (des Kratzers) tension [mbt]

**Spannstein** tensioning block [roh]

**Spannstift** locking pin [mas]; roller pin [mas]; spring pin [mas]; tapered pin [mas]; (geschlitzte Hülse) rollpin [mas]; (geschlitzte Hülse) spring dowel sleeve [mas]; (Paßstift) dowel pin [mas]

**Spanntrommel** tensioning drive [mbt]

**Spannung** (aufgebrachte Kraft, Last) volume [mas]; (Belastung nahe Lagerpunkt) stretch [mas]; (Belastung, Anstrengung) stress [mas]; (der Kette, Filmprojektor) tension [mas]; voltage [elt]; (hohe Belastung) strain [mas]; (→ Anschlußsp.; → Beschleunigungssp.; → Betriebssp.; → Biegesp.; → Drucksp.; → Durchbruchsp.; → Early-Sp.; → Federsp.; → Kalibriersp.; → Kerbsp.; → Nennsp.; → Niedersp.; → Offsetsp.; → Prüfsp.; → Riemensp.; → Schwellensp.; → Spitzensp.; → Wärmesp.; → Zugsp.)

**Spannungsabfall** voltage drop [elt];
voltage loss [elt]

**Spannungsakustik** acousto-elasticity
[aku]

**Spannungsanstiegsgeschwindigkeit**
slew rate [mas]

**spannungsarm glühen** stress relieve
[mas]

**Spannungseinrichtung** (in Ketten)
chain tension carriage [mbt]

**Spannungsfestigkeit** voltage insulation strength [elt]

**Spannungsfolger** voltage follower [elt]

**spannungsfrei** stress free [mas]

**spannungsführend** (unter Strom) live
wire [elt]

**Spannungskorrosion** stress corrosion
[mas]

**Spannungsmesser** tension indicator
[elt]; voltage control [mes]; voltmeter
[mes]

**Spannungsmessung** tension measuring [mes]; voltage measuring [elt]

**Spannungsprüfgerät** voltmeter [mes]

**Spannungsquelle** source [elt]; voltage
source [elt]; (→ reale S.)

**Spannungsregler** variometer [elt];
voltage regulator [elt]

**Spannungsrisse** (durch Dehnung)
stress cracks [mas]

**Spannungsschwankung** voltage fluctuation [elt]

**Spannungssprung** voltage pulse [elt]

**Spannungsstabilisator** voltage stabilizer [elt]

**Spannungsstoß** (plötzliches Hochge-
hen) surge [elt]

**Spannungsteiler** attenuator [elt];
potential divider [elt]; voltage divider
[elt]

**Spannungsumformer** voltage converter [mbt]

**Spannungsverhältnis** voltage ratio
[elt]

**Spannungswähler** voltage selector
[elt]

**Spannungswandler** voltage transformer [elt]

**Spannungswelle** stress wave [mot];
(plötzliche Last) stress wave [mas]

**Spannventil** (an Kettenspannung) tension valve [mbt]

**Spannvorrichtung** (an Kette) tensioning device [mbt]; (dehnt sich dabei) expander [met]; clamping fix-
tures [wst]; (Drehhebel) turnbuckle
[mas]; (hält etwas fest) holding fixture [met]; (Rostkette) chain tensioner [pow]; (Schelle, Schlauch)
clamping device [wst]; (Schraubenschlüssel) spanner [wzg]

**Spannweite** (Stützweite) span
[mas]

**Spannzange** clamping ring [wzg]; pliers [wzg]

**Spanplatte** (Holzspäne geklebt) chip
board [bau]

**Spanplattenherstellung** chipboard
production [abc]

**Spant** (→ Spante) frame [mot]

**Spante** (Schiffsrahmen) frame [mot]

**Spantenplan** (Anreißplatte) scrive
board [mot]

**Spantenriß** body plan [con]

**Spantenwerk** (Gerippe des Schiffes)
framing [mot]

**Spantenwinkel** (Schiff) frame angle
[mot]

**Spanwerkzeug** cutting tool [wzg]

**Spardüse** economizer jet [mot]

**Sparganggetriebe** overdrive [mot]

**Sparte** section [abc]

**Spaten** (Grabwerkzeug mit Stiel)
shovel [wzg]; (spitz, gekröpfter Stiel)
spade [wzg]

**Spatenmeißel** spade chisel [wzg]

**Speck** bacon [abc]

**Spediteur** (alle Spediteurtätigkeiten)
forwarding company [mot]; (der nur
befördert) carrier [mot]; (fährt Spedi-
tionsgut) freight forwarder [mot]; (hat
Lkw-Flotte) truck company [mot]

**Spedition** (transportiert nur) carrier [mot]

**Speditionsunternehmen** truck company [mot]; van-line [mot]

**Speiche** (am Rad) spoke [mot]

**Speichenrad** spoke wheel [mot]; (Rolltreppe) spoked wheel [mbt]

**Speicher** reservoir [abc]; storage [edv]; (Blasenspeicher) accumulator [mbt]; (Hydrauliktank) tank [mas]; (im Lager, im Speicher) in store [abc]; (z.B. des PC) memory [edv]

**Speicherausgabe** memory output [edv]

**Speicherbehälter** storage tank [abc]; storage vessel [abc]

**Speicherbereinigung** garbage collection [edv]

**Speichergasanlage** motor fuel gas storage [mot]

**Speicherkessel** heat storage boiler [pow]

**Speicherkraftwerk** storage power station [pow]

**Speicherladerventil** shut-off valve [mbt]

**Speichermodul** memory module [edv]

**speichern** store [edv]; (abspeichern, sichern) save [edv]; (z.B. in der Datenbank) memorize [edv]

**Speicherplätze** memory locations [edv]; (von Prüfdaten) storage <memory> of test data [edv]

**Speicherprogramm** storing program [edv]

**speicherprogrammierbare Steuerung** stored program controls [edv]

**Speicherstufe** storage stage [edv]

**Speicherung** (→ Heißwassers.) storage [pow]

**Speicherwinde** storage winch [mot]

**Speicherzeit** storage time [edv]

**Speicherzyklus** memory cycle [edv]

**Speigatt** (in Reling auf Deckhöhe) scupper [mot]

**Speiseaufzug** (Küche zu Restaurant) dumb waiter [mbt]

**Speisedruck** (in Hydraulik) charge pressure [mot]

**Speisekammer** pantry [bau]

**Speiseleitung** drum feed piping [pow]; feed water piping [was]; feeder line [mot]; (Öl, Wasser, Gas etc.) feeder [mot]

**speisen** (beim Essen sein) eat [abc]; (etwas einspeisen) feed [mot]; (etwas einspeisen, laden) charge [mot]; (jemandem Essen geben) feed [abc]; (füllen, versorgen) load [abc]; (Wasser einspeisen) feed [mot]

**Speiseölpumpe** fuel feed pump [mot]

**Speisepumpe** (Dampflok) feed pump [mot]; (Hydraulik) charge pump [mot]

**Speiseventil** feed valve [was]

**Speisewagen** diner [mot]; (Buffetwagen in GB) buffet car [mot]; (einschl. Quick-Pick) dining car [mot]; (Zugrestaurant) diner [mot]; (Zugrestaurant) restaurant car [mot]

**Speisewasser** feed water [was]; (im Kessel) boiler feed water [pow]

**Speisewasseralarmapparat** feed water alarm instrument [was]

**Speisewasseraufbereitung** feed water treatment plant [was]

**Speisewasserbehälter** feed water storage tank [was]; feed water tank [was]

**Speisewassermesser** feed water meter [was]

**Speisewasserregler** feed water regulator [was]

**Speisewassertemperatur** feed water temperature [was]

**Speisewasservorwärmer** economizer [pow]; feed water preheater [was]; feedwater heater [was]

**Speisewasservorwärmung** feed water heating [was]

**Speisung** (Einspeisung, Versorgung) feed [abc]

**Spektralanalyse** (fremder Sterne) spectral analysis [abc]

**Spektralanteil** spectral component [opt]

**Spektrogramm** spectrogram [edv]
**Spektrogrammerzeuger** spectrogram synthesiser [edv]
**spenden** (Blut) give [abc]; (schenken, stiften, geben) give [abc]; (Spenden Sie Blut!) donate [abc]
**Spender** (Blut) donor [abc]
**Spengler** (Flaschner, Klempner, Stellmacher, Wagner) wagon-maker [mas]
**Sperrasten** lock pin [mot]
**Sperrbereich** stopband [abc]
**Sperrdifferential** (→ Teilsp.) friction-type differential [mot]
**Sperre** (an Rolltreppe) stoppage [mbt]; (in altem Bahnhof) barrier [mot]; (Raste, Riegel) latch [mas]; (Ratsche) ratchet [wzg]; (Verschluß) closing [mbt]; (wie Schloß) lock [mas]
**Sperre des O-Wagens** (gegen Schwenken) swing lock [mbt]
**sperren** (eine Straße) close [mot]; (z.B. an Absperrhahn) shut [mas]
**Sperrholz** (z.B. 6-schichtig) plywood [bau]
**Sperrichtung** reverse-biased [elt]
**Sperriegel** plunger block [mot]
**sperrig** (sehr breit, hoch etc.) bulky [mbt]
**Sperring** ferrule [mas]
**Sperrkegel** detent [mot]
**Sperrklinke** detent [wst]; pawl [mas]
**Sperrkreis** antiresonant circuit [mbt]; (bei Störung) rejector circuit [mbt]
**Sperrluftgebläse** seal air fan [mas]
**Sperrplatte** check plate [mot]
**Sperrschicht-Feldeffekttransistor** junction field-effect-transistor [elt]
**Sperrschichtdiode** junction diode [elt]
**Sperrschichtkapazität** junction capacitance [elt]
**Sperrschwinger** blocking oscillator [abc]
**Sperrstopfen** blanking plug [mas]
**Sperrstrom** inverse voltage [elt]
**Sperrtopfantenne** (im Seitenleitwerk) tubular VHF aerial [mot]

**Sperrventil** lock valve [mas]; locking valve [mas]
**spezial** special [abc]
**Spezialausführung** (z.B. Waggon) special design [mot]
**Spezialbandstahl** cold rolled strip in special qualities [wst]
**Spezialbehälter** special container [mas]
**Spezialbelag** special cover [mbt]
**Spezialdrehkran** special swivel crane [mas]
**Spezialform** special form [edv]
**Spezialhartguß** chilled cast iron [wst]
**Spezialisierungsheuristik** specialisation heuristic [edv]
**Spezialisierungsprozedur** (beim Lernen) specialise procedure [edv]
**Spezialist** (z.B. auch als Monteur) specialist [mas]; (z.B. in Logistik) expert [abc]
**Spezialkraft** (geschulter Mann) specialist [abc]
**Spezialprofil** special section [mas]
**Spezialröhre** special tube [mas]
**Spezialschiff** special ship [mot]
**Spezialstoßdämpfer** special shock absorber [mot]
**Spezialtankschlauch** special tank hose [mot]
**Spezialwagen** special wagons [mot]
**Spezialwerkzeug** special tools [mbt]
**Spezialzange** pair of pincers [wzg]; special pincers [wzg]
**speziell angefertigt** purpose-made [abc]
**Spezifikation** specification [abc]; (Anleitung) specification [edv]; (→ algebraische S.; → formale S.)
**spezifisch** (z.B. spezifische Problem) specific [abc]
**spezifische Wärme bei konstantem Druck** specific heat at constant pressure [mes]
**spezifische Wärme bei konstantem Volumen** specific heat at constant volume [mes]

**spezifischer Dampfverbrauch** specific steam consumption [pow]
**spezifischer jährl. Wärmeverbrauch** annual specific heat consumption [pow]
**spezifisches Gewicht** specific weight [mes]; specific gravity [mes]
**spezifizieren** (festlegen) specify [abc]
**Sphäroguß** nodular cast iron [wst]; (z.B. GGG 40) ductile cast iron [wst]; spheroidal graphite cast iron [wst]; spheroidal iron casting [wst]; spheroidal cast iron [wst]
**Sphärogußtechnik** spheroidal graphite iron casting [wst]
**Sphärolith** spherulite crystal [wst]
**Spiegel** mirror [abc]
**spiegelbildlich** mirror symmetrical [mbt]; (seitenverkehrt) in reflected image [abc]; (seitenverkehrt) laterally reversed [abc]
**spiegelbildlich** (seitenverkehrt) reflected image [abc]
**spiegelbildlich anfertigen** (Befehl) to be made mirror-inflected [abc]
**spiegelnde Reflexion** specular reflection [opt]
**spiegelverkehrt** (z.B. gezeichnet) mirror-inverted [abc]
**Spiel** play [pow]; (Arbeitsspiel, z.B. 3 Spiele/min) cycle [mot]; (bei Zahnrädern) gear clearance [mas]; (der Achse) clearance [con]; (Freiheit der Bewegung) clearance [con]; (Freiraum, Toleranz) tolerance [mas]; (komplettes Kartenspiel) deck [abc]; (locker im Sitz) sideplay [mas]; (z.B. Rückstoß) back lash [mot]
**Spielausgleich** clearance compensation [mot]
**Spielmannszug** (unter Tambourmajor) drums and pipes [abc]
**Spielraum** (Möglichkeit) variation [abc]; (z. B. der Achse) clearance [con]
**Spielverderber** sportspoil [abc]

**Spielzeit** (eine komplette Baggerbewegung) cycle time [mbt]
**Spielzeiterfassung** cycle timing [abc]
**Spielzeug** (Puppen, Bauklötze) toys [abc]
**Spielzeugauto** toy car [abc]
**Spielzeugeisenbahn** (→ Modellbahn) toy train [abc]
**Spike** (am Unterlegkeil) spike [mot]; (Strahlkräfte Steuerschieber) deflector pin [mbt]; (Strahlkräfte, Steuerschieber) spike [mbt]
**Spind** locker [abc]
**Spindel** spindle [mas]; (im Verbau) spindle [mbt]; (Spreize im Verbau) strut [mbt]; (Strebe) strut [mbt]; (→ Lenks.)
**Spindelabstützung** spindle-type stabilizer [mot]
**Spindelfeststellbremse** (P- und G-wagen) screw-acted arresting brake [mot]
**Spindelkasten** gear case [mot]
**Spindeltrieb** spindle drive [mot]
**Spindelwinde** screwing jack [mas]
**Spinne** (Handkreuz, Stern) spider [mot]
**Spion** (Agent, Verräter) spy [mil]
**Spionageabwehr** counter espionage [mil]
**Spiraldruckfeder** (z. B. im Puffer) coil spring [mas]; (z.B. im Puffer) recoil spring [mot]
**Spirale** (auch elektr.) closing coil [elt]; (aufgewickelt) coil [wst]
**Spiralfeder** helical spring [mas]; recoil spring [mas]; spiral spring [mas]; (Schraubenfeder) helical spring [mas]
**Spiralfederschlauchschutz** spiral-type hose guard [mas]
**Spiralgehäuse** spiral housing [mot]
**Spiralkegeltrieb** spiral-conic gear [mas]
**Spiralkopf** spiral head [mas]
**Spiralrohr** spiral pipe [mas]
**Spiralschreiber** spiral recorder [mas]

**Spiralspannstift** spiral pin [mas]
**Spirale** spiral [abc]
**spiralverstärkt** spiral reinforced [mas]
**Spiralzahnrad** helical gear [mas]
**Spirituosen** liquors [abc]
**Spitze** (auf der Spitze des Berges) top [geo]; (beim Schraubgewinde) crest [wst]; (Nase, vorstehendes Stück) nose [mas]; (z.B. des Löffelzahnes) tip [bff]; (→ Meißels.)
**Spitzenausleger** (am Kran) jib [mot]
**Spitzendrehmaschine** centre lathe [wzg]; turning lathe [met]
**Spitzendruck** point pressure [bau]
**Spitzengruppe** (Marktführer) market leaders [abc]
**Spitzengruppe der Anbieter** market leaders [abc]
**Spitzenhalter** (des Schaufelzahnes) tooth tip support [mas]
**Spitzenhöhe** (der Drehbank) height of centres [mas]; (der Drehbank) h.o.c. [mas]
**Spitzenlast** peak load [elt]
**spitzenloses Schleifen** centreless grinding [wst]
**Spitzenspannung** peak-to-peak voltage [mbt]
**Spitzenweite** length between centres [mas]
**Spitzenwert** peak value [elt]
**Spitzer** (z.B. Bleistiftspitzer) sharpener [abc]
**Spitzgraben** (Dreieck, Spitze unten) V-shaped trench [mbt]
**Spitzhacke** pick [wzg]; pickaxe [wzg]; (Kreuzhacke) pickaxe [wzg]
**Spitzmeißel** tipped chisel [wzg]
**Spitzturm** steeple [bau]
**Spitzzahn** pointed tooth [mbt]
**Spitzzange** (Storchschnabelzange) pointed pliers [wzg]
**spleißen** (Hanf- oder Drahtseil) splice [mas]
**Spleißstelle** splice [mas]

**Splint** cotter pin [wst]; retaining pin [mas]; split pin [mas]
**Splintentreiber** cotter pin drive [wzg]
**Splintverschlußglied** split spin fastener connecting link [mas]
**Splithopperbagger** split hopper dredger [mbt]
**Splithoppersaugbagger** split-hopper suction dredger [mbt]
**Splitt** chippings [bau]
**Splitter** (in der Wunde) splinter [med]; (Kalksplitter) splinter [mil]
**Splitterbruch** spall fracture [med]
**Splitterhandgranate** splinter hand grenade [mil]
**splittern** spall [abc]; (Holz) splinter [abc]
**sporadisch** (höchst selten) sporadically [abc]
**Sporthalle** sports hall [abc]
**Sportkit** (Fahrwerksatz) sports kit [mot]
**Sportplatz** athletic fields [abc]; field and track athletic fields [abc]; sports grounds [abc]; (meist mit Tribünen) stadium [abc]
**Sportstadium** athletic field [abc]; sports stadium [mbt]
**Sporttauchen** scuba diving [abc]
**Sprache** language [abc]
**Sprachfehler** (Stottern, ähnliches) speech impediment [med]
**Sprachkonstrukt** language construct [edv]
**Sprachlehre** grammar [abc]; (→ Grammatik)
**Sprachlehrer** teacher of languages [abc]
**Sprachunterricht** (z.B. Deutsch) language course [abc]; (z.B. Englisch) English lessons [abc]
**Sprachverstehen** language understanding [edv]
**Spray** (Sprühmittel) spray [abc]
**Spraydose** atomizer [abc]; spray can [abc]

**Sprecher** (des Vorstandes) spokesman [eco]

**Sprechfunk** (über Sprechfunk) radio [elt]

**Spreize** strut [mbt]; strutting [mbt]; (Spindel im Verbau) spindle [mbt]; (Stempel im Bergbau) prop [roh]

**spreizen** (Beine oder Vogelflügel) spread [abc]

**Spreizen und Schrumpfen der Tiefenlupe** spreading and contracting of the scale expansion [abc]

**Spreizmagnet** brake coil [mbt]

**Spreizniet** (meist Kunststoff) body-bound rivet [mas]

**Spreizstange** spreader bar [mas]

**Spreizung** (→ spreizen) spreading [abc]

**Sprengarbeit** blasting [roh]

**Sprengbolzen** (Munition) explosive bolt [mil]

**Sprengbolzenschweißen** explosive stud welding [met]

**Sprengbombe** explosive bomb [mil]

**sprengen** (gießen, bewässern) water [abc]; (im Steinbruch) blast [roh]; (in die Luft jagen) explode [mil]; (zur Explosion bringen) blow up [abc]

**Sprenggeschoß** explosive shell [mil]

**Sprenghandgranate** explosive hand grenade [mil]

**Sprengkapsel** blasting cap [mil]; detonator cap [mil]; explosive capsule [mil]

**Sprengkapselzünder** explosive capsule igniter [mil]

**Sprengkörper** explosives [mil]

**sprengkräftige Zündmittel** explosive detonating agents [mil]; highly explosive agents [mil]

**Sprengladung** explosive charge [mil]

**Sprengmittel** (z.B. im Bergbau) blasting agents [roh]; (z.B. im Bergbau) detonating agents [roh]

**Sprengmittelausstattung** blasting-equipment [mil]; demolition devices [mil]

**Sprengmunition** blasting charge [mil]

**Sprengmuster** (z.B. im Tagebau) blast pattern [roh]

**Sprengring** snap ring [mot]; spring ring [mas]; (bei der Bahn) retaining ring [mot]; (für mehrteilige Felgen) lock ring [mot]; (Verschlußring) lock ring [mot]

**Sprengschlauch** sprinkle tube [mas]

**Sprengschneider** explosive cutter [mil]

**Sprengschnur** blasting fuse [mil]

**Sprengschweißen** explosive welding [met]

**Sprengstoff(e)** explosives [roh]

**Sprengung** (Explosion) explosion [roh]; (im Steinbruch) blast [roh]; (Zündung) detonation [mil]

**Sprenkler** sprinkler [mas]

**Spriegel** roof carline [mot]; strut [mot]

**Sprietsegel** (auf Bugspriet) bow sprit sail [mot]

**Springmesser** jackknife [wzg]

**Sprinkler** (Feuerlöschbrause) sprinkler [mbt]

**Sprinkleranschluß** sprinkler installation [mbt]; sprinkler system [mbt]

**Sprinklerdüse** sprinkler blast pipe [mbt]

**Sprinklereinrichtung** sprinkler arrangement [mbt]

**Spritzbeton** air-placed concrete [bau]; shotcrete [bau]

**Spritzblech** deflector plate [mot]

**Spritzdüse** spray nozzle [mas]

**Spritzerei** paint shop [abc]

**Spritzgang** (Farbe) spraying process [mas]

**Spritzguß** injection moulding [mas]; (z.B. bei Spielzeug) die cast [met]

**Spritzkabine** paint shop [abc]

**Spritzlackierer** painter [abc]

**Spritzlackierer** sprayer [met]

**Spritzpistole** (z.B. für Farbe) gun [met]

**Spritzüberzüge** (metallische) metal spraying [met]

**Spritzversteller** injection timing mechanism [mot]; (an Sprühpistole) advance/retard unit [mas]

**Spritzverstellergehäuse** injection control housing [mot]

**Spritzverstellermuffe** injection timing collar [mot]

**Spritzverstellernabe** injection control hub [mot]

**spritzwassergeschützt** splash proof [mot]; (Motor) drip-proof [abc]

**spröde** (daher zerbrechlich, spanend) brittle [abc]

**Sprosse** (an Leiter) step [mas]; (z.B. der Leiter) rung [abc]

**Sprühanlage** sprayer [mas]

**Sprühdose** aerosol can [che]

**Sprühdüse** spray nozzle [mas]; spraying nozzle [mas]

**sprühen** spray [abc]

**Sprühflasche** aerosol [che]

**Sprühmittel** spray [abc]; spraying agent [mas]

**Sprung** (im Material) flaw [met]

**Sprungabstand** skip distance [mas]

**Sprungschanze** (kleiner Anstieg in Rampe) velocity head [mot]

**Spül- und Legierungsstand** purging and alloy addition plant [mas]

**Spülblock** flush valve [mot]

**Spule** coil [wst]; coil [pow]; spool [mas]; winding [elt]; (am Filmschneidetisch) bobbin [abc]; (mit z.B. Film drauf) reel [abc]

**Spulenhalter** (elektr. Kabel, Schnur) coil base [elt]; (elektr. Kabel, Schnur) coil frame [elt]

**Spulensatz** spool set [mot]

**spülen** jet [bau]; (Geschirr) do the dishes [abc]; (wegspülen, auch WC) flush [bau]; (z.B. mit Öl durchspülen) rinse [mas]

**Spülentaschung** pressure water ash removal [pow]; pressurised water ash removal [pow]

**Spülgaskupplung** purging gas coupling <station> [mas]

**Spülöl** flushing oil [met]

**Spülpumpe** scavenge pump [mot]

**Spülstein** (in der Küche) sink [bau]

**Spültisch** (im Schlafwagen) sink [mot]

**Spülung** (Kesselspülung) boiler wash-out [pow]; (Kesselspülung) wash-out [pow]

**Spulvorrichtung** (z. B. auf Schlitten) coil winder [elt]

**Spulwickelmaschine** (z. B. auf Schlitten) coil winder [elt]

**Spundbehälter** drums with removable heads [nrm]

**Spundbohle** (Spundwand, Pfahlgründung) pile [mot]

**Spundbohlenabstützung** sheet pile [mbt]; sheeting [mbt]

**Spundwand** sheet pile [mot]

**Spundwandprofil** steel sheet piling [mbt]

**Spundwandzubehör** piling accessories [mas]

**Spur** trace [mbt]; (Fahrbahn der Straße) lane [mot]; (Fahrbahn der Straße, der Brücke) traffic lane [mot]; (Spurweite Autoräder) track [mot]

**Spurabmessung** (Spurbild) gauge configuration [mot]

**Spurbreite** (auch Spurweite) gauge [mot]; (des Radflansches lt. ISO) gauge [mot]

**Spurhebel** steering lever [mot]

**Spurkranz** (führt Eisenbahnrad) flange [mot]; (führt Eisenbahnrad) wheel flange [mot]

**Spurkreuz** cross section [abc]

**Spurlinse** (Eisenbahn) gauge lens [mot]

**Spurrille** (Radführung in Weiche) rail groove [mot]; (Radführung in Weiche) switch opening [mot]

**Spurrillen** (in ausgefahrener Straße) tracks [mot]

**Spurseitenscheibe** track side wheel [mbt]

**Spurstange** steering link [mot]; tie rod [mot]; track rod [mbt]; (→ geteilter S.; → ungeteilter S.)

**Spurstangenhebel** steering knuckle arm [mot]; track rod arm [mbt]

**Spurstangenkopf** ball rod end [mot]; tie rod end [mas]; track rod [mbt]

**Spurwechsel** (häufiger Fahrbahnwechsel) lane straddling [mot]; (zum Abbiegen) lane drifting [mot]

**Spurwechseleinrichtung** gauge changing device [mot]

**Spurweite** (der Eisenbahn) track gauge [mot]; (des einzelnen Reifens) tread [mot]; (Radstand des Autos) tyre base [mot]; (seitlicher Abstand, Raupen) track width [mbt]; (→ Spurbreite ; → Spurbreite der Bahn)

**Spurwellenlänge** trace wave length [elt]

**St.V.Z.O.** (Straßenverkehrszulassung) road traffic law [mot]

**Staat** state [pol]

**Staatshaushalt** (Etat des Landes) budget [pol]

**Staatssicherheit** (mehrere Behörden) security [pol]

**Staatsvertrag** (zwischen Nationen) treaty [jur]

**Stab** (gerader Stock) stick [abc]; (Rute, Marschallstab) wand [abc]; (z.B. beim Militär) staff [mil]; (→ Fluchts.; → Metalls.)

**Stabelektrode** (Schweißwerkzeug) stick electrode [met]

**Stabelektrodenhalter** (zum Schweißen) stick electrode handle [met]

**stabil** (fest, robust) stable [abc]; (robust, solide) solid [abc]

**Stabilisator** (auch an modernen Schiff) stabilizer [mot]; (→ hydraulischer S.)

**Stabilität** stability [abc]; (Standsicherheit) stability [mas]; (→ asymptotische S.; → bedingte S.; → bedingte S.)

**Stabilitätsbedingung** stability criterion [elt]

**Stabilitätsprüfung** stability check [elt]

**Stabilitätsreserve** stability reserve [elt]

**Stabkirche** wooden church [abc]

**Stabmagnet** bar magnet [mas]

**Stabsmusikkorps** military band [mil]; Staff Band [mil]

**Stabsoffizier** (ab Major) field officer [mil; (ab Major) staff officer [mil]

**Stabstahl** merchant bars [mas]; bar steel [mas]

**Stabwelle** rod wave [elt]

**Stacker-Kratzer** stacker reclaimer [mbt]

**Stadt** (Großstadt) city [bau]; (in die Stadt gehen) downtown [abc]; (Klein- bis Mittelstadt) town [cap]

**Stadt-...** municipal [abc]

**Stadt- und Landesplanung** town and country planning [bau]

**Stadt und Land** town and country [cap]

**Stadt-,** urban [abc]

**Stadtärztin** authorized medical doctor [med]

**Stadtbahn** metropolitan railway system [mot]

**Stadtbücherei** public library [abc]

**Stadtgas** town gas [pow]

**städtisch** municipal [abc]; (nicht ländlich) urban [abc]

**städtische Verkehrsbetriebe** urban transit authority [mot]

**Stadtmauer** city wall [bau]

**Stadtparlament** town meeting [pol]

**Stadtplan** map of the city [cap]

**Stadtrat** (Ratsversammlung) council [pol]

**Stadtreinigungsamt** (Müllabfuhr) sanitation [rec]

**Stadtschalldämmpaket** (z. B. an Baggern) city-low-noise package [mbt]

**Stadtschnellbahn** (S-Bahn) rapid transit railway [mot]

**Stadtstraße** (städtische Straße) street [mot]

**Stadttheater** municipal theater [abc]

**Stadttor** city gate [bau]

**Stadtverwaltung** city corporation [pol]; town authorities [abc]

**Stadtverwaltungsausschuß** (allgemeine Belange) watch committee [abc]

**Staffelung** (Versatz) stagger [abc]

**Stahl** steel [wst]; (mit mittlerem Kohlenstoffgehalt) medium carbon steel [wst]; (→ blanker Keilst.; → Federbandst.; → kalt gewalzter St.; → Schweißst.; → Wulstst.)

**Stahl- und Gießereiroheisen**pig iron for steel works and foundries [wst]

**Stahl- und Metallerzeugung** steel and metal production [mas]

**Stahl- und Stahlveredelung** steel and steel coating [mas]

**Stahlanarbeitung** steel treatment [mas]

**Stahlballenband** (Verpackung) steel baling hoop [mas]

**Stahlband** steel band [mot]; (Verpackungsband) steel strapping [abc]

**Stahlbandmaß** steel tape [mes]

**Stahlbau** (Gebäude aus Stahl <und Glas>) steel building [mas]; (z.B. im Baggerbau) steel manufacture [mas]

**Stahlbaufläche** steel building area [mas]

**Stahlbaumonteur** ironworker [mas]

**Stahlbereich** steel division [mas]

**Stahlbeton** (Eisenbeton) reinforced concrete [mas]

**Stahlbetonkern** reinforced-concrete core [mas]

**stahlblau** (RAL 5011) steel blue [nrm]

**Stahlblech** steel panel [mbt]; thin sheet metal [mas]; sheet steel [mas]

**Stahlblechemballagen** steel drums [mas]

**Stahlblechoberfläche** steel surface [mas]

**Stahlblechprofil verzinkt** steel section, galvanized [mbt]

**Stahlblechscheibenrad** sheet steel disc wheel [mot]

**Stahlbrückenplatte** (über Puffer) steel bridge plate [mot]

**Stahlbuchse** steel bush [mas]

**Stahldachfenster** steel roof window [mas]

**Stahldom** (z.B. Pontoneinsatz) steel dome [mas]

**Stahleinsatz** (Schiene/Schwelle) steel insert [mot]

**stählern** steel [mas]

**Stahlgerüst** (Kesselgerüst) boiler steel structure [pow]

**Stahlgewebe** steel mesh [mas]

**Stahlgürtelreifen** steel belt tyre [mot]

**Stahlguß** cast steel [wst]; steel casting [wst]; (flamm-, induktions-laser-härtbar) cast steel [wst]; (für allgemeine Zwecke, warmfest, ferritisch) cast steel [wst]; (hitzebeständig) cast steel [wst]; (kältezäh) cast steel [wst]; (nichtmagnetisch) cast steel [wst]; (nichtrostend) cast steel [wst]; (vergütbar) cast steel [wst]

**Stahlgußscheibenrad** cast steel disc wheel [mot]

**Stahlgußspeichenrad** cast steel spoked wheel [mot]

**Stahlgüte** steel grade [mas]

**Stahlhaken** steel hook [mas]

**Stahlhalbzeuge** semis [mas]

**Stahlhelm** helmet [mil]; steel helmet [mil]

**Stahlhilfeprogramm** program to assist the steel industry [pol]

**Stahlkehrwalze** steel brush [mot]

**Stahlkonstruktion, verkleidete** steel frame structure, faired [mas]

**Stahlkugel** steel ball [mas]

**Stahllegierung** ferrous alloy [wst]

**Stahlmast** (z.B. Oberleitung Bahn) pylon [mot]

**Stahlpfahl** dolphin [mas]

**Stahlpfähle und Dalben** dolphins [mas]

**Stahlplattenband** steel plate conveyor [mas]

**Stahlrohre, Hohlprofile** steel tubes, hollow sections [mas]

**Stahlrohrgerüst** metal tube scaff [bau]

**Stahlscheibe** plate [mas]

**Stahlschwelle** (der Bahn) steel sleeper [mot]; (der Bahn) steel tie [mot]

**Stahlseil** (z.B. an Heißluftballon) steel cable [mot]

**Stahlseilreifen** studded tyre [mot]

**Stahlspeichenrad** steel spoked wheel [mot]

**Stahlspundwand** steel sheet piling [mbt]

**Stahltafel** steel panel [mas]

**Stahlträger** steel joint [mbt]

**Stahlveredelung** (Oberflächen-behandlung) steel coating [mas]

**Stahlwalze** steel roller [mas]

**Stahlweiterverarbeitung** metal processing [met]

**Stahlwerk** steel works [mas]

**Stahlwerks- und Gießereiroheisen** pig iron for steel works and foundries [wst]

**Stahlwerks- und Gießereischrotte** steel scrap and pig iron for steel works and foundries [mas]

**Stahlwolle** steel wool [mas]

**Stalitron** stalitron [mas]

**Stall** (für Tiere) stable [bau]; barn [mes]

**Stall Point** (Motor abwürgen, <Flug-zeug>) stall point [mot]

**Stallbursche** (Tierpfleger) groom [abc]

**Stalldung** (natürlicher Dünger) manure [abc]

**Stallungen** (z.B. im Zirkus) stables [abc]

**Stallungswagen** (für Pferde) horse box [mot]

**stammen von** stem from [abc]

**Stammholzausrüstung** log grapple attachment [mbt]

**Stammholzzange** log grapple [mbt]

**Stammrollennummer** (des Soldaten) serial number [mil]

**Stammwürze** (des Biers) wort [abc]

**stampfen** tamp [abc]

**Stampfer** tamper [mbt]; (→ Hands.)

**Stampfmasse** castable refractories [pow]; composition [pow]

**Stampfplatte** tamper [mbt]

**Stampfwalze** (Verdichter) tamping foot roller [mas]

**Stand** (Marktbude) booth [abc]; (Mes-se-, Jahrmarktstand) stand [abc]; (zum Stehen kommen) stand [mot]; (→ Hei-zers.)

**Stand der Technik** (neuester Stand der Technik) state of the art [abc]

**Stand im Freigelände** outside area [abc]

**Standard-** (Normal-) standard [mas]

**Standardgerät** (z.B. Bagger) standard machine [mbt]

**Standardgerätebereich** standard machinery [mbt]

**Standardisierung** standardization [edv]

**Standardkessel** packaged boiler [pow]

**Standardlieferumfang** standard scope of supply [abc]

**Standardlöffel** standard bucket [mbt]

**Standardlöffelbreite** standard bucket width [mbt]

**Standardstereotypen** standard stereotypes [edv]

**Standardtastatur** alpha-numeric keyboard [edv]

**Standardwerbeartikel** standard advertising items [abc]

**Standarte** (querstangengehaltener Banner) standard [mil]; (Regiment, militärische Einheit) standard [mil]

**Standbesatzung** (auf Messestand) staff of stand [abc]

**Standbild** sculpture [abc]

**Standblech** stay plate [mas]

**Standblech, hinten** stay plate, rear [mas]

**Standblech, vorn** stay plate, front [mas]

**Stander** (auf Autos) pennant [pol]; stand [abc]; (→ Magnets.)
**standfest** stable [abc]; (im Charakter) firm [abc]
**Standfestigkeit** stability [mas]
**Standgas** (niedriger Leerlauf) low idle [mot]
**Standglas** (Schauglas) level gauge [mot]
**standhalten** (Vergleich gegenüber...) compare with [abc] (einem angreifenden Feind) hold out against [mil]
**Standheizung** auxiliary heating [mot]
**ständig** constant [abc]
**ständig überprüfen** monitor constantly [abc]
**ständige Anleitung** continuous guidance [abc]
**ständiger Arbeitskreis** constant committee [abc]
**ständiges Messen** continuous measurement [mes]
**Standlauf** in idle [mot]
**Standleitung** (Messestand) stand management [abc]; (EDV, Telefon) dedicated line [edv]
**Standlicht** (am Auto) parking light [mot]
**Standort** (von Werk, Produktion) place of manufacturing [pol]; (Garnison) garrison [mil]
**Standort** (z.B. mehrere Werksstandorte) location [abc]
**Standquadrat** (Bagger steht ruhig) stability square [mot]
**Standrechteck** stability rectangle [mot]
**Standruhe** firmness [mot]; (des Baggers) stability [mot]
**Standseilbahn** cable car [mot]
**standsicher** sure-grip [mbt]
**standsichere Profilierung** sure-grip ribbing [mbt]
**Standsicherheit** stability [mot]
**Standvermögen** stability under load [mot]

**Standzeit** (Lebensdauer) operating life [mot]; (Lebensdauer) operating time [mas]; operating life [mbt]
**Stange** round bar [mas]; stalk [mas]; (aus Walzwerk) bar [mas]; (Stab) stick [abc]; (→ Abschleppst.; → Bambusst.; → Bremsst.; → Bremszugst.; → Druckst.; → Führungsst.; → Haltest.; → Hinterachsschubst.; → Lenkspurst.; → Lenkst.; → Pleuelst.; → Schaltst.; → Spannst.; → Spurst.)
**Stangenprüfanlage** round bar test installation [mes]
**Stangenprüfung** round bar testing [mes]; (aus Walzwerk) bar inspection [mes]
**Stangenwelle** pin [mot]
**stanzen** punch [abc]; (pressen von Blechen) stamp [mas]
**Stanzteil** blanking [mas]; stamped part [mas]
**Stanzverbinder** strip joining machine [mas]
**Stapel** (Holz, Stämme, Paletten) pile [abc]; (z.B. Holz) stack [abc]
**Stapelhöhe** hight of pile [bau]
**Stapellauf** launching [mot]
**Stapeln** stacking [abc]
**Stapelverarbeitung** (batch work) batch processing [met]
**Stapler** forklift truck [mot]
**stark** (kräftige Schicht) thick [mas]; (Mann, Motor) strong [mot]; (starker Motor, starker Mann) powerful [mot]; (starkes Aufkommen) large [mot]; (z.B. Verkehrsaufkommen) rush [mot]
**stark gekrümmt** (auch Eisenbahn) bent [abc]; (auch Straße) curved [mot]
**Starkbeben** strong earthquake [geo]
**Stärke** (Dicke) thickness [mas]; (einer Nation) power [pol]; (Mann, Maschine) strength [mas]; (Wäschestärke, Nahrungsmittel) starch [abc]; (→ Flanschst.)
**Starkgas** rich gas [pow]
**Starkstrom** power current [elt]

9

**Starkstromverteilung** power current distribution [elt]

**starr** (auch unerwünscht) stiff [abc]; (erwünscht) rigid [wst]

**Starrachse** rigid axle [mot]

**Starrachsenprinzip** rigid axle principle [mot]

**Start** start [mot]

**Startaufstellung** (Fahrbahnmarkierung) grid [mot]

**Startbahn** (Rollbahn auf Flugplatz) runway [mot]

**Startbehälter** start container [mil]

**starten** (abheben des Jets) take off [mot]

**Starten vom Fahrersitz aus** in-seat starting [mot]

**Starter** starter motor [mot]; (Anreißstarter Rasenmäher) recoil starter [mas]

**Starterklappe** choke [mot]

**Starterknopf** starter button [mot]

**Starterritzel** starter pinion [mot]

**Starthilfe** (für Motor) starting aid [mot]

**Starthilfe leisten** (Benzin in Vergaser) prime [mot]

**Startmarkierung** (Motorsport) grid [mot]

**Startpilot** startpilot [mot]

**Startposition** (beste St. bei Rennen) pole position [mot]

**Startrakete** take-off rocket [mot]

**Startritzelhebel** starter pinion control [mot]

**Starttaste** (Strecke auf Stellwerk) shunt signal button [mot]

**Startverbot erteilen** (Flugzeug, Pilot) ground [mot]

**Statik** statics [mbt]; (z.B. Festigkeit, Haltbarkeit) statics [mbt]

**Statiker** structural engineer [mbt]

**Station** (Bahnhof, Haltepunkt) station [mot]; (im Krankenhaus) ward [med]; (→ Druckreduzierst.; → Meßst.)

**stationär** stationary [abc]

**stationäre Anlage** stationary plant [mas]

**stationäre Bandförderanlage** stationary belt conveyor [mbt]

**stationäre Brecheranlage** stationary crushing plant [roh]

**stationäre Lösung** steady-state solution [elt]

**stationärer Zustand** steady state [elt]

**Stationsschild** nameboard [mot]

**statisch verteilt** random [mat]

**statische Analyse** static analysis [edv]

**statische Bewertung** static evaluation [edv]

**statische Energie** (angehobener Arm) static energy [mot]; (potentielle Energie) static energy [mot]

**statische Höhe** static head [pow]

**statische Pressung** slatic pressure [pow]; static pressure [mas]

**Statische Pumpe** static pump [mot]

**statische Tragfähigkeit** static load rating [mas]

**statische Untersuchung** structural analysis [mas]

**statischer Wert** stress value [mbt]

**statisches Großsignal** static large-signal [elt]

**statisches Netzwerkmodell** static network model [mas]

**statistische Diagnostik** statistical classification [edv]

**Stativ** tripod [mas]

**Stator** (im E-Motor) stator [elt]

**Statorspulenkern und Übertragungsspule** stator pick-up ring [elt]

**Statorwicklung** stator winding [elt]

**statt** (statt meiner bevollmächtigt) proxy (act as proxy) [abc]; (statt eines Passes) in lieu of [pol]; (statt meiner, anstelle von) in lieu of [abc]

**stattfinden** take place [abc]

**Statue** (Skulptur) statue [abc]; (Rechtsstellung) legal position [jur]

**Statuten der UNO** Charter of the United Nations [pol]

**Stau** traffic congestion [mot]; traffic jam [mot]; (Stufenstau an Umkehrstation) stagnation [mbt]

**Staub** dust [abc]; (→ Feinst.; → grober St.; → Grobst.)

**Staubabscheider** dust collector [mot]

**Staubaufgabe** pulverized fuel feeding equipment [pow]

**Staubaustragung** (autom.; am Grader) dust separator [mbt]

**Staubbelastung** (Filter) dust loading [pow]

**Staubbildung** dust formation [mbt]; dusting [abc]

**Staubbrenner** pulverized fuel burner [pow]

**Staubbunker** pulverized fuel bunker [pow]

**Staubbunkerung** storage of pulverized fuel [pow]

**Staubdeckel** (z.B. an Neugerät) port cover [mas]

**staubdicht** dust-tight [abc]

**Staubentwicklung** dust formation [bau]

**Staubfänger** dust collector [mbt]

**Staubfangglas** dust bowl [mot]

**Staubfeuerung** pulverized coal firing [pow]

**Staubfeuerung mit flüssiger Entaschung** pulverized coal firing with liquid ash removal [pow]; wet-bottom boiler [pow]

**Staubfeuerung mit trockener Entaschung** dry-bottom boiler [pow]

**staubförmig** powdered [abc]

**Staubfraktion** dust particle size [pow]

**staubfrei** dust-free [abc]

**Staubgehalt** (Rauchgas) dust content [pow]; (Rauchgas) dust loading [pow]

**staubgrau** (RAL 7037) dusty grey [nrm]

**Staubgut** powder-shaped material [wst]

**Staubgutart** nature of powder-shaped material [roh]

**staubig** dusty [abc]

**Staubkappe** dust cap [mot]

**Staubkessel** pulverized-coal fired boiler [pow]

**Staubkonzentration** dust concentration [mot]

**Staubleitung** pulverized coal piping [pow]

**Staubluft** fuel-laden air [pow]

**Staubmanschette** dust boot [mot]

**Staubprobe** pulverized fuel sample [pow]

**Staubprobenentnahme** (Entstaubung) dust sampler [mes]

**Staubsammler** dust collector [mot]

**Staubschutz** dust protection [bau]; dust shield [mot]

**Staubschutzanlage** (beim Stapler) double filter attachment for dusty conditions [mot]

**Staubverminderung** aerosols and dust removal [air]

**Staubzündfeuerung** pulverized-fuel start-up firing equipment [pow]

**Staubzuteiler** pulverized-fuel feeder [pow]

**Staubzwischenbunker** finished product bin [air]; pulverized coal storage bunker [pow]

**stauchen** (zur Formveränderung) Upset [met]

**Staudamm** (Staumauer) dam [bau]

**Staudammbau** (Staumauer) dam construction [bau]

**Stauer** (Hafenarbeiter) longshore man [mot]

**Staufferbüchse** grease cup [mot]

**Stauhitze** (unter dem Dach) dome heat [mot]

**Stauraum** unrestricted area [mbt]; (Stufen stauen sich) area of stagnation [mbt]; (z.B. im Wohnanhänger) storage room [mot]

**Staurohr** choke [mot]; contraction choke [mes]

**Stausee** water reservoir [abc]

**Steamblock** steambloc [pow]
**Steatit** (Material für Isolatoren) Steatite [elt]
**Stechwelle** stub shaft [mas]
**Steckachse** half-shaft [mot]; linchpin [mot]; (z.B. mit Vielkeilprofil) stub axle [mot]
**Steckanschluß** connector [elt]; plug [elt]
**Steckantenne** plug-in antenna [elt]
**Steckbleche** insertable panels [mas]
**Steckblende** plug [mas]
**Steckbolzen** socket pin [mot]
**Steckbolzenkupplung** socket-pin coupling [mot]
**Steckbrief** (Gesucht wird wegen ...) WANTED poster [abc]
**Steckbuchse** (Steckdose) connector [elt]; (Steckdose) socket [elt]
**Steckdose** plug [elt]; plug socket [mot]; receptacle [elt]; general power outlet [elt]; G.P.O. [elt]; (für Schweißen) welding outlet [elt]; (am Bagger) socket [elt]; (→ Revisionst.; → Sonderst.)
**Steckdose Revisionsfahrt unten** lower socket-inspection travel [mbt]
**steckenbleiben** (festkleben) stick [abc]; (im Schlamm) bog down [mot]
**steckengeblieben** (Auto) bogged down [mot]; (Auto) got stuck [mot]
**Stecker** plug [elt]; socket [elt]; (Steckkontakt an Batterie) terminal [elt]; (→ Sonders.)
**Steckerbelegungsplan** (Bildschirme) terminal layout [elt]
**Steckerfahne** pin terminal [elt]
**Steckerkerbstift** half length reserve taper grooved dowel pin [mas]
**steckerkompatibel** (Software komplett) plug compatible [elt]; (Software komplett) plug-compatible [elt]
**Steckerkontakt** plug [elt]
**Steckerleiste** multiple pin strip [elt]
**Steckerstift** pin [mas]
**Steckerteil des Prüfkopfes** connector end of a probe [wst]

**Steckglied** plug-in element [mas]
**Steckhülse** socket [elt]
**Steckkontakt** switch plug [elt]
**Stecknadel** (Anstecknadel, Abzeichen) pin [abc]
**Steckrelais** plug-in relay [elt]
**Steckschlüssel** (mit Griff oder Stiel) socket spanner [wzg]; (mit Griff oder Stiel) socket wrench [wzg]
**Steckschlüsselsatz** set of socket spanners [wzg]
**Steckschütz** (Steckrelais) plug relay [elt]
**Steckverbinder** cable connector [elt]
**Steckverbindung** plug & socket connection [elt]; plug-in connection [elt]
**Steckvorrichtung** plug device [elt]
**Steckzahn** inserting tooth [mbt]
**Steckzähne** socket-type teeth [mbt]
**Steg** (der Kettenbodenplatte) grouser [mbt]; (kleine Brücke) footbridge [bau]; (Längsträger des Waggons) longitudinal girder [mot]; (zwischen Unter- und Obergurt) web [mot]; (unüblich) side bar [mas]
**Steghöhe** root face [met]
**Steglasche** bracket clip [mot]
**Stehbolzen** stud [mas]
**stehen** (z.B. etwas steht senkrecht) stand [abc]
**stehende Welle** stationary wave [mas]
**stehender Regenerativ-Luvo** horizontal type regenerative air preheater [pow]
**Stehkessel** (Dampflok; um Feuerkiste) outer firebox [mot]
**Stehlagegehäuse** plummer block [mas]
**Stehlager** pillow block [mot]; (Rolltreppe) pillow block [mbt]
**Stehlagergehäuse** pillow block housing [mbt]
**Stehnaht** (Profibezeichnung) vertically up [met]
**steif** rigid [wst]; stiff [abc]
**Steife** (z.B. im Graben) shore [mbt]; (z.B. im Graben) stay [bau]

**Steifigkeit** stiffness [mbt]

**Steig- und Futterrohr** tubing and casing [mas]

**Steigbügel** (beim Pferdegeschirr) stirrup [abc]

**Steigeisen** step iron [abc]; (in Zügen, Luftschächten) stirrup [mot]

**steigen** (der Fluß steigt) rise [abc]; (Leiter, Berg erklimmen) climb [abc]

**Steiger** (Korb am Teleskopmast) aerial platform [mbt]; (Lkw, Teleskopmast, Korb) aerial platform [mbt]

**steigern** (unterstützen, kräftigen) boost [abc]

**Steigerung** (Druck, Temperatur) increase [pow]; (Verbesserung) enhancement [abc]

**steigfähig** gradable [mot]

**Steigfähigkeit** gradability [mot]

**Steigrohr** riser [pow]; riser tube [pow]; uptake tube [pow]

**Steigrohrsammler** riser tubes header [pow]

**Steigstromvergaser** up-draught carburetter [mot]

**Steigung** (der Bahnstrecke) upward inclination [mot]; (steiler werdend) incline [geo]; (bedeutendste Steigung in Rampe) ruling gradient [mot]; (der Bahnstrecke) climbing gradient [mot]; (der Straße) gradient [mot]; (einflußreichste Steigung) ruling gradient [mot]; (Grad, Fall, Sturz) pitch [abc]; (größerer Winkel Rolltreppe) increase [mbt]; (steiler Anstieg) slope [mot]; (von Gewinde) pitch [mas]; (Winkel der Rolltreppe) rise [mbt]; (z.B. der Bahnstrecke) grade [mot]

**Steigungsmarkierung** (Signal, Pfosten) gradient post [mot]

**Steigungssinn** (Zahnrad) hand of helix [mas]

**Steigungswinkel** (Zahnrad) helix angle [mas]

**Steigzug** (Aufwärtszug; Fallzug) downward gas passage [pow]; (Aufwärtszug; Fallzug) upward gas passage [pow]

**steil** (scharfer Winkel, Anstieg) steep [abc]

**Steilböschung** side slope [mbt]; (des Schnittes) side slope [mbt]

**Steilflankennaht** open single V [met]

**Steilhang** (steile Bergwand) precipice [abc]

**Steilheit** mutual conductance [elt]

**Steilnaht** (Schweißen) vertically up [met]

**Steilrohrkessel** bent tube boiler [pow]; vertical tube boiler [pow]

**Stein** (natürliche Felsablagerung) rock [geo]; (→ Bindest.; › durchbindende St.; → Hohlblockst.; → quaderförmig geschlagene St.; → Schamottest.)

**Steinabsiebung** stone screening [roh]

**Steinabweiser** (über Dach) rock deflector [mot]; (über Muldenkipperdach) body canopy protective extension and deflector [mbt]

**Steinauswerfer** (zw. Zwillingsreifen) rock ejector [mot]

**Steinbogenbrücke** stone arch bridge [bau]

**Steinbruch** quarry [roh]

**Steine und Erden** (Industriezweig) non-metallic mineral processing [roh]

**steinfrei** rock-free [geo]

**steingrau** (RAL 7030) stone grey [nrm]

**Steingreifer** (am Stapler) brick grapple [mbt]

**Steingut** stoneware [roh]; (irdenes Geschirr) earthenware [min]

**steinig** (Feld, Weg) rocky [geo]

**Steinklammer** (an Lader oder Stapler) block clamp [mbt]

**Steinklammerarm** (z.B. an Lader) block clamp arm [mbt]

**Steinklammerausrüstung** (z.B. an Lader) block clamp attachment [mbt]

**Steinklemmgabel** tile handling apron [mbt]

**Steinkohle** bituminous coal [roh]; mineral coal [roh]

**Steinmauer** stone wall [bau]

**Steinmetz** mason [bau]

**Steinsäge** masonry saw [wzg]

**Steinsalz** rock salt [min]

**Steinschaufel** tyned brick bucket [wzg]

**Steinschlag** rock fall [abc]; (z.B. Verkehrszeichen) falling rocks [mot]

**Steinschlagschutz** rock guard [mbt]

**Steinschlagschutzgitter** rock guard [mbt]

**Steintransportaufbau** (auf Lkw) rock body [abc]

**Steinzeug** stoneware [bau]

**Stellantrieb** servo-drive [mot]

**Stelle** site [abc]; (Arbeitsstelle) job [abc]; (Arbeitsstelle) position [abc]; (Ort) location [abc]; (→ Absaugest.; → Anzapfst.)

**Stelleingang** adjustable input [mes]; regulated input [mes]

**Stellen** quarters [abc]; (alle Abteilungen im Hause) quarters [abc]

**stellen** (den Wecker stellen) set [abc]

**Steller** adjuster [abc]

**Steller für Blendenanfang** gate start control [elt]

**Steller für Blendenbreite, fein** fine gate width control [elt]

**Steller für Unterdruck und Tiefenausgleich** suppressor and swept gain control

**Stellglied** regulating control [mes]; regulating unit [mas]; (→ Bremshebel)

**Stellhebel für Dachlüftung** (Dampflok) operating handle for roof ventilator [mot]

**Stellkolben** (stellt Regler ein) set piston [mot]

**Stellkolbenbruch** fracture of set piston [mot]

**Stellmacher** wagon-maker [mot]

**Stellrad** hand wheel [mot]

**Stellring** adjustable ring [mas]; adjusting ring [mes]

**Stellschraube** adjusting screw [mes]; timing bolt [mas]

**Stellspannung** control voltage [elt]

**Stellung** footing [met]; (eines Bauteils im Ganzen) setting [mas]; (in Firma, Krieg, allgem.) position [pol]

**Stellungnahme** (Kommentar zu ...) comment [abc]; (Kommentar zu ...) statement [abc]

**stellvertretender Verkaufsleiter** assistant sales manager [eco]

**stellvertretender Vorsitzender** vice-chairman [abc]

**stellvertretendes Mitglied** (des Vorstandes) deputy member [eco]

**Stellvertreter** (des ... ) assistant [abc]; (des ...) deputy [abc]

**Stellwand** partition [bau]

**Stellwerk** (Eisenbahngebäude) signal box [mot]

**Stellzylinder** (Nackenzylinder auf Bagger) adjust cylinder

**stemmen** (hauen, schnitzen) stem [abc]

**Stempel** (ähnlich: stanzen, prägen) punch [mas]; (Grubenholz) mine prop [roh]; (Gummistempel) stamp [abc]; (im Bergbau unter Hangendem) prop [roh]; (im Bergbau unter Hangendem) ray [roh]; (im Bergbau unter Hangendem) shore [roh]; (Stanze, Werkzeug) punch [wzg]

**Stengel** (der Pflanze) stem [bff]

**Step-down Effekt** (Summe rutscht nicht) step-down effect [jur]

**Steppdecke** quilt [abc]

**Steppjacke** quilted jacket [abc]

**Stepseal** (neuartige Kolbenstangendichtung) stepseal [mas]

**Steptanz** (Bühnenauftritt) tapdance [abc]

**Ster** (Raummeter Holz) steer [jur]

**sterben** (Er ist gestorben, verstorben) die [abc]

**Stereosehen** stereo vision [edv]

**Stern** (als Antriebsrad) star [mas]; (Fliehgewicht) spider [mas]; (Spinne, Handkreuz) spider [mas]; (z.B. die Sonne, planetenumkreist) star [abc]

**Stern-Dreieck-Schaltung** delta star control [elt]; star-delta switching [mbt]; star-delta-control [mbt]; star-delta connection [elt]

**Sterndreieck** delta star [elt]; star delta [mbt]

**Sterndreieckschaltung** star delta control [mbt]; Y-delta connection [elt]

**Sterneinsatz für Hydrofilter** star-shaped filter element for hydraulic filter [mot]

**sternförmig** star-shaped [abc]

**Sternpunkt** common ground [wst]; (Leiter) neutral [elt]

**Sternpunkterdung** neutral earthing [elt]

**Sternspannung** Y-voltage [elt]

**Sternwarte** (Observatorium) observatory [opt]

**Steuer** (Betrieb, z. B. des Baggers) control [mbt]; (für Rudergänger auf Schiff) rudder [mot]; (Lenkrad des Autos) steering wheel [mot]

**Steuer- und Regelvorgänge <sind> mangelhaft** control and regulating reacting inadequate [mot]

**Steuer-, Regel-, Betätigungsgeräte** controls [mot]

**Steuerapparat** controller [mbt]

**Steuerbetätigung** actuating control [phy]

**Steuerblock** control valve [mot]; valve block [mot]

**Steuerblock des Getriebes** transmission valve [mas]

**Steuerblockbefestigung** valve block mounting [mot]

**Steuerbord** (an Steuerbord) starboard [mot]

**Steuerbordkessel** starboard boiler [mot]

**Steuerbuchse** control bush [wst]

**Steuerbuchse** guide bush [mas]

**Steuerdruck** control pressure [mot]; pilot pressure [mot]

**Steuereinheit** control unit [edv]

**Steuereinrichtung** control system [elt]; (Schiff) rudder [mot]

**Steuerelement** control device [mot]

**Steuerfläche** control plate [wst]

**Steuerfolgsamkeit** (des Hubschraubers) response [mot]

**Steuerfrequenz** control frequency [elt]

**Steuergehäusedeckel** timing case cover [mas]

**Steuergenerator** master trigger unit [elt]

**Steuergeneratorspannung** master trigger unit voltage [elt]

**Steuergerät** control [mot]; control device [mot]; control unit [elt]

**Steuergeräte** directional controls [mot]

**Steuerhebel** control lever [wst]

**Steuerkabine** control cabin [wst]

**Steuerkante** control edge [wst]

**Steuerkasten** control box [wst]

**Steuerkette** timing chain [mot]

**Steuerkolben** piston valve [mas]; spool [mot]

**Steuerkräfte** control forces [wst]

**Steuerkreis** control circuit [mbt]

**Steuerkreislauf** control circuit [mot]

**Steuerlinse** (im Pumpenkörper) pendulum ball [mbt]

**Steuerlinsenfresser** fretting of pendulum ball [mbt]

**Steuerluft** control air [mot]

**Steuerluftbehälter** (des Wagens) control air reservoir [mot]

**Steuermann** helmsman [mot]

**Steuermechanismus** controls [mot]

**steuern** (Auto) steer [mot]; (jemanden anleiten) guide [abc]; (Maschine, Bagger) operate [mot]; (Schiff) be on the rudder [mot]

**Steuerplatine** printed circuit board [mbt]

**Steuerplatte** (in hydraulischem Motor) control plate [mot]

**Steuerpult** control desk [mot]; (z.B. Walzwerksteuerpult) pulpit [mas]

**Steuerrad** (auf Schiff, → Rudergänger) helm [mot]; (Auto) steering wheel [mot]; (Schiff) rudder [mot]

**Steuerräder** (Zahnräder im Getriebe) gear train [mot]

**Steuerschalter** control switch [mbt]

**Steuerschieber** main block valve [mot]; valve spool [mot]

**Steuerschieberstange** spool [mot]

**Steuerschrank** control circuitry cabinet [elt]

**Steuerschütz** control contactor [elt]

**Steuerseil** (z. B. f. Höhen-, Seitenruder) control cable [mot]

**Steuersender** control transmitter [elt]; exciter [elt]

**Steuersignal** (für Markierung) control signal for marking [elt]; (für Sortierung) control signal for sorting [elt]

**Steuerspannung** control voltage [elt]

**Steuerspannung falsch** control voltage incorrect [elt]

**Steuerspiegel** (in Pumpe, Motor) control plate [abc]

**Steuerstand** control position [mot]

**Steuerstand, ortsfest** stationary control position [mot]

**Steuerstange** (im Steuerblock) control spool [mot]

**Steuerstrom** control current [mot]

**Steuerstromkreis** control circuit [mbt]

**Steuerstromunterbrecher** control circuit breaker [mbt]; control current cutout [mbt]

**Steuertransformator** control transformer [elt]

**Steuerung** (an Lokomotive) link motion [mot]; (des Fertigungsablaufes) production controlling [mes]; (einer Maschine) control gear [mot]; (Lenkmechanismus des Autos) steering mechanism [mot]; (Lenkung des Autos) steering [mot]; (Maschine,

Betrieb) control [mot]; (→ Ausgleichst.; → Druckknopfst.; → Druckvorst.; → Hilfsst.; → Roboterst.; → Schwimmerst.; → Zylinderst.)

**Steuerung von Hand** manual control [mbt]

**Steuerungsanstrengung** (des Fahrers) operator's stress [mot]; (des Fahrers) stress for the operator [mot]

**Steuerungsauschuß** (eines Projektes) steering committee [abc]

**Steuerungshandrad** (Dampflok) cutoff gear wheel [mot]

**Steuerungskreis** control circuit [mot]

**Steuerungsskala** (Dampflok) cut-off gear [mot]

**Steuerungssystem** control system [edv]

**Steuerventil** control valve [mot]; servo control valve [mot]; triple valve [mas]; (Druckregelventil) performance valve [mot]; (für Auslegerzylinder) control valve boom cylinder [mot]; (für Fahren) control valve travel [mot]; (für Löffelzylinder) control valve bucket cylinder [mot]; (für Schwenken) control valve swing [mot]; (für Stielzylinder) control valve arm cylinder [mot]; (Pratzen oder Planierschild) control valve [mot]

**Steuerwagen** (am Zugende, → Pendelzug) control trailer [mot]; (für Wendezugbetrieb) control trailer [mot]

**Steuerwelle** timing shaft [mas]

**Steuerwinkel** cam angle [wst]

**Steuerzylinder** control cylinder [mot]; (verteilt Luft) dummy cylinder [mot]

**Steven** (Schiffsbug) steve [mot]

**Stich** (der Biene) sting [bff]; (Kunstwerk, Bild) etching [abc]

**Stichprobe** (gelegentliche Überprüfung) spot check [pol]

**Stichsäge** compass saw [wzg]; keyhole saw [wzg]; pad saw [wzg]

**Stichwort** clue [abc]; (anreißende Überschrift) caption [abc]; (ein Thema in Stichworten) keyword [abc]

**Stickarbeit** embroidery [abc]
**sticken** embroider [abc]
**Sticker** (Abziehbild) sticker [abc]
**stickig** (Die Luft ist stickig.) stuffy [mot]
**Stickoxid** nitrogene oxide [che]
**Stickstoff** (erhöht Druck in Gasflaschen) nitrogen [mot]
**Stickstoffblasenspeicher** (f. Kette) nitrogen accumulator [mbt]
**Stickstoffladegerät** nitrogen charging apparatus [wzg]
**Stiefel** boot [abc]
**Stiel** (der Blume) stem [bff]; (des Baggers) stick [mbt]; (des Baggers, Wettbewerb) arm [mbt]; (Normalstiel) dipstick [mbt]; (von Werkzeugen, z.B. Hammer) shaft [wzg]; (z.B. des Tieflöffels) dipper stick [mbt]
**Stielbewegung** (des Baggers) motion of the arm [mbt]
**Stieldrehpunkt** arm pivot [mbt]
**Stiele** post [bau]; vertical member [bau]
**Stielzylinder** arm cylinder [mbt]; (des Baggers) stick ram [mbt]
**Stift** (Gewindeschraube; mit Mutter) bolt [mas]; (z.B. Lagerbolzen) pin [mas]; (→ Formerst.; → Kegelkerbst.; → Kegelst.; → Kerbst.; → Nietst.; → Paßst.; → Spannst.; → Spiralspannst.; → Zylinderst.)
**Stiftabzehrung** stud wear [mas]
**Stiftschlüssel** box spanner [wzg]; pin spanner [mas]
**Stiftschraube** stud [mas]; stud bolt [mas]
**Stiftschraubung** stud [mbt]
**Stiftschweißung** stud weld [met]
**stillegen** (abfahren) shut down [pow]
**Stillegung** (des Schiffbaus) discontinuation [abc]
**stillschweigend erneuern** implied renew [abc]
**Stillstand** outage [abc]; (Versagen) failure [abc]; (zum Stillstand kommen) standstill [mot]

**Stillstandheizung** anti-condensation heating [mot]
**Stillstandszeit** outage [abc]
**Stimmengleichheit** (in Sitzung) equality of votes [abc]
**Stimmt so.** (beim Trinkgeld-Geben) That's alright. [abc]
**Stimmung** (gute Stimmung) atmosphere [abc]
**Stirn** (Teil des Kopfes) forehead [mot]
**Stirnfläche** (der Stufe) riser [mbt]; (Vorderseite) spot face [mas]
**Stirnfläche fräsen** spot face [mas]
**Stirnflächenmontage** face mounting [met]
**Stirnflachnaht** edge weld [met]
**Stirnlochschlüssel** calliper face spanner [wzg]
**Stirnrad** gear [mot]; spur gear [mot]; spur wheel [mot]; (zur Zeiteinstellung) timing gear [mas]
**Stirnraddeckel** aiming gear cover [mbt]
**Stirnradgehäuse** timing gear housing [mas]
**Stirnradgetriebe** spur gear [mot]; spur gearing [mot]
**Stirnradkranz** spur gear rim [mot]
**Stirnradsatz** set of spur gears [mot]
**Stirnradstufe** spur wheel section [mot]
**Stirnradwelle** accessory shaft [mas]
**Stirnrungen** (z.B. am Flachwagen) head stanchions [mot]
**Stirnschar** bulldozer blade [mbt]; front blade [mbt]
**Stirnschild** dozer blade [mbt]; front blade [mot]
**Stirnseite** (des Waggons) wagon end [mot]; (schmalere Seite) face side [abc]; (Vorderseite) front side [mbt]
**stirnseitig** on the face side [mas]
**Stirnstoß** forehead joint [mas]
**Stirntritt** (Trittbrett des Rangierers) shunter's step [mot]

**Stirnwand** bulkhead [mot]; cowl [mot]; (Vorder-, Rückwand Wagen) end wall [mot]; (Vorder-, Rückwand Wagen) front wall [mot]

**Stirnwandklappe** (am Flachwagen) end plate [mot]

**Stirnwandrunge** (am Flachwagen) fall plate stanchion [mot]

**Stirnwandstütze** (rechte, linke) cowl support [mot]

**Stirnwandtür** (am Güterwagen) end door [mot]

**stochern** (schüren) move the fuel bed [pow]; (schüren) stoke [pow]

**Stock** (Stab, Stecken) stick [abc]

**stocken** (haken, nicht weiterlaufen) stall [mas]

**Stockenspieltisch** baton keyboard [abc]

**Stockpunkt** pour point [mas]

**Stockwerk** (Etage) floor [bau]

**Stockwerkhöhe** floor level [bau]; (Rolltreppe) vertical rise [mbt]

**Stoff** (z.B. chemischer Stoff) substance [che]

**Stoffe** (Tuche) fabric [abc]

**Stoffkosten** (also nicht Montage) material costs [mas]

**Stoffschwierigkeit** ease of manufacture [nrm]

**Stollen** duct [roh]; tunnel [roh]; (auf Kettenplatte) bar [mbt]; (auf Kettenplatte) grouser [mbt]; (Hauptstollen) main transport level [roh]; (in die Kohle hinein) entry [roh]; (unter Tage) bank [roh]; (unter Tage) entry [roh]; (unterirdischer Gang in Bergwerk) gallery [roh]

**Stollenholz** (Grubenholz) mine props [roh]

**Stopfbuchse** compression gland [wst]; stuffing box [mas]

**Stopfbüchse** gland [mas]; packing box [mas]; stuffing box [mas]

**stopfbüchsenartige Kolbenpackung** chevron piston packing [wst]

**Stopfen** plug [mas]; (→ Abschlußst.; → Verschlußst.; → Zellenst.)

**Stopplicht** stop light [mot]

**Stopptaster** emergency stop buttons [mbt]; (am Servicetableau) stop button [mbt]; (im Balustradenkopf) stop button [mbt]

**Stopptaster unten** lower stop button [mbt]

**Stoppuhr** stop watch [mes]

**Stopschalteranbau** stop switch mounting [mot]

**Stöpsel** (Stecker) plug [mas]

**Stoptaster** (in Balustradensockel) STOP button [mbt]

**Störaustastung** interference blanking [mot]

**Storch** stork [bff]

**Storchschnabel** (z.B. Vergrößerung) pantograph [mas]

**Storchschnabelzange** (Spitzzange) pointed pliers [wzg]

**Storchschnabelzeichnung** pantograph drawing [mas]

**Störecho** noise echo [elt]; radio interference echo [aku]

**Stores** (netzartige Gardinen) nets [abc]

**Störfaktor** interference factor [elt]; signal-to-noise-ratio [elt]

**Störfeldstärke** radio interference field-intensity [aku]

**Störfunktion** forcing function [elt]

**Störgrad** degree of radio interference [tel]

**Störkasten** noise generator [mot]

**Störmeldeeinrichtung** fault indicator relay [mbt]

**Störmelderelais** fault indicator relay [mbt]

**stornieren** (rückgängig machen) cancel [abc]

**Störschutz** noise suppression [aku]

**Störsperre** (Störsperrenfilter) interference suppressor [elt]

**störspitzenbeseitigt** deglitched [elt]

**Störung** (Einmischung von außen) interference [elt]; (Fehler, Versagen) fault [abc]; (geistig verwirrt) disturbance [abc]; (Immer diese Störungen) disturbing [abc]; (Panne, Zusammenbruch) breakdown [abc]; (Unruhe, Versagen) trouble [mas]; (Unterbrechung d. Laufes) interruption [mbt]

**Störungsbereitschaft** readiness for disturbing [abc]

**Störungsbeseitigung** remedying <of> the fault [abc]

**störungsfreier Betrieb** trouble-free operation [mas]

**Störungssuche** (finden und beseitigen) trouble shooting [mas]

**Störuntergrund** (Geräuschpegel) noise level [aku]

**Störwelle** (die immer durchkommt) interfering wave [elt]

**Stoß** (Blechverbindung) joint [met]; (des Fachwerkgerüstes) fish-plate connection [mot]; (des Hydrohammers) blow [met]; (Impuls, Schubs) impact [abc]; (Laschenverbindung bei Kettenführung) fish [mbt]; (Schienenstoß) track connection [mot]; (Schlag, Schubs) bounce [mot]; (Schock) shock [abc]; (Schubs) push [mot]; (Schubs) shove [mot]; (Schubs, Impuls, Anstoß) pulse [abc]; (Stoßnaht; Bleche schweißen) butt [met]; (z. B. Stumpfstoß) joint [met]; (zerrend) jerk [mot]

**Stoß-an-Stoß Durchlauf** end-to-end advance [mot]

**Stoßart** type of joint [mas]

**Stoßausblenden** signal blanking [abc]; signal blanking [abc]

**Stoßbeanspruchung** impact stress [abc]

**Stoßdämpfer** absorber [mot]; shock absorber [mot]; (→ hydraulischer St.; → Teleskopst.)

**Stoßdämpferbock** shock absorber bracket [mot]

**Stoßdämpferhalter** shock absorber mounting [mot]

**Stoßdämpferzylinder** suspension cylinder [mot]

**Stoßdämpfung** reflection loss [opt]

**Stoßdämpfungseinrichtung** shock absorber system [mot]

**Stoßebene** bumping plane [mot]

**Stoßeinrichtung** push design [mot]

**Stoßeinrichtungstechnik** push design technology [mot]

**Stöße** splicing [bau]

**Stößel** (Druck- oder Preßkolben) plunger [mot]; (Nockenscheibe) lifter [mot]; (z.B. Ventilstößel in Motor) tappet [mot]; (→ Rollenst.)

**Stößelbetätigungshebel** tappet actuating lever [mas]

**Stößeleinstellschraube mit Gegenmutter** tappet adjusting screw with lock nut [mas]

**Stößelfeder** (Feder am Druckkolben) lifter spring [mot]; (z.B. am Ventilstößel) tappet spring [mot]

**Stößelführung** tappet guide [mot]

**Stößelkraft** tappet force [mot]

**Stößel-Nockenventil** cam valve [mot]; pilot valve [mot]

**Stößelrolle** (stößt an Nocken) tappet roller [mot]

**Stößelrollenbolzen** tappet roller pin [mot]

**Stößelschraube** lifter screw [mot]

**Stößelstange** push rod [mot]; pushrod [mot]

**Stößelstangenverkleidung** push rod cover [mot]

**Stößelventil** cam valve [mot]; pilot valve [mot]

**stoßen** thrust [abc]; (schubsen, drücken) push [abc]; (Stanzen) die [met]

**Stoßfaktor** selection factor [mas]

**Stoßfänger** bumper [mot]

**stoßfrei** (z.B. Abbremsen) smooth [mot]; (z.B. Kraftübertragung) non-surge [mot]

**Stoßfuge** side point [mas]

**Stoßimpuls** shock pulse [mot]

**Stoßkeil** wedge [mil]

**Stoßlasche** fish plate [mbt]; (z.B. Roll-treppe) fish plate [mbt]

**Stoßplatte** (Lasche) butt-strap [mas]

**stoßsicher** (z.B. stoßsicher gelagert) shock-proof [mot]

**Stoßstange** (des Autos) bumper [mot]; (Schiebstange aus Rohr) push tube [mot]; (um Waggon zu schieben) push rod [mot]

**Stoßstange an Stoßstange** bumper to bumper [mot]

**Stoßstangenhalterung** (am Auto) bumper support [mot]

**Stoßstrom** surge current [elt]

**Stoßtrupp** (bewaffneter Stoßtrupp) crack unit [mil]

**Stoßverlust** shock loss [mas]; (Ein-trittsverlust bei Rohren) impact loss [pow]

**Stoßwellenverfahren** shock wave method [mas]

**Stoßzahn** (z.B. des Elefanten) tusk [bff]

**Strafantrag** (Strafantrag stellen) charges [jur]

**Strafe** (Freiheitsstrafe) prison sentence [pol]; (Freiheitsstrafe) sentence [pol]; (Geldstrafe) fine [jur]; (körperliche Züchtigung) punishment [pol]

**straff** (gespannt) tight [mas]

**Strafgesetz** penal law [pol]

**Strafgesetzbuch** penal code [pol]

**Strafmandat** ("Knöllchen") parking ticket [mot]

**Strafregisterauszug** (ohne Eintrag) record [jur]

**Strahl** beam [phy]; ray [bau]; (gebün-delter Strahl) focussed beam [elt]; (→ Weitst.)

**Strahlablenkung** flow deviation [pow]

**Strahlaufweiter** beam expander [phy]

**Strahlenbündel** beam concentration [phy]

**Strahlenquelle** source of radiation [opt]

**Strahler** radiating system emitter [elt]; (kein Prüfkopf) radiator [elt][aku]; (Kreisscheibenstrahler) radiator [elt]

**Strahlerfläche** contact face of radiator [phy]

**strahlig** (z.B. zweistrahliges Flugzeug) engined [mot]

**Strahlkontakt** (fest, flüssig) acoustic contact [phy]

**Strahlleistung** (beim Sandstrahlen) shot-blasting efficiency [met]

**Strahlmittel** abrasives [mas]

**Strahlquelle** sound source [aku]

**Strahlraum** radiation cavity [pow]; radiation chamber [pow]

**Strahlschweißen** beam welding [met]; (DIN 1910) beam welding [met]

**Strahlsuche** beam search [edv]

**Strahlteiler** beam splitter [mas]

**Strahlung** radiation [pow]; (→ Gegen-seitigkeitsst.) radiation [pow]

**Strahlung der leuchtenden Flamme** luminous flame radiation [pow]

**Strahlungsheizfläche** (Feuerraum) furnace heating surface [pow]

**Strahlungskessel** radiant boiler [pow]

**Strahlungspyrometer** radiation py-rometer [mes]

**Strahlungsschutz** radiation shield [pow]

**Strahlungsüberhitzer** radiant super-heater [pow]

**Strahlungsverlust** radiation loss [pow]

**Strahlungswiderstand** radiation re-sistance [elt]

**Strahlungszahl** coefficient of radiation [pow]

**Strahlverdunkelung** beam blanking [mbt]

**Strähnenbildung** (Flamme) formation of layers [pow]

**Strand** (am Strand) beach [abc]; (Ufer) shore [abc]

**Strandschuhe** flip-flops [abc]

**Strang** (z.B. aus Strangguß) slab [mas]

**Stranggießanlage** continuous caster [wst]

**Stranggießen** continuous casting [wst]

**Strangguß** continuous casting [wst]

**Stranggußanlage** (kreisbogenförmige) arc type plant [roh]

**Stranggußeinsatz** continuous casting [wst]

**Stranggußhalbzeug** continuous casting of slabs [wst]

**STRASSENBAUARBEITEN** (auf Verkehrszeichen) MEN AT WORK [mot]

**Straße** (Landstraße durch das Land) country road [bau]; (mit Dammschüttung) causeway [mot]; (mit geteilter Fahrbahn) dual carriageway [bau]; (Stadtstraße) street [mot]; (Land-, Fahrstraße) road [mot] (Straßenschichten → Straße) road [bau]; (→ Allwetterst.; → Erdst.; → Serpentinenst.; → Trockenwetterst.; → Zubringerst.)

**Straße mit Asphaltbeton** (→ Asphalt) road with asphalt concrete [mot]

**Straße mit Teerbeton** tar concrete road [mot]

**Straßen- und Geländegang** road and offroad gear [mot]

**Straßenaufbruch** road scarification [bau]

**Straßenaufbruchmaterial** road scarification material [bau]

**Straßenbahn** tram [mot]; streetcar [mot]

**Straßenbankett** verge [mbt]

**STRASSENBAUARBEITEN** (auf Verkehrsz.) ROAD CONSTRUCTION AHEAD [bau]

**Straßenbau** (allgemein) road construction [bau]; (z.B. Autobahnbau) road construction [bau]

**Straßenbauarbeiten** road construction [bau]

**Straßenbauer** (der Ingenieur) road engineer [bau]

**Straßenbeleuchtung** (erste in Berlin) street lighting [elt]

**straßenbeweglich** (darf auf Straße) road transportable [mot]

**Straßenbinder** road binder [bau]

**Straßenbrücke** road bridge [bau]; roadway bridge [mot]; (z.B. Stahl) highway bridge [mot]

**Straßenfertiger** road finisher [bau]; road finishing machine [bau]

**Straßengang** (einer Baumaschine) road gear [bau]

**Straßengraben** roadside ditch [mot]

**Straßenkarte** (Stadtplan, Landkarte) road map [abc]

**Straßenkehrer** (städtischer Angestellter) street sweep [mot]

**Straßenkehrmaschine** (z.B. an Lkw) road sweeper [mot]

**Straßenlage** (des Wagens) roadability [mot]

**Straßenlampe** street lamp [mot]

**Straßenmarkierung** road marking [mot]; (z.B. Streifen, Pfeil) marking [mot]

**Straßenmeisterei** road construction department [abc]

**Straßenoberfläche** (Asphalt) black top [mot]

**Straßenplatte** street plate [mot]

**Straßenprofil** (→ Querprofil) camber [bau]

**Straßenrand** shoulder [mbt]

**Straßenroller** wagon carrying trailer [mot]

**Straßentransportgewicht** (des Krans) road transportation weight [mot]

**Straßenunterführung** undergrade crossing [bau]

**Straßenverkehr** road traffic [mot]

**Straßenverkehrsamt** (in USA) Department of Public Safety [mot]

**Straßenwalze** roller [bau]; (→ Dampfwalze)

**Straßenzoll** toll [mot]

**Strategie** (Vorgehensweise) strategy [abc]; (→ Konfliktlösungsst.)

**Strategie der Breitensuche** (in Logik) breadth-first strategy [edv]

**strategische Schritte** strategic moves [abc]

**strategische Ziele** strategic targets [abc]

**Strauch** bush [bff]

**Streb** (parallel zum Hauptstollen) cross-heading [roh]; (Wand; Kohlenwand, vor Ort) face [roh]

**Streb in Betrieb** working face [roh]

**Strebe** (hält, drückt auseinander) brace [mas]; (Stütze, Verbindung) strut [mas]

**Strecke** (an der Bahnstrecke) track [mot]; (ein weiter Weg) distance [cap]; (Eisenbahnstrecke) line [mot]; (Eisenbahnstrecke) railroad line [mot]; (Eisenbahnstrecke) railway line [mot]; (im Bergbau) drift [roh]; (in niedrigen Flözen) hard heading [roh]; (Länge) length [abc]; (Strekkenabschnitt, Linie) segment of a line [mat]; (unter Tage) heading [roh]; (→ zweigleisige St.)

**Strecke verblasen** (im Bergbau) backfill [roh]

**strecken** (sich strecken, längen) stretch [mas]

**Strecken- und Weichenrippenplatte** ribbed base plate for track and switches [mot]

**Streckenabschnitt** (der Bahn) section of a <railway> line [mot]

**Streckenförderung** (Bandförderung) belt conveying [mbt]

**Streckengirlande** (Großförderband) carry idler [mbt]

**Streckenlast** (der Rolltreppe) load [mbt]

**Streckenplan** (→ Buchfahrplan) route book [mot]

**Streckenrippenplatte** ribbed base plate for tracks [mot]

**Streckgitter** (aus Walzwerk) expanded metal [mas]

**Streckgrenze** (danach Bruch) yield point [mas]; (rechnerischer Wert) yield strength [mas]

**Streckgrenzenverhältnis** yield ratio [mas]

**Streckmetallbelag** expanded metal walkway [pow]

**Streckspannung** yield stress [mas]

**Streckung** stretch [mas]

**streichen** (annullieren) cancel [abc]

**Streicher** (im Orchester) strings [abc]

**Streichholz** match [abc]

**Streichholzköpfe** heads of matches [abc]

**Streichholzschachtel** matchbox [abc]

**Streichung** (Storno) cancellation [eco]

**Streifen** strip cut [mbt]

**Streifengründung** strip footing [mas]

**Streifenlackierung** (für Bandstahl) stripe design coating [mas]

**Streifenmuster** interference fringes [mas]

**Streifhaufen** (von Grader aufgeschoben) windrow [mbt]

**Streik** (Arbeitsniederlegung) strike [abc]

**streiken** (im Streik sein) strike [abc]

**Streit** (Wir wollen nicht streiten.) argument [abc]

**Streit schlichten** settle an argument [abc]

**Streuband** (→ Streubereich) scatter band [elt]

**streuen** (Streusalz, Granulate) grit [abc]

**streuendes Medium** dispersive medium [elt]

**Streufeldstörung** leakage field interference [elt]

**Streukoeffizient** scattering coefficient [elt]

**Streumatrix** scattering matrix [elt]

**Streusalz** grit [mbt]; salt [mot]

**Streusand** (Streusalz) grit [mot]

**Streuung** scatter [mas]

**Strich** (Ablesemarke) reading line [mes]

**Strich fahren** maintain steady load [pow]

**stricheln** (in Zeichnung; mit Strichen) stroke [con]; (mit punktierter Linie) dot [abc]; (mit Punkt-Strich-Linie) stroke-dot [abc]

**Strich-Punkt-Linie** stroke-dotted line [abc]

**Strichraupe** string bead [met]

**Strichraupentechnik** string bead technique [met]

**Strick** (Seil, Tau, Tampen) rope [abc]

**stricken** knit [abc]

**Strickleiter** rope ladder [mot]

**strikte Übereinstimmung** (mit Gesetz) strict conformity [jur]

**Stroh** straw [abc]

**Stroh decken** thatch [abc]

**Strohdach** thatched roof [bau]

**Strohdachdecker** thatcher [bau]

**Strohfeuer** (kurze Begeisterung) straw fire [abc]

**strohgedeckt** (Dach) thatched [bau]

**Strohhalm** (zum Trinken) straw [abc]

**Strohmatte** straw mat [abc]

**Strom** (elektrisch) power [elt]; (Elektrizität) current [elt]; (großer Fluß) river [abc]; (Strömung, z.B. Golfstrom) stream [abc]; (Vorsicht! Unter Strom!) live wire [elt]; (→ Abschaltst.; → Anzugsst.; → Basisst.; → Drehst.; → Emitterst.; → Gegenst.; → Gleichst.; → Kollektor Ruhest.; → Kollektorst.; → Kreuzst.; → Nennst.; → Offset-St.; → Ruhest.; → Sattigungsst.; → Schwachst.; → Starkst.; → Wechselst.)

**Stromabgabe** current supply [pow]

**Stromabnehmer** (Bürsten schleifen) current collector [elt]; (der Bahn) pan [mot]; (der Modellbahnlokomotive) stud [mot]; (E-Lok, Speisewagen) pantograph [mot]; (hier Schleifbürste) trolley brush [elt]; (nicht Bahn!) collector [elt]

**Stromabschalter** circuit breaker [elt]

**stromabwärts** downstream [abc]

**Stromanschluß** connection for power supply [elt]

**Stromart** power supply [elt]

**Stromaufnahme** current consumption [mbt]

**Stromausfall** power failure [elt]; blackout [elt]

**Strombegrenzer** current limiter [elt]

**Stromerzeuger** generator [elt]

**Stromfaden** fluid element [pow]

**stromführend** (unter Spannung) live [elt]

**Stromkilometer** river mile [abc]

**Stromkreis** circuit [elt]; (→ Beleuchtungsst.; → Bremsst.; → Heizst.; → Motorst.; → Pumpst.; → Steuerst.)

**Stromlaufplan** detailed schematic diagram [elt]

**Stromlinie** streamline [abc]

**stromlinienförmig** stream line [abc]; stream-lined [abc]; (windschlüpfig) faired [mas]

**stromlinienverkleidet** (z.B. Lok) streamlined [mot]

**Stromlinienverkleidung** (z.B. Lok) streamlining [mot]

**stromlos** de-energized [mot]

**Stromquelle** current source [elt]; (→ äquivalente St.; → reale St.)

**Stromschiene** contact rail [elt]

**Stromschnellen** rapids [mot]

**Strom-Spannungswandler** current-to-voltage converter [elt]

**Stromspannung** voltage [elt]

**Stromspiegel** current mirror [elt]

**Stromstärke Bahn** railway voltage [mot]

**Stromstoß** impulse [elt]

**Stromteiler** current divider [elt]

**Strömung** fluid flow [mot]; (Fließrichtung des Flusses) flow [abc]; (im Fluß, Bach, Meer) current [bau]; (→ Rückströmung) flow [mot]; (→ Gasst.)

**Strömungsablenkung** flow deviation [pow]

**Strömungsbedarf** flow requirements [mot]

**Strömungsbremse** hydradynamic brake [mot]

**Strömungsgeschwindigkeit** flow velocity [pow]; velocity of flow [abc]

**Strömungsgetriebe** (in Gabelstapler) fluid transmission [mot]

**Strömungslenkwand** (feststehend) baffle [pow]; (feststehend) baffle wall [pow]

**Strömungsstrecke** flow path [pow]

**Strömungswächter** flow control valve [mbt]; flow monitor [pow]

**Strömungswiderstand** resistance to flow [pow]

**Stromverbrauch** amperage consumption [elt]; current consumption [mbt]

**Stromversorgung** current supply [elt]; (eines Gerätes) power pack [elt]; (z.B. einer Stadt) power supply [elt]

**Stromverstärkungsfaktor** current gain [elt]

**Stromwandler** (Trafo) transformer [elt]; (z. B. beim Bagger) current transformer [elt]

**Stromweg** circuit [elt]

**Stromzufuhr** (Leitungen für Versorgung) power supply [elt]

**Stromzuführung** conduit [elt]

**Strosse** (Tagebau, Planum für Gerät) bench [roh]; (Tunnel, unter Tage) bank [roh]; (unter Tage; oben: Kalotte) stope [roh]; (unter Tage; oben: Kalotte) underhand stope [roh]; (unterer Stollenteil) bank [roh]

**Strosse, abgestufte** (→ abgestufte Strosse) step bench [roh]

**Strossenbau** (Strossenbau unter Tage) benching [roh]

**Strossenhaus** (Schutz Kabelanschlüsse über Tage) bench hutch [roh]

**Struktur** (Gefüge, Machart, Bauart) structure [mas]; (→ kausale St.; → Kontrollst.; → Krümelst.)

**Strukturenaufzähler** structure enumerator [edv]

**strukturiertes Licht** structured light [edv]

**Strumpf** stocking [abc]

**Strunkdurchmesser** core diameter [con]

**Stube** room [bau]

**Stück** each [abc]

**Stückerz** (nicht Feinerz) coarsegrained ore [roh]

**Stückgewicht** unit weight [mot]

**Stückgut** (allgemeine Waren) general cargo [mot]; (Verkehr bei der Bahn) part-load traffic [mot]

**Stückliste** shop material list [mas]; bill of materials [abc]; BOM [con]

**Stücklistenbearbeitung** product structure processing [abc]

**Stücklistenverwaltung** (auf EDV) administration of bills of materials

**Stückzahl** (Quantität) number of items [abc]

**Student** (auch High School Schüler) student [abc]; (im ersten, zweiten Jahr) Freshman [abc]; (im zweiten Jahr) Sophomore [abc]; (→ Mits.)

**Studie** (Entwurf, Dessing) study [abc]; (→ Durchführbarkeitsst.; → Projektst.)

**Studie über die technische und wirtschaftliche Durchführbarkeit** feasibility report [eco]

**studieren** (aufmerksam lernen) study [abc]

**Studio** (Atelier, Büro) study [abc]

**Studium** (→ genaues S.)

**Stufe** (der Entwicklung) stage [abc]; (der Rolltreppe) step tread [mbt]; (der Rolltreppe) tread pad [mbt]; (Grad der Abwicklung) degree [abc]; (Schild: "Vorsicht Stufe!") Watch Your Step. [abc]; (Treppe, Tritt) step [bau]

**Stufenabmessung** step dimension [mbt]; step size [mbt]

**Stufenabsenkkontakt** step sag switch [mbt]

**Stufenabsenkkontakt** (Rolltreppe) step sag switch [mbt]

**Stufenabsenksicherung** broken step device [mbt]; step lowering device [mbt]; step sag safety switch [mbt]; (Rolltreppe) step sag switch [mbt]

**Stufenabsenküberwachung** (der Rolltreppe) step sag monitor [mbt]

**Stufenabsenkung** step lowering [mbt]; step sag [mbt]; (auch unerwünscht) sag [mbt]; (Rolltreppe) step lowering [mbt]; (Rolltreppe) step sag [mbt]

**Stufenabsenkvorrichtung** step lowering device [mbt]

**Stufenanhebung** (aus Waagrechter hoch) step raising [mbt]

**Stufenauflage** (Oberfläche) step tread [mbt]

**Stufenauslauf** step outlet [mbt]

**Stufenband** (für Kaufhausrolltreppen) step band [mbt]; (mit unterschiedlichen Breiten) step band [mbt]

**Stufenbandverriegelung** (Rolltreppe) step band locking [mbt]

**Stufenbelastung** step loading [mbt]

**Stufenbeleuchtung** step demarcation lights [mbt]; step lights [mbt]

**Stufenbolzen** step-mounting pin [mbt]; (hält Stufe an Kette) step pin [mbt]; (Rolltreppe) step-mounting pin [mbt]

**Stufenbreite** (Rolltreppe) step width [mbt]

**Stufenbruch** step breakage [mbt]; (an Rolltreppe) broken step [mbt]

**Stufenbruchkontakt** (z.B. Rolltreppe) broken step switch [mbt]

**Stufeneinlauf** step inlet [mbt]; (hier der Schalter) step run-in switch [mbt]; (Rolltreppe) step run-in [mbt]

**Stufeneinlaufkontakt** step run-in switch [mbt]

**Stufeneinlaufsicherung** comb protection device [mbt]; comb safety switch [mbt]; step inlet protection [mbt]

**Stufeneinlaufüberwachung** step inlet monitor [mbt]

**Stufenfestigkeit** resistency [mbt]; step-stability [mbt]

**Stufenführung** (hält Rolltreppe "im Gleis") step track [mbt]

**Stufenhydraulik** stage-hydraulics [mas]

**Stufenkamm** comb; (Rolltreppe) step comb [mbt]

**Stufenkette** (Rolltreppe) step chain [mbt]

**Stufenketteneinheit** one strang step chain unit [mbt]; (Rolltreppe) step chain section [mbt]

**Stufenkettenführung** chain guide system [mbt]

**Stufenkettenführungssystem** (Rolltreppe) chain guide system [mbt]

**Stufenkettenrad** (Rolltreppe) step chain wheel [mbt]

**Stufenkettenradwelle** step chain wheel shaft [mbt]

**Stufenkettenspannung** step chain tension [mbt]

**Stufenkettenspannungsüberwachung** step chain tension monitor [mbt]

**Stufenknopf** step button [mbt]

**Stufenkolben** step piston [mot]

**Stufenkontrollkörper** stepped reference block [mas]

**Stufenkurve** stage-arc [abc]

**Stufenlänge** step length [mbt]

**Stufenleiter** (am Bagger) ladder [mbt]

**stufenlos** infinitely variable [abc]; (schaltbar) multi-stage [mot]

**stufenlose Drehzahlregelung** infinitely variable speed regulation [pow]

**stufenlose Einstellung** (Regelung) continuously variable setting [mot]

**stufenloses Getriebe** infinitely variable change-speed gear [mas]

**Stufenplanetenträger** (→ Planetenträger) range carrier [mbt]

**Stufenrohrstummel** (Rolltreppe) step connector bushing [mbt]

**Stufenrolle** (110 mm, Verkehrsrolltreppe) step roller [mbt]; (für Rolltreppe) roller [mbt]; (für Rolltreppe) step roller [mbt]

**Stufenrücklauf** step return [mbt]
**Stufenrücklaufüberwachung** step
return monitor [mbt]
**Stufenschalter** step switch [mot]
**Stufenschalthebel** high/low lever
[mot]
**Stufenschalung** step formwork [bau]
**Stufenspaltbeleuchtung** (Rolltreppe)
step demarcation light [mbt]
**Stufenspannung** step voltage [elt]
**Stufenstirnseite** (Rolltreppe) cleated
riser [mbt]
**Stufenstoßblech** (alt; Rolltreppe) riser
[mbt]
**Stufenteil** (Rolltreppe) step section
[mbt]
**Stufenumlaufkontakt** (Rolltreppe)
step return switch [mbt]; step return
switch [mbt]
**Stufenvorschub** feed [met]; variable
feed [mot]
**stufenweises Anziehen der Bremsen**
graduated application [mot]
**stufenweises Bremsen** (des Zuges)
graduated brake application [mot]
**stufenweises Lösen der Bremsen**
graduated brake release [mot]
**Stufenwendeachse** (Rolltreppe) step
return wheel shaft [mbt]
**Stufenwendelinie** step turning point
[mbt]; (Rolltreppe) step return point
[mbt]
**stufig verstellbar** variable increments
[abc]
**Stuhl** (Sitzmöbel) chair [bau];
(→ Klappst.)
**Stüli** (Abk. für Stückliste) BOM [con]
**stumm** (nicht sprechend) mute [abc]
**Stumpf- oder Stauchschweißung**
flash or upset weld [met]
**stumpfer Winkel** blunt angle [abc]
**Stumpfnaht** (an Stumpfstößen) butt
joint [met]
**Stumpfschweißnaht** butt weld [met]
**Stumpfschweißung** butt weld [met]
**Stumpfstoß** flanged edge joint [met]

**Stunde** hour [abc]; (→ Arbeitss.)
**Stundenlohn** hourly wage [abc]
**Stundenplan** (Fahrplan) schedule
[mot]
**Stundenzähler** hourmeter [mbt];
service hourmeter [mot]
**stündlich** hourly [abc]
**stur** (starrsinnig) stubborn [abc]
**Sturmlaterne** storm lantern [mot]
**Sturz** (der Räder) wheel rake [mot];
(Er fiel tief; auch bildlich) fall [abc];
(Neigung, Böschungswinkel) pitch
[mot]
**Sturzträger** (über Tür, Tor, Fenster)
lintel beam [bau]
**Stützauflage** (der Rolltreppe) support
base [mbt]
**Stützbock** support bracket [mot]; (Fuß
des Baggerauslegers) A-frame [mbt];
(von Stielzylinder auf Ausleger) support eye [mot]
**Stutzen** socket [mas]; (Anschluß)
standpipe [mas]; (Anschluß, An-
schlußstutzen) connection [pow]; (An-
schlußstutzen) standpipe [mas]; (kur-
zes Gewehr) rifle [mil]; (Strumpf)
sock [abc]
**Stutzen für Einführung** (in Zeichnungen) threaded socket [con]
**Stütze** (auch hängend) support [mas];
(auch in Prothesen) brace [mas];
(Auflage, Halterung) rest [mas];
(Halter, Unterstützung) holder [mas];
(Konsole, Auflage) bracket [mas];
(Podest, Säule, Sockel) column [bau];
(Runge der Bahn) stanchion [mot];
(Säule, Stange) pillar [bau]; (Unter-
lage, Stein, Podest) socket [mas];
(Waggonabstützung) jack [mot]
**stützen** (aufrecht halten) truss [mas];
(behalten) retain [bau]; (z.B. ein altes
Gebäude) hold up [bau]; (z.B. eine
Regierung) back [pol]
**Stützenführung** (an Waggonabstüt-
zung) outer casing [mot]
**Stutzenschweißung** nozzle weld [met]

**Stutzisolator** pin insulator [elt]

**Stützkugel** (zum Schneckenradkranz) ball and socket joint [mbt]

**Stützlager** bearer [con]

**Stutzlänge** span [mbt]

**Stützmauer** (unter Bahn-, Straßenbrücke) abutment [bau]

**Stützmengenstrategie** set-of-support strategy [edv]

**Stützpunkt** fulcrum [abc]; (Fuß des Auslegers) A-frame [mbt]

**Stützring** back up ring [mot]; support ring [mas]; supporting ring [mas]

**Stützrohr** support tube [mas]

**Stützrolle** (Gegenteil: Laufrolle) support roller [mbt]; (nicht am Bagger) support wheel [mas]; (oben an Raupenkette) carrier roller [mbt]; (oben an Raupenkette) roller [mbt]

**Stützrollenbock** (Stützenträger) carrier roller bracket [mbt]

**Stützrollenführung** roller track [mas]

**Stützrollenvorrichtung** (der Rolltreppe) support wheel set [mbt]

**Stützscheibe** supporting ring [mas]

**Stützwinkel** support bracket [mot]; (Konsole) angle [mbt]; (Konsole) bracket [mas]

**Styroflex-Kondensator** styroflex capacitor [elt]

**Styropor** styropor [wst]; (Baumaterial) styrofoam [wst]

**SU Naht** (Schweißsondernaht) single U [met]

**Subfilter** screen [mot]

**subharmonisch** sub-harmonic [abc]

**Substrat** substrate [abc]

**Subtask** (Unteraufgabe) subtask [abc]

**subtrahieren** deduct [mat]; (Grundrechnungsart) subtract [mat]

**Subtrahierschaltung** subtracting circuit [elt]

**subtropisch** subtropical [wet]

**subventioniert** subsidised [eco]

**Suche** search [edv]; (→ Alpha-Beta-S.; → Bergsteigen-S.; → Bestens.; → Breitens.; → Strahls.; → Tiefens.)

**Sucher** spot lamp [mot]; (an der Kamera) view finder [abc]; (an Gerät) locator [abc]

**Sucherlampe** spot lamp bulb [mot]

**Suchmarke** search mark [abc]

**Suchproblem** search problem [edv]

**Suchscheinwerfer** spot light [elt]

**Süd** (südlich, im Süden) south [abc]

**südwärts** (nach Süden) south [abc]

**Sugo-Aufsteckpumpe** (bei Rolltreppen über 20 m) suction pump [mbt]; (für Rolltreppenlager) bearing lubricator [mbt]

**Sulfatasche** sulfate ash [che]

**Sulphatasche** (alt) sulphate ash [che]

**Sulzereinrohrkessel** Sulzer boiler [pow]; Sulzer monotube boiler [pow]

**Sulzerkessel** Sulzer boiler [pow]; Sulzer monotube boiler [pow]

**Summendifferenzdeckung** sum difference coverage [jur]

**Summenleistungsregelung** summated pressure regulation [mot]

**Summer** (akust. Signal) buzzer [elt]

**summierender Verstärker** summing amplifier [elt]

**summiertes Rohr** rubber-lined pipe [mas]

**Sumpf** (akustischer Sumpf) anechoic trap [aku]; (des Motors; Ölsumpf, Ölwanne) sump [mot]

**Sumpf** (Moor, Hochmoor, Heideland) swamp [abc]; (Schlamm, nasses Erdreich) bog [bod]

**sumpfig** (morastig, weich) swampy [abc]

**Super Nova** (Sternenexplosion) Super Nova [abc]

**Superballonreifen** super-balloon tyre [mot]

**süß** (lieblicher Wein) sweet [abc]

**Süßwasser** (in Fluß und Binnensee) fresh water [was]

**Syenit** syenite [bau]

**Symbol** character [abc]; symbol [edv]; (Sendezeichen) token [edv]; (→ terminales S.)

**symbolhafte Darstellung** symbolisation [abc]

**symbolische Integration** symbolic integration [edv]

**symbolisches Schaltschema** (auf Schaltpult, mit Kontrollampen) mimic panel [pow]

**Symbolnaht** symbol seam [met]

**Symbolverarbeitung** symbol manipulation [edv]

**Symmetrie** symmetry [abc]; (z.B. Gewichtsausgleich) balance [abc]

**Symphonie** (Zusammenklang in der Musik) symphony [abc]

**Symposium** symposium [abc]; (ursprünglich trinkend sprechen) symposium [abc]

**synchron** in step [abc]; synchronous [abc]

**Synchronfeder** synchronizing spring [mot]

**Synchrongetriebe** synchronous gear [mot]

**Synchronisatinszusatz** synchronizer attachment [mot]

**Synchronisation** concurrency control [elt]

**Synchronisationszusatz** synchronizer supplement [mot]

**Synchronisiereinrichtung** synchromesh mechanism [mot]; synchronizing mechanism [mot]

**synchronisieren** phase [abc]; (einen Film) synchronize [abc]; (Stufe/Handlauf) synchronize [mbt]

**Synchronisierungseinrichtung** synchronizer [mot]

**Synchronkegel** synchronizing cone [mot]

**Synchronkörper** detent [mot]

**Synchronkugel** synchronizing ball [mot]

**Synchronlauf** synchronous running [mbt]

**synchronlaufend** (Handlauf u. Stufen) running synchronous [mbt]

**Synchronmotor** synchronous motor [elt]

**Synchronriegel** synchronizing lock [mot]

**Synchronscheibe** (äußere, innere) synchronizing disc [mot]

**Synchronschiebehülse** synchronizing slide collar [mot]

**Syndikat** (verbrech. Vereinigung) syndicate [abc]

**Syndrom** (Anzahl von Symptomen) syndrome [abc]

**syntaktische Analyse von Sätzen** parsing sentences [edv]

**syntaktische Vereinfachung** syntactic sugaring [edv]

**syntaktisches Verzuckern** syntactic sugaring [edv]

**Syntax** syntax [edv]; (der Repräsentation) syntax [edv]

**Syntaxanalysator** (Parser) parser [edv]

**Syntaxbäume** parse trees [edv]

**Synthese** (Zusammensetzung) synthesis [abc]

**synthetisch** (z.B. Kraftstoff) synthetic [che]

**synthetisches Bild** synthetic image [edv]

**synthetisches Massenspektrogramm** synthetic mass spectrogram [edv]

**System** (Methode, Art und Weise) system [abc]; (→ geschlossenes S.; → regelbasiertes S.; → verteiltes S.; → wissensbasiertes S.)

**systematisch** (Verb, Adverb) systematic [abc]

**Systemlinie** (Lauflinie der Rolltreppe) working line [mbt]; (Linie zwischen Systempunkten) working inclined line between working points [mbt]

**Systemprogrammierer** (der Beruf) system programmer [edv]

**Systemschalung** system formwork
  [bau]
**Systemsoftware** system software [edv]
**Systemsoftware und Entwicklungs-
  umgebung** system software [edv]
**Systemspeicher** ROM [edv]
**Systemteile** (mechan. od. elektron.
  Art) hardware [edv]
**system-vorgegeben** (-er EDV Fehler)
  default [edv]
**SZ-Rohr** (Stahlrohr mit Zementaus-
  kleidung) CM pipe [wst]

# T

**T-Verschraubung** T-fitting [mas]
**Tabak** (Blatt und Rippe verwendet) tobacco [abc]
**tabellarisches Verzeichnis** schedule [abc]
**Tabelle** (auch an der Wand) chart [abc]; (Auflistung) list [abc]; (der Ladekapazität) chart [mot; (der Ladekapazität) load rating chart [abc]; (→ Dampft.)
**Tableau** indicator board [abc]; (Anzeigetafel, Brett) panel [abc]
**Tablett** (für Geschirr) tray [abc]
**Tablette** (medizinisch) pill [med]
**Tachogenerator** tacho generator [mot]; tachometer [mot]
**Tachometer** speedometer [mot]; tachometer [mot]
**Tachometerantrieb** speedometer drive [mot]
**Tachometerantrieb am Fliehkraftregler** shift governor tachometer drive [mot]
**Tachometerantriebsgehäuse** speedometer drive housing [mot]
**Tachometerantriebsrad** speedometer drive gear [mot]
**Tachometerantriebsritzel** speedometer drive pinion [mot]
**Tachometerantriebsdeckel** speedometer drive cover [mot]
**Tachometergehäuse** speedometer casing [mot]
**Tachometerwelle** speedometer shaft [mot]; (Tachowelle) speedometer cable [mot]
**Tachozähler** (für gefahrene Kfz-km) odometer [mot]
**Tafel** plate [bau]; (Verschalung aus Grasmatten) grass panelling [bau]; (→ Schaltt.)

**Tafelmesser** (Tischmesser) table knife [abc]
**Tafelmethode** blackboard method [abc]
**Tafelschere** (Schlagschere) gate shears [wzg]; (Schlagschere) guillotine shears [wzg]
**Täfelung** (von Zimmerwand und -decke) panelling [bau]
**Tag der offenen Tür** open-house meeting [abc]
**Tagebau** (also nicht Untertagebau) surface mining [roh]; (der Industriezweig) open cast mining [roh]; (der Industriezweig) open cut mining [roh]; (der Industriezweig) open pit mining [roh]; (die Grube) open cut [roh]; (die Grube) open pit [roh]
**Tagebauausrüstung** (hart) open pit mining systems [roh]; (weich) open cast mining systems [roh]
**Tagebaubergwerk** strip mining [roh]
**Tagebaubetrieb** open-pit mining operation [roh]; surface <mining> operation [roh]
**Tagebaugewinnung** open cut mining [roh]; open pit mining [roh]
**Tagebauhilfsgeräte** auxiliary equipment [roh]
**Tagebauprojekt** open cut project [pow]
**Tagebauprojektierung** projecting of an open-cut mine [roh]
**Tagebauvertiefung** deepening of an open pit mining operation [roh]
**Tagebauzuschnitt** (Flächenzuschnitt) mine development [roh]; (Strossenzahl) mine development [roh]
**Tagelohnarbeiten** day-work [abc]; direct labour work [abc]; direct labour [abc]
**Tages/Monteurbericht** D.S.R. [abc]
**Tagesbedarf** (Kohle, Strom) daily consumption [pow]
**Tagesbehälter** (Öl) daily service tank [pow]

**Tagesberichte** daily reports [abc]
**Tagesheft** (allgemeines Tagesheft) general ledger [elt]
**Tagesleistung** (eines Gerätes) daily output [mbt]
**Tageslicht** daylight [abc]
**Tageslichtprojektor** (Overheadprojektor) overhead projector [abc]
**Tagesschicht** day shift [abc]
**tageweise angestellt** (sein; Tagelohn) employed on a daily basis [abc]
**täglich** (im täglichen Leben) daily [abc]; (jeden Tag) daily [abc]
**täglicher Bericht** daily report [abc]
**Tagungsort** meeting place [abc]
**Tagungsräume** conference rooms [bau]
**Tagungszentrum** conference centre [bau]
**Takelage** (stehendes und laufendes Gut) rigging [mot]
**Takt** (4-Takt-Motor) stroke [mot]; (Arbeitstakt, Arbeitsspiel) cycle [abc]; (in der Musik) bar [abc]; (in der Musik) measure [abc]
**takten** (Zeit einstellen) key [abc]
**Taktmaschine** (Metronom) metronome [abc]
**Taktsteuerung** time-relay control [elt]
**Taktstraße** intermittent assembly line [mas]
**Tal** valley [geo]; (zwischen Berg und Tal, poetisch) vale [geo]
**Taleinschnitt** (für Eisenbahn) cutting [mot]
**talentiert** (begabt) gifted [abc]; (begabt) talented [abc]
**Tampen** (Tau, Seil) rope end [mot]
**Tandemachse** tandem axle [mas]
**Tandemanordnung** tandem arrangement [mas]
**Tandemantrieb** (z.B. im Grader) tandem drive [mbt]
**Tandemausgleichsbalken** walking beam [mot]
**Tandemausgleichsschwinge** walking beam [mot]

**Tandempumpe** (am Lader) tandem pump [mbt]
**Tandemschwinge** (an Muldenkipper) walking beam [mot]
**Tandemzylinder** tandem cylinder [mas]
**Tangentenkräfte** (des Grabgefäßes) tangential force [mbt]
**Tangentenpunkt** tangent point [mas]
**tangentiale Beaufschlagung** tangential admission [pow]
**Tangentialfeuerung** tangential firing [pow]
**Tangentkeil** tangent key [mas]
**Tangentkeilnute** tangent keyway [mas]
**Tank** (Aufnahme von Flüssigkeiten) receiver [mas]; (Aufnahme von Flüssigkeiten) reservoir [mot]; (Flüssigkeits- oder Gasbehälter) tank [mas]; (Flüssigkeitsbehälter) container [mot]; (z.B. Benzintank) tank [mot]; (→ Hydraulikölt.)
**Tank- und Silocontainer** tank and hopper-type container [mas]
**Tankcontainer** tank-type container [mas]
**Tankeinfüllstutzen** tank opening [mbt]
**Tankeingang** tank filler [mas]
**tanken** (Kraftstoff ins Auto) tank [mot]
**Tanker** (hier Schiff) tanker [mot]; (hier Straßenfahrzeug) tanker [mot]
**Tankinhalt** (Anzeige) tank level [mas]; (was drin ist) tank contents [mot]; (was rein paßt) tank capacity [mas]
**Tanklaster** road tanker [mot]
**Tanklastzug** road tanker [mot]
**Tankleitung** tank pipe [mbt]
**Tankverschlußkappe** fuel tank filler cap [mot]
**Tankvorspannung** (bei Bagger) tank pressurisation [mbt]
**Tankwagen** (der Bahn) tank car [mot]; (der Bahn) tank wagon [mot]

**Tankwart** (an Tankstelle) attendant [mot]

**Tanne** (Nadelbaum) hamlock [bff]

**tannengrün** (RAL 6009) fir green [nrm]

**Tannennadel** fir needle [bff]

**Tantalkondensator** tantalium capacitor [elt]

**Tapete** (Wandbehang) wall paper [bau]

**tapezieren** paper hanging [abc]

**Tapezierer** (Anstreicher, Maler) paper hanger [nrm]

**Tapeziererstift** tin tack [wzg]

**Tara** (Leer-, verpackungsgewicht) tax weight [abc]; (Verpackungsgewicht) tare [abc]

**Tarif** (z.B. Zolltarif) tariff [abc]

**Tariflohn** standard wages [eco]

**Tarifvereinbarung** wage and salary agreement [abc]

**Tarifverhandlung** wage and salary negotiation [abc]

**Tarnscheinwerfer** masked headlamp [mot]

**Tarnung** (Tarnanstrich) camouflage [mil]

**Tasche** (in Anzug und Kleid) pocket [abc]; (kleine Handtasche) pouch [abc]

**Taschenempfänger** (Pieper) bleeper [tel]

**Taschen-Luvo** channel type air heater [pow]

**Taschenmesser** pocket knife [abc]; (auch Springmesser) jackknife [wzg]

**Taschenrechner** pocket calculator [abc]

**Taschenschirm** pocket umbrella [abc]

**Taschenuhr** pocket watch [abc]

**Tasse** (Steingut, Porzellan) cup [abc]

**Tasseneinsatz** (für Tassenhalter) plastic cup insert [abc]

**Tassenhalter** cup holder [abc]

**Tastarm** (z.B. Erfühlen Höhe) sensor and jockey wheel [mbt]

**Tastatur** (bei Klavier, Orgel, etc.) keyboard [abc]; (Keyboard vor EDV-Schirm) keyboard [edv]

**Tastaturkomponente** keyboard component [edv]

**Tastdraht** (für genaue Höhe) sensor wire [mbt]

**Taste** (des Klaviers) key [abc]; (Taster, Druckschalter) push button [elt]

**Taster** scanner [elt]; sensing device [mot]; (→ Auf-Ab-T.; → Betriebshaltt.)

**Tasterzeit** keying time [abc]

**Tastknopf** probe [mbt]

**Tastroller** sensing roller [mas]

**Tätigkeit** (eines Geräteteils) function [abc]; (eines Menschen) activity [abc]

**tatsächlich** ("Genau genommen, ...") actually [abc]; (als Tatsache feststehend ) actual [abc]

**Tau** (Niederschlag am Morgen) dew [wet]; (Seil) rope [mas]

**taub** (nicht hörend) deaf [med]

**taubenblau** (RAL 5014) pigeon blue [nrm]

**taubstumm** (Hör- und Sprachfehler) deafmute [med]

**Tauchbadschmierung** splash lubrication [mas]

**tauchen** (baden, eintauchen) bathe [abc]; (etwas untertauchen) submerge [abc]; (ins Wasser springen) dive [abc]; (z.B. beim Galvanisieren) dip [met]

**Tauchhülse** (für Thermometer) thermometer pocket [pow]; (für Thermometer) thermometer well [abc]

**Tauchlichtbogenschweißung** submerged arc welding [met]

**Tauchpumpe** (z.B. im Teich) submersible pump [mas]

**Tauchrohrgeber** (für Kraftstoffhöhe) level switch [mbt]; (Kraftstoffsensor) fuel sender [mot]

**Tauchtechnik** immersion technique [mas]; (für Prüfzwecke) immersion testing [mas]

**Tauchwanne** immersion tank [mas]
**tauen** (Eis schmilzt) thaw [abc]
**Taumelscheibe** swash plate [mas]; wobble plate [mas]; wobbling disc [mas]
**Taumelscheibengetriebe** swash plate mechanism [mas]
**Taumelständer** swash rack [mas]; wobble rack [mas]
**Taupunkt** dewpoint [phy]
**Taupunktkorrosion** dew-point corrosion [wst]
**Taupunktunterschreitung** below the dewpoint [air]
**Taxi** (alt: Kraftdroschke) cab [mot]
**Taxifarbe** (RAL 1015; hellelfenbein) taxi colour [nrm]
**T-Bolzen** T bolt [mas]
**T-Bolzenschelle** (nach DIN 3017) T bolt clamp [mas]
**TB.** (→ Technisches Büro) Engineering Department [abc]
**Technik** (→ Technologie) technics [abc]; (als Geschäftsbereich) technology [eco]; (technisches Know-how) engineering [abc]; (in diesem Gerät) technology [abc]; (Kniff, Trick, Dreh) technique [abc]
**Technik mit einem Prüfkopf** single-probe technique [mes]
**technisch** (technische Frage) technical [abc]; (technologisch) technological [abc]
**technisch anspruchsvoll** high tech [abc]
**technisch machbar** technically feasible [abc]
**technisch realisierbare Methode** technically feasible method [abc]
**technisch-administrative Systeme** administrative systems for technical data [nrm]
**technische Änderungen vorbehalten** subject to change without prior notice [mot]
**technische Anwendung** technical domain [abc]

**technische Assistenz** technical assistance [abc]
**technische Automation** industrial automation [mas]
**technische Begrenzung** constraint [wst]
**technische Daten** specification sheet [abc]; technical data [abc]
**technische Kunststoffe** engineering plastics [wst]
**technische Lieferbedingung** technical specification [eco]
**technische Mitteilung** technical information [abc]
**technische Vertragsbedingungen** (TCC) technical contract conditions [abc]
**technische Vorschriften** specifications [abc]
**technische Zeichnung** technical drawing [con]
**technische Zeichnungen** (allgemein) blueprints [con]
**technischer Datenschutz** technical security [abc]
**technischer Direktor** (Bergwerksdirektor) engineering manager [abc]
**technischer Zeichner** draftsman [abc]
**technisches Büro** (T.B.) engineering department [abc]
**technisches Handbuch** (Anweisung) technical handbook [mas]
**technisches Vorstandsmitglied** member of the board - engineering [abc]
**technisches Zeichnen** technical drawing [con]
**Technologie** technology [abc]; (→ angepaßte T.; → CMOS-T.; → hybride T.)
**technologisch** (z.B. Entwicklung) technological [abc]
**Teer** (Kohleprodukt) tar [bau]
**Teerbetonstraße** tar concrete road [mot]
**Teerdecke** (Asphaltoberfläche) blacktop [mot]; (auf Straße) tarmac [mot]

**teerhaltig** (z.B. Asphalt) bituminous [che]

**Teersand** tar sand [bau]

**Teewagen** (im Haushalt) trolley [cap]

**Teflon** (Hitzeschutz, Gleitwirkung) teflon [wst]

**teflonbeschichtet** (-er Kolben) teflon pad [wst]

**Teich** (kleiner See) pool [bff]

**teigig** (Schlacke) sticky [pow]

**Teil** (auf Zeichnung) item [con]; (Bauteil einer Maschine) member [mas]; (Ersatzteil) spare part [mas]; (in 4 Teile teilen) part [abc]; (→ bewegliches T.; → Druckt.; → Kesselt.; → rücklaufende T.; → wesentliche T.)

**Teil der Stadt** (Stadtteil, Viertel) part of town [abc]

**Teil nach Zeichnung Nr.** part according to drawing no... [mas]

**Teil Nr.** Part No. [abc]

**teil- und vollasttragend** part and full load [mot]

**Teilansicht** (z.B. Foto) partial view [abc]

**Teilblockkühler** block radiator [mot]

**Teilcharter** (in Schiff, Flugzeug) split charter [mot]

**Teile Nummer** part number [abc]

**Teileerneuerung** parts replacement [mas]

**Teilelager** (Ersatzteildepot) parts depot [abc]

**Teileliste** (Ersatzteilliste) parts list [abc]

**Teilelogistik** parts logistic [edv]

**teilen** (geteiltes Lager mit Nuten) part [mas]; (geteiltes Lager, z.B. KDV) segment [mas]; (→ geteiltes Lager)

**teilen in** (z.B. in vier Teile) divide into [abc]

**Teilenummer** (→ Sachnummer) part no. [abc]

**Teiler** (auch Mathematik) divider [abc]

**Teilestammdatei** master parts record [edv]

**Teilestammdaten** (Teile d. Stammdatei) data of the master parts records [edv]; (Teile d. Stammdatei) master parts record [edv]

**Teilestammsatz** (mehrere sind TSS-Datei) administration of master parts records [con]; (Satz in TSS-Datei) master parts record unit [edv]; (Satz in TSS-Datei) unit of the master parts record [edv]

**Teilestammsatzverwaltung** administration of master parts records [con]

**Teileverwendungsliste** cross reference [abc]

**Teilezeichnung** part drawing [mas]

**Teilfuge** (beim Schweißen) part groove [met]

**Teilkammer** (→ gewellte Teilkammer) sinuous header [pow]

**Teilkreis** (am Stirnrad) reference circle [mas]

**Teilkreisdurchmesser** (am Kegelrad) pitch diameter [mas]; (am Stirnrad) reference diameter [mas]; (Zahnrad) pitch diameter [mas]

**Teillast** part load [mas]; two-thirds load [mas]

**Teillastnadel** part load needle [mot]

**Teilleistungen** items [abc]

**Teillieferung** (Transport) partial shipment [abc]; (weitere folgen) partial delivery [abc]; (z.B. Lieferung auf Abruf) part shipment [mot]

**Teilmenge** partial shipment [abc]

**Teilnaht** partial joint [met]

**Teilnehmer** (an Feier) participant [abc]

**Teilsperrdifferential** limited slip differential [mot]

**Teilstrich** (kleiner Teilstrich) minor sub-division [abc]

**Teilstück** (einer Dampflok) section [mot]

**Teilung** (bei Rollenkette, Zahnrad) pitch [mas]; (Rohre) spacing [mas]; (z.B. eines Lagers mit Nuten) part groove [mas]; (→ Quert.)

**Teilung der Schweißnaht** pitch of weld [met]

**Teilungstoleranz** graduation tolerance [abc]

**teilweise durchgeschweißte Fugennaht** partial joint penetration groove [mas]

**teilweise durchgeschweißtes Prüfstück** partial joint penetration test specimen [met]

**teilweise zugeschoben** (Haufwerk) partly trapped [roh]

**teilweise zuschieben** (mit Schubraupe) trap partly [mbt]

**teilweiser Einbrand** incomplete penetration [met]; partial penetration [met]

**Teilwellen** partial waves [phy]

**Teilzahl** (durch die geteilt wird) ratio [mat]

**T-Eisen** T-section [mas]; (z.B. für Hauptrahmen G-Wagen) T-iron [mot]

**Tektonik** (Erdschichtverschiebung) tectonics [geo]

**tektonisch zerstört** tectonically destroyed [geo]

**tektonische Erdbeben** tectonic earthquake [geo]

**tektonische Verschiebung** tectonic disturbance [geo]

**tektonische Verwerfung** tectonic disturbance [geo]

**Telefax** telefax [tel]; (Faksimile) facsimile [tel]

**Telefon** (Fernsprecher) telephone [tel]

**Telefonat** (Ferngespräch) call [tel]

**Telefonauskunft** inquiries [tel]

**Telefonbuch** telephone directory [tel]

**Telefongespräch** (Ferngespräch) phone call [tel]

**Telefonhäuschen** telephone box [tel]

**Telefonrechnung** telephone bill [tel]

**Telefonvermittlung** (Klappenschrank) switchboard [tel]

**Telefonverzeichnis** (Telefonbuch) directory [tel]; (Telefonbuch) telephone directory [tel]

**Telegrammstil** (kurz, Unwichtiges weglassen) telegraph style [abc]

**Telekopierer** (Telekopiergerät) telecopying machine [elt]

**Teleskop** (mit Okular und Objektiv) telescope [opt]

**Teleskopausleger** telescoping boom [mbt]

**Teleskopierhub** (des Teleskopierauslegers) telescoping length [mbt]

**teleskopischer Hubzylinder** telescopic-type lift cylinder [mas]

**Teleskopkranarm** telescopic crane arm [mbt]

**Teleskopkranarmausrüstung** telescopic crane arm attachment [mbt]

**Teleskopmäkler** (an Ramme) telescope leader [mbt]

**Teleskopstiel** (z.B. des Baggers) telescopic arm [mbt]

**Teleskopstoßdämpfer** telescopic shock absorber [mot]

**Teleskopunterwagen** (sehr standfest) telescopic undercarriage [mbt]

**Telex** (Fernschreiben) telex [tel]

**Teller** (am Federpaket) spring cap [mas]; (Platte) plate [mas]

**Telleraufgabe** rotary feeder [mbt]

**Tellerfeder** cup spring [mbt]; cup washer [wst]; disc spring [wst]; spring washer [mbt]; tension disc [mas]

**Tellerfilter** filter poppet [mot]

**tellerförmiger Twistring** saucer-shaped disc ring [mot]

**Tellerhorn** horn [mot]

**Tellerkegelrad** (im Differential) crown wheel [mot]

**Tellerrad** crown wheel [mot]; ring gear [mot]; (Kegelrad) bevel gear [mas]

**Tellerriß** plate crack [mas]

**Tellerspeiser** plate feeder [mas]

**Tellerventil** disk valve [mot]; poppet valve [pow]

**Temperatur** temperatures [abc]; (→ Abgast.; → Aschenfließt.; → Betriebst.; → Dampft.; → Feuerraumendt.; →

Frischdampft.; → Heißdampft.; → Rauchgast.; → Raumt.; → Rohrwandt.; → Rücklauft.; → Sattdampft.; → Siedet.; → Sinterungst.; → Speisewassert.; → Umgebungst.; → Umwandlungst.; → Verbrennungst.; → Zündt.; → Zwischendampft.)

**Temperatur und EMK Meßeinrichtungen** temperature and EMF measuring devices [mas]

**Temperaturabfall** temperature drop [pow]

**Temperaturabhängigkeit** temperature dependence [abc]

**Temperaturanzeige** heat indicator [abc]; (Thermometer) thermometer [pow]

**Temperaturanzeigegerät** temperature gauge [mes]

**Temperaturanzeiger** heat indicator [abc]

**Temperaturen** temperatures [abc]

**temperaturfester Prüfkopf** heat-resistant probe [mas]

**Temperaturfühler** feeler gauge [mes]; temperature sensitive element [mes] thermometer probe [pow]

**Temperaturkontaktgeber** temperature contactor [mot]

**Temperaturmesser** pyrometer [abc]

**Temperaturmeßgerät** temperature measuring device [mes]; temperature sensor [mes]

**Temperaturmeßrakete** temperature measuring rocket [mot]

**Temperaturmeßstelle** temperature measuring station [mes]; temperature tapping point [mes]

**Temperaturmessung** temperature measurement [mes]

**Temperaturnennwerte** temperature ratings [pow]

**Temperaturnetzmessung** temperature traverse [pow]

**Temperaturregler** attemperator [pow]; thermostat [mot]

**Temperaturschalter** thermo switch [elt]

**Temperaturschräglage** distortion [pow]; temperature distortion [pow]; temperature unbalance [pow]

**Temperaturschreiber** temperature recorder [mes]

**Temperaturüberwachung** temperature control [mot]

**Temperaturwächter** temperature control [mes]; temperature monitor [mes]

**Temperaturwarner** temperature alarm [mot]

**Temperaturwechselbeständigkeitsprüfung** spalling test [mas]

**Temperguß** (Fe-Co-Guß, ohne Graphit) malleable cast iron [wst]

**Temperguß, schwarz** malleable cast iron, black [wst]

**Temperguß, weiß** malleable cast iron, white [wst]

**Tempergußspeichenrad** malleable cast iron spoked wheel [mot]

**Tendenz** (Richtung) direction [abc]; (zielt und weist dahin) tendency [abc]

**Tender** (hinter Dampflok) tender [mot]; (trägt Wasser und Kohle) coal car [mot]

**Tenderbrücke** (zwischen Lok & Tender) fallplate [mot]

**Tenderlok** tank loco [mot]; (Tank am oder auf Kessel) saddle loco [mot]; (Tank am oder auf Kessel) saddle engine [mot]; (Tanks hängen seitlich) pannier <tank> loco [mot]; saddle <tank> locomotive [mot]

**Tenderlokomotive** (→ Tenderlok)

**Teppich** (größerer Teppich) carpet [abc]; (kl. Teppich, Brücke, Läufer) rug [abc]

**Teppichboden** wall-to-wall carpeting [bau]; wall-to-wall rug [bau]

**Teppichtragdorn** (am Stapler) rugsroll ram [mbt]; carpet carrying ram [mot]

**Term** form [edv]

**Termin** (auf einen Termin hinarbeiten) deadline [abc]; (bei Gericht, → Prozeß) court trial [jur]; (letzter Termin) deadline [abc]; (Stichtag) deadline [abc]; (zum nächstmöglichen Termin) date of effectiveness [abc]

**Terminal** (Bildschirm) terminal [edv]

**terminaler Knoten** terminal node [edv]

**terminales Symbol** terminal symbol

**Terminalsymbol** token [edv]

**Terminologie** terminology [abc]

**Termite** termite [bff]

**Termitenfraß** (Termitenschaden) termite damage [bff]

**Termitenschaden** termite damage [bff]

**Ternal F** (Beidseitig elektrolytisch mischverbleites Feinblech) Ternal F [mas]

**Terrasse** (an Haus, in Landschaft) terrace [bau]

**Terrassenschnitt** (im Tagebau) terrace cut [roh]

**Test** (Prüfung, Erprobung) test [abc]; (→ Intelligenzt.; → Knetversuch; → Programmt.)

**Testarbeitsplatz** test workstation [abc]

**testen** (prüfen, ausprobieren) test [abc]

**Testen** (z.B. eines Programms) testing [edv]; (→ ablaufbezogenes T.; → Back-to-Back-T.; → datenbezogenes T.; → funktionsbezogenes T.; → Programmt.; → Softwaret.)

**Tester** tester [abc]; (für Black Box) tester [elt]; (Steckverbindung Lichtmaschine/..) tester [elt]

**Testfahrer** test operator [abc]; (z.B. bei neuen Autos) test driver [mot]

**Testfehler** (Defekt bei Prüfung) reference flaw [mes]

**Testgewicht** (Mindest- oder Maximalgewicht) test weight [mes]

**Testkasten** (am Pontonbagger) amplifier [mbt]

**Testkörper** (für Prüfverfahren) reference block [mes]

**Testphase** (Periode, Zeitspanne; Dauer) test-phase [abc]

**Testpunkt** (am Langträger Waggon) testing point [mot]

**Testrohr** (Hilfsmittel bei Prüfung) reference tube [mes]

**Testschema** (Verfahrensweise) testing process [abc]

**Teststange** (z.B. Messen der Bezugshöhe) sensing rod [mas]

**Testsupport** test support [mes]

**Testverhältnis** duty cycle [abc]

**Testwerkzeug** test tool [wzg]

**Tetrachlorkohlenstoff** CTC [che]

**teufen** (einen Schacht) sink [roh]

**Text** (Wortlaut) wording [abc]; (z.B. zum Bild) text [abc]

**Textabbildung** (Bild im Text) illustration in the text [abc]

**Texterzeugung** text generation [edv]

**Textil** (Gewobenes, Tuch) textile [abc]

**Textilgürtelreifen** fabric belt tyre [mot]

**Textscanner** text scanner [edv]

**Textur** fibre [wst]; texture [wst]

**Textverarbeitung** text processing [edv]

**Textverstehen** text understanding [edv]

**Tfz** (Triebfahrzeug der Bahn) tractive vehicle of railroads [mot]; (Triebfahrzeug, z.B. Lok) drive vehicle of railway [mot]

**Theater** (Schauspiel, Drama, Oper) theatre [abc]

**Theke** (Schanktisch) counter [bau]

**thematische Rolle** thematic role [abc]

**thematische Rollengrammatik** thematic-role grammars [edv]

**thematische Rollenmehrdeutigkeit** thematic-role ambiguity [abc]

**thematischer Rollenframe** thematic-role frame [edv]

**Theodolit** transit [bau]

**theoretische Kippkante** (des Baggers) tipping line [mbt]
**Theorie** (→ Simulationstheorie) theory [edv]
**Thermik** (Segelflieger) hot air current [mot]
**thermische Beanspruchung** thermal stress [mbt]
**thermischer Wirkungsgrad** thermal efficiency [pow]
**Thermitstab** thermit stick [mil]
**Thermoeement** thermocouple [pow]; thermocouple element [elt]; (m. Plättchen aufgelötet) pad-type thermocouple [mes]; (→ aufgelötetes T.)
**Thermoelement mit Strahlungsschutz** shielded thermocouple [elt]
**Thermofühler** (in Statorwicklungen) thermo sensor [elt]
**Thermolanze** (schmilzt mit Lichtbogen) thermic lance [wst]
**Thermometer** (Wärmemesser) thermometer [pow]; (→ Flüssigkeitst.; → Maximum-/Minimum-T.; → Quecksilbert.; → Widerstandst.; → Winkelt.)
**Thermometer mit Fernablesung** remote-distant-reading thermometer [mes]
**Thermoplaste** thermoplastic materials [wst]
**Thermoschock** thermo-shock [pow]
**Thermosiphonkühlung** ebullient cooling [abc]
**Thermostat** (mißt Wärme, z.B. in Wasser) thermostat [mot]; (Temperaturregler) water temperature regulator [mes]; (→ Frostschutzt.)
**Thermostat für Heizung** heating thermostat [mbt]
**thermostatisch** thermostatic [abc]
**Thermostatkugel** bulb [abc]
**Thesaurus** (Lexikon mit Wortschatz) Thesaurus [abc]
**Thomasbirne** (für flüssigen Stahl) Thomas bulb [wst]

**Thomaskonverter** (in Stahlwerk) Thomas converter [wst]
**Thomaswerk** (nach Signey G. Thomas) Thomas bulb, mill [wst]
**Thyristor** (Halbleiterventil) thyristor [elt]
**Tief** (Wetter) low [wet]
**tief** (tief gesunken, vulgär) low-down [abc]; (tiefer Schlaf; -s Meer, Denken) deep [abc]; (tiefliegendes Tal) low [abc]
**Tiefbahn** (Bahn in Stollen, Graben) low-level railway [mot]
**Tiefbahnhof** (Bahnhof unter Straßenhöhe) low-level station [mot]
**Tiefbau** construction [mbt]; (kein Einzelwort auf Englisch) earth moving and road construction [bau]; (öffentl. u. Gründungsarbeiten) public foundation and sewer work [bau]
**Tiefbettfelge** drop centre rim [mot]; well-base rim [mot]
**Tiefbrunnen** deep well [bau]
**Tiefe** (der Gedanken) profoundness [abc]; (des Meeres, der Gedanken) depth [abc]; (→ Eindringt.; → Herdt.)
**Tiefenausdehnung** depth extension [abc]
**Tiefenausgleich** loss compensation [abc]; swept gain [elt]
**Tiefenbereich** time base range [elt]; (der Baggerung) depth range [mbt]
**Tiefenlupe** scale expansion [abc]; sweep length [abc]
**Tiefenlupensteller** time base range control [elt]
**Tiefenmeßschieber** depth qauge [abc]
**Tiefenmeßschraube** micrometer depth gauge [mes]
**Tiefenprüfkopf** depth scan [mes]; variable sensitivity probe [mes]
**Tiefenprüfung** depth scanning [mes]
**Tiefenrüttlung** deep vibration [bau]
**Tiefenskala** depth scale [abc]
**Tiefensuche** depth-first search [edv]
**Tiefentladung** drain [elt]

**Tieferdbeben** deep earthquake [geo]

**Tiefgang** (des Schiffes) draught [mot]; (des Schiffes, Wasserzug) draft [mot]

**tiefgreifend** (Grabtiefe u.ä.) deep-reaching [bau]; (Kenntnisse) profound [abc]

**Tiefgründung** deep foundation [bau]

**Tiefladeanhänger** (hinter Zugmaschine) low bed trailer [mot]

**Tieflader** low bed [mot]; low loader [mot]; (Hänger) low bed trailer [mbt]

**Tiefladewagen** (mit tiefem Bett) well wagon [mot]

**tiefliegende Mulde** (Dumper) low-placed body [mot]

**Tieflochbohrmaschine** deep-hole boring machine [met]

**Tieflöffel** backacter [mbt]; (Ausrüstung u. Grabgefäß) back actor [mbt]; (Ausrüstung u. Grabgefäß) backactor [mbt]; (das Grabgefäß) backhoe bukket [mbt]; (engl. Wort unüblich) hoe dipper [mbt]; (Grabgefäß und ganzes Gerät) backhoe [mbt]

**Tieflöffelanlenkung** bucket hinge [mbt]

**Tieflöffelarbeit** backhoe work [mbt]

**Tieflöffelbagger** backhoe [mbt]; backhoe excavator [mbt]; (→ Bagger)

**Tieflöffelbagger mit Greifer** backhoe with grab [mbt]

**Tieflöffeleinsatz** backhoe application [mbt]; backhoe work [mbt]

**Tieflöffelinhalt** (altes SAE-Wort) dipper contents [mbt]; (engl. Wort, unüblich) dipper capacity [mbt]; (was rein geht) bucket capacity [mbt]

**Tieflöffelstiel** backhoe arm [mbt]; backhoe stick [mbt]

**Tiefpaß** low-pass [elt]

**Tiefreißzahn** long ripper tooth [mbt]; (z.B. am Bagger) deep-ripper tooth [mbt]; (z.B. am Hydraulikbagger) deep ripper [mbt]

**Tiefschnitt** (des Eimerkettenbaggers) deep cut [mbt]

**tiefschwarz** (RAL 9005) jet black [nrm]

**tiefste** (tiefster) lowest [abc]

**Tieftemperaturkorrosion** low temperature corrosion [pow]

**tiefziehfähiger Kohlenstoffstahl** deep drawable carbon steel [wst]

**Tiefziehteil** deep-drawn part [wst]

**Tiegelfeuerung** retort type furnace [pow]

**tierisch** (z.B. Fette) animal [bff]

**Tierkohle** (tierische Holzkohle) animal charcoal [bff]

**Tierkreiszeichen** sign of the zodiac [abc]

**Tintenstrahlregistrierschreiber** ink-vapour recorder [abc]

**Tip** (Ratschlag, Hinweis) hint [abc]

**tippen** (antippen, leicht berühren) touch [abc]; (auf der Schreibmaschine) type [abc]

**Tisch** (normal) table, [bau]; (Schreibtisch im Büro) desk [abc]

**Tischler** (→ Zimmermann) joiner [abc]

**Tischmesser** (Teil des Eßbestecks) table knife [abc]

**Tischterminkalender** desk calendar [abc]

**Titan** (Element) titanium [wst]

**Titan/Titan-Basislegierung** (Zirkonium) titanium/titanium alloys [wst]

**Titel** trade heading [abc]

**TL-Ausrüstung** (Tieflöffel a. Bagger) backhoe equipment [mbt]

**T-Naht** (beim Schweißen) T-joint [met]

**TL** (Abkürzung für Tieflöffel) BH [mbt]

**Tod** (bei seinem Tod) death [med]

**Todesursache** cause of death [med]

**Todesurteil** death sentence [pol]

**Toilette** (Damen) powder room [abc]; (Herren) men's room [abc]; (z.B. bei der Bahn) lavatory [mot]

**Toilettenbecken** toilet bowl [bau]

**Toilettenpapier** tissue paper [abc]; toilet paper [abc]

**Toilettenraum** bathroom [abc]; (z.B. bei der Bahn) lavatory [abc]

**Toleranz** (eingeengte Toleranz) close tolerance [con]; (Geduld, Nachsehen) patience [abc]; (technisch) tolerance [mas]; (→ Allgemeint.; → Einbaut.; → Fehlert.; → Gehäuset.; → Wellent.)

**Toleranzfeld** field of tolerance [abc]

**Toleranzfreimaß** tolerance [mas]

**Toleranzhaltigkeit** tolerance compliance [mas]

**Toleranzlehre** limit gauge [mas]; snap gauge [mas]

**Toleranzreihe** group of tolerances [mas]

**tomatenrot** (RAL 3013) tomato red [nrm]

**Ton** clays [geo]; (Mineral) clay [bau]; (Klang; beim ersten Ton) sound [aku]

**Tonbandgerät** reel to reel tape recorder [abc]; tape recorder [abc]

**tönen** (einfärben) tint [abc]

**Tonerde** alumina [min]

**Tongrube** clay pit [bau]

**Tonkrug** (klein, mit Henkel) jug [abc]

**Tonlöffel** clay bucket [mbt]

**Tonne** (→ Blechtonne) drum [bau]

**tonnenförmige Verzeichnungen** barrel-shaped distortions [abc]

**Tonnenlager, einreihig** spherical roller bearing single row [mas]

**Tonoberfläche** clay surface [abc]

**Top** (im Top, in Mastspitze) top [mot]

**Topas** (<oft farbloser>Edelstein) topas [min]

**top-down-Entwurf** top down design [edv]

**Topf** (in der Küche) pot [abc]

**Topfmanschette** adhesive cup gasket [mas]

**Topfzeit** (Farbe in offener Büchse) can-time [wst]

**topographisch** topographical [geo]

**Tor** (Durchfahrt) gate [bau]

**Torf** peat [bod]; (Übergang von Holz zu Braunkohle) turf [bff]

**Torfboden** peat soil [bod]

**Torffeuerung** peat firing equipment [pow]

**Torpedo** (Über-/ Unterwassergeschoß) torpedo [mil]

**Torpedopfannenwagen** (Flüssigmetall) torpedo-type ladle car [mot]

**Torschaltung** gate circuit [elt]

**Torsionsfeder** torsion-type suspension [mas]

**Torsionsfestigkeit** torsional strength [mas]

**Torsionsmodul** torsion module [mas]

**Torsionsstab** torsion bar [mas]

**Torsionssteifigkeit** torsional rigidity [pow]

**Torsionswelle** torsional wave [elt]

**Torsteuerung** gating [elt]

**Torverstärker** gate amplifier [elt]

**Torwiderstand** port resistance [elt]

**total** (von Anfang bis Ende) all the way [abc]

**Totalbelastung** total load [mot]

**Totalreflexion** total reflection [abc]

**tote Zone** dead zone [abc]

**Totenkopf** dead man's head [med]

**toter Gang** (Spiel in Schaltung) lost motion [mot]

**toter Punkt** (im Motor) dead spot [mot]

**toter Winkel** (Strömung) dead corner [pow]

**Totmann...** (→ Sicherheitsfahrschalter) dead man's handle [mot]

**Totmannschaltung** (→ Sicherheitsfahrschaltung) dead man's control [mot]

**Totpunkt** dead-centre point [mot]; d.c. [mot]

**Tourenzahl** (Upm) speed of rotation [mas]

**Tourenzähler** (mißt Drehzahl) tachometer [mot]

**traben** (eine Pferdegangart) trot [bff]

**Tracht** national costume [cap]

**Tracking** (→ Spurtreue) tracking [mbt]

**Trafos und Schaltanlagen** substations [elt]

**Tragbahn** supporting raceway [mas]

**Tragbahre** (für Kranke) stretcher [med]

**tragbar** (tolerierbarer Zustand) bearable [abc]; (z.B. Kofferradio, PC) portable [abc]

**Tragbild** (auf Zahnflanke Getriebe) bearing face [con]

**Tragbügel** (Knebel am Päckchen) carrying handle [wst]

**Tragdorn** carrying ram [mot]

**Trage** (z.B. bei der Feuerwehr) stretcher [mot]

**Tragekasten** harrow [mbt]

**tragen** (schleppen, fördern) haul [mot]; (z.B. befördern auf Lkw) transport [mot]

**tragend** (z.B. Wasser trägt Floß) buoyant [mot]

**träge** (in Bewegungsstadium verharrend) inert [abc]; (Sicherung) slow to blow [elt]

**träge Sicherung** slow to blow fuse [elt]

**Tragebalken** (Langträger Güterwagen) sole bar [mot]

**Träger** (als Maschinenteil) carrier [mbt]; (an Umlenkrollenachse) carrier [mbt]; (Balken) buckstay [pow]; (Bauteil) member [mas]; (hält etwas fest, z.B. Klemme) holder [mas]; (Hauptträger <über> Straße) road bearer [bau]; (Konsole) bracket [mas]; (Langträger, Bagger-Unterwagen) crawler support [mbt]; (Langträger, Bagger-Unterwagen) track frame [mbt]; (mit grätenartigen Rippen) fishbelly girder [mot]; (Stütze) support [mas]; (verkleideten) jacketed girder [pow]; (verkleideter) cladded girder [pow]; (von Lasten, Krankheiten) carrier [mot]; (z.B. Deckenbalken) beam [bau]; (z.B. Doppel-T-Träger) girder [bau]

**Trägerfrequenzverstärker** carrier amplifier [elt]

**Trägergas** carrying gas [pow]

**Trägergasbrennverfahren** cross flow calcining [roh]

**Trägergerät** support frame [mas]

**Trägerluft** (Primärluft) carrying air [pow]; (Primärluft) primary air [air]

**Trägermetall** binder [mas]

**Trägerplatte** plate [mbt]; particle board [mas]

**Tragetüte** (Plastiktüte) shopping bag [abc]

**Tragfähigkeit** load capacity [mot]; load rating [mas]; (am Bagger) lift capacity [abc]; (am Bagger) lifting capacity [abc]; (des Bodens) ground bearing capacity [roh]; (des Muldenkippers) payload [abc]; (des Schiffes) capacity [mot]; (Rolltreppe, Auflager) bearing capacity [mbt]

**Tragflügelboot** hydrofoil [mot]

**Traggabel** (des Gabelstaplers) lift fork [mot]

**Traggerüst** (der Rolltreppe) truss [mbt]

**Trägheit** inertia [abc]

**Trägheit des Markiersystems** marking system inertia [abc]

**Trägheitsmoment** moment of inertia [phy]

**tragisch** (traurig, dramatisch) tragic [abc]

**Tragjoch** (z.B. Greiferlager) yoke [mot]

**Tragkonstruktion** (Rolltreppengerüst) truss [mbt]

**Tragkörper** supporting structure [mbt]

**Tragkraft** (der Achse) load capacity [mot]; (Ladeleistung) loading capacity [abc]; (z. B. von Schiff, Waggon) capacity [mot]

**Tragkraft pro Radsatz** (unter Brecher) supporting capacity [mbt]

**Tragöse** eyebolt [pow]

**Tragplatte** carrier plate [wst]

**Tragplattenscheibe** carrier plate disc [wst]

**Tragring** (Drehverbindung) supporting ring; (Teil der Kugeldrehverbindung) support ring [mas]

**Tragrohr** supporting tube [mas]; suspension tube [mot]

**Tragrolle** roller carrier [mbt]; (Stützrolle des Baggers) support roller [mbt]

**Tragrost** supporting steel work [mas]

**Tragschicht** (der Straße) base [mot]

**Tragschiene** carrier rail [wst]

**Tragschnabelwagen** (8-36 Achsen) heavy transport vehicle [mot]

**Tragstange** (als Maschinenteil) bar [mbt]

**Tragwerk** (Tragkonstruktion) truss [mas]

**Tragzahl** basic load rating [con]

**Tragzapfen** trunnion [mas]

**Tragzelle** (z. B. am Kratzer) carrier cell [mbt]

**Tragzellenkonstruktion** (am Kratzer) carrier cell design [mbt]

**Traktion** (Doppeltraktion) traction [mot]

**Traktionskraft** tractive force [mbt]

**Traktor** (Ackerschlepper) tractor [mot]

**Traktorlaufwerk** crawler chassis [mot]

**trampen** (per Anhalter fahren) hitch a ride [mot]; (per Anhalter fahren) hitch-hike [mot]

**Tränenblech** bulb plate [mas]

**tränken** (auch Tiere) water [abc]; (völlig durchtränken) saturate [che]

**Transaktionssysteme** transaction systems [edv]

**Transferieren von Beschränkungen** constraint transfer [edv]

**Transferleitung** transfer tube [mas]; (des Kühlmittels) coolant transfer tube [wst]

**Transfermatrix** transfer matrix [edv]

**Transferverlust** transfer loss [edv]

**Transformation** (→ Ähnlichkeitstransformation) transformation [mat]; (→ lineare T.)

**Transformationsbeschreibung** minispecification [edv]

**Transformationsgrammatik** transformational grammars [mat]

**Transformator** (Trafo) transformer [elt]; (→ idealer T.; → Steuert.; → Netzt.)

**Transistor** transistor [elt]; (→ Multi-Emittert.; → Schottky-T.)

**Transistor Kennlinie** transistor characteristic [elt]

**Transistorvorverstärker** transistor pre-amplifier [elt]

**Transitfrequenz** transit frequency [abc]

**translight** translight [mbt]; (Rolltreppenhandlauf auf Glas) translight [mbt]

**Transmissionsriemen** (Motor/ Maschine) drive belt [mot]

**Transparent** (z.B. von Zeichnungen) transparent [abc]

**Transparentpapier** translucent paper [abc]

**Transparentpause** transparent copy [con]

**Transport- und Lagersystem** transport and storage system [mas]

**Transport- und Montagegerät für Reifen** tyre handler [mot]

**Transport- und Montagegerät Großreifen** tyre handler [mot]

**transportabel** (auf Lkw) portable [abc]; (tragbar) portable [abc]

**transportable Brecheranlage** portable crusher [roh]; portable crushing installation [roh]

**transportabler Brecher** (Prallb., Bakkenb.) portable crusher [roh]

**transportables Wohnhaus** mobile home [bau]

**Transportabteil** stowage compartment [mot]

**Transportanlage** materials handling equipment [abc]

**Transportbohrungen** transport holes [mas]

**Transportbreite** transport width [mot]

**Transportbrücke** transport bridge [mot]

**Transporteinrichtung** conveyor [roh]

**Transportgeschwindigkeit** (allg.) rate of feed [mot]

**Transportgeschwindigkeit des Rohres** rate of tube travel [mas]

**Transportgewicht** transport weight [mot]

**Transporthalterung** securing device [mbt]

**Transporthöhe** transport rise [mot]; travelling height [abc]

**transportierbar** transportable [abc]

**transportieren** (auch im Tagebau) haul [roh]; (mit Lkw befördern) truck [mot]; (tragen, befördern) carry [mot]; (tragen, befördern) transport [abc]

**transportiert** (befördert) carried [mot]; (befördert) transported [abc]; (mit Lkw) trucked [mot]; (z.B. einen Zug ziehen) hauled [mot]

**Transportkette** conveyor chain [wst]

**Transportlänge** transport length [mas]

**Transportlasche** (zum Heben Maschine) lifting eye [mot]

**Transportmittel** means of transport [mot]

**Transportöse** lifting eye [mbt]; transport eye [mas]

**Transportraupe** transport crawler [mbt]

**Transportrolle** feed roll [mas]; transport roll [mot]

**Transportrollenpaar** pair of transport rolls [mas]

**Transportrollensätze** sets of transport rolls [mas]

**Transportrollgang** roller conveyor [mas]

**Transportschaden** (Ladeschaden) damage in transport [jur]

**Transportsicherung** securing device [mas]

**Transportstütze** shipping bracket [abc]

**Transportsystem** conveying system [mot]

**Transportverpackungen** transport barrels [mot]

**Transportversicherung** cargo insurance [jur]; transport insurance [jur]

**Transportvorrichtung** conveying rack [mbt]

**Transportwagen** transport trolley [mot]

**Transportweite** haulage distance [mot]

**Transportzeit** transport time [abc]

**Transversalwelle** transverse wave [mas]

**Trapez** (Circus) trapeze [abc]

**Trapezbleche** trapezoidal sheets [mas]

**Trapezfeder** (Blattfeder) leaf-type spring [mot]

**Trapezgraben** flat-bottom ditch [mbt]; trapezoidal ditch [mas]

**Trapezprofil** trapezoidal cross section [abc]; trapezoidal steel sheeting [mas]

**Trasse** route [abc]; trail [mot]; (erstes Planum für Straße) subgrade [mbt]; (Gelände der Bahn) right of way [mot]; (vorbereitet für Straße) alignment [mot]; (→ Länge der T.)

**Trauer** (Leid, Kummer) sadness [abc]

**Trauerhalle** funeral hall [abc]

**Traverse** (Mittelteil Unterwagen) centre part [mbt]; (Unterwagenmittelteil) traverse [mot]; (z. B. verbindet Hauptträger) cross member [wst]

**Traversenbläser** (Eco-Bläser) mass type soot blower [pow]

**Trecker** tractor [mbt]

**Treffen** (Meeting, Zusammenkunft) meeting [abc]; (Parteitag) rallye [pol]; (Zusammenkommen im Verein) gathering [abc]

**Treibachse** (bei Bahn, Auto) drive axle [mot]

**treibende Riemenscheibe** driving pulley [mas]

**treibender Ring** (Kugelmühle) driving ring [pow]

**treibendes Kettenglied** (Rostkette) driving link [pow]

**Treibgas** fuel gas [mot]; (Treibgasantrieb) liquid petrol gas [mot]

**Treibgasanlage** fuel gas equipment [mot]

**Treibladung** propellants [mil]

**Treibladungsanzünder** propellant igniter [mil]

**Treibrad** drive wheel [mot]

**Treibriemen** transmission belt [mas]; V-belt [mot]; Vee-belt [mot]; (Antriebsriemen) transmission belt [mas]

**Treibrolle** pulley [mot]; push roller [mot]

**Treibrollensatz** set of drive rollers [mot]

**Treibstift** (ähnl. Plastik-Sektkorken) plastic blind rivet [mot]

**Treibstoff** fuel [mot]

**Treibstofflager** (Benzindepot) gas dump [mil]

**treideln** (Schiff von Land aus ziehen) tow [mot]

**Treidelpfad** (den Fluß entlang) tow path [mot]

**trennbar** departable [mot]; (z.B. Rolltreppengerüst) splittable [mbt]

**trennen** (absondern, scheiden) segregate [roh]; (Bestandteile, Ströme, etc.) separate [roh]

**Trennen** (Abscheiden) separation [roh]

**Trenner** (Trennschalter) disconnecting switch [elt]; (Trennschalter) isolator [elt]

**Trennflächeninhalt** surface of separation-interface [mas]

**Trennfläche** surface of delimination [mas]

**Trennfuge** (in Außenring Gelenklager) parting line [mas]; (in Gußform) mould parting line [mas]; (Linie) commissure [wst]

**Trennlicht** (Demarkierungslicht) demarcation lights [mbt]

**Trennschalter** circuit breaker [elt]; isolation switch [elt]; (Trenner) disconnecting switch [elt]; (Trenner) isolator [elt]

**Trennscheibe** (schneidet Stein, Metall) cutting-off wheel [wzg]

**Trennschnitt** separating cut [mas]

**Trennstelle** dividing point [mbt]

**Trennung** partition [abc]; (Kupplung) disengagement [pow]; (z.B. Trennwand) partition [abc]; (→ Dampft.)

**Trennverstärker** buffer amplifier [elt]

**Trennwand** dividing wall [pow]; partition panel [mot]

**Trennwandfenster** partition panel window [mot]

**Trennwandrahmen** partition panel frame [mot]

**Trennwandverkleidung** partition panel lining [mot]

**Treppe** (die Treppe runter, rauf) stairs [bau]

**Treppe** (Gehtreppe in Treppenhaus) stairway [bau]; (Lauftreppe zum Begehen) stair [mas]; (Rolltreppe) escalator [mbt]; (Treppenhaus) staircase [bau]

**Treppenabsatz** (der Gehtreppe) landing [bau]

**Treppenanlagenskizze** stair sketch drawing [mbt]

**Treppenhaus** (im Wohn- und Bürohaus) staircase [bau]

**Treppenhausbeleuchtung** staircase lights [elt]

**Treppenimpuls** stair step signal [mbt]

**Treppenstufe** (der Gehtreppe) step [bau]; (der Rolltreppe) step tread [mbt]

**Tresen** (Theke) counter [bau]

**Tresse** (Litze aus Textil od. Metall) braid [mas]

**Trichter** hopper [pow]; (Haushalt, trichterförmig) funnel [abc]; (hier: Haube) bell [mbt]; (→ Aschent.; → Brennkammert.; → Flugaschent.; → Flugkokst.; → Rostdurchfallt.; → Rostt.; → Schlackent.)

**Trichter- und Kabeltrommelwagen** cable reel and hopper car [mbt]

**trichterförmig** funnel-shaped [abc]

**Trichterkammer** (des Bodenentlade- wagens) hopper [mot]

**Trichterwagen** (der Bahn) funnel wagon [mot]; (mit Kabeltrommelwa- gen) hopper car [mbt]

**Trichterwagen auf Raupen** hopper car on tracks [mbt]

**Trichterwagen auf Schiene** hopper car on rails [mot]

**Trieb mit waagerechten Wellen** drive with horizontal shafts [mas]

**Triebfahrzeug** (Loks, Triebwagen usw.) railway traction vehicle [mot]; (mehrachsig) traction drive [mot]; (→ Zusatzlokomotive)

**Triebkopf** diesel motor coach [mot]

**Triebradkörper** drive tumbler body [mbt]

**Triebradwelle** drive tumbler shaft [mbt]

**Triebwagen** (hier Motorwagen) power car [mot]; railcar [mot]

**Triebwagen und Beiwagen** (z.B. U- Bahn) railcar and railcar trailer [mot]

**Triebwagenanhänger** (Beiwagen) railcar trailer [mot]

**Triebwerk** drive device [mot]; trans- mission [mot]

**Triebwerkbremse** transmission brake [mas]

**Trigger** trigger [elt]

**Triggerung** (→ verzögerte Triggerung) trigger [elt]

**trigonometrische Reihe** trigonometric series [mat]

**trimmen** (die Ladung an Bord) trim [mot]; (Rahen in Höhe, Seite setzen) trim [mot]

**Trimmpotentiometer** trimmer poten- tiometer [elt]

**Trinatriumphosphat** tri-sodium phos- phate [che]

**trinken** (Mensch und Tier) drink [abc]

**Trinkwasser** fresh water [was]

**Trinkwasserleitung** fresh water pipe [was]

**Tritt** (Stufen am Bagger) ladder [mbt]; (z.B. für Rangierer) step [mot]

**Trittbrett** (Auto, Waggon) footboard [mot]; (beim Lkw) running board [mot]; (Ecktritt an Waggonecke) shunter's step [mot]; (klein; Stufe, Tritt) step [mot]; (lang; an alten Wag- gons) running board [mot]

**Trittbretthalter** running board support [mot]

**Trittfläche** (Rolltreppe) tread plate [mbt]

**Tritthalter** (am Rangierertritt) step holder [mot]

**Trittplatte** running plate [mot]; step [mot]; tread plate [mbt]; (Fußtritt- platte; am Laufsteg) kick plate [mot]; (Pedal) pedal [mot]; (Rolltreppe) tread plate [mot]

**Trittplattenventil** (Fußpedal) foot pedal valve [mot]

**trittsicher** (gegen Ausrutschen) anti- slip [abc]

**Trittstufe** step tread [mbt]; tread step [abc]

**trocken durchüben** (Generalprobe) make a dry run [mot]

**TROCKEN LAGERN** (Schild) KEEP DRY [mot]

**Trockendosierung** dry batching [bau]

**trockene Laufbuchse** dry cylinder liner [mas]

**trockene Zylinderbuchse** dry cylinder liner [mot]; (→ nasse Z.)

**trockene Zylinderlaufbuchse** dry cylinder liner [mot]; dry cylinder sleeve [mot]

**Trockeneimerbagger** bucket chain excavator [mbt]

**trockener Schlackenabzug** dry ash removal [pow]

**Trockenfestigkeitsversuch** dry strength test [bau]

**Trockenfeuerzeit** drying-out period [pow]; heating-up period [pow]

**Trockengelenk** dry-disc joint [mot]

**Trockenlauf** (der Lamellenbremse) dry run [mot]

**trockenlegen** (Gelände) drain [mot]

**Trockenmauer** dry masonry [bau]

**Trockenmauerwerk** dry masonry [bau]

**Trockenperiode** dry season [abc]

**Trockenplatz** drying area [bau]; drying bay [bau]

**Trockenverarbeitung** (der Hochofenwand) all-dry installation [roh]

**Trockenwetterstraße** dry-weather road [bau]

**Trockenzeit** dry season [abc]; drying time [abc]

**Trockenzone** (am Rost) distillation zone [pow]

**trocknen** dry [abc]

**Trocknen** drying [abc]

**Trockner** dryer [abc]

**Trocknung** drying [abc]; (→ Dampft.)

**Trocknungsanlage** drying plant [roh]

**Trocknungsdüse** drying nozzle [mot]

**Trogkettenförderer** drag link conveyor [mas]

**Trommel** (Schneidtrommel; auf-ab) cutting drum [roh]; (Tonne) drum [abc]; (Tonne, Zylinder) cylinder [mot]; (z.B. für Kabel) reel [elt]; (→ Bremst.; → Dampfentnahmet.; → Entmischungst.; → hintere Rostumlenkt.; → Kabelt.; → Längst.; → Mahlt.; → Obert.; → Untert.)

**Trommelachse** drum axle [mot]

**Trommelaufnahmegerät** drum reclaimer [roh]

**Trommelboden** drumend disk [roh]

**Trommelbremse** drum brake [mot]

**Trommeldruck** drum pressure [pow]; working pressure [pow]

**Trommeleinbauten** drum internals [pow]

**Trommelmantel** drum body [roh]

**Trommelmischer** (→ Umkehrtrommelm.) drum-mixer [mot]

**Trommelmitte** centreline of drum [pow]

**Trommelnippel** drum stub [pow]

**Trommelsattel** drum saddle [pow]

**Trommelverbindungsrohr** drum connecting tube [pow]

**Trommelwasser** drum water [pow]; (→ Anschwellen des T.)

**Trommelwelle** drum shaft [mot]

**Trompete** (Trompeterknoten) sheepshank [mot]

**Tropenausrüstung** equipment for the tropics [abc]; (z.B. Rolltreppe) tropicalisation [mbt]

**Tropendach** (z.B. für Grader, Lader) roof for the tropics [mbt]; (z.B. für Grader, Lader) tropical roof [mbt]

**Tropenhelm** sun helmet [abc]

**Tropfbecher** (für Wasser in Bremse) drain cup [mot]

**tropfen** (z.B. Wasser tropft herunter) drip [abc]

**Tropfen** (z.B. Wasser-, Öltropfen) drop [abc]

**Tropföler** drip lubricator [mas]

**Tropfölschmierung** drop feed [mas]

**tropisch** tropical [wet]

**Trosse** (meist Stahlseil) rope [mas]

**Trossenstek** (Knoten) carrick bend [mot]; (Knoten) double carrick bend [mot]

**Trost** (Zuspruch) comfort [abc]

**trösten** comfort [abc]

**Trottoir** (Bürgersteig) sidewalk [mot]

**trotz** (obwohl ..) despite [abc]

**trotzdem** (dessen ungeachtet ...) despite [abc]

**trübe** (auch dumm) thick [mas]; (dunkel, undurchsichtig) obscure [abc]

**Truhe** (Möbelstück) trunk [cap]

**Trumm, gezogenes** taut span [mas]

**Trumm, loses** slack span [mas]
**Trunkenheit am Steuer** driving while intoxicated [abc]
**Trupp** (kleine Gruppe) group [abc]
**Truppe** (Streitkräfte) troops [mil]
**Truppentransporter** (großes Schiff) troop transporter [mil]
**T-Stoß** (Schweißanschluß) T-joint [met]
**T-Stück** tee connector [mas]; tee-piece connector [mas]; (z.B. T-förmig Rohranschluß) T-iron [mas]; (z.B. T-förmig Rohranschluß) T-piece [mas]
**TSS** (Teilestammsatz) MPR [edv]
**T-Träger** T-bar buckstay [mas]; T-section [mas]; (Walzstahl) T-beam [mas]
**Tübbinge** (gußeiserne) cast iron [wst]; (gußeiserne) tubbings
**Tube** (z.B. Zahnpasta) tube [abc]
**Tuch** (Stoff, Gewebe) cloth [abc]
**Tuche** (gewebt, gestrickt, Faser, Filz) fabric [abc]
**Tuchfilter** cloth filter [air]; (Absaugegerät) cloth filter [air]
**tüchtig** (brauchbar, gut) efficient [abc]
**Tüchtigkeit** (Einsatz, Streben) efficiency [abc]
**Tülle** nozzle [mas]; (Ausgießer, z.B. an Ölkanne) grommet [mas]
**Tulpennaht** (an Stumpf- u. T-Stößen) bell seam [met]
**Tulpenschweißung** U-profile butt weld [met]
**tun** (etwas arbeiten) perform [abc]
**Tunnel** (Bahn, Straße, Wasser) tunnel [mot]
**Tunnelausrüstung** (Ausrüstung am Bagger) tunnel equipment [mbt]
**Tunnelgröße** (der Sandstrahlanlage) tunnel size [mbt]
**Tunnelmund** (Pflaster, Beton, Ziegel) tunnel mouth [mbt]
**Tunnelmündung** tunnel mouth [mbt]
**Tunnelvortrieb** tunnel advance [mot]
**Tunnelvortriebsmaschine** tunnel driving machine [roh]

**T-Unterlage** T-support [mas]
**Tupfprobe** touch test [mas]
**Türangel** (zwischen Blatt und Zarge) hinge hook [bau]
**Turas** (mit Zähnen für Kette) sprocket [mbt]; (mit Zahntaschen) tumbler [mbt]; (Antriebsrad der Kette) drive tumbler [mbt]; sprocket [mbt]
**Turasnabe** (aus dickem Blech gebrannt) sprocket hub [mbt]
**Turaswelle** track-drive shaft [mbt]
**Tür** (Haustür) frontdoor [bau]; (Tür zu, bitte!) door [abc]; (Hoftür) backdoor [bau]; (→ Dreht.; → Einsteiget.; → Explosionst.; → Faltt.; → Rückwandt.; → Schiebet.; → Seitent.)
**Türaußenblech** outside door panel [mot]
**Türaußengriff** outside door handle [mot]
**Türbetätigungszylinder** door operating cylinder [mot]
**Turbine** turbine [pow]; (→ Abgast.; → Gast.; → Gegendruckanzapft.; → Gegendruckt.; → Kondensationst.; → Zweigehäuset.)
**Turbine anstoßen** roll the turbine [pow]
**Turbinendrehzahl** turbine speed [pow]
**Turbinengehäuse** turbine casing [pow]; turbine housing [pow]
**Turbinenlaufrad und Welle** turbine wheel and shaft [pow]
**Turbinenrotor** turbine rotor [pow]
**Turbinenscheiben** turbine discs [pow]
**Turbirnenschaufel** turbine blade [pow]
**Türblatt** (an Fitsche und Zarge) door leaf [bau]
**Turbolader** turbocharger [pow]
**Turboladerrücklauf** turbo drain line [pow]
**Turboladerwärmeschirm** turbocharger heat shield [pow]
**Turboladerzulauf** turbo supply hose [pow]

**turbulente Strömung** turbulent flow [phy]

**Turbulenz** (Strömung) turbulence [mot]

**Türfenster** door window [mot]

**Türführung** door guide [mot]

**Türgestell** (Türrahmen) door holder [bau]

**Türgitter** (verziert) grille [bau]

**Turing-Maschine** Turing machine

**Türinnenblech** inside door panel [mot]

**Türinnengriff** inside door handle [mot]

**Türkeilpuffer** door wedge buffer [mbt]

**türkis** (grün-blau) turquoise [abc]

**türkisblau** (RAL 5018) turquoise blue [nrm]

**türkisgrün** (RAL 6016) turquoise green [nrm]

**Turm** (gothisch) spire [bau]; (Kirchtürme verschiedener Formen) tower [bau]; (meist mit flachem Dach) tower [bau]; (steil, spitz, glatt) steeple [bau]; tower [bau]; (→ Kühlt.; → Schaltt.)

**Turmwagen** (mit <Scheren-> Plattform) aerial platform [mbt]

**Turnhalle** gymnasium [abc]

**Türscharnier** door hinge [mot]

**Türscharnierbolzen** door hinge bolt [mot]

**Türscharniersäule** door hinge pillar [mot]

**Türschließanlage** door closing device [mot]

**Türschließzylinder** door lock cylinder [mot]

**Türschloß** (verriegelt, verschließt) door lock [bau]

**Türschloßsäule** door lock pillar [mot]

**Türverriegelung** door latch [mot]

**Türverschluß** (Klemmverschluß) door latch [pow]

**Türziehgriff** door pull handle [mot]

**Tusche** indian ink [abc]; (Schreib- u. Zeichenmittel) ink [abc]

**Tüte** (z.B. Einkaufs-, Plastiktüte) bag [abc]

**TÜV-Abnahme** Approval by German Boiler Code [pow]

**T-Verbindung** (Rohr geht ab) T-joint [met]

**Typ** (z.B. Baggertyp) model [abc]; (z.B. Art d. Rolltreppe) model [mbt]

**Type** (Typ, Gerät, Modell) type [mas]

**Typenblatt** (enthält Gerätedaten) data sheet [mbt]

**Typenschild** (informiert über Gerät) data plate [abc]; (z.B. auf Bagger, Lok) name plate [mbt]

**typisch** (auch im negativen Sinn) peculiar [abc]; (symptomatisch, erwartet) typical [abc]

**Typprüfung** (z.B. einer Variablen) type checking [edv]

**Typschiff** (mehrere gleiche möglich) standard type ship [mot]

# U

**u.a.** (unter anderem) a.o. [abc]

**U/min** (Umdrehung pro Minute) rev/min [mas]; r.p.m. [mas]; rpm [mas]

**U-Bahn** subway [mot]; Tube [mot]; underground [mot]

**U-Bahnwagen** subway car [mot]; subway carriage [mot]; underground car [mot]

**über dem Durchschnitt** above average [mat]

**über dem Meeresspiegel** above sea level [cap]

**über Schaufelaußenkante** (Wenderadius) over outside bucket corner [mot]

**Über- u. Unterflur-Radsatzdrehmaschine** above-floor and underfloor wheel lathe [mbt]

**überarbeiten** (konstruktiv verbessern) re-design [mas]; (neue Ausgabe bringen) revise [abc]

**überarbeitet** (Auflage eines Buches) revised [abc]

**überbaut** (unter Dach) under roof [bau]

**überbeanspruchen** (zu sehr belasten) overstrain [abc]

**überbeansprucht** (kaum reparierbar) overstressed [abc]

**Überbeschäftigung** over-employment [abc]

**überbezahlt** (zu viel erhalten) overpaid [abc]

**Überbleibsel** (auch Neige im Glas) remainder [abc]; (Essensreste) leftover [abc]; (Rest) rest [abc]

**Überblick** survey [abc]; (über das Programm) roundup [abc]

**Überbringer** (z.B. eines Schecks) bearer [abc]

**Überbrückungsgerät** hire machine [abc]; loan machine [abc]; (bis Neugerät) interim machine [abc]

**überdachen** (Dach drauf) roof [bau]

**überdacht** (Dach drauf) roofed [bau]; (gut überlegt) considered [abc]; (z.B. mit Stroh) thatched [bau]; (Plane, Dach drauf) covered [bau]; (überbauter Fabrikteil) under roof [bau]

**Überdachung** (→ Förderbandü.) conveyor belt housing [pow]

**überdeckt** (mit Plane) covered [bau]

**überdeckte Schweißspritzer** covered-over welding splatter [met]

**überdeckte Verunreinigungen** covered-over impurities [wst]

**Überdeckungsgrad** (Zahnrad) contact ratio [mas]

**Überdenken** (einschätzen, → überdacht) estimate [abc]

**überdimensioniert** oversized [mbt]

**überdrehen** (zu sehr festziehen) overtorque [mas]; (zu sehr festziehen) overwind [mas]

**überdreht** (zu sehr festgezogen) overtorqued [mas]; (zu sehr festgezogen) overwound [mas]

**Überdruck** (atü) (kurzfristig auftretend) pressure shock [mot]; gauge pressure [pow]; (im Reifen) overinflation [mot]

**Überdruckbremse** air pressure brake [mot]

**Überdruckventil** overflow valve [mas]; pressure relief valve [pow]; relief valve [mas]; safety valve [mot]; shock valve [mas]

**überdurchschnittlich** above average [abc]

**Übereckmaß** (der Schraube) width across corners [mas]

**übereinstimmend** (kompatibel) compatible [edv]

**übereinstimmend mit Regeln** compatible with codes [mot]

**übereutektisch** hypereutectic [wst]

**überfahren** (Auto überfährt Kind) run over [mot]; (Lok überfährt Signal) overrun [mot]; (Waggon über Indusi) travel over [mot]

**überflüssig** (überflüssiger Kleber) excess [abc]; (unnötig) unnecessary [abc]

**Überfluß** effluent [bau]

**überflutet** flooded [bau]; (bei Unwetter, Deichbruch) flooded [mot]

**Überflutung** floading [bau]

**überfrierende Nässe** (Glatteis) black ice [wet]

**überführen** (Aktivitäten) transfer [abc]

**Überführung** (Brücke allgemein) bridge [abc]; (meist für Autoverkehr) flyover [mot]; (Straße über Kreuzung) overpass [mot]

**Überführungsleiste** (Baustellenwechsel) road transport bar, rear [mot]

**Übergabe/Übernahme** (z.B. mil. Einheit) handover/ takeover [mil]

**Übergabeband** (von Maschine zu Maschine) transfer belt [roh]

**Übergabefeier** (z.B. neuer Waggon) hand-over ceremony [mot]

**Übergabeprotokoll** record of delivery [abc]

**Übergabeschalthaus** (Stromverteiler) field switch [roh]

**Übergabestation** (Stromverteilhaus) field switch [roh]

**Übergabeweiche** turnout [mot]

**Übergang** (2 Bleche beim Schweißen) contact surface [met]; (Fußgängerbrücke) pedestrians' bridge [mot]; (z.B. auf anderen Brennstoff) conversion [pow]; (z.B. Übergangsperiode) transition [abc]; (z.B. zwisch. Maschinenteilen) pass [abc]; (zwei Bleche aneinander) connecting surface [met]

**Übergangsbalg** (an Reisezugwagen) corridor connection [mot]

**Übergangsbogen** transition curve [mot]

**Übergangsbrücke** (zwischen Lok & Tender) fallplate [mot]

**Übergangskarte** (2. zu 1. Klasse) transfer ticket [mot]

**Übergangsleitung** (2 Rohrgrößen) adapter pipe [mas]

**Übergangsnetz** transition net [mas]

**Übergangspunkt** transition point [mas]

**Übergangsradius** (plural: Übergangsradien) transition radius [mas]

**Übergangsrohr** (Durchmesser wird kleiner) reducer [mas]

**Übergangsstecker** plug adapter [elt]

**Übergangsstück** (Anschluß) adapter piece [mas]

**Übergangszone** (Bensonkessel) transition zone [pow]; (Blech zu Blech) weld junction [met]

**übergeben** (sich übergeben) throw up [abc]; (sich übergeben) vomit [abc]

**übergreifend** (Hülse über Bauteil) socket-type [mas]

**übergroß** (extrem groß, zu groß) oversize [mbt]

**Übergröße** oversize [abc]

**Überhängen** (Panzerketten auf Waggon) overhang [mot]

**überhitzen** (von Kessel, Material) overheat [pow]

**Überhitzer** superheater [pow]; (→ einflutiger Ü.; → einstufiger Ü.; → Endü.; → hängender Ü.; → liegender Ü.; → Schottenü.; → Strahlungsü.; → Vorü.; → zweistufiger Ü.)

**Überhitzeraustrittssammler** superheater outlet header [pow]

**Überhitzerentlüftung** superheater air valve [pow]; superheater vent valve [pow]; superheater air valve [pow]

**Überhitzerentlüftung** superheater vent valve [pow]

**Überhitzerentwässerung** superheater drain [pow]

**Überhitzerentwässerung** superheater drain valve [pow]

**Überhitzerheizfläche** superheater heating surface [pow]

**Überhitzersammler** superheater header [pow]

**Überhitzerspinne** (auf Kesseldecke) superheater manifold [pow]

**Überhitzerstufe I** first stage superheater [pow]

**Überhitzerstufe II** second stage superheater [pow]

**Überhitzertragrohr** superheater supporting tube [pow]

**Überhitzertrennwand** superheater diaphragm [pow]

**Überhitzerverbindungsleitung** superheater connections [pow]

**Überhitzerzug** superheater gas pass [pow]

**Überhitzung** (→ Endü.) final steam temperature [pow]

**Überhitzungseinheit** (Dampflok) superheating unit [mot]

**Überhitzungsrohr** (in Rauchrohr) superheated tube [mot]

**Überhitzungsrohre** (Dampflok) superheated tubes [mot]

**überhöht** (-e Geschwindigkeit) excessive [mot]; (überhöhte Kurve) superelevated [mot]

**überhöhte Decklage** (Schweißtechnik) excessive reinforcement [met]

**Überhöhung** (Quergefälle, Überlappung) camber [bau]; (z.B. von Kurven) superelevation [mot]; (→ auch Querneigung)

**Überhöhung des Profils** (innen tiefer) superelevation [mot]

**überholen** (des anderen Autos) overtake [mot]; (des anderen Autos) pass [mot]; (reparieren) overhaul [mot]; (reparieren) repair [mas]; (restaurieren) recondition [mas]; (restaurieren) restore [bau]

**Überholklauenschaltung** override clutch gear change [mot]

**Überholsignalgerät** passing signal indicator [mot]

**überholt** (altes Modell) outmoded [abc]; (altes Modell) superseded [abc]; (antiquiert, alte Maschine) antique [abc]; (restauriert, z.B. Haus) rebuilt [bau]; (restauriert, z.B. Lok) restored [mot]; (vom Auto) overtaken [mot]; (vom Auto) passed [mot]

**Überholung** (Reparatur) overhaul [mot]; (Reparatur) repair [mas]; (→ Kesselü.)

**Überholungsgleis** overtaking line [mot]

**Überhub** (Steigrohre) overlifting [mas]

**Überkippbegrenzung** roll-back limitation [mbt]

**überkippen** (der Schaufel des Baggers) curling [mbt]; (Material im Löffel) curling ; (Material im Löffel) roll back [mbt]

**Überkopfposition** (z.B. bei Schweißen) overhead position [met]

**Überkopfschweißung** over hand weld [met]; overhead weld [met]

**Überkoppelecho** cross-talk echo [aku]; front-surface echo [elt]

**Überkreuzanordnung** (von Rolltreppen) criss-cross arrangement [mbt]

**Überkreuzung** cross [mbt]

**überkritischer Druck** supercritical pressure [pow]

**überlagern** superpose [abc]

**Überlandleitung** (auch Baustelle) power line [elt]; (lang, mit Stahlmasten) overland line [elt]; (lang, von Kraftwerk) overhead power supply [elt]; (lang, von Kraftwerk) overhead transmission line [elt]

**Überlandleitungsdraht** overhead conductor [elt]

**Überlandleitungsmast** pylon [elt]

**überlang** (z.B. Rollsteig) oversize [mbt]

**überlappen** (der Schweißnaht) overlap [met]

**Überlappstoß** lap joint [met]

**Überlappungsbrücke** overlap bridge path [mot]

**überlasten** (Auto, Tier, Mensch) overload [mot]; (Motor, Leitung, Pumpe) overcharge [mot]
**Überlastsicherung** overload protection [mbt]
**Überlastung** overcharging [mot]; overload [mot]
**Überlastungssicherung** overload relay [mbt]
**Überlauf** carry [edv]; (bei einem Tank) drain [mot]; (Flüssigkeit läuft über) overflow [abc]
**Überlaufanzeiger** out-of-range indicator [mot]
**Überlaufbohrung** overflow tap [mas]
**überlaufen** (Flüssigkeit läuft über) run over [abc]; (zum Feind) desert [mil]
**Überlaufschutz** (an Ladeschaufel) roll back limiter [mbt]
**Überleben** survival [abc]
**überleben** survive [abc]
**überlegen** (nachdenken) consider [abc]
**überlegt** (durchdacht) well considered [abc]; (wohl durchdacht) considerate [abc]
**Übermaß** (Überschreitung Lademaße) oversize [mot]; (zuviel, mehr als ausreichend) abundance [con]
**Übermittlung** (z.B. von Nachrichten) transmission [abc]
**übernehmen** (Verantwortung) assume [abc]; (Verantwortung) take [abc]
**überprüfen** (Material, Pässe) check [mes]; (politische Zuverlässigkeit) screen [pol]; (überwachen, durchsuchen) screen [pol]; (Vorleben eines Menschen) screen [abc]; (z.B. Pässe examinieren) examine [abc]
**Überprüfung** (Kontrolle, Durchsehen) check [mes]; (polizeiliche Ermittlung) investigation [abc]; (→ gründliche Ü.)
**Überrollbügel** roll bar [mbt]; rollbar [mbt]
**Überrollschutz** (an Ladeschaufel) roll back limiter [mbt]
**überschauen** survey [abc]

**überschlagen** (Auto bei Unfall) somersault [mot]
**überschneiden** (überlappen) overlap [abc]
**Überschneidring** overlapping ring [mot]
**Überschneidung** (Überlappung) overlapping [abc]
**überschüssig** (z.B. zu viel Kapazität) excess [abc]
**überschüssige Kapazität** excess capacity [abc]
**Überschüttungsschutz** (an Ladesch.) roll back limiter [mbt]
**Überschwemmung** (Wasserschaden) flood [abc]
**überschwingen** overshoot [mbt]
**Übersee** (in Übersee) overseas [cap]
**Überseegespräch** overseas call [abc]
**Übersendung** transmission [abc]
**übersetzen** (Fluß überqueren) cross [abc]; (Sprache A in Sprache B) translate [abc]
**Übersetzer** compiler [edv]; (Dolmetscher) interpreter [abc]; (meist schriftlich) translator [abc]
**übersetztes Wort** (Maschinenübersetzung) transfer [abc]
**Übersetzungsgetriebe** reducer [mas]
**Übersetzung** (einer Fremdsprache, Dolmetschen) interpretation [abc]; (Getriebe) transmission [mot]; (z.B. Englisch-Deutsch) translation [abc]; (Zahnrad) gear [mas]; (→ maschinelle Ü.)
**Übersetzung ins Langsame** (Zahnrad) gearing down [mas]
**Übersetzung ins Schnelle** (Zahnrad) gearing up [mas]
**Übersetzungsgetriebe** reducing gear [mas]
**Übersetzungsverhältnis** ratio of transmission [mas]; (des Getriebes) gear ratio [mot]; (des Getriebes) transmission gear ratio [mas]
**Übersicht** (Tafel, Chart) chart [abc]

**übersichtlich** (klar zu erkennen) clearly visible [abc]

**Übersichtsplan** layout plan [bau]; layout [abc]

**Übersichtszeichnung** general arrangement [con]; total drawing [con]

**Überspannungsableiter** high rupture fuse [elt]

**Überspannungsauslöser** over-voltage release [elt]

**überspielen** (Kassetten überspielen) dub [edv]; (z.B. durch Handschaltung) override [edv]

**Überspielen** (das Überspielen von Kassetten) dubbing [edv]

**überspringen** (Funke springt über) spark [abc]

**überspült** (von Wasser überschwemmt) submerged [bod]

**Überstand** (auch unerwünscht) projecting [mas]

**Überstromauslösung** overcurrent release [elt]

**Überströmleitung** (z.B. für Flüssigkeit) overflow pipe [mot]

**Überstromrelais** overcurrent relay [elt]; overload relay [elt]

**Überstromschutzschalter** overload safety switch [elt]

**Überströmventil** bypass valve [mot]; relay valve [mot]; (Bypass) by-pass valve [mot]

**Überstunden** (zusätzliche Zeit) overtime [abc]

**Überstundenzuschläge** surcharge for overtime [abc]

**übertage** (also nicht untersage) above surface [roh]; (nach übertage fördern) surface [roh]

**Übertrag** (Urlaub auf's nächste Jahr) carry over [eco]

**übertragbar** (z.B. Fahrkarte, Ausweis) transferable [mot]

**übertragen** copy [edv]; (ein Radio-, Fernsehprogramm) broadcast [tel]; (Funksignale gesendet) transmitted [elt]; (von Vorseite zur nächsten) carried over [abc]

**Übertrager** transformer [elt]; (Geber) transmitter [aku]

**Übertragung** (von Pflichten, Arbeit usw.) transfer [abc]

**Übertragungsfunktion** transfer function [elt]

**Übertragungsimpedanz** transfer impedance [elt]

**Übertragungsladung** transmittable booster charge [elt]

**Übertragungsspule** transformer coil [elt]

**Übertragungswand** transfer wall [mas]

**übertreffend** (höher an Können) surmounting [abc]

**übertriebener Reifendruck** overinflation [mot]

**überwachen** monitor [abc]; (Gebäude) guard [mil]

**Überwachung** (Bordelektrik Bagger) monitoring [mes]; (Gebäude) guard [mil]

**Überwachungsleiter** monitoring wire [elt]

**Überwachungsschalter** (der Rolltreppe) safety switch [mbt]

**Überwindung** (eines Problems, Sperre) overcoming [mbt]; (überlegen sein) surmounting [abc]

**Überwurfmutter** spigot nut [mas]; union nut [mot]; (Hutmutter) cap nut [mas]; (Verbindungsmutter) connection nut [mas]

**Überwurfschraube** union screw [mot]

**Überwurfschutz** (gegen fallendes Material) roll-back limiter [mbt]

**Überzug** (z. B. Lackschicht) coating [wst]

**U-Boot** submarine [mot]

**Übungsgefechtskopf** (Munition) training warhead [mil]

**Übungsgeschoß** (Munition) training shell [mil]

**Übungsgewehrgranate** (Munition) training rifle grenade [mil]
**Übungskopf** (Kugel; Munition) practice round [mil]
**U-Eisen** channel [wst]; rolled steel channel [mas]; U-iron [mas]
**U-Eisen-Stiel** channel buckstay [pow]
**Ufer** (fest) bank [cap]; (Fluß-, Meeresufer) shore [abc]
**Uferabstützung** shoring [abc]
**Uferbau** shoring [abc]
**Uferlinie** (Wasser zurückgezogen) strandline [abc]
**U-förmiger Zughaken** (Wagendeichsel) clevis coupler [mot]
**Uhr** (Größe ab Wecker) clock [mes]; (→ Schaltu.)
**Uhr mit Zentralsekundenzeiger** watch with sweep second hand [abc]
**Uhrzeigersinn** clockwise direction [abc]; (gegen den Uhrzeigers.) counter-clockwise [abc]; (gegen den Uhrzeigers.) ccw [abc]; (im Uhrzeigersinn) clockwise [abc]; (im Uhrzeigersinn) cw [abc]
**ultramarinblau** (RAL 5002) ultramarine blue [nrm]
**Ultraschall-** ultrasonic - [elt]
**Ultraschallausrüstung** ultrasonic equipment [elt]
**Ultraschallbefund** ultrasonic test result [elt]
**Ultraschalldickenprüfgerät** ultrasonic thickness tester [elt]
**Ultraschallfrequenz** ultrasonic wave frequency [elt]
**Ultraschallgenerator** ultrasonic generator [elt]
**ultraschall-geprüft** ultrasonic tested [elt]
**Ultraschallmikroskop** ultrasonic microscope [mes]
**Ultraschallnachweis** (Nachweis) ultrasonic flaw detection [elt]; (Suche) ultrasonic flaw tracing [elt]

**Ultraschallprüfgerät** ultrasonic flaw detector [mes]
**Ultraschallprüfung** ultrasonic inspection [mes]
**Ultraschallresonanzgerät** ultrasonic resonance meter [elt]
**Ultraschallschranke** ultrasonic barrier [elt]; ultrasonic beam [mbt]
**Ultraschallschweißen** ultrasonic welding [met]
**Ultraschalltest** US-testing [mes]
**Ultraschallwarmschweißen** ultrasonic hot welding [met]
**Ultraschallwelle** ultrasonic wave [phy]
**Ultraschallzange** ultrasonic tongs [elt]
**Ultraschallzerstäuber** (Ölbrenner) ultrasonic atomiser [elt]
**Ultrasonel** ultrasonel [elt]
**ultraviolett** ultraviolet [abc]
**um 30 %** by 30 % [abc]
**um 7 Grad gedreht gez.** drawn as turned by 7 degrees [con]
**um 8 Grad kälter** by 8 degrees colder [wet]
**um die Jahrhundertwende** by the turn of the century [abc]
**Umbau** (Abänderung, Änderung) change [wst]; (der Stranggießanlage) remodelling [mas]; (der Zwischenstaffel) revamping [mas]; (Neubau, Neuaufbau) rebuilding [met]; (z. B. der Baggerausrüstung) conversion [mbt]
**umbauen** (z. B. Schaufel auf Tieflöffel) converse [mbt]
**Umbaugruppe** conversion group [mbt]
**Umbausatz** (alles was dazugehört) conversion set [mbt]
**Umbauten** (von Geräten) re-arrangement [mas]
**umbragrau** (RAL 7022) umber grey [nrm]
**Umbruch** (der Seiten; im Pressewesen) page proof [abc]; (politisch; Revolution) revolution [pol]
**umdrehen** (Richtung; rückwärts fahren) reverse [abc]

**Umdrehung** (des Motors) revolution [mas]; (des Rohrprüfblocks) rotation of the [mas]; (z.B. des Hubschrauber-rotors) rotation [mot]
**Umdrehung/min.** rotations/min. [mas]
**Umdrehungen pro Minute** (Upm) rotations per minute [mas]
**Umdrehungstaktgeber** synchronizing cycle generator [elt]
**Umdrehungszahl** (hohe Umdrehungs-zahl) high revolution rate [mas]
**umfahren** (einen Ort) travel around [abc]
**Umfang** circumference [con]; (Aus-maß, Lieferumfang) scope [mas]; (Breite) width [abc]; (Kontur, Silhou-ette) contour [wst]; (Maß, Ausmaß) dimension [con]; (Rechteck) perimeter [pow]; (z.B. einer Aufgabe) extent [abc]
**Umfangsgeschwindigkeit** circum-ferential speed [phy]; peripheral speed [phy]; peripheral velocity [phy]
**Umfangskraft** peripheral force [phy]
**Umfangsschweißung** circumferential weld [met]
**umfassen** (z.B. 7 Oktaven des Kla-viers) encompass [abc]
**umfassend** (z. B. umfassendes Pro-gramm) comprehensive [abc]
**umfassendes Fertigungsprogramm** comprehensive line [abc]
**Umfeld** environment [abc]
**Umformer** (Trafo) transformer [elt]; (z. B. Drehmomentwandler) converter [elt]; (→ Gleichstromu.)
**Umformtechnik** (Press-, Stanz-, Zieh-) metal forming [met]
**Umfrage** (Befragung) opinion poll [po]l
**Umfrageergebnis** (-ergebnis) poll [pol]
**umführen** (Rauchgas) by-pass [pow]
**Umführung** by-pass [pow]
**Umführung der Bremszugstange** coffin rod [mot]

**Umführungsklappe** by-pass damper [pow]
**umgangssprachlich** (colloquial) coll [abc]; (colloquial) colloquial [abc]
**umgeben** (einschließen in etwas) include [mas]
**Umgebung** environment [edv]; (→ aktuelle U.; → Definitionsu.; → Laufzeitu.)
**Umgebungstemperatur** ambient temperature [wet]
**umgehen** (mit jemandem Umgang haben) keep company [abc]; (z.B. durch Bypass) by-pass [pow]
**umgehend** ("Dringend!") immediately [abc]; (höflich) at your earliest convenience [abc]
**Umgehungsleitung** bypass [mot]
**Umgehungsventil** by-pass valve [mas]
**umgestalten** re-arrange [abc]
**Umgrenzungsprofil** (Passe Partout) loading gauge [mot]
**umhüllt** (geschützt, behütet) shielded [mas]; (verpackt) wrapped [abc]
**umhüllte Elektrode** coated electrode [elt]
**umhüllte Schweißelektrode** covered electrode [met]; mild steel covered electrode [met]
**Umhüllung** (Mantel, Schutz) guard [mot]; (Mantel, Schutz) protector [mot]
**umkehrbar** (umsteuerbar) reversible [mbt]; (zur anderen Seite) reversible [mot]
**Umkehrerscheinung des Sehens** visual reversal [edv]
**Umkehrlöffel** (alte Baggerausrüstung) reversible bucket [mbt]
**Umkehrstation** (der Rolltreppe) reverse station [mbt]
**Umkehrtrommelmischer** non-tilt drum-mixer [mot]
**Umkehrwelle** reversing shaft [mbt]
**umkippen** (z.B. im Sturm) tip over [abc]

**Umkleideraum** (Waschraum) locker room [abc]

**Umkodierung** code converting [edv]

**Umladestation** transfer station [mot]

**Umlage** (Verteilung Gemeinkosten) allocation [eco]

**Umlauf** (Kreislauf des Kühlwassers) circuit [pow]; (um eigene Achse rotieren) rotation [mas]; (von Himmelskörpern) orbit [abc]; (z.B. Fluß des Kühlwassers) flow [mot]

**Umlaufbahn** (von Himmelskörpern) orbit [abc]

**Umlaufblech** (Wartungsbühne Lok) running board [mot]

**Umlaufdrehzahl** (Motor im Leerlauf) idle speed [mot]

**Umlaufecho** circumferential echo [elt]

**umlaufende Naht** weld all around [met]

**umlaufendes Schneidmesser** extended cutting edge [mot]; wrap-around cutting edge [wzg]

**Umlaufentgasung** vacuum recirculation process [mas]

**Umlaufführung** (des Stufenbandes) chain reversing guide [mbt]

**Umlaufgeschwindigkeit** (der Erde) orbitual speed [abc]

**Umlaufgetriebe** (Planetenantrieb) planetary gear [mot]

**Umlaufvorschub** (z.B. einen Takt weiter) rotation and feeding [mbt]

**Umlaufvorschubhärtung** rotor feed hardening [mas]

**Umlaufzeit** (Spielzeit des Beladens) cycle time [mbt]

**Umlegeeinrichtung** (für Ramme) folding down device [mbt]

**umlegen** (anders legen) reroute [mbt]

**Umleitung** bypass [elt]

**umlenkbar** (Rolltreppe i. Spitzenzeit) reversible [mbt]

**Umlenkhebel** steering lever [mot]; (der Feststellbremse) pivot arm [mot]

**Umlenkrad** reversing wheel [mas]; (für Handlauf in Bal. -kopf) idler <guide> wheel [mbt]

**Umlenkrolle** (nicht am Bagger!) return pulley [mot]; (Turas des Baggers) idler [mbt]

**Umlenkstation** (der Rolltreppe, unten) return station [mbt]; (der Rolltreppe, unten) reverse station [mbt]

**Umlenkturas** (des Hydraulikbaggers) idler [mbt]; (des Schaufelradbaggers) return tumbler [mbt]; (des Schaufelradbaggers) front tumbler [mbt]

**Umlenkung** circle reverse control [mot]

**Umlenkwelle** return chain sprocket shaft [mbt]

**Umluftheizung** circulating air heating [mot]

**Ummantelung** (Kleidung) coat [bau]

**Ummantelung mit Beton** concrete cover [bau]

**umnachtet** (geistig beschränkt) mentally unbalanced [med]

**umrangieren** (Lok von vorn nach hinten) run round her train [mot]

**Umrechnungsformel** (z.B. lbf in kp) formula to convert [abc]

**Umrechnungstafel** conversion table [mot]

**Umreifungsdraht** strapping wire [wzg]

**Umreifungsgerät** strapping tool [wzg]

**Umreifungskopf** strapping head [mas]

**Umreifungsmaschine** strapping machine [wzg]

**Umreifungsmaschinen/-köpfe** strapping machines and heads [wzg]

**Umreifungssystem** strapping system [wzg]

**Umriß** (Kontur, Planung) outline [con]

**umrüstbar** (z. B. Hoch- auf Tieflöffel) convertible [mbt]

**umrüsten** (andere Ausrüstung) convert [mbt]; (auswechseln) change [met]; (in Einzelheiten verändern) modify [abc]; (z. B. andere Ausrüstung dran) change of attachment [mbt]

**Umrüstsatz** (Umbausatz) conversion kit [mbt]; (Umbausatz) conversion set [mbt]; (Änderung, z.B. Ausrüstung) conversion [mbt]

**Umrüstung** (Neubau, Neuformulierung) reconstruction [mas]; (Veränderung des Gerätes) change [mot]

**Umsatz** (bei Versicherungen) turnover [jur]; (Rolltreppen) exchange [mbt]

**Umsatzerlös** (der versicherten Firma) sales exposure [jur]; (der versicherten Firma) turnover exposure [jur]

**Umschaltbolzen** (im Steuerventil) spool [mot]

**umschalten** change over [elt]; (CAL auf Handbedienung) override [mbt]; switch [elt]

**Umschalter** change-over switch [elt]

**Umschaltfrequenz** switching rate [mbt]

**Umschaltung** (auf anderen Gang) shifting [mot]; (z.B. Bewegen von Hebeln) switching [elt]

**Umschaltventil** (kehrt etwas um) reversing valve [mas]

**Umschlag** (auf Schwellung, Wunde) bandage [med]; (Briefcouvert) envelope [abc]; (von Gütern) handling [mot]

**Umschlag und Lagerung** rehandling and storage [abc]

**Umschlag und Spedition** rehandling and forwarding [abc]

**Umschlaganlage** handling plant [roh]

**Umschlaganlagen** bulk materials handling equipment [mot]

**Umschlagbagger** rehandling excavator [mbt]

**Umschlagbetrieb** rehandling operation [mbt]

**Umschlaggeräte und -anlagen** materials handling plants and systems [roh]

**Umschlaggreifer** rehandling grab [mbt]

**Umschlagstation** transfer station [mot]

**Umschlagtechnik** materials handling [abc]

**Umschlingungswinkel** arc of contact [mas]

**Umschulungsmaßnahme** retraining <training->measure [abc]

**umschweißt** (Naht um drei Seiten) boxed [mas]

**Umschweißung** (Naht um drei Seiten) boxing [met]

**umseitig** (bitte wenden) overleaf [abc]

**umsetzen** (ein Gerät von A nach B) tram [mbt]; (Lok rangiert) runs round her train [mot]; (rangieren; Lok setzt um) run round [mot]; (z. B. Bagger, neue Stelle) change [mot]

**Umsetzen** tramming [mbt]; (Lok rangiert um Zug) running round her train [mot]

**Umsetzen des Materials** transport [roh]

**Umsetzer** converter [mbt]

**Umsetzstation** reversing station [mbt]; (der Rolltreppe) return station [mbt]

**Umsetzstation mit Endschalter** return station with limit switch [mbt]

**Umspannwerk** relay station [elt]

**umständlich** (in der Wortwahl) verbose [abc]

**umstellen** (Telefon) put through [tel]

**umsteuerbar** (umkehrbar) reversible [mbt]

**Umsteuerhebel** (in Lok, Steuerwagen) reverse lever [mot]

**Umstrukturierungskonzept** concept to reorganize [abc]

**Umwälzgebläse** recirculating fan [pow]

**Umwälzpumpe** recirculating pump [pow]; (z. B. für Kühlwasser) circulation pump [mot]

**Umwandler** exchanger [abc]

**Umwandlungsgestein** metamorphic rock [min]

**Umwandlungstemperatur** conversion temperature [wst]

**Umweg** (längere Strecke) detour [mot]

**Umwegfehler** extended sound path [elt]

**Umwelt** (die Welt um uns) environment [abc]

**Umweltbundesamt** Environmental Protection Agency [pol]

**umweltfreundlich** (Natur schonend) not unduly intruding the environment [abc]

**Umweltschaden** (z.B. durch Treibgas) damage to the environment [air]

**Umweltschutz** environmental protection [abc]; (z.B. bei Streckenführung) environmental control [mot]; (Naturschutz) protection of the environment [abc]

**Umweltschutzamt** Environmental Protection Agency [pol]

**Umwelttechnik** environmental technology [mot]

**umwelttechnische Verfahren** environmental technology [abc]

**Umwickelanlage** coiling line [wst]

**umwickeln** (etwas drumwickeln) Wind [abc]

**umziehen** (Kleid) change [abc]

**Umzug** (Karneval, Fastnacht) parade [abc]; (Möbel) moving [mot]; (Politik) demonstration [pol]; (Religion) procession [abc]

**Umzugswagen** (besser: Möbelwagen) moving van [mot]

**unabhängig** (frei) independent [abc]; (nicht betreffend) irrespective [abc]

**unabhängig verzögert** definite time-lag [elt]

**unabhängige Quelle** autonomous source [abc]

**unabhängige Veränderliche** independent variable [mat]

**unabsichtlich** not deliberately [abc]; unintentional [abc]

**U-Naht** single U [met]; U-weld [met]

**unaufgefordert** (von alleine) automatically [abc]

**unaufrichtig** crooked [abc]

**Unausgeglichenheit** (Schräglage) dis-

tortion [pow]; (Schräglage) unbalance [abc]

**unbearbeitet** crude [bau]; raw [wst]; (roh, als Rohling) rough [mas]; (roh, als Rohling) unmachined [mbt]

**unbedingt erforderlich** definitely necessary [abc]

**unbefleckt** (makellos) immaculate [abc]

**unbefristet** not terminated [jur]

**unbegreiflich** incomprehensible [abc]

**unbegrenzt** unlimited [abc]

**unbegrenzt vollständiger Einbrand** unlimited complete penetration [met]

**unbegrenzte Stunden** (-zahl) unlimited hours [abc]

**unbegründet** (nicht fundiert) unfounded [abc]; (nicht fundiert, unrichtig, gegenstandslos) unfounded [abc]

**unbeheiztes Fallrohr** unheated downcomer [pow]

**unbeladen** empty [mot]; (GB) unladen [mot]; (ohne Ladung) unloaded [abc]

**unbelegt** (ohne Begrenzung) unlined [mas]

**unbemaßt** (in Zeichnung) without dimensions [con]

**unbemaße Radien** (auf Zeichnungen) radii without dimensions [con]

**unbequem** uncomfortable [abc]

**unberücksichtigt** disregarded [abc]

**unberücksichtigt lassen** disregard [abc]

**unberuhigt** (Stahl) unkilled [mas]

**unbeschadet davon** apart from this [abc]

**unbeschädigt** undamaged [abc]

**unbestimmte Lastrichtung** direction of loading indeterminate [wst]

**unbestreitbar** (unstreitlich) arguable [abc]

**unbeweglich** stiff [abc]

**unbewohnt** (ohne Menschen) uninhabited [abc]

**und** (plus, auch, ebenfalls) plus [abc]

**undicht sein** leak [pow]

**undichte Stelle** leakage [pow]
**Undichtheit** (Leck) leak [mas]; leakage [pow]
**UND-Knoten** (in Zielbäumen) AND nodes [edv]
**undurchsichtig** (z.B. Pappe, Holz) intransparent [abc]; opaque [mbt]
**Undurchsichtigkeit** opaqueness [mbt]
**uneben** (holperige Straße) bumpy [mot]; (nicht glatt) uneven [abc]; (Sohle im Steinbruch) uneven [roh]
**unehrlich** crooked [abc]; dishonest [abc]
**unentbehrlich** indispensable [abc]
**unerwartet** unexpected [abc]
**unfähig** not able [abc]; unable [abc]
**Unfähigkeit** (...etwas einzuhalten) inability to comply [abc]
**Unfall** accident [abc]
**Unfall <nur> mit Blechschaden** fender bender [mot]
**Unfallflucht** leaving the site of an accident [mot]; (Er beging U.) hit and run [mot]
**Unfallgefahr** accident hazard [abc]; danger [mbt]; danger of accidents [mot]; risk [abc]
**Unfallort** site of the accident [mot]
**Unfallverhütung** accident prevention [abc]
**Unfallverhütungsmaßmahmen** safety precautions [abc]
**Unfallverhütungsvorschriften** safety regulations [abc]
**Unfallversicherung** accident insurance [jur]
**unfertige Erzeugnisse** work-in-process [mas]
**ungebeizt** unpickled [mas]
**ungebundene Decke** unstabilized [bau]
**ungedämpfter Prüfkopf** undamped probe [met]
**ungeeignet** unfit [abc]
**ungeerdet** not earthed [elt]
**ungefähr** approximate [abc]

**ungeglüht** unannealed [mas]
**ungehärtet** unhardened, soft [mas]
**ungehindert** unhampered [abc]
**ungekürzte Fassung** (des Buches) unabbridged version [abc]
**ungenügende Beharrung** unsteady laod [pow]
**ungerade** odd [abc]
**ungerade Zahl** odd number [abc]
**ungesättigt** unsaturated [abc]
**ungeschützt** unprotected [abc]
**ungesprengt** without prior blasting [roh]
**ungesprengte Wand** natural face [min]; virgin face [roh]
**ungestört** undisturbed [abc]
**ungestörte Probe** undisturbed sample [bau]
**ungeteilter Felgenring** solid rim ring [mot]
**ungeteilter Seitenring** solid side ring [mot]
**ungeteilter Spurstange** solid track rod [mot]
**ungeübte Arbeitskräfte** unpractised operatives [abc]
**ungewiß** (nicht entschieden) abeyance [abc]
**ungewollt** abnormal [abc]
**ungleich** uneven [abc]
**ungleiche Paarung** mismatch [abc]
**ungleichmäßig** (verteilt, in Zeichnung) uneven, unevenly [abc]
**ungültig** invalid [abc]
**Ungültigkeit** invalidity [abc]
**uni** (nur eine Farbe) solid [abc]
**unifizierung** (in der Logik) unification [edv]
**uniform** uniform [mil]
**unipolares Halbleiterelement** unipolar semi-conductor [elt]
**unisoliert** (-es Elektroband) non-insulated [elt]
**Universal-** universal [abc]
**Universaldruckschlauch** universal pressure hose [mot]

**Universalgerät** versatile machine [abc]
**Universallöffel** reversible bucket [mbt]
**Universal-Planierschild** U-blade [mbt]
**Universalschaufel** general purpose bucket [abc]
**Universalschlüssel** (Franzose) monkey wrench [wzg]
**universelle Kompensation** universal compensation [elt]
**universelles Gerät** general purpose unit [abc]
**Universität** university [abc]
**Unkraut** weeds [bff]; (Wildkraut) weed [bff]
**unlegiert** (z.B. Schrott) unalloyed [mas]
**unleserlich** illegible [abc]
**unlöslich** (z.B. durch Verdünner, Säure) insoluble [abc]
**unmenschlich** not human [abc]; inhumane [abc]
**unmittelbare Anzeige** direct indication [elt]; direct scan [elt]
**unmittelbare Sendeimpulsanzeige** direct scanning indication [abc]
**unmoralisch** immoral [abc]
**unnatürlich** unnatural [abc]
**unordentlich** disorderly [abc]
**Unrat** debris [rec]; trash [rec]; waste [rec]; (Abfall) junk [rec]; (wertloser Abfall) garbage [rec]
**unreparierbar** beyond repair [mas]
**Unrundheit** (Rohre) out-of-roundness [mas]
**unscharf** (Messer) blunt [abc]; (Photo) blurred [abc]
**Unschärfe** (des Messers) bluntness [abc]; (von Schneide, Foto) unsharpness [abc]
**Unsicherheitsbereich** critical range [elt]; dubious range [elt]
**unsiliziertes Elektroband** non silcon-graded electrical strip [elt]
**unsterblich** immortal [abc]
**untätig** (müßig herumsitzen) sit [abc]

**untauglich** unfit [abc]
**unten** (Treppe, unter Deck) below, down [abc]; (Zeichnungen) bottom [con]
**unten abgestützter Kessel** bottom supported boiler [pow]
**unter** below [abc]; under [abc]
**Unter ...** (untere...) lower [abc]
**unter der Erde** (z.B. Bergbau) underground [abc]
**unter der Voraussetzung, daß...** presupposing that... [jur]
**unter Druck** (z.B. Schild im Bergbau) pressurized [abc]
**unter Last** under load [mot]
**unter Last schaltbar** shiftable under load [mot]
**unter Spannung** hot [elt]
**unter Tage** underground mining [roh]
**unter Verwendung von Übergangs-netzen** using transition nets [edv]
**Unterbandgirlande** lower catenary idler [mbt]
**Unterbau** chassis [mot]; undercarriage [mas]; (Bahntrasse unter Schotter) track bed [mot]; (Basis, Fundament) base [bau]
**Unterbeschäftigung** (wegen Arbeitsmangel) under-employment [abc]
**Unterboden** (Erde unter Mutterboden) subsoil [geo]
**unterbrechen** (auch EDV) interrupt [mot]
**Unterbrecher** breaker [elt]; circuit breaker [elt]; contact breaker [mot]; interrupter [abc]
**Unterbrecherhebel** breaker lever [elt]
**Unterbrecherkontakt** contact breaker point [mot]; contact point [elt]
**Unterbrechernocken** cam and stop plate [mot]
**Unterbrechung** (in EDV) interrupt [edv]; (→ Arbeitsu.)
**Unterbrechungsnocken** contact breaker cam [mot]

**Unterbrechungsschalter** (Unterbrecher) circuit breaker [elt]
**unterbreiten** submit [abc]
**unterbringen** (aufnehmen) accommodate [abc]
**Unterbringung** accommodation [abc]; (in Gehäuse) housing [mas]
**unterbrochen** interrupted [abc]
**unterdimensioniert** undersized [mbt]
**Unterdruck** suction [pow]; vacuum [mot]; (Dampflok) low pressure [mot]
**Unterdruckanzeige** underpressure indicator [abc]
**unterdrücken** (niederhalten) suppress [pol]
**Unterdruckförderer** vacuum pump element [mot]
**Unterdruckmesser** vacuum gauge [mot]
**Unterdruckregler** vacuum governor [mot]
**Unterdrückung** (z.B. durch Diktatur) oppression [pol]
**Unterdrückungsstufe** suppression stage [elt]
**unterdurchschnittlich** below average [abc]
**untere Bewehrung** bottom reinforcement [bau]
**untere Breite** (Keilriemen) bottom width [mas]
**untere Motorschutzplatte** belly plate [mbt]
**unterer** lower [abc]
**unterer Heizwert** lower calorific value [pow]; net calorific value [pow]
**unterer Kettenspannkontakt** lower chain tension switch [mbt]
**unterer Seitenwandsammler** lower side wall header [pow]
**unterer Teil des Kühlers** bottom tank [mot]
**unterer Totpunkt** l.d.c. [mot]
**untereutektisch** hypoeutectic [wst]

**unterfangen** (stützen) underpin [bau]
**Unterflurmotor** under floor engine [mot]
**Unterführung** undergrade crossing [bau]; (für Bahn) dive under [mot]; (für Fußgänger) subway [mot]
**untergärig** (z.B. Bier, Hefe) bottom fermenting [abc]
**untergegangen** (gesunkenes Schiff) sink [mot]; (U-Boot, Haus, Fahrzeug) submerged [abc]
**untergehen** (Schiff) sink [mot]; (Sonne, Mond) set [abc]
**Untergeschoß** basement [bau]
**Untergestell** chassis [mot]; (des Waggons) underframe [mot]
**Untergrund** underground [abc]
**Untergrundbahn** subway [mot]; tube [mot]; underground [mot]
**Untergrundneigung** subsurface tilt [edv]
**Untergruppenmerkmal** subgroup feature [jur]
**Untergurt** (bei Kastenkonstruktion) bottom chord [mbt]; (I-Träger) bottom flange [mas]
**Untergurtgirlande** (Großförderband) lower catenary idler [mas]
**Unterhaltung** (Alleinunterhalter) entertainment [abc]; (Wartung) maintenance [pow]
**Unterhaltung von Erdwegen** maintenance of dirt and gravel road [mbt]
**Unterhaltungskosten** upkeep cost [abc]
**Unterhemd** shirt [abc]
**Unterhose** slip [abc]
**unterirdisch** (Bergbau) underground [roh]
**unterirdischer Brennstoffbehälter** underground fuel tank [pow]
**Unterkante** lower cutting edge [mbt]
**unterkritischer Druck** sub-critical pressure [pow]
**Unterkunft und Verpflegung** board and lodging [abc]; food and accommodation [abc]

Unterlage 516

Unterlage base [mas]; pad [abc];
support pad [mot]; support plate
[mas]; underlayer [mas]; (beim
Schweißen) backing [met]; (wie
Kissen, Polster) pad [abc]; (→
Ausschreibungsu.)
Unterlagen (Daten, Angaben) data
[abc]; (Dokumente, Akten) documents
[abc]; (Prospekte, Werbematerial)
literature [abc]
Unterlagplatte (Schiene/Schwelle)
steel base plate [mot]
Unterlagsblech (zur Deutlichmachung,
bei Strahlentest) shim [met]
Unterlagsblock pad [abc]
Unterlagsplatte tie plate [mas]
unterlassen (nicht tun) fail to [abc]
Unterlegkeil wedge [mot]; (für Kfz)
chock [mot]; (für Kfz) wheel chock
[mot]
Unterlegscheibe (allgemein) washer
[mas]; (Federring) spring lock washer
[mas]; (im Zylinder) shim [mot];
(Sicherungsblech) safety tab washer
[mas]; (→ blanke U.; → rohe U.)
Unterlieferant (mit Zweitvertrag)
subcontractor [abc]; (→ Subunternehmer)
untermauern (z.B. Beton/Steinfunda-
ment) found [bau]
Unternahtriß (der Schweißnaht) toe
crack [abc]
Unternahtriß in der Wärmeeinflußzone underbead crack [met]
Unternehmen (Firma) company [eco]
Unternehmensbeschreibung
description of occupation [jur]
Unternehmenscharakter state of
occupation [jur]
Unternehmensgruppe group of companies [abc]; Group [abc]
Unternehmensleitung board of
management [eco]; (allgemein)
management [abc]
Unternehmenspolitik company policy
[eco]

Unternehmer (Arbeitgeber) employer
[abc]; (mit Ideen) initiator [abc]
Unterpulverschweißen submerged arc
welding [met]
Unterrahmen underframe [mot]
Unterrahmenaußenseite under frame
exterior [mot]
Unterrahmenkonstruktion under
frame structure [mot]
Untersatz pedestal [bau]; (für Fernseher) trolley [cap]; (für Fernseher)
TV stand [bff]
unterschiedlich various [abc]
unterschiedliche Belastungsanfor-
derungen variety of loads [mas]
unterschiedliche Formen (unterschiedliche Dicken) various degrees of
thickness [abc]
Unterschieneschweißen fire-cracker
welding [met]
unterschlagen (widerrechtlich) em-
bezzle [abc]
unterschreiben sign [abc]
unterschreiten (ein gesetztes Ziel) fall
short of [abc]
Unterschreitung (z.B. alten Rekord)
undercut [abc]
Unterschrift signature [abc]; (Wort
statt echter Unterschrift) sgd [abc]
Unterschriften der Geschäftsführung
signatures of the managers [abc]
unterschriftsberechtigt (für Fa.)
authorized to sign [eco]
Unterschubrost underfeed stoker
[pow]
Unterseeboot (→ U-Boot) submarine
[mot]
Unterseite des Ventiltellers valve lip
[mas]
Untersetzer (elektr. Untersetzer) scaler
[elt]
untersetzter Eingang dividing input [elt]
Untersetzung reduction [mas]; (Planetenuntersetzung) reduction [mas]
Untersetzungsgetriebe reduction gear
[mas]

**Untersetzungsschalter** dividing switch [elt]

**Untersetzungsverhältnis** dividing rate [elt]; reduction ratio [mas]

**Untersetzungszähler** pulse count reducer [elt]

**Untersicht** truss soffit [mas]; (Bodendeckel unter Gerüst) soffit [mbt]; (der Rolltreppe) soffit [mbt]

**Untersichtsbeleuchtung** soffit light [mbt]

**Unterspülung** scouring [bod]; washout [bau]

**Unterstand** (für Fahrzeuge im Krieg) vehicle slot [mil]

**unterste Lage** (des Kranseils) bottom layer [mbt]

**unterster Teil** bottom [abc]

**unterstützen** support [abc]; (kräftigen, fördern) boost [abc]

**unterstützend** (Tu was für mich!) backing [abc]

**unterstützende Lok** booster locomotive, engine [mot]

**Unterstützung** (z.B. finanziell) support [abc]

**Unterstützungskasse** pension fund [abc]

**Unterstützungsvorrichtung** supporting device [mas]

**untersuchen** (z.B. ein defektes Gerät) examine [abc]

**untersucht** (nochmals überprüft) reviewed [abc]

**Untersuchung** (auch ärztlich) examination [abc]; (→ einfache U.; → Feldu.; → kalorimetrische U.; → statische U.; → Voru.)

**untertage** (im Bergbau) below surface [roh]

**Untertageausbau** pit support structure [roh]

**Untertagebau** deep mining [roh]

**Untertagebergbau** (US) underground mining [roh]

**Untertagebetrieb** deep mining operation [roh]

**Unterteil** base [mot]; (Basis, Grundplatte) base [bau]

**Unterteilung** subdivision [abc]

**Untertrommel** lower drum [pow]; water drum [pow]

**Unterwagen** undercarriage [mbt]

**Unterwagen - lang** undercarriage long [mbt]

**Unterwagenmittelteil** carbody [mbt]; H-frame [mbt]; (Traverse) traverse [mot]

**Unterwagenrahmen** carbody [mbt]; centre frame [mbt]; chassis [mot]; crawler base [mbt]

**Unterwasserbaggerei** marine contractor [mot]

**Unterwasserbaggerpumpe** underwater dredge pump [mot]

**Unterwasserbaggerung** (z.B. mit Bagger) under-water digging [mot]

**Unterwassergewächse** (Pflanzen, Kraut) submerged weeds [bff]

**Unterwasserkratzer** submerged ash conveyor [mbt]; under-water scraper [wzg]

**Unterwassermassagebad** whirlpool [abc]

**Unterwassermine** under-water mine [mil]

**Unterwasserpflanzen** submerged weeds [bff]

**Unterwasser-Plasmabrennschneidanlage** plasma-underwater-flame-cutting mach [mas]

**Unterwasserschneidradbagger** underwater cutting wheel dredger [mot]

**Unterwasserschneidrad** under-water cutting wheel [mot]

**Unterwasserschneidrad** UW cutting wheel [mot]

**Unterwasserschneidradbagger** underwater cutting wheel dredger [mot]

**Unterwassersichtgerät** (am Ponton) UW depth and positioning indicator [mot]

**Unterwasserzielrakete** under-water target rocket [mil]

**unterwerfen** submit [abc]
**Unterwind** (Rost) undergrate air [pow]
**Unterwindkanal** bottom air duct [pow]
**Unterwindpressung** undergrate air pressure [pow]
**Unterwindventilator** F.D. fan [air]; forced draught fan [pow]
**Unterwindzone** air plenum chamber [pow]; forced draught compartment [pow]; (Rost) air plenum chamber [pow]; (Rost) forced draught compartment [pow]
**Unterwindzonenwanderrost** forced draught compartment-travelling grate stoker [pow]; travelling grate stoker with air compartments [pow]
**Unterzeichnung** signing [abc]
**unterziehen** (einer Prüfung) make subject to [abc]
**Unterzug** girder [bau]; (Querträger) transom [mbt]; (Träger im Fachwerkverband) bearer [con]
**Untiefe** (im Fluß) shallow [mot]
**unübertroffen** (enorme Leistung) unsurpassed [abc]; (keiner ist besser) unmatched [abc]
**ununterbrochen** (pausenloses Graben) continuous [roh]
**unverantwortlich** irresponsible [abc]
**unveräußerlich** (-es Recht) inalienable [abc]
**unverbranntes Gas** unburned gas [pow]
**unverdünnt** undiluted [abc]
**unverkleidete Rohrwand** bare water wall [pow]
**unvermeidbar** inevitable [abc]; unavoidable [abc]
**unvermeidlich** unavoidable [abc]
**unverpackt** (daher sperrig) bulk [bau]
**unverschieblich** undisplaceable [abc]
**unverständlich** incomprehensible [abc]
**unverzichtbar** indispensable [abc]
**unverzinkt** non-galvanized [wst]

**unvollständige Verbrennung** incomplete combustion [pow]
**Unwägbarkeiten** imponderabilities [abc]; uncertainties [abc]
**unwegsam** impassable [abc]
**Unwucht** vibration [mot]; (Reifen nicht gleichmäßig) unbalance [mot]
**Unzufriedenheit** (Ärger) dissent [wst]
**unzulässig** undue [abc]
**unzulässige Linienzeichnung** illegal line drawings [edv]
**update** (aktualisieren) update [edv]
**U-Potentiometer** r.p.m. potentiometer [elt]
**U-Profil** channel [wst]
**U-Profil-Stahl** steel channel [mas]
**U-Profile** channels [wst]
**U-Ring** U-ring [mot]
**UP** (unter Pulver geschweißt) submerged arc welded [met]; (Unterpulverschweißen) SAW [met]
**Upm** (Umdrehung pro Minute, Drehzahl) revs/min [mas]
**Urgestein** primitive <primary> rocks [min]
**Urin** (Ausscheidung, Exkrement) urine [abc]
**Urinal** (in Herrentoilette) urinator [abc]
**Urlaub** furlough [abc]; vacation [abc]; (auch Militär) leave [abc]
**Urlaubsanspruch** granted leave [abc]
**Urlaubsgeld** vacational benefit [abc]
**Urlaubspläne** plans for my vacations [abc]
**U-Rohr** U-shaped tube [mas]
**Ursache** reason [abc]
**Ursprung** origin [abc]
**Ursprungsland** country of origin [abc]
**Ursprungsstückliste** original bill of materials [abc]
**Ursprungszeugnis** certificate of origin [abc]
**Urteil** (Ende Strafprozeß; Verurteilung) sentence [pol]; (Verurteilung Freiheitsstrafe) sentence [pol]; (z.B. Gerichtsurteil) verdict [pol]

**urteilen** (bei Gericht; → verurteilen)
sentence [pol]

**Urwald** jungle [bff]

**urwaldartig** (-e Bewachsung) jungle-
type [abc]

**US** (United States of America) US
[pol]

**US Prüfvorschrift** (ultra-sonic) US
test specification [met]

**U-Schild** U-blade [mot]

**US-prüfen** (Ultraschall) US testing
[met]

**US-Prüfgerät** (Ultraschallgerät) US
equipment [met]

**U-Stahl** (als Ware, Träger) channels
[wst]

**usw.** ( . . . und so weiter.) etc. [abc]

**UVV** (Unfallverhütungsvorschrift)
accident prevention rules [nrm]

**UZG** (untere Zündgrenze, Verdünner)
LIL [mot]

# V

**Vakuum** vacuum [abc]
**Vakuumarmaturen und -zubehör**
vacuum fittings and accessories [mas]
**Vakuumbremse** vacuum servo brake
[mot]
**Vakuumbremskraft** vacuum brake
force [mot]
**vakuumentgast** vacuum degasified [mas]
**Vakuumformen** (Vakuumprozess mit
Folie) vacuum forming [mas]
**Vakuumfrischen** vacuum oxygen
decarburisation [mas]
**Vakuumhebegerät** vacuum lifter [mbt]
**Vakuumlichtbogenofen** vacuum arc
heating [mas]
**vakuummetallurgische Anlagen**
vacuum metallurgical plants [mas]
**vakuummetallurgische Anlagen und
Verfahren** vacuum metallurgical
plants and processes [mas]
**vakuummetallurgische Verfahren**
vacuum metallurgical processes [mas]
**Vakuummeter** vacuum gauge [mot];
vacuum meter [mot]
**Vakuumpumpe** vacuum pump [mot]
**Validation** life-cycle validation [edv];
validation [edv]
**Vanadiumstahl** vanadium steel [wst]
**Vandalismus** (Zerstörungswut)
vandalism [abc]
**Variable** (Platzhalter, z.B. EDV) variable
[edv]; (→ freie V.; → gebundene V.;
→ logische V.; → Situationsv.)
**Variante** alternative [abc]; variety
[mbt]; (Abart) variation [abc]
**Varistor** varistor [mbt]
**Vaseline** petroleum jelly [abc]
**Väter** (in Bäumen) parents [edv]
**Vegetationsdecke** vegetation surface
[bff]

**Ventil** (Sperre, Schieber, Schleuse)
valve [mot]; (→ Abblasv.; → Ablaßv.;
→ Abschlämmv.; → Absperrv.; →
Anhängerbremsv.; → Auslaßv.; →
Auslaßventilverschraubung; →
automatisches Schaltv.; → Bodenv.; →
Bremsv.; → Doppelrückschlagv.; →
Dosierv.; → Drehstabsicherheitsv.; →
Dreiwegv.; → Drosselv.; → Druck-
ausgleichv.; → Druckbegrenzungsv.; →
Druckeinstellv.; → Druckminderv.; →
Drucktasterv.; → Druckv.; → Druck-
verhältnisve.; → Durchgangsv.; →
Eckv.; → Einlaßv.; → Einwegv.; →
Elektroimpulsv.; → Elektromagnetv.; →
Entlastungsv.; → Entlüftungsv.; →
Entwässerungsv.; → Federsicherheitsv.;
→ Fettüberdruckv.; → Fußv.; → gerades
Rückschlagv.; → Gummiv.; → Hand-
hebelv.; → Handschiebev.; → Haupt-
absperrv.; → hilfsgesteuertes V.; →
Kegelv.; → Kessel-ablaßv.; → Klap-
penv.; → Kolbenv.; → Kontrollv.; →
Leckv.; → Lenkv.; → Lösev.; →
luftbetätigtes V.; → Luftim-pulsv.; →
Manometer-Absperrv.; → Mengen-
regelv.; → Metallv.; → Nadelv.; →
Niederdruck-V.; → Ölregelv; → Öl-
überdruckv.; → Ölüberströmv.; → Öl-
umleitv.; → pneumatisches Verzöge-
rungsv.; → Prüfv.; → Pumpeneinlaßv.;
→ Reduzierv.; → Regelv.; → Rollen-
hebelv.; → Rückschlagv ; → Saugv.; →
Schlangenv.; → Schnellentlüftungsv.; →
Schnellschlußv.; → Schnüffelv.; →
Schwimmerv.; → Sicherheitsv.; →
Speisev.; → Stößelnockenv.; →
Stößelv.; → Tellerv.; → Trittplattenv.; →
Überdruckv.; → Überströmv.; → V. mit
schwimmenden Kolben; → Ventil-
gruppe; → Ventilkombination,
Ventilleiste; → Verzögerungsv.; →
Vierwegev.; → Vorschubregelv.; →
Vorspannv.; → Wegev.; → Winkel-
rückschlagv.; → Winkelv.; →
Zweidruckv.)

**Ventil<verteiler>leiste** valve bank [mot]

**Ventil für Dampfheizung** (Dampflok) steam-heating valve [mot]

**Ventil für Injektor** (Dampflok) injector valve [mot]

**Ventil für Kolbenspeisepumpe** (Dampf) feed-water pump valve [mot]

**Ventil mit schwimmenden Kolben** float valve [mot]

**Ventil mit Stellit-gepanzertem. Sitz** stellite faced valve [mot]

**Ventilanbau** (Ventilbestückung) valve attachment [mot]

**Ventilanordnung** (Lage des Ventils) valve location [mot]

**Ventilationsschlitz** louvre [mot]

**Ventilator** blower [air]; fan [air]; (klassisch) ventilator [air]; (→ Frischluftv.; → Mühlenv.; → Saugzugv.; → Schleusluftv; → Sekundärluftv.; → Unterwindv.)

**Ventilatorblatt** fan blade [air]

**Ventilatorflügel** fan blade [air]

**Ventilatorriemenscheibe** fan driving pulley [mot]

**Ventilatorriemen** fan belt [mot]

**Ventilatorscheibe** fan driving pulley [mot]

**Ventilatorschutzgitter** fan guard [air]

**Ventilaufsatz** valve bonnet [pow]

**Ventilbetätigung** valve actuating [mot]

**Ventilblock** valve block [mot]

**Ventilblock, primär** control valve, primary [mot]

**Ventilblock, sekundär** control valve, secondary [mot]

**Ventilbrücke** valve crosshead [mot]

**Ventildreher** valve rotator [mot]

**Ventildurchmesser** valve diameter [mot]

**Ventileinsatz** valve insert [mot]

**Ventileinstellschraube** valve set screw [mot]

**Ventileinstellung** valve setting [mot]; valve timing [mot]; (→ verstellbare V.)

**Ventilfahne** valve mask [mot]

**Ventilfeder** valve spring [mot]; (→ äußere V.; → innere V.)

**Ventilfederkeil** valve spring key [mot]

**Ventilfederteller** valve spring retainer [mot]

**Ventilführung** valve stem guide [mot]; valve guide [mot]

**Ventilgehäuse** valve housing [mot]

**Ventilgestänge** valve trains [mot]

**Ventilgewindeschneider** valve stem retreader [mot]

**Ventilgruppe** (Ventilleiste) bank of valves [mbt]

**Ventilhebel** valve lever [mot]; valve rocker [mot]; (Sicherheitsventil) safety valve lever [mas]; valve lifter [mot]; valve spring remover [mot]; (Ventilstößel) valve follower [mot]

**Ventilhub** valve lift [mot]

**Ventilkammer** valve chamber [mot]; valve housing [mot]; valve pocket [mot]

**Ventilkammerdeckel** valve chamber cover [mot]

**Ventilkammerverkleidung** valve chamber cover [mot]

**Ventilkappe** valve cap [mot]

**Ventilkegel** valve cone [mot]

**Ventilkegelstücke** valve collets [mot]

**Ventilkeil** valve key [mot]

**Ventilkipphebel** valve rocker arm [mot]

**Ventilkombination** bank of valves [mot]

**Ventilkorb** valve cage [mot]

**Ventilkörper** valve body [pow]

**Ventilleiste** valve bank [mot]; valve bridge [mot]

**Ventilöffnung** port [mot]

**Ventilschaft** valve rod [mot]; valve spud [mot]

**Ventilschleifen** valve grinding [mot]

**Ventilschleifvorrichtung** valve grinder [mot]; valve grinding [mot]

**Ventilsitz** valve lip [mot]; valve seat [mot]

**Ventilsitzbearbeitungsgerät** valve reseater [wzg]

**Ventilsitzfräsapparat** valve cutter [mot]

**Ventilsitzring** valve seat insert [mot]

**Ventilspiel** tapped clearance [mas]; tappet clearance [mot]

**Ventilspindel** valve spindle [pow]

**Ventilsteuerung** valve gear [mot]

**Ventilstößel** cam follower [mot]; push rod valve [mot]; valve lifter [mot]; valve plunger [mot]; valve tappet [mot]; valve push rod [mot]

**Ventilstößelführung** valve lifter guide [mot]

**Ventilstößelspiel** valve tappet clearance [mot]

**Ventilstoßstange** valve pushrod [mot]

**Ventilteller** valve head [mot]; valve retainer [mot]

**Ventilträger** valve support [mot]

**Ventilverlängerung** valve extension [mot]

**Ventilverteilerleiste** valve bank [mot]

**Ventilwähler** valve selector [mot]

**Verabredung** (Terminabsprache) appointment [abc]

**verallgemeinerter Zylinder** generalized cylinder [edv]

**veraltet** (aus früherer Zeit) archaic [abc]; (nicht mehr gebaut) outmoded [mot]

**veraltete Bezeichnung** obsolete description [abc]

**Veranda** (überdachter Vorbau) porch [bau]

**veränderbar** (kann umgebaut werden) changeable [abc]

**veränderlich** variable [abc]; (abänderbar) variable [abc]; (Wetter) changing [wet]

**Veränderliche** variable [mat]; (→ abhängige V.; → unabhängige Variable)

**veränderlicher Förder- oder Schluckstrom** displacement [mot]

**Veränderlichkeit** variability [abc]

**verändern** (modifizieren) modify [abc]; (von vorhandenen Daten) update [edv]

**Veränderung** (→ Farbv.) change [abc]

**Veränderung des Farbtons** fading of colour [met]

**Verankerung** (Befestigung) anchor [bau]; (Maschine, Zelt) anchoring [bau]

**Veranlagung** (erblich oder erworben) disposition [med]

**Verantwortung** responsibility [abc]; (→ berufliche V.)

**Verarbeitbarkeit** workability [bau]

**Verarbeitung** canting [bau]; (Rohstoff: Fertigprodukt) processing [roh]

**Verarbeitung natürlicher Sprache** natural language processing [edv]

**Verarbeitung und Industrietechnik** processing and industrial technology [abc]

**Verarbeitungsablauf** sequence of processing [mas]

**Verarmungstyp** depletion type [elt]

**Verband** (über Wunde) bandage [med]; (Verein) association [abc]

**Verbandssatzung** (z.B. der Versicherer) articles of the association [jur]

**Verbau** support [bau]; (des Grabens) sheeting [mbt]; (des Grabens) shoring [mbt]; (des Grabens) trench-lining [mbt]

**Verbauplatte** (des Grabens) trench-lining plate [mbt]

**Verbauzieheinrichtung** trench sheeting equipment [mas]; trench-lining equipment [mbt]

**verbergen** (verstecken) conceal [abc]; (verstecken) hide [abc]

**verbessern** (aufwerten) enhance [abc]; (aufwerten) improve [abc]; (berichtigen, korrigieren) correct [abc]; (vergrößern, vermehren) augment [abc]

**verbessert** (höher im Wert) enhanced
[abc]
**verbesserte Flexibilität** more flexible
[abc]
**verbesserte**
**Produktionsmöglichkeiten** improved
manufacturing opportunities [mas]
**Verbesserung** (z.B. der Qualität)
enhancing [abc]; (z.B. der Qualität)
improvement [abc]
**Verbesserungsvorschlag** (prämiiert)
suggestion for improvement [abc]
**verbeulen** bend [abc]
**verbeult** bent [abc]
**verbiegen** (mit oder ohne Absicht)
bend [met]
**verbinden** (die Verletzung) bandage
[med]; (durchstellen, am Telefon) put
through [tel]; (Ich verbinde Sie am
Telefon) put through [tel];
(kombinieren) combine [abc];
(zusammenbringen) connect [met]
**Verbindlichkeiten** (die ich habe)
accounts payable [eco]
**Verbindung** contact [elt]; (in
Verbindung mit) in conjunction with
[abc]; (in Verbindung mit) relevant to
[mas]; (von Mitgliedern etc.)
association [abc]; (z.B. Stromkreislauf)
circuit [elt]; (z.B. durch Gestänge)
linkage [mot]; (z.B. Gewerkschaft)
union [pol]; (Zusammenfügung)
connection [abc]; (→ Eisenoxidv.; →
Flanschv.; → Keilv.; → Kugeldrehv.; →
Kühlerverbindungsrohre; → Nietv.; →
Schlaufenv.; → Schraubenv.)
**Verbindung lösen** disconnect [abc]
**Verbindung oder Abdichtung**
**zwischen Ventilkörper und**
**Ventilaufsatz** body-bonnet joint
[mas]
**Verbindung Untergestell -**
**Drehgestell** connection undercarriage
- bogie [mot]
**Verbindung zur Hauptdruckleitung**
end main pressure inlet [mot]

**Verbindungs-** connecting [abc]
**Verbindungsbahn** junction [mot]
**Verbindungsdose** junction box [elt]
**Verbindungselemente fehlen** (in
Zeichnung) connection components
missing [con]
**Verbindungskabel** connection cable
[elt]
**Verbindungsleitung** connecting
piping [wst]; intake crossover [mot];
(Hinüberleitung) crossover [mot]
**Verbindungsplatte** tie plate [mas]
**Verbindungsring** connecting ring
[wst]
**Verbindungsrohr** connecting pipe
[wst]
**Verbindungsschiene** connector bar
[mot]
**Verbindungsschlauch** connecting
hose [mot]
**Verbindungsstange** (an Lok)
connecting rod [mot]
**Verbindungsstelle** joint [mas]
**Verbindungsstück** adapter [mas];
cross tie [mot]; joint [mot]; link [mot];
tie [abc]; union [mas]; (bringt
zusammen) connector [mot];
(Kettenglied) link [mot]
**Verbindungsteil** connector [mot]
**verblasen** (Berge mit Druckluft)
backfill [roh]
**verblaßt** pale [abc]
**Verbleib** (Bitte, Info über Verbleib)
whereabouts [abc]
**verbleit** (Bleche oder Benzin) leaded
[mas]
**verblenden** face [bau]
**verblüfft** amazed [abc]
**verbogen** bent [abc]; (nicht mehr
richtige Form) out of shape [abc]
**verborgen** (versteckt) concealed [abc];
(versteckt) hidden [abc]
**verboten** (z.B. Betreten verboten) No
Trespassing [abc]
**Verbotsschild** interdiction [mbt];
prohibition [mbt]; warning sign [abc]

**Verbrauch** (an Kraftstoff) consumption [mot]; (Benutzung und Abnutzung) use [abc]; (Erschöpfung) exhaustion [mot]; (→ Eigenv.; → Kraftv.)

**verbrauchen** consume [abc]; (aufbrauchen) consume [abc]; (benutzen und abnutzen) use [abc]; (sich zunutze machen) utilize [abc]

**Verbrauchsartikel** (z. B. Filtereinsätze) consumables [mot]

**Verbrauchsgüter** commodities [abc]; (z. B. Lebensmittel) consumer goods [eco]

**Verbrauchsmenge** consumption rate [abc]

**verbraucht** (benutzt und abgenutzt) used [abc]

**verbrauchte Materialien** material used for products supplied [abc]

**verbreiten** (z.B. Nachricht, Epidemie) spread [abc]; (z.B. Straße) widen [mot]

**verbreitert** (z.B. Straße) widened [mot]

**Verbreiterung** (z.B. einer Straße) widening [mot]

**verbreitet** common [abc]

**Verbreitung** (von Maschinen im Land) population [abc]

**verbrennen** (Kohle, auch: sich verbrennen) burn [pow]

**Verbrennung** (von Kohle, Öl,...) combustion [pow]; (am Körper) burning [med]; (→ Nachv.; → pulsierende V.; → schlechte V.; → unvollständige V.; → vollständige V.)

**Verbrennung in der Schwebe** burning in suspension [pow]

**Verbrennungsdreieck** (Bunte Diagramm) combustion chart [pow]

**Verbrennungskammer** (des Motors) combustion chamber [mot]

**Verbrennungskraftmaschine** combustion engine [mot]

**Verbrennungsmaschine** combustion engine [mot]; internal combustion engine [mot]

**Verbrennungsmotor** combustion engine [mot]; internal combustion engine [mot]

**Verbrennungsprodukt** product of combustion [pow]

**Verbrennungsraum** combustion chamber [mot]

**Verbrennungsrechnung** combustion calculation [pow]

**Verbrennungsrückstände** (Asche) ashes [pow]; (feste) particulates [mot]

**Verbrennungstemperatur** combustion temperature [pow]

**Verbrennungswärme** heat of combustion [pow]

**Verbügelung** lateral ties [bau]

**Verbund** bond [bau]

**verbündet** (politisch) allied [abc]

**Verbündeter** ally [abc]

**Verbundfeder** composite spring [wst]

**Verbundgießen** composite casting [met]

**Verbundglas** (Fahrerhaus, Rolltreppe) laminated glass [wst]

**Verbundguß** composite casting [wst]

**Verbundkonstruktion** composite structure [bau]; (Blech- u. Guß) composite design [bau]

**Verbundlokomotive** (Dampflok) compound locomotive [mot]

**Verbundschreitwerk** compound walking mechanism [roh]

**Verbundtransistor** compound type transistor [elt]

**Verbundwerkstoff** compound material [wst]

**verchromt** chromium-plated [mot]

**Verdämmen** tamping [mbt]

**verdampfen** vaporize [abc]; (→ Endv.)

**Verdampfergebläseluftleistung** vaporizing-blower air-output [mas]

**Verdampfung** evaporation [mot]; vaporization [mbt]; (→ Bläschenv.; → Filmv.)

**Verdampfungskühler** evaporating cooler [mot]

**Verdampfungsspule** evaporating coil [mot]

**Verdampfungswärme** (latente Wärme) latent heat [pow]

**Verdeck** deck [mot]; folding top [mot]; hood [mot]; (z.B. Wagenplane) top [mot]

**Verdeckbezug** hood covering [mot]

**Verdeckgestell** folding top structure [mot]

**Verdeckhülle** folding top cover [mot]

**Verdecklager** folding top base [mot]

**Verdeckrahmen** folding top frame [mot]

**Verdeckspriegel** folding top bow [mot]

**verdeckt** (vertraulich behandelt) covered up [abc]

**Verdeckverschluß** folding top clamp [mot]

**Verdehnung** strain [mas]

**verdichten** (Kompressorluft) compress [air]; (Material im Müllwagen) compact [rec]; (z. B. Boden vermörteln) compact [mbt]

**Verdichter** compactor [mbt]

**Verdichtergehäuse** compressor casing [air]

**Verdichterlaufrad** compressor wheel [air]

**Verdichterplatte** diffuser plate [mot]

**Verdichtung** (Gase) compression [air]; (→ einschließlich V.)

**Verdichtungsarbeit** compaction work [bau]

**Verdichtungshub** compression stroke [mot]

**Verdichtungsring** pressure ring [mot]

**Verdichtungssystem** compaction system [bau]

**Verdichtungsverhältnis** compression ratio [mot]

**Verdienstausfall** (durch Gericht etc.) lost pay [pol]

**verdrahten** wire [elt]

**verdrahtet** wired [elt]

**Verdrahtung** cabling [elt]; wiring [elt]

**Verdrahtungsplan** wiring diagram [elt]

**Verdrahtungstechnik** circuitry [elt]

**verdrängen** displace [bau]; (neuer sein) supersede [abc]; (Öl) displace [mot]

**Verdrängung** displacement [mot]

**verdrehen** (Form verlieren) distort [wst]; (Form verlieren) twist [abc]; (sich werfen, verbeulen) warp [mas]

**Verdrehungswinkel** torsion angle [mas]

**verdreifachen** triple [abc]

**verdreifacht** tripled [abc]

**verdrillt** paired [elt]

**Verdunkelung** black-out [abc]

**verdünnen** dilute [met]; thin [mas]; (Wald ausdünnen) thin out [bff]

**Verdünner** diluent [che]; thinner [abc]

**verdünnt** diluted [abc]; thinned out [abc]; (also schwächer geworden) weakened [mas]

**Verdünnungsmittel** diluent [che]; reducer [mas]

**verdunsten** evaporate [abc]

**Verdunstung** evaporation [abc]

**Verdunstungstemperatur** wet-bulb temperature [abc]

**Verdunstungsthermometer** wet-bulb thermometer [abc]

**verdurstet** dehydrated [abc]

**veredeln** (im Wert verbessern) upgrade [abc]

**Veredelung** (der Stahloberfläche) coating [met]

**Veredelungsmittel** upgrading agent [abc]

**Verein** association [abc]

**Vereinbarung** agreement [jur]; arrangement [abc]

**vereinfachen** (einfacher machen) facilitate [abc]; (leichter verständlich machen) simplify [abc]

**vereinfacht** simplified [abc]

**Vereinfachung** simplification [abc]

**vereinigen** (z. B. mehrere Maschinen) combine [wst]

**Vereinigung** (z.B. Gewerkschaften) union [pol]

**Vereinte Nationen** United Nations [cap]

**Vereinzelungsanlage** isolating device [mot]

**verengen** (verdichten) contract [mot]

**Verengung** (durch Nut) orifice [mot]; (Feuerraum; Rohre) contraction [pow]; (Feuerraum; Rohre) reduction [pow]; (Ölstrom) restriction [mot]; , (→ klassenbasierte V.)

**Vererbungsprozedur** inheritance [edv]

**Vererzung** (am Gußstück) metal penetration [mas]

**Verfahren** (ein Gerät von A nach B) tramming [mbt]; (im Laufe des Verfahrens) process [abc]; (Vorgehensweise) procedure [abc]; (→ Echov.; → Impulsions-V.; → Impulsv.; → manuelles V.; → negatives V.; → Reflexionsv.; → Resonanzv.; → Schleifenstromv.; → Versuchsv.; → weitere Untersuchungsv.; → Zweikristallv.)

**verfahren** (ein Gerät von A nach B) move a machine [mot]; (ein Gerät von A nach B) tram [mbt]

**Verfahren mit einem Prüfkopfsystem** single-probe [mes]

**Verfahren von Waltz** Waltz's procedure [edv]

**Verfahrensprüfung** (Schweißverfahren) procedure test [met]

**Verfahrenstechnik** process technology [abc]

**Verfahrensweise** procedure [abc]

**Verfall** (eines Hauses) dilapidation [bau]

**verfallen** (altes Haus) decay [bau]

**Verfasser** (dieses Wörterbuches) author [abc]

**Verfassung** (Grundgesetz, US Verfassung) constitution [pol]

**Verfeinerung** (Aufwertung) enhancing [abc]; (Aufwertung) improving [abc]; (z.B. Rohöl, Zucker) refining [roh]

**verfestigter Boden** compacted soil [bod]; solidified soil [bod]

**Verfestigung** solidification [bau]

**verfilzen** felt [abc]

**Verfilzen** (pol. Korruption) corrupting [pol]

**Verflüchtigung** volatilization [pow]

**verflüssigen** dilute [abc]

**verflüssigt** (bei allen Gasen) liquid [abc]

**Verflüssigung** liquefying [abc]

**verfolgen** (einen Plan, dranbleiben) follow through [abc]; (jagen, heimsuchen, ängstigen) haunt [abc]

**Verformbarkeit** (ist einzuhalten) deformability [wst]

**verformen** (absichtlich) deform [met]; (gesenkschmieden) swage [met]

**Verformung** deformation [mbt]; distortion [wst]; (bleibende Dehnung) residual strain [pow]; (z.B. einer Stahlplatte) shaping [mas]; (z.B. einer Stahlplatte) twisting [mas]

**Verformungsenergie** deformation energy [bau]

**Verformungsmodul** modulus of deformation [mas]

**verformungsweich** deformable [bau]

**Verfrachter** (Eigner) ship owner [mot]

**verfrüht** (zu schnell, vorzeitig) premature [abc]

**verfügbar** available [abc]

**Verfügbarkeit** availability [abc]; (des Gerätes) machine availability [mas]; (des Kessels) boiler availability [pow]; (von Teilen) parts availability [abc]

**Verfügung** (Anordnung) provision [pol]

**Verfüllen** (Einsturz hinter Schild) caving [roh]

**Verfüllschnecke** (an Radlader) trench filling worm [mbt]

**vergammelt** (heruntergekommen) dilapidated [abc]; (schlecht behandelt) rotten [abc]

**Vergaser** carburetor [mot]; carburetter [mot]; carburettor [mot]
**Vergaseranschlußstutzen** carburetter flange [mot]
**Vergaserdüse** jet [mot]
**Vergasergehäuse** carburetter main body [mot]
**Vergasergestänge** carburetter control linkage [mot]
**Vergaseroberteil** throttle body [mot]
**vergaste Brennstoffmenge** net quantity of fuel supplied [pow]
**vergewissern** (beruhigen, trösten) reassure [abc]
**vergießen** cast [met]; (Fundamente) grouting of bases [bau]
**vergilbt** yellowed [abc]
**vergittert** barred [abc]
**Vergleich** (Firma meldet Vergl. an) Chapter 11 [eco]
**vergleichbar** (mit) comparable (to) [abc]
**vergleichen** match [edv]; (mit) compare [abc]
**Vergleichen beim Stereosehen** matching in stereo vision [edv]
**Vergleichen in semantischen Netzen** matching in semantic nets [edv]
**Vergleicher** comparator [elt]
**Vergleichskörper** reference standard [elt]
**vergleichsweise** relatively [abc]
**vergleichsweise mäßig** relatively low [abc]
**verglichen mit** compared to [abc]
**vergoldet** gilt edged [met]
**vergossen** cast [met]
**vergrößern** (das Ausmaß) extend [abc]; (verbessern) improve [abc]; (Zeichnung, Foto) enlarge [abc]
**vergrößert** (Fläche, Foto) enlarged [abc]
**Vergußmasse** (zum Abdichten) sealing compound [mas]
**vergütbarer Stahlguß** heat-treatable cast steel [wst]

**vergüten** harden and temper [met]; (Metallbehandlung) quench and temper [wst]
**vergütet** hardened and subsequently tempered [met]; quenched and tempered [wst]
**Vergütung** (des Stahls, Gusses etc.) tempering [wst]
**Vergütungsanleitung** tempering instruction [wst]
**verhaftet** (festgenommen) arrested [jur]
**Verhalten** (z.B. in Kälte oder Hitze) behaviour [mas]; (→ Dämpfungsv.; → dynamisches V.; → Großsignalv.)
**Verhältnis** (im Verhältnis 1:5) ratio [wst]; (im Verhältnis zu ...) relationship [abc]; (Proportion) proportion [abc]; (→ Echohöhenv.; → Evidenzv.; → Übersetzungsv.; → Untersetzungsv.)
**Verhältnis des Signals zum Rauschen** signal-to-noise ratio [elt]
**Verhältniszahl** module [mas]
**Verholwinde** (an Land, auf Schiff) mooring winch [mot]
**verhören** (auf der Polizeiwache) interrogate [pol]; (ausfragen, auch bei Prüfung) examine [abc]
**verhüten** (z.B. vorsichtig fahren) prevent [mot]
**verhütten** (in Hüttenwerk) smelt [mas]
**Verhütten** (z.B. von Eisenerz) smelting [mas]; (von Unfällen) prevention [mot]
**Verhütungsmaßmahmen** (Sicherheits-) safety precautions [abc]
**verjüngen** (kleinerer Radius) taper [mas]
**verjüngendes Kettenglied** tapering chain link [mas]
**Verjüngung** (abnehmender Durchmesser) taper [mas]; (abnehmender Durchmesser) tapering [mas]
**verkabelt** wired [elt]
**verkanten** (eine Kiste, ein Bauteil) cock [met]

**Verkäufer** (im Laden) shop assistant [abc]

**Verkaufsabschlußverhandlung** sales negotiations [eco]

**Verkaufsförderung** marketing [abc]

**Verkaufshilfe** (finanzielle Zuwendung) sales commission [abc]; (Geld unterm Tisch) under-table money [abc]; (Geldbetrag-Nachlaß) sales aid [abc]; (Ingenieurberatung vor Ort) product support [abc]; (langes Zahlungsziel) extended time for payment [abc]; (technische Hilfe am Telefon) sales assistance [abc]; (zusätzl. %-Satz) additional discount [eco]

**Verkaufsingenieur** sales engineer [abc]

**Verkaufsleiter** (z.B. in Niederlassung) sales manager [abc]

**Verkaufsnetz** (überall vertreten) sales net [abc]

**Verkehr** (Straßen-, etc.) traffic [mot]; (zwischenmenschlich, sexuell) intercourse [abc]; (→ Straßenv.)

**Verkehrsampel** traffic light [mot]; (→ Ampel)

**Verkehrsanalyse** traffic analysis [edv]

**Verkehrsanlage** (Knotenpunkt) traffic centre [mot]

**Verkehrsarchiv** transport archive [mot]

**Verkehrsaufkommen** density of traffic [mot]; (starkes) rush of traffic [mot]

**Verkehrsdichte** density of traffic [mot]; (in Rechnernetzen) traffic density [edv]

**Verkehrsflughafen** commercial airport [mot]

**Verkehrsflugzeug** commercial airliner [mot]

**Verkehrsfluß** (z.B. auf Straße, Schiene) traffic flow [mot]

**Verkehrsinsel** (für Fußgänger) traffic refuge [mot]

**Verkehrskegel** (weiß/rotes Hütchen) pylon [mot]

**Verkehrsluftlinie** (z.B. Lufthansa) commercial airline [mot]

**Verkehrsopfer** (Tote, Verletzte) traffic victim [mot]

**Verkehrsordnung** (der Bahn) traffic regulations [mot]

**Verkehrspolizist** traffic policeman [mot]

**verkehrsreich** (Straße, Bahn) busy [mot]

**Verkehrsstau** (durch Unfall oder ähnliches) traffic jam [mot]; (zu viele Autos) congestion [mot]

**Verkehrstreppe** (Rolltreppe) escalator [mbt]

**Verkehrszeichen** (z.B. Sackgasse) traffic sign [mot]

**verkeilt** (Material im Steinbruch) tight [roh]; (zwei Wagen, Sprengfels) wedged [abc]

**Verkettung** chaining [edv]; (→ Rückwärtsv.; → Vorwärtsv.)

**Verkippungsgerät** dumping equipment [mbt]

**Verkittung** cementation [bau]; putty [bau]

**verklammert** (Elektronik) clamped [elt]

**verklappen** dump [mot]

**Verklappung** (von Stoffen auf See) barging [rec]; (von Stoffen auf See) ocean-dumping [abc]

**verkleidete Stahlkonstruktion** faired steel frame structure [mas]; panelled steel frame structure [mas]

**verkleideter Balken** cladded girder [pow]; jacketed girder [pow]

**verkleideter Träger** cladded girder [pow]; jacketed girder [pow]

**Verkleidung** covering [mot]; sheeting [mas]; (Abdeckung gegen Wetter) covering [mbt]; (der Rolltreppe) cladding [mbt]; (der Rolltreppe <au-ßen>) outside cladding [mbt]; (der

Rolltreppe innen) balustrade panels [mbt]; (Futter) lining [mot]; (Ummantelung, Kiste) casing [mot]; (unter Kappe, Haube) cowl [mot]; (z.B. mit Holztafeln) panelling [mbt]; (zudecken, ausfüttern) cladding [mbt]

**verkleinern** minimize [abc]; (kleiner werdender Erfolg) diminish [mil]; (verringern, vermindern) diminish [abc]

**verkleinert zeichnen** draw to a smaller scale [abc]

**verklemmen** jam [mot]

**Verklemmung** (in Netzwerken) deadlock [edv]

**verknappen** (Stoffe auf See) barging [mot]

**verknotet** knotted [mot]

**Verknüpfen-Aktion in Übergangsnetzen** attach action in transition nets [edv]

**verknüpft** (verbunden) linked [abc]

**Verknüpfung** linkage [abc]; (zweier Systeme) inter-weaving [mas]

**verkohlen** carbonize [che]

**verkommen** (abgewirtschaftet, alt) run down [abc]

**verkraften** (ertragen) withstand [abc]

**verkürzen** (kürzen) shorten [mas]

**Verladebrücke** (ausladen, löschen) discharge bridge [mbt]; (beladen, einladen) loading bridge [mbt]

**Verladegreifer** (meist ohne Zähne) rehandling grab [mbt]

**Verlader** (bringt Waren auf Schiff) shipper [mot]

**Verlag** (Verlagshaus) publishing house [abc]

**verlagern** (eine Fertigung) transfer [abc]

**verlagert** (die Produktion wurde verlagert) transferred [abc]; (weggebracht) removed [abc]

**verlängern** (um ein Meter) extend [abc]; (z.B. Träger, Krieg) lengthen [abc]

**verlängert** extended [abc]

**Verlängerung** (ausdehnen, Nebenapparat) extension [mbt]; (des Auslegers, Arms) extension [mbt]; (eines Vertrages) prolongation [mbt]; (länger machen) elongation [mbt]

**Verlängerungsstück** extension [mas]

**verlangsamen** retard [abc]; slow down [mot]; (Fuß vom Gas, Bremse) decelerate [mot]; (in niedrige Drehzahl) pull down [mot]

**verlangsamt** retarded [mot]

**verlassen** (weggehen) leave [abc]; (zurückgelassen) left [abc]

**Verlauf des Zentralstrahls** path of the central beam [elt]

**Verlauf von Kurven** slope of curves [abc]

**verlegbar** portable [mot]

**verlegen** fix [bau]; (ein Buch herausbringen) publish [abc]; (nicht wissen, wo "es" liegt) misplace [abc]

**Verleger** (Leiter eines Verlages) publisher [abc]

**Verlegung** positioning [bau]

**verlernen** (ich hab's Boxen verlernt) forget [abc]

**verletzen** (ein Gesetz brechen) violate [jur]

**verlieren** (Verlier' ja das Geld nicht) lose [abc]

**verlorene Schalung** (Holz unter Boden) dead sheathing [bau]

**Verlust** (an Geld, Einfluß, Macht) loss [pow]; (undichte Stelle, Leck) leakage [mas]; ($\rightarrow$ Abgasv.; $\rightarrow$ Austrittsv.; $\rightarrow$ Druckv.; $\rightarrow$ Ein- und Austrittsv.; $\rightarrow$ Eintrittsv.; $\rightarrow$ Festigkeitsv.; $\rightarrow$ Flugaschenv.; $\rightarrow$ Reibungsv.; $\rightarrow$ Restv.; $\rightarrow$ Rostdurchfallv.; $\rightarrow$ Schlackenv.; $\rightarrow$ Strahlungsv.; $\rightarrow$ Zugv.)

**Verlust durch brennbare Gase** loss due to unburnt gases [pow]

**Verlust durch fühlbare Wärme** sensible heat loss [mas]

**Verlust durch Schlackenwärme** heat loss in liquid slag [pow]

**Verlust durch Umlenkung** bend loss [pow]

**Verlustleistung** dissipated energy [elt]; dissipation [elt]; stray power [elt]

**Verluste** (an Menschen tot, verletzt) casualties [mot]

**Verlustfaktor** dissipation factor [elt]

**Verlustleistung** dissipation [elt]; power loss [elt]

**Vermahlung** (von Mineralien) grinding [met]

**vermeiden** avoid [abc]

**Vermerke** comments [abc]

**vermessen** measure [bod]; (z.B. Land) survey [bau]

**Vermessung** (z.B. Land) survey [bau]; (z.B. Land) surveying [bau]

**Vermessungsingenieur** (Landmesser) surveyor [abc]

**Vermessungskunde** surveying [mes]

**Vermessungswesen** surveying [mes]

**vermieden** (Er hat es verm., zu reden) avoided [abc]

**vermindern** decrease [abc]; reduce [abc]

**vermindert** reduced [abc]

**Verminderung** decrease [abc]; (Öl-strom) restriction [mot]

**vermißt** (im Kampf, an der Front) missing in action [mil]

**vermittelt** (in einen Arbeitsplatz) place [abc]

**Vermittler** (Versicherungsagent) broker [jur]

**Vermittlung** (am Telefon) operator [abc]

**vermörteln** mortar-mix [bau]; solidify [bau]

**Vermörtelung** (Verdichtung durch Zement) mortar-mix [bau]

**vernetzen** net [edv]; network [edv]; (spray) moisten [abc]; (verstärken) reinforce [mas]

**Vernetzer** (Kleber) binder [mas]; (nicht Chemie) cross link [wst]

**vernichten** (ausmerzen) eliminate [abc]; (Insekten, Schädlinge) exterminate [abc]; (verschwenden) waste [abc]; (zunichte machen) annihilate [abc]

**Vernichtung** (Gegner, Wildbestand) annihilation [abc]; (Verschwendung) waste [abc]

**Vernichtung von Sachen** (Sachscha-den) property damage [jur]

**vernickelt** nickel-plated [wst]

**vernünftig** reasonable [abc]; (richtig, vertretbar) sensible [abc]

**veröffentlichen** (Buch, Plan) publish [abc]; (Film herausgegeben) released [abc]

**Veröffentlichung** publication [abc]

**Verordnung** government legislation [jur]

**verpackt** wrapped [abc]

**Verpackung** strapping [mas]; (in Kisten) packing [mot]; (in Papier; einwickeln) wrapping [abc]

**Verpackungsband** (Stahl) strap [mas]; (Stahl) strapping [mas]

**Verpackungsband aus Kunststoff** non-metallic strapping [abc]; plastic strapping [abc]

**Verpackungsblech** tin plate [wst]

**Verpackungsgeräte** strapping tools and machines [wzg]

**Verpackungsstahlband** steel strapping [abc]

**verplanen** (einplanen) plan [abc]; (falsch planen) misplan [abc]

**Verplombung** (z.B. Lkw, Güterwagen) lead-sealing [mot]

**Verplombungszange** lead-seal pliers [abc]

**Verpuffen** blow out [abc]

**Verpuffung** (Entzündung) explosion [mot]

**Verrat** (z.B. Hochverrat) treason [abc]

**Verräter** traitor [abc]

**verrechnet** (Fehler gemacht) mistaken [abc]

**verrenken** (ausrenken) dislodge [med]
**Verribbung** ribbing [mbt]
**verrichten** perform [abc]; (ausfahren) execute [abc]; (leisten, schaffen) perform [abc]
**Verriegelung** locking [mbt]; locking device [mas]; locking mechanism [mot]
**verringern** reduce [abc]; (verringern auf fast Null) diminish [abc]
**Verringerung** (Abnahme der Leistung) decrement [abc]; (Beträge, Leistung) reduction [jur]; (Druck, Temperatur etc.) decrease [pow]
**verrohrt** cased [wst]; piped [mas]
**Verrohrung** pipe work [mas]; (des Bremssystems) piping of the braking system [mot]
**Verrohrungsanlage** casing oscillator [mbt]
**Verrohrungssystem** (zur Drainage) drainage [bau]
**verrostet** rusted [abc]; rusty [mas]
**verrottet** (vergammelt) dilapidated [abc]
**verrußen** soot [mot]
**Versagen** (eines Gerätes) failure [abc]
**Versalzung** (an Turbinen) turbine blade salt desposits [pow]; (z.B. Rohre, Roste) salification [mas]
**Versand** shipping [mot]; (Verteilen, Absenden) dispatch [mot]
**Versandabteilung** shipping department [mot]
**Versandanzeige** advice of dispatch [mot]; dispatch note [mot]
**Versandleistung** (hohe) volume of shipments [abc]
**Versandumfang** (1 oder mehr Behälter) scope of shipment [mot]
**Versatz** (Staffelung) stagger [abc]; (Toleranz) mismatch [mas]; (Toleranz) offset [mas]
**Versatz Außermittigkeit** (auf Zeichnung) offset from centre [con]
**versäumen** (...etwas zu tun) fail [abc]

**Versäumnis** (Fehler, nicht EDV!) default [abc]
**versäumt** (nicht getan) failed [abc]
**Verschalung** (des Grabens) sheeting [mbt]; (Einkapselung) casing [pow]; (Gehäuse, z.B. Getriebe) casing [pow]; (Gehäuse, z.B. Getriebe) housing [pow]; (Verpfählung, im Bergbau) lagging [roh]; (→ Blechv.; → Kesselv.)
**verschiebbar** displaceable [bau]
**verschiebbare Platte** sliding bed [mas]
**verschiebbarer Prüfkopf** moveable probe [elt]
**Verschiebebahnhof** (Rangierbahnhof) marshalling yard [mot]
**Verschiebekopf** (Bandanlage Tagebau) shuttle head [roh]
**verschieben** (des Kolbens) shift [mbt]; (ein Werkstück) move [abc]; (Waggons rangieren) shunt [mot]
**Verschiebung** (an anderen Ort) displacing [mot]; (eines Knochens) dislocation [med]; (Umschaltung) shifting [mas]
**Verschiebung, relativ zwischen Stahl und Beton** relative displacement of the concrete and the steel [mas]
**Verschiebungen** displacements [bau]
**Verschiebungsamplitude** shifting amplitude [elt]
**Verschiebungsimpulsamplitude** shifting pulse amplitude [elt]
**verschieden** (anders als) different [abc]; (mehr als eins) various [abc]
**Verschiedenes** (in Brief, Vertrag) miscellaneous [abc]; (kleinere Nebenposten) sundries [abc]; (Zeitungsanzeigen) classified [abc]
**Verschlackung** slagging [pow]
**Verschlag** (Holzgestell für Sperrgut) crate [mot]
**Verschlagwagen** (der Bahn) covered wagon with skeleton sides for the carrying of small animals [mot]

verschlammt (verunreinigt) muddy [abc]

verschlechtern (z.B. eine Lage) deteriorate [abc]

**Verschleiß** (Abrieb) abrasion [mas]; (Ermüdung und Verbrauch) wear and tear [mas]; (Ermüdung, Verbrauch) wear [mas]

**verschleißanfällig** prone to wear [mbt]

**verschleißarm** low-wear [mas]

**Verschleißauskleidung** lining material [pow]; wear-resistant liner [pow]

**verschleißbeständiges Gußeisen** wear-resistant cast iron [mas]

**Verschleißdecke** (der Straße; 2-4 cm) wearing course [bau]; (Straße) abrasion [mot]; (Straße) top layer [bau]

**verschleißen** abrase [mas]

**Verschleißfestigkeit** wear resistance [pow]

**verschleißfrei** abrasion-free [mas]; non-wearing [mas]; wear-free [mas]

**verschleißfreies Bremsen** wear-free braking [mot]

**Verschleißgrad** rate of wear [pow]

**Verschleißkappe** wear cap [mot]; (zw. Zähnen Grabgefäß) lip shroud [mbt]; (zwischen Zähnen Grabgefäß) shroud [mbt]

**Verschleißminderung** minimizing of abrasion [mot]

**Verschleißoberfläche** (der Straße) abrasion surface [mot]

**Verschleißschicht** surface course [mas]; (Straße) top layer [bau]

**Verschleißschutz** wear pad [mas]

**Verschleißspitze** wear cap [mas]

**Verschleißteilzeichnung** wear part drawing [mas]

**verschließbar** fitted with lock and key [mbt]; lockable [abc]

**Verschließbarkeit** (ist gegeben) fitted with lock and key [mbt]

**verschließen** (abschließen) lock [abc]

**verschlimmern** (belasten, erschweren) aggravate [abc]

**verschlissen** (abgenutzt) worn [mas]; (aufgebraucht, benutzt) used [abc]; (zerfetzt, zerrissen) torn [abc]

**verschlossen** (Rohre) plugged [mot]; (Rohre) sealed [mot]; (weg-, abge-schlossen) locked away [abc]

**Verschluß** fastening [mas]; (Befesti-gung) fastener [mas]; (Deckel) closure [pow]; (Deckel) cover [mbt]; (des Verpackungsbandes) joint [mas]; (mit Schlüssel) lock [mbt]; (Türschließer, Riegel) shutter [abc]; (→ Einfüllv.; → Renkv.; → Schraubv.)

**Verschluß hülsenlos oder mit Hülsen** joint [mas]

**Verschlußblech** (Metalldeckel) closing sheet [wst]

**Verschlußbolzenlänge** length of connecting pin [mas]

**Verschlußdeckel** cover lid [mot]; end cover [mot]; (Deckel) cover [mbt]

**verschlüsseln** (nur mit Kode lesbar) encode [elt]

**verschlüsselt** (nur mit Kode lesbar) encoded [elt]

**Verschlüsselung** encryption [edv]

**Verschlußhülse** (des Verpackungs-bandes) seal [mbt]

**Verschlußkappe** (z.B. Benzintank) filler cap [mot]

**Verschlußkappe des Kraftstofftanks** fuel tank filler cap [mot]

**Verschlußknoten** (d. Verpackungs-bandes) knot [mas]

**Verschlußring** lock ring [mot]; (→ Sprengring)

**Verschlußschraube** plug [mot]; screw [mbt]; screw plug [mot]

**Verschlußsicherung** slide bar lock [mot]

**Verschlußspriegel** shutter bow [mot]

**Verschlußstellung** locked position [mot]

**Verschlußstück** (hält etwas fest) lock-ing piece [abc]

**Verschlußstutzen** plug-type neck [mot]

**Verschlußteile** locking parts [mas]
**verschmelzen** (durch Hitze) fuse [met]
**verschmitzt** (schlau, listig) cunning [abc]
**verschmutzen** dirty [abc]; (u. a. allergisch machen) contaminate [abc]
**verschmutzt** impurified [abc]
**Verschmutzung** pollution [abc]; (Ansteckung, Unsauberkeit) contamination [abc]; (Verrottung) fouling [mbt]; (Verunreinigung) impurification [abc]
**Verschmutzungsfaktor** (Heizflächenberechnung) cleanliness factor [pow]
**Verschmutzungsschalter** (an Hydraulikpumpen) chip control [abc]
**verschneit** covered with snow [wet]; snowy [abc]
**Verschnitt** (Reste beim Brennschneiden) offcuts [met]; (Restmaterial, Schrott) cutting scrap [wst]; (Restmaterial, Schrott) scrap [mas]
**verschrauben** bolt [met]
**Verschraubung** screw connection [mas]; screwing [mbt]; socket [mas]; thread joint [mas]; tube fitting [mas]; (→ Bördelv.; → gerade V.; → Kabelv.)
**verschrotten** scrap [mas]
**Verschwächungsbeiwert** (für Rohrlöcher) coefficient of ligamens between tube holes [pow]
**verschwendet** waste [abc]
**Verschwendung** waste [abc]; bracing [bau]
**verschwinden** vanish [bau]
**versehen** (mit etwas) provide [abc]; (z.B. mit einem Anstrich) furnish [abc]; (z.B. mit einem Anstrich) provide [abc]
**verseifen** emulsify [met]; saponify [che]
**verseifungsfest** (Schmierfett) emulsion resistant [met]; (Schmierfett) nonsaponaficable [mas]; (Schmierfett) saponification resistant [mas]; (Schmierfett) unsaponaficable [mas]

**verselbständigen** give independence to [abc]
**versengen** burn [che]
**versenken** (z.B. ein Schiff) sink [mot]
**versenkt** (hineingeschraubt) counterbored [wst]; (Schraube bzw. Mutter bündig) counter-sunk [met]
**versetzbar** (-er Brecher) semi mobile [roh]; (halbbeweglich) semi mobile [abc]; (tragbar) portable [mot]
**versetzen** (einen Bagger) change location [mbt]; (Mann zu anderer Einheit) transfer [mil]; (seitlich verschieben) offset [mbt]
**versetzt** (arbeitende Ausrüstung) offset [mbt]; (versetzt arbeitende Tieflöffel) offset [mbt]; (z.B. zeitlich gestaffelt) staggered [abc]
**versetzt arbeitend** offset working [mbt]
**versetzt gemauert** (z.B. Ziegelwand) staggered [abc]
**versetzt gezeichnet** (in Zeichnung) drawn offset [con]
**Versetzungsstelle** clogging point [mot]
**versichern** (Ich versichere Ihnen) assure [abc]
**versichert** insured [jur]
**Versicherter** insured [jur]
**Versicherung** insurance [jur]; (Ich versichere Ihnen) assurance [abc]
**Versicherungsangelegenheit** matter of insurance [jur]
**Versicherungsbedingungen** provisions [jur]; (allgemeine) standard provisions [jur]
**Versicherungsentschädigungen** insurance claims [jur]
**Versicherungsfall** (etwas passiert) occurrence [jur]
**Versicherungsjahr** policy period [jur]
**Versicherungskontor** (Industriewerte) insurance department [jur]
**Versicherungskosten** insurance fees [jur]
**Versicherungsnehmer** (VN) insured [jur]; named insured [jur]

**Versicherungsprämie** insurance premium [jur]

**Versicherungsschein** insurance policy [jur]

**Versicherungsschein-Nummer** insurance-policy number [jur]

**Versicherungsschutz** insurance-protection [jur]

**versicherungsstatistisch** actuarial [mat]

**Versicherungssteuer** insurance tax [jur]

**Versicherungsträger** insurer [jur]

**Versicherungsverein auf Gegenseitigkeit** mutual society insurance company [jur]

**Versicherungsverhältnis** insurance agreement [jur]

**Versicherungsvertreter** insurance broker [jur]

**Versicherungswirtschaft** insurance business [jur]

**versiegeln** (z.B. Parkett, Dach) finish [bau]; (z.B. Parkett, Dach) seal [bau]

**versiegelt** (z.B. Ränder versiegelt) sealed [mas]

**Versiegelung** sealing [mot]

**versilbert** silver-plated [abc]

**versorgen** (ausstatten) equip [abc]

**Versorgung** (aus Versorgungslager) supply [abc]; (Versorgung klappte nicht) supply [abc]; (→ Elektrizitätsv.)

**Versorgung und Magazin** supply and store [abc]

**Versorgungsleitung** utility service lines [mot]

**Versorgungstankwagen** bowser [mot]

**Versorgungsunternehmen** (Kraftwerk) public company [pow]; (Kraftwerk) utility company [pow]

**Verspannen und Verziehen** cramping and distorting [mot]

**Verspannung** interlocking [mas]

**Versprödung** (z.B. durch Wasserstoff) embrittlement [wst]

**verstählen** (mit Stahl versehen) steel [mas]

**verständlich** (Das macht Sinn) understandable [abc]; (klar ausgedrückt) comprehensible [abc]

**Verstärker** amplifier [elt]; (→ Differenzv.; → Gleichspannungsv.; → invertierender V.; → nichtinvertierender V.; → Operationsv.; → summierender V.; → Trägerfrequenzv.; → Trennv.; → Video-V.; → Vorv.)

**Verstärkercharakteristik** amplifier characteristic [elt]

**Verstärkereinschub** plug-in amplifier [elt]

**Verstärkerfrequenzumschalter** amplifier frequency selector [elt]

**Verstärkerrauschen** amplifier noise [elt]

**Verstärkerrelais** amplifier relay [elt]

**Verstärkerschaltung** amplifier circuit [elt]

**Verstärkerschwelle** threshold [elt]

**verstärkt** (eine politische Position) strengthened [pol]; (Strebe, Winkel o.ä.) reinforced [mas]; (z.B. für Schwereinsatz) heavy duty [abc]

**verstärkte Hubkraft** increased pressure lift [mot]

**Verstärkung** amplification [elt]; (z.B. durch Rippen) reinforcement [mas]

**Verstärkungsladung** booster charge [mil]

**Verstärkungsleiste** blocking [con]

**Verstärkungsnachführung** change in gain [elt]

**Verstärkungsregelung** gain control [elt]

**Verstärkungsregelung, geeicht** calibrated gain control [elt]

**Verstärkungsreserve** gain reserve [elt]

**Verstärkungssteller** gain control [elt]

**Verstärkungssteller, ungeeicht** uncalibrated gain control [elt]

**Versteck** hideaway [abc]

**verstecken** hide [abc]

**versteckt** hidden [mas]

**Verstehen von Bildern** image understanding [edv]

**versteifen** stiffen [abc]; (sich versteifen, anspannen) brace [abc]

**versteift** stiffened [abc]

**Versteifung** reinforcement [mas]; stiffening [mbt]

**Versteifungsblech** bracing plate [mot]

**Versteifungsrippe** (verbindet Lagerstellen) load carrier [mot]; (z.B. am Bagger) load carrier [mot]

**versteinert** petrified [abc]

**Versteinerung** petrifying [abc]

**Verstellausrüstung** (am Bagger) on-task attachment [mbt]; (mit Nackenzylinder) on-task attachment [mbt]

**Verstellausrüstung** (nur Gerät) on-task device [mbt]

**verstellbar** (beweglich) movable [abc]; (nachstell-, einstellbar) adjustable [mes]

**verstellbare Klappe** adjustable vane [mas]

**verstellbare Schaufel** adjustable vane [mbt]

**verstellbare Ventileinstellung** adjustable valve setting [mas]

**verstellbarer Schlüssel** adjustable spanner [wzg]; adjustable wrench [wzg]

**verstellbarer Schraubenschlüssel** adjustable spanner [wzg]; adjustable wrench [wzg]; monkey wrench [wzg]

**Verstellblock** adjustable stand [mas]

**Verstelleinrichtung** adjusting device [mes]

**Verstellen** adjusting [mes]

**Verstellhebel** control lever [mot]

**Verstellhebel mit verstellbarem Vollastanschlag** control lever with adjustable full-load stop [mot]

**Verstellmöglichkeit** possibilities to position [abc]

**Verstellmotor** adjustable oil motor [mas]

**Verstellpumpe** variable displacement pump [mot]; variable pump [mot]

**Verstellschraube** adjusting screw [mes]

**Verstellung** regulation [abc]

**Verstellzylinder** (→ Nackenzylinder) adjusting cylinder [mes]

**verstopfen** choke [mot]; (z. B. ein Kanalrohr) clog [bau]

**verstopft** (z. B. ein Rohr) clogged [abc]; (z. B. Magen, Darm) constipated [med]

**Verstopfung** (durch Schmutz, Pfropfen) blockage [abc]; (eines Rohres) clogging [bau]

**Verstopfung** (Magenbeschwerden) constipation [med]

**Verstrebung** brace [mas]; framework [mas]

**Versuch** test [mes]; (→ ergänzender V.; → Kochv.; → Laborv.; → Langzeitv.; → Plattendruckv.; → Reibev.; → Riechv.; → Ritzv.; → Salzsäurev.; → Scherv.; → Schneidev.; → Schüttelv.; → Trockenfestigkeitsv.; → Zerreißv.)

**Versuch wert** (den Versuch wert) worth the trial [abc]

**Versuchsabteilung** research & development department [abc]

**Versuchsanfang** start of the test [mes]

**Versuchsanlage** pilot plant [pow]

**Versuchsanordnung** organization of test [mes]; test procedure [mes]; test set-up [mes]

**Versuchsaufbau** test rig [mes]; test set-up [mes]

**Versuchsdauer** (am Kessel) duration of the boiler test [pow]

**Versuchsende** end of the test [pow]

**Versuchsergebnis** test results [mes]

**Versuchsflansch** (für Kontrollgeräte) test flange [mas]

**Versuchsingenieur** test engineer [abc]

**Versuchsinstrument** boiler test instrument [mes]

**Versuchsinstrumentenanschluß** test instrument connection [mes]

**Versuchsleiter** (Abnahme) engineer directing the trial [abc]

**Versuchsmeßstellen** test instrument tapping points [mes]

**Versuchsverfahren** experimental process [mes]

**versuchsweise** (kann geändert werden) tentative [abc]

**Versuchswirkungsgrad** test efficiency [mes]

**Versuchung** (Führe uns nicht in Versuchung) temptation [abc]

**vertäfelt** (getäfelte Wand, Rolltreppe) panelled [mbt]

**verteidigen** (Wehr dich!) defend [pol]

**Verteidiger** (Anwalt vor Gericht) councellor for the defence [jur]

**Verteidigung** (eines Landes) defence [mil]; (Gruppe vor Gericht) defence [jur]

**Verteidigungsarbeit** defence work [mil]

**verteilen** (Ware, Strom, Wasser usw.) distribute [abc]

**Verteiler** (in Briefköpfen) Copies to: [abc]; (mit einem Anschluß und mehreren Auslässen) connector [mot]; (Sekundärventilleiste zwischen Auslegerstützbock) distributor [mot]; (Sekundärventilleiste) hoist distributor block [mot]; (z.B. Mengenteiler, Aufteiler) divider [mot]; (zeitlich, Zeituhr) timer [abc]; (Zündverteiler) distributor [mot]; (→ Drehv.; → fahrbarer Kohlenv.)

**Verteiler/Ventilleiste** (auf Ausleger) distributor/valve bank [mot]

**Verteilerfinger** (z.B. im Zündverteiler) rotator distributor [mot]

**Verteilergehäuse** distributor body [mot]

**Verteilergetriebe** transfer box gearing [mbt]; transfer case [mas]; (Einachs-/Allrad) transfer box [mbt]

**Verteilerkabel** distribution cable [elt]

**Verteilerkasten** distribution box [elt]; distributor [elt]; (des Baggers) distributor box [elt]; (Leergehäuse) unilet [elt]

**Verteilerklotz** distributor block [mot]; cylinder feed transfer block [mot]; transfer block [mbt]

**Verteilerleiste** (Ventil/Verteilerleiste) manifold [mot]; (Ventil/Verteilerleiste) distributor bank [mot]; (Ventil/Verteilerleiste) distributor block [mot]

**Verteilerschrank** link box [elt]

**Verteilerstück** distributor [mot]

**verteilte Bauelemente** distributed lumped elements [elt]

**verteilte Datenverarbeitung** distributed data processing [edv]

**verteilte Parameter** distributed parameters [mat]

**verteilte Simulation** distributed simulation [edv]

**verteilte Systeme** distributed processing [edv]; distributed systems [edv]

**verteiltes Dateisystem** distributed file system [edv]

**Verteilung** (Ausbreitung auf Fläche) spreading [abc]; (einer Ware, Druckschrift) distribution [elt]; (→ geographische V.; → Lastv.)

**Vertiefung** (Einstich) recess [met]

**vertikal** (senkrecht) vertical [abc]; (→ Senkrechtstarter)

**Vertikalbohrwerk** vertical boring mill [wzg]; vertical drilling mill [wzg]

**vertikale Bewegung** (z.B. Hub) vertical displacement [mot]

**Vertikalfräsmaschine** vertical rotary grinder [wzg]

**Vertikallast** download [mot]

**vertonen** (Dias, Filme) dubbing [abc]

**Vertrag** (zwischen Nationen) treaty [jur]

**verträglich** compatible [abc]

**Vertragsbedingungen** conditions of contract [jur]

**Vertrauensindex** confidence index [edv]

**Vertrauensmann** (z.B. der Belegschaft) delegate [abc]

**Vertrauensperson** person of trust [abc]

**vertraulich** (geheim) classified [abc]

**vertraut** (mit einer Arbeit) acquainted [abc]

**vertraut machen** (mit etwas) acquaint [abc]

**vertreten** (brauchen wir nicht zu vertreten) responsible [abc]

**Vertreter** (einer Versicherung) broker [jur]

**Vertrieb Ausland** export sales [abc]

**Vertrieb Inland** domestic sales [abc]; inland sales [eco]

**Vertrieb und Technik** sales and technology [eco]

**Vertrieb-Joint-Venture** marketing joint venture [abc]

**Vertriebs- und Marketingstrategien** marketing strategies [eco]

**Vertriebsaktivitäten** sales activities [abc]

**Vertriebsingenieur** sales engineer [abc]

**Vertriebsnetz/Vertriebsebenen** marketing networks/marketing levels [edv]

**Vertriebsunterstützungssystem** computer-aided selling [eco]; CAS [edv]

**verunreinigt** impurified [abc]

**Verunreinigung** contamination [pow]; impurification [abc]; pollution [abc]; (→ Luftverunreinig.)

**verursachen** cause [abc]; (anfangen <lassen>) initiate [abc]

**Verursacher** initiator [abc]; (in Garantieantrag) cause [abc]

**verurteilen** (zu Freiheitsstrafe o.ä) condemn [jur]

**Verurteilung** (der Urteilsspruch) verdict [pol]

**Vervielfacher** multiplier [mbt]

**Vervielfacherkaskade** cascade multiplier [elt]

**Vervielfältigen** (Replikation) replication [edv]

**Vervollständigung** (Ergänzung) complement [abc]

**Verwalter** administrator [abc]

**Verwaltung** administration [pol]; (Pflege der EDV) maintenance [edv]; (→ Fensterv.)

**Verwaltungsanweisung** administrative directive [jur]

**Verwaltungsgebäude** administration building [pol]

**Verwaltungsstelle** administration [pol]

**Verwaltungsvereinfachung** simpler management [abc]

**verwandt** (Ich bin mit ihm verwandt.) related [abc]

**Verwandte** relatives [abc]; (nächste, direkte Familie) next of kin [abc]

**verwechseln** (mit jemandem verwechseln) mistake [abc]

**verweht** (in alle Winde; verstreut) scattered [abc]; (vom Winde verweht) gone [abc]

**verwelkt** withered [bff]

**verwendbar** (brauchbar, nützlich) useful [abc]

**verwenden** (gewisse Methoden) employ [abc]

**Verwendung** (Anwendung) application [abc]; (keine Verwendung für ihn) use [abc]; (von Geräten) implementation [abc]

**Verwendung von Unterschätzungen** using underestimates [edv]

**Verwendungsort** production site [abc]

**verwerfen** (Erdschichten verschieben) destroy tectonically [bod]

**Verwerfung** (Erdschichtverschiebung) tectonic destruction [geo]; (z.B. durch Erdbeben) faulting [geo]

**Verwerfungen** faults [geo]

**verwesen** decay [bau]

**verwesend** putrescent [abc]

**verwinden** (verziehen durch Wärme) warp [mas]; (Verziehen) warping [mas]

**Verwindung** (des Rahmens, des Materials) torsion [mas]; (des Wagenrahmens) twist [mot]; (Verlust der Form) distortion [wst]
**verwindungsfest** (Rolltreppengerüst) absolutely rigid [mbt]
**verwindungsfrei** torsion-free [mas]
**verwindungssteif** torsion-stiff [mas]
**verwirklicht** realized [abc]
**verwittert** corroded [wst]; (gealtert) aged [bau]; (markantes männliches Gesicht) weathered [abc]
**Verwitterung** decay [bau]; weathering [wet]; (Auflösung) desintegration [bau]
**verwöhnt** (verwöhntes Kind) spoiled [abc]
**verworfene Art** (Ausschuß) failure type [met]
**verwunden** (verbogen) warped [abc]
**verwüsten** (einäschern) gut [abc]
**verzahnen** interlock [mas]; joggle [mas]; notch [wst]; (eine Welle) gear [mas]
**verzahnt** toothed [mas]
**verzahnte Welle** gearshaft [mas]
**Verzahnung** meshing of the teeth [mbt]; notching [wst]; toothing [mas]; (Ausstatten mit Zähnen) gearing [mas]; (ungewolltes Klemmen) backlash [mot]
**Verzahnungseinstellung** (Zahnräder) backlash adjusting [mas]
**Verzeichnis** (Liste) list [abc]; (Telefonverzeichnis) directory [tel]; (→ Bauzeitenplan)
**Verzerrung** distortion [elt]; (→ nicht-lineare V.)
**verzichten** (verzichten auf ...) dispense [abc]
**verziehen** distort [mot]
**Verziehen** (Verwinden durch Hitze) warping [mas]
**verzinkt** galvanized [met]; zinc-plated [met]
**verzinkt oder beschichtet** zinc-coated [met]

**Verzinkung** galvanizing [met]
**verzinnen** tin [wst]; tin-coat [met]
**verzinnt** tin-coated [met]; tinned [wst]
**verzinntes Band** hot-dip tin-coated strip [mas]
**verzögern** decelerate [mot]; delay [elt]; (hinauszögern) retard [abc]
**Verzögern der Rekursion** deferring recursion [edv]
**verzögert** retarded [abc]; (verspätet) delayed [wst]
**verzögert löschen** delayed erase [elt]
**verzögerte Triggerung** delayed trigger [mbt]
**verzögerte Zeitablenkung** delayed time-base sweep [elt]; delaying sweep [mbt]
**Verzögerung** deceleration [pow]; delay [mbt]; time lag [elt]; (beim Bremsen des Waggons) retardation [mot]; (→ Ausstoßerv.; → Einschaltv.)
**Verzögerungselement** delaying element [mil]
**Verzögerungskabel** delay cable [mbt]
**Verzögerungskartusche** delay cartridge [mil]
**Verzögerungsleitung** delay line [mbt]
**Verzögerungssägezahn** delaying sweep [mbt]
**Verzögerungsspeicher** delay store [elt]
**Verzögerungsventil** deceleration valve [mot]; time delay valve [mas]
**Verzögerungszeit** delay time [mbt]
**verzollen** (durch den Zoll schicken) clear through customs [jur]; (Parfüm beim Zoll melden) declare [abc]
**verzollt** (durch den Zoll gegangen) customs-cleared [jur]
**verzugsfrei** (nicht verbogen) free from distortion [met]
**verzundert** (bei Metallen) warm scaled [mas]
**verzweigen** (z.B. durch 3er-Steckdose) distribute [elt]
**Verzweigen-und-Begrenzen-Suche** branch-and-bound search [edv]

**Verzweige-und-Begrenze** branch-and-bound [edv]

**verzweigte Risse** branched cracks [mas]

**Verzweigung** distribution [elt]

**Verzweigungsfaktor** branching factor [edv]

**Verzweigungsprozedur** dispatch procedure [edv]

**Verzweigungstabelle** dispatch table [edv]

**Vesper** (Nachmittagsmahlzeit) dinner [abc]

**Vesperpause** (Nachmittagsmahlzeit) coffee break [abc]

**VG-Leiste** plug connector [elt]

**Viadukt** (hohe Vielbogenbrücke) viaduct [mot]

**Vibration** (Erschütterung) vibration [abc]

**vibrationsfest** vibration resistant [mbt]

**Vibrationsverdichter** vibrating compactor [mot]

**Vibrationsversuch** vibrating test [abc]

**vibrieren** (schwingen) vibrate [abc]

**Vibrohammer** pile-driving, extracting and rapid blow hammer [mbt]

**Videokassette** video cassette [abc]

**Video sehen** (Video gucken) watch video [abc]

**Videoanzeige** video presentation [elt]

**Videoverstärker** video amplifier [elt]

**Vieh** (Rindvieh) cattle [bff]

**viel früher** much sooner [abc]

**vielgestaltige Oberfläche** multiform surface [abc]

**Vielkeilprofil** (z.B. bei Steckachse) multi-spline <involute> profile [mas]

**Vielkeilwelle** multi-spline shaft [mas]; (als Verbindung) multi-spline joint [mas]

**Vielseitigkeit hydraulischer Betätigungs- u. Steuergeräte** flexibility of hydraulic power and control [mot]

**Vielzahnwelle** (als Übertragung) involute gearing [mas]

**Vielzweckhalle** versatile hall [bau]

**Vielzweckmaschine** multi-purpose machine [mas]

**vierachsig** (4-achsiger Tieflader) four axle [mot]

**vierachsiger Drehgestellaufwagen** four-axle bogie [mot]

**vierachsiger gedeckter Wagen** covered bogie wagon [mot]

**vierachsiger Güterwagen** bogie goods wagon [mot]

**vierachsiger Kühlwagen** bogie refrigerator wagon [mot]

**vierachsiger offener Güterwagen** bogie high-sided open wagon [mot]

**vierachsiger Tankwagen** bogie tank wagon [mot]

**Viereck** rectangle [abc]

**viereckig** quadrilateral [abc]

**vierfach geschertes Seil** four part line [mbt]

**Vierfachsteuerblock** control block [mot]; valve block [mot]

**Vierganggetriebe** four speed shift transmission [mot]

**Viergangschaltung** four speed shift [mot]

**Vierkant** (der Türklinkenhälfte) shank [bau]

**Vierkanthohlprofil** (z.B. Rolltreppe) rectangular box section [mbt]; (z.B. Rolltreppe) rectangular tube section [mbt]

**Vierkantknüppel** square billet [mas]

**Vierkantmutter** square nut [mas]

**Vierkantmutter, niedrige Form** square thin nut [mas]

**Vierkantprofil** rectangular tube section [mas]

**Vierkantsammler** square box [mas]; square header [pow]

**Vierkantscheibe** square taper washer [mas]

**Vierkantschraube mit Bund** square head bolt with collar [mas]

**Vierkantschraube mit Bund und Ansatzkuppe** square head bolt with collar and short dog point with rounded end [mas]
**Vierkantschraube mit Kernansatz** square head bolt with short dog point [mas]
**Vierkantschweißmutter** square weld nut [met]
**Vierpol** four-pole [elt]
**Vierradantrieb** four wheel drive [mot]
**Vierradbremse** four wheel brake [mot]
**Vierradlenkung** four wheel steering [mot]
**Vierradschwinge** (des Schaufelradbaggers) four-wheel bogie [mbt]
**vierrillig** (z.B. Seiltrommel) with four grooves [mas]
**vierseitig** quadriliteral [abc]
**vierstrahliges Flugzeug** four-engined plane [mot]
**Viertaktmotor** (Otto) four cycle motor [mot]
**Viertelfeder** quarter elliptic spring [mot]
**vierteljährlich** quarterly [abc]
**Viertelwellenlängenschicht** quarter wave length layer [mas]
**Vierwegeventil** four-way valve [mot]
**vierzehntägig** biweekly [abc]; fortnightly [abc]
**Vierzig-Fuß Container** forty foot container [mot]
**Vignolschiene** champignon rail [mot]; flat bottom rail [mot]; flat rail [mot]; foot rail [mot]; one-headed rail [mot]; vignol rail [mot]
**violettblau** (RAL 5000) violet blue [nrm]
**virtuelle Ein-/Ausgabe** spooling [edv]
**virtuelle Knoten und Kanten** virtual nodes and links [edv]
**virtuelle Masse** virtual ground [elt]
**virtueller Kurzschluß** virtual short circuit [elt]

**Visiertafel** boning rod [mas]
**Visitenkarte** business card [abc]
**Viskosität** viscosity [abc]
**Viskositätsgrad** (bei Ölen) SAE-grade of oil [mas]
**visuelle Verfahren** inspection [bau]; visual inspection [bau]
**Visum** Visa [abc]
**Vitrine** (in Wand) display cabinet [mot]
**V-Motor** V-type engine [mot]; V-engine [met]
**V-Naht** single V [met]
**VN** (Versicherungsnehmer) insured [jur]
**Vokabular** (der Logik) vocabulary [edv]
**voll** (gefüllt, gestrichen voll) full [mbt]
**voll angesteuert** fully saturated [elt]
**voll beladen** fully loaded [mot]
**voll beruhigt vergossen** fully deoxidized cast [met]
**voll bestrichen** (Heizfläche) fully swept [pow]
**voll durchgeschweißte Fugennaht** complete joint penetration groove [met]
**Vollast** full load [mot]
**Vollastnadel** full load needle [mot]
**Vollastschaltgetriebe** full load power shift [mot]; full power shift [mot]
**vollautomatisch** fully automatic [abc]
**vollautomatische Maschine** fully automatic machine [abc]
**vollbeladen** fully loaded [mot]
**Vollbeschäftigung** (alle in Arbeit) full employment [abc]
**Vollbetrieb** (ganz erprobt) all-out operation [mas]
**vollbringen** (erreichen, leisten) achieve [abc]; (erreichen, leisten) reach [abc]
**Volldecke** solid ceiling [mbt]
**volle Leistung** full power [mot]
**Volleistungsregelung** full power control [mot]
**Vollentsalzung** complete demineralization [pow]

**voller Arbeitseinsatz** working with full strength [abc]

**volles Drehmoment** full load torque [mot]

**Vollformgießen** full-mould casting [met]

**Vollfreisichtmast** (am Stapler) full free-view mast [mot]

**Vollgas** full engine rev [mot]

**Vollgeschoß** solid core bullet [mil]; solid shot [mil]

**Vollhubsicherheitsventil** full lift safety valve [pow]

**vollhydraulisch** fully hydraulic [mot]

**volljährig** of age [abc]

**vollkommen** (eine Sache ist vollkommen.) perfect [abc]; (ganz und gar) complete [abc]

**vollkörnig** full-grained [bau]

**vollmachen** (Tank vollmachen, bitte!) fill up [mot]

**voll-pneumatisch** fully pneumatic [abc]

**Vollportalkratzer** full-portal reclaimer [roh]

**Vollrad** solid rolled wheel [mot]

**Vollreifen** solid rubber tyre [mot]; solid tyre [mot]; solid tyre [mot]

**Vollschiff** full-rigged ship [mot]

**Vollsichtvorreiniger** full view precleaner [mot]

**vollständig** entirely [bau]; (ganz, ganz und gar) complete [wst]

**vollständig geschweißt** all-welded [mas]

**vollständige Strategie** (in der Logik) complete strategy [edv]

**vollständige Verbrennung** complete combustion [pow]

**Vollwandbalustrade** massive balustrade [mbt]

**Vollwartung** complete maintenance [met]

**vollwertiger Einbrand** full penetration [met]

**Vollzug** (Blockzug; Wagen alle gleich) block train [mot]

**Vollzylinder** solid cylinder [mot]

**Volt** (→ Spannung) volt [phy]

**Voltmeter** electric circuit tester [elt]; (Spannungsmesser) voltmeter [mes]

**Voltzahl** voltage [elt]

**Volumen** volume [abc]

**Volumenvergrößerung** bulking [bau]

**vom Haufwerk aus** from a higher level [mbt]

**vom Stapel lassen** launch [bau]

**von gleicher Größe** of the same size [abc]

**von Hand betätigt** manually-operated [abc]

**von Land** from the shore [mot]

**von Land aus** from the shore [mot]

**von oben gestanzt** punched from above [met]

**von See aus** (bohren) off shore [mot]

**von Wichtigkeit** of importance [abc]

**vor** (eher als) prior to [abc]

**vor dem Härten** (Zahnradbearbeitung) before hardening [mas]

**vor Fertigungsbeginn** prior to manufacture [abc]

**vor Jahren** years ago [abc]

**vor Kohle** (vor Ort unter Tage) at the face [roh]

**vor Nässe schützen** protect from moisture [abc]

**vor Ort** (an Ort und Stelle, wo's war) on site [abc]; (vor Kohle unter Tage) at the face [roh]; (z.B. im Steinbruch) in situ [abc]

**vor- und nachgeschaltete Verfahrensstufen** up- and downstream process stages [abc]

**Vorabscheider** (säubert, filtert) pre-screener [mot]; (trennt Flüssigkeiten) precleaner [mot]

**Vorabscheidung** pre-scalping [roh]

**Vorabsiebung** (erstes Sieben) primary screening [roh]

**vorangehend** (vorherig) previous [abc]

**Voranziehdrehmoment** (später fester) initial torque [mas]

**Vorarbeiten** preliminary work [bau]

**Vorarbeiter** foreman [met]; (Polier) general foreman [abc]

**Vorausbeitrag** (zuerst leisten) deposit premium [jur]

**vorausgesetzt** (wird angenommen, daß) anticipated [abc]

**voraussetzen** (beim Leser vermuten) presuppose [abc]

**Voraussetzung** (Unter der Voraus-setzung , daß...) presupposition [jur]

**Voraussetzungen** prerequisites [abc]; suppositions [jur]

**Voraussetzungsbedingung** prerequisite condition [edv]

**voraussichtlich** (wird erwartet) ex-pected [abc]

**vorbearbeitet** (spanabhebend) rough machined [met]

**Vorbedingungen** preconditions [abc]

**Vorbehalt** (unter Vorbehalt) reservation [abc]

**vorbehalten** (das Recht vorbehalten) reserve [abc]

**vorbeifließen** (im Zylinder) bypass [mot]

**vorbeigehen an** walk past [abc]

**vorbeilaufen** (an den Kolben) bypass [mot]

**Vorbemerkungen** (Allgemeines vorweg) general remarks [abc]

**Vorbenetzungswassersystem** pre-moistening system [bau]

**vorbereiten** prepare [abc]

**vorbereitend** preparing [abc]; setting the stage [abc]

**Vorbereitung der Oberfläche** surface preparation [mas]

**Vorbereitungseingang** prefix input [elt]

**vorbestimmt** (eingestellt, bereitet) pre-set [mot]

**vorbeugend** (vorbeugende Maßnah-men) preventive [abc]

**vorbeugende Wartung** preventive maintenance [mot]; PM [mot]

**Vorbohrer** starter [met]

**Vorbramme** slab [mas]

**Vorbrammenlängsteilanlage** slab slitting line [mas]

**Vorbrammenlängsteilung** slab slitting [mas]

**Vorbrechanlage** crushing plant [roh]; preparation plant [wzg]

**vorbrechen** (grob mahlen) crush [pow]

**Vorbrecher** primary crusher [wzg]

**Vorcalcinierung** precalcination [roh]

**Vorder-** (z.B. Vorderrad) front- [mot]

**Vorderachsbremsausschalter** front brake limiter switch [mot]

**Vorderachse** front axle [mot]

**Vorderachsgabel** front axle fork [mot]

**Vorderachskörper** front axle beam [mot]

**Vorderachsschenkel** front wheel stub axle [mot]

**Vorderachswelle** front axle shaft [mot]

**Vorderansicht** (Zeichnung) front elevation [con]

**Vorderantrieb** front drive [mot]

**vordere(-r)** front [mot]

**vordere Abstützung** front outrigger [mbt]; front-end <operating> equipment [mot]

**vordere Hängedecke** front arch [pow]; (Rost) front arch [pow]

**vordere Kippkante** front tipping line [mot]

**vordere Kupplerarmführung** striker [mot]

**vordere Motoraufhängung** engine front support [mot]

**vordere Stoßdämpfer** front shock absorbers [mot]

**vordere Stoßstange** front bumper [mot]

**Vorderentladung** (z.B. Schütter, Kip-per) front discharge [mot]

**vorderer Anschlag** (Kupplerarmfüh-rung) striker [mot]

**vorderer Deckel** front cover [mot]

**vorderer Scharteil** (des Graders) leading end of the mouldboard [mbt]

**vorderer Verschlußdeckel** front end cover [mot]

**vorderer Zughaken** front pull hook [mot]

**vorderes Standblech** front stay plate [met]

**Vorderfederbock** front spring hanger [mot]

**Vorderfederstütze** front spring support [mot]

**Vorderfront** (der Rolltreppen-Stufe) step riser [mbt]

**vordergründig** at first sight [abc]

**Vorderkante** front edge [mot]

**Vorderrad** front wheel [mot]

**Vorderradantrieb** front wheel drive [mot]

**Vorderradaufhängung** front wheel suspension [mot]

**Vorderradbremse** front wheel brake [mot]

**Vorderradnabe** front wheel hub [mot]

**Vorderschar** dozer blade [mot]

**Vorderseite** face [abc]; front [mot]; front side [mot]; (eines Gerätes) front panel [edv]

**Vordersitz** front seat [mot]

**Vorderteil** (der Klappschaufel) front lip [mbt]; (der Klappschaufel) front part [mbt]; (der Klappschaufel) lip [mbt]

**Vorderwand** front panel [mot]; front wall [pow]; (Vorderteil des Löffels) front lip [mbt]

**Vorderwandentwässerung** front wall drain [pow]

**Vorderwandfallrohr** front wall down-comer [pow]

**Vorderwandrahmen** front panel frame [mot]

**Vorderwandsammler** front wall header [pow]

**Vorderwandsteigrohr** front wall riser [pow]

**Vordichtung** (Kolbenstangendichtung) pre-sealing [mot]

**vordrehen** (auf Drehbank) preturn [met]; (auf Drehbank) rough turn [met]

**Vordrehmaße** (vor Beginn des Der-hens) dimensions prior to turning [wst]

**Vordruck** form [abc]

**voreilendes Scharende** (gedrehtes Sch.) advanced cutting edge [mbt]

**voreingestellter Wert** (Ersatzwert) default [edv]

**Voreinstellung** presetting [abc]

**vorerst** (momentan, im Moment) for the time being [abc]

**Vorfahr** (z.B. Vorgänger) ancestor [abc]

**Vorfahren** (Rußbläser) insertion [pow]

**Vorfall** (Ereignis) incident [abc]

**Vorfertigung** prefabrication [mas]

**Vorfilter** prefilter [mot]

**Vorfracht** (z.B. Werk bis Hafen) freight from-to [mot]

**vorfräsen** roughen [met]

**vorführen** (ein Gerät im Einsatz) demonstrate [mot]

**Vorführmodell** display model [mot]

**Vorführung** (Bagger-, Geräte-) demonstration [mot]; (Kino, Circus) show [abc]

**Vorfüllen** (z.B. Benzin in Vergaser) priming [mot]

**Vorgabe** (Anweisung, Instruktion) instruction [abc]; (Losgröße) order [abc]

**Vorgabe wird hiermit annulliert.** instructions for manufacture cancelled [abc]

**Vorgabestückzahl** quantity planned [abc]

**Vorgabezeit** expected time [abc]

**Vorgang** (Ereignis, Geschehen) event [abc]; (Verfahren) procedure [abc]

**Vorgänger** (im Amt) predecessor [abc]; (in Bäumen) ancestors [edv]

**Vorgängerknoten** parent node [edv]

**vorgeben** (an das Werk) release [abc]; (z.B. eine Ölmenge) release [mot]

**Vorgebirge** foothills [geo]
**vorgebrochene Kohle** crushed coal [pow]
**vorgedreht** (auf Drehbank) preturned [met]; (auf Drehbank) rough machined [met]
**vorgedrückt** prepressed [met]
**vorgefertigt** (Beton) precast [bau]; (z.B. f. Sektionsbauweise) prefabricated [bau]
**vorgefertigte Verschlußknoten** knots [mas]
**vorgegeben** (an das Werk) released [abc]
**vorgegebener Wert** preset value [abc]
**vorgehen** (als erster gehen) lead [abc]; (So soll verfahren werden.) proceed [abc]
**Vorgehensweise** philosophy [edv]
**Vorgelege** layshaft [mot]
**Vorgelegeachse** idler shaft [mot]
**Vorgelegegetriebe** (2-Rad zu Allrad) transfer box gearing [mbt]
**Vorgelegerad** counter gear [mot]; layshaft gear [mot]
**Vorgelegetriebrad** countershaft drive gear [mot]
**Vorgelegewelle** layshaft [mot]; ("Welle" des Getriebes) countershaft [mot]; (besser: Welle) jackshaft [mot]; (besser: Welle) transmission shaft [mas]; (des Getriebes) layshaft [mot]
**Vorgelegezahnradblock** layshaft gear claster [mot]
**vorgenannt** (vorgenannte Stellen) above [abc]
**vorgerundet** (Körner beim Strahlen) rounded [mas]
**vorgeschaltete Verfahrensstufen** upstream process stages [mas]
**vorgeschichtlich** prehistoric [abc]
**vorgeschrieben** (festgelegt) stipulated [abc]
**vorgesehen** provided [abc]; (als Nachfolger) designated [pol]; (am vorgesehenen Ort) assigned [abc]; (designiert als Nachfolger) designated [pol]

**vorgesetzte Schaltung** dashboard gear change [mot]
**vorgespannt** (eingestellt, festlegt) pre-set [mas]; (z.B. Hydrotank) pressurized [mot]
**vorgespannte Feder** pre-stressed spring [mas]
**vorgesprengt** (absichtlich gebogen) pre-stressed [mot]
**vorgesteuerte Ventile** servo-controlled valves [mot]
**vorgewärmt** pre-heated [met]; pre-heated [mas]
**vorgewärmte Verbrennungsluft** pre-heated combustion air [pow]
**vorglühen** pre-glow [met]; preheat [met]; pre-ignite [met]
**Vorhälter** (zwischen Pinnewärmer und Nieter, fängt heiße Niete) rivet catcher [mot]
**Vorhaltung** (Reserve) provision [abc]
**vorhanden** (im richtigen Moment verfügbar) available [abc]; (körperlich da; EDV) onhand [edv]; (verfügbar, existent) available [abc]
**vorhandene Maschinen** existing machines [abc]
**Vorhängeschloß** pad lock [abc]
**Vorkammer** chamber [mot]; pre-combustion chamber [mot]
**Vorklassiersieb** (vor dem Brecher) pre-classification screen [wzg]
**Vorkommen** deposit [roh]
**vorkommen** occur [abc]
**vorladen** (→ Gerichtsvorladung) subpoena [pol]
**Vorlagerost** feeding rack [mas]
**Vorlauf eines Kolbens** forward movement of a piston [mot]; forward travel of a piston [mot]
**Vorläufer** (zieht Lok in Kurve) advancing wheels [mot]
**vorläufiger Ausbau** preliminary stage of extension [pow]; (Erweiterung) first stage of extension [pow]

**vorläufiger Betrieb** preliminary operating conditions [abc]

**vorläufiger Plan** preliminary plan [abc]

**Vorlaufstrecke** (Material) delay block [wst]

**vorlegen** submit [abc]

**Vorlegewelle** counter shaft [mot]

**vorliegend** on hand [abc]

**Vorluftbehälter** preliminary air tank [mot]

**Vormagnetisierung** pre-magnetization [elt]

**Vormahlbereich** pregrinding [met]

**vormahlen** pregrind [met]; primary grind [roh]; raw grind [roh]

**Vormahlen** primary grinding [roh]; raw grinding [roh]

**Vormann - Schaufelradbagger** bucket wheel foreman [mbt]

**Vormaterial** skelp [mas]

**vormontiert** pre-assembled [met]; shop-assembled [met]

**vorn** in front [abc]

**vorne** up front [mot]; (auf Schiffen, Pontons) fore [mot]

**Vornetzung** pre-wetting [mas]

**Vorort** suburb [abc]

**Vorortbahn** suburban railway [mot]

**Vorortzug** local train [mot]; suburban train [mot]

**Vorprogramm** (auch Vorübersetzer) preprocessor [edv]

**vorprogrammiert** preprogrammed [edv]

**Vorprojektierung** preliminary projection [mbt]

**Vorrang der Lenkung** (statt Kübel) steering priority [mot]

**Vorrat** store [abc]; (Reserve) reserves [roh]; (Versorgung, z.B. eines Werkes) supply [abc]

**Vorratsanzeiger** (Ölstandanzeiger) oil-level indicator [mot]

**Vorratsgeräte** machines on stock [abc]

**Vorratshalde** stockpile [mas]

**Vorrecht** (erster, der aussucht) prerogative [jur]

**vorredigieren** (Text vor Übersetzung) pre-edit [abc]

**Vorreiber** (Fenster-, Türverschluß) turnbuckle [mas]

**Vorreiniger** precleaner [mas]

**Vorreiniger mit durchsichtigem Gehäuse** full view precleaner [mot]

**Vorrichtung** (auf Hallenboden) jig [mas]; (im Stahlbau) fixture [met]; (Küchengeräte, z.B. Herd) appliance [abc]; (Montagegroßwerkzeug) jig [mas]; (z.B. Kleiderhaken) fixture [met]; (z.B. kleines Gerät) device [wst]; (→ Einblasev.; → Handdrehv.; → Spannv.)

**Vorrichtung zur Spritzverstellung** timing device [mas]

**Vorrichtungsbau** (auf Hallenboden) jig manufacturing [mas]

**Vorrichtungszeichnung** drawing of jigs [abc]

**Vorsatz** (Absicht) intent [jur]; (mit Vorsatz, mit Absicht) deliberation [jur]

**vorsätzlich** (eine vorsätzliche Tat) deliberate [jur]

**vorsätzlich** (mit Absicht) on purpose [jur]

**Vorsatzstück** (Adapter) adapter [mas]

**Vorsatzteil** (Keil) wedge [mas]; (Schuh, Keil, Klemme) shoe [abc]; (Zubehör) attachment [mas]

**vorschalten** connect in series [mbt]

**Vorschaltturbine** topping turbine [pow]

**Vorschaltwiderstand** resistor [elt]

**vorschieben** (die Ladeschaufel) crowd [mbt]; (Rußbläser) insertion [pow]

**Vorschiff** (vorn, Bug) foreship [mot]

**Vorschlag** suggestion [abc]; (auch Heiratsantrag) proposal [abc]

**vorschlagen** (z.B. einen Handel) suggest [abc]

**Vorschlaghammer** (DIN 6475) sledge hammer [wzg]

**vorschlichten** (bearbeiten) semi-finish [met]

**Vorschrift** regulation [abc]; (der Regierung) governmental order [jur]; (im Vertrag) provision [abc]; (→ technische V.)

**Vorschriften** specifications [abc]

**Vorschub** (auf Bearbeitungsmaschine) feed [met]; (der Ladeschaufel) crowd [mbt]; (→ großer V.; → kleiner V.; → Stufenv.)

**Vorschubgeschwindigkeit** rate of advance [mas]; rate of feed [mas]; rate of traverse [mas]

**Vorschubgetriebe** advance gear [mbt]

**Vorschubgröße** feed rate [mot]

**Vorschubkraft** (Stielzylinder auf Planum) crowd force [mbt]

**Vorschublänge** (der Ladeschaufel) crowd length [mbt]

**Vorschubregelpumpe** feed control pump [mot]

**Vorschubregelung** feed control [mot]

**Vorschubregelventil** feed control valve [mot]

**Vorschubweg** (Vorschubweg auf Planum) crowd distance [mbt]

**Vorschubwinde** feed winch [mbt]

**Vorschubzylinder** feed cylinder [mbt]

**Vorschweißflansch** welded-on flange [mas]; welding neck flange [mas]

**Vorschweißmesser** partial wrap-around edge [wzg]

**Vorsegel** jib [mot]

**Vorserie** pre-production [edv]

**VORSICHT** (Verkehrsschild) SLOW [mot]

**VORSICHT GLAS** (auf Kisten) GLASS - HANDLE WITH CARE [mot]

**Vorsicht Stufe!** Watch your step. [abc]

**vorsichtig** (aufpassend) watchful [abc]; (sichernd) cautious [abc]; (sorgfältig aufpassend) careful [abc]

**Vorsichtsmaßnahmen** (Vorkehrungen) precautions [abc]

**Vorsieb** pre-screener [roh]

**Vorsignal** distant signal [mot]

**Vorsitzender** chairman [eco]

**Vorsorgeversicherung** insurance as provision against new hazards [jur]; (nicht US, GB) inscription as provision against new hazards [jur]

**vorspannen** (vorbelasten) preload [mas]; (z.B. den Tank) pressurize [pow]

**Vorspannkraft** initial stressing [mas]

**Vorspannung** pretension [mas]; (des Tanks) pressurization [pow]; (Dampfleitung) hot pull up [pow]; (Dampfleitung) preload [pow]; (Dampfleitung) tensioning [pow]; (Feder) preload [mas]; (gewöhnliche. Verbindung) cold pull up [wst]; (Gitter-) bias [mas]; (kalte) tensioning [mas]; (kalte, gewöhnliche Verbindung) preload [pow]

**Vorspannventil** counterbalance valve [mot]; pressure make-up valve [mas]

**Vorspannwerkzeug** pretensioning tool [wzg]

**Vorspannzylinder** (Einkammerbremszylinder) pressurizing cylinder [mot]

**vorspritzen** (Putz) spatterdash [bau]

**Vorsprung** (am Werkstück) nose [mas]; (an Maschinenteil) lug [mas]; (Maschinenteil) boss [mas]

**Vorstand** (→ Aufsichtsrat) board of directors [eco]

**Vorstandsmitglied** member of the board [abc]

**Vorstandsrundschreiben** board circular [eco]

**Vorstandsvorsitzender** chairman of the board [eco]

**Vorsteckbolzen** cotter bolt [mot]

**Vorstecker** coupling pin [mot]; (an Waggonabstützung) locking lever [mot]

**vorstehender Reißzahn** (am Grabgefäß) advancing ripper tooth [mbt]

**vorstellen** (vor dem geistigen Auge) envision [abc]

**Vorstellung** (Circus, Kino) show [abc]; (Einbildung) imagination [abc]; (und Übergabe Maschine) hand-over ceremony [abc]; (Vorführung der Maschine) demonstration [mot]

**Vorsteuergerät** (Ventil) servo control valve [mot]

**Vorsteuerleitung** (an Hydrogerät) hydraulic servo line [mot]

**Vorsteuerung** (durch Ventil) hydraulic servo control [mot]

**Vorsteuerventil** (an Hydrogerät) servo valve [mot]

**vorstoßen** (größer werdende Firma) expand [abc]; (mit Auslegerstiel) crowd [mbt]

**Vorstrafenregister** police record [pol]

**Vorstraße** (im Vorort) suburban street [mot]

**Vorstraße im Hüttenwerk** roughing mill [mas]

**Vorstudie** (Kostenvoranschlag) pre-investment study [abc]

**Vortrag** (Ansprache, Rede) speech [abc]; (oft schriftlich u. ablesen) paper [abc]; (über Sachgebiet) lecture [abc]; (Vortrag halten) presentation [abc]; (im Tunnelbau) advance [bau]

**vorübergehend** (zeitweise) temporary [abc]

**vorübergehende Auflockerung** temporary bulking [abc]

**Vorüberhitzer** low-duty section of superheater [pow]; pre-superheater [pow]; primary superheater [pow]

**Vorüberhitzungstemperatur** primary steam temperature [pow]

**Vorumsätze** previous sales [jur]

**Voruntersuchung** preliminary investigation [abc]

**Vorverarbeitung** preprocessing [edv]

**Vorverdampfer** pre-evaporator [pow]

**Vorverdampferheizfläche** pre-evaporator heating surface [pow]

**Vorverdampferrohr** pre-evaporator tube [pow]

**Vorverdampfersammler** pre-evaporator header [pow]

**Vorverfestigung** preconsolidation [bau]

**Vorversicherer** previous insurer [jur]

**Vorversicherung** previous insurance [jur]

**Vorverstärker** preamplifier [mbt]; (Stufe) preamplifier [elt]

**Vorverstärkerstufe** preamplifier [elt]

**Vorwahl** pre-selection [abc]; (Schaltung) preselection [pow]

**Vorwählgetriebe** preselector gearbox [mas]

**Vorwählnummer** (beim Telefon) area code [tel]; (beim Telefon) pre-dialing code [tel]

**Vorwählschaltung** preselection change [mot]

**Vorwahlzähler** pre-selection counter [elt]; pre-set counter [elt]

**vorwärmen** preheat [mas]

**Vorwärmer** (→ Anzapfv.) preheater [pow]

**Vorwärmklappe** pre-heating valve [mot]

**vorwärts** forward [abc]; (bei Schaltplänen) forward [elt]

**Vorwärts- und Rückwärtsverkettung** forward and backward chaining [edv]

**Vorwärtsargumentieren** forward chaining [edv]

**Vorwärtsgang** forward gear [mot]; forward speed [mot]

**Vorwärtskupplung** forward clutch [mot]

**Vorwärtsverketten** forward chaining [edv]

**Vorwiderstand** (das Gerät) protective resistor [elt]; (das Geschehen) drop resistance [elt]

**Vorwort** (Begleitworte) foreword [abc]

**Vorzeichen** polarity sign [phy]; pre-
ceding sign [abc]; (z.B. +, -) algebraic
sign [mat]; digit sign [abc]; (z.B. Verkehr) sign [mot]; (z.B. Verkehrs-,
Bahnsignal) sign [mot]; (→ gleiches V.)
**Vorzeichenausgang** sign output [elt]
**vorzeigen** (beschaffen) procure [abc]
**vorzeitig** (evtl. nicht ausgereift) premature [abc]
**Vorzerkleinerung** primary reduction
[roh]; (von Steinen) primary reduction
[roh]
**Vorzug** (besonderes Merkmal) special
feature [mbt]; (Vorteil, Überlegenheit)
advantage [abc]
**Vorzugssteuerung** (Prioritätssystem)
priority system [mbt]
**vorzugsweise** preferably [abc]
**Votierung** voting [edv]
**V-Schneide** V-edge [mot]
**VS-Regler** VS governor [mot]
**vulkanisches Erdbeben** vulcanic
earthquake [geo]
**vulkanisches Gestein** volcanic rock
[min]
**vulkanisieren** vulcanize [abc]
**Vulkanisierpresse** vulcanizing press
[wzg]
**Vulkanisierpresse für die Gummi-
industrie** vulcanize press for the
rubber industry [wzg]
**Vulkanisierung** vulcanisation [mot]

# W

**Waage** balance [jur]; weigher [abc]; weighing scale [abc]; (z.B. Pfund, Kilogramm, Tonne) scale [mes]; (→ Anzeigew.; → automatische Kohlenw.)
**waagerecht** horizontal [abc]
**Waagerechtbohrwerk** line boring machine [wzg]
**Wabe** (des Ölkühlers) fin [mot]
**Wabenfilter** multi-cellular mechanical dust separator [pow]; multi-cellular mechanical precipitator [pow]
**Wabenzellbauteile** honeycomb structures [mas]
**Wache** (am Kasernentor) guard room [mil]
**Wachmann** (von Bewachungsinstitut) watchman [abc]
**Wachoffizier** (auf Schiff) watch officer [abc]
**Wachspapierschreiber** wax paper recorder [abc]
**Wächter** monitor [mes]; safeguard [mas]; (→ Druckw.; → Flammenw.; → pH-Wert-W.; → Strömungsw.; → Temperaturw.; → Wasserstandsw.)
**Wachtposten** (Wächter) sentinel [mil]
**Wackelkontakt** (An-aus-an-aus) intermittent contact [elt]; (flackert) tottering contact [elt]; (muß man nachziehen) loose connection [elt]; (muß man nachziehen) loose contact [elt]
**Wade** calf [med]
**Waffe** (Speer, Revolver usw.) weapon [mil]
**Waffel** wafer [abc]
**Waffelwalze** segmented wheel roller [mas]
**Wagen** (Fahrzeug allgemein, auch Bahn) vehicle [mot]; (hier: Güter-, nicht Personenwagen) wagon [mot];

(hier: Personenwagen der Bahn) coach [mot]; (Pkw) car [mot]; (→ Kipplastw.)
**Wagen für den Güterverkehr** railway cars for freight traffic [mot]
**Wagen mit Faltdach** wagon with folding roof panels [mot]
**Wagen mit Rolldach** wagon with roller-shutter roof [mot]
**Wagen mit Schiebedach** wagon with sliding roof [mot]
**Wagen mit Schwenkdach** wagon with pivoted roof sections [mot]
**Wagen ohne Puffer** (pufferlos) wagons without buffers [mot]
**Wagenbrücke** wagon bridge [mot]
**Wagenbühne** platform [mot]
**Wagengattung** class of coaches [mot]; class of cars [mot]; class of wagons [mot]
**Wagenheber** car jack [mot]; (→ hydraulischer W.; → mechanischer W.; → Scherenheber)
**Wagenheberleitung** hydraulic jack lead [mot]
**Wagenheberpumpe** hydraulic jack pump [mot]
**Wagenkasten** vehicle body [mot]
**Wagenkipper** rotary dumper [mbt]; wagon tipper [roh]
**Wagenklasse** (Personenwagen der Bahn) class of coach [mot]
**Wagenkonstruktion** wagon design [con]
**Wagenplane** canvas [mot]
**Wagenrahmen** (des Waggons) frame [mot]
**Wagenreihung** (Zuggarnitur) rake [mot]
**Wagenspuren** (in unbefestigter Straße) wagon tracks [mot]
**Wagenstandsanzeiger** (auf Bahnsteig) car position indicator [mot]
**Wagenstruktur** structure of wagon [mot]
**Wagentyp** make of car [mot]; type of wagon [mot]

**Wagenumgrenzungsprofil** loading gauge [mot]

**Wagenumlauf** (Bergwerk) mine car circuit [roh]

**wägen** (abschätzen) weigh [abc]

**Waggon** (hier Personenwagen) coach [mot]; (hier Güterwagen) aggregate wagon [mot]; (nur für Güterwagen) wagon [mot]

**Waggonbeladestation** wagon loading station [mot]

**Waggonbeschlagteil** wagon fixture [mot]

**Waggongattung** class of cars [mot]

**Waggonkipper** wagon tippler [roh]

**Waggonzettelhalter** wagon label container [mot]

**Wagner** (Stellmacher, Spengler) wagon-maker [mas]

**Wahl** (allgemeine politische Wahlen) election [pol]; (kann <unter> verschiedenem wählen) choice [abc]

**wählen** vote [pol]; (am Telefon) dial [tel]; (er wurde zum Präsidenten gewählt) elect [pol]

**Wahlergebnis** (Wählerzahlen) ballot [pol]

**Wählerstimme** vote [pol]

**Wählerverzeichnis** voters' registration [pol]

**Wahlkabine** (u.a. zeitweilige Konstruktion) booth [pol]

**Wählleitung** switch line [edv]; (für Online EDV) dial-up line [edv]

**Wahlrecht** (des Bürgers) right to vote pol

**Wahlschalter** selector switch [mbt]; switch selector [elt]; (3. vorwärts in 3. rückwärts) shuttle valve [mot]; selector [mbt]

**Wahlschalter "Hand-Automatik"** automatic-to-manual selection [mas]

**Wahlschalter Heizung** selector switch - heater [mbt]

**Wahlschalter Zeit-Dauer** selector switch interrupted-continuous travel [mbt]

**Wahlschaltung** selector switch [elt]

**Wählscheibe** (des Telefons) dial [tel]

**wahlweise** optional [mot]

**wahrer Wert** true value [abc]

**Wahrheitserhaltung** truth maintenance [abc]

**Wahrheitstabelle** truth table [edv]

**Wahrscheinlichkeit** (→ Auftretensw.) probability of occurrence [mat]

**Wahrscheinlichkeitsberechnung** probability calculation [mat]

**Wahrung** (von Gesetzen) observing [jur]

**WAHR-Werte** (in der Logik) TRUE values [edv]

**Wahrzeichen** landmark [abc]

**Wald** (im Wald) woods [bff]

**Waldbrand** forest fire [bff]

**Walkpenetration** (Schmierstoffe) worked penetration [mas]

**walkstabil** squeeze-stable [mas]

**Wall** (Abwehr- und Festungswall) rampart [bau]; (aus gefrästem Erdreich) ridge [mbt]; (Deich, Damm) dyke [bau]; (Schutzwall, Festungswall) bulwark [bau]

**Walmdach** hip roof [bau]

**Wälzabweichung** working variation [mas]

**Walzblech** sheet metal [mas]

**Walzblock** (Block) bloom [met]

**Walzdraht** wire rod [mas]

**Walze** drum [mas]; (Dampfw., Straßenw.) roller [bau]; (im Walzwerk) roll [met]; (Rad) wheel [mot]; (→ Stahlw.)

**Walzenbeschicker** roll feeder [roh]

**Walzenbrecher** roll crusher [roh]

**Walzenschalter** drum controller [mas]

**Walzenträger** roller carrier [roh]

**walzgelagert** (meist Rollenlager) anti-friction bearing [mas]

**Walzgerät** tube expander [mas]; (Rohrwalzgerät) tube expander [mas]

**Wälzkreis** (Zähne rollen hier ab) pitch circle [mas]

**Wälzlager** anti-friction bearing [mas]; rolling bearing [mas]; trolley [mas]; (Rollenlager) roller-bearing [mas]

**Wälzlagerfett** roller-bearing grease [mas]

**Wälzplatte** roller plate [mas]

**Walzprofile** rolled steel sections [mas]

**walzrauh oder besser** (Gütebezeichn.) as rolled or smoother [mas]; (Güte-bezeichnung) rolled [mas]

**Walzrille** tube hole groove [mas]

**Walzschweißen** (DIN 1910) roll welding [met]

**Walzstahl** rolled steel [wst]; steel, rolled [wst]

**Walzstahlerzeugnisse** rolled steel products [mas]

**Walzstahlveredlung** finishing rolled steel [met]

**Walzverbindung** expanded tube joint [pow]

**Walzwerk** rolling mill [mas]

**Walzwerk für schwere Sonderprofile** special heavy-section mill [mas]

**Walzwerksteuerpult** (Steuertisch) pulpit [mas]

**Wand** (von Haus, Gehäuse, ähnlichem) wall [bau]; (→ Bohlenw.; → Fließen der W.; → geschweißte W.; → Kelleraußenw.; → Rückw.; → Schlitzw.; → Seitenw.)

**Wandanschluß** (z.B. Steckdose) wall socket [elt]

**Wanddicke** (Soll-Wanddicke) nominal wall thickness [abc]

**Wanddickenmessung** measuring of wall thickness [mes]; wall thickness gauging [bau]; wall thickness measurement [mas]

**Wanddickenschwankung** difference in wall thickness [wst]; variation of wall thickness [bau]

**Wanddickentoleranz** tolerance of wall thickness [mas]

**Wanddickenzusatz** wall thickness gauge [bau]

**Wanddurchbruch** wall entrance [bau]

**Wandeinbindung** cross-wall junction [bau]

**Wandelement** wall panels [bau]

**Wanderecho** travelling echo [aku]

**Wandern** (längerer Fußmarsch) hike [abc]; (von Schweißnähten) migration of weld [met]; (von Schweißnähten) weld displacement [met]

**Wanderrost** travelling grate [pow]

**Wanderrostfeuerung** travelling grate stoker [pow]

**Wanderung** migration [abc]; (längerer Fußmarsch) excursion [abc]; hike [abc]

**Wanderwelle** (ankommende Wander-welle) indicant wave [elt]

**Wandfliesen** wall tiles [bau]

**Wandler** transformer [elt]; (Drehmo-mentwandler) torque converter [mas]; (z.B. Thomaswandler) converter [wst]

**Wandlergetriebe** converter gear [mot]

**Wandlerölkühler** torque converter oil cooler [mas]

**Wandlersperre** (des Graders) lock-up [mbt]

**Wandplatte** (Verzierung, Erinnerung) wall plate [bau]

**Wandrohr** (Strahlraum) furnace cooling tube [pow]; (Strahlraum) steam cage tube [pow]; (Strahlraum) wall tube [pow]

**Wandrußbläser** single-nozzle blower [pow]; wall deslagger [pow]; wall soot blower [pow]

**Wandscheibe** diaphragm [bau]

**Wandschirm** (Rohrwände) cage screen [pow]

**Wandstärke** wall thickness [pow]

**Wandtäfelung** (meist Holz) panel [bau]

**Wandverkleidung** wall cladding [mas]

**Wandvertäfelung** panel [mbt]

**Wange** (beim Menschen) cheek [med]; (Seitenteil der Schneide) sidewall of the front lip [mbt]

**Wankbewegung** (Rollbewegung Waggon) rolling motion [mot]

**Wanne** sump [mot]; (Badewanne) bath tub [abc]; (Ölwanne) pan [mot]

**Wannenlage** (günst. Schweißposition) downhand [met]

**Wannenspeicher mit Brückenbagger** pit-store with bridge excavator [roh]

**Wannentender** (der Dampflok) tub tender [mot]

**Wannenwagen** (der Bahn) trough car [mot]

**Wanten** (auf Segelschiff) ratlines [mot]

**Wareneingang und -ausgabe** (Türschild) Shipping and Receiving [abc]

**Wareneingangs-/-ausgangsabteilung** (Versand) shipping and receiving [abc]

**Wareneingangsprüfung** acceptance test [mes]; material testing upon arrival [abc]

**Wareneingangsschein** receiving document [abc]

**Wareneinsatz** (in einer Fabrik) material usage [abc]

**Warenlager** (Gebäude) storehouse [abc]

**Warenzeichen** trademark [abc]

**warmbehandeln** (z.B. Metall) stress-relieve [mas]

**Warmbehandlung** hot treatment [met]; (wird spannungsfrei) stress-relieving [mas]

**Warmbreitband** hot rolled wide strip [mas]; (aus W. geschnitten) hot rolled coils [mas]; (aus W. geschnitten) hot rolled wide strip [mas]

**Warmbreitbandstraße** hot strip mill [mas]; line for hot-rolled sheet [mas]

**Wärme** (auch Natur, Produkte usw.) warmth [abc]; (auch technisch) heat [mas]; (→ latente W.; → spezifische W.)

**Wärmeabbau** heat liberation [pow]

**Wärmeabgabe** heat emission [pow]

**wärmeaufnehmende Fläche** heat absorbing surface [pow]

**Wärmeauslöser** thermal switch [pow]

**Wärmeaustauscher** heat exchanger [pow]

**Wärmebeanspruchung** heat stress [mas]

**wärmebehandelt** heat treated [met]

**Wärmebehandlung** (→ Vergütung) heat treatment [met]

**Wärmebehandlungszustand** state of heat treatment [mas]

**wärmebeständig** heat-resistant [abc]

**wärmebeständiger Stahl** heat-resisting steel [wst]

**Wärmedämmfassaden** heat-insulating facades [bau]

**Wärmedehnung** thermal expansion [pow]

**Wärmedurchgang** heat transmission [pow]

**Wärmedurchgangszahl** (K-Wert) combined heat transfer [pow]; (K-Wert) heat transfer coefficient [pow]; (K-Wert) K-value [pow]

**Wärmeeinflußzone** (WEZ) heat-affected zone [met]

**Wärmeeinheit** thermal unit [pow]

**Wärmeentbindung** heat liberation [pow]; heat release [pow]; (Feuerraumbelastung) furnace heat liberation [pow]

**Wärmefühler** thermostat [pow]

**Wärmeinhalt** (Enthalpie) enthalpy [pow]

**Wärmeinhalt des Heißdampfes bei Entnahme** enthalpy of steam at superheater outlet [pow]

**Warmeinsatzrate** hot charging rate [abc]

**Wärmeleitzahl** coefficient of thermal conductivity [pow]

**wärmen** heat up [abc]; warm up [abc]

**warmes Anfahren** warm start-up [pow]

**Wärmeschrank für Speisen** (Dampflok) cabinet for warm food and food warmer [mot]; (Dampflok) warm food cabinet [mot]

**Wärmestrom** heat flow [pow]
**Wärmetauscher** (für Vorwärmung) preheater [pow]; (z.B. in Zementindustrie) heat exchanger [mbt]
**wärmetechnische Berechnung** (Kessel) boiler calculation [pow]
**Wärmeübergang** heat transfer [pow]
**Wärmeübergang durch Berührung** heat transfer by convection [pow]
**Wärmeübergang durch Leitung** heat transfer by conduction [pow]
**Wärmeübergang durch Strahlung** heat transfer by radiation [pow]
**Wärmeumlaufkühlung** thermo-syphon cooling [mot]
**wärmevergütet** heat-treated [met]; h. t. [met]
**Wärmevergütung** heat-treatment [met]
**Wärmezufuhr** heat input [pow]
**Wärmezufuhr** heat supply [pow]
**warmfest** (-er Stahl) creep-resistant [wst]
**warmfester Stahl** heat resisting steel [wst]
**warmfester, ferritischer Stahlguß** ferritic, high-temperature cast steel [wst]
**Warmfestigkeit** high temperature tensile strength [mas]
**warmgeformt** (-e Federn) hot-formed [met]
**warmgewalzt** hot rolled [met]
**warmgewalzte Hohlprofile** hot rolled hollow sections [mas]
**warmgewalzte Langprodukte** hot rolled long products [mas]
**warmlaufen** warm up [mot]
**Warmluftheizung** hot-air heating [mot]
**Warmpreßschweißen** hot pressure welding [met]
**Warmrohrbogen** hot-i-bend [mas]
**warmstranggepreßt** hot extruded [met]
**Warmstreckgrenze** high-temperature limit of elasticity [met]
**warmverformte Erzeugnisse** hot-formed product [mas]

**Warmwalzwerk** hot-rolling plant [mas]
**Warmwasserbehälter** hot well [pow]
**Warnanlage** warning device [mot]
**Warnblinkanlage** beacon [mot]; hazard flasher [mot]
**Warnblinker** hazard flasher [mot]
**Warnblinkschalter** hazard switch [mot]
**Warndreieck** (unbekannt in USA) traffic warning sign [mot]
**Warnhupe** alarm horn [abc]
**Warnlampe** warning light [mot]
**Warnsignal** warning signal [mot]
**Warnung** (auf Verkehrszeichen) CAUTION [mot]; warning [abc]
**Wartehalle** (Bus) waiting booth [mot]
**warten** (auf jemanden) wait [abc]; (eine Maschine) maintain [mas]
**Warten** (Wartung einer Maschine) machine maintenance [mas]
**Wärter** (Wächter) guard [pol]
**Wartesaal** (im Bahnhof) waiting room [mot]
**Warteschlange** (in W. stellen) queue [abc]
**Warteschlange anstellen** (an W. anstellen) queue [abc]
**Warteschlange für Ausgabe** output queue [edv]
**Warteschlange für Eingabe** input queue [edv]
**Wartung** maintenance [mas]; routine maintenance [mas]; (vorbeugende Wartung) planned preventive maintenance [abc]; (vorbeugende Wartung) PPM [mas]
**Wartungs- und Inspektionsanleitung** maintenance and inspection instruction [abc]
**Wartungsanleitung** (Anweisung) maintenance instruction [abc]; (meist als Buch) maintenance manual [abc]
**Wartungsanweisung** (Anleitung) maintenance instruction [abc]
**Wartungsanweisungszeichnung** maintenance instruction drawing [abc]

**Wartungsbuch** maintenance book [abc]

**Wartungsbühne** (Laufbühne) running board [mas]; (Laufsteg) catwalk [wst]

**wartungsfrei** attention-free [abc]; maintenance-free [pow]

**wartungsfreier Betrieb** maintenance-free operation [pow]

**Wartungsfreundlichkeit** serviceability [mot]

**wartungsgerecht** easy to service [mot]

**Wartungshandbuch** maintenance manual [mot]

**Wartungsinspektion** pit stop [mot]

**Wartungsintervalle** (zwischen 2 Wartungen) maintenance interval [mot]

**Wartungskosten** maintenance costs [mbt]

**Wartungslaufsteg** catwalk [mot]

**Wartungsliste** maintenance manual [mot]

**Wartungsmesser** service meter [wzg]

**Wartungsplan** maintenance schedule [abc]

**Wartungssatz** set for servicing [mas]

**Wartungstür** (im Kastenwagen) maintenance side door [mot]

**Wartungswerkzeuge** maintenance tools [wzg]

**Warze** wart [med]

**Warzenblech** (z.B. Rolltreppe) checkered plate [mbt]

**Warzenschweißung** projection weld [met]

**Waschanlage** (der Windschutzscheibe) washer [mot]

**Waschbecken** washing basin [abc]

**Waschbenzin** (Leichtbau) benzine [che]; (Leichtbenzin) petroleum ether [mot]

**Waschberge** (im Kohlenbergbau) scalpings [roh]; (im Kohlenbergbau) wash waste [roh]

**Waschbeton** exposed aggregate concrete [bau]

**Wäscheklammer** clothes pin [abc]

**Wäscheleine** clothes line [abc]

**waschen** wash [abc]

**Wascher** (der Scheibenwaschanlage) washer [mot]

**Wäscherei** (auch Automatenwaschanstalt) laundry [abc]

**Waschluke** (Dampflokkessel waschen) washing hatches [mot]

**Waschmittel** (Waschpulver) detergent [abc]

**Waschraum** (Umkleideraum) locker room [abc]

**Wasser** water [abc]; (→ Kluftw.; → Kühlw.; → Niederschlagsw.; → Porenw.; → Wasseraufnahme)

**wasser- und aschefrei** (Brennstoff) moisture and ash free [pow]

**Wasser/Zementwert** water cement ratio [bau]

**Wasserabfluß** drain pipe [bau]; waste pipe [bau]; water drain [bau]

**Wasserablauf** drainage [bau]; water out [mot]

**Wasserabscheider** (z.B. an Motoren) water separator [mot]; (z.B. an Motoren) water trap [mot]

**Wasserabstreifer** water piper [mot]

**Wasseranschluß** (Hauptanschluß) water mains supply [bau]

**Wasseraufnahme** absorption of water [was]

**Wasseraustritt** (erwünscht, geplant) water out [mot]; (nicht erwünscht) water leakage [mot]

**Wasserbausteinabsiebung** breakwater stone screening [roh]

**Wasserbausteine** breakwater stones [roh]

**Wasserbauten** hydraulic structures [bau]

**Wasserbehälter** water tank [bau]

**wasserbenetzte Heizfläche** water-wetted heating surface [pow]

**Wasserberuhigungszylinder** water stabilizing cylinder [bau]

**wasserbeständig** water-resisting [abc]; water-resistant [abc]

**Wasserbeständigkeit** water-resistance [abc]

**Wasserblase** bubble [was]

**wasserblau** (RAL 5021) water blue [nrm]; water tight [abc]

**wasserdicht** waterproof [abc]

**wasserdicht schweißen** waterproof weld [met]; weld waterproof [met]

**Wasserdichtigkeit herstellen** water-proofing [bau]

**Wasserdruck** water pressure [abc]

**Wasserdruckprobe** hydrostatic test [pow]

**Wassereinzugsgebiet** (→ Wassergewinnungsgebiet) water catchment area [was]

**Wasserfahrzeug** (Kahn, Schiff usw.) watercraft [mot]; (Schiff, Boot, Kahn) vessel [mot]

**Wasserfall** water fall [abc]

**Wasserfaß** water drum [abc]

**Wasserfilter** water filter [mot]

**Wasserfiltereinsatz** water filter [bau]

**Wasserflugzeug** flying boat [mot]; seaplane [mot]

**Wasserfüllung** water filling [mot]

**wassergebundene Decke** telford pavement [mbt]

**Wassergehalt** water content [bau]; (im Brennstoff) moisture [pow]; (→ innerer W.)

**wassergekühlt** water-cooled [abc]

**wassergekühlte Brennkammer** water-cooled furnace [pow]

**Wassergewinnungsgebiet** (→ Wassereinzugsgebiet) water catchment area [was]

**Wasserglas** tumbler [abc]

**Wasserhahn** gauge cock [pow]; water faucet [bau]; (Hahn, Sperrventil) faucet [was]

**Wasserhaltung** (im Tagebau) de-watering [roh]

**Wasserheizung** water heating [mot]

**Wasserkasten** (oberer, unterer) radiator tank [mot]

**Wasserkraftwerk** hydro-electric power station [pow]

**Wasserkühlung** water-cooling [abc]

**Wasserlauf** watercourse [bau]

**Wasserleitblech** (im Zylinderkopf) water director ferrule [mot]

**Wasserleitstück** water guide [bau]

**Wasserleitung** water line [bau]; water pipe [bau]

**Wasserleitungsrohr** water pipe [mas]

**Wasserleitungsrohr mit Einsteckmuffe** water pipe with socket joint [mas]

**wasserlöslich** water-soluble [pow]

**Wasserlöslichkeit** water solubility [abc]

**Wassermangel** (im Rohrsystem) short-age of water [mas]

**Wassermantel** water jacket [mot]

**Wassermengenmesser** feed water flow meter [was]

**Wasserpflanze** aquatic weeds [bff]

**Wasserpfropfen** (Überhitzer) water pocket [pow]

**Wasserpumpe** water pump [mot]

**Wasserpumpenabdichtung** water pump sealing [mot]

**Wasserpumpendeckel** water pump cover [mot]

**Wasserpumpenflügelrad** water pump impeller [mot]

**Wasserpumpengehäuse** water pump body [mot]

**Wasserpumpenpackung** water pump packing [mot]

**Wasserpumpenriemen** water pump belt [mot]

**Wasserpumpenstopfbuchse** water pump gland [mot]

**Wasserpumpenwelle** water pump shaft [mot]

**Wasserpumpenzange** multi slip-joint gripping pliers [mot]; water-pump pliers [wzg]

**Wasserraum** (Trommel) water space [pow]

**Wasserraum im Motorblock** water "through" block [mot]

**Wasserraum in den Zylinderköpfen** water "through" heads [mot]

**Wasserraum zwischen Zylinderreihen** coolant in V-block [mot]

**Wasserräume in Zylinderköpfen** coolant passages in heads [mot]

**Wasserrohrkessel** water tube boiler [pow]

**Wasserrohrkühler** surface type attemperator [pow]; surface type attemperator with water through tubes, steam outside [pow]

**Wasserrohrkühler** water tube attemperator [pow]

**Wassersäule** water column [mes]; water head [mot]; (mm WS) inches of water [pow]

**Wasserscheide** watershed line [abc]

**Wasserscheuheit** (Hydrophobie) hydrophobia [abc]

**Wasserschlag** water hammer [pow]

**Wasserschutzgebiet** (sauberhalten!) water protection area [was]

**wasserseitige Rohrerosion** water side tube erosion [pow]

**wasserseitiger Rohrschaden** water-side tube fault [pow]

**Wasserspaltankopplung** water gap coupling [bau]

**Wasserspiegel** (Wasserspiegel sinkt oder steigt) water level [abc]

**Wasserstand** (z.B. Fluß bei Hochwasser) water level [abc]

**Wasserstandsalarmapparat** high-low water level alarm [pow]

**Wasserstandsanzeiger** water level indicator [mes]; (Dampflok) water-level gauge [mot]

**Wasserstandsglas** water column gauge glass [pow]

**Wasserstandsprüfhahn** (Dampflok) gauge-glass test cock [mot]

**Wasserstandsschauglas** (Dampflok) water-level sight glass [mot]

**Wasserstandswächter** liquid level monitor [pow]

**Wasserstoff** hydrogen [che]

**Wasserstoffkühlung** (Generator) hydrogen cooling [pow]

**Wasserstoffversprödung** hydrogen embrittlement [wst]

**Wasserstrahlankopplung** water jet coupling [bau]

**Wasserstrecke** water path [bau]

**Wassertanker** water truck [roh]

**Wasserumlauf** water circulation [pow]

**wasservergütet** (nach Erhitzen des Blechs) water quenched [met]

**Wasserverlust** loss of water [bau]

**Wasservorrat** water supply [abc]

**Wasserwaage** level [wzg]; spirit level [mes]; water balance [bau]

**Wasserwanne** water basin [bau]; water tank [bau]

**Wasserzufluß** water feed [bau]; water intake [bau]; water supply [bau]

**Wasserzug** (Seil, Kette im Brunnen) well rope [bau]

**Wasserzulauf** (zu Motor, Maschine) coolant inlet [mot]; (zu Motor, Maschine) water in [mot]

**Watt** (Stromleistung) watt [phy]; (→ Wattenmeer)

**Watte** (Wundverband etc.) cotton [wst]

**Wattenmeer** (kaum übersetzbar, → Watt) mud flats [abc]

**Wattverbrauch** wattage [elt]

**Webeleinstek** (Knoten) clove hitch [mot]

**Weberknoten** thief knot [abc]

**Webstuhl** (Fäden senkrecht zueinand.) weaver's loom [abc]; (seit Jungsteinzeit) loom [abc]

**Wechsel** (Abänderung, Neuerung) variation [abc]; (Umbesetzung im Personal) change [abc]

**Wechsel der Wellenart** mode transformation [elt]

**Wechselbehälter** (Container-) exchangeable container [mot]

**Wechselbeziehung** (in W. stehen) interrelation [abc]; (Meßgrößen) correlation [mes]

**Wechselblende** exchangeable gland [mot]; exchangeable packing [mot]

**Wechselgetriebe** change speed gearbox [mot]; gear change box [mot]; (z.B. in Fahrzeug) switch gear [mot]

**Wechsellader** (verschiedene Behälter) truck chassis with load handling system [mot]

**Wechsellast** fluctuating load [pow]

**Wechsellichtstrahlschalter** photo-electric cell selector switch [elt]

**wechseln** alternate [abc]

**wechselseitige Benutzung** (abwech-selnd) alternate use [abc]; mutual use [mbt]

**Wechselspannung** a.c. voltage [elt]; (im Stahlgerüst) alternating stress [elt]; (z.B. Netz) alternating voltage [elt]

**Wechselstrom** alternating current [elt]; A/C [elt]

**Wechselstromanschluß** alternating current supply [elt]

**Wechselstromschutz, 3-polig** three-phase a.c. contactor [elt]

**Wechselstromwicklung** AC-field coil [elt]

**Wechselventil** shuttle valve [mot]

**Wechselzeit** (des Dumpers) spotting time [mbt]

**Wecker** (den Wecker stellen) alarm clock [abc]

**Weg** (EDV: Weg von der Wurzel zum Blatt) path [edv]; (hier Methode) way [abc]; (schmale Straße, Pfad) way [abc]; (→ kritischer W.)

**Weg des geringsten Widerstandes** route of least resistance [abc]; way of least resistance [abc]

**Wegaufnehmer** spool travel gauge [mas]

**Wege** (außerhalb der Stadt) farming and forestry roads [far]; (beim Suchen) paths [edv]

**Wegeachse** (von Weg und Straße) road axis [mot]

**Wegebau** (z. B. Gradereinsatz) con-struction of farming and forestry roads [mbt]

**Wegehobel** (Erdhobel) grader [mbt]

**Wegehobeln** (Graderarbeit) main-tenance of dirt roads [mbt]

**Wegekörper** base of the road [mot]

**Wegeunterhaltung** (Graderarbeit) farm and forestry road maintenance [mbt]

**Wegeventil** control valve [mot]; directional control valve [mot]; (verteilt in x Richtungen) distributing valve [mot]; (verteilt in x Richtungen) diverter valve [mot]

**wegfallen** (auslassen, ausmerzen) abolish [abc]

**weggeschlossen** (ver-, abgeschlossen) under lock and key [abc]

**Wegimpulsgeber** path pulse generator [elt]

**Weglänge** path length [edv]

**wegräumen** (z.B. Schutt) remove [abc]

**wehen** (verweht, weggeweht) blow [abc]

**Wehnelt-Zylinder** modulator electrode [elt]

**Wehr** weir [bau]

**wehren** (mit Worten dagegen angehen) argue [abc]; (sich gegen einen Feind wehren) defend [mil]

**Wehrgang** (z.B. entlang der Stadtmau-er) ramparts [bau]

**Wehrpflicht** (Einberufung) conscription [mil]

**Wehrpflichtiger** (Einberufener) conscript [mil]

**wehtun** (Das tut weh!) hurt [abc]

**weich** (z.B. Kissen) soft [abc]

**Weichbranntdolomit** soft burnt dolo-mite [min]

**Weiche** (einfach) points [mot]; (einfach) switch [mot]; (Übergabeweiche) turnout [mot]

**weiche Handschaltung** soft shift [mot]

**weiche, bindige Böden** cohesive soils [bod]

**Weichenantrieb** (elektrisch) switch-drive [mot]

**Weichenbuchse** (-n) bush [mot]

**Weichenheizung** point heater [mot]

**Weichenrippenplatte** ribbed base plate for switches [mot]

**Weichenschaltung** switch control [mot]

**Weichensteller** pointsman [mot]

**Weichenwärter** pointsman [mot]; switchman [mot]

**Weichgestein** soft rock [geo]

**weichlöten** soft soldering [mas]; sweating [met]

**Weichpackung** soft packing [abc]

**Weichstahl** mild steel [mas]

**Weichstahlgüte** mild steel quality [mas]

**Weichzerkleinerung** (im Brecher) soft rock crushing [roh]

**Weide** (Trauerweide, Weidenrute) willllow [bff]; (Wiese zum Grasen) pasture [bff]

**Weiderost** (hält Vieh in Umzäunung) grid [abc]

**Weigerung** (Ablehnung, Sträuben) refusal [abc]

**Weiher** lake [abc]

**Weihrauch** (aus Gummis, Harzen; Geruch) incense [abc]

**Weinberg** vineyard [bff]

**weingrün** (RAL 6019) pastel green [nrm]

**weinrot** (RAL 3005) wine red [nrm]

**Weintraube** grape [bff]

**weißaluminium** (RAL 9006) white aluminium [nrm]

**Weißband** (Blech) tin-coated strip [wst]

**Weißband, elektrolytisch verzinnt** electrolytic tin-coated strip [wst]

**Weißblech** tin plate [wst]; tin sheet [wst]

**Weißblech, elektrolytisch verzinnt** electrolytic tin plate [wst]

**Weißblechanlage** tin plate line [wst]

**weißen** whitewash [met]

**weißes Rauschen** white noise [elt]

**weißgrau** (z.B. RAL 7035) off-white [nrm]

**Weißmetall** white bronze [wst]; (Lagermetall) babbitt [wst]

**Weißmetallager** white metal lining [mas]

**Weißpause** white print [abc]

**Weiss'sche Bezirke** (magnetische Elementarbezirke) Weiss zones [mas]

**Weißware** (Wäsche) linen goods [abc]

**Weisungsrecht** power to give instructions [abc]

**weiß** (Farbton) white [abc]; (breit) wide [abc]; (weit weg, weit entfernt) far [abc]

**Weite** (des Landes) wideness and distance [abc]; (eines Gegenstandes) width [abc]; (z.B. des Grundstücks) extent [bau]; (→ Transportw.)

**weite Teilung** wide spacing [pow]

**weitere Untersuchungsverfahren** further methods of investigation [abc]

**weiterführende Bandstraße** main belt conveyor [roh]

**weiterführende Leitung** conveying pipe [roh]

**weitergehend** (z.B. weiterg. Schäden) collateral [mil]

**weiterhin geleitet ... von ...** remains to be managed by ... [abc]

**weiterleiten** (weitersenden) forward [abc]

**Weiterverarbeitung** manufacturing operation [mas]; steel treatment [mas]

**Weiterverarbeitungsbetriebe** manufacturing operations [mas]

**weiterverbinden** (am Telefon) put through [tel]

**weiterverpflichten** (Soldat, Militär) re-enlist [mil]

**Weiterverwendung** (von Soldaten) reinlistment [mil]

**weites Land** wide country [abc]
**weitgehend** (in großem Ausmaß) to a great extent [abc]
**weitsichtig** far-sighted [abc]
**Weitstrahler** long distance beam [mot]
**Weitverkehrsnetz** wide area network [edv]
**welken** (verwelken, z.B. Pflanzen) wither [bff]
**Wellblech** corrugated iron [wst]; corrugated sheeting [wst]; (aus Walzwerk) corrugated sheet [wst]
**Wellblechrohr** corrugated iron pipe [wst]; metal sheet pipe [bau]
**Welldichtung** (Eko-Krümmer) corrugated packing ring [pow]
**Welle** pin [mas]; (Achse am Pkw) spindle [mot]; (Achswelle) axle shaft [mas]; (als Maschinenteil) column [wst]; (Radio, auch Wasser) wave [abc]; (Woge) wave [mot]; (z.B. Kardan) shaft [mot]; (→ Abtriebsw.; → Achsw.; → Antriebsw.; → Ausrückw.; → Betätigungsw.; → biegsame W.; → Bremsausgleichw.; → Bremsnockenw.; → Bremsw.; → Drosselklappenw.; → durchgehende W.; → ebene W.; → einfallend W.; → elastische W.; → Erdbebenw.; → Fingerhebelw.; → Flutw.; → Führungsw.; → Gabelhebelw.; → gebrochene W.; → Gelenkrohrw.; → Gelenkw.; → Getriebew.; → Handhebelw.; → Hauptw.; → Hilfsw.; → Hinterachsw.; → hintere Rostw.; → Kardangelenkw.; → Kardanw.; → Kegelradw.; → Kettenw.; → Klauenw.; → Kompressionsw.; → kontinuierliche W.; → Kugelw.; → Kupplungsw.; → Laufradw.; → Lenkw.; → Longitudinalw.; → Love W.; → Lüfterw.; → Nockenw.; → Nutw.; → Oberflächenw.; → Pedalw.; → Planetenradw.; → Plattenw.; → Querw.; → reflektierte W.; → Ritzelw.; → Schaltw.; → Schneckenw.; → Schwenkw.; → Schwenkwerksw.; → Segmentw.; → Seitenw.; →

Spannungsw.; → stehende W.; → Steuerw.; → Stufenkettenradw.; → Tachometerw.; → Transversalw.; → Turasw.; → Ultraschallw.; → Umlenkw.; → Vorderachsw.; → Vorgelenkw.; → Vorlegew.; → Wasserpumpenw.; → Zündverteilerw.; → Zwischenw.; → Zylinderw.)
**Wellenabsatz** (an Straße, Gelände) shoulder [mot]
**Wellenänderungsmedium** ultrasonic mode changer [elt]
**Wellenausbreitung** wave propagation [phy]
**Wellenbewegung** wave motion [phy]; wave movement [phy]
**Wellenbund** shaft collar [mot]
**Wellendichtring** (WDR) shaft sealing ring [mot]
**Wellendichtung** oil seal [mot]
**Wellendurchmesser** shaft diameter [mas]
**Welleneinsatz** shaft insert [mbt]
**Wellenerzeugung** wave generation [elt]
**Wellenfläche** wave surface [elt]
**Wellenfront** wave front [phy]
**Wellenkupplung** clutch [mot]
**Wellenlänge** wave length [phy]
**Wellenmutter** lock nut [mas]; shaft nut [mas]
**Wellennut** keyseat [mas]
**Wellen-PS** brake HP [pow]; shaft horsepower [mas]
**Wellenreflexion** wave reflection [phy]
**Wellenrücken** wave tail [elt]
**Wellenschulter** shaft shoulder [mas]
**Wellenspaltung** wave splitting [phy]
**Wellenstruktur** wave structure [elt]
**Wellenstumpf** (Maschinenbau) shaft butt end [mbt]
**Wellentoleranz** shaft tolerance [mas]
**Wellenträger** (Maschinenteil) shaft carrier [mot]
**Wellenumformung** mode transformation [elt]

**Wellenumwandlung** wave transformation [elt]

**Wellenwiderstand** characteristic impedance [elt]; surge impedance [elt]

**Wellenzug** wave train [mot]; (→ gedämpfter W.)

**Welligkeit** ripple [elt]

**Wellpappe** corrugated cardboard [wst]

**Wellrohrkessel** corrugated-furnace boiler [pow]

**Weltabschluß** world-wide consolidation [abc]

**Weltall** (das Universum, der Kosmos) Universe [abc]; (draußen im Weltall) space [abc]

**Weltdeckung** (Versicherung hat Weltdeckung) worldwide coverage [jur]

**Weltkirchenrat** Council of Churches [abc]

**Weltmodelle beim Bildverstehen** world models in vision [edv]

**Weltmodelle beim Sprachverstehen** world models in language [edv]

**Weltraum** (draußen im Weltraum) space [abc]

**weltweit breitester Strang** greatest slab anywhere in the world [mas]

**wendbar** (Schneekette, Anzug) reversible [abc]

**Wendeantrieb** (in Preisliste) reversing gear [mot]

**Wendehammer** (in Sackgasse) turning area [mot]

**Wendekreis** (äußere Schaufelecke des Laders) loader clearance cycle [mot]; (äußere Schaufelecke des Laders) outside bucket corner clearance circle [mot]; (Wenderadius des Autos) turning circle [mot]; (Wenderadius des Autos) turning radius [mot]

**Wendekreisdurchmesser** vehicle clearance side [mot]

**wendelförmig** (Steine im Hochofen) spiral arrangement [mas]

**Wendeltreppe** spiral staircase [bau]

**wenden** (das Auto rumdrehen) turn [mot]; (Kleidung) reverse [abc]; (Schiff, Auto) turn around [mot]

**Wenderadius** turning radius [abc]

**Wendestation** return station [mbt]

**Wendezugbetrieb** (→ Pendelzug) push-pull operation [mot]

**Wendezugeinrichtung** (→ Pendelzug) push-pull device [mot]

**wendig** (Gerät; z.B. schneller Stapler) manoeuvrable [mot]; (Mensch; wach, ausgeschlafen) alert [abc]

**Wendung** (des Schiffes, Autos) turn [abc]

**wenig** (Er spricht wenig englisch) smattering (he speaks only a smattering of English) [abc]

**weniges Gelände** (uneben) bumpy grounds [mbt]

**wenn nicht** (Falls er nicht) unless [abc]

**wenn-benötigt-Prozeduren** if-needed procedures [edv]

**wenn-dann-Regeln** if-then rules [edv]

**Werbeartikel** advertising items [eco]; give-away,-s [abc]; publicity article [abc]

**Werbefläche** (Plakatwand, Hauswand) billboard [abc]

**Werbung** (Er betreibt viel Werbung.) advertising [eco]

**werfen** (z.B. einen Ball) throw [abc]

**Werft** baut Hochsee- und Binnenschiffe shipyard [mot]

**Werftanlage** shipyard [mot]

**Werftdrehkran** shipyard swivel crane [mot]

**Werftkran** shipyard crane [mot]

**Werftportalkran** shipyard gantry [mot]; shipyard portal crane [mot]

**Werk** (im Werk, in der Produktion) factory floor [abc]; (z.B. ab Werk) works [abc]; workshop [abc]; (z.B. Stahlwerk) mill [abc]

**Werkbahn** factory railway [mot]

**Werkbank** (Teil des Arbeitsbereichs) workbench [mas]

**Werke** (Fabriken) works [abc]

**Werknorm** (firmeneigener Standard) works standard [nrm]

**Werksabnahme** factory approval [abc]

**Werkstattest** (bei Lieferungen) beneficiary certificate [abc]; (Qualitätszeugnis) company certificate [abc]

**Werksbahn** works railway [mot]; (in großer Fabrik) industrial railway [mot]

**Werksbereich** (Abteilung, Ressort) division [abc]

**werkseigen** (werkseigene Labore) own [abc]

**Werkseinweihung** (z. B. Werk Berlin) commissioning [abc]

**Werksführung** (Besichtigung) guided tour through the factory [abc]; (Leitung) works management [abc]

**Werkskantine** works canteen [abc]

**Werksleiter** (Betriebsleiter) plant manager [abc]

**Werksmontage** (fertige Werksmontage) assembled in works [mas]

**werksseitig** (vom Werk geliefert) factory-provided [abc]

**werksseitig gebaut** (fabrikgefertigt) mill-fitted [abc]

**Werkstatt** (Autoreparaturwerkstatt) garage [mot]; (drüben in der Produktion) shop floor [mas]; (kleiner Reparaturbetrieb) shop [mas]; (Mir eine Werkstatt eingerichtet.) workshop [abc]; (→ mechanische W.)

**Werkstattarbeit** (gute Qualität) workmanship [mas]

**Werkstattbestand** (Material in Werkst) material on the shop floor [abc]; (Material in der Werkstatt) shop floor material [mas]

**Werkstattgeräte** workshop equipment [mas]

**Werkstatthandbuch** workshop manual [abc]; (Reparaturanleitung) repair manual [abc]

**Werkstattleiter** (Betriebsleiter) workshop manager [abc]

**Werkstattprüfschein** material test certificate [abc]

**Werkstattprüfung** shop test [mas]

**Werkstattraum** (für Inspektionen) inspection bay [abc]

**Werkteiledatei** (1 Werk in Teiledatei) factory parts record [edv]; factory parts record [edv]

**Werkstoff** (Material) material [wst]

**Werkstoff- u. Konstruktionsberatung** materials a. construction consulting [abc]; materials and design consulting [abc]

**Werkstoff- und Zugfestigkeitseigenschaften von Bauteilen** material properties and tensile strength of structural components [mas]

**Werkstoff-Nr.** material no. [mas]

**Werkstoffprüfung** (Materialprüfung) material test [mes]; materials testing [mes]; (zerstörungsfreie) non-destructive materials testing [mes]; (→ magnetische W.)

**Werkstück** (an dem gearbeitet wird) workpiece [mas]

**Werksvertrag** labour contract [abc]

**Werkswagen** (Firmenfahrzeug) company car [mot]

**Werkszeugnis** (Attest) company certificate [abc]

**Werkzeug** implement [wzg]; (Hammer, Zange, etc..) tool [wzg]; (Instrument) instrument [mas]; (mehrere Werkzeuge) tools [wzg]; (→ örtlich übliche W.; → Preßluftw.)

**Werkzeug- und Materiallager** tool and material stores [wzg]

**Werkzeugausrüstung** toolkit [wzg]

**Werkzeugausstattung** toolkit [wzg]

**Werkzeuge** tools [wzg]

**Werkzeugindustrie** tool industry [wzg]

**Werkzeugkasten** (Werkzeugkiste) toolbox [wzg]

**Werkzeugkastendeckel** tool-box lid [wzg]

**Werkzeugkiste** toolkit [wzg]; (Werkzeugkasten) toolbox [wzg]

**Werkzeugmacherei** toolshop [wzg]

**Werkzeugmaschine** machine tools [wzg]

**Werkzeugmaschinenbau** machine tools [wzg]

**Werkzeugsatz** set of tools [wzg]; tool kit [wzg]; toolkit [wzg]

**Werkzeugstahl** toolsteel [wst]

**Werkzeugtasche** toolkit [wzg]

**Wert** value [abc]

**Wert** (→ Augenblicksw.; → Bezugsw.; → Eigenw.; → eingestellter W.; → Heizw.; → K-W.; → maximaler vorgegebener W.; → Mindesteinstellw.; → Nennw.; → pH-W.; → Spitzenw.; → vorgegebener W.; → wahrer W.)

**Wert einer Prozedur** returned value [edv]

**Werte** data [abc]

**Werte** (→ Auslegungsw.)

**Werteknoten** (im semantischen Netz) value nodes [edv]

**wesentlich** (lebenswichtig) vital [abc]; (von Bedeutung) essential [abc]; (wichtig) important [abc]

**wesentliche Teile** major components [mot]

**West** (westwärts, westlich) west [abc]

**Weste** (Kleidungsstück) vest [abc]; (Kleidungsstück) waistcoat [abc]

**Wettbewerb** (Ausscheidung, Turnier) competition [abc]

**Wettbewerber** (Konkurrent) competitor [eco]

**wettbewerbsfähig** (marktgerecht) competitive [eco]

**Wettbewerbsfähigkeit erhalten** maintain the competitive edge [abc]

**Wettbewerbssituation** competitiveness [eco]

**Wettbewerbsvergleich** direct competition [abc]

**Wetter** (im Bergbau) air [roh]; (Klima) weather [abc]; (→ Schlechtwetterperiode)

**Wetteramt** weather office [wet]

**Wetterbedingungen** weather conditions [wet]

**Wetterbericht** (mit Satellitenbildern) weather report [wet]

**wetterbeständig** (wetterfest) weatherproof [wet]

**Wetterdachplane** canopy curtain [mot]

**wetterdicht** (wetterfest) weatherproof [wet]

**Wetterfahne** weather vane [wet]

**wetterfest** (Kleidung) weatherproof [wet]

**Wetterhahn** weather vane [wet]

**Wetterkarte** (TV, Presse usw.) weather map [wet]

**Wetterschacht** (Bergbau) air shaft [roh]

**Wetterschutzmaßnahmen** (bewährt) weather-proof measures [wet]

**Wettervorhersage** (Wetterbericht) weather forecast [wet]

**wetzen** (ein Beil am Wetzstein) whet [met]; (schleifen) grind [met]

**Wetzstein** oilstone [mas]

**Whirlpool** whirlpool [abc]; (Massage-/ Wirbelbad) jacuzzi [abc]

**Whitworth-Rohrgewinde** pipe thread of Whitworth form [mas]

**Wichte** specific gravity [mes]; (→ Gemischwichte) density [pow]

**wichtig** (dringend) important [abc]

**Wickelautomat** (für Ankerwicklung) winding machine [elt]

**Wickeldorn** mandril screwing plug [wzg]

**Wickelfeder** volute spring [mas]

**Wicklung** (des Ankers) winding [elt]; (elektr.) coil [elt]; (elektrisch) winding [elt]; (Spirale) coil [wst]

**Widerlegen** refutation [abc]

**widernatürlich** against nature [abc]

**widerrufen** (zurücknehmen) revoke [abc]

**Widersacher** (Feind) adversary [abc]

**Widerstand** resistance pol; (Bauteil, elektr. Gerät) resistor [elt]; (gegen Gewalt, Besatzung) resistance pol; (im Material bei Dehnung) drag [mas]; (im Material) resistance [wst]; (→ akustischer W.; → Basisbahnw.; → Drosselw.; → Gesamtw.; → Glühkerzenw.; → Innenw.; → Kusa-W.; → Rollw.; → Schutzw.; → Torw.; → Vorw.; → Wellenw.)

**Widerstandsanpassung** (Scheinanpassung) matching impedance [elt]

**Widerstandschmelzschweißen** resistance fusion welding [met]

**Widerstandsfähigkeit** resistance [bau]; strength [mas]; (Ausdauer) endurance [abc]

**Widerstandsgerade** load line [elt]; resistive load line [elt]

**Widerstandsleiter** resistance network [elt]

**Widerstandsmoment** section modulus [mas]; (z.B. d. Rolltreppe) moment of resistance [mbt]

**Widerstandspreßschweißen** resistance welding [met]

**Widerstandsschweißung** electric resistance welding [met]

**Widerstandsthermometer** electric resistance Thermometer [mes]

**wie gezeichnet** shown [abc]

**wieder einlesen** (von Gesichertem) restore [edv]

**wieder laden** (z.B. Batterie aufladen) recharge [elt]

**wieder zusammenbauen** reassemble [met]

**Wiederaufbau** (nach dem Kriege) reconstruction [bau]

**wiederaufbereiten** (Dosen, Papier, Uran) recycle [rec]

**Wiederaufbereitung** (z.B. Asphalt) recycling [rec]

**Wiederaufbereitungsanlage** recycling plant [rec]

**Wiederauffüllung** (Munition, Truppen) replenishment [mil]

**Wiederaufgleisgerät** rerailing equipment [mot]

**Wiederbelebung** (z.B. nach Unfall) reanimation [med]

**Wiederbereitschaftsschaltung** automatic reconnection circuit [mbt]

**wiederbereitschalten** (z.B. mit Fotozellen) reconnect [mbt]

**Wiederbereitschaltung** (Fotozellen) automatic reconnection circuit [mbt]

**Wiederbereitstellungsautomatik** automatic reconnection circuit [mas]

**Wiedereinbau** (Teile in Maschine) re-assembly [mas]

**Wiedereinschaltautomatik** automatic reconnection circuit [mbt]

**wiedereinschalten** (nach Mißbrauch) reconnect [mbt]

**wiedereinstellen** (Beschäftige) reemploy [abc]

**Wiedereinstellung** (Beschäftigung) reemployment [abc]

**Wiedereintritt** (z.B. in Erdatmosphäre) re-entry [abc]

**Wiedererkennen** (z.B. EDV-Zeichen) recognition [edv]

**Wiedergabe** (Aufzeichnung) recording [abc]

**Wiedergabegerät** (z.B. der Stenorette) transcriber [elt]

**Wiedergewinnungskessel** (Laugenkessel) recovery boiler [pow]

**wiederherstellen** (wieder einspielen) restore [edv]; reconstruct [bau]

**wiederholen** repeat [abc]

**Wiederholteile** repeat parts [abc]

**Wiederholung** repetition [abc]

**Wiederholungsprüfung** retest [abc]; (unüblich) repetition checking inspection [abc]

**Wiederkäuer** ruminant [bff]

**wiedervereinigt** (z.B. ein Land) reunited pol

**Wiederverwertbarkeit** (z.B. Software) reusability [edv]

**Wiederzusammenbau** reassembly [met]

**Wiege** (Kinderbett) cradle [abc]

**Wiegebescheinigung** (Wiegekarte) weight card [abc]

**Wiegeeinrichtung** weighing equipment [mbt]

**Wiegekarte** weigh-bridge ticket [abc]

**Wiegemeister** check weighman [abc]

**Wiegemesser** (Küchengerät) chopping knife [wzg]

**Wien-Brückenoszillator** Wien bridge oscillator [elt]

**Wiese** (Grasland, Weide) meadow [bff]

**WIG** (Wolfram-Inert-Gas) TIG [met]

**Wild** ("jagdbares" Wildgetier) game [bff]; (als Braten) venison [abc]

**Wilsontechnik** (Negativverfahren) opacity technique [elt]

**Wimpel** (Wandervogel, Seefahrt) pennant [abc]

**Winch** (Seilwinde Hafen oder Schiff) winch [mot]

**Wind** (bewegte Luft) wind [wet]

**Wind- und Schneelast** climatic load [wet]

**Winde** hoist [mas]; (Aufzugswinde) winch [mot]; (→ Elektrow.; → Handkabelw.; → Spindelw.; → Spindelw.)

**Windel** (auch Serviette u. a.) napkin [abc]

**Windenträger** winch base [mot]

**Winderhitzer** (z. B. bei Hochofen, E-Werk) cowper [wst]; (z.B. bei Hochofen, E-Werk) hot blast stove [pow]

**Windflügel** (im Auto) fan [air]; (Ventilator) ventilator [mas]

**Windflügelnabe** (im Auto) fan hub [mot]

**Windkraft** (z.B. Sturm oder Kraftwerk) wind power [wet]

**Windkraftwerk** wind power station [pow]

**Windleitblech** (an Lok) smoke deflector plate [mot]; (der Lok) deflector [mot]; (von Wagner, Witte etc.) smoke deflector [mot]

**Windschatten** (z.B. Autorennen) slip stream [mot]

**windschlüpfig** (stromlinienförmig) faired [mas]

**windschlüpfig machen** (verkleiden) fair [mas]

**Windschutzscheibe** windscreen [mot]; windshield [mot]

**Windschutzscheibenaussteller** windscreen opener [mot]

**Windschutzscheibenrahmen** windscreen frame [mot]

**Windsichter** air separator [roh]

**Windung** (Feder) coil [wst]

**Windung** (Verwindung des Materials) torsion [mas]

**Windungdurchmesser** (Feder) coil diameter [con]

**Windungsrichtung** (Feder) direction of coil [wst]

**Winkel** (Rangabzeichen auf Uniform) chevron [mil]; (resultierender Innenwinkel) valley angle [abc]; (z.B. 90 Grad) angle [con]; (Zeichengerät) square [con]; (→ Achsw.; → Antrittsw.; → Aufhängew.; → Auflagerträger; → Ausfallsw.; → Austrittsw.; → Befestigungsw.; → Böschungsw.; → Einfallsw.; → Eingriffsw.; → Eintrittsw.; → Gegen-w.; → Montagew.; → Phasenw.; → Reibungsw.; → Rillenw.; → Steigungsw.; → Steuerw.; → Stützw.; → Verdrehungsw.)

**Winkel hängt vom Druck ab** angle depends on pressure [mot]

**Winkelabweichung** deviation of the angle(-s) [con]

**Winkelantrieb** (z.B. Meßgerät, Uhr) angle drive [abc]

**winkelbares Planierschild** angling blade [mbt]

**Winkeleisen** (auch dünn) strapping [mas]

**Winkelflansch** angle flange [mas]

**Winkelführungsplatte** (neben Schiene) angular guide plate [mbt]

**Winkelgeber** (am Pontonbagger) angle transmitter [mbt]

**Winkelgelenk** angled joint [mas]; knuckle joint [mas]; toggle joint [mbt]

**Winkelgetriebe** angle transmission [mas]

**Winkelgrad** angular degree [abc]; degree of the angle [con]

**Winkelhebel** angled lever [mas]; (Werkzeug) bell crank [wzg]

**winkelkonstant** angle-constant [abc]

**Winkelkopfreflexion** angle probe reflection [abc]

**Winkellasche** bent lug link plate [mas]

**Winkelmesser** (Schulwerkzeug) protractor [mat]

**Winkelprüfkopf** (Qualitätskontrolle) angle-beam probe [mes]

**Winkelrückschlagventil** angle check valve [mot]

**Winkelrückschlagventil** right angle check valve [mas]

**Winkelschleifer** angle sander [wzg]; right angle grinder [wzg]

**Winkelstahl** angle sections [mas]; angles [mas]

**Winkelstück** angle [mas]; angle section [mas]; elbow connector [mot]

**Winkelthermometer** angle thermometer [mes]

**Winkelventil** angle valve [mas]

**Winkelverhältnis** (Feder) coiling ratio [wst]

**Winkelverschraubung** angled screw coupling [mas]

**Winker** (Richtungsanzeiger) indicator [mot]; (Richtungsanzeiger) turn signal [mot]

**Winkerflaggenmaat** signalman [mot]; (Flaggengast) bunting tosser [mot]

**Winkerkontrolleuchte** direction indicator control lamp [mot]; turn-signal control lamp [mot]

**winklig** angular [abc]

**Winter** (kalte Jahreszeit) winter [wet]

**Winterbetrieb** winter operation [pow]

**Wintereinsatz** (Arbeit, Militär) winter application [abc]

**winterhart** (überdauernde Pflanze) perennial [bff]

**Winzer** (Weinbauer) wine farmer [abc]

**Wipfel** (Baumkrone) treetop [bff]

**Wippdrehkran** (Einfach-u. Doppellenker) luffing and slewing crane [mot]

**Wippe** (auf Kinderspielplatz) see saw [abc]; (langes Brett auf Bock; auf-ab) seesaw [abc]

**Wippen** (des Bordkrans) luffing [mot]

**Wippengerät** (z.B. Schaufelradlader) fully balanced stacker/reclaimer [roh]

**Wipperanlage** (im Bergwerk) car tippler [roh]

**Wippkran** (Hilfskran) luffing crane [mbt]

**Wippseil** (Seil des Wippkrans) luffing rope [mot]

**Wippwerk** (Wippkran u. Zubehör) luffing gear [mot]; (Wippkran u. Zubehör) luffing mechanism [mot]

**Wirbel** (Wirbelknochen) vertebra [med]

**Wirbelbad** (Whirlpool) jacuzzi [abc]; (Whirlpool) jacuzzi [abc]

**Wirbelbrenner** turbulent burner [pow]; vortex burner [pow]

**Wirbelkammerfeuerung** turbo-furnace [pow]; vortex furnace [pow]

**Wirbelknochen** (Wirbel) vertebra [med]

**wirbelloses Tier** invertebrate animal [bff]

**wirbeln** (herumwirbeln) spin [abc]

**Wirbelrohr** cyclone tube [abc]

**Wirbelsäule** spine [med]; vertebral column [med]

**Wirbelstromprüfung** eddy current test [abc]

**Wirbeltier** (z.B. Hund, Mensch, Pferd) vertebrate animal [bff]

**Wirbelwind** (Hurrikan) tornado [abc]

**Wirklänge** (Keilriemen) pitch length [mas]

**Wirkleistung** effective power [elt]; real power [elt]

**Wirkleistungszähler** real power counter [elt]

**wirksame kalte Fläche** effective cold heating surface [pow]

**Wirksamkeit** effectiveness [abc]

**Wirkstoff** additive [che]

**Wirkung** (mit Wirkung vom ...) as of... [abc]; (Wirksamkeit) effectiveness [abc]; (→ Erdbebenw.)

**Wirkungsgrad** efficiency [elt]; (Leistungsfähigkeit) efficiency [abc]; (→ Betriebsw.; → Filterw.; → Gebläsew.; → Kesselw.; → Versuchsw.)

**wirkungsvoll** (leistungsfähig) efficient [abc]

**Wirtschaftler** economist [abc]

**Wirtschaftlichkeit des Kraftstoffes** fuel economy [mot]

**Wirtschaftlichkeitsklasse** economy range [mot]

**Wischarm** wiper arm [mot]

**Wischblatt** wiper blade [mot]

**Wischer** (Scheibenwischer) wiper [mot]

**Wischerarm** (Scheibenwischer) wiper arm [mot]

**Wischerbreite** (Scheibenwischer) wiper width [mot]

**Wischermotor** wiper motor [mbt]

**Wischrelais** impulse relay [mbt]

**Wisch-Waschintervall** (Waschanlage) wish-wash interval [mot]

**Wismut** (Gruben im Vogtland) bismuth [che]

**Wissensakquisition** knowledge acquisition [edv]

**wissensbasiertes System** knowledge-based system [edv]

**wissenschaftliche Gemeinschaft** scientific community [edv]

**Wissenschaftsforschung** scientific research [abc]

**Wissensrepräsentation** knowledge representation [edv]

**Witterungseinfluß** atmospheric conditions [wet]

**Witterungsschutz** cold weather protection [wet]

**wo ungefähr ...?** where about is ...? [abc]

**Woche** week [abc]

**Wochentag** weekday [abc]

**wöchentlich** weekly [abc]

**wohingegen ...** (während ...) whereas ... [abc]

**wohlgeformte Formel** (in der Logik) well-formed formula [abc]

**wohlgeformter Satz** (in der Sprache) well-formed sentence [abc]

**Wohltätigkeit** charity [abc]

**Wohngebiet** residential area [bau]

**Wohngegend** (in einer Stadt) residential area [bau]

**Wohnhaus** (Mehrfamilienhaus) block of flats [bau]; (Mehrfamilienhaus; US) apartment building [bau]; (transportabel, in USA) mobile home [mas]

**Wohnlager** camp [bau]

**Wohnmobil** (Campingbus) motor home [mot]

**Wohnraumdachfenster** roof windows for living-rooms [bau]

**Wohnung** flat [bau]; (→ Eigentumsw.)

**Wohnwagen** (Campinganhänger) caravan [mot]

**wölben** (biegen) arch [met]

**Wölbnaht** (eine oder mehrere Raupen) bead weld [met]

**Wolfram-Schutzgasschweißen** gas-shielded tungsten-arc welding [met]

**Wolke** (wolkig) cloud [wet]

**Wolkenbruch** (schwerer Regenfall) cloudburst [wet]

**wolkenweiß** (Farbton) cloud white [abc]

**Wolldecke** blanket [abc]
**Wolle** (von Schaf, Kamel) wool [abc];
(→ Schlackenw.)
**Wort** (Teil des Satzes) word [abc]
**Wörterbuch** dictionary [abc]
**Wortgewandtheit** (Beredsamkeit)
eloquence [abc]
**Wortlaut** (z.B. Text des Briefes) text
[abc]
**Wrasen** (Schwaden) waste steam
[pow]
**W-Reflexion** W-reflection [elt]
**WTD** (Werksteiledatei) factory parts
record [edv]
**Wucht** (Stoß, Aufprall) momentum
[abc]
**wühlen** (der Reifen) rut [mot]; (der
Reifen) scuff [mot]; (der Reifen) tyre
scuffing [mot]
**Wulst** (Reifenteil in Felge) pad [mot];
(z.B. am zylindrischen Bierfaß) bead
[met]
**Wulstband** clincher band [mot]
**Wulstbildung** (Autoreifen) pads [mot]
**Wulstfelge** clincher rim [mot]
**Wulststreifen** clincher tyre [mot]
**Wulststahl** bulb-tee [bau]
**Wunsch** (frommer Wunsch) wish [abc]
**Wünsche** (des Bauherren) briefing
[bau]
**Wünschelrute** (schwingt abwärts)
dowser's rod [abc]; (sucht Wasserader)
wishing wand [abc]
**Wünschelrutengänger** (Wasserader)
dowser [abc]
**Wurf** (ein Wurf Hunde, Katzen etc.)
hatch [abc]
**Würfel** (→ Probew.)
**würfelförmig** cubical-shaped [con]
**Würfelkohle** lumps [pow]
**Wurffeuerung** sprinkling stoker [pow]
**Wurzel** (der Schweißnaht) root [met]
**Wurzel, durchhängend** excessive root
penetration [met]
**Wurzelbiegeprobestück** (geschweißt)
root bend specimen [met]

**Wurzelbiegung** (für Schweißqualität)
root bend [met]
**Wurzeldurchfall** (der Schweißnaht)
excessive <root> penetration [met]
**Wurzeleinbrand** (an Schweißnaht)
penetration into the root [met]
**Wurzelextraktor** (Anbaugerät im
Wald) root rake [mbt]
**Wurzelfehler** (falsches Schweißen)
root defect [met]
**Wurzelkerbe** (fehlerhafte
Schweißung) incomplete joint
penetration [met]
**Wurzelknoten** (in Bäumen) root node
[edv]
**Wurzellage** (erste Schweißraupe) root
pass [met]
**Wurzelmaß** (Anreißmaß im Stahlbau)
marking off dimension [mas]
**Wurzelöffnung** root opening [met]
**Wurzelrechen** (Werkzeug, Wurzel-
harke) root rake [mbt]
**Wurzelreißzahn** (Baggerausrüstung)
root ripper tooth [mbt]
**Wurzelriß** (der Schweißnaht) root
crack [met]
**Wurzelrückfall** hollow root [mas];
lack of root fusion [mas]; root
contraction [mas]
**Wurzelseite** (Nahtunterseite) back of
weld [met]
**Wüste** desert [geo]
**wütend** (gereizt, hoch erregt) furious
[abc]

# X

**X-Achse** X-axis [elt ]
**X-Naht** (DV-Naht) double V [met];
(DV-Naht) double V seam [met]
**X-Quarz** X-cut quartz [elt]
**X-Schnitt** X-cut [elt]
**X-Schnitt-Kristall** X-cut crystal [elt]
**Xylophon** (Serie von Holzplatten)
Xylophone [abc]
**x-y-Schreiber** x-y recorder [elt]

# Y

**Y Naht** single Y [met]; (mit Steg) single Y with root face [met]
**Yacht** (Motor- oder Segel-) yacht
[mot]
**Yachthafen** marina [mot]
**Y-Brenner** Y-jet burner [pow]; Y-jet
burner [pow]; Y-jet type oil burner
[pow]
**$yd^2$** (Fläche, ca. 0,836 meter$^2$) square
yard [mes]
**$yd^3$** (Volumen, ca. 0.78 m$^3$) cubic yard
[abc]
**Y-Quarz** (Ankopplung) Y-cut quartz
[elt]; (Y-Schnitt) Y-cut quartz [elt]
**Y-Schnitt-Kristall** Y-cut crystal [elt]

# Z

**z.B.** (zum Beispiel) e.g. [abc]

**z.H.** (zu Händen) Attn [abc]

**Zacken** (Zahn) tooth [mas]

**Zackenschrift** peak recording [mes]

**Zähflüssigkeit** (z.B. Öl) viscosity [abc]

**Zähigkeit** (starkes Zusammenkleben) tenacity [met]

**Zahl** (Abb.; Figur) figure [abc]; (z.B. Bild 4) figure [abc]; (→ gerade Z.; → Kontraktionsz.; → Schlagz.)

**Zähleinheit** counting unit [elt]

**Zahlendreher** (aus 1117 wird 1171) figures <erroneously> turned around [abc]

**zahlenmäßig erfaßt** numerically recorded [abc]

**Zahlenwertring** scale ring [abc]

**Zähler** (bei EDV) counter [edv]; (z.B. Gasz.) meter [abc]; (→ Betriebsstundenz.; → Geigerz.; → Impulsz.; → Wirkleistungsz.)

**Zählerkarte** digital display unit [elt]

**Zählerstand** dial count [elt]; dial recording [elt]

**zahlreich** (recht viele) numerous [abc]

**Zählspeicher** counter store [elt]

**Zahlstöraustastung** count interference blanking [elt]

**Zahltag** date of payment [abc]; payday [abc]

**Zahlungsbedingungen** conditions of payment [eco]

**Zahlungsrückstand** arrears [eco]

**Zählwerk** counter [elt]

**Zahn** (an der Drehdurchführung) gear [mot]; (bei Zahnrad, Mensch) tooth [med]; (Drehdurchführung) gear tooth [mas]; (→ Spitzz.)

**Zahn eines Zahnrades** (aus Holz) cog [mas]

**Zahnbogen** tooth sector [mas]; (Segment am Zahnrad) toothed quadrant [mas]

**Zahnbreite** (Zähne am Zahnrad) tooth width [mas]; (Zahnrad) width of tooth face [mas]

**Zahndicke** (als Bogen am Teilkreis) arc thickness [mas]; (am Grundzylinder Stirnschnitt) transverse base thickness [mas]; (im Normalschnitt) normal tooth thickness [mas]; (Zahnrad) circular thickness [mas]

**Zahndickenhalbwinkel** (am Zahnrad) tooth thickness half angle [mas]

**Zahndickensehne** (am Zahnrad) chordal tooth thickness [wst]

**Zähne schneiden** cut teeth [met]; notch [wst]

**Zahneingriff** (Zahnrad) meshing [mas]

**Zähnesatz** (am Zahnrad) set of teeth [mas]

**Zähnezahl** (am Zahnrad) No. of teeth [wzg]; (Zahnrad) number of teeth [mas]

**Zahnflanke** (an Zahnrad, Zahnstange) tooth flank [mas]; (an Zahnrad, Zahnstange) tooth profile [mas]

**Zahnform** (Zahnrad) tooth form [mas]

**Zahnfuß** (geht in Hülse der Schneide) tooth shank [mbt]; (steckt in der Schneide) shank [mbt]

**Zahnfußhöhe** (Zahnrad) dedendum [con]

**Zahngrund** (am Zahnrad) tooth root surface [mas]

**Zahngrundhärtung** hardening of the interior root <circle> surface [met]

**Zahngruppe** tooth group [mas]

**Zahnhalter** (am Grabgefäß) tooth socket [mbt]; (in der Schneide) adapter [mas]; (in der Schneide) tooth socket [mbt]

**Zahnhalterung** (Splint, Feder o.ä.) lock [mas]; (Splint, Feder oder ähnliches) tooth lock [mas]

**Zahnhöhe** depth of tooth. [con]; tooth depth [mas]

**Zahnkette** sprocket chain [mot]; toothed chain [mas]

**Zahnkopf** (des Zahnes am Zahnrad) tooth crest [mas]

**Zahnkopfhöhe** (Zahnrad) addendum [mas]

**Zahnkranz** gear rim [mot]; (Folge von Zähnen) toothed wheel rim [mas]; (Hohlrad Planetengetriebe) ring gear [mas]; gear ring [mas]

**Zahnlücke** (am Zahnrad) space width [mas]

**Zahnnabe** (innenverzahnte Nabe) internally toothed hub [mas]

**Zahnprofil** (Zahnrad) tooth shape [mas]

**Zahnrad** cog wheel [mas]; gear wheel [mot]; pinion [mot]; tooth wheel [mas]; (in Getriebe) gear [mas]; (z. B. der Zahnradlok) cog [mot]; (→ Ölpumpenz.)

**Zahnradantrieb** gear drive [mot]

**Zahnradbahn** (Zahnstange zw. Gleis) cog railway, rack railway [mot]

**Zahnradbandage** (v. innen bis Zahnfuß) gear ring thickness [mot]

**Zahnradfräsmaschine** (vertikal) gear hobbing machine [wzg]

**Zahnradgehäuse** gear housing [mas]

**Zahnradkasten** gear housing [mas]

**Zahnrad-Kettensteuerung** sprocket and chain steering [mot]

**Zahnradnabe** gear hub [mas]

**Zahnradpumpe** gear pump [mas]; gear wheel pump [mas]; gear-type pump [mas]

**Zahnradschneiden** gear cutting [met]

**Zahnradübersetzung** (ganzer Satz) gear train [mas]

**Zahnradvorgelege** toothed-wheel gearing [mas]

**Zahnradvorgelegewelle** (des Motors) counter shaft [wst]

**Zahnriemen** serrated belt [mot]; sprocket belt [mot]

**Zahnring** toothed rim [mas]; toothed ring [mas]

**Zahnritzel** (Ritzel) pinion [mas]

**Zahnsatz** (Satz Zähne) set of teeth [mas]

**Zahnscheibe** toothed lock washer [mas]

**Zahnscheibe** (Unterlegscheibe) toothed washer [mas]

**Zahnsegment** gear segment [mas]; sector gear [mas]

**Zahnsegment an der Einspritzpumpe** quadrant [mas]

**Zahnsicherung** (z.B. Zahn an Tieflöffel) tooth securing [mas]

**Zahnspitze** (bei Aufreißer) point [mas]; (vorderster Zahnteil) tooth tip [mas]

**Zahnstange** gear rack [mot]; (zwischen den Gleisen) rack [mot]

**Zahnstangenanschlag** rack bumper [mot]

**Zahnstangenantrieb** rack gear [mot]

**Zahnstangenheber** rack and pinion jack [mot]

**Zahnstangenwinde** rack- and pinion jack [mot]

**Zahnteilung** (entlang Sehne) chordal pitch [mas]; (im Teilkreis) circular pitch [mas]

**Zahnteilungsmodul** module [mas]

**Zahnverstellung** tooth setting [mas]

**Zahnvorderkante** (beim Aufreißer) shank [mbt]

**Zahnweite** width of teeth [mas]; (z.B. über 6 Zähne) base tangent length [mas]

**Zahnweite über 6 Zähne** width of teeth over 6 teeth [mas]

**Zahnwelle** gear shaft [mas]; toothed shaft [mas]

**zäh** (zähes Material) tough [wst]

**Zange** pliers [wzg]; (→ Biegez.; → Einsprengz.; → Kombiz.; → Plombenz.; → Rohrz.; → Seegetivz.; → Spezialz.; → Wasserpumpenz.)

**Zangen** (am Greifer für Holz) grapples [wzg]

**Zapfen** (an Achse oder Radsatz) journal [mot]; (bei Schienenklemmplatte) lug [mot]; (der Tanne, Fichte, usw.) cone [bff]; (Einsteckbolzen) pivot [mas]; (herausragend) finger [mas]; (Lagerlauffläche) journal [mot]; (Mitnehmer am Zylinderschaft) tang [mas]

**Zapfendüse** pintle-type nozzle [mot]

**zapfenförmig** (konisch) conical [con]

**Zapfengießwagen** trunnion tipping car [mot]

**Zapfenkreuz** (z. B. beim Grader) cross pin [mbt]

**Zapfenlager** pivot bearing [mas]; (bei Stahlkonstruktion) trunnion bearing [mas]; (besonders an Achse) journal bearing [mot]

**Zapfenreibung** journal friction [pow]

**Zapfenschraube mit Schlitz** slotted shoulder screw [mas]

**Zapfsäule** (bei Tankstelle) gas pump [mot]; (in Bar) tap [abc]

**Zapfwelle** (mit Zubehör) power take-off group [mot]; (Zapfwellenantrieb) PTO [mot]; (zusätzliche Kraftabnahme) power take-off [mot]

**Zapfwelle mit Dauerantrieb** life power take-off [mot]

**Zapfwellenantrieb** power take-off [mot]

**Zarge** (Geige, Cello usw.) rib [abc]; (Türeinfassung) surround [bau]

**Zaun** (z.B. Gatter) fence [abc]

**Zaunpfahl** fence pole [abc]

**Zch. Nr** (Zeichnungsnummer) Drwg No. [con]

**Zehe** (nach Sprengung stehenbleibend) toe [roh]

**Zeichen** (auf Verpackung) mark [abc]; (z. B. #, *) character [abc]; (z.B. mit Flagge, Lampe) signal [abc]

**Zeichenbrett** (Zeichenmaschine) drawing board [abc]

**Zeichendreieck** setsquare [con]

**Zeichenkette** string [edv]

**Zeichenmaschine** drafting machine [bau]

**Zeichenmaschine** (Reißbrett) drawing machine [abc]

**Zeichenvorrat** (bei EDV) character set [edv]

**zeichnen** (z.B. eine Linie) draw [abc]

**Zeichner** draughtsman [abc]

**Zeichner/in** draughtsperson [abc]

**Zeichnerin** draughtswoman [abc]

**zeichnerische Ausführung** drawing instructions [abc]

**Zeichnung** (Skizze) schematic [con]; (Zg) drawing [abc]; (→ Arbeitsz.; → Ausführungsz.; → Ausschnittz.; → Ausschreibungsz.; → Bewehrungsz.; → Einzelz.; → Gebäudez.; → Kesselz.; → Linienz.; → Montagez.; → Schnittz.; → technische Z.; → unzulässige Linienz.; → Werkstattz.; → Zusammenstellungsz.)

**zeichnungsberechtigt** (für Firma) authorized to sign [eco]

**zeichnungsgerecht** (entspricht der Zeichnung) in correspondence with <the> drawing [con]

**Zeichnungskopf** (Beschriftungsfeld) title block [con]; (meist unten rechts) drawing title [abc]

**Zeichnungsnummer** drawing no. [abc]

**Zeichnungsregistratur** registration of drawings [con]

**Zeichnungssatz** set of working drawings [con]

**Zeichnungsteil** customized part [con]

**Zeichnungsverzeichnis** drawings list [abc]

**Zeiger** indicator [mot]

**Zeigerplatte** dial [edv]

**Zeile** (auf EDV-Schirm) line [edv]

**Zeilendrucker** line printer [edv]

**Zeilenstruktur** banded structure [abc]

**Zeilenumschalter** (Pfeil mit Haken) carriage return [edv]

**Zeit** time [abc]; (Zeitdauer) period [abc]; (→ Abfahrz.; → Abfallz.; → Abschreibungsz.; → Anfahrz.; → Anstiegsz.; → Anwärmz.; → Arbeitsz.; →

Ausschalz.; → Beruhigungsz.; → Ein-
satzz.; → Einwirkungsz.; → Erhär-
tungsz.; → Erntez.; → Ladez.; → Nach-
schwingz.; → Nichtarbeitsz.; → Spei-
cherz.; → Transportz.; → Verzöge-
rungsz.)
**Zeitablenkung** sweep [mbt]; time deflection [elt; (→ einmalige Z.; → gedehnte Z.; → verzögerte Z.)
**Zeitaufwandswert** labour constant [abc]
**Zeitbasis** time base [elt]; (→ trigger-
bare Z.)
**Zeitbereich** time domain [elt]
**Zeitfunktion** function of time [elt];
(→ komplexe Z.; → reelle Z.)
**Zeitglied** time relay [elt]
**Zeitkipper** time element [mbt]
**Zeitkoeffizient** time coefficient [elt]
**Zeitkonstante** time constant [elt]
**zeitliche Begrenzung** (der Laufzeit)
temporal limitation [jur]
**Zeitlinie** base line [abc]; time base [elt]
**Zeitlinienhöhe** time base shift [elt]
**Zeitlinienmarkierung** screen marker
[edv]
**Zeitlinienmeßstrecke** (Leuchtschirms)
time base [elt]
**Zeitmarkengeber** time mark generator
[elt]
**Zeitnahme** time-keeping [abc]
**Zeitnehmer** (Mensch) observer [abc]
**Zeitplan** schedule [abc]
**Zeitpunkt** time [abc]
**Zeitrelais** timer [elt]; timing relay [elt]
**Zeitrelais für 2. Bremse** time relay for
2nd brake [elt]
**Zeitrelais für Anlauf** starting time relay
[elt]
**Zeitrelais für Betriebskontaktmatte**
time relay for service travel [elt]
**Zeitrelais für Gegenlauf** time relay for
reverse travel [elt]
**Zeitrelais für Hupe** time relay for horn
[elt]
**Zeitrelais für Tropföler** drip lubrica-
tor relay [elt]

**Zeitrelais Kontaktmatte** contact mat
time relay [elt]
**Zeitstudien** time and motion study
[abc]
**Zeitstufe** timing stage [elt]
**Zeitstunde** clock hour [abc]
**Zeituhr** timer [mas]
**Zeitungsanzeige** advertisement [abc]
**Zeitungspapier** newsprint [abc]
**Zeitwirtschaft** (Festsetzung Belegung)
time control [abc]
**Zelle** (Kloster, Gefängnis, Batterie) cell
[bau]; (→ Förderz.)
**Zellendeckel** battery cell cover [mot]
**Zellenradschleuse** rotary gate valve
[mbt]
**Zellenstopfen** battery cell plug [mot]
**Zellstoff** (Papiermasse) pulp [wst];
(Papiermasse) wood pulp [wst]
**Zellstoffherstellung** pulp manufacture
[abc]
**Zellstoffpappe** (einlagige Zellstoff-
pappe) pulpboard [wst]
**Zelt** (klein, 2-4 Mann) shelter [abc];
(Zweimannzelt bis Lufthalle) tent
[abc]
**zeltgrau** (RAL 7010) tarpaulin grey
[nrm]
**Zeltmast** (oft 20 m lang) tent post [abc];
(klappbar bis Zirkuszelt) post [bau]
**Zement** (hydr. Bindemittel bei Bau)
cement [bau]
**Zement- und Gipswerke** cement and
gypsum factories [roh]
**Zementanlage** cement plant [roh]
**zementgrau** (RAL 7033) cement grey
[nrm]
**Zementgrieß** cement tailing [roh]
**Zementindustrie** (Steinbruch bis Silo)
cement industry [roh]
**Zementklinker** (zw. Brenner und
Rohgips) cement clinker [bau]
**Zementleimkuchen** cake of cement
paste [bau]
**Zementmörtelauskleidung** (Rohre)
cement mortar lining [bau]

**Zementofen** cement kiln [bau]

**Zementputz** (meist außen) rendering [bau]

**Zementwerk** (→ Zementindustrie) cement plant [roh]

**Zenerdiode** Zener diode [elt]

**Zenerdurchbruch** Zener breakdown [elt]

**Zensor** censor [pol]

**Zensur** (im Schulzeugnis) mark [abc]; (von Briefen, Presse) censorship [pol]

**Zentralbüro** head office [abc]

**zentrale Automatikkupplung** central automatic coupler [mot]

**Zentraleinheit** (kurz: CPU, in EDV) CPU [edv]

**Zentralfeuerpatrone** central cartridge [mil]

**Zentralfeuerzündung** central fire ignition [mil]; centre-fire ignition [pow]

**Zentralgelenk** (für Knicklenkung) frame articulation [mot]

**Zentralgerät** master unit [elt]

**Zentralleitstand** (Hauptwarte) central control room [pow]

**Zentralrechner** (Rechenwerk) central computer [edv]; (Rechenwerk) host [edv]

**Zentralschmieranlage** central lubrication system [mot]; integral oiler [mbt]

**Zentralschmierung** central lubrication [mot]

**Zentrierbock** roller guide support [mas]

**Zentrierbohrung** centre bore [con]

**Zentrierring** centre bushing [mot]; centre ring [mot]

**Zentrierrolle** centering roll [mot]

**Zentrierung** centering [mot]; centralisation [mot]

**Zentrifugalregler** centrifugal governor [mot]

**zentrisch führen** guide concentrically [mot]; guide in dead-centre [mot]

**zentrischer Nebenantrieb** central auxiliary drive [mot]; central power take-off [mot]

**Zentrum** centre [abc] (→ Hypoz.)

**ZERBRECHLICH** (Schild auf Kiste) FRAGILE [abc]

**zerbröckeln** crumble [bau]

**zerfahren** (nervös) nervous [med]

**zerfahrene Straße** (z.B. Schlaglöcher) potholed road [mot]

**Zerfall** (Zersetzung) decay [bau]

**zerfallen** disintegrate [bau]; (z.B. aus Altersschwäche) dissolve [bau]; (z.B. aus Altersschwäche) fall apart [abc]

**zergehen** (sich auflösen) dissolve [che]

**zerhackter Strom** chopping current [elt]

**zerhackter Strom zum Einstellen von Magnetventilen** chopping current for the setting of magnetic valves [elt]

**zerkleinern** mill [met]; (Steine brechen) crush [roh]

**Zerkleinerung** (in Brecher) crushing [roh]; (in Brecher) reduction [roh]

**Zerkleinerungsmaschine** (Brecher) crushing machine [roh]

**zerlegbar** (in Teile demontierbar) dismountable [met]

**Zerlegeladung** self-destruct charge [mil]; self-destructive charge [mil]

**zerlegen** (lockern, abmachen) unfasten [abc]

**zermahlen** (zerbröckeln, zerreiben) crumble [mbt]

**zerreiben** crumble [mbt]; (zermahlen) grate [met]

**Zerreißprobe** destructive verification [abc]; (Zerreißversuch) tension test [wst]

**Zerreißversuch** stress-rupture test [mas]; tensile test [wst]

**zerschnitzeln** (z.B. im Shredder) shred [roh]

**zerschnitzelt** (z.B. im Shredder) shredded [roh]

**Zerspanungsdaten** data on machining [wst]; machining data [met]

**Zerstäuber** vaporizer [abc]

**Zerstäuberdruck** (z.B. 4-6 bar) atomizer pressure [air]

**Zerstäuberdüse** atomizer nozzle [air]
**Zerstäuberflüssigkeit** spray [abc]
**Zerstäuberluft** atomized air [air]
**zerstören** (vernichten) destroy [wst]
**Zerstörer** (Kriegsschiff) destroyer [mil]
**zerstörerisch** (destruktiv) destructive [wst]
**Zerstörung** destruction [bau]; (durch Aufbrauchen) consumption [wst]; (großer Schaden) havoc [mot]
**zerstörungsfreie Prüfmaschinen** NDT-testing lines [mes]
**zerstörungsfreie Prüfung** NDT [mes]; non-destructive testing [mes]
**zerstörungsfreie Werkstoffprüfung** non-destructive material testing [mes]
**zerstoßen** (des Haufwerks mit Grader) levelling [mbt]
**Zerstreuung eines Strahlenbündels** dispersion of a sound beam [phy]
**Zerstreuungslinse** dispersing lens [phy]
**Zerstreuungsspiegel** dispersing mirror [phy]
**Zettelhalter** (am Güterwagen) label clip [mot]; (am Güterwagen) label holder [mot]
**Zeuge** (als Zeuge aussagen) witness [abc]
**Zeugenkosten** (bei Gericht) expenses for witnesses [jur]
**Zeugnis** certificate [abc]; certificate [abc]; (Arbeitsbescheinigung) work certificate [abc]; (Schulzeugnis; "Lauter Einsen") report card [abc]
**Zeugnisnote** marks [abc]
**Zg** (Abkürzung für Zeichnung) drawing [abc]; Dwg [abc]
**zickzack-förmig**(-e Strecke) serpentine [mot]
**Zickzackverlauf** zig-zag path [elt]
**Ziegel** (Lehm/Ton mit Sand) brick [bau]; (luftgetrocknet) adobe [bau]; (→ gebrannte Mauerz.; → Lehmz.)
**Ziegelei** brickyard [bau]

**Ziegelmauer** brick wall [bau]
**Ziegelofen** brick kiln [bau]
**Ziegler** (in Ziegelei) brickmaker [met]
**ziehen** haul [mot]; (abschleppen) tow [mot]; (einen Strich ziehen; bildl.) draw [abc]; (einen Wagen) draw [abc]; (Fäden ziehen; wer zieht...) pull [abc]; (gleichmäßig, z.B. Linie) draw [abc]; (kraftvoll, mit Gewalt) pull [abc]; (Lastkähne) tow [mot]; (mit dem Grader Gräben ziehen) cut [mbt]; (reißen) jerk [abc]
**Ziehsäge** (Schrot- oder Baumsäge) crosscut saw [wzg]
**Ziehteil** drawn part [mas]
**Ziehwerkzeuge** drawing tools [wzg]
**Ziehwulst** draw bead [met]
**Ziel** (beim Schießen) aim [mil]; (in der KI) goal [edv]; (z.B. einer Transaktion) target [abc]; (Zweck) purpose [abc]
**Ziel ins Auge fassen** fix a target [mil]
**Zielbaum** goal tree [edv]
**Zieldiskette** (bei Kopiervorgang) destination disc [edv]
**Zielfernrohr** aligning telescope [mil]
**Zielflug** (direktes Ansteuern) homing [mot]
**Zielführung** route guidance [edv]
**zielgenau** (schießen, auch bildlich) on target [mil]
**Zielmarken** aligning marks [mes]; sights [mil]
**Zielreduktion** goal-reduction [edv]
**Zielsetzung** policy target [abc]; (Thema, Beweggrund) cause [abc]
**Zieltaste** (Strecke auf Stellwerk) destination button [mot]
**Zielzeichen** code numbers [mil]; (Radar hat Ziel erkannt) radar blip [elt]; (von Klemme X nach Y) target mark [elt]
**Zielzustand** goal state [edv]
**ziemlich** (z.B. ziemlich spät) rather [abc]; (ziemlich gut) pretty [abc]
**Zierdeckel** ornamental hub cap [mot]

**Ziergitter** (z.B. an Haustür) grille [bau]

**Zierleiste** moulding [mot]

**Zierring** ornamental ring [mot]

**Zierscheibe** ornamental disc [mot]

**Zierscheibenring** ornamental disc ring [mot]

**Ziffer** (die Ziffer 8) number [abc]

**Zifferblatt** (der Uhr) dial [abc]

**Zifferblattgrund** (der Uhr) bottom of dial [abc]

**Zigarettenanzünder** cigarette lighter [mot]

**Zille** (Flußkahn) barge [mot]; (mit eigenem Antrieb) motor barge [mot]; (ohne Antrieb) dumb barge [mot]

**Zimmermann** (→ Tischler) carpenter [met]

**Zimmermannssäge** (Spannsäge) bucksaw [wzg]

**Zimmermannsstek** (Knoten) timber hitch [mot]

**Zincal, Monozincal** (beidseitig bzw einseitig elektrolytisch verzinktes Feinblech) Zincal, Monozincal [mas]

**Zink** (Element) zinc [che]

**Zinkauflage** (Beschichtung) coating of zinc [wst]; (Beschichtung) zinc coating [met]

**Zink-Basis-Legierungen** zinc alloys [wst]

**Zinke** fork [abc]; (einer Forke) tine [wzg]; (einer Forke) tyne [wzg]; (vorstehend am Zahnrad) tooth [mas]

**Zinkenlänge** (der Traggabel) tine length [wzg]

**Zinkenverstellgerät** (der Gabeln) fork adjusting device [met]

**zinkgelb** (RAL 1018) zinc yellow [nrm]

**zinkreich** (viel Zink enthalten) zinc rich [wst]

**Zinkstaub** zinc dust [roh]

**Zinkstaubfarbe** inorganic zinc [roh]; (in Zeichnungen) zinc dust grey [con]

**zinkstaublackiert** (Verpackungsband) zinc-coated [met]

**Zinn** (Element) tin [wst]

**Zinn-Basis-Legierungen** tin alloys [wst]

**Zinnen** (z.B. auf Burgen, meist Plural) ramparts [bau]; (zinnenförmiger Aufbau) battlement [bau]

**zinnenförmiger Dachabschluß** castellated roof [bau]

**Zirkel** dividers [pow]; drawing compasses [abc]; (zum Zeichnen) compass [con]

**Zirkon** zirconium [che]

**zirkuläre Liste** circular list [edv]

**Zirkulation** (z. B. von Öl, Kühlwasser) circulation [wst]

**zischen** (Dampf) hiss [abc]

**Zischhahn** pet cock [mas]

**Zitadelle** citadel [bau]

**Zitat** quotation [abc]; (direkter Wortlaut) citation [abc]; (wörtliche Wiederholung) quotation [abc]

**Zitat Anfang.** (nun folgt Zitat) quote [abc]

**Zitat Ende.** (Redner fährt fort) end of quote [abc]

**zitieren** (wörtlich sagen) quote [abc]

**zitronengelb** (RAL 1012) lemon yellow [nrm]

**ziviler Bereich** civilian life [abc]

**Zivilisation** civilization [abc]

**zivilisiert** civilized [abc]

**Zivilist** (nicht in Uniform) civilian [abc]

**Zivilrecht** civil law [jur]

**Z-Kinematik** (für Laderausrüstung) bellcrank linkage [mot]; (für Laderausrüstung) special form of 3-pin lever [mot]; (für Laderausrüstung) Z-geometry [mot]

**Z-Kinematik-Koppel** bellcrank [mot]

**Zollstock** (Gliedermaßstab) inch rule [abc]; (Gliedermaßstab) yardstick [abc]

**Zollvorschriften** customs regulations [jur]

**Zone** (Rost) air plenum chamber [pow]; (Rost) forced draught com-

partment [pow]; (z.B. Wärmeeinflußzone) zone [met]; (→ Bruchz.;
→ gemäßigte Klimaz.; → Mahlz.; →
Schatten-Z.; → tote Z.)
**Zonenkonstruktion** zone construction
[elt]
**Zonenlinse** zone lens [abc]
**Zonenpressung** compartment pressure
[pow]
**Zonenstreifen** zone strip [abc]
**zu Bruch gehen** rupture [mas]
**zu geringer Reifendruck** underinflation [mot]
**zu Händen** (von) ATTN. [abc]
**zu Hilfe rufen** (z.B. ein Programmteil)
invoke [edv]
**zu hoher <großer> Reifendruck**
overinflation [mot]
**zu niedriger Luftdruck** underinflation
[mot]
**zu vermieten** (Zimmer, Büro frei) for
rent [bau]; (Schild an Haus) TO LET
[abc]
**Zubehör** (Teile, Zusätze, extra Teile)
parts [abc]; (z.B. Küchenmöbel) appliances [abc]; (Zusatzgerät) attachment [mas]
**Zubehör und Hilfseinrichtungen** accessories and spare parts [mas]
**Zubehörteile** parts [abc]
**Zubehörteile** (z.B. für späteren Anbau) accessories [mas]
**Zuber** (Bottich, Wanne) tub [abc];
(Bottich, Wanne) vat [abc]
**Zubringer** (z.B. kleine Bahnlinie)
feeder [mas]
**Zubringerstraße** feeder road [mot]
**Zucht** (Züchten von Tieren) breeding
[bff]
**Züchtung** (von Tieren) breed [bff]
**Zuckerfabrik** sugar plant [abc]
**Zufahrt Mine** mine entrance [roh]
**Zufahrt Montageplatz** access to
<the> assembly yard [mbt]
**Zufahrtstraße** access road [mot]
**Zufall** (durch Zufall) coincidence [abc]

**zufällig** (Ereignisse treffen zusammen)
by coincidence [abc]; (z.B. zufällig
ausgewählt) at random [abc]
**zufällig zusammentreffen** coincide
[abc]
**zufallsbedingt** (durch Zufall) random
[mat]
**Zufluß** tributary [cap]; (Daten, Öl,
Wasser) flow [met]
**Zuflußventil** delivery valve [wst]
**zufolge haben** (etwas zufolge haben)
result in [abc]
**zufriedengestellt** (vom Ergebnis) satis-
fied [abc]
**Zufriedenheit** (mit dem Erreichten)
satisfaction [abc]; (mit dem Schicksal)
happiness [abc]
**zufriedenstellend** (unterschiedliche
Bedeutung) satisfactory [abc]
**Zuführbehälter** hopper [mot]
**zuführendes Verbindungsrohr** (Fallrohr) downcomer [pow]; (Fallrohr)
downtake tube [pow]
**Zuführrinne** chute [mbt]
**Zuführrohr** (Fallrohr) downcomer
[pow]; (Fallrohr) downtake tube [pow]
**Zuführrollgang** charging roller [wst];
conveyor [wst]; feed roller [mas]
**Zuführung** (von Material, Heizmat.)
feed [met]; (Zugang) pass [abc]
**Zufüllen von Gräben** refilling [mbt]
**Zug** (als Widerstand) drag [mas]; (als
Widerstand) pull [mas]; (Eisenbahnzug) train [mot]; (etwas wird geschleppt) drag [abc]; (Zugluft) draught
[abc]; (in Spielen) move [edv]; (Kraft
liegt hier drauf) pull [mas]; (Maultier-
zug) train [bff]; (Wind, Durchzug)
draft [abc]; (z.B. Flaschenzug o.ä.)
pull [mas]; (z.B. IC, Güter-, Maultier-
zug) train [mot]; (z.B. Zugbeanspru-
chung) strain [mas]; (→ ausgeglichener Z.; → fallender Z.; → Fallz.)
**Zug-** (z.B. Zugkraft) traction [mot]
**Zug Feuerraumende** draught at furnace outlet [pow]

**Zug hinter Eko** draught at econo-miser outlet [pow]

**Zug- und Stoßeinrichtung** draw- and buffer gear [mot]

**Zug-/Schubkombination** push-pull combination [mot]

**Zugabe** (für spätere Bearbeitung) ma-chining tolerance [mas]; (für spätere Bearbeitung) tolerance [mas]

**Zugang** (Eingang; Tür) entry [mbt]; (Einlaß, Öffnung) opening [mbt]; (leichter Zugang) access [bau]

**Zugang zwischen Heizflächen** access [pow]; man-way [pow]

**zugänglich** (leicht zu erreichen) accessible [abc]

**zugänglich von** (Eingang ist da) accessible from [abc]

**Zugänglichkeit** accessibility [abc]

**Zuganker** (für das Anziehen von Ket-ten) tie rod [mas]; (fürs Anziehen des Steuerblocks) tensioning bolt [mbt]

**Zugbegleiter** (Heft, Broschüre) guide [mot]; (Personal) guard [mot]

**Zugbremse** (Dampflok-Führerstand) automatic train brake [mot]; (Dampf-lok-Führerstand) train brake [mot]

**Zugbremsventil** (Dampflok) driver's train-brake valve [mot]

**Zugbrücke** (z.B. an alter Burg) draw-bridge [bau]

**Zugeinrichtung** (am Waggon) draw gear [mot]

**zugelassen** (genehmigt) approved [abc]

**Zügel** (Pferdemund zu Fahrerhand) rein [abc]

**Zügelbrücke** bridle bridge [bau]

**Zugentlastungsbogen** traction relief curve [mot]

**Zugentlastungsverschraubung** threaded cable grommet [mas]

**Zugerzeugung** method of producing draught [pow]

**zugeschobenes Gestein** (mit Raupe) trapped rock [mbt]

**zugeschobenes Material** (zu Hauf-werk) trapped material [mbt]

**zugesetzt** (verstopft) clogged [abc]

**zugewiesen** (z.B. Landbesitz) alloted [abc]

**Zugfeder** draw spring [mot]; tension spring [mas]; tensioning spring [mas]; (an Waggonabstützung) spring [mot]

**Zugfestigkeit** tensile strength [wst]

**Zugfestigkeit von Gußeisen** tensile strength of cast iron [wst]

**Zugführer** conductor [mot]

**Zugführeraussichtskuppel** (auf Wa-gen) ducket [mot]

**Zuggarnitur** (Lok und Wagenanord-nung) train consist [mot]

**Zughaken** tow hook [mot]; (Lok zieht Waggons) draw hook [mot]; (nicht Bahn) drawbar [mas]; (nicht Bahn) towing hook [mas]

**Zughakenführung** draw-hook guide [mot]

**Zughub** traction device [mas]

**Zugkette** tackle [mot]

**Zugkettenablageabteil** tackle stow-age compartment [mot]

**Zugkraft** power of traction [mas]; (Anhängegewicht der Lok) tractive effort [mot]; pulling force [mbt]; push down/pull up force [mbt]; (Drehmo-ment am Werkzeug) torque [wzg]; (Drehmoment) torque [mas]; (Druck liegt drauf) pull [mas]; (Fahrz. m. An-hängerkupplung) drawbar pull [mot]; (Grader, Raupenkette) traction [mbt]; (hohe Z. ; Sperrdifferential) high trac-tion [mbt]; (Mühe, die man aufwen-det) tractive effort [mas]; (von Ladern, Gradern) tractive force [mbt]; (Span-nung auf Seil) tension [mas]

**Zugkraft Auf/Ab** pulling force [mbt]

**Zugkraftanschlag** (an Waggonzug-haken) traction stop [mot]

**Zuglänge** (z.B. IC mit 10 Wagen) train length [mot]

**Zuglasche** shackle [mot]; (d. Fest-
stellbremse) draw shackle [mot]
**Zuglauf** train schedule and route [mot]
**Zuglaufschild** destination board [mot]
**Zugleistung** tractive output [mot]
**Zuglenkwand** gas baffle [pow]
**Zugmaschine** (des Sattelschleppers)
tractor truck [mbt]; (Sattelschlepper-
zugmaschine) tractor [mot]; (Traktor,
Sattel) tractor [mbt]; (→ Sattelschlep-
per)
**Zugmaschine des Schürfzuges**
scraper tractor [mot]
**Zugregulierung** draught regulation
[pow]
**Zugreserve** (Gebläse) fan margin [air]
**Zugriff** (z.B. auf EDV) access [edv]
**Zugriffzeit** (z.B. auf eine Festplatte)
access time [edv]
**Zugschalter** pull switch [mot]
**Zugschaufel** (→ Schleppschaufel)
**Zugschlußleuchte** tail lamp [mot]
**Zugseilklemme** draw-cable clamp
[mot]
**Zugspitze** (Lok oder Steuerwagen)
head of train [mot]
**Zugstange** tow bar [mot]; (Deichsel)
draw bar [mot]; tow bar [mot]
**Zugstrebe** (für Autos) tie rod [mot]
**Zugträger** (Rolltreppe) main rein-
forcement [mbt]
**Zugunglück** train accident [mot]
**Zugverlust** (Aggregatende) back end
loss [pow]; (Aggregatende) draught
loss at unit end [pow]; (allgemein)
draught loss [pow]
**Zugvogel** (Wandervogel) migrating
bird [bff]
**Zugvorrichtung** hitch [mas]; towing
device [mas]
**Zugwagen** (klein, hinter Lok) locomotive cart [mot]
**Zugwagenbremskraftregler** tractor
brake pressure regulator [mbt]
**Zugwagenbremsventil** tractor brake
valve [mbt]

**Zugwind** (Hier zieht's.) draft [abc]
**Zugzusammenstoß** train crash [mot]
**Zulagen** (freiwillige von Firma) fringe
benefits [abc]
**zulassen** (ein Auto) get a car licensed
[mot]; (erlauben) permit [pol]; (z.B.
ein Dichtungsmittel) approve [abc]
**zulässig** permissible [abc]; (zulässiger
Biegeradius) permissible [abc]
**zulässige Abweichung** (in Zeichnungen) permissible deviation [con]
**zulässige Beanspruchung** allowable
stress [phy]; permissible stress [mas]
**zulässige Geschwindigkeit** permissible speed [mot]
**zulässige Last** allowable load [phy]
**zulässige Motorschräglage** permissible engine tilt-angle [mot]
**zulässige Abweichung** (in Zeichnungen) permissible deviation [mas]
**zulässiger Biegeradius** permissible
bending radius [mas]
**Zulassung** (amtliche) permit [pol];
(z.B. als Schweißer) qualification
[abc]; (zur Prüfung) admission [abc]
**Zulassung der Überlastwarneinrich-
tung** approval of ASLI by HSE [nrm];
HSE approval [pol]
**Zulassungsstempel** licensing seal [abc]
**Zulauf** approach [abc]; feed [mot];
supply [abc]
**Zulaufleitung** feed line [mot]; intake
line [mas]
**Zulaufrollgang** charging roller conveyor [mot]
**Zulaufweg** (des Öls) feed pipes [mot]
**Zulegierung** additives [mas]
**Zuleitung** feeding [mot]; incoming
supply [elt]; power supply cable [elt];
(→ elektrische Z.)
**Zulieferteile** parts from suppliers [abc]
**zum Anschlag fahren** (den Zylinder)
go to the end of the stroke [mot]
**zum Beispiel** (z.B.) for instance [abc]
**zum Stillstand kommen** come to a
standstill [mot]

**zum Zeugnis dessen...** in witness whereof, we... [abc]
**zumessen** batch [abc]
**Zumeßkasten** gauge box [bau]
**Zunahme** increase [abc]; (Druck, Temperatur) increase [pow]
**Zündbrenner** lighting-up burner [pow]
**Zunder** cinder [wst]; rust and scale [abc]; (Walzzunder) scale [met]; (→ loser Z.)
**Zunderbildung** scaling [met]
**Zunderstücke** scales [met]
**Zünder** (der Bombe, Granate) fuse [mil]; (→ Gaszündbrenner)
**Zündfeuerung** ignition burners [pow]; lighting-up firing equipment [pow]
**Zündflamme** pilot flame [pow]
**Zündfolge** (der Sprengungen) firing order [mil]; (des Zündverteilers) firing sequence [mot]
**Zündgestänge** spark linkage [mot]
**Zündholz** (Streichholz) match [abc]
**Zündkabel** ignition cable [mot]; switch wire [mot]
**Zündkerze** spark plug [mot]
**Zündkerzenstecker** spark plug terminal [mot]
**Zündkontrollampe** time lamp [mot]
**Zündlanze** lighting-up lance [pow]; portable lighter [pow]
**Zündleitung** ignition cable [mil]
**Zündmagnet** magnet [mot]; magneto [mot]
**Zündmittel** explosive agents [mil]; explosives [mil]
**Zündmittelausstattung** equipment containing a detonating agent [mil]; detonating agent equipment [mil]; explosive equipment [mil]
**Zündnocken** ignition cam [mot]
**Zündpatrone** lighting-up cartridge [pow]
**Zündprobe** ignition test [pow]
**Zündpunkt** (z.B. Auto) point of ignition [mot]
**Zündsatz** set of detonators [mil]
**Zündschalter** ignition switch [mot]

**Zündschloß** ignition lock [mot]
**Zündschlüssel** (z.B. des Autos) ignition key [mot]
**Zündschnur** light [roh]; (Bergbau) safety match [roh]; (Lunte; Steinbr. , Bergbau) detonating fuse [roh]; (→ Sicherheitsz.)
**Zündspule** ignition coil [mot]; induction coil [mot]; solenoid spool [mot]; (Solenoid; z.B. des Autos) magnet coil [mot]
**Zündtemperatur** ignition temperature [pow]
**Zündung** (Sprengung) detonation [mil]; (z.B. des Autos) ignition [mot]; (Zünder) igniter [mil]; (→ elektrische Z.)
**Zündunterbrecher** timer [mot]
**Zündverstärker** booster [mil]; fuse booster [mil]; fuse intensifier [mil]
**Zündverstellbereich** timing range [mas]
**Zündverteiler** (Verteiler im Auto) ignition distributor [mot]
**Zündverteilerwelle** ignition distributor shaft [mot]
**zündwillig** ignitable [pow]
**Zündzeitpunkt** firing point [mot]; ignition control [mot]
**zunehmen** (an Gewicht) gain [abc]; (Wasser steigt) rise [abc]
**zunehmend** (z.B. Druck) increasing [abc]
**Zunge** (z.B. in Feder) tongue [med]
**Zungenklappe** tongue-shaped regulating damper [pow]
**Zuordnung** coordination [bau]
**zur damaligen Zeit** (damals) at that time [abc]
**zur Zeit** at this time [abc]
**zurechtmachen** (leicht aufarbeiten) do up [mas]
**zurren** (festzurren) lash [mot]
**Zurring** (kreuzweise Kettenaufnahme) lash ring [mot]; (kreuzweise Kettenaufnahme) lashing ring [mot]
**zurück** (bei Schaltplänen) return [elt]

**zurückbehalten** retain [abc]; retention [abc]

**zurückbringen** (von Daten) restore [edv]

**Zurückfahren** (z.B. Rußbläser) retraction [pow]

**zurückführen auf** attribute to [abc]

**zurückgeben** return [abc]

**zurückgeblieben** (geistig) mentally retarded [med]

**zurückgegeben** returned [abc]

**Zurückgehen** backup [edv]

**zurückgerutscht** (Kette bei Einbau) slid back [mbt]

**zurückgeschoben** pegged back [mbt]

**zurückgespült** floated back [bau]

**zurückhaltend** (bescheiden) unassuming [abc]

**zurückholen** (von Daten) restore [edv]

**Zurücknahme** retraction [mot]

**zurückreichen** (retournieren) return [abc]

**zurückrutschen** (Kette bei Einbau) slide back [mbt]

**zurückschlagen** (Flamme) flash back [pow]

**zurückschrauben** back off [met]

**zurücksetzen** (Pkw rangieren) back up [mot]

**Zurücksetzung** (auf Ursprung) reset [edv]

**zurückstellen** (Auftrag) put in abeyance [abc]; (eines Druckventils) back off [met]

**zurückstoßen** (Pkw rangieren) back up [mot]

**zurücktreten** (resignieren) resign [abc]; (von der Bahnsteigkante) stand back from the platform edge [mot]

**zurückziehen** retract [pow]; (sich im Kampf) retreat [mil]

**zurückziehen** retraction [pow]; (z.B. Rußbläser) retraction [pow]; (z.B. Rußbläser) retraction [pow]

**zusammen bearbeitet** machined together [met]

**zusammen mit** in concert with... [abc]

**zusammen mit ...** (Firma A mit Fa. B) concert [abc]

**Zusammenarbeit** (...durch gute Zusammenarbeit) cooperation [abc]; (in Z. mit) collaboration [abc]

**Zusammenarbeit zwischen Firmen** joint venture [abc]

**Zusammenbau** (wieder montieren) rebuilding [met]

**Zusammenbau und Inbetriebnahme** erection and start-up [mbt]

**Zusammenbruch** (Haus und Lebewesen) collapse [abc]

**Zusammenfall** collapse [abc]

**zusammenfassen** (verschiedene Bereiche) unite [edv]

**Zusammenfassung** summarization [edv]; summary [abc]

**Zusammenfassungsmuster** summary patterns [edv]

**zusammenfügen** join [met]; (montieren) assemble [mas]; (verbinden) connect [met]

**zusammengehörig** related [abc]

**zusammengesetzte Abstraktionseinheit** compound abstraction unit [edv]

**zusammengesetzter Datentyp** compound data type [edv]

**zusammengezogene Zeitablenkung** contracted time-base sweep [elt]

**Zusammenhang** connection [abc]

**zusammenhängend** (z. B. Speicherblock) coherent [edv]

**zusammenholen** (Leute, Vieh) round up [abc]

**Zusammenkunft** gathering [abc]

**Zusammenschluß** (zweier Firmen) merger [abc]

**zusammensetzen** (Blumen, Dekor, Musik) compose [abc]

**Zusammensetzung** (Bespannung d. Zuges) formation [mot]; (Synthese) synthesis [che]

**zusammenstellen** (Blumen, Möbel, Aufsatz) compose [abc]

**Zusammenstellung** (Hauptzeichnung) general drawing [con]; (in dieser Zusammenstellung) configuration [abc]

**Zusammenstellungszeichnung** assembly drawing [con]; overall drawing [con]

**Zusammenstoß** (Auffahrunfall) concertina clash [mot]; (Frontal, Flankenfahrt) collision [mot]; (von Eisenbahn) train crash [mot]

zusammentragen compile [bau]

zusammenwirken work together [abc]

zusammenziehen (einer Feder) contract [wst]

**Zusammenziehung** (Einschnürung) contraction [pow]; (→ allmähliche Z.)

**Zusatz** admixture [roh]; (mittel) additive [mas]; (→ Gegenverschleißz.)

**Zusatz-** (z.B. Zusatzheizung) auxiliary [pow]

**Zusatzantrieb** (meist im Tender) booster [mot]

**Zusatzbremse** retarder [mot]

**Zusatzbremsventil** (Dampflok) additional brake valve [mot]

**Zusatzbrennstoff** auxiliary fuel [pow]

**Zusatzdüse** auxiliary jet [air]

**Zusatzfahrschaltung** overdrive [mot]

**Zusatzfeder** (Verstärkung) overload spring [mot]

**Zusatzfeuerung** auxiliary burners [pow]; auxiliary firing equipment [pow]

**Zusatzgebläse** (Druckerhöhungsgebläse) booster fan [pow]

**Zusatzgegengewicht** additional counterweight [mot]

**Zusatzgerät** attachment [mas]; auxiliary product [abc]; (weiteres Gerät) additional equipment [mas]; (z.B. v. außen zugekauft) ancillary equipment [eco]

**Zusatzgetriebe** auxiliary transmission [mas]; additional gear [mbt]

**Zusatzkraft** additional force [phy]

zusätzlich supplementary [abc]; (-er Service) additional [abc]

**zusätzliche Einrichtungen** additional arrangements [abc]

**Zusatzluftbehälter** auxiliary air reservoir [mas]

**Zusatzluft** supplementary air [pow]

**Zusatzmasse** extra weight [mot]

**Zusatzmoment** additional moment [phy]

**Zusatzmotor** tandem drive [mbt]

**Zusatznetzteil** supplementary power pack [elt]

**Zusatzrelais** additional relay [elt]

**Zusatzscheinwerfer** auxiliary head lamp [mot]

**Zusatzstoff** admixture [che]

**Zusatzteile** (Zubehör) accessories [mas]

**Zusatzventil** additional valve [mas]

**Zusatzwasser** (zum Kondensat) make-up water [pow]

**Zusatzwasserbehälter** make-up water storage tank [pow]

**Zusatzwiderstand Motorwächter** additional resistance for motor protective device [mbt]

**Zusatzzeichen** suffix [mbt]

zuschaltbar (hydraulisch zuschaltbar) shiftable [mot]

zuschalten switch on [elt]; (Kessel) put on the line [pow]

zuschauen (an Baustelle) watch [abc]; (im Theater) attend [abc]

**Zuschauer** (bei Unfall, an Baustelle) onlookers [abc]; (bei Unfall, an Baustelle) standers by [mas]; (im Theater) audience [abc]

zuschieben (Gestein zu Haufwerk) trap [roh]

**Zuschlag** aggregate [mas]; (Stoff) aggregate [mas]

**Zuschlag für Aufsicht** addition for supervision [abc]

**Zuschnitt** (Teil des Werkes) cutting [mot]; (Vorschnitt des Werkstücks) blank [met]; (Vorschnitt des Werkstücks) blank cut [met]

**zusehen** (an Baustelle) watch [abc];
(bei Unfall) witness [abc]
**Zusetzer** adder [mas]
**Zustand** phase [pow]; (der Maschine)
condition [abc]; (einer Maschine) mechanical condition of a machine [mot];
(in diesem<Krankheits->Zustand) state
[med]; (→ dampfförmiger Z.; → eingeschwungener Z.; → gasförmiger Z.;
→ Gesundheitsz.; → stationärer Z.)
**zuständige Niederlassung** (Versich.)
authorized office [jur]
**zuständige Zweigniederlassung** (Versich.) authorized branch office [jur]
**zustellen** (postalisch) forward [abc];
(postalisch) submit [abc]; (versperren)
block [abc]
**zustopfen** (mit Verschluß) plug [mot]
**Zustopfen des Verstärkers** jamming of
amplifier [elt]
**zutage fördern** (z.B. Kohle) surface
[roh]
**Zuteiler** (Redler) Redler conveyor [pow]
**zutreffen** (trifft nicht zu) apply [abc]
**Zutritt** admission [abc]
**zuverlässig** reliable [abc]
**zuverlässig arbeitend** reliably working
[abc]
**Zuverlässigkeit** reliability [abc]
**Zuverlässigkeit von Hard- und Soft-
ware** reliability of hard- and software
[edv]
**Zuversicht** (mit Zuversicht) optimism
[abc]
**zuweisen** (einen Speicherblock zuw.)
allocate [edv]; (z.B. einer Variablen
einen Wert) assign [edv]
**zuzählen** add [abc]
**Zwangsdurchlauf** once-through forced
flow [pow]
**Zwangsdurchlaufabhitzekessel** waste
heat boiler with once- through forced
flow [pow]
**Zwangsdurchlaufkessel** once-through
boiler [pow]; O. T. -boiler [pow]; once-
through forced-flow boiler [pow]

**Zwangsarbeit** hard labour [abc]
**Zwangsführung** positive guide [mot];
(der Kette) chain retainer guide [mbt]
**zwangsgeführt** (durch Fahrer) operator
controlled [abc]
**Zwangslage** (in Z.; nach unten
schweißen) downhand [met]; (in Z.;
nach oben schweißen) overhead [met]
**zwangsläufig** (in erwünschter Weise)
positively actuated [mbt]; (notwendig)
necessary [abc]
**zwangsläufige Betätigung** positive
control [mbt]
**zwangsweise** (mit Gewalt erzwungen)
enforced [mot]
**Zwangumlauf** forced circulation
[pow]
**Zwangumlaufkessel** boiler with forced
circulation [pow]; forced circulation
boiler [pow]
**Zwanzig-Fuß Container** twenty-foot
container [mas]; (Lkw) twenty-foot
container [mas]
**Zweck** purpose [abc]
**zwei halbe Schläge** (Knoten) two half
hitches [mot]
**zwei-achsiger gedeckter Wagen** two-
axle covered wagon [mot]
**zwei-achsiger Kesselwagen** two-axle
tank wagon [mot]
**zwei-achsiger Kühlwagen** two-axle
refrigerator wagon [mot]
**zwei-achsiger offener Wagen** two-axle
high-sided open wagon [mot]
**zweiachsig** (2-achsiger Tieflader) two
axle [mbt]
**Zweiarmflansch** two-armed flange [mas]
**Zweiarmnabe** twin-sector clutch hub
[mas]
**zweibahnig** twin track [abc]
**Zweideckfreischwingsieb** double-deck
vibrating screen [roh]
**Zweidrahtlampe** double filament bulb
[mot]
**Zweidrahtübertragung** (über Telefon) twin pair transmission [tel]

**Zweidruckventil** twin pressure
sequence valve [mas]
**zweifach** double [abc]; (doppelt) two-
fold [abc]
**zweifach gewellte Radscheibe** double-
dished wheel, - disc [mot]
**zweifach maximiert** (im Versicherungsvertrag) limit of liability paid
twice/time [jur]
**Zweifachrollenkette** duplex roller
chain [mas]; double roller chain [mot]
**Zweifachsteuerblock** control block
[elt]; valve block [elt]
**Zweifarbenwasserstand** bi-colour
water gauge [pow]
**zweifelhaft** doubtful [abc]
**zweifellos** doubtless [abc]
**zweifelsfrei** without a doubt [abc]
**Zweiflanschnabe** double-flange hub
[mot]
**zweiflutig** double-flow [pow]
**zweiflutiger Überhitzer** double-flow
superheater [pow]
**Zweifrequenzmethode** two-frequency
method
**Zweigängig** (Zahnrad) double thread
[mas]
**Zweige** (in Bäumen) branches [bff]
**Zweigehäuseturbine** double-flow turbine [pow]; twin cylinderturbine
[pow]
**zweigleisige Strecke** double-track
<railway> track [mot]
**zweigliedrig** (z.B. zweiglied. Fahrzeug) articulated [mot]
**zweigliedrige Kfz-Transporteinheit**
articulated wagon for the carrying of
cars [mot]
**Zweihebelsteuerung** (beim Seilbagger) two-lever control [mbt]
**Zweiholm** two-stringer [mas]
**zweijährig** biannual [abc]
**Zweikammerbremszylinder** two-
chamber brake cylinder [mas]
**Zweikammermesserpumpe** tandem
sectioned vane-type pump [mas]

**Zweikanal** two-channel [mas]
**Zweikanalschreiber** two-channel
recorder [mes]
**Zweikanaltintenstrahlschreiber** two-
channel ink-jet recorder [edv]
**Zweikanalverzögerungsspeicher** two-
channel delay store [mas]
**Zweikopf-Durchschallungsverfahren**
double-probe through-transmission
technique [elt]
**Zweikopfreflexionsverfahren** double-
probe reflection method [elt]; double-
probe reflection system [elt]
**Zweikreis** dual circuit [mot]
**Zweikreisölscheibenbremse** dual-
circuit oil disc-brake [mot]
**Zweikreisölscheibenbremse** dual-
circuit oil disc brake [mot]
**Zweikreisölumlauf** dual circuit oilcir-
culation [mot]
**Zweikreisscheibenbremse** dual circuit
disk brake [mot]
**Zweikreisverrohrung** double branch
pipes [mot]
**Zweikristallverfahren** double-crystal
method [elt]
**zweilagige Bewicklung** two layer
winding [mas]
**Zweileitungsbremse** (Zweileitungs-
bremssystem) two-pipe brake system
[mas]
**Zweilochmutter** round nut with drilled
holes in one face [mas]
**zweimalige Reflexion** double bounce
reflection [elt]
**zweimaliger Durchlauf** double passage [abc]; repeated passage [abc]
**Zweimannsäge** (Schrotsäge) crosscut
saw [wzg]
**Zweipol** two-pole [elt]
**Zweipolröhre** diode [elt]
**Zweipunktabstützung** (Mobilbagger)
one set of stabilizers [mbt]
**Zweirad** bicycle [mot]
**Zweiradindustrie** bicycle industry
[mot]

**zweireihig** two ballpath [abc]; (Niet-verbindung) double row [mas]

**zweireihige Kugeldrehverbindung** two-path ball-bearing slewing ring [mas]; two-race ball-bearing slewing ring [mas]

**Zweischalenzustellung** (i. Hochofen) double wall working lining arrangement [mas]

**Zweischeibenkupplung** double plate clutch [mot]; (trocken, in Öl laufend) double disc clutch [mot]; (trocken, in Öl laufend) double plate clutch [mot]

**Zweischeibentrockenkupplung** double disc dry clutch [mot]

**zweispaltig** (Zeitungsartikel) two column [abc]

**zweisprachig** (Buch in 2 Sprachen) dual language [abc]

**Zweistegplatte** (für Ladeschaufel) dual grouser track pad [mbt]

**Zweistoffschmiedestück** forging from two different grades [met]; forging out of two different grades [met]

**Zweistrahl** dual-beam [elt]; dual-trace [mbt]

**Zweistrahl-Doppelkopfverfahren** cross-noise method [aku]; double-probe method [elt]

**zweistrahliges Flugzeug** two-engined plane [mot]

**Zweistufenschaltung** twin-stage transmission [mas]

**zweistufig** twin-stage [abc]

**zweistufiger Überhitzer** double-stage superheater [pow]

**Zweitakt** (Arbeitsgang) two cycle [mas]; (Auto) two stroke [mot]

**Zweitaktmotor** two cycle engine [mas]

**Zweitaktmotor** (Auto) two stroke engine [mot]

**zweite** second [abc]

**zweite Heizstufe** second heating stage [mbt]

**zweiteilig** (geteilt, z.B. Lagerschale) divided [mas]

**zweiteilige Anlage** twin-section design [mas]

**zweiteiliger Lagerkäfig** split-caged roller bearing [mot]

**zweiteiliger Ventilhalter** two-piece valve keeper [mas]

**Zweitor** two-port [edv]; (→ reziprokes Z.)

**Zweitorelement** two-port element [edv]

**Zweitorparameter** two-port parameter [edv]

**Zweitrommelkessel** bi-drum boiler [pow]

**Zweiwegebagger** road rail excavator [mbt]

**Zweiwegegabelstück** (Hosenrohr) breeches pipe [pow]; (Hosenrohr) two-way distributor [mas]

**Zweiwegerollsteig** double-tracked autowalk [mbt]; two-way autowalk [mbt]

**Zweiwegventil** two-way valve [mas]

**Zweiwelleneinheit** (Turbine) twin shaft turbine arrangement [pow]

**zweiwöchentlich** biweekly [abc]

**Zweizugkessel** two-pass boiler [pow]

**Zweizweckgerät** dual-purpose unit [mbt]

**Zweizylindermotor** twin engine [mas]

**Zwelwelleneinheit** (Turbine) two-shafts-arrangement [pow]

**Zwickel** (des Hochofenbodens) knuckle [mas]

**Zwickmühle** (Ich bin in einer Zwick-mühle.) stump [abc]; double bind [abc]

**Zwillings-** twin [abc]

**Zwillingsrad** twin wheel [mot]

**Zwillingsturm** (einer Kirche) twin tower [bau]; (mit Schiffsgeschützen) twin turret [mil]

**Zwinge** ferrule [wzg]; (Schraubstock) vice [wzg]

**Zwischenabdeckung** (Rolltreppe) gap covers [mbt]

**Zwischenabkühlung** intermediate cooling [mbt]

**Zwischenabstützung** intermediate support [mbt]

**Zwischenbalustrade** intermediate balustrade [mbt]

**Zwischenbandförderer** (besser: -wagen) intermediate conveyor car [mbt]

**Zwischenbandwagen** intermediate conveyor car [mbt]

**Zwischenbauklappe** (hier Ausstoß) intermediate exhaust flap [mot]

**Zwischenbericht** preliminary report [abc]

**Zwischenbock** interim block [mot]

**Zwischenboden** (am Zylinderkopf) water shelf [mot]

**Zwischenbunkerung** bin-and-feeder system [pow]

**Zwischendampftemperatur** reheat steam temperature [pow]

**Zwischenecho** intermediate echo [elt]

**Zwischenecho mit halber max. Höhe** intermediate echo of semi-maximum amplitude [elt]

**Zwischenergebnis** preliminary result [abc]

**Zwischenflansch** intermediate flange [mot]

**Zwischengänge** corridors [bau]

**zwischengeschalteter Kühler** inter-stage attemperator [pow]

**Zwischengetriebe** intermediate gearing [mot]

**Zwischenkühler** intermediate cooler [pow]

**Zwischenkühlerteile** intermediate cooler elements [pow]

**Zwischenkühlerwasserzulauf** intermediate cooler coolant supply [pow]

**Zwischenlage** insert [elt]; shim [abc]; (am Drehgestell) rubber cushion [mot]; (Rippenplatte/Schiene) plastic pad [mot]

**Zwischenlagentemperatur** interpass temperature [met]

**Zwischenlagerung** (z.B. eines Teiles) interim storing [abc]

**Zwischenmittel** (→ Zwischenschicht) interburden [roh]

**Zwischenplatte** (höhenverst. Schiene) height adjustment plate [mot]; (z.B. beim Röntgen) shim [opt]

**Zwischenrad** intermediate gear [mot]; intermediate timing gear [mot]

**Zwischenradlagerung** idler gear bearing [mot]

**Zwischenraum** space [abc]; (Lücke, Spalte) gap [bau]

**Zwischenring** (bei Reifen) baffle ring [mot]; (zum Abstandhalten) spacer [mas]

**Zwischenring bei Reifen** rubber insert [mot]

**zwischenschalten** insert [abc]; interconnect [mot]; interpose [mot]; (einschließen) include [mot]; (Heizflächen) interpose [pow]

**Zwischenschicht** (zwischen Flözen) interburden [roh]; (zwischen Flözen) intercalation [roh]; (zwischen Flözen) interwaste [roh]; (zwischen Flözen) parting [roh]

**Zwischenspeicher** (Puffer) buffer [edv]

**Zwischenstadium** (z.B. der Insekten: Raupe, Puppe, Schmetterling) interphase [abc]

**Zwischenstellung** (z.B. des Fensters) interim position [mot]

**Zwischenstück** middle section [mot]; spacer piece [mot]; (Distanzbuchse) spacer bush [mbt]; (Doppelflansch) double flange [mbt]; (Flanschverbinder) flange connector [mbt]; (Rolltreppe) middle section [mbt]; (Teil ist dazwischen) interim piece [mbt]; (Stecker passen nun) adapter [elt]

**Zwischentransport** interim transportation [mot]

**Zwischenüberhitzer** reheater [pow]

**Zwischenüberhitzerzug** reheater gas pass [pow]

**Zwischenüberhitzung** reheat cycle [pow]; (→ doppelte Z.; → einfache Z.)

**Zwischenüberhitzungstemperatur** reheat steam temperature [pow]

**Zwischenverkleidung** intermediate decking [mbt]

**Zwischenwelle** layshaft [mot]; (Getriebe) jackshaft [mot]

**Zwölfkant-** twelve-sided [mas]

**Zwölfkantschraube** twelve-sided bolt [mas]

**Zwölfkantschraubenschlüssel** twelve-sided spanner [wzg]

**Zwölfmeter-Container** forty foot-container [mot]

**Zykloidenverzahnung** cycloidal toothing [mas]

**Zyklon** cyclone [roh]; (→ Flugascheneinschmelzz.)

**Zyklon mit Fangschirm** screened cyclone arrangement [roh]

**Zyklon ohne Fangschirm** open cyclone arrangement [pow]

**Zyklonabscheider** (Staub) cyclone precipitator [pow]; (Staub) cyclone separator [pow]; (grober Flugstaub) grit arrestor [pow]

**Zyklonfeuerung** cyclone firing [pow]

**Zyklonkessel** cyclone fired boiler [pow]

**Zyklonkessel ohne Fangrost** open cyclone arrangement [pow]

**Zyklonkorbwand** circumferential arrangement of cyclone tubing [pow]

**Zyklonmündung** (Kragen) cyclone throat [pow]

**Zyklonrohr** cylone tube [roh]

**Zyklonumluftsichter** cyclone air separator [roh]

**Zylinder** cylinder [mbt]; press [mas]; (Hut) top hat [abc]; (z. B. Hydraulikz.) cylinder [mot]; (z.B. Hydraulikz.) ram [mas]; (→ Abstützz.; → doppeltwirkender Z.; → Druckz.; → einfachwirkender Z.; → Hauptbremsz.; → Hauptz.; → Hilfsz.; → Hubz.; → Kettenspannz.; →

Lenkz.; → Luftz.; → Mehrstellungsz.; → Ölbremsz.; → Pumpenz.; → Radbremsz.; → Radz.; → Saugluftschaltz.; → Scharz.; → Servoz.; → Stielz.; → Tandemz.; → Türbetätigungsz.; → Türschließz.; → verallgemeinerter Z.; → Vollz.; → Wasserberuhigungsz.)

**Zylinder A: innengerolltes Rohr** cylinder A: inward-burnished barrel [wst]

**Zylinder B: Kolben, Kolbenstange, Ringe** cylinder B: piston, piston rod, rings [wst]

**Zylinder C: Rohranschlüsse, Deckel** cylinder C: pipe sockets, cover [wst]

**Zylinder D: Zylinderaugen beide Seiten** cylinder D: bearing eyes both sides [wst]

**Zylinderablaßhahn** purge cock

**Zylinderblechschraube** pan head tapping screw [mas]

**Zylinderblock** (des Motors) cylinder block [mot]

**Zylinderblock- und Kopfschleifmaschine** cylinder block/head grinding machine [met]

**Zylinderblockbohrmaschine** cylinder block drilling machine [met]

**Zylinderbohrung** (Innendurchmesser) cylinder bore [con]

**Zylinderbuchse** (trocken u. naß) cylinder liner [mot]

**Zylinderbüchsenausbohrmaschine** cylinder liner boring machine [wst]

**Zylinderbüchsendrehmaschine** (HMFD) cylinder liner turning machine [met]

**Zylinderdeckel** cylinder cover [mot]

**Zylinderfußpunkt** cylinder mounting [mot]

**zylindergesteuert** cylinder controlled [mot]

**Zylinderhub** (→ Kolbenhub) cylinder stroke [mbt]

**Zylinderkerbstift** grooved pin, full length parallel grooved with chamfer [mas]

**Zylinderkolben** cylinder piston [mot]

**Zylinderkopf** head [mot]; (des Motors) cylinder head [mot]

**Zylinderkopfdichtung** cylinder head gasket [mot]; head gasket [mot]

**Zylinderkopfhaube** cylinder head cover [mot]

**Zylinderkurbelgehäuse** cylinder block and crankcase [mot]

**Zylinderlager** (Zylinderauge) cylinder bearing [mot]

**Zylinderlaufbuchse** cylinder liner [mot]; cylinder sleeve [mot]; (→ nasse Z.; → trockene Z.)

**Zylinderlaufbüchse** liner [mot]

**Zylindermantel** barrel [mot]

**Zylinderrohr** cylinder liner [wst]; (meist innengerollt) cylinder barrel [mot]

**Zylinderrolle** cylindrical roller [wst]

**Zylinderrollenlager** roller bearing [mot]

**Zylinderrollenlager, einreihig** cylindrical roller bearing, single row [wst]

**Zylinderrollenlager, zweireihig** cylindrical roller bearing, double row [wst]

**Zylinderrollenradsatzlager** cylinder roller wheel bearing [mot]

**Zylinderschloß** cylinder lock [mot]

**Zylinderschraube** cylinder head screw [mas]

**Zylinderschraube mit Innensechskant** hexagon socket head cap screw [mas]

**Zylinderschraube mit Schlitz** slotted cheese head screw [mas]

**Zylinderschutz** cylinder guard [mot]

**Zylinderspiegel** cylindrical mirror [mot]

**Zylindersteuerung** cylinder control [mot]

**Zylinderstift** dowel pin [mas]; parallel pin [mas]; straight pin [mot]; (Setzschraube) set screw [mot]

**Zylinderwandung** cylinder wall [mot]

**Zylinderwelle** cylindrical wave [mot]

**zylindrischer Reflektor** cylindrical reflector [elt]